»Land in Sicht«?

ZEITGESCHICHTE IM FOKUS
Schriftenreihe der Stiftung Ernst-Reuter-Archiv

Bd. 4

Sven Schultze

»Land in Sicht«?

Agrarexpositionen in der deutschen Systemauseinandersetzung: Die »Grüne Woche« und die DDR-Landwirtschaftsausstellung in Leipzig-Markkleeberg 1948–1962

be.bra
wissenschaft verlag

Für Sonja und Nora Helena

Gedruckt mit freundlicher Unterstützung der
Bundesstiftung zur Aufarbeitung der SED-Diktatur

BUNDESSTIFTUNG
AUFARBEITUNG

Bibliografische Information der deutschen Nationalbibliothek
Die Deutsche Nationalbibliothek verzeichnet diese Publikation
in der Deutschen Nationalbibliografie; detaillierte bibliografische Daten
sind im Internet über http://dnb.d-nb.de abrufbar.

KulturBrauerei Haus 2
Schönhauser Allee 37, 10435 Berlin
post@bebraverlag.de
Lektorat: Matthias Zimmermann, Berlin
Umschlag und Satz: typegerecht, Berlin
Schrift: DTL Romulus 10/13,3pt
Druck und Bindung: Friedrich Pustet, Regensburg
ISBN 978-3-95410-103-0
ISSN 2194-4318

www.bebra-wissenschaft.de

Inhalt

Vorwort

Die Spurensuche des Buches beleuchtet eine bislang kaum beachtete Ost-West-Geschichte, nämlich den »grünen Ausstellungskampf« zwischen der West-Berliner »Grünen Woche« und der DDR-Landwirtschaftsausstellung in Leipzig-Markkleeberg in den hohen Zeiten des Kalten Krieges. In den Jahren vor dem Mauerbau entstand eine Situation, die beide Seiten dazu zwang, »Schaufenster der Überlegenheit« zu schaffen. Insbesondere die »Grüne Woche« stellte sich als Plattform zur Artikulation ostdeutschen widerständigen Verhaltens dar: Einerseits führten die hohen Besucherzahlen aus der DDR der ganzen Welt die fehlende demokratische Legitimation des SED-Regimes vor Augen. Andererseits war sie an der Nahtstelle des Kalten Krieges eine deutsch-deutsche Kontaktbörse.

»Land in Sicht«: Das bedeutete eine lange Tradition landwirtschaftlicher Ausstellungen, auf denen Städter mit der ländlichen Lebensweise in Berührung kamen. Im Kalten Krieg hieß das aber auch, dass dort die Politik in West und Ost Foren zur Verbreitung ihrer agrar- wie deutschlandpolitischen Ziele installierte. Zur Kommunikation politischer Programme, Vorgaben und Leitbilder waren diese Veranstaltungen ein unverzichtbarer Kommunikations- und Darstellungsraum. Es war ein Kampf um Meinungen, Deutungshoheiten und Bilder. Während es in West-Berlin um die »Grünen Pläne« der Bundesregierung und den europäischen Agrarmarkt ging, propagierte die SED in Markkleeberg ihr Modell der Kollektivierung der Landwirtschaft. Die Geschichte von Verflechtung und Abgrenzung zwischen 1948 und 1962 stellten die beiden großen Agrarexpositionen en miniature dar, quasi wie ein politischer Themenpark. Sie verdeutlichten die Krisenmomente im Kalten Krieg ebenso wie das latente innere Spannungsverhältnis der ungelösten Deutschen Frage.

Dieses Buch ist die überarbeitete Fassung meiner Doktorarbeit, die 2013 an der Philosophischen Fakultät I der Humboldt-Universität zu Berlin als Dissertationsschrift angenommen wurde. An ihrem Zustandekommen waren eine ganze Reihe Personen und Institutionen beteiligt, ohne die ich diese Arbeit nicht hätte fertigstellen können. Ihnen allen gilt mein herzlicher Dank. Die Grundidee zu dieser Arbeit entwickelte sich in einer Vielzahl von Gesprächen mit Prof. Dr. Michael Lemke, der daraufhin mein Doktorvater wurde. Für diese Bereitschaft und dafür, dass er diese Rolle so freundschaftlich und engagiert ausgefüllt hat, danke ich ihm vielmals. Michael Lemke regte in mir das Interesse für Berliner Geschichte an. Durch seine gleichsam lockere wie kompetente Wesensart lieferte er unermüdlich positive Anschübe. Dr. habil. Burghard Ciesla betreute die Arbeit als Zweitgutachter. Auch ihm bin ich zu großem Dank verpflichtet.

Eine große Hilfe war der Austausch mit Kollegen sowie die Möglichkeit, die eigenen Forschungsergebnisse auf Kolloquien und Tagungen diskutieren zu können. Bedanken möchte ich mich aus der Vielzahl von Personen besonders bei Dr. Jens Schöne, Dr. Klaus Bästlein, Prof. Dr. Ulrich Kluge, Dr. Renate Hürtgen, PD Dr. Igor J. Polianski, PD Dr. Thomas Schaarschmidt und Prof. Dr. Rüdiger Hachtmann. Hierbei sind ebenso eine ganze Reihe Doktoranden zu nennen, die mit mir zusammen die Stromschnellen zwischen Lernen durch Forschung und Schreiben, unsicherer Zukunftsprognose oder auch prekären Bedingungen gemeinsam durchsteuerten: Edda Campen, Enrico Heitzer, Dr. Ralph Kaschka, Dr. Frank Roggenbuch, Tobias Schulz, Dr. Heiner Stahl, Dr. Kristina Vagt und Axel Zutz. Insbesondere Edda Campen und Enrico Heitzer haben Zeit und Mühe dafür verwendet, Teile der Arbeit vor dem Einreichen zu lesen, und zeigten dabei ihre Fähigkeit, durch einfache und prägnante Nachfragen die Arbeit zu straffen, klarer zu machen und somit wesentlich zu bereichern. Waltraud Peters hat das fertige Manuskript gelesen, korrigiert und durch vielerlei Hinweise den Feinschliff gegeben. Ich danke den Zeitzeugen, die mir in Interviews interessante Details berichteten, die so aus den Quellen nicht mehr zu erschließen gewesen wären.

Zu Dank bin ich der Bundesstiftung zur Aufarbeitung der SED-Diktatur verpflichtet, die mich mit einem Promotionsstipendium unterstützte. Dr. Ulrich Mählert war stets ein hilfsbereiter Ansprechpartner und Unterstützer des Projektes sowie dieses Buches. Michael C. Bienert trat dafür ein, die Untersuchung in die Reihe *Zeitgeschichte im Fokus*, die von der Stiftung Ernst-Reuter-Archiv herausgegeben wird, aufzunehmen. Mit ihm und Matthias Zimmermann vom be.bra wissenschaft verlag entstand eine effiziente und schnelle Arbeitskette zwischen dem Autor, der Stiftung und dem Verlag. Stefanie Weißmann vom Promotionsbüro der Philosophischen Fakultät I der Humboldt-Universität zu Berlin hatte stets ein offenes Ohr und immer Antwort auf die Fragen des um Rat suchenden Promovenden. Mein Dank gilt auch den hilfsbereiten und engagierten Mitarbeitern der Archive und Bibliotheken sowie der Messe Berlin GmbH.

Ohne die Unterstützung und den emotionalen Ausgleich durch meine Familie hätte es dieses Buch nie gegeben. Neben dem steten Beistand meiner Eltern Eva und Horst gilt mein besonderer Dank meiner Lebenspartnerin Sonja. Sie hat mit mir zusammen alle Höhen und Tiefen eines mehrjährigen Promotionsprojekts mitdurchlebt und mir unerschütterlich mit Vertrauen, Zuspruch und einer »dicken

Haut« zur Seite gestanden. Unsere Tochter Nora Helena, die mitten während der Promotion geboren wurde, ist schließlich die größte Inspirationsquelle geworden. Sie wuchs in ihren ersten drei Lebensjahren zusammen mit dieser Arbeit auf. Ihre neugierig wache und innig liebenswerte Wesensart haben ihren Vater aus so manchem schöpferischen Tief wieder befreit.

Berlin, im November 2014 Sven Schultze

Einleitung

Thema, Forschungsstand und Aufbau der Arbeit

»Jetzt ist wieder Land in Sicht unterm Funkturm«, titelte die Kommentatorin einer deutschen Tageszeitung über die 73. »Grüne Woche« – 60 Jahre nach der ersten Nachkriegsschau – im Januar 2008.[1] »Land in Sicht«: Ein für diese Untersuchung semantisch mehrschichtiges Bild. Zum einen impliziert es die Vorstellung, dass mittels landwirtschaftlicher Ausstellungen die Landwirtschaft und ländliche Lebensweisen in der Stadt sichtbar und erfahrbar werden. Großstadtmenschen kommen in Berührung mit Landtechnik, Tieren und landwirtschaftlicher Produktion. Andererseits unterstreicht es die politische Dimension landwirtschaftlicher Messen und Ausstellungen. Denn die beiden großen landwirtschaftlichen Ausstellungen »Grüne Woche« in West-Berlin und die der DDR in Leipzig-Markkleeberg, die Gegenstand dieser Untersuchung sind, spiegelten Logos und Verlauf des Kalten Krieges. Landwirtschaftsausstellungen wurden deshalb ausgewählt, weil sie ein elementares menschliches Bedürfnis reflektieren, nämlich die gesicherte Versorgung mit Nahrungs- und Genussmitteln. Außerdem ließ sich das Thema Landwirtschaft seit jeher ebenso einfach wie stark politisch instrumentalisieren. Die Politik in beiden deutschen Staaten nutzte sie als Foren zur Verbreitung ihrer jeweiligen (agrar-) politischen Ziele. Und sie ließ in den 1950er und frühen 1960er Jahren deutlich werden, dass sich Bundesrepublik und DDR in verschiedene Richtungen bewegten: Auf den West-Berliner »Grünen Wochen« nahmen bundesdeutsche und internationale Vertreter von Politik, Wirtschaft und Gesellschaft in Ausführungen zu den »Grünen Plänen«, zum Europäischen Agrarmarkt, zur Integration in westliche Wirtschafts- und Verteidigungsbündnisse sowie zum Strukturwandel der Landwirtschaft Stellung. Die Region Leipzig, die durch die Leipziger Messe und die nationale Landwirtschaftsausstellung neben Ost-Berlin zu einem »Schaufenster des

1 Katja Reimann: »Jetzt ist wieder Land in Sicht unterm Funkturm«, in: *Der Tagesspiegel* vom 17.1.2008, http://www.tagesspiegel.de/berlin/Stadtleben-Gruene-Woche;art125,2457635 (letzter Zugriff: 24. September 2014).

Sozialismus« aufgebaut wurde, sollte vor allem die Überlegenheit des Sozialismus über den Kapitalismus darstellen, damit gleichsam die Kollektivierung der Landwirtschaft unterstützen und die Einbindung in den RGW popularisieren.

Mit dem Abschluss der Kollektivierung der DDR-Landwirtschaft 1960, nach dem Mauerbau 1961 und der sich stetig verfestigenden Einbindung der Bundesrepublik in die EWG, beinhaltete »Land in Sicht« nun vor allem die Botschaft, dass sich das Auseinanderdriften der beiden wirtschaftlich und politisch konträren Systeme definitiv und scheinbar irreversibel vollzogen hatte. Es gab nunmehr zwei deutsche Staaten mit einer jeweils eigenen und konträren landwirtschaftlichen Wirtschafts-, Arbeits- und Gesellschaftsauffassung. Sollte es tatsächlich zu einer Wiedervereinigung kommen, so war klar, dass beides nicht nebeneinander würde bestehen bleiben können.[2] Die Ausstellungen kommunizierten und popularisierten diesen Prozess in die Öffentlichkeit.[3]

Hintergrund der Analyse ist die umfassende deutsch-deutsche Systemkonkurrenz innerhalb des Kalten Krieges. Der Abschnitt von der ersten »Grünen Woche« nach dem Zweiten Weltkrieg, die 1948 noch während der Berlin-Blockade stattfand, bis ein Jahr nach dem Mauerbau 1962, bildet den Zeitrahmen. So stellten auch die beiden Landwirtschaftsausstellungen einen Fall asymmetrisch-verflochtener Parallelgeschichte (Christoph Kleßmann) dar.[4] Dieses Konzept hat sich in der zeithistorischen Forschung bewährt, da es zutreffend den Zustand deutscher Zweistaatlichkeit abbildet. Verkürzt dargestellt bedeutet es, dass die Geschichte der beiden deutschen Staaten von Abgrenzung, aber auch Verflechtung durch wechselseitige Beziehungen, Austausche und Kontakte geprägt war. Der Vergleich war auf beiden Seiten ständig präsent. Allerdings blickte die DDR verstärkt in Richtung Bundesrepublik als umgekehrt, somit bestand keine Symmetrie.

Mit dieser Untersuchung, die sich weitgehend auf bislang unbekanntes Quellenmaterial stützt, wird die Systemkonkurrenz zwischen den beiden deutschen Staaten

2 Der Duden erläutert die (umgangssprachliche) Bedeutung der Redewendung »Land in Sicht« folgendermaßen: »Die Wendung geht auf den Seemannsruf ›Land in Sicht‹ zurück, mit dem sich das Ende der Gefahren und Mühen der Reise ankündigte.« Duden, Bd. 11: Redewendungen, Mannheim 2011, S. 464.

3 Dadurch, dass dieser historische Prozess analysiert wird und nicht ein ausgewählter Zustand oder Zeitpunkt, wird dem möglichen Einwand einer einseitig teleologischen Fokussierung des Bildes »Land in Sicht« entgegengetreten.

4 Christoph Kleßmann: Verflechtung und Abgrenzung. Aspekte der geteilten und zusammengehörigen deutschen Nachkriegsgeschichte, in: APuZ B 29-30/1993, S. 30–41; ders./Peter Lautzas (Hrsg.): Teilung und Integration. Die doppelte deutsche Nachkriegsgeschichte als wissenschaftliches und didaktisches Problem, Bonn 2005; ders.: Die Geschichte der Bundesrepublik und der DDR – Erfolgs- contra Misserfolgsgeschichte, in: Bernd Faulenbach/Franz-Josef Jelich (Hrsg.): »Asymmetrisch verflochtene Parallelgeschichte?« Die Geschichte der Bundesrepublik und der DDR in Ausstellungen, Museen und Gedenkstätten, Essen 2005, S. 15–32; Bernd Faulenbach: Zur Einführung in die Tagung »Asymmetrisch verflochtene Parallelgeschichte?«, in: ebd., S. 9–14.

anhand der traditionsreichen Landwirtschaftsausstellungen »Grüne Woche« und der Landwirtschafts- und Gartenbauausstellung der DDR in Leipzig Markkleeberg, so ihre offizielle Bezeichnung seit 1952, thematisiert. Fragen nach den Zielen, Konzepten und Methoden der jeweiligen Ausstellung, ihren Hintergründen und ihren Wirkungen im Alltag sind differenziert zu beantworten. Den Analysekontext und Fokus bildet der Vergleich der beiden großen Ausstellungen. Angesichts der bis 1961 noch relativ durchlässigen Berliner Sektoren- und innerdeutschen Grenzen entstand eine Situation von Konfrontation als auch Wettbewerb, der beide Seiten zwang, »Schaufenster« der Überlegenheit zu schaffen:[5] Leipzig-Markkleeberg versuchte, durch die Propagierung seiner Konzepte vom fortschrittlichen Genossenschaftswesen in der Landwirtschaft und mit dem Bild des in seiner Existenz gesicherten Bauern zu überzeugen – die Ausstellung war ihrer Idee nach und in der Praxis eine Lehrschau. Die »Grüne Woche« hingegen suchte mit der Anziehungskraft ihrer Produkte und durch Leistungen eine Magnetwirkung zu erzielen, aber auch durch ihre Konzepte (wie etwa den »Grünen Plan« und die neuen landwirtschaftlichen Perspektiven in Europa). Sie wurde primär als Leistungsschau gedacht und umgesetzt. Vergleiche, die disproportional angelegt sind, müssen hier ansetzen:[6] Die

5 Der Autor folgt in seiner Argumentation der »Schaufenster«-Definition von Michael Lemke: Die aufeinander bezogenen »Schaufenster« innerhalb des Analysekontextes symbolisieren und repräsentieren die miteinander konkurrierenden »Großordnungen«. Lemke versteht »Schaufenster« als »den bildhaften Begriff für die konkrete Selbstdarstellung der einander entgegen gesetzten Gesellschaftsordnungen«. »Schaufenster« werden demnach in der Absicht konstituiert, das jeweilige andere gesellschaftliche und politische System zum einen durch Anziehungskraft (»Magnetismus« beziehungsweise »Magnet-Theorie«) innenpolitisch zu destabilisieren und zum anderen die eigene Akzeptanz, Attraktivität und Einfluss nach außen hin zu vergrößern. Davon abgeleitet versteht Lemke unter diesem Begriff »die Summe von politischen, sozialen, kulturellen sowie Konsum- und Dienstleistungs-, aber auch ideologischen u. a. Angeboten (auch Identifikationsofferten) [...], die von beiden Seiten im Rahmen der von Abgrenzung und Verflechtung gekennzeichneten politischen Auseinandersetzung und gesellschaftlichen Konkurrenz auf unterschiedliche Weise und mit verschiedenartigen Mitteln unterbreitet und zu realisieren versucht wurden«. »Schaufenster« sind also keineswegs statisch. Denn ihre Inhalte verändern sich mit den Zielen ihrer Urheber und Akteure. Sie können ebenfalls Werte und Angebote präsentieren, die auf innere Systemgegner desintegrierend wirken und versuchen sollen, sie, wie auch die äußeren Gegner, von regimefeindlichen Handlungen abzuhalten. Vgl. Michael Lemke (Hrsg.): Schaufenster der Systemkonkurrenz. Die Region Berlin-Brandenburg im Kalten Krieg, Köln u. a. 2006, S. 9 u. dort Anm. 2; ders.: Vorwort, in: ders. (Hrsg.): Konfrontation und Wettbewerb. Wissenschaft, Technik und Kultur im geteilten Berliner Alltag (1948–1968), Berlin 2008, S. 7–14 u. Anm. 2; ders.: Vor der Mauer. Berlin in der Ost-West-Konkurrenz 1948 bis 1961 (= Studien zur Zeitgeschichte, Bd. 48) Köln u. a. 2011, S. 12. – Zur Bedeutung der »Schaufenster« innerhalb des Systemwettstreits vgl. auch Hermann Wentker: Die gesamtdeutsche Systemkonkurrenz und die durchlässige innerdeutsche Grenze. Herausforderung und Aktionsrahmen für die DDR in den fünfziger Jahren, in: Dierk Hoffmann/Michael Schwartz/Hermann Wentker (Hrsg.): Vor dem Mauerbau. Politik und Gesellschaft in der DDR der fünfziger Jahre (= Schriftenreihe der Vierteljahrshefte für Zeitgeschichte, Sondernr.), München 2003, S. 59–75, insbes. S. 65–67.

6 Vgl. überblickend zum analytischen Konzept des historischen Vergleichs Heinz-Gerhard Haupt/Jürgen Kocka: Historischer Vergleich: Methoden, Aufgaben, Probleme. Eine Einleitung, in: diess. (Hrsg.): Geschichte und Vergleich. Ansätze und Ergebnisse international vergleichender Geschichtsschrei-

»Grüne Woche« war politisch durch ihre Lage im Spannungsgebiet Berlin sowie wegen ihrer hohen Besucherzahlen bedeutender und brisanter als die Ausstellung in Leipzig-Markkleeberg. Vor allem stellte West-Berlin aufgrund seiner insgesamt größeren Attraktivität für die Ost- und »Rand«-Berliner ein stärkeres Anziehungsfeld dar, als das umgekehrt der Fall war. Die Untersuchung geht der Bedeutung und Funktion der Agrarausstellungen als einer noch weitgehend freien Werbung für das jeweilige agrarpolitische Konzept nach. Sie erweitert somit auch die derzeit kaum vorhandenen Erkenntnisse über die Ausstellungskultur im Deutschland des 20. Jahrhunderts und die Funktion landwirtschaftlicher Expositionen im Besonderen. Überdies liefert sie Einblicke in das Methodenspektrum und die Wirkungsweisen der deutschen und Berliner Systemkonkurrenz. Dabei wird berücksichtigt, dass der Zugang zu beiden Ausstellungen bis zum Mauerbau offen war.

Eine zusammenhängende und vergleichende Untersuchung der Geschichte der »Grünen Woche« und der Landwirtschaftsausstellung der DDR in Leipzig-Markkleeberg als »Drehscheiben« der Systemkonkurrenz und Austragungsort des Kalten Krieges gab es bisher nicht. Das ist verwunderlich, denn sie stellten herausragende Orte des Kalten Krieges und der innerdeutschen Systemkonkurrenz dar, die als offene Begegnungsstätten Leistungen massenwirksam präsentierten und alternative Wege in der deutschen Landwirtschaft offerierten. Zwar lagen sie räumlich relativ weit auseinander, doch wirkten sie aufeinander bezogen und bis zum Mauerbau berlinzentriert. Ihre Konkurrenzsituation wurde politisch von der ungelösten Deutschen Frage bestimmt: Welches System würde sich als überlegen erweisen und sich gesamtdeutsch durchsetzen? Von dieser übergreifenden Frage geht der Verfasser in seinem Analysekonzept aus, wenn er die Konkurrenz- und »Schaufenster«-Funktionen der beiden Landwirtschaftsausstellungen im Systemkonflikt untersucht: Erstens wird gefragt, welche landwirtschaftspolitischen Überlegenheitskonzepte beiderseits (beispielsweise »Grüner Plan« versus Kollektivierung der Landwirtschaft) propagiert wurden. Zweitens interessiert, wie sie ausstellungstechnisch präsentiert und in den Exponaten »versteckt« wurden. Und drittens ist zu untersuchen, welche Wirkungen die konkurrierenden Ausstellungen auf den zweigeteilten deutschen und Berliner Alltag ausübten.

Diese Frage erscheint deshalb so wichtig, weil gerade die »Grüne Woche« Hunderttausende von Ostdeutschen – jährlich lag die ostdeutsche Besucherquote bei durchschnittlich 50 Prozent – in ihren Bann zog. Bauern und Konsumenten aus der DDR informierten sich über die westdeutsche agrarische Leistungsfähigkeit, nahmen neue Produkte und Angebote wahr und diskutierten teilweise konträr. Nicht

bung, Frankfurt am Main 1996, S. 9–45; Hartmut Kaelble: Der historische Vergleich. Eine Einführung zum 19. und 20. Jahrhundert, Frankfurt am Main u. a. 1999, v.a. S. 16–24 und zum analytischen Vergleich S. 49–55. Zum historisch-geografischen Vergleich vgl. etwa Ueli Haeferli: Verkehrspolitik und urbane Mobilität. Deutsche und Schweitzer Städte im Vergleich 1950–1990, Stuttgart 2007.

nur fachspezifische, sondern eben auch agrarpolitische und fundamentale Fragen der Gesellschaft machten aus einer Leistungs- und Produktenschau eine hochgradig politische Angelegenheit. Wurde die populäre »Grüne Woche« tatsächlich zu einer »Drehscheibe« der Ost-West-Konkurrenz? Damit waren DDR-Gegenstrategien verbunden: Welchen Part übernahm dabei die DDR-Landwirtschaftsausstellung, und welchen das Sicherheits- und Abwehrsystem (z. B. die Staatssicherheit) der DDR? Schließlich galt die »Grüne Woche« bei der SED nicht nur als erfolgreiches Instrument des Westens zur Beeinflussung der DDR-Bürger schlechthin, sondern vor allem als Kristallisationspunkt für ostdeutschen Widerstand (z. B. gegen die Kollektivierung der Landwirtschaft) und als »Rekrutierungsbüro« für antikommunistische »Agenten«. Somit stellt diese Arbeit, abgesehen von ihrem wissenschaftlichen Wert für die Deutschland- und Systemforschung, auch einen Beitrag für die Untersuchung des Verflechtungsraums Berlin-Brandenburg, aber auch der Stadt Leipzig mit ihren Anziehungskräften auf die gesamte DDR und in die Bundesrepublik hinein,[7] im Ost-West-Konflikt dar.

Eine erste umfassende Analyse des Großraums Berlin als eines besonderen Territoriums der Systemkonkurrenz im Ost-West-Konflikt liegt nunmehr durch Michael Lemkes Untersuchung zur Geschichte der geteilten Stadt bis zum Mauerbau vor.[8] Lemke stellt umfassend dar, dass eine integrale Analyse dieses Gebietes davon auszugehen hat, dass es sich in beiden Teilstädten und dem berlinnahen brandenburgischen Umland »in vielem noch um ein durch vielfältige Korrelationen und

7 Vgl. hierzu auch Fritsche: »Brückenschlag«, S. 301–391; Karsten Rudolph: Wirtschaftsdiplomatie im Kalten Krieg. Die Ostpolitik der westdeutschen Großindustrie 1945–1991, Frankfurt am Main u. a. 2004; Karsten Rudolph/Jana Wüstenhagen: Große Politik, kleine Begegnungen. Die Leipziger Messe im Ost-West-Konflikt, Berlin 2006; Jana Wüstenhagen: Staatsveranstaltung und Familienfest. Die DDR und die Leipziger Messe, in: ZfG 5/2000, S. 423–439.

8 Vgl. Lemke: Vor der Mauer. – Berlin als ein »Schaufenster« aufzubauen, das vorbildgebend sein sollte, ist allerdings nicht erst während der Konfrontation der Blöcke ab 1948/49 entstanden. Tatsächlich forcierten bereits die Nationalsozialisten nach 1933 dieses Konzept für die Reichshauptstadt. Wiederum spielten die Berliner Großausstellungen eine wichtige Rolle für diese Pläne. Anlässlich der »Deutschland«-Ausstellung (18. Juli bis 16. August 1936), mit der sich das »Dritte Reich« zur Olympiade 1936 vor internationalem Publikum ins beste Licht setzen wollte, fand die Sonderschau »Berlin – das Schaufenster des Reiches« statt. Damit war, soweit dem Verfasser bekannt, erstmals überhaupt der Schaufenster-Begriff auf Berlin angewandt worden, mit dem Ziel, die politisch, gesellschaftlich und kulturell avantgardistisch exponierte Stellung der Hauptstadt zu konstruieren. Die Ausstellungen und Messen in Charlottenburg hatten diese Botschaft zu transportieren. Vgl. Gemeinnützige Berliner Ausstellungs-, Messe- und Fremdenverkehrs-GmbH: Nachrichtendienst Nr. 10 – Ausstellung »Deutschland« vom 2. Juli 1936, in: LAB, A Rep-015-02, Nr. 32089, unpag. – Zur Einordnung der Schau in die NS-Propaganda vgl. Sven Schultze: Die visuelle Repräsentation der Diktatur. Berlin, sein Messeamt und die Propagandaschauen im Nationalsozialismus, in: Rüdiger Hachtmann/Thomas Schaarschmidt/Winfried Süß (Hrsg.): Berlin im Nationalsozialismus. Politik und Gesellschaft 1933–1945 (= Beiträge zur Geschichte des Nationalsozialismus, Bd. 27), Göttingen 2011, S. 113–131.

Interaktionen gekennzeichnetes Verflechtungsgebiet handelte«.[9] Gleichwohl liegt der Fokus der Forschungen über den direkten deutsch-deutschen Systemwettstreit hauptsächlich auf dem Berliner Großraum.[10] Wichtige Impulse für die regionale »Schaufenster«- und Konkurrenzanalyse liefert Rainer Gries anhand einer Kulturgeschichte der Produktkommunikation in der Bundesrepublik und in der DDR. Durch die von Gries vorgenommene Periodisierung lassen sich auch bestimmte Abschnitte von Kaltem Krieg und Systemauseinandersetzung an den »Schaufenstern« der Regionen des geteilten Berlins, aber auch Leipzigs deutlich ablesen.[11] Überdies sind Gries' Untersuchungen über den Raum Leipzig von großem Wert. Denn sie zeigen, inwieweit Region, Versorgungslage und Gesellschaft Voraussetzungen für eine Annahme von »Schaufenstern« oder einer Ablehnungshaltung sein können.[12] Auch die vor einigen Jahren von Adelheid von Saldern herausgegebenen Beiträge über die inszenierte Einigkeit bei der Herrschaftsrepräsentation in DDR-Städten enthalten wichtige Beiträge für die Fragen nach sinn- und gemeinschaftsstiftenden Angeboten und Ritualen.[13] Insbesondere der darin enthaltene Aufsatz Alice von Platos über die Erfurter iga zeigt einerseits, wie sehr die Installation solcher Ausstellungs-»Schaufenster« systemstabilisierend wirken kann, zum anderen aber ebenso, dass Großausstellungen immer auch als massenwirksame Foren politischer Kommunikation genutzt wurden.[14] Aufschlussreich ist zugleich die darin sublim enthaltene Analyse des Verhältnisses von Unterhaltungsprogramm und politischer Meinungsbildung, die für diese Arbeit von ebenso großer Bedeutung ist. Weitere Erkenntnisse über die Gartenbauausstellungen in Hamburg und Erfurt in der Systemauseinandersetzung erbrachte die Dissertation von Kristina Vagt über die Gartenbauausstellungen in Hamburg und Erfurt im Kalten Krieg (1950–1974).[15] Für

9 Vgl. Lemkes Vorwort in: ders. (Hrsg.): Konfrontation und Wettbewerb. Wissenschaft, Technik und Kultur im geteilten Berliner Alltag (1948–1968), Berlin 2008, S. 7–14, hier S. 8f.

10 Michael C. Bienert/Uwe Schaper/Hermann Wentker (Hrsg.): Hauptstadtanspruch und symbolische Politik. Die Bundespräsenz im geteilten Berlin 1949–1990 (= Zeitgeschichte im Fokus, Bd. 1), Berlin 2012.

11 Rainer Gries: Produkte als Medien. Kulturgeschichte der Produktkommunikation in der Bundesrepublik und der DDR, Leipzig 2003.

12 Ders.: Die Rationen-Gesellschaft. Versorgungskampf und Vergleichsmentalität. Leipzig, München und Köln nach dem Kriege, Münster 1991.

13 Adelheid von Saldern (Hrsg.): Inszenierte Einigkeit. Herrschaftsrepräsentationen in DDR-Städten (= Beiträge zur Stadtgeschichte und Urbanisierungsforschung, Bd. 1), Stuttgart 2003.

14 Alice von Plato: »Gartenkunst und Blütenzauber«. Die Internationale Gartenbauausstellung als Erfurter Angelegenheit, in: ebd., S. 183–234.

15 Kristina Vagt: Politik durch die Blume. Gartenbauausstellungen in Hamburg und Erfurt im Kalten Krieg (1950–1974) (= Forum Zeitgeschichte, Bd. 24), Hamburg 2013. – Vgl. auch Kristina Vagt: Zwischen Systemkonkurrenz und Freizeitvergnügen. Die iga 1961 im deutsch-deutschen Kontext, in: Martin Baumann/Steffen Raßloff (Hrsg.): Blumenstadt Erfurt. Waid – Gartenbau – iga/egapark, Erfurt 2011, S. 341–349.

die Analyse der Mentalitäten der Besucher aus West und Ost erwies sich überdies Thomas Lindenbergers Begriff der »Grenze« als hilfreich, die einen mehrdimensionalen Raum darstellt und nicht nur eine bloße Linie.[16]

»Schaufenster« können sowohl für den Osten als auch für den Westen ausgemacht werden. Die Stadt West-Berlin war vermutlich in den Köpfen der meisten Deutschen das »Schaufenster des Westens« schlechthin, und die »Grüne Woche« ein wichtiger Teil dessen, eigentlich ein eigenes »Schaufenster«. Aber auch der Ostteil Berlins und die Stadt Leipzig sollten zu einem »Schaufenster« werden.[17] Die Leipziger Messe zählt hierbei ebenso dazu wie die nationale Landwirtschaftsausstellung vor den Toren der Stadt. In der Forschung wird davon ausgegangen, dass die vielschichtige Systemkonkurrenz ebenso durch Konfrontation wie durch wirtschaftlichen, sozialen und politisch-ideologischen Wettbewerb gekennzeichnet war.[18] »Schaufenster« sind ebenso materielle (z. B. Architektur, Konsumgüter u.v.m.), wie immaterielle Dinge, wie etwa politische oder weltanschauliche Aussagen und Angebote, aber auch Wertebegriffe, Slogans und Etikettierungen (Brands), wie zum Beispiel »abendländische Kultur«, der »neue Mensch«, das »neue Deutschland« oder »gesamtdeutsch«.

Begonnen hatte die doppelte Polemik zwischen West- und Ostdeutschland bereits mit der Währungsreform im Juni 1948.[19] Von diesem Zeitpunkt an installierten beide Seiten »Schaufenster«, um Wohlstand und wirtschaftlichen Aufschwung zu demonstrieren. Der erste Regierende Bürgermeister West-Berlins, Ernst Reuter, erklärte die Stadt zum zentralen Austragungsort des »Schaufensterwettstreits« zwischen West und Ost.[20] In einer Rede Reuters vor dem Deutschen Liberalen Klub, die Teil der Rahmenveranstaltungen der »Grünen Woche« 1953 war, betonte er, dass »der Aufbau dieser Stadt als ein Schaufenster der Freiheit [...] nicht nur der Freiheit, sondern auch westlicher Kultur, Zivilisation und ökonomi-

16 Vgl. Thomas Lindenberger: »Zonenrand«, »Sperrgebiert« und »Westberlin« – Deutschland als Grenzregion des Kalten Krieges, in: Christoph Kleßmann/Peter Lautzas (Hrsg.): Teilung und Integration. Die doppelte deutsche Nachkriegsgeschichte als wissenschaftliches und didaktisches Problem, Bonn 2005, S. 97–112.

17 Lemke: Vor der Mauer, S. 38 f.

18 Ders.: Schaufenster der Systemkonkurrenz, S. 12.

19 Vgl. weiterführend Burghard Ciesla: »X-Tage«. Die Währungsreformen in Deutschland 1948, Erfurt 2008.

20 Ders.: »All das bremst uns, kann uns aber nicht aufhalten«. Wohlstandsversprechen und Wirtschaftswachstum. Grundprobleme der SED-Wirtschaftspolitik in den fünfziger Jahren, in: Dierk Hoffmann/Michael Schwartz/Hermann Wentker (Hrsg.): Vor dem Mauerbau. Politik und Gesellschaft in der DDR der fünfziger Jahre (= Schriftenreihe der Vierteljahrshefte für Zeitgeschichte, Sondernr.), München 2003, S. 149–164, hier S. 153; Christiane Fritsche: Schaufenster des »Wirtschaftswunders« und Brückenschlag nach Osten. Westdeutsche Industriemessen und Messebeteiligungen im Kalten Krieg (1946–1973), München 2008, S. 47–55.

scher Leistungsfähigkeit von eminenter und hervorragender Bedeutung« sei.[21] Der in Westdeutschland und in West-Berlin sichtbare Konsumwohlstand entwickelte sich in der Folgezeit zu einem dauerhaften Legitimationsproblem der SED-Führung.

Wissenschaftliche Arbeiten, die sich direkt der »Grünen Woche« oder der Ausstellung in Leipzig-Markkleeberg widmen, sind kaum vorhanden. Es waren zumeist nur interessante zeitgenössische Kleinartikel, die sie aus aktueller politischer Sicht thematisierten. Es fehlen auch Publikationen, die sich mit der landwirtschaftlichen Ausstellungskultur während des Kalten Krieges beschäftigen. Wichtige zeitgenössische Publikationen bilden die Pressevorschauen der Ausstellungs-Messe-Kongreß-GmbH Berlin (AMK Berlin). Sie sind Fakten- und Datenkompilationen der einzelnen Ausstellungen zwischen 1952 und 1961. Weiterhin geben sie Stellungnahmen bedeutender Gestalter aus Politik, Landwirtschaft und Ausstellungswesen wieder. Diese Phase zeitgenössischer Wahrnehmung ist weitgehend durch eine agrarpolitische Sicht bestimmt. Eine kurze Überblicksdarstellung über die »Grüne Woche« bis 1975, verfasst im Auftrag der AMK Berlin, bietet Jürgen Dobberke.[22] Er beschreibt Ursprung, Entstehung und Entwicklung dieser Ausstellung in den ersten 50 Jahren ihres Bestehens. Wenngleich wenig wissenschaftlich gehalten und polemisch geprägt, informiert dieses Werk doch über historische Zusammenhänge, die bei der Beurteilung des Untersuchungsgegenstandes von Bedeutung sind. Zeitgenössische Publikationen über die DDR-Landwirtschaftsausstellung in Leipzig-Markkleeberg sind im ausstellungseigenen Verlag für Agrarpropaganda erschienen. Sie legen beredtes Zeugnis für die Rhetorik des Kalten Krieges, der sozialistischen Agrarpropaganda sowie für den Anspruch und das Selbstverständnis dieser Ausstellung und ihrer Leitung ab.[23] Die in dem Erinnerungs- und Zeitzeugenband von Erich Rübensam und Hans Wagemann veröffentlichten Erinnerungen von Karl-Heinz Poosch zur agra wurden für diese Untersuchung nicht berücksichtigt.[24] Da Poosch jedoch erst 1974, also über ein Jahrzehnt nach dem Ende des Untersuchungszeitraumes, Direktor der agra wurde, stellt dies keinen Mangel dar.

Zu Zielen und Entwicklungen der Agrarpolitik, Landwirtschaftsplanung sowie Wirtschaftspolitik von Bundesrepublik und DDR seien die Arbeiten von Jens

21 Rede Ernst Reuters vor dem Deutschen Liberalen Klub am 20. Januar 1953, in: LAB, E Rep. 200-21, Nr. 118, unpag.

22 Vgl. Jürgen Dobberke: 50 Jahre Grüne Woche Berlin. Eine Ausstellung geht mit der Zeit, Berlin (West) o. J. [1975].

23 Aus der Vielzahl der Veröffentlichungen vgl. Oskar Baumgarten: Wie verbessern wir die Leistungen im Kuhstall? (= Schulungsbeilage Nr. 1 der Zeitschrift »Das Mitschurin-Feld«), Berlin (Ost) 1951; Landwirtschaftsausstellung der DDR, Abteilung Agrarpropaganda, Leipzig-Markkleeberg (Hrsg.): LPG und sozialistische Gemeinschaftsarbeit, Leipzig-Markkleeberg 1960.

24 Erich Rübensam/Hans Wagemann (Hrsg.): Erinnerungen von Zeitzeugen an ihr Wirken in den Agrarwissenschaften in der DDR, Plaaz 2011.

Schöne[25], Arnd Bauerkämper[26], Ulrich Kluge[27], Elke Scherstjanoi[28] und Burghard Ciesla[29] genannt. Auch Dieter Schulz[30] und André Steiner[31] liefern mit ihren weiterführenden Fragen wichtige Anregungen. Hermann Wentker[32] weist in seinem Aufsatz über die gesamtdeutsche Systemkonkurrenz in den 1950er Jahren auf einen indirekt wirkenden Aspekt des Versagens der DDR-Landwirtschaftspolitik hin: die bei der Versorgung durchaus ins Gewicht fallenden Lebensmittelsendungen aus der Bundesrepublik und West-Berlin in die DDR. Im Kontext damit und in Bezug auf die Konkurrenz im geteilten Berlin stehen die Aufsätze von Katherine Pence[33]

25 Vgl. v.a. Jens Schöne: Frühling auf dem Lande? Die Kollektivierung der DDR-Landwirtschaft, Berlin 2005; ders.: Das sozialistische Dorf. Bodenreform und Kollektivierung in der Sowjetzone und der DDR (= Schriftenreihe des Sächsischen Landesbeauftragten für die Stasi-Unterlagen, Bd. 8), Leipzig 2008; ders.: Landwirtschaftliches Genossenschaftswesen und Agrarpolitik in der SBZ/DDR 1945–1950/51, Stuttgart 2000.

26 Vgl. Arnd Bauerkämper (Hrsg.): »Junkerland in Bauernhand«? Durchführung, Auswirkungen und Stellenwert der Bodenreform in der Sowjetischen Besatzungszone (= Historische Mitteilungen, Beiheft 20) Stuttgart 1996; ders.: Strukturumbruch ohne Mentalitätenwechsel. Auswirkungen der Bodenreform auf die ländliche Gesellschaft in der Provinz Mark Brandenburg 1945–1949, in: ders. (Hrsg.): »Junkerland in Bauernhand«?, S. 69–86; ders.: Die Sozialgeschichte der DDR, München 2005.

27 Ulrich Kluge: Vierzig Jahre Agrarpolitik in der Bundesrepublik Deutschland, Bd. 1, Hamburg 1989; ders.: Deutsche Agrarpolitik im 20. Jahrhundert zwischen Protektionismus und wirtschaftlicher Modernisierung: Ausklang des Agrarischen?, in: Der lange Abschied vom Agrarland. Agrarpolitik, Landwirtschaft und ländliche Gesellschaft zwischen Weimar und Bonn (= Veröffentlichungen des Arbeitskreises Geschichte des Landes Niedersachsen nach 1945, Bd. 16), Göttingen 2000, S. 289–314; ders.: Agrarwirtschaft und ländliche Gesellschaft im 20. Jahrhundert (= Enzyklopädie Deutscher Geschichte, Bd. 73), München 2005.

28 Vgl. Elke Scherstjanoi: SED-Agrarpolitik unter sowjetischer Kontrolle, 1949–1953, München 2007.

29 Vgl. Burghard Ciesla: »All das bremst uns, kann uns aber nicht aufhalten«. Wohlstandsversprechen und Wirtschaftswachstum. Grundprobleme der SED-Wirtschaftspolitik in den fünfziger Jahren, in: Dierk Hoffmann/Michael Schwartz/Hermann Wentker (Hrsg.): Vor dem Mauerbau. Politik und Gesellschaft in der DDR der fünfziger Jahre (= Schriftenreihe der Vierteljahrshefte für Zeitgeschichte, Sondernr.), München 2003, S. 149–164.

30 Vgl. Dieter Schulz: »Kapitalistische Länder überflügeln«. Die DDR-Bauern in der SED-Politik des ökonomischen Wettbewerbs mit der Bundesrepublik von 1956 bis 1961, Berlin 1994.

31 Vgl. André Steiner: Vom Überholen eingeholt. Zur Wirtschaftskrise 1960/61 in der DDR, in: Ciesla/Lemke/Lindenberger (Hrsg.): Sterben für Berlin?, S. 245–262; ders.: Von Plan zu Plan. Eine Wirtschaftsgeschichte der DDR, Stuttgart 2004.

32 Vgl. Hermann Wentker: Die gesamtdeutsche Systemkonkurrenz und die durchlässige innerdeutsche Grenze. Herausforderung und Aktionsrahmen für die DDR in den fünfziger Jahren, in: Hoffmann/Schwartz/Wentker (Hrsg.): Vor dem Mauerbau, S. 59–75, hier S. 70.

33 Vgl. Katherine Pence: Schaufenster des sozialistischen Konsums. Texte der ostdeutschen »consumer culture«, in: Alf Lüdtke/Peter Becker (Hrsg.): Akten. Eingaben. Schaufenster. Die DDR und ihre Texte. Erkundungen zu Herrschaft und Alltag, Berlin 1997, S. 91–118; dies.: Herr Schimpf und Frau Schande. Grenzgänger des Konsums im geteilten Berlin und die Politik des Kalten Krieges, in: Ciesla/Lemke/Lindenberger (Hrsg.): Sterben für Berlin?, S. 185–202.

und Jörn Düwel.[34] Pence unterzieht speziell die »Grenzgänger des Konsums« einer eingehenden Untersuchung. Zu ihnen zählten auch die ostdeutschen Besucher der »Grünen Woche«. Neue und wichtige Erkenntnisse zur Bedeutung des Berliner Grenzgängerproblems in der Systemauseinandersetzung lieferte Frank Roggenbuch.[35] Die Untersuchungen von Christel Nehrig[36] und Barbara Schier[37] ermöglichten Einblicke in die soziale Gemeinschaft und Praxis der ländlichen Bevölkerung der DDR zwischen bäuerlicher Einzelwirtschaft und Kollektivierung. Auch Andrew Port behandelt die Landwirtschaft als bedeutenden Teil seiner Argumentation, um die »rätselhafte Stabilität der DDR« zu erklären.[38] Viele seiner Befunde spiegelte die DDR-Landwirtschaftsausstellung en miniature wider.

Die Landwirtschaft spielt in den Veröffentlichungen zur deutschen Zeitgeschichte eher eine geringe Rolle. Dies ist insofern erstaunlich, als die Bevölkerungsgruppe, die in diesem wichtigen Zweig der Volkswirtschaft arbeitete, recht umfänglich war und die Lage der gesamten Bevölkerung in hohem Maße vom Charakter der Landwirtschaftspolitik und den Ergebnissen der Agrarwirtschaft beeinflusst wurde. Die ländliche Bevölkerung sorgte in der Regel für die Versorgung der Städte, die in den modernen Gesellschaften Zentren von Wissenschaft, Verkehr, Verwaltungs- oder gar Regierungssitz sind. In der Forschung wird auch die Frage diskutiert, ob der städtische Raum die Voraussetzung des Sozialen sei.[39] Daher brauchen und bedingen auch im 20. Jahrhundert der städtische und der ländliche Raum einander. Schließlich ist für diese Untersuchung von Bedeutung, dass sich an »der Entwicklung der Landwirtschaft [...] unmittelbar der Zustand der Gesellschaftsordnung insgesamt ablesen« lässt.[40]

34 Vgl. Jörn Düwel: Berlin. Planen im Kalten Krieg, in: 1945. Krieg – Zerstörung – Aufbau. Architektur und Stadtplanung 1940–1960 (=Schriftenreihe der Akademie der Künste, Bd. 23), Berlin 1995, S. 195–235.

35 Frank Roggenbuch: Das Berliner Grenzgängerproblem. Verflechtung und Systemkonkurrenz vor dem Mauerbau (= Veröffentlichungen der Historischen Komission zu Berlin, Bd. 107), Berlin 2008.

36 Christel Nehrig: Zur sozialen Entwicklung der Bauern in der DDR 1945–1960, in: Zeitschrift für Agrargeschichte und Agrarsoziologie 1/1993, S. 66–76; dies.: Agrarpolitik, in: Clemens Burrichter/Detlef Nakath/Gerd-Rüdiger Stephan (Hrsg.): Deutsche Zeitgeschichte von 1945 bis 2000. Gesellschaft – Staat – Politik: Ein Handbuch, Berlin 2006, S. 755–776.

37 Barbara Schier: Alltagsleben im »sozialistischen Dorf«. Merxleben und seine LPG im Spannungsfeld der SED-Agrarpolitik 1945–1990 (= Münchener Beiträge zur Volkskunde, Bd. 30), Münster 2001.

38 Andrew I. Port: Die rätselhafte Stabilität der DDR. Arbeit und Alltag im sozialistischen Deutschland, Berlin 2010. – Vgl. auch Erhard Runnwerth: Entwicklung der bäuerlichen Landwirtschaft in der DDR bis zur Vollkollektivierung im sozialistischen Frühling 1960, Norderstedt 2010.

39 Vgl. hierzu Gerd Held: Der städtische Raum als Voraussetzung des Sozialen, in: Helmuth Berking/Martina Löw (Hrsg.): Die Eigenlogik der Städte. Neue Wege für die Stadtforschung, Frankfurt am Main u.a., 2008, S. 169–206.

40 John P. Neelsen: Landwirtschaft und Ernährung – Stundenglas der kapitalistischen Produktions-

Nach der Darstellung von Entstehung und Entwicklung der landwirtschaftlichen Ausstellungen vom 19. Jahrhundert bis zum Ende des Zweiten Weltkrieges ist die Arbeit in drei Hauptkapitel gegliedert. Das Kapitel »Die Darstellung des Mangels: Der Wiederbeginn der großen Landwirtschaftsausstellungen und deren Konsolidierung« untersucht die Startbedingungen in Deutschland bis 1950, während sich das folgende Kapitel den beiden Landwirtschaftsschauen in den Hochphasen der deutsch-deutschen Systemkonkurrenz im Kalten Krieg zwischen 1952 und 1959 widmet. Im Kapitel »Der ›grüne Ausstellungskampf‹ 1960–1962« wird die Zeit zwischen dem Abschluss der Kollektivierung der Landwirtschaft in der DDR und dem Mauerbau in den Fokus genommen, da diese Phase der Ausstellungen aufgrund der politischen Entwicklung einer gesonderten Betrachtung bedarf. Abschließend erfolgt die Zusammenfassung der gewonnenen Ergebnisse.

Gestaltungsprinzipien und Methoden

Diese Untersuchung ist im Kern eine politikhistorische Analyse mit sozialhistorischen, aber auch mentalitäts- und erinnerungsgeschichtlichen sowie wirtschaftlichen Aspekten. Ein wesentlicher Aspekt ist hierbei die Differenzierung von Variablen und Konstanten der politischen Entwicklung auf allen relevanten Feldern. Diese werden empirisch ermittelt. Die Quellenerfassung ist zentral auf Archivmaterial gerichtet. Da die Analyse der politischen, sozialen und mentalen Ursachen, Verläufe und Auswirkungen dieser Ausstellungskonkurrenz durch verschiedene Gemeinsamkeiten und generell durch den Spaltungsprozess mit definiert wird, ist eine gegenüberstellende Perspektive prinzipiell gegeben. Die Natur des Forschungsgegenstandes bedingt eine integrale Analyse. Durch sie wird auch deutlich, dass viele Phänomene, die von der Forschung oftmals als singuläre Ereignisse und Aktionen betrachtet worden sind, eigentlich Teil einer gesamtdeutschen Problemstruktur waren. Die integrale Betrachtungsweise findet sich auch in den Untersuchungsebenen wieder: der regionalen (das geteilte Berlin und sein Brandenburger Umland sowie die Region Leipzig), der deutschen und der internationalen Ebene. Diese Betrachtungsweise führt dazu, die Ausstellungen jenseits von reiner Repräsentationsgeschichte und von allzu von idealistischer Philosophie inspirierter hermeneutischer Suche nach »Diskurseinschreibungen« erfassen zu können. Denn nicht nur

weise, in: Utopie kreativ, Nr. 208, Febr. 2008, S. 115–129, hier S. 115; Josef Mooser: Das Verschwinden der Bauern. Überlegungen zur Sozialgeschichte der »Entagrarisierung« und Modernisierung der Landwirtschaft im 20. Jahrhundert, in: Daniela Münkel (Hrsg.): Der lange Abschied vom Agrarland. Agrarpolitik, Landwirtschaft und ländliche Gesellschaft zwischen Weimar und Bonn (= Veröffentlichungen des Arbeitskreises Geschichte des Landes Niedersachsen nach 1945, Bd. 16), Göttingen 2000, S. 23–38.

dass beiden Elementen die Gefahr epistemologischer Zirkelschlüsse und ontologischer »Blutarmut« innewohnt, verdecken sie doch in ihrem totalen »Verstehensanspruch« oft die Akteure, ihre individuellen Intentionen und Interaktionen.[41] Bisher nur fragmentarisch oder unzureichend berücksichtigte politisch-ideologische Gesichtspunkte werden zusammengeführt und neu bewertet.

Angesichts der Disproportionalität der Ost-West-Verhältnisse ist der gezielte wissenschaftliche Vergleich auch hier nur unter Berücksichtigung geeigneter Kontexte aussagekräftig. Vom Aufbau her ist die Arbeit in sachlich-chronologische Abschnitte gegliedert. Die historischen Zäsuren bilden jeweils die Untersuchungsabschnitte ab: Die historische Betrachtung des landwirtschaftlichen Ausstellungswesens in Deutschland von seinen Ursprüngen im 19. Jahrhundert bis 1945, dann der Wiederbeginn vor allem durch die erste Nachkriegs-»Grüne Woche« 1948. Die nächste Zäsur bildeten in der DDR die Durchführung der ersten nationalen Landwirtschaftsausstellung in Leipzig-Markkleeberg und die Verkündung des Aufbaus des Sozialismus durch die SED. Daran anschließend folgt die Analyse der beiden Schauen in politischen Krisenjahren, da eine Analyse aller Expositionen in den 1950er Jahren zu ausufernd und letztlich der Darstellung abträglich gewesen wäre. Als eine weitere Zäsur gelten der Abschluss der Kollektivierung der DDR-Landwirtschaft 1960 und der Mauerbau im Jahr darauf. Wie die beiden Expositionen auf diesen tiefgreifenden Einschnitt reagierten, wird in einem abschließenden Kapitel untersucht. Insbesondere in der DDR waren die Zäsuren der (agrar-)politischen Entwicklung im Grunde identisch mit den Entwicklungsabschnitten der Landwirtschaftsausstellung. In den jeweiligen Kapiteln kommen Personen und Gruppierungen, Prozesse, Problemlagen und historische Entwicklungen zu Wort, die für das Wesen des »grünen Ausstellungskampfes« als unverzichtbar erschienen. Deshalb wird auch der »Bearbeitung« und Bekämpfung der »Grünen Woche« durch die DDR großer Raum gewidmet. Denn daran lassen sich nicht nur Interessenlagen und agrarpolitische Ziele der SED ablesen, vielmehr spiegeln sich darin Abhängigkeiten und Interessenkonflikte im deutsch-deutschen Maßstab. Der Blick auf Episoden der beiden Ausstellungen und der – deutsch-deutschen wie internationalen – politischen Entwicklung zeigt, dass sie Schnittpunkte des Kalten Krieges bildeten. Ein zentraler Teil der Analyse ist daher den Ausstellungen der »Krisenjahre« gewidmet: Wie reagierten die beiden Expositionen auf die politischen Krisenereignisse der Jahre 1953 (Volksaufstand in der DDR), 1956 (Krisen und politische Unruhen im Nahen Osten sowie in Polen und Ungarn) und 1958 bis 1961 (Chruschtschow-Ultimatum, zweite Berlin-Krise und Bau der Berliner Mauer)? Wie begleiteten sie diese Ereignisse, welchen Einfluss versuchte die Politik durch beide Ausstellungen

41 Vgl. exemplarisch Thomas Großbölting: »Im Reich der Arbeit«. Die Repräsentation gesellschaftlicher Ordnung in den deutschen Industrie- und Gewerbeausstellungen 1790–1914 (= Ordnungssysteme. Studien zur Ideengeschichte der Neuzeit, Bd. 21), München 2008, S. 33–46.

auf den Verlauf dieser Entwicklungen zu nehmen und wo lagen die Grenzen der Expositionen als politische Foren?

Während des gesamten Untersuchungszeitraumes stand immer die Frage nach der deutschen Wiedervereinigung im Vordergrund. Wie also artikulierten beide Schauen den gesamtdeutschen Anspruch und mit welchen gestalterischen Mitteln? Welchen »kreativen« Gestaltungswillen legten sie hierbei an den Tag und erfanden sie gar etwas Neues, das es auf landwirtschaftlichen Ausstellungen in Deutschland zuvor noch nicht gegeben hatte? Deshalb wird der Landwirtschaftsausstellung in Frankfurt am Main 1948 ein eigenes Kapitel gewidmet, weil sie die einzige »gesamtdeutsche« Landwirtschaftsausstellung während des Kalten Krieges war. Ausgerichtet von der westdeutschen DLG und der Messestadt Frankfurt am Main nahm auch die SBZ mit einem eigenen, recht umfänglichen Ausstellungsbeitrag teil und war teilweise sogar in die Planung und Organisation miteinbezogen. Daran lassen sich exemplarisch Mechanismen der Abgrenzung und Teilung ablesen, aber auch Gestaltungsmöglichkeiten politischer Botschaften sowie gesellschaftlich und politisch noch verbindende Elemente. Gleiches gilt für die DLG, die 1946/47, getrennt sowohl in Ost- als auch in Westdeutschland, wiedergegründet wurde. Diesem traditionellen Ausstellungsorganisator kam in der SBZ/DDR zunächst entscheidende Bedeutung zu, wenn es darum ging, eine eigene ostzonale bzw. nationale Landwirtschaftsausstellung durchzuführen. Die gesamtdeutsche Relevanz dieser landwirtschaftlichen Organisation, die weiter reichte, als nur Ausstellungen durchzuführen, wurde bislang in der Forschung völlig vernachlässigt.[42]

Eine geschichtswissenschaftliche Untersuchung, die, wie die vorliegende über Trennung und Verflechtung erzählt, muss zwangsläufig kontrastierende Gegenüberstellungen und Vergleiche heranziehen. Deshalb sind sowohl Elemente einer Beziehungs- wie auch einer Parallelgeschichte bestimmend. Augenmerk wird zudem auf die Akteure der Ausstellungen gelegt; insbesondere auf diejenigen, die als politische Gestalter Einfluss ausübten, aber auch auf Personen und Gruppierungen, die für gewisse Absichten instrumentalisiert wurden. An ihnen werden auch Kontinuitäten und Brüche, etwa in der Ausstellungselite und der Art und Weise der politischen Kommunikation, vor und nach 1945 sichtbar. Die Besucher der beiden Ausstellungen werden von ihrer quantitativen wie qualitativen Seite her untersucht. Es werden die Besucherzahlen der jeweiligen Ausstellung betrachtet, beispielsweise wie viele von ihnen aus dem Osten kamen. Fragen nach der sozialen und politischen Struktur der Besucher sowie nach ihren Motiven sind demgegenüber qualitativer Natur.

42 Sven Schultze: Die Deutsche Landwirtschafts-Gesellschaft (DLG) in der SBZ/DDR. Zur Geschichte einer vergessenen landwirtschaftlichen Organisation 1946–1951, in: DA 2/2009, S. 239–246.

Ausstellungen als Gegenstand der Forschung

Messen und (Groß-)Ausstellungen sind umfassende Veranstaltungen, da sie sich als wirtschaftliche Foren an das Fachpublikum wenden, darüber hinaus oft an das Informationsbedürfnis und die »Schaulust« des Massenpublikums appellieren und damit vielfältige aktuelle politische, kulturelle und gesellschaftliche Themen aufgreifen. Damit sind Messen und Ausstellungen nicht nur aus politik- und wirtschaftsgeschichtlicher, sondern auch aus kultur- und mediengeschichtlicher Perspektive lohnenswerte Untersuchungsgegenstände.

Sie sind Verhandlungsräume für Wirtschaft, Politik und Öffentlichkeit und bieten politischen Entscheidungsträgern und Institutionen einen Transmissionsriemen zur Implementierung ordnungspolitischer Vorstellungen. Sie stellen neue Waren und Produkte vor und regen den wirtschaftlichen Handel an. Sie sind aber auch Schauplätze einer konstruierten Realität und bieten politischen Systemen eine Bühne, um wirtschaftliche und gesellschaftliche Themen zu präsentieren, sich auf den Leistungsschauen miteinander zu messen, Konkurrenzsituationen zu verschärfen und transnationale Kontakte zu knüpfen. Ausstellungsarchitekten, wie etwa Fritz Bornemann, inszenierten und entwarfen ihre Ausstellungsbauten zur Aktivierung des Publikums auch bewusst als eine Bühne, auf der die Messearchitektur einen dramaturgischen Aufbau erhielt. Bornemann sagte dazu Folgendes: »Ich meine die psychologisch weit aktivere Ansprache der Ausstellungsbesucher, als dies die bisher statische, vom Semantischen her konzipierte Form der Ausstellung sein konnte, eine Aktivierung des Publikums, das Hineinziehen der Besucher in eine ›Inszenierung‹ wie beim Spiel des Theaters oder Happening.«[43]

Mit den neuen technischen und kommunikativen Möglichkeiten im 20. Jahrhundert veränderten sich Ausstellungsdesign und -sprache, die wiederum die Alltagsästhetik beeinflussten. Ausstellungen und Messen haben als politische Foren oder als Kulturpraktiken des Zeigens in den letzten zehn Jahren verstärkte Aufmerksamkeit in der historischen Forschung erfahren.[44] Lange jedoch stellten Aus-

43 Fritz Bornemann: Der Ausstellungsbau, in: *Süddeutsche Zeitung* vom 29. Juli 1970. Mit diesen Worten beschrieb Bornemann zwar die Möglichkeiten von Inszenierung, Spiel und Aktivierung des Publikums durch sein Konzept für den deutschen Pavillon der Weltausstellung 1970 in Osaka, aber die gestalterischen und ausstellungstechnischen Möglichkeiten und Konzepte hierfür waren bereits in den 1950er Jahren entwickelt – manche auch schon in den 1920er und 1930er Jahren – und zum Einsatz gebracht worden. Bornemann war in den 1950er und 1960er Jahren für die USIA als Gestalter für deren Schauen auf den »Grünen Wochen« tätig. – Betrachtet man die Akteure, die sich mit ihren jeweiligen Intentionen auf diesen Bühnen bewegen und sie für ihre Ziele zu nutzen gedenken, so lassen sie sich mit Goffmans dramaturgischem Prinzip (wonach – kurz gesagt – alle sozial interagierenden Menschen Rollen spielen) als Schauspieler im öffentlichen Raum betrachten. Vgl. Erving Goffman: Wir alle spielen Theater. Die Selbstdarstellung im Alltag, München 1969; ders.: Interaktion: Spaß am Spiel – Rollendistanz, München 1973.

44 Dabei handelt es sich sowohl um die deutsche Beteiligung an Weltausstellungen als auch die zeit- und

stellungen und Messen in der ihnen eigenen Mischung von »unauflösbarer Flüchtigkeit und Vermächtnis schaffender Beharrungskraft«[45] für die Wissenschaft allgemein wie auch für die Geschichtswissenschaft im Speziellen ein ungewohntes Terrain dar. Die zuvor vorherrschende Reserviertheit der Historiker gegenüber dem Medium Ausstellung bzw. Messe hat sich nunmehr deutlich abgeschwächt. Als Forschungsfelder geraten Fachmessen, Gewerbe-, Industrie-, Bau- und Weltausstellungen in den Fokus, die im Zeitalter der Industrialisierung der Wirtschaft wichtige Impulse gaben und sich ab der zweiten Hälfte des 19. Jahrhunderts zu großen Publikumsveranstaltungen entwickelten. Die spektakulären Weltausstellungen des 19. Jahrhunderts sind mittlerweile gut erforscht. Zu den Ausstellungen und Messen im 20. Jahrhundert gibt es zahlreiche Einzelstudien und einzelne Interpretationsangebote. Die geringe bis nicht vorhandene wissenschaftliche Bearbeitung landwirtschaftlicher Großausstellungen ist allerdings signifikant.

In den zurückliegenden Jahren sind eine Reihe von Untersuchungen von Historikern, Ethnologen, Soziologen, Volkswirtschaftlern und Geografen erschienen, die das Medium Ausstellung und Messe zum Inhalt hatten. Die dabei analysierten Themen, aber auch die Zugangsweisen und Fragestellungen haben sich im Verlauf dieses Prozesses ausdifferenziert und so weit spezialisiert, dass von einem Forschungsfeld »exhibition studies« gesprochen werden kann. Dabei wirkt die Beschaffenheit des Untersuchungsgegenstandes selbst gleich mehrfach auf die Geschichtswissenschaft zurück: Das Forschungsfeld ist durchgängig internationalisiert, interdisziplinär, und es ist kaum in toto zu überblicken.

Ein Teil der Schwierigkeiten, die der Untersuchungsgegenstand bereitet, ist seine erkenntnistheoretische Dichotomie: Analysiert man Ausstellungen politikhistorisch, so sind sie Explanandum und Explanans zugleich. Als Explanandum sind Ausstellungen Brenngläser politischer und gesellschaftlicher Entwicklungen in einem definierten Zeitabschnitt und in einem bestimmten Raum, die den Blick auf einen bestimmten Zustand eröffnen. Als Explanans dienen Ausstellungen dann zur Analyse der Prozesse, der Motivlagen beteiligter Akteure und politischer Zielsetzungen, die zu ihnen führten. Man könnte in dieser Hinsicht auch sagen, dass

kulturhistorische Untersuchung spezifischer Ausstellungen. Vgl. aus jüngster Zeit beispielsweise Größbölting: »Im Reich der Arbeit«; Eva S. Breßler: Von der Experimentierbühne zum Propagandainstrument. Die Geschichte der Funkausstellung von 1924 bis 1939 (= Medien in Geschichte und Gegenwart, Bd. 25), Köln u. a. 2009; Fritsche: Brückenschlag; Sandra Wagner-Conzelmann: Die Interbau 1957 in Berlin. Stadt von heute – Stadt von morgen. Städtebau und Gesellschaftskritik der 50er Jahre, Petersberg 2007; Ulrike Ziegler: Kulturpolitik im geteilten Deutschland. Kunstausstellungen und Kunstvermittlung von 1945 bis zum Anfang der 60er Jahre, Frankfurt am Main 2006; Alexander C.T. Geppert: Fleeting Cities. Imperial Expositions in Fin-de-Siècle Europe, Basingstoke u. a. 2010.

45 Alexander C.T. Geppert: Welttheater. Die Geschichte des europäischen Ausstellungswesens im 19. und 20. Jahrhundert. Ein Forschungsbericht, in: Neue Politische Literatur 47 (2002), S. 10 – 61, hier S. 10.

Ausstellungen und Messen »Fluch und Segen« für den Historiker zugleich sind.[46] Denn die Gefahr erkenntnistheoretischer Zirkelschlüsse kann durch unklar formulierte Antecedanzbedingungen, unscharfe Abgrenzungen vorgefundener Phänomene (durch die Überlieferung) oder unpräzise verwendete Begriffe groß sein.[47]

Im Folgenden werden die vier Themenkomplexe kurz vorgestellt, durch die das Explanans strukturiert wird:

1. als Bühnen von Politik, Wirtschaft und Gesellschaft im Kalten Krieg

Lange wurde bei (Groß-)Ausstellungen und auch Messen eher – ganz im bildlichen Sinne – an einen Spiegel als an ein Prisma gedacht, was eine naive Reflexionsmetaphorik mit sich bringt. Akteure und andere relevante gesellschaftliche Gruppen gerieten dabei oftmals in den Hintergrund. Der Fokus vieler Studien lag nicht in erster Linie auf der Art und Weise der jeweiligen Selbstdarstellung bzw. deren Verfasstheiten, sondern Ausstellungen sollten dazu dienen, Einblick in die sich ausstellenden Gesellschaften zu geben. Nunmehr scheint es vielmehr so zu sein, als könnten die sich in den Ausstellungen selbst repräsentierenden Gesellschaften und die damit verbundenen Manifestationen – zum Beispiel Fortschritt und Modernität – erst in dem Maße analysiert werden, in dem sich die entsprechenden Begriffe selbst manifestiert haben. Ausstellungen und Messen erscheinen dabei als eine Art politische und gesellschaftliche Bühne, die als dramaturgischer Ort zur Umsetzung ordnungspolitischer Vorstellungen dienen kann und als solche auch genutzt wurde. Sie sind also Ereignisse, denen eine bedeutende politische Kommunikationsfunktion zukommt. Diese Funktion entsteht vor allem durch die gezielte Inszenierung von Pseudo-Ereignissen, die sich in der Forschung zur politischen Kommunikation unter dem Begriff der »symbolischen Politik« etabliert hat.[48] Diese symbolische Politik ist vor allem dafür von Bedeutung, dass sich politische Akteure mit ihrer Hilfe in den Medien optimal darstellen können. Diesem Punkt kommt insbesondere unter den Vorzeichen einer staatlich gelenkten Presse, wie in der DDR, besondere Bedeutung zu. Unter den Bedingungen der Pressefreiheit, wie sie in der Bundesrepublik herrschen, kann die Inszenierung von Pseudo-Ereignissen die (freien) Medien hingegen zur Berichterstattung animieren.

46 Auf diese erkenntnistheoretische Dichotomie hob wohl auch Umberto Eco mit seinem Bonmot ab, wonach Ausstellungen sich vor allem selbst ausstellen.

47 Vgl. zu den hierbei auch wichtigen Implikationen der Propaganda- und Medientheorie stellvertretend Thymian Bussemer: Propaganda. Konzepte und Theorien, Wiesbaden 2005; Friedrich Krotz: Mediatisierung. Fallstudien zum Wandel von Kommunikation, Wiesbaden 2007.

48 Vgl. hierzu Breßler: Von der Experimentierbühne, S.19–23.

2. durch die wirtschaftliche Relevanz des Gegenstandes

Ausstellungen und Messen können sowohl als Foren des Kultur- und Warenaustausches als auch als Begegnungsorte von und mit Fremdheit in gleich mehrfachem Sinne begriffen werden. Lassen sich die Veranstaltungen als Testmärkte für die Einführung bestimmter (neuer) Produkte in neu zu etablierende Märkte betrachten? Welche Schnittstellen zwischen staatlichen Organisationen und wirtschaftlichen Interessenvertretungen und verschiedenen Segmenten aus der großen Masse der Besucher, die auf den Ausstellungen und Messen mit jeweils unterschiedlichen Intentionen und Interessen agierten, lassen sich erkennen? Welche Rückkopplungen auf die Politik hatten diese Entwicklungen? Nicht zuletzt sind Messen und Ausstellungen Punkte in einem Geflecht von Handelswegen, die immer auch wirtschaftliche Effekte für die gastgebenden Städte und Gemeinden hatten. Regionale und historische Spezifika sind hierbei von Bedeutung.[49]

3. durch Ort und Raum

Ausstellungen und Messen sind mit den gastgebenden Städten eng verbunden. Nur selten jedoch ist ihr direktes Verhältnis zueinander systematisch erforscht worden.[50] Wie entwickelten sich die Ausstellungsgelände in Berlin und Leipzig und welche historischen »Pfadabhängigkeiten« ergaben sich daraus für die politischen, wirtschaftlichen und gesellschaftlichen Akteure? Auch architekturhistorische Aspekte finden hier Beachtung. Denn obwohl zahlreiche Arbeiten zur Messearchitektur und zum Ausstellungsbau vorliegen, fehlen doch Analysen, die die arbiträren städtebaulichen Veränderungen innerhalb der ausrichtenden Stadt oder Gemeinde nachzeichnen.

4. durch das Ereignis und die Praktiken des Zeigens

Als »spaces of modernity« sind Messen und Ausstellungen verstärkt ins Zentrum der historiografischen Aufmerksamkeit geraten und haben sich zu immer zentraleren Analyseorten der Neuen Kulturgeschichte entwickelt, an denen sich das Aufeinandertreffen von Ereignissen und Strukturen ausgezeichnet studieren lässt. Der Frage, wie Ausstellungen ihre Botschaften vermitteln, kann im Rahmen dieser Untersuchung nur ein geringer Raum gewidmet werden. Ihr wird vorrangig dann nachgegangen, wann immer die Praktiken des Zeigens nicht nur kulturelle, sondern vor allen Dingen politische Funktionen ausfüllten. Es werden neuere Konzepte der Kulturgeschichte, wie der »visual history« oder dem »picturial turn«, interdiszip-

49 Vgl. etwa U. Müller: Wirkungen des Kaufkraftzuflusses als Folge von Kongressen, Messen und Ausstellungen auf Produktion und Beschäftigung in Berlin (West), in: Vierteljahrshefte zur Wirtschaftsforschung 1980, S. 351–360.

50 Vgl. etwa Wagner-Conzelmann: Die INTERBAU 1957.

linäre Ansätze – etwa aus den Kulturwissenschaften oder der Soziologie – Eingang finden und zur Profilierung des Untersuchungsgegenstandes (Explanandum) beitragen.

Quellenlage

Für die vorliegende Untersuchung wurden rund 1.000 Aktenbände aus den verschiedenen Archiven ausgewertet. Die reichlichen Bestände des *Landesarchivs Berlin* (LAB) waren ein erster zentraler Anlaufpunkt für die Recherchen. Hier gelang es in ebenso mühseliger, teils zeit- und kraftaufwendiger, aber auch herausfordernder und letztlich reizvoller Kleinarbeit, die Bestände zu sichten und die relevante Ost-Berliner Überlieferung (C Rep.) mit jener aus West-Berlin (vornehmlich die der Stadtverwaltung, B Rep.) zusammenzuführen. In der C Rep. 920 fanden sich hauptsächlich interessante Vorgänge zur Beurteilung der »Grünen Woche« aus DDR-Perspektive und deren »Bearbeitung« der Ausstellung. Darin werden auch Überwachung und Repressalien während der Kollektivierung der DDR-Landwirtschaft deutlich (Nr. 20, 22), die in erster Linie im Zusammenhang mit dem hier untersuchten »grünen Ausstellungskampf« standen. Besonders inhaltsreich und aussagekräftig bezüglich der »Grünen Woche« (Ausstellungskonzepte und -inhalte, Besuche von Staatsgästen, Internationalität, »Aktionen für ›Ostbewohner‹« und Kontakte mit Ostblockstaaten) sind die Akten der B Rep. 002 (Der Regierende Bürgermeister von Berlin/Senatskanzlei/Senatsverwaltung für Inneres/Büro für Gesamtberliner Fragen). Nr. 2223 dieses Bestandes ermöglichte einen guten Überblick über die Werbe-, Geschenk- und »Lockaktionen« für Besucher aus der DDR. Es finden sich öffentliche Äußerungen und Reden des Regierenden Bürgermeisters, des Bundespräsidenten und des Bundeskanzlers (Nr. 3161, 572, 573). Akten der B Rep. 010 (Senatsverwaltung der Wirtschaft) über Kosten, Finanzierungen, Veranstaltungen, Sonderschauen, Einladungen und Agenden lassen den komplexen Rahmen der »Grünen Woche« und ihre Bedeutung im Systemkonflikt gut zutage treten (Nr. 956, 957).

Weiterhin wertete der Verfasser Materialien aus den *Bundesarchiven in Berlin* (BArch) und *Koblenz* (BAK) aus. Bei der Darstellung der Ausstellungsentwicklung in Leipzig-Markkleeberg sind die Akten des Bestandes SED (DY 30): Abteilung Landwirtschaft (DY 30/IV 2/7/, IV/2/7/43, IV/2/7/88, IV/2/7/497, IV/2/7/510, IV/2/7/511) und Agitation (DY 30/IV/2/9.02/151) von großem Wert. Für die Ausstellungskonzepte, den Schriftverkehr, die Bebauungspläne sowie die Besucherzahlen, Westpropaganda, Agitationen und Kostenfragen ist der Bestand Abteilung DDR, Ministerium für Land-, Forst- und Nahrungsgüterwirtschaft (DK 1) von Bedeutung (Nr. 235, 236, 1341, 1342, 1346, 1348, 1349, 7338, 8643, 4543, 10117, 36572, 36842, 53496 und 53716). Es zeigt sich, dass dem Verkehr zwischen der

Abteilung Agrarpropaganda und der Ausstellungsdirektion große Aufmerksamkeit zu widmen ist, da von hier wesentliche Initiativen ausgingen. Ihm kommt ein hoher Stellenwert bei der Erforschung der Überwachung und Einschätzung des Ministeriums der »Grünen Woche« zu, ebenso wie für die Agrarpropaganda in der DDR, die auch in der Frage der deutschen Einheit eine zentrale Rolle spielte. Im BAK war vor allen Dingen der Bestand des Bundesministeriums für Gesamtdeutsche Fragen (B 137), des Bundesministeriums für Ernährung, Landwirtschaft und Forsten (B 116) und des Deutschen Bauernverbandes (B 428) von Bedeutung.

Die zentralen Archive einiger Bundesländer, das *Brandenburgische Landeshauptarchiv* (BLHA), das *Sächsische Staatsarchiv Leipzig* (SStAL) und das *Sächsische Staatsarchiv, Hauptstaatsarchiv Dresden* (HStDD), waren von großer Wichtigkeit, um die Dynamiken des Systemwettstreits, der besonders in und um die Ausstellungs- und Messestädte Berlin und Leipzig große Kraft entfaltete, nachzuzeichnen. Dazu gehört zum einen die Erkenntnis, dass West-Berlin mit seiner »Grünen Woche« die Massenorganisationen, Institutionen und die SED-Parteistrukturen sämtlicher in den Blick genommener Länder bzw. Bezirke der DDR mit ihrer Anziehungskraft beschäftigte und zum Gegenstand intensiver Auseinandersetzung wurde. Andererseits konnten durch die Überlieferung in diesen Archiven die Mechanismen der Besucherlenkung, Werbung und Organisation der Landwirtschaftsausstellung in Markkleeberg im DDR-Maßstab betrachtet werden. Im SStAL befindet sich auch die wichtigste Überlieferung zur Landwirtschaftsausstellung der DDR (Bestand 20314).

Im *Politischen Archiv des Auswärtigen Amtes in Berlin* (PA AA) konnte der Verfasser viel bislang unbekanntes Material auswerten, das die Bedeutung der landwirtschaftlichen Großausstellungen als Bühne des Politischen im Kalten Krieg verdeutlicht.

Durch einen glücklichen Umstand konnten auch Akten des ehemaligen amerikanischen Besatzungsregimes eingesehen werden.[51] Aus den Beständen der *NARA* geht hervor, wie sehr und in welchem Umfang sich die USA für die »Grüne Woche« engagierten. Sie nutzten die Ausstellung insbesondere während der zweiten Berlin-Krise als Bühne ihres Engagements für West-Berlin und zur Selbstdarstellung ihrer Außen- und Wirtschaftspolitik. Aus den Archiven der *Ford Foundation* (FFA) ließ sich zusätzliches Material gewinnen, das zur Klärung der Frage beitrug, welche NGOs sich mit welchen Zielen auf der »Grünen Woche« in den 1950er Jahren betätigten und welche Begründung sie für ihre Finanzierung durch die USA lieferten.

Ergänzend werden Materialien aus dem Aktenbestand der *Bundesbeauftragten für die Unterlagen des Staatssicherheitsdienstes der ehemaligen Deutschen Demo-*

51 Für diese Hilfe bedankt sich der Verfasser herzlich bei Enrico Heitzer.

kratischen Republik (BStU), der *Stadtinformation Markkleeberg* und der *Pressestelle des Deutschen Bauernverbandes* sowie aus öffentlichen Materialien des *Bundesministeriums für Verbraucherschutz, Ernährung und Landwirtschaft* und der *Messe Berlin GmbH* herangezogen. Anhand kleinerer Bestände in den *Universitätsarchiven* der Freien Universität Berlin und der Technischen Universität Berlin konnten Informationen über Leben, Werk und Ziele von Akteuren, die für den Untersuchungsgegenstand von Bedeutung waren, recherchiert werden.

Die Darstellung deutsch-deutscher landwirtschaftlicher Ausstellungskultur im Kalten Krieg kann nicht nur mit sprachlicher Beschreibung und Analyse erfolgen, sondern muss auch das reichhaltige Bildangebot mit einbeziehen. Jan-Holger Kirsch weist auf die große Fülle an visuellem und audiovisuellem Material hin, das gerade dem Zeithistoriker zur Verfügung steht, und betont mit Recht, dass »es ein großes wissenschaftliches Versäumnis wäre, auf dieses Material nicht mit ähnlicher Selbstverständlichkeit zuzugreifen wie auf die schriftliche Überlieferung«.[52] Auch Filmmaterial sowie Aufzeichnungen des Rundfunks aus Ost und West wurden vor allem in den oben genannten Archiven eingesehen und ausgewertet. Dabei sind vor allem die Bildarchive des LAB und des SStAL zu nennen, aber auch die filmische, akustische und schriftliche Überlieferung im *Deutschen Rundfunkarchiv* in Potsdam (DRA) brachte unverzichtbare Informationen und Erkenntnisse.

Einen wichtigen Platz nehmen auch die Interviews mit *Zeitzeugen* ein. Zunächst war es überraschend, wie schwierig es war, Zeitzeugen zu finden, die vor dem Mauerbau auf der »Grünen Woche« und/oder in Markkleeberg gewesen waren. Daher konzentrierte sich der Verfasser zunächst fast ausschließlich auf die schriftliche Überlieferung. Bald jedoch wurde klar, dass sich daraus nicht alles rekonstruieren ließ. Vor allem ließen sich nicht die Wirkung der politischen Botschaften, der Propaganda rekonstruieren, wollte man nicht den Berichten vertrauen, die vor allem in der DDR stets Erfolge und eine wachsende Zustimmung der Bevölkerung suggerierten. Zur Wahrnehmung der Systemkonkurrenz und zur direkten Wirkungsforschung – natürlich nicht in einem umfassenden Sinne verstanden – waren Zeitzeugen dann unerlässlich. Sie vermittelten ein Bild davon, dass die »Grüne Woche« sich tatsächlich in den 1950er Jahren zu einem zentralen Interessens- und Anlaufpunkt vieler DDR-Bürger, vornehmlich der ländlichen Bevölkerung, entwickelte. Die Landwirtschaftsausstellung der DDR hingegen wurde von zahlreichen Teilnehmern zwar auch gerne als Freizeitangebot angenommen, aber der ideologische Überbau der Ausstellung wurde von vielen nicht wahrgenommen. Stellte der Verfasser in diese Richtung gehende Fragen, kam oftmals Unverständnis, Unmut oder auch Abwehr

52 Jan-Holger Kirsch: Publikationsorientiertes Schreiben, in: Daniel Hechler/Jens Hüttmann/Ulrich Mählert/Peer Pasternack (Hrsg.): Handbuch Promovieren zur deutsch-deutschen Zeitgeschichte, Berlin 2009, S. 199–214, hier S. 213.

zum Ausdruck.[53] Für viele Zeitzeugen blieb Markkleeberg einfach als ein nur wenig politisiertes Volksfest im Gedächtnis, wobei sicherlich die Erinnerung an die späteren agra-Schauen in den 1970er und 1980er, die mit denen der 1950er Jahren kaum mehr zu vergleichen waren, in die Erzählung eingeflossen war. Obwohl also die Erinnerung von Zeitzeugen im Laufe der Zeit schwankt, sich verändert und mit den eigenen Erlebnissen der Jahre weiterentwickelt und der Wert von Oral History in der Forschung mehr oder weniger in Zweifel steht,[54] fanden sich doch teils erstaunliche Übereinstimmungen mit der schriftlichen Überlieferung. Dieser Punkt trifft insbesondere auf die Wahrnehmung der Aktionen der DDR-Organe gegen die sogenannten »Grüne Woche«-Fahrer zu. Hierdurch entstand – auch unter Hinzunahme von zeitgenössischen *Zeitungen, Fachblättern, Flugschriften* und *Periodika* – ein breites Spektrum subjektiver Bilder von den beiden Landwirtschaftsausstellungen und deren Wahrnehmungen während des Kalten Krieges.

53 Aus Gründen des Datenschutzes entschied sich der Verfasser dafür, auf die volle Nennung der Namen der Interviewpartner generell zu verzichten und nur ihre Initialen zu verwenden. Die Ausnahme bilden nur Persönlichkeiten der Zeitgeschichte, wie der ehemalige Landwirtschaftsminister der DDR, Hans Reichelt. Zudem waren einige Personen nur unter der Bedingung zur Auskunft bereit, dass ihr Name nicht genannt wird. Andere hingegen wollten ihren Namen gerne veröffentlicht sehen. Gegen die Aufzeichnung der Gespräche hatte niemand Einwand erhoben. In drei Fällen kam es vor, dass sich ein Zeitzeugengespräch bei einem zuvor nicht geplanten und nicht vorbereiteten Ereignis ergab, das dann nur in Stichpunkten festgehalten werden konnte. Manche Interviews stellten sich aber auch als nicht verwendbar oder relevant heraus. Insgesamt 15 Interviews wurden zwischen 2007 und 2012 geführt.

54 Konrad H. Jarausch: Zeitgeschichte und Erinnerung. Deutungskonkurrenz oder Interdependenz?, in: ders./Martin Sabrow (Hrsg.): Verletztes Gedächtnis. Erinnerungskultur und Zeitgeschichte, Frankfurt am Main u. a. 2002, S. 9–38, hier S. 27.

Landwirtschaft und Öffentlichkeit

Entstehung und Entwicklung der landwirtschaftlichen Ausstellungen bis 1945

Unter landwirtschaftlicher Tätigkeit wird allgemein die Erzeugung von Pflanzen und Tieren verstanden, die als Ausgangsbasis für die Herstellung von Nahrungsmitteln, Viehfutter und Rohstoffen dienen. Landwirtschaft ist sowohl Teil des Gesellschaftlichen wie Ökonomischen, da landwirtschaftliche Produktion »in der Umwandlung und Veredlung von Rohstoffen für Haushalt und Fabrik« besteht.[1] In diesem Sinne also zählt die Landwirtschaft neben dem Bergbau und der Fischerei im dreigeteilten Strukturierungssystem des allgemeinen Wirtschaftsprozesses als Urproduktion.[2]

Trotz ihrer essenziellen Aufgabe der Ernährungssicherung der Bevölkerung und ihrer Verdienste als Wegbereiter der Industriellen Revolution (in Form der »Agrarrevolution«[3]) in Großbritannien erlebte die Landwirtschaft in großen Teilen Europas aufgrund sinkender Nachfrage der sich sozial und wirtschaftlich stabilisierenden Industriegesellschaft nach einheimischen Nahrungsgütern einen Bedeutungsverlust.[4] Das Resistenzpotenzial des agrarischen Sektors sorgte mit dafür, dass der Strukturwandel innerhalb der Landwirtschaft von einer neuen Krisenwahrnehmung begleitet wurde. Der »Fortschritt« überhaupt wurde seit dem späten 19. Jahrhundert in einem kulturkritischen Diskurs in Zweifel gezogen.[5]

1 Ulrich Kluge: Agrarwirtschaft und ländliche Gesellschaft im 20. Jahrhundert (= Enzyklopädie Deutscher Geschichte, Bd. 73), München 2005, S. 1.

2 Vgl. auch Friedrich Aereboe: Agrarpolitik. Ein Lehrbuch, Berlin 1928; Wilhelm Abel: Agrarpolitik, Göttingen 1967; ders.: Agrarpolitik, in: HdWW, Köln 1959, S. 1101–1125.

3 Christoph Buchheim: Industrielle Revolutionen. Langfristige Wirtschaftsentwicklung in Großbritannien, Europa und in Übersee, München 1994, S. 49–54.

4 Kluge: Agrarwirtschaft, S. 2; Werner Abelshauser: Deutsche Wirtschaftsgeschichte seit 1945, Bonn 2005, S. 36 f.

5 Gunther Mai: Die agrarische Transition. Agrarische Gesellschaften in Europa und die Herausforderungen der industriellen Moderne im 19. und 20. Jahrhundert, in: Geschichte und Gesellschaft 4/2007, S. 471–514, hier S. 475.

Die Geschichte der Agrarkrise des 19. Jahrhunderts und des Niedergangs der Landwirtschaft sind oft erzählt worden[6] und überdies nicht Gegenstand dieser Untersuchung. Allerdings war bisher kaum in historischen Analysen systematisch eine signifikante Folge beschrieben worden, die diese Entwicklung hervorbrachte, nämlich der Aufstieg des landwirtschaftlichen und gartenbaulichen Ausstellungswesens. Um der Krise zu begegnen, mussten sowohl die Landwirtschaft als auch die relevanten Institutionen eine neue und breiter wirkende Form der Kommunikation herstellen, um auf ihre Lage aufmerksam zu machen, neue Handelsmöglichkeiten und -wege zu erschließen, damit gleichzeitig zu versuchen, dem Partikularismus in Deutschland entgegenzuwirken und den Stadt-Land-Gegensatz weiter abzubauen. Ein hervorragendes Mittel, um diese Ziele zu erreichen – das zeigten auch andere europäische Staaten, besonders Großbritannien und Frankreich – war das Medium Ausstellung: zunächst kleinere lokal relevante und später die großen Schauen, die auch die Städter zu begeistern vermochten. Die Landwirtschaft bedurfte somit dringend der Ausstellungen und Messen als Mittel zur Förderung des Fortschritts.

Als Vorläufer der Landwirtschaftsausstellungen und -messen, die sich im nationalen wie im internationalen Rahmen seit dem 19. Jahrhundert durchsetzten, können Messen und Jahrmärkte verstanden werden, die sich bis ins Mittelalter zurückverfolgen lassen. Die Aufgaben, die Messen und Ausstellungen zu leisten hatten, sind im Laufe der Zeit nicht immer deutlich unterschieden worden. Die Übergänge sind fließend und führen bis heute mitunter zu Verwirrungen. Seit etwa 1925 sind daher auch immer wieder Bestrebungen im Gange, hier definitorische Klarheiten zu schaffen.

Schon im 19. Jahrhundert wurde die Überforderung des Gewerbes durch Ausstellungen angeprangert und über die Ausstellungsmüdigkeit der Unternehmer geklagt. Hatten also landwirtschaftliche Ausstellungen überhaupt eine Chance, sich in diesem Gefüge zu etablieren? Auch hatten die Gewerbe- und Industrieausstellungen[7] in Europa und Deutschland einen zeitlichen Vorlauf gegenüber den Ausstellungen der Landwirtschaft. Während diese Ausstellungen bereits gut aufge-

6 Ebd.; Wilhelm Abel: Agrarkrisen und Agrarkonjunktur. Eine Geschichte der Land- und Ernährungswirtschaft Mitteleuropas seit dem hohen Mittelalter, Hamburg 1966; Bernd Andreae: Betriebsformen in der Landwirtschaft. Entstehung und Wandlung von Bodennutzungs-, Viehhaltungs- und Betriebssystemen in Europa und in Übersee sowie neue Methoden ihrer Abgrenzung, Stuttgart 1964; Eberhard Bittermann: Die landwirtschaftliche Produktion in Deutschland 1800–1950, Sonderdruck aus: Kühn-Archiv 70, 1956, S. 1–149; Philipp Blom: Der taumelnde Kontinent. Europa 1900–1914, München 2009 (Bloms populärem Buch, das zahlreiche gewagte oder nicht überzeugende Schlussfolgerungen enthält, ist aber bei der Behauptung, dass das erste Gefrierschiff 1884 den Untergang der europäischen Landwirtschaft mit einläutete, einige Plausibilität zuzuerkennen); Klaus Herrmann (Hrsg.): Vom »fleißigen« zum »produktiven« Bauern. Aspekte zum Wandel der europäischen Landwirtschaft im 19. und 20. Jahrhundert, St. Katharinen 1992; E. Schulze: 7.500 Jahre Landwirtschaft in Deutschland. Von der Bandkeramik bis zur Wiedervereinigung, Bitterfeld 1994.

7 Vgl. etwa Großbölting: »Im Reich der Arbeit«; Enrico Hochmuth: Industrie- und Gewerbeausstellun-

stellt waren, kämpfte das entstehende deutsche ländliche Ausstellungswesen noch mit dem Partikularismus. Die eigene Organisation der deutschen Landwirtschaft bestand im letzten Drittel des 19. Jahrhunderts noch im Wesentlichen im landwirtschaftlichen Vereinswesen mit den Zentralvereinen in den Ländern und Provinzen an der Spitze. Zwar gab es schon überregionale beratende Organe für die damalige Reichsregierung – den Deutschen Landwirtschaftsrat und für die preußische Regierung das Königlich Preußische »Landes-Oekonomie-Kollegium« – doch eigene Zusammenschlüsse der Landwirte über die Provinz- und Landesgrenzen hinweg fehlten völlig.[8]

In Deutschland war es Max Eyth, der das landwirtschaftliche Verbandswesen zusammenführte und 1885 unter dem Dach der Deutschen Landwirtschaftsgesellschaft (DLG) vereinigte. Diese Organisationsform erlaubte Ende des 19. Jahrhunderts erstmals auch die Durchführung großer nationaler Landwirtschaftsschauen. Nach einem Blick in die Geschichte des gartenbaulichen Ausstellungswesens wird im daran anschließenden Unterkapitel zur Geschichte des landwirtschaftlichen Ausstellungswesens die DLG im Mittelpunkt stehen.

In diesem Kapitel, das der eigentlichen Analyse vorangestellt ist, wird ein Überblick über die Geschichte der »Grünen Woche« und der Ausstellungen in Leipzig-Markkleeberg von ihren Anfängen bis zum Zweiten Weltkrieg gegeben. Aus der Perspektive der deutschen Wirtschafts- und Sozialgeschichte des 19. und frühen 20. Jahrhunderts erfolgt zunächst eine kurze Charakterisierung der beiden Ausstellungen als einer Erscheinung der sich modernisierenden Agrarpolitik sowie des wichtiger werdenden Ausstellungswesens – in Berlin, wie in Deutschland überhaupt. Eine der Leitfragen dieses Kapitels, wie dieser vorrangig politikhistorischen Analyse im Ganzen, ist der Beitrag der landwirtschaftlichen Großausstellungen zur kommunalen und regionalen Standortbildung.[9] Damit wird auch die Frage beantwortet, wie es überhaupt dazu kommen konnte, dass sich in der größten Stadt Deutschlands eine landwirtschaftliche Großausstellung etablieren konnte. Schon Mitte der 1920er Jahre galten die erfolgreichen Bemühungen der damaligen Ver-

gen in Sachsen 1824–1914 und ihr Beitrag zur regionalen und kommunalen Standortbildung. Diss. Universität Leipzig 2007.

8 Walter Asmis: Aus dem Werdegang der DLG, in: Archiv der Deutschen Landwirtschafts-Gesellschaft, Bd. 1, Hannover 1948, S. 240–244, hier 240.

9 Einen Beitrag zur Erforschung der Bedeutung von Industrie- und Gewerbeausstellungen im 19. Jahrhundert hat Enrico Hochmuth mit seiner Dissertation am Beispiel Sachsens geliefert. Hochmuth analysiert die kulturelle Praxis des Ausstellens. Auch er kommt für den Bereich der Industrie sowie des Handels und Gewerbes zu dem Schluss, dass Ausstellungen einen wichtigen Beitrag zur Weiterentwicklung gewerblicher Strukturen und der Erschließung neuer Märkte, aber auch neuer und innovativer Produktkommunikation im 19. Jahrhundert geliefert haben. Davon wurden sowohl die regionalen Standorte (zumeist größere Städte) als auch die Politik beeinflusst. Vgl. Hochmuth: Industrie- und Gewerbeausstellungen. – Zur weiteren Vertiefung vgl. auch Großbölting: »Im Reich der Arbeit«.

antwortlichen des noch jungen Berliner Ausstellungswesens der Förderung eines spezifisch nationalen Ausstellungstypus sowie der konsequenten Fortentwicklung der Fachausstellungen. Berlin hatte auf beiden Gebieten Pionierarbeit geleistet und genoss bald, vor allem auch dank der guten Verbindungen zur Wirtschaft, den Ruf der ersten Ausstellungsstadt Deutschlands. Demgegenüber lässt sich die Tradition von Gartenbauausstellungen in Leipzig bis in das Jahr 1844 zurückverfolgen.

Die Gartenbauausstellungen

Gartenbau- und Landwirtschaftsausstellungen sind eng miteinander verwandt. Sie haben in Deutschland ähnliche Ursprünge, wenngleich die Gartenbauausstellungen etwas älter sind.[10] Daher sind zu Beginn einige kurze Ausführungen zu Ursprung und Geschichte der Gartenbauausstellungen notwendig. Sie werden auch dazu beitragen, manche Entwicklungen und Entscheidungen im Ausstellungswesen in der zweiten Hälfte des 20. Jahrhunderts, das vornehmlich im folgenden Kapitel analysiert werden wird, nachvollziehbarer zu machen.

Das gärtnerische Ausstellungswesen hat gewissermaßen drei Ausgangsbasen: Zunächst einmal waren es die »Gartenfreunde«, die Ende des 18. Jahrhunderts Freude daran fanden, von einer Pflanzenart oder -gattung so viele Sorten wie nur möglich im Garten zusammenzutragen. Derartige Sammlungen, die enorme Ausmaße annehmen konnten – wie die berühmte 300 Sorten umfassende Sammlung Camellien des Abtes Berlèse –, standen im Allgemeinen der Bevölkerung als Ausstellung zur Verfügung. Auch der Gründer der Borsig-Werke, August Borsig, hegte eine große Pflanzensammlung. An manchen Tagen in der Woche machte er seine Pflanzenhäuser und Freilandanlagen der Öffentlichkeit zugänglich. Eine besondere Attraktion war es, als 1852 die erste Victoria regia im Freilandbassin, das ständig mit Abwärme aus der Fabrik versorgt wurde, blühte.[11] Die Einnahmen aus dem geringen Eintrittsgeld verwandte Borsig für die von ihm eingerichtete Kasse für Invaliden und Rentner seiner Fabrik.

Das Gegenstück zu dieser Ausstellungsform bildete der Erwerbsgartenbau. Der Dresdener Hofgärtner Seidel jun., dessen Vater Philipp durch Goethe bekannt

10 Vgl. dazu etwa Gustav Allinger: Das Hohelied von Gartenkunst und Gartenbau. 150 Jahre Gartenbau-Ausstellungen in Deutschland, Berlin 1963; Helmut Lichey: Geschichtlich vergleichende Untersuchung zur Entwicklung des gärtnerischen Ausstellungswesens vom Kapitalismus zum Sozialismus. Diss. Humboldt-Universität zu Berlin 1960; Ernst Lindner: Entwicklung, gegenwärtiger Stand und Möglichkeiten des landwirtschaftlich-gärtnerischen Schauwesens. Habil. Universität Leipzig 1957.

11 Richard Zander: Ausstellungsgedanken historisch beleuchtet (1953), in: LAB, B Rep. 010, Nr. 1330, unpag.

geworden ist[12] und Gründer der Seidelschen Gärtnereien in Dresden war, hielt seine Pflanzen, besonders in den Gewächshäusern, stets ausstellungsmäßig. Die Einnahmen, des durch diese Attraktion ansteigenden Fremdenverkehrs, ermöglichten es Seidel, auch den Pflanzenexport in weitere europäische Staaten, bis nach Spanien, auszuweiten. Der Familie Seidel wird daher auch der Verdienst zugesprochen, die Internationalen Gartenschauen in Deutschland begründet zu haben.

Die Berliner Familie Bouché begründete eine andere Art der Pflanzenausstellungen. Sie öffneten ihre damals bereits legendären Schaustellungen mit Kaffeetafel und Musik, an denen jährlich auch der Hochadel teilnahm. Eine weitere Art von Werbung und Schaustellung ersann der Leipziger Gärtner und erfolgreiche Dahlienzüchter Breiter. Er gründete ein Kaffeehaus für mehrere Hundert Gäste, die inmitten von etwa 20.000 Blumentöpfen saßen. Es war gleichzeitig eine Schau und eine Verkaufsstrategie, da die Pflanzen jederzeit zu kaufen waren.

Mit Sicherheit haben diese und einige weitere derartige Veranstaltungen zum Auf- und Ausbau des Ausstellungsgedankens beigetragen.[13] Ihn griffen die ersten Vereine und Gesellschaften von Pflanzenfreunden bald auf. Lokale Vereinigungen führten in der Regel vorerst Gemüse- und Obstschauen durch (zumeist zweimal jährlich). Der 1822 gegründete Verein zur Beförderung des Gartenbaus – die spätere Deutsche Gartenbau-Gesellschaft – begann alsbald damit, kleinere Blumenausstellungen zu veranstalten. Mitte des 19. Jahrhunderts erlebten die Gärtner infolge der Erweiterung der Städte, des Ausbaus der Verkehrswege und des technischen Fortschritts einen Aufstieg, der in den Vereinen zu der Notwendigkeit führte, die eigenen wirtschaftlichen Interessen und Ziele wirksam zu vertreten. Damit war das Signal gegeben, eigene Verbände für Erwerbsgärtner zu schaffen. Es war nur konsequent und folgerichtig, dass diese reinen Gärtnerverbände die Pflanzen- und Blumenwerbung zu ihrer Aufgabe machten. So ging im 19. Jahrhundert dieses Ausstellungswesen zum großen Teil in die Hände des Erwerbsgartenbaus und der Gartengestaltung über. Eine Erweiterung und Ergänzung, aber auch eine gewisse Konkurrenz trat während dieser Zeit durch die ersten landwirtschaftlichen Großausstellungen auf den Plan.

Der Beginn des landwirtschaftlichen Ausstellungswesens

Im Verlauf des 19. Jahrhunderts entstanden in vielen europäischen Ländern landwirtschaftliche Ausstellungen. Die heute in Deutschland großen und beliebten Landwirtschaftsausstellungen haben ihre Wurzeln in Großbritannien. Bereits 1839

12 Vgl. etwa Walter Schleif: Goethes Diener, Berlin (Ost) 1965, insbes. S. 25, 30 u. 50.

13 Zander: Ausstellungsgedanken.

erkannte die Royal Agricultural Society den Wert von Ausstellungen, um mit der »Royal Agricultural Show« eigene Positionen zu vermitteln, Geschäfte zu tätigen und der vor allem städtischen Bevölkerung Einblicke in die landwirtschaftliche Tätigkeit und Leistungsfähigkeit zu geben. In Frankreich begann 1855 mit dem jährlichen »Concours Agricole Universel et International« eine ähnliche Entwicklung.

Im Dezember 1885 wurde in Berlin die Deutsche Landwirtschaftsgesellschaft (DLG) offiziell gegründet.[14] Geistiger Vater und Gründer der DLG war der bekannte und welterfahrene »Dichter-Ingenieur« Max Eyth (1836–1906).[15] Er schuf die DLG als unabhängige Vereinigung, die sich jeglicher politischer Beteiligung enthalten sollte. Der humanistisch gebildete Max Eyth, dem sicher Ovids Bonmot »bene vixit qui bene latuit« (gut lebt der, der sich gut versteckt) vertraut war,[16] wusste, dass die Landwirtschaft in ihrer damaligen Lage nicht mehr lebens- und leistungsfähig bleiben konnte und sich nicht länger »verstecken« durfte.[17] Sie musste aus ihrer prekären Lage heraus Öffentlichkeit herstellen und sie für ihre Belange und Eigenarten sensibilisieren. Dazu waren die erforderlichen Strukturen wie Vereinigungen und Verbände – wie die DLG – zu schaffen. Im noch jungen Kaiserreich galt es für die DLG, gegen den Partikularismus und Provinzialimus anzukämpfen, der »selbst dem Vieh anzuhaften scheint«,[18] Vorurteile abzubauen, den Fortschritt in der Landwirtschaft voranzutreiben und den innerdeutschen Handel zu stärken. Eyth stellte die DLG unter das Motto »Wissen und Können«. In diesem Sinne förderte die Gesellschaft die Technik in der Landwirtschaft wie den Fortschritt überhaupt.

Zuvor war Eyth mehr als zwei Jahrzehnte für den erfolgreichsten englischen Konstrukteur und Hersteller von Dampfseilpflügen John Fowler weltweit unterwegs gewesen. Während dieser Zeit war er auch Besucher und Akteur auf vielen Ausstellungen; so auf der Weltausstellung 1862 in London, wo er den Stand Fowlers aufgebaut hatte. Doch war er gegenüber den Weltausstellungen sehr kritisch

14 Hans-Heinrich Müller: Mehr Schweiß vergossen als Bier getrunken. Landwirtschaftsausstellungen in Berlin, in: Berlinische Monatshefte, H. 6/1996, S. 20–24, hier 20; Otto Schnellbach: Max Eyth, in: Günther Franz/Heinz Haushofer (Hrsg.): Große Landwirte, Frankfurt am Main 1970, S. 259–270, hier S. 261 u. 264; siehe auch www.maxeyth.de (letzter Zugriff: 24. September 2014).

15 Ebd., S. 260. Eyth war außerdem ein viel gelesener humorvoller Schriftsteller. Das Kürzel DLG stammte ebenso von ihm, wie die Vignette mit dem pflügenden Bauer, dessen Peitschenschnur »DLG« in die Luft zeichnet.

16 Zu Eyths Vita, Bildung und Neigungen vgl. Schnellbach: Max Eyth, S. 261 f.

17 Zur Agrarkrise und Lage der Landwirtschaft im 19. Jahrhundert vgl. Wilhelm Abel: Agrarkrisen und Agrarkonjunktur. Eine Geschichte der Land- und Ernährungswirtschaft Mitteleuropas seit dem hohen Mittelalter, Hamburg 1966; Kluge: Agrarwirtschaft, S. 5; Constantin von Dietze: Deutsche Agrarpolitik seit Bismarck, in: ZAA 12, 1964, S. 200–215; ders.: Wege und Aufgaben wissenschaftlicher Agrarpolitik. Rektoratsrede vom 23. Mai 1947, Freiburg i. Br. 1947; Friedrich-Wilhelm Henning: Landwirtschaft und ländliche Gesellschaft in Deutschland, 2 Bde., Paderborn 1977/78.

18 Max Eyth: Vergangenheit und Zukunft der Wanderausstellungen der Deutschen Landwirtschafts-Gesellschaft (= Arbeiten der Deutschen Landwirtschafts-Gesellschaft, H. 15), Berlin 1896, S. 18.

eingestellt. In seinem Tagebuch notierte er: »Besonders glücklich hat eine Weltausstellung noch niemand gemacht, besonders unglücklich schon viele.«[19] Wenn er auch Weltausstellungen ablehnte, schätzte Eyth jedoch die Ausstellungen der englischen Landwirtschaftsgesellschaft. Denn diese Fachausstellungen verfolgten einen ganz anderen Ansatz als die großen Weltausstellungen. Den englischen Landwirten sollte gezeigt werden, welche zeit- und arbeitseinsparenden Maschinen die Industrie liefern konnte, wie höhere Ernteerträge zu erwirtschaften waren und sie aus dem verfügbaren Viehbestand mehr herauszuholen vermochten. Ebenso wichtig war, dass der städtischen Bevölkerung des viktorianischen Englands Einblicke in das Leben und die Probleme der Landwirtschaft ermöglicht wurden. Nach Eyths Ansicht waren Ausstellungen keine Schau, sondern eine Lehrveranstaltung. »Was nicht hergehört, darf nicht ausgestellt werden. Rummelplätze sind streng verpönt.«[20]

Die englischen wie die französischen landwirtschaftlichen Schauen zählten zu den bedeutendsten und für die Landwirtschaft wichtigsten in Europa. Bis zur ersten DLG-Ausstellung 1887 bestand in Deutschland nichts Gleichwertiges. Vor der Gründung der DLG gab es in Deutschland nur drei große landwirtschaftliche Ausstellungen: 1863 in Hamburg, 1874 in Bremen und 1883 in Hamburg. Während letztere bereits das Prädikat »international« trug, wurden die Ausstellungen von Kaufleuten und städtischen Körperschaften veranstaltet und »hatten mehr das Gepräge von Volksfesten und Viehmärkten«.[21] 1865 führte die vier Jahre zuvor gegründete »Deutsche Ackerbaugesellschaft« eine Landwirtschaftsausstellung mit überregionaler Bedeutung in Dresden durch. Offenbar übernahm sich die Gesellschaft damit und musste daraufhin ihre Tätigkeit einstellen. Auch die »Süddeutsche Ackerbaugesellschaft«, die 1868 in Frankfurt am Main eine Ausstellung präsentierte, erlitt aufgrund der damit verbundenen Kräfteüberdehnung das gleiche Schicksal.[22] In Verbindung mit den Wanderversammlungen deutscher Land- und Forstwirte fanden größere Ausstellungen in Königsberg (1863) und in Breslau (1869) statt, die aber nur provinzielle Bedeutung hatten.

Als geschäftsführendes Mitglied der DLG, der sich den Aufbau der Wanderausstellungen und die Leitung der Geräteabteilung vorbehielt, baute Eyth 1887 die erste Wanderausstellung in Frankfurt am Main auf. Sie war die erste landwirtschaftliche Ausstellung, die unter einem Dachverband organisiert und nicht von »Kaufleuten«, sondern von Landwirten ausgeführt wurde. In den nächsten 100 Jahren sollten ihr über 50 Wanderausstellungen folgen. Eyth, der neben dem Aufbau

19 Schnellbach: Max Eyth S. 264.

20 Ebd.

21 Rudolf Lais: Zur Geschichte der DLG-Ausstellungen, in: Vorstand der Deutschen Landwirtschafts-Gesellschaft (Hrsg.): 50 DLG-Ausstellungen im Wandel der Zeit 1887–1968, Frankfurt am Main 1968, S. 9–24, hier S. 10.

22 Ebd.

der DLG die Wanderausstellungen als seine zweite Lebensaufgabe sah, bekannte: »Nur kein landwirtschaftliches Fest! Was ich schaffen möchte, soll das Gegenteil eines Festes, das Gegenteil einer ›Ausstellung‹ im gewöhnlichen Sinn des Wortes werden: harte, ehrliche Arbeit aller Beteiligten vom ersten bis zum letzten Tag, die Lösung schwieriger Aufgaben, die in keiner anderen Weise anzupacken sind, als bei uns, wo das erforderliche Material zusammengeführt werden kann, eine durch viele Jahre fortgesetzte Reihenfolge solcher Studien- und Arbeitstage, in denen mehr Schweiß vergossen, als Bier und Wein getrunken, mehr still beobachtet und gelernt, als gelehrt und geschwatzt wird, die keiner verlassen sollte, ohne in Kopf oder Tasche einen Sack neues Saatgut für die eigene Wirtschaft nach Hause zu nehmen. Warum die Bauern solche Zusammenkünfte dringender nötig haben als Leute anderer Berufsarten, liegt auf der Hand. Ihre Arbeit bindet sie an die Scholle, über die sie Herr sind. Sie haben weniger Gelegenheit, als beispielsweise Gewerbetreibende und Kaufleute, die eigene Arbeit mit der anderer zu vergleichen, und werden selbstgefällig und eigensinnig. Darum der Hang sich in kleinen und kleinsten Vereinen abzuschließen. Hier ist nur durch das Zusammenführen der verschiedenen Gaue, durch augenscheinliches und greifbares Vergleichen zu helfen. Man sagt mir, die Verhältnisse in verschiedenen Teilen des Reiches seien zu verschieden, um nutzbare Vergleiche anstellen zu können. Ich glaube, diese Verschiedenheit ist in vielem eine künstliche, und die hindernde Schranke niederzubrechen eine der ersten Aufgaben, wenn nicht der Hauptzweck unserer künftigen Ausstellungen.«[23]

Max Eyth stellte für die Landwirtschaftsausstellungen fünf grundsätzliche Leitlinien auf: 1) Die DLG-Ausstellungen hätten reine Fachausstellungen zu sein. 2) Sie sollten deutsche Ausstellungen sein. Das heißt sie waren nicht nach Ländern oder Bezirken gegliedert und eine Einteilung nach Klassen oder Gruppen, die nur für einzelne Landesteile offen waren, wurde ausgeschlossen.[24] 3) Die DLG-Ausstellungen müssten Wanderausstellungen sein. 4) Stattfinden sollten sie alljährlich und 5) nicht nur eine Schau »fertiger Leistungen, sondern ein Arbeitsfeld für den Landwirt sein«.[25]

Die klassische Dreiteilung der Abteilungen in DLG-Ausstellungen ist seit der ersten Schau 1887 im Grunde erhalten geblieben: 1. die Tiere, 2. die Erzeugnisse und Hilfsmittel sowie 3. die Geräte und Maschinen. Umfang und Bedeutung der einzelnen Abteilungen variierten natürlich im Lauf der Zeit stark.

Bald nach ihrer Gründung waren die Wanderausstellungen in Deutschland zu einem Begriff und öffentlichen Anziehungspunkt geworden. Sie wurden zu Platt-

23 Zitiert nach Schnellbach: Max Eyth, S. 267.

24 Nach dem Zweiten Weltkrieg und spätestens jedoch mit der deutschen Teilung sowie der Einbindung der Bundesrepublik in die EWG traten hierbei Veränderungen ein. Siehe hierzu auch die folgenden Kapitel.

25 Lais: Zur Geschichte, S. 18.

formen der Durchsetzung von Wissenschaft und Technik in der Landwirtschaft, schufen Absatzmärkte für Agrartechnik und erweiterten den Gesichtkreis von Bauern und Gutsbesitzern.[26] Nicht zuletzt trugen sie viel zur Verständigung zwischen Stadt und Land bei – der »fast heilige[n] Aufgabe« (Eyth) der DLG.

Das ländliche Ausstellungswesen in Berlin bis 1945

Messen und Ausstellungen waren und sind für den Wirtschaftsstandort Berlin von außerordentlicher politischer wie wirtschaftlicher Bedeutung. Die ehemalige Redakteurin der Berliner Zeitung *Der Tagesspiegel*, Leonie Holz, sieht die historische Bedeutung des Messe- und Ausstellungsstandortes wie folgt: »Der Aufstieg zur größten europäischen Industriestadt im 19. Jahrhundert, Krise und Inflation nach dem Ersten und das Inferno des Zweiten Weltkrieges, schließlich der immer wieder von Rückschlägen unterbrochene Wiederaufbau: An der Entwicklung der Messen und Ausstellungen lassen sich alle diese Stationen ablesen wie aus einem Geschichtsbuch.«[27] Die Messe- und Großausstellungstradition der Hauptstadt führt bis auf das erste Viertel des 19. Jahrhunderts zurück. Mit einer ersten Gewerbeausstellung fasste die preußische Regierung Einzelmärkte und einzelne Messen zusammen. Damit begann die organisierte Durchführung von Ausstellungen am Standort Berlin. Dass die Durchführung und der erhoffte Erfolg solcher Veranstaltungen, die im Laufe des späten 19. Jahrhunderts immer größere Dimensionen annahmen, nicht immer ohne Komplikationen verliefen und der Stadt nicht immer das anvisierte Prestige brachten, zeigte die große Gewerbeausstellung von 1896.[28]

Im Gegensatz zu den klassischen Messestädten wie Leipzig oder Frankfurt am Main spezialisierte sich Berlin auf die Abhaltung von (Groß-)Ausstellungen. Die Themen wechselten zunächst ebenso wie die Standorte innerhalb des Stadtgebietes. Die erste Fachausstellung war 1874 die »Messe der Bau- und Möbelindustrie«, die in einem alten Exerzierhaus in der Karlstraße, der heutigen Reinhardtstraße, stattfand.

Die Stadt Berlin war in den Jahren 1894, 1906 und 1933 Gastgeber der DLG-Wanderausstellungen. Diese Ausstellungen stellten einen »Höhepunkt in der land-

26 Karl-Joachim Lorenz: Ausstellungen und Messen, in: Handwörterbuch der Sozialwissenschaften, Bd. 1, Stuttgart u.a. 1956, S. 505–512, hier S. 510.

27 Leonie Holz (Hrsg.): Messestadt Berlin, Berlin (West) 1986, S. 5.

28 Vgl. hierzu Alexander C.T. Geppert: Weltstadt für einen Sommer. Die Berliner Gewerbeausstellung 1896 im europäischen Kontext, in: Mitteilungen des Vereins für die Geschichte Berlins, 1/2007, S. 434–448. Geppert macht auf die Anstrengungen der Stadt aufmerksam, sich großstädtisch, weltoffen und modern zu präsentieren. Doch im Berlin des 19. Jahrhunderts »blieben alle so aufwendig evozierten Weltstadtgefühle im Provinziellen verfangen« (ebd., S.446). Das sollte sich erst im 20. Jahrhundert – insbesondere in der zweiten Hälfte des Jahrhunderts – grundlegend ändern. Einen bedeutenden Anteil an dieser Veränderung sollte die »Grüne Woche« erlangen.

wirtschaftlichen Ausstellungsbewegung« dar.[29] Bereits die Exposition des Jahres 1894 war doppelt so groß wie die des Vorjahres in München und wurde von ca. 156.000 Menschen besucht. Sie beschleunigte die Bildung von Zuchtgenossenschaften und Herdbuchgesellschaften.[30] 1906 nutzte das preußische Landwirtschaftsministerium die von ca. 326.000 Menschen besuchte Ausstellung, um sich der Öffentlichkeit als »aktiver Förderer der Landeskultur« zu präsentieren.[31] Die Ausstellung des Jahres 1933, die in Witzleben auf dem heutigen Ausstellungsgelände am Funkturm stattfand, wurde von 344.000 Besuchern frequentiert – vor allem aus Brandenburg, Pommern und Berlin. Durch die Ausstellungen war das Land bzw. die Landwirtschaft in die Stadt gekommen. Sie trugen viel zum Verständnis des Städters für ländliche Lebensweisen bei, eröffneten neue Märkte und stellten eine große Attraktion dar. Die landwirtschaftlichen Wanderausstellungen waren aus dem öffentlichen Bewusstsein – und auch aus dem Berliner Stadtleben – nicht mehr wegzudenken und wurden lieb gewonnene Tradition. In Summa bildete diese Entwicklung einen fruchtbaren Boden für eine eigene landwirtschaftliche Ausstellung der Stadt.

Der im Ersten Weltkrieg entstandenen drängenden Probleme der Ernährungssicherung – der Hungerwinter 1916/17 sei genannt –, die sich in der Folgezeit zu großen Schwierigkeiten bei der Versorgung der Bevölkerung ausweiteten, mussten sich auch die Tagungen der DLG annehmen und Lösungen erarbeiten. Die hungernden Menschen erwarteten Hilfe, Rat und konkrete Maßnahmen von der Landwirtschaft. Das große Interesse jener Zeit an diesen Tagungen wird von dieser Seite aus nachvollziehbar. Vor allem erzeugten die DLG-Wintertagungen viel Aufmerksamkeit, die auch »Große Landwirtschaftliche Woche« genannt wurden. Sie fanden alljährlich Ende Januar/Anfang Februar in Berlin statt. Die diversen DLG-Abteilungen veranstalteten ihre Zusammenkünfte und Besprechungen im eigenen Haus in der Dessauer Straße, »doch mussten auch zahlreiche andere in der Nähe gelegene Säle beansprucht werden«.[32] Die starke Anziehungskraft, die von diesen Versammlungen von Bauern und Landwirten aus ganz Deutschland ausging, veranlasste Wirtschaft, Handel und Industrie, zeitgleich eine »Schau unter freiem Himmel« zu veranstalten. Dort wurden die verschiedensten landwirtschaftlichen Betriebsmittel und Verbrauchsgüter angeboten. In den Jahren zwischen 1922 und

29 Müller: Mehr Schweiß als Blut vergossen, S. 22.

30 »Herdbuch«, »Zuchtbuch« und »Stammbuch« sind Begriffe in der Tierzucht für ein zentral von einer Züchtervereinigung geführtes Register aller Zuchttiere mit Angaben zur Identifizierung der Tiere sowie über Nachzucht, Eigenleistung u.a.m. Vgl. Brockhaus Enzyklopädie, Bd. 9, 19. Aufl., Mannheim 1989, S. 698.

31 Müller: Mehr Schweiß als Blut vergossen, S. 22.

32 Dobberke: Grüne Woche, S. 8.

1925 gewann diese Verkaufsmesse ständig an Umfang und Bedeutung. Die räumliche Ausdehnung der Straßenausstellung in Berlin nahm gewaltige Ausmaße an – am Ende reichte sie gar bis zum Anhalter Bahnhof. Der touristische und wirtschaftliche Effekt war unübersehbar.

Als im Jahre 1923 die »Gemeinnützige Berliner Messe-Aufbaugesellschaft«[33] gegründet wurde, ging man seitens des Magistrats davon aus, dass Berlin als Hauptstadt und damit Knotenpunkt des Fremdenverkehrs mehr als jede andere deutsche Stadt zur Knüpfung deutscher und internationaler Beziehungen geeignet sei.[34] 1927 wurden die beiden Automobilhallen der GmbH zur Nutzung übergeben, in den Jahren zwischen 1928 und 1931 erfolgte der Auf- und Ausbau des Ausstellungsgeländes.[35]

Nach dem Vorbild anderer Großstädte entstand innerhalb des Magistrats ein besonderes »Berliner Messeamt«. Obwohl der von der Ausstellungsleitung verfolgte Gedanke von allen interessierten Kreisen – allen voran den wirtschaftlichen Fachverbänden – begeistert aufgenommen wurde und sich bald in rascher Folge die verschiedenartigsten Ausstellungen und Messen ablösten, verfolgte Berlin doch nie die Absicht, Standort einer Universalmesse wie Leipzig, Frankfurt am Main oder Hannover zu werden.[36] Eine Universalmesse war mit der Residenz- und Weltstadt nicht zu vereinbaren. Vielmehr ging es darum, die Interessen der hauptstädtischen Wirtschaft zu fördern, und zwar mit Fachausstellungen und Fachmessen. Gleichwohl entspann sich insbesondere zwischen Berlin und Leipzig eine Konkurrenz-

33 Wilhelm Reinecke: Berlin als Stadt der Messen, Berlin 1927, S. 75. – Laut Statut der Gesellschaft war es ihre Aufgabe, für »die Vorbereitung zur Errichtung und Förderung des Messewesens in Berlin im allgemeinen wirtschaftlichen Interesse Berlins« zu sorgen.

34 Die prinzipielle Richtigkeit dieser Annahme bestätigte die ein Jahr später veranstaltete »Fachmesse der Schuh- und Lederwirtschaft«, die von 15.000 Personen besucht wurde. Dieser Messe schloss sich vom 26. September bis 9. Oktober 1924 die erste große Rundfunkausstellung an, die 150.000 Menschen besuchten. Im gleichen Jahr erfolgte die Umbenennung der Messe-Aufbau-GmbH in »Gemeinnützige Berliner Messe- und Ausstellungs GmbH«. Nach dieser ersten Phase des Aufbaus des eigenen Messe- und Ausstellungswesens wurde die Gesellschaft in »Gemeinnützige Berliner Messe- und Ausstellungs-G.m.b.H.« umbenannt. Neben der Automobilindustrie war es die Rundfunkindustrie, die sich immer stärker für den Ausstellungsplatz Berlin interessierte. Den optischen Mittelpunkt des Messegeländes bildete der 1926 fertiggestellte Funkturm, der bald zum Wahrzeichen der Stadt avancierte. Um ihn herum gruppierten sich die Ausstellungshallen. Vgl. auch Holz: Messestadt Berlin, S. 5 sowie für einen Überblick über die baulichen Veränderungen des Standortes Felix Escher: Berlin und seine Ausstellungen. Zur Geschichte des Messegeländes unter dem Funkturm, in: Wolfgang Ribbe (Hrsg.): Von der Residenz zur City. 275 Jahre Charlottenburg, Berlin (West) 1980, S. 427–457, besonders S. 430–440.

35 Escher: Berlin und seine Ausstellungen; Gerhard Friehe: Berlin – Messe- oder Ausstellungsstadt?, in: Die öffentliche Wirtschaft 10 (1961), S. 11–15, hier S. 12 f.

36 Herbert Krafft: Ausstellungen – Fachmessen – Kongresse. AMK Berlin geht neue Wege, in: Kommunalwirtschaft (1974), S. 397–400, hier S. 397.

situation um den Rang der Ausstellungsstadt[37] – Zumal die Abgrenzung respektive Unterscheidung zwischen »Ausstellung« und »Messe« damals noch sehr unscharf war und verlässliche Regularien weitgehend fehlten.

So verfiel 1925 der in der Fremdenverkehrswerbung tätige Hans-Jürgen von Hake[38] auf die Idee, dem Messe- und Fremdenverkehrsamt Berlin (unter Direktor Schick) vorzuschlagen, die nächste Wintertagung zur Veranstaltung einer landwirtschaftlichen Ausstellung zu nutzen. Dies war die Geburtsstunde der »Grünen Woche«. Doch meldete die DLG Bedenken gegen eine derartige Ausstellung an, widersprach sie doch deren Geist und Statuten, wonach landwirtschaftliche Ausstellungen nur der berufsfördernden Arbeit der Bauern und Landwirte dienen, nicht aber zur Geschäftsmesse oder gar zum »Rummelplatz« werden sollte. Letztlich allerdings konnte sich die DLG selbst nicht gegen den Strom stellen. Denn die Nebenerscheinungen der »Großen Landwirtschaftlichen Woche« in Form von wilden Ausstellungen und sogenannten Messen in der Reichshauptstadt waren 1926 bereits so mächtig, dass nur eine große jährlich wiederkehrende und gut organisierte Schau die Tendenzen zur »Zersplitterung« aufhalten und beseitigen konnte. Auch der »wilde Handel« mit gartenbaulichen und landwirtschaftlichen Erzeugnissen in der Stadt, der kaum kontrollierbar war, konnte durch ein öffentliches Schaugroßereignis kanalisiert werden, da es einen breiten Absatzmarkt bot. Damit schlug die Geburtsstunde der »Grünen Woche«.

Namensstiftend für die Ausstellung dürfte wohl die Presse gewesen sein.[39] Bereits die vorangegangenen Wintertagungen waren gelegentlich, wohl etwas ironisch, so betitelt worden. Denn die Bezeichnung bezog sich auf das Grün der Kleidung, in der die Landwirte, die Forstleute und die Jäger im Straßenbild der Großstadt auftauchten.[40]

37 Anspielungen darauf finden sich etwa bei Reinecke: Berlin als Stadt der Messen, S. 80. – Die Ausstellungskonkurrenz beider Städte wird sich nach dem Zweiten Weltkrieg im Bereich der Landwirtschafts- und Gartenbauausstellungen fortsetzen.

38 Er war der Sohn des Majors Franz von Hake, der einem alten märkischen Geschlecht entstammte, das seinen Sitz auf Rittergut und Burg Klein-Machnow bei Berlin hatte. Er unternahm schon während der Anfänge der »Grünen Woche« den Versuch, durch die Gründung einer sogenannten »Landwerbung« sämtliche Werbung für die Landwirtschaft in der Weimarer Republik zusammenzufassen. Vgl. auch Dobberke: Grüne Woche, S. 9 f.

39 Ebd., S. 9.

40 Für einen guten Überblick zur Farbpsychologie der Farben Grün, Rot, Gelb und Blau und den damit verbundenen sprachlichen, lexikalischen und kulturellen Implikationen vgl. Christiane Wanzeck: Zur Etymologie lexikalisierter Farbwortverbindungen. Untersuchungen anhand der Farben Rot, Gelb, Grün und Blau, Amsterdam u. a. 2003.

Die erste »Grüne Woche«, die am 20. Februar 1926 – dem Jahr »am Rand der Zeit« (Gumbrecht)[41] – ihre Tore öffnete, wurde ein großer Erfolg.[42] Als Veranstalter fungierten das Berliner Messe-Amt, die DLG und »andere maßgebende Organisationen«.[43] Bereits zu diesem Zeitpunkt war die DLG eine der einflussreichsten, tatkräftigsten und potentesten Mitgestalter der »Grünen Woche« – und so sollte es auch in der Zukunft bleiben.

Zwischen 1885 und 1932 vermochte die DLG ihren Mitgliederbestand von 2.800 auf 41.000 Personen zu steigern und die Einnahmen im gleichen Zeitraum von 54.000 RM auf 510.000 RM zu erhöhen. Der Beamtenkörper der Organisation umfasste 1930 427 Personen.[44] Nach 48-jährigem Bestehen führte die DLG im September 1933 ihre letzte Tagung in Weimar durch. Im Frühjahr 1934 wurde die explizit unpolitische Gesellschaft aufgelöst und in den NS-Reichsnährstand eingegliedert. Die auf freiwilliger Grundlage aufgebaute DLG-Organisation führender Landwirte fand somit ein vorläufiges Ende. Damit gab es auch keine DLG-Ausstellungen mehr; sie wurden von nun an als Reichsnährstandschauen fortgesetzt. Diese unterschieden sich relativ wenig von den traditionellen Ausstellungen der DLG, wenn man »von der betont agrarpolitischen Zielsetzung absieht, die den damaligen Verhältnissen zu entsprechen hatten«.[45] Mit der »Grünen Woche« verhielt es sich jedoch anders.

41 Hans Ulrich Gumbrecht: 1926. Ein Jahr am Rand der Zeit, Frankfurt am Main 2001. Gumbrecht hatte sich das Jahr 1926 als Zentrum für seine Analyse der Weimarer Zeit gewählt, weil es ein Jahr ohne großen Besonderheiten oder Abweichungen gewesen sei, ein »normales Jahr« eben. Zugleich auch das letzte »ruhige« Jahr der Weimarer Republik, die fortan bis zu ihrem Ende 1933 von stetigen politischen, wirtschaftlichen und gesellschaftlichen Krisen und Konflikten erschüttert wurde.

42 Neben der »Grünen Woche«, die alsbald zur festen Berliner Tradition werden sollte, kam noch die »Reichsgastwirtmesse« zum ständigen Ausstellungsprogramm hinzu, das 1926 bereits sehr angefüllt war: die Messe der Schuh- und Lederwirtschaft, die Messe der deutschen Bekleidungsindustrie, die »Grüne Woche Berlin 1926«, die Deutsche Ausstellung für das Fleischergewerbe, die Allgemeine Deutsche Hygiene-Messe und Ausstellung Berlin 1926, die Jahreskartell- und Hektor-Jubiläumsausstellung von Hunden, die Alpenländische Sommerschau, die Große Deutsche Funkausstellung, die Reichsgastwirtmesse Berlin 1926, die Große Polizei-Ausstellung, die Große Berliner Herbstblumenschau, die Deutsche Automobilausstellung und die Allgemeine Junggeflügelschau »Fortuna«. Diese Bilanz war bereits stattlich, selbst wenn dabei berücksichtigt wird, dass neun der genannten 14 Veranstaltungen in nur einer Halle, drei in zwei und nur die Große Polizei-Ausstellung in drei Hallen abliefen. Auch wenn die Besucherzahlen zu Beginn noch recht bescheiden ausfielen – die erste »Grüne Woche« zählte etwa 21.000 Gäste – so sprach Berlin doch von nun an ein »bestimmtes Wort im Ausstellungs- und Fachmessewesen« mit. Die Veranstaltungen des Jahres 1926 zeigen auch an, dass es der Stadt Berlin von Beginn an mehr an den Ausstellungen als an der Abhaltung von (Fach-)Messen gelegen war: Nur die »Messe der Schuh- und Lederwirtschaft« und die »Messe der deutschen Bekleidungsindustrie« können als Messen im engeren Sinne verstanden werden, die übrigen zwölf Veranstaltungen waren jedoch zweifellos Ausstellungen. Vgl. Friehe: Berlin, S. 13.

43 Dobberke: Grüne Woche, S. 13.

44 Asmis: Werdegang der DLG, S. 243.

45 50 DLG-Ausstellungen im Wandel der Zeiten, Frankfurt am Main 1968, S. 21.

Vom Reichsnährstand wurden seinerzeit alle in der Ernährungswirtschaft tätigen Personen und Institutionen erfasst. Er gliederte sich entweder die wichtigsten landwirtschaftlichen Körperschaften, Organisationen usw. ein oder löste sie auf. Neben originär landwirtschaftlichen Aufgaben »hatte sich der Reichsnährstand, wie später die VdgB [die Vereinigung der gegenseitigen Bauernhilfe in der DDR], der sozialen und kulturellen Betreuung der Landbevölkerung angenommen«.[46]

Den veränderten agrarpolitischen Zielen hatte auch die »Grüne Woche« Rechnung zu tragen. Für die Jahre 1926 bis 1930 kann von Hake noch zufrieden resümieren, dass »die Veranstaltung sich von der Verkaufsmesse des ersten Jahres im Laufe der Zeit zu einer wertvollen wissenschaftlichen Schau entwickelt [hat], in der allen Berufen die landwirtschaftlichen Erzeugnisse das sagen können, was in dieser Notzeit zu sagen wichtig ist«.[47] Damit sprach er aber die wirtschaftliche Not, bedingt durch die Weltwirtschaftskrise, an, von der ebenso die »Grüne Woche« betroffen war. Angesichts der Notlage und dem oft in krassem Widerspruch dazu auftretenden Habitus der Großagrarier und Politiker auf der »Grünen Woche« veranlasste auch Karl Kraus die Situation in seiner Zeitschrift *Die Fackel* zu kommentieren: »Die ›Grüne Woche‹ hat gezeigt, wie viel Reichtum noch auf preußischen Schlössern sitzt. Und in Berlin gibt es immer noch viele reiche Leute. Aber wie leben sie?«[48]

Bis 1933 verschlechterte sich die Lage für die Ausstellung erheblich. In diesem Winter, kurz vor Anbruch des »Dritten Reiches«, gab es nur noch eine »Grüne Sport- und Tierzucht-Woche Berlin 1933«. Die »Grüne Woche« drohte in den Anfangswirren des »Dritten Reiches« unterzugehen, was sich insbesondere in den Besucher- sowie in den Ausstellerzahlen niederschlug (siehe Tab. S. 51). Nach der »Machtergreifung« durch die Nationalsozialisten übernahmen diese vorerst noch die bereits mit der Gemeinnützigen Messe- und Ausstellungs-GmbH geschlossenen Verträge für das Ausstellungsgelände unterm Funkturm.[49] Im Folgejahr mit seiner »braunen« Reichsnährstandschau begann die nationalsozialistische Propaganda »zielbewusst und stetig die Werbung mit Produkten und für Produkte der Wirtschaft zu verdrängen«.[50] Seither ging es darum, »nationalsozialistisches

46 Michael F. Scholz: Bauernopfer der deutschen Frage. Der Kommunist Kurt Vieweg im Dschungel der Geheimdienste, Berlin 1997, S. 130.

47 Zit. nach Dobberke: Grüne Woche, S. 22.

48 Karl Kraus (Hrsg.): Die Fackel, Nr. 473: Die Kultur im Dienste des Kaufmanns (April 1932), S. 70.

49 Diese Bezeichnung – Ausstellungs- bzw. Messegelände »unterm Funkturm« – wird künftig vom Verfasser als Selbstzuschreibung übernommen. Sie tauchte bereits kurz nach Errichtung des Funkturms auf und wurde sowohl vor als auch nach dem Zweiten Weltkrieg von der Messegesellschaft bzw. ab 1939 den Berliner Ausstellungen (Eigenbetrieb der Stadt Berlin) übernommen. Vgl. dazu auch die im Text zitierten amtlichen Führer und Ausstellungskataloge.

50 Holz: Messestadt Berlin, S. 45.

Gedankengut« zu verbreiten. Dieser ideologischen Selbstdarstellung hatte von nun an auch die »Grüne Woche« zu dienen. Die Landwirtschaftsausstellung »Grüne Woche« des Jahres 1934 stand schon unter dem Zeichen von »Blut und Boden«. Sie stellte »den bäuerlichen Menschen als Träger deutschen Blutes; als Grundlage der Zukunft unseres Volkes«, dar.[51] Reichsbauernführer Richard Walther Darré, der Kopf des Reichsnährstandes (RNSt),[52] erklärte am 25. Januar 1935: »Sie [die »Grüne Woche«] soll dazu dienen, im deutschen Bauerntum ein Bewusstsein für die Bedeutung seiner Aufgaben und Pflichten zu vertiefen, den deutschen Städter aber eindringlich an seine Schicksalsverbundenheit mit dem deutschen Bauerntum erinnern und ihm zeigen, dass die nationalsozialistische Agrarpolitik ebenso sehr dem deutschen Städter, wie dem deutschen Bauern dient. Diese auf das Volksganze ausgerichtete Dienststellung ist das wesentlichste Merkmal deutschen Sozialismus.«[53] Darin manifestierte sich bereits auch unverhohlen der stete deutsche Drang nach Osten. Denn für die Bauern und Neusiedler galten die Grundsätze der »Neubauernauslese«, der die Symbiose aus »Blut und Boden« entsprach, was bereits Elemente des späteren »Generalplan Ost« Heinrich Himmlers beinhaltete und vorwegnahm. »Der Bauer als Soldat, die Neubildung deutschen Bauerntums, die Rückbesinnung auf angeblich germanische Ideale, die Bindung zum Boden und die Propagierung einer völkischen *Zurück-aufs-Land*-Bewegung sowie die Förderung der Nachkommenschaft« waren die vielschichtigen von den Nationalsozialisten propagierten und forcierten Zielsetzungen.[54]

Ausgehend von der Kriegsgerichtetheit des NS-Systems lässt sich auch der Zusammenhang zwischen den Großausstellungen und der Mobilisierung für den Krieg thematisieren, der auf den »Grünen Wochen« deutlich wahrnehmbar war. Während der Eröffnungsfeierlichkeiten der »Grünen Woche Berlin 1939«,[55] die vom Berliner Oberbürgermeister Julius Lippert angeführt wurden, standen Reichsbauernführer Walther Darré, der Oberbefehlshaber des Heeres, Generaloberst von Brauchitsch und weitere Prominenz des »Dritten Reiches« auf der Ehrentribüne.

51 Zit. nach Bruno Wasser: Himmlers Raumplanung im Osten. Der Generalplan Ost in Polen, 1940–1944, Basel 1993, S. 11, insbes. Anm. 5.

52 Walther Darré war Diplomlandwirt und von 1933 bis 1944 Reichsminister für Ernährung und Landwirtschaft und Führer des Reichsnährstandes. Seine Vorstellungen von der Rolle des Bauerntums in der »völkischen Erneuerung« Deutschlands legte er in zwei Büchern dar: »Das Bauerntum als Lebensquell der Nordischen Rasse« (1929) und »Neuadel aus Blut und Boden« (1930).

53 Gerd Rühle: Das Dritte Reich. Dokumentarische Darstellung des Aufbaus der Nation. Das dritte Jahr 1935, Berlin 1936, S. 345f.

54 Wasser: Himmlers Raumplanung, S. 11. – Für den deutschen »Drang nach Osten«, der die gesamte Dauer des Dritten Reiches bestimmte, vgl. Rolf-Dieter Müller: Der Feind steht im Osten. Hitlers geheime Pläne für einen Krieg gegen die Sowjetunion im Jahr 1939, Berlin 2011.

55 Für einen kurzen und populären Überblick über die »Grünen Wochen« im Nationalsozialismus vgl. Dobberke: Grüne Woche, S. 22–30.

Darré verkündete in seiner Ansprache, dass Deutschland nunmehr 83 Prozent seines Bedarfs an Nahrungsmitteln selbst decken könne, da die Ernten klar über dem Durchschnitt lägen.[56] Eine der vielen mit der »Grünen Woche« verbundenen Sonderschauen war das 2.000 qm große Diorama »Ein Bergbauernhof der Ostmark«, das Lieblingsprojekt von Hermann Göring, dem Initiator dieser Sonderschau. Der RNSt gestaltete die Sonderschau »Die blutmäßige Bedeutung des Bauerntums« und in einer Halle hatte die Reichsrundfunkgesellschaft in natürlicher Größe den »Dorfplatz von Rundfunkhausen« aufgebaut (siehe den Lageplan der Ausstellung, S. 53). Was aber die »Grüne Woche« des Jahres 1939, die vom 27. Januar bis zum 5. Februar währte, zu den Kriegsvorbereitungen beitrug, waren die zahlreichen Ernährungslehrschauen. Sie hatten die Aufgabe, die Ernährung der Bevölkerung in einem absehbaren Zeitraum umzustellen, mit anderen Worten auf Kriegsumstände. Eine dieser Sonderschauen hieß dann auch »Ernährungs-Umstellung auf weite Sicht«.[57] Die dortige Ernährungsuhr beispielsweise diente als vordergründige technische Effekthascherei. Dieser Automat zeigte zu jeder Speise die kalorienmäßig günstigere Alternative an. Letztlich wurden die Kriegsvorbereitungen kurz nach Abschluss der »Grünen Woche« offenbar: Ein großer Teil der Ausstellungshallen wurde für die Getreideeinlagerung beschlagnahmt. Der Direktor Albert Wischek[58] konnte derartige Ersuchen seitens der Reichsgetreidestelle im Jahre 1938 noch abwehren,[59] 1939 konnte er es nicht mehr. Direktor Wischek war offenbar bewusst,

56 Ebd., S. 31 f. Weiterhin führte Darré aus, dass es nur noch 20.000 Berliner gebe, die in der Landwirtschaft und in den Forsten der Stadt tätig wären. Es bestünden 1938/39 150 »Erbhöfe« innerhalb der Grenze Groß-Berlins und 20.000 ha Stadtgüter.

57 Niederschrift über die Beiratssitzung des Eigenbetriebs der Reichshauptstadt Berlin, Berliner Ausstellungen vom 23. Juni 1939, in: LAB, A Rep. 015-02, Nr. 32094; Bl. 8–15, hier Bl. 9.

58 Albert Wischek war einer der bekanntesten und erfolgreichsten Ausstellungsorganisatoren Deutschlands. 1882 in Dresden geboren, war er bereits von 1909 an im Ausstellungswesen tätig gewesen und wurde 1913 Mitglied der Geschäftsleitung der »Internationalen Bauausstellung Leipzig«. 1927 siedelte er nach Berlin über und organisierte dort die Sonderausstellung »Die Ernährung, Gas und Wasser«. Seit 1931 leitete er als Direktor der Gemeinnützigen Ausstellungs-, Messe- und Fremdenverkehrs-GmbH Berlin zahlreiche Großausstellungen (z. B. die »Deutsche Bauausstellung Berlin 1931«) und im »Dritten Reich« sämtliche Groß- und Propagandaschauen. Auch in der Nachkriegszeit übernahm Wischek die Leitung vieler Ausstellungen, z. B. von 1949 die »Constructa« in Hannover und die daraus entstandene »Constructa-Wanderausstellung«, die 1952 in Berlin unter dem Titel »Hauptstadt Berlin im Aufbau« zu sehen war. 1953 bearbeitete er gemeinsam mit dem Berliner Baurat Hans Stephan die Ausstellung »Wohnungsbau an Rhein und Ruhr. Wir bauen für dich«. Außerdem war Wischek in den 1950er Jahren der Beauftragte des Bundesministeriums für Wohnungsbau in Berlin und entscheidend an der Planung der Berliner Großausstellung »Interbau 1957« beteiligt. Vgl. hierzu Wagner-Conzelmann: Die INTERBAU, S. 24, 27–31. – Für die »Grünen Wochen« der Nachkriegszeit spielte Wischek allerdings keine Rolle mehr. Einer seiner engsten und wichtigsten Mitarbeiter aus den 1930er Jahren, Wilhelm von der Weiden, spielte jedoch für die ersten Nachkriegs-»Grünen Wochen« eine wichtige Rolle.

59 Die Reichsstelle für Getreide, Futtermittel und sonstige landwirtschaftliche Erzeugnisse war bereits im August 1938 an die Stadt Berlin herangetreten – insbesondere auch an die Ausstellungs- und

dass diese Maßnahme zur Vorbereitung der Mobilmachung diente. Knapp zwei Wochen nach Abschluss der »Grünen Woche« wandte sich die Reichsstelle für Getreide erneut diesbezüglich an die Stadt. Stadtpräsident Lippert sprang seinem Ausstellungsdirektor bei, setzte sich für das Ausstellungsgelände ein und versuchte, die Beschlagnahme zum Zwecke der Getreideeinlagerung zu verhindern. In einem ausführlichen Brief, von dem er Kopien an Darré, Goebbels und an die Kommandantur Berlin versandte, legte er dar, welchen wirtschaftlichen Verlust die Zweckentfremdung, die de facto eine Stilllegung des Ausstellungsbetriebes bedeutete, für die Reichshauptstadt haben würde.[60] Neben der wirtschaftlichen Bedeutung unterstrich der Oberbürgermeister vor allem die politisch-propagandistische Relevanz der Ausstellungshallen, »als sie das Forum bilden, von dem aus der Führer und die Minister des Reiches das Wort zu grundsätzlichen Ausführungen nehmen«.[61] Interessant an diesem Schreiben ist jedoch vor allem der Hinweis von Lippert, dass die Beschlagnahme der Hallen vom Ausland als ein »unmittelbares Einstellen auf einen Krieg« verstanden werden könne. Vom Mobilmachungsfall (M-Fall) sprach Lippert in diesem Kontext gar nicht erst direkt, da ihm bereits im Vorfeld angekündigt worden war, dass die Hallen 8 und 9 vom Wehrkreiskommando III und die übrigen Hallen vom Reichsluftfahrtministerium in Anspruch genommen würden, was dem M-Fall entsprach.[62]

Wie Tabelle 1 zeigt, stiegen die Besucherzahlen auf der »Grünen Woche« ab 1934 wieder deutlich an, die Zahl der Aussteller hingegen stagnierte zunächst und wuchs nur allmählich wieder. Dieses Bild war vor allem der neuen Ausstellungspolitik – dem sogenannten »Wesenswandel der Ausstellung« – im »Dritten Reich« geschuldet. Erklärtes Ziel war es, »das Ausstellungswesen zu einer politischen Waffe in der Hand von Partei und Staat zu machen«.[63] Dazu sollten die Ausstel-

Messe-GmbH – um Lagerraum zur Unterbringung der Ernte, die angeblich weitaus größer als erwartet ausfiel, zu erhalten. Wischek wandte sich daraufhin an Oberbürgermeister Lippert, der lakonisch im Antwortschreiben an die Reichsstelle festhielt: »Ausstellungshallen kommen nicht in Frage!«. Vgl. Reichsstelle für Getreide, Futtermittel und sonstige landwirtschaftliche Erzeugnisse an den Herrn Oberbürgermeister der Stadt Berlin, betr. Unterbringung der diesjährigen Getreideernte vom 17. August 1938, in: LAB, A Rep. 015-02, Nr. 32089, Bl. 1. Dobberke sieht in seiner populären und unkritischen Broschüre über die »Grüne Woche« in den Einlagerungen für Getreide tatsächlich nur den positiven Hinweis, dass die Getreideernte gut ausfiel (S. 33 f.).

60 Der Oberbürgermeister der Reichshauptstadt Berlin an den Präsidenten der Reichsstelle für Getreide, Futtermittel und sonstige landwirtschaftliche Erzeugnisse, betr. Ihr Schreiben vom 17. Februar 1939 vom 22. Februar 1939, in: LAB, A Rep. 015-02, Nr. 32089, Bl. 20–32.

61 Ebd., Bl. 21.

62 Ebd., Bl. 21–23.

63 Institut für Deutsche Kultur- und Wirtschaftspropaganda (IfDKW): Wesenswandel der Ausstellung. Ein Überblick über das deutsche Ausstellungswesen und die Ausstellungsarbeit, Berlin 1938, S. 8.

lungen, vor allem die Großausstellungen mit messeähnlichem Charakter, besser und übersichtlicher strukturiert werden, wozu auch die Begrenzung der Zahl der Aussteller gehörte.

Jahr	Besucher	Aussteller
1926	21.033	351
1927	66.261	363
1928	109.351	423
1929	143.416	380
1930	176.802	474
1931	132.720	331
1932	152.648	372
1933	60.601	142
1934	233.700	251
1935	274.243	203
1936	224.209	356
1937	293.506	352
1938	wegen Maul- und Klauenseuche ausgefallen	
1939	394.431	418

Tab. 1: Besucherzahlen und Aussteller auf der »Grünen Woche« zwischen 1926 und 1939.[64]

Die Nationalsozialisten betonten dann auch stets »das Neue« am Ausstellungswesen, das vorrangig in der Installation »politischer Lehrschauen« bestand, die »jeden besuchenden Volksgenossen zur Mitarbeit gewinnen« sollten.[65] Denn nicht nur die (Agrar-)Politik sollte sich unter den Nationalsozialisten ändern, sondern auch die mit der Ausstellung gewählte Form ihrer Propagierung. Dazu wurden zahlreiche Erweiterungs- und Umbaumaßnahmen auf dem Ausstellungsgelände vorgenommen. 1937 wurde die Deutschlandhalle innerhalb von nur neun Monaten fertiggestellt. Obwohl sie eigentlich nur für sportliche Veranstaltungen geplant war, wie etwa für das seit 1930 zur »Grünen Woche« gehörende »Reit- und Fahrturnier«, wurde sie auch für propagandistische Zwecke wie Versammlungen, Tagungen und Kundgebungen innerhalb des Rahmenprogramms der Ausstellungen genutzt. Für die »Grüne Woche« bedeutete diese Ausstellungspolitik des Nationalsozialismus aber auch, dass sie ein wenig von dem ihr mitunter anhaftenden elitären Anstrich verlor. War in der Weimarer Zeit das Rahmenprogramm mehr oder weniger ausschließlich den Honoratioren und den Großagrariern vorbehalten gewesen, so

64 Errechnet und zusammengestellt nach Friehe: Berlin; Chronik der »Grünen Woche« zusammengestellt von der Messe Berlin GmbH (Manuskript) und Dobberke: Grüne Woche.

65 IfDKW: Wesenswandel der Ausstellung, S. 7.

änderte sich dies nach 1933. Die »Grüne Woche« wurde zu einer Schau für ein Massenpublikum verändert, die in weite Teile des Reiches und ins Ausland bis nach Polen, Skandinavien, Ungarn und die Tschechoslowakei ausstrahlte.[66]

1937 erreichte das Berliner Messegelände mit Fertigstellung der Haupthalle 9 (heute Hallen 18 bis 20) mit 52.289 qm Hallenfläche seine größte Ausdehnung vor dem Zweiten Weltkrieg. Der Veranstalter, die »Gemeinnützige Berliner Ausstellungs-, Messe- und Fremdenverkehrs-GmbH«, wurde 1939 Eigenbetrieb der Reichshauptstadt und hieß fortan »Berliner Ausstellungen«, ein Name, der bis in die 1970er Jahre erhalten blieb.[67] Die »Grüne Woche« des Jahres 1939, obwohl als »Bombenerfolg« gefeiert, war auch die letzte vor dem Zweiten Weltkrieg. Das durch die Kriegsereignisse erlahmte deutsche Messe- und Ausstellungswesen traf die »Grüne Woche« mit als erste. Die Konfiszierung der Ausstellungshallen durch die Reichsgetreidestelle und später durch die Rüstungswirtschaft – vor allem Mercedes Benz, AEG und Telefunken produzierten in den ehemaligen Automobilausstellungshallen[68] – und die Zerstörung des Messegeländes durch Luftangriffe seit 1943 legten das Ausstellungsgeschehen völlig lahm.[69] Der »Lageplan der ›Grünen Woche Berlin 1939‹« zeigt dann auch die letzte Berliner Großausstellung vor dem Krieg. Die südlich der Masurenallee gelegenen Ausstellungshallen (die ehemaligen Automobilhallen) 1 und 2 wurden im Krieg völlig zerstört und danach nicht wieder aufgebaut. Die beiden Hallen waren durch einen unterirdischen Tunnel unterhalb der Allee für die Besucher bequem zu erreichen und ermöglichten einen vollständigen Rundgang über das Ausstellungsgelände. Auch wenn die »Grüne Woche« von offizieller und medialer Seite nicht zu den originären NS-Staatspropagandaschauen wie »Deutsches Volk – Deutsche Arbeit« (1934), »Das Wunder des Lebens« (1935) oder »Gebt mir vier Jahre Zeit!« (1937)[70], die sämtlich auch in den Hallen an der Masurenallee stattfanden, gezählt wurde, ist sie dennoch als solche anzusehen. Mit

66 Dobberke: Grüne Woche, S. 35, führt diese Länder als wichtige und repräsentative Besucher aus dem Ausland an. Aussteller außerhalb Deutschlands waren kaum noch zu finden – außer Italien –, denn die »neuen Ausstellungen«, zu denen natürlich auch die »Grüne Woche« gehörte, hatten völkische Leistungs- und Bekenntnisschauen zu sein.

67 In den 1970er Jahren schlossen sich die getrennt agierenden »Berliner Ausstellungen«, »Ausstellungsdienst Berlin« und AMK zur neuen »AMK Berlin – Ausstellungs-, Messe- und Kongreß-GmbH« zusammen.

68 Zur Kriegsproduktion auf dem Berliner Messegelände vgl. die Überlieferung in BArch, R 4606, Nr. 4153, unpag.

69 Schultze: Die visuelle Repräsentation der Diktatur, S. 113–131.

70 Vgl. hierzu etwa Stefanie Keppler: Moderne unterm Hakenkreuz. Fotografie und Ausstellungsgestaltung in den Propagandaausstellungen 1933 bis 1937 in Berlin. Magisterarbeit Universität Tübingen 2000; Patrick Rössler: Mediatisierung von Alltag im NS-Deutschland: Herbert Bayers Bildsprache für die Propagandaausstellungen des Reiches, in: Maren Hartmann/Andreas Hepp (Hrsg.): Die Mediatisierung der Alltagswelt, Wiesbaden 2010, S. 211–230.

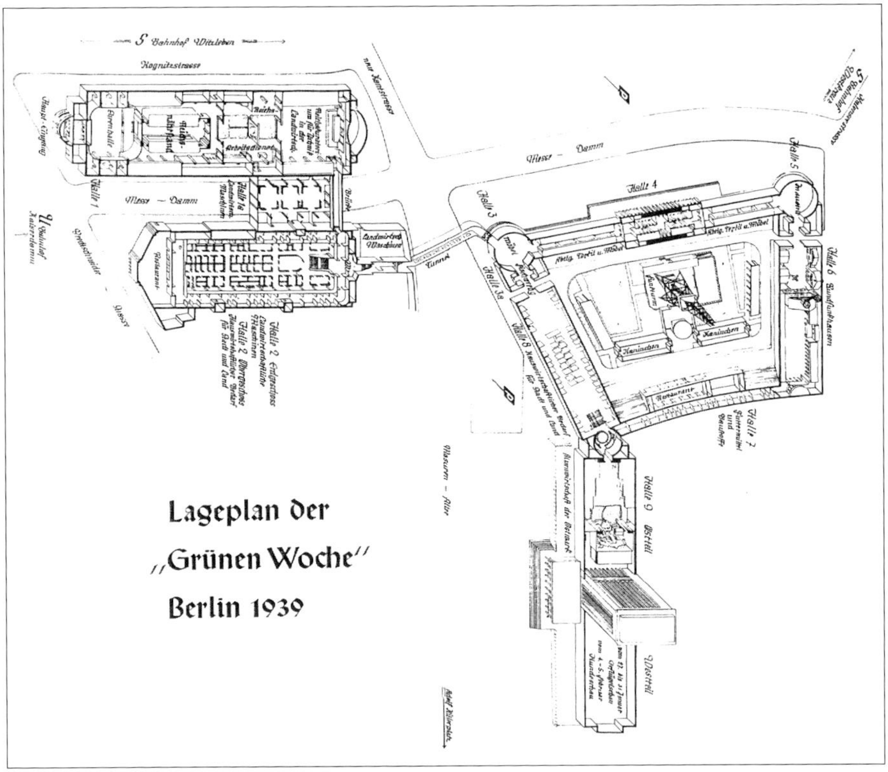

Lageplan der »Grünen Woche«, 1939.

der Darstellung entsprechender Motive und Schauthemen trug sie ihren Teil dazu bei, nationalsozialistische Vorstellungen zur Rassepolitik und »Volksgemeinschaft«, zum Führerprinzip, Bellizismus, »Blut und Boden«-Ideologie und Lebensraum anschaulich und einprägsam zu vermitteln.

1943 fand die letzte Sommerblumen-Schau auf dem Freigelände statt. Im Laufe des Krieges wurde Berlin mitsamt seinem Messegelände weitgehend zerstört. Auch die neue Deutschlandhalle lag in Trümmern und der Funkturm war – ebenfalls durch die Endkämpfe 1945 – schwer beschädigt worden. Während also das Berliner Ausstellungsgeschehen gleich mit Kriegsbeginn endete, konnte die Leipziger Messe, auf der ebenso landwirtschaftliche Schauen veranstaltet wurden, noch bis 1942 bestehen.[71]

71 Zur Leipziger Messe im Nationalsozialismus vgl. Hartmut Zwahr/Thomas Topfstedt/ Günter Bentele (Hrsg.): Leipzigs Messen 1497–1997, Teilbd. 2: 1914–1997, Köln u.a. 1999; Paul Bennemann: Geschichtliche Wanderungen durch die Reichsmessestadt Leipzig, Leipzig 1940.

Die Messestadt und die Stadt vor ihren Toren: Leipzig und Markkleeberg

Leipzig ist ein ebenso alter wie bedeutender Messestandort.[72] Der berühmte Schriftsteller und Physiker Georg Christoph Lichtenberg (1742–1799) sagte über das in seiner Zeit schon sprichwörtliche Alter der Messen: »Ich rede nicht von Jahrhunderten sondern von Leipziger Messen.«[73] Bekannt ist Leipzig aber auch als die Stadt der Schrebergärten. Denn dort wurden sie in der Mitte des 19. Jahrhunderts erfunden.[74] Schon im 16. Jahrhundert aber besaßen wohlhabende Städter vor den Toren Gärten mit Teichen und Lusthäusern. Wahrhaft modisch wurde ein solcher Besitz inklusive seiner künstlerischen Ausgestaltung dann gegen Ende des 17. Jahrhunderts. Die ersten dieser Parks waren streng am Vorbild Versailles ausgerichtet, in das sich dann niederländische Einflüsse mischten. In der zweiten Hälfte des 18. Jahrhunderts fand man Geschmack an der freieren englischen Gartengestaltung. Im 19. Jahrhundert kam diese Entwicklung aufgrund der raschen Expansion der Stadt zu einem Ende.

1843 gründete sich der »Gärtner-Verein zu Leipzig« und verschmolz nach 35-jährigem Bestehen mit der seit 1861 existierenden »Gartenbau-Gesellschaft« unter dem Namen »Leipziger Gärtner-Verein und Gartenbaugesellschaft«. Aufgrund des bedeutenden Aufschwungs der Leipziger Handelsgärtnerei in den 1880er Jahren knüpfte der Verein weitreichende Kontakte und erhielt wachsende Popularität. Seit 1875 war er korporatives Mitglied des Landesobstbau-Vereins für das Königreich Sachsen sowie Mitglied der Dendrologischen Gesellschaft. Außerdem gehörte er zu denjenigen Vereinen, die den Verband der Gartenbau-Vereine für das Königreich Sachsen im Jahre 1886 und später dessen Gartenbauschule in Dresden gründeten.[75] In den Jahren zwischen 1843 und 1893 veranstaltete der Verein insgesamt 15 »Internationale Gartenbau-Ausstellungen«. Dabei wechselte man zwischen Herbst-, Frühjahrs- und Weihnachtsausstellungen. Der Turnus wurde vermutlich in Verbindung mit den Leipziger Messen gewählt. Insbesondere die Herbstausstel-

72 Vgl. etwa Zwahr/Topfstedt/Bentele (Hrsg.): Leipzigs Messen 1497–1997, Teilbde. 1 u. 2; Gabriele Klunkert: Schaustellungen und Volksbelustigungen auf Leipziger Messen des 19. Jahrhunderts. Eine wirtschafts- und sozialgeschichtliche Untersuchung. Diss. Technische Universität Chemnitz 2008; Rudolph / Wüstenhagen: Große Politik, kleine Begegnungen.

73 Georg Christoph Lichtenberg: Sudelbücher, Bd. I, München 1980, S. 368 (Aph. 127).

74 Den Namen verdanken sie dem Leipziger Orthopäden Dr. Schreber. Durch sein Engagement entstanden ab 1845 Spielwiesen für die Stadtjugend. Diese wurden dann durch Spielplätze ergänzt und im Laufe der Zeit entstanden daraus große Anziehungspunkte für Familien. Drumherum gruppierten sich dann Lauben und Gärtchen. Der erste Schrebergarten entstand 1864 in der Westvorstadt aus einem Erziehungsverein. Die Gartenvereine nahmen auch weiterhin an der Betreuung der Jugend teil.

75 Offizieller Katalog nebst Plan für die Internationale Jubiläums-Gartenbau-Ausstellung Leipzig, Hrsg. im Auftrage der Kommission vom Press-Ausschuss, Leipzig 1893, S. 19.

lungen und die diversen Blumenschauen (etwa die Chrysanthemum-Ausstellung 1890 im Kristallpalast) wurden von der Bevölkerung stark frequentiert. Der zoologische Garten verdankte seine Entstehung der Ausstellung des Jahres 1874.[76] Zur Durchführung der »Internationalen Jubiläums-Gartenbau-Ausstellungen«, die unter Schirmherrschaft von König Albert von Sachsen stattfanden, stellte der Rat der Stadt Leipzig das historische, in etwa 136.000 qm umfassende »Kuhthurmgrundstück« zur Verfügung. Dieses befand sich zwischen Leipzig, Plagwitz und Lindenau. Der Kuhturm war bis 1939 ein Wahrzeichen der Stadt Leipzig. Auch der Palmengarten, »in dem Natur und gärtnerische Kunst so wundervoll zusammenklingen«, bildete einen kulturellen Anziehungspunkt der Stadt.[77]

Der Herfurthsche Park war ein Landschaftspark am Rande der Stadt Leipzig, zwischen Leipzig-Dölitz und Alt-Markkleeberg gelegen. Der Unternehmer Paul Herfurth (1855–1937) war als Kommanditist an der Firma »Edgar Herfurth und Co.« beteiligt, dem Verlag der erfolgreichen Zeitung *Leipziger Neueste Nachrichten*. Die Zeitung avancierte damals zur größten deutschen Tageszeitung außerhalb Berlins und erzielte hohe Umsätze. Dieses Gelände an der Pleiße erwarb Herfurth 1889. Das Anlegen des Parks begann 1890 und kostete im Ganzen drei Millionen Mark. 1937 umfasste er insgesamt 120 Morgen Land. Da sich der Park in privatem Besitz befand, war er für die Öffentlichkeit nicht zugänglich und wurde streng bewacht. Unter anderem brachte dies Herfurth unter den Leipziger Arbeitern einen zweifelhaften Ruf ein. Seit 1928 gaben die Angestellten seiner Zeitung illegal den *Herfurth-Spiegel* heraus. Darin prangerten sie Herfurths aufwendigen Lebensstil an und oftmals auch, dass man an seinem herrlichen Landschaftspark nur als »Zaungast« teilhaben könne. Diesen Punkt griffen dann Jahre später die neuen Besitzer in der SBZ/DDR gern auf, als ab 1948 die Markkleeberger Gartenbauausstellungen den Herfurthschen Park mit einbezogen.[78]

Die Gemeinde Markkleeberg, in der Nähe Leipzigs gelegen, hat eine interessante Historie aufzuweisen. Besonders bekannt unter Archäologen und Geologen ist sie als Fundplatz steinzeitlicher Artefakte. Der 961 erstmals urkundlich erwähnte Ort hat bis in die Gegenwart hinein eine wechselvolle und komplexe Geschichte durchlebt. So fand, um ein Beispiel aus der Neuzeit zu geben, eine der drei Hauptschlachten der antinapoleonischen Befreiungskriege am 16. Oktober 1813 bei Wachau, einem heutigen Ortsteil, statt.

Eine große und lange Tradition haben Markkleeberg und Leipzig jedoch auch im Bereich des Gartenbaus und der Landwirtschaft aufzuweisen, die sie durch fachliche

76 Ebd., S. 20.

77 Bennemann: Reichsmessestadt Leipzig, S. 259.

78 Vgl. dazu etwa »Pressemitteilung zur Landwirtschaftsausstellung der Deutschen Demokratischen Republik Leipzig-Markkleeberg 1957«, in: SStAL 20314, Nr. 2674, unpag. – Die Herfurthsche Villa war noch in den späten 1940er Jahren der Sitz einer sowjetischen Kommandantur.

Ausstellungen unterstrichen. Im letzten Jahrzehnt des 19. Jahrhunderts entwickelte sich Leipzig rasch zur Groß- und Industriestadt. Während dieser Zeit entstanden im Süden Leipzigs, in Oetzsch (Markkleeberg-Mitte), im Grünen neue Wohnsiedlungen. In Verbindung damit und mit einem neuen Haltepunkt der Eisenbahn, wuchs der Ort Oetzsch rasch. Er gab dann 1934 den Anstoß der Fusion von fünf Landgemeinden zur Stadt Markkleeberg, die auch Sitz der Verwaltung wurde.[79] Dies geschah obwohl Markkleeberg das kleinste Dorf war. Doch seine Bedeutung und Geschichte waren für die Namenswahl ausschlaggebend.

Die Ausbildung landwirtschaftlicher und gärtnerischer Fachkräfte in Markkleeberg lässt sich bis in das Jahr 1915 zurückverfolgen. In der umgebauten Schule mitten im Stadtzentrum wurden bis 1930 Gärtner und Landwirte ausgebildet. Nach ihrem Umzug im gleichen Jahr in die ehemalige Produktionsstätte der Firma Sinsel & Co am Rathausplatz, einem Gebäude im Bauhausstil, trug die Bildungseinrichtung den Titel einer »Berufsschule«.

Resümee

Landwirtschaftliche und auch gartenbauliche Ausstellungen entwickelten sich im Laufe des 19. Jahrhunderts aus einer bestimmten sozialen und wirtschaftlichen Problematik heraus. Sie wurden in Deutschland zu einem erfolgreichen Mittel der Produktkommunikation, des Handels und zum Knotenpunkt von Handelswegen. Vielfach angereichert mit Volksfestcharakter, vermochten sie die städtische Bevölkerung über die Probleme und Eigenarten der Landwirtschaft zu informieren und zu sensibilisieren. Zur Verminderung des Stadt-Land-Gegensatzes trugen und tragen sie ebenso bei wie – im Verbund mit anderen Schau- und Ausstellungsereignissen – zur regionalen und kommunalen wirtschaftlichen Standortbildung in Berlin als auch in Leipzig. Aufgrund dieser Eigenschaften wurden sie alsbald auch ein politischer Faktor. Die Politik erkannte die landwirtschaftlichen Großausstellungen als Bühnen und Foren zur Verbreitung agrar- und gesellschaftspolitischer Botschaften. Dies ist eine Eigenschaft, die den Landwirtschaftsausstellungen – allen voran die »Grüne Woche« – bis heute eigen ist und dementsprechend von der politischen Landschaft genutzt wurde und wird. Einen Höhepunkt wurde durch die gigantischen Propagandaschauen des »Dritten Reiches« in Berlin – unter ihnen die »Grüne Woche« – erreicht.

79 Rat der Stadt Markkleeberg (Hrsg.): Markkleeberg. Grüne Stadt vor Leipzigs Toren. Stadt der Landwirtschafts- und Gartenbauausstellung, Leipzig 1958, S. 13.

Die Darstellung des Mangels

Der Wiederbeginn der großen Landwirtschaftsausstellungen und deren Konsolidierung, 1945 bis 1950

Anders als während des Ersten Weltkrieges zog der Zweite Weltkrieg in Deutschland Zerstörungen erheblichen Ausmaßes nach sich. Gleichfalls im Gegensatz dazu brachen die Hungersnöte und Versorgungskrisen erst nach dem Ende der Kampfhandlungen im Mai 1945 aus. Das »Dritte Reich« und der von ihm entfesselte Zweite Weltkrieg hinterließen ein zerstörtes und geteiltes Land, das die nun ausbrechenden Krisen effektiv und schnell zu bewältigen hatte. Denn nur das Kriegsende kam einer »umfassenden Hungerkatastrophe und einem möglichen Stimmungsumschwung hungernder Bevölkerungsteile gegen das Regime zuvor«.[1]

Nach dem Ende des Zweiten Weltkrieges und verstärkt nach Abschluss der Währungsreform(en) beeilten sich die ehedem führenden deutschen Ausstellungs- und Messestädte »im Wettstreit miteinander, die Zerstörungen in ihren Messegeländen zu beheben und diese nach modernen Gesichtspunkten auszubauen«.[2] Dies lag zum einen darin begründet, dass die jeweiligen Städte mit Messe- bzw. Ausstellungsgelände die wirtschaftlichen Rahmenbedingungen für die Absatzmedien Messe und Ausstellung nach Kriegen als »nicht ungünstig« erachteten und somit ihren möglichst schnellen Wiederaufbau betrieben, um sich auch einen Standortvorteil zu verschaffen.[3] Damit eng zusammen hing die Notwendigkeit, den Binnenhandel, insbesondere mit Nahrungs- und Genussmitteln, wiederzubeleben und den Export zu befördern. In dieser Dynamik von wirtschaftlicher Interessenlage und beginnendem Kalten Krieg sind auch die Ursachen für die nach Kriegsende einsetzende Konkurrenz unter den ehemals bedeutenden Messestädten zu suchen, zumal die seit der Weimarer Republik feststellbare Zentralisierung im deutschen Messe-

1 Kluge: Agrarwirtschaft, S. 34.

2 Karl-Joachim Lorenz: Ausstellungen und Messen, in: Handwörterbuch der Sozialwissenschaften, Bd. 1, Stuttgart u.a. 1956, S. 505–512, hier 509.

3 Holger Möller: Das deutsche Messe- und Ausstellungswesen. Standortstruktur und räumliche Entwicklung seit dem 19. Jahrhundert, Trier 1989, S. 148.

und Ausstellungswesen bis Kriegsende anhielt.[4] Dass es gerade die gartenbaulichen und landwirtschaftlichen Ausstellungen waren, die nach Kriegsende als erste wieder entstanden, kann also kaum verwundern. Um ihre Durchführung entstanden insbesondere in den Jahren bis 1948 zwischen Leipzig, Erfurt, Berlin und Frankfurt am Main große Spannungen.

In den ersten Nachkriegsjahren kam der Landwirtschaft in Deutschland eine Schlüsselstellung bei der Nahrungsmittelversorgung und der Vermeidung von Hungerunruhen zu. Die Ernährung der Bevölkerung hatte Vorrang, wozu auch die Steigerung der agrarischen Produktion gehörte.[5] Denn Kampfhandlungen und Kriegswirtschaft führten zu einer chronischen Unterversorgung der Böden und zur Verschlechterung der Anbauverhältnisse. Hinzu kamen die Flüchtlingsströme aus dem Osten, die einen plötzlichen und deutlich anwachsenden Verbrauch von landwirtschaftlichen Erzeugnissen nach sich zogen. Die Flüchtlinge und Vertriebenen wurden zumeist in stärker agrarisch strukturierte Gebiete geleitet.[6] Eine Boden- bzw. Landreform konnte dabei eine Maßnahme darstellen, um den weitreichenden Problemen, die in allen Besatzungszonen bestanden, zu begegnen. Denn dadurch konnten brachliegende Flächen wieder nutzbar gemacht sowie Flüchtlingen und Vertriebenen eine neue Existenz gegeben werden. Erfolgreich zu sein bei der Behebung der Wohnungsnot sowie bei der Sicherung von Ernährung und sozialem Frieden, war die Messlatte, an der sich die Verwaltungsbehörden und später die beiden jungen deutschen Staaten messen lassen mussten.

Die Krisen der Winter 1945/46 und 1946/47 führten den Alliierten vor Augen, »dass eine wirtschaftliche Stabilisierung und Belebung Deutschlands notwendig

4 Ebd., S. 136; Rudolf Hoffmeister: Die Messefähigkeit der Ware (= Schriften des Seminars für Verkehrswesen an der Martin-Luther-Universität Halle-Wittenberg, Bd. 22), Halle 1941, S. 87.

5 Vgl. dazu z.B. Edwin Hoernle: Eröffnungsansprache auf dem Agrarwissenschaftlichen Kongreß in Berlin vom 3. bis 5. Februar 1947, in: Deutsche Landwirtschafts-Gesellschaft Berlin: Arbeiten, Neue Folge, Bd. 1, Berlin 1947, S. 7–12, hier S. 10; Deutsche Landwirtschafts-Gesellschaft Berlin: Arbeiten, Neue Folge, Bd. 6: Leistungssteigerung in der Landwirtschaft, Berlin (Ost) 1949; Jens Schöne: Die Landwirtschaft der DDR 1945 – 1990, Erfurt 2005, S. 11; ders.: Das sozialistische Dorf. Bodenreform und Kollektivierung in der Sowjetzone und der DDR (= Schriftenreihe des Sächsischen Landesbeauftragten für die Stasi-Unterlagen, Bd. 8), Leipzig 2008, S. 20; Michael F. Scholz: Bauernopfer der deutschen Frage. Der Kommunist Kurt Vieweg im Dschungel der Geheimdienste, Berlin 1997, S. 57; Ulrich Kluge: Vierzig Jahre Agrarpolitik, Bd. 1, bes. S. 102 u. 109; Günter J. Trittel: Hunger und Politik: die Ernährungskrise in der Bizone (1945–1949), Frankfurt am Main 1990; ders.: Jahre des Hungers. Die Ernährungskrise in Niedersachsen (1945–1948), in: Niedersachsen nach 1945. Hrsg. von der Niedersächsischen Landeszentrale für Politische Bildung, Hannover 1995, S. 78–90.

6 Ders.: Die Bodenreform in der Britischen Zone 1945–1949, Stuttgart 1975, S. 20; ders.: »Siedlung« statt »Bodenreform«. Die Erhaltung der Agrarbesitzstruktur in Westdeutschland (1948/49), in: Zeitschrift für Agrargeschichte und Agrarsoziologie, 6/1979, S. 181–207; ders.: Die Bodenreform, ein Beitrag der Besatzungsmächte zur gesellschaftlichen Strukturreform Nachkriegsdeutschlands 1945–1949, in: Zeitschrift für Agrargeschichte und Agrarsoziologie, 1/1982, S. 28–47.

war«.[7] Der im März 1946 veröffentlichte »Plan für Reparationen und den Nachkriegszustand der deutschen Wirtschaft« (1. Industrieplan des Alliierten Kontrollrates in Berlin) sah daher unter anderem auch eine Intensivierung der landwirtschaftlichen Produktion vor. Ein wesentlicher Schritt auf dem Weg zu einer gesteigerten und verbesserten Versorgung der Bevölkerung mit landwirtschaftlichen Gütern war die Wiederzulassung und Organisation bäuerlicher Vereinigungen – in deren Verantwortung in zahlreichen Fällen die Organisation und Durchführung landwirtschaftlicher und gartenbaulicher Ausstellungen oder Messen lag. Wie im vorherigen Kapitel gezeigt, können derartige Ausstellungen und Messen ein Mittel zur Koordination und Belebung von Handel, Verkauf und fachlichem Informationsaustausch im ländlichen Bereich sein. Eine baldige Wiederbelebung regionaler und überregionaler Ausstellungen nach Kriegsende war in allen Besatzungszonen eine logische Konsequenz dieser Entwicklung. Im vorliegenden Kapitel wird der Wiederbeginn des landwirtschaftlichen Ausstellungswesens nach 1945 in Deutschland und dessen zunehmende Politisierung im Zeichen des Kalten Krieges und der sich mehr und mehr verstetigenden Konkurrenz der Systeme nachgezeichnet. Dazu ist zunächst der Blick auf die relevanten institutionellen wie politischen Akteure in Ost und West zu richten, dann auf deren zunächst noch vorhandene zaghafte Kooperation miteinander, um dann schließlich die Etablierung der neuen großen Schau (in Frankfurt am Main und in Leipzig) bzw. der neuen alten Großausstellung (die »Grüne Woche« in West-Berlin) zu analysieren. Insbesondere wird im Verlauf des Kapitels den Fragen nachgegangen, wie sich die konkreten Bedingungen vor Ort gestalteten, um an den alten Ausstellungstraditionen anzuknüpfen. Welche politischen und propagandistischen Entscheidungen, aber auch welche ökonomischen Notwendigkeiten führten in den Besatzungszonen Deutschlands zu einer Wiederaufnahme des landwirtschaftlichen und gartenbaulichen Ausstellungswesens? Eng mit diesen Fragen ist die agrarpolitische Entwicklung zu betrachten.

Um landwirtschaftliche Großausstellungen überhaupt planen und umsetzen zu können, bedurfte es nach dem Ende des »Dritten Reiches« jedoch nicht nur der geeigneten Lokalitäten, sondern auch der Wieder- bzw. Neugründung entsprechender Organisationen, Verbände und Strukturen. Wie bereits im 19. Jahrhundert nahm die Deutsche Landwirtschafts-Gesellschaft (DLG) die Rolle des Avantgardisten ein. Wie andere ländliche und bäuerliche Verbände oder Organisationen in der SBZ entstand die Vereinigung der gegenseitigen Bauernhilfe (VdgB) sowie die DLG im Zusammenhang mit der nach dem Kriegsende notwendig gewordenen Sicherung der Volksernährung und der Bodenreformen.[8] VdgB-Einrichtungen

7 Michael von Prollius: Deutsche Wirtschaftsgeschichte nach 1945, Göttingen 2006, S. 27.

8 Vgl. zu den Genossenschaften Jens Schöne: Landwirtschaftliches Genossenschaftswesen und Agrarpolitik in der SBZ/DDR 1945–1950/51, Stuttgart 2000; Scherstjanoi: SED-Agrarpolitik, S. 78–101.

stellten ein Novum in Deutschland dar, Genossenschaften und die DLG hingegen nicht. Ihnen war im Grunde die Aufgabe gemein, die Produktions- und Lebensbedingungen der Bauern zu verbessern.[9]

Die agrarpolitischen und politischen Ausgangsbedingungen in Ost- und Westdeutschland

Die Ausgangsbedingungen für die Rekonstruktion der Agrarwirtschaft waren in den deutschen Besatzungszonen recht unterschiedlich, aber im Ganzen eher ungünstig. Versuche der Besatzungsmächte und Militärbehörden, die Ernährungswirtschaft zentral über die Zonengrenzen hinweg zu organisieren, scheiterten.[10] Gleichwohl oblag die Verwaltung des Ernährungssektors den alliierten Militärbehörden.[11] Inmitten des Ernährungsnotstandes 1945 begann in der SBZ eine umfassende Landverteilung, die als »Demokratische Bodenreform« bekannt wurde. Die Landwirtschaft der SBZ entwickelte sich durch die aus der Bodenreform resultierende starke Zersplitterung des Besitztums zu einer kleinbäuerlichen Landwirtschaft mit »großer Marktschwäche infolge ihres hohen Selbstversorgungsgrads«.[12] Die begonnenen Maßnahmen zur Durchführung einer Bodenreform in den westlichen Besatzungszonen wurden hingegen im Herbst 1947 abgebrochen. Die Bodenreform als Prozess einer politisch verordneten Landumverteilung fand in Westdeutschland in der Form einer umfassenden und lange Zeit an Anspruch nehmenden Flurbereinigung statt. Die finanzielle Hilfe aus dem Marshallplan und die amerikanischen Rohstofflieferungen unterstützten die westdeutsche Agrarproduktion.

Die Zeit zwischen 1945 und 1948 war geprägt sowohl von Kooperation zwischen ländlichen und politischen Akteuren zwischen Ost und West als auch einer sich seit 1947 gleichsam stetig verstärkenden Abgrenzung zwischen ihnen. Der beginnende Kalte Krieg, die damit verbundene deutsch-deutsche Systemkonkurrenz, die Währungsreform und die erste Berlin-Krise sowie schließlich die deutsche Teilung in zwei separate Staaten bildeten den politischen Hintergrund, vor dem die landwirtschaftlichen Ausstellungen stattfanden und auf den sich ihre Akteure einzustellen hatten.

9 Ebd.; Schöne: Landwirtschaftliches Genossenschaftswesen.

10 Kluge: Agrarwirtschaft, S. 35 f.

11 In der US-amerikanischen Besatzungszone entstand das Office of Military Government for Germany/US (OMGUS) in Frankfurt am Main, in der britischen Zone die Control Commission for Germany/British Element (CCG/BE) in Bad Oeynhausen, in der französischen Besatzungszone das Commandement en Chef Français en Allemagne (CCFA) in Baden-Baden und für die SBZ die Sowjetische Militäradministration in Deutschland (SMAD) in Berlin-Karlshorst.

12 Kluge: Agrarwirtschaft, S. 36.

Die Deutsche Landwirtschafts-Gesellschaft (DLG) entsteht wieder

Für die Durchführung landwirtschaftlicher Wanderausstellungen war die DLG im späten 19. Jahrhundert und im ersten Drittel des 20. Jahrhunderts zur wichtigsten Organisatorin geworden. Sie stand auch, wie gezeigt, mit an der Wiege der »Grünen Woche« und weiterer landwirtschaftlicher Ausstellungen in Deutschland. Aus dem ländlichen Verbandsleben war sie nicht mehr wegzudenken. Da sie zwischen 1934 und 1945 im Reichsnährstand aufgegangen war, unterlag sie den Bestimmungen des Potsdamer Abkommens, alle nationalsozialistischen Strukturen aufzulösen.

Durch die Aufteilung Deutschlands in vier Besatzungszonen ergaben sich jedoch politische Probleme für die Wiederbelebung landwirtschaftlicher Organisationen und Verbände. Während sich die DLG in den westlichen Zonen durch die Vorstufe eines »Vereins zum Wiederaufbau der DLG« konstituierte,[13] verlief in der SBZ der Prozess anders. Am 21. Januar 1948 nahm der Wirtschaftsrat für das Vereinigte Wirtschaftsgebiet das vom Ausschuss für Ernährung und Landwirtschaft vorberatene Gesetz über die Auflösung des Reichsnährstandes einstimmig an. Nach Zustimmung der Besatzungsmächte wurden ab dem 1. April die Zwangsbeiträge der aufzulösenden Einrichtungen und Gliederungen des Reichsnährstandes nicht mehr erhoben.[14] Die Britische Militärregierung befahl dem bizonalen Zentralamt für Ernährung und Landwirtschaft (ZEL) mit der Bekanntmachung Nr. 114 zur »Food and Agriculture Instruction« die landwirtschaftliche Selbstverwaltung zu organisieren. Darin eingeschlossen war die Abwicklung landwirtschaftlicher Organisationen, wie dem ehemaligen Reichsnährstand.[15] Bis 1961 entstanden dann in allen Ländern der Westzone Bauernkammern und Bauernverbände auf demokratischer Grundlage, während in der SBZ/DDR eine misstrauisch-ablehnende Haltung der SED gegenüber einer angeblichen »Renazifizierung« des bäuerlichen Verbandsgefüges vorherrschend blieb.[16]

Die konkreten Vorbereitungen für das Wiederbeleben der DLG in Ostdeutschland liegen noch weitgehend im Dunkeln,[17] ebenso ihre Beziehungen zu den Struk-

13 Die Gründungsphase der DLG in Westdeutschland ist beschrieben bei Rolf Mayer-Schalburg: Im Strom einer neuen Zeit. Tagebuchblätter und Gedanken aus der Zeit der Wiedergeburt der Deutschen Landwirtschafts-Gesellschaft 1946 bis 1957, Frankfurt am Main 1959; Sven Schultze: Die Deutsche Landwirtschafts-Gesellschaft (DLG) in der SBZ/DDR. Zur Geschichte einer vergessenen landwirtschaftlichen Organisation 1946–1951, in: DA 2/2009, S. 239–246.

14 DBK, H. 1/1948, S. 1.

15 Kluge: Agrarpolitik, Bd. 1, S. 51. – Zur Wiederbegründung landwirtschaftlicher Organisationen vgl. auch ebd. S. 51 f.

16 Ebd.

17 Der gleiche Befund ist auch für das Kuratorium für Technik in der Landwirtschaft (KTL) zu treffen. Das KTL ging auf den bereits 1920 gegründeten Reichsausschuß für Technik in der Landwirtschaft

turen der Schwesterorganisation in Westdeutschland. Dieser bemerkenswerte Forschungsstand ist nicht zuletzt der Tatsache geschuldet, dass die Ost-DLG insgesamt nur selten Gegenstand der historischen Forschung war.[18]

Eine Neugründung der DLG sahen offenbar alle Besatzungsmächte als zweckmäßig an, um die Versorgungslage der Bevölkerung zu verbessern und der Landwirtschaft zu mehr Organisationseffizienz zu verhelfen. In dem sich abzeichnenden Kalten Krieg mussten Nahrungsmittelkrisen als Ursache für soziale und politische Destabilisierung vermieden werden. In Deutschland war dafür einer der möglichen Wege die Wiederzulassung von Bauernverbänden und -organisationen. Die sich vertiefenden Spannungen zwischen der Sowjetunion und den westlichen Besatzungsmächten erschwerten die Wiedergründung nicht unwesentlich: Eine »West-DLG« und eine »Ost-DLG« waren die unvermeidliche Folge.[19]

Am 18. September 1947 wurde die Deutsche Landwirtschafts-Gesellschaft für die westlichen Besatzungszonen in der Landwirtschaftsschule zu Hohenheim wieder begründet. Der ehemalige Reichsminister Hans Schlange-Schöningen (CDU) äußerte in seiner Gründungsansprache »Die heutigen Aufgaben der Landwirtschaft« unumwunden die Überzeugung, dass »die DLG am meisten dazu berufen sein wird, allen in unserem Beruf voranzugehen«. Genauso wichtig war ihm der

zurück. Es war von den Verbänden der Landmaschinenindustrie, der DLG und dem Staat getragen. Diese zentrale Einrichtung war mit der Entwicklung, Prüfung und Popularisierung von Maschinen und Technik in der Innen- und Außenwirtschaft landwirtschaftlicher Betriebe betraut gewesen. Vgl. zur Tätigkeit des KTL bis 1945 Volker Klemm: Agrarwissenschaften in Deutschland. Geschichte – Tradition. Von den Anfängen bis 1945, St. Katharinen 1992, S. 283; Fritz Lachenmaier: 100 Jahre Deutsche Landwirtschafts-Gesellschaft, Frankfurt am Main 1985; Johannes Hansen/Gustav Fischer: Geschichte der Deutschen Landwirtschafts-Gesellschaft, Berlin 1936, S. 457–484. – Analog der DLG entstand auch das KTL im geteilten Deutschland nach 1945 separat in Ost und West. Die Gründung in der SBZ erfolgte bereits im Jahre 1945. Lachenmaier und Klemm tragen zur Klärung dessen allerdings nichts bei. Allein Andreas Dix: »Freies Land«. Siedlungsplanung im ländlichen Raum der SBZ und frühen DDR 1945–1955, Köln u. a. 2002, S. 67–70, kann Wesentliches und Neues hierzu beitragen und hilft damit, dessen Institutionengeschichte in der SBZ und frühen DDR aufzuarbeiten.

18 Die Ost-DLG wird weder bei Gerd-Rüdiger Stephan/Andreas Herbst/Christine Krauss/Daniel Küchenmeister/Detlef Nakath (Hrsg.): Die Parteien und Organisationen der DDR. Ein Handbuch, Berlin 2002,) noch bei Martin Broszat/Hermann Weber (Hrsg.): SBZ-Handbuch. Staatliche Verwaltungen, Parteien, gesellschaftliche Organisationen und ihre Führungskräfte in der Sowjetischen Besatzungszone Deutschlands 1945–1949, 2. Aufl., München 1993, thematisiert bzw. auch nur erwähnt. Nur Dix: »Freies Land«, bes. S. 71 f., geht auf die Ost-DLG näher ein und stellt sie im Kontext der »Akteure und Institutionen« dar, ohne jedoch ihre Geschichte, Struktur und Aufgaben klar herauszuarbeiten. Insgesamt verblüfft dieser Forschungsstand, da das Wiederbeleben bewährter und nicht durch das »Dritte Reich« diskreditierter landwirtschaftlicher Organisationen in Verbindung mit einem Elitenwechsel als substantiell für die Transformation der ostdeutschen Landwirtschaft nach 1945 angesehen wird. Eine mögliche Erklärung hierfür bietet die kurze Lebensspanne der DLG in der SBZ/DDR von Ende 1946 bis zum Sommer 1951.

19 Zum komplexen Gründungsprozess vgl. Schultze: Die Deutsche Landwirtschafts-Gesellschaft (DLG) in der SBZ/DDR.

Nachweis, dass durch die DLG nun in Deutschland ein essenzieller und erkennbarer Schritt in Richtung Wiederaufbau und Ernährungssicherung getan war: »Wir werden damit zugleich dem Ausland und vor allem den Siegermächten den Nachweis bringen, dass in jeder Hinsicht das äußerste bei uns getan wird, um uns, soweit möglich, selbst aus dem Dreck herauszuarbeiten.«[20] OMGUS-Mitarbeiter Conrad Hammar ergänzte in seiner Gründungsansprache, dass es gelte, »Deutschland besseren Zeiten entgegenzuführen«.[21] Offen wurde die Freude zum Ausdruck gebracht, dass »auch in der Ostzone schon dieser Gedanke einer Neubildung der Deutschen Landwirtschafts-Gesellschaft verwirklicht worden ist. Wir stehen mit dieser Schwester-Organisation in der Ostzone in bester Verbindung und wollen nur hoffen, dass recht bald die völlige Verschmelzung der Ost- und der West-DLG nach Fallen der Zonengrenzen möglich sein wird.«[22]

Bald nach ihrer Gründung schloss sie sich mit dem Deutschen Bauernverband (DBV), dem Deutschen Raiffeisenverband und dem Zentralausschuß der Deutschen Landwirtschaft im Verband der Landwirtschaftskammern zusammen. Dem am 17. August 1948 (ebenfalls in Hohenheim bei Stuttgart) gegründeten DBV kam künftig die Aufgabe zu, die wirtschaftlichen Interessen der Landwirtschaft in der Politik zu vertreten und durchzusetzen. Dem Verband der Landwirtschaftskammern oblag die überregionale Aufgabe der landwirtschaftlichen Selbstverwaltung, dem Deutschen Raiffeisenverband kam die Aufgabe zu, die Gesamtbelange des ländlichen Genossenschaftswesens zu fördern sowie die bäuerlichen Interessen auf den Märkten zu vertreten. Der DLG schließlich oblag die »außergewöhnlich wichtige Aufgabe«, den Fortschritt in der bundesdeutschen Land- und Ernährungswirtschaft, insbesondere durch praktische Versuche, wissenschaftliche Untersuchungen, durch Ausstellungen, Leistungs- und Maschinenprüfungen zu fördern.[23] Diese Aufgaben erfüllte die DLG in den folgenden Jahren bis in die Gegenwart hinein mit besonderem Engagement und erwarb sich das Vertrauen der bundesdeutschen Politik[24] und der Verbraucher. Bei der Organisation und Durchführung der als Gelenk-

20 Ebd., S. 235 u. 237.

21 *Frankfurter Rundschau* vom 25. September 1947, S. 2.

22 Walter Asmis über den Werdegang der DLG, in: Archiv der Deutschen Landwirtschafts-Gesellschaft, Bd. 1, Hannover 1948, S. 243 f. – Asmis war damals Ministerialdirektor beim bizonalen Zentralrat für Ernährung, Landwirtschaft und Forsten in Hamburg. Er war Vizepräsident der West-DLG von 1947 bis 1954.

23 Willi Croll: Die DLG und ihre landwirtschaftlichen Partner – Abgrenzung und Kooperation, in: Vorstand der Deutschen Landwirtschafts-Gesellschaft (Hrsg.): Die Deutsche Landwirtschafts-Gesellschaft zu Beginn ihres zweiten Jahrhunderts, Frankfurt am Main 1987, S. 43 f.; 50 DLG-Ausstellungen im Wandel der Zeiten, Frankfurt am Main 1968.

24 So der Vorsitzende des Ausschusses für Ernährung, Landwirtschaft und Forsten des Deutschen Bundestages, Martin Schmidt (SPD), im Jahre 1987. Er betonte: »Die Deutsche Landwirtschafts-Gesellschaft genießt unser Vertrauen! [...] Sie handelt nach dem Grundsatz, den Staat in Berei-

stelle zwischen Landwirtschaft, Agrarwissenschaft, Politik und Verbraucher fungierenden landwirtschaftlichen (Wander-)Ausstellungen übernahm die Gesellschaft spätestens mit der großen DLG-Wanderausstellung des Jahres 1950 dann wieder die Rolle des Avantgardisten.

In der Tat war deren Gründung in der SBZ zeitlich früher vonstatten gegangen. Nachdem die bäuerlichen »Gemeinschaften« seit 1946 durch die sowjetischen Kommandanten stark unterdrückt worden waren, lösten sich die Wirtschaftsgemeinschaften bis Anfang 1947 wieder auf.[25] Mit dem Befehl Nr. 146 der SMAD vom 20. November 1947 wurden alle Arten von landwirtschaftlichen Genossenschaften dann wieder zugelassen.[26] Mit diesem Befehl sollte die Umgestaltung auf dem Lande kontrolliert und in gemäßigte Bahnen gelenkt werden.

Der Antrieb zur Wiederbelebung der DLG innerhalb der SBZ ging, ebenso wie die Gründung der Deutschen Saatzucht-Gesellschaft (DSG), wesentlich vom Landwirtschaftsexperten und Leiter der Hauptabteilung III (Ackerbau und Landeskultur) der Deutschen Verwaltung (später Hauptverwaltung, HVLF) für Land- und Forstwirtschaft (DVLF), Matthias Kramer (parteilos), aus.[27] Die ersten bekannten Überlegungen hierzu stammen vom Juni 1946. Kramer vermochte es, den Präsidenten der DVLF, Edwin Hoernle (KPD/SED), für dieses Vorhaben zu gewinnen. Hoernle war einer der wenigen profilierten Agrarpolitiker innerhalb der KPD/SED und maßgeblich an der Ausarbeitung und Umsetzung der Bodenreform beteiligt. Nachdem er 1918/19 mit dem Versuch, die Revolution auf das Land auszudehnen, gescheitert war und dann 1933 emigrieren musste, setzte er nach seiner Rückkehr 1945 alles daran, das ländlich-bäuerliche Milieu der kommunistischen Sphäre zu öffnen. Für ihn dürften vornehmlich drei Überlegungen ausschlaggebend gewesen sein, die DLG wieder ins Leben zu rufen: Erstens besaß die »alte« DLG einen ausgezeichneten und nicht durch NS-Verstrickungen befleckten Ruf. Zweitens mehrten

chen zu entlasten, in denen die Bürger und ihre Zusammenschlüsse Aufgaben selbst in geordneter Weise erledigen können. Dieser als Subsidiaritätsprinzip bekannte Grundsatz setzt ein hohes Maß an Loyalität gegenüber dem Ganzen voraus. Die DLG hat an ihrer Loyalität nie Zweifel aufkommen lassen.« Zit. nach: DLG (Hrsg.): Die Deutsche Landwirtschafts-Gesellschaft, S. 41 f.

25 Arnd Bauerkämper: Auf dem Weg zum »Sozialismus auf dem Lande«. Die Politik der SED 1948/49 und die Reaktionen in dörflich-agrarischen Milieus, in: Dierk Hoffmann/Hermann Wentker (Hrsg.): Das letzte Jahr der SBZ. Politische Weichenstellungen und Kontinuitäten im Prozeß der Gründung der DDR, München 2000, S. 245–268, hier S. 248.

26 Friederike Sattler: Wirtschaftsordnung im Übergang. Politik, Organisation und Funktion der KPD/SED im Land Brandenburg bei der Etablierung der Zentralen Planwirtschaft in der SBZ/DDR 1945–52, Teilbd. 1, Münster u. a. 2002, S. 185; Schöne: Landwirtschaftliches Genossenschaftswesen, S. 22–27; Scherstjanoi: SED-Agrarpolitik, S. 78–102.

27 Konrad Merkel/Eduard Schuhans: Die Agrarwirtschaft in Mitteldeutschland: »Sozialisierung« und Produktionsergebnisse, Bonn u. a. 1963, S. 58; Kurzbericht über die Gründungsversammlung des »Vereins zum Wiederaufbau der D.L.G« vom 11. Dezember 1946, in: BAK, Z 6/I, Nr. 176, Bl. 149–151, hier Bl. 151.

sich die Zeichen aus den westlichen Besatzungszonen, dass eine Neubelebung der Gesellschaft dort in Zukunft zu erwarten sei und drittens bot sich die Möglichkeit an, die DLG in der SBZ mit kommunistischen Kräften zu besetzen sowie den Wiederaufbau der Agrarwissenschaften sozialistischen Vorgaben anzupassen. In die von Hoernle entwickelten »sechs Grundsätze antifaschistisch-demokratischer Ordnung auf dem Dorfe« lässt sich die Gründung der DLG zwanglos einfügen.[28]

Der offizielle Gründungsakt der Ost-DLG vollzog sich im Februar 1947 im Zusammenhang mit dem ersten Agrarwissenschaftlichen Kongress der SBZ in Ost-Berlin. Bedeutung und künftige Tätigkeit der Gesellschaft stellte Hoernle folgendermaßen dar: »Die Landwirtschaft in Deutschland ist schon lange kein einfaches Handwerk mehr. Sie ist [...] eine praktische Wissenschaft. Wir müssen sie jedenfalls so schnell wie möglich auf diese Stufe bringen. Und eins der wichtigsten Instrumente hierfür ist die DLG.«[29] Dazu sollte die Gesellschaft grundsätzlich den alten Prinzipien Eyths verpflichtet bleiben, jedoch mit an den Erfordernissen der Nachkriegsjahre angepassten Arbeitsmethoden und »neuen« Organisationsformen. Nicht nur Max Eyth stellte Hoernle als ein Leitbild dar. Auch Adolf Münzinger und Max Sering dienten ihm als Vorbilder, um die DLG »fest auf den Boden der Bodenreform« zu stellen.[30] Die politische Inanspruchnahme Münzingers und Serings durch einen kommunistischen Agrarpolitiker sollten als positive Beispiele für eine sozialistische Perspektive im Nachkriegsdeutschland gegenüber der Agrarpolitik der Nationalsozialisten herhalten. Diese beiden Landwirtschaftsexperten, vor allem aber ihre Ideen, Forschungen und Programme, wirkten auf viele Bauern und Intellektuelle in Ost- wie Westdeutschland gleichermaßen anziehend.[31] An ihren Konzepten

28 Hoernle trug diese Grundsätze in ihrer endgültigen Form Ende 1950 an der Deutschen Verwaltungsakademie »Walter Ulbricht« in Forst-Zinna vor, deren Dekan der agarpolitischen Fakultät er war. Sie beinhalteten: I. »Ausrottung [...; von] Preußentum, Junkertum, Militarismus, Faschismus«, II. »Sicherung der Ernährungsgrundlage unseres Volkes auf eigenem Boden«, III. »Annäherung von Stadt und Land«, IV. »Entfaltung der praktischen Demokratie auf dem Dorfe«, V. »Einbeziehung des Dorfes in den Kampf um die nationale Einheit und Selbständigkeit des demokratischen Deutschlands« und VI. »Einbeziehung der werktätigen Massen des Dorfes in den Kampf um den Frieden«. Vgl. Vorlesungsmanuskript über »Grundfragen demokratischer Agrarpolitik« vom 20. November 1950, in: SAPMO-BArch, NY 4030/48, Bl. 12–14. – Vgl. auch das abgedruckte Referat in seinem erst 20 Jahre nach seinem Tod erschienenen Buch Edwin Hoernle: Zum Bündnis zwischen Arbeitern und Bauern. Eine Auswahl seiner agrarpolitischen Reden und Schriften 1928–1951, Berlin 1972, S. 456–475, bes. S. 463–470.

29 Edwin Hoernle: Die D.L.G. im neuen Deutschland, in: Mitteilung der Deutschen Landwirtschafts-Gesellschaft, Bd. 1, Berlin (Ost), 1947, Nr. 2, S. 5–7, hier S. 5.

30 Ebd., S. 6. – Zum kommunistischen Blick der ersten Nachkriegsjahre auf Sering und Münzinger vgl. auch ders.: Plan zur Entwicklung der landwirtschaftlichen Produktivkräfte, in: Deutsche Landwirtschafts-Gesellschaft: Arbeiten, Neue Folge, Bd. 4: Gegenwartsfragen der Landwirtschaft in der Ostzone. Referate der Jahrestagung der DLG, Berlin (Ost) 1948, S. 13–40, hier S. 37f.

31 Münzinger hatte in den 1920er und 1930er Jahren in Hohenheim bei Stuttgart Untersuchungen bäuerlicher Familienbetriebe angestellt. Zwischen 1928 und 1932 schuf er aus einem Dorf in der

kleinbäuerlicher Wirtschafts- und Gemeinschaftsformen wollte Hoernle anknüpfen. Im württembergischen Cannstatt geboren, kannte er die problematische Lage der Landwirtschaft dort aus eigener Erfahrung und sah in der Ost-DLG ein Mittel, um mithilfe dieser Konzepte das »neue Dorf aus einem bloßen Ackerdorf in ein bäuerlich-gewerbliches Dorf [zu] verwandeln«.[32] Die agrarwissenschaftliche Seite dominierten in Hoernles Visionen Vorbilder wie Justus Liebig oder Hermann Hellriegel. Deren bahnbrechende Entdeckungen brachten Hoernle und Mitscherlich in eine Reihe mit den sowjetischen Agrobiologen Trofim D. Lyssenko, Wassili R. Wiljams und Iwan W. Mitschurin.[33] Durch diese politische wie agrarwissenschaftliche Ausrichtung jener »neuen DLG« war es möglich geworden, die Gesellschaft für die Belange und Ziele kommunistischer Agrarpolitik dienstbar zu machen. Um diese »neue DLG« zu erreichen, trat daher auch die SED der Gesellschaft bei.[34]

Die Gesellschaft gliederte sich in zehn Haupt- und 70 Fachausschüsse, wovon der Unterausschuss IX »Werbung und Aufklärung« mit der Ausrichtung von Ausstellungen, Tagungen, Öffentlichkeitsarbeit etc. betraut war. Zur Erfüllung ihrer Aufgaben setzte sie sich das Ziel, laufend fachliche Tagungen und Arbeitsbesprechungen durchzuführen. »Sie organisiert berufliche Aufklärung und Belehrung, insbesondere durch ständige und Wanderausstellungen. [...] In allen Fragen der landwirtschaftlichen Produktion und Wissenschaft hält sie enge Verbindung mit Universitäten, Hochschulen und Forschungsinstituten, den Behörden, den Vereinigungen der gegenseitigen Bauernhilfe, dem Freien Deutschen Gewerkschaftsbund und ähnlichen Organisationen.«[35] Interessant an diesen Aussagen sind die offen gezeigten Traditionslinien zur alten DLG.

Schwäbischen Alb zusammen mit den dortigen Bauern das voll mechanisierte, auf genossenschaftlicher Grundlage arbeitende Musterdorf »Häusern«. Sering, eine »der imposantesten Gestalten in der deutschen Wissenschaftslandschaft des frühen 20. Jahrhunderts«, war Gründer der Gesellschaft für Innere Kolonisation. Vgl. Willi Oberkrome: Konsens und Opposition. Max Sering, Constantin von Dietze und das »rechte Lager« 1920–1940, in: ZAA, H. 2/2007, S. 10–22. – Zeitgleich plädierte auch Constantin von Dietze im Sinne von Max Sering, allerdings um der Kollektivierung der Landwirtschaft zu begegnen, für die aktualisierte Wiederauflage der Agrarpolitik aus der Weimarer Republik. Vgl. Constantin von Dietze: Wege und Aufgaben wissenschaftlicher Agrarpolitik. Rektoratsrede vom 23. Mai 1947, Freiburg i. Br. 1947, S. 24.

32 Hoernle: Plan, S. 37; Dix: »Freies Land«, S. 82 f.

33 Grundsätzliches zum Zweijahrplan in der Landwirtschaft, in: Die Deutsche Landwirtschaft, H. 11/12 1948, S. 161–164, hier S. 164.

34 Die LDP war bereits im Juni 1947 der DLG beigetreten. Zu dieser Zeit wurden manche Positionen innerhalb der VdgB noch von »großbäuerlichen Kräften« besetzt, die von der LDP und CDU unterstützt wurden. Um einem politischen Imageschaden vorzubeugen, trat die SED am 6. August 1947 mit einem Jahresbeitrag von 3.000,– RM bei. Vgl. SAPMO-BArch, DY 30/IV 2/7/109, Bl. 291–295.

35 Sonderdruck der Zeitschrift »Die Deutsche Landwirtschaft«, H. 4/1947, S. 2.

Eine der wichtigsten Aufgaben der DLG – sowohl in Ost- als auch in Westdeutschland – waren die Planung und Durchführung landwirtschaftlicher Schauen und Ausstellungen.[36] In Anbetracht der desaströsen Versorgungslage der Bevölkerung und dem Anfang 1948 zusammengebrochenen westdeutschen Erfassungssystem und einer damit entstandenen »Ernährungskrise« bedurfte die Landwirtschaft wieder dringend des Mediums der Ausstellungen.[37] Denn sie erfüllten sowohl Funktionen als Marktveranstaltung als auch einer Informations- und Kommunikationsbörse und förderten und beförderten dadurch den zonenübergreifenden Handel landwirtschaftlicher Erzeugnisse und den Austausch relevanter (zumeist fachlicher) Informationen.[38] Allerdings sollte es noch bis 1950 dauern, bevor es eine von der Ost-DLG organisierte große Landwirtschaftsschau in der DDR geben konnte. Zuvor waren noch zahlreiche Hindernisse wie das fortwährende Kompetenzgerangel, die ständig wechselnden Vorgaben der Besatzungsmacht, eine permanente Ressourcenknappheit, die sich seit 1948 radikalisierende Agrarpolitik der SED, aber auch die zunehmende Ausstellungs-Konkurrenz zwischen den deutschen Städten zu bewältigen.

Dem anderen die Schau stehlen: Stationen auf dem Weg zu einem neu geregelten Ausstellungswesen zwischen Kooperation und Abgrenzung

Nach derzeitigem Kenntnisstand waren es die gartenbaulichen Fachausstellungen, die als erste größere Schauen von überregionaler Bedeutung nach dem Ende des Krieges wieder entstanden. Dies ist ein Befund, der ob seiner bereits geschilderten Bedeutung für die Organisation der Nahrungsmitteldistribution in Form von Obst und Gemüse, aber auch für den ebenso wichtigen fachlichen Informationsaustausch in dieser von Mangel und Hunger geprägten Zeit nicht verwundern kann. Auch der Ort, an dem die erste Gartenbauausstellung nach Kriegsende stattfand, erscheint nicht überraschend, nämlich Erfurt, die alte Stadt des Gartenbaus. Allerdings war diese Standortwahl nicht so zwangsläufig, wie sie aus heutigem Blick erscheinen mag. Denn auch im deutschen Ausstellungswesen gab es keine »Stunde Null« und

36 Zur weiteren Tätigkeit und Kontakten der Ost-DLG vgl. Schultze: DLG in der SBZ/DDR, bes. S. 242.

37 Christel Nehrig: Agrarpolitik, in: Clemens Burrichter/Detlef Nakath/Gerd-Rüdiger Stephan (Hrsg.): Deutsche Zeitgeschichte von 1945 bis 2000. Gesellschaft – Staat – Politik. Ein Handbuch, Berlin 2006, S. 755–776, hier 762; Ulrich Kluge: Die Krise der Lebensmittelversorgung 1916–1923 und 1945–1950, in: Clemens Zimmermann (Hrsg.): Dorf und Stadt. Ihre Beziehungen vom Mittelalter bis zur Gegenwart, Frankfurt am Main 2001, S. 209–239, hier 234. – Die Hungerproteste in den westlichen Besatzungszonen setzten sich in größerem Umfang bis Mai 1948 fort.

38 Möller: Messe- und Ausstellungswesen, S. 46–49.

manche alten, vor Kriegsausbruch getroffenen Vereinbarungen und Planungen drangen nun auf ihre Einlösung. Diese Entwicklung war auch durch die Messe- und Ausstellungspolitik der Nationalsozialisten beeinflusst worden, die den Zentralisierungsprozess im deutschen Messewesen stark befördert hatten. Die dezentrale Standortstruktur des Ausstellungswesens hingegen blieb auch im »Dritten Reich« bestehen.[39] Besondere Bedeutung erlangten neben den staatlichen Großpropagandaausstellungen (z. B. in Düsseldorf oder in Berlin) die Reichsnährstandsausstellungen (etwa 1934 in Erfurt und 1936 in Frankfurt am Main).[40] Eine Konkurrenz der damals beteiligten Städte auf diesem Gebiet nach 1945 wird vor diesem Hintergrund nachvollziehbar. Denn es waren vor allem die großen Bevölkerungsballungen des Deutschen Reiches (Berlin, Sachsen, das Rhein-Ruhr-Gebiet, das Rhein-Main-Gebiet und München) gewesen, die in den 1930er Jahren über umfangreiche Ausstellungskapazitäten verfügt hatten, und viele von ihnen beabsichtigten nach 1945 diesen Standortvorteil wieder zur Geltung zu bringen.

Während des Zweiten Weltkrieges hatten bereits recht konkrete Planungen die Städte Erfurt (für das Jahr 1942) und Leipzig (für das Jahr 1945) als Träger einer Reichsgartenschau vorgesehen. Aus verschiedenen Gründen, vor allem wegen des Krieges, kamen diese Projekte aber nicht mehr zur Durchführung.[41] Vor diesem Hintergrund wird allerdings deutlich, warum es gerade die Stadt Erfurt war, welche die erste größere gartenbauliche Ausstellung nach dem Krieg organisierte. Die Stadtverwaltung, insbesondere Oberbürgermeister Hermann Jahn (KPD), die SMATh und auch einige alte Ausstellungsfachleute, darunter Gustav Allinger[42], beförderten und unterstützten diese Entwicklung sehr.

39 Ebd., S. 136f.

40 R. Haake: Das städtische Messe- und Ausstellungswesen, (= Einzelschriften des kommunalwissenschaftlichen Instituts an der Universität Berlin, Bd. 11), Berlin 1938, S. 82.

41 Für diesen Hinweis bedankt sich der Verfasser bei Kristina Vagt.

42 Allinger hatte 1928 die Deutsche Abteilung auf der Internationalen Gartenkunstausstellung in London und 1931 die wissenschaftliche Abteilung der Gruppe Grün- und Freiflächen auf der Internationalen Hygiene-Ausstellung in Dresden geleitet. Nach seinen eigenen Angaben war er zwischen 1935 und 1944 wegen seines »Widerstandes gegen die Maßnahmen und Anordnungen des agrarpolitischen Amtes der NSDAP vom Reichsnährstand von der Leitung und Führung sämtlicher deutschen Gartenbauausstellungen ausgeschlossen gewesen«. Allinger wirkte dann entscheidend auch an der Organisation der Erfurter Gartenbauausstellung »Mehr Nahrung schaffen« im Oktober 1946 mit, die bereits eine Landesausstellung war. Die Ausstellung des Jahres 1947 konnte er »aus terminlichen Gründen« nicht organisieren. Die Botanische Gruppe der Akademie der Wissenschaften, deren Vertretung in Deutschland ihren Sitz im Botanischen Garten im Park Potsdam-Sanssouci hatte, beauftragte Allinger, ein umfangreiches Buch zu schreiben und das Bildmaterial zu besorgen. Daraus entstand dann vermutlich das »Hohelied der Gartenkunst«, das schon in einem westdeutschen Verlag erschien, da Allinger nach West-Berlin übersiedelte. Vgl. Schreiben an das Landesamt für Land- und Forstwirtschaft, Abt. Gartenbau z. Hd. Herrn ORR Uhlmann vom 3. Dezember 1946, in: UATUB, AL 272, unpag.; Allinger: Das Hohelied; Gert Gröning/Joachim Wolschke-

Die Darstellung der Leistungen des Erfurter Erwerbsgartenbaus auf der »Gartenschau Erfurt«, Herbst 1945.

Für die Ausstellung »Wirtschaft im Aufbau« (im September 1945) erarbeitete Allinger sämtliche Entwürfe, übernahm die künstlerische Leitung der Hallenschau und die Ausgestaltung der Hallen und des Freigeländes mit Blumen und Pflanzen.[43] Der Schauteil des Erfurter Gartenbaus wurde dann der Ausgangspunkt für die nur einen Monat später (vom 29. September bis zum 14. Oktober 1945) durchgeführte Ausstellung »Gartenschau Erfurt«. Diese erste Ausstellung, die auf dem Gelände der »Feima« (in der Altonaer Straße) stattfand, war zwar noch sehr provisorisch und bescheiden, konnte aber doch erste Akzente bei der Bündelung relevanten Fachwissens, bei der Wiederetablierung spezialisierter Markt- und Handelsplätze setzen sowie dabei mitwirken, der vom Hunger geplagten Bevölkerung Hoffnung auf die noch vorhandene Leistungsfähigkeit des Erwerbsgartenbaus und der Landwirtschaft zu geben.[44] Die Gruppe »Erfurter Gartenbau« war mit 13 beteiligten Firmen die größte Ausstellergruppe. Vor allem gaben die Darstellungen des Selbstversor-

Buhlmann: Grüne Biografien. Biografisches Handbuch zur Landschaftsarchitektur des 20. Jahrhunderts, Berlin u. a. 1997.

43 Schriftverkehr zur Ausstellung »Wirtschaft im Wiederaufbau« und »Gartenschau Erfurt« im Nachlass von Gustav Allinger, in: UATUB, AL 241 u. AL 522, unpag.

44 Auch die Landwirtschaft des Landes Thüringen war durch die Ländliche Genossenschaft Raiffeisen vertreten. Vgl. Wegweiser durch die Ausstellung »Erfurt – Wirtschaft im Aufbau«, S. 7.

gungsgartenbaus und der Brachlandaktionen wertvolle praktische Anleitungen für die Bevölkerung.

Seit Ende des Jahres 1946 gingen die Bestrebungen der SBZ-Zentralverwaltung für Land- und Forstwirtschaft dahin, die bis 1939 in Berlin durchgeführte »Grüne Woche« nach Leipzig zu verlegen. Ob es sich hierbei um das Gelände der Leipziger Messe oder den Markkleeberger Park handelte, ist dem Verfasser unbekannt, wahrscheinlicher ist Ersteres. Die SED hatte, das politische und wirtschaftliche Potenzial von Ausstellungen klar erkennend, ein Interesse daran, große und bedeutende landwirtschaftliche und gartenbauliche Ausstellungen unter ihre Obhut zu bekommen. Dies war auch bei der »Grünen Woche« so. Von einigen kleineren Ankündigungen in der Tagespresse abgesehen, die zeitlich weit gestreut waren, scheinen die Initiativen an dem Projekt bis zum Herbst 1948 aber kaum Fortschritte gemacht zu haben. Die Berliner Ausstellungen versuchten hingegen, »dieses wichtige Ausstellungsobjekt für Berlin sicherzustellen«.[45] Das letzte diesbezügliche Schreiben an die Zentralverwaltung Land- und Forstwirtschaft vom 2. Mai 1947, das forderte, »wenigstens zu versuchen«, die »Grüne Woche« wieder auf dem Gelände der Berliner Ausstellungen durchzuführen, blieb unbeantwortet. Der Betrieb versuchte daher direkten und indirekten Einfluss – etwa über Stadtrat Lübbe – auf Otto Suhr (SPD; 1946–1951 Mitglied und Vorsteher der Stadtverordnetenversammlungen, 1951–1954 Präsident des West-Berliner Abgeordnetenhauses, 1955–1957 Regierender Bürgermeister) zu erhalten. In beiden Personen konnten die BA schließlich starke Befürworter der »Grünen Woche« als einer Berliner Ausstellung gewinnen.

In der Berliner Magistratssitzung vom 21. Mai 1947 wurde der auf SED-Initiative beruhende Plan vorgetragen, die »Grüne Woche« nach Leipzig zu verlegen.[46] Suhr musste sich diesem Anliegen stellen und befragte Stadtrat Lübbe nach der Zukunft des Berliner Ausstellungswesens. Erich Lübbe (SED) war im Magistrat von Groß-Berlin Stadtrat für Städtische Betriebe und somit zuständig für den Ausstellungsbetrieb. Er stellte unmissverständlich klar, dass »es sehr im Interesse einer werbenden Wirkung für Berlin als zukünftige Hauptstadt Deutschlands liegt, das Ausstellungswesen mehr zu pflegen, und dass die Verlegung der ›Grünen Woche‹ nach Leipzig für Berlin eine Gefahr bedeuten würde. Auch im Hinblick auf die Verbindung mit der Russischen Zone wäre es wünschenswert, Berlin als Fremdenverkehrspunkt aller Zonen zu fördern.« Deshalb sollte »man solche Ausstellungen selbst auf die Gefahr hin, dass sie ein Verlustgeschäft darstellen, fördern und die Ausstellungsleitung veranlassen, Spezialausstellungen vorzubereiten, die durch die Eigenart ihrer Themenstellung und des gebotenen Materials, das anderen Zonen

45 Schreiben der Berliner Ausstellungen an Stadtrat Lübbe vom 10. Februar 1948, in: LAB, F Rep. 280 (LAZ), E 71, Nr. 9596, unpag.

46 Walter Krumholz/Wilhelm Lutze: Berlin ABC, Berlin (West) 1968, S. 328. Der Verfasser konnte den Urheber des Antrages nicht ermitteln.

nicht zur Verfügung steht, eine werbende Wirkung auszuüben. [...] die Voraussetzung dazu [ist] die Instandsetzung der vorderen Halle, wozu allerdings erhebliche Glasmengen – ein paar 1.000 qm – erforderlich« wären. »Wenn diese Halle aufgebaut wird«, so Lübbe weiter, »können sofort größere Ausstellungen erfolgen, die Berlin wieder die Führung sichern. Z. Zt. soll aber Glas nur für Wohnungen zur Verfügung gestellt werden.«[47] Suhr und Lübbe wandten sich alsdann entschieden gegen die ostdeutschen Forderungen und verlangten stattdessen den Wiederaufbau des Berliner Ausstellungswesens. Es ist davon auszugehen, dass nach einer Vereinigung aller vier Besatzungszonen es besonders im Ausland zu einer Aufwertung des etablierten Messeortes Leipzig gekommen wäre und dies die Entfaltungsmöglichkeiten anderer Messe- und Ausstellungsstandorte, inklusive Berlins, nachhaltig eingeschränkt hätte.[48] Vor dem Hintergrund deutschlandpolitischer Vorstellungen der sowjetischen Besatzungsmacht war daher die Absicht der Zentralverwaltung, die »Grüne Woche« nach Leipzig zu holen, von hoher wirtschaftlicher und politischer Tragweite. Bemerkenswert war auch die Haltung Lübbes, der sich im Interesse Berlins offen gegen die Forderung seiner eigenen Partei stellte.

Die Jahre 1946 und 1947/48 waren allerdings geprägt von noch funktionierender Kooperation und gleichermaßen beginnender Abgrenzung. So kam es, dass das Berliner Messeamt[49] im Herbst 1947 an die Ost-DLG mit der Anfrage herantrat, ob es möglich sei, eine landwirtschaftliche Ausstellung auf dem Gelände am Funkturm durchzuführen. Offenbar dachten die Mitarbeiter des Messeamtes an eine Wiederbelebung der alten DLG-Wanderschauen und wollten das Messe- und Ausstellungswesen mit den alten Schauen neu beleben und mit Sinn erfüllen. Dazu suchten sie noch ganz offen die Unterstützung des Ostens. Kurze Zeit später jedoch wäre so etwas bereits undenkbar gewesen. Die SBZ brachte der Anfrage großes Interesse entgegen, und Immanuel Fauser, Leiter der Abt. Betriebswirtschaft der Ost-DLG,[50] verhandelte daraufhin mit dem Messeamt über die Errichtung eines Neubauernkomplexes, der 1948 als Lehrschau präsentiert werden sollte. Der DLG-Vizepräsident Benecke unterbreitete daher den Vorschlag, Anfang 1948 eine Ausstellung

47 LAB, C Rep. 001, Nr. 191, Bl. HA 18.

48 Möller: Messe- und Ausstellungswesen, S. 146.

49 Das Berliner Messeamt und die Berliner Ausstellungen waren, ähnlich wie die Konstruktion im »Dritten Reich«, nicht dieselbe Institution. Anfang Dezember 1948 war dann auch die »Berliner Messegesellschaft« in einen Ost- und einen Westbetriebsteil aufgegliedert worden. Vgl. Lemke: Vor der Mauer, S. 542.

50 Fauser war von 1945–1948 HAL der HA IV (Betriebswirtschaft) in der DVLF und 1947–1949 Leiter der Abt. Betriebswirtschaft der Ost-DLG und Mitglied im Zonenausschuss für landtechnische Beispielswirtschaften des Kuratoriums für Technik in der Landwirtschaft (KTL). 1949 Übersiedlung nach West-Berlin und Mitglied im Forschungsbeirat für die Fragen der Wiedervereinigung beim BMG. Ab 1954 Professur mit Lehrauftrag an der TU Berlin für Landwirtschaftliche Grundlagen der Landtechnik. Vgl. Dix: »Freies Land«, S. 423.

»mehr lokaler Bedeutung auf dem Funkturmgelände mit ein oder zwei Typen von Neubauerngehöften« und im Juni 1948 eine »große DLG-Ausstellung in Leipzig« vorzubereiten.[51] Die Lage war allerdings sehr unübersichtlich, und einige ostdeutsche Städte bekundeten ihrerseits das Interesse, eine solche Lehrschau mit Neubauerngehöften auszurichten. So gab Hoernle zu bedenken, dass Halle/Saale hierfür die erste Stadt sein wolle. Minister Erich Damerow (LDPD) wollte die Ausstellung persönlich nach Sachsen-Anhalt holen. Doch Halle/Saale besaß, obwohl es nur relativ wenige Kriegszerstörungen aufwies, kein geeignetes Ausstellungsgelände. Noch nicht einmal Zelte hätte man zur Verfügung stellen können. Vizepräsident Benecke und Hoernle kamen daher überein, sowohl in Leipzig als auch in Berlin eine DLG-Landwirtschaftsausstellung durchzuführen. Da dieses Vorhaben zu diesem Zeitpunkt sehr ambitioniert war und es die ohnehin knappen Ressourcen zu übersteigen drohte, schlug DLG-Vorstandsmitglied Prof. Holldack von der Universität Leipzig die Wanderschauen »alten Typs« vor, um »möglichst vielen diese Anschauung zu geben«.[52] Aus all diesen Überlegungen konnten jedoch keine konkreten Planungen entstehen. Denn die Ost-DLG war einfach nicht in der Lage, eine derartige Schau in Angriff zu nehmen, zumal ihre Abteilung Werbung und Ausstellung zu diesem Zeitpunkt (1947) noch nicht einmal einen Leiter hatte. Auch die SMAD verweigerte ihre Zustimmung und wollte die Landwirtschaftsausstellung am liebsten in Form der traditionellen »Grünen Woche« ganz in ihre Besatzungszone holen. Letztlich dürfte es wohl der entschiedene Einsatz Otto Suhrs gewesen sein, der die »Grüne Woche« für Berlin bewahrte, indem er sich von nun an engagiert für sie einsetzte.

Die erste Nachkriegs-Ausstellung in Frankfurt am Main 1948: Eine (noch) gesamtdeutsche Landwirtschaftsschau?

Der Hauptgeschäftsführer der (West-)DLG, Rolf Mayer-Schalburg, stellte 1947 die Durchführung landwirtschaftlicher Ausstellungen als wichtige Aufgabe der »neuen DLG« dar und gab seiner Besorgnis darüber Ausdruck, dass »jetzt immerhin neun Jahre vergangen [sind], daß die Landwirtschaft keine eigene Ausstellung veranstaltete. Überall finden Exportschauen und Messen aller Art statt und unser alter Ausstellerkreis fängt bereits an, sich auf diese Veranstaltungen zu stützen. Da ist es höchste Zeit, daß wir uns selbst rühren und uns nicht vom Osten überflügeln

51 Protokoll über die zweite Vorstandssitzung der DLG am 18. Oktober 1947, in: BArch, Abt. DDR, DK 107/17192, Bl. 50–70.

52 Ebd., Bl. 66 f.

lassen.«[53] Eines der größten Hindernisse für das schnelle Ausbilden eines Messe- und Ausstellungswesens stellte – besonders im Hinblick auf die westlichen Besatzungszonen – die Unklarheit über die Zukunft der territorialen Gestaltung bzw. Struktur Deutschlands dar.[54]

Als eine erste Maßnahme, um diesem Zustand zu begegnen, entschloss sich der Vorstand der West-DLG im Herbst 1947, der Bildung einer »Marktabteilung« und der Durchführung einer »Deutschen Agrarmesse« versuchsweise zuzustimmen. Die Marktabteilung unter Hellmuth Münzberg führte diese Messe dann erstmals im Oktober 1949 in Frankfurt am Main durch. Sie sollte gewissermaßen eine Ergänzung zu den traditionellen Wanderausstellungen der DLG sein, die früher jährlich im Frühjahr stattgefunden hatten, aber eben noch wieder aufzubauen waren. Die »Deutsche Agrarmesse« war explizit keine Lehrschau, sondern eine Verkaufsmesse von Einzelfirmen für landwirtschaftliche Erzeugnisse, Nahrungs- und Genussmittel sowie Bedarfsgüter der nahrungsmittelverarbeitenden Industrie. Hingegen waren landwirtschaftliche Bedarfsgüter wie Futter-, Dünge- und Pflanzenschutzmittel, landwirtschaftliche Maschinen und Geräte nicht zur Messe zugelassen.[55]

Durch die Aufspaltung der Organisation war insbesondere die West-DLG zunächst einmal auch finanziell nicht in der Lage, Ausstellungen oder Messen allein zu bewältigen. Ansprüche auf das alte Vermögen der DLG, das ca. sieben Millionen RM betrug, waren angemeldet worden.[56] Vom »Kampf um das Vermögen« versprach man sich jedoch nicht allzu viel.[57] Denn bedingt dadurch, dass die Ost-DLG ihren Sitz in Berlin, dem alten Hauptsitz, hatte, war sie dem Vermögen näher. Außerdem erfuhr diese staatlicherseits zunächst größere Unterstützung als ihre westdeutsche Schwesterorganisation.[58] Die endgültige gesetzliche Abwicklung sämtlicher Vermögensfragen, die aus der Auflösung des Reichsnährstandes entstanden, konnte in der Bundesrepublik allerdings erst 1961 gelöst werden.[59] Auch wenn sich die Gefahr des Auseinanderdriftens zwischen der SBZ und der Bizone vergrößerte und der Kalte Krieg inzwischen allgemein wahrgenommen wurde,[60] versuchte insbesondere

53 Rolf Mayer-Schalburg: Vom Verein zur neuen DLG, in: Archiv der DLG, Bd. 1, S. 228.

54 Möller: Messe- und Ausstellungswesen, S. 146.

55 Vgl. etwa Archiv der Deutschen Landwirtschafts-Gesellschaft), Bd. 3, Hannover 1949, S. 234–239.

56 Im Januar 1935 ging das DLG-Vermögen gemäß § 7 der Verordnung vom 8. Dezember 1933 RGBl. I, S. 1060, auf den RNSt über und wurde dann als Sondervermögen unter der Bezeichnung »Reichsnährstand, Verwaltungsamt, Sondervermögen D.L.G.« geführt.

57 Mayer-Schalburg: Vom Verein, S. 227.

58 Der »Staat« bestand in der besonderen Situation von Besatzungszonen aus den Besatzungsbehörden, aus den Länderregierungen und ihren Verwaltungen.

59 Kluge: Agrarpolitik, Bd. 1, S. 51.

60 Vgl. hierzu auch Wolfgang Mischnik: Die Vorgeschichte der DDR-Gründung. »Die Perspektive eines politischen Zeitzeugen«, in: Hoffmann/Wentker (Hrsg.): Das letzte Jahr, S. 15–24, bes. S. 17.

die West-DLG, den Kontakt – wohl auch aus diesem pekuniären Grunde – nicht abreißen zu lassen. Mayer-Schalburg, der von 1920 bis 1934 Schauleiter der DLG gewesen war, und andere Mitglieder der West-DLG waren auch weiterhin, zumindest offiziell, der Hoffnung, dass »doch einmal der Zeitpunkt kommen wird, wo beide Organisationen verschmelzen«[61]. Hingegen bereitete es Schlange-Schöningen, dem Direktor für Landwirtschaft der bizonalen Verwaltung und der DLG eng verbunden[62] – ebenso wie Wilhelm Niklas, einem tatkräftigen Förderer der DLG –, »Kummer«, nur die drei Westsektoren aufbauen zu können, und dass man damit nicht warten dürfe, auch wenn »der Eiserne Vorhang ganz fällt«.[63]

Seit dem Frühjahr 1948 plante die Ost-DLG, im Folgejahr eine landwirtschaftliche Ausstellung mit Tierschau in Leipzig durchzuführen.[64] Innerhalb der West-DLG waren mehrere Mitglieder der Meinung von Mayer-Schalburg, sich hierbei »nicht vom Osten überflügeln zu lassen« und trotz aller Schwierigkeiten eine eigene Ausstellung innerhalb der Bizone zu organisieren. In dieser Situation trat die Stadt Frankfurt am Main, in Gestalt der Messe- und Ausstellungs-GmbH, an die entsprechenden Stellen der DLG heran. Die Stadt hatte die Absicht, ihr von den Kriegszerstörungen mühsam befreites Messegelände durch eine landwirtschaftliche Ausstellung wieder zu eröffnen.[65] Der Oberbürgermeister der Stadt Frankfurt am Main, mit der Landwirtschaft durch seine frühere Tätigkeit beim Preußischen Landwirtschaftsministerium verbunden, hatte bereits die Wiedergründung der DLG ebenso wie der Direktor der Frankfurter Messegesellschaft Julius Schnorr unterstützt. Damit ergaben sich sowohl für die DLG als auch für die Landwirtschaft große Möglichkeiten. Offiziell zur Teilnahme lud man die Hauptverwaltung Land- und Forstwirtschaft (HVLF) der SBZ ein.

Die Ausstellung war auf etwa ein Sechstel der Größe der alten DLG-Schau konzipiert und ganz bewusst noch nicht als Wanderausstellung angelegt. Im Vordergrund stand die Lehrschau, wobei man auf eine Leistungsschau alten Stils (mit Preisbewerbern etc.) verzichtete, denn das wäre, laut dem Hauptgeschäftsführer Mayer-Schalburg, »wenig zeitgemäß«.[66] Vielmehr sollte die Ausstellung »ein Mahn-

61 Mayer-Schalburg: Vom Verein, S. 227.

62 Vgl. auch Günter J. Trittel: Hans Schlange-Schöningen. Ein vergessener Politiker der »Ersten Stunde«, in: Vierteljahrshefte für Zeitgeschichte, 1/1987, S. 25–63.

63 Zit. nach Udo Wengst: Zwischen Aufrechterhaltung der Einheit und Teilung der Nation. Das Jahr 1948 in der deutschen Geschichte, in: Hoffmann/Wentker (Hrsg.): Das letzte Jahr, S. 25–38, hier S. 30.

64 Schreiben von Hoernle an den Vorsitzenden der DWK, Rau, vom 4. März 1949, in: SAPMO-BArch, DY 30/IV 2/7/510, unpag.

65 Helmut von Bockelmann: Erzeugnisse, Lehr- und Sonderschauen auf den DLG-Ausstellungen, in: Vorstand der Deutschen Landwirtschafts-Gesellschaft (Hrsg.): 50 DLG-Ausstellungen im Wandel der Zeit 1887–1968, Frankfurt am Main 1968, S. 136–172, hier S. 151 f.

66 Rolf Mayer-Schalburg: Das erste Halbjahr der DLG, in: Archiv der Deutschen Landwirtschafts-

ruf einer schwer gefährdeten Landwirtschaft [sein], auf der in drastischer Weise den Besatzungsmächten, den Behörden und dem städtischen Verbraucher vor Augen geführt werden soll, wo die Gründe zum ständigen Absinken der landwirtschaftlichen Erzeugung liegen und welche Maßnahmen ergriffen werden müssen, um diesen unheilvollen Vorgang aufzuhalten«. An der Durchführung der Schau wirkten die Verwaltung für Ernährung, Landwirtschaft und Forsten im Vereinigten Wirtschaftsgebiet, die einzelnen Länderministerien, die Landwirtschaftskammer Hessen und die Genossenschaften mit. Auch die Französische Besatzungszone und die HVLF der SBZ nahmen mit jeweils eigenen Ausstellungskojen an der Schau teil, die vom 29. August bis zum 5. September stattfand. Unter dem Aufruf »Bauern, Erscheint in Massen!«, fand am Eröffnungstag im »Großen Ring« eine »Bauernkundgebung« statt. Dort sprachen der Vorsitzende des »Deutschen Bauernverbandes e. V.« (DBV), Andreas Hermes, der stellvertretende Vorsitzende und bayerische Landtagspräsident Michael Horlacher (BVP, später CSU), der Präsident des Hessischen Bauernverbandes Wittmer-Eigenbrodt und der Präsident des Niedersächsischen Landvolkverbandes Edmund Rehwinkel.[67] Hermes betonte dabei insbesondere die Aufgaben bäuerlicher Verbände und Organisationen und schloss, dass die Förderung des Verständnisses der städtischen Bevölkerung für die Landwirtschaft die Grundlage der deutschen Volkswirtschaft sei.

Um möglichst vielen Gästen aus ganz Deutschland den Besuch der Ausstellung zu erleichtern, verhandelte die West-DLG mit der Reichsbahn, dem Deutschen Reisebüro und der Stadt Frankfurt am Main über Fahrpreisermäßigungen, Sonderzüge und Quartiere. Für die Unterbringung trug ein Quartiernachweis am Hauptbahnhof Sorge. Voranmeldungen waren an das Quartieramt der Messe- und Ausstellungs-GmbH zu richten, das in der Lage war, etwa 12.000 Privatquartiere zur Verfügung zu stellen.[68]

Der ostdeutsche Beitrag zur Schau

Nach der offiziellen Anfrage der West-DLG bei den verantwortlichen Stellen in der SBZ, beauftragte die DWK die HVLF mit den Vorbereitungen und der Durchführung der Teilnahme an der Frankfurter Schau. Von der HVLF wurde die Ost-DLG mit den entsprechenden Arbeiten beauftragt.[69]

Gesellschaft, Bd. 2, Hannover 1948, S. 281–286, hier S. 285. Eine Wanderausstellung in den »früher üblichen Ausmaßen« hielt Mayer-Schalburg frühestens für das Jahr 1950 verantwortbar.

67 Mitteilung, in: DBK, H. 13/1948, S. 1 u. H. 15/1948, S. 15.

68 Ebd., H. 13/1948, S. 5.

69 SAPMO-BArch, DY 30/IV 2/2.022/94, unpag.

Der damals gerade »auf Vorschlag des ZK der SED von der SMAD durch den Vorsitzenden der DWK Genossen Heinrich Rau« zum stellvertretenden Hauptverwaltungsleiter für Land und Forstwirtschaft ernannte Heinke Heinks wurde von Edwin Hoernle persönlich mit der Ausstellungsvorbereitung beauftragt.[70] Der endgültigen Teilnahme waren allerdings Verhandlungen mit der Landwirtschaftsabteilung der SMAD in Karlshorst vorausgegangen. Die ersten Besprechungen mit der SMAD erfolgten im Oktober 1947.[71]

Während Heinks als hauptverantwortlich für das Projekt zeichnete, unterstützten ihn dabei die DLG-Leute Benecke, Leimgart und Schulze. In der Ende April 1948 stattgefundenen Ausschusssitzung wurden schließlich Benecke, der seit März Hauptgeschäftsführer der Ost-DLG war, und Leimgart mit der Organisation der Ausstellung betraut. Des Weiteren waren die Deutsche Saatgutgesellschaft (DSG) und die Deutsche Düngerzentrale (DDZ) eingebunden. Weitere Personen, wie Matthias Kramer (Dritter Vizepräsident der HVLF) und Paul Scholz (KPD/SED, Gründungsmitglied der DBD und stellvertretender Vorsitzender des PV, Mitglied des ZV der VdgB), besuchten ebenfalls die Ausstellung, um Eindrücke zu sammeln und Gespräche mit westdeutschen Kollegen zu führen.[72]

Die offizielle Beteiligung der SBZ an der ersten landwirtschaftlichen Ausstellung nach dem Krieg verbreiterte das Spektrum der Ausstellung insgesamt. Aber auch der SBZ respektive der SED boten sich dadurch Möglichkeiten, für ihre neuen (agrar-)politischen Linien persuasiv tätig zu sein. Die einzelnen Hauptabteilungen der HVLF sollten dazu entsprechendes Material liefern, was aber nicht geschah. Daher musste die Ost-DLG sich selbst um geeignetes Material (insbesondere Fotos, Plakate und weitere visuelle Medien) bemühen. Heinks hatte aus dieser für ihn ebenso »politisch ehrenvolle[n] wie technisch-organisatorisch schwierigen Aufgabe« das Beste zu machen. Weder Tiere noch landwirtschaftliche Maschinen und -geräte wurden zur Verfügung gestellt.[73] Im Vordergrund hatte die Bodenreform in der SBZ zu stehen.

Im Sinne von Hoernles Forderung nach Unterstützung des Landes durch die Stadt[74] bildete das »Neubauernprogramm« eines der Kernelemente der landwirt-

70 Autobiografische Notizen von Heinke Heinks, in: SAPMO-BArch, SgY 30/0364, Bl. 253. – Heinks Lebenserinnerungen wurden allerdings nie publiziert. Zur Person Heinks siehe auch Scholz: Bauernopfer, S. 133–135; Bernd-Rainer Barth: Heinks, Heinke, in: Müller-Enbergs/Wielgohs/Hoffmann: Wer war wer, S. 327f.

71 SAPMO-BArch, DY 30/IV 2/7/510, Bl. 61.

72 Ebd., Bl. 58–62.

73 SAPMO-BArch, SgY 30/0364, Bl. 253f. – Heinks vertrat später die Meinung: »Das ließ die bestehende, von den westlichen Besatzungsmächten durch die einseitige kapitalistische Währungsreform erfolgte Spaltung Deutschlands nicht für geboten erscheinen«. Ebd., Bl. 254.

74 Scholz: Bauernopfer, S. 61.

schaftlichen Fachausstellung der SBZ, die in der massiven Halle 6 des Messegeländes untergebracht war.[75] »Der Gedanke des Bündnisses der Werktätigen in Stadt und Land, durchzog dabei wie ein roter Faden unseren ganzen umfangreichen Ausstellungskomplex«, so Hoernle.[76] Das »Neubauernprogramm«, von der SMAD im September 1947 durch den Befehl 209 angestoßen, stellte »den ehrgeizigsten Versuch [dar], der allgemeinen Notlage der Neubauern zu begegnen«.[77] Insbesondere ging es darum, die schweren baulichen Mängel und Missstände der Betriebe zu verbessern.

Aus Sicht der HVLF war die Ausstellung »hauptsächlich der Reklame und dem Geschäft gewidmet und mehr eine Ausstellung der Firmen (ähnlich der Leipziger Messe)«, was allerdings von der ausrichtenden DLG-West und dem Frankfurter Messeamt zur Ankurbelung der Wirtschaft so gedacht gewesen war.[78] Weiterhin fehlte der HVLF »eine große Massenaufklärung, eine Verbindung der Ausstellung mit Führungen, Film- und anderen Vorträgen«. Die wenigen mit der Ausstellung verbundenen wissenschaftlichen Konferenzen hatten in der Tat wenig Verbindung zum Publikum und daher kaum didaktische Relevanz und öffentliche Reichweite. Auch die Landmaschinenschau konnte noch nicht wieder an den Vorkriegsstand anknüpfen. Bedingt durch die Währungsreform fehlten die großen Firmen (wie z.B. Lanz) und nur kleinere oder mittlere Firmen mit einem begrenzten Angebotsspektrum waren vertreten. Offenbar erstaunt stellten die Vertreter aus der SBZ fest, dass »in Frankfurt das Prinzip der freien Wirtschaft herrscht und keine Produktionslenkung vorhanden ist«. Heinks musste dennoch anerkennen, dass das Maschinenangebot gegenüber dem, was in der SBZ gezeigt werden könnte, »reichhaltig« war. Allerdings glaubte er auch, es mache sich »in Wesen und Geist der Vorführer [der Tierschau] der faschistisch-militaristische Geist bemerkbar«.[79]

Derartige Urteile, wie das von Heinks, von denen sich noch weitere in der abschließenden Beurteilung der DLG-Schau finden, deuten auch darauf hin, dass es zwischen den west- und ostdeutschen Ausstellern und Besuchern handfeste Reibereien und Gerangel gegeben hat. Das physische Zusammentreffen der bei-

75 Auf jeder Hallenseite befanden sich acht große, geräumige Ausstellungskojen. Von den Kojen auf der rechten Seite waren die Hälfte der SBZ zur Verfügung gestellt worden. Darstellungen über die Kunstdüngerbewirtschaftung und die Tätigkeit der DSG waren in Koje 1 dargestellt. Koje 2 beinhaltete Darstellungen der ländlichen Genossenschaften sowie über die VdgB und MAS. Weiterhin war hier auch die Tierzucht in der SBZ vorgestellt. Für die Darstellungen der Bodenreform, der Landwirtschaftswissenschaft und dem Neubauernprogramm war Koje 3 bestimmt. Schließlich beinhaltete Koje 4 die landwirtschaftlichen Verlage.

76 Autobiografische Notizen Heinks, in: SAPMO-BArch, SgY 30/0364, Bl. 255.

77 Schöne: Frühling auf dem Lande?, S. 62f. – Zum Neubauernprogramm und Baubefehl 209 vgl. auch Dix: »Freies Land«, S. 262–319.

78 Hoernles Einschätzung der Ausstellung [o. D.], in: SAPMO-BArch, DY 30/IV 2/7/510, Bl. 57.

79 Ebd., Bl. 58.

den Schwesterorganisationen machte deutlich, wie sehr sie sich bereits voneinander entfernt hatten. Die Reihenfolge der einzelnen Abteilungen des ostdeutschen Ausstellungsteils war tunnelartig angeordnet, sodass jeder Besucher, der hineinging, auch hindurchgehen musste. Im großen Mittelrondell, dem Kernstück der Ausstellung, befand sich die Darstellung der »demokratischen Bodenreform« in der SBZ, visualisiert anhand von Zeichnungen, Fotos und Modellen eines aufgeteilten »ehemaligen Großgrundbesitzerhofes«. Dieser Teil der Ausstellung, der ständig stark besucht war, wurde häufig zur Bühne des Streits zwischen Befürwortern und Gegnern einer Bodenreform in Ost wie West. Offenbar beunruhigte dies die Schauleitung derart, dass sie die Mitarbeiter der HVLF und der Ost-DLG anwies, ihre Erklärer hätten »sich jeglicher politischen Propaganda [...] zu enthalten«.[80] Durch das darauf folgende Gespräch zwischen Heinks und der Schauleitung in Person von Mayer-Schalburg konnten weitere drohende Konflikte zunächst abgewendet werden.[81] Den offenbar mehr nach politischer Eignung als fachlicher Qualifikation ausgesuchten ostdeutschen Erklärern, die an einer weißen Armbinde zu erkennen waren, wurde empfohlen, sich auf keinerlei politische Gespräche einzulassen und nur Erläuterungen zu den Ausstellungsobjekten zu geben. Doch in den folgenden Tagen kam es sowohl zu Brandanschlägen als auch zu ständigen Störaktionen meist jüngerer westdeutscher Landwirte. Daraufhin ließ man die Ausstellung Tag und Nacht bewachen. Versuche, den ostdeutschen Teil schließen zu lassen, konnten nicht durchgesetzt werden, da man die SBZ offiziell zur Teilnahme eingeladen und die HVLF die Platzmiete bereits im Voraus beglichen hatte.

Bereits der Beginn der Ausstellung war durch eine, wie es hieß, »ausgesprochene Provokation«[82] begleitet gewesen: Zur eröffnenden Pressekonferenz hatte die West-DLG Prof. Mitscherlich, den Präsidenten der ostdeutschen Schwesterorganisation, eingeladen, doch ließ sich dieser kurz zuvor als »durch ›Paßschwierigkeiten‹ verhindert« entschuldigen.[83] Statt seiner erschien Hoernle und hielt eine flammende Rede über die Bodenreform der SBZ und ihre politischen Dimensionen, was auf die westdeutschen Teilnehmer provozierend wirkte und hitzige Debatten auslöste.[84] Diese Rede Hoernles und der Schaustand der SBZ waren ausschlaggebend dafür, dass sich »die Beziehungen merklich [abkühlten]«.[85]

80 SAPMO-BArch, SgY 30/0364, Bl. 256.

81 Ebd. – Heinks und Mayer-Schalburg hegten keinerlei Sympathien für einander. Heinks gebrauchte zur Charakterisierung Mayer-Schalburgs die Floskel vom »edlen Junkergeschlecht«.

82 SAPMO-BArch, DY 30/IV 2/7/510, Bl. 60.

83 Mayer-Schalburg: Im Strom, S. 46.

84 Lachenmaier: 100, S. 132.

85 Ebd. – Die Publikationen der DLG der Bundesrepublik thematisieren erst seit den 1980er Jahren auch die einstige ostdeutsche Schwesterorganisation.

Einen konstruktiveren Austausch hingegen konnte Kramer mit Mayer-Schalburg und anderen westdeutschen Landwirten führen. Am dritten Tag der Ausstellung kamen Schlange-Schöningen und der damalige Oberdirektor des Wirtschaftsrates Hermann Pünder (CDU) und auch einige nicht namentlich genannte Ministerpräsidenten in den ostdeutschen Teil der Schau.[86] Als auch der hohe USA-Kommissar McCloy den nun fertigen Teil »Landwirtschaft in der Ostzone« in grünneonbeleuchteter Schrift erblickte, soll er verwundert gefragt haben: »Wo kommen die denn so schnell her?«[87] Allein die vom Berlin-Tempelhofer Architekten Werner Tyrakowski entworfene Neonbeleuchtung hatte 5.000 RM gekostet.[88] Scholz bewertete die eigene Ausstellung von der künstlerischen Wirkung und Gestaltung her als »unzweifelhaft die beste«.[89] Die größten Effekte erreichte man jedoch durch »Farbenfreudigkeit, durch Beleuchtungseffekte und durch die Größe der einzelnen Darstellungen«. Hoernle, Heinks, Kramer, Vieweg und Benecke stimmten bei der Auswertung der Schau darin überein, dass sie »ein positives Ergebnis hatte, als Sensation wirkte und den politischen Zweck, den sie verfolgte, weitgehend erreicht hat«.[90] Man vertrat den logischen Schluss, »wenn die Ausstellung [...] nicht so gut gewesen wäre, sie nicht solche Beachtung gefunden [hätte]«.[91]

Dennoch wies sie aus der Sicht der DWK auch schwerwiegende Fehler und Mängel auf. In der Mitte der zweiten Ausstellungskoje befand sich ein vierseitiger Aufbau, der anhand von Bildern und Schautafeln die Arbeit der MAS und der VdgB zeigte. Für viele Diskussionen mit den westdeutschen Gästen sorgte ein Bild auf dem »Baubefehl 209« stand. Diese politisch brisante Formulierung, so ergab die spätere Auswertung, hätte man besser durch das weniger apodiktisch klingende »Baupro-

86 SAPMO-BArch, DY 30/IV 2/7/510, Bl. 62. – Leider wird nicht überliefert, welche Ministerpräsidenten vor Ort erschienen waren (vermutlich war der hessische Ministerpräsident darunter). – Zur Person und Rolle Pünders vgl. Manfred Görtemaker: Kleine Geschichte der Bundesrepublik Deutschland, München 2002, S. 70.

87 SAPMO-BArch, SgY 30/0364, Bl. 257.

88 Ausstellungsgestaltung »Die Landwirtschaft in der Ostzone« [o.D., 1948], in: BArch, Abt. DDR, DK 107/17195, Bl. 57f.

89 SAPMO-BArch, DY 30/IV 2/2.022/94, Bl. 10–13. – Scholz schrieb gleich nach seinem Besuch in Frankfurt am Main am 2. September 1948 einen ausführlichen Bericht über »Die Ausstellung der DLG Berlin in Frankfurt am Main« an Paul Merker und Helmut Lehmann. Darin stellte er sowohl die Stärken als auch die Schwachpunkte des eigenen Ausstellungsbeitrages für die Mitarbeiter des ZS. Abt. Landwirtschaft, ausführlich zusammen und gab daraus resultierende Empfehlungen für die kommende eigene Ausstellung in Leipzig.

90 SAPMO-BArch, DY 30/IV 2/7/510, Bl. 60. – Die Besprechung der Leiter der DWK HVLF über die landwirtschaftliche Ausstellung in Frankfurt am Main erfolgte am 18. September 1948. Teilnehmer von der HVLF waren: Hoernle, Heinks, Kramer, Fauser (HA I), Gired (HA I), Dölling (HA II), Albrecht (HA II), Hotze (HA III) und Tlustek (HA V). Von der DLG-Ost: Mitscherlich, Benecke, Leimgart und Schulze. Des weiteren Dreykorn (DSG), Scholz (SED) sowie Kurt Vieweg und Bruno Skibbe (beide Zentralvereinigung der gegenseitigen Bauernhilfe, ZVdgB).

91 Ebd.

gramm 1948« ersetzen sollen. Zumal der erste Aufbauplan des Wirtschaftsrates der Bizone vom April 1948 die wohlklingendere Bezeichnung »Aufbauplan« 1948/49 trug.[92] Interessant ist die Darstellung des Kuratoriums für Technik in der Landwirtschaft (KTL). Diese seit den 1920er Jahren bestehende Organisation, zuständig für Entwicklung, Prüfung und Popularisierung von Technik in der Landwirtschaft,[93] wurde nun auf der Ausstellung in Frankfurt am Main als »eine Art ›Vorläufer‹ der späteren MAS und MTS versinnbildlicht« (Heinks).[94] Interessant ist der Schauteil auch deshalb, weil die Auflösung des KTL ein Jahr später (im September 1949) stattfand und die Gründung der »Verwaltung der Maschinenausleihstationen« im Januar 1949 erfolgte,[95] was auf eine bereits länger vorbereitete Aktion hindeutet, die unter anderem zum Ziel hatte, die »alten bürgerlichen« Organisationen und Kräfte in der Landwirtschaft zu schwächen und die Zentralisierung aller Organisationen in der SBZ voranzutreiben. Deshalb musste die Auflösung des KTL auch so überhastet noch vor dem Gründungstag der DDR erfolgen. Die Mitarbeiter des KTL wurden entweder nach eingehender politischer Überprüfung in die Zentralvereinigung der Maschinen-Ausleih-Stationen (ZVMAS) übernommen oder kurzerhand entlassen. Viele der entlassenen Mitarbeiter entschieden sich daraufhin zur Übersiedlung in den Westen. Dadurch ging der DDR unschätzbares Fachwissen und ein immenser Schatz an praktischer Erfahrung verloren.[96]

Am kritischsten ging Scholz, der 1948/49 auch DWK-Mitglied war, mit dem eigenen Ausstellungsbeitrag um. Er musste feststellen, dass »weder ein organisatorisches noch politisches System in unserer Ausstellung lag. Der in erster Linie zu erreichende Zweck, die Bodenreform der Ostzone auch für die Westzone zu propagieren, ist nicht erreicht worden. [...] Es muß daher festgestellt werden, dass wir diese einmalige Gelegenheit, der Westzone den Sinn, Zweck und Ergebnis der Bodenreform klar und eindeutig zu vermitteln, nicht ausgenutzt haben.«[97] Ferner fehlten an den Tafeln und Schauobjekten vielfach die zugehörigen Erläuterungen oder waren diese teils auch fehlerhaft. Somit waren, laut Scholz, manche Bilder »ohne jede psychologische Wirkung [und] völlig sinnlos«.[98]

92 Kluge: Vierzig Jahre Agrarpolitik, Bd. 1, S. 55.

93 Zum KTL vgl. Dix: »Freies Land«, S. 67–70, hier 67.

94 SAPMO-BArch, SgY 30/0364, Bl. 254. – Ähnlich wie die DLG wurde auch das KTL nach 1945 sowohl in West- als auch Ostdeutschland wieder gegründet. Schlange-Schöningen äußerste sich dazu: »Wir haben bereits so manches geschaffen, was dem deutschen Volk noch nicht so aufgefallen ist; wir haben das KTL, die DLG, die Bauernverbände gegründet [...]«, in: Archiv der Deutschen Landwirtschafts-Gesellschaft, Bd. 1, Hannover 1948, S. 234–239, hier S. 234.

95 Dix: »Freies Land«, S. 70. – Die Entscheidung zur Auflösung des KTL wurde zwischen Merker und Heinks getroffen.

96 Ebd.

97 SAPMO-BArch, DY 30/IV 2/2.022/94, Bl. 10.

98 Ebd., Bl. 12.

»Gesamtdeutsch«? Bilanz einer Ausstellung

Im Ganzen war die Ausstellung für alle Beteiligten ein großer Erfolg, zumal es seit beinahe zehn Jahren keine Landwirtschaftsausstellungen mehr in Deutschland gegeben hatte. Etwa 450.000 Gäste kamen auf das Messegelände, auf dem »Volksfeststimmung« herrschte. Da die Ausstellung in ihrer Gesamtheit noch recht unvollkommen war, wurde sie noch nicht wieder als Wanderausstellung bezeichnet. Ebenso wurde ein Jahr später in Hannover noch keine DLG-Ausstellung alter Größe und Bedeutung erreicht, sondern eine Landmaschinen-Schau geboten. Unabhängig von der DLG wurde dieser Messegedanke dann in Form der heute populären Allgemeinen Nahrungs- und Genussmittel-Ausstellung oder kurz ANUGA fortgesetzt.[99]

Vom politischen Standpunkt aus gesehen stellte die Ausstellung einen Tiefpunkt dar. Das Zusammentreffen von Ost und West in Frankfurt am Main wurde zwar von den meisten Beteiligten als »gesamtdeutsch« gelobt. In der Realität jedoch standen sich beide Seiten bereits unversöhnlich gegenüber. Erst kurz zuvor hatte auf der Hauptversammlung der West-DLG – während der Frühjahrstagung auf Gut Wickstadt im April – Minister Lorberg seine Ansicht bekräftigt, dass »staatlicher Zwang und obrigkeitliche Vorschriften diese Aufgabe der Leistungssteigerung niemals in gleicher Weise erreichen können, wie die freiwillige, eigene geistige und praktische Mitarbeit der breitesten Schichten der Landwirte selber. Flurzwang und Obrigkeitskommando führen zur Erstarrung und hemmen die freie Weiterentwicklung.«[100] Das war eine klare Absage an die Agrarpolitik der SED. Etwa bis Ende 1947 gab es auch Bemühungen um eine Bodenreform in den Westzonen.[101] Jedoch verlie-

99 Bockelmann: DLG-Ausstellungen, S. 152. – Die Entwicklung und Rolle der DLG in der SBZ wird in dieser von der DLG herausgegebenen Publikation völlig ausgeblendet.

100 Archiv der Deutschen Landwirtschafts-Gesellschaft, Bd. 2, Hannover 1948, S. 274–277, hier S. 275.

101 Rolf Badstübner: Die Bodenreform – nur ein ostdeutsches Projekt?, in: Hans Modrow/Hans Watzek (Hrsg.): Junkerland in Bauernhand. Die deutsche Bodenreform und ihre Folgen, Berlin 2005, S. 82–88; Arnd Bauerkämper (Hrsg.): »Junkerland in Bauernhand«? Durchführung, Auswirkungen und Stellenwert der Bodenreform in der Sowjetischen Besatzungszone (= Historische Mitteilungen, Beih. 20) Stuttgart 1996; ders.: Zwangsmodernisierung und Krisenzyklen. Die Bodenreform und Kollektivierung in Brandenburg 1945–1960/61, in: Geschichte und Gesellschaft, H. 4/1999, S. 556–588; ders.: Die Bodenreform in Sachsen-Anhalt zwischen Neuanfang und Kontinuität, in:http://www.fes.de/magdeburg/pdf/d_1_7_5_5.pdf (letzter Zugriff: 24. September 2014); Ulrich Enders: Die Bodenreform in den westlichen Besatzungszonen Deutschlands 1945–1949, in: Bauerkämper (Hrsg.): »Junkerland in Bauernhand«?, S. 169–180; Joachim von Kruse (Hrsg.): Weißbuch über die »Demokratische Bodenreform« in der Sowjetischen Besatzungszone Deutschlands. Dokumente und Berichte, München 1988; Boris Spix: Die Bodenreform in Brandenburg 1945–47. Konstruktion einer Gesellschaft am Beispiel der Kreise West- und Ostprignitz, Münster 1997; Scholz: Bauernopfer, S. 61; Trittel: »Siedlung« statt Bodenreform; ders.: Die Bodenreform. Ein Beitrag der Besatzungsmächte zur gesellschaftlichen Strukturreform Nachkriegsdeutschlands 1945–1949, in: Zeitschrift für Agrargeschichte und Agrarsoziologie, 1/1982, S. 28–47; ders.: Die Bodenreform in der Britischen Zone 1945–1949, Stuttgart 1975; ders.:

fen diese unter dem Eindruck ihrer radikalen Durchsetzung in der SBZ im Sande. Daran vermochte auch die gemeinsame Frankfurter Ausstellung nichts mehr zu ändern. Vielmehr trafen dort zwei Exponenten der jeweiligen Politik aufeinander: Schlange-Schöningen, der wohl als einer der ersten 1946 die Magnettheorie in die deutsche Debatte einbrachte und auf »Stärke« setzte,[102] und der Altkommunist und Mitgestalter der Bodenreform Heinks. Letzteren nach Frankfurt am Main zu delegieren, war ein deutliches politisches Zeichen, und auch die Teilnahme bürgerlicher Agrarwissenschaftler konnte das Zerwürfnis nicht aufhalten. Kontakte jedoch gab es weiterhin: Während die SED-Funktionäre nicht auf Ausgleich spielten und die politische Konfrontation suchten, sorgten die »bürgerlichen« Mitarbeiter – besonders Benecke und Kramer – dafür, dass der Kontakt nicht abriss. Unmittelbar nach Ende der Ausstellung überzeugte Benecke den hessischen Ministerialdirektor Walter Asmis davon, das Max-Eyth-Denkmal, das sich noch immer vor dem zerstörten Geschäftssitz der alten DLG in Berlin-Kreuzberg befand, nach Ost-Berlin zu holen. Die Abtragung des Denkmals und dessen Wiederaufstellung in der Kronenstraße geschahen im September 1948.[103] Bis zu diesem Zeitpunkt hatte die Ost-DLG nur über eine Ehrenhalle für ihren Gründer verfügt.

Die Funktionäre aus der SBZ jedoch agierten aus einer Position der Stärke heraus. Sie wussten, dass, nachdem Sergej Tjulpanow, Chef der Verwaltung für Information und Leiter des Parteiaktivs der KPdSU innerhalb der SMAD, der SED-Führung im Mai mitgeteilt hatte, dass es de facto schon zwei Deutschlands gebe und die SBZ »nach dem Typ der neuen Demokratie« aufgebaut werden solle, wohin die Reise ging.[104] Es konnte daher der SED nur darum gehen, in Frankfurt am Main möglichst viel Aufsehen für die eigene Position zu erzielen.

Für Westdeutschland trugen sowohl die Frankfurter Ausstellung 1948 als auch die Landmaschinenschau in Hannover ein Jahr später dazu bei, »die Sorgen nach der Währungsreform im Juni 1948 zu überwinden«.[105] Von allen Seiten wurde die Schau als »ein neuer Anfang im landwirtschaftlichen Ausstellungswesen«, als eine »Eröffnungsbilanz« gesehen.[106]

Bodenreform, in: Wolfgang Benz (Hrsg.): Deutschland unter alliierter Besatzung 1945–1949/55. Ein Handbuch, Berlin 1999, S. 105–108.

102 Bernd Stöver: Die Befreiung vom Kommunismus. Amerikanische Liberation Policy im Kalten Krieg 1947–1991, Köln u.a. 2002, S. 683. – Stöver hält Schlange-Schöningen für den ersten Politiker, der die »Magnettheorie« einbrachte.

103 Briefwechsel Reinhard Benecke mit Dr. W. Asmis (Frankfurt am Main) und der Hauptgeschäftsführung der Ost-DLG, Berlin 20. und 21. September 1948, in: BArch, Abt. DDR, DK 107/17204, unpag.

104 Scholz: Bauernopfer, S. 71.

105 Lachenmaier: 100 Jahre, S. 94.

106 Auch der DBV war dieser Meinung. In der DBK, dem Mitteilungsblatt der Arbeitsgemeinschaft der deutschen Bauernverbände (Monatsschrift), wurde auf die Entwicklung im ostdeutschen land-

Ein genereller Schwachpunkt der Ausstellung war das Fernbleiben des Rundfunks gewesen. Die westdeutsche Presse fragte kritisch nach, ob es tatsächlich gelungen sei, »dem städtischen Besucher ein überzeugendes Bild von den Nöten und Sorgen der Landwirtschaft zu vermitteln«.[107] Dass die klaffende Preisschere zwischen den Erzeugnissen der Landwirtschaft und der Industrie nicht eindringlich genug dargestellt wurde, artikulierten wiederum nur die westdeutschen Medien.

Wenn die Ausstellung in Frankfurt am Main des Jahres 1948 von den meisten Beteiligten und Gästen als »gesamtdeutsche Landwirtschaftsschau« angesehen wurde, war sie doch zugleich die letzte ihrer Art. Nie mehr wurde die SBZ/DDR als Mitgestalter oder Teilnehmer einer landwirtschaftlichen Ausstellung nach Westdeutschland eingeladen.[108] Die ostdeutschen Funktionäre, allen voran Heinks, glaubten dennoch, die eigene Agrarpolitik überzeugend in Westdeutschland vermittelt zu haben. Heinks hing anschließend gar der Vermutung nach, dass »man seitdem die ›Grüne Woche‹ in Westberlin [arrangierte], als eine Art Revanche für ein total verlorenes Vergleichsspiel auf dem Gebiet der demokratischen Bodenreform«.[109]

wirtschaftlichen Verbandswesen oder auf den entsprechenden Ausstellungsteil in Frankfurt am Main nicht eingegangen. Denn anders als die meisten anderen westdeutschen bäuerlichen Organisationen ging er von Anfang an auf Distanz zur Ost-DLG. Im »Tätigkeitsbericht über die bisher geleistete Arbeit zur Schaffung einer landwirtschaftlichen Zeitung, ›Der Deutsche Bauer‹« (von 1947), der auch den maßgeblichen Stellen in der SBZ bekannt war (vgl. SAPMO-BArch, DY 30/ IV 2/7/601, Bl. 82–100), wurde der Grund für diese Ablehnung deutlich: Denn aus dieser bayerischen Initiative zur Schaffung einer überregionalen Zeitung der Bauernverbände wurde dann später die DBK. Die Grundinitiative lag darin, »eine ungeheure Werbung für den BauernverBd. durchzuführen« und eben »dem Strom aus dem Osten wirksam entgegenzutreten« (Ebd., Bl. 100).

107 DBK, H. 15/1948, S. 5.

108 So die Darstellung von Heinks, in: SAPMO-BArch, SgY 30/0364, Bl. 259. – Zu seinen Lebzeiten (1895–1968) sollte sich dies auch nicht mehr ändern. Erst die neue Ostpolitik von Willy Brandt ermöglichte eine Teilnahme der DDR an DLG-Ausstellungen im Bundesgebiet, aber nicht in West-Berlin. Bei den Gartenbauausstellungen verlief die Entwicklung etwas anders, wie an entsprechender Stelle gezeigt wird. Vgl. auch Kristina Vagt: Zwischen Systemkonkurrenz und Freizeitvergnügen.

109 SAPMO-BArch, SgY 30/0364, Bl. 258. – Auch die ostdeutsche Presseberichterstattung im Organ der Ost-DLG, »Die Deutsche Landwirtschaft«, verdient eine kurze Betrachtung. Nach ostdeutscher Ansicht hätte die Frankfurter Schau eine »den bedeutsamen Wandlungen gerecht« werdende, womit vor allem die Bodenreform gemeint war, Angelegenheit sein müssen. Da nach der Avantgardetheorie der SED nur die Partei wirklich in der Lage dazu sei, könnte laut dieser ideologisch vorgezeichneten Sichtweise auch die Ausstellung nur »mehr der Reklame und dem privatwirtschaftlichen Geschäftsinteresse einzelner ausstellender Firmen« dienlich sein. Vgl. N.N.: Erste Nachkriegsausstellung der DLG in Frankfurt/M., in: Die Deutsche Landwirtschaft, H. 10/1948, S. 157.

Die ersten »Grünen Wochen« nach dem Krieg (1948/49)

Bereits im Frühjahr 1945 wurde der Messegedanke in Berlin wieder aufgegriffen.[110] Ein Jahr später erhielt die Stadt wieder ein »Ausstellungs- und Messeamt des Magistrats«, Messen- und Ausstellungen bekam sie jedoch vorerst nicht.[111] In der Sitzung des Berliner Magistrats vom 4. März 1946 wurden die Berliner Ausstellungen (kurz BA) als Eigenbetrieb der Stadt Berlin neu gegründet.[112]

Die Hallen des Ausstellungskomplexes und das Freigelände waren im Frühjahr 1946 von der britischen Militärregierung freigegeben worden, was allerdings erst durch das Verhandlungsgeschick des neuen Direktors Hans Carl Schumacher erfolgt war, der »die Briten davon zu überzeugen versuchte, daß die von ihnen beschlagnahmte Haupthalle nicht der geeignete Ort zum Tennisspielen sei«.[113] Die BA teilten mit, dass zu diesem Zeitpunkt an einigen weniger beschädigten Hallen Reparaturarbeiten vorgenommen wurden. Eine Blumen- und Gemüseausstellung war für das Frühjahr 1946 in der Planung und dafür wurden mit dem Zirkus Busch Verhandlungen über die Bereitstellung einer Halle geführt.[114] Da das Ausstellungsgelände in Charlottenburg-Witzleben liegt, war es der Wunsch der britischen Militärregierung, dass alle Verhandlungen darüber im engsten Einvernehmen mit dem Bezirk geführt würden. Bezirksbürgermeister Schönewald wurde daraufhin als Beiratsmitglied der Berliner Ausstellung eingesetzt.[115]

Den Auftakt im Messegelände unter dem Funkturm im Jahre 1947 sollte Ende März die Ausstellung »Werte unter Trümmern« bilden, die dann aber auf Mitte April verschoben werden musste. Dafür nutzte man die frühere Halle 7 und das Hauptrestaurant am Fuße des Funkturms.[116] Mit dieser Ausstellungspremiere ließen sich zwei Fliegen mit einer Klappe schlagen: Zum einen war es ein großer Auftakt mit einer Ausstellung von hohem öffentlichen Interesse und zum anderen »gelang es der Messegesellschaft einfach, eine Tugend [daraus] zu machen [...] die Möglich-

110 Pressemitteilung »Berliner Ausstellungen – früher und heute« vom 3. März 1947, in: LAB, F Rep. 280 (LAZ), E 71, Nr. 8423, unpag.

111 Holz: Messestadt Berlin, S. 53.

112 Dieses rechtlich-institutionelle Konstrukt, das sich bereits 1939 bewährt hatte, wurde wieder übernommen.

113 Ebd.

114 Vorlage Nr. 101, betreffend Beirat der »Berliner Ausstellungen« vom 4. März 1946, in: LAB, F Rep. 280 (LAZ), E 71, Nr. 8501/9, unpag.

115 Es können hier nicht alle kleineren und größeren Schauen, die die Stadt bis zum Frühjahr 1947 durchführte, aufgezählt werden, sondern nur die größeren »Meilensteine« auf dem Weg zu einem organisatorisch wie wirtschaftlich gefestigten Ausstellungs- und Messewesen. Für weitere Informationen siehe Holzer: Messestadt, S. 53–57 sowie die Überlieferung in: LAB, F Rep. 280 (LAZ), E 71, Nr. 8423, unpag.

116 Schreiben der Berliner Ausstellungen vom 17. Januar 1947, in: ebd., Nr. 8289, unpag.

keiten zu demonstrieren, die diese verschütteten Kostbarkeiten für den Wiederaufbau, für die alltäglichen Bedürfnisse des Lebens nach dem Kriege bieten konnten«.[117]

Der Ausstellungsbetrieb, Berliner Ausstellungen, und deren diverse Vorhaben waren des Öfteren Gegenstand der Verhandlungen des Berliner Magistrats und der Stadtverordnetenversammlung, da sie sich im Eigenbetrieb (und damit im Besitz) der Stadt befanden. In einer für die Zukunft der »Grünen Woche« wichtigen Sitzung des Magistrats vom 21. Mai 1947 sprach sich Otto Suhr »für den Ausbau der Berliner Ausstellungen im Rahmen der gegebenen Möglichkeiten« aus.[118] Stadtrat Lübbe konnte in der Frage nur auf die »bestehenden Materialschwierigkeiten« hinweisen und verlieh seiner Meinung Ausdruck, dass »im Rahmen der bestehenden Möglichkeiten eine Förderung des Ausstellungswesens erwünscht, eine bevorzugte Materiallieferung für den Ausbau der Hallen aber nicht möglich« sei.[119] Überhaupt fanden die BA sowie alle ausstellungsrelevanten Akteure in Suhr einen der einflussreichsten Fürsprecher des städtischen Ausstellungswesens. Seine Ziele waren, dadurch die städtische Wirtschaft voranzubringen und die Anziehungskraft der Stadt zu erhöhen. Er betonte mehrfach öffentlich den Wert von Ausstellungen für die Stadt Berlin insgesamt.[120]

»Wer vom Kommunismus frisst, der stirbt daran«[121]: Die »Grüne Woche« bleibt in Berlin

Suhr arbeitete einige Monate als Hauptabteilungsleiter bei der »Zentralverwaltung für Industrie« der SBZ. Ihm waren zu dieser Zeit sachbezogene Kooperationen mit der KPD und SMA zum Nutzen und Wohl der Berliner ohnehin lieber als »wirtschaftliche Restaurationen«.[122] Denn er glaubte, dass »diese ›Zentralverwaltung‹ entsprechend den Potsdamer Beschlüssen für ganz Deutschland bestimmt sei«.[123] Nach Enttäuschung dieser Erwartung und mehreren Auseinandersetzungen mit der

117 Holzer: Messestadt, S. 54.

118 Einzelplan B 8680 – Berliner Ausstellungen [o. D.], in: LAB, C Rep. 001, Nr. 191, unpag.

119 Ebd.

120 Otto Suhr: Die politische und wirtschaftliche Lage Berlins, Frankfurt am Main 1955, bes. S. 4 u. 21.

121 Zitat von Otto Suhr auf der 80. Stadtverordnetenversammlung von Groß-Berlin am 6. September 1948, in: DRA, DOK 267/34/34'–52', unpag.

122 Henrike Hülsbergen: Otto Suhr, in: Otto Suhr 1894–1957. Ein politisches Leben (= Ausstellungskataloge des Landesarchivs Berlin, Bd. 13), Berlin 1994, S. 7–54, hier S. 20.

123 Suhr: Lage Berlins, S. 5; Gunter Lange: Otto Suhr. Im Schatten von Ernst Reuter und Willy Brandt, Bonn 1994, S. 113f. – 1945 beschloss die SMAD die Errichtung zentraler Verwaltungen (ZV) für ihre Besatzungszone einschließlich ihres Berliner Sektors. Aus den ZV wurden später die HV der DWK.

»Gruppe Ulbricht« verließ Suhr die Zentralverwaltung. Er setzte seine Hoffnungen nun auf die ersten demokratischen Wahlen zur Berliner Stadtverordnetenversammlung am 20. Oktober 1946.[124] Auf Initiative von Andreas Hermes entstand bereits Anfang September 1945 in Berlin der »Allgemeine Deutsche Bauernverband«, der allerdings kurze Zeit später scheiterte.[125] Bereits zu diesem frühen Zeitpunkt war das Misstrauen der KPD, speziell der »Gruppe Ulbricht«, gegenüber bäuerlichen Verbänden so groß, dass Ulbricht zwischenzeitlich seinen Agrarexperten Hoernle zur »Bearbeitung« von Hermes einsetzte.[126] Die beschriebenen Konstellationen beeinflussten in ihrer Gesamtheit die Geschicke der »Grünen Woche«.

Den letzten Anstoß für den Magistrat, die »Grüne Woche« in West-Berlin zu behalten, hatte die DLG-Landwirtschaftsschau in Frankfurt am Main gegeben. Bereits im Februar 1948, also mehr als ein halbes Jahr vor deren Eröffnung, wandten sich die Berliner Ausstellungen mit einem kurzen aber eindringlichen Schreiben, das die Frankfurter Ausstellung als Aufhänger nutzte, an Stadtrat Lübbe. Das deutliche politische Signal der Frankfurter Landwirtschaftsausstellung gab wohl den entscheidenden Ausschlag, dass sich die maßgeblichen Institutionen in Gestalt des Berliner Magistrats und die (West-)DLG hinter das Projekt einer landwirtschaftlichen Ausstellung in der ehemaligen Reichshauptstadt stellten.

In der Zeit vom 28. August bis zum 5. September 1948 fand dann die erste Nachkriegs-»Grüne Woche« statt, die ganz unter dem Eindruck der Berlin-Blockade und der sich abzeichnenden deutschen Teilung quasi »über Nacht« durchgeführt wurde. Zwar hatten die Berliner Ausstellungen schon mehrfach gehofft und in Pressemitteilungen angekündigt – zuletzt für den Winter 1947/48[127] –, landwirtschaftliche Ausstellungen in der Stadt durchführen zu können, waren aber mit der offenbar plötzlich an sie herangetragenen Aufgabe überfordert gewesen. Neue Optionen mussten ausgewählt und geprüft werden. Durch die Verpflichtungen der DLG in Frankfurt am Main kam sie für Planung und Durchführung einer derartigen Ausstellung auch nicht in Betracht. Im Sommer 1948 stand nicht wie 22 Jahre zuvor die DLG als Pate an der Wiege der »Grünen Woche«, sondern eine andere Institution: der Zentralverband der Kleingärtner, Siedler und bodennutzenden Grundbesitzer e.V. (kurz ZVKS). Er erhielt schließlich die nötigen Vollmachten und größtmögliche Unterstützung, um die »Grüne Woche« wieder aufzubauen.

124 Vgl. hierzu überblickend Norbert Podewin: 20. Oktober 1946. Die erste Nachkriegswahl in Berlin (= Hefte zur DDR-Geschichte, H. 105), Berlin 2006.

125 Kluge: Agrarpolitik, Bd. 1, S. 51.

126 Marko Frank: Walter Ulbricht. Eine deutsche Biografie, Berlin 2001, S. 197. – Ulbricht konnte den ehemaligen Reichstagsabgeordneten Dr. Andreas Hermes zur Mitarbeit als Leiter des Haupternährungsamtes (Stadtrat für Ernährung) gewinnen (Ebd., S. 189). Vgl. auch Ribbe (Hrsg.): Geschichte Berlins, Bd. 2, S. 1033 und 1037.

127 LAB, F Rep. 280 (LAZ), E 71,Nr. 8423, unpag.

Der Verband hatte seinen Sitz in Berlin-Mitte und wurde relativ schnell politisch einflussreich. Wilhelm Naulin, der bereits in den 1920er Jahren Erster Vorsitzender zweier Kleingärtenvereine und Funktionär im Dachverband der Arbeitergärten des Roten Kreuzes war, beteiligte sich nach dem Krieg maßgeblich an der Gründung des Zentralverbandes und wurde ihr ebenso bekannter wie rühriger Vorsitzender.[128]

Seit dem gemeinhin wahrnehmbaren Ost-West-Konflikt, spätestens aber seit dem Verlassen des Alliierten Kontrollrats durch die Sowjets im März 1948, galt Berlin »als neuralgischer Punkt der Deutschlandpolitik«.[129] Seit Anfang April zeichnete sich mit der Polizeiformation »Ring um Berlin« eine Blockade des Westteils der Stadt ab. Der eigentliche Ausgangspunkt war jedoch die Währungsreform in den Westzonen und das damit einhergehende Ende gemeinsamer Deutschlandpolitik zwischen der UdSSR und den Westmächten. Da diese Ereignisse mittlerweile detailliert untersucht und dargestellt wurden, soll an dieser Stelle auf eine vertiefende Ausführung verzichtet werden.[130]

Berlin war von allen deutschen Ausstellungsstädten »als west-östliches Spannungsfeld am stärksten in Mitleidenschaft gezogen«.[131] Daher litt der wirtschaftliche Wert der (West-)Berliner Ausstellungen von Beginn an unter der politischen und wirtschaftlichen Insellage der Stadt. Die Berlin-Blockade sorgte dann auch mit dafür, dass West-Berlin dem Bundesgebiet wirtschaftlich um etwa zwei Jahre hinterherhinkte.[132]

128 Vgl. dazu auch http://www.gartenfreunde-berlin.de/de/naulin_stiftung (letzter Zugriff: 24. September 2014). – Weiterhin war Naulin an der Gründung des Verbandes Deutscher Kleingärtner e.V., des Bundesverbandes Deutscher Siedler e.V. und der Wiedergründung der »Grünen Internationale« maßgeblich beteiligt.

129 Kluge: Agrarpolitik, Bd. 1, S. 61.

130 Vgl. weiterführend Peter Bender: Sterben für Berlin, in: Ciesla/Lemke/Lindenberger (Hrsg.): Sterben für Berlin?, S. 11–24; Burghard Ciesla: »Über alle Sektorengrenzen hinweg…«. Die Deutsche Reichsbahn und die Berlinkrisen (1945–1958), in: ebd., S. 133–151; ders.: Als der Osten durch den Westen fuhr. Die Geschichte der Deutschen Reichsbahn in Westberlin, Köln u.a. 2006; ders.: »X-Tage«; Gerhard Keiderling: »Rosinenbomber« über Berlin. Währungsreform, Blockade, Luftbrücke, Teilung, Berlin 1998; Volker Koop: Kein Kampf um Berlin? Deutsche Politik zur Zeit der Berlin-Blockade 1948/49, Bonn 1998; Tatiana Nekrasova: Konferenzbericht »Währungsreform, Berlin-Blockade, Spaltung. Weichenstellung für Nachkriegsdeutschland 1948« (Deutsch-russische Historikerkonferenz in Moskau, 19.–20. Juni 2008), in: DA 5/2008, S. 905–907; Elke Scherstjanoi: Die Berlin-Blockade 1948/1949 im sowjetischen Kalkül, in: ZfG, H. 6/1998, S. 495–504; Bernd Stöver: Der Kalte Krieg, Bonn 2007, insbes. S. 89–92.

131 Lorenz: Ausstellungen und Messen, S. 509.

132 Harald Engler: Wirtschaftliche Systemkonkurrenz im Verflechtungsraum Berlin-Brandenburg während des Kalten Krieges 1945–1961, in: Lemke (Hrsg.): Schaufenster der Systemkonkurrenz, S. 129–144, hier S. 138; Michael Lemke: Berlin-Brandenburg im Ost-West-Konflikt. Ergebnisse und neue Fragen, in: Potsdamer Bulletin für Zeithistorische Studien Nr. 36/37, Juni 2006, S. 7–14, ders.: Die Berlinkrisen von 1948/49 und 1958 bis 1963, in: Bernd Greiner/Christian Th. Müller/Dierk Walter (Hrsg.): Krisen im Kalten Krieg (= Studien zum Kalten Krieg, Bd. 2), Hamburg 2008, S. 204–243. – Vgl. auch Arthur Schlegelmilch: Tendenzen der wirtschaftlichen

Da West-Berlin während der Blockade weitgehend von seinem Umland abgeschnitten war, oblag die Versorgung der Stadt der amerikanischen und britischen Militärregierung. Allerdings war die Blockade nicht völlig undurchlässig. Neuere Forschungen zeigen, dass man nicht ungeprüft vom »Mythos der Luftbrücke« oder einer totalen Blockade ausgehen kann.[133] Auch während der Blockade war es von West-Berlin aus möglich, sogar mit der S-Bahn in das Umland zu gelangen, um sich dort mit Nahrungsgütern zu versorgen.[134] Nach Kluge zeigte die Berlin-Krise 1948/49 dennoch »die Bedeutung des agrarischen Hinterlandes für die ehemalige Reichshauptstadt«. Und weiter: »Die auch nach Beendigung der Blockade (12. Mai 1949) weiter bestehende Abriegelung West-Berlins von der sowjetischen Besatzungszone erhöhte die Rolle der westdeutschen Agrarregionen für die Versorgung der Stadt beträchtlich.«[135]

Insbesondere den US-Behörden galt die westdeutsche Landwirtschaft als unmodern, zumal »über den Zufluß an Nahrungsgütern aus dem Ausland der Bedarf in den Westzonen nicht ausreichend zu decken war«.[136] Daher war es spätestens seit April 1948 ihr Ziel, diese »durch eine rigorose Modernisierung im nationalen Rahmen aufzuwerten«.[137] Im März war bereits beschlossen worden, das Vereinigte Wirtschaftsgebiet und die französische Zone in das »Europäische Wiederaufbauprogramm« (ERP bzw. Marshallplan) aufzunehmen. Das ERP und die Hilfsmaßnahmen der OEEC sollten die westdeutsche Landwirtschaft wettbewerbsfähig für den Weltmarkt machen.[138] Insbesondere während des krisenhaften Sommers 1948 sah der Rekonstruktionsplan drei Schwerpunkte vor: Erstens den Ausbau des Getreidesektors, zweitens die Erhöhung der Vieh- und Molkereiproduktion und schließlich der Produktionsausbau von Ölpflanzen und »Eiweißträgern«.[139] Es galt jedoch zunächst, die alten Handelswege und -beziehungen innerhalb (West-)Europas wiederherzustellen. Eben hierfür waren die (landwirtschaftlichen) Ausstellungen eine wichtige Hilfe. Sie waren Zentren des Handels und des Austauschs sowohl von Waren als auch von Informationen. Die »Grüne Woche« nunmehr im Span-

und sozialen Entwicklung Berlins seit 1945. Gemeinsamkeiten und Unterschiede im Ost-West-Vergleich, in: Wolfram Fischer (Hrsg.): Wirtschaft im geteilten Berlin 1945–1990. Forschungsansätze und Zeitzeugen, München 1994, S. 1–46.

133 Vgl. überblickend Ciesla/Lemke/Lindenberger (Hrsg.): Sterben für Berlin?

134 Vgl. hierzu insbes. Ciesla: Als der Osten, S. 92; Koop: Kein Kampf, S. 170.

135 Kluge: Agrarpolitik, Bd. 1, S. 62.

136 Ebd.

137 Ebd., S. 57.

138 Antonia Maria Humm: Auf dem Weg zum sozialistischen Dorf? Zum Wandel der dörflichen Lebenswelt in der DDR und der Bundesrepublik Deutschland 1952–1969, Göttingen 1999, S. 104.

139 Kluge: Agrarpolitik, Bd. 1, S. 57f.

nungsfeld Berlin zu etablieren, war ein wichtiger Schritt in dieser Richtung. Dies sah auch der Berliner Magistrat so. Mit der Rückendeckung der westlichen Alliierten »unverdrossen [...] in den Messehallen am Funkturm [...] die ›Grüne Woche‹« während der Berlin-Blockade zu eröffnen, war ein deutliches politisches Signal des Kampfeswillens.[140]

Die in den Vorjahren geführten Diskussionen über Sinn und Zweck einer Ausstellung wie der »Grünen Woche« in Berlin (oder in Leipzig) waren nun schnell vom Tisch. Vom 28. August bis zum 5. September war die Ausstellung täglich von neun bis 20 Uhr für Besucher zugänglich, wobei die Ausstellungsfläche freilich nur eine Halle (die Halle 4) umfasste.[141]

59 Aussteller waren beteiligt. Die Exposition begleiteten zahlreiche Tagungen auf dem Messegelände. Gerade in Zeiten des Mangels und der Nahrungsmittelknappheit, auch bedingt durch die Blockade, war es den Ausstellern, von denen viele aus dem Stadtgebiet oder dem Brandenburger Umland kamen, wichtig zu zeigen, was sie dennoch anbieten konnten. Allerdings waren zahlreiche ausgestellte Lebensmittel nur Attrappen aus Pappe.[142] Den Politikern ging es auch darum, den Durchhaltewillen West-Berlins zu demonstrieren und zu unterstützen. Die Ausstellung machte deutlich, dass West-Berlin durch die Blockade nicht verzweifelte und dass die Versorgung und der Markt aufrechterhalten werden konnten.

Die schlechten Verkehrsverbindungen und die politische Lage während der Blockade sorgten dafür, dass nur wenige Besucher aus dem Berliner Umland den Weg auf das Ausstellungsgelände fanden. Insgesamt wurden 136.000 Besucher gezählt, 35.000 davon kamen bereits am Eröffnungstag.[143] Genau genommen war diese erste »Grüne Woche« nach dem Krieg eine Kombination aus Gartenbauausstellung und Kleintierschau.[144] Die »Grüne Woche« des Jahres 1948 war aber auch, was häufig übersehen wurde, von Anbeginn ein Versuch, die billigeren ostdeutschen Produkte – insbesondere Gemüse, Saatgut und gärtnerische Erzeugnisse – wirksam zu blockieren, indem sie den Besuchern den heimischen Gartenbau näherbrachte und durch die Stärkung der heimischen Wirtschaft die Zuversicht in die Zukunft stärkte. Noch bis 1952/53 bildete das »Dumping der unkontrollierten Osteinfuhr«

140 Wolfgang Paul: Kampf um Berlin, München u.a. 1962, S. 187.

141 Escher: Berlin Ausstellungen, S. 443.

142 Dobberke: Grüne Woche, S. 40.

143 Ebd.

144 Holz: Messestadt, S. 54. – Holz bewertet die Umstände der Ausstellung nicht sehr tiefgehend, blendet die politischen Hintergründe fast völlig aus und kommt daher zu der Ansicht, der »Zentralverband der Kleingärtner, Siedler und bodennutzenden Grundbesitzer« habe sich lediglich an eine alte Tradition erinnert und aus eigener Kraft und Gusto die »Grüne Woche« wiederbelebt. Zu den Zahlen siehe auch die Rede von Minister Heinrich Lübke zur Eröffnung der »Grünen Woche« 1958, in: LAB, B Rep. 002, Nr. 3509, unpag.

eine stete Gefahr für die West-Berliner Wirtschaft.[145] Daher stellten sich die etwa 1.200 West-Berliner Gartenbaubetriebe seit 1949 kontinuierlich auf die Produktion und den Verkauf von Blumen und Zierpflanzen ein.[146]

Ein Teil der Auseinandersetzungen zwischen den Systemen innerhalb des Kalten Krieges spielte sich fortan auf der »Ebene des Konsums« ab.[147] Die Einwohner West-Berlins konnten sich zwischen den auf der Luftbrücke eingeflogenen Lebensmitteln oder den Angeboten des Ostsektors entscheiden. Die »Grüne Woche« sprang in eben dieser Situation in die Rolle sowohl des Ausstellers als auch des Händlers von Konsumprodukten. In dem Augenblick, in dem die Not zu einem Angelpunkt im Kalten Krieg wurde, stellte sich die wiederbelebte Ausstellung in die Linie der von der »Propaganda erklärte[n] Kaufentscheidung der Verbraucher zu einem Ausdruck der Systemloyalität«.[148] Von diesem Moment an besaß die »Grüne Woche« eine zweifache Stellung. Sie hatte einerseits das Verhalten der Berliner zu befördern, neue Trennlinien im Kalten Krieg zu ziehen. Andererseits suchte sie gleichzeitig, die ostdeutsche Bevölkerung anzusprechen. Darin spiegelt sich auch die direkte Konkurrenzsituation der deutschen Systemauseinandersetzung wider.

Die Ausstellung des Jahres 1949

Die Blockade Berlins durch die Sowjets endete am 12. Mai 1949. Die Luftbrücke allerdings wurde noch bis in den September fortgesetzt.[149] Eine für West-Berlin veränderte Marktlage trat beispielsweise durch die hohen Einfuhren aus den Westzonen, aber auch aus der SBZ ein. Insbesondere überschwemmten billigere Schnittblumen und Pflanzen aus Ost-Berlin und Leipzig den West-Berliner Markt. Die Gründe und Hintergründe, die mit der ersten Berlin-Krise zusammenhingen, standen im Zusammenhang mit den Notwendigkeiten, »die auf den Marshallplan

145 Herbert Raabe: Berliner Gartenbau als Wirtschaftsfaktor, in: Die Neue Zeitung, Nr. 25 vom 30. Januar 1953, S. 3.

146 Die Absatzkrise der West-Berliner Gartenbaubetriebe war seit 1948/49 virulent. Unverkäuflich blieb, trotz Nahrungsmittelknappheit und erster Berlin-Krise, vor allem Grobgemüse. Nicht nur die Umstellung auf den Blumen- und Zierpflanzenbau wurde vom Berliner Senat vorangetrieben, sondern auch Überlegungen angestellt, ob nicht auch die Anlage von Obstplantagen im Stadtgebiet »die beste Möglichkeit« biete. Vgl. N.N.: Gemüse ohne Käufer, in: DBK, H. 15/1949, S. 9.

147 Katherine Pence: Herr Schimpf und Frau Schande. Grenzgänger des Konsums im geteilten Berlin und die Politik des Kalten Krieges, in: Ciesla/Lemke/Lindenberger (Hrsg.): Sterben für Berlin?, S. 185–202, hier S. 187.

148 Ebd., S. 186.

149 Julian-André Finke: Hüter des Luftraumes? Die Luftstreitkräfte der DDR im Diensthabenden System des Warschauer Paktes (= Militärgeschichte der DDR, Bd. 18), Berlin 2010, S. 47 f.

zurückgingen«.[150] Denn ohne klare ökonomische Verhältnisse in Westeuropa konnte er nicht erfolgreich umgesetzt werden. Die politischen wie wirtschaftlichen Hintergründe sollen hierbei aber nur soweit thematisiert werden, wie sie im Zusammenhang mit der »Grünen Woche« stehen.

Nicht nur die politische Teilung der Stadt war mittlerweile Fakt geworden. Auch der ZVKS wurde getrennt. Der Zentralverband richtete sich im Westteil der Stadt ein neues Büro ein, während Naulin den Vorsitz innehatte. Zur Jahreswende 1948/49 konnte der Landesverband auf dem Wege einer Verordnung aufgelöst werden. Die seit 1946 – aufgrund der unklaren rechtlichen, personellen und politischen Lage – bestehende »Vereinigung der Kleingartenhilfe« erlangte 1949 als »Kleingartenhilfe des FDGB« Rechtsfähigkeit.[151] Die Streitigkeiten zwischen beiden Verbandsteilen nahmen in der Folge stetig an Schärfe zu. Die Kritik vonseiten des FDGB und der VdgB richteten sich vornehmlich gegen Naulin und seinen politischen Einfluss in West-Berlin.

Zu dieser Zeit gab es in den Westsektoren Berlins etwa 1.200 landwirtschaftliche und gärtnerische Erwerbsbetriebe, 272 Abmelkställe und 30 Schweinemästereien. Die bewirtschaftete Gesamtfläche umfasste 6.000 ha und der Viehbestand belief sich auf ca. 3.500 Pferde, 4.500 Stück Rindvieh und 3.300 Schweine. Durch die Kriegsschäden hatte sich der Einheitswert der landwirtschaftlichen und gärtnerischen Betriebe um 15 Prozent (1935 betrug er 10,275 Millionen RM) gemindert.[152] Um die Versorgung der Berliner Bevölkerung zu sichern und zu steigern, musste die Produktion der Betriebe erhöht werden, »da hohe Ablieferungsquoten von allen Erzeugnissen, insbesondere an Gemüse, erzielt werden mussten«.[153] Dazu war es unumgänglich, in jenem Jahr noch die Blumenanbaufläche auf 15 Prozent der Gesamtanbaufläche der Gartenbaubetriebe zu beschränken. Die West-Berliner

150 Stöver: Der Kalte Krieg, S. 89.

151 http://www.gartenfreunde-berlin.de/de/naulin_stiftung (letzter Zugriff: 24. September 2014); Isolde Dietrich: Hammer, Zirkel, Gartenzaun. Die Politik der SED gegenüber den Kleingärtnern, Berlin 2003, S. 100f.

152 Paul Füllsack: Landwirtschaft und Gartenbau in West-Berlin, in: Berliner Ausstellungen GmbH (Hrsg.): Grüne Woche Berlin 1949, Berlin (West) 1949, S. 8f. – Füllsack (SPD) war bis zum Beginn der Blockade als Stadtrat für Ernährung im Magistrat tätig. Die Dienststelle hatte ihren Sitz im Ostsektor der Stadt. In seiner Tätigkeit schränkten ihn die Sowjets erheblich ein, als sie seine Dienststelle ausschließlich mit einer Abteilung belegte, die die Zufuhr von Lebensmitteln im Sowjetischen Sektor sichern sollte. Davon versprach sich die Sowjetunion offensichtlich den Zusammenbruch der Lebensmittelversorgung in den Westsektoren. Daraufhin zog die Magistratsdienststelle in den Westsektor um. Füllsacks Enthusiasmus ob der doch recht wenig leistungsfähigen West-Berliner Landwirtschaft und für die »Grüne Woche«, die in seinem Beitrag im Ausstellungskatalog mitschwingt (ebd.), erklärt sich auch aus diesen Entwicklungen. Vgl. dazu auch Ribbe (Hrsg.): Berlin, Bd. 2, S. 1081; Arthur Schlegelmilch: Hauptstadt im Zonendeutschland. Die Entstehung der Berliner Nachkriegsdemokratie 1945–1949 (= Schriften der Historischen Kommission zu Berlin, Bd. 4), Berlin 1993, S. 135f.

153 Füllsack: Landwirtschaft, S. 8.

Betriebe vermochten zwar nur rund die Hälfte des auf den Lebensmittelkarten vorgesehenen Gemüsekontingents zu liefern, doch waren die städtische Landwirtschaft und der Gartenbau an der Verbesserung der Versorgungslage in hohem Maße beteiligt. Insbesondere die Ausstellung der Erzeugnisse während der »Grünen Woche« sollte die Möglichkeiten einer Steigerung des Ertrags, »sei es nur auf kleinstem Raum« (Naulin), zeigen.[154]

1949 fungierten erstmals wieder die Berliner Ausstellungen (im Eigenbetrieb von Groß-Berlin) als Veranstalter. Die Gesamtleitung unterstand dem Direktor Gerhard Wiemer, die kaufmännische Leitung lag in den Händen von Direktor Wilhelm Leopold; für Entwurf und Gestaltung sorgte der Architekt Wilhelm von der Heiden und dem Ingenieur Fritz Pohlig wurde die Technische Leitung übertragen.[155] Die Organisation der Ausstellung übernahm der Magistrat von Groß-Berlin mit den Abteilungen für Ernährung, für Wirtschaft und für Wohnungswesen, dem Hauptamt für Grünflächen und Gartenbau, den Groß-Berliner Stadtforsten und dem Hauptforstamt. Beteiligt waren auch andere West-Berliner Institutionen, wie das Institut für biologische Forschung, das Pflanzenschutzamt, das Robert-Koch-Institut für Hygiene und Infektionskrankheiten, das Botanische Museum und die Berliner Stadtgüter (im Eigenbetrieb von Groß-Berlin). Der ZVKS war in Zusammenarbeit mit dem Landesverband Gartenbau und Landwirtschaft Berlin e.V. sowie dem Kreisverband Westen der Imker und des Kleintierzüchtervereins Berlin Süden diesmal nur für die Mitorganisation verantwortlich. Den für das Jahr 1949 schon recht beachtlichen Kreis der Organisatoren komplettierten die Versuchsanstalt für Getreideverwertung, die Zentrale für Drogen und Wildfrüchte, die Hauptgeschäftsstelle für gärungslose Früchteverwertung sowie der Zoologische Garten.[156] Die Ausstellungsleitung ging enge Verbindungen zu Ämtern, Verwaltungseinrichtungen, Verbänden und auch politischen Organisationen ein.

Im Mittelpunkt der »Grünen Woche« standen thematisch die Ertragssteigerung und Volksernährung in Gestalt von Sonderschauen über »Landwirtschaft und Gartenbau in West-Berlin«, Geflügelhaltung, Kaninchenzucht, Heimstättensiedlung, städtische Grünflächen, Berliner Zoo, Abmelkbetriebe und West-Berliner Stadtgüter. Ebenso wurde durch die Ausstellung der ethische und praktische Wert der Kleingärten vermittelt. Dies stellte für das Jahr 1949 eine beachtliche Verschiebung dar, waren doch Gärtner wie Verbraucher zu diesem Zeitpunkt mit den Problemen des täglichen Kampfes um das wirtschaftliche Überleben und der Bewältigung des von Sorgen und Nöten gekennzeichneten Alltages beschäftigt.

154 Wilhelm Naulin: Bedeutung des Kleingartens, in: Berliner Ausstellungen (Hrsg.): »Grüne Woche Berlin 1949«, Berlin 1949, S. 10f.

155 Berliner Ausstellungen GmbH (Hrsg.): »Grüne Woche Berlin« 1949, Berlin (West) 1949, S. 5.

156 Ebd.

Die »Grüne Woche 1949« fand vom 17. bis zum 29. September statt. Auch in jenem Jahr fand man noch nicht zur Tradition der Winterausstellung zurück. Dies hatte allerdings in einer Zeit knapper Heizmaterialen den Vorteil, bei Frost die Veranstaltungen, beispielsweise die Blumenbindeschau im »Casino am Funkturm«, nicht ausfallen lassen zu müssen. Mittlerweile standen den Veranstaltern wieder sieben Hallen zur Verfügung und 160 Aussteller meldeten sich an. Bürgermeister Ferdinand Friedensburg (CDU) eröffnete die Ausstellung offiziell und Direktor Gerhard Wiemer konnte befriedigt feststellen: »Diese Schau ist, gemessen an der Ausstellungsfläche, die größte seit Kriegsende.«[157]

Zu einer anderen Kontinuität fand die Ausstellung dann aber doch zurück. Zunächst bezogen sich die Berliner Ausstellungen in einer Selbstdarstellung bei der Vorbereitung auf die Schau »Werte unter Trümmern« positiv auf die NS-Propagandaschau »Das Wunder des Lebens« von 1935.[158] Zwei Jahre später kehrte auch ihr Mitschöpfer Wilhelm von der Weiden in sein Metier zurück und übernahm die Leitung über die Gestaltung der »Grünen Woche«.[159] Von der Weiden, in den 1930er Jahren langjähriger Leiter der Bauabteilung der BA und in Gestaltungsfragen rechte Hand Direktor Wischeks, der sich in vorauseilendem Gehorsam für die Exklusion jüdischer Firmen und Personen aus dem Berliner Ausstellungswesen eingesetzt hatte,[160] hatte im »Dritten Reich« beinahe sämtliche Großpropagandaschauen zumeist auf Weisung von Goebbels' Propagandaministerium (RMVP) gestalterisch umgesetzt.[161] Die erste vom ZVKS ausgerichtete Nachkriegs-»Grüne

157 Zit. nach Dobberke: Grüne Woche, S. 40.

158 Berliner Ausstellungen – früher und heute vom 3. März 1947, in: LAB, F Rep. 280 (LAZ), E 71, Nr. 8423, unpag. »Das Wunder des Lebens« war Einstimmung und Vorspiel zu den bereits in Planung befindlichen Gesetzen zum Verbot der sogenannten »Rassenschande«, die im September 1935 unter dem Begriff »Nürnberger Gesetze« bekannt wurden.

159 Berliner Ausstellungen GmbH (Hrsg.): »Grüne Woche Berlin« 1949, Berlin (West) 1949, S. 3 (Impressum).

160 Wischek betonte in einem Schreiben im Vorfeld der »Deutschland«-Ausstellung von 1936, dass »derartige Firmen von den Ausstellungen schon durch die Ausstellungsbedingungen offiziell auszuschließen« seien, er es jedoch »stets als selbstverständliche Pflicht angesehen [habe], dass wir die Beteiligung von jüdischen Firmen an unseren Ausstellungen dadurch vermeiden, dass wir erstens) jüdische Firmen gar nicht zur Beteiligung auffordern, und dass wir zweitens) jüdischen Firmen, die sich um einen Stand bei uns bemühen, eine Absage unter irgendeinem Vorwand erteilen, z. B. dass die Plätze bereits ausverkauft seien, dass keine geeigneten Plätze mehr vorhanden seien, dass der angemeldete Artikel sich nicht für die Ausstellung eigne oder dergl.« Vgl. Persönliches Schreiben Wischeks an den Herrn Staatskommissar der Hauptstadt Berlin vom 4. Juni 1936, in: LAB, A Rep. 015-02, Nr. 32089, unpag.

161 Darunter vor allem die Rundfunkausstellungen (vgl. hierzu Breßler: Von der Experimentierbühne, S. 174, 333–337), »Deutsches Volk – Deutsche Arbeit« (1934), »Das Wunder des Lebens« (1935), »Deutschland« (1936), »Internationale Jagdausstellung – 1937«, »Gebt mir vier Jahre Zeit!« (1937) oder »Gesundes Leben – frohes Schaffen« (1938), um die wichtigsten zu nennen. Vgl. die jeweiligen Ausstellungskataloge und Amtlichen Führer.

Woche« im Vorjahr bedurfte noch kaum ausgefeilter oder gar visionärer Ausstellungsgestaltung. Nun, da hinter der Ausstellung wieder eine Institution von Format und Geltung stand, waren weitergehende Anforderungen an die »Grüne Woche« gestellt worden. Die Auswahl von der Weidens durch den neuen Direktor der BA, Gerhard Wiemer, ist insofern als eine eindeutige Aussage über die künftigen Ambitionen und Ansprüche der »Grünen Woche« zu sehen.

Von der Weidens gestalterischem Geschick war es mit zu verdanken, dass die »Grüne Woche 1949« ein großer Erfolg wurde. Allein am letzten Sonntag der Ausstellung wurden 46.000 Besucher gezählt, und jeder Tausendste von ihnen erhielt eine »Dose Lack nach Wahl« als Geschenk.[162] Großes Interesse bei Besuchern und Fachleuten fanden, neben dem traditionsreichen Reit- und Springturnier, die Darstellungen des Berliner Stadtforstamtes. Nachdem die Berlin-Blockade aufgehoben war, konnte auch der Grunewald – in der Notzeit ein Reservoir für (auch illegalen) Brennholzeinschlag – wieder aufgeforstet werden. Diesen Optimismus zu transportieren, zu zeigen, dass »Berlins Grüne Lunge« nun außer Gefahr sei, diente das kleine in der Ausstellungshalle »angepflanzte« echte Tannenwäldchen der Stadtforste. Solche Gestaltungstricks und wirkungsvoll präsentierte Blickfänge wären ohne Fachleute wie von der Weiden, die selbst mit knappen Ressourcen viel Effekt zu erzielen vermochten, nicht umsetzbar gewesen. Gelungene Präsentation und überzeugender Inhalt, der in Zügen bereits wieder visionäre Anklänge erkennen ließ und die Besucher in ihren Bann zu schlagen vermochte, prägten bereits diese »Grüne Woche« und zeichneten ihre weitere Entwicklung vor. In einer Zeit, als Berlin noch immer in Trümmern lag, von der Blockade und dem sich verschärfendem Kalten Krieg ernstlich bedroht wurde, zeichnete der Gartenarchitekt Franz Witte den staunenden Besuchern Bilder von einem »nie zuvor erreichten Berliner Stadtgrün«.[163] Denn es müsse, so Wittes Darstellung, im Stadtzentrum »jede Möglichkeit genutzt werden, zu neuen Grünanlagen zu kommen«. »Dem Charakter dieser Berliner City entsprechend«, so Witte weiter, »die wieder Regierungs- und Verwaltungszentrum und wirtschaftlicher und kultureller Mittelpunkt Berlins und der deutschen Bundesrepublik werden muß, sollen die Grünflächen hier vorherrschend repräsentativen und werbenden Zwecken dienen [...]. Wir wollen endlich auch das seit 100 Jahren Versäumte nachzuholen versuchen und durchgehende Grünflächenzüge entlang der Spreeufer, des Landwehrkanals und der Panke anlegen und insbesondere auch das sich von der S-Bahn her bietende Bild der Stadt soweit als möglich verschönern.« Dann machte Witte die Besucher mit einer wei-

162 Dobberke: Grüne Woche, S. 42.

163 Franz Witte: Berlin braucht Grünflächen, in: Berliner Ausstellungen GmbH (Hrsg.): »Grüne Woche Berlin« 1949, Berlin (West) 1949, S. 24–26, hier S. 25f. – Vgl. dazu auch die Vorgänge und Hintergründe um das Stadtgrün und die Natur als »Schlüsselideologem des Wiederaufbaus« seit 1945/46. Polianski: »›Det is' der Garten‹«, S. 318–322.

teren zukunftsweisenden Planung vertraut: einer »neu geplanten Autoringstraße, [die] in einem Durchmesser von etwa 20 km um das innere Stadtgebiet herumführen« sollte und östlich und westlich die Berliner City verbinden sollte. Dieser Ring bildete in den Planungen die Grenze zwischen den zusammenhängenden Grünflächen der Innenstadt (Spielplätze, Parks, Friedhöfe, Kleingartenanlagen) und den in die Landschaft hinausführenden Grünflächenzügen, die den »Berlinern leichter als bisher die Möglichkeiten einer engeren Verbindung mit ihrem Heimatboden und mit den Berlin umgebenden landschaftlichen Schönheiten« schaffen sollten.

In Verbindung mit diesem Konzept sollte auch den Kleingärtnern geholfen werden, indem die Gesamtfläche der Kleingärten im Stadtgebiet vergrößert werden sollte. Damit lag der West-Berliner Magistrat, der diese Konzepte mitgetragen hatte, in diesem Falle ganz auf der Linie des ZVKS, was in den folgenden Jahren nicht immer so bleiben sollte und folgenden Hintergrund hatte: Naulin hatte bereits seit Jahren gefordert, die Stadtbevölkerung und die durch Berlin strömenden Flüchtlinge und Vertriebenen mit auf Grünflächen und in Kleingärten angebautem Obst und Gemüse zu versorgen.[164] Der Magistrat und später dann der Senat vertraten dagegen eher die Auffassung, dass diese Flächen und ganz besonders die Kleingärten Wohnungen und Siedlungen zu weichen hätten, auf denen für die Flüchtlinge und Vertriebenen der dringend benötigte Wohnraum errichtet werden sollte. Wohnraum oder Nahrung – diese beiden Problemlösungsstrategien prallten hier aufeinander und die »Grüne Woche« wurde in den 1950er Jahren dann oftmals zur Bühne und zum öffentlichen Austragungsort dieses Streites. Anlässlich der »Grünen Woche 1949« erklärte Naulin der Presse, dass es eine der wichtigsten Fragen sei, »ob der Magistrat den vielen Brachlandnutzern das Land auch später lassen wird«.[165] Auch mit der offiziellen Beendigung der Blockade am 12. Mai 1949 war eine Normalisierung der Versorgung der West-Berliner Bevölkerung, zumal mit Gütern aus der SBZ, keineswegs erreicht worden. Vielmehr bewies die Krise

164 Naulin unterstrich im Umfeld der Ausstellung die Bedeutung des Kleingartenwesens für Berlin im Allgemeinen und die des ZVKS im Besonderen: »Während des Krieges und in den Nachkriegsjahren hat aber gerade die Kleingartenbewirtschaftung außerordentlich an Bedeutung gewonnen und durch Intensivierung ganz beachtliche Erfolge erzielen können. [...] Diese Erfolge sind vor allem darauf zurückzuführen, daß die Mitglieder des Zentralverband.es der Kleingärtner, Siedler und bodennutzenden Grundbesitzer e.V. durch praktischen Unterricht und wissenschaftliche Vorträge seitens der fachlichen Beratungsstellen in jeder Hinsicht eine wesentliche Ertragssteigerung erzielt haben, weil sie nach diesen Anweisungen und Anregungen ihre Arbeit in der Gartengestaltung, Bodennutzung, dem Obstbau, der Schädlingsbekämpfung, der Kleintierhaltung sowie der Verwertung der Gartenerzeugnisse entsprechend eingestellt haben.« Mit derartigen Erfolgen, ob real oder herbeigeredet, brüstete sich jede staatliche oder nichtstaatliche Institution auf den Ausstellungen in West wie Ost. Vgl. Wilhelm Naulin: Bedeutung des Kleingartens, in: Berliner Ausstellungen GmbH (Hrsg.): »Grüne Woche Berlin« 1949, S. 10 f., hier S. 10.

165 Zit. nach Dobberke: Grüne Woche, S. 40.

die Bedeutung des agrarischen Hinterlandes für den Westteil der Stadt. Die Rolle der westdeutschen Agrarregionen zur Versorgung der Stadt erhöhte sich dadurch beträchtlich.[166]

Die Bedeutung der »Grünen Woche« für das Nachkriegs-Berlin

Die messe- und ausstellungspolitische Ausgangslage Westdeutschlands war neben den eigentlichen Funktionshandlungen des Messe- und Ausstellungswesens insbesondere durch die Tatsache geprägt, dass die Bindungen zahlreicher Besucher an die einzelnen Standorte durch die erfolgten tiefgreifenden politischen und wirtschaftlichen Veränderungen »weitgehend gelockert waren«.[167] Die Strategie der BA, bedeutende Ausstellungen und Messen, wie die »Grüne Woche« in Berlin unbedingt zu halten, war insofern konsequent. Die folgenden Jahre sollten zeigen, dass die Ausstellung ihre Relevanz sowohl für Kultur, Wirtschaft und Handel für die gesamte Region Berlin-Brandenburg noch nicht verloren hatte und bis zum Mauerbau nicht verlieren würde. Im Gegensatz zu der Zeit vor 1945 war sie nun auch explizit auf einer politischen Bühne von hervorragender Bedeutung. Nach Währungsreform, Berlin-Blockade, Kaltem Krieg, beginnender Systemkonkurrenz und der daraus resultierenden Spaltung Berlins entstanden unausweichlich neu gestaltete wirtschaftsräumliche Strukturen.[168] Neue Handels- und Lieferwege mussten gefunden werden. Messen und Ausstellungen konnten West-Berlin dabei helfen, diese zu strukturieren, zu festigen und auszubauen. Die »Grüne Woche« und später auch die Industrieausstellung hatten daran – jede für sich und auf ihrem spezifischen Gebiet – wesentlichen Anteil.

Auch wenn mit der politischen Spaltung der Stadt ein über Jahrhunderte gewachsenes Verflechtungsgebiet mehr und mehr zerstört wurde, blieb West-Berlin dennoch bis weit in die 1950er Jahre hinein das größte geschlossene Verbrauchergebiet Deutschlands. Als solches hatte es eine nicht zu unterschätzende Machtstellung, die allerdings durch die Berlin-Krisen und die unsichere politische, wie geografisch heikle Lage im Kalten Krieg Höhen und Tiefen erlebte. Die Landwirtschaftsausstellung hatte dann auch explizit als Integrationsleistung das Ziel, Berlins Wirtschaft »mit dem Westen [zu] verketten«.[169]

166 Kluge: Agrarpolitik, Bd. 1, S. 62.

167 Jürgen Schwermann: Grundlagen der Messepolitik (= Wirtschaftspolitische Studien, Bd. 41), Göttingen 1976, S. 26.

168 Engler: Wirtschaftliche Systemkonkurrenz, S. 137.

169 Herbert Krafft: Ausstellungen – Fachmessen – Kongresse. AMK Berlin geht neue Wege, in: Kommunalwirtschaft (1974), S. 397–400, hier S. 398.

Von jeher hatte die »Grüne Woche« für die Landwirtschaft große Bedeutung besessen. Bereits während des Zweiten Weltkrieges und in den ersten Nachkriegsjahren gewann auch die Berliner Kleingartenwirtschaft an Bedeutung. Um die Erträge dieses in der Umbruchs- und Mangelzeit wichtigen Ernährungszweiges zu steigern, ergab sich das Bedürfnis, dem Kleingartenwesen im Rahmen der Ausstellung einen größeren Rahmen beizumessen. Die Ausstellungen der ersten Nachkriegsjahre (bis 1953) hatten den Zweck, den Gartenfreunden – sowohl den Ausstellern als auch den Besuchern – die Möglichkeit zu geben, Erfahrungen und praktisches Wissen auszutauschen, um die Möglichkeiten der konkreten Ertragssteigerung aufzuzeigen.[170]

Ob die beiden ersten Nachkriegsausstellungen überhaupt als »Grüne Woche« bezeichnet werden können, wird unterschiedlich bewertet. Vielfach wird als Wiederbeginn der »Grünen Woche« erst 1949 oder 1951 angegeben. Da sich aber der West-Berliner Magistrat aus politischen und wirtschaftlichen Gründen für die Ausstellung einsetzte und die amtierende SPD-Oberbürgermeisterin Louise Schroeder, die mit Otto Suhr zusammen schon 1946 Lizenzträger des SPD-Parteiorgans »Der Sozialdemokrat« gewesen war,[171] die Schirmherrschaft übernahm, sprach die Presse mehrheitlich von der »Grünen Woche Berlin«.[172] Und so wurde die Ausstellung von der Bevölkerung rezipiert und auch benannt. Nicht zuletzt sorgte gerade die »Grüne Woche« dafür, dass mit ihr wieder etwas von dem lieb gewonnenen Vorkriegsalltag und ein Stück »Normalität« in das vom Krieg zerstörte Berlin zurückkehrte.

Ecce Terra[173]: Die Gartenbauausstellungen in Leipzig-Markkleeberg 1945–1948

Die Befreiung der Stadt Leipzig begann durch amerikanische Truppen der 1. US-Armee am 18. April 1945. Im Krieg waren Leipzigs Messeanlagen zu rund 80 Prozent und die städtischen Industriezweige in ihrer Gesamtheit etwa zur Hälfte vernichtet worden.[174]

170 Schultze: Blumen- und Gartenschauen, S. 74. – Auch die alliierten Besatzungsmächte förderten und unterstützten ausdrücklich die Maßnahmen der Berliner Stadtverordneten zur Beseitigung des Mangels und der Ernährungskrise. Beispielsweise wurden im Mai 1947 hauswirtschaftliche Beratungsstellen eingerichtet, die den Hausfrauen Hinweise bei der nahrungsergänzenden Eigenwirtschaft (z. B. Kräuter, Mais usw.) gaben. Vgl. LAB, C Rep. 001, Nr. 191, unpag.

171 Hülsbergen: Suhr, S. 20.

172 Dobberke: Grüne Woche, S. 38.

173 Der Titel nimmt Bezug auf ein Buch des Philosophen und Hume-Übersetzers Gerhard Streminger. Darin thematisiert er inhaltlich überzeugend wie rhetorisch gelungen den sichtbaren Zusammenhang zwischen Landschafts- und Gartengestaltung mit der jeweiligen Herrschaftsform. Vgl. Gerhard Streminger: Ecce Terra, Norderstedt 2008.

174 Gries: Die Rationen-Gesellschaft, S. 41.

Dennoch wurde die seit langer Zeit bestehende Tradition, im Zusammenhang mit der Messe landwirtschaftliche Ausstellungen durchzuführen, bereits mit der ersten Nachkriegsmesse fortgesetzt. Eine ausreichende Erklärung für den baldigen Beginn nach dem Krieg fehlt für die Leipziger Messe ebenso wie für die Markkleeberger Gartenbauausstellung. Die Erforschung ihrer direkten Vorgeschichte ist nach wie vor lückenhaft. Seit 1946 führten vor allem die Ost-DLG, die VdgB und die DSG landwirtschaftliche Sonderschauen im Rahmen der Leipziger Messe durch. Zumeist handelte es sich dabei um landwirtschaftliche Maschinen sowie um Nahrungs- und Genussmittel auf dem Gelände der Technischen Messe.

Die sehr hohe Konzentration von Gärtnereien am Rand der Großstadt Leipzig bedingte eine Wiederaufnahme der gärtnerisch-wirtschaftlichen Produktion geradezu zwangsläufig, um Ernährung und Handel sicherzustellen.[175] Die Bevölkerung der Stadt und des Umlandes musste nach dem Zusammenbruch des Jahres 1945 schnell, unbürokratisch und möglichst umfassend mit Obst und Gemüse versorgt werden. Das Wiederbeleben alter Export- und Handelswege staatlicherseits war hierfür ebenso notwendig. Für die Kleingärtner und alle auf Subsistenzbasis wirtschaftenden Menschen hingegen waren bessere und den besonderen Umständen der unmittelbaren Nachkriegszeit Rechnung tragende Informationen und Schulungen über entsprechende Anbaumöglichkeiten wichtiger.

Vom 28. September bis zum 1. Oktober 1946, etwa vier Monate nach der ersten deutschen Nachkriegsmesse in Leipzig, veranstaltete das Landratsamt Leipzig vor dem Markkleeberger Rathaus eine Gartenbauausstellung, initiiert von ortsansässigen Gärtnern und der »Genossenschaft zur Förderung des Gartenbaus«.[176] Der Rat des Kreises Leipzig als zuständige staatliche Instanz unterstützte den »plötzlichen Entschluß der Gärtner des Kreises, eine Gartenbauausstellung im bescheidenen Rahmen zu veranstalten«.[177] Als Standort bot sich vorerst nur der Rathausplatz an, der über eine angrenzende größere Turnhalle mit Freigelände und Schulräumen verfügte. Damit war Markkleeberg die zweite Stadt Ostdeutschlands, die nach dem Krieg eine Gartenbauausstellung durchführte.[178] Die Ausstellung fand auf direkte Veranlassung der SMA Thüringens statt, musste aber dennoch auf staatliche Zuwendungen verzichten.[179] Verantwortlich für Leitung und Organisation dieser ersten Ausstellung zeichnete der Leiter des Referats Gartenbau der Abteilung

175 Zu diesem Aspekt vgl. Helmut Lichey: Geschichtlich vergleichende Untersuchung zur Entwicklung des gärtnerischen Ausstellungswesens vom Kapitalismus zum Sozialismus, Berlin (Ost) 1960, S. 64–67.

176 UALM: Leipziger Messejournal 1950, M 63; SStAL: 20314, Nr. 2701, unpag.

177 Lichey: Untersuchung, S. 65.

178 http://www.markkleeberg.de/de/stadt_verwaltung/geschichte/agra_park/ (letzter Zugriff: 24. September 2014).

179 *LVZ* vom 20. Oktober 1974, S. 3: »Gartenstadt und Stadt der ›agra‹«. Die Autoren der Reportage

Landwirtschaft des Kreises, Dr. Arnold, mit einem »kleinen Mitarbeiterstab«.[180] Von Anbeginn wirkte Helmut Lichey bei den Markkleeberger Ausstellungen mit. Er hatte bereits zwischen 1936 und 1938 die Bauleitung und Gestaltung von Blumen- und Gartenschauen innegehabt. 1956 wurde er Chefarchitekt der Abteilung Gartenkultur bei der Ständigen Deutschen Landwirtschaftsausstellung Leipzig-Markkleeberg und ab 1958 oblag ihm die gesamte Gestaltung (Entwurf und Oberbauleitung) des »inzwischen weit über die Grenzen Deutschlands hinaus bekannt gewordenen Ausstellungsgeländes«.[181]

Bereits diese erste Nachkriegsschau war als fachliche und politische Lehrschau konzipiert, die allerdings fast nur aus einfachen grafischen Darstellungen bestand. Dennoch wurde sie von 35.000 Menschen gesehen.[182] Während der Ausstellung fanden täglich Arbeitsberatungen statt, die sich mit den Problemen des Gartenbaus befassten. Der Besucher konnte vor Ort den Obst- und Gemüseanbau »unter optimaler Ausnutzung des Bodens studieren«.[183]

Die ersten Ausstellungen der Jahre zwischen 1946 und 1948 wurden als ein eher »bescheidener Anfang« angesehen.[184] Die Bodenreform und der »freiwillige Zusammenschluß« der in der Landwirtschaft und im Gartenbau Beschäftigten standen politisch im Vordergrund.[185] Die Leistungsschau spielte in der von Versorgungsmängeln gekennzeichneten östlichen Umbruchsgesellschaft eine eher untergeordnete Rolle. Einer der großen Errungenschaften der Ausstellung war zweifelsohne die Wiedereröffnung des fachlichen Austauschs.

Auch 1947 schaffte es die Gärtnerschaft des Kreises Leipzig, in einer Markkleeberger Schule und dem davor gelegenen Rasenplatz eine kleinere gartenbauliche Ausstellung zu veranstalten, die, wie es in einer zeitgenössischen Quelle heißt, »wider Erwarten einen sehr starken Besuch aufwies«.[186]

Helmut Richter und Gerhard Vontra (Illustrator) zitierten aus der Stadtchronik Markkleebergs des Jahres 1947.

180 Lichey: Untersuchung, S. 65.

181 Kulturbund zur demokratischen Erneuerung Deutschlands (Kreisleitung Leipzig-Land; I. Unger) an das Ministerium für Land- und Forstwirtschaft Berlin vom 3. Mai 1956: Vorschlag zur Auszeichnung Helmut Licheys als »Held der Arbeit«, in: BArch, Abt. DDR, DK 1/53496, Bl. 42.

182 Lichey war von 20.000 Besuchern ausgegangen.

183 http://www.markkleeberg.de/de/stadt_verwaltung/geschichte/agra_park/index.html (letzter Zugriff: 24.9.2014).

184 UALM, Leipziger Messejournal 1950, M 63. Vgl. weiterhin auch von Plato: »Gartenkunst und Blütenzauber«, S. 183–234, hier S. 185 und dort Anm. 10. Von Plato geht in ihrer Analyse fälschlich davon aus, dass das gartenbauliche Ausstellungswesen (in Leipzig-Markkleeberg) erst 1947 begann.

185 Ebd.; Katalog der Gartenbauausstellung Leipzig 1947, Markkleeberg 20. bis 28. September, Markkleeberg 1947.

186 Aktennotiz [o. D. u.o. Verf.], in: SAPMO-BArch, DY 30/IV 2/7/510, Bl. 30.

Die gartenbaulichen und landwirtschaftlichen Ausstellungen Leipzigs und Markkleebergs wurden im Ordnungsrahmen der sowjetischen Besatzungsherrschaft wiederbegründet, in dem vielfach »außerökonomische Zwänge vorherrschten«.[187] Die beginnende Entdifferenzierung der landwirtschaftlichen Subsysteme, der zunehmend durch die SED forcierte »Klassenkampf auf dem Lande« und der Elitenaustausch trafen auch das ostdeutsche Ausstellungswesen, das mit einer nunmehr ausgetauschten agrarischen Elite[188], die, durch das sowjetische Neuererwesen und die kommunistische Agrarpolitik geschult, die eigentliche Aufgabe von Agrarausstellungen in der Lehrschau sah. Dementsprechend wurde die Gartenbauausstellung konsequent als Lehrschau konzipiert und umgesetzt. Der Wechsel in der Ausstellungselite sorgte dafür, dass bis 1949 jede Gartenbauausstellung ein singuläres Projekt, ein Unikat, war und die Schauen nicht aufeinander aufbauen konnten, weshalb sie wie »aneinandergestückelt« wirkten. Eine stringente Abfolge aufeinander aufbauender Ausstellungen hat es zu dieser Zeit noch nicht gegeben.

Die Tatsache, dass die Markkleeberger Ausstellung als Gartenbauausstellung begann, sollte nicht zu Fehlschlüssen oder Vorurteilen über ihre tatsächliche Bedeutung verleiten. In der Literatur scheint der Trend vorzuherrschen, solche Schauen weniger als Mittel der Agrarpropaganda und zum Zweck der Ernährungssicherung anzusehen als vielmehr nur deren ästhetische Seiten herauszustellen. Doch Blumen oder Ziergebinde waren besonders während der ersten Nachkriegszeit von sekundärem Interesse. Was hingegen zählte, waren Obst und Gemüse, insbesondere deren Anbau, Pflege und Ertragssteigerung. Der Beitrag dieser Ausstellungen zur Verbesserung der Versorgungslage in der SBZ in den ersten Nachkriegsjahren lässt sich allerdings schwer abschätzen. Der bekannte Gartenarchitekt und Professor an der Berliner Universität (später Humboldt-Universität zu Berlin), Georg Pniower, betonte die Bedeutung des Gartenbaus in dieser Frage und stellte ihn der Landwirtschaft »an Bedeutung gleich«.[189] Daher müsste dieser sich ebenso in den Dienst

187 Hartmut Zwahr: Erste deutsche Nachkriegsmesse 1946. Wiedererweckung oder Neubelebung?, in: Zwahr/Topfstedt/Bentele (Hrsg.): Leipzigs Messen 1497–1997, Teilbd. 2, S. 583–628, hier S. 596.

188 Arnd Bauerkämper: Loyale »Kader«? Neue Eliten und die SED-Gesellschaftspolitik auf dem Lande von 1945 bis zu den frühen 1960er Jahren, in: Archiv für Sozialgeschichte 39 (1999), S. 265–298; ders.: Vertreibung als Exclusion gesellschaftlicher Führungsgruppen. Die Verdrängung der Großbauern in der SBZ/DDR und die Vernichtung der Kulaken in der UdSSR im Vergleich, in: Günther Schulz (Hrsg.): Vertriebene Eliten, Vertreibung und Verfolgung von Führungsschichten im 20. Jahrhundert, München 2001, S. 125–163; ders.: Umbruch und Kontinuität. Agrarpolitik in der SBZ und frühen DDR, in: Ernst Langthaler/Josef Redl (Hrsg.): Reguliertes Land. Agrarpolitik in Deutschland, Österreich und der Schweiz 1930–1960, Innsbruck 2005, S. 83–97; Peter Hübner: Antielitäre Eliten?, in: ders. (Hrsg.): Eliten im Sozialismus. Beiträge zur Sozialgeschichte der DDR, Köln u. a. 1999, S. 9–36.

189 Georg Pniower: Bodenreform und Gartenbau, Berlin (Ost) 1948, S. 9. – Zur Biografie und zum Werk Pniowers vgl. Gröning/Wolschke-Buhlmann: Grüne Biografien, S. 291–294; dies.: Zum 90.

»gesteigerter Nahrungsmittelproduktion« stellen. Bis zu der Schrift Pniowers *Bodenreform und Gartenbau* aus dem Jahre 1948 war der Gartenbau nur selten in einem Atemzug mit der Landwirtschaft als gleichberechtigt genannt worden. Pniower schlug vor, »die landwirtschaftliche Wirtschaftsweise überhaupt auf[zu]geben und uns der intensivsten und ertragreichsten Bodenbewirtschaftung [zu]zuwenden, dem Gartenbau!«[190] Helmut Lichey, der spätere Schüler und Doktorand Pniowers, versuchte die neue Doktrin, dass die Bodenreform in Verbindung mit einer neuen Form der Bodennutzung (also in Verbindung mit dem Gartenbau) höheren Ertrag versprach, auch ausstellungstechnisch umzusetzen.

Aufgrund des großen Erfolges der Ausstellung des Jahres 1947 beschloss die sowjetische Kreiskommandantur Leipzig in Verbindung mit der SMA Dresden, Abteilung Landwirtschaft, eine größere derartige Schau in Gang zu setzen. Daraufhin fanden 1948 bereits etwa 200.000 Menschen den Weg nach Markkleeberg,[191] wo nun erstmals der Anspruch »Deutsche Gartenbauausstellung« artikuliert wurde.[192] Sie wandte sich erstmals wieder explizit an weitere Kreise beruflicher Fachleute, Behörden und Institutionen. Eine breit angelegte Werbekampagne sollte auch Besucher aus dem Ausland ansprechen.[193] Selbst Aussteller aus den Niederlanden, aus Bulgarien, der Tschechoslowakei und Jugoslawien wurden erwartet.[194] Den inhaltlichen Schwerpunkt der Lehrschauen bildeten die wirtschaftliche Bedeutung des Gartenbaues, Anbau, Erfassung und Verteilung von Gartenbauerzeugnissen, darunter Heil- und Gewürzpflanzen, Sträucher und Koniferen. Weitere Abteilungen waren eine Kleintierschau, die Fell- und Wollverwertung und die Verarbeitung von Blumen. Ein Gartenbaumuseum wurde zeitgleich eröffnet, das die »Entwicklung des Gartenbaues, der Gartengeräte und -werkzeuge« den Besuchern vor Augen

Geburtstag des Gartenarchitekten Georg Bela Pniower, in: Das Gartenamt, 12/1986, S. 735–743; Peter Fibich/Joachim Wolschke-Bulmahn: Vom Sonnenrund zur Beispiellandschaft. Entwicklungslinien der Landschaftsarchitektur in Deutschland, dargestellt am Werk von Georg Pniower, Hannover 2004; Joachim Wolschke-Buhlmann: Naturschutz und Nationalsozialismus. Darstellungen im Spannungsfeld von Verharmlosung und Interpretation, in: Stephan Alexander Glienke/Volker Paulmann/Joachim Perels (Hrsg.): Erfolgsgeschichte Bundesrepublik? Die Nachkriegsgesellschaft im langen Schatten des Nationalsozialismus, Göttingen 2008, S. 53–84, hier S. 61; Dix: »Freies Land«, S. 450 f.

190 Pniower: Bodenreform, S. 60. – Gleichwohl war ihm klar, dass sich die Ernährung nicht nur auf »Obst und Gemüse« beschränken ließ. Aufgrund des hohen Zellulosegehaltes von Obst und Gemüse wäre allerdings das Hungergefühl der Nachkriegsbevölkerung schneller zu lindern.

191 Hoernle sprach in einem Schreiben vom 25. April 1949 an das ZS der SED – wohl bewusst übersteigernd – von rund 500.000 Besuchern. Vgl. SAPMO-BArch, DY 30/IV/2/7/510, Bl. 30.

192 UALM: M 63, Leipziger Messejournal 1950.

193 Lichey: Untersuchung, S. 67.

194 Ob diese allerdings auch wirklich teilnahmen, ist unbekannt. Hingegen nahmen die bulgarischen Gärtnerinnen »einer landesüblich eingerichteten Gärtnerei« teil. Vgl. Bg.: Gartenbauausstellung, in: Die Deutsche Landwirtschaft H 7/1948, S. 110.

führte.[195] Andere Schauen auf dem Freigelände zeigten die Bodenbearbeitung, Maschinen und Geräte und Düngungsmaßnahmen, aber auch die Seidenraupenzucht und die Imkerei. Erstmals wurde die Lehmbauweise einer breiteren Öffentlichkeit vorgestellt: ein im Lehmbau errichtetes Neubauerngehöft und gar ein als »Leichtlehmbau errichtetes Hühnerhaus«.[196]

Als Eröffnungsveranstaltung fand eine Begrüßungskundgebung durch den Landrat statt, der die Gärtner und ihre Arbeit würdigte. Interessant sind die Formulierungen in den Eröffnungsreden auch insofern, weil sie suggerierten, dass automatisch alle Gärtner Mitglieder der VdgB wären.[197] Als Schlussredner überbrachte Ernst Busse, zu diesem Zeitpunkt Mitglied des agrarpolitischen Ausschusses beim ZS des SED-PV, den Gärtnern Grüße der Hauptverwaltung und stellte »die Mobilisierung der Berufsgärtner zur Festigung der Bodenreform, der Durchführung des 2-Jahrplanes, als ein Ziel, das dem Frieden dient, als notwendig begründet« dar.[198]

Bereits jetzt erwies sich das Gelände als nicht mehr ausreichend. Innerhalb der Jahre 1946 und 1947 wurde die Geländefläche der Ausstellung von 0,3 ha auf 15 ha erhöht, und die Hallenfläche wuchs von 500 qm auf 2.200 qm an.[199] Dazu erhielten die Veranstalter von der SMAD die Genehmigung, für die dritte Ausstellung im September 1948 den ehemaligen Herfurthschen Park inklusive des dazugehörigen »Schlösschens«, westlich der Pleiße, nutzen zu können. Bereits 1945 war die Familie Herfurth von den Sowjets enteignet worden. Der Park ging an die Stadt Markkleeberg, während die Gebäude von der SMAD bis 1948 zur Verwaltung genutzt wurden. Danach wurde das Areal fester Bestandteil aller weiteren Ausstellungen. Helmut Lichey zufolge sollen mit dieser Standortwahl weniger ideologische Prämissen, als vielmehr eine geeignete Geländeauswahl verfolgt worden sein. »Die standortanalytischen Ermittlungen« seien, so Lichey, »trotz einiger morphologischer Mängel zufriedenstellend« gewesen.[200] Gleichzeitig gründete sich in jenem Jahr die »Genossenschaft zur Förderung des Gartenbaus eGmbH« als Veranstalter, um den gestiegenen Anforderungen an die wachsende Schau Rechnung zu tragen.[201] In den Jahren 1946 und 1947 lag die finanzielle Verantwortung für die Schauen noch in

195 Ebd.

196 N.N.: Gartenbauausstellung in Markkleeberg im September 1948, in: ebd., H. 10/1948, S. 157.

197 Aktennotiz Ernst Busses vom 16. September 1948, in: SAPMO-BArch, DY 30/IV/ 2/7/510, Bl. 4.

198 Ebd. – Zur Person Busses vgl. Dix: »Freies Land«, S. 417; Scholz: Bauernopfer, S. 83. – Busse, der die Planung von Neubauernhöfen und Siedlungen in Thüringen »energisch [vorantrieb]«, kam als »Kriegsverbrecher« 1951 ins Lager Workuta, wo er ein Jahr später starb.

199 Karl Schröder: Zu Problemen einer wirksamen Produktionspropaganda der Landwirtschaftsausstellung der Deutschen Demokratischen Republik in Markkleeberg. Diss. Universität Leipzig 1962, S. 20.

200 Lichey: Untersuchung, S. 68.

201 http://www.markkleeberg.de/de/stadt_verwaltung/geschichte/agra_messen/ (letzter Zugriff: 24. September 2012).

den Händen »weniger Privatpersonen«.[202] Selbsterklärtes Ziel der eingetragenen Genossenschaft war es, den Erwerbs- und Kleingartenbau »sowie die allgemeine Gartenkultur zu fördern« und das erste deutsche Gartenbaumuseum zu eröffnen, »um aus der Geschichte des Gartenbaues eine dauernde fachliche Bildungs- und Belehrungsstätte zu schaffen«.[203]

Die zwölftägige Veranstaltung wurde von 18 Fachtagungen, 20 öffentlichen Fachvorträgen und 24 Kulturveranstaltungen auf Freilichtbühnen im Parkgelände begleitet.[204] In dieser Zeit, die von Kooperation und Abgrenzung zwischen Ost und West geprägt war, nahmen auch westdeutsche Fachleute und Wissenschaftler als Vortragsredner teil, worauf die DWK und die HVLF stolz hinwiesen. Der bekannteste unter den westdeutschen respektive West-Berliner Fachleuten war wohl der Botaniker Richard Zander, damals noch ein Mitarbeiter Reinhold Lingners im Berliner Hauptamt für Grünplanung. Er sprach über »Pflanzennamen und Nomenklatur« und »Zur Entwicklungsgeschichte des deutschen Obstbaues«. Andere Referate wie die von Lingner und Pniower berichteten über »Landschaftsgestaltung« im Allgemeinen und »Landschaftsgestaltung im Dienste der Bodenreform«. Die politischen Hauptreferate, die von ZVdgB-Funktionär Otto Körting und dem Leiter der Abteilung Gartenbau in der HVLF der DWK, Reinhold, gehalten wurden, hatten den »Gartenbau und seine staatliche Förderung im Hinblick auf den Zweijahresplan« und den »Gartenbau in der neuen Agrarstruktur der Ostzone« zum Thema. Die Referate dienten in erster Linie zur Rechtfertigung der Bodenreform, die auch die Gärtner und Gemüsebauern betra f. Die fachlichen Vorträge wurden durch Themen bestimmt wie »Neue Wege der Gemüse- und Blumenzüchtung« (Prof. Becker) und »Photoperiodismus im Gartenbau« (Prof. Maatsch), die im Mittelpunkt des Gärtnertreffens der DLG am 22. September standen.[205]

Nicht nur die Ost-DLG führte während der Ausstellung Sonderschauen, Treffen und Fachtagungen durch. Auch das KTL tagte mit seinem Ausschuss für Technik im Gartenbau in Markkleeberg. Dabei erörterten die anwesenden Fachkräfte unter anderem die Mechanisierung der Jungpflanzenzucht anhand von Versuchsreihen des Versuchs- und Forschungsinstituts für Technik im Gartenbau. Die Vorstellung grundlegender Arbeiten wie die für den anstehenden Winter unternommenen Heizungsversuche und Heizungslehrgänge sollten jeden Gärtner ansprechen und sein Interesse wecken. Den Abschluss der KTL-Arbeitstagung bildete eine Entschließung, mit der die DWK gebeten wurde, »sich mit besonderem Nachdruck der

202 Lichey: Untersuchung, S. 68.

203 Ebd.

204 Ebd.

205 N.N.: Gartenbauausstellung in Markkleeberg, S. 157.

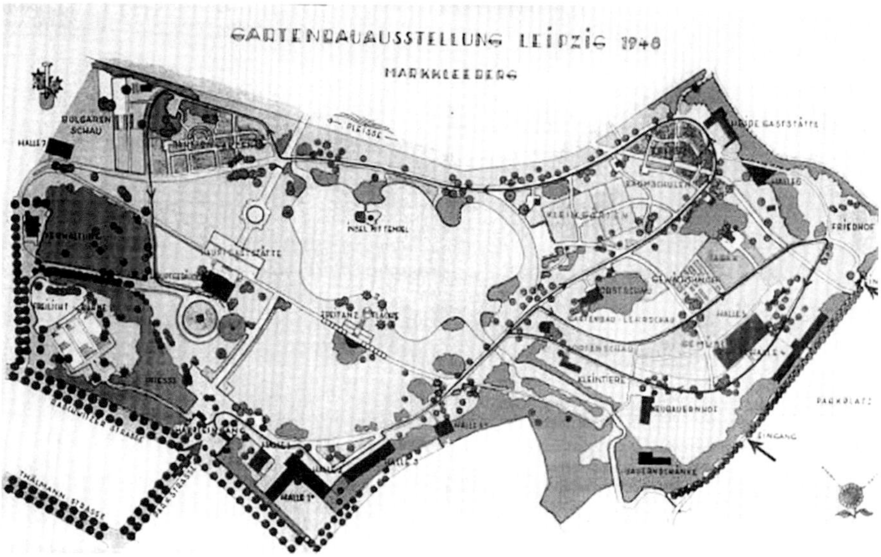

Übersichtsplan über das Gelände der Gartenbauausstellung in Markkleeberg, September 1948.

Glas- und Kohleversorgung der Gartenbaubetriebe anzunehmen«.[206] Während der Ausstellung wurden erstmalig wieder Prämierungen vorgenommen.

Die Abfolge und Durchführung der einzelnen Gartenbauausstellungen blieb bis 1950 unsicher. Planungssicherheit für die Exposition von 1949 bestand erst seit April des Jahres. L. A. Korbut, 1948/49 auf der Chefebene der Land- und Forstwirtschaft der SMAD tätig,[207] gab dem Leiter der Ausstellungsabteilung der DWK, Kromrey, sein grundsätzliches Einverständnis für eine weitere Großausstellung, der sie dann an Hoernle übermittelte. Von Korbut hatte Hoernle bereits im Vorjahr die Rüge erhalten, dass die Befehle der SMAD »der Bauernschaft zum großen Teil unbekannt seien« und größere Publizität daher notwendig sei.[208] Die Durchführung landwirtschaftlicher und gartenbaulicher Ausstellungen in der SBZ kam diesem Ziel auch entgegen. Kromrey war »ohne Nachprüfung der Detailmengen grundsätzlich einverstanden, da infolge Verschiebung der DLG-Ausstellung« Materialien und Kontingente frei sein würden.[209] Mitte Mai fasste die DWK dann

206 N.N.: Tagung des KTL-Ausschusses für Technik im Gartenbau in Markkleeberg, in: ebd., H. 11/12/1948, S. 186.

207 Vgl. Jan Foitzik: Sowjetische Militäradministration in Deutschland (SMAD) 1945–1949. Struktur und Funktion (= Quellen und Darstellungen zur Zeitgeschichte, Bd. 44), Berlin 1999, S. 447 u. 465.

208 Ebd., S. 311.

209 HV Land- und Forstwirtschaft an den stellv. Vors. der DWK, Herrn Steidle, betr. Gartenbauausstellung Leipzig vom 7. Mai 1949, in: BArch, Abt. DDR, DK 1/7338, Nr. 7339, Bl. 200.

den Beschluss, vom 7. bis zum 18. September des Jahres eine »zonale Gartenbauausstellung« durchzuführen und mit ihrer Organisation die HVLF zu beauftragen. Dazu wurde eine Summe von 150.000 DM aus Hoernles Dispositionsfond bereitgestellt und bei der »Genossenschaft zur Förderung des Gartenbaus« ein operativer Ausschuss, bestehend aus Vertretern der DWK, der Landesregierungen, der VdgB und des FDGB, gebildet.[210] Erstmals wurden auch die Länder direkt um einen Zuschuss in Höhe von 20.000 bis 40.000 DM ersucht. Die Stadt und der Landkreis Leipzig sowie die Stadt Markkleeberg machten freiwillige Zusagen, da sie sich »einen starken Impuls für den gesamten Gartenbau der Zone« versprachen und selbst wirtschaftlich profitieren wollten.[211] Als nunmehr bestimmendes und wichtiges Faktum bei der Vorbereitung galt es dabei, »eine großzügige Propaganda ins Werk [zu setzen]«.[212] Auch Darstellungen staatlicher Maßnahmen zur Schaffung eines Gartenbaugürtels rund um Berlin und zur Errichtung von Industriezentren, dem Wiederaufbau des Oderbruchs und dem Aufbau einer Seidenraupenzucht für mindererwerbsfähige Umsiedler als wertvoller Export- und Industrieartikel bezogen die Planer mit ein. Jedes Land der SBZ war als Aussteller vertreten. In gesonderten Hallen oder Zelten konnten sie ihre gärtnerischen Erzeugnisse zur Schau stellen.

Im Juli konnte Heinks, der dem vorbereitenden DWK-Ausschuss vorstand, an Hoernle melden, dass sich viele Interessenten aus der Bizone und auch aus der Französischen Zone entweder zur Teilnahme oder zum Besuch der Ausstellung angemeldet hatten. Auffällig bei vielen Angemeldeten war, dass sie betonten, »sie seien nicht Mitglieder der KPD und ob daher für ihre Rückkehr gesorgt werde bzw. sie selbst auch unbehelligt bleiben würden«.[213] An der Ausstellung nahmen zahlreiche westdeutsche Firmen als Aussteller teil, während Belgien als einziges westeuropäisches Land teilnahm.

Die bisherigen Gartenbauausstellungen waren ihrer Entstehungsgeschichte nach nicht als zonale, sondern als »eine sächsische Angelegenheit« durchgeführt worden, was sich nun ändern sollte.[214] Aber in Anbetracht des finanziellen und materiellen Mangels blieben vorerst zahlreiche Hürden zu nehmen, sollte das Projekt nicht vollends scheitern. Das auch in der »Kommission zur Durchführung der Gartenbau-Ausstellung Markkleeberg 1949« vertretene Land Sachsen meldete schon bald ernste Bedenken an. Das Hauptargument war, dass das Vermögen der Genossenschaften nach der Währungsreform auf nur noch ein Zehntel geschätzt wurde,

210 Ebd., Bl. 197.

211 HVLF, Der Leiter, an das ZS der SED, betr. Gartenbauausstellung Leipzig vom 25. April 1949, in: SAPMO-BArch, DY 30/IV/2/7/510, Bl. 30.

212 Aktennotiz Hoernle [o. D., 1949], in: BArch, Abt. DDR, DK 1/7338, Nr. 7339, Bl. 207.

213 Ebd., Bl. 213.

214 Ebd., Bl. 208.

aber alte Schulden noch voll zurückbezahlt werden mussten. Die sächsische Landesregierung vertrat die Ansicht, dass »die Gärtnerschaft zu verarmt sei«, um sich an der Ausstellung irgendwie zu beteiligen.[215] Außerdem liefen parallel die Planungen für die Landwirtschaftsausstellung, was eine Zersplitterung der Kräfte bedeutete.

Da man seitens der HVLF die Zahl von etwa einer halben Million Besucher anvisiert hatte, sicherte die HV Handel und Versorgung die entsprechende Verpflegung während der Ausstellungsdauer ab. In der Zeit der Lebensmittelrationierung und der noch immer in Teilen kalorischen Unterversorgung der Bevölkerung war diese Aufgabe nur zu lösen, wenn von der SMAD für die Gartenbauausstellung das Prädikat »Messecharakter« erteilt würde. Dieser Status galt jedoch nach wie vor ausschließlich für die Leipziger Messe, weshalb alle Ausstellungen auf »Reisemarkenbasis« zu versorgen waren. Der Großteil der berufstätigen Gärtner kam allerdings nicht in den Genuss dieser Versorgung, da sie als »Selbstversorger« galten. Auch andere Besucher der Ausstellung, die mehrere Tage dort verbrachten – was ja von der Schauleitung ausdrücklich für sinnvoll erachtet wurde – konnten für die HO »wirtschaftlich nicht tragbar sein«.[216]

Das offizielle Plakat der »Deutsche[n] Gartenbauausstellung Leipzig 1949« macht interessante Aussagen über Selbstverständnis, Ziel und Ausrichtung der Veranstaltung. Dargestellt in Form einer Blume, in deren Zentrum Leipzig (symbolisiert durch einen Spaten) steht, befinden sich an den Enden der Blütenblätter die wichtigsten Handelsorte innerhalb der deutschen Besatzungszonen: Bremen, Köln, Stuttgart und München. Andere Städte, abgesehen von Leipzig, innerhalb der SBZ sind nicht visualisiert worden. Die DWK betrachtete Leipzig offenbar als neuralgischen Punkt zwischen West- und Ostdeutschland in einer zumindest auf pflanzliche Erzeugnisse spezialisierten Handelskette.[217] Dies betraf vor allem die sächsischen Sonderkulturen Eriken, Azaleen und Camellien. Bis in die 1950er Jahre blieb diese Außenhandelsstruktur aber nur bei den Exportartikeln Schnittblumen und pflanzliches Saatgut von Bedeutung.

Trotz der erwarteten Verträge und der damit verbundenen Einnahmen schloss die Veranstaltung mit einem »vorläufigen unverbindlichen Fehlbetrag« von 99.000 DM (Ost).[218]

215 Gartenbauausstellung und die Verpflegung der Besucher vom 16. August 1949 , in: ebd., DK 1/53636, Bl. 178–210, hier Bl. 179.

216 Ebd., Bl. 209.

217 Tonmitschnitt einer Übertragung eines »Gespräch[s] über Zierpflanzenproduktion und -export der DDR anlässlich der Gartenbauausstellung in Leipzig-Markkleeberg« vom 10. September 1951, in: DRA, 2025527/ Bd. 2025527104. – Diese seit 1948 gezielt aufgebauten Kulturen verzeichneten seit 1950 vor allem im Handel mit Westdeutschland Exportgewinne. Die DDR hatte in den frühen 1950er Jahren ein Monopol für Erika-Pflanzen.

218 BArch, Abt. DDR, DK 1/7338, Nr. 7339, Bl. 245.

Offizielles Plakat der »Deutschen Gartenbauausstellung Leipzig 1949«.

Auch die Stadt Erfurt, deren Gärtner und gärtnerischen Vereinigungen spätestens seit 1948 maßgeblich an den Markkleeberger Gartenbauausstellungen beteiligt waren, versuchte, vergleichbare Ausstellungen zu organisieren. Die Stadt begründete ihr Ansinnen damit, dass Erfurt als Zentralgebiet für Blumen- und Feinsämereizucht für ganz Deutschland anzusehen sei.[219] Die SMA und die HVLF bemühten sich bis zum Frühjahr 1949 um ein Übereinkommen, das darauf abzielte, die Gartenbauausstellungen jährlich zwischen Erfurt und Markkleeberg wechseln zu lassen. Der Grund dafür lag in der hohen Aufwendung für derartige zonale Projekte, und man war der Überzeugung, dies »jeweils nur einem Ort zumuten« zu können.[220] Da dann aber auch im Jahre 1949 keine Landwirtschaftsausstellung in der SBZ/DDR durch die Ost-DLG durchgeführt wurde, konnten die dadurch freigewordenen Finanzmittel in die Gartenbauausstellungen übergeleitet werden.

219 Der Minister für Arbeit und Gesundheitswesen, Luitpold Steidle, an das Ministerium für Land- und Forstwirtschaft vom 18. Oktober 1949, in: BArch, Abt. DDR, DK 1/7338, Nr. 7336 Bl. 249f., hier Bl. 249.

220 Ebd.

Jahr	Besucherzahl
1946	20.000
1947	35.000
1948	200.000
1949	300.000

Tab. 2: Besucherzahlen der Markkleeberger Gartenbauausstellung 1946 bis 1949.

Denn die Ausstellungen in Markkleeberg wurden immer erfolgreicher; aber auch Erfurt plante bereits eine Schau für das Frühjahr 1950. Daher schlug der damalige DDR-Minister für Arbeit und Gesundheitswesen, Luitpold Steidle (SED)[221], dem gerade gegründeten Ministerium für Land- und Forstwirtschaft (MLF) vor, zwei Expositionen im Jahr durchzuführen: eine Frühjahrsausstellung in Erfurt und eine im Herbst in Markkleeberg. Während in Erfurt vor allen Dingen Blumen »in voller Pracht« zur Schau gestellt werden sollten, plante man für Markkleeberg alle Zweige des Gartenbaus darzustellen, die »sich im Herbst besonders gut präsentieren«.[222] Insbesondere zählten dazu der Obstbau und die Baumschulen, der Tabakbau sowie Erikazeen und Moorbeetpflanzen. Wichtig war für Steidle vor allem, dass die »besonders gelungenen Züchtungsversuche auf der Grundlage der ›Mitschurin-Lyssenko-Theorie‹« zustande gekommen sein müssten. Schließlich kam Steidle, der kurz zuvor noch der stellvertretende Vorsitzende der DWK gewesen war, dann doch zu dem Schluss, »von dem Prinzip der wechselnden Abhaltung abzugehen und beide Ausstellungen kräftig zu unterstützen«.[223] Dieser Entschluss überforderte die Ressourcen der jungen DDR jedoch, sodass fortan Markkleeberg die Hauptunterstützung der Regierung erfuhr.

Austausche des Gartenbaus und des Kleingartenwesens fanden nicht nur durch den Handel statt, sondern auch in direkten Kontakten, meist durch Ausstellungen. Der Operative Ausschuss der DWK zur Durchführung der Gartenbauausstellung in Leipzig-Markkleeberg, dem Heinks vorstand, beschloss im Juli 1949 eine Delegation zur »trizonalen Gartenbauausstellung in Landau« (»Süwega«; in der französischen Besatzungszone) zu entsenden. Damit sollte einerseits »offiziell für unsere Ausstellung in Markkleeberg« geworben und andererseits zur Hebung des Images durch »Anbahnung besserer interzonaler Beziehungen aller deutschen Gartenbauern« beigetragen werden, letztendlich um »komische Anschauungen über die

221 Luitpold Steidle (1898–1984) war von 1945 bis 1948 Vizepräsident der DVLF, 1948/49 stellvertretender Vorsitzender der DWK, 1949/50 Abgeordneter der provisorischen Volkskammer und Minister für Arbeits- und Gesundheitswesen, 1950 bis 1958 Minister für Gesundheitswesen. Vgl. Müller-Enbergs/Wielgohs/Hoffmann (Hrsg.): Wer war wer in der DDR?, S. 818 f.

222 BArch, Abt. DDR, DK 1/7338, Nr. 7339, Bl. 249 f.

223 DWK – HVLF an Herrn Hoernle im Hause, betr. Delegation für die trizonale Gartenbauausstellung in Landau vom 13. Juli 1949, in: BArch, Abt. DDR, DK 1/7338, Nr. 7336, Bl. 250.

Ostzone [...] zu paralysieren«. Dazu bedurfte es allerdings auch einer »genau ideologisch festumrissenen Marschroute« für die dreiköpfige Delegation.[224] So nahmen Vertreter der Ost-DLG an der Tagung der DLG in Wiesbaden (Februar/März 1950) teil und besuchten im gleichen Jahr – allerdings nunmehr nur noch inoffiziell – die DLG-Ausstellung in Frankfurt am Main.[225] Auch der Besuch des Leipziger Oberbürgermeisters auf Einladung des Oberbürgermeisters der Stadt Frankfurt am Main zur dortigen Messe wurde vom ZK der SED genehmigt.[226] Priorität genoss aber nach wie vor die langersehnte Ausrichtung einer eigenen, über die Zonengrenze hinweg bedeutenden Landwirtschaftsausstellung der SBZ.

»Einst DLG-Wanderausstellung«: Die erste nationale Landwirtschaftsausstellung der DDR in Leipzig

Landwirtschaftliche Schauen oder Ausstellungen von überregionaler Bedeutung (zum Teil mit Messecharakter) fanden innerhalb der SBZ seit 1948 wieder statt. Zu nennen sind die »Cottbusser Landwirtschaftsmesse«, die »Oderlandschau Frankfurt/Oder«, die »Ostsächsische Landwirtschaftsschau« in Biesnitz (September 1949), die »Landwirtschaftliche Lehrschau für die Oberlausitz« in Bautzen (September 1949), die »Oberlausitzer Landwirtschaftsschau in Verbindung mit der Industrie- und Gewerbeausstellung« in Görlitz (Mai 1950)[227], aber auch die Gartenbauausstellung in Markkleeberg. Bis zur ersten nationalen Landwirtschaftsausstellung hatten offenbar die regional und überregional bedeutenden Schauen die größere Wirksamkeit.

Seit ihrer Gründung versuchte die Ost-DLG, eines ihrer angestammten und wichtigsten Funktionen zu erfüllen: die Vorbereitung und Durchführung landwirtschaftlicher Ausstellungen. Bereits vor der Teilnahme der SBZ an der Landwirtschaftsschau in Frankfurt am Main war beschlossen worden, eine eigene große und neue Landwirtschaftsausstellung auf dem Gelände der Technischen Messe in Leipzig auszurichten. Als Träger wurde die Ost-DLG bestimmt. Sie hatte vor, die landwirtschaftlichen Schauen wieder, wie vor der Übernahme der DLG in den Reichsnährstand, in der Tradition der Wanderausstellungen fortzusetzen. 1946/47 stellte sich die Ost-DLG offen und mit Stolz in die Tradition »dieser Organisation [...] die [die] bewährten Arbeitsmethoden der DLG wieder aufgenommen« habe. Denn die Agrarkrise Anfang der 1880er Jahre hätte, laut Ost-DLG, »den Begründer

224 Ebd., Bl. 213.

225 Aktennotiz [o. D.], in: SAPMO-BArch, DY 30/J IV 2/3/113, Bl. 1.

226 Aktennotiz [o. D.], in: SAPMO-BArch, DY 30/J IV 2/3A/72, unpag.

227 Landwirtschaftliche Lehrschau für die Oberlausitz [o. D.], in: HStDD, 11420, Nr. 672, unpag.

der DLG, Max Eyth, zu der Erkenntnis gebracht, daß nur eine freiwillige, gemeinnützige Zusammenarbeit aller am Landbau interessierten Kreise in der Lage wäre, die Schwierigkeiten zu meistern. Die neue DLG ist von ähnlichen Gedanken getragen. Sie betrachtet es als ihre Hauptaufgabe, den veränderten Strukturverhältnissen in der Landwirtschaft dadurch Rechnung zu tragen, daß sie sie insbesondere den bäuerlichen Betrieben und ihren Problemen ihr Interesse und ihre Arbeit widmet.«[228] Hinter der Floskel von den »veränderten Strukturverhältnissen in der Landwirtschaft« verbarg sich nichts anderes als die Bodenreform in der SBZ, die 1945 begonnend, 1948 abgeschlossen sein sollte. Die Ost-DLG hatte also vorrangig die Aufgabe zugewiesen bekommen und für sich übernommen, die Bodenreform und die kommunistische Agrarpolitik positiv an die Bauern, die Gärtner und an die ländliche Bevölkerung zu vermitteln. Dafür griff die Gesellschaft vor allem auf das Medium (Wander-)Ausstellung zurück.

Nach Gründung der Ost-DLG im Februar 1947 entstanden acht Abteilungen mit spezifischen Arbeitsgebieten. Die für Ausstellungsplanungen zuständige Abteilung IX »Werbung und Aufklärung« entstand jedoch erst im August 1947. Ohne eigene Räumlichkeiten war sie allerdings kaum arbeitsfähig. Ihr Leiter wurde DLG-Vizepräsident Benecke.[229] Die Hauptgründe, die zur Etablierung der Abteilung führten, waren in der Hauptsache die Durchführung einer ostzonalen Landwirtschaftsausstellung und die Herausgabe einer eigenen Schriftenreihe gewesen. Obwohl eine große landwirtschaftliche Ausstellung sowohl von der Politik, von einigen deutschen Städten[230] und auch von der Landwirtschaft und den Züchterverbänden gefordert wurde,[231] kamen die Arbeiten im Verlauf des Jahres 1947 nicht voran. Im Spätherbst waren noch nicht einmal Umfang, Inhalt und Kosten des Projekts umrissen. Klar war einzig und allein der Ort: das Leipziger Messegelände. Zwar hatten sich auch Halle an der Saale und Erfurt darum beworben, aber

228 Jahresbericht 1947 der Deutschen Landwirtschafts-Gesellschaft vom 18. Februar 1947, in: BArch, Abt. DDR, DK 107/17192, Bl. 37–41, hier Bl. 38.

229 Ebd., Bl. 37 u. 40.

230 Der Rat der Stadt Leipzig versuchte in Verkennung der damaligen Realitäten seit Herbst 1946 die Ost-DLG zur Organisation einer landwirtschaftlichen Wanderausstellung auf dem Messegelände zu bewegen. Es gab zeitgleich auch vereinzelte Initiativen und Verstöße ehemaliger DLG-Mitarbeiter, deren Forderungen in die gleiche Richtung zielten. Der ehemalige DLG-Ausstellungsarchitekt Kurt Schwarze etwa brachte seine für die damalige Zeit völlig unrealistischen Vorschläge seit dem Herbst 1945 immer wieder vor. Vgl. etwa W.R.: Landwirtschaftliche Wanderausstellung 1948?, in: *Leipziger Zeitung* vom 10. Januar 1947, S. 5 sowie die Schreiben des Architekten Kurt Schwarze an den Präsidenten der Deutschen Zentralverwaltung für Land- und Forstwirtschaft, z.Hd. Herrn Dr. Aulmann vom 17. Mai 1947, in: BArch, Abt. DDR, DK 107/17192, Bl. 9f. und das Schreiben des Rates der Stadt Leipzig, Verkehrsamt, an den Präsidenten der DLG, Hoernle, vom 19. Oktober 1946, in: ebd., Bl. 1.

231 Diskussionsbeitrag Hoernle während der zweiten Vorstandssitzung der DLG am 1. Oktober 1947, in: ebd., Bl. 50–58, hier Bl. 54.

die DWK und somit auch die Ost-DLG seien bei Leipzig geblieben, weil die Stadt »räumlich beste Möglichkeiten biete«.[232] Am 20. August 1947 schloss die Ost-DLG mit dem Leipziger Messeamt einen Vertrag, der die Vereinbarungen zur Durchführung der großen landwirtschaftlichen Ausstellung der SBZ in der Zeit vom 23. bis 30. Mai 1948 vorsah.[233]

Während die Ost-DLG für die Maschinen und das fachliche Programm zu sorgen hatte, kümmerte sich das Messeamt um die Hallen und das Freigelände sowie um die Bereitstellung der Halleneinrichtungen und des nötigen Personals. Ferner sollte es die Betreuung der Besucher übernehmen und »jeden erdenklichen Hilfsdienst« leisten. Das Engagement des Leipziger Messeamtes für die Landwirtschaftsausstellung war allerdings nicht völlig selbstlos. Denn noch standen Fragen nach der Rentabilität und der Gewinnorientierung im Vordergrund. Das Messeamt erhielt laut Vertrag von der DLG sämtliche Vermietungsrechte für die Hallen und die Freiflächen und erhob somit auch die Standgelder.[234] Außerdem erhielt sie einen Betrag von 25.000 RM und zehn Prozent der Eintrittsgelder zur »Abgeltung ihrer sonstigen Unkosten«. Die Ost-DLG hingegen hätte laut diesem Vertrag nur Einnahmen aus den Standgeldern beziehen können.[235] Benecke und Girod stellten fest, dass die DLG in Leipzig nur »der Unternehmer der Ausstellung sei und das Messeamt lediglich als Beauftragter der DLG handelt«.[236] Allerdings gab DLG-Mitarbeiter Leimgardt zu bedenken, dass »die Beschaffung der Materialien, Futtermittel für die Ausstellung [...] so schwierig sei, daß ein Befehlsentwurf vorbereitet worden sei, den er bat, der SMA in Karlshorst vorzulegen, damit das Erforderliche zur Verfügung gestellt« würde.[237] Ob es zur Vorlage eines solchen Ersuchens bei der SMA kam, ist unklar. Die Übersetzung der umfangreichen DLG-Schauregularien ins Russische stand noch immer aus. Jedenfalls liefen Vorbereitungen für die DLG-Ausstellung »alten Typs« in Leipzig an: Anfang Mai 1947 teilten der Leipziger Stadtdirektor und das Messeamt in einer Besprechung der DZVLF mit, dass sie sich für die erste Deutsche Landwirtschaftsausstellung in Leipzig »so gut wie entschieden« hätten.[238] Und schon zwei Tage vor der Gründung des Ausschusses »Werbung und Aufklärung«

232 Diskussionsbeitrag Vizepräsident Benecke, in: ebd., Bl. 55.

233 Diskussionsbeitrag Girod, in: ebd. Bl. 55 f.

234 Die Standgelder betrugen 30 RM und 2,50 RM pro qm Standfläche aus der Vermietung.

235 Diese setzten sich aus den Einnahmen von lediglich drei kleineren Hallen (Hallen 19a, 20, 21a), aus den übrigen Freiflächen, aus dem Verkauf der zu errichtenden Siedlungsbauten, aus einem abschlägigen Anteil der Eintrittsgelder und aus dem Verkaufserlös der Schaukataloge zusammen.

236 Ebd., Bl. 56.

237 Diskussionsbeitrag Leimgardt, in: ebd., Bl. 56.

238 Schreiben des Architekten Kurt Schwarze an den Präsidenten der Deutschen Zentralverwaltung für Land- und Forstwirtschaft, z.Hd. Herrn Dr. Aulmann vom 17. Mai 1947, in: BArch, Abt. DDR, DK 107/17192, Bl. 9 f.

fragte Benecke beim westdeutschen Agrarfunktionär und alten DLG-Mann Mayer-Schalburg nach Empfehlungen für geeignete Ausstellungsarchitekten, Kunstmaler und Gebrauchsgrafiker.[239] Die einsetzenden Bemühungen der Stadt Frankfurt am Main und des westdeutschen Vereins zur Wiedergründung der DLG, der für die westdeutsche Landwirtschaftsausstellung verantwortlich zeichnete, brachten diese Planungen in ein ziemliches Durcheinander. Auch die Unterstützung der SMA für die ostdeutsche »zonenübergreifende« Ausstellung blieb bislang aus.

In der HVLF herrschte nach Auswertung der Teilnahme an der Frankfurter Schau Einigkeit darüber, dass die daraus gewonnen Erfahrungen »für die im nächsten Jahr kommende [1949] Ausstellung der DLG der Ostzone« einzubeziehen seien.[240] Für die ostdeutschen Funktionäre hieß das vor allem, dass »die Ausstellung der DLG in Leipzig eine Ausstellung neuen Typs werden« und »belehrende [sic] Lehr- und Leistungsschau«[241] sein sollte.[242] Hoernle zeichnete damit eine Linie vor, die bis zum Ende der DDR bestand haben sollte, nämlich, dass es sich bei dieser Ausstellung »weder um eine ›Grüne Woche‹, [...] noch um eine Art Mustermesse der Landmaschinenindustrie«[243] handeln dürfe und die Lehrschau Vorrang habe.

Als Zeitraum wurde zunächst die Woche vom 29. Mai bis zum 5. Juni 1949 anvisiert. Fertig ausgearbeitete Durchführungsbestimmungen zum Beschluss des Sekretariats der DWK lagen seit Anfang Dezember 1948 dem ZS der SED und dem Sekretariat der DWK vor. Zur Vorbereitung wurde eine Hauptkommission unter Leitung von Heinks (HVLF) gebildet, der ferner Kramer (HVLF), Benecke (Ost-DLG), Kurt Vieweg und Skibbe (beide ZVdgB) angehörten. Verzögerungen in der Planung und Terminschwierigkeiten setzten jedoch sehr rasch ein, und der geplante Termin war nicht mehr einzuhalten. Die Gründe hierfür waren vielgestaltig: Die Planer waren überfordert, Termine waren unrealistisch geplant, Gelder fehlten und auch die ungenügende Mitarbeit der Ost-DLG wurde moniert. Allerdings stand und fiel das Projekt Landwirtschaftsausstellung mit der Erlaubnis zur Wiederzulassung durch die sowjetischen Besatzungsbehörden, und eben diese ließ auf sich warten.

Auf der Vorstandssitzung der Ost-DLG Anfang April 1949 in Berlin musste Hauptgeschäftsführer Benecke bekannt geben, dass die vorgesehene landwirtschaft-

239 Vermerk DLG vom 2. August 1947, in: BArch, Abt. DDR., DK 107/17196, Bl. 50.

240 SAPMO-BArch, DY 30/IV 2/2.022/94, Bl. 13.

241 Autobiografische Aufzeichnungen Heinks, in: SAPMO-BArch, SgY 30/0364, Bl. 264.

242 SAPMO-BArch, DY 30/IV 2/7/510, Bl. 57.

243 SAPMO-BArch, DY 30/IV 2/7/510, Bl. 25. – Auch der ehemalige Minister für Land- und Forstwirtschaft der DDR, Hans Reichelt (Amtszeit 1953 und 1955–1963), teilt noch heute diese Auffassung und hielt eine Landwirtschaftsmesse ähnlich der »Grünen Woche« in der DDR für völlig verfehlt und wörtlich für »Quatsch«, zumal auf der Leipziger Messe auch landwirtschaftliche Geräte und Erzeugnisse gehandelt wurden (Interview vom 15. Februar 2008).

liche Ausstellung abgesagt oder zumindest vertagt wurde, und dass »die SMAD für diese Verschiebung gewichtige Gründe hat«.[244] Welche Gründe die Militäradministration zu diesem Schritt bewogen hatte, ist nicht eindeutig nachzuvollziehen, wahrscheinlich jedoch waren es wirtschaftliche und politisch-ideologische Einwände.

In Abänderung der Beschlüsse des Sekretariats der DWK vom 5. Januar 1949[245] wurde der Termin der Ausstellung schließlich mehrmals verschoben, um dann auf der DLG-Hauptversammlung im April auf die Zeit vom 21. bis zum 28. Mai 1950 festgelegt zu werden. Dies gab dem Vorstand auch Zeit, die Ausstellung um Musterbauten, ein Kulturhaus und eine MAS-Stelle zu erweitern. Letztlich durchgeführt wurde sie dann erst vom 15. bis zum 24. September 1950 – also über zwei Jahre nach den ersten Planungen. Der Anspruch, der an sie gestellt wurde, blieb jedoch in dieser Zeit unverändert bestehen: Sie sollte »die durch reaktionäre Kräfte in den westdeutschen Besatzungszonen infolge der Spaltung Deutschlands hervorgerufenen Wiederaufbau- und Erzeugungsschwierigkeiten durch den Einsatz aller Kräfte für die Durchführung des Zweijahrplanes schneller überwinden helfen. Im Unterschied zur DLG-Ausstellung in Frankfurt am Main 1948 ist sie folglich sowohl eine Lehr- wie Leistungsschau aller auf das enge Bündnis der Arbeiter und Bauern begründeten demokratischen aktivistischen Kräfte in Industrie und Landwirtschaft.«[246]

An eben diesen »fortschrittlichen« und »demokratischen« Kräften schien es der SMAD und der SED innerhalb der DLG zu mangeln. Folglich trauten sie ihr nicht zu, eine landwirtschaftliche Ausstellung im Sinne kommunistischer (Agrar-)Politik zum Erfolg zu führen. Vielmehr wollten sie eigene politisch-ideologisch zuverlässige Kader schulen, um die »alten bürgerlichen Kräfte« durch diese zu ersetzen.

Alte Aufgaben für »neue Eliten«?

Aufgrund ihrer unübersichtlichen, heterogenen Mitgliederstruktur, in der auch mancherorts Großbauern über einen gewissen Einfluss verfügten, begleitete die Ost-DLG seit ihrer Gründung der Vorwurf »reaktionären« Verhaltens sowohl der Führung als auch einiger Mitglieder. Nach zahlreichen Anwürfen gegen Benecke und »bürgerliche« Mitarbeiter der Ost-DLG (wie Kramer, Pfalzgraf, Hübner u.a.), die auch von neuen Mitgliedern und Neubauern[247] geführt wurden, befasste sich

244 SAPMO-BArch, DY 30/IV 2/7/550, Bl. 122.

245 BArch, Abt. DDR, DK 1/1341, Nr. 1340, Bl. 10. Beschlussnr. S 2/49, Ziffer 1.

246 SAPMO-BArch, DY 30/IV 2/7/550, Bl. 77.

247 Exemplarisch zu den Anfeindungen vonseiten der »fortschrittlichen« Bauern siehe den Vorgang um Curt Fritzsche (Oranienburg) oder Otto Sorge (Mölkau b. Leipzig). Sorge war 1927 aus der DLG ausgeschlossen worden und bezichtigte die Ost-DLG des »reaktionären Verhaltens«. Er schrieb in der Angelegenheit an den Landesvorstand der SED Sachsen und an Merker persönlich.

Anfang 1949 »eine besondere Kommission der Partei mit den Fragen der DSG und DLG«.[248] Das Verhältnis der SED zu den außerparteilichen agrarischen Organisationen wie der Ost-DLG spiegelte die Radikalisierung ihrer Agrarpolitik wider, die sich auch im Bedrängen oder Entlassen »bürgerlicher« Agrarwissenschaftler und Verwaltungskräfte niederschlug.[249] Spätestens mit dem Abschluss der Bodenreform im Sommer 1948 wurde offensichtlich, dass es nicht darum ging, »dem Antifaschismus auf dem Lande zum Durchbruch zu verhelfen, sondern eine soziale Klasse entsprechend den ideologischen Vorgaben zu ›liquidieren‹«.[250] Ausdruck fand diese Richtung in der konstruierten Verschärfung des »Klassenkampfes auf dem Lande«. Bisher war der Anteil von SED-Mitgliedern, Landarbeitern und »werktätigen Bauern« in der HVLF der DWK gering geblieben. Wohl auch deshalb mobilisierte das ZK der SED im Herbst des Jahres die Betriebsgruppe der Partei in der Hauptverwaltung Land- und Forstwirtschaft gegen »bürgerliche« Verwaltungsangestellte und Wissenschaftler, denen »reaktionäres Verhalten«, »Sabotage« oder »Sabotage der Demokratisierung« vorgeworfen wurde.[251] Insbesondere wurde ihnen unterstellt, »Großbauern« zu unterstützen, den Wirtschaftsplan zu behindern oder neue politische Programme, wie etwa das Neubauernprogramm, zu sabotieren.[252] Da die Ost-DLG gemäß ihren traditionellen und neuen Aufgaben ein Verbindungsglied zwischen Wissenschaft, Verwaltung und Landwirtschaft sein wollte, waren einige ihrer Mitglieder ebenso in zonalen bzw. staatlichen Verwaltungen tätig.

In dem Maße, wie die Ost-DLG politisch unter Druck geriet, verstärkte sich die Gängelung »bürgerlicher« Kräfte wie Kramer oder Walter Pfalzgraf. Innerhalb dieser Kampagne wurde auch versucht, die fachliche Reputation des parteilosen Agrarwissenschaftlers Kramer anzuzweifeln.[253] Am 26. Oktober 1948 verurteilte die SED-Betriebgruppe eine seiner Äußerungen, in der er die »Arbeit mit den Kontrollzahlen für den Zweijahrplan als ›Spiel mit Zahlen‹ kritisiert hatte«.[254]

Auch Fritzsche verfasste Leserbriefe (an die *MV*, 1. Februar 1949, mit dem Titel »Ist die DLG reaktionär?«) und schrieb direkt an Ulbrichts Sekretariat (vgl. SAPMO-BArch: DY 30/IV 2/7/550, Bl. 89 f.). Zur Einordnung der Ereignisse in den politisch-historischen Kontext vgl. Bauerkämper: Sozialismus auf dem Lande, S. 256 f.

248 *ND* vom 22. Februar 1949), S. 1 f.

249 Bauerkämper: Sozialismus auf dem Lande, S. 258.

250 Schöne: Das sozialistische Dorf, S. 42.

251 Bauerkämper: Sozialismus auf dem Lande, S. 258; Schulz: Pfalzgraf, S. 51.

252 Bauerkämper: Sozialismus auf dem Lande, S. 258.

253 SAPMO-BArch, DY 30/IV 2/7/109, Bl. 495 – 497. – Darin wurde versucht, Kramer Ungenauigkeiten bei den Versuchen mit dem »Tiefumpflanzverfahren« im Winter 1946/47 nachzuweisen, die dieser im *Freien Bauer*, Nr. 44, S. 5 veröffentlicht hatte.

254 Bauerkämper: Sozialismus auf dem Lande, S. 258.

Pfalzgraf (1883–1967) war in der Weimarer Republik Gründer des »Deutschen Försterbundes« gewesen und dann von den Nationalsozialisten mit Berufsverbot belegt worden. Nach 1945 wurde er erster Leiter des Zentralforstamtes in der SBZ.[255] Er war seit der Gründung der Ost-DLG auch Vorsitzender von deren Hauptabteilung Forstwirtschaft. Um die drängenden Probleme der Forstwirtschaft, etwa die Borkenkäferplage, schneller in den Griff zu bekommen, schlug er vor, auch die alten Spezialisten wieder einzustellen, selbst wenn sie in der NSDAP gewesen waren. Derartige Überlegungen blieben bei den SED-Funktionären nicht ohne Echo. In einer Besprechung der DLG-Spitze Ende Oktober 1948 verwies Hoernle »auf die Notwendigkeit, die Gegner der fortschrittlichen Entwicklung in der DLG ausschließen zu können«,[256] womit er in diesem Fall Pfalzgraf meinte. Dölling, seit 1948 Hauptabteilungsleiter der HA II, Agrar- und Bauernpolitik der DVLF,[257] hielt gar die bei Gründung der Gesellschaft geltenden Gesichtspunkte für bereits »längst überholt«. Er war auch der Ansicht, dass »die Tendenz [...] nicht mehr auf Aufrechterhaltung einer Luftbrücke nach dem Westen hinauslaufen« dürfe. Und schließlich müsse »die Bastion der alten DLG, die im Osten von zahlreichen Kräften verteidigt wird, [...] genommen werden«.[258] Insbesondere nach den Äußerungen Kramers in Bezug auf den Zweijahrplan sah sich Benecke zu einer eindeutigen Positionierung gezwungen. Eine entsprechende Anfrage Hoernles, der mittlerweile auch unter Druck geraten war und dem »fehlende Kontrolle über seine Mitarbeiter« nachgesagt wurde,[259] beantwortete er »selbstkritisch« mit dem Hinweis, dass eine »zu geringe demokratische Zusammensetzung der Arbeitsausschüsse« bestünde und dies die »Arbeit der DLG bei den Erfordernissen des Zweijahrplanes besonders hemmt«.[260] Pfalzgraf sollte bereits wegen seiner Personalpolitik aus der Zentralverwaltung für Forstwirtschaft herausgedrängt werden. Nun setzte Hoernle auch auf seinen Ausschluss aus der Ost-DLG, was dessen kompletter »Kaltstellung« gleichkam. Auf einer weiteren Sitzung der Gesellschaft im Oktober 1948 lancierte Hoernle eine Resolution gegen ihn, die ihm seine »in ihrer reaktionären Tendenz bezeichnenden Angriffe gegen die demokratische Verwaltung« vorhielt.[261] Die in der Folge einberufenen Arbeitsausschüsse verdrängten Pfalzgraf quasi aus der Gesellschaft. Einem

255 Zu Leben und Wirken von Pfalzgraf vgl. Paul-Martin Schulz: Biografie Walter Pfalzgraf. Des ersten Leiters des Zentralforstamtes in der Sowjetischen Besatzungszone von 1945–1948 (= Land Brandenburg, Ministerium für Ländliche Entwicklung, Umwelt und Verbraucherschutz: Reihe Forstwirtschaft, Bd. 1), Potsdam 1997.

256 SAPMO-BArch, DY 30/IV 2/7/550, Bl. 62–64.

257 Dix: »Freies Land«, S. 422.

258 SAPMO-BArch, DY 30/IV 2/7/550, Bl. 62 f.

259 Bauerkämper: Sozialismus auf dem Lande, S. 259.

260 SAPMO-BArch, DY 30/IV 2/7/550, Bl. 173 f.

261 Ebd.

demütigenden Ausschluss kam er selbst durch eigene Kündigung – sowohl seiner Ämter innerhalb der ZV als auch in der Ost-DLG – zuvor.[262]

Solche fähigen Mitarbeiter wie Pfalzgraf und Kramer verließen die SBZ/DDR schließlich und hinterließen nur schwer oder gar nicht zu schließende Lücken. Kramer, ein ehemaliger Schüler und Assistent Professor Roemers[263], wurde nach seiner Übersiedlung nach West-Berlin Ordinarius für landwirtschaftliche Betriebslehre an der Fakultät für Landbau der TU Berlin.[264] Bis zu seinem Tod im Jahre 1959 widmete er seine Arbeit der Entwicklung der Landwirtschaft in der SBZ/DDR. Der »Bonner Bericht« über »Die Landwirtschaft in der sowjetischen Besatzungszone« ist eng mit seinem Namen verbunden. Mit seiner Flucht kam er gerade noch einer im Oktober 1950 vom SED-Zentralkomitee eingeleiteten »Säuberung« zuvor, die vor allem auf »klassenfremde und kleinbürgerliche Elemente« abzielte.[265] Pfalzgraf seinerseits wurde mit Wirkung vom 1. Dezember 1949 die Leitung des Spandauer Forstamtes übertragen.[266] Auf beide Personen wird im Kontext der »Grünen Woche« der 1950er Jahre wieder zurückzukommen sein.

Obwohl Reinhard Benecke durch die von der Kommission erzwungene »Reorganisation der DLG« de facto entmachtet wurde, blieb er dennoch ihr Hauptgeschäftsführer. Anders als in der Literatur dargestellt,[267] blieb er es aber nicht bis zur Auflösung der Gesellschaft. Die entscheidende Weichenstellung auf dem Weg zur ersten Landwirtschaftsausstellung der SBZ brachte erst der Austausch an der DLG-Spitze. Denn nachdem bereits versierte und namhafte »bürgerliche« Kräfte aus der Gesellschaft ausgeschlossen worden waren, musste Anfang 1950 auch der ehemals rührige Vorsitzende Reinhard Benecke seinen Posten räumen. Sein Nachfolger wurde Oskar Baumgarten.

Baumgarten hatte 1935 an der MLU Halle-Wittenberg bei Georg Jahn promoviert und war vor 1934 der DLG beigetreten.[268] 1935 erfolgte sein Beitritt zur NSDAP und in den Jahren zwischen 1935 bis 1943 arbeitete er als Sachbearbeiter in einer Außenstelle des Reichsnährstandes.[269] Zwischen 1945 und 1949 befand

262 Ebd., Bl. 174; Schulz: Pfalzgraf, S. 50 – 54.

263 Matthias Kramer: Die aktuellen praktischen Fragen des Ackerbaus, in: Deutsche Landwirtschafts-Gesellschaft Berlin, Arbeiten, Neue Folge, Bd. 4: Gegenwartsfragen der Landwirtschaft in der Ostzone (Referate der Jahrestagung der DLG), Berlin (Ost) 1948, S. 40 – 59, hier S. 45.

264 Konrad Merkel/Eduard Schuhans: Die Agrarwirtschaft in Mitteldeutschland: »Sozialisierung« und Produktionsergebnisse, Bonn u. a. 1963, S. 5.

265 Zit. nach Scholz: Bauernopfer, S. 126.

266 Schulz: Pfalzgraf, S. 54.

267 Dix: »Freies Land«, S. 413.

268 Vgl. dazu auch die Dissertation von Oskar Baumgarten: Freihandel und Schutzzoll als Mittel der Agrarpolitik in der Zeit von 1860 bis zur Gegenwart. Diss. Universität Halle 1935, bes. den Lebenslauf auf S. 89.

269 Im Jahr 2007, ein Jahr vor seinem Tod, wurde Baumgarten Ehrenbürger der Stadt Markkleeberg.

er sich in sowjetischer Kriegsgefangenschaft und war anschließend in einer Antifa-Lager-Schule bei Rjasan.[270] Nach seiner Rückkehr nach Deutschland, genauer in die SBZ, erhielt er zunächst eine Stelle als Abteilungsleiter im ZV der VdgB. Nachdem er die Hauptgeschäftsführung der Ost-DLG übernahm (neuer stellvertretender Hauptgeschäftsführer wurde Hans Dannenberg), ging auch die Organisierung der lang geplanten und ersehnten Landwirtschaftsausstellung wieder vorwärts. Dazu war aber zunächst ein eindeutiges politisches Zeichen durch die neue Geschäftsführung an die Parteiführung und an die SMAD zu senden. Baumgarten verstand, dieses Zeichen geschickt und unzweideutig zu setzen. Er zeigte, was er in der UdSSR gelernt hatte: Er vereinte die Aufgabe der DLG, nämlich »Brücke zwischen Landbauwissenschaft und Landbaupraxis« zu sein, nun mit den Lehren der sowjetischen Agrarwissenschaft und Agrobiologie.[271] Mit der Einbeziehung sowjetischer Agrarwissenschaft wollte Baumgarten der SMAD dafür »goldene Brücken« bauen.

Während Baumgarten die Vorbereitungen und Planungen der Landwirtschaftsausstellung in Leipzig an seinen Stellvertreter Dannenberg übergab, ging er unverzüglich an die Schaffung von »Mitschurin-Arbeitsgemeinschaften«, »Mitschurin-Zirkeln« sowie »Landesarbeitsausschüsse Mitschurin-Lyssenko« und stellte sich damit in die Reihe der überall entstehenden »Neuererbewegungen«.[272] Hatten zur Zeit der Gründung der Ost-DLG Persönlichkeiten wie Adolf Münzinger und Max Sering auch als Leitbilder gedient, so galten nun die Lehren von Mitschurin und Lyssenko als Nonplusultra, womit die Ideologie das Primat über die Freiheit der Wissenschaft[273] und der Ökonomie erhielt. Das Schlagwort von der »ideologischen Bewußtseinsbildung der Bauern« stand nun im Zentrum des Ausstellungsgedankens. Hoernle rechtfertigte die großen Anstrengungen beim Ausstellungsaufbau in den vergangenen Monaten und die hohen Kosten damit, dass »gerade die landwirt-

Noch während der Arbeiten an dieser Untersuchung wurde ihm aufgrund der beschriebenen Sachverhalte im November 2011 diese Ehrung wieder aberkannt. Vgl. Bert Endruszeit: »Das macht mich sehr traurig«. Kritik: Früheres NSDAP-Mitglied und Stabsleiter im Reichsnährstand war Markkleeberger Ehrenbürger, in: *LVZ* vom 18. März 2011 und ders.: Oskar Baumgarten wird aus Goldenem Buch gelöscht, in: ebd. vom 19. März 2011.

270 Vgl. Siegfried Kuntsche: Oskar Baumgarten, in: Müller-Enbergs/Wielgohs/Hoffmann: Wer war wer, S. 50f. – Baumgarten wurde allerdings schon im Laufe des Jahres 1950 Beneckes Nachfolger und nicht erst zur Jahreswende 1950/51.

271 SAPMO-BArch, DY 30/IV 2/7/550, Bl. 66.

272 BArch, Abt. DDR, DK 1/1341, Nr. 1340, Bl. 40–44. – Vgl. auch Oskar Baumgarten: Mitschurinzirkel und -arbeitskreise, in: Deutsche Landwirtschafts-Gesellschaft Berlin (Hrsg.): Landwirtschaft im Aufbau. Hhrsg. anlässlich der Landwirtschaftsausstellung der Deutschen Demokratischen Republik vom 15. bis 24. September 1950 in Leipzig, Leipzig o. J. [1950], S. 35–39; ders.: Wie verbessern wir die Leistungen im Kuhstall?

273 Vgl. überblickend Peter E. Fäßler: Freiheit der Wissenschaft versus Primat der Ideologie – die Irrlehren Trofim D. Lyssenkos und ihre Rezeption in der sowjetischen Besatzungszone (SBZ) bzw. DDR, in: Kluge/Halder/Schlenker (Hrsg.): Zwischen Bodenreform und Kollektivierung, S. 177–194.

schaftliche Ausstellung in Leipzig [...] ein Mittel sein [wird], um ihren Auf- und Ausbau [sowohl der MAS als auch der Neuerermethoden in der Landwirtschaft] den breiten Massen verständlich zu machen«.[274] Hoernle und Baumgarten sprangen damit direkt in eine Bresche, die von Ulbricht, der sich selbst für einen Agrarfachmann hielt, vorgegeben war, nämlich alle landwirtschaftlichen und agrarwissenschaftlichen Methoden aus der Sowjetunion kritiklos zu übernehmen. Spätestens damit waren die Verbindungen zu den alten, traditionellen genossenschaftlichen Organisations- und Arbeitsmethoden gekappt worden.

Im Gegensatz zu der Mehrheit der Agrarwissenschaftler und Fachleute der DDR gab es seitens der Bildungs-, Wissenschafts- und Agrarpolitiker die Bestrebung, dem Vorbild der Sowjetunion bei der Durchsetzung der Lehren Mitschurins und Lyssenkos nachzueifern.[275] Dafür bediente man sich sowohl persuasiver als auch repressiver Maßnahmen gegenüber den ablehnenden Forschern. Die neue Landwirtschaftsausstellung beließ nur »fortschrittlichen«, also dem Lyssenkoismus und den Lehren Mitschurins ergebenen Forschern, eine aktive Mitarbeit an der Ausstellung,[276] die als besondere Ehre galt. Auch die DSG war federführend an der Ausgestaltung und Durchführung der Schau beteiligt. Die Frühphase der DDR, die mit der langwierigen Planung und den ersten landwirtschaftlichen Ausstellungen (1948 bis 1952) zusammenfällt, war gleichzeitig auch in der Sowjetunion die »große Epoche der naturwissenschaftlich-ideologischen Diskussion«,[277] in der nach inhaltlicher Kongruenz zwischen dialektischem Materialismus und den modernen Naturwissenschaften gestrebt wurde. Die sowjetische Besatzungsmacht hatte also ein starkes Interesse daran, diese Zielvorstellungen in die Darstellungen der Landwirtschafts- und Gartenbauausstellungen ihrer Satellitenstaaten einzubringen.[278] Die Macht dazu hatte sie allemal. Damit war nun der Weg frei für die erste große eigene Landwirtschaftsausstellung der SBZ/DDR. Zur Bündelung der Kräfte und Ressourcen wurde auf Baumgartens Initiative hin das Kollektiv »Landwirtschafts-Ausstellung Leipzig 1950« gebildet, um die bereits entstandenen Mehrkosten nicht noch weiter steigen zu lassen.

274 SAPMO-BArch, DY 30/IV 2/7/510, Bl. 26.

275 Fäßler: Freiheit der Wissenschaft, S. 188.

276 Nur der Schauteil der DAL machte hierbei eine Ausnahme. Weder Lyssenko noch Wiljams lassen sich in den Markkleeberger DAL-Schauen der 1950er Jahre nachweisen.

277 Zit. nach Fäßler: Freiheit der Wissenschaft, S. 179.

278 Zu den mitunter kurios anmutenden Vorgängen bei der Durchsetzung des Lyssenkoismus in den osteuropäischen Staaten vgl. ebd. S. 185 sowie Uwe Hoßfeld: Lyssenko versus Darwin. Georg Schneiders Vorlesungsmanuskript »Geschichte der Evolutionslehre« von 1957, in: Monika Gibas/Rüdiger Stutz/Justus H. Ulbricht, (Hrsg.): Couragierte Wissenschaft. Eine Festschrift für Jürgen John zum 65. Geburtstag, Jena 2007, S. 246–273.

Die Analyse des steinigen und langen Weges der SBZ/DDR hin zu einer großen nationalen landwirtschaftlichen Ausstellung öffnet den Blick für personelle Kontinuitäten und Brüche. Ähnlich wie im Fall der »Grünen Woche« bedurfte man in Ostdeutschland in den 1940er Jahren noch vielfach der »alten bürgerlichen Kräfte«, Fachleute, kurz Eliten.[279] Ohne sie, ihr Wissen, ihre Erfahrung, ihren Gestaltungswillen und ihre Kontakte wären solche Projekte zu dieser Zeit nicht durchführbar gewesen. Die Ausschaltung der »bürgerlichen Kräfte« in der DDR der 1940er- und 1950er Jahre, was oftmals deren Weggang nach Westdeutschland nach sich zog, erzeugte vielfach kaum auszugleichende Lücken. Auch mit der Heranbildung neuer Kader, wie etwa Oskar Baumgarten, entstanden nicht automatisch auch »antielitäre Avantgarden« oder gar »antielitäre Eliten«[280] im ostdeutschen Ausstellungswesen.[281]

Die erste Landwirtschaftsausstellung der DDR in Leipzig: »Ein Mittel zur Erreichung der Ziele des Fünfjahrplanes«[282]

Eines der wesentlichen Ziele der SED-Agrarpolitik bis 1950 war die Wiedererreichung der »Friedenshektarerträge«.[283] Im Gesetz über den Volkswirtschafts-

279 Hübner (Hrsg.): Eliten im Sozialismus, S. 9–36; Arnd Bauerkämper: Loyale »Kader«? Neue Eliten und die SED-Gesellschaftspolitik auf dem Lande von 1945 bis zu den frühen 1960er Jahren, in: Archiv für Sozialgeschichte 39 (1999), S. 265–298; ders.: Vertreibung als Exclusion; Andrew I. Port: Die rätselhafte Stabilität der DDR. Arbeit und Alltag im sozialistischen Deutschland, Berlin 2010, S. 85–95.

280 Vgl. hierzu vor allem Hübner (Hrsg.): Eliten im Sozialismus. – Der personelle Wandel der DLG-Spitze und im ostdeutschen landwirtschaftlichen Ausstellungswesen stand in direktem Zusammenhang mit der 1951 von SED und SKK geschürten Agentenhysterie in den ländlichen Staatsbetrieben. Der Elitenaustausch wird in der aktuellen Forschungsliteratur unterschiedlich bewertet. Scherstjanoi (SED-Agrarpolitik, S. 341) sieht den »Elitenaustausch« vor allem als einen »langfristigen Prozess«. Arnd Bauerkämper (Bauerkämper: Agrarwirtschaft und ländliche Gesellschaft in der Bundesrepublik Deutschland und der DDR. Eine Bilanz der Jahre 1945–1965, in: APuZ 38/1997, S. 25–37) sieht z. B. das Parteiaufgebot »Industriearbeiter zur Demokratisierung des Dorfes« (von 1951) auf einen Austausch der »ländlich-agrarischen Funktionseliten« hin abzielend. Zieht man das Vorgehen von SED und SMAD bei der Behandlung der DLG und der damit zusammenhängenden Frage der zonalen/nationalen Landwirtschaftsausstellung in Betracht, so scheint das Vorgehen beim Elitenaustausch zwischen diesen Positionen gelegen zu haben und folgte dem politisch-pragmatisch orientierten Zickzackkurs der SED-Agrarpolitik unter der Anleitung Moskaus.

281 Baumgarten nahm im Januar 1951 ein Fernstudium an der Deutschen Verwaltungsakademie in Forst-Zinna auf. Vgl. Personalabteilung der DLG (Leiter Georg Huke): Arbeitsplan vom 5. Juli 1951, in: BArch, Abt. DDR, DK 107/17254, unpag.

282 Motto der Ausstellung, das dem Ausstellungsführer vorangestellt war. Vgl. Deutsche Landwirtschafts-Gesellschaft Berlin (Hrsg.): Landwirtschaft im Aufbau, Berlin (Ost), 1950.

283 Selke: Die Düngung; Steiner: Plan, S. 68 f.; Schöne: Das sozialistische Dorf, S. 94; Elke Scherstjanoi: »Friedenshektarerträge« auf Vorkriegsanbauflächen. Zur Bewältigung von Kriegslasten in der ostdeutschen Landwirtschaft (1950), in: Christoph Buchheim (Hrsg.): Wirtschaftliche Folgelasten des Krieges in der SBZ/DDR, Baden-Baden, 1995, S. 323–340.

plan 1950 war der Anschluss an die »Wiederherstellung der Friedensproduktion« vorgegeben.[284] Dass diese Vorgaben nicht annähernd erreicht wurden,[285] sollte die kommende Ausstellung geschickt überspielen. Minister Paul Scholz behauptete zwei Jahre später einfach, dass sie bereits zum Ausstellungsbeginn im September 1950 erstmals erreicht worden seien.[286] Von den realen Gegebenheiten hatte sich die Agrarpropaganda jedoch noch nie einengen lassen.[287]

Mit Abschluss des ersten Planes und der damit etablierten Planwirtschaft in der DDR schloss sich ein Fünfjahrplan für die Jahre 1951 bis 1955 an.[288] Da die Landwirtschaftsausstellung nun endgültig auf den Herbst 1950 terminiert worden war, bot sich die Möglichkeit, sie in den Dienst der Werbung für den Plan zu stellen. Denn die Schwäche der Landwirtschaft gefährdete die Volkswirtschaft insgesamt. Mit einer landwirtschaftlichen Ausstellung zonalen bzw. nationalen Ausmaßes sollten der Bevölkerung diese Schwachpunkte verschleiert werden, und gleichzeitig konnte das Ministerium für Land- und Forstwirtschaft ein günstigeres Bild der eigenen Erfolge suggerieren. Die SED, wollte sie ihre Macht festigen oder gar ausbauen, musste die Landwirtschaft »endlich in den Griff« bekommen.[289] Eine die ideologischen und wirtschaftlichen Vorgaben und nicht die Realitäten abbildende Ausstellung wurde sowohl von der SED als auch der SMAD als ein dafür geeignetes Mittel angesehen.

Am 17. September 1950 wurde – gemeinsam mit dem fünfjährigen Jubiläum der »demokratischen Bodenreform« – auf dem historischen Gelände der Technischen Messe Leipzig die erste »umfassende Lehr- und Leistungsschau der Landwirtschaft« der DDR eröffnet. Träger und Organisator war die Ost-DLG.

Die Ausstellung gliederte sich in eine Hallen- und Freilandschau mit Prämierungen und Leistungswettbewerben mit besonderen Räumen für »Belehrung und

284 Gesetz über den Volkswirtschaftsplan 1950, das zweite Jahr des Zweijahrplanes der Deutschen Demokratischen Republik vom 20. Januar 1950, in: Gesetzblatt der DDR 1950, S. 41.

285 Nur bei Getreide lagen zwischen 1951 und 1955 die Hektarerträge bei den Vorkriegswerten. Bei Ölfrüchten, Kartoffeln und Zuckerrüben wurden die Erträge erst in der zweiten Hälfte der 1960er erreicht. Vgl. Steiner: Plan, S. 69 f.; Schöne: Das sozialistische Dorf, S. 94.

286 Geleitwort von Minister Paul Scholz, in: Katalog Landwirtschafts- und Gartenbauausstellung der Deutschen Demokratischen Republik in Leipzig-Markkleeberg, 27. Juni bis 6. Juli 1952, S. 11 f.

287 Stellvertretend sei hier die Anwendung der Agrarpropaganda durch Stalin wiedergegeben: »Man braucht nicht zu beweisen. [...] Sie [die Erfolge kollektivierter Landwirtschaft] flößen unserer Partei Mut und Glauben an ihre Kräfte ein. Sie erfüllen die Arbeiterklasse mit dem Glauben an den Sieg unserer Sache. Sie führen unserer Partei neue Millionenreserven zu.« Vgl. Iosif V. Stalin: Vor Erfolgen von Schwindel befallen. Zu den Fragen der kollektivwirtschaftlichen Bewegung, in: Lenin – Stalin zu Fragen der Landwirtschaft. Eine Sammlung ausgewählter Aufsätze und Reden besorgt vom Marx-Engels-Lenin-Stalin-Institut beim ZK der SED, Berlin (Ost) 1955, S. 315–322, hier S. 315 f.

288 Vgl. hierzu überblickend Steiner: Plan, S. 57–66.

289 Schöne: Das sozialistische Dorf, S. 100.

Erholung«. Es gab Vorträge und Filmveranstaltungen zur »Popularisierung der Wissenschaft, Technik, Forschung und Berufsberatung in der Landwirtschaft«.[290] Über die Zulassung der Aussteller entschied zuvor eine Kommission, die nach dem »Leistungsprinzip« urteilte, wobei schon die Zulassung als »Prämie für besondere Leistung« angesehen wurde. Für die Besucher der Ausstellung wurden spezielle Verpflegungstageskarten ausgegeben. Der Deutsche Zentralverlag und der Deutsche Bauernverlag erhielten die Anweisung, die Herstellung und die Anlieferung der von der Ost-DLG für Verkaufszwecke während der Ausstellung bezeichneten Bücher, Broschüren und Zeitschriften sicherzustellen.

Besonderer Wert wurde auf den Ausstellungskatalog gelegt. Denn er sollte »das Neue« dieser Landwirtschaftsschau nach außen tragen. Die Schauleitung der Ost-DLG feilte solange daran herum, dass drei Monate vor Ausstellungsbeginn der genaue Inhalt noch nicht feststand. Minister Ernst Goldenbaum (SED, DBD) wurde ersucht, den Eröffnungsartikel zu schreiben mit dem Thema »Das Dorf in der nationalen Front im demokratischen Deutschland«.[291] Schließlich wollte sich die »neue DLG« von der alten – womit sowohl die Gesellschaft vor 1934 als auch die westdeutsche Schwesterorganisation gemeint war – gezielt abgrenzen: eine neue DLG als Trägerin, die eine neue Art der Landwirtschaftsausstellung gestaltete. Hoernle stellte darin klar, dass »diese Ausstellung nicht einfach eine Fortsetzung und Wiederholung sein kann der einstigen, zu ihrer Zeit mit Recht hoch angesehenen Wanderausstellungen der alten Deutschen Landwirtschafts-Gesellschaft«.[292] Sie sollte vielmehr einen »merkbaren Fortschritt« gegenüber diesen Ausstellungen darstellen und das Konzept »eines neuen Verhältnisses zwischen Stadt und Land, zwischen Bauer, Arbeiter und Intelligenz« verkörpern.[293] Worin genau dieser »Fortschritt« bestehen sollte, erläuterte Hoernle aber nicht.

Ein »Verkaufskatalog alten Schlages« sollte daher unbedingt vermieden werden. Bei der Erstellung des aktuellen Kataloges war man von der Überlegung ausgegangen, dass »die Besucher diesen Katalog mit in ihr Dorf nehmen und dort rückschauend [...] sich das auf der Ausstellung Gesehene vor Augen führen und an die Berufs-

290 SAPMO-BArch, DY 30/IV 2/2.022/94, Bl. 3f.

291 Dieser wurde dann in der veröffentlichten Fassung auch der erste Artikel des Kataloges. Vgl. Ernst Goldenbaum: Das Dorf in der nationalen Front im demokratischen Deutschland, in: Deutsche Landwirtschafts-Gesellschaft Berlin (Hrsg.): Landwirtschaft im Aufbau, Berlin (Ost), 1950, S. 11–14.

292 Edwin Hoernle: Erste Lehr- und Leistungsschau der Landwirtschaft, in: ebd., S. 19–23, hier S. 19.

293 Ebd. – Ursprünglich sollte Hoernles Beitrag lauten: »Einst DLG-Wanderausstellung – heute landwirtschaftliche Lehr- und Leistungsschau der Republik«. Vgl. BArch, Abt. DDR, DK 1/1341, Nr. 1340, Bl. 28. – Die landwirtschaftliche Wanderausstellung war zu jener Zeit in der DDR noch ein öffentlicher, weitläufig bekannter Begriff, der wohl (eben deshalb) nicht zu oft im Kontext der angestrebten Neuerungen der Landwirtschaft gebraucht werden sollte.

kollegen ihres Dorfes weitervermitteln« würden. Daher vermischte man Beiträge und Artikel »gesellschaftlichen« mit solchen fachlichen Inhalts.[294]

Die Ausstellung stand im Zeichen der Bodenreform und der »Erfolge der staatlichen Hilfen für die Landwirtschaft«,[295] also der MAS, der ZfL und der VdgB. Einen zentralen Platz in den Darstellungen nahmen die »Neuerer in der Landwirtschaft« und die »Meisterbauern« ein. Im Ausstellungsteil »Berufsausbildung« stand die »Verordnung zur Verbesserung der Berufsausbildung« vom 29. Juni 1950 im Mittelpunkt. Damit sollte den Besuchern, insbesondere der Landjugend, die angestrebte Beseitigung des Stadt-Land-Gegensatzes in der DDR nähergebracht werden. Darauf, dass »an keiner Stelle ein irgendwie messeartiger Charakter zum Ausdruck« kam, wurde genau geachtet.[296] Erstmals wurden extra für den Einsatz auf dem Ausstellungsgelände geschulte »Erklärer« und »Führer« eingesetzt.

Zum Inhalt der Ausstellung: Die Haupthalle enthielt Darstellungen der neuen agrarpolitischen und agrarwissenschaftlichen Aufgaben. Den Hallenmittelpunkt bildete die Schau des MLF. An den Wänden befanden sich Darstellungen der einzelnen Länder und »Aufgaben und Leistungen der Institutionen (Zentrale für Landtechnik, Maschinen-Ausleih-Stationen, volkseigene Güter, VVEAB) und der bäuerlichen Organisationen (VdgB, Genossenschaften) sowie des FDGB und der FDJ«.[297] Einen an besonderer Stelle gelagerten Schwerpunkt der Halle bildete das Modell des »Neusiedlerdorfes« Strehlow mit der Feldmark, das als ein Vorbild des von der SED angestrebten »sozialistischen Dorfes« präsentiert wurde. Den Besuchern sollte, ebenfalls durch grafische Darstellungsmittel, die Bodenreform als »untrennbar verknüpfte Lösung des Umsiedler-Problems als einer der tragischsten Erscheinungen des unseligen Hitlerkrieges« vermittelt werden. So wie die vorgenannten Ausstellungsgegenstände beinahe unverändert bis zum Ende der DDR den landwirtschaftlichen Ausstellungen Form, Aussage und Inhalt verliehen, so stand auch die Gegenüberstellung der eigenen Errungenschaften in Kontrast zur Bundesrepublik. In jenem Jahr galt die Gegenüberstellung der Umsiedlerfrage in Ost und West als Hauptthema, wobei man die Thematik so darstellte, als ob die Bundesrepublik diese Frage nicht beachten würde. Daran zeigt sich auch der dogmatische Aspekt der (politischen) Lehrschau, die die Lösung der Integration der Flüchtlinge und Vertriebenen nur in der Umsetzung der Bodenreform zu verstehen vermochte. Denn diese fand in Westdeutschland angeblich nicht statt.[298]

294 BArch, Abt. DDR, DK 1/1341, Nr. 1340, Bl. 27, 40. – Das Druckwerk umfasste etwa 300 Seiten und war den Besuchern für 1,– DM zum Kauf angeboten worden. Dazu wurde eigens in Vorbereitung der Ausstellung eine Kommission »Presse und Werbung« geschaffen.

295 Schröder: Produktionspropaganda, S. 30.

296 BArch, Abt. DDR, DK 1/1341, Nr., Bl. 3.

297 Ebd., Bl. 3–6.

298 Vgl. zu dieser Sichtweise der DDR exemplarisch Hermann Wilhelm Dölling: Wende der deut-

Die Halle I umfasste die Arbeitsgebiete des Ackerbaus und der Pflanzenzucht, des Gartenbaus (dieser jedoch nur repräsentativ für das Leipzig-Markkleeberger Gebiet) sowie der Forstwirtschaft mit allen zugehörigen Unternehmen. Unter Federführung der Deutschen Dünger-Zentrale (DDZ) gaben die in der DDR-Düngerwirtschaft tätigen Fachkräfte einen Überblick über ihre Tätigkeiten. Nach demselben Vorbild gestaltete die Deutsche Saatzucht-Gesellschaft (DSG) eine Darstellung der Saatgutversorgung. Das Thema »Schädlingsbekämpfung« stellte die Biologische Zentral-Anstalt, unter Hinzuziehung aller damit in Verbindung stehenden wissenschaftlichen und industriellen Kreise, dar.

Dem Thema »Ernährungswirtschaft« widmete sich Halle II. Die Generalleitung dieses Komplexes, also die Konzeption und Beschickung, übernahm die IG Nahrung und Genuss. Hingegen war die Zentrale für Landtechnik für die Hallen III und X (landwirtschaftliche Maschinen- und Geräteindustrie) verantwortlich. Neben der Halle stand ein Freigelände zur Unterbringung solcher Maschinen und Geräte, Lehrschauen und Vorführungen zur Verfügung, die in der Halle keinen Platz fanden. Halle IV nahm die Kleintierschau in Form eines Kleintierzoos auf. Das Veterinärwesen erhielt ein Drittel der Hallenfläche.

Auf dem Freigelände waren in großen Zelten, auf dem Boden einer zerstörten Halle, die Großtiere als züchterisches Ergebnis der Verbände und individuellen Züchter ausgestellt. Eigens für dieses Ereignis wurde ein großer Vorführring mit zwei Zuschauertribünen und ein kleinerer Vorführring für Schweine und Schafe errichtet. Daneben wurden die besten Dorf-Zucht-Genossenschaften jedes Landes gezeigt und prämiert. Auf dem Fundament einer ehemaligen kleinen Halle befand sich eine Lehmbauschau. Ein darauf errichtetes Lehmhaus sollte die verschiedenen Bau- und Ausstattungsweisen dieser Bautypen verdeutlichen.

Das in der Nähe befindliche Dorfwirtschaftshaus wurde vom Zentralverband landwirtschaftlicher Genossenschaften in Verbindung mit der ZfL eingerichtet und ausgestattet. Ihm gegenüber lag ein Neubauerngehöft vom Typ 209/7, dessen Bestückung in der Verantwortung der »Zentralen Bauleitung 209« lag. Beide Objekte waren von Hausgartenanlagen umgeben.[299] Es handelte sich dabei um den »10.000-DM-Haustyp« und den »Kernbautyp«. Die »Kernbauten« stellten de

schen Agrarpolitik. Ein Beitrag zum Strukturwandel der Landwirtschaft von der Markgenossenschaft bis zur Bodenreform, Berlin (Ost) 1950, S. 23f. – Eine tief greifende Veränderung der Agrarstruktur wurde in den drei Westzonen zwischen 1945 und 1949 nicht erreicht. Bodenreform und Siedlungsmaßnahmen erfassten nur fünf Prozent der landwirtschaftlichen Nutzfläche (LF) der Westzonen und bis Ende 1949 unterblieben agrarrevolutionäre Maßnahmen gänzlich. Vgl. hierzu Wilfried Feldenkirchen: Agrarpolitik im Nachkriegsdeutschland, in: Hans-Jürgen Gerhard (Hrsg.): Struktur und Dimension. Festschrift für Karl Heinrich Kaufhold, Bd. 2, Stuttgart 1997, S. 266–291, bes. S. 270.

299 BArch, Abt. DDR, DK 1/1341, Nr. 1340, Bl. 5, 36.

facto eine Reduzierung der Neubauerngehöfte auf den »Minimalstandard« dar.[300] Der »Kernbautyp« sollte für Ende 1949 fertig vorliegen und für das Bauprogramm im Folgejahr zur Verfügung stehen. Der Bautyp wurde zuvor jedoch noch einigen – weiter einsparenden – Modifikationen unterzogen. Der Aufwand zur Vorstellung und Verbreitung dieses Typs in der Öffentlichkeit war sehr groß.[301] Die Ausstellung war dabei ein wichtiger Promotor, der allerdings häufig – für die Verbreitung der SED-Agrarpolitik insgesamt – unterschätzt oder übersehen wird.[302] Trotz allen propagandistischen Aufwands fanden der Kernbautyp und der Lehmbau bei den Neubauern nur wenig Zustimmung. Die Neubauern waren nicht davon zu überzeugen, dass mit Lehm oder anderen Naturstoffen richtige Häuser zu bauen seien. Ihre Vorbehalte, die aus Erfahrungen mit der Lehmbauweise resultierten, ließen sich in allen Ländern der DDR erkennen.[303]

Verstreut auf dem Ausstellungsgelände befanden sich Restaurants und Rastplätze der HO und Konsumgenossenschaften. Überhaupt sollte der Besucher »das Empfinden haben, fürsorglich betreut zu werden«. Mit dem Erwerb der Eintrittskarte war die Berechtigung zur kostenpflichtigen »Einnahme eines markenfreien Essens« auf dem Ausstellungs- oder dem Messegelände verbunden.[304]

Als Besuchszeitraum waren von den Organisatoren zwei Tage vorgesehen worden. Ein eigens eingerichteter Zugpendelverkehr ermöglichte den Gästen auch den Besuch der Gartenbauausstellung in Markkleeberg, die zeitgleich stattfand. Während der gesamten Ausstellungsdauer fanden Vorführungen von Filmen, Vorträgen und kulturelle Veranstaltungen verschiedenster Art statt.

Um die von der ZVdgB verantwortlich durchgeführten landwirtschaftlichen und gartenbaulichen Regionalschauen auf die Leipziger Hauptausstellung auszurichten, regte die Ost-DLG bei der ZVdgB an, dafür Werbung vor Ort zu machen. Um Überschneidungen oder Unklarheiten im Vorfeld zu vermeiden, holte die Ost-DLG bei den Landräten, Oberbürgermeistern und VdgB-Kreisvereinigungen Auskunft über die Hauptmotive ihrer Regionalschauen ein. Eine Mitwirkung der Gesellschaft an diesen Schauen kam für das Jahr 1950 aber nicht in Betracht, da

300 Zu den Bautypen vgl. Dix: »Freies Land«, S. 308–314, bes. S. 308; ders.: Ländliche Siedlung als Strukturpolitik. Die Entwicklung in Deutschland im Ost-West-Vergleich von 1945 bis zum Ende der Fünfzigerjahre, in: Langthaler/Redl (Hrsg.): Reguliertes Land, S. 71–82.

301 Dix: »Freies Land«, S. 309.

302 Auch Dix, der sich dem Thema eingehend widmet, erläutert nur den multiplikatorischen Effekt von Broschüren, Schulungen und Propagandaveranstaltungen für die neuen Bauweisen und den Befehl 209. Die durchaus beachtenswerten Anstrengungen und Vorführungen in Markkleeberg bleiben bei ihm jedoch völlig außer Acht.

303 Ebd., S. 276–282, hier S. 28 f. Vgl. dort auch zur Geschichte des Lehmbaus in der SBZ/DDR.

304 BArch, Abt. DDR, DK 1/1341, Nr. 1340, Bl. 5, 36.

Zeit- und Personalmangel – die meisten Kräfte waren in Leipzig gebunden – das nicht zuließen.

Erreicht wurde aber weit weniger, als man mit der Ausstellung angestrebt hatte. Es ließ sich kaum kaschieren, dass die Vorkriegsernten auch 1950 real keineswegs erreicht wurden. Auch der allgemein vorherrschende Eindruck des Provisoriums konnte durch das Neubauernprogramm nicht aufgewertet werden. Insbesondere konnten die Neubauern nicht, wie versprochen, materiell versorgt werden: Bis Anfang 1950 verfügte erst etwa die Hälfte von ihnen über entsprechende Gehöfte. Die zur Umsetzung des Neubauernprogramms vorgesehene Verwendung von Spar- und Naturbaustoffen stieß großenteils auf Ablehnung bei ländlicher und städtischer Bevölkerung. Denn nicht zuletzt durch diese Bauprogramme verzögerte sich der Wiederaufbau der Städte, der im September 1950 per DDR-Gesetz beschlossen worden war.

In Anbetracht des Mangels und der offensichtlichen Unfähigkeit der SED Missstände zu beseitigen, war die Ausstellung ein Beleg dafür, wie »die Planungsversuche von realitätsfremden Annahmen, grenzenlosem Optimismus, verbreiteter Inkompetenz und zuweilen Chaos geprägt waren, was freilich als Anfangsschwierigkeiten abgetan wurde«.[305] Wie man staatlicherseits mit den devastierten Flächen umzugehen gedachte, war nicht Gegenstand der Darstellungen. Denn nach offizieller Ideologie waren Bauern, die ihr Land (meist in Richtung Westen) verließen, als »Gegner« angesehen und fanden in öffentlichen Darstellungen keinen Raum.[306]

Der informatorische Charakter der Ausstellung war insgesamt zu ausgeprägt, darstellerisch zu dominant, als dass der an sie gestellte Anspruch bezüglich der Beeinflussung der ländlichen Bevölkerung hätte realisiert werden können. Dies wurde in der Retrospektive dadurch zu relativieren versucht, dass die »Darstellungen dem großen Informationsbedürfnis der Ausstellungsbesucher im wesentlichen entsprach«.[307] Vorherrschend war die grafische Darstellungsform. Legt man zugrunde, dass dies die erste große Landwirtschaftsausstellung innerhalb der SBZ/DDR war, so mag dies – angesichts des großen Kommunikations- und fachlichen Austauschsbedürfnis der Besucher – nicht verwundern; inoffiziell wurde es jedoch als Manko angesehen.[308]

Als noch größeres Minus musste erscheinen, dass die MAS zu diesem Zeitpunkt ganz offenbar »ihren Zweck noch nicht erfüllten«.[309] Große Enttäuschung und

305 Steiner: Plan, S. 72.

306 Christel Nehrig: Der Umgang mit den unbewirtschafteten Flächen in der DDR. Die Entwicklung der Örtlichen Landwirtschaftsbetriebe (ÖLB), in: Zeitschrift für Agrargeschichte und Agrarsoziologie 2/2003, S. 34–46; Scherstjanoi: Friedenshektarerträge.

307 Schröder: Produktionspropaganda, S. 31.

308 BArch, Abt. DDR, DK 1/1341, Nr. 1339, Bl. 60.

309 Scherstjanoi: Friedenshektarerträge, S. 328.

Verärgerung unter den Bauern wurde laut Bericht dadurch geschaffen, dass ihnen in keinem Falle ein verbindlicher Bescheid gegeben werden konnte, wie und wo sie zu den landwirtschaftlichen Geräten kommen konnten, für die sie sich interessierten. Den Ausstellerfirmen war die strikte Anweisung gegeben worden, keine Preise ihrer Fabrikate zu nennen und die Interessenten an die DHZ zu verweisen. Da diese mit den Landwirten aber letztlich keine Verbindung hatte, konnte auch sie nicht weiterhelfen.[310]

Die angestrebte Besucherzahl von etwa 500.000 Menschen wurde nicht erreicht. Das sollte erst 1956 der Fall sein.[311] Ein Grund hierfür mag die schlechte Reklametätigkeit (insbesondere der staatlichen Werbeagentur DEWAG) gewesen sein.[312] Die Gesamtkosten für die Ausstellung, die man im Vorfeld auf rund 2,1 Millionen DM bezifferte und denen nur 480.000 DM an Einnahmen gegenübergestanden hätten[313], beliefen sich allerdings auf real 3,05 Millionen DM bei einem Erlös von 250.000 DM. Aus dem Staatshaushalt mussten also rund 2,8 Millionen DM zugeschossen werden.[314]

Der Hickhack um den sowjetischen Ausstellungsbeitrag

Eine Verlegung der ursprünglich für 1948/49 geplanten Ausstellung auf das Jahr 1950 war auch deshalb notwendig geworden, weil die Sowjetunion auf einer Teilnahme seit Ende 1949 definitiv bestand und ihren Einfluss geltend gemacht hatte.[315] Unter dem politischen Druck der dadurch für die junge DDR entstanden war, erarbeitete das MLF in aller Eile Vorschläge zur Ausgestaltung der Halle der UdSSR.[316]

Die UdSSR sollte für ihren Ausstellungsteil die Halle zugeteilt bekommen, die sie bereits während der Leipziger Frühjahrsmesse besetzt hatte. Es war beabsichtigt, darin eine »Gesamtdarstellung« der sozialistischen landwirtschaftlichen Produktion, diverse Darstellungen über die seit der Oktoberrevolution 1917 erfolgten »kontinuierlichen Ertragssteigerungen«, eine Schau der Landmaschinen in der Hallenmitte und Darstellungen über die »Mitschurinsche Agrarbiologie« unterzubringen. Das gesamte sowjetische Ausstellungsthema war gestalterisch derart geplant

310 Zu weiteren Einzelheiten und Informationen über die Landtechnik auf der Ausstellung vgl. z.B. den Bericht des Agrartechnikers Merten, in: BArch, Abt. DDR, DK 1/1341, Nr. 1341, Bl. 2–5.

311 Ebd., Nr. 1347, Bl. 26.

312 Ebd., Nr. 1341, Bl. 18.

313 Ebd., Nr. 1340, Bl. 11.

314 Kollektiv »Landwirtschafts-Ausstellung Leipzig 1950« gez. Baumgarten vom 28. November 1950, in: BArch, DK 1/1342, unpag.

315 BArch, Abt. DDR, DK 1/1341, Nr. 1340, Bl. 11.

316 Ebd., Bl. 3f. – Die Verantwortung dafür lag in den Händen von Heinks.

worden, um »dem Besucher den überwältigenden Eindruck [zu] vermitteln, dass die neue sozialistische Gesellschaftsordnung in der UdSSR der landwirtschaftlichen Entwicklung durch die Kollektivisierung [sic] ungeahnte Perspektiven« eröffne.[317]

Obwohl die DDR beabsichtigte, auch weitere Staaten des Ostblocks als Aussteller mit einzubeziehen, blieb die UdSSR der einzige nicht (ost-)deutsche Aussteller, der daran Interesse bekundete. Überraschend für die Ausstellungsorganisatoren kam dann die Absage der Sowjetunion kurz vor Ausstellungsbeginn ohne jede Begründung.[318] Auch wenn der testimoniale Ausdruck, den die Teilnahme der Besatzungsmacht der Ausstellung verliehen hätte, durch die Absage eingeschränkt wurde, konnten dadurch doch Ressourcen eingespart und die noch geringe Hallenfläche für eigene Ausstellungsinhalte genutzt werden. Die regelmäßige Teilnahme der UdSSR sowie weiterer Ostblockstaaten an der Landwirtschaftsausstellung der DDR kam erst ab 1953 zustande.

Anders als westdeutsche landwirtschaftliche Ausstellungen und Messen, wie etwa die DLG-Ausstellung oder in ersten Ansätzen die »Grüne Woche« in West-Berlin, verfolgte die DDR mit ihrer Schau keine integrativen Ideen und war mehr auf die Darstellung nationaler Beiträge, die insbesondere die Aufbauerfolge demonstrieren sollten, ausgerichtet. Die neuen kommunistischen Machthaber mussten, bedingt durch die Zerschlagung bestehender Strukturen durch das »Dritte Reich«, ihr politisch-ideologisches System weniger verteidigen, als vielmehr erst begründen. Dazu schöpften sie alle Mittel der Propaganda – nicht zuletzt die Ausstellungen – aus, um sich als Repräsentanten einer neuen gesellschaftlichen Ordnung zu präsentieren und zu etablieren. Dafür wäre die Teilnahme der UdSSR als eines Vorbildes, für das die SED sie fortwährend darstellte, wichtig gewesen. Dieser Aspekt, der in ähnlicher Weise auch für die junge Bundesrepublik galt, ist von der Forschung bisher allerdings kaum beachtet worden.

317 Ebd., Bl. 34. Der Terminus »Kollektivisierung« anstatt Kollektivierung findet sich vor 1951 häufiger in der ostdeutschen Überlieferung. Erst seit 1951/52 sprachen die Akteure von der »Kollektivierung« der Landwirtschaft. Vgl. ergänzend auch Arnd Bauerkämper: Auf dem Weg zum »Sozialismus auf dem Lande«. Die Politik der SED 1948/49 und die Reaktionen in dörflich-agrarischen Milieus, in: Hoffmann/Wentker (Hrsg.): Das letzte Jahr der SBZ, S. 245–268.

318 Die Gründe für die Absage der Sowjetunion sind unbekannt. Überraschend für die Markkleeberger Schauleitung muss dieser Entschluss auch deshalb gewesen sein, weil bereits Gestaltungsentwürfe von den Verantwortlichen in der Sowjetunion übermittelt worden waren. Baumgarten erwartete die Ausstellungsbeteiligung der UdSSR und der »Volksdemokratien« in den folgenden Jahren. Auch konnte nicht eruiert werden, welche sowjetischen Institutionen als Aussteller bzw. Organisatoren vorgesehen waren, da in der ostdeutschen Überlieferung stets nur von »der Sowjetunion« als Teilnehmer gesprochen wurde. Vgl. Protokoll der Abschlußsitzung des Ausstellungs-Ausschusses der Landwirtschafts-Ausstellung der DDR in Leipzig 1950 [o. D.], in: BArch, DK 1/1342, Bl. 28–32, bes. Bl. 30.

Resümee

Nach dem Ende des Zweiten Weltkrieges waren es die gartenbaulichen und etwas später die landwirtschaftlichen Schauen, die als erste Ausstellungen in Deutschland wieder entstanden. Alsbald nahmen sie wichtige Funktionen bei der Weitergabe fachlichen Wissens wahr, bildeten Foren des Informationsaustausches und waren Glieder in zonenübergreifenden Handelsketten. Obwohl diese Entwicklungen in Ost- und Westdeutschland gleichermaßen stattfanden, kann allerdings aufgrund der divergierenden politischen Systeme bereits seit 1946 nicht mehr von einem gesamtdeutschen oder einheitlichen Wesen der Ausstellungen (und Messen) gesprochen werden. Trotzdem bestanden sowohl in West als auch in Ost personelle Kontinuitäten im landwirtschaftlichen Ausstellungswesen vor und nach 1945 noch einige Zeit fort. Ab 1947 prägten zonale Zentralisierungsprozesse die strukturelle Entwicklung von ländlichen Interessenvertretungen.[319] Die NS-Agrarpolitik hatte den Bestrebungen der Bauern nach Märkten, Informationsaustausch und Selbstverwaltung keinen Abbruch getan. Alte Markterfahrungen, Netzwerke und Vermarktungsinnovationen waren nach 1945 wieder reaktivierbar. In dieser Situation entstand sowohl in West- als auch in Ostdeutschland die DLG wieder und nahm ihre traditionelle Vorreiterrolle als Organisatorin landwirtschaftlicher Ausstellungen ein. In der SBZ/DDR war dies der DLG nur möglich, indem die als »bürgerlich« und »reaktionär« bezeichnete alte Ausstellungs- und Wissenschaftselite ausgeschaltet und großenteils ersetzt wurde. Großbauern wurden aus der DLG verdrängt und ökonomisch ausgehebelt, auch durch die Kappung der meisten Verbindungen und Netzwerke nach Westdeutschland.

Die westdeutsche Agrar- und Wirtschaftspolitik in der Zeit zwischen 1945 und 1948/49 war zunächst geprägt von Versorgungsengpässen und Wiederaufbauschwierigkeiten, die aber – auch mithilfe des ERP – insgesamt recht bald überwunden werden konnten. Der Gedanke einer agrarwirtschaftlichen Union Europas entstand bereits in dieser Zeit. Landwirtschaftliche Ausstellungen waren in Westdeutschland und, mit den ersten Nachkriegs-»Grünen Wochen« (1948–1951), auch in West-Berlin, bereits ein Promoter dieser Idee, die 1948 bereits 122 neue Zollabkommen miterlebte, die auf die Schaffung einer künftigen europäischen Zollunion zielten.[320]

In die Zeit zwischen 1945 und 1948 fielen auch die Entscheidungen zu den Fragen, welche Städte in welchen Besatzungszonen landwirtschaftliche und gartenbauliche Großausstellungen durchführen könnten und sollten. Die Ausstellungskonkurrenz unter den Städten zwischen Ost und West, die großenteils aus Entwicklungen aus dem »Dritten Reich« herrührte und unter den Bedingungen

319 Vgl. auch Scherstjanoi: SED-Agrarpolitik, S. 100.

320 Kluge: Agrarpolitik, Bd. 1, S. 6f.

der Nachkriegszeit entschieden werden musste, fand mit der Gründung der beiden deutschen Staaten ein Ende.

Das Jahr 1948 brachte mit der doppelten Währungsreform und der ersten Berlin-Krise auch tiefgreifende Veränderungen für das deutsch-deutsche Verhältnis als auch für das Ausstellungswesen mit sich und stellte insofern einen Wendepunkt dar. Dies zeigte auch die große Landwirtschaftsausstellung in Frankfurt am Main 1948 mit aller Deutlichkeit. Darstellung und Auftreten der SBZ sprachen eine deutliche Sprache, die aus der Position der Stärke heraus, auf Konfrontation und Abgrenzung zielte. Die Frankfurter Ausstellung fiel zeitlich in etwa zusammen mit der von der SED begonnenen Schaffung von agrarökonomischen Zentren, mit der die Partei mithilfe von dörflichen Stützpunkten ihre Herrschaft und ihren Einfluss erweitern wollte, und gleichzeitig dabei war, die Bodenreform abzuschließen. Auch die Kooperationsbereitschaft des Westens infragen einer gesamtdeutschen Lösung der Landwirtschaftspolitik sowie der Lösung der Versorgungsfrage waren dort beinahe bis zum Nullpunkt zusammengeschmolzen. Beide Seiten waren fortan bestrebt, die großen Landwirtschaftsschauen als einen Teil ihrer »Schaufenster«-Politik einzusetzen. In der SBZ/DDR dominierte die politische Lehrschau, die gleichsam eine Art politisches »Schaufenster« sein sollte. Sowohl in West-Berlin als auch in Leipzig wurden die beiden Schauen in den späten 1940er Jahren immer politischer und aktiv in die Auseinandersetzung der Systeme eingebunden. Insofern stellen beide Ausstellungen und ihre politische Geschichte einen exemplarischen Fall von asymmetrisch-verflochtener Parallelgeschichte dar. Sowohl die »Grüne Woche« als auch die DDR-Landwirtschaftsausstellung entwickelten sich unter den Vorzeichen der deutschen Teilung, die als ein vorübergehendes Provisorium erachtet wurde, schnell zu einem Werbeträger für das eigene politische und wirtschaftliche System in einem noch als ergebnisoffen empfundenen Konkurrenzkampf.

Im Gegensatz zu den westlichen Alliierten, insbesondere den USA und Großbritannien, die sich für das landwirtschaftliche Ausstellungswesen in ihren Besatzungszonen einsetzten und es tatkräftig unterstützten, blieb die UdSSR auf diesem Gebiet sehr zurückhaltend und gerierte sich vor 1950 eher als Bremsstein für die angestrebte ostzonale bzw. nationale Landwirtschaftsausstellung in Leipzig. Erst nachdem die Ost-DLG umgestaltet worden war und sie mit Oskar Baumgarten einen neuen Vorsitzenden hatte, war die sowjetische Besatzungsmacht bereit, dem Projekt DDR-Landwirtschaftsausstellung zuzustimmen. Insgesamt jedoch behinderte sie mit ihrer zunächst eingeforderten, dann aber doch kurzfristig wieder abgesagten Teilnahme das Ausstellungsprojekt.

Darstellen und Herrschen im Zeichen der Systemkonkurrenz 1952–1959

Von »Magnetismus«, »Gegenrezepten« und Besucherrekorden

Systemkonkurrenz und Ausstellungskultur

Bei der Beurteilung der Lebenslage der Deutschen in den frühen 1950er Jahren muss berücksichtigt werden, dass die Bevölkerung beider deutscher Staaten stark durch Kriegs- und Nachkriegszeit geprägt worden war: Rationierungen, Lebensmittel- und Versorgungskrisen, Wohnraumknappheit, schließlich der Zusammenbruch des sozialen Wertesystems. Ein sozialer Abstieg bestimmte das Leben vieler Menschen in den 1940er Jahren. Er reichte bis in das nächste Jahrzehnt hinein. Deshalb wurde jede Verbesserung der Lebenslage »als Rückkehr in die ›friedensmäßige‹ Versorgung angesehen, die als eine Art idealer Vergleichsmaßstab galt«.[1] Aus diesem Grund beurteilte die Bevölkerung ihre soziale Lage Anfang der 1950er Jahre noch vorrangig nach dem Lebensstandard der Vorkriegszeit. In der Bundesrepublik änderte sich dies mit dem Einsetzen eines extensiven wirtschaftlichen Wachstums relativ schnell. Je deutlicher sich die Versorgungssituation der westdeutschen Bevölkerung und der West-Berlins zu verbessern begann, umso mehr verschob sich der Orientierungsmaßstab der ostdeutschen Bevölkerung in Richtung Westen. So wurde insbesondere seit Mitte der 1950er das Konsumtionsniveau des Westens für die meisten Bürger der DDR zum eigentlichen Gradmesser.[2] Die dahinter stehende gesellschaftliche Frage war, welche politische und soziale Ordnung sich als die überlegene erweisen würde.

Das Überlegenheitsdenken war symptomatisch für den Systemwettstreit im Kalten Krieg und eine Voraussetzung für das tiefere Verständnis der gesellschaftlichen, politischen und wirtschaftlichen Entwicklung in Ost- und Westdeutschland

1 Burghard Ciesla: Zwischen den Krisen. Sozialer Wandel, ökonomische Rahmenbedingungen und Lebenslage in der DDR 1953–1956, in: Jan Foitzik (Hrsg.): Entstalinisierungskrise in Ostmitteleuropa 1953–1956, Paderborn u. a. 2001, S. 271–291, hier S. 283; Gries: Rationen-Gesellschaft; Axel Schildt /Arnold Sywottek (Hrsg.): Modernisierung im Wiederaufbau. Die westdeutsche Gesellschaft der 50er Jahre, Bonn 1998.

2 Ebd.; Paul Erker: Ernährungskrise und Nachkriegsgesellschaft, Stuttgart 1990.

in den 1950er Jahren. Die Versorgung mit Nahrungs- und Genussmitteln spielte dabei eine zentrale Rolle. Den Landwirtschafts- und Gartenbauausstellungen kam dadurch vermehrte Bedeutung zu. Denn sie nahmen – wie bereits dargestellt – bei der Verteilung, dem Handel, der Aufklärung über Nahrungsmittel, der Popularisierung neuer Lebensmittel und schließlich auch als Plattform und »Bühne« nationaler und internationaler Agrarpolitik traditionell eine wichtige Funktion ein. Vor diesem Hintergrund kam den landwirtschaftlichen Messen und Ausstellungen im Kalten Krieg eine steigende Bedeutung zu. Denn durch sie ließen sich die Wohlstandsversprechen und die Überlegenheitsrhetorik im Systemwettstreit gut transportieren. In den politischen Sonntagsreden und in den Gazetten ging es um größere und schönere »Schaufenster« (im wörtlichen und metaphorischen Sinne), das bedeutete einen besseren Lebensstandard, ein höheres Wirtschaftswachstum, höhere Ernteerträge, aber auch das »richtige« ländliche Wirtschaften. Es ging aber auch um Bomber- oder Raketenlücken oder gar um noch größere Atombomben. All diese Entwicklungen und Diskurse spiegelten die »Grüne Woche« und die DDR-Landwirtschaftsausstellung en miniature wider.

Gemeinsam war den gartenbau- und landwirtschaftlichen Ausstellungen in West und Ost nach 1945, dass sie ein wirksames und unabdingbares Mittel des Wiederaufbaus waren.[3] Mit dem Abschluss der Phase des Wiederaufbaus veränderten sich seit dem Ende der 1940er Jahre Darstellungsweise, Inhalt und Anspruch der beiden Ausstellungen. Diese Prozesse, die sich im Bezug auf die Ausstellungen in Phasen bzw. Perioden unterteilen lassen, brachten eine Vielzahl von Veränderungen innerhalb des Ausstellungswesens mit sich. In der DDR sollte diesen Veränderungen alsbald der alte Ausstellungsakteur, die DLG, zum Opfer fallen. In Umkehr des Humeschen Spruchs »kein Sollen aus dem Sein« wurden landwirtschaftliche Ausstellungen nun in den Dienst der Politik gestellt, um von einem Sollen zu einem Sein zu kommen.[4] Mit anderen Worten hatten die Landwirtschaftsschauen die politische Aufgabe, Realitäten nicht möglichst getreu zu spiegeln, sondern sie zu schaffen – ein Phänomen, das bis zum Ende des Kalten Krieges erhalten blieb.

Die Berlin-Krise 1948/49 spaltete die ehemalige Reichshauptstadt politisch wie administrativ und machte aus ihr einen »Brennpunkt des Kalten Krieges«.[5]

3 Vgl. dazu auch Lichey: Untersuchung, S. 38.

4 Vgl. dazu David Hume: A Treatise of Human Nature, Book III of Moral part I, sec. 1, Harmondsworth 1969. Nach Hume kann keine Sollens-Aussage aus einer Menge von Prämissen gefolgert werden, die nicht mindestens eine normative Aussage enthält (oder populärer: »Kein Sollen aus dem Sein«). Der totalitäre Anspruch des Kommunismus – hier am Beispiel landwirtschaftlicher Ausstellungen gezeigt – stellte diese Aussage, als Teil seiner persuasiven Strategie, auf den Kopf. Denn nach Marxscher Philosophie bestimme das Sein das Bewusstsein.

5 Michael Lemke: Die Kino-Konkurrenz im geteilten Berlin 1949–1961, in: Heiner Timmermann (Hrsg.): Das war die DDR. DDR-Forschung im Fadenkreuz von Herrschaft, Außenbeziehungen, Kultur und Souveränität, Münster 2004, S. 635–676, hier S. 635.

Die Stadt entwickelte sich zum Austragungsort der internationalen ebenso wie der deutschen Auseinandersetzung der Systeme. West-Berlin und seine Messen und Ausstellungen bildeten unerlässliche Mittel, um die Politik der »Schaufenster« umzusetzen. Eine Situation, die fast alle Lebensbereiche umfasste und die Bevölkerung polarisierte, bis hin zu diesen Sätzen eines populären Zeitgenossen:

> *»Trümmer; Trümmer: durch ganz Charlottenburg*
> *[...]*
> *den Westnachrichten nach wäre es eigentlich Pflicht der Ostzonenbewohner, bleich und schmutzig auszusehen, wie?!*
> *[...]*
> *: hier soll doch noch ein <Schaufenster> sein.«*

Natürlich: Arno Schmidt.[6]

Trotz allem spielte der Einheitsgedanke eine zentrale Rolle in den politischen Darstellungen der landwirtschaftlichen Ausstellungen, da die doppelte Staatsgründung allgemein als Provisorium erachtet wurde.[7] Die dabei von beiden Seiten unterschiedlich gebrauchte Verwandtensemantik[8] blieb bis zum Mauerbau integraler Bestandteil der Ausstellungsgestaltung. In West- wie in Ostdeutschland bildeten von nun an die Landwirtschaftsausstellungen nicht nur Foren des fachlichen, sondern auch des politischen Austauschs. Sie waren Drehscheiben und Brennpunkte der Auseinandersetzung zwischen beiden deutschen Staaten. In den 1950er Jahren erhielt nicht nur jede in West-Berlin veranstaltete Ausstellung und Messe einen »politischen Akzent«, sondern »jede zweckbedingte Veranstaltung«.[9]

Die Städte Leipzig und West-Berlin traten in eine Konkurrenz um den Rang der Messe- und Ausstellungsstadt. Durch die drei nun wieder bestehenden Ausstellungen – »Grüne Woche«, Leipzig-Markkleeberg und DLG-Wanderausstellung – ergab sich die interessante Situation einer vor dem Krieg in dieser Form nicht bekannten landwirtschaftlichen »Ausstellungskonkurrenz«. Somit gab es in Deutschland drei große Landwirtschaftsausstellungen mit internationalem Charakter, die um die Gunst der Besucher wetteiferten und dabei drei ganz unterschied-

6 Arno Schmidt: Das steinerne Herz. Historischer Roman aus dem Jahre 1954 nach Christi, Frankfurt am Main 2004, S. 89, 91 u. 103.

7 Vgl. aus der Vielzahl der relevanten Publikationen Elke Scherstjanoi (Hrsg.): »Provisorium für längstens ein Jahr«. Die Gründung der DDR, Berlin 1993.

8 Zur Verwandtensemantik und insbesondere ihrer ethischen Implikationen sowie Hintergründe vgl. Gerhard Vollmer: Der Turm von Hanoi – Evolutionäre Ethik, in: Franz Josef Wetz (Hg.): Kolleg Praktische Philosophie, Bd. 1: Ethik zwischen Kultur- und Naturwissenschaft, Stuttgart 2008, S. 124–151, hier S. 141 f.

9 Presse- und Informationsamt der Bundesregierung (Hrsg.): Deutschland im Wiederaufbau I, 1949–1959. Ein historischer Rückblick, Bonn 1959, S. 624.

liche Konzepte vertraten: Die »Grüne Woche« in West-Berlin war seit 1951 eine ortsgebundene Winterausstellung und primär als Leistungsschau mit teilweisem Messecharakter konzipiert. Sie war direkt im Spannungsfeld Berlin gelegen, auf das größte geschlossene Verbrauchersystem Deutschlands ausgerichtet und wurde im Laufe der Zeit immer politischer. Die West-DLG nahm 1950 das Konzept der traditionellen Wanderausstellungen wieder auf (beginnend in Hannover) und wollte mehr die Bauern als die Verbraucher ansprechen. Die Ausstellung in Leipzig-Markkleeberg schließlich stellte (spätestens ab 1952) einen Ausstellungstypus dar, den es so zuvor in Deutschland noch nicht gegeben hatte: Eine ebenfalls ortsfeste Ausstellung mit primär lehrschaulichem Charakter, die dazu diente, die Bevölkerung, speziell die Bauern, mit den neuen staatlichen agrar-politischen Leitlinien vertraut zu machen und sie darauf festzulegen. Dieses Konzept wurde in Anlehnung an Stalins Idee der »Bauernuniversität« geschaffen, die in der DDR auch »Universität im Grünen« genannt wurde.

Die Regierung der Bundesrepublik verfolgte das agrarpolitische Ziel der Anpassung des Agrarbereichs an die Anforderungen einer entwickelten Industriegesellschaft, die quantitativ und qualitativ hohe Erträge bei geringen Kosten erbringen sollte. Man setzte dabei auf die liberale Marktwirtschaft sowie auf das freie Spiel der Kräfte und Marktmechanismen. In der SBZ/DDR hingegen war man seitens der SED-Parteiführung davon überzeugt, mit der Planwirtschaft sowjetischen Typs, der Bodenreform und der Kollektivierung der Landwirtschaft eine höhere Produktivität erzielen zu können, und schließlich würde die DDR wie ein Magnet auf den Westen wirken. Die Bauern wurden sowohl in Ost als auch in West Figuren auf der Bühne des sich verschärfenden Kalten Krieges und zur primären Zielgruppe der Agrarpropaganda. Durch die mit der deutschen Teilung divergierende Entwicklung in beiden Staaten kristallisierte sich der politisch-ideologische Bedeutungswandel der Ausstellungen heraus: Der Besucher war nun auch Wanderer zwischen weltanschaulich entgegengesetzten Gesellschaftsordnungen.

Organisationen und Verbände, die eigentlich kaum etwas mit der Landwirtschaft zu tun hatten, begannen, sich für die »Grüne Woche« zu interessieren. Auch das institutionelle Netzwerk der amerikanischen Liberation Policy[10], wozu vor allem die Kampfgruppe gegen Unmenschlichkeit (KgU), der Untersuchungsausschuß freiheitlicher Juristen (UfJ) sowie die United States Information Agency (USIA) gehörten, nutzte die Ausstellung für ihre Zwecke. Aber auch Ostbüros der bundesdeutschen Parteien, diverse politische Organisationen und bundesdeutsche Ministerien begannen, die »Grüne Woche« für sich als Plattform zu entdecken und in größer werdendem Umfang zu nutzen. West-Berlin war »Frontstadt« und

10 Vgl. hierzu Stöver: Die Befreiung vom Kommunismus; ders.: Der Kalte Krieg. Geschichte eines radikalen Zeitalters, 1947–1991, Bonn 2007.

»Spielwiese der Geheimdienste«.[11] Es war auch die Zeit, in der sich die politischen Semantiken der Ausstellungen zu verlagern begannen. Nach der Überwindung des Hungers und der Versorgungskrisen der Nachkriegsjahre – im Westen eigentlich schon nach Ende der ersten Berlin-Krise 1948/49 und im Osten mit der Verkündigung des Aufbaus des Sozialismus 1952 – verschob sich das Gewicht der Darstellungen: Es wurden nunmehr Dinge gezeigt, die originär mit Landwirtschaft oder Ernährung nicht mehr viel zu tun hatten. Als Beispiel sei der Hochtechnologiesektor Raumfahrt genannt: Die USA, mehr noch allerdings die UdSSR stellten ihre Errungenschaften auf diesem Sektor des Kalten Krieges auf landwirtschaftlichen, aber auch anderen Ausstellungen dar.[12] Seit 1957 kam es auf sowjetischen und ostdeutschen Schauen immer wieder zur semantischen Verquickung von landwirtschaftlichen Geräten und Maschinen mit dem »Sputnik« oder auch der Atomtechnologie.[13] Mit dieser Verkettung von landwirtschaftlicher Technik mit dem Hochtechnologiesektor versuchten die Besatzungsmächte auf deutschen Landwirtschaftsausstellungen in Ost und West ihre Darstellung eines neuen, den Vorstellungen der Besatzungsmächte eigenen Natur- und Umweltverständnisses zu popularisieren, was Igor J. Polianski für die SBZ/DDR als »Stalinisierung der Natur« bezeichnete.[14] Deutsch-deutsche Verwandtensemantik und »Kampf um die nationale Einheit« verband sich nun mit landwirtschaftlichen und agrarpolitischen Inhalten. Verwundern kann eine derartige Entwicklung indes nicht. Denn solch bedeutende große Ausstellungen hatten beinahe alles thematisch aufzunehmen, was die aktuelle Politik und gesellschaftliche Lage kennzeichnete. Alles das wurde zum Gegenstand der Systemkonkurrenz – materiell wie immateriell. Zentrale politische Ausstellungsthemen waren während der 1950er Jahre jedoch die gesamtdeutsche Frage und die Wiedervereinigung.

11 Klaus Bästlein: Vom NS-Täter zum Opfer des Stalinismus. Dr. Walter Linse (= Schriftenreihe des Berliner LStU, Bd. 27), Berlin 2008, S. 84.

12 Erdfernerkundungssatelliten, die einen Nutzen für die Landwirtschaft hätten bringen können, waren zu diesem Zeitpunkt noch nicht gebaut. Vielmehr waren Satelliten und Raketen ein Symbol für Fortschritt und Hochkultur. Vgl. für die Auswirkungen auf amerikanischer Seite James Schwoch: Global TV. New Media and the Cold War, 1946–69, Illinois 2009, bes. S. 50–52; ders.: The Cold War, the Space Race, and the Globalization of Public Opinion Polling. Paper Presentation, International Studies Association Conference, New Orleans, 24–28 March 2002, in: http://isanet.ccit.arizona.edu/noarchive/ISA-Schwoch.pdf (letzter Zugriff: 24. September 2014).

13 Vgl. Landwirtschaftliche Allunionsausstellung, Moskau 1958, S. 1 f.

14 Igor J. Polianski: »Det is' der Garten Eden!« Fledermäuse, Ruinen, Planetarien. Zur politischen Semantik der Berliner Stadtlandschaft im Kalten Krieg, in: Michael Lemke (Hrsg.): Schaufenster der Systemkonkurrenz. Die Region Berlin-Brandenburg im Kalten Krieg, Köln u. a. 2006, S. 317–342.

Gesamtdeutsche Frage und Wiedervereinigung als Thema der Expositionen

Westarbeit und gesamtdeutsche Veranstaltungen in Markkleeberg

Die nationale und internationale Deutschlandpolitik umfasste seit 1949 vereinfachend gesagt zwei Dimensionen: zum einen die deutsche Wiedervereinigung und zum anderen die gesamtdeutsche Frage.[15] Wesentlichen Anteil an der Deutschlandpolitik beider Staaten hatten die jeweiligen Besatzungsmächte. Die Bundesrepublik als der »stärkere deutsche Teilstaat« war für die SED jedoch auch immer handlungsleitend gewesen. Grundsätzliches Ziel beider war nach 1949 die Zurückerlangung staatlicher Souveränitätsrechte. Die Zeit zwischen 1949 und 1961 lässt sich in der Deutschlandpolitik als die »Phase der Bildung, Konstituierung und Entwicklung beider deutscher Staaten unter den Bedingungen starker Fremdbestimmung« beschreiben.[16] Die politischen Eliten betrachteten ihren Staat als Gegenentwurf »sowohl zur nationalsozialistischen Diktatur als auch zum jeweils anderen Teil«.[17] Als ein Mittel aus dem daraus erwachsenden deutsch-deutschen Konkurrenzkampf entwickelten beide eine »Magnettheorie«. Deren Kerngedanke war, dass das eigene Staatsgebilde so anziehend wie möglich auf das andere wirken sollte. Es liegt auf der Hand, dass sich Großausstellungen, zumal wenn sie wie die »Grüne Woche« mitten im Spannungsfeld des Kalten Krieges situiert waren, für das Darstellen dieser politischen Ziele bestens eigneten. Dazu zählte auch die Vermittlung der sich schnell verfestigenden doppelten Feindbilder: Die DDR sei als Vasall und »Satellit« Moskaus eine kommunistische Diktatur und die Bundesrepublik, so konterte die SED, sei ein revanchistischer und restaurativer Staat, eine »Kolonie« der USA und ihres »Kriegstreibens«.

Die Führungen beider Staaten artikulierten gesamtdeutsche Ansprüche und betrachteten die Teilung als ein Provisorium. Erklärtes Ziel der Politik war daher die deutsche Wiedervereinigung. Über konkrete Planungen, wie dieses Ziel zu erreichen war, verfügten beide Staaten nach 1949 zwar kaum, klar war nur, dass eine Einbeziehung in das jeweilige Bündnissystem zu erfolgen hatte. Während die Bundesrepublik freie Wahlen zur Voraussetzung machte, forderte die SED in ihrem »Maximalprogramm« von 1950/51 eine Wiedervereinigung nach dem Staatsmodell der DDR. An diesen Forderungen hielten beide Seiten fest.

15 Michael Lemke/Detlef Nakath: Die Deutschlandpolitik der Bundesrepublik und der DDR und die innerdeutschen Beziehungen, in: Clemens Burrichter/Detlef Nakath/Gerd-Rüdiger Stephan (Hrsg.): Deutsche Zeitgeschichte von 1945 bis 2000. Gesellschaft – Staat – Politik. Ein Handbuch, Berlin 2006, S. 566–596.

16 Ebd., S. 595.

17 Ebd., S. 56f.

Das Wiedervereinigungsprogramm der DDR beruhte auf dem Konzept einer »Volksfront« aus allen »nationalen« und »antiimperialistischen fortschrittlichen Kräften«, die unter dem Namen der Nationalen Front zusammengefasst wurden. Die »Volksfront« war die zentrale Kategorie revolutionärer Systemveränderung »in der Welt des Kapitalismus«.[18] Die gesamtdeutsche Politik oder auch »Westarbeit« der SED konzentrierte sich vor allem auf der offiziell-propagandistischen sowie der »unterwandernden« Ebene und war infiltrierend. Die nationale Landwirtschaftsausstellung spielte in diesem System eine wichtige Rolle.

Die erste Landwirtschaftsausstellung der DDR im September 1950 reflektierte durch ihre Gestaltung die deutschlandpolitische Leitlinie der SED. Landwirtschaftsminister Goldenbaum rückte in den Geleittexten des Ausstellungshandbuches das »Dorf in der nationalen Front im demokratischen Deutschland« in den Mittelpunkt der politischen Argumentation. Er beschuldigte die Bundesrepublik darin, das Potsdamer Abkommen zu verletzen, was für ihn »nur [...] aus den besonderen Interessen besonders des amerikanischen Imperialismus« zu erklären sei.[19] Anschließend kritisierte er die freie Marktwirtschaft und die »Liberalisierung des Handels« durch die »Bonner Separatregierung«, die der Landwirtschaft nur Leid und Schaden gebracht hätte. Um diesen angeblichen Gefahren zu begegnen, stellte Goldenbaum die »Nationale Front des demokratischen Deutschlands« entgegen. Diese Vereinigung von »nationalbewußten Deutschen« könne die Gefahren einer dauerhaften Teilung abwehren. Schließlich hätten im Gegensatz zu den westlichen Besatzungsmächten die »Völker der Sowjetunion [...] die Forderungen des deutschen Volkes anerkannt« und mit ihrer Hilfe wäre es »den demokratischen Kräften in Deutschland gestattet [worden], nach der Unterwerfung der westlichen Besatzungszonen unter das Ruhr- und Besatzungsstatut die Deutsche Demokratische Republik zu gründen«.[20] Das Bewusstsein für diese politische Entwicklung galt für die SED als grundlegend für die gesamtdeutsche Tätigkeit, für die im Bereich der Landwirtschaft der Gesamtdeutsche Arbeitskreis der Land- und Forstwirtschaft (GAK) verantwortlich war.[21] Der GAK war auch gegründet worden, um über die Zonen- und Staatsgrenzen hinweg »infiltrierend« zu wirken. Denn den Bauern in West wie Ost sollte gleichermaßen suggeriert werden, dass »nur der erfolgreiche Kampf der Nationalen Front für Einheit und gerechten Frieden allen Deutschen eine Zukunft« sichere.[22] In den 1950er Jahren fanden immer zeitgleich mit den Landwirtschaftsausstellungen auch Tagungen des GAK und anderer gesamt-

18 Ebd., S. 568.

19 Landwirtschaft im Aufbau, S. 11.

20 Ebd., S. 13.

21 Vgl. hierzu überblickend Scholz: Bauernopfer.

22 Landwirtschaft im Aufbau, S. 13.

deutsch operierender Organisationen in Markkleeberg statt. Der Sekretär des GAK H. Schmelzer setzte in seinem Text für das Ausstellungshandbuch mit dem Titel »Der deutschen Zwietracht mitten ins Herz« auf einen Vergleich mit der Landwirtschaftsausstellung in Frankfurt am Main von 1948. Er kam zu dem Schluss, dass »sich die Landwirtschaft in Deutschland im Westen und Osten verschiedenartig entwickelte, [was] jeder, der Gelegenheit zum Besuch der Landwirtschaftsausstellung in Frankfurt/Main hatte, eindeutig feststellen« können und »doch ist das Gemeinsame viel stärker als das Trennende«.[23]

Diese Linie bestimmte die Markkleeberger Darstellungen zu den deutschlandpolitischen Themen in den 1950er Jahren weitgehend. Zur politischen Beeinflussung gehörte aber auch eine sich intensivierende »gesamtdeutsche Arbeit«. Neben den Tätigkeiten des GAK, deren Bedeutung im Laufe der Zeit abnahm, tagten »Bauernkongresse«, fanden »gesamtdeutsche Bauernaussprachen« statt und es wurden jährlich einige Tausend ausgesuchte »Gäste aus Westdeutschland« zu den Expositionen in Markkleeberg eingeladen. In dem Maße, wie die DDR-Landwirtschaftsausstellung wuchs und an Bedeutung gewann, vergrößerte sich auch der gesamtdeutsche Anspruch Markkleebergs, als »Schule der modernen Landwirtschaft« für beide deutsche Staaten zu gelten.[24]

Die VdgB, der die Vorbereitung und Durchführung der »gesamtdeutschen Arbeit« auf der Landwirtschaftsausstellung in Markkleeberg oblag, betonte stets, dass es in ihrem »Interesse [liegt], den größtmöglichen Einfluß auf die westdeutschen Bauern auszuüben und ihnen die beiden Entwicklungswege in der Landwirtschaft der beiden deutschen Staaten aufzuzeigen«.[25] Erstmalig in Vorbereitung auf die Ausstellung des Jahres 1957 fand die VdgB klare Worte, um die Fehler, die »hinsichtlich der Einladungen westdeutscher Gäste« in den Vorjahren gemacht worden waren, zu benennen. Bisher war es gängige Planpraxis gewesen, jeweils etwa 1.000 oder mehr »Werktätige aus der Landwirtschaft« Westdeutschlands nach Leipzig-Markkleeberg einzuladen. Außer den Einladungen wurde geworben durch Publikationen über Markkleeberg auf bundesdeutschen Ausstellungen, durch Plakate, Broschüren, in Zeitungen, wie beispielsweise *Das Land*, aber auch unter Einbeziehung des Deutschlandsenders. Jedoch fürchtete die VdgB, dass dadurch auch die westdeutschen Reisebusgesellschaften »ein Geschäft wittern und – wie bei den bisherigen Besuchen – sich einschalten werden«. Man wollte keine Sehleute – vor allem Rentner und interessierte Tagesausflügler – anziehen, sondern westdeutsche Landwirte. Außerdem bestehe wegen des zu erwartenden Auftauchens unangemel-

23 Ebd., S. 53–56, hier S. 55.

24 A.K.: Schule der modernen Landwirtschaft – Was bietet Markkleeberg?, in: *ND* vom 9. Juni 1956, S. 3.

25 Plan der VdgB zur Landwirtschaftsausstellung in Markkleeberg [o.D., 1957], in: SAPMO-BArch, DY 30/IV 2/7/619, Bl. 6f. u. passim.

deter westdeutscher Reisegruppen die Gefahr, keine Übersicht mehr über die tatsächlichen »Westbesucher-Zahlen« zu haben. Eine weitere Befürchtung des VdgB, wie auch der Staatssicherheit, war, dass sich unter den Einreisenden Mitarbeiter des BMG befinden könnten, die Teil einer »Massen-Invasion von Agenten« wären. Allerdings sah man seitens der VdgB keinerlei Möglichkeiten, die vorgetragenen Mängel und Bedenken zu beseitigen. So reduzierte sich alles auf den Auftrag, sich »systematischer in der Anleitung, Kontrolle und Auswertung [zu] befassen«.[26]

Im Endeffekt blieben die Einladungsprozedere die gleichen, nur die »Aussprachen« wurden nun noch genauer vorbereitet und geplant. Auch sollte die »Mundpropaganda« von »zuverlässigen westdeutschen Bauern« in ihren Heimatorten für die ostdeutsche Ausstellung gefördert werden. Die direkte Werbung der bundesdeutschen Bauern erfolgte in zwei Etappen: In der ersten Etappe im Mai 1957 fand der Versand der gedruckten Einladungen statt, außerdem wurden Werbe-Annoncen in *Das Land* geschaltet und Plakate gedruckt. Im Juni ging man zur zweiten Phase über. Diese bestand im Versand weiterer Einladungen, dem Drucken von Sonderbeilagen für die westdeutschen Abonnenten des *Freien Bauern* und des *Demokratischen Dorfs*.[27] Zur Durchführung dieser Aufgabe kooperierte die VdgB mit dem GAK, der FDJ, der DBD und dem DFD aufs Engste. Diese Institutionen sollten speziell ihre »Verbindungen nach dem Westen« nutzen.[28] Es war vorgesehen, dass alle bundesdeutschen Besucher die Ausstellung sowie die »Sehenswürdigkeiten der Stadt Leipzig« innerhalb von vier Tagen sehen sollten. Die Anreise konnte nach Absprache mit dem MdI auch ohne Aufenthaltsgenehmigung von den einzelnen Grenzkontrollpunkten bis Leipzig erfolgen, da die »westdeutschen Bauern [...] Gäste des ZV der VdgB« seien. Auch etwaige Besichtigungswünsche landwirtschaftlicher Objekte sollten ermöglicht werden. Am Tage ihrer Ankunft in Leipzig wurden alle westdeutschen Besucher in Gruppen zu je zehn Leuten zusammengefasst und politisch wie fachlich von Funktionären der Massenorganisationen betreut.[29] Mit *allen* wurden dann vom VdgB-Organisationsbüro in Leipzig, das allerdings nur zwei Mitarbeiter dafür abstellen konnte, »Aussprachen mit führenden Agrarpolitikern der DDR« vorbereitet. Die während der Ausstellung hergestellten »Verbindungen« waren anschließend zu festigen. Dies bedeutete, dass die Funktionäre aus den VdgB-Bezirksvorständen die von ihnen betreuten westdeutschen Bauern mit den Bauern ihres Bezirkes »in Berührung zu bringen und zum Besuch ihres Bezirkes einzuladen« hätten. Zur Sicherung aller gestellten Aufgaben richtete die VdgB ein

26 Ebd., Bl. 7.

27 VdgB, Abt. Schulung und Kulturarbeit, Vorlage für die 3. Sitzung des Sekretariats am 27. April 1957, betr. Plan der gesamtdeutschen Arbeit der VdgB zur Landwirtschaftsausstellung in Leipzig-Markkleeberg vom 17. April 1957, in: ebd., Bl. 1–5, hier Bl. 1.

28 Ebd., Bl. 3.

29 Ebd., Bl. 4.

Organisationsbüro auf dem Schaugelände ein, das aus vier Mitarbeitern bestand.[30] Dem Büro oblag auch die Aufgabe sicherzustellen, dass Unterbringung und Verpflegung für alle bundesdeutschen Gäste funktionierten und dass die reibungslose Anreise der Teilnehmer nach Leipzig erfolgen konnte. Man war sichtlich bemüht, einen möglichst positiven Eindruck zu hinterlassen und den Realsozialismus als optimale Gesellschaftsform zu präsentieren. Der Parteivorstand der DBD riet all seinen Funktionären, die die Landwirtschaftsausstellung besuchten, »das Organisationsbüro des Nationalrates aufzusuchen, um [ihren] Besuch der Ausstellung mit der Führung von westdeutschen Freunden zu verbinden«. Denn dies würde »dazu beitragen, neue Kontakte mit westdeutschen Bauern herzustellen«.[31] Manche der etwa 8.000 versandten Einladungen an westdeutsche Landwirte erfolgten auch über sogenannte »Patenschaftsträger«. Das waren DDR-Bürger, die meist Mitglied in der DBD oder der VdgB waren und westdeutsche »Empfänger« direkt einluden und bei sich zu Hause unterbrachten.[32]

Die Finanzierung der Kosten für die Besucher, ihre Unterkunft, »kulturelle Betreuung«, Tagegelder, Rückfahrt sowie die Auszahlung von Tagegeldern an die durch die VdgB eingesetzten Betreuer übernahm der Zentralvorstand der VdgB. Dabei betrugen die Sätze pro Besucher je Tag: für Verpflegung 12,50 DM, je nach Kosten entsprechend quittierte Unterkunft, Tagegeld von fünf DM, eine »Kulturelle Betreuung« von zwei DM und die Ausstellung der Rückfahrkarte zum Wohnort.[33] Berücksichtigt man eine Planbesucherzahl von 1.000 und legt pro »Westbesucher« Gesamtkosten von ungefähr 70 DM an, so entstanden Kosten in Höhe von rund 70.000 DM.

Den Höhepunkt gesamtdeutscher Arbeit durch die Ausstellung war dann das »Erste Treffen deutscher Bauern«, das von DBD, VdgB und MLF organisiert wurde. An der mit großem propagandistischen Aufwand gefeierten »gesamtdeutschen Bauernaussprache« Anfang Juli 1957 nahmen 250 Bauern aus der Bundesrepublik und der DDR teil.[34] Ulbricht, der meist nur am Eröffnungstag, oder wenn höchste ausländische Politprominenz erwartet wurde, in Markkleeberg blieb, nahm erst seit

30 Ebd., Bl. 4f.

31 Demokratische Bauernpartei Deutschlands, Parteivorstand, Schreiben an Koll. Goldenbaum betr. Vorbereitung und Unterstützung der Landwirtschaftsausstellung in Markkleeberg vom 5. Juni 1956, in: SAPMO-BArch, DY 60/353, unpag.

32 Sektor Gesamtdeutsche Arbeit der DBD an Koll. Goldenbaum im Hause vom 1. Juni 1957, in: SAPMO-BArch, DY 60/4064, unpag.

33 VdgB, Abt. Schulung und Kulturarbeit, Vorlage für die 3. Sitzung des Sekretariats am 27. April 1957, betr. Plan der gesamtdeutschen Arbeit der VdgB zur Landwirtschaftsausstellung in Leipzig-Markkleeberg vom 17. April 1957, in: SAPMO-BArch., DY 30/IV 2/7/619, Bl. 5.

34 Arbeitskreis der Land- und Forstwirtschaft, Chronologische Darstellung der Geschichte des Gesamtdeutschen Arbeitskreises der Land- und Forstwirtschaft [o. D.], in: ebd., Bl. 175–200, hier Bl. 18f.

1960 an diesen Gesprächen teil.[35] Das Finale dieser »Aussprachen« bildete eine »Beratung« am 6. und 7. Juli, an der circa 70 bis 100 aus den Reihen der Besucher ausgewählte beziehungsweise persönlich eingeladene bundesdeutsche Klein- und Mittelbauern teilnahmen. Zum Abschluss des »Treffens deutscher Bauern« fertigte man eine Entschließung und Erklärung aus, die in der DDR verbreitet und von einigen westdeutschen Teilnehmern in der Bundesrepublik im kleinen Rahmen verteilt wurden. Das Papier, das im Großen an die agrarpolitischen Doktrinen der SED anknüpfte und die Politik der Bundesrepublik angriff und die Gefahr des Auseinanderlebens beschwor, endete mit den Sätzen: »Wir alle, Bauern aus Ost- und Westdeutschland, wollen alles tun, um dazu beizutragen, unser Vaterland wieder zu vereinigen.« Denn in der Sicht der SED waren an der deutschen Teilung auch die »Großgrundbesitzer« schuld und ohne NATO-Mitgliedschaft der Bundesrepublik hätten »alle Bauern eine Perspektive«.[36] Die fachliche und »gesamtdeutsche« Wirkung solcher Veranstaltungen war kaum spürbar, allerdings war der propagandistische Wert nicht zu unterschätzen, da das ständige Angreifen der westdeutschen Agrar-, Vergangenheits- und Sozialpolitik die Bundesrepublik mitunter unter einen gewissen Rechtfertigungsdruck zu setzen vermochte.[37]

Das Programm der »6. Landwirtschaftsausstellung der DDR« 1958 folgte im Wesentlichen dem des Vorjahres. Vor allem galt dies für das kulturelle Massenprogramm. Kulturgruppen aus den Bezirken der DDR boten ein vielfältiges Programm rund um das Thema Mais mit einem großen »Maisfest«, mit Maismassentanz und einer Maisparade. Diese Art der kulturellen Propaganda war vor allem dazu bestimmt, die »Wurst am Stängel«, wie der Mais von Chruschtschow gern genannt wurde, zu popularisieren. Weiterhin gab es »Tage der FDJ«, Vorführungen der GST und militärische Übungen der NVA, und alles war begleitet von viel Musik, Tanz und Schauspiel. Nicht zuletzt bei den westdeutschen Gästen sollte all das einen positiven Eindruck hinterlassen.

Nach offiziellen Zählungen hatten während der Zeit vom 14. bis zum 30. Juni 1959 insgesamt 554 westdeutsche Besucher die 7. Landwirtschaftsausstellung der DDR in Leipzig-Markkleeberg aufgesucht.[38] 337 von ihnen waren Angehörige land-

35 Vgl. Die westdeutschen Bauern müssen für den Frieden kämpfen! Auszug aus dem gesamtdeutschen Bauerngespräch in Leipzig-Markkleeberg 4. Juni 1960, in: Walter Ulbricht: Die Bauernbefreiung in der Deutschen Demokratischen Republik, Bd. II: Juli 1958 – Dezember 1960, Berlin (Ost) 1962, S. 1218–1233.

36 Entschließung und Erklärung des »Treffen Deutscher Bauern« vom Juli 1957, in: ebd., Bl. 16 f.

37 Vgl. zu diesem umstrittenen Komplex etwa Eckart Conze/Norbert Frei/Peter Hayes/Moshe Zimmermann: Das Amt und die Vergangenheit. Deutsche Diplomaten im Dritten Reich und in der Bundesrepublik, München 2010, S. 570–620.

38 Zentralvorstand der VdgB, Abt. Gesamtdeutsche Verbindungen: Zwischenbericht über den Besuch westdeutscher Gäste während der 7. Landwirtschaftsausstellung vom 1. Juli 1959, in: SAPMO-BArch, DY 30/IV 2/7/623, Bl. 126–145, hier Bl. 12 f. u. passim.

wirtschaftlicher Berufe. Insgesamt kam der Großteil der westdeutschen Besucher aus dem dörflichen Bereich, mehr als die Hälfte (ca. 60 Prozent) reiste zum ersten Mal in die DDR. 15 Wissenschaftler (davon eine Wissenschaftlerin), darunter zwei Professoren und ein Direktor einer Landwirtschaftsschule, folgten der Einladung.[39]

Doch waren nur 60 Prozent der Eingeladenen auch erschienen. Im Vorjahr waren es noch bis zu 80 Prozent gewesen. Die Abteilung Gesamtdeutsche Verbindungen der VdgB machte dafür in erster Linie rigide Kontrollen bundesdeutscher Grenzbehörden verantwortlich. Aber auch zur verspäteten Zustellung der »Aufenthaltsgenehmigungen« durch die DDR-Behörden soll es laut der VdgB-Funktionäre gekommen sein.

Einige bundesdeutsche Besucher bemängelten das Fehlen von Kleinmaschinen sowie das nur ungenügende Sortiment verschiedener Maschinentypen. Andere West-Besucher – von den VdgB-Funktionären folgerichtig als »die wirklichen Bauern« eingeschätzt – hingegen vertraten positivere Ansichten im Hinblick auf die Landmaschinen-»Typisierung« und die Entwicklung von MTS und LPG.[40] Den unvermeidlichen Vergleich zu den bundesdeutschen landwirtschaftlichen Wanderausstellungen der DLG (1959 in Frankfurt am Main) zogen viele westdeutsche Landwirte. Die von ihnen vorgebrachten Bemerkungen dürften allerdings die berichtenden Funktionäre kaum wort- oder sinngetreu wiedergegeben haben. Denn die DLG-Ausstellungen waren und sind auch Verkaufsmessen für Landmaschinen und landwirtschaftliche Gerätschaften, die daher von der Landmaschinenindustrie unterstützt und mitgetragen wurden. Es wäre wohl keinem westdeutschen Landwirt in den Sinn gekommen, eben das als Negativum zu betrachten und deshalb die DDR-Landwirtschaftsausstellung als »wirkliche Lehr- und Leistungsschau der Landwirtschaft« anzusehen.

Sowohl beeindruckt wie auch skeptisch zeigten sich die bundesdeutschen Ausstellungsbesucher ob des Siebenjahrplanes in der Landwirtschaft. Im Zusammenhang mit der beabsichtigten Produktionssteigerung bis 1965 tauchten Befürchtungen auf, dass in »absehbarer Zeit« eine Überproduktion entstünde und sich Absatzschwierigkeiten einstellen würden. Mehrere Landwirte äußerten auch die Befürchtung, durch Agrarüberschüsse in der DDR und anderen Ostblockstaaten selbst in Absatzschwierigkeiten zu geraten.[41]

Die Installierung der Halle »Westdeutschland« bedeutete eine weitere Verstetigung der Ausstellungspolitik der DDR in Markkleeberg. Bereits seit den frühen 1950er Jahren gab es Darstellungen, die durch Abgrenzungen zur bundesdeutschen

39 Ebd., Bl. 142.

40 Ebd., Bl. 127. – Einige Bauern aus Hessen hätten betont, dass der dortige Maschineneinsatz durch die »Maschinengemeinschaften« und durch Lohnarbeit »entschieden teurer« sei als in den MTS.

41 Ebd.

(Agrar-)Politik diejenige der SED in ein positives Licht zu rücken versuchten. Die Sonderschau in der Halle »Westdeutschland« im Jahre 1958 stellte allerdings einen propagandistischen Höhepunkt dar und soll daher kurz beleuchtet werden.

Das zentrale Thema der Halle »Westdeutschland« lautete 1958 »Hitlers ehemalige Reichsnährstandführer bestimmen die Agrarpolitik des Westzonenstaates«.[42] Der Titel war Programm und reihte sich in die Kampagnenpolitik der SED gegen die Bundesrepublik ein. Nicht nur die DDR-Bürger sollten sich durch die geschickt und teils beeindruckend inszenierte Propaganda beeindrucken lassen, sondern auch die vor dem Hintergrund der »Volksbewegung gegen den Atomtod in Westdeutschland« eingeladenen bundesdeutschen Gäste.[43] An der dem Eingang gegenüberliegenden Stirnseite war ein großer Bundesadler angebracht, an dessen Kopf Fotografien und Karikaturen bundesdeutscher Politiker wie Adenauer, Strauß und Lübke angebracht waren. Dies war das Erste, was die Besucher beim Betreten der Halle sahen. Die hölzernen Flügel der Adlerplastik ragten vom Rumpf aus jeweils nach links und nach rechts, schräg nach vorne in die Halle hinein. Die Flügelspitzen waren stilisierte »Raketen und Atombomben«. Auf der Adlerbrust standen in großen Lettern die »Namen der Reichsnährstandführer, die heute in der Bundesregierung und dem Bauernverband sind«. Die Aufstellung der Namen, die von oben nach unten immer kleiner wurden, war überschrieben mit: »Hitlers Reichsnährstandführer damals, heute Adenauers Agrarbeamte«. Von einigen Namen führten Fäden zu an den Flügeln angebrachten »Beweisdokumenten«, die NS-Verstrickungen der genannten Personen belegen sollten.[44] Zu den angeprangerten Personen gehörten vor allem ehemalige Mitarbeiter des Reichsnährstandes (RNSt) und aus Darrés Ernährungs- und Landwirtschaftsministerium (RMEL), die auch nach 1945 politisch oder für die Landwirtschaft tätig waren. Die »Beweismaterialien« betrafen insgesamt zwölf Agrarfunktionäre: Hans-Joachim Riecke (1899–1987) trat 1925 der NSDAP bei, war SA-Brigadeführer und »nach Darré, Backe und Willikens vielleicht der mächtigste Mann im RMEL« (Dornheim),[45] wo er das Amt des Staatssekretärs innehatte. Riecke war ein persönlicher Freund Albert Speers.[46] 1945 war er Staatssekretär der Geschäftsführenden Regierung Dönitz. Weiterhin wurden »Darrés Chefideologe«

42 Ausgestaltung der Halle Westdeutschland auf der Landwirtschaftsausstellung Leipzig-Markkleeberg [o. D., o. O., o. Unterzeichner], in: SAPMO-BArch, DY 60/4065, unpag.

43 Ebd. u. passim.

44 Ebd. – Der Inhalt dieser »Beweisdokumente« ist nicht überliefert.

45 Andreas Dornheim: Rasse, Raum und Autarkie. Sachverständigengutachten zur Rolle des Reichsministeriums für Ernährung und Landwirtschaft in der NS-Zeit. Erarbeitet für das Bundesministerium für Ernährung, Landwirtschaft und Verbraucherschutz, Tag der Abgabe: 31. März 2011 (Prof. Dr. Andreas Dornheim, Otto-Friedrich-Universität Bamberg, Lehrstuhl für Neuere und Neueste Geschichte unter Einbeziehung der Landesgeschichte), S. 66.

46 Albert Speer: Der Sklavenstaat. Meine Auseinandersetzungen mit der SS, Stuttgart 1981, S. 26.

Hermann Reischle[47], einer der Adjutanten Darrés, Erich Manns[48], ferner Oberrgierungsrat Wolfgang Clauß, einst persönlicher Referent von Herbert Backe im RMEL, und Walter Pflaumbaum von der DDR-Propaganda angegriffen. Pflaumbaum erhielt für seine Verdienste während des Krieges das Ritterkreuz zum Kriegsverdienstkreuz und war 1947 Vorsitzender des niedersächsischen Viehwirtschaftsverbandes. Clauß war in den 1950er und 1960er Jahren Ministerialdirigent im schleswig-holsteinischen Ministerium für Ernährung, Landwirtschaft und Forsten in Kiel. Dort war er 1955 auch an der Fassung des Landwirtschaftgesetzes des Bundeslandes beteiligt. Durch schwerste NS-Verstrickungen waren auch Hanns Deetjen (CDU), Hanskarl Freiherr von Manteuffel und Rudolf Harmening belastet.[49] Deetjen, vor 1945 Presseadjutant im Reichsnährstand, war in den 1950er Jahren Landvolkgeschäftsführer in Niedersachsen und in der dortigen CDU-Landtagsfraktion tätig. Von Manteuffel war unter anderem 1938 im RMEL stellvertretender Abteilungsleiter in der Abt. VIII »Neubildung deutschen Bauerntums und Grundbesitzverteilung«. Er bekleidete den Rang eines SS-Obersturmbannführers. Harmening (geb. 1892) schließlich war 1941 SS-Obersturmbannführer, wurde nach 1937 Verwaltungsführer des RNSt und 1942 Vizepräsident des Reichserbhofgerichts. Er war nach 1945 »Ministerialdirigent zur Wiederverwendung« im Bundesausgleichsamt.[50] Harmening profilierte sich in den 1950er Jahren im juristischen Feld des »alliierten Rückerstattungsrechts« und war für das Bundeswirtschaftsministerium in Fragen des paritätischen Währungsausschusses tätig.

Die unterhalb des mit Dokumenten versehenen Adlers aufgebauten Darstellungen begannen mit Fotos von Schlachtfeldern des Zweiten Weltkrieges, verwüsteten Feldern und abgebrannten Bauernhäusern. Dabei stand zu lesen: »Der 2. Weltkrieg kostete 55 Millionen Menschen das Leben, davon allein 6,6 Millionen Deutsche. Er verschlang täglich 930 Millionen Dollar. Heute noch fehlen auf 200.000 Bauernhöfen in Deutschland die Hoferben, da sie für die Interessen der Großgrundbesitzer und Monopolherren im 2. Weltkrieg ihr Leben ließen. Allein in Niedersachsen und Schleswig-Holstein wurden 28.000 Bauernhöfe im letzten Krieg zerstört. Die Mitschuldigen für diese Verbrechen sind die faschistischen Reichsnährstandführer, von denen viele heute wieder im Bonner-Staat an führender Stelle sitzen.«[51]

47 Dornheim: Rasse, Raum und Autarkie, S. 112.

48 Manns war seit 1932 NSDAP-Mitglied und später der SS. Vgl. ebd., S. 69.

49 Angeprangert wurden auch die ehemaligen RNSt-Funktionäre Wilhelm A. H. Cannenbley, Günther Pacyna, der frühere Obermeister Franz Brandt und Hellmut Körner. Zu Körner und Riecke vgl. auch Rolf-Dieter Müller: Hitlers Ostkrieg und die deutsche Siedlungspolitik, Frankfurt am Main 1991, S. 11 f., 193–195 sowie S. 83, 99, 102 u. 205.

50 Dornheim: Rasse, Raum und Autarkie, S. 51, 6 f., 65–68.

51 SAPMO-BArch, DY 60/4065, unpag.

Der Arbeit an diesem Schauteil scheint das Material für die ein Jahr später erschienene Broschüre *Der Grüne Plan und der Einfluss der NATO-Kriegspolitik auf die westdeutsche Landwirtschaft* der Markkleeberger Schriftenreihe entnommen zu sein. Auch sie war Bestandteil der SED-Kampagnen- und Enthüllungspolitik gegen Bonn. Gleichwohl war die personelle Kontinuität nach 1945 hoch gewesen. Andreas Dornheim kam in seinem Sachverständigengutachten für das Bundesministerium für Ernährung, Landwirtschaft und Verbraucherschutz 2011 zu dem Schluss, dass »Dutzende von NS-Agrarpolitikern in den verschiedensten Funktionen – als Beamte in Bundesministerien oder Bundesbehörden, als Agrarjournalisten [...], als Angestellte der Bauernverbände oder in Vereinen und Wirtschaftsverbänden – in der Bundesrepublik Deutschland in führenden Positionen tätig waren«.[52] In der frühen Bundesrepublik gab es »Siedlungsexperten«, die ihr »Geschäft« bereits in der Weimarer Republik und im »Dritten Reich« betrieben hatten und nun an agrarpolitischen Maßnahmen, wie zum Beispiel an der abgebrochenen Bodenreform in der Bizone, mitwirkten.[53]

Die »Aufrüstung Bonns« war dann auch der Aufhänger der Halle »Westdeutschland« für die 7. Landwirtschaftsausstellung 1959. Das Drehbuch für die Hallengestaltung sah vor, zunächst die »Lage in der westdeutschen Landwirtschaft« propagandistisch aufzubereiten.[54] Als Antwort darauf, in welcher Lage sich die westdeutschen Bauern befänden, kam die Argumentation auf die »Ergebnisse der ›Grünen Bonner Berichte‹«. Ziel der Argumentation war es zu zeigen, »dass der ›Grüne Plan‹ und die ›EWG‹ ein Bestandteil der NATO sind«. Grafiken, Dia-Serien und Ausstellungsfilme, wozu auch »Unternehmen Teutonenschwert« gehörte, sollten die »Einbeziehung der westdeutschen Landwirtschaft in die NATO-Politik und die atomare Aufrüstung« als Tatsachen darstellen. Als ein Beispiel hierfür wurde der »Plan MC 70«[55] angeführt und daraus die Frage abgeleitet: »[...] wie erfolgt in Westdeutschland die psychologische Kriegsvorbereitung?« In dem Schauteil »Wie sich Bonn die Wiedervereinigung denkt«, hießen die Darstellungen schlicht »NATO-Plan, Outline-Plan statt Friedensvertrag«.[56] Die Argumentation war so

52 Dornheim: Rasse, Raum und Autarkie, S. 140.

53 Ebd. – Dornheim regt an, was auch viele renommierte Autoren wie Gustavo Corni, Horst Gies und Ulrich Kluge seit Jahren fordern, nämlich »mögliche Kontinuitäten der Marktordnung und der Agrarpolitik von der Weimarer Republik bis in die Zeit der Bundesrepublik Deutschland und der Europäischen Union zu erforschen«. Ebd., S. 142.

54 Drehbuch zur VII. Landwirtschaftsausstellung – Teil Halle Westdeutschland [o. D., o. O., o. Unterzeichner], in: SAPMO-BArch, DY 60/4066, unpag.

55 Die NATO-Plandirektive MC 70 sah seit 1957/58 für die Bundeswehr bis 1963 vor, zwölf Heeres-Divisionen mit Abschussgeräten für ballistische Raketen und unbemannte Selbstlenkflugkörper, deren atomare Sprengköpfe unter US-amerikanischem Verschluss blieben, zu schaffen.

56 Zum Outline-Plan [Rahmenplan] der NATO 1957 vgl. Kitty Newman: Macmillan, Khrushchev and the Berlin Crisis 1958–1960, New York 2007, S. 48.

angelegt, dass die Betrachter schließlich die SED-Politik als einzige Möglichkeit auf Frieden und Wiedervereinigung wahrnehmen sollten. Für die SED war es essenziell wichtig, dass nicht nur DDR-Bürger diese Argumentation kennenlernten, sondern ein Ideologietransfer auch über die westdeutschen eingeladenen Bauern in die Bundesrepublik erfolgte. Dafür wurde anlässlich der Ausstellung 1959 erstmals eine neue Strategie gewählt, um möglichst effizient bei der Einladung westdeutscher Bauern vorzugehen. Die bereits durch DBD, VdgB, GAK der Land- und Forstwirtschaft sowie den Deutschen Städte- und Gemeindetag bestehenden Westverbindungen sollten nunmehr gebündelt und dadurch auch besser handhabbar werden. Außerdem konnten somit bereits bestehende private Kontakte in die Bundesrepublik erfasst und »für einen möglichst großen politischen Nutzeffekt in der Arbeit mit den westdeutschen Besuchern« genutzt werden. Die »bestehenden Verbindungen« sollten durch Umstellung auf bestimmte »Patenländer« in der Bundesrepublik an die entsprechenden Bezirke der DDR weitergegeben werden. Die ZVdgB erwartete von dieser Umstellung, dass »dadurch für die Arbeit in Markkleeberg ein weiterer Schritt nach vorne getan wurde, um ›wild‹ bestehende Verbindungen in die systematisch auf ein Land in Westdeutschland konzentrierte Arbeit der einzelnen Bezirke einzubeziehen«. Konkret sah die Aufteilung folgendermaßen aus, worin sich die Größe der Bundesländer und der Bezirke, ihre geografische Lage (zueinander) sowie ihre Bedeutung für die Agrarwirtschaft widerspiegelte:[57]

Bezirk der DDR	**»Patenland« in der Bundesrepublik**
Gera	Bayern
Suhl	Bayern
Dresden	Baden-Württemberg
Cottbus	Rheinland-Pfalz
Frankfurt/Oder	Hessen
Erfurt	Hessen
Leipzig	Nordrhein-Westfalen
Halle	Nordrhein-Westfalen
Karl-Marx-Stadt	Nordrhein-Westfalen
Magdeburg	Niedersachsen
Neubrandenburg	Niedersachsen
Potsdam	Niedersachsen
Schwerin	Schleswig-Holstein
Rostock	Schleswig-Holstein

Tab. 3: »Patenschaftsschlüssel« zur Einladung westdeutscher Gäste nach Markkleeberg sowie zur Festigung und zum Ausbau dieser Verbindungen, 1959.

57 Zusammengestellt aus den Angaben in: Westarbeit zur VII. Landwirtschaftsausstellung, in: SAPMO-BArch, DY 60/4066, unpag.

Das gesetzte Ziel der Ausstellung, etwa 1.000 Westbesucher in Markkleeberg zu empfangen, war mit 882 zwischen dem 14. Juni und 12. Juli 1959 gezählten Personen fast erreicht worden. Von diesen waren 47 »der Einladung des Friedensrates gefolgt«. Unter den anderen Besuchern waren 314 Bauern (davon mit einer Betriebsgröße bis 10 ha: 176, 10–20 ha: 113, 20–35 ha: 50 und über 35 ha: 27), 52 Bäuerinnen, 40 Gärtner, acht Gärtnerinnen, drei Winzer, 74 sonstige landwirtschaftliche Berufe, 16 Agrarwissenschaftler sowie 46 Land- und Forstarbeiter. Nach dem Abschluss der Ausstellung bilanzierte die ZVdgB 275 neu geschaffene »Verbindungen«, 147 »Anlaufpunkte«, 35 »Stützpunkte« und 1.891 »neue Adressen«. Nun war es aber nicht nur beabsichtigt, Adressen zu sammeln oder bloß den Kontakt zu halten, vielmehr hatten SED und GAK genaue Vorstellungen, wie diese Kontakte zu nutzen seien. Sie beabsichtigten, durch die »Freunde« einen multiplikatorischen Effekt ihrer Propaganda in den westdeutschen Heimatorten zu erreichen, um dadurch mittel- und langfristig Einfluss auf das bundesdeutsche Meinungsbild zu erlangen: »Es galt, in den 5 Tagen des Aufenthaltes der westdeutschen Freunde, sie zum Kampf im westdeutschen Dorf zur Bildung eines Aktionsausschusses und zur Vorbereitung einer Volksbefragung zu führen.« Außerdem brachte, so die ZVdgB, die »gesamtdeutsche Arbeit auf dem Gebiet der DDR [...] Einblicke in die Stimmung und Lage der westdeutschen Bauern«.[58]

1960 kamen von den offiziell gezählten 1,025 Millionen Besuchern 2.200 aus der Bundesrepublik nach Markkleeberg. Insgesamt gingen beim Markkleeberger Organisationsbüro und dem der VdgB über 1.400 Anmeldungen zum Besuch der Ausstellung ein. 800 Bundesbürger fuhren also ohne Einladung zur Ausstellung. Eine Überprüfung durch die Staatssicherheit ergab, dass sich weitere 20 Personen aus Westdeutschland bei Verwandten in Leipzig aufhielten, die sich für einen Ausstellungsbesuch angemeldet und dafür eine Einreisegenehmigung erhalten hatten.[59]

Einige der Einladungsschreiben, die Direktor Baumgarten zeichnete, wurden von den westdeutschen Empfängern in die DDR zurückgesandt. Manche Rücksender verbaten sich derartige Einladungsschreiben. Für den Aufenthalt in der DDR erhielten die eingeladenen westdeutschen Gäste eine Aufenthaltsgenehmigung für insgesamt fünf Tage, von denen zwei Tage für den Ausstellungsbesuch genutzt werden sollten, wobei der erste Tag als Anreisetag galt. Auf den Einladungsschreiben waren mehrere mögliche Besuchstermine angegeben, und die Empfänger sollten ankreuzen, welche Tage sie wählen wollten. War die angekreuzte Antwortkarte in der DDR wieder angekommen, wurde eine »Teilnahmekarte« ausgestellt, die not-

58 Ebd.

59 BV Leipzig Einsatzgruppe Markkleeberg an das Ministerium für Staatssicherheit, 1. Stellvertreter des Ministers, Gen. Generalleutnant Walter, betr.: 8. Landwirtschaftsausstellung in Markkleeberg vom 27. Juni 1960, in: BStU, Ast. Leipzig, BVfS Leipzig Leitung, Bl. 106–113, hier Bl. 108–110.

wendig war, um einen Einreiseantrag in die DDR stellen zu können. Die Kosten für den Aufenthalt und die Rückfahrt trug die VdgB.

Es fanden mehrere gesamtdeutsche Veranstaltungen statt, bei denen unter anderem auch Ulbricht zugegen war, darunter eine Gesamtdeutsche Tagung der Gewerkschaft Land und Forst am 19. Juni. Drei Tage später fand ein großes »Gesamtdeutsches Bauerntreffen« im Leipziger RFT-Klubhaus statt. An dieser von der VdgB organisierten Veranstaltung nahmen 250 Bauern aus der DDR und etwa 200 Bauern aus der Bundesrepublik teil.[60] Nach der gemeinsamen Begrüßung wurden dezentralisierte »Beratungen« durchgeführt. Das bedeutete, dass man die westdeutschen Landwirte in »Diskussionsgruppen« nach ihrer Herkunft aus den jeweiligen Bundesländern aufteilte und getrennt von den anderen Gruppen redete. Die Mitarbeiter der Staatssicherheit notierten verärgert den Beifall, den ein westdeutscher Referent für das Vortragen eines Rehwinkel-Zitates erhielt. Hingegen vermerkten es die Mitarbeiter der Staatssicherheit als positiv, dass die westdeutschen Bauern die ostdeutsche Landtechnik, speziell den Schlepper RS 09, hoch schätzten. Besonders die politischen Stimmen und Stimmungen unter den bundesdeutschen Bauern in Markkleeberg registrierten sie sorgfältig. Von denjenigen Personen, die sich gegen den Kurs der SPD wandten, notierten sie Namen und Herkunft.[61] Allerdings vermochten es die VdgB-Funktionäre und Betreuer in den Augen der Staatssicherheit nicht, den DBV in ein schlechtes Licht zu setzen.

Im Verlauf ihrer Bearbeitung der Markkleeberger Landwirtschaftsausstellung stellte die Staatssicherheit fest, dass aufgrund »mangelhafter Arbeit des Organisations-Büros der VdgB […] republikflüchtige Personen, die vor kürzerer Zeit die DDR verließen, Leipzig besuchen und diesen Besuch benutzen, um eine Aufenthaltserweiterung in andere Bezirke der DDR zwecks Besuches ihrer Verwandten« zu erhalten.[62] Daher veranlasste man, bei »Erteilung derartiger Aufenthaltserweiterungen ein[en] strengeren Maßstab« anzulegen. Aber auch bei anderen Personen aus Westdeutschland, »besonders bei republikfüchtigen, […] bürgerliche[n] Kräften«, die »negativ in Erscheinung« traten, sollte ein »strengerer Maßstab« angelegt werden. Diese Personen waren bei »offensichtlichem, provokatorischem Auftreten« sofort in die Bundesrepublik zurückzuschicken. Bis zum 26. Juni wurde in vier Fällen von der Maßnahme Gebrauch gemacht. Diese Personen hatten nach Meinung der Staatssicherheit »offen die Adenauer-Linie« vertreten.[63] Zwei weitere westdeutsche Besucher bestanden darauf, eine Molkerei zu besichtigen und nicht nur auf das

60 Ebd., Bl. 109. – Die Mitarbeiter der »Einsatzgruppe Markkleeberg«, Kreusel und Winkler, konnten keinerlei »besondere Vorkommnisse« zu allen gesamtdeutschen Veranstaltungen in Markkleeberg und Leipzig an ihre übergeordnete Dienststelle melden.

61 Ebd., Bl. 10 f.

62 Ebd., Bl. 110.

63 Ebd., Bl. 111.

Ausstellungsgelände beschränkt zu bleiben. Derartigen Wünschen konnte man aufgrund politischer Befürchtungen von DDR-Seite aus nicht sofort zustimmen. Ein geführter Besuch in einer LPG wurde dann gut vorbereitet, angeleitet und betreut eine Woche nach Ausstellungsbeginn durchgeführt, der mit einer »Aussprache« zwischen den bundesdeutschen Gästen und den Mitarbeitern der LPG Krippehna endete. Auch hierbei notierte die Staatssicherheit die nach ihrer Meinung wesentlichen Punkte und Argumente. Die westdeutschen Bauern hätten unter anderem geäußert »In der DDR gibt es keine Demokratie«, »Warum werden in der DDR keine freien Wahlen durchgeführt? Die bisherigen Wahlen waren nicht frei«, »In der DDR gibt es keine Freiheit der Presse« und »Man soll die Grenzen öffnen«. Diese an sich rational diskutierbaren Fragen und Einwürfe wurden von der Staatssicherheit und der VdgB als Provokation betrachtet und als solche »zerschlagen«.[64]

Ein Ereignis von besonderer politischer Bedeutung stellte das »Gesamtdeutsche Bauerngespräch« zwischen Walter Ulbricht und westdeutschen Bauern am Eröffnungstag, dem 4. Juni 1960, in Markkleeberg dar.[65] Diese Einrichtung wurde dann in den folgenden Jahren, auch nach dem Mauerbau, weiter ausgebaut. Ziel der Westarbeit während der 8. Landwirtschaftsausstellung war es, 2.500 Westbesucher in Markkleeberg zu haben.[66] 1.757 kamen schließlich. Mit Interesse stellte die VdgB fest, dass sich vermehrt Großbauern unter ihnen befanden. Im Verlauf der gesamten Schau wurden 26 jeweils mehrstündige »Aussprachen« mit insgesamt 1.238 Teilnehmern geführt, wovon der größte Teil aus der Bundesrepublik kam. Der »gesamtdeutsche Schauteil« und die Halle »Westdeutschland« hatten 1960 unter anderem den Schwerpunkt auf dem Thema »Missbrauch des Waldes zur Militarisierung«. Der entsprechende Schauteil trug die Überschrift »Der westdeutsche Wald – Tummelplatz der NATO-Krieger«. Der zweite Hauptschwerpunkt befasste sich thematisch mit dem Strukturwandel der bundesdeutschen Landwirtschaft. Dieses Thema wurde alsbald ein zentraler Punkt der Argumentation von SED und den Massenorganisationen, um die bundesdeutsche und westeuropäische Agrarpolitik zu diskreditieren. Das Schlagwort vom »Bauernlegen« fand sich überall in den Ausstellungs- und Objekttexten. Dieser Schauteil trug die Überschrift »Die Reichen werden reicher – die Armen werden ärmer«. Mit derartigen Schwarz-Weiß-Argumentationen versuchte die Ausstellung zu zeigen, dass einzig der genossenschaftliche Weg in

64 Ebd. – Was »zerschlagen« bedeutete, lässt der Bericht offen.

65 Walter Ulbricht: Die westdeutschen Bauern müssen für den Frieden kämpfen! Auszug aus dem gesamtdeutschen Bauerngespräch in Leipzig-Markkleeberg am 4. Juni 1960, in: ders.: Bauernbefreiung, Bd. II, S. 1218–1233. – Nach offizieller Überlieferung wurde dieses Gespräch stenografiert und schien nicht völlig zuvor durch ein Drehbuch vorgegeben worden zu sein. Im Gespräch des Verfassers mit Hans Reichelt am 15. Februar 2008 betonte er, dass Ulbricht »sehr viel diskutierte; am liebsten unvorbereitet«.

66 Westarbeit der 8. Landwirtschaftsausstellung Leipzig-Markkleeberg [o. D., 1960], in: SAPMO-BArch, DY 60/4068, unpag.

Land- und Forstwirtschaft, den die SED avantgardistisch umsetzte, es ermögliche, allen Bauern, Forstleuten und Gärtnern eine gesicherte Existenzgrundlage zu geben. Das Fazit, das der Schauteil den Besuchern unterbreitete, lautete denn auch »Das Bauernlegen nimmt auch in der Forstwirtschaft immer größere Ausmaße an«.[67]

Diese politischen Diskussionsrunden, »Bauerntreffs« und Schauthemen waren die vornehmlichen Inhalte, die sich, neben Berichten über die Schau und Lehrreiches, im Programm des Landfunks niederschlugen. Die Sendungen des Landfunks, die direkt vom Ausstellungsgelände auch nach Westdeutschland gesendet wurden, waren ein Stück deutsch-deutscher Systemkonkurrenz, dem »Kalten Krieg im Äther«. Der »Deutschlandfunk« strahlte seit 1954, innerhalb der Sendereihe »Zeitgeschehen im Funk«, jährlich zur Eröffnung der Landwirtschaftsausstellung in Markkleeberg eine Sondersendung aus. Oftmals verlas Direktor Baumgarten eine Eröffnungsrede.[68] Auch die Fernsehberichte wurden in dieser Zeit vermehrt ausgestrahlt, was durch den Aufbau einer Sendestation mit »Funkturm« auf dem Schaugelände möglich wurde. Mit den »Sendungen des Landfunks nach Westdeutschland«, die seit Beginn der 1960er Jahre »bei den verschiedensten Anlässen des Jahres, der iga in Erfurt, der Landwirtschaftsausstellung in Markkleeberg, der Leipziger Messen und sonstigen Zusammenkünften mit westdeutschen Gärtnern, Winzern und übrigen in der Landwirtschaft Tätigen« übertragen wurden, suchte man seitens der DDR westlichen Landfunksendungen, speziell denen des RIAS, entgegenzuarbeiten.[69] Die Gespräche mit den Westdeutschen, die bei den oben genannten Veranstaltungen, Messen und Ausstellungen zugegen waren, nutzte man für die »politische Aufklärungsarbeit«, um – ähnlich den Methoden des RIAS auf der »Grünen Woche« – Rückschlüsse auf die dortige Empfangsqualität des »Deutschlandsenders« und die Hörergewohnheiten ziehen zu können. So waren die eingesetzten Befrager des »Deutschlandsenders« erstaunt, von einem bundesdeutschen Landwirt zu hören, dass »die Zahl derer, die unsere [des DDR-Landfunks] Sendungen regelmäßig abhören, höher eingeschätzt [wird von den westdeutschen Bauern], als wir annehmen«.[70] Jedoch waren die Inhalte der (politischen) Sendungen – also auch der »gesamtdeutschen Bauerngespräche« mit Ulbricht – für viele bundesdeutsche Hörer unverständlich. Viele wussten mit dem Propagandabegriff »Ultras«, den die DDR häufig gebrauchte, nichts anzufangen. Wieder andere

67 Ebd.

68 Vgl. beispielsweise aber auch den »Kommentar des Tages« auf »Berlin I« vom 23. Juni 1954, in: DRA, B095-00-01/0003 »Eröffnung der 3. Landwirtschaftsausstellung und Blumenschau der DDR in Leipzig-Markkleeberg« (Sendemanuskript).

69 An das Staatliche Rundfunkkomitee – Landfunk Deutschlandsender, Betr. Sendungen des Landfunks nach Westdeutschland vom 23. Januar 1962, in: SAPMO-BArch, DY 30/IV 2/9.02, Bl. 92–95, hier Bl. 92.

70 Ebd., Bl. 93.

beklagten, dass »zuviel dialektisches Denken« vorausgesetzt würde. Außerdem sollte man die Landfunksendungen auf die jeweils aktuelle Lage in den einzelnen Bundesländern abstimmen.[71]

Die 9. Landwirtschaftsausstellung 1961 besuchten nach DDR-Angaben 1.477 Besucher aus der Bundesrepublik. Bei der Analyse der im Vergleich zum Vorjahr gesunkenen Zahl der Westbesucher kam man in der Abteilung »Gesamtdeutsche Verbindungen« der DBD zu dem Ergebnis, dass »die Argumentation weiter auszubauen und noch überzeugender zu gestalten« sei.[72] Dabei erschien es den DBD-Funktionären als zweckmäßig, »entsprechend der Mentalität unserer westdeutschen Besucher, von ihrer eigenen Lage auszugehen«. Dies hieß nichts anderes, als dass nach marxistisch-leninistischer Ideologie die nähere Zukunft quasi gesetzmäßig determiniert war und die SED dazu bestimmt sei, den westdeutschen Bauern aus ihrer »Misere« zu helfen. Dazu sollte den westdeutschen Gästen ihre Lage aus Sicht der DDR erklärt und durch die Ausstellung dargebracht werden. Zunächst einmal wurde ein »Informationszentrum NATO« auf dem Ausstellungsgelände eingerichtet. Darin sollte anhand von Zahlen- und Bildmaterial bewiesen werden, wie sehr die Truppenmanöver der NATO-Staaten auf dem Bundesgebiet der Landwirtschaft schaden und dass diese Organisation ein »Kriegstreiber« sei, der die ländliche Bevölkerung stets bedrohen würde. Von den Schäden durch die Rote Armee und die NVA, die deren Armeemanöver innerhalb der Landwirtschaft verursachten, war keine Rede. Eine weitere große Schau dieses Ausstellungsteils war die Halle »Informationen über die westdeutsche Landwirtschaft«.[73] Das Gestaltungsbuch des Schauteils sah eine Fünfgliederung der Thematik vor: »a) Eichmann und der Bonner Staat, b) Die Bedrohung der Bauern durch den Militarismus in Westdeutschland, c) Die Ausbeutung der Bauern durch das westdeutsche Finanz- und Monopolkapital, d) Staatlich organisiertes Bauernlegen in Westdeutschland (Strukturwandel), e) Widerstand der westdeutschen Bauern gegen die Bonner Politik«.

An der »Aussprache mit Genossenschaftsbauern«, die am 22. Juli 1961 in der Halle »LPG Typ I« stattfand, nahmen auch zahlreiche westdeutsche Gäste teil. Die bereits geäußerte Vermutung, dass die Gesprächsrunden zuvor genau geplant und nur wenig bis keinen Spielraum für spontane, also nicht vorher im Drehbuch festgelegte Fragen und Kommentare ließen, kann anhand des »Ablaufplanes« aus dem Nachlass Walter Ulbricht begründet werden.[74]

71 Ebd.

72 Abteilung Gesamtdeutsche Verbindungen der DBD vom 2. August 1961, in: SAPMO-BArch, DY 60/4069, unpag.

73 Vgl. auch das Gestaltungsbuch zum Schauteil in: ebd. u. passim.

74 Ablaufplan für die Aussprache mit Genossenschaftsbauern am 22. Juli 1961 in der Landwirtschaftsausstellung in Leipzig-Markkleeberg, in: SAPMO-BArch, NY 4182/1079, Bl. 1–4.

Weitere Funktionäre und Mitglieder der Regierung, die am Gespräch teilnahmen, waren der Sekretär für Landwirtschaft des ZK der SED, Gerhard Grüneberg, und Minister Reichelt, der die Moderation übernahm. Nach der Eröffnung der Runde mit der obligatorischen Begrüßung des Vorsitzenden des Staatsrates, Ulbricht, fand der »Meinungsaustausch« mit Bauern aus LPG Typ I, II und III sowie einigen Landwirtschaftsfunktionären statt. Besprochen werden sollten »aktuelle Probleme der Weiterentwicklung unserer vollgenossenschaftlichen Landwirtschaft in der Etappe des Kampfes um den Abschluß eines Friedensvertrages«.[75] Begonnen wurde damit, dass Minister Reichelt die Bauern dazu aufforderte, »aus der Diskussion in unseren Dörfern heraus ihre Meinung zu äußern und Fragen zu stellen«.[76] Die Fragen allerdings waren – genau wie die teilnehmenden oder besser: zugelassenen Bauern – vorher festgelegt und den Rednern zugeteilt worden. Ein Bauer hatte die Frage »aufzuwerfen«, was die Genossenschaftsbauern jetzt tun könnten, »um am besten zum Abschluß eines Friedensvertrages und zur Beseitigung der westdeutschen Militaristen beizutragen«. Der fragende Bauer sollte Pars pro Toto für alle Bauern in der DDR Ulbrichts »Friedensforderungen [...] vor der Volkskammer« begrüßen und seine Zustimmung dazu zum Ausdruck bringen. Anschließend hielt Ulbricht ein Referat von etwa 20 Minuten Länge, das quasi die Antwort auf die »Fragen und Meinungen« darstellte. Die Konzeption sah vor, dass nach dem Antwortreferat Ulbrichts ein oder zwei Bauern »auf Grund der Erfahrungen in ihren Dörfern darlegen, warum die für den Frieden und die Lösung unserer nationalen Probleme notwendige Entwicklung der vollgenossenschaftlichen Landwirtschaft in der DDR die aktive Arbeit aller Bauern in den LPG« erfordere. An dieser Stelle konnten dann auch andere aus der Gruppe ausgesuchte und instruierte Teilnehmer Wortmeldungen einbringen.

Für den weiteren Verlauf der »Diskussion« waren zwei Genossenschaftsbauern darauf vorbereitet worden, zum Problem »Gute genossenschaftliche Arbeit und 8-Stunden-Tag« zu sprechen. Ein ehemaliger Großbauer sollte darlegen, dass »auch den Genossenschaftsbauern, die aus großbäuerlichen Kreisen kommen, jetzt in den LPG eine neue Zukunft« gegeben sei. Ein Vorsitzender einer LPG Typ I war dazu

75 Ebd. Bl. 3 f. – Das Programm von Ulbrichts Ausstellungsbesuch am 22. Juli 1961 sah bei seiner Ankunft eine Begrüßung am Haupteingang durch die Ausstellungsleitung vor. Daran schloss sich der Besuch der »wichtigsten Teile der Ausstellung (lt. Plan des Direktors der Ausstellung)« sowie ein kurzer Imbiss an. In der Zeit zwischen 12.15 und 13.45 Uhr war die »große Aussprache« terminiert worden an die sich das Mittagessen im Dorfkulturhaus anschloss. Außer Ulbricht nahmen daran 20 bis 30 weitere Personen – Funktionäre aus zentralen und Bezirksstellen, Gäste und Bauern – teil. Abschließend fand ein kurzer Besuch der Laterna magica statt. Um welches Ausstellungsdetail es sich dabei handelte, konnte vom Verfasser bisher nicht eindeutig geklärt werden. Vermutlich war die Laterna magica Teil des Audiovisuellen Systems der Ausstellung. Vgl. zu diesem Objekt Klunkert: Leipziger Messen, S. 308 – 357, bes. S. 330 – 333).

76 SAPMO-BArch, NY 4182/1079, Bl. 1 f. u. passim.

ausersehen, »zur Entwicklung der guten genossenschaftlichen Arbeit vom Standpunkt des gläubigen Christen Stellung [zu] nehmen«. Dabei hatte Reichelt in seiner Eigenschaft als Moderator Bemerkungen aus dem Präsidium und Meinungsäußerungen verschiedener Teilnehmer zwischenzuschalten.[77] Nach der »Behandlung dieses Problemkomplexes« wurden zwei Bauern abgestellt, »Anfragen zum Problem des Kampfes gegen die Viehverluste in den LPG und zur Frage der besseren Unterstützung der LPG durch die örtlichen Organe der Staatsmacht« zu stellen. Die Runde endete mit »abschließenden Bemerkungen des Genossen Walter Ulbricht zu den diskutierten Problemen«.[78]

Auch nach dem Mauerbau hielt die SED unbeirrt an ihrer Überzeugung fest, durch das eigene Vorbild attraktiv auf die Bauern, Gärtner und Landarbeiter aus Westdeutschland wirken zu können. Einzig die geplante Zahl der »westdeutschen Freunde«, so wie die eingeladenen Gäste aus der Bundesrepublik offiziell genannt wurden, war für die 10. Ausstellung 1962 reduziert worden. Aufgabe der »Westarbeit« war es, »mindestens 800 westdeutsche Besucher auf Grundlage des Touristenverkehrs zu gewinnen«.[79]

Das Ziel und der Inhalt der politischen Arbeit mit den westdeutschen Gästen wurde bestimmt durch das »nationale Dokument ›Die geschichtliche Aufgabe der DDR und die Zukunft Deutschlands‹, die Vorschläge des Genossen Walter Ulbricht auf dem VII. Deutschen Bauernkongress und die außenpolitische Erklärung der Volkskammer vom 28. März 1962: ›Der Beitrag der DDR zur 18-Staaten-Abrüstungskonferenz‹«.[80] Am Beispiel des »Nationalen Dokuments« hatten die eingesetzten Betreuer und Erklärer die nicht gerade einfache Aufgabe, den bundesdeutschen Gästen verständlich zu machen, warum die Abriegelung der Grenzen ein Beitrag zu ihrer Befreiung sein könne. Denn es sollte »am Beispiel ihres eigenen Lebens [das der westdeutschen ländlichen Bevölkerung] und der Entwicklung unserer Genossenschaftsbäuerinnen und -bauern überzeugend nachgewiesen werden, dass die Bourgeoisie nicht mehr fähig ist, die Nation zu führen und die Agrarfrage im Interesse der Bauern zu lösen«. Daher zeige »in Erfüllung ihrer geschichtlichen Aufgabe die DDR den Ausweg«.[81]

77 Ebd., Bl. 2. – Ob es sich bei diesen zwischengeschalteten Bemerkungen um zuvor abgesprochene und in ein Drehbuch eingefügte Äußerungen handeln sollte, ist der Überlieferung nicht eindeutig zu entnehmen.

78 Ebd.

79 Plan zur Durchführung der nationalen Arbeit während der 10. Landwirtschaftsausstellung in Leipzig-Markkleeberg vom 24. Juni bis 22. Juli 1962 vom 27. April 1962, in: SAPMO-BArch, DY 60/4071, unpag.

80 Ebd.

81 An den Bezirksausschuß der Nationalen Front, Sekretär für Westarbeit betr.: Vorbereitung und Durchführung der Westarbeit zur 10. Landwirtschaftsausstellung [o. D., 1962], in: ebd., unpag.

Die Ausrichtung und Zielsetzung der nationalen Landwirtschaftsausstellung der DDR in Markkleeberg, die eine Regierungsausstellung war, blieb nach dem Mauerbau unverändert. Die Landwirte und die ländliche Bevölkerung der Bundesrepublik waren wichtige Kommunikationspartner und Adressaten ihrer politischen Botschaften – und blieben es auch nach dem Mauerbau. Auch nach 1961 hielt die SED an der Doktrin unbeirrt fest, dass die DDR der »Konsultationspunkt für ganz Deutschland« sei.

Für die Ausstellung des Jahres 1965 wurde in Broschüren mit der Behauptung geworben, dass für die Westdeutschen immer noch »Markkleeberg eine Reise wert« sei.[82] Dieser Wert bestand allerdings für die SED weniger in schönen Parkanlagen oder Blumenbeeten, sondern um auf der Ausstellung zu zeigen, dass »die Deutsche Demokratische Republik auch in der Agrarpolitik der deutsche Staat ist, der allein berechtigt ist, im Namen der ganzen deutschen Nation zu sprechen«.[83] Angeblich wuchs die Besucherzahl »aus Westdeutschland, aus anderen westlichen kapitalistischen Ländern und aus den Nationalstaaten« von Jahr zu Jahr.[84] Markkleeberg finde gerade dort »ein solch reges Interesse«. Doch die Besucherzahlen bundesdeutscher Gäste sanken 1962 deutlich ab. In den folgenden Jahren stagnierte ihre Zahl. Der Grund für die unerschütterliche Annahme, dass Markkleeberg für die bundesdeutschen Gäste nach wie vor »eine Reise wert« sei, war, dass dort »einige grundsätzliche Erfahrungen, die für alle von Nutzen sind«, vermittelt würden. Damit war nichts anderes als ein deutsch-deutscher Ideologietransfer gemeint. Denn angeblich vollzog sich seit den 1960er Jahren in Frankreich, Belgien, Italien, der Bundesrepublik und zahlreichen weiteren west- und nordwesteuropäischen Ländern eine Art genossenschaftlicher Revolution in der Landwirtschaft. Diese strukturbedingten Veränderungen wurden von der SED als Belege einer sich weltweit gesetzmäßig ablaufenden Entwicklung gedeutet. Dabei beanspruchte sie, die Rolle des Avantgardisten einzunehmen. Deshalb sollte der nationalen Landwirtschaftsausstellung in den 1960er Jahren in Bezug auf die Auslandsarbeit vermehrt die Rolle des »Konsultationspunktes« zukommen, damit sich die angeführten Länder Anregung und Beispiel an der bereits in der DDR vollzogen Entwicklung hin zum vollgenossenschaftlichen Landwirtschaften nehmen könnten.[85]

82 Dieses Schlagwort, das erstmals 1958 von DDR-Ministerpräsident Otto Grotewohl für Markkleeberg gebraucht worden war, hatte bis in die 1960er Jahre hinein keine Variation erfahren.

83 Leipzig-Markkleeberg ist eine Reise wert [o. D., April 1965], in: SAPMO-BArch, NY 4182/1079, Bl. 468–475, hier Bl. 469.

84 Ebd., Bl. 468.

85 In ihrer »Direktive über die gemeinsamen Aufgaben in der Westarbeit zur 11. Landwirtschaftsausstellung 1963 sowie der iga in Erfurt« sahen der Nationalrat der Nationalen Front des demokratischen Deutschland und der ZV der VdgB die nationale Landwirtschaftsausstellung in ihrer politischen Zielsetzung als »für die westdeutschen Bauern der beste Konsultationspunkt für ihren Kampf gegen das bauern- und volksfeindliche Bonner Regime« an. 1963 wurde besonderer Wert

Bezüglich der Bundesrepublik wurden beispielsweise seit der 11. Landwirtschaftsausstellung im Juni 1963 wieder vermehrt »westdeutsche Freunde« eingeladen. 1963 wurden über 30.000 Einladungen nach Westdeutschland verschickt. Aber nur 1.273 Zusagen kamen von dort zurück. Von diesen erhielten wiederum nur 1.132 eine Aufenthaltsgenehmigung von den DDR-Behörden für den Ausstellungszeitraum. Die meisten abgelehnten Genehmigungen resultierten aus der Befürchtung der Sicherheitsbehörden, dass es sich dabei um »Republikflüchtige« handelte, die nun die Gelegenheit nutzen wollten, um zurückgelassene Verwandte oder Freunde in der DDR zu besuchen.[86] An diesen Vorgängen wird auch ersichtlich, über welch geringes Mitspracherecht die VdgB und das Organisationsbüro der Landwirtschaftausstellung verfügten, wenn es darum ging, die westdeutschen Besucher auszuwählen. Sie konnten nur Vorschläge unterbreiten, über die Einreisegenehmigungen entschieden aber andere Stellen. Aufgrund der stagnierenden Zahlen sollten nunmehr verstärkt auch westdeutsche »Privatbesucher« für einen Besuch in Markkleeberg gewonnen werden. Zuvor war die Aufmerksamkeit immer auf einen »Gruppenbesuch« gelegt worden, allein schon der besseren Überwachung wegen.

Die 11. und 12. LWA 1963 und 1964 standen unter dem Zeichen der veränderten ökonomischen Politik Ulbrichts, des Neuen Ökonomischen Systems der Planung und Leitung der DDR-Volkswirtschaft, kurz NÖS.[87] Dies schlug sich auch direkt in der Ausstellung nieder: Die LPG-Hallen und die Schulungen beinhalteten nun in erster Linie Fragen des betrieblichen Rechnungswesen und Rationalisierung, die in der neuen ökonomischen Politik eine wichtige Rolle innehatten und auch in die Landwirtschaft Eingang finden sollten. Auch die Selbstzuschreibung und das Selbstverständnis der Direktion wie der gesamten Schau veränderten sich in die-

auf »die Gewinnung von neuen Kräften, besonders von Frauen und Jugendlichen sowie Mitgliedern von Aktionsausschüssen, von Maschinengemeinschaften, von Organisationseinheiten des westdeutschen Bauernverbandes und der landwirtschaftlichen Genossenschaften« gelegt, ebenso auf die Gewinnung »progressive[r] Redakteure der westdeutschen Landwirtschaftspresse«. Vgl. SAPMO-BArch, DY 60/4072, unpag.

86 Informationsblatt Landwirtschaftsausstellung Nr. 2 (mit Vermerk »Streng vertraulich!«) vom 10. Juni 1963, in: ebd., unpag.

87 Zum NÖS vgl. André Steiner: Die DDR-Wirtschaftsreform der sechziger Jahre: Konflikt zwischen Effizienz und Machtkalkül, Berlin 1999; ders.: Plan, S. 129–142; ders.: Von Hauptaufgabe zu Hauptaufgabe. Zur Wirtschaftsentwicklung der sechziger Jahre in der DDR, in: Axel Schildt/Karl C. Lammers/Detlef Siegfried (Hrsg.): Dynamische Zeiten. Die 60er Jahre in den beiden deutschen Gesellschaften, Hamburg 2000, S. 218–247. – Zu den Reformen und ihren Einflüssen auf die DDR-Landwirtschaft in den 1960er Jahren vgl. George Last: After the »Socialist Spring«. Collectivisation and economic Transformation in the GDR (= Monografs in German History, Bd. 26), New York u.a. 2009, S. 155–166; Schier: Alltagsleben, S. 74–76. – Zu Ziel, Verständnis und Darstellung des NÖS der SED und der entsprechenden Schauinhalte in Markkleeberg vgl. SED-Hausmitteilung an Gen. Karl Gutjahr von W. Ulbricht vom 22. April 1963 und die Disposition für Rede auf der Beratung mit den Funktionären der Landwirtschaft [o. D., 1963/64], in: SAPMO-BArch, NY 4182/1.079, Bl. 38, 40–48.

sem Prozess. War sie in den Jahren zuvor stolz darauf gewesen, »Bauernuniversität« oder »Universität im Grünen« zu sein, so war es das neue Selbstverständnis der Ausstellung, eine »Hochschule der sozialistischen Betriebswirtschaft« zu sein.[88] Wirtschaftswerbende Schaustände westdeutscher Landmaschinenhersteller waren, parallel zur Leipziger Messe, wieder zugelassen worden. Das Interesse der LPG-Bauern an ihnen war riesig, und sie versuchten »mit den Vertretern der westdeutschen Firma Verträge ab[zu]schließen [...] zum Kauf der Traktoren«.[89]

Deutschlandpolitische und gesamtdeutsche Initiativen auf der »Grünen Woche«

Nach 1948 setzte West-Berlin auf die von Ernst Reuter (SPD; 1948–53 Oberbürgermeister bzw. seit 1950 Regierender Bürgermeister von Berlin) vertretene »Magnettheorie«.[90] Die Stadt sollte so anziehend wie nur irgend möglich sein, eben ein »Schaufenster des Westens«. »Gerade deshalb bedeutete ›Politik der Stärke‹ für die wehrhafte Berliner Demokratie politische, wirtschaftliche und soziale Überlegenheit, die dann«, so Michael Lemke, »– Pars pro Toto – irgendwann zur Freiheit und Wiedervereinigung ganz Europas führen müsse.«[91] So war es nur folgerichtig, dass der West-Berliner Senat die Großausstellungen und Messen als gesamtdeutsche Begegnungsstätten installierte. Der »Grünen Woche« kam dabei zentrale Bedeutung zu. Sie wurde zu einem Ort »nationalpolitischer Bedeutung« erklärt, weil sie nicht nur dem fachlichen wie beruflichen Austausch diente, sondern auch dem innerdeutschen »Kontakt von Mensch zu Mensch«. Jahr für Jahr erfuhren durch sie die ostdeutschen Besucher, dass Deutschland unteilbar sei. Der

88 Material für die Eröffnung des Lehrgangs mit den Leitern der Büros für Landwirtschaft der Bezirks- und Kreisleitung in Markkleeberg [o. D., 1964], in: ebd., Bl. 323–353, hier Bl. 323.

89 Information über den Aussteller auf der Landwirtschaftsausstellung Markkleeberg – Fa. Eicher aus Westdeutschland vom 16. Juni 1964 (gez. Kiesler), in: ebd., Bl. 280. – In dieser für Ulbricht bestimmten Einschätzung spiegelt sich auch die Ambivalenz der Mechanismen innerhalb des NÖS, der Konflikt zwischen Effizienz und Machtkalkül, wider. Die Genossenschaftsbauern wollten die westdeutschen Traktoren unbedingt kaufen, um die staatlichen Planvorgaben zu erfüllen, was mit dem wartungsintensiveren DDR-Landwirtschaftsgerät schwieriger gewesen wäre, konnten dies aber nicht. Denn die westdeutschen Firmenvertreter konnten nicht beantworten, ob die DDR eine Bestellung erwäge, da Handelsbeziehungen nur über den »Deutschen Innen- und Außenhandel« abgewickelt werden konnten. Die Reaktionen der Bauern waren entsprechend ernüchternd oder entrüstet: »Wenn man schon mal anständige Traktoren zu sehen bekommt, kann man sie nicht kaufen und ist gezwungen, die qualitätsmäßig und leistungsmäßig schlechteren Traktoren aus der DDR-Produktion abzunehmen, die sehr viele Reparaturkosten und andere Kosten in den LPG verursachen.«

90 Lemke: Vor der Mauer, S. 37.

91 Ebd.

Eröffnungsansprache von Bundesernährungsminister Heinrich Lübke während der »Grünen Woche«, 31. Januar 1958.

Regierende Bürgermeister[92], bundesdeutsche Politiker, Agrarfunktionäre und Verbandsführer sprachen bei Eröffnungsfeierlichkeiten in den gesamten 1950er Jahren, während dieses Motto über der Tribüne prangte. Sie war nicht nur die »einzige Fachausstellung mit gesamtdeutschem Charakter«,[93] sondern auch, wie Bundespräsident Theodor Heuss ergänzte, »Ausdruck des gesamtdeutschen Bewußtseins«.[94] Die überaus große ostdeutsche Beteiligung unterstrich diesen Anspruch und zeigte die Attraktivität der Ausstellung deutlich.

In erster Linie waren bundesdeutsche landwirtschaftliche Organisationen, Bundesministerien (vor allem das BMLF und das BMG) und die Parteien für die Ausgestaltung von gesamtdeutschen Aktionen auf der »Grünen Woche« verantwortlich. Gesamtdeutsche Kontakte bestanden etwa zwischen Studenten der Landwirtschaftswissenschaften, zwischen Züchtern und den Landfrauen. So war der vom Landfrauenverein West-Berlin eingerichtete gesamtdeutsche Landfrauentreffpunkt ein zentraler Ort deutsch-deutscher Begegnung auf den »Grünen Wochen« der

92 Vgl. die Rede des Regierenden Bürgermeisters Otto Suhr zur Eröffnung der »Grünen Woche« 1955 am 28. Januar 1955, in: LAB, B Rep. 002, Nr. 3591, unpag.

93 Informationsdienst der Pressestelle der »Grünen Woche« vom 7. Februar 1954, in: ebd., unpag.

94 Rede von Bundespräsident Theodor Heuss auf der Kundgebung des Deutschen Bauernverbandes anlässlich der »Grünen Woche« am 27. Januar 1951, in: ebd., Nr. 572, unpag.

1950er Jahre.[95] Die Treffen von Landfrauen aus West und Ost waren ungezwungene Zusammenkünfte, bei denen man sich über aktuelle Entwicklungen im ländlichen Leben austauschte. In der Regel organiserten die West-Berliner Landfrauen Sammlungen (Fachbücher und Dinge des täglichen Bedarfs) für ihre ostdeutschen Gäste, die mitunter bei den sogenannten »Lockaktionen für Ostbesucher« Verwendung fanden.

Seit 1951 tagte der Bundesausschuss für Gesamtdeutsche Fragen zusammen mit den Ausschüssen des Bundestages und des Bundesrates für Ernährung und Landwirtschaft in West-Berlin anlässlich der »Grünen Woche«. Das BMG, die Bundesregierung und der Berliner Senat vertraten die Meinung, dass der Stadt eine besondere kulturelle und finanzielle Förderung zukommen müsse.[96] Denn sie sei nach wie vor »Bastion der Freiheit«, und von dort aus würden nicht nur »Millionen von Bewohnern aus der Sowjetzone in ihrem Widerstandsgeist gegen das kommunistische System gestärkt, sondern Berlin selbst ist das Symbol der Freiheit«.[97] Dieser Argumentation schlossen sich auch die westlichen Besatzungsmächte, allen voran die USA, an. Das BMG förderte aus diesem Grund auch die »Grüne Woche« mit und beschickte sie mit zahlreichen eigenen Sonderschauen, Wanderausstellungen und Informationsständen.

Die gesamtdeutsche Ausrichtung der Ausstellung bezog sich nicht nur auf die DDR, sondern auch auch auf die verlorenen Gebiete jenseits von Oder und Neiße. Denn schließlich sahen es das BMG, auch das BMLF und die Bundesregierung als eine ihrer Aufgaben an, das »Wissen um die deutschen Ostgebiete wachzuhalten«.[98] Über Messen und Ausstellungen vermittelte die Bundesregierung und West-Berlin ein ganzes Bündel von Vorstellungen, Bildern und Botschaften im Sinne ihrer Deutschlandpolitik. Dominierend waren die Bilder von der Bundesrepublik als Teil des Westens, aber auch als Teil einer gespaltenen Nation, deren oberstes Ziel die Überwindung der Teilung war. Hierzu gehörte nicht nur die Wiedervereinigung mit dem Gebiet der SBZ/DDR (»Mitteldeutschland«), sondern eben auch mit den verlorenen »Ostgebieten« (also den Gebieten östlich von Oder und Neiße). Dies galt für alle bundesdeutschen Messen und Ausstellungen, für die die Bundesregierung verantwortlich zeichnete und durch ihre Institutionen ausführen ließ, sowohl im In- als auch im Ausland. Die Bundesrepublik stellte sich gern als Teil einer Schicksals-

95 Die Landfrauen aus dem West-Berliner Lübars leisteten hier oftmals den Hauptteil der Arbeit in Kooperation mit Landfrauen aus Niedersachsen und Schleswig-Holstein.

96 Vgl. hierzu und zu den Plänen des Senats, ein »Kulturzentrum Berlin« zu schaffen, Ribbe (Hrsg.): Berlin, Bd. 2, S. 1147–1152; Rott: Die Insel, S. 187–202.

97 Presse- und Informationsamt der Bundesregierung (Hrsg.): Deutschland im Wiederaufbau. Tätigkeitsbericht der Bundesregierung für das Jahr 1954, S. 32 f.

98 Ebd., S. 323. – Zum Selbstverständnis der Aufgaben des BMG vgl. auch Creuzberger: Kampf für die Einheit, Kap. II.

gemeinschaft dar, die zwar militärisch besiegt, aber mit seinen europäischen Nachbarn gegen einen gemeinsamen Feind zu kämpfen hatte: den Kommunismus. Dazu griffen bundesdeutsche Politiker in den frühen 1950er Jahren auch auf rhetorische Floskeln und Figuren des »Dritten Reiches« zurück. So erklärte Bundesernährungsminister Wilhelm Niklas (CSU) in seiner Ansprache zur »Grünen Woche« 1953: »Nun ein kurzer Blick auf den deutschen Bauern. Der europäische Bauer ist das geschichtliche Produkt der politischen, sozialen und wirtschaftlichen Entwicklung in einer Bevölkerung ohne Raum.«[99]

Der Anspruch, den die Bundesrepublik auf die Gebiete des »deutschen Ostens« erhob, wurde auf der »Grünen Woche« jährlich visualisiert, kommuniziert und medial verbreitet. Für die DDR bedeutete dies ein ständiges Ärgernis und bestärkte sie in ihrer Ansicht über die »Grüne Woche« als feindlich-reaktionäre Veranstaltung und in ihrer Zwei- bzw. später Drei-Staaten-Theorie. Nicht nur die Namen der Ausstellungshallen (zum Beispiel »Danzig«, »Schlesien« oder »Ostpreußen«) auf dem West-Berliner Messegelände symbolisierten diesen Anspruch. Auch die westdeutsche Landwirtschaft[100] und die Ostforschung sorgten in Zusammenarbeit mit dem BMG für die Darstellung der verlorenen »Ostgebiete« und hielten ihre Rückgewinnung für notwendig. Die Vertriebenen-Verbände (etwa die »Deutsch-Balten« und der »Landesverband der Heimatvertriebenen«) vertraten in der Regel die gleiche Ansicht und arbeiteten den Darstellungen des BMG zu. Besonders die Landwirtschaft wurde in den 1950er Jahre nicht müde, die Verluste, die der Ernährungswirtschaft durch die Einbuße dieser Gebiete entstünden, herauszustellen und vor den Gefahren einer daraus resultierenden Mangelversorgung besonders der großen Städte zu warnen. Ein einflussreicher Aufsatz, der 1949 im *Europa-Archiv* erschien, stellte daher die Forderung auf, dass »die dauerhafte Beseitigung derartiger Gefahrenmomente und damit krisenfestere Gleichstellung in der Ernährung mit den übrigen Völkern Europas [...] daher die Rückgliederung des Ostens für unser völlig verarmtes Volk zur zwingenden Notwendigkeit« mache.[101] Die BMG-Sonderschau

99 Ansprache von BM Prof. Dr. Niklas auf der Berliner Kundgebung des DBV: »Eigentum und Freiheit als Grundlage der bäuerlichen Ordnung«, in: DBK Nr. 3/1953 vom 14. Februar 1953, S. 5 f.

100 Sowohl die westdeutsche Industrie als auch das Bundeswirtschaftsministerium meldeten starke Bedenken gegen eine stetig wachsende Politisierung der Messen und der West-Berliner Industrieausstellung im Ost-West-Konflikt an, weshalb sich die westdeutsche Industrie nie so stark für die Industrieausstellung engagierte wie sie es für Industriemessen auf dem Bundesgebiet tat. In der Landwirtschaft herrschte eine andere Einstellung vor. Seitens der landwirtschaftlichen Verbände und deren Spitzenfunktionären, aber auch vom BMLF, war eine politische Anreicherung der »Grünen Woche«, die gar polarisierend wirken sollte, ausdrücklich gewünscht. Zur Bedeutung der Industrieausstellung vgl. Fritsche: Brückenschlag, S. 549 f.

101 Gerhard Heyn: Grundlagen und Leistungen der ostdeutschen Landwirtschaft, in: *Europa-Archiv* 4 (1949), S. 2681–2688, hier S. 2688. – Auch an dieser Stelle kein Wort über Vorgeschichte und Ursachen dieses Verlusts, dem von Deutschland vom Zaun gebrochenen Zweiten Weltkrieg. Vielmehr hatte der Autor die Befürchtung, die Bewirtschaftung, die nunmehr zumeist in polni-

»Die Landwirtschaft im deutschen Osten« während der »Grünen Woche« 1952 (in Halle IV/Mitte) enthielt genau diese Argumentation und das gleiche Zahlenmaterial wie der zitierte Aufsatz drei Jahre zuvor. Die bildlichen Darstellungen (zumeist in Zahlen und Tabellen) zeigten: »Ostdeutschland war ein landwirtschaftliches Überschußgebiet«. Die subtile Grundaussage der Darstellungen war, dass die aufgenommenen und wiedereingegliederten ostpreußischen Landwirte und Züchter ihr seit Jahrhunderten tradiertes Wissen und Können nun in Westdeutschland einbrachten. Somit beruhe der »gegenwärtige hohe Stand der Landwirtschaft [...] also weithin auf den grundlegenden Leistungen des deutschen Ostens«.[102] Bundeskanzler Adenauer erklärte auf der Großkundgebung des DBV am 1. Februar 1953, die anlässlich der »Grünen Woche« stattfand: »Wir können versuchen solche jungen Bauern, namentlich wenn sie ziemlich frei sind, dem Bauernstand zu erhalten, damit sie eines Tages wieder dazu beitragen können, den Osten zu kolonisieren. [...] Ich habe das Wort ›wieder zu kolonisieren‹ sehr bedacht ausgesprochen. Ich glaube, man wird dieser Aufgabe diesen Namen geben müssen.«[103]

Eine der bedeutendsten Ausstellungen dieses Themenkreises hatte ihren Ausgangspunkt in West-Berlin, nämlich die BMG-Wanderausstellung »Deutsche Heimat im Osten«. Die Ausstellung wurde vom BMG und dem Magistrat von Groß-Berlin veranstaltet. Die Schirmherrschaft übernahm der Bundeskanzler, während Bundespräsident Heuss Vorsitzender des Ausstellungskuratoriums war.[104] Sie wurde erstmals in der Zeit zwischen dem 24. November und 17. Dezember 1950 in den Messehallen am Funkturm gezeigt. Ihr Ziel war, »das Zusammengehörig-

schen Händen lag, diesen nicht überlassen zu können. Denn »nachweislich« seien nach dem Versailler Vertrag von 1919 in den »Verlustgebieten« damals bereits »30 Prozent Ernterückgang« zu verzeichnen gewesen. Durch eine »Rückgliederung des Ostens« solle und könne dies, laut Autor, verhindert werden. Ebd.

102 Berliner Ausstellungen (Hrsg.): »Grüne Woche Berlin 1952«, 25. Januar – 3. Februar 1952 Ausstellungshallen am Funkturm, Berlin (West) 1952, S. 39–41.

103 Bulletin der Bundesregierung, Nr. 22 vom 3. Februar 1953, S. 173; vgl. auch den Tonmitschnitt der Rede auf der CD »O-Ton Berlin. Kalter Krieg im Äther« (Track 28). Zur Rezeption der Rede von DDR-Seite aus vgl. Hans Teller: Der kalte Krieg gegen die DDR. Von seinen Anfängen bis 1961, Berlin (Ost) 1979, S. 179.

104 Der Bundesminister für Gesamtdeutsche Fragen, Jakob Kaiser, an den Herrn Bundespräsidenten Prof. Dr. Theodor Heuss Bad Godesberg vom 18. Oktober 1950, betr.: Ausstellung »Deutsche Heimat im Osten« Berlin November 1950, in: BAK, B 122/2302, unpag. – »Ostdeutschenausstellung« trug die Exposition als Arbeitstitel bis kurz vor Eröffnung. Dass sich Heuss schnell für die Übernahme des Kuratoriums bereit fand, lag vermutlich auch an seinem Interesse an der »Ostforschung« und seinen guten Verbindungen, etwa über Max Hildebert Boehm. Vgl. hierzu Ulrich Prehn: Max Hildebert Boehm und die geistige Mobilmachung der »Volksgemeinschaft«. Radikales Ordnungsdenken vom Ersten Weltkrieg bis in die frühe Bundesrepublik, Diss. Universität Hamburg 2010, S. 513, 52 f. u. 524–528. Dort findet sich auch ein antisemitisches Zitat Heuss'. Ebd., S. 52 f. Der Verfasser bedankt sich für die Weitergabe der Dissertation herzlich bei Herrn Ulrich Prehn.

keitsgefühl und die Verbundenheit aller Deutschen mit dem deutschen Osten zu erhalten und zu vertiefen [und] in allen deutschen Ländern das Gewissen für diese Lebensfrage des deutschen Volkes wachzuhalten«.[105] Mit den Mitteln moderner Ausstellungstechnik sollte gezeigt werden, »was der ostdeutsche Mensch und das ostdeutsche Land hinter der Oder-Neiße-Linie in Geschichte und Gegenwart gewesen sind und noch sind, was sie für sich und für das deutsche Volk als Ganzes, was sie für Europa bedeuten«.[106] Nach der Ausstellungszeit auf dem Charlottenburger Messegelände in Berlin wurde »Deutsche Heimat im Osten« zur Wanderausstellung umgebaut, dabei thematisch schärfer strukturiert und dann in mehreren westdeutschen Städten gezeigt. Ein wichtiger Gegenstand war die ländliche Lebensweise und -kultur des »deutschen Ostens«. Die Ausstellung erlangte im Zuge der politischen Diskussion über die Oder-Neiße-Grenze und den Lastenausgleich in der Ära Adenauer große Bedeutung und wurde zu politischen Zwecken instrumentalisiert. Die »völkisch-revisionistische Darstellung der ›deutschen Heimat im Osten‹« zielte auf die Revision der Grenzen von 1945, was von den Ausstellungsmachern ganz klar vertreten wurde.[107] Durch ihre Bildergewaltigkeit rief die Ausstellung starke Emotionen hervor.[108] Weniger bekannt und in der Forschung kaum beachtet ist hingegen die Tatsache, dass die Ausstellung nicht nur zur Wanderausstellung wurde, sondern ebenso zu einer festen Einrichtung der »Grünen Woche«. In den 1950er Jahren war sie regelmäßig präsent und blieb es auch noch Jahre nach dem Mauerbau.[109] Sie

105 Wortlaut des Antrags zur Realisierung der Ausstellung, der von allen drei Fraktionen in der Berliner Stadtverordnetenversammlung einstimmig angenommen wurde, zit. nach Schäfer: Kulturelle Wiederbelebung, S. 64f.

106 Ebd., S. 648.

107 Eva Hahn/Hans Henning Hahn: Flucht und Vertreibung, in: Etienne François/Hagen Schulze (Hrsg.): Deutsche Erinnerungsorte, Bd. 1, München 2001, S. 335–351, hier S. 34f. – Hahn und Hahn gehen in ihrem sehr kritischen Beitrag zum Erinnerungsort »Flucht und Vertreibung« die politischen Semantiken und Bilder der Ausstellung schärfer als Schäfer (Kulturelle Wiederbelebung) an. Sie monieren die unreflektierte volkstümelnde Art der Darstellung und die dargebotene Form der Tradition der deutschen »Heimatkultur« und mystischer »Innerlichkeit« – transportiert durch die von sentimentaler Naivität geprägten Verse Ernst Wiecherts –, die die Erinnerung der Hilflosen konservierte und sich dabei unpolitisch gab, es aber keineswegs war.

108 Durch die zur Eröffnung 1951 mit herausgegebenen Broschüren des BMG wie »Die rote Flut« entstanden auch politische Irritationen zwischen BMG und der SPD. Die Broschüre, die vielmehr eine Kampfschrift war, zeigte auf dem Titelblatt eine rote Welle mit schwarz unterlegter Landkarte, auf der alle verzeichneten größeren westdeutschen Städte im Zonenrandbereich und West-Berlin bis an die Elbe überspült waren. Vgl. Creuzberger: Kampf für die Einheit, S. 461f; Klaus Körner: »Die Rote Gefahr«. Antikommunistische Propaganda in der Bundesrepublik 1950–2000, Hamburg 2000, S. 39.

109 Die Ausstellung – manchmal auch unter dem Titel »Der deutsche Osten« – kann in den Jahren 1952, 1953, 1954, 1955, 1956, 1957, 1958 und 1963 nachgewiesen werden. Vgl. die Ausstellungskataloge dieser Jahre. Für 1952 und 1953 vgl. weiterhin die Niederschriften über die Sitzungen der Gesamtleitungen (Leitung Karl Passarge) über die Internationale Gartenbau-Ausstellung Hamburg 1953 (die Sitzungen vom 29. Januar, 7. März, 24. Juni u. 23. Dezember 1952), in: StHH:

wurde jährlich in der »Brandenburg-Halle« – immerhin der Ehrenhalle des Ausstellungsgeländes – untergebracht. Zur »Grünen Woche« 1954 gestaltete die Berliner Abteilung des BMG (Abt. II) die gesamte Halle zu einer »Gedenkhalle für die Ostgebiete« um und in den sich beiderseits anschließenden Übergangshallen wurden »sachliche Darstellungen aus der SBZ« angebracht.[110] Ein fünf Meter hoher Aufbau in der Mitte der Halle trug während der »Grünen Woche« 1955 – wie in den folgenden Jahren, in denen »Deutsche Heimat im Osten« gezeigt wurde – die Wappen der »deutschen Ostgebiete, deren Fahnen auch die Längswand der Halle schmücken«.[111] Gegenüber erinnerten »die Flaggen und Länder Mitteldeutschlands mahnend an das Los unserer Brüder und Schwestern in der sowjetisch besetzten Zone Deutschlands«. Unter den Wappen und Fahnen war ein Auszug aus der Atlantic-Charta und daneben der Charta der Heimatvertriebenen angebracht. Die Ausstellung »Deutsche Heimat im Osten« sollte in der »Brandenburg-Halle« eine »bildliche Demonstration für das Recht auf die Heimat sein, das 9,5 Millionen Einwohnern der deutschen Gebiete jenseits von Oder und Neiße genommen wurden«. Die auf großen Aufstellern aufkaschierten Bilder hatten die Aufgabe, »das einst so blühende Leben in diesen Landen vor unser Auge« zu führen. Für die »Grüne Woche« waren insbesondere die ländlichen und landwirtschaftlichen Darstellungen, Statistiken und Bilder vermehrt aufgenommen worden. Als für Berlin besonders bedeutsam wurde die Tatsache herausgestrichen, dass diese Gebiete nicht nur 9,5 Millionen Einwohner versorgt hätten, sondern auch »noch 5,5 Millionen Menschen in Mittel- und Westdeutschland«. Denn jenseits von Oder und Neiße befanden sich etwa 25 Prozent der landwirtschaftlichen Grundfläche des Deutschen Reiches in den Grenzen von 1937. Ein besonderes – aber gleichwohl beabsichtigtes[112] – Politikum

Bestand 614-3/9,1, unpag. – Das BMG trat im Verlauf des Jahres 1952 an den Hamburger Senat in Vorbereitung der IGA 1953 heran, um die »Deutsche Heimat im Osten« auch dort ausstellen zu können. Es verwies dabei auf seine Erfahrungen mit dieser Sonderschau auf den »Grünen Wochen« in West-Berlin. Nach längeren Überlegungen kam man in Hamburg jedoch darin überein, dass die IGA nicht der geeignete Ort hierfür sei. Stattdessen schlug Hamburg vor, das Motto »Denkt an den Deutschen Osten!« in Erscheinung treten zu lassen. Dazu sollten die »Ostglocken« im Glockenturm des Ministeriums verwandt werden. Vgl. die Niederschrift über die Sitzung der Gesamtleitung vom 6. Januar 1953, in: ebd., unpag. – Für 1956 ist auch eine kurze Schilderung der Ausstellung durch einen IM erhalten, der sich im Auftrag der Staatssicherheit auf dem Messegelände zur »Grünen Woche« befand. Vgl. BStU, MfS Zentralarchiv Allg. S., Bd. 88/59: Abtl. Information, betr. »Grüne Woche » vom 27. Januar–5. Februar 1956 in Westberlin (Verteiler: Mielke, Beater, HA V, HA II und General Last) vom 27. März 1956, Bl. 14–29, hier Bl. 17.

110 Ergebnis der Aussprache zur »Grünen Woche 1954« zwischen den BA und dem BMLF vom 20. Oktober 1953, in: BAK, B 116/1595, unpag.

111 Katalog »Grüne Woche Berlin 1955« 28. Januar bis 6. Februar 1955, S. 25 u. passim.

112 Denn der offizielle Ausstellungskatalog des Jahres 1955 (S. 25) betont, dass das Motto »Unteilbares Deutschland« in visueller Verbindung mit der Deutschlandkarte von 1937 genau das sei, »was die Schau […] sagen will«. Das AA und das Bundespresseamt sprachen im offiziellen diplomatischen Sprachgebrauch über diese Gebiete von »Deutsche Ostgebiete z.Z. unter fremder Verwaltung«,

war eine große Deutschlandkarte, die das Deutsche Reich in seinen Grenzen von 1937 zeigte, unter der der Satz geschrieben stand »Unteilbares Deutschland«. Zum 30. Jubiläum der Landwirtschaftsausstellung 1956 sollte die Schau dem »Betrachter die Überlegung aufzwingen, welcher Verlust ein dauernder Ausfall dieses Landes für Deutschland bedeuten würde«.[113]

Die Ausstellung wurde für das BMG von Karl Pagel, dem Leiter des Referats für kulturelle Angelegenheiten des Ministeriums, vorbereitet. Pagel war auch Autor einiger Abhandlungen über die »deutsche Ostkolonisation«. Andere Gartenbauausstellungen im Bundesgebiet, wie z. B. die Hamburger IGA, zeigten sich stark an Pagels Sonderschauen interessiert. Letztlich entschied der Vorsitzende der Gesamtleitung der IGA 1953, Karl Passarge, dass die »Internationale Gartenbau-Ausstellung nicht der richtige Platz für eine demonstrative Ausstellung« sei.[114] Der Grund für diese Entscheidung lag darin, dass in Hamburg »eine starke Beteiligung von ostdeutschen Firmen als Aussteller« zu verzeichnen war und man diese nicht durch derartige Schauinhalte vertreiben wollte. Auf der »Grünen Woche« war dies aber nicht der Fall. Denn an ihr durften schon seit 1952 offiziell keine ostdeutschen Aussteller mehr teilnehmen. Gerade die Tagesgäste, die sogenannten Sehleute, die zahlenmäßig stärkste Besuchergruppe nach den ostdeutschen Bauern, wollte das BMG mit seinen Sonderschauen ansprechen. Ihnen sollte mit Mottos wie »Denkt an den Deutschen Osten!«[115] suggeriert werden, dass die Bundesregierung – im Gegensatz zur DDR – am Schicksal geflohener oder vertriebener Landwirte aus den ehemaligen deutschen Gebieten jenseits von Oder und Neiße Anteil nehme.

In den Jahren nach dem Mauerbau variierte »Deutsche Heimat im Osten« stärker von der Aufmachung her. Sie war nunmehr weniger hetzerisch, pathetisch und pompös (die Wappen wurden entfernt) gestaltet und in die Sonderschauen des BMG oder des Berliner Bauernverbandes e. V. auf der »Grünen Woche« integriert. Die scharfe antikommunistische Rhetorik aber blieb erhalten. Auch über die Lebensbedingungen deutscher Kriegsgefangener erstellte das BMG in den frühen 1950er Jahren Sonderschauen und zeigte sie in den West-Berliner Messehallen.[116]

vgl. Allgemeine Anweisung über Kontakte mit dem kommunistischen Machtbereich, Punkt IIa: Begriffsbestimmungen vom 6. Juli 1964, in: PA AA, B 38-IIA1, Nr. 160, Bl. 54.

113 Berliner Ausstellungen (Hrsg.): »Grüne Woche Berlin 1956« 27. Januar bis 5. Februar, Berlin (West) 1956, S. 18.

114 Karl Passarge (Gesamtleitung): Niederschrift über die Sitzung der Gesamtleitung der IGA vom 6. Januar 1953, in: StHH, 614-3, 1, unpag.

115 Dieses Motto sollte allerdings auf jeden Fall auf der IGA 1953 in Hamburg sichtbar werden. Vgl. ebd.

116 Zu den Kriegsgefangenenausstellungen der frühen 1950er Jahre auf dem Ausstellungsgelände unter dem Funkturm vgl. Christine Beil: Erfahrungsorte des Krieges. Kriegsgefangenenausstellungen der Adenauerzeit, in: Nikolaus Buschmann/Horst Carl (Hrsg.): Die Erfahrung des Krieges. Erfahrungsgeschichtliche Perspektiven von der Französischen Revolution bis zum Zweiten Welt-

Als Reaktion auf den Mauerbau erstellte das BMG für die »Internationale Grüne Woche 1962« zahlreiche antikommunistische Wanderausstellungen, die dort entweder ihre Prämiere erlebten oder nur Station machten. Sie trugen Titel wie »Dorf hinter Stacheldraht«, »Der 17. Juni 1953«, »Bauer unter rotem Terror« und »Berlin – nach dem 13. August 1961«. Insofern ist auch Hans-Ulrich Thamers Befund zu ergänzen, dass »historische Ausstellungen zu nationalgeschichtlichen Themen und die Instrumentalisierung des historischen Arguments zu politischen Zwecken kein Monopol nationalsozialistischer Geschichtspolitik« waren. Vielmehr »finden [sie] sich in anderen modernen Diktaturen, wenn auch nicht in jener Massivität und Quantität«, aber eben auch in der parlamentarischen Demokratie.[117]

Ausstellungen und Konzepte zwischen 1949 und 1952

Die zweite Ausstellung der Ost-DLG in Leipzig 1951

Die Gartenbau- und die landwirtschaftliche Ausstellung des Jahres 1950 fanden zwar zeitgleich, jedoch räumlich getrennt statt: die Gartenbauausstellung in Markkleeberg und der landwirtschaftliche Teil auf dem Gelände der technischen Messe in Leipzig. Obwohl es keineswegs sicher war, dass es eine Nachfolgeausstellung geben würde, bemühten sich die Planer bereits um eine Vergrößerung der Schau für 1951. Doch noch im Dezember 1950 fanden sich zweifelnde Stimmen, die Fragen nach dem Sinn und der Machbarkeit einer Ausstellung im Jahre 1951 aufwarfen. Der bedeutendste Vertreter dieser Linie war der Staatssekretär und Stellvertreter von Minister Scholz, Kurt Siegmund.[118]

Nach dem Ende der ersten Landwirtschaftsausstellung der DDR in Leipzig teilte Heinke Heinks (Leiter der Hauptabteilung III des Ministeriums für Land- und Forstwirtschaft) an seinen Vorgesetzten Minister Scholz seine Abschlusskritik mit. Darin hielt er es für unbedingt nötig, »die höhere Stufe der Landwirtschafts- und Gartenbauausstellung für 1951 zu erklimmen«. Denn dies sei der »Antrieb für die stärkste Entfaltung der Initiative« der Bauern, um an der Erfüllung des Fünfjahrplanes mitzuarbeiten und »um ein noch wirksameres Beispiel vom Neuaufbau der

krieg (= Krieg in der Geschichte, Bd. 9), Paderborn 2001 S. 239–260. – Zu weiteren Ausstellungen (auch in West-Berlin mit politisch-historischem Ost-West-Bezug) vgl. Hermann Schäfer: Kulturelle Wiederbelebung. Ausstellungen in Westdeutschland von Kriegsende 1945 bis in die 1960er Jahre, in: Klaus Hildebrand/Udo Wengst/Andreas Wirsching (Hrsg.): Geschichtswissenschaft und Zeiterkenntnis: Von der Aufklärung bis zur Gegenwart. Festschrift für Horst Möller, München 2008, S. 641–654, hier S. 64 f.

117 Hans-Ulrich Thamer: Geschichte und Propaganda. Kulturhistorische Ausstellungen in der NS-Zeit, in: Geschichte und Gesellschaft 24 (1998), S. 349–381, hier S. 380.

118 Zur Person Kurt Siegmund vgl. Dix: »Freies Land«, S. 46 f.

Landwirtschaft der DDR – ohne Kollektivierung – für die Bauern Westdeutschlands zu geben, im allgemeinen Kampf um die Einheit Deutschlands«.[119]

Um einen »größeren Gesamterfolg« der nationalen Ausstellung zu erreichen, machte sich insbesondere Heinks für eine Zusammenlegung beider Ausstellungsteile zu einer großen Gesamtschau stark.[120] In seinem Referat über die LWA 1950 und die Zukunft des landwirtschaftlichen Ausstellungswesens in der DDR, das er am 21. November 1950 vor den Mitgliedern beider Ausstellungsausschüsse hielt, betonte Heinks seine Absichten und Ziele: »Wir brauchen einen einzigen großen agrarischen Ausstellungskomplex, der das Landwirtschaftliche mit dem Gärtnerischen verbindet. [...] Vielmehr muß man sie zusammenlegen unter Berücksichtigung der Eigenarten beider, um das wuchtiger zum Ausdruck bringen zu können. Zu zeigen, daß zwar beide ihre besonderen Aufgaben haben aber ein untrennbares Gesamtganzes darstellen.«[121] Doch die Meinungen über diese Zusammenlegung waren »sehr geteilt«.[122] Damit jedoch mit den Arbeiten für die Ausstellung spätestens im Januar 1951 begonnen werden konnte, war eine beschleunigte Bestätigung in Form eines Ministerratsbeschlusses nötig. Die Fehler, die bei der Vorbereitung der letzten Ausstellung aufgetreten waren – ungenügende Darstellung vieler Objekte durch starken Termindruck, unnötige Mehrkosten und Verzettelung – wollte man kein zweites Mal begehen. Der »operative Ausschuss zur Durchführung der Gartenbauausstellung« fasste seinen Beschluss zur Durchführung der Ausstellung früher als das »Kollektiv Landwirtschafts-Ausstellung«, und er bestand auf dem Markkleeberger Gelände. Baumgarten, als Vorsitzender des Kollektivs, reichte seine Gestaltungsvorschläge erst einen Monat später ein.

Die neue Landwirtschaftsausstellung, so die Vorschläge, sollte »alle Probleme der Landwirtschaft« darstellen, weil »die sowjetische Agrobiologie lehrt [...], alles im Zusammenhang zu sehen«.[123] Da die Staats- und Parteiführung keinerlei Zweifel an der Gesetzmäßigkeit der Überlegenheit sozialistischer Produktionstechniken hegte und die sowjetischen Anbaumethoden für den einzig gangbaren Weg zur Produktionssteigerung hielt, hatte die Landwirtschaftsausstellung diese Sichtweise klar zu reproduzieren und zu kommunizieren, um damit die ländliche Bevölkerung, speziell die Bauern, auf die neuen agrarischen Leitlinien festzulegen. Dass das hochgesteckte Ziel, bis 1950 die »Friedenshektarertäge« wieder zu erreichen, gescheitert

119 Abschlusskritik zur Landwirtschafts- und Gartenbauausstellung mit Vorschlägen für eine Ausstellung 1951 vom 27. November 1950, in: BArch, Abt. DDR, DK 1/1342, Bl. 11–25.

120 Vgl. z. B. die Überlieferung in: ebd., Bl. 2 f.; BArch, Abt. DDR, DK 1/1341, Nr. 134, Bl. 6–14.

121 BArch, Abt. DDR, DK 1/ 1342, Bl. 22. – Hervorhebungen im Original.

122 Hausmitteilung der HA III des MLF vom 16. Dezember 1950, in: ebd. , Bl. 1.

123 Vorschlag für die Gestaltung der Landwirtschafts-Ausstellung der DDR 1951 vom 14. Dezember 1950, in: ebd. 3.

war – nur 70 Prozent wurden tatsächlich erreicht[124] –, fand dabei keine Erwähnung. Zweifel an den neuen Anbaumethoden wurden einfach nicht in Betracht gezogen. Nur ihre »konsequente Ausnutzung« könne eine Verbesserung bringen. Ein weiterer inhaltlicher Ausstellungsschwerpunkt sollte neben der Agrobiologie und den »Neuerermethoden« die Veränderung der Dorfgemeinschaft nach 1945 sein. Den Kern dieser Darstellungen bildete der Dorfwirtschaftsplan als die »Grundlage landwirtschaftlicher Produktion«.[125]

Auch 1951 sollte die Ausstellung weiterhin auf dem Gelände der Technischen Messe Leipzig stattfinden, da nur dort genügend Hallenfläche zur Verfügung stand. Allerdings war die Frei- und Ackerfläche dort nicht ausreichend, um Landmaschinen in größerer Zahl zu präsentieren und vorzuführen. Die Überlegungen hatten deshalb dazu geführt, die Ausstellung nicht zusammen mit der Herbstmesse durchzuführen.[126] Aber dazu sollte es nicht kommen. Das für die Ausstellungsfragen innerhalb der Strukturen der Ost-DLG gebildete »Kollektiv Landwirtschafts-Ausstellung Leipzig« unterbreitete nach dem Abschluss der ersten DDR-Landwirtschaftsausstellung zeitnah umfangreiche Vorschläge für die Gestaltung einer Folgeausstellung für das Jahr 1951.[127] Während die erste nationale Landwirtschaftsausstellung 2,7 Millionen DM gekostet hatte, wurden für 1951 bereits 3,05 Millionen DM Ausstellungskosten aus dem Staatshaushalt veranschlagt.[128] Zeitgleich mit der von Staatssekretär Siegmund im Dezember 1950 aufgeworfenen Frage, ob es wieder eine Landwirtschaftsausstellung geben solle, geriet, wie bereits geschildert, auch die DLG im Zuge der Entdifferenzierung der landwirtschaftlichen Subsysteme und dem »Trend zu mehr Sowjetisierung in den ländlichen Staatsbetrieben« in Existenznot.[129] Die sich seit dem Frühjahr 1951 abzeichnende Schwächung der DLG, die schließlich zu ihrer Auflösung im Sommer führte, machte alle weiteren Pläne zur Durchführung der zweiten DDR-Landwirtschaftsausstellung vorerst zunichte.

Die Zusammenlegung von Gartenbau- und Landwirtschaftsausstellung im Markkleeberger Ausstellungsgelände musste immer wieder hinausgeschoben werden. Der Direktor des Markkleeberger Geländes, Dr. Arnold (ab Ende 1951 Baumgarten), hatte seit einiger Zeit dafür voll ausgearbeitete Pläne »in der Schublade«

124 Schöne: Das sozialistische Dorf, S. 94; Steiner: Plan, S. 69. – Bei den zu erreichenden Erträgen war der Wert des Jahres 1936 angestrebt worden.

125 BArch, Abt. DDR, DK 1/1342, Nr. 1342, Bl. 7.

126 Besprechung mit Vertretern des Leipziger Messeamtes über die evtl. diesjährige DLG-Ausstellung vom 20. Januar 1951, in: BArch, Abt. DDR, DK 1/1343, Bl. 15.

127 Kollektiv »Landwirtschafts-Ausstellung Leipzig 1950«: Vorschlag für die Gestaltung der Landwirtschafts-Ausstellung der DDR 1951, in: BArch, Abt. DDR, DK 1/1341, Bl. 3–8.

128 Kostenvoranschlag für die Landwirtschafts-Ausstellung 1951 vom 24. November 1950, in: ebd., Bl. 10.

129 Scherstjanoi: SED-Agrarpolitik, S. 342.

liegen. Mittlerweile hatte auch der Leipziger Oberbürgermeister diesen Plänen zugestimmt. Nur das Leipziger Messeamt sperrte sich noch. Das MLF, unter dessen Ägide die Ausstellung schließlich stand, wies daher die Messeleitung auf die inzwischen geänderten Messe- und Ausstellungsrealitäten in der DDR hin. Denn den »reinen Verkaufscharakter« hatte die Messe bereits verloren und sollte sich zur Leistungsschau des Sozialismus entwickeln, den die Landwirtschaftsausstellung schon 1950 verkörpert hatte.[130] Damit war der Weg zur Zusammenlegung von Gartenbau- und Landwirtschaftsausstellung auf einem Gelände bereitet, was die Herauslösung der Landwirtschaftsschau aus der Leipziger Herbstmesse bedeutete. Zur gleichen Zeit wurde von der Staats- und Parteiführung der VdgB die Aufgabe übertragen, eine nationale Gartenbauausstellung vorzubereiten und in der Zeit vom 5. bis zum 16. September 1951 durchzuführen. Sie war 1951 neben der Leipziger Herbstmesse die einzige staatlich genehmigte Ausstellung. Auch wenn beide Ausstellungen ab 1952 räumlich zusammengelegt wurden, bestand dennoch bis zur Gründung der Ständigen Landwirtschaftsausstellung 1956 das System alternierender Gartenbau- und Landwirtschaftsausstellung weiter: im Frühjahr der Gartenbau und im Sommer die Landwirtschaft.

Die Ausstellung des Jahres 1951

Im April 1951 fand in der Heide-Gaststätte auf dem Markkleeberger Ausstellungsgelände die erste vorbereitende Arbeitstagung zwischen Vertretern der VdgB (BHG), dem MLF, dem Statistischen Zentralamt und dem Ausstellungsleiter Helmut Lichey statt.[131] Entsprechend der Anmeldungen, die von der Ausstellungsleitung und über die Landesregierungen erfasst wurden, übertrug man der VdgB (BHG) die gesamte Verantwortung bei der Auswahl der ausstellenden Firmen. Der Ausstellungsbeauftragte der ZVdgB (BHG), Brause, forderte alle Landesgruppen auf, bis Ende Juli Schauinhalte zu benennen und entsprechende Konzepte vorzustellen. Trotz des großen Termindrucks hielten alle Landesverbände die Vorgaben ein. Somit konnten Ende Juli im ZVdgB-Sitz, dem »Haus des Deutschen Bauern« in Ost-Berlin, die Vorbereitungen für die nun offiziell betitelte »Erste Gartenbau-Ausstellung der DDR im Fünfjahrplan« abgeschlossen werden.[132] Angesichts der Erfahrungen der letzten Gartenbauausstellung und eingedenk dessen, dass zahlrei-

130 MLF, HA III, betr.: Verwaltung des Ausstellungsgeländes Leipzig-Markkleeberg vom 9. April 1951, in: BArch, Abt. DDR, DK 1/1341, Bl. 12–14.

131 VdgB (BHG) Sektor Gartenbau: Vorbereitungen zur Gartenbauausstellung Leipzig-Markkleeberg 1951 vom 4. Mai 1951, in: BLHA, Rep. 350, Nr. 1342, unpag.

132 Schreiben des ZVdgB (BHG) an die Landesverbände VdgB (BHG), Abt. Kultur und Aufklärung, Sektor Agitation und Sektor Gartenbau vom 27. Juli 1951, in: ebd., unpag.

che westdeutsche Gäste die Gartenbauschauen in Erfurt besuchten, strukturierte die Ausstellungsabteilung der ZVdgB (BHG) die »politische Aufgabenstellung« um. Der »Kampf für den Frieden, für die Einheit Deutschlands, gegen die Remilitarisierung, für die Erfüllung des Fünfjahrplanes sowie die Festigung der Freundschaft mit der Sowjetunion und allen friedliebenden Völkern« und deren Verbindung zum Gartenbau wurden thematisch in den Mittelpunkt gestellt.[133] In Halle I »Groß-Berlin« dominierten politische Darstellungen über das Thema »Der Kampf um den Frieden und die Festigung der Völkerfreundschaft«, wobei die »III. Weltfestspiele der Jugend« zentraler Blickfang waren.[134] Der Gartenbau von Groß-Berlin sollte dadurch die Möglichkeit erhalten, seine Mitarbeit bei der Durchführung des Festivals zu demonstrieren, wozu beispielsweise die Ausgestaltung der »Pionierrepublik ›Ernst Thälmann‹« in der Berliner Wuhlheide gehörte.

Ausstellungshalle II »Sachsen-Anhalt« beinhaltete drei Hauptthemen: die »friedliche Aufbauarbeit der DDR«, »Förderung der Wissenschaft« durch die Regierung und die »Verbindung zwischen Wissenschaft und Praxis sowie die Anwendung der modernen Agrarbiologie«. Die politische Grundlage für die Themengestaltung war ein Stalin-Interview in der *Prawda*. Erst nach Absteckung dieses ideologisch-propagandistischen Rahmens konnten die Ausstellungsgestalter die Mitwirkung des Gartenbaus bei der Landschaftspflege in Sachsen-Anhalt endgültig darstellen. Zur Verdeutlichung des erreichten Standes im Themenkomplex »Verbindung zwischen Wissenschaft und Praxis« dienten der Aufbau und die Arbeit der Institute für Technik im Gartenbau Quedlinburg und die dortige Fachschule für Gartenbau.

Dem »Kampf um ein einheitliches Deutschland gegen die Remilitarisierung« war die Halle III »Thüringen« gewidmet. Zentraler Ausgangspunkt der Darstellungen in dieser Halle war das Referat Ulbrichts vom Mai 1951 vor dem sechsten Plenum des ZK der SED. Zitate dieses Referats waren auf großen Spruchbändern an der Stirnseite der Halle zu sehen. Direkt darunter befanden sich Schau- und Texttafeln des Landes Thüringen, die die dortigen Produktionsanstrengungen in der Samenerzeugung zeigten. Die Schwierigkeiten der Samenproduktion endeten

133 Ebd. u. passim.

134 Die Ausstellungshallen in Markkleeberg erhielten die traditionelle Durchnummerierung mit römischen Ziffern. Während der ersten DDR-Landwirtschaftsausstellung 1950 gab man ihnen zusätzlich geografische Eigennamen, in diesem Fall Namen der ostdeutschen Länder. Nach der Gebietsreform 1952 in der DDR, die die Länder auflöste und das Territorium nach Bezirken und Kreisen gliederte, erhielten die Hallen neben den römischen Ziffern entweder neue geografische Beinamen oder, was häufiger der Fall war, Ideosynkretismen, die auf deutschlandpolitische Ereignisse Bezug nahmen. Während bei der Hallenbenennung in Berlin-Charlottenburg zunächst noch geopolitische und heimathistorische Interessenbekundungen im Vordergrund standen, bezog sich die Benennung in Markkleeberg 1951 auf die Zuständigkeit und den Schaubeitrag der einzelnen Landesverbände der VdgB (BHG).

allerdings laut den Tafeln nicht mit ihrer Produktion. Denn die »Schwierigkeiten des Absatzes« würden vor allem wegen »der von den anglo-amerikanischen Imperialisten herbeigeführten Spaltung Deutschlands« herrühren.[135] Großformatige Fotowände zeigten und erläuterten dem Betrachter die Rolle des Gärtners für die Versorgung der Bevölkerung mit frischem Obst und Gemüse und die Mitarbeit des Gärtners im Gesamtdeutschen Arbeitskreis.

Es gab Darstellungen über die Aufgaben des Gartenbaus innerhalb des Fünfjahrplanes und die Bedeutung der »Freundschaft mit der Sowjetunion«, die vor allem aus Zahlenmaterial und Fotografien bestanden. Sie waren in der Halle IV »Sachsen« untergebracht. Politisch heikel war die Sonderschau über die Zerstörung Dresdens im Zweiten Weltkrieg und der Wiederaufbau. Eine weitere Sonderschau widmete sich der Versorgung der Bevölkerung mit Obst und des Gartenbaus mit Industrieerzeugnissen. Zu diesem Schauteil gehörte auch der Weinbau an Saale und Unstrut.

In Halle V »Brandenburg« waren die Schauthemen »Die Hilfe der Regierung der DDR für den Gartenbau«, »Die Bedeutung der Deutsch-polnischen Freundschaft für den Gartenbau« und »Die Mitarbeit des Gartenbaus bei der Errichtung und Pflege der Kulturstätten für die Werktätigen« untergebracht. Als Material dienten Bilder und Filme vom »Friedenstreffen« in Frankfurt an der Oder, von der gärtnerischen Gestaltung »der neuen Stadt« beim »Hüttenkombinat Ost« bei Fürstenberg und der Umwandlung des Parks Sanssouci in »einen Kulturpark für die Werktätigen«. Die Halle VI war dem Land Mecklenburg vorbehalten. Ihre Hauptthemen waren »Der Dorfwirtschaftsplan«, »Die gegenseitige Hilfe« und »Die Sorge um den Menschen«. Als illustrierende Beispiele dieser Themen wählten die Schaugestalter die Arbeits- und Lebensverhältnisse der Gärtner bei der »Dorfverschönerung [und] der Schaffung von Dorfsportplätzen und Obstanpflanzungen an Gemeindewegen« aus. Auch die Mithilfe der Gärtner bei der Ausgestaltung der Ostseebäder sowie bei der Errichtung von Ferienlagern der Jungen Pioniere fand Eingang.

Zahlreiche Sonderzüge und vergünstigte Fahrpreise für Fahrten zur Ausstellung von Besuchergruppen wurden von der Deutschen Reichsbahn angeboten. Sollte es den Funktionären der VdgB gelingen, täglich 700 Besucher organisiert in Sonderzügen nach Markkleeberg zu bringen, gewährte die Reichsbahn einen Preisnachlass von 50 Prozent. Für die ersten drei Tage der Gartenbauausstellung konnten auch noch die Sonderzüge zur Leipziger Messe zu einer Preisermäßigung von einem Drittel genutzt werden.

135 Die Sprache von Diktaturen erscheint anstrengend zu lesen. Dennoch ist es von heuristischem Wert, auf diese Idiome in der Überlieferung einzugehen und sie an passender Stelle zu zitieren, um sie entschlüsseln zu können. »Man muß den Subtext mitlesen und die ausgesparten Fakten kennen«, so Guntolf Herzberg. Auch wenn die Ereignisse in der damaligen Sprache darzustellen für den Leser eine quälende Lektüre sein kann, »sie allein in der heutigen Sprache zu schildern wäre ein Verlust, da die Sprachregelungen nicht nur Form, sondern auch Inhalt« waren. Vgl. Herzberg: Anpassung und Aufbegehren, S. 20.

Mit insgesamt 450.000 Besuchern wurden die Erwartungen der Ausstellungsleitung übertroffen, was allerdings zur Folge hatte, dass das vorhandene Personal nicht ausreichte, um die Besuchermassen wie geplant zu »steuern« und zu lenken.[136] Hierbei machte es sich sehr negativ bemerkbar, dass das Ausstellungsgelände nur über einen Haupteingang verfügte. Am ersten Sonntag war der Andrang so groß, dass mehrere Besuchergruppen, ohne Eintrittsgeld zu zahlen, auf das Gelände gelangten. »Jahrmarktsatmosphäre«, mit der die Ausstellungen in der DDR allerdings immer zu kämpfen hatten, herrschte bei Besuchern wie Ausstellern.[137] Aus diesem Grund könne man die Ausstellung des Jahres 1951 kaum als Lehrschau ansprechen, so der Tenor der Kritiker.[138]

Neue agrarpolitische Ziele – neue Konzepte in der DDR: Markkleeberg bis 1952

Der erste Fünfjahrplan (1951–1955), den auch die Landwirtschaftsausstellung der DDR propagierte, verfolgte tiefgreifende Ziele, unter anderem die wirtschaftliche Unabhängigkeit vom Westen. Die damit verbundenen ehrgeizigen Vorgaben für die Industrie (z. B. für die sich anbahnende Rüstung) zogen aus der Landwirtschaft dringend benötigte Ressourcen ab.

Im Februar 1951, kurz nach Beginn des Planes, legte die SED-Führung unmissverständlich fest, dass die VEG zu »mustergültigen, hochproduktiven und mechanisierten Wirtschaften« zu entwickeln seien. Dieses Ziel hatte auch die Ausstellung entsprechend zu propagieren.[139] Da die VEG zu diesem Zeitpunkt allerdings noch davon entfernt waren, sie aber dennoch als großer Erfolg für die Bauern in der Ausstellung gezeigt werden musste, hatte Markkleeberg ein Bild der Landwirtschaft zu suggerieren, das so nicht existierte.[140] Bereits mit der ersten Ausstellung wurde die Kluft zwischen Anspruch und Wirklichkeit offenbar: Während der offizielle Ausstellungskatalog – der so »neu wie die Ausstellung« von 1950 sein sollte – die »Aufbauerfolge in der Landwirtschaft der DDR« pries, wandten sich zur selben Zeit die »Bauern Markkleebergs« an die sächsische Landesregierung mit der Bitte, – »zur

136 Kritik zur Markkleeberger Ausstellung 1951 [o. D.], in: BLHA, Rep. 350, Nr. 1342, unpag.

137 Zur »Jahrmarktsatmosphäre« und »Volksfeststimmung« am Beispiel der Leipziger Messe vgl. Klunkert: Schaustellungen und Volksbelustigungen. – Diese von Klunkert herausgearbeiteten, tief in der Kultur verwurzelten Traditionen waren auch von der SED mit ihrer Vorstellung vom sozialistischen Schaucharakter nicht ohne Weiteres zu überwinden.

138 Kritik zur Markkleeberger Ausstellung 1951 [o. D.], in: ebd., unpag. – Die Kritik bezog sich auf die politische Lehrschau.

139 Zit. nach Scherstjanoi: SED-Agrarpolitik, S. 340.

140 Für wichtige Impulse bei der Analyse dessen bedankt sich der Verfasser bei Herrn Ulrich Kluge.

Linderung unserer Not« – das Milchabgabesoll zu senken. Es fehlte vor allem an einem ausreichend großen und gesunden Bestand an Kühen und Schweinen, aber auch an Futtergetreide.[141]

Seit dem Frühjahr 1951 lag der Beschluss des ZK der SED vor, die Landwirtschafts- und die Gartenbauausstellung zusammenzulegen. Das MLF sah – allerdings im Gegensatz zur Ost-DLG-Schauleitung (Baumgarten und Dannenberg) – für dieses Vorhaben das Ausstellungsgelände in Markkleeberg als das »geeignete« an.[142] Das Markkleeberger Gelände wurde zu diesem Zeitpunkt noch immer von der »Genossenschaft zur Förderung des Gartenbaus eGmbH« verwaltet. Aufgrund des ständig wachsenden Umfanges und der erhöhten Anforderungen an die Ausstellung, sah sich die Genossenschaft den Aufgaben nicht mehr gewachsen. Sie beschloss deshalb, sich aufzulösen.

In einer am 30. März 1951 in Markkleeberg stattgefundenen Besprechung zwischen der HA III des MLF, der Genossenschaft, der Ost-DLG und »aller an der Gartenbauausstellung 1951 interessierten Stellen« entstand der Vorschlag, anstelle der Genossenschaft einen Volkseigenen Betrieb (VEB) zu schaffen, der die Bewirtschaftung und Verwaltung des Ausstellungsgeländes – ähnlich dem VE Messeamt für das Leipziger Messegelände – übernahm. Um in den Zeiten, in denen keine (Haupt-)Ausstellung stattfand, eine gute Ausnutzung und höhere Rentabilität zu erreichen, war es die Aufgabe des künftigen VEB, kulturelle Veranstaltungen und kleinere Ausstellungen, wie zum Beispiel Blumenschauen und Konzerte, zu organisieren. Darüber hinaus sollte das auch landschaftsarchitektonisch und historisch wertvolle Gelände als »Kulturpark für die Stadt Leipzig« Verwendung finden.[143] In Leipzig und Umgebung wären zwei solcher Betriebe mit teils identischen Aufgaben aber nicht sinnvoll gewesen. Daher wurde vom MLF vorgeschlagen, dass »dem VE Messeamt in Leipzig eine Abteilung ›Landwirtschaftliches Ausstellungswesen‹ auszugliedern« sei, deren spezielle Aufgabe darin zu bestehen habe, das Markkleeberger Ausstellungsgelände zu bewirtschaften und zu verwalten sowie die dafür erforderlichen Vorbereitungsarbeiten für die Landwirtschafts- und Gartenbauausstellungen in Verbindung mit den übrigen Abteilungen des Messeamtes durchzuführen.[144]

141 BArch, Abt. DDR, DK 1/53716, Bl. 20. Das Schreiben datiert vom 12. September 1950. Die Bauern waren zu diesem Schritt durch den Artikel »Die vorfristige Sollablieferung ist das Gebot der Stunde« in der *Leipziger Volkszeitung* vom 8. September 1950, der in Vorbereitung auf die LWA zur Diskussion gebracht wurde, veranlasst worden. Seit April/Mai 1950 registrierte der Parteivorstand starke Unzufriedenheitsbekundungen über das Ablieferungssoll, die zumeist aus Sachsen kamen. Vgl. dazu auch Scherstjanoi: SED-Agrarpolitik, S. 203.

142 Hausmitteilung des MLF (HA III) vom 9. April 1951, in: BArch, Abt. DDR, DK 1/ 1341, Nr. 1343, Bl. 12–14, hier Bl. 12.

143 Ebd.

144 Ebd., Bl. 13.

Diese Vorschläge lehnte das Leipziger Messeamt jedoch rundweg ab. Minister Scholz und die Schauleitung wandten dagegen ein, dass die Messe »den reinen Verkaufscharakter bereits verloren [hat] und in der Zukunft immer ausgeprägter eine Leistungsschau werden [wird], wie es die erste Landwirtschaftsausstellung der DDR schon 1950 war«.[145] Ein weiteres Argument für eine Zusammenlegung der Ausstellungen in Markkleeberg bestand darin, die Erfahrungen des Messeamtes auf dem Gebiet des Ausstellungswesens (wie zum Beispiel Organisation, Werbung, Verkehr und Transport) nutzen zu wollen. Außerdem komme es dadurch zu Kosteneinsparungen. Die gärtnerischen Fachkräfte aus Markkleeberg könnten dann auch für Arbeiten im Messegelände eingesetzt werden, da sich der Austausch von Arbeitskräften von Betrieb zu Betrieb ohne große Schwierigkeiten durchführen ließe. Sollte es zu einer Zusammenlegung kommen, so die Argumentation weiter, »ließe es sich einrichten«, dass der Gartenbaubetrieb im Markkleeberger Ausstellungsgelände die Lieferung der Blumen für die Frühjahrs- und Herbstmessen übernehmen könnte, welche noch von anderen Leipziger Gartenbaubetrieben geleistet wurde. Dafür sollte im Messeamt eine neue Abteilung »Landwirtschaftliches Ausstellungswesen« entstehen. Dies hätte wohl gleichzeitig auch eine weitere Schwächung der privaten Gartenwirtschaft und des gartenbaulichen Genossenschaftswesens bedeutet. Ohnehin fielen die intensivsten Kontroversen über die Zukunft des gartenbaulichen und landwirtschaftlichen Ausstellungswesens in der DDR in eine Zeit größerer Unsicherheiten der Bauern und Gärtner über die Verschmelzung von VdgB und den Genossenschaften.[146] Ohne Zustimmung durch den Minister für Innerdeutschen und Außenhandel, Handke, war das VE Messeamt Leipzig jedoch zu keiner Revidierung seiner ablehnenden Haltung bereit.

Die Intentionen des MLF gingen ganz klar in die Richtung, die nationale Landwirtschaftsausstellung zu einer Regierungsausstellung zu machen, mit dem Ministerium als zuständigem Dienstherrn. Das MLF hatte vor, die nationale Landwirtschaftsausstellung zu einer Institution auszubauen, die bei der Erfüllung des Fünfjahrplanes in der Landwirtschaft mitwirken sollte. Minister Scholz, der von seinen Mitarbeitern dementsprechende Ausarbeitungen verlangte, erhielt von Heinks 1950 auch weitergehende Vorschläge für eine Ausstellung im Folgejahr. Heinks schlug vor, die Ausstellung derart zu gestalten, dass sie ein »noch wirksameres Beispiel vom Neuaufbau der Landwirtschaft der DDR« werden könne, um sowohl auf die eigenen Bauern als auch auf die Bauern Westdeutschlands anziehend zu wirken. Das Wort »Kollektivierung« durfte noch nicht in Erscheinung treten.[147] Um diese

145 Ebd.

146 Scherstjanoi: SED-Agrarpolitik, S. 309–316, bes. S. 313.

147 Abschlusskritik zur Landwirtschafts- und Gartenbauausstellung mit Vorschlägen für eine Ausstellung 1951 (HA III, H. Heinks an Min. Scholz) vom 27. November 1950, in: BArch, Abt. DDR, DK 1/1342, Bl. 9 f.

Ziele zu erreichen, bedurfte es nun unbedingter Planungssicherheit in Bezug auf das Ausstellungsgelände. Nachdem sich im November 1950 Baumgarten als Leiter des Kollektivs »Landwirtschafts-Ausstellung Leipzig« beim Ministerium für Land- und Forstwirtschaft rückversichert hatte, dass »auch nach der Wiedervereinigung Deutschlands« Markkleeberg als »ständige[r] Ausstellungsort« für die Verwirklichung des »Projekts Markkleeberg« feststehen würde, bestand unter den beteiligten Stellen Einigkeit, die beiden Ausstellungen zusammenzulegen.[148] Die erste Ausstellung dieses Typs fand jedoch erst 1952 statt. Denn organisatorische wie politische Hürden taten sich auf, die auch zur Liquidierung des Ausstellungsspezialisten DLG führten.

Das Ende der Ost-DLG

Nach dem Bruch der sowjetischen Besatzungsmacht mit den West-Alliierten und dem beginnenden Kalten Krieg verschärfte die SED ihr Vorgehen auf dem Lande. Mit der Politik des »verschärften Klassenkampfes« richtete sich die Politik der Parteispitze »nicht nur gegen die Großbauern, sondern auch gegen jene Personen und Institutionen, die im Verdacht standen, mit der aufzubauenden Ordnung nicht übereinzustimmen«.[149] Besonders schwer traf diese Entwicklung neben dem Genossenschaftswesen die Ost-DLG, die die traditionellen Aufgaben hatte, eine »Brücke zwischen Wissenschaft und Landbau« zu sein, Düngerberatung (und auch Düngerhandel) zu organisieren, Landwirtschaftsausstellungen durchzuführen sowie den Handel mit landwirtschaftlichen Erzeugnissen zu beleben.[150] Mit ihren Grundsäulen Selbstverwaltung, Selbsthilfe und unpolitischer landwirtschaftlicher Beratung und Aufklärung stand sie dem totalitären Herrschaftsanspruch der SED zwar entgegen, konnte ihre Geschäftsfelder zunächst dennoch ausbauen.

148 Abschrift, Kollektiv Landwirtschafts-Ausstellung Leipzig 1950, Oskar Baumgarten vom 28. November 1950, in: ebd., Bl. 3–8. – Die Passage »Die Verwirklichung des Projekts Markkleeberg bedeutet gleichzeitig die endgültige Festlegung auf Markkleeberg als ständigen Ausstellungsort, auch nach der Wiedervereinigung Deutschlands« wurde vom Sachbearbeiter mit einem Fragezeichen am Rand versehen. Ebd., Bl. 8.

149 Schöne: Das sozialistische Dorf, S. 95.

150 Zu den traditionellen Aufgaben und Arbeitsbereichen der DLG bis 1934 vgl. Hansen/Fischer: Geschichte der Deutschen Landwirtschafts-Gesellschaft. Für die Aufgaben und Arbeitsgebiete der Ost-DLG ab 1946/47 vgl. Sonderdruck der Zeitschrift *Die Deutsche Landwirtschaft*, H. 4/1947; Albert Cantrup (Wirtschaftsprüfer), Bericht über die bei der Deutschen Landwirtschafts-Gesellschaft durchgeführte Prüfung des Jahresabschlusses zum 31. Dezember 1947, Berlin 15. März 1948, in: BArch, Abt. DDR, DK 107/17192, Bl. 26–34, hier Bl. 2f.

1948, nach den Ereignissen bei der ersten DLG-Landwirtschaftsausstellung in Frankfurt am Main,[151] dem Abschluss der Bodenreform in der SBZ und dem von der SED forcierten »Klassenkampf auf dem Lande« brach die West-DLG den offiziellen Kontakt ab.[152] Inoffizielle Kontakte bestanden jedoch weiterhin. Das wurde von der SED-Spitze zunehmend als Zeichen politischer Illoyalität gesehen. In den Jahren bis 1948/49 gab es einen relativ engen Austausch zwischen den beiden DLG-Schwestern – im Osten allerdings zum größten Teil nur auf der »bürgerlichen Ebene« in persona Mitscherlich, Fauser, Benecke und Kramer. Der Kontakt zur Ost-DLG war der DLG nicht nur durch deren erzwungene Politisierung erschwert, sondern auch durch die Tatsache, dass fast nur Agrarwissenschaftler und kaum Bauern in ihr vertreten waren. Wie eng verquickt aber noch 1948 die beiden Organisationen waren, belegt die Tatsache, dass die Ost-DLG über einen Mittelsmann an Mayer-Schalburg herantrat, um ihn für die Organisation der Landwirtschaftsausstellung in Leipzig zu gewinnen, da die Ost-DLG bis zu diesem Zeitpunkt nicht in der Lage gewesen war, sie selbst auf die Beine zu stellen.[153] Aber auch das Einsetzen von Sonderzügen zur Ausstellung in Frankfurt am Main durch die Ost-DLG oder das erwähnte Umsetzen des alten Eyth-Denkmals aus Berlin-Kreuzberg nach Ost-Berlin (vor die Geschäftsstelle der Ost-DLG in der Kronenstraße) zeigen die noch bis Ende der 1940er Jahre bestehende Verbindung beider DLG-Teile.[154] Für weiteren Ärger innerhalb der HVLF sorgte die eigenmächtige Aussage Fausers an Mayer-Schalburg im Juli 1947, am alten DLG-Vermögen nicht mehr interessiert zu sein.[155]

Hinzu kam, dass zahlreiche Mitarbeiter der Ost-DLG, die teils auch in der HVLF tätig waren, ihren Hauptwohnsitz in West-Berlin hatten. Dies traf sowohl

151 Im Verlauf der Ausstellung kam es zu Auseinandersetzungen zwischen der Schauleitung und den angereisten Funktionären der DVLF und der Ost-DLG. Danach wurde die SBZ/DDR, nach Angabe von Heinks, nicht mehr zur offiziellen Teilnahme an einer Landwirtschaftsausstellung in die Bundesrepublik eingeladen.

152 6. Vorstandssitzung der DLG in Frankfurt am Main am 1. September 1948, in: BAK, Z 6/I, 176, Bl. 77–80, hier Bl. 80.

153 Mayer-Schalburg: Im Strom, S. 3f.

154 Plakat »Landwirtschaftliche Ausstellung Frankfurt am Main vom 29. August bis 5. September 1948«, in: BAK, Z 6/I, 176, Bl. 87. – Die Schauleitung der Landwirtschaftsausstellung wies am Ende des Plakates darauf hin, dass »die D.L.G.-Berlin, Leipzigerstr. 5, Sonderzüge aus der Richtung Schwerin, Berlin und Dresden zusammen [stellt] und Grenzübertrittsscheine [vermittelt]«.

155 Die westdeutsche DLG wollte ursprünglich ein Angebot der Ost-DLG einholen, um in dieser Frage gemeinsam vorgehen zu können. Vorgeschlagen wurde ein Verteilungsschlüssel 2:1 zu Gunsten des Westens. Ein beim Amtsgericht Berlin bestellter Nothelfer zur Feststellung und Verwaltung des Vermögens konnte unter »großen Schwierigkeiten« 6.000 RM nach Westdeutschland überführen. Vgl. Niederschrift über die Vorstandssitzung der DLG in Frankfurt am Main vom 17. März 1948, in: BAK, Z6/I, 176, Bl. 106–110, hier 107; Mayer-Schalburg: Im Strom, S. 35.

für den Präsidenten Mitscherlich als auch für Kramer, Hauptgeschäftsführer Benecke und eine Reihe weiterer Mitarbeiter zu.[156]

Ende September 1948 wurde Rudolf Reutter, Leiter der Abt. IVc Landwirtschaft des ZS, durch Walter Ulbricht mit der Überprüfung der Arbeit der SED-Betriebsgruppe der HVLF beauftragt. Reutter zog den Schluss, dass diese Betriebsgruppe »von allen SED-Betriebsgruppen in der DWK die aktivste« sei.[157] Dennoch übte er starke Kritik an Kramer, Steidle, Pfalzgraf und Hoernle, die sämtlich auch in der Ost-DLG in höchsten Positionen beschäftigt waren. Im November ging die HVLF die »Frage des Kampfes der Großbauern gegen die demokratische Entwicklung im Dorfe« noch intensiver an. In einer Entschließung zu weiteren Maßnahmen der HVLF gegen die Großbauern wurde die Vorgabe aufgestellt, dass nach »Aufklärung der Mitglieder der VdgB, der landwirtschaftlichen Genossenschaften, der DLG und anderer landwirtschaftlicher Vereinigungen [...] alle Großbauern aus den Leitungen dieser Organisationen zu entfernen« seien. Hoernle wurde gedrängt, seine Personalpolitik entsprechend dieser Vorgabe zu ändern.[158] Nach 1947/48 ließ die SMAD traditionelle landwirtschaftliche Organisationen, wie etwa das Genossenschaftswesen, fallen. Die Durchsetzung einer zentralen Planwirtschaft bei gleichzeitigem Bestehen eines unabhängigen Netzes von Agrarwissenschaftlern und Bauern war für sie keine denkbare Option. Die landwirtschaftlichen Vereine, Verwaltungen und Verbände wurden einer konsequenten und ausnahmslosen »Säuberung« unterzogen, um unabhängige Funktionsträger durch politisch zuverlässige zu ersetzen. In Verfolgung dieser Maßnahmen schlug Dölling vor, auch die Statuten der Ost-DLG zu ändern, um die »Ausschaltung des großbäuerlichen Übergewichts« zu beschleunigen.[159] Alle Tierzuchtverbände, Saatgutvereinigungen und sonstigen landwirtschaftlichen Organisationen wurden unter die Aufsicht und Lenkung der VdgB gestellt, zunächst noch mit Ausnahme der Ost-DLG.[160]

Um Material über missliebige landwirtschaftliche Organisationen zu sammeln, beauftragte das ZS der SED eine Kommission, die sich vorrangig mit der DLG und der DSG befasste. Diese Kommission, die aus Mitarbeitern der Abt. Personalpolitik bestand, berichtete vornehmlich direkt an Ulbricht und Merker und begann im

156 In der ohnehin politisch hoch angespannten Zeit der Berlin-Blockade stellte Benecke gar einen Antrag auf »Blockadehilfe« an die Hauptgeschäftsstelle der West-Berliner Blockadehilfe, um seine Hausangestellte in DM West bezahlen zu können. Vgl. Reinhard Benecke an die Hauptgeschäftsstelle Blockadehilfe, Berlin 13. Mai 1949, in: BArch, Abt. DDR, DK 107/17204, unpag.

157 Bericht des Gen. Reutter an Walter Ulbricht und Paul Merker von der Überprüfung der Arbeit der SED-Betriebsgruppe HVLF vom 22. September 1948, in: SAPMO-BArch, DY 30/IV 2/7/261, Bl. 1–5.

158 Ebd.

159 Für die Diskussionsbeilage zur Parteikonferenz: Die Betriebsgruppe der HVLF nimmt Stellung zum Klassenkampf im Dorfe vom 25. November 1948, in: ebd., Bl. 26–29, hier Bl. 28.

160 Beschlussentwurf: Umgestaltung der landwirtschaftlichen Organisationen [o. D.], in: ebd., Bl. 4 f.

Dezember 1948 ihre Tätigkeit. Als im Februar 1949 genug »Material« beisammen war, entschied Ulbricht auf der Bauernkonferenz in Halle, »sich mit den Fragen der DSG und der DLG [zu] befassen«, was dann im *Neuen Deutschland* veröffentlicht wurde.[161] Damit waren die Weichen gestellt, um die Ost-DLG und die DSG abzuwickeln. Die Hauptvorwürfe lauteten Verschwendung von Geldern (die staatlichen Zuschüsse für das Beratungswesen würden sich die Wissenschaftler, Agronomen und Berater in die eigene Tasche stecken); der Hauptgeschäftsführer Benecke sei politisch nicht tragbar, und sobald sich adäquater Ersatz für ihn finde, sei er abzulösen. Überdies habe die Wissenschaft keine Verbindung zur Landwirtschaft und schließlich entfalte das Beratungswesen keine Wirkung. Insbesondere wurde den »bürgerlichen« Verwaltungsangestellten und Wissenschaftlern vorgeworfen, »Großbauern« zu unterstützen, den Wirtschaftsplan zu behindern und politische Programme, wie etwa das Neubauernprogramm, zu sabotieren.[162]

Die SMAD hatte nie volles Vertrauen in die Ost-DLG gehabt und verweigerte ihr bis zuletzt die volle Unterstützung, was auch darin zum Ausdruck kam, der Gesellschaft den Status eines eingetragenen Vereins zu verwehren. Dies führte auch dazu, dass die DLG juristisch gesehen als ein noch nicht rechtsfähiger Verein bis zum Eintrag in das Vereinsregister den Vorschriften der bürgerlichen rechtlichen Gesellschaften unterlag. So ergab sich die Situation, dass bei einem Rechtsgeschäft, das im Namen der Ost-DLG (bis zur Erlangung der Rechtsfähigkeit) einem Dritten gegenüber vorgenommen wurde, der Vorstand bzw. die Geschäftsleitung persönlich dafür haftete.[163] Diesen Umstand nutzte man dann aus, um Benecke loszuwerden. Gegen ihn wurden Vorwürfe der Unterschlagung und Veruntreuung konstruiert, woraufhin er festgenommen wurde. Auf seine Versicherung, Ost-Berlin nicht zu verlassen, wurde er aus der Haft entlassen. Benecke ging dennoch in seine West-Berliner Wohnung zurück und entkam somit der willkürlichen Strafverfolgung. Ersatz für den unliebsamen Hauptgeschäftsführer zeichnete sich in der Person Oskar Baumgarten ab.

Die Abwicklung der Gesellschaft erfolgte dann schnell. 1950 nahm das Ministerium für Land- und Forstwirtschaft zunächst den Düngerberatungsdienst aus den Händen der Ost-DLG. Im Juli des Jahres wurde die wichtigste DLG-Publikation *Deutsche Landwirtschaft* offizielles Organ des MLF. Kurz darauf wurde beschlossen,

161 SAPMO-BArch, DY 30/IV 2/2.022/94, Bl. 82–89; Landwirtschaft der Ostzone im Aufstieg. Grundlegende Beschlüsse der SED-Bauernkonferenz in Halle, in: *ND* vom 22. Februar 1949, S. 1 u. 2. – Auch die Gründung der DSG ging wesentlich auf Kramers Initiative zurück. Zu den Hintergründen aus zeitgenössischer westdeutscher Sicht vgl. Bundesministerium für Gesamtdeutsche Fragen (Hrsg.): Auf dem Weg zum Kolchos. Die Sowjetisierung der Landwirtschaft in der Sowjetzone, Bonn 1957, S. 15–17; Merkel/Schuhans, Die Agrarwirtschaft in Mitteldeutschland, S. 34, 55 u. 58.

162 Bauerkämper: Auf dem Weg zum »Sozialismus auf dem Lande«. S. 258.

163 BArch, Abt. DDR, DK 107/17192, Bl. 26–34, hier Bl. 3 f.

die Gesellschaft in die Strukturen der neu zu gründenden Deutschen Akademie der Landwirtschaftswissenschaften der DDR (DAL, später AdL) zu überführen, was 1951 vollzogen wurde. Ein kleiner Teil der ehemaligen Mitarbeiter wurde in den Ausstellungsbetrieb Markkleeberg übernommen.[164] In der DDR wurde die DLG alsbald totgeschwiegen. Jubiläumsschriften der DAL oder Pressestimmen erwähnten sie entweder kaum oder gar nicht.

Die »Grüne Woche« bis 1952

Der rechtliche Rahmen der »Grünen Woche«

Nach Gründung der Bundesrepublik und der wachsenden Bedeutung von Ausstellungen und Messen erwies sich eine rechtliche Neuregelung des Messe- und Ausstellungswesens sowohl auf nationaler als auch internationaler Ebene als notwendig. Die seit 1950 weltweit steigende Gesamtzahl der Messeveranstaltungen kennzeichnete die Expansion des Dienstleistungsbereiches »Ausstellungs- und Messewesen«.[165] Daher wurde auch das Problem, eine deutlichere Abgrenzung zwischen Messen und Ausstellung zu finden, immer drängender. Im Oktober 1952 beschloss der Deutsche Bundestag ein Gesetz »über die Regelung von Messeterminen«.[166] In sechs Paragrafen wurden die Punkte »Anzeigepflicht«, »Begriff der Messe«, »Messetermine«, »Gewerbeordnung«, »Strafvorschriften« und schließlich das »Inkrafttreten« des Gesetzes festgelegt. Interessant hieran war vor allem die gesetzliche Begriffsbestimmung einer Messe. Im Sinne dieses Gesetzes sind Messen »ohne Rücksicht auf die gewählte Bezeichnung jede öffentliche Marktveranstaltung, die 1. innerhalb [...] eines bestimmten Zeitraums [...] stattfinden, 2. unter Vorlage von Mustern ein die Erzeugung im Bundesgebiet im wesentlichen erfassendes Angebot eines Wirtschaftszweiges (Fachmesse) oder mehrerer Wirtschaftszweige (allgemeine Messe) bietet, 3. grundsätzlich jedem Erzeuger von Waren der ausstellenden Wirtschaftszweige sowie jedem, der diese Erzeugnisse zum gewerblichen Gebrauch oder Verbrauch oder zur gewerblichen Veräusserung erwerben will, offensteht, 4. dazu dient, dass die Erzeugnisse der ausstellenden Wirtschaftszweige an Gewerbetreibende zum gewerblichen Gebrauch oder zur gewerblichen Wiederveräusserung verkauft werden, 5. periodisch innerhalb eines Jahres oder im Laufe mehrerer Jahre,

164 Zu diesen Vorgängen vgl. Schultze: DLG in der SBZ/DDR.

165 Schwermann: Grundlagen der Messepolitik, S. 3; Wilhelm Döring (Hrsg.): Handbuch der Messen und Ausstellungen, Darmstadt 1956, S. 617.

166 Entwurf eines Gesetzes über die Regelung von Messeterminen vom Oktober 1952, in: BAK, B 136/7615, unpag.

und zwar in der Regel in gleichen Zeitabständen nach dem vorliegenden Geschäftsplan wiederholt wird.«[167]

Da die meisten der oben genannten Bestimmungen auf die »Grüne Woche« anwendbar waren, aber eben nicht alle, entschlossen sich die Berliner Ausstellungen als Eigenbetrieb der Stadt Berlin in Abstimmung mit dem Senat, die »Grüne Woche« als öffentliche Ausstellung mit Messecharakter zu deklarieren.[168]

Rechtzeitig vor Beginn der Eröffnung der »Grünen Woche« 1957 erklärte die Bundesrepublik im Dezember 1956 ihren Beitritt zu dem Protokoll vom 10. Mai 1948 zur Änderung des Abkommens vom 22. November 1928 über Internationale Ausstellungen.[169] In der Begründung des Gesetzes wurde betont, dass es das Ziel sei, die Ausstellungen »auf einer möglichst weltweiten Ebene zu regeln«. Auch das Gebiet der »Zwischenformen«, also den Mischformen zwischen Messe und Ausstellung, sollte möglichst bald »in Angriff genommen werden«. Die Bundesrepublik einschließlich des Landes Berlin wendete das Abkommen rückwirkend zum 1. April 1956 an.[170] Der rechtliche Rahmen zur Teilnahme der Bundesrepublik an internationalen Messen und Ausstellungen war damit ebenso geregelt wie die Durchführung internationaler Messen und Ausstellungen auf bundesdeutschem Gebiet einschließlich West-Berlin.

Der Ausbau des Messegeländes und die Entwicklung des städtischen Ausstellungsbetriebes

Das Jahr 1950 brachte für Berlin und seine Ausstellungen zahlreiche Veränderungen und Neuerungen. Die Abschnürung West-Berlins von den traditionellen wirtschaftlichen Einzugsgebieten setzte der Teilstadt als Messe- und Ausstellungsstandort enge Grenzen. Im Winter des Jahres 1949 war der Marshallplan auf West-Berlin ausgedehnt worden und ab 1950 begannen auch Bundesmittel dorthin zu fließen.[171] Zur Popularisierung des Planes innerhalb der deutschen Bevölkerung wurden zahl-

167 §2 des Gesetzentwurfes, zit. nach ebd.

168 Dieser begrifflichen Abgrenzung beizukommen, bereitete auch BA-Direktor Friehe Schwierigkeiten. Er argumentierte historisch und zeigte, dass es in den 1920er und 1930er Jahren nur sehr wenige Veranstaltungen auf dem Funkturmgelände gab, die klar als Messen hätten bezeichnet werden können. Gleichwohl fand auf zahlreichen Ausstellungen, wie etwa der »Grünen Woche«, ein reger Handel und Verkauf statt. Vgl. Friehe: Berlin, S. 14.

169 Der Staatssekretär des Bundeskanzleramtes (i.A. Dr. Müller-Dethard) an das Auswärtige Amt, betr. Gesetz über den Beitritt zu dem Protokoll vom 10. Mai 1948 zur Änderung des Abkommens vom 22. November 1928 über Internationale Ausstellungen, in: BAK, B 136/7615, unpag.

170 Begründung des Gesetzes, in: ebd., unpag.

171 Vgl. etwa Walter Heering: Der Marshall-Plan und die ökonomische Spaltung Europas, in: APuZ, B 22-23/97, S. 30–38.

reiche Marshallplan-Ausstellungen in Europa ins Leben gerufen, die aus Gründen der Rationalität und Mobilität als Wanderschauen in Zügen oder LKWs durchgeführt wurden. Der »Europa-Zug«, vollgepackt mit Schaumaterialien über den Marshallplan, fuhr 1951 auch auf den Gleisen am Messegelände unterm Funkturm als Gast ein. Die Schau war einerseits eine Gegenaktion gegen die »Weltfestspiele der Jugend« in Ost-Berlin.[172] Auf der anderen Seite halfen diese »Freedom Trains«, die den Slogan »prosperity makes you free« trugen, dabei, das Bild der freien Wirtschaft und des »American Way of Life« in Deutschland und Europa zu popularisieren.[173]

Diese Schauen wurden von den USA ins Leben gerufen und bezahlt. Für ihre organisatorische Umsetzung, aber auch die weiterer Schauen, war in Europa die United States Information Agency (USIA) zuständig, die auch als United States Information Service (USIS) außerhalb der USA bekannt war. Die USIA wurde im August 1953 von US-Präsident Eisenhower gegründet. Ihre Aufgaben waren »to understand, inform and influence foreign publics in promotion of the US national interest, and to broaden the dialogue between Americans and US institutions and their counterparts abroad«.[174] Das US State Department war bereits durch die Schaffung der Division of Cultural Relations im Jahre 1938 in kulturpolitische Aktivitäten getreten. Nach der Gründung der USIA übernahm das State Department die Kontrolle über eine große Anzahl von »Bildungsprogrammen« und ihrer Arbeit innerhalb »kultureller Beziehungen«.[175] Die USIA war eine unabhängige Organisation, die, ähnlich der CIA, nur außerhalb der Vereinigten Staaten agieren durfte, und ihr Direktor, in den 1950er Jahren unter anderem George V. Allen, hatte direkt dem US-Präsidenten zu berichten.[176] Die USIA in Verbindung mit dem 1954 gegründeten Office of International Trade Affairs (OITF), das für die nationalen Beteiligungen auf dem weltweit an Bedeutung gewinnenden Feld der Industrieausstellungen konzipiert war, besaß ab Mitte der 1950er Jahre die besten

172 Philip George, Direktor des Traveling Caravans, sagte zu den Intentionen des Ausstellungszuges: »In 1950, a million kids came to the Communist World Youth Festival in East Berlin. We wanted those kids to come to West Berlin to see what western democracy was all about so used the Europa Zug for Marshall Plan exhibits.« Zit. nach Masey/Morgan: Cold War Confrontations, S. 36. – George unterlag hier allerdings einem zeitlichen Irrtum, denn die Weltfestspiele fanden 1951 statt.

173 Emily S. Rosenberg: Consumer capitalism and the end of the Cold War, in: Melvyn P. Leffler/Odd Arne Westad (Hrsg.): The Cambridge History of the Cold War, Bd. III: Endings, Cambridge 2010, S. 489–512, hier S. 495.

174 Zit. nach Masey/Morgan: Cold War Confrontations, S. 3 f.

175 Ebd. – Masey und Morgan unterscheiden – in leichter Abweichung zu Hixson – zwischen »propaganda« und »cultural diplomacy«.

176 Der Grund, weshalb die USIA im Ausland vornehmlich als USIS bekannt wurde, war auch hierin zu sehen. Außerdem wollte man Verwechselungen mit dem Akronym des United States Immigration Service, das ebenfalls USIS lautete, vermeiden.

Voraussetzungen, »to carry the Truman Doctrine into the cultural field«.[177] Um für die »neuen und außergewöhnlichen Herausforderungen für die Propaganda«, wie die Eisenhower-Regierung es ausdrückte, gewappnet zu sein, initiierte die USIA/USIS eine verstärkte und völlig neu konzipierte internationale Ausstellungs- und Messebeteiligung.[178] Zu den bedeutenden, wenngleich bisher kaum untersuchten Aktivitäten zählte die Teilnahme an der West-Berliner »Grünen Woche«.

Für die architektonische und gestalterische Umsetzung ihrer Schauen setzte die USIA auf die Zusammenarbeit mit örtlichen Ausstellungsarchitekten wie Fritz Bornemann. Bornemann hatte bereits in der unmittelbaren Nachkriegszeit mit der Arbeit an Ausstellungskonzepten begonnen.[179] Dabei handelte es sich in erster Linie um Projekte, die von der US-amerikanischen Regierung im Kontext des Marshallplans für Deutschland entwickelt worden waren. Koordiniert von der USIA, wurden internationale Designer wie Peter G. Harnden, Herbert Bayer oder Peter Blake mit der Konzeption der Ausstellungen betraut, die dann von ortsansässigen Bauleitern realisiert wurden. Mit der Einbindung Herbert Bayers in die amerikanischen Ausstellungsvorhaben, die oftmals, wie im Fall der »Grünen Woche«, mit den BA und dem West-Berliner Senat gemeinsam geplant und umgesetzt wurden, wurde eine weitere Kontinuität zur Zeit vor 1945 sichtbar. Bayer war es unter anderem gewesen, der den nationalsozialistischen Großpropagandaschauen ihre gewaltige Bildsprache verliehen und damit »einen Beitrag zur propagandistischen Flankierung von Rassegesetzgebung und Expansionsbestrebungen des Regimes geleistet« hatte.[180] Zwei für West-Berlin bedeutsame Ausstellungen, die Fritz Bornemann in den 1950er Jahren in Zusammenarbeit mit dem Grafiker Claus-Peter Groß, einem Schüler des Bauhaus-Grafikers Joost Schmidt[181], erstellte, waren »Unbegrenzter

177 Masey/Morgan: Cold War Confrontations, S. 35.

178 Zit. und übersetzt nach Hixson: Parting the Curtain, S. 121.

179 Der Berliner Architekt Fritz Bornemann (1912–2007) erlangte in Berlin durch seine zahlreichen Bauten, u.a. Kunst- und Völkerkundemuseen in Berlin-Dahlem, größere Bekanntheit. Zu Leben und Werk Fritz Bornemanns vgl. Susanne Schindler (Hrsg.): Inszenierte Moderne. Zur Architektur von Fritz Bornemann, Berlin 2003, darin besonders den Beitrag von Paul Sigel: Aktivierung des Publikums. Fritz Bornemann als Ausstellungsarchitekt, S. 90–105. Siehe auch sein Werkverzeichnis von 1946–2003, in: ebd., S. 136–174.

180 Rössler: Mediatisierung, S. 228.

181 Wie viele andere Ex-Bauhäusler ließ sich auch Schmidt von den Nationalsozialisten vereinnahmen und wirkte federführend an der Propagandaausstellung »Deutsches Volk – deutsche Arbeit« (vom 21. April bis zum 3. Juni 1934 auf dem Berliner Messegelände) mit. Vgl. hierzu Rössler: Mediatisierung, insbes. S. 215–224; Winfried Nerdinger (Hrsg.): Bauhaus-Moderne im Nationalsozialismus. Zwischen Anbiederung und Verfolgung, München 1993; Monika Faber: Ganz modern und kühn. Die Avantgarde und die Propagandaausstellungen in den dreißiger Jahren, in: Jan Tabor (Hrsg.): Kunst und Diktatur, Basel 1994, S. 72–79; Elisabeth Nowak-Thaller/Bernhard Widder (Hrsg.): Ahoi Herbert! Bayer und die Moderne, Weitra 2009.

Raum« (1956)[182] – eine Schau über das im Entstehen begriffene amerikanische Raumfahrtprogramm – und »Atom« (1954). Beide wurden im »Marshall-Haus« gezeigt. Auch an der Vorbereitung der »American National Exhibition« 1959 in Moskau war Bornemann beteiligt.[183]

Doch erst mit den von den USA ins Leben gerufenen Government and Relief in Occupied Areas Fonds (GARIO) von vier Millionen DM konnte mit dem eigentlichen Wiederaufbau des Messegeländes am Funkturm begonnen werden.[184] Die nun einsetzende Bautätigkeit folgte allerdings nicht, wie in den 1920er und 1930er Jahren üblich, einem festgelegten Bebauungsplan oder »einer bindenden städtebaulichen Idee«, sondern eher dem Muster »Bauen nach Bedarf«.[185] Die Bauten wurden für den jeweiligen Anlass entworfen und erstellt, weshalb das bauliche Konzept auf Dauer nicht befriedigen konnte: In vielen Fällen standen alsbald Sanierungen an, oder es musste ein Ersatz der Bauten in Erwägung gezogen werden.

Das »Marshall-Haus«, sechs Hallen und eine Reihe von Pavillonbauten entstanden in nur 100 Tagen des Jahres 1950.[186] Der entstandene Raum zwischen den Pavillons hieß nun »Platz der Nationen«. Durch diese Neubaumaßnahmen ergab sich eine Hallen- bzw. Nutzfläche von insgesamt 37.000 qm.[187] Im Geschäftsjahr 1951/52 konnte mit GARIO-Mitteln eine ganze Reihe von Bauten saniert, repariert oder neu gebaut werden. Dazu zählten die Hallen 6 bis 12 und die Übergänge zwischen ihnen, die Pergola an der Halle 9, das »Marshall-Haus« und das dazugehörige Straßengelände. Alles in allem entstanden dadurch allein schon Anschaffungswerte von fast sieben Millionen DM (West).[188]

182 Die eigentliche Schau fand im Marshall-Haus während der Industrieausstellung statt. Die ersten äußeren Aufbauten waren aber schon Anfang des Jahres 1956 während der »Grünen Woche« zu sehen gewesen.

183 Aufgrund der zweiten Berlin-Krise wurde die geplante Teilrealisierung in West-Berlin gestoppt und nach Finnland und Italien vergeben. Nur die relativ leicht zu transportierenden Beschriftungen und fotografischen Vorarbeiten konnten unter Bornemanns Anleitung in West-Berlin angefertigt werden. Zur Beschreibung und Darstellung des Pavillons vgl. Roberto Aloi: Esposizioni. Architetture – Allestimenti, Mailand 1960, S. 12 f.

184 Mit GARIO-Mitteln, die als »Zuschüsse« zum Anlagevermögen angesehen wurden (gemäß §19 EigVO), begannen die BA sofort mit Planierungs- und Erdarbeiten auf dem Ausstellungsgelände, die Kosten von insgesamt 102,7 TDM verursachten.

185 Martin Kieren: Das Messeglände: »Bauen nach Bedarf« – Die Nachkriegsplanungen und -bauten, in: Berliner Messearchitektur. Geschichte der Bauten auf dem Berliner Ausstellungsgelände. Städtebau und Architektur 1995, Bericht 35, Berlin 1995, S. 56 – 61.

186 Vgl. auch Amt des Amerikanischen Hochkommissars für Deutschland: 10. Bericht über Deutschland, 1. Januar – 31. März 1952, Mehlem bei Bonn 1952, S. 59 – 63, hier S. 59.

187 Kieren: Messegelände, S. 56.

188 Außerdem konnten aufgrund dieser Hilfen 215.360 DM zur Erneuerungsrücklage (1952) zugeführt werden. Vgl. Der Präsident des Rechnungshofs von Berlin: Bericht und Gutachten über die Wirtschaftsführung der Berliner Ausstellungen – Eigenbetrieb von Berlin – für die Geschäftsjahre 1951 und 1952, Berlin-Wilmersdorf, den 27. Oktober 1953, Anlage 9.

Eine wichtige Voraussetzung zur effektvollen Präsentation war der 1950 erfolgte Bau des »George C. Marshall Hauses«, entworfen von dem Berliner Architekten Bruno Grimmek, war es der beste Ort für zahlreiche USIA-Ausstellungen.[189] Das Marshall-Haus, von dem der Architekt Peter Blake einmal sagte, es sehe aus »wie ein großes, verlassenes Autohaus«, war ein speziell an die West-Berliner »Frontstadtverhältnisse« angepasstes »Amerikahaus«. Die »Amerikahäuser« wurden auf Veranlassung des Amtes für öffentliche Angelegenheiten [public affairs] der amerikanischen Hochkommission seit 1945 in zahlreichen deutschen Städten innerhalb des amerikanischen Besatzungsgebietes erbaut. Im Januar 1951 bestanden 27 »Amerikahäuser« mit 135 angeschlossenen Lesehallen, die monatlich insgesamt bis zu einer Million Besucher zählten. In ihrer Selbstdarstellung spielten die »Amerikahäuser« eine »sehr wichtige Rolle in der weltumspannenden Tätigkeit des amerikanischen Informationsamts sowie dem Programm der Abteilung für öffentliche Angelegenheiten des amerikanischen Außenministeriums«.[190] Die Häuser hatten vor allem die Aufgabe, ihre umfangreichen Bibliotheken der Öffentlichkeit kostenlos zur Verfügung zu stellen. Der davon erwartete propagandistische Gewinn bestand darin, dass sich die Menschen vor Ort »über das Leben in den Vereinigten Staaten, über amerikanische Geschichte, Überlieferung und Kultur unterrichten [konnten] oder sich mit ähnlichen Fragen beschäftigen wollen«. Damit spielten diese Einrichtungen auch eine nachhaltige Rolle für die Reeducation, die Umerziehung der Deutschen Bevölkerung weg von der »schmerzhaften Erfahrung [...] gewissenlosester und verlogenster Propaganda«.[191] Die Bibliothek eines größeren »Amerikahauses«, wie zum Beispiel des Marshall-Hauses, verfügte über durchschnittlich 25.000 Bände, davon etwa 5.000 in deutscher Sprache, und über 400 Zeitschriften. Die Auswahl der vorhandenen Lektüre sollte »den kulturellen, sozialen und beruflichen Interessen der Bevölkerung« entsprechen. Für das West-Berliner Ausstellungswesen von Bedeutung war die weitere Aufgabe der »Amerikahäuser«, ihre Räumlichkeiten für Tagungen, Diskussionen, Ausstellungen und Filmvorführungen zur Verfügung zu stellen. Das Marshall-Haus war eine direkte Gegengründung zum »Haus der Kultur der Sowjetunion« in Ost-Berlin und den Einrichtungen der Gesellschaft für Deutsch-Sowjetische Freundschaft (DSF). Während der »Grünen Woche« 1952 strömten insgesamt 21.387 gezählte Besucher aus der DDR in das Marshall-Haus. Im Monat zuvor waren es nur halb so viele gewesen.[192]

189 Zwischen 1954 und 1969 war die USIA in 343 verschiedenen Schauen weltweit involviert gewesen.

190 Amt des Amerikanischen Hochkommissars für Deutschland: 10. Bericht über Deutschland, 1. Januar – 31. März 1952, Mehlem bei Bonn 1952, S. 59 – 63, hier S. 59.

191 Ebd., S. 60.

192 Ebd., S. 61.

Die »Grüne Woche« 1951

Nach den umfänglichen Baumaßnahmen auf dem Ausstellungsgelände am Funkturm im Jahre 1950 kehrte die »Grüne Woche« 1951 wieder zur traditionellen Winterschau zurück. Sie fand vom 3. bis zum 11. Februar 1951 statt und läutete das Ausstellungsjahr ein, in dem noch sechs weitere größere Schauen folgten. Die Ausstellungsleitung bemühte sich nach Kräften, das Maximum an öffentlicher Wirkung zu erzielen. Neben der Betonung des gesamtdeutschen Charakters nahm die Darstellung des Verlustes landwirtschaftlicher Gebiete in Ost- und Mitteldeutschland erstmals großen Raum während dieser »Grünen Woche« ein. In der nur zwei Tage vor Ausstellungseröffnung stattgefundenen Sitzung des Abgeordnetenhauses von Berlin hatte Ernst Reuter darauf aufmerksam gemacht, dass sich »der neugewählte Senat als die einzige legale Regierung Berlins betrachte und seine Arbeit auf die künftige Wiedervereinigung mit dem sowjetischen Sektor ausrichte«.[193] Die Schirmherrschaft hatte der Bundesminister für Ernährung, Landwirtschaft und Forsten, Wilhelm Niklas, übernommen. Er betonte in seinem Geleitwort die historischen Kontinuitäten der Schau und ihre aktuellen Aufgaben und erklärte, dass die »Grüne Woche« zu »einer würdigen Nachfolgerin der früheren Ausstellungen geworden [ist] und dazu geeignet, den Leistungswillen bei unseren Berufskameraden zu stärken, das Verständnis für die Landwirtschaft zu fördern und den Deutschen in der Ostzone Hoffnung und Kraft zum Ausharren zu geben«.[194] Er erinnerte auch daran, dass Berlin mit seinen 5.000 ha landwirtschaftlicher Nutzfläche und seinen 70.000 Kleingärten einen wesentlichen »landwirtschaftlichen Betrieb« darstelle.[195]

Die Ausstellungsorganisatoren hatten viel dafür getan, um diese »Grüne Woche« größer und schöner als je zuvor zu gestalten, um damit auch die Vorkriegsschauen zu übertreffen.[196] Über 500 Kubikmeter Gartenerde wurden in die Hallen gefahren, um dort einen – beim Publikum alsbald sogenannten – »Ausstellungswald« entstehen zu lassen, der nach dem Ende der Schau in den Sommergarten verpflanzt wurde. Lebende Wildtiere, die der Berliner Zoo stellte, sollten ein Bild davon vermitteln, welche Tiere im Grunewalder Forst einst heimisch gewesen, aber in den zurückliegenden »Hungerjahren« von Wilderern ausgelöscht worden

193 Zit. nach Berlin. Chronik der Jahre 1951–1954. Hrsg. im Auftrag des Senats von Berlin, bearb. durch Hans J. Reichardt, Joachim Drogmann u. Hanns U. Treutler, Berlin (West) 1968, S. 12. – Am selben Tag teilte der Regierende Bürgermeister auch mit, dass die bisherige Behördenbezeichnung »Magistrat von Groß-Berlin« umzustellen sei in »Der Senat von Berlin«.

194 Schirmherr Bundesminister für Ernährung, Landwirtschaft und Forsten, Prof. Dr. Niklas: Zum Geleit, in: Berliner Ausstellungen (Hrsg.): »Grüne Woche Berlin 1951« 3.–11. Februar Ausstellungshallen am Funkturm, Berlin (West) 1951, S. 13.

195 Zit. nach Berlin. Chronik der Jahre 1951–1954, S. 13.

196 Dobberke: Grüne Woche, S. 4 f.

Besuchermassen vor den Eingangshallen des Ausstellungsgeländes der »Grünen Woche«, 1951.

waren. In der Halle XI blühten über 30.000 Pflanzen, während draußen der Schnee fiel. Diese beeindruckende Schaugestaltung leitete wiederum, nun allerdings zum letzten Mal, Wilhelm von der Weiden. Insgesamt nahmen 111 Aussteller aus dem Inland teil. 360 Taubenzüchter aus West- und Ostdeutschland waren gemeldet und zeigten 2.600 Tiere. Auch 1.000 Rassekaninchen waren zu bestaunen. Aufgrund des großen Andranges und der hohen Nachfrage mussten die eingerichtete Milch- und Weinbar kurzfristig erweitert werden. Ein Novum war die Teilnahme des ersten ausländischen Ausstellers, der aus den Niederlanden kam. Die Niederlande wurden in den folgenden Jahren zu einem wichtigen und verlässlichen Partner und Aussteller auf der »Grünen Woche«. Im Jahre 1951 faszinierten die Niederlande mit ihrem »Füllhorn«, einer riesigen Gemüsepyramide, die auch Bundeskanzler Adenauer beeindruckte.[197]

Erstmalig unterstützte das BMELF aus seinen Haushaltsmitteln die »Grüne Woche« 1951 mit einem Betrag von insgesamt 25.000 DM. Damit war gerade einmal die Hälfte der Gelder erreicht, die das Ministerium in die DLG-Ausstellung investierte.[198] Im Rahmenprogramm der »Grünen Woche« fanden vermehrt auch politische Tagungen statt.

197 Ebd., S. 44.

198 50.000 DM waren bis zum Februar für die DLG-Ausstellung beantragt und vom Finanzminister

Am letzten Tag der Ausstellung, einem Sonntag, registrierte man 59.000 Besucher. Insgesamt kamen rund 310.000 Gäste auf das Ausstellungsgelände. Damit übertraf die »Grüne Woche« die Besucherzahl der Hannoverschen Landwirtschaftswoche bei Weitem und holte sich den »führenden Platz bei der Veranstaltung landwirtschaftlicher Ausstellungen in Deutschland zurück«.[199]

Die West-Berliner und bundesdeutsche Presse registrierte das »auffällig starke Interesse« der Besucher aus der DDR an der »Grünen Woche«, was zum großen Teil mit den ausgestellten modernen Stallanlagen, Haushalts- und Universalgeräten sowie den neuen Landmaschinen erklärt wurde. Aussteller und Organisatoren zeigten sich mit dem wirtschaftlichen Ergebnis zufrieden. Die Mehrzahl des ausgestellten Großviehs konnte verkauft werden und auch der Weinhandel meldete »zufriedene Ergebnisse«.[200] Durch den großen Ausstellungserfolg bestätigt, gaben die Organisatoren der »Grünen Woche« am Abschlusstag auch gleich den Termin für die Ausstellung des nächsten Jahres bekannt.

Die Ausstellungen zwischen 1952 und 1958

Das Markkleeberger Ausstellungsgelände

Das Jahr 1952 markierte für die landwirtschaftlichen Ausstellungen in West- und Ostdeutschland den Beginn einer neuen Entwicklungsphase, die bis 1958 andauerte. Ausstellungsbauten – was für Ost- wie Westdeutschland in gleichen Maße galt –, haben im Grunde schlicht eine dreifache Funktion zu erfüllen: Das Ausstellen von Objekten, die Inszenierung des Fortschritts und die nationale Repräsentation.[201] Architektur ist gebaute Weltanschauung. Das gilt auch für Ausstellungs-/ Messe- und Landschaftsarchitektur. Die Bauten auf dem Leipzig-Markkleeberger Ausstellungsgelände waren steingewordene Visionen einer sozialistischen Zukunftsvorstellung, welche die DDR-Staats- und Parteiführung transportieren wollte. Sie, die Ausstellungsbauten, waren quasi themenparkhaft aufgestellt: Auf dem Markkleeberger Ausstellungsgelände sollte alles vorhanden sein, was die sozialistische Landschaft, Landwirtschaft und (ländliche) Gesellschaft zu sein und zu werden hatte. Große Themenkomplexe waren die Mechanisierung, die Viehwirtschaft, vor allem aber das Leben und Wirtschaften in einem genossenschaftlichen

genehmigt worden. Weitere 70.000 DM waren später beantragt worden. Vgl. Haushaltsmittel für Ausstellungen des BMELF vom 7.2.1951, in: BAK, B 116, 1609, unpag.

199 N.N.: »Grüne Woche« war voller Erfolg, in: *Telegraf* vom 13. Februar 1951, S. 1.

200 Ebd.

201 Anja N. Klopfer: Ausstellungsbau, in: Ernst Seidl (Hrsg.): Lexikon der Bautypen. Funktionen und Formen der Architektur, Stuttgart 2006, S. 40–43.

Dorf. Die Wirklichkeit der SED-Herrschaft sollte so auch bis in die ländlichen Mikrostrukturen transzendiert werden.[202] Das »sozialistische Dorf« war Ziel und Wunschvorstellung der SED auf dem Lande. Das Dorfclubhaus zum Beispiel sollte wohl Pfarr- und Gemeindehaus ersetzen, neue Formen des sozialistischen Zusammenlebens im Dorf galt es zu etablieren.[203]

Aber die Bauten und Ausbaumaßnahmen des Geländes wuchsen langsamer als die politisch-ideologischen Wunschvorstellungen, da die aus dem Staatshaushalt zu deckenden Baukosten enorm hoch waren und die Agrarpolitik der SED in den 1950er Jahren eher im Zickzackkurs als in einer geraden Linie verlief.

Das Zusammenlegen von Gartenbau- und Landwirtschaftsausstellung auf dem Markkleeberger Gelände als Typus einer Dauerausstellung bedeutete die Festlegung auf dieses Areal für einen langen Zeitraum. Der Umfang des Ausstellungsgeländes betrug 1952 103,5 ha, wovon der landwirtschaftliche Ausstellungsteil 40,5 ha, der gartenbauliche Teil 43,3 ha, die Forstlehrschau 9,5 ha und das Industriegelände 10,2 ha umfasste (siehe Abb. S. 192 oben). Auch die Hallenflächen waren bedeutend erweitert worden: Sie umfassten in den frühen 1950er Jahren über 30.100 qm und der Block der Tierschauhallen 11.200 qm. Auf dem Gelände standen den Besuchern sieben Restaurants und Speisegaststätten (davon fünf der HO) und mehrere Kioske zur Verfügung.

Am 12. Januar 1953 erfolgte auf Anordnung des MLF unter Wilhelm Schröder (DBD/SED, Minister für Land- und Forstwirtschaft von Juni 1952 bis Mai 1953), die Errichtung des VEB »Ausstellung Markkleeberg«, der dem Ministerium direkt unterstellt war.[204] In ihm gingen auch die restlichen Strukturen der »Genossenschaft zur Förderung des Gartenbaus Markkleeberg« endgültig auf. Der Betrieb hatte die Aufgaben, landwirtschaftliche und gartenbauliche Ausstellungen »unter Leitung und nach den Plänen« des Ministeriums durchzuführen, die Pflege und Erhaltung des Parkgeländes zu sichern, das zum »Kulturpark für die Werktätigen« auszubauen war, bei Ausstellungsvorhaben im In- und Ausland mitzuwirken sowie »die Erkenntnisse der Agrarwissenschaft und die Erfahrungen der Neuerer, besonders der sowjetischen Agrarwissenschaftler, [...] anzuwenden und sie einer breiten

202 Vgl. weiterführend James Thrower: Marxism-Leninism as the Civil Religion of Soviet Society, Lewiston 1992; Gottfried Küenzlen: Der Neue Mensch. Eine Untersuchung zur säkularen Religionsgeschichte der Moderne, Frankfurt am Main 1997.

203 Ulrich Hartung: »Die Kultur auf's Land bringen«. Dörfliches Bauen in der frühen DDR und der Typus des Land-Kulturhauses, in: Kluge/Halder/Schlenker (Hrsg.): Zwischen Bodenreform und Kollektivierung, S. 229–250. – Zu den sozialen Implikationen der Veränderungen im Dorf am Beispiel des Dorfes Merxleben und seiner LPG vgl. Schier: Alltagsleben im »sozialistischen Dorf«, S. 154–157.

204 Auszug aus GBl. Nr. 6/1953 vom 17. Januar 1953: Anordnung vom 12. Januar 1953 über die Gründung des Volkseigenen Betriebes »Ausstellung Markkleeberg«, in: SStAL, agra-Landwirtschaftsausstellung Nr. 2878, unpag.

Öffentlichkeit zu vermitteln«.[205] Die Gründung des Ausstellungsbetriebes hatte schließlich auch den Zweck, für die Organisatoren Planungssicherheit für die nächsten Jahre zu erhalten. Erklärtes Ziel sowohl des Ministeriums als auch der Staats- und Parteiführung war es, eine ständige Ausstellung nach dem Vorbild der »Paradiesgärten der Allunions-Landwirtschaftsausstellung« in Moskau zu schaffen.[206] Rechtzeitig vor dem Ausstellungsbeginn 1953 konnte das neue Ausstellungsgelände zwischen Mühlpleiße und Fritz-Austel-Straße (heute Bornaische Straße) mit einem neuen Haupteingang in Dölitz vollendet werden.[207] Dafür waren zahlreiche Pavillons und einige Ausstellungshallen neu errichtet worden. Das Gelände wurde in die beiden großen Ausstellungsbereiche Gartenbau und Landwirtschaft geteilt: Während Ersterer auf den ehemaligen Herfurthschen Park beschränkt blieb, umfasste der landwirtschaftliche Teil den gesamten Rest des Geländes und erlangte in den folgenden Jahren immer mehr an Bedeutung.

Bevor es jedoch dazu kommen konnte, waren umfangreiche Planungen über das neu zu gestaltende und zu erweiternde Ausstellungsgelände anzustellen. Diese begannen im März 1953 mit ersten Vorbesprechungen im Kulturhaus auf dem Ausstellungsgelände zwischen Vertretern des MLF, des Ministeriums für Aufbau, des Rates des Bezirkes und der Stadt Leipzig, der Deutschen Bauakademie (Forschungsinstitut für Städtebau) und dem staatlichen Entwurfbüro für Stadt- und Dorfplanung in Halle.[208] Diese Besprechungen, die bis zum Dezember 1955 wiederholt stattfanden, hatten die Erarbeitung eines Generalbebauungsplanes zum Ziel, der einer ständigen Ausstellung Planungssicherheit bis in die Mitte der 1980er Jahre ermöglichen sollte.

Doch das Markkleeberger Gelände war geologisch nicht unproblematisch. Reiche Braunkohlevorkommen machten eine Abbaggerung des Geländes in den kommenden 20 Jahren sehr wahrscheinlich; große Teile der Ausstellungsflächen befanden sich in hochwassergefährdetem Gebiet – 1954 wurden Teilflächen überflutet, sodass der Ausstellungsbetrieb eingestellt werden musste. Eine Verlegung der Pleiße würde also nötig werden, wodurch auch deren ohnehin hoher Verschmutzungsgrad noch stieg. Deshalb stand die »Wirtschaftlichkeit des Gesamtprojektes« stark in Zweifel. Doch hielt die SED-Spitze an ihrem »Projekt Markkleeberg« fest, zumal

205 Ebd.

206 Polianski: »Det is' der Garten Eden!«, S. 331.

207 Geschichte der »agra« Landwirtschaftsausstellung in Markkleeberg, in: http://www.markkleeberg.de/de/stadt_verwaltung/geschichte/agra_messen/ (letzter Zugriff: 24. September 2014); Lichey: Untersuchung, S. 72–78.

208 Staatliches Entwurfsbüro für Stadt- und Dorfplanung des Ministeriums für Aufbau (Direktor Mertens): Erläuterungsbericht zum Entwurf der Ständigen Deutschen Landwirtschafts-Ausstellung Markkleeberg vom 13. Dezember 1955, in: Nachlass Otto Rindt. – Das Kollektiv um Rindt bestand weiterhin aus den Mitarbeitern Wenzel, Freimuth, Gloger, Friedrich und Reuter (Leiter des Büros).

Leipzig die einzige Stadt in der DDR war, die bis zu 10.000 Betten für Ausstellungsbesucher bereitstellen konnte.

Die ständige Landwirtschaftsausstellung der DDR in Leipzig-Markkleeberg, so ihr offizieller Titel, wurde nach Vollendung des ersten Bauabschnitts am 1. Juni 1956 eröffnet.[209] Das MLF und das MfA übergaben die Planungen dem Leiter des Staatlichen Entwurfsbüros, Hans Mertens, der sich bereits durch die Planung und Konzeption von Beispieldörfern hervorgetan hatte.[210] Die Mitarbeiter des Entwurfsbüros für Stadt- und Dorfplanung in Halle, unter ihnen besonders Direktor Mertens und Otto Rindt, stellten nun die landschaftlichen Vorzüge und Reize des Markkleeberger Geländes heraus. Besonders der schöne alte Baumbestand hatte es den Planern angetan und die für »die Zwecke der Ausstellung besonders gut geeigneten landschaftlichen Räume«.[211] Rindt machte es zum gestalterischen Grundgedanken des Entwurfs, die gegebenen Grünräume durch einen breiten Rundgang im Ausstellungsgelände zu verbinden. Eine klare und eindeutige Wegführung leitete vom Haupteingang und drei Nebeneingängen hin zum Zentralen Ring.

Mit dieser Ringführung, die die Ausstellungsthemen verband, und unter Nutzung der vorhandenen Grünräume wurde die folgende Gliederung des Geländes beschlossen (siehe Abb. S. 189 und S. 524/525): 1) Haupteingang mit Hauptpavillon und Verwaltung, 2) ein zentraler Platz mit den Ausstellungshallen der Sowjetunion, der »Volksdemokratien« und der Halle der Mechanisierung, 3) Tierzucht und Vorführring, 4) das »Demokratische Dorf«, 5) landwirtschaftliche Produktion und Fischerei, 6) der Kulturpark, 7) Forstwirtschaft und Pelztierzucht und 8) die Versuchsflächen für Landwirtschaft und Gartenbau. Der Rundgang über das neue Ausstellungsgelände sollte sich nach den Planungen wie folgt darstellen: Beim Betreten des festlich geschmückten Vorhofes fiel der Blick des Besuchers auf die Front des Hauptpavillons (Nr. 2). Durch das Verwaltungsgebäude und das Museum für Landwirtschaft und Gartenbau (Nr. 60) war der Vorhof räumlich abgegrenzt. Ein breiter nach Süden sich »öffnender Teppich von Stauden und Gehölzen« führte zum neuen Wahrzeichen des Geländes, dem etwa 50 m hohen Ausstellungsturm mit Kaffeepavillon (Nr. 6). Der Turm sollte den Gästen zur Orientierung dienen und gleichzeitig die Bedeutung der breit gelagerten Halle der Mechanisierung (Nr. 7) betonen. Die höher gelegene Promenade des Eichenwaldes führte zu den »Hallen

209 VEB Ausstellung Markkleeberg, Ablage Kiontke [o.D.], in: BArch, Abt. DDR, DK 1/1339, Bl. 10–15.

210 Z.B. bei der Dorfplanung von Gnölbzig (Kr. Bernburg). Mertens war zunächst (seit 1952) Leiter der Abt. Städtebau im MfA, dann Architekt im o.g. Staatlichen Entwurfsbüro für Stadt- und Dorfplanung des MfA in Halle, dessen Leiter er 1954 wurde. Seit 1955 erarbeitete er auch Planungen für Hoyerswerda und das Zentrum von Ost-Berlin. Vgl. Dix: »Freies Land«, S. 394, 443.

211 Staatliches Entwurfsbüro für Stadt- und Dorfplanung des Ministeriums für Aufbau (Direktor Mertens): Erläuterungsbericht zum Entwurf der Ständigen Deutschen Landwirtschafts-Ausstellung Markkleeberg vom 13. Dezember 1955, in: Nachlass Otto Rindt, S. 4 des Dokuments.

der befreundeten Länder« (Nr. 8 bis 16). Die Halle der Sowjetunion erhielt einen bevorzugten Standort (Nr. 11). Die Bedeutung des Zentralen Platzes war durch die Anlage einer großen architektonisch gefassten Wasserfläche mit Plastikgruppe und Wasserspiel unterstrichen worden. An drei Blumenflächen auf der Westseite der Halle der Mechanisierung vorbei gelangten die Besucher zum großen Restaurant (Nr. 27). Von einer erhöhten Terrasse aus war es möglich, den gesamten Bereich der Tierzucht und die daran angrenzenden Weideflächen zu überblicken. Der Bereich Tierzucht gliederte sich in die Halle der Viehwirtschaft und der Tierhygiene (Nr. 17 und 18), an die sich die Gebäude der Tierschau mit Stallungen, Besamungsstation und dem großen Vorführring mit Tribünen und Sitzplätzen für mehrere Tausend Zuschauer anschlossen.

Vom Bereich der Tierzucht aus führte der Ring vorbei an Weideflächen über eine neue Brücke über die Pleiße zum Bereich des »Demokratischen Dorfes«, der ebenfalls in den Grünraum eingebettet wurde. Um eine angerartige Erweiterung gruppierten sich in baulicher Geschlossenheit ein »dörfliches Kulturhaus« (Nr. 33), eine Schule (Nr. 34), ein Dorfwirtschaftshaus (Nr. 37), ein Landambulatorium (Nr. 37) und Wohnhäuser (Nr. 32), wobei das Kulturhaus in der Blickachse der Anlage platziert war.

Die Planungen sahen vor, unter Ausnutzung vorhandener alter Baumbestände »ein Beispiel für einen kleinen Kulturpark im dörflichen Maßstab« zu schaffen, um »neue Inhalte« in »alte Landschaften« zu überführen. In einer eigens dafür errichteten Halle (Nr. 36) stellte man das Modell eines »Beispieldorfes« im Maßstab 1:50 auf. Es sollte in den folgenden Jahren immer auf dem »neuesten Stand der Typenentwürfe« gehalten werden.[212] Am Rand des Grünraums lagen diejenigen dörflichen Einrichtungen, welche die größeren Freiflächen benötigten, etwa die Hühner- und Wassergeflügelzucht (Nr. 29 und 30). Am nördlichen Grünrand befanden sich die Anlagen für die Schafzucht (Nr. 28) mit der Schafweide, die Seidenraupenzucht (Nr. 38) und die Bienenstände (Nr. 39). Um die zentrale Bedeutung der sowjetischen Agrobiologie zu versinnbildlichen, war der Mitschurin-Garten zwischen der Schule und dem »Haus der Jugend« (Nr. 40) angelegt.

Innerhalb eines sich anschließenden Grünraums entwickelten sich auf der Außenseite die baulichen Anlagen der »landwirtschaftlichen Produktion« mit den Gebäuden der MTS (Nr. 41 bis 43), der VEG (Nr. 44), und der LPG (Nr. 45). Auf der Innenseite befand sich, zurückgesetzt, die Halle der Fischzucht (Nr. 46 und 47) mit den angrenzenden Fischteichen.

Durch den Rosengarten betrat der Besucher den großen Bereich des Kulturparks. Vom Rosengarten aus öffnete sich der Blick hin zur großen Wasserfläche mit dem dahintergelegenen Kulturhaus, der Freilichtbühne und den Tanzflächen.

212 Ebd., S. 8 f. des Dokuments.

Gesamtüberblick über das Gelände der Ständigen Landwirtschaftsausstellung der DDR in Leipzig-Markkleeberg mit den Ausstellungsbauten und Schauteilen.

Weiter durch den Ring gelangte man über die neue Pleißebrücke in den zentralen Freiraum, der den Blumen vorbehalten war und zum Ausruhen und zum Entspannen einlud. Diese Blumenfläche befand sich im »schönsten vorhandenen Grünraum mit besonders hohen Baumbeständen«.[213] Die Hauptgaststätte und die große Blumenhalle dominierten den Rand dieses großen Freiraums. Es war vorgesehen, die Blumenhalle mit den modernsten Mitteln zu errichten, um den Reichtum der Pflanzenwelt bestmöglich zur Geltung zu bringen. Die Großgaststätte erhielt einen Saalbau und damit auch eine Lagebeziehung zum großen Ring. An der Stelle, wo der Ring den forstwirtschaftlichen Teil des Auenwaldes berührte, befand sich die Halle der Forstwirtschaft. Die weiteren forstwirtschaftlichen Ausstellungseinrichtungen waren an einem verkürzten Ringweg angeordnet, an dem auch die Anlagen für Pelztiere unter Ausnutzung eines vorhandenen Teiches disloziert waren.

213 Ebd., S. 10.

Über die gärtnerischen und landwirtschaftlichen Versuchsflächen mit der Halle des Gartenbaus (Nr. 57) und den Gewächshäusern (Nr. 58) schloss sich der Ring wieder am Zentralen Platz. Ein sozialistischer Themenpark war im Entstehen.

Die Dorfplanungsentwürfe des Staatlichen Entwurfsbüros für das Markkleeberger Ausstellungsgelände finden sich in der Realität in vielen Dörfern wieder.[214] Die in ihrer Gesamtkomposition im Ausstellungsgelände zu errichtenden dörflichen Musterbauten waren prototypische Muster, die durch ihre Zurschaustellung Akzeptanz unter der Bevölkerung schaffen sollten, um so dem erwarteten Widerstand bei der »Entkleidung des Gutscharakters« der Dörfer zu begegnen.[215]

Der etwa vier Kilometer lange Rundgang über das Ausstellungsgelände erforderte geeignete Verkehrs- und Transportmittel, um den Besuchern ein »bequemes Erleben der Ausstellung« zu ermöglichen.[216] Zunächst beabsichtigten die Planer, einen Trolleybusverkehr wie auf den Moskauer Allunions-Ausstellungen einzurichten. Doch nach eingehender Prüfung, die zu hohe Kosten für Bau und Unterhalt zu Tage brachte, entschied man sich für die Installation einer Schienenbahn.[217] Unbeeinträchtigt vom übrigen Besucherstrom sollten die Fahrgäste aus ihrer leicht erhöhten Position einen Einblick ins Ausstellungsgelände erhalten. Haltepunkte sollten sich an allen Themenbereichen befinden sowie am Haupteingang und am Zentralen Platz. Ein Wagendepot war hinter dem »Demokratischen Dorf« vorgesehen. Eine Sesselliftanlage, wie sie auf der »Grünen Woche« 1958 installiert wurde, und einen Teil des Geländes überspannt hätte, um so einen raumgreifenden Überblick über die Ausstellung zu ermöglichen, wurde vom MLF 1959 abgelehnt, obwohl Funktionäre des Sektors Agrarpropaganda nach ihrem Besuch der »Grünen Woche« einen Sessellift auch für Markkleeberg vorgeschlagen hatten. Die Gegenargumente lauteten, dass dieses »Vorbild nach westlichem Muster (West-Berlin) einen beachtlichen Teil der Besucher von den eigentlichen Aufgaben der Ausstellung ablenken wird und es uns richtiger erscheint, die Ausstellungshallen von innen zu sehen, als mit dem Sessellift [darüber] hinwegzufahren«.[218] Dass eine derartige Anlage zuerst auf der »Grünen Woche« aufgebaut war, dürfte zur Ablehnung beigetragen haben.

214 Z. B. in den Dörfern Gnölbzig (Kr. Bernburg) oder Marxwalde, um aus der Vielzahl zwei Beispiele zu geben. Vgl. Dix: »Freies Land«, S. 387–398.

215 Ebd., S. 224–229.

216 Staatliches Entwurfsbüro für Stadt- und Dorfplanung des Ministeriums für Aufbau (Direktor Mertens): Erläuterungsbericht zum Entwurf der Ständigen Deutschen Landwirtschafts-Ausstellung Markkleeberg vom 13. Dezember 1955, in: Nachlass Otto Rindt, S. 10 des Dokuments.

217 Lothar Spath/Norbert Kuschinski: Gewogen und für zu leicht befunden. Einschienenbahnprojekte in der DDR, in: Straßenbahn-Magazin, Nahverkehr, H. 2 (2008), S. 68–73. – Die Autoren diskutieren auch die Idee des Einsatzes einer Einschienenbahn in Markkleeberg. Für diesen Hinweis bedankt sich der Verfasser bei Ralph Kaschka.

218 Generalbebauungsplan Landwirtschafts-Ausstellung Leipzig-Markkleeberg 1959 vom 12. Dezember 1958 (Sektor Agrarpropaganda, Min. Reichelt), in: BArch, Abt. DDR, DK 1/1348, unpag.

Rindts Planungen und Vorstellungen, die über die ursprünglichen Ideen eines die gesamte Ausstellung verbindenden Kulturgartens hinausgingen, waren allerdings zu umfangreich, teils auch zu weitschweifig und somit auch zu teuer, um sie vollständig umsetzen zu können.

Zunächst allerdings mussten die Hauptachse und das Brunnenrondell vor der Ostfassade des »Weißen Hauses« (der ehemaligen Herfurthschen Villa), das während der Ausstellungszeit als Bürohaus diente, den baulichen Veränderungen weichen. So wurden die Besucher auf einem durchgehenden Weg vom Eingang bis zur Pleißebrücke geführt.

Sobald dieses umfangreiche Bau- und Ausbauprogramm für die »Ständige Deutsche Landwirtschafts-Ausstellung« vom MLF bestätigt sein würde, sollten die Arbeiten beginnen. Doch auch der Generalbebauungsplan für 1959 bis 1965 konnte nicht vollständig umgesetzt werden.[219] Dieser Plan betonte das »sozialistische Dorf« stärker: Das Dorfwirtschaftshaus mit Gemeinschaftsanlagen, Bad und Duschräumen sollte das ganze Jahr über für die auf dem Ausstellungsgelände durchgeführten Schulungen und Veranstaltungen nutzbar sein. Insbesondere das Dorfwirtschaftshaus wäre hierbei baulich als Mittelpunkt der »sozialistischen Entwicklung« auf dem Lande zu erkennen gewesen, was von besonderer Bedeutung in den Planungen der SED war. Immer neue Ansprüche und die Kritik der Besucher (auch vonseiten der »Massenorganisationen«) machten diesen Ausstellungsteil zu einem ständigen »Sorgenkind«.[220]

Auch der Dorfclub, bestehend aus Saal, Foyer, Wirtschaftsräumen (Gaststätte), Bibliothek und technischen Räumen sollte das ganze Jahr über zugänglich sein. Es gab einen Kindergarten sowie eine Kinderkrippe, und ein Dorfwarenhaus war für 1963 geplant. Da die Einrichtung einer Arztpraxis als nicht rentabel erschien, plante

219 Zum Entwurf des Generalbebauungsplanes der Landwirtschaftsausstellung Leipzig-Markkleeberg 1959–1965 [o. D., Juli 1960], in: SStAL, 20134 agra-Landwirtschaftsausstellung der DDR, 2553, unpag.

220 Während der IV. LWA 1956 legte die Bundessekretärin des DFD, Inge Mayer, der Schauleitung und dem MLF eine Liste mit Kritiken und Anregungen vor. Als besonders ungenügend seitens des DFD wurden die Gemeinschaftsküchen und das Dorfwirtschaftshaus empfunden. Denn manches davon könne »beleidigend auf unsere Bäuerinnen wirken«. Schließlich sei das so dargestellte Dorfwirtschaftshaus »keine Einrichtung, für die es sich lohnt, mit größerer Hingabe in der LPG zu arbeiten oder sich für die genossenschaftliche Arbeit zu entscheiden«. Vgl. Demokratischer Frauenbund Deutschlands (Bundesvorstand) an Minister Reichelt vom 10. Juli 1956, in: BArch, Abt. DDR, DK 1/236, Bl. 7–9. – Zur Bedeutung der Küchen im Systemwettstreit vgl. Karin Zachmann: Küchendebatten in Berlin? Die Küche als Kampfplatz im Kalten Krieg, in: Michael Lemke (Hrsg.): Konfrontation und Wettbewerb. Wissenschaft, Technik und Kultur im geteilten Berliner Alltag (1948–1968), Berlin 2008, S. 181–205. – Zum DFD vgl. weiterhin Renate Graupner: Der Beitrag des DFD zur Entwicklung des Gemeinschaftslebens in den Dörfern des Kreises Greifswald, in: Wissenschaftliche Zeitschrift der Ernst-Moritz-Arndt-Universität Greifswald 37 (1988), H. 4, S. 6 f.; Heike Amos: Politik und Organisation der SED-Zentrale 1949–1963. Struktur und Arbeitsweise von Politbüro, Sekretariat, Zentralkomitee und ZK-Apparat, Münster 2003, S. 35 f.

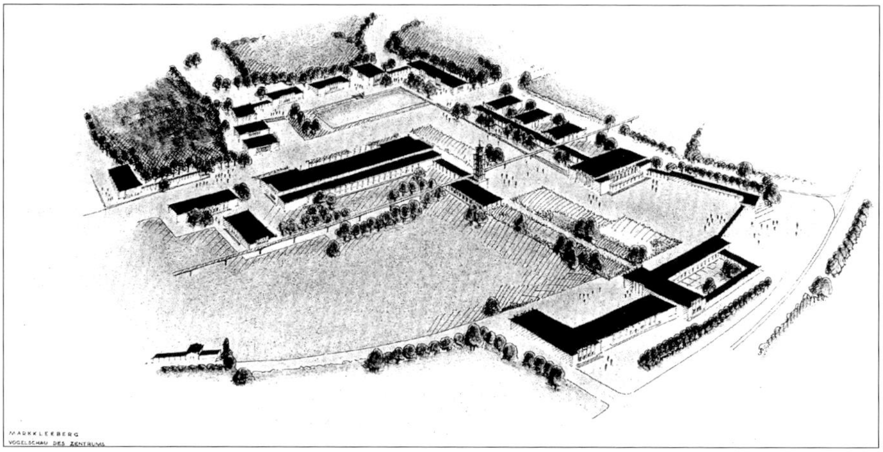

Markkleeberg – Vogelschau des Zentrums.

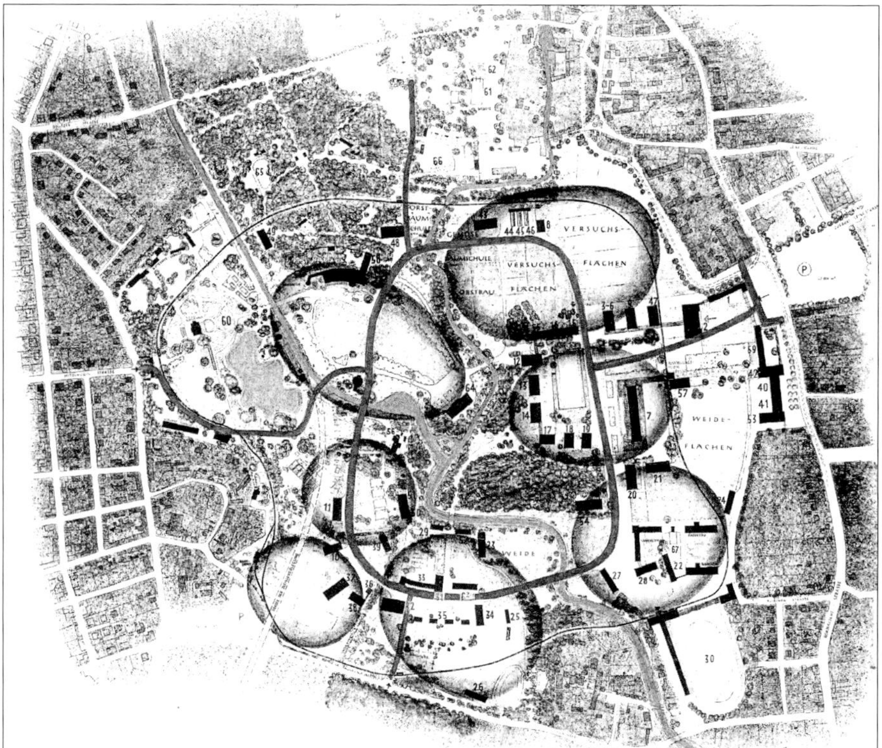

Markkleeberg – Grundgedanke des Entwurfs: Die vorhandenen Grünräume werden durch einen Ring verbunden.

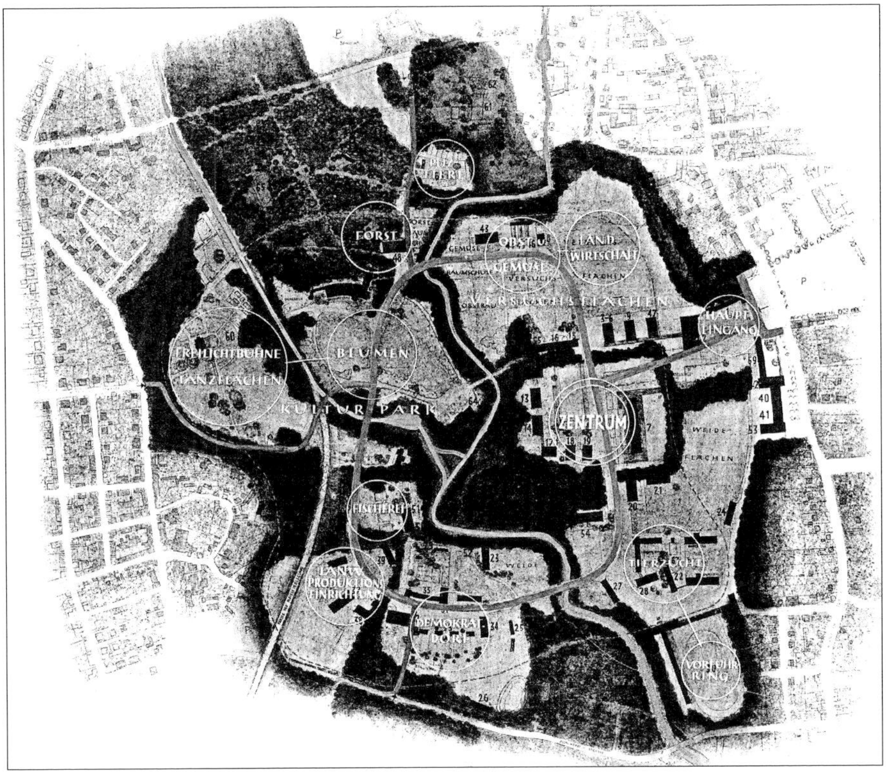

Markkleeberg – Folgerichtige Einordnung der Themen im Einklang mit der Ringführung und den vorhandenen Grünräumen.

man eine Gesundheitsstube, die während der Ausstellung mit einem Arzt besetzt wäre. Auch die staatliche Tierarztpraxis, ein Typenbau bestehend aus Wohnhaus und Behandlungsräumen, sollte die Betreuung der Viehbestände der umliegenden LPG permanent gewährleisten. Die Nutzung des Wohnhauses innerhalb des Komplexes »Das sozialistische Dorf« erfolgte im ersten Stock durch die Verantwortlichen für die Viehwirtschaft, da die Anlage das ganz Jahr über mit Viehherden der LPG Holzhausen belegt war. Die Wohnungen im Erdgeschoss hingegen sollten als Beispiel für eine »sozialistische Wohnkultur« während der Ausstellung den Besuchern zur Besichtigung offen stehen. In der ausstellungsfreien Zeit wurden diese Räume als Schulinternat genutzt. Das Gebäude wurde aus dem Baukontingent des Wohnungsbauprogramms des Rates des Kreises Leipzig Land realisiert.[221] Schließlich wurden eine Zentralschule (mit vier Klassenräumen) und ein LPG-Lehrlings- bzw. Ledigenwohnheim musterhaft errichtet. Neu hinzu kam in dieser Planung

221 Zum Entwurf des Generalbebauungsplanes der Landwirtschaftsausstellung Leipzig-Markkleeberg 1959–1965 [o. D., Juli 1960], in: SStAL, 20134 agra-Landwirtschaftsausstellung der DDR, 2553, unpag., S. 5 des Dokuments.

der Komplex »Bauausstellung«. Dieser hatte die Probleme und Erfordernisse des ländlichen Bauens und der Baubrigaden auf dem Lande zu zeigen. Auch der »sozialistische Landhandel« sollte ab 1964 eine Vergrößerung der Ausstellungsfläche erfahren.

Erst durch einen Politbüro-Beschluss im August 1958 über den dauerhaften Verbleib der Ausstellung auf dem Gelände in Markkleeberg und der Schaffung einer ständigen Gartenbauausstellung in Erfurt – ab 1961 bekannt als iga – war es möglich, endgültige, klare Konzeptionen zu erstellen und von der Errichtung von Behelfsbauten und Zeltpavillons abzugehen.[222] Ab 1959/60 wurde das Gelände um 4,5 ha nach Nordosten, um den sogenannten Goethepark, ein Arboretum und eine Fasanenaufzuchtstation erweitert. Zu diesem Zeitpunkt allerdings rechnete die Ausstellungsleitung mit einem Beginn der Pleißeverlegung für 1967, und der Bau der neuen das Ausstellungsgelände direkt anbindenden Fernverkehrsstraße sollte »1970 als abgeschlossen gelten«.[223] Tatsächlich fertiggestellt wurde die Straße erst 1972, die dann mitten durch den alten Herfurthschen Park verlief und den Verlust vieler ursprünglicher Parkelemente sowie des bekannten und bewunderten Rosengartens bedeutete.[224] All diese grundsätzlichen Fragen – Pleißeverlegung, Kohleabbaugrenzen, Hochstraßentrasse, Bau eines Fernsehturms – blieben im Prinzip bis 1961 ohne verbindlichen Plan. Das sorgte dafür, dass sich infolge des fehlenden Generalbebauungsplans das Ausstellungsgelände nicht nach den bereits erstellten Plänen entwickelte, sondern teilweise eher spontan (also von Jahr zu Jahr), »was eine Reihe thematischer und funktioneller Mängel nach sich zog«.[225]

Bei der angestrebten Entwicklung hin zu einer Dauerausstellung rechneten die Planer mit nicht mehr als 10.000 Besuchern am Tag (mit Ausnahme der eigentlichen Hauptausstellungszeit). Alle in der Perspektivplanung zum Generalbebauungsplan enthaltenen Maßnahmen ergaben in einer Kostenabschätzung ca. 80 Millionen DM (Ost) aus dem Staatshaushalt für die Baujahre zwischen 1962 und 1980. Im Zeitraum von 1952 bis 1959 wurden 22 feste Ausstellungshallen neu errichtet, 18 Stallgebäude, 21 Wirtschaftsgebäude, sechs Kultur- und Sozialgebäude, mehrere Gaststätten und 20 km Straße.[226]

222 Erläuterungen zum Entwurf des Generalbebauungsplanes der Landwirtschaftsausstellung Leipzig-Markkleeberg 1959–1965 [o. D.], in: SAPMO-BArch, DY 30/IV/2/7/88, Bl. 41.

223 Schreiben Baumgartens an das Ministerium für Landwirtschaft, Erfassung und Forstwirtschaft, Sektor Agrarpropaganda Koll. Seipt, vom 4. August 1960, in: SStAL, 20314 agra-Landwirtschaftsausstellung der DDR, 2553, unpag.

224 Vgl. auch http://www.markkleeberg.de/de/stadt_verwaltung/geschichte/agra_messen/ (letzter Zugriff: 24. September 2014).

225 Konzeption zum Generalbebauungsplan von Direktor Dr. Baumgarten und Chefarchitekt Raundorf [o. D., 1960], in: SStAL, 20314 agra-Landwirtschaftsausstellung der DDR, 2424, unpag.

226 Schröder: Produktionspropaganda, S. 24.

»Die Verwirklichung des Projektes Markkleeberg«: Die DDR-Landwirtschaftsausstellung in den 1950er Jahren

Die Organisatoren der ersten »Landwirtschafts- und Gartenbauausstellung der DDR« legten besonderen Wert auf die repräsentative Ausgestaltung der Eingangsachse. Am Anfang der Eingangsstraße stand eine große Büste Wilhelm Piecks, gestaltet von dem gerade erst aus der Sowjetunion zurückgekehrten Künstler Will Lammert (1892–1957).[227] In den Kolonnaden, die links und rechts die Mittelachse begrenzten, standen Tafeln, die »die Forderung nach der Einheit Deutschlands erhoben«.[228]

Die Darstellungen dieses »Friedenskampfes« bezogen sich politisch auf die zum Jahreswechsel 1951/52 vorbereitete Integration der Bundesrepublik in das westliche Militärbündnis Europäische Verteidigungsgemeinschaft (EVG).[229] Daraufhin leitete die UdSSR Mitte Februar 1952 eine neue deutschlandpolitische Initiative ein. Diese als »Stalin-Note« in die Geschichte eingegangene Demarche sah vor allem ein neutralisiertes Deutschland in den Grenzen von 1945 vor, aus dem sich die Siegermächte ein Jahr nach Vertragsabschluss zurückziehen sollten. Aufgrund der ablehnenden Reaktion der Westmächte verordnete Stalin den in Moskau weilenden SED-Führern Pieck, Grotewohl und Ulbricht einen Kurswechsel.[230] Diese mussten sich der Anordnung fügen, obwohl eine Realisierung der »Stalin-Note« für die SED »nicht nur ein enormes Risiko, sondern das Ende der DDR und die eigene Entmachtung bedeutet« hätte.[231] Darum war Ulbricht über das Scheitern der Pläne Stalins und seiner Nachfolger um Lawrenti Berija 1953 kaum betrübt. Vielmehr hatte die SED-Führung durch die Zuspitzung des innerdeutschen Konfliktes versucht, die sowjetischen Pläne zu unterlaufen. Mit dem Volksaufstand vom 17. Juni 1953 scheiterte die DDR als gesamtdeutsches Alternativmodell und angebotenes Vorbild. Das Konzept der nationalen Volksfront erlebte damit ein Desaster.

Drei Wochen vor Ausstellungsbeginn am 3. Juni 1952 rückte erstmals die Kollektivierung auf die Tagesordnung des SED-Politbüros und wurde damit zum unmittelbaren Politikziel. Eingebettet war diese Entwicklung in zahlreiche weitere Maßnahmen, die den »Aufbau des Sozialismus« in der DDR forcieren sollten: die Grenzen zur Bundesrepublik wurden abgeriegelt, die alte Länderstruktur aufgehoben und durch Bezirke und Kreise ersetzt, neuerliche Parteisäuberungen vorbereitet

227 Zur Person vgl. Müller-Enbergs/Wiehlgohs/Hoffmann (Hrsg.): Wer war wer, S. 49f.

228 So der Text der Schauleitung im Ausstellungshandbuch: Landwirtschafts- und Gartenbauausstellung der Deutschen Demokratischen Republik, Leipzig-Markkleeberg 27. Juni bis 6. Juli 1952, S. 24 u. passim.

229 Lemke/Nakath: Deutschlandpolitik, S. 57f.

230 Vgl. überblickend Mählert: Kleine Geschichte, S. 60–62.

231 Lemke/Nakath: Deutschlandpolitik, S. 571.

und die Aufrüstungsbemühungen verstärkt.[232] Durch die damit verbundene verstärkte Übernahme des sowjetischen Modells auf die DDR wurde auch der Weg zum »sozialistischen Dorf« frei.[233] Die Kollektivierung der Landwirtschaft war »ein überaus wichtiger Teil« der beginnenden wirtschaftlichen und gesellschaftlichen Umwandlung.[234] In Bezug auf die Transformation der Agrarwirtschaft in den Jahren 1952 und 1953 kann der Zeitraum vom April bis zum Juli 1952 als die Zeit einer Vorbereitungsphase gelten. Dieser Zeitabschnitt war durch umfassende Freiwilligkeit der vereinzelt stattgefundenen LPG-Gründungen gekennzeichnet. Direkter Zwang spielte hier noch keine Rolle.[235] Eben dies hatte die große Landwirtschafts- und Gartenbauausstellung der DDR zu verkörpern, zu kommunizieren und propagandistisch umzusetzen. Dazu dienten vor allem die Hallen der VEG, der MAS, Darstellungen des »sozialistischen Dorfes« oder Modelle von Neubauerngehöften auf dem Schaugelände.

Plastiken des Leipziger Künstlerkollektivs mit dem Titel »Arbeiter, Bauern und Wissenschaftler sichern die Erfüllung des Fünfjahrplanes« sollten für die Planwirtschaft, die als »großer Friedensplan« bezeichnet wurde, bei den Besuchern werben. Die Mittelachse fand ihren Abschluss durch eine halbkreisförmig gestaltete Wand, die, so der Text des Ausstellungshandbuches, »den Kampf um den Weltfrieden unter der Führung der mächtigen Sowjetunion« propagandistisch-künstlerisch aufbereitete. Als sichtbarsten Ausdruck des Stalinkultes erhob sich vor dieser Wand auf einem sechs Meter hohen Sockel das Standbild Stalins, der als »Führer des Weltfriedenskampfes« tituliert wurde. Um einen möglichst bleibenden propagandistischen Effekt durch die Gesamtgestaltung bei den Besuchern zu hinterlassen, war die »künstlerische Durcharbeitung der Mittelachse« dem Nationalpreisträger Charlie Hähnel übertragen worden. Hähnel war ein bekannter Maler und Grafiker,

232 Andreas Malycha/Peter J.Winters: Geschichte der SED. Von der Gründung bis zur Linkspartei, Bonn 2009, S. 104–110.

233 Scherstjanoi: SED-Agrarpolitik, S. 345–424; Schöne: Das sozialistische Dorf, S. 10f.

234 Ebd., S. 103.

235 Der Zeitraum zwischen April 1952 und Juni 1953 gilt in der Forschung als die erste Phase der Kollektivierung, während der sich etwa 5.000 Produktionsgenossenschaften bildeten. Insgesamt lässt sich der Zeitabschnitt in drei klar voneinander zu trennende Abschnitte bzw. Phasen unterteilen. Zur Vorbereitungsphase s.o. Die Zeit von Juli bis November 1952 kann als die Initiationsphase gekennzeichnet werden. In dieser Zeit erlangte ein gewisser Zwang in zunehmendem Maße Bedeutung als Gründungsmoment. Freiwilligkeit war aber durchaus noch gegeben. Danach folgte die Repressionsphase und endete spätestens im Juni 1953. Die überwiegende Mehrzahl der in diesem Zeitraum gegründeten LPG entstanden aufgrund von Zwangsmaßnahmen. Vgl. Jens Schöne: »Wir sind dafür, dass über diese Fragen keine Berichterstattung erfolgt.« Die Kollektivierung der Landwirtschaft in der DDR 1952/53, in: Falco Werkentin (Hrsg.): Der Aufbau der »Grundlagen des Sozialismus« in der DDR 1952/53 (= Schriftenreihe des Berliner LStU, Bd. 15), Berlin 2002, S. 71–94, hier S. 7f.

der zuvor die Maifeier 1949 und das Pfingstreffen der FDJ 1950 künstlerisch ausgestaltet hatte. Er war ebenfalls Träger des »Goethe-Preises 1950«.

Mit Wirkung vom 1. Juni 1956 wurde durch einen Politbürobeschluss die Landwirtschaftsausstellung in Markkleeberg »aufgrund der Erfahrungen der Allunions-Ausstellung in Moskau« in eine Dauerausstellung umgewandelt.[236] Das 1950 von der Staats- und Parteiführung begonnene »Projekt Markkleeberg« sollte mit dieser dauerhaften Form zu einem gewissen Abschluss gebracht werden. Das MLF gab dafür die Losung aus, dass die Ausstellung »Sache des ganzen Volkes werden« sollte. In diesem Jahr wurden erstmals die Besucher aus der Landwirtschaft organisiert nach Leipzig-Markkleeberg geführt. Die staatlichen Organe und die Massenorganisationen hatten dafür Sorge zu tragen, dass »werktätige Bauern und Landarbeiter planmäßig die Ausstellung besuchen«.[237] Darüber hinaus erachtete es das MLF für wichtig, auch »starke Delegationen von Industriearbeitern« zur Ausstellung zu bringen. Die Bezirks- und Kreislandwirtschaftsausstellungen fanden nun zugunsten von Markkleeberg nicht mehr statt. Lediglich regionale Tierschauen und Verkaufsmessen waren noch zugelassen. Die Konzentrierung der Kräfte galt nun dem »Projekt Markkleeberg«. Das Recht zur Teilnahme wurde nur den Folgenden gewährt: den Siegern des »sozialistischen Wettbewerbs in der Landwirtschaft«, den LPG und genossenschaftlichen Bauern und Gärtnern, »die die für sie festgesetzten Ausstellungsnormen erfüllt« hatten, und den Örtlichen Landwirtschaftsbetrieben (ÖLB)[238], VEG, MTS, StFB und Schweinemastanstalten, »die die für sie festgesetzten Normen hinsichtlich der Erträge landwirtschaftlicher Kulturen oder in der Viehwirtschaft erzielt« hatten. Weiterhin hatten das Recht zur Teilnahme wissenschaftliche Forschungsanstalten, landwirtschaftliche Schulen und Lehranstalten »mit wissenschaftlichen Verdiensten von weitreichender Bedeutung« für die Produktionssteigerung, volkseigene und private Industriebetriebe und Konstruktionsbüros, die »sich an der Entwicklung und Herstellung von guten landwirtschaftlichen Maschinen, Geräten und Düngemitteln beteiligt« hatten, und schließlich die »Arbeitsgemeinschaften Junger Naturforscher«, »Klubs Junger Agronomen« und »Zirkel Junger Landmaschinentechniker«, die »besondere Leistungen« erzielten. Privat wirtschaftende Einzelbauern waren nunmehr von der Zulassung als Aussteller de facto ausgeschlossen. Preise und Medaillen sollten für Leistungen bei der Produktionssteigerung, beim Einsatz und der Herstellung landwirtschaftlicher Maschinen und Chemikalien verliehen werden. Die Räte der Bezirke waren für die Auswahl der Ausstellungsteilnehmer verantwortlich. Eine Bestätigung der Teilneh-

236 BArch, Abt. DDR, DK 1/1339, Bl. 10–15, hier Bl. 10.

237 Ebd., Bl. 15.

238 Zu den ÖLB und ihrer Rolle beim Umgang von verlassenen, unbewirtschafteten Flächen und devastierten Betrieben in der DDR vgl. Nehrig: Der Umgang mit den unbewirtschafteten Flächen in der DDR.

mer, die Festsetzung der Normen sowie der Anzahl der Auszeichnungen erfolgte durch das Hauptkomitee der Ausstellung.[239]

Die Struktur der damit neu geschaffenen Dauerausstellung stellte sich wie folgt dar: Das neu gebildete *Hauptkomitee*, deren Mitglieder und Satzungen nun vom MLF vorgeschlagen und vom Ministerrat bestätigt werden mussten, bestand aus Vertretern der HV des MLF, Agrarwissenschaftlern, Vertretern von LPG, VEG, MTS und ÖLB, »werktätigen Einzelbauern«, Vertretern der VdgB, FDGB, DFD, Nationaler Front und der DSF. Das Hauptkomitee leitete ferner die Ausstellungsdirektion an und entschied prinzipielle Ausstellungsangelegenheiten. Den Vorsitz des Hauptkomitees führte der Minister für Land- und Forstwirtschaft, Sekretär wurde der Leiter der HA Landwirtschaftliche Propaganda. Die *Direktion der Ausstellung* (Baumgarten) unterstand dem Hauptkomitee direkt. Ihr oblag die gesamte Vorbereitung und Durchführung der Ausstellung nach den Weisungen des Hauptkomitees. Die Organe der Direktion waren der Direktor, sein Stellvertreter und acht Verwaltungen: Die Verwaltungen für »organisatorische Fragen«, für »Bau und technischen Betrieb«, für »Pflanzenbau« und »Modernisierung«, für »künstlerische Gestaltung«, für »Wirtschaftsfragen«, für »Viehwirtschaft« und schließlich die »Verwaltung für Propaganda«.[240] Der letztgenannten Verwaltung kam die Aufgabe zu, »alle Neuerermethoden [...] in Presse, Rundfunk und Film« zu propagieren. Zur Unterstützung konnten fachliche und künstlerische Beiräte gebildet werden. Zum Aufbau der Ausstellung bediente sich die Schauleitung geeigneter Vertragsbetriebe, die auch aus der Privatwirtschaft kommen konnten. Als Ausstellungszeitraum wurde jährlich der 15. April bis 15. November festgesetzt, und in den Wintermonaten wurden Weiterbildungen, Kurse und Beratungen durchgeführt.[241]

Der Investitionsplan innerhalb der Fünfjahrplanung sah für die Ständige Deutsche Landwirtschaftsausstellung beträchtliche Summen vor. Aus einer Summe von zunächst 16,15 Millionen DM (Ost) für die einzelnen Bauabschnitte und die nötigen Haushaltsmittel wurde schnell eine Finanzierungshöhe von insgesamt 37,8 Millionen DM bewilligt.[242] Durch einen Beschluss des Ministerrates einen Monat vor Ausstellungsbeginn wurde der Minister für Finanzen beauftragt, für die Finanzierung des Ausstellungsjahres 1956 sieben Millionen DM zur Verfügung zu stellen.[243]

239 BArch, Abt. DDR, DK 1/1339, Bl. 1 f. u. passim.

240 Ebd., Bl. 11–13.

241 Ebd., Bl. 13.

242 Investitionsplan der Ständigen Deutschen Landwirtschaftsausstellung Leipzig-Markkleeberg, 2. Fünfjahrplan, Anlage 2 (von 1956), in: ebd., Bl. 12–14.

243 Präsidium des Ministerrates, Beschluss 34/11 über die »Durchführung einer Landwirtschafts- und Gartenbauausstellung 1956 in Leipzig-Markkleeberg vom 17. Mai 1956, in: BArch, Abt. DDR, DK 1/1345, Bl. 1.

In der Zeit bis etwa 1958/59 wurde die ständige Landwirtschaftsausstellung in Markkleeberg zu einem zentralen Funktionärsschulungszentrum. Seit 1953/54 nahm die Zahl der jährlichen Schulungen, Versammlungen und Tagungen von LPG-Vorsitzenden, Funktionären und Kadern in Markkleeberg kontinuierlich zu. 1958 fand dort die »außerordentliche erweiterte LPG-Beiratssitzung beim Ministerrat der DDR« statt, um zur »schnelleren Durchführung der Hauptaufgaben« bis 1960 beizutragen.[244]

Trotz der intensiven Anstrengungen und der hohen Investitionen in Markkleeberg gab es von ganz unterschiedlicher Seite Kritik an dem Projekt und seiner Realisierung. Die größte Schwierigkeit bestand für die Schauleitung in der Regel darin, dass zu wenig Zeit zur Umsetzung der massiven, an die neue Schau gestellten Ansprüche zur Verfügung stand. Die Ergebnisse der Schau des Jahres 1956 wurden von Schauleitung, MLF und auch der Staats- und Parteiführung mit Spannung erwartet. Noch während die Ausstellung im Gange war, sammelte man zahlreiche Stimmungsberichte und Stellungnahmen von Besuchern wie Funktionären gleichermaßen, aber auch statistisches Material. Von den anlässlich der Planungen noch im Juli 1956 stattfinden Sitzungen erhielt Minister Reichelt einige »kritische Stimmen über Markkleeberg«.[245] Kritisiert wurden von den Ausstellern unter anderem die schlechten Verlademöglichkeiten für das Vieh, denn manche von den morgens um sieben Uhr angekommenen Tieren waren um Mitternacht noch immer nicht ausgeladen worden. Ein weiterer Kritikpunkt betraf die versprochenen, aber oft nicht ausgelieferten Futterzuteilungen. Ein »verdienter Züchter« beklagte sich darüber, dass deshalb eine seiner besten Kühe anfangs täglich 30 l Milch am Tag gab und am Ende der Ausstellung nur noch 18 l Milch. Auch die vielen Pressemeldungen über vergebene Leistungsmedaillen entsprachen nicht immer der Wahrheit, wie ein Züchter vorbrachte. Andere Aussteller kritisierten die schlechten und immer noch unasphaltierten Wege, die einen negativen Eindruck bei den Gästen aus dem In- und Ausland hinterließen. Aber selbst viele technische Vorzeigemaschinen und -geräte, beispielsweise eine neue Entmistungsanlage, waren nicht einsatzbereit, was sarkastische Kommentare seitens der Bauern zur Folge hatte. Viele Bauern registrierten die Lücke zwischen Anspruch und Wirklichkeit innerhalb der Maschinenausstellung nur zu genau. Denn seit jeher bilden Landmaschinen den wichtigsten und für Landwirte mit am interessantesten Teil einer landwirtschaftlichen Schau. Der größte Teil davon war jedoch in Markkleeberg nur auf Bildern und Schautafeln

244 HStDD, 11430, Nr. 3987, unpag.

245 An den Kollegen Hans Reichelt, Minister für Land- und Forstwirtschaft, betr. Informationen von Sitzungen (Juli 1956), in: BArch, Abt. DDR, DK 1/1345, Bl. 2 f. u. passim.

zu sehen gewesen. »Wenn man Maschinen in Bildern sehen will, dann kann man sich ein Buch kaufen oder ins Kino gehen«, kommentierten einige Bauern.[246]

Sehr penibel sammelten Pressemitarbeiter, Erklärer, Führer und Funktionäre die Eindrücke und Meinungen bundesdeutscher Gäste über die Ausstellung. Offensichtlich wurden aber nur diejenigen Äußerungen an die Ministerialebene weitergeleitet, welche für die DDR günstig ausfielen.[247] Authentischere und kritischere Stimmen stammen aus der Feder von Journalisten, die über ihren Besuch 1956 in Markkleeberg im westdeutschen Organ *Deutsche Landwirtschaftliche Presse* berichteten.[248] Die Autoren, die um einen fairen Bericht bemüht waren, zogen Vergleiche der DDR-Landwirtschaftsausstellung mit der »Grünen Woche« und den DLG-Wanderausstellungen. Interessanterweise erkannten die Journalisten gerade in jenem Jahr auf den ersten Blick keine größeren äußerlichen Unterschiede zwischen den westdeutschen DLG-Wanderausstellungen und der Landwirtschaftsausstellung der DDR. Selbst die Eingangsgebäude sähen sich ähnlich, stellten sie verwundert fest. Doch beim Betreten des Ausstellungsgeländes wurden die Unterschiede schnell deutlich: Die Journalisten gewannen den Eindruck, dass »kaum jemals eine Ausstellung so unfertig den Besuchern gezeigt worden« sei. Die Mechanisierung werde »in der DDR vorangetrieben, aber mit dem fast ausschließlichen Ziel, die Einsatzbereitschaft der MTS zu erweitern und zu stärken«. Geräte für den Einzelbauern konnten die Journalisten folglich nicht entdecken, da beispielsweise die auch in der Bundesrepublik nicht unbekannten Wömag-Werke (Ludwigslust, Mecklenburg) nicht vertreten waren. Schließlich beobachteten sie, dass »die einzelnen Hallen vielfach in der Art der Anwendung von Graphik und Schrift an die letzte Reichsnährstandschau [erinnern]. Einfach gegliederte, bewegliche Modelle waren gering an der Zahl, so daß der Besucher nur selten angeregt wurde, sich mit bestimmten Problemen zu befassen.«[249] Fortschritte gegenüber ihrem letzten Besuch in Markkleeberg 1954 erkannten die Journalisten auf dem Gebiet der Tierzucht. Erfolge der DDR speziell auf dem Gebiet der Rinderzucht »ließen sich [...] nicht leugnen«. Das Organ des ZK der SED, die Zeitung *Neues Deutschland* (ND), hingegen brachte mehrere längere Berichterstattungen über die Perspektiven bei der Mechanisierung der Innenwirtschaften, die in Markkleeberg als »Zukunft der LPG« dargestellt wurden.[250]

246 Ebd.

247 Pressebüro der IV. Landwirtschaftsausstellung: »Eindrücke und Meinungen westdeutscher Besucher, die zur IV. Landwirtschaftsausstellung in der DDR weilten« vom 17. Juli 1956, in: ebd., Bl. 31–40. – Auf über 20 Seiten wurden Berichte gesammelt, die sich jedoch oft nur in Nuancen voneinander unterschieden und stets den gleichen antibundesrepublikanischen Unterton trugen.

248 N.N.: Die IV. Landwirtschaftsausstellung in Leipzig-Markkleeberg, in: *Deutsche Landwirtschaftliche Presse* vom 28. Juli 1956, S.1 u. passim.

249 Ebd.

250 H.B.: Auf dem Weg zur Vollmechanisierten Feldwirtschaft. Ganze Maschinensysteme zeigt die

Von der Ost- und Westpresse wurde die Teilnahme bundesdeutscher Züchter und Agrarwissenschaftler positiv aufgenommen. Die bereits wiedergegebene Auflistung von bundesdeutschen landwirtschaftlichen Institutionen, mit denen die DDR offiziell in Kontakt stehen wollte, benannte auch Einzelpersonen aus der Agrarwissenschaft. 1956 reisten zur Eröffnungsfeier die bekannten Direktoren Adolf Köppe aus Ostfriesland und Karl Schimmelpfennig aus Oldenburg nach Markkleeberg.[251]

Die Ausstellung des Jahres 1958 (vom 22. Juni bis zum 13. Juli), die von Ministerpräsident Otto Grotewohl und Landwirtschaftsminister Paul Scholz eröffnet wurde,[252] sollte eine wichtige Aufgabe bei der »Entwicklung einer breiten Masseninitiative für den Sieg des Sozialismus«[253] bilden und schwerpunktmäßig das »Aktionsprogramm des 33. Plenums des ZK der SED über die nächsten Aufgaben der Landwirtschaft« vom Oktober 1957 – der »Initialzündung auf dem Weg zum ›sozialistischen Frühling‹« (Schöne) – beinhalten.[254] Die Jahre 1954 bis 1957 hatten aus Sicht der Parteiführung nicht die gewünschten Erfolge gebracht, sondern neben einer nur geringen Produktionssteigerung zu einer Akkumulation einer Vielzahl von Problemen geführt: Bei zahlreichen Kulturen waren die Vorkriegserträge noch nicht wieder erreicht worden, und die Erträge vieler Einzelbauern lagen noch immer über denen der genossenschaftlich organisierten Bauern. Ausstellungsziel war es aber zu zeigen, dass die sozialistische Großflächenbewirtschaftung der bäuerlichen Einzelwirtschaft überlegen sei, sodass sich »immer mehr Einzelbauern veranlasst [sähen], Mitglied der LPG zu werden«.[255] Um einen größeren und bleibenden Eindruck bei den ländlichen Besuchern zu erreichen, wurde mehr Wert auf Exponate und praktische Vorführungen als auf grafische Darstellungen gelegt. Eingerichtet wurden zum Beispiel der Wirtschaftshof einer LPG von 400 ha, ein MTS-Stützpunkt sowie ein Versuchsfeld.[256] Von Ulbricht war auf dem V. Parteitag der SED 1958 auch gefordert worden, während »des 3. Fünfjahrplanes [...] jährlich gegenüber 1957 das 10-fache an Rinderoffenstallplätzen zu schaffen«.[257] Diesen

Landwirtschaftsausstellung, in: *ND* vom 12. Juli 1956, S. 3; Vollmechanisierte Wirtschaften – die Zukunft der LPG, in: *ND* vom 28. Juli 1956, S. 3.

251 Ebd.; N.N.: Größte deutsche Landwirtschaftsschau – 4. Landwirtschaftsausstellung der DDR in Markkleeberg eröffnet, in: *ND* vom 24. Juni 1956, S. 3.

252 Direktor Oskar Baumgarten führte sie über das Ausstellungsgelände. Vgl. SStAL, 20314, Nr. 126, unpag.

253 Zit. nach Schöne: Das sozialistische Dorf, S. 127, Anm. 94. – Im Bezirk Leipzig wurden im Sommer 1958 Initiativen zur »Auswertung des V. Parteitages der SED« in Gang gesetzt.

254 6. Landwirtschaftsausstellung der DDR in Markkleeberg [o. D.], in: HStDD, 11430, Nr. 3987, unpag.

255 Ebd. – Vgl. weiterhin Agra 79: Sendekonzeption »Von der 1. Landwirtschafts- und Gartenbauausstellung bis zur 15. Agra als ›Universität‹«, in: SStAL, 20134, Nr. 1794, unpag.

256 6. Landwirtschaftsausstellung der DDR in Markkleeberg [o. D.], in: HStDD, 11430, Nr. 3987, unpag.

257 Zit. nach Landwirtschaftsausstellung Markkleeberg in Wort und Bild: Projekt Markkleeberg 1958 – Stahlbeton-Skelett-Montagebauweise bei Offenställen, Markkleeberg 1958.

überzogenen Vorgaben für das ländliche Bauwesen hatte die nationale Landwirtschaftsausstellung eine handfeste praktische und theoretische Untermauerung an die Bauern weiterzugeben. Dazu initiierte die Ausstellungsleitung das von ihr sogenannte »Projekt Markkleeberg«, wonach Bautypenentwürfe für Offenställe, die nicht teurer als 25.000 DM sein sollten, in Stahlbeton-Skelett-Montagebauweise entworfen und ausgestellt wurden. Während der Ausstellung wurden Hunderte von Broschüren des »Projekts Markkleeberg«, die im eigenen Verlag hergestellt worden waren, an Bauern und LPG-Vorsitzende verteilt.[258] Offenställe stellten in den 1950er Jahren quasi ein »agrarpolitisches Dogma« dar, das von der Sowjetunion übernommen worden war. Überhaupt kam es ab 1957/58 wieder verstärkt zu Kopien sowjetischer Vorbilder. So wurde die Anwendung von Quadratnestpflanzverfahren bei Kartoffeln eingefordert und das Offenstallverfahren auch in der Schweinezucht angewandt.[259] Obwohl er wie in Markkleeberg massiv propagiert wurde, lehnten die meisten Bauern diesen Stalltyp ab, da er starke ökonomische Nachteile in Form von zunehmenden Viehkrankheiten und sinkenden Erträgen mit sich brachte.[260] Parallel zu den Offenställen gab es ein weiteres Stallbauprogramm in Markkleeberg: Schweinemastställe in Massivbetonbauweise. Diese sollten den Forderungen nach möglichst geringen Baukosten bei gleichzeitiger Senkung des Arbeitszeitaufwandes entsprechen. In Vorführungen fuhr der Traktor RS 09 (mit Parallelheber) in die Buchten der Ställe, um sie zu entmisten und die Futterautomaten zu kontrollieren, die nur einmal wöchentlich zu befüllen waren. Alternativ waren auch Sommerställe für die Schweinezucht in Rundholzkonstruktion mit Schilfdach ausgestellt.[261]

Die Haupthalle des Ausstellungsgeländes stand 1958 unter dem Motto »Die DDR baut den Sozialismus auf« und am Eingangsportal prangte in großen Lettern »Der Sozialismus siegt«. In der »Halle Westdeutschland« lagen zahlreiches Propagandamaterial über die bundesdeutsche Politik und Landwirtschaft und eine Unterschriftenliste »Gegen die atomare Aufrüstung« aus.[262] In der Mitte der Beispielfelder des Acker- und Pflanzenbaus war eine Halle von 2.000 qm Grundfläche errichtet worden. In ihr waren zahlreiche Erklärungs- und Hinweistafeln zum

258 Der Titel der Broschüre bezog sich ausschließlich auf das Projekt der Offenstall-Bautypen, die in Markkleeberg erfunden wurden, nicht aber auf die von SED und MLF Anfang der 1950er Jahre geforderten Bauplanungen auf dem Ausstellungsgelände zur Verwirklichung des »Projekt Markkleeberg«. Beides darf nicht verwechselt werden.

259 Schöne: Das sozialistische Dorf, S. 12 f. – Fachleute standen diesen Verfahren in der ganzen DDR jedoch skeptisch gegenüber.

260 Schöne: Frühling auf dem Lande, S. 158, Anm. 334.

261 Siegfried Winkler: Die 6. Landwirtschaftsausstellung 1958 zeigte die Überlegenheit der sozialistischen Produktion, Leipzig-Markkleeberg 1958, S. 27–31.

262 6. Landwirtschaftsausstellung der DDR in Markkleeberg [o. D.], in: HStDD, 11430, Nr. 3987, unpag.

Maisanbau, zum Zuckerrübenanbau, zum Kartoffelanbau, zur Pflanzkartoffelerzeugung und zum Feldfutterbau angebracht. Das gestalterische Highlight dieser Halle war eine »gläserne Rübe«. Sie reihte sich in die Ausstellungsdesigns ein, die in den 1950er Jahren vor allem vom Hygienemuseum in Dresden hergestellt wurden und die international große Beachtung fanden. In diese Reihe gehörten auch die »gläserne Kuh« (siehe Abb. S. 425), der »gläserne Mensch« und die »gläserne Frau«.[263] Die »Halle LPG« hatte die Aufgabe, die »Überlegenheit der LPG durch die Darstellung der Entwicklung des genossenschaftlichen Sektors seit 1953« zu zeigen.[264] Den dazu nötigen »Beweis« sollten Darstellungen der Forschungsstelle für Landarbeit Gundorf über die »Steigerung der Arbeitsproduktivität« in den LPG erbringen. Dass der Staat durch ein neues Agrarpreissystem 1957/58 die LPG begünstigte, indem er ihre Abgaben ermäßigte oder gar strich und ihnen Kredite zu Sonderkonditionen gewährte, um sie wirtschaftlich erfolgreicher und attraktiver als die Einzelwirtschaften aussehen zu lassen, fand jedoch keine Erwähnung.[265] Die »Rolle der Frau in der sozialistischen Entwicklung« wurde am Beispiel der LPG Jahna (Kreis Wismar) dargestellt. Die drei »Hallen MTS« stellten die Beschlüsse der II. MTS-Konferenz und die bis 1960 beschlossenen Aufgaben dar. Ein Großmodell der MTS Döbernitz sollte »zu allen Fragen der Spezialisierung im MTS-Bereich« Auskunft geben. Schließlich wurde noch die »Stationäre Fließmethode« in der MTS-Werkstatt am Beispiel der MTS Wülknitz vorgestellt. Die Methode sollte einen nahtlosen Reparaturbetrieb der Landmaschinen ohne jegliche Ausfälle ermöglichen. Zur Illustration der Methode waren sechs Drillmaschinen in unterschiedlichen Reparaturstadien aufgestellt worden. Im Vorführring wurden an jedem Vormittag ein komplettes Maschinensystem für Mais gezeigt und jeden Nachmittag Maschinensysteme zur Ernteeinbringung von Getreide, Kartoffeln und Zuckerrüben vorgeführt. Im »Brigadestützpunkt der MTS« wurden ausgehend von der Forderung, dass bis 1960 die wirtschaftliche Rechnungsführung

263 In Verbindung mit der Darstellung der Hygiene auf dem Land und der von der SED angestrebten »besonderen Förderung von Mutter und Kind«, wurde auch eine »gläserne Frau« ausgestellt. Dieses Schauelement war bereits seit der Weimarer Zeit fester Bestandteil großer Hygiene-, Landwirtschafts- und anderer Schauen. Sie erfolgten in Zusammenarbeit mit dem Hygiene-Museum in Dresden. Ein internationaler Achtungserfolg war 1956 während der internationalen Landwirtschaftsausstellung in Kairo mit dem »gläsernen Menschen« erzielt worden. Vgl. Probleme der Volksbildung (sozialistische Umgestaltung der Berufsausbildung und Erwachsenenqualifizierung), besprochen während der Landwirtschaftsausstellung in Leipzig-Markkleeberg [o. D., 1956/57], in: BArch, Abt. DDR, DK 1/ 1349, Bl. 63–70, hier Bl. 66.

264 6. Landwirtschaftsausstellung der DDR in Markkleeberg [o. D.], in: HStDD, 11430, Nr. 3987, unpag., passim. – Allerdings waren seit 1953 vor allem die Mittelbauern staatlich gefördert worden, um so die Großbauern verstärkt in die Defensive zu drängen.

265 Außerdem waren 1958 immer noch zwölf Prozent der LPG vom Typ III vollständig auf Subventionen angewiesen, da den Mitgliedern das Mindesteinkommen ausbezahlt werden sollte. Vgl. Steiner: Plan, S. 115.

in allen MTS einzurichten sei, Modelle gezeigt, die die Bedeutung »rationeller Arbeitsorganisation« darstellten. Der Ausstellungsteil sollte dabei helfen, die »neue Brigadeordnung durchzusetzen«. In der »Halle VEG« wurden die Leistungen der Volkseigenen Güter in der Saatguterzeugung und die Arbeit einer Saatzuchtstation am Beispiel des VEG Saatzucht Quedlinburg gezeigt. Eine weitere Halle bot eine Übersicht über die Leistungen der VEG in der Brutto- und Marktproduktion und ihrer Arbeitsmethoden. Gezeigt wurden auch, wie eine Scheune zu einem Offenstall umgebaut werden konnte und die Lehr- und Versuchstätigkeiten der VEG am Beispiel der Zuckerrübenzüchtungen des Versuchsgutes Wachau. Aber auch hier fanden sich keine kritischen Anmerkungen. Schließlich mussten bis zu 75 Prozent aller VEG das Wirtschaftsjahr 1958 mit Verlusten abschließen.[266] Der Steigerung der tierischen Produktion als der Hauptaufgabe der LPG im zweiten Fünfjahrplan war die Schau der »Halle Viehwirtschaft« gewidmet.[267] Die vier »Wettbewerbssieger-LPG« von 1957 stellten darin aus. Der Eintritt von Gärtnern in die GPG oder LPG wurde in der »Halle Gärtnerische Produktion« thematisiert. Fünf LPG und drei GPG waren hier die Aussteller.

Seit 1957 gehörte auch eine »Halle Atomenergie« zum festen Ausstellungsbestandteil. Denn nach sozialistischem Fortschrittsideal trug die Atomenergie wesentlich zu einer »glückliche[n] Zukunft« auch im Gartenbau- und in der Landwirtschaft bei.[268] Die »Sektion Agrarwissenschaft« der DSF, die seit 1950 in Markkleeberg vertreten war, stellte in Zusammenarbeit mit der DAL für die Ausstellung 1957 eine Sonderschau mit dem Inhalt »Die Bedeutung der friedlichen Anwendung der Atomenergie und speziell der Bedeutung der radioaktiven Isotope für die Landwirtschaft« zusammen.[269] Die Schau dazu ging auf eine Anregung der sowjetischen Delegation zurück, die 1956 bemängelt hatte, dass »über die moderne Atomwissenschaft und deren Bedeutung für die Landwirtschaft in der Ausstellung nichts enthalten war«.[270] Mit einer Ausstellung unter dem Motto »Das Zeitalter des Atoms muß das Zeitalter des Gärtners werden« versuchte die HA Pflanzliche Produktion im Februar 1957, eine Gegenveranstaltung zur »Grünen Woche« zu schaffen. Die Funktionäre der HA schätzten das Thema offenbar als so attraktiv ein,

266 Schöne: Das sozialistische Dorf, S. 127.

267 6. Landwirtschaftsausstellung der DDR in Markkleeberg [o. D.], in: HStDD, 11430, Nr. 3987, unpag.

268 Ebd.

269 Der Pavillon der DSF auf der V. Landwirtschaftsausstellung der DDR [o. D., 1957], in: SAPMO-BArch, DY 32/11182, unpag.

270 Ebd.

dass es »die direkte Beeinflussung der ›Grünen Woche‹ so abfangen [könnte], daß die Gärtner nicht nach Westberlin fahren«.[271]

Neben den Hallen »Obstbau«, »Gemüsebau«, »Arznei- und Gewürzpflanzenanbau« sowie der »Halle Champignonanbau« war die Forstschau von größerer Bedeutung. Sie unterteilte sich in die Hallenschau und das Freigelände. Im Mittelpunkt des Freigeländes stand die Maschinenschau. Hinzu kamen ein Wildgehege, eine Weihnachtsbaumplantage, eine Pappelholzzuchtplantage, ein Gehölz- und Bodenfloralehrpfad, ein Vogelschutzlehrpfad, eine Korbweidensortenschau und eine botanische Aufpflanzung von schnell wachsenden Laub- und Nadelholzarten. In den drei Hallen der Forstwirtschaft wurde vor allem die »sozialistische Umgestaltung des Privatwaldes« behandelt. Die staatlichen Forstbetriebe, die 1957 die »Wanderfahne« erhielten, stellten die »neue Arbeitsorganisation im Holzeinschlag« vor. Von der Kombinierung von Nutriazucht und Forellenmast, wie sie der Staatliche Forstbetrieb (StFB) Belzig in Markkleeberg präsentierte, erhoffte man sich Produktionssteigerungen auch für die LPG.[272] In der angeschlossenen »Jagdlehrschau« wurde ein GST-Jagdkollektiv vorgestellt und in einer neu errichteten »Halle des Naturschutzes« sollte gezeigt werden, dass »ein sinnvoller Naturschutz in einem sozialistischen Staat voll zur Entfaltung kommen kann«. Auch eine »Halle der Jugend« war auf dem Ausstellungsgelände vorhanden. Zu ihr gehörten ferner ein Schulgarten, eine »Station Junger Techniker und Naturforscher« und Sportstätten nach »Vorbild des Turnvaters Jahn«. Seit 1958 gab es eine Ausstellungszeitung, deren erste Ausgabe eine Woche nach Ausstellungsbeginn der 6. DDR-Landwirtschaftsausstellung am 29. Juni erschien.[273]

Die ausgestellten, sehr optimistischen Wirtschaftsparameter waren ein Ausdruck dafür, dass die Staats- und Parteiführung der DDR hoffte, vermeintliche wirtschaftliche Schwächen der Bundesrepublik, die sie 1958 zu erkennen glaubte, für sich nutzen zu können, um die »anspruchsvolle[n] Aufgaben bewältigen zu können«.[274] Vielmehr jedoch war seit 1958 nach Abschaffung der letzten Lebensmittelmarken in der DDR ein stark anwachsender Bedarf an Lebensmitteln zu verzeichnen, einhergehend mit einer sich verschärfenden Produktionskrise.[275] Die Ausstellung des Jahres 1958 war auch deshalb von der DDR Staats- und Parteiführung als bedeutsam erachtet und daher von der Ausstellungsleitung sehr sorgsam vor-

271 HA Pflanzliche Produktion, Vorschläge zur Gestaltung einer Gartenbau-Ausstellung im Februar 1957 vom 13. Dezember 1956, in: SAPMO-BArch, DY 30/IV 2/7/498, Bl. 146–149, hier Bl. 146.

272 6. Landwirtschaftsausstellung der DDR in Markkleeberg [o.D.], in: HStDD, 11430, Nr. 3987, unpag. u. passim.

273 SStAL, 20314, Nr. 126, unpag.

274 Steiner: Plan, S. 111.

275 Ebd.; Schöne: Das sozialistische Dorf, S. 127.

bereitet worden. Schließlich wurde die Ausstellung gar bis zum 27. Juli verlängert. Ein Fernsehturm übertrug Bilder von der Ausstellung auf Fernsehbildschirme, die sich auf dem Gelände befanden.[276] Erich Mückenberger, seit Dezember 1957 Abgeordneter der Volkskammer und Vorsitzender der SED-Agrarkommission, stellte bei seinem Besuch fest, dass dies eine »Leistungsschau der sozialistischen Landwirtschaft« gewesen sei.[277]

Traditionell fand im Rahmen von Landwirtschaftsausstellungen ein fachliches und festliches Rahmenprogramm statt. 1958 war die Markkleeberger Ausstellung der Ort, an dem die »Deutschen Meisterschaften« folgender Disziplinen entschieden wurden: Leistungspflügen, Leistungsmelken, Leistungshüten und Tierbeurteilung. Anfang Juli standen zahlreiche weitere Veranstaltungen auf dem Programm, wie der »Erfahrungsaustausch der Vorsitzenden der ständigen Kommission für Kultur und Volksbildung bei den Räten der Kreise im Bezirk Leipzig«, eine »Künstlerdiskussion mit Vertretern des Verbandes Bildender Künstler«, Themenabende und »Erfahrungsaustausche« über: »Die sozialistische Umgestaltung des Dorfes ist nicht möglich ohne die Kulturrevolution auf dem Lande« sowie einer »Beratung Junger Maisbauern«, ein großes »Maisfest«, »Tage der FDJ« und schließlich ein »Maisfest mit 40.000 Jungen Pionieren«. An den letztgenannten Festivitäten, die neue Rituale im ländlichen Lebenskreis stiften sollten, lässt sich auch der weitgehende Anspruch der Kollektivierungsbestrebungen durch die SED ablesen: Ziel war das sozialistische, von der Partei be- und durchherrschte vollkollektivierte Dorf, das eng in die Planwirtschaft eingebunden war.[278] Auf dem Land war eine sozialistisch dominierte Feiertags- und Ritualkultur auch ein Mittel, um dieses Ziel zu erreichen. Ebenso gehörte hierzu die Vergabe materieller Anreize an die Besucher, worunter nicht nur Preisgelder, Auszeichnungen etc. zu verstehen sind, sondern auch Gewinne aus Preisausschreiben. Diese Gewinnspiele gab es schon lange auf deutschen Landwirtschaftsschauen, und sie trugen in nicht unbedeutendem Maß zur guten Stimmung unter den Besuchern bei. In der SBZ/DDR, wo es solche Preisausschreiben – auch mit brieflicher Teilnahme – seit 1948 gab, war dies nicht anders, nur mit dem Unterschied, dass die Zielgruppe vorrangig Bauern und Gärtner waren. Bei den Preisausschreiben 1958 waren hochwertige Konsumgüter wie Fernsehapparate, Mopeds, Fahrräder oder Kühlschränke zu gewinnen. In einem Fernsehinterview verkündete Ausstellungsdirektor Baumgarten, dass der millionste Besucher »ein TBC-freies Zuchtkalb, eine Herdbuch Zuchtsau oder drei Zuchtgänse« erhalten würde:[279] Preise, mit denen nur ein Fachpublikum etwas anzufan-

276 SStAL: 20314, Nr. 126, unpag.

277 Ebd. u. passim.

278 Schöne: Das sozialistische Dorf, S. 128.

279 SStAL, 20314, Nr. 126, unpag.

gen vermochte, an die »Sehleute« war dabei nicht in erster Linie gedacht worden. Die Entwicklung der Gesamtbesucherzahl im Zeitraum zwischen 1952 und 1959 sah folgendermaßen aus:

Jahr	Besucherzahl
1952	350.000
1953	420.000
1954	475.000
1956	550.000
1957	620.000
1958	394.393
1959	407.634

Tab. 4: Die Besucherzahlen in Markkleeberg 1952–1959.[280]

Die Einpassung der Lehrschau in die Durchsetzung agrarpolitischer Direktiven veranlasste Baumgarten dazu, ab 1959 wieder verstärkt auf das Ausstellungskonzept der »Volksuniversität« bzw. »Universität im Grünen« zurückzugreifen.[281]

Wegen der gestiegenen Erwartungen an die Ausstellung seit 1958, stockte die Schauleitung den Stamm der ständigen Mitarbeiter im Folgejahr auf rund 300 Beschäftigte auf:

Jahr	Beschäftigte insges.	Davon staatl. geprüfte Landwirte	Davon Dipl.-Landwirte	Meister
1958	284	15	10	---
1959	294	19	10	---
1960	331	25	17	4
1961	396	29	20	6
1962	380	30	17	6
1963	345	34	15	8

Tab. 5: Mitarbeiter des VEB »Ausstellung Markkleeberg« 1958–1963.[282]

280 Die Besucherzahlen entsprechen den verkauften Eintrittskarten. Zahlen entnommen aus: 6. Landwirtschaftsausstellung der DDR in Markkleeberg [o. D.], in: HStDD, 11430, Nr. 3987, unpag. – Andere ungesicherte Angaben sprechen von über einer Million Besuchern, darunter 4.000 aus der Bundesrepublik im Jahr 1958.

281 In einem Schreiben an Min. Reichelt vom November 1959 umriss Baumgarten die Ausstellungsaufgabe: Die 8. LWA hat die Aufgabe, als Volksuniversität allen Werktätigen anschaulich darzustellen, wie die ökonomische Hauptaufgabe auf dem Gebiet der Landwirtschaft gelöst wird«. Vgl. Tätigkeitsberichte der PO Landwirtschaftsausstellung [o. D.], in: SStAL, 20314, Nr. IV/7/084/05, unpag.

282 Zahlen entnommen aus einer Aufstellung vom 6. September 1963 in: SStAL, 20314, Nr. 126, unpag.

Seit 1958 nahmen die UdSSR, die VR Ungarn sowie die ČSR regelmäßig als Aussteller teil. Nicht weniger als 47 Delegationen aus »sozialistischen Ländern« waren in jenem Jahr vor Ort.[283]

Die Staatssicherheit in Markkleeberg

Eine Leitdoktrin des MfS war die sogenannte »Infiltrationstheorie«, die dazu diente, alle negativen gesellschaftlichen, wirtschaftlichen und politischen Erscheinungen in der DDR dem »Einfluss des Klassenfeindes« zuzuschreiben.[284] »Sabotage der Volkswirtschaft« durch »Feindeinwirkung« wurde überall vermutet. Die großen Besucherströme in Markkleeberg und die mitunter in die Tausende gehende Zahl westdeutscher Bauern und Landwirte riefen auch die Staatssicherheit auf den Plan.

Da die geheimdienstlichen Strukturen auf dem Lande schwach entwickelt waren, begann das MfS erst seit der zweiten Hälfte der 1950er Jahre, sich für die nationale Landwirtschaftsausstellung in größerem Rahmen zu interessieren. Bis dahin genügten den »Tschekisten« die von der VP abgegebenen Berichte, die diese in der Regel täglich lieferten.[285] Nur eine Ausnahme hatte es zuvor gegeben: 1954 hatte das MfS den Ausstellungsbetrieb im Verdacht, mehrere »ehemalige NSDAP-Mitglieder« zu beschäftigen. Ein GI konnte innerhalb des Betriebes geworben werden, der jedoch keine weiteren diesbezüglichen Erkenntnisse erbringen konnte. Obwohl die Angelegenheit auf dem »Schwerpunktarbeitsplan der Abteilung III« der BV Leipzig stand, verlief sie vorerst im Sande.[286] Denn die Mitarbeiter waren bei ihrer Einstellung bereits auf ihre Vergangenheit und politische Einstellung eingehend überprüft worden.

Einen weiteren Überprüfungsanlass lieferte 1958/59 die häufige Übertretung der Finanzierungspläne durch die Ausstellungsleitung. Nach Abschluss der Ausstellung 1959 erfolgte daraufhin die Überprüfung der »Finanzdisziplin verletzende[n] Arbeitsweise von Markkleeberg« durch das Landwirtschaftsministerium auf

283 Tätigkeitsberichte der PO Landwirtschaftsausstellung [o. D.], in: SStAL,, Nr. IV/7/084/05, unpag.

284 Jens Giesecke: Staatssicherheit und Gesellschaft – Plädoyer für einen Brückenschlag, in: ders. (Hrsg.): Staatssicherheit und Gesellschaft. Studien zum Herrschaftsalltag in der DDR, Göttingen 2007, S. 7–22; Thomas Lindenberger: Der ABV als Landwirt. Zur Mitwirkung der Deutschen Volkspolizei bei der Kollektivierung der Landwirtschaft, in: ders. (Hrsg.): Herrschaft und Eigen-Sinn in der Diktatur. Studien zur Gesellschaftsgeschichte der DDR, Köln u. a. 1999, S. 167–203; ders.: Volkspolizei. Herrschaftspraxis und öffentliche Ordnung im SED-Staat 1952–1968, Köln u. a. 2003.

285 Bericht des Lageoffiziers, VP-Rat Tegtmeier, über die Gartenbauausstellung Markkleeberg vom 27. Juni 1957, in: BStU, Ast. Lpzg., BVfS Leipzig, Leitung 8/06, Bl. 157.

286 Schwerpunktarbeitsplan der Abteilung III der BV Leipzig vom 25. Juni 1954, in: BStU, Ast. Lpzg., BVfS Leipzig, Leitung 159/05, Bl. 85, 93.

Grundlage eines Ministerratsbeschlusses.[287] Die Probleme bei der Begleichung offener Forderungen in Höhe von 3,8 Millionen DM (auch an private Unternehmen und Aussteller) waren zum großen Teil aber wohl der staatlichen Finanznot sowie unklarer Verantwortungen zuzuschreiben. Das MLF schlug als Konsequenzen vor, »dem Direktor [...] als Hauptverantwortlichen sowie dem kaufmännischen Direktor in seiner Eigenschaft als Haushaltsarbeiter eine Ordnungsstrafe zu erteilen. Für alle Mittelbewirtschafter sind Disziplinarstrafen einzuleiten.«[288] Die Staatssicherheit nahm die Vorwürfe des MLF zum Anlass für eigene Ermittlungen mit dem Ziel, noch tiefer in den Ausstellungsbetrieb einzudringen und dadurch mehr Einfluss ausüben zu können. In den folgenden zwei Jahren behielt die Staatssicherheit die Ausstellungsleitung genau im Auge und beobachtete nahezu jeden Schritt der Angestellten. 1961 kam es dann zur Verhaftung von drei Angestellten durch die Staatssicherheit. Ihnen wurde vorgeworfen, von Privatfirmen Bestechungsgelder angenommen zu haben. Ob die Anschuldigungen begründet waren oder nicht, lässt sich heute kaum mehr beurteilen. Sie verunsicherten aber die Mitarbeiter der Ausstellung insgesamt. Um die Lage zu klären, ordnete die PL der GO eine Zusammenkunft mit den Mitarbeitern des Austellungsbetriebs und der Staatssicherheit an. Die teilnehmenden Mitarbeiter wollten die Gründe, die zur Verhaftung ihrer Kollegen führten, erfahren. Der verantwortliche MfS-Offizier antwortete den beunruhigten Betriebsangehörigen nur mit einer zynischen Bemerkung: »Damals als der Faschismus Hunderte und Tausende weggeholt hat, hat keiner was gesagt, aber heute wird geschrieen, wenn einige verhaftet werden.«[289] Das große Misstrauen, das in der PL der GO »Landwirtschaftsausstellung Markkleeberg« gegenüber Direktor Baumgarten bestand, hielt auch die Staatssicherheit in ständiger Wachsamkeit.[290] Sie beargwöhnte sein »Doktortum«, denn er ließ sich stets mit »Doktor« anreden, was in ihren Augen ein Affront war. Außerdem hätten die Leitungssitzungen den »Charakter des Befehlsempfanges« gehabt. Schon zuvor während der Ausstellung in Neu Dehli war der Direktor wegen angeblicher finanzieller Unstimmigkeiten und »Überheblichkeiten« aufgefallen. Während einer GO-Sitzung, auf der sich Baumgarten in »Selbstkritik« üben musste, meinte der beiwohnende Mitarbeiter des MfS, »es besteht in diesem Betrieb eine Kluft zwischen Partei und Belegschaft«.[291] Zu dieser Einschätzung der Staatssicherheit trug auch das Verhalten einiger Ausstellungsmitarbeiter während des Baus der Berliner Mauer bei. Die Kampfgruppe des

287 Überprüfung Markkleeberg (Unterzeichner Min. Reichelt) vom 29. September 1959, in: BArch, Abt. DDR, DK 1/1348, unpag.

288 Ebd.

289 Wöchentliche Sitzung der GO Landwirtschaftsausstellung Markkleeberg vom 15 August 1961, in: SStAL, 21314 agra-Landwirtschaftsausstellung der DDR, Nr. IV/7/084/01, unpag.

290 Ebd., Nr. IV/7/084/03, unpag.

291 Ebd.

Betriebes war am 13. August 1961 in Alarm versetzt worden, und Mitglieder der PL der GO mussten dem MfS stündlich Bericht erstatten. Einen Tag später fuhren mehrere GO-Mitglieder dienstlich nach Berlin.[292] Ein anderes GO-Mitglied fuhr noch Tage nach dem Mauerbau nach West-Berlin, um dort Zigaretten zu kaufen. Seit dem Sommer 1961 war die Staatssicherheit aus den GO-Sitzungen und dem Alltag des Ausstellungsbetriebes nicht mehr fernzuhalten.

Dies war die eine Seite der Tätigkeiten der Staatssicherheit in Markkleeberg. Die andere Seite stellte deren Arbeit während der Ausstellungszeit dar. Seit 1959 existierte bei der BV Leipzig die »Einsatzgruppe Markkleeberg«, die über ein Netz von IM und GI verfügte und detaillierte Berichte über das Geschehen während der Dauer der Ausstellung erstellte. Die Einsatzgruppe, die unter der Leitung von Oberstleutnant Karl Kreusel (Leiter des Einsatzstabes) und von Leutnant Winkler (Leiter der Einsatzgruppe) stand, entfaltete besonders in den Jahren 1960 und 1961 rege Aktivität.[293] Sie überwachte, beobachtete und bewertete den Einsatz und das Verhalten der Erklärer, den Verlauf (und mögliche Störungen) der parallel zur Ausstellung stattfindenden Staatsfunktionärsschulung, das Internationale Reit- und Springturnier, sämtliche »Erfahrungsaustausche«, aber auch die Viehprämierungen ebenso wie den Schutz und die Überwachung von ausländischen Delegationen und Gästen, wozu insbesondere die westdeutschen Besucher gehörten. Bei den »gesamtdeutschen Bauernaussprachen« achteten die MfS-Funktionäre besonders seit 1958/59 auf Landwirte, die zwar in der SPD waren, aber sich nun von ihr distanzierten, da, wie ein westdeutscher Bauer aus dem Kreis Staade sagte, »diese Partei nun den Adenauer-Kurs vertritt«.[294] Diese und ähnlich lautende Meinungen wurden von der Staatssicherheit gerne gehört. Allerdings instruierte man die »führenden Genossen«, die die »Aussprachen« leiteten, auf diese Landwirte einzuwirken, in ihrer Partei zu bleiben, um den »aktiven Kampf innerhalb der SPD« führen zu können.[295] Damit verfolgte die DDR das illusorische Ziel der Zersetzung der bundesdeutschen Partei von innen heraus. Kritische Töne hingegen, die oft auch bei Führungen durch LPG und andere Betriebe von bundesdeutschen Gästen gestellt wurden, etwa »in der DDR gibt es keine Demokratie« oder »warum werden in der DDR keine freien Wahlen durchgeführt«, führten entweder zur Ausweisung oder wurden als »provokatorisch« abgetan.

292 Ebd. – Ein Mitglied der Markkleeberger GO berichtete vom Mauerbau: »Entweder der Krieg ist beendet oder man wartet darauf; viel Armee, VP, Kampfgruppe was sonst nicht der Fall ist.« Ein anderer meinte: »Dass man das nicht so überhitzt hätte machen müssen.«

293 Kreusel war ab 1962 stellvertretender Operativ des Leiters der BV Gera. Vgl. auch Müller-Enbergs/Wielgohs/Hoffmann: Wer war wer, S. 477.

294 BV Leipzig, Einsatzgruppe Markkleeberg, Bericht über die 8. Landwirtschaftsausstellung der DDR 1960 vom 26. Juni 1960, in: BStU, Ast. Leipzig, BVfS Leipzig, Leitung 80, Bl. 106–113.

295 Ebd., Bl. 110.

Anlass zur Kritik gab dem MfS die mangelhafte Koordination mit der VdgB. Es kam vor, dass Personen, die aus der DDR geflohen waren, angaben, die Landwirtschaftsausstellung (als Bundesbürger) besuchen zu wollen, in Wahrheit aber die Verwandten oder Familien in Leipzig und Umgebung aufsuchten. Erst 1960 konnte die Staatssicherheit erreichen, dass »bei der Erteilung derartiger Aufenthaltserweiterungen ein strenger Maßstab angelegt« wurde.[296]

Um die Überwachungstätigkeit noch zu verfeinern und die »Erfahrungsaustausche« mehr in die von der Staats- und Parteiführung gewünschte Richtung zu lenken, bildete die BV Leipzig eigens für die Ausstellung 1961 neben der bereits bestehenden »Einsatzgruppe Markkleeberg« einen spezialisierten »Einsatzstab« für die »Aktion Erfahrungsaustausch«.[297] Dadurch, so hofften Kreusel und sein Stellvertretender Leiter des Einsatzstabes, Oberleutnant Kochan (HA III), könnte die Staatssicherheit den in Markkleeberg initiierten »Erfahrungsaustausch« mit dem Titel »Ein Jahr vollgenossenschaftliche Arbeit« lenken und insbesondere bei den westdeutschen Gästen den Eindruck einer funktionierenden vollkollektivierten Landwirtschaft erwecken. Außerdem war es das Ziel dieser dirigierten »Aussprachen«, die eigenen Bauern auf der agrarpolitischen Linie zu halten.

Aber auch auf die Ausstellungsgestaltung versuchte das MfS mitunter direkt Einfluss zu nehmen. Zur Veranschaulichung dieser Bestrebungen soll als Beispiel die Darstellung des Lebens und Arbeitens der Frauen auf dem Lande während der 9. DDR-Landwirtschaftsausstellung 1961 dienen. Die Staatssicherheit hielt die in einer Ausstellungshalle angebrachten Darstellungen für völlig ungeeignet, das »wirkliche Leben unserer Genossenschaftsbäuerinnen« zu zeigen.[298] Viel lieber hätten die MfS-Mitarbeiter eine in zweckmäßiger Arbeitskleidung wirtschaftende sozialistische Bäuerin dargestellt gesehen, als eine nach ihrer Meinung durch Modenschau und Filmcafé »überdeckte« (also westernisierte) Frau. Noch während der Ausstellung führten die Funktionäre Gespräche mit Direktor Baumgarten über ihre Eindrücke und Kritiken. Unterstützt wurde der Einsatzstab dabei von einer Reihe IM. Insgesamt unterzog man jede größere Halle einer Analyse und leitete die Ergebnisse, inklusive weiterer Vorschläge, an den ersten Stellvertretenden Minister für Staatssicherheit, Generalleutnant Otto Walter, weiter.

Dass der »Einsatzstab« so umfassend auf der Ausstellung arbeiten konnte, lag vor allem an seiner großzügigen personellen wie materiellen Ausstattung. Ihm

296 Ebd. – Aus dem Bericht der Einsatzgruppe geht auch hervor, dass das MfS seit 1958 den polnischen Pavillon stärker als die Pavillons anderer Nationen überwachte.

297 BV Leipzig, Abschlussbericht über die Aktion »Erfahrungsaustausch« vom 24. Juli 1961, in: BStU, ASt. Leipzig, Leitung 68/02, Bl. 36–42.

298 Ebd., Bl. 37.

unterstanden sechs Mitarbeiter, 35 IM und 94 Kontaktpersonen (KP).[299] Die von der Staatssicherheit stets befürchteten »Hetzaktionen der Gegner« (worunter z. B. Flugblätter oder »Schmierereien« an Wänden verstanden wurden), konnten nicht festgestellt werden. Nur ein ehemaliger »Angehöriger der Waffen-SS, der negativ unter den Erklärern auftrat«, wurde 1961 verhaftet.

Nicht zuletzt ist interessant, dass Direktor Baumgarten trotz aller Versäumnisse und Fehler, für die und seine Mitarbeiter verantwortlich zeichneten, nie ernstlich mit Relegierung, Haft oder anderen Strafen bedroht war, obwohl bis 1961 die Liste der Anschuldigungen immer länger wurde:[300] In mehreren Jahren wurden die gewährten Planhaushaltsmittel für die Ausstellung überschritten, teilweise gar in erheblichen Ausmaß. Im Jahre 1959 wurden etwa Planmittel nicht für die Ausstellung verwandt, sondern für den Bau eines Swimmingpools für die Mitarbeiter. Ohnehin trug der Direktor nicht unerheblich dazu bei, den Eindruck zu vermitteln, dass »Geld [...] bei der Ausstellung sowieso keine Rolle« spiele.[301] Es kam sogar vor, dass eine Mitarbeiterin von einem ihr unbekannten Ausstellungsmitarbeiter bedrängt worden sein soll, der sich als Stasi-Mitarbeiter ausgab.[302] Auf die Frage, warum Baumgarten trotz alledem nicht versetzt oder juristisch belangt wurde – er blieb bis zu seiner Pensionierung 1974 Ausstellungsdirektor –, lassen sich keine zweifelsfreien Antworten aus der schriftlichen Überlieferung rekonstruieren. Wahrscheinlich waren vor allem zwei Dinge dafür verantwortlich: Zum einen brauchte man Baumgarten. Er war – nachdem er 1949 aus einem Antifa-Lager in der UdSSR zurückgekehrt war und ein Jahr später die Direktion übernommen hatte – der prototypische neue sozialistische Exponent einer noch sehr kleinen »Elite«, die nach und nach die »bürgerlichen« Kräfte ersetzte. Für seine Verdienste um die erste Landwirtschaftsausstellung der DDR 1950 erhielt er den Nationalpreis mit großer Zeremonie und medialer Aufmerksamkeit und Baumgarten zu entfernen hieße, diese Errungenschaften insgesamt infrage zu stellen. Außerdem hatte Baumgarten, so darf vermutet werden, nicht zuletzt auch einflussreiche politische Freunde, die für seine Protektion und zugleich Protegierung hätten sorgen können.

299 Ebd., Bl. 3 f. – Im Verlauf des Einsatzes konnte ein Vorlauf IM geschaffen und ein GI geworben werden.

300 Letztlich gab es nur ein Disziplinarverfahren gegen Baumgarten.

301 Ebd., Bl. 37.

302 Zum Komplex von Korruption und Vorteilsannahmen in der DDR vgl. André Steiner: Bolsche Vita in der DDR? Überlegungen zur Korruption im Staatssozialismus, in: Jens I. Engels/Andreas Fahrmeir/Alexander Nützenadel (Hrsg.): Geld – Geschenke – Politik. Korruption im neuzeitlichen Europa, München 2009, S. 249–274.

Wirkungsforschung der Produktionspropaganda

Es war dem DDR-Landwirtschaftsministerium wichtig, den Einfluss, die Wirkung und die »Nachhaltigkeit« der durch die Ausstellung verbreiteten Produktionspropaganda nachvollziehen zu können. Einer 1962 an der Karl-Marx-Universität Leipzig eingereichten Dissertation »Zu Problemen einer wirksamen Produktionspropaganda der Landwirtschaftsausstellung der DDR in Markkleeberg«[303] verdanken wir zahlreiche aufschlussreiche Details, die durch die mit Lücken behaftete Überlieferung so nicht zu rekonstruieren gewesen wären. Um eine empirische Wirkungsforschung der Markkleeberger Ausstellungen vorlegen zu können, untersuchte Karl Schröder in einer Mikrostudie das Dorf Thürungen. Besondere Bedeutung maß er der Frage bei, welche Erwartungen die Dorfbevölkerung zur Ausstellung mitbrachte und welchen »Einfluß die Landwirtschaftsausstellung bisher« bei ihr erreichte.[304] Schröder stellte eine »beachtliche Unregelmäßigkeit« des Ausstellungsbesuches bei den Dorfbewohnern fest: Aus dem Dorf Thürungen waren 1958 elf, 1959 44, 1960 zehn und 1961 nur vier Besucher in Markkleeberg gewesen.[305] Die herausragende Besucherzahl des Jahres 1959 führte Schröder auf einen gemeinsamen Ausflug mit dem Autobus zurück, wobei allerdings nur vier Stunden für den eigentlichen Ausstellungsbesuch zur Verfügung standen. Die Ausstellung war jedoch so konzipiert worden, dass ein Besuch eigentlich ein bis zwei Tage in Anspruch genommen hätte. Allerdings war es bei den meisten republikweit von der VdgB, den LPG oder anderen Organisationen durchgeführten Busreisen von Genossenschaftsbauern und -gärtnern nach Markkleeberg vorgekommen, dass die Fahrt mit einem Besuch des Leipziger Zoos oder des Völkerschlachtdenkmals verbunden wurde.[306] Noch »bedenklicher« im Hinblick auf die Wirksamkeit der sozialistischen »Produktionspropaganda« befand es Schröder, dass die Thürunger Bauern – aber auch andere Besuchergruppen aus der gesamten DDR – keinen »Studienauftrag« für die Ausstellung erhalten hatten. Schröder schlussfolgerte daher, dass »in der Praxis die großen Anforderungen, die eine Lehrschau an die Vorbereitung, Durchführung und

303 Schröder: Produktionspropaganda, S. 70.

304 Ebd., S. 49–79. – Das Dorf Thürungen befindet sich im damaligen Kreis Sangerhausen (heute Bundesland Sachsen-Anhalt) am Fuße des Kyffhäusergebirges in der Helmeniederung, der sogenannten »Goldenen Aue«. Die »Goldene Aue« ist als sehr fruchtbares Gebiet bekannt. Die nächsten Bahnanschlüsse befanden sich zwei bis drei Kilometer weit entfernt. Der Ort lag an keiner Hauptstraße. 1937 befanden sich 70 Kleinbauernbetriebe und ein Großbauernbetrieb im Ort. Die durchschnittliche Betriebsgröße betrug 6,5 ha. Seit dem 3. Dezember 1959 war das Dorf »vollgenossenschaftlich«; 125 »Genossenschaftsbauern« bildeten eine LPG vom Typ I. Das Anbauverhältnis blieb gegenüber 1937 fast unverändert. Aufgrund günstiger Bedingungen für den Gemüseanbau war beabsichtigt worden, das Dorf zu einem Gemüsekombinat zu entwickeln.

305 Ebd., S. 70.

306 Ebd., S. 71.

Auswertung eines Ausstellungsbesuches stellt, von den Angehörigen der sozialistischen Landwirtschaftsbetriebe [und nur um diese ging es in Schröders Untersuchung] noch nicht vollständig verstanden wurden«.[307] Somit konzentrierte sich für ihn die besondere Aufgabe der Landwirtschaftsausstellung seit 1959/60 vor allem darauf, »die Rolle der Erziehungsarbeit zum sozialistischen Bewußtsein als Voraussetzung der maximalen Entwicklung der sozialistischen Produktionsverhältnisse« zu befördern.[308] Dass beispielsweise von den 13 Angehörigen der Thürunger LPG 1959 nur sechs in Markkleeberg waren, sollte künftig nicht mehr hingenommen werden. Auch monierte er, dass deren »Einfluß« nicht groß genug gewesen sei, um die anderen LPG-Bauern von den dort gezeigten Produktionsmethoden zu überzeugen. Gleichwohl räumte Schröder ein, dass »seitens der Praxis sowie der Ausstellung« in den Jahren 1958 bis 1961 keine günstigen Verhältnisse bestanden, die zum »systematischen Studium des Inhalts« beigetragen hätten.[309] Gleichwohl bot die »7. Landwirtschaftsausstellung der DDR« 1959 mit 43 Stunden Filmen, Modellerklärungen und Texten die höchste inhaltliche Dichte innerhalb des genannten Zeitraums.[310] In einer mehrere Wochen nach Ende der Ausstellung von Schröder im Spätherbst 1959 durchgeführten DDR-weiten Umfrage gaben von 273 befragten Melkern 103 an, auf der Ausstellung gewesen zu sein.[311] Letztlich musste Schröder im Ergebnis einräumen, dass 1959 in 79 »Genossenschaften«, also in 40,7 Prozent der befragten 194 »keine feststellbare Wirkung durch die Produktionspropaganda der Landwirtschaftsausstellung nachgewiesen werden [konnte]«.[312]

Die Frage nach der tatsächlichen Wirkung auf die Besucher der nationalen Landwirtschaftsausstellung interessierte auch höchste Stellen. Landwirtschaftsminister Reichelt ließ sich auf eine telefonische Anfrage vom Ausstellungskollektiv Markkleeberg darüber unterrichten. Ihn interessierte neben der eigentlichen Wirkungsuntersuchung auch, ob politische Funktionäre, LPG-Vorsitzende und Bürgermeister die Ausstellung »studiert« hätten.[313] Der Markkleeberger Abteilungsleiter Förster berichtete ihm von mehreren Kreisen, in denen sich »die Auswertung der Landwirtschaftsausstellung positiv ausgewirkt« habe. Er vertrat gegenüber dem Minister die Ansicht, dass »die Erfolge des Kreises Wismar bei der sozialistischen Umgestaltung der Landwirtschaft [...] wesentlich auf den Besuch der Ausstellung zurückzuführen« seien. Mehrere LPG und MTS hätten mit allen Mitarbeitern und Mitgliedern

307 Ebd., S. 72.

308 Ebd., S. 7f.

309 Ebd., S. 116.

310 1958 waren es 37, 1960 41 und 1961 39 Stunden Material. Zahlen entnommen aus ebd.

311 Ebd., S. 122.

312 Ebd., S. 131.

313 Landwirtschaftsausstellung der DDR, Abteilungsleiter Förster betr. Anruf des Büros des Ministers vom 3. Juni 1959, in: BArch, Abt. DDR, DK 1/1347, Bl. 24–26.

in »Studiengruppen« die »Schule der Landwirtschaft« besucht. Der Kreis Neustrelitz habe in drei Etappen die Fahrt von ungefähr 500 »Werktätigen der Landwirtschaft« organisiert. Die Abgeordneten eines Kreises und ebenso alle Bürgermeister wären zwei Tage in Markkleeberg gewesen. Der Aufbau der Organisationsbüros in den Kreisen sei allerdings »noch ungenügend«.[314]

Die »Grüne Woche«: Die Ausstellung und ihre Entwicklung bis 1958

Das West-Berliner Ausstellungsgelände

Am Ende des Zweiten Weltkrieges waren drei von insgesamt neun Hallen des Messegeländes total zerstört, während die anderen unterschiedliche Grade an Beschädigungen aufwiesen. Auch die gedeckte Ausstellungsfläche war deshalb in Berlin geringer als an anderen bedeutenden Messe- und Ausstellungsstandorten.[315] Noch 1947 klagten daher die Berliner Ausstellungen: »Wer heute die zerbombten Reste der am Funkturm gelegenen Ausstellungshallen betrachtet, wird sich mit Wehmut der in diesen Hallen veranstalteten großen Ausstellungen und Messen erinnern.«[316] Für den Wiederaufbau des Messegeländes kam erschwerend hinzu, dass es im Gegensatz zu anderen Messen oder Ausstellungen in Deutschland, die »auf der Grünen Wiese« ausstellten oder Wanderschauen durchführten, historisch gewachsen, durch die Berliner Stadtarchitektur stark eingegrenzt war und nicht beliebig erweitert werden konnte. Die DLG-Ausstellungen in Westdeutschland, die bis 1968 wanderten, hatten in der Regel mehr Platz und Raum für ihre Vorführungen, Rahmenprogramme und Exponate, was sogar das Ausstellen von Musterhöfen erlaubte.

1955 erfolgte zwischen den Hallen »Sachsen« und »Thüringen« die Errichtung der Leichtbauhalle VIIIa und der Leichtbauhalle IXa südlich der Halle »Sachsen«. Damit stieg die überdachte Hallenfläche auf insgesamt 46.000 qm an. Um Veranstaltungen sowie Eröffnungs- oder andere Festakte im größeren Rahmen, die bisher in den Hallen an der Masurenallee stattfanden, durchführen zu können, wurde 1956/57 das »Palais am Funkturm« errichtet. Zeitgleich erfolgte der Wiederaufbau der Deutschlandhalle, während im Tiergarten die Kongresshalle errichtet wurde. In beiden Hallen fanden während der 1950er Jahre auch Veranstaltungen für die

314 Ebd., Bl. 25.

315 Escher: Berlin und seine Ausstellungen, S. 440–443.

316 Pressemitteilung »Berliner Ausstellungen – früher und heute« vom 3. März 1947, in: LAB, F Rep. 280 (LAZ), E 71, Nr. 8423, unpag.

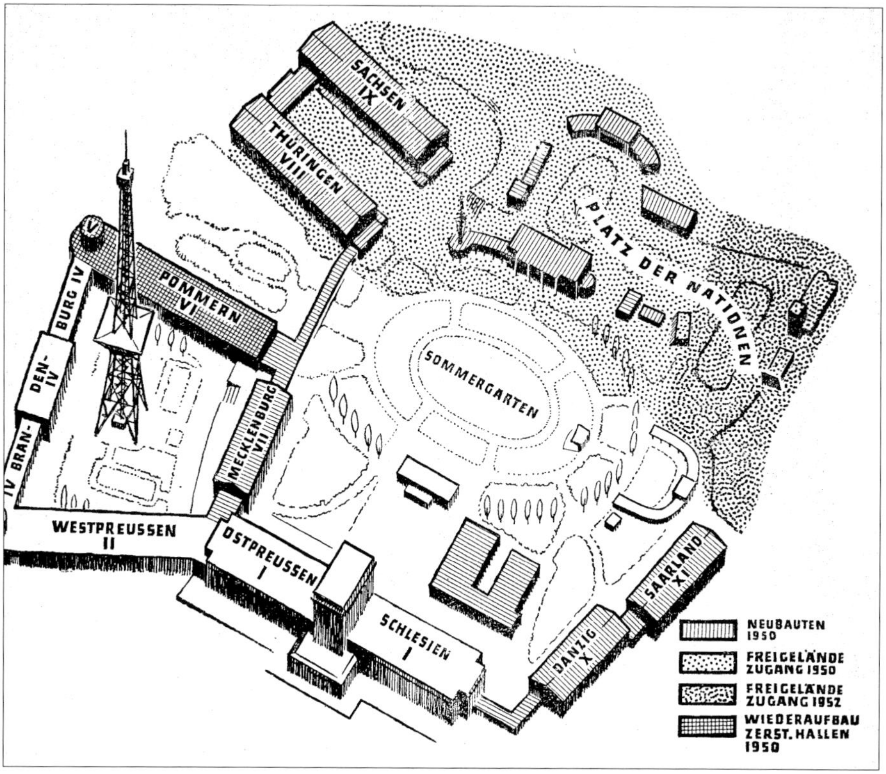

Übersicht über das Ausstellungsgelände und die Baumaßnahmen, 1950/51.

»Grüne Woche« statt. 1957 war der Bau der Halle XII (kurzzeitig Halle »Berlin« oder Halle A genannt), als sogenannte »Schwermaschinenhalle« mit einer Fläche von 7.500 qm, begonnen worden.[317]

Seit 1951 benannte man die Messehallen nach den ehemaligen deutschen Provinzen: »Westschlesien«, »Ostpreußen«, »Westpreußen«, »Mecklenburg«, »Brandenburg«, »Pommern«, »Thüringen«, »Danzig«, »Saarland« und »Sachsen«. Seit dem Potsdamer Abkommen und nach der deutschen Teilung 1949 befand sich allerdings keine dieser Regionen oder Städte mehr auf bundesdeutschem Gebiet, sondern in der DDR, in Polen oder innerhalb französischen Besatzungsgebiets. Die Hallennamen wurden erst Jahre nach dem Mauerbau wieder gelöscht, nachdem sie zwischenzeitlich mit Großbuchstaben respektive mit lateinischen Ziffern versehen worden waren, und durch die noch heute gültigen arabischen Ziffern ersetzt.[318]

317 Kieren: Messegelände, S. 56–61, hier 57.

318 Ebd.; Fritsche: »Brückenschlag«, S. 109–112.

Großen und steten Anteil am wirtschaftlichen Erfolg des Ausstellungsgeländes hatte aufgrund ihres innovativen Ausstellungsgedankens und der teils auch daraus resultierenden Anziehungskraft auch die »Grüne Woche«.

Neben den Schauen und Darstellungen der Firmen, Verbände und sonstigen Ausstellern gab es in den meisten Jahren politische Sonderausstellungen. Diese wurden entweder von bundesdeutschen Ministerien (insbesondere dem BMLF oder dem BMG) organisiert oder in Zusammenarbeit mit dem West-Berliner Senat oder den landwirtschaftlichen Organisationen. Zu unterscheiden ist grundsätzlich zwischen politisch oder fachlich orientierten Sonderschauen. Durch die politisch aufgeladene Atmosphäre der deutsch-deutschen Systemkonkurrenz entstanden in der Realität allerdings oft Mischformen.

Das institutionelle Netzwerk der Liberation Policy auf dem Ausstellungsgelände

Eine Zwitterorganisation zwischen landwirtschaftlichen und politischen Organisationen stellte der Bauernverband Berlin e. V. dar. Er war im Februar 1951 unter enger Mitwirkung des BMG gegründet worden, um die »Bauern in der DDR [...] dauerhaft erreichen zu können«.[319] In den 1950er Jahren war der Bauernverband Berlin ein ständiger Aussteller auf der »Grünen Woche«. Mit dieser Plattform war es dem Verband am besten möglich, die intendierte Funktion als »Betreuungsstelle für die Bauern aus der Sowjetzone« zu verwirklichen,[320] wobei das oberste Ziel darin bestand, »dass die Bauern in der Sowjetzone die Zeit der Besetzung durch die Sowjets als selbständige Bauern überstehen«.[321] Der Bauernverband Berlin verteilte auf der »Grünen Woche« zahlreiches Material und Literatur und bot Beratungsstellen – auch in Ergänzung zu denen des Untersuchungsausschusses freiheitlicher Juristen (UfJ) – an, um den passiven Widerstand in der DDR zu fördern. Das BMG unterstützte daher die Arbeit des Verbandes während der Ausstellung mit Mitteln aus dem eigenen Haushalt, die in der Regel eine Höhe von etwa 10.000 DM betrugen.[322] Dies ermöglichte es dem Berliner Bauernverband, die »›Grüne Woche‹ zu

319 Creuzberger: Kampf für die Freiheit, S. 28 f. – Der Initiator des Verbandes war Greiff, ein aus Mecklenburg geflohener Großbauer.

320 Zit. nach ebd., S. 287.

321 Zit. nach ebd., S. 288.

322 Die Mittel für die Beihilfe wurden vom BMG im Haushaltsplan der Abt. II bei Titel 300, Pos. III 10b freigegeben. Vgl. Der Bundesminister für gesamtdeutsche Fragen Abt. II, Bewilligungsvermerk: Zuwendung im Betrage von 10.000 DM an den Bauernverband Berlin e. V. Berlin-Steglitz, Albrechtstr. 12 zur Beteiligung an der »Grünen Woche Berlin 1958« vom 6. Februar 1958, in: BAK, B 137, Nr. 8256, unpag.

einem noch stärkeren Anziehungspunkt für möglichst viele Bauern aus der DDR zu machen«.[323] Für eben diese Menschen sollte die Ausstellung ein Beweis dafür sein, dass »es auch anders geht und dass ein Hof von 10–20 ha auch auf nicht kollektivierter Basis geführt werden« könne.[324] Aufgrund der Initiative des Bauernverbandes sollte 1952 eine speziell auf ostdeutsche Bauern abgestimmte Schau modernster landwirtschaftlicher Gerätschaften durchgeführt werden. Das auf dem Ausstellungsgelände aufgebaute Modellgut entsprach in seiner Größe einem durchschnittlichen ostdeutschen Bauernhof. Die Lehrschau, die Kenntnisse und Erfahrungen über die modernsten Landwirtschaftsmaschinen vermittelte, wurde auch vom Landfunk übertragen.[325] Mit der Verkündung des »Aufbaus des Sozialismus« in der DDR 1952 stockte das BMG seinen Etat für den Verband sukzessive auf. Damit setzte sich, so Stefan Creuzberger, »jene Tendenz fort, als in der Bundeshauptstadt grünes Licht dafür gegeben wurde und entsprechende Gelder flossen, um versuchsweise in Zusammenarbeit mit dem ›Untersuchungsausschuß freiheitlicher Juristen‹ die Beratungstätigkeit des Bauernverbandes auszuweiten«.[326]

Seit Anfang der 1950er Jahre begannen Nichtregierungsorganisationen (NGOs), aber auch politische Gremien und Organisationen wie die Ostbüros der Parteien, die KgU und der UfJ, aber auch die Gewerkschaften, die Potenziale West-Berliner Ausstellungen politisch zu nutzen. Denn im Westteil der ehemaligen Reichshauptstadt boten sich ihnen zahlreiche Möglichkeiten, mit vielen Menschen aus der DDR auf kleinem Raum innerhalb eines kurzen Zeitraumes in Kontakt zu treten. Die beiden in dieser Hinsicht hervorstechendsten Ausstellungen waren die »Grüne Woche« und die Deutsche Industrieausstellung. Die ostdeutschen Gäste blieben bis zum Mauerbau 1961 die wichtigste Zielgruppe. Im West-Berliner Rathaus galt deren Besuch als »ein wesentlicher Grund für die Durchführungen der Berliner Ausstellungen überhaupt«.[327] Der im Selbstverständnis der Bundesrepublik und West-Berlins angelegte Topos als Symbol der Freiheit innerhalb des Kalten Krieges legitimierte und ermöglichte die Arbeit dieser Organisationen und Parteien auf dem Ausstellungsgelände.

Das Bundesministerium für Gesamtdeutsche Fragen war in den 1950er Jahren ein ständiger Aussteller und Unterstützer der »Grünen Wochen«. Die besondere Situation Berlins als »Frontstadt im Kalten Krieg« und »Gerüchteküche ersten Ranges«[328] machte Ausstellungen und Messen wie die »Grüne Woche« für das

323 Creuzberger: Kampf für die Freiheit, S. 290.

324 Zit. nach ebd.

325 Ebd.

326 Ebd., S. 291.

327 Zit. nach Fritsche: Brückenschlag, S. 140.

328 Lemke: Einleitung Schaufenster, S. 19; Creuzberger: Kampf für die Einheit, S. 126.

Ministerium als Drehscheibe der Informationsbeschaffung und politischen Nachrichtenmarkt interessant. Andererseits ließ sich durch die Berliner Außenstelle des BMG (Abteilung II) die »Grüne Woche« dazu nutzen, um politische Schriften in großer Zahl an die ostdeutschen Besucher zu verteilen.[329] Während das Bundesministerium für Ernährung, Landwirtschaft und Forsten (BMELF/BMLF) vorrangig an Ausstellungsfragen selbst als Aussteller und Förderer der »Grünen Woche« auftrat, oblag dem BMG in erster Linie die Förderung von Ausstellungsvorhaben, die einem gesamtdeutschen Anliegen dienten. Dabei hatte das BMG eine große Antragsflut zu bewältigen: Aussteller, Züchter, Verbände – alle baten das Ministerium um einen Zuschuss für ihre Teilnahme an der »Grünen Woche«. Mitunter entsteht gar der Eindruck, dass es für viele unter ihnen attraktiv war, einen Ost-West-Bezug für ihren Ausstellungsbeitrag zu konstruieren, um vom BMG Zuschüsse zu erhalten oder Unkosten erstattet zu bekommen.

Insbesondere die Ostbüros der großen Parteien CDU, SPD und FDP waren auf dem Messegelände zu finden. Dort boten sie Beratungsdienste an und sammelten Informationen und Materialien, die sie von den Besuchern aus der DDR erhielten. Denn, so betont Wolfgang Buschfort, »nur eine Partei, die über die grundlegenden Veränderungen, die sich in Ostdeutschland vollzogen, im Bilde war, konnte glaubwürdig den Anspruch aufrecht erhalten, gesamtdeutsch tätig zu sein«.[330] Nach der Verabschiedung des Godesberger Programms der SPD wurde das Ostbüro der Partei von der DDR verstärkt unter dem Aspekt »klassengegnerischer Tätigkeit« beargwöhnt.[331]

Die KgU, eine Ende 1948 als Reaktion auf Unrechts- und Willkürakte in der SBZ entstandene Organisation, die vor allem »Suchdienst und Anlaufstelle für ehemalige Internierte und Angehörige von Vermissten sein« sollte,[332] war auf der »Grünen Woche« ab 1952 nachweisbar präsent.[333] Die Tätigkeit der KgU war jedoch bald dadurch motiviert, eine vermutete »kommunistische Unterwanderung« West-Berlins und der Bundesrepublik zu verhindern. Bis zu ihrer Auflösung im Jahr 1959

329 Vgl. zu diesem Aspekt ebd., S. 127. – Allerdings mangelte es in den frühen 1950er Jahren mitunter an Kooperation und Abstimmung zwischen dem Bonner Ministerium und der Berliner Abteilung II. Eine Zeitschrift für ostdeutsche Gäste, die »einen guten Überblick über das Leben in der Bundesrepublik« vermitteln sollte und bereits gedruckt war, sollte auf der »Grünen Woche« 1953 verteilt werden. Aufgrund von Abstimmungsproblemen der Dienststellen kam die Verteilaktion aber nicht zustande. Vgl. ebd.

330 Wolfgang Buschfort: Die Ostbüros der Parteien in den 50er Jahren, Berlin 2006, S. 32.

331 Vgl. z. B. VPKA-Löbau: »Einschätzung über klassengegenerische Tätigkeit, insbesondere des SPD-Ostbüros und Konzentrierung negativer Personen, die eine Basis für die klassengegnerische Tätigkeit bilden« vom 12. Dezember 1960, in: HStDD, 11464, Nr. 23/196, Bl. 0169.

332 Enrico Heitzer: »Affäre Walter«. Die vergessene Verhaftungswelle, Berlin 2008, S. 22.

333 Vermerk über KgU-Kontaktstelle auf der »Grünen Woche 1952« vom 27. Februar 1952, in: BAK, B 289, SA 272/51-01/3, unpag.

war die KgU jährlich in Form von Kontaktstellen, in Zusammenarbeit mit dem RIAS oder in der Tätigkeit von Einzelpersonen auf der »Grünen Woche« präsent.

Zur Dokumentation der ostdeutschen Agrarpolitik und der im Zuge der Kollektivierung und anderer Maßnahmen vorgekommenen Rechtsbrüche verfügte die KgU über einen strukturierten Apparat, zu dem auch ein Sachgebiet/Referat Landwirtschaft und Forsten gehörte. Referatsleiter war der 1924 geborene Ernst H. Wilm alias »Berg«.[334] Eine Zweigstelle der KgU, die »Volkspolizei-Beratungsstelle«, befand sich direkt am Messedamm, um »den ostdeutschen Besuchern den gefahrvollen Weg nach Nikolassee zu ersparen«, wo sich die KgU-Zentrale befand.[335]

Während der »Grünen Woche« 1952 unterhielt die KgU in gemeinsamer Arbeit mit der »Arbeitsgemeinschaft West-Ost-Hilfe« einen Beratungsstand. Sowohl die Arbeitsgemeinschaft als auch die KgU stellten jeweils zwei Mitarbeiter über die gesamte Ausstellungsdauer hinweg zur Verfügung, um den zahlreichen Besuchern für ihre Fragen zu Verfügung zu stehen.[336]

Im Vorfeld der »Grünen Woche« 1955 versandte die KgU Neujahrspostwurfsendungen an Bauern in der DDR. Ein Neujahrsbrief rief die ostdeutschen Bauern zum Besuch der Ausstellung auf, um sich über die westdeutsche Agrarwirtschaft zu informieren, die DDR-Propaganda zu durchschauen und den deutsch-deutschen Kontakt zu erhalten: »Vom 28. Januar bis 6. Februar 1955 werden in den westberliner Ausstellungshallen die landwirtschaftlichen Errungenschaften der freien Welt gezeigt. […] Wenn diese Ausstellung früher Treffpunkt der interessierten Bauernschaft war und nach langer, schwerer Landarbeit auch Anlass zu angenehmer Zerstreuung bot, so ist sie heute die politisch notwendige Kontaktstelle zu euch, die willens sind, die Verbindung nicht abreißen zu lassen. Kommt nach Berlin und seht euch alles an!« Im Weiteren wurden Argumente ostdeutscher Politiker paraphrasiert und vor den Gefahren einer kollektivierten Landwirtschaft gewarnt.[337] Ein weiteres Flugblatt der KgU anlässlich einer »Grünen Woche« trug den Titel »Der Spitzbart greift die Bauern an«.[338] Von der ostdeutschen Seite wurde die KgU als »Spionage- und Agentenzentrale« angesehen und als solche etwa von der Staatssicherheit »bearbeitet«. Mittlerweile sind durch neue Arbeiten einige Fälle tatsächlich beabsichtigter Sabotageakte durch die KgU auf dem Gebiet der DDR bekannt

334 Vgl. das auf operativen Erkenntnissen des MfS – das in Teilen verleumderisch, aber in Teilen offenbar gründlich recherchierte – beruhende Buch »Unmenschlichkeit als System«, Berlin (West) 1957, S. 79 u. 123.

335 Bericht zur KgU [o. D., ca. 1952], in: BStU, MfS HA IX, Nr. 3896, Bl. 41.

336 Workreport of the Group of Fighters against Inhumanity for the Month of January 1952 [Februar 1952], in: FFA, PA 51-34, unpag.

337 Postwurfsendung der KgU an »Bauern und Funktionäre der Landwirtschaft!«, vom Januar 1955, in: BStU, MfS, ZAIG, Nr. 9682/1, Bl. 7 f.

338 FFA, PA 51-34, unpag.

geworden. Außerdem weitete sie ihre von US-Stellen finanzierte geheimdienstliche Tätigkeit bis zu ihrer Auflösung immer weiter aus und hegte Pläne für ein Netzwerk von Stay-Behind-Gruppen für den Fall eines bewaffneten Konfliktes.[339] Schließlich wurde die »Grüne Woche« gelegentlich als »Treffort« der KgU mit ihren V-Leuten genutzt. Als Beispiel sei der Fahrdienstleiter »Brauer« aus Senftenberg genannt, der während der »Grünen Woche« Ende Januar 1955 seinem V-Mann-Führer »einen Bericht über Produktionsablauf und Stimmung im Betrieb« übergab und dafür ein Fahrgeld in Höhe von 25 DM (West) erhielt.[340]

Der UfJ gehörte mit zu den bedeutendsten politischen Hilfsorganisationen, die auf der »Grünen Woche« zu finden waren. Mit einem großen Beratungsangebot machte der UfJ dort 1952 auf sich aufmerksam. Aus mehreren Ego-Dokumenten ist bekannt, dass der UfJ in West-Berlin den »nahe[n] Zufluchtsort für die Fortsetzung des Widerstandes gegen die Sowjetisierung im Osten Deutschlands« sah.[341] In der Ausstellungszeitung, die auf dem Gelände unterm Funkturm während der Schauzeit 1952 ausgegeben wurde, stellte der Leiter »Theo Friedenau« den UfJ in einem großen Leitartikel vor. Ihm zufolge beruhte der Widerstand in der Landwirtschaft »nicht so sehr auf politischen Gedankengängen«, sondern wurzelte in einem »unverfälschten Lebensgefühl«, was Letzteres auch immer bedeuten mochte. Um den »Weg sinnvollen Widerstandes« im ländlichen Bereich zu verbessern, besaß der UfJ ein Referat »Landwirtschaft«, besetzt mit Fachleuten, die »ihre Sorgen [der Bauern aus der DDR] infolge eigener längerer Tätigkeit in der Sowjetzone genau kennen« würden. Denn »die ländliche Bevölkerung der Sowjetzone« solle wissen, »daß hier in Berlin Menschen für sie tätig sind, deren einzige Aufgabe es ist, ihnen zu helfen«.[342]

Um mögliche Gefährdungen der Besucher seiner Beratungsstellen zu vermeiden, unterhielt der UfJ auf der »Grünen Woche« keine eigene Beratungskoje, sondern legte zahlreiche Flugblätter aus, die zum Besuch der »Sonderberatungsstelle« in Berlin-Zehlendorf aufriefen. Der Inhalt eines solchen Flugblatts des UfJ während der »Grünen Woche« 1958 war folgender: »Sonderberatungsstelle für Bewohner der sowjetischen Besatzungszone in der Hotel-Pension ›Haus Tannen‹ Karolinerplatz 9 unmittelbar am Reichskanzlerplatz während der Grünen Woche täglich von

339 Enrico Heitzer: Terror für die Freiheit? Die Kampfgruppe gegen Unmenschlichkeit 1948–1959, Diss. MLU Halle-Wittenberg 2012.

340 V-Mann-Akte Alfred H. alias »Brauer«, Berichtsblatt Nr. 3 [o.D., 1955], in: BAK, B 289, DA 2985/10, Bl. 20.

341 Siegfried Mampel: Der Untergrundkampf des Ministeriums für Staatssicherheit gegen den Untersuchungsausschuß Freiheitlicher Juristen in West-Berlin, Berlin 1999, S. 6. – Zunächst wurde der UfJ von den USA finanziert, später dann durch das BMG.

342 Dr. Theo Friedenau: Landwirtschaft und Recht, in »Grüne Woche Berlin 1952«, Sonder-Ausgabe, in: LAB, B Rep. 010, Nr. 1329, unpag. – »Theo Friedenau« war das Pseudonym des Rechtsanwalts, Notars und Initiators des UfJ, Horst Erdmann.

9 bis 18 Uhr. Unentgeltliche Beratung in allen Fragen; u. a. Was ist beim Eintritt in die LPG zu beachten? Sicherung von Vermögenswerten im Falle der Flucht aus der SBZ. Wenn das Ablieferungssoll nicht erfüllt wird. Bei Pest, Seuchen und Hochwasser: finanzielle Entschädigung und geringeres Soll für die Ablieferung tierischer und pflanzlicher Produkte. Abschluss von Nutzungsverträgen mit dem Rat des Kreises für Flächen, die von der LPG bewirtschaftet werden. Wie verhalte ich mich bei politischen und gerichtlichen Zwangsmaßnahmen? Steuerfragen.«[343] Allesamt also Fragen, die für die meisten Bauern aus der DDR von großem Interesse waren.

Streng antikommunistisch und auf ein baldiges Ende der SED-Herrschaft hinarbeitend war der Radiosender RIAS.[344] Seit 1951 war der RIAS-Landfunk mit eigenen Ständen, als »Zeichen seiner Verbundenheit mit der Bevölkerung der Länder in Mittel- und Ostdeutschland«, auf der »Grünen Woche« vertreten.[345] Am RIAS-Stand wurden nicht nur Hörerwünsche entgegengenommen, sondern auch Beratungen durchgeführt, Broschüren verteilt, Stimmungsberichte von Besuchern aus der DDR gesammelt und Rückschlüsse über den Sendeempfang in der DDR gezogen. Die Informations- und Kontaktbörse »Grüne Woche« war für den RIAS von entscheidender Bedeutung, wenn es darum ging, das Hörerverhalten der Menschen in der DDR zu erfahren, ihre Meinung über das ausgestrahlte Programm und die ständigen Störversuche der DDR-Seite. Solchen Informationen verdankte es der Sender, dass in den 1950er Jahren 70 bis 80 Prozent der DDR-Bürger seinen Sendungen lauschten.[346] Während einer Diskussionsrunde am RIAS-Stand zwischen Bauern aus der DDR, die unter der Leitung des Bezirksbürgermeisters von Berlin-Kreuzberg, Willy Kressmann (SPD), und dem Bundestagsabgeordneten Hans Reif (FDP) stattfand, wurde geäußert, dass »die einzige Brücke, die vom Westen noch zur Bevölkerung der Zone führt, der Rundfunk ist«. Diese Brücke aber sei durch die ostdeutschen Störmaßnahmen in ernster Gefahr. Die »RIAS-Kontaktstelle« besuchten während der »Grünen Woche« 1953 insgesamt 2.800 Menschen aus der DDR. Die meisten von ihnen waren Großbauern, die in der DDR Repressalien ausgesetzt waren und ein entsprechend düsteres Bild zeichneten. Vor dem Hintergrund des ein knappes halbes Jahr später beginnenden Volksaufstandes in der DDR, erscheint die am RIAS-Stand mehrfach notierte Meinung, dass »die meisten Bauern [in der DDR] […] sofort bereit [wären], wieder das Gewehr in die

343 Flugblatt der Sonderberatungsstelle des UfJ, in: LAB, B Rep. 010, Nr. 544, unpag.

344 Lemke: Vor der Mauer, S. 515–520.

345 Berliner Ausstellungen (Hrsg.): »Grüne Woche Berlin 1954«, 29. Januar bis 7. Februar am Funkturm – Pressevorschau, Berlin (West) 1954, S. 38.

346 Lemke: Vor der Mauer, S. 516. – Vgl. auch Anjana Buckow: Zwischen Propaganda und Realpolitik. Die USA und der sowjetisch besetzte Teil Deutschlands 1945–1955 (= USA-Studien, Bd. 13), Stuttgart 2003, S. 557.

Hand zu nehmen, um ihre Heimat zu befreien«, besonders interessant.[347] Hinzu kamen jährlich kleinere Sonderschauen des RIAS, die stets einen Ost-West-Bezug beinhalteten. Während der »Grünen Woche« 1954 erstellte der Sender eine Sonderschau zur Landwirtschaft der DDR. »Zwölf Bauernregeln« versinnbildlichten ironisch die Lage von Bauern in der DDR unter den Bedingungen kollektivierten Wirtschaftens.[348] Ein Jahr später war ein Stand aufgebaut worden, der »die Gegensätze zwischen der östlichen Planwirtschaft und der freien Marktwirtschaft« thematisierte.[349] Auch wenn die überlieferten Themen und Pressebeschreibungen solcher politischer Sonderschauen innerhalb der »Grünen Woche« oftmals sachlich und informativ anmuteten, waren die Inhalte politisch unmissverständlich und die Rhetorik in ihrer propagandistischen Zielsetzung kompromisslos: Im Systemwettstreit betrieben sowohl West als auch Ost eine aggressive Propaganda mit dem Ziel, die jeweils andere Seite zu diskreditieren.[350]

Bedeutsam und von größerem öffentlichem Interesse war die Arbeit der »Beratungsstellen« auf dem Ausstellungsgelände unterm Funkturm während der »Grünen Woche«. In der Hauptsache unterhielten die im West-Berliner Senat vertretenen Parteien eigene Stände, weiterhin die Landfrauenverbände, der Landjugendberatungsdienst, der DBV, der UfJ, zeitweise die KgU[351], die FALKEN, die Vereinigung der Opfer des Stalinismus, der »Ring politischer Jugend«, die »Arbeitsgruppe für gesamtdeutsche Fragen«, die »Vereinigung politischer Ostflüchtlinge« mit ihrem Zentralverband, der »Staatsbürgerinnen-Verband«, die »Deutsch-Balten«, der »Bund der Verfolgten des Naziregimes«, der »Landesverband der Heimatvertriebe-

347 Bericht eines Interviewers von der »Kontaktstelle für Ostbesucher« auf der »Grünen Woche 1953« vom 18. Februar 1953, in: DRA, F 301-00-01/0007, unpag.

348 Berliner Ausstellungen (Hrsg.): »Grüne Woche Berlin 1954«, 29. Januar bis 7. Februar am Funkturm – Pressevorschau, Berlin (West) 1954, S. 38.

349 Berliner Ausstellungen (Hrsg.): »Grüne Woche Berlin 1955«, 28. Januar bis 6. Februar, Berlin (West) 1955, S. 18.

350 Die konkrete Ausgestaltung, Vorbereitung und Durchführung der Sonderschauen von RIAS, UfJ und anderen sind in der Regel kaum überliefert. In wenigen Fällen liegen Berichte vor, sonst ist man auf Rekonstruktionen anhand von Presseberichten angewiesen.

351 Einige NGOs, insbesondere die KgU und der UfJ, verfügten auch über die Möglichkeit zur Informationsgewinnung aufgrund ihrer Einbindung in das Bundesnotaufnahmeverfahren im West-Berliner Notaufnahmelager Marienfelde. Um weitere Mikromechanismen der innerdeutschen Systemkonkurrenz zu dekuvrieren, wäre es wichtig, auch der Frage nachzugehen, ob tatsächlich Menschen, denen in Beratungsgesprächen auf der »Grünen Woche« bei ihrer Flucht aus der DDR (organisatorisch und beratend) geholfen wurde, dann im Notaufnahmeverfahren den gleichen Mitarbeitern gegenübersaßen wie zuvor auf dem Messegelände. Und wenn ja, hatte dies dann eventuellen Einfluss auf das Verfahren? Denn schließlich flossen die Gutachten von KgU- und UfJ-Mitarbeitern auch in den Entscheidungsfindungsprozess des Aufnahmeausschusses mit ein. Vgl. Elke Kimmel: »...war ihm nicht zuzumuten, länger in der SBZ zu bleiben«. DDR-Flüchtlinge im Notaufnahmelager Marienfelde, Berlin 2009, S. 22–25.

nen« und das »Amt für gesamtdeutsche Studentenfragen«.[352] Auch die Gewerkschaften waren mit eigenen Informationsständen während der Ausstellung zugegen. Die innerhalb des DGB organisierte Gewerkschaft für Gartenbau-, Land- und Forstwirtschaft, Landesbezirk Berlin, hatte für Ostbesucher einen speziellen Auskunfts- und Beratungsstand in der »Ostpreußen-Halle« eingerichtet.[353] Auch wenn West-Berlin seit den frühen 1950er Jahren ungemein anziehend auf Ostdeutschland wirkte, so unternahmen doch die beteiligten Stellen und Institutionen der Stadt einiges, um diesen Effekt noch zu verstärken und damit auch die fehlende Legitimation der SED-Herrschaft zu verdeutlichen. Aufgrund des in den späten 1950er Jahren akuten Mangels an landwirtschaftlicher Nutzfläche für die »Ostflüchtlinge« änderten sich auch Rat und Informationsstruktur der beratenden Stellen auf dem Ausstellungsgelände. Waren bis spätestens 1959 potenzielle DDR-Flüchtlinge aus der Landwirtschaft an den Beratungskojen gern gesehen, so änderte sich nun das Bild: Die Berater an den Kojen landwirtschaftlicher Verbände oder von Parteien rieten den Gästen aus der DDR nun in ihren Heimatdörfern zu bleiben und die Lage abzuwarten, da in der westdeutschen Landwirtschaft kein Platz für Flüchtlinge mehr vorhanden wäre. Ein Zeitzeuge beschrieb in diesem Zusammenhang die »Grüne Woche« als einen »Testmarkt für Ostdeutsche«, die mit dem Gedanken der Flucht spielten und dafür in West-Berlin Entscheidungshilfe suchten.[354] Einzig der kanadische Stand vermittelte nach wie vor fluchtbereite Bauern nach Kanada. Letztlich wollte die Bundesregierung mit all diesen Plänen und Maßnahmen auch das landwirtschaftliche Wissen und Können in Ostdeutschland erhalten, bis der Fall der Wiedervereinigung eintrat.

»Lockaktionen für Ostbesucher«

Wichtigste Zielgruppe der »Grünen Woche« – wie auch der Industrieausstellung[355] – waren die Bewohner aus Ost-Berlin und der DDR, die dadurch zu einem Politikum wurden. Die Bauern bildeten dabei nur einen Teil des ostdeutschen Besucherspektrums. Der andere – möglicherweise größere – Teil waren die Tagesausflügler, nämlich zumeist Arbeiter (inklusive der zahlreichen Grenzgänger[356]) oder Rent-

352 Information [o.D., 1956], in: LAB, B Rep. 002, Acc. 1636, Nr. 2077, unpag.

353 Berliner Ausstellungen (Hrsg.): »Grüne Woche Berlin 1955«, 28. Januar bis 6. Februar, Berlin (West) 1955, S. 20.

354 Telefonisches Interview mit C.B. vom 16. Februar 2011. Herr C.B. war einer jener zahlreichen »Ostschüler«, die in der DDR lebten und in West-Berlin zur Schule gingen.

355 Fritsche: »Brückenschlag«, S. 140.

356 Zur Grenzgängerproblematik vgl. Frank Roggenbuch: Das Berliner Grenzgängerproblem. Verflechtung und Systemkonkurrenz vor dem Mauerbau (= Veröffentlichungen der Historischen Kommission zu Berlin, Bd. 107), Berlin 2008.

ner und »Einkaufstouristen«[357] aus Ost-Berlin und den umliegenden DDR-Kreisen. Sie suchten auf der »Grünen Woche« nicht nur rechtliche Beratungen und Informationen durch die zahlreichen Auskunfts- und Beratungsstellen, sondern nahmen die Ausstellung als Teil ihrer kulturellen Freizeitgestaltung in Anspruch und vor allem auch, um am wirtschaftlichen Aufschwung der Bundesrepublik zu partizipieren, was besonders durch die sogenannten »Lockaktionen für Ostbewohner« oder »Ostaktionen« befördert wurde.[358]

Diese Besucheraktionen, die sich ab 1952 für die »Grüne Woche« nachweisen lassen, bedienten in der Regel zwei Bedürfnisse.[359] Zum einen nach Erholung und Erlebnis, was durch Stadtrundfahrten, durch das Verteilen von Nahrungsmitteln und durch zahlreiche kulturelle Angebote befriedigt wurde. Die andere, materielle Seite bestand in der Bereitstellung von Gütern, die die Planwirtschaft der DDR nicht oder nicht ausreichend zur Verfügung stellen konnte. Überhaupt war für die Gäste aus der DDR vieles preiswerter: Auf Vorlage des Personalausweises war der Eintritt an den eigens eingerichteten »Ostkassen« billiger. Dort wurden auch die »Verzehrgutscheine« verteilt, mit denen die Ostbesucher auf der »Grünen Woche« qualititativ hochwertige Speisen zu günstigen Preisen erwerben konnten.

Ein politisches »Schaufenster« hatte auch die westliche Seite im Sinn, wenn sie davon ausging, dass ihr Konzept von den Bewohnern Ost-Berlins und der DDR angenommen wurde, ein soziokulturelles Angebot zu offerieren und Alternativen zur wirtschaftlichen und politischen Entwicklung in der DDR zu suchen. Der stadteigene Ausstellungsbetrieb, die Berliner Ausstellungen, betonte: »Die Bedeutung der ›Grünen Woche‹ für das Bundesgebiet liegt [...] vor allem auch auf politischem Gebiet. [...] Besonders hervorzuheben ist zurzeit die politische Bedeutung der ›Grünen Woche‹, die [...] wie keine andere Veranstaltung in Deutschland und Berlin die Möglichkeit gibt, den Bewohnern der SBZ einen Einblick in die wirtschaftliche Leistungskraft der westdeutschen Wirtschaft und die des westlichen Auslandes zu bieten und ihnen darüber hinaus die so wichtige menschliche Begegnung zwischen West und Ost zu erleichtern.«[360]

357 Vgl. hierzu Lemke: Vor der Mauer, S. 346–352.

358 Schultze: Auftrag, S.17 f.

359 Auch auf der Industrieausstellung gab es diese Aktionen. Vgl. Fritsche: »Brückenschlag«, S. 140–144.

360 BA, »Grüne Woche Berlin«, Arbeitsausschuss Agrarpolitik an den Ausstellungs- und Messe-Ausschuss der Deutschen Wirtschaft e. V. vom 15. September 1956, in: LAB, B Rep. 010, Nr. 725, unpag. – Als die Berliner Ausstellungen die oben zitierten Zeilen 1956 an den AUMA richteten, um eine Einbeziehung der Ausstellung in die Frachtbegünstigung Erm. 3 zu erreichen, genügte diese Überzeugungsarbeit dem AUMA nicht. Nach »sorgfältiger Prüfung des Charakters der ›Grünen Woche‹« glaubte der AUMA sagen zu können, dass die Ausstellung »ohne Bedeutung für den internationalen Geschäftsverkehr ist und auch kaum Anspruch für das Bundesgebiet erheben kann«. Diese Einstellung änderte sich erst vier Jahre später, als die West-Berliner längst ein wirt-

»Grüne Woche Berlin 1953«. Lange Schlangen vor den Ost- und Westkassen.

Viele, vielleicht die meisten Besucher, wurden jedoch weniger von den landwirtschaftlichen Ausstellungshallen angelockt als von den Nahrungsmittelständen des In- und Auslandes. In einem Konsumzentrum von so großer Dichte wie in Berlin fanden verbrauchsorientierte Ausstellungen immer besonders starken Anklang. Die politische Aufladung kam dann im Kalten Krieg hinzu.

Die meisten der Ideen und Initiativen im Rahmen der sogenannten »Ostaktionen« oder »Lockaktionen« während der »Grünen Woche« – die es aber auch zur Industrieausstellung gab[361] – stammten vom Büro für Gesamtberliner Fragen (GBB).[362] Das GBB nahm am 18. Januar 1952 seine Arbeit auf und wurde von Ernst Carlbergh (SPD) geleitet, einem Kenner der innerberliner Situation und Beziehungen und zudem ein profunder Kenner der »Grenzgänger-Materie«.[363] Aufgrund der schnell wachsenden Aufgabenfülle avancierte das GBB zu einer »Zentralstelle«, die sich um beinahe alle gesamtberliner Probleme kümmerte und Entscheidungen traf. Eine der wichtigsten operativen Aufgaben des Büros bestand »im Verteilen der aus

schaftlicher und politischer Faktor geworden waren. Vgl. AUMA an die BA vom 29. Oktober 1956, in: ebd., unpag.

361 Fritsche: »Brückenschlag«, S. 140–145.

362 Zum GBB vgl. Lemke: Vor der Mauer, S. 107–113.

363 Roggenbuch: Grenzgängerproblem, S. 331.

unterschiedlichen staatlichen wie nichtstaatlichen Quellen fließenden Geldmittel zur Finanzierung von Gesamtberliner Aufwendungen und ihrer Träger«.[364] Mit den Lockaktionen, an denen – im Kontext der Landwirtschaftsausstellung – auch viele andere Interessensparteien und Organisationen beteiligt waren, auf die im Folgenden eingegangen wird, sollte dem ostdeutschen Publikum vor Augen geführt werden, in welchem System es sich besser leben ließ. Ob Zeitungen und Kataloge oder Dachnägel, Saatgut, Ersatzteile für Landmaschinen – alles fand reißenden Absatz.

Seit dem Jahre 1953 unterstützte die Firma Coca-Cola die sonntäglichen Stadtrundfahrten für DDR-Bürger während der »Grünen Woche« durch die sogenannte »Coca-Cola Spende«.[365] Diese Spende war vom Senator für Bau- und Wohnungswesen veranlasst worden, dem die technische Durchführung der vom GBB organisierten Stadtrundfahrten oblag. Die Spende war von der Berliner Coca-Cola-Fabrik in Form von jeweils 200 Flaschen an die Teilnehmer der sonntäglichen Rundfahrt ausgegeben worden.[366] Dazu gab es in der Regel belegte Brötchen, die vielfach von den Landfrauenverbänden bereitgestellt wurden.[367] Die kostenlose Abgabe an die ostdeutschen Fahrgäste erfolgte 1953 im Stadion Wilmersdorf, im Volkspark Rehberge und in der Onkel-Bräsig-Schule. Mitunter wurden auch Besichtigungsstopps an Sehenswürdigkeiten wie der Kongresshalle eingebaut. Die Berliner Ausstellungen erwähnten in ihrem Bericht über die »Grüne Woche 1961« an Bürgermeister Franz Amrehn (CDU) nicht ohne Stolz, dass das Rundfahrtprogramm »allergrößten Anklang bei den Gästen aus dem sowjetisch besetzten Gebiet [fand], was in zum Teil überschwänglichen Dankesbezeugungen den ›Reiseführern‹ gegenüber zum Ausdruck gebracht wurde«.[368] Durch den Senator für Bau- und Wohnungswesen

364 Lemke: Vor der Mauer, S. 111.

365 Büro für Gesamtberliner Fragen an Herrn Bürgermeister Amrehn, betr. Dankschreiben an Coca-Cola-Vertretungen in Berlin vom 4. Januar 1962, in: LAB, B Rep. 002, Nr. 2224-2226, unpag. – Interessant ist weiterhin, dass Coca-Cola sich an Ausstellungen in West-Berlin wie der Industrieausstellung und der »Grünen Woche« beteiligte, während der Konkurrent Pepsi-Cola sich mehr auf Messen und Ausstellungen im Ostblock versuchte. Vgl. dazu Hixson: Parting the Curtain, S. 175. – Der Verfasser war zunächst überrascht, dass Coca-Cola offenbar das Sponsoring-Exklusivrecht eingeräumt worden war. Denn die Konkurrenz der großen Firma war ebenfalls rührig. Die Vermutung lag nahe, dass Aufteilungen und Absprachen stattgefunden hatten. Diese Annahme bestätigte sich durch Jeff Schutts Forschungen, die belegen, dass sich Coca-Cola und die Konkurrenz ihre Engagements zu jener Zeit geografisch teilten. Vgl. Jeff R. Schutts: Born Again in the Gospel of Refreshment? Coca-Colonization and the Re-making of Postwar German Identity, in: David F. Crew (Hrsg.): Consuming Germany in the Cold War, Oxford 2003, S. 121–150. – Außerdem spendete Coca-Cola in den 1950er Jahren auch für so politisch fragwürdige Institutionen wie den BDJ. Vgl. hierzu Stöver: Befreiung vom Kommunismus, S. 272.

366 Der Leiter des BGG Ernst Carlbergh an das Polizeipräsidium von Berlin, Abt. IV vom 12. Februar 1953, in: LAB, B Rep. 002, Nr. 2224-2226, unpag.

367 Bericht über die »Grüne Woche« an Bürgermeister Amrehn vom 18. März 1961, in: LAB, B Rep. 002, Nr. 2223, unpag.

368 Ebd.

war veranlasst worden, dass während der Ausstellungszeit eine kleine Ehrung für den 300.000. Teilnehmer an den »städtebaulichen Rundfahrten« seit Aufhebung der Berlin-Blockade vorgenommen werden konnte. Eine ostdeutsche Teilnehmerin erhielt aus der Hand Senator Schwedlers das *Große Zille-Buch* sowie ein Geldgeschenk in Höhe von 50 DM.

Auf zähen Verhandlungen zwischen dem West-Berliner Senat und dem Bundesminister für Gesamtdeutsche Fragen beruhte der sogenannte »Berliner Kulturplan«. Am 12. Oktober 1956 stimmte Bundeskanzler Adenauer dem Plan zu.[369] Finanzhilfen des Bundes in Höhe von 16 Millionen DM jährlich ermöglichten es beispielsweise den Bewohnern Ost-Berlins und der DDR, gegen Zahlung von DM-Ost an allen Kulturveranstaltungen in West-Berlin teilzunehmen. Zahlen konnten die Besucher im Verhältnis von einer Ost- zu einer Westmark, obwohl die DM-Ost offiziell im Verhältnis 5:1 gleitend zur Westmark in den West-Berliner Wechselstuben gehandelt wurde. An den Ausstellungstagen konnte zum jeweiligen Tagesumtauschkurs in DM-Ost bezahlt werden.

Insbesondere während der »Grünen Woche«, die erfahrungsgemäß Tausende Besucher aus der DDR nach West-Berlin lockte, ließ sich das GBB einiges einfallen, um ihnen den Aufenthalt so angenehm wie möglich zu gestalten. Die Palette reichte von »Übernachtungs- und Unterkunftshilfen für Ostbesucher«, »höchstmöglich unbürokratische Betreuung von Einzelpersonen«, »Gutscheine für bedürftige Angehörige von Personen, die in den Flüchtlingsheimen Westberlins untergebracht sind« und »Verkehrsgutscheinen«. Dieser – nicht vollständige – Maßnahmenkatalog, der ständig an die aktuelle Situation in der »Frontstadt« Berlin angepasst wurde, erhielt während der »Grünen Woche« in Zusammenarbeit zwischen Carlbergh, alliierten Verbindungsleuten und dem Senat eine beachtliche soziokulturelle Dimension. Für die »Grüne Woche 1955« stellte der DBV 5.000 DM als sogenannte »Übernachtungshilfe« zur Verfügung und stellte Quartierscheine aus. Der Bauernverband Berlin e. V. stellte zur »Grünen Woche 1959« 925 (1960: 1.029) Quartiere »für Besucher aus Mitteldeutschland ohne Kosten für sie« zur Verfügung.[370] Weitere diesbezügliche Vorschläge, um die Besucher aus dem Osten während ihres Aufenthalts auf der »Grünen Woche« zu unterstützen, erbat das GBB auch von den Kleinsiedler-Verbänden.[371] Aufgrund der Erfahrungen der Aktion des »Hotelbet-

369 Lemke: Vor der Mauer, S. 435. – 1956 nahm der CDU-Politiker Peter Bloch »auf Drängen von Ernst Lemmer« eine Tätigkeit beim Berliner Senat als Kulturreferent des GBB auf. Seiner Darstellung zufolge wäre er entscheidend daran beteiligt gewesen, den »Berliner Kulturplan« ins Leben zu rufen. Vgl. Peter Bloch: Zwischen Hoffnung und Resignation. Als CDU-Politiker in Brandenburg 1945–1950, Köln 1986, S. 18 f.

370 Bauernverband Berlin e. V. an das BMG vom 31. März 1959, in: BAK, B 137, Nr. 8256, unpag.

371 Notiz betreffs Unterkunftshilfe für Ostbewohner (gez. Carlbergh) vom 24. Mai 1955, in: LAB, B Rep. 002, Nr. 2223, unpag.

tes 1:1 für Ostbesucher«, wie der *Telegraf* vom 26. März 1955 titelte, die in jenem Jahr während der »Grünen Woche« durchgeführt wurde, sah man es in der West-Berliner Öffentlichkeit als selbstverständlich an, dass dies fortan ganzjährig für »Besucher aus dem Osten« ermöglicht werden sollte.[372] Ab 1956 sorgte das GBB dafür, dass »fortan bedürftigen Bewohnern der Sowjetzone die Möglichkeit gegeben ist, bei ihren Berlin-Besuchen auf 1–3 Tage, und zwar zu einem Tagessatz von 5,– DM-Ost, in einem Hotel oder Pension Westberlins Wohnung zu nehmen«.[373] Da die oben geschilderten wie auch weitere Maßnahmen über den Rundfunk publik gemacht wurden, sah sich offenbar die DDR gezwungen, die Bestimmungen über »Devisenvergehen« zu verschärfen.

Seit 1955 gab der Senat »Verzehrgutscheine« im Wert von ein bis fünf DM aus, aber auch zahlreiche andere Gutscheine und Vergünstigungen wurden an den »Ostkassen« ausgeteilt bzw. verkauft. Die »Verzehrgutscheine« fanden bei den Besuchern aus der DDR 1955 auf Anhieb so große Resonanz, dass diese »Grüne Woche« fortan als »Würstchenmesse« in Erinnerung blieb.[374] Deshalb wurden während der folgenden »Grünen Woche« Beschränkungen eingeführt. Und GBB-Mitarbeiter Völckers machte darauf aufmerksam, dass selbst die West-Berliner Presse in Berichterstattungen über die »Verzehrbon-Aktion Grüne Woche« daraufhin verwies, dass die eingeführten Bezugsbeschränkungen an die Zeit der Lebensmittelkarten erinnere.[375] 1960 wurde erstmals der sogenannte »Verzehrbon« im Wert von einer DM ausgegeben. Auf diese Bons erhielten die Besucher eine Tasse Kaffee oder Kakao, drei Zigaretten, eine Tafel Schokolade und Obst.[376] Von den Erfahrungen der Vorjahre ausgehend, in denen etwa sieben Prozent der Ostdeutschen keinen »Verzehrbon« erworben hatten, stellte sich allerdings bei den Planungen für die »Grüne Woche 1961« die Frage, ob nach Abschluss der Vollkollektivierung der DDR-Landwirt-

372 N.N.: »Hotelbett 1:1 für Ostbesucher: Ein Projekt, um das es ruhig geworden ist – Wenig Mittel, große Wirkung, in: *Telegraf* vom 26. März 1955. Der *Telegraf* rechnete seinen Lesern vor, dass die DDR in elf Monaten für die Betreuung westdeutscher Besucher 46 Millionen DM-Ost aufwandte und West-Berlin nur 5.000 DM für die »Ostbesucher«.

373 GBB (gez. Carlbergh) an Herrn Bürgermeister Amrehn betreffs Übernachtungsbeihilfe für Ostbesucher vom 9. Februar 1956, in: LAB, B Rep. 002, Nr. 2224-2226, unpag. – Aus der Akte geht auch hervor, dass die Initiative der »Übernachtungsbeihilfe für Ostbewohner« von US-amerikanischer Seite ausging, nachdem das Bundeshaus, Abt. II nicht mit Geldern aushelfen wollte: »Amerikanische Gelder würden für einen solchen Zweck – ohne jede Rücksicht auf eine evtl. Sogwirkung – zur Verfügung stehen. Aus diesem Grunde könnte auch die beabsichtigte Aktion gehörig publik gemacht werden.« Nach diesen Darstellungen Carlberghs notierte Amrehn »Grundsätzliches Einverständnis« an den Briefrand.

374 GBB, Völckers: Bericht über die »Grüne Woche 1960« vom 2. März 1960, in: LAB, B Rep. 002, Nr. 2223.

375 Ebd.

376 Ohne »Verzehrbon« kosteten belegte Brötchen an den Imbiss-Ständen auf dem Ausstellungsgelände sonst 1 DM oder eine Tasse Kaffee kostete im Ausstellungsrestaurant 2,85 DM.

schaft der dafür einkalkulierte Besucherumfang überhaupt noch erreicht werden würde, da »der Zuspruch aus der Zone [nun] nicht mehr so groß sein wird wie in den Vorjahren«.[377] Eine ungerechtfertigte Befürchtung, wie sich zeigen sollte.

Aber auch andere Gutscheine wie zum Beispiel Warengutscheine, waren nicht immer unproblematisch: Da Rauchwaren (also vor allem Pelze) zu den bevorzugten Gütern der ostdeutschen Besucher zählten, kam es hier relativ schnell zu Engpässen. Insbesondere das Personal der Firma Schade & Wolff fiel dem GBB als »unzuträglich« auf, weil »die Ostberliner durch das Bedienungspersonal, offensichtlich deshalb, weil sie ›bargeldlos‹ bezahlen, also kein zusätzliches Trinkgeld außer den einkalkulierten zehn Prozent gewähren, eine schlechtere Behandlung als die Westberliner Gäste« erfuhren.[378]

Spenden, die während der »Lockaktionen« oder im Umfeld der »Grünen Woche« an Ostdeutsche weitergegeben wurden, kamen von zahlreichen Personen, Organisationen, Gruppierungen, Ministerien, Parteien, den Kirchen, aber auch von ausländischen Geldgebern. Der Berliner Bauernverband sammelte die durch seine Mitglieder oder nahestehende Personen zusammengetragenen Spenden und verteilte sie während der Ausstellung: Arbeitssocken aus Nylon, Damenstrümpfe, Sämereien, Handwerkzeug wie Schlüssel, Zangen, Feilen, Nägel und auch anderes Material, »das es in Mitteldeutschland nicht oder nur selten gibt«, aber auch Riemenverbinder, Kettennotglieder, Wetzsteine, Garbenmesser u.v.m.[379] So wurde die alljährliche »Nagelspende« während der »Grünen Woche« eine bleibende Erinnerung im Kalten Krieg.[380] In einigen Fällen, bei denen die Firmen nicht so generös mit Geschenken an die Besucher aus der DDR sein wollten, sprang hin und wieder der Berliner Senat ein. So setzte er sich beispielsweise während der »Grünen Woche 1960« dafür ein, dass die weltbekannte Zigarren- und Zigarettenfabrik Loeser & Wolff unverpackte Zigaretten an Ostbesucher kostenlos auf Vorlage des Verzehrgutscheines verteilte. Denn, »es [handele] sich um ein politisches Anliegen [...], das der Förderung der Gesamtberliner und gesamtdeutschen Begegnung dienen soll«.[381]

Da das BMG bestrebt war, auf dem Ausstellungsgelände nicht direkt in Erscheinung zu treten, ließ es seine Spendengelder durch andere Organisationen

377 Ebd.

378 Ebd.

379 Bauernverband Berlin e. V. an das BMG vom 31. März 1959, in: BAK, B 137, Nr. 8256, unpag.

380 Die Staatssicherheit beurteilte die »Nagelspende« als »die größte Hetze« der ganzen Ausstellung, da sie ihrer Ansicht nach »den ›Zusammenbruch‹ des sozialistischen Aufbaues in der DDR demonstrieren sollte«. Vgl. Abt. Information, Information Nr. 64/57, betr.: Bericht über die »Grüne Woche« 1957 vom 11. April 1957, in: BStU, ZAiG 44, Bl. 1–20, hier Bl. 17. – Vgl. auch Lemke: Vor der Mauer, S. 545.

381 Verzehrgutscheine an Ostbewohner [o. D., 1960], in: LAB, B Rep. 002, Nr. 2223, unpag. – Den Verlust ihrer ehemaligen Fabriken und Tabakanbaugebiete im ehemaligen Westpreußen verkraftete die Firma allerdings langfristig nicht und musste 1983 Konkurs anmelden.

verteilen:[382] Der Bauernverband Berlin vergab 1959 334 Fachbuch-Gutscheine und landwirtschaftliche Taschenkalender an »besondere Interessenten aus Mitteldeutschland«, die aus BMG-Finanzmitteln stammten.[383] Für die Errichtung eines Informationsstandes und die Verteilung der BMG-Spenden auf der »Grünen Woche 1960« erhielt der Bauernverband Berlin 10.000 DM vom BMG, wodurch er in der Lage war, »die ihm übertragenen Aufgaben [...] zu erfüllen«.[384]

Zwar nicht als »Lockaktion« deklariert, übte aber die Möglichkeit, Waren zu bestellen, zum Beispiel über den Bauernverband Berlin, auf viele ostdeutsche Bauern und Gärtner eine große Anziehungskraft aus. Auf der »Grünen Woche« konnten sie Bestellungen für Ersatzteile, Futterpflanzsaatgut wie Klee, Luzerne, Futterrüben sowie Gemüsesämereien aufgeben. Die Bestellungen wurden vorerst notiert, damit sie einige Wochen nach Ende der Ausstellung von den Käufern aus der DDR in West-Berlin abgeholt werden konnten. Sie mussten dann nicht mehr die rigiden Verkehrskontrollen befürchten, wie sie überlicherweise während der »Grünen Woche« von der DDR angewandt wurden. Sollte dennoch eine Grenz- oder Zollkontrolle erfolgen, bestand für die DDR-Behörden kein offensichtlicher (zeitlicher) Zusammenhang mehr mit der Ausstellung.

Eine wichtige Rolle bei der Sammlung und Verteilung von Spenden spielten auch der Berliner Maidenbund und die Landfrauenvereinigungen. Zum einen koordinierten und initiierten sie Sammlungen und Spendenaktionen, und zum anderen waren sie für den Kontakt zu ostdeutschen Bäuerinnen und Landarbeiterinnen von Bedeutung.[385] Der Deutsche Landfrauenverband Stuttgart (DLV) sandte seit 1956 jährlich aus seinen Landesverbänden eine Anzahl von Delegierten nach West-Berlin zur »Grünen Woche«, die »die Aufgabe hatten, Besucher aus der SBZ zu betreuen«.[386] Aufgrund dessen unterstützte das BMG die Stände und Aktivitäten des DLV mit finanziellen Zuwendungen. Wichtiger für die Situation innerhalb Berlins war der Berliner Maidenbund unter der Vorsitzenden Hildegard Hoffmann

382 Bauernverband Berlin e. V. an das BMG vom 31. März 1959, in: BAK, B 137, Nr. 8256, unpag. – Ein Vermerk der Abt. II 2 des BMG hält die angestrebte Taktik fest, die lautete: »Es ist beabsichtigt, daß nach außen keinerlei Teilnahme unseres Hauses besonders sichtbar wird.«

383 Ebd. – Die Gutscheine hatten einen Wert von jeweils 25,– DM, weshalb bei der Vergabe »sorgfältig verfahren« wurde. Die »Fachbuchspende« organisierte der Referatsbereich II 3 des BMG.

384 Verwendungsnachweis zum Bewilligungsbescheid des BMG, Abt. II, vom 2. April 1960, in: ebd.

385 Die Geschichte der Landfrauen reicht bis ins 19. Jahrhundert zurück. Motivation für die Gründung dieser Bewegung war gewesen, die Lebens- und Arbeitsverhältnisse von Frauen im ländlichen Raum zu verbessern. Zur Geschichte der Landfrauenbewegung vgl. Anke Sawahn: Die Frauenlobby vom Land. Die Landfrauenbewegung in Deutschland und ihre Funktionärinnen 1898 bis 1948, Frankfurt am Main 2009.

386 BMG, Ref. I/5, Bewilligungsvermerk: An den Deutschen Landfrauenverband, Betreuung von Besuchern aus der SBZ anläßlich der »Grünen Woche« in Berlin vom 9. Dezember 1958, in: BAK, B 137, Nr. 8256, unpag.

gewesen.[387] Der Bund gehörte seit Wiederbegründung der »Grünen Woche« im Jahr 1948 zu den Mitorganisatoren der Ausstellung. Auch erfuhr der Maidenbund aufgrund seiner »Ost-West-Begegnung ehemaliger Maiden aus der SBZ und aus der Bundesrepublik« finanzielle Zuwendungen durch das BMG. Die Frauen vom Landfrauenbund sammelten bundesweit Geld für diese Aktionen. Der Treffpunkt der Landfrauen befand sich alljährlich in den Hallen I und II, wo sie »den Schwestern aus der Zone« Kaffee und Apfelsaft reichten.[388] Neben den Sachspenden, wie Rasierklingen, Nadeln, Stifte und vieles andere verteilten sie Gutscheine des Parey-Verlages und nahmen Bestellungen für Fachbücher entgegen.

Um in den Genuss dieser Aktionen, Vorteile und Vergünstigungen zu gelangen, war es notwendig, sich als DDR-Bürger ausweisen zu können. Wurde der Personalausweis (DPA) bei Kontrollen auf dem Weg zur »Grünen Woche« abgenommen und durch eine PM 12 ersetzt, war man östlicherseits nicht mehr berechtigt, West-Berlin zu betreten: Ein Vorgehen, auf das die ostdeutschen Stellen große Energien aufwandten. Denn in ihrem Verständnis wurde *jede* Organisation, die auf der »Grünen Woche« als Aussteller oder anderweitig in Erscheinung trat, als Tarnung von Spionagezwecken angesehen. Zeigte der DDR-Bürger seinen Ausweis an der »Ostkasse« vor oder ließ auch nur seinen Namen notieren, um an Gewinnspielen oder Verlosungen teilzunehmen, war das für die Staatssicherheit gleichbedeutend mit der »Schaffung einer Basis zur direkten Agentenwerbung«.[389] Denn damit hätte er angeblich »Spionageangaben« gemacht.[390] Mit einer derart verengten Perspektive manövrierte sich die SED in eine sich selbst erfüllende Prophezeiung, deren Konsequenz darin bestand, ganz West-Berlin als »Agentennest« zu sehen und zu bekämpfen, wobei die »Grüne Woche« für die SED von herausgehobener Bedeutung war.

387 Der Maidenbund stellte eine Vereinigung von ehemaligen Schülerinnen wirtschaftlicher Frauenschulen dar.

388 So die »Einschätzung der ›Grünen Woche‹ durch die Einsatzgruppe des Ministeriums für Land- und Forstwirtschaft« vom 10. Februar 1960, in: SAPMO-BArch, DY 30 IV/2/9.02/155, Bl. 180–190, hier Bl. 187.

389 Information an das Sekretariat des ZK der SED über die Durchführung der »Grünen Woche« in Westberlin [1956], in: SAPMO-BArch, DY 30 IV 2/7/623, Bl. 9–14, hier Bl. 11.

390 In einem Anhang zur Argumentation gegen die »Grünen Pläne« der Bundesregierung durch den Sektor Agrarpropaganda im MLF sind zahlreiche – nach ostdeutscher Rechtsprechung und Lesart – aufgeführte Delikte und Vergehen, die durch die bundesdeutsche Agrarpolitik evoziert worden seien, aufgelistet. Die »Schuld« am fehlerhaften Verhalten ostdeutscher Bauern versuchte der Sektor Agrarpropaganda den in West-Berlin ansässigen Beratungsstellen von UfJ, KgU oder der Ostbüros der Parteien zuzuschieben. Auf der »Grünen Woche« sollen diese dann von den Bauern »Spionageangaben« – also die Aufnahme von Adressen – eingefordert haben. Vgl. Anhang zur Argumentation Nr. 57 vom 14. August 1959, in: ebd., Bl. 143–145.

Die Ausstellungen in den Jahren 1954, 1957 und 1959

Es ist deutlich geworden, dass die beiden Landwirtschaftsausstellungen in Leipzig-Markkleeberg und die West-Berliner »Grüne Woche« in der Systemkonkurrenz der 1950er Jahre nicht nur Foren landwirtschaftlicher Leistungsfähigkeit und des fachlichen Austausch waren, sondern auch Bühnen der Überlegenheit der einen über die andere deutsche Agrarpolitik, die damit Pars pro Toto für ihre Referenzgesellschaften standen. Die beiden Ausstellungen reagierten auf die aktuellen politischen Entwicklungen, hatten sie in ihrer Ausstellungskonzeption darzustellen und politisches Forum zu sein. Sie ließen erkennen, dass es nur ein richtiges Gesellschaftssystem geben durfte und nur eine Landwirtschaftsausstellung als dessen legitimen Exponent.

Um diese Faktoren genauer zu bestimmen, werden in diesem Abschnitt die Ausstellungen in den Krisenjahren 1953, 1956 und 1958 genauer unter diesem Aspekt untersucht. Wie und in welcher Form reagierten sie auf die politischen Entscheidungen und Krisen jener Zeit? Da die »Grüne Woche« das westdeutsche Ausstellungsjahr eröffnete – sie fand in der Regel im Januar/Februar statt –, konnte sie die Ereignisse des zurückliegenden Jahres nur retrospektiv reflektieren.

Die schiere Vielzahl der in den »Grünen Wochen« und in der Leipzig-Markkleeberger Expositionen zwischen 1952 und 1959 dargestellten fachlichen, kulturellen, politischen wie wirtschaftlichen Sujets und Items, die Sonderschauen (auch die der anderen Nationen) und die vielen Tagungen, Kundgebungen, Veranstaltungen und Spektakel im Rahmen der Ausstellungen machen eine dezidierte, bis in die Mikroebene gehende Analyse unmöglich. Exemplarisch jedoch, für die Ausstellungen während der Krisenzeiten, besteht hierfür mehr Raum.

Die Darstellung des Überflusses: Die »Grüne Woche 1954«

Am Ende des Jahres 1953 stellten die Berliner Ausstellungen fest, dass »die Notwendigkeit großer nationaler und internationaler Ausstellungen in Berlin von keiner Seite ernsthaft bestritten [wird]«, zumal nur dort Ausstellungen und Fachmessen veranstaltet werden könnten, die »ihren Widerhall in allen Teilen Deutschlands und im Ausland gleichzeitig« fänden.[391] Die prekäre wirtschaftliche Lage West-Berlins allerdings zwinge den Ausstellungsbetrieb dazu, mit Standmieten, Eintrittsgeldern (in West- und Ostwährung) und anderen Elementen in so geringer Höhe zu kalkulieren, dass jede Vergleichsmöglichkeit mit den Verhältnissen in Westdeutschland

391 Informationsdienst Berliner Ausstellungen: Rückschau und Ausblick – Das Berliner Ausstellungswesen vor neuen Aufgaben, Ausgabe vom 31. Dezember 1953, S. 4.

fehle. Andererseits sei es dem West-Berliner Senat nicht möglich, die Ausstellungen aus eigener Kraft zu finanzieren. Daher werde die Form der »Ausstellungen mit messeähnlichem Charakter« solange beibehalten werden müssen, bis »ein grundlegender Wandel der politischen und wirtschaftlichen Verhältnisse die Rückkehr zur echten wirtschaftswerbenden Fachausstellung« gestatte.[392] Das West-Berliner Ausstellungswesen hatte in der Sicht der BA nun »eine neue Aufgabe, die von keinem anderen Platz in Deutschland übernommen werden könnte und bietet gleichzeitig alle Voraussetzungen, zum gegebenen Zeitpunkt wieder die führende Stadt der Fachausstellungen Deutschlands zu werden«. In diesem Sinne hielt der Berliner Ausstellungsbetrieb seine Ansprüche auf die früheren, unter dem Funkturm ins Leben gerufenen Veranstaltungen, die teilweise noch an anderen Orten durchgeführt wurden, aufrecht. Auch das Bemühen, größere, einmalige Ausstellungen nach West-Berlin zu holen, sollte, so die Forderung, forciert werden.

Der Direktor der Berliner Ausstellungen Wiemer bezeichnete die »Grüne Woche 1954« erneut als »gesamtdeutsche Landwirtschaftsausstellung«.[393] Allerdings bedauerte er es im Namen aller teilnehmenden Aussteller und Verbände, dass beim Aufbau der Ausstellung »manche Wünsche [...] zurückgestellt werden [mussten], deren Erfüllung erst dann möglich sein wird, wenn alle noch fehlenden Voraussetzungen durch die erwartete grundlegende Änderung der Situation Berlins und seines natürlichen Hinterlandes gegeben sein werden«.[394] An der Landwirtschaftsausstellung, die vom 29. Januar bis zum 7. Februar stattfand, waren 52 Verbände, Organisationen und Behörden der verschiedenen Fachgebiete und 191 Firmen aus der Bundesrepublik und West-Berlin sowie aus den USA, Frankreich und den Niederlanden beteiligt.[395] Die Ausstellung präsentierte sich in neun Hallen und dem Marshall-Haus mit einer Gesamtausstellungsfläche von ca. 31.000 qm. In der Sporthalle am Funkturm und in zwei weiteren Hallen des Messe- und Ausstellungsgeländes fand das II. Internationale Reit- und Springturnier statt.

Auch in der steten Mitwirkung der DLG an der »Grünen Woche« lag ihr Anspruch begründet, dass die Ausstellung nicht nur Leistungs-, sondern auch fachliche Lehrschau sein wollte. Deshalb vermittelte sie den Besuchern fachliche Probleme, also Fragen der Land- und Ernährungswirtschaft, der Agrarpolitik und Formen ländlicher Lebens- und Arbeitsweisen, nicht nur in Schaubildern und Ausstellungskojen, sondern auch in unterhaltsamer Form. Beispielsweise wurde auf Anregung des BMELF in der »Westpreußen-Halle« ein Marionettenspiel gezeigt,

392 Ebd. u. passim.

393 Geleitwort des Direktors der Berliner Ausstellung, in: Berliner Ausstellungen (Hrsg): Pressevorschau »Grüne Woche Berlin 1954« vom 29. Januar bis 7. Februar am Funkturm, S. 7.

394 Ebd.

395 Ebd., S. 15.

das »Das Essen und Wirtschaften« als eine »Verstandesangelegenheit« behandelte.[396]

Den 17. Juni 1953 und vor allem die westlichen Reaktionen darauf versuchte die Ausstellung in ihre Darstellungen aufzunehmen und zu reflektieren. Hierfür standen vor allem zwei Ausstellungen des BMELF, die die Entwicklungen des Jahres 1953 beinhalteten: die sogenannte »Paketaktion« für Ostdeutschland und die »Schaufenster-Schau«. Das Tauziehen der beteiligten Akteure um die Schauen und ihre konkreten Ausgestaltungen spiegelte die wachsende Politisierung und Bedeutung der »Grünen Woche« im Systemkonflikt wider.

Das BMELF, einer der wichtigsten Partner und Aussteller der »Grünen Woche«, stellte für seine Beteiligung im Jahre 1954 rund 24.700 DM zur Verfügung.[397] Seit September 1953 hatte es Planungen der Berliner Vertretung des BMELF (Abt. III) für mehrere aktuelle Sonderschauen für die »Grüne Woche« 1954 gegeben. Neben der »Gläsernen Küche« der Landfrauen und einer FAO-Sonderschau plante Oberregierungsrat Schroeck von der Berliner Dependance des BMLF in Zusammenarbeit mit Oberregierungsrat Viktor Pröstler die Sonderschau »Ernährungswirtschaft«.[398] Für den Besucher sollten »neben den wichtigsten Grundsätzen der Marktordnung und deren Auswirkungen« vor allem »praktische und werbewirksame« Gesichtspunkte der Ernährungswirtschaft wie der Versorgung West-Berlins dargestellt werden.[399] Er wurde durch eine »Ladenstraße« geführt, die die drei Zweige der Nahrungsgüterwirtschaft erfasste: Fischwirtschaft, Milchwirtschaft sowie Obst- und Gemüsewirtschaft. Als integrativer Teil der Schau plante das BMELF am Ende der Ladenstraße die »Paketaktion für Ostberlin und die Ostzone« zu visualisieren, zumal die »Führung der Ausstellungsbesucher zwangsläufig an all diesen Ständen vorbeiführen [muss]«. Am siebten Stand der Ladenstraße »Milchwirtschaft« sollte die »Paketaktion in geeigneter bildlicher Darstellung den Besuchern den Umfang der Hilfeleistung vor Augen führen«.[400]

Die »Paketaktion« wurde im Rahmen der US-Amerikanischen Liberation Policy vom Eisenhower-Berater C.D. Jackson initiiert. Im Juli 1953 entschied Eisenhower offiziell, dass die USA Lebensmittel für die DDR bereitstellen würden.[401] Auch der Senat von Berlin hatte sich unter dem Eindruck des 17. Juni 1953 zur weitergehenden Unterstützung der Bevölkerung in der DDR und Ost-Berlins entschlossen und

396 Pressevorschau »Grüne Woche Berlin 1954«, S. 52–54.

397 Vgl. die Überlieferung zur Planung der »Grünen Woche 1954«, in: BAK, B 116, Nr. 1595, unpag.

398 Ebd.

399 Planung für die Ausstellung anlässlich der »Grünen Woche« Berlin im Januar 1953 vom 24. September 1953, in: ebd.

400 Ebd.

401 Stöver: Befreiung vom Kommunismus, S. 486–493.

im Kontakt mit der Bundesregierung konkrete Vorstellungen entwickelt, dann aber nicht realisert.[402] Nachdem die »Paketaktion« angelaufen war, wurde über Rundfunk, Presse und über Aushänge bekanntgegeben, dass sich DDR-Bürger gegen Vorlage des Personalausweises einen Bezugsschein über eine Dose Schmalz (800g), vier kleine Dosen Kondensmilch, 500g Hülsenfrüchte und ein Kilogramm Mehl pro Person bei den zuständigen Bezugsscheinstellen abholen könnten.[403] Die Aktion, die von der Bevölkerung überwiegend als eine »amerikanische« wahrgenommen wurde, war sowohl in politischer wie humanitärer Sicht von Erfolg gekrönt: Am Ende der ersten Aktion am 15. August waren über 2,8 Millionen Pakete verteilt worden.[404]

Nachdem die Konzeption der Schau Gestalt anzunehmen begann, wurde sie allerdings Ende September 1953 durch Hans Liebrich, Mitarbeiter im Fachreferat I 6 des BMG, »aus politischen Gründen« gestoppt.[405] Diese »politischen Gründe«, die offenbar auch der Berliner Senat teilte, lagen in der Befürchtung der USA – insbesondere des HICOG-Büros in Berlin – begründet, dass durch herausfordernde Aktionen und eine zu aggressive Rhetorik, wozu auch die Paketaktion-Sonderschau auf der »Grünen Woche« zu zählen gewesen wäre, die Gefahr eines zweiten 17. Juni entstehen könnte, den die Sowjets wieder niederschlagen würden. Der ohnehin hohe politische Gehalt der Darstellungen hätte vor dem Hintergrund der zeitgleich stattfindenden Viererkonferenz ein noch größeres Gewicht erzielt, durch die die »Grüne Woche« einen »historischen Augenblick lang weltpolitischen Charakter« erhielt.[406] Als sich die Außenminister der Vier Mächte vom 25. Januar bis zum 18. Februar in Berlin trafen, erwarteten viele Menschen konkrete Schritte und Fortschritte in Richtung Wiedervereinigung. Während die Westmächte freie Wahlen forderten, schlug die UdSSR zur Lösung des Problems die Schaffung eines kollektiven Sicherheitssystems vor. Am Ende verlief die Konferenz ergebnislos, geriet aber dennoch zu einem Schlagabtausch innerhalb des Systemkonflikts. Mit der

402 Bereits im Juni 1953 schlug der Bundesbevollmächtigte für Berlin, Heinrich Vockel, vor, der Bevölkerung Ost-Berlins den verbilligten Einkauf von Lebensmitteln gegen Bezahlung in DM-Ost zu ermöglichen. Vgl. Michael Lemke: Büchsenmilch als politische Waffe? Die westliche Lebensmittelaktion nach dem 17. Juni 1953 als innerdeutsche Konkurrenz, in: Heiner Timmermann (Hrsg.): Agenda DDR-Forschung. Ergebnisse, Probleme, Kontroversen, Münster 2005, S. 133–157, hier S. 13f.

403 Ebd., S. 137.

404 Ebd., S. 139.

405 Planung für die Ausstellung auf der »Grünen Woche« in Berlin im Januar 1954 vom 29. September 1953, in: BAK, B 116, Nr. 1595, unpag. – Der Referatsleiter Hans Liebrich hatte seit den frühen 1950er Jahren zahlreiche Kontakte zu Personen und Einrichtungen, die politische Häftlinge betreuten. Die von Liebrich und seinen Mitarbeitern geleistete Arbeit »war immer auch politisch und antikommunistisch motiviert. Sie zielte nicht nur darauf ab, die zunehmende Fluchtbereitschaft zu mindern, sondern die dortige Bevölkerung zugleich in ihrem Widerstandswillen und ihrer Ausharrungsbereitschaft zu bestärken«. Creuzberger: Kampf für die Einheit, S. 12f.

406 Lemke: Vor der Mauer, S. 544.

geplanten Einbeziehung der Aktion in die Ausstellungskonzeption der »Grünen Woche« zeichnete sich gleichzeitig ein Trend ab, die Ausstellung immer mehr in die Schaufenster- und Systemkonkurrenz einzubinden und sie zum Forum politischer Inhalte zu gestalten.

Eine weitere Sonderschau sollte ein »Schaufenster-Vergleich« sein, der die weggefallene Paketaktion-Schau kompensieren und dabei gleichzeitig das Augenmerk auf den »Schaufensterwettstreit« zwischen den beiden Teilen der Stadt lenken sollte.[407] Das BMELF hatte, um den Kontrast zur DDR darzustellen, vorgeschlagen, einen »Vergleich der Schaufenster Bundesrepublik gegen Sowjetzone« auf der »Grünen Woche 1954« aufzubauen.[408] Doch das BMG, in Person von Hermann Achenbach (Referatsleiter I 3), sah keinen Anlass, eine derartige Schau durchzuführen.[409] Für Achenbach waren es weniger politische Erwägungen als vielmehr Bedenken »wegen der geringen Nutzwirkung und wegen der schlechten Durchführbarkeit«. Er hielt bereits 1953 einen Schaufenster-Vergleich zwischen Ost und West für überholt, denn anlässlich der »Grünen Woche« könnten »die Ostzonenbesucher in den Schaufenstern der Westsektoren ein viel eindrucksvolleres Bild empfangen, als es durch eine solche Modellgestaltung zu erwecken wäre«. Außerdem bestünde die Gefahr sachlicher Ungenauigkeiten. Diese Fehler könnte der ostdeutsche Gast bemerken und dann, so Achenbachs Sorge, »sein Urteil auf die ›Grüne Woche‹ verallgemeinern«, womit die Gefahr entstünde, dass man die Ausstellung somit »nicht mehr ernst nehmen« könnte.[410] Als Kompromisslösung integrierte das BMELF einige »Schaufenster«-Darstellungen in seine Sonderschau »Gesundheit und Ernährung«. Geschickt vermochte es das Ministerium, den aktuellen Bezug einer »im verschärfte[n] Leistungswettbewerb« stehenden Wirtschaft, die »mehr denn je leistungsfähige Menschen [erfordere]«, mit der »Förderung der Gesundheit durch die Ernährung« zu verbinden:[411] Den Mittelpunkt der Sonderschau bildeten nun zwei Schaufenster, deren Auslagen die Ernährungslage des Jahres 1947 der des Jahres 1954 plastisch gegenüberstellten. Das kärglich ausgestattete »Schaufenster 1947« symbolisierte den Mangel an Grundnahrungsmitteln, indem es unter anderem Ersatzstoffe und Aromen zeigte. Die Wände neben dem Schaufenster zeigten Bilder zerstörter Städte, zerstörter Infrastrukturen und das Schlangestehen nach Lebensmitteln. Als Symbol dieser Zeit figurierte eine vergrößerte Wiedergabe der »Lebensmittelkarte 1947« und eine Darstellung der täglichen Kalorienmenge

407 Vermerk über die Besprechung mit Herrn Dr. Achenbach im BMG betreffs »Grüne Woche« 1954 vom 4. November 1953, in: BAK, B 116, Nr. 1595 unpag.

408 Ebd.

409 Creuzberger: Kampf für die Einheit, S. 104, 288.

410 Vermerk über die Besprechung mit Herrn Dr. Achenbach im BMG betreffs »Grüne Woche« 1954 vom 4. November 1953, in: BAK, B 116, Nr. 1595 unpag.

411 Pressevorschau »Grüne Woche Berlin 1954«, S. 52.

mit 1.425 kcal, wobei, laut Ausstellungstext, ein erwachsener Mensch eigentlich 2.700 kcal am Tag benötigte. Interessanterweise stellte das BMELF nun nicht den von den Nationalsozialisten verschuldeten Krieg mit all seinen schrecklichen Folgen auch für die desolate Ernährungssituation in Deutschland nach 1945 dar. Vielmehr sei »Der Zwang in der Wirtschaft« die eigentliche »Hauptursache« des Mangels gewesen. So jedenfalls konnte es der Betrachter auf einem Schaubild im gegenüberliegenden Schaufenster erfahren.[412] Darin waren drei symbolische Figuren dargestellt: Bauer, Händler und Verbraucher, die in ihrem Vorwärtsschreiten durch Belastungen gehemmt würden. Die Belastungen waren für den Bauern der »Ablieferungszwang gegen schlechte Währung«, beim Händler die »Rationierung und Warenbewirtschaftung« und beim Verbraucher das »Kartensystem mit zu kleinen Rationen und fehlender freier Konsumwahl«.[413]

Als Wandel dessen wurden Marshallplan und Währungsreform dargestellt: Nunmehr dominierten rauchende Industrieanlagen, Felder beim Erntefest und eingerichtete Wohnhausbauten das Bild vom Wiederaufbau. Der Lage von 1947 war das »Schaufenster 1954« räumlich gegenübergestellt. Unter der Überschrift »Und so ist es heute« stand das Motto »vollausreichende Ernährung für Kinder und Erwachsene, für Gesunde und Kranke, reichhaltig und vielseitig« geschrieben.[414] Die Anordnung der Bilder und Schriften war so gewählt, dass klar zum Ausdruck kam, dass diese Entwicklung von der sozialen Marktwirtschaft ermöglicht wurde, versinnbildlicht durch »eine freie Wirtschaft in gegenseitiger Verpflichtung«: Auf einem Schaubild sah man stilisiert erneut Bauer, Händler und Verbraucher, die nun ohne die erwähnten »hemmenden Lasten hinaufsteigen«. Ergänzt wurden diese Darstellungen durch gesetzliche Marktordnungen, die die Einfuhr regelten und für Vorräte sorgen sollten. Durch das Betrachten dieser Bilderwelten sollte dem Besucher klar werden, dass »die Bundesrepublik wieder ein angesehener Käufer und Lieferant auf dem Weltmarkt geworden« sei.[415]

Neben diesen beiden in der Anlaufphase bereits beendeten Sonderschauprojekten stellte das BMELF als »kleine Sonderschau« einen sogenannten »Tauschbaum« auf. An diesem Bäumchen, von denen es in den ersten Nachkriegsjahren viele in Berlin gab, hafteten zahlreiche Zettel auf denen es hieß »Suche… Biete…«. Dieser Anblick sollte die Zuschauer an die Lebensmittelknappheit der vergangenen Jahre gemahnen und zeigen, wie schwierig immer noch die Versorgungslage in der

412 Ebd., S. 5f.

413 Ebd., S. 53.

414 Ebd.

415 Ebd.

DDR sein müsse, wenn doch die USA Lebensmittel dorthin entsendeten.[416] Und schon im Januar/Februar 1953 sah sich Bundesminister Niklas dazu veranlasst, auf der »Grünen Woche« bekannt zu geben, dass »in diesem Jahr mehr Spenden der Liebestätigkeit durch den ›Eisernen Vorhang‹« geschickt werden müssten als zuvor.[417] Auch Oberregierungsrat Pröstler kam zu dem Schluss, dass sich aufgrund der seit 1952 in der Agrarpolitik der SED abzeichnenden Entwicklung, »der Riß vertieft« habe.[418] Das Ausmaß der deutsch-deutschen Kluft, die sich aufgetan habe, sei, so Pröstler, »erschreckend«. Der Widerstand der ländlichen Bevölkerung des Jahres 1953 gegen die Kollektivierungsbestrebungen der SED bekam auf der »Grünen Woche« im Winter 1954 seinen ausstellerischen Nachhall. Die am Funkturm vermittelten Alternativen zur kollektivierten Landwirtschaft sowie die klar zum Ausdruck kommende Überlegenheit der bundesdeutschen Marktwirtschaft trugen sicherlich dazu bei, dass viele Bauern in der DDR eine distanzierte Haltung gegenüber der SED einnahmen.[419] Es war sicherlich auch der »Grünen Woche« des Jahres 1954 geschuldet, dass sie die SED, die zu diesem Zeitpunkt noch über schwache Strukturen in den ländlichen Regionen verfügte, zunehmend als feindliches Forum wahrnahmen. Bis zu diesem Zeitpunkt erblickte die östliche Seite die in Westdeutschland stattfindenden DLG-Landwirtschaftsausstellungen als Gegner: Nun geriet die »Grüne Woche« zusehends ins Fadenkreuz der DDR-Propaganda. Um den politischen Hintergrund der Landwirtschaftsausstellung am Funkturm wusste die SED ohnehin, nunmehr rief sie aber auch mehr und mehr innenpolitisch destabilisierende Wirkungen hervor. In der Realität drückte sich die Ablehnung des »Aufbaus des Sozialismus« in der DDR auch in den gestiegenen Besucherzahlen aus: Von insgesamt 501.000 Besuchern kamen 268.000 – also mehr als die Hälfte – aus Ost-Berlin und der DDR.

Der Landesverband West-Berlin des Deutschen Siedlerbundes, der erstmals 1954 an der »Grünen Woche« als Aussteller teilnahm, hatte zwar mit seinem nur 50 qm großen Stand kaum Platz für größere Darstellungen, nahm aber öffentlich seine Rolle als Interessenvertretung der »vielen ostgeschädigten Westberliner Siedler« wahr.[420] Darin fanden sich zahlreiche West-Berliner Kleingärtner zusammen, die ihre Grundstücke außerhalb der Westsektoren verloren hatten und nun auch durch die Ausstellung politische Lobbyarbeit versuchten.

416 Ebd.; Dobberke: Grüne Woche, S. 48.

417 Bundesminister Niklas: Deutsche Bauern in Ost und West, in: Berliner Ausstellungen (Hrsg.): »Grüne Woche« Berlin 1953, Berlin (West) 1953, S. 1 f.

418 OR Proestler: Der Riß hat sich vertieft, in: ebd., S. 3 f.

419 Vgl. dazu Ciesla: Bauern zwischen Abwarten und Aufbegehren, S. 311.

420 Pressevorschau »Grüne Woche Berlin 1954«, S. 50.

Aus der politisch aufgeladenen Situation heraus speiste sich auch die Kritik von West-Berliner und bundesdeutscher Seite, die es durchaus an der Schau gab. Die Konstanzer *Landpost* prangerte die »Grüne Woche« an, zuviel Platz in der begrenzten Vier-Sektoren-Stadt zu verbrauchen. Denn schließlich würden täglich 2.000 Menschen die DDR über West-Berlin verlassen. Anstatt eine pompöse landwirtschaftliche Schau in einer Stadt ohne agrarischem Hinterland abzuhalten, solle man nach Ansicht der Zeitung die Ausstellungshallen lieber als Flüchtlingslager nutzen.[421]

Die »Grüne Woche« 1957

Den politischen Horizont der »Grünen Woche« des Jahres 1957 bildete innenpolitisch vor allem der erste »Grüne Bericht« der Bundesregierung – der des Jahres 1956, der folgende stand stand bereits kurz vor der Veröffentlichung – und außenpolitisch die Doppelkrise in Ungarn und Suez 1956. Das bundesdeutsche Ausstellungsjahr eröffnete wie gewöhnlich die »Grüne Woche«, gefolgt von der Industrieausstellung, und wurde mit der INTERBAU laut BA-Direktor Gerhard Friehe zum »bisher bemerkenswertesten Ausstellungsjahr«.[422] Die Forschung verortet die Internationale Bauausstellung Interbau indes als das vermutlich »bedeutendste Ausstellungsereignis Deutschlands in den 1950er Jahren«.[423] Bekannt wurde die Ausstellung vor allem durch den Neubau des kriegszerstörten Hansaviertels. Allerdings hatte auch die deutsche Landwirtschaft – was häufig übersehen wird – einen durch das BMELF/BMLF gestalteten Schauteil auf der INTERBAU 1957.[424] In Zusammenarbeit mit der Arbeitsgemeinschaft Ländliches Bauwesen erstellte das BMELF die Sonderschau »Ländlicher Raum von morgen«.[425] Damit wurde ein Thema aufgegriffen, das bereits auf der »Grünen Woche« dargestellt worden war und aufgrund des Mangels an landwirtschaftlicher Nutzfläche und des ländlichen Strukturwan-

421 Wolf von Tucher: Grüne Woche 1954, in: *Die Landpost*, Nr. 3/54, S. 2. – Die ostdeutsche Zeitung *Die Wirtschaft* verkannte vollkommen Bedeutung und Zielsetzung der »Grünen Woche« und kritisierte ihre starke politische Aufladung. Vgl. Messe oder politische Demonstration? Kein Geschäft auf der »Grünen Woche« in Westberlin, in: *Die Wirtschaft*, Nr. 7 vom 12. Februar 1954, S. 2.

422 Gerhard Friehe: Zehn Jahre Ausstellungen in Berlin, in: Messe und Ausstellung: Zentralblatt für das gesamte Messe- und Ausstellungswesen, H. 10/1959, S. 3 – 5, hier S. 4.

423 Wagner-Conzelmann: Die interbau, S. 9. – Zur Rolle der Ausstellung in der direkten innerberliner Systemkonkurrenz vgl. Lemke: Vor der Mauer, S. 414 – 418.

424 Wagner-Conzelmann blendet den INTERBAU-Komplex der Zukunft des ländlichen Bauens, das mit der »Stadt von morgen« eng verknüpft war, aus. Vgl. auch die Unterlagen für BM Lübke für die Eröffnung der »Grünen Woche«: Berlin als Ausstellungsstadt vom 30. Januar 1958, in: LAB, B Rep. 002, Nr. 3509, unpag.

425 BM Heinrich Lübke: Bauen auf dem Lande [o. D., 1958], in: LAB, B Rep. 002, Nr. 10942, unpag.

dels große Aktualität besaß. In direktem Zusammenhang damit stand ein weiteres Ereignis, das für die Berliner Ausstellungen von hoher Bedeutung war, nämlich der Wechsel in der Direktion. Infolge des Rücktritts von Albert Wischek vom Posten des Geschäftsführers der Interbau GmbH war 1956 der amtierende Direktor der BA, Gerhard Wiemer, nachgerückt.[426] Wiemer hatte sich bereits durch die erfolgreiche Führung des städtischen Eigenbetriebes, vor allem durch die Industrieausstellungen und die »Grünen Wochen«, einen Namen gemacht. Somit wurden in der Person Wiemers die beiden Institutionen Interbau GmbH und die Berliner Ausstellungen zusammengeführt. Allerdings folgten schon bald darauf heftige Angriffe der Presse gegen Wiemer, die ihn als »entgleiste Persönlichkeit« bezeichnete, die dem Ansehen Berlins schaden würde.[427] Wiemer trat daraufhin von allen Ämtern zurück. Ein neuer Direktor für den städtischen Ausstellungsbetrieb, der nun wieder von der INTERBAU entkoppelt war, wurde in Gerhard Friehe gefunden (Direktor von 1956 bis 1970). Dieser vertrat ebenso wie Reuter und Suhr die Ansicht, dass sich »aus der Lage Berlins [...] für das Ausstellungswesen dieser Stadt die Aufgabe [ergibt], nicht nur wirtschaftlich, sondern mindestens ebenso sehr politisch die Dinge zu verfolgen und darzustellen«.[428] Für die »Grüne Woche« war Friehe ein großer Gewinn, denn er war in den 1930er Jahren Presse- und Ausstellungsreferent beim Reichskuratorium für Technik in der Landwirtschaft (RKTL) gewesen. Daraus ging später das KTL hervor, das Messen und landwirtschaftliche Ausstellungen in Berlin und Leipzig organisierte, aber auch für die DLG-Wanderausstellungen mit zuständig war.[429]

Im Jahre 1957 wurden zwei Leichtbauhallen mit rund 3.000 qm Fläche errichtet, und 1957 kam die mit 7.500 qm bislang größte Halle, die sogenannte »Berlin-Halle«, hinzu. Gleichzeitig mit diesem Neubau ging die Errichtung eines Wirtschaftsgebäudes einher, das Ausstellungsgelände erhielt den erwarteten Gleisanschluss und es entstand ein repräsentatives Ausstellungsrestaurant, das zwar schon vor 20 Jahren geplant worden war, aber nun erst entstand. Viele dieser Bau- und Erweiterungsmaßnahmen, zu denen auch der Ankauf von weiterem Freigelände gehörte, das nun 125.000 qm umfasste, waren für die INTERBAU-Ausstellung gedacht, kamen aber auch der »Grünen Woche« zugute.[430]

426 Wagner-Conzelmann: Die INTERBAU, S. 64.

427 Ebd. – Die Bemerkung »entgleiste Persönlichkeit« bezog sich laut Wagner-Conzelmann auf Wiemers angebliche Homosexualität, die gezielt skandalisiert wurde. Vgl. ebd., S. 297, Anm. 305.

428 Friehe: Zehn Jahre Ausstellungen in Berlin, S. 5.

429 Neuer Direktor der Berliner Ausstellungen, in: *Messe und Ausstellung* 2/3, 1956, S. 31.

430 Berliner Ausstellungen: Ausstellungen in Berlin, Technische Daten der Hallen und Erweiterungsbauten, in: LAB, B Rep. 010, Nr. 616, unpag.

Mit der »Grünen Wochen« 1957 beschlossen die Berliner Ausstellungen, allen künftigen Ausstellungen bestimmte Themen beziehungsweise Mottos zu geben.[431] Für 1957 wählte man den Schwerpunkt »Gartenbau und Landtechnik«. Auch in jenem Jahr präsentierte sich die »Grüne Woche« als eine Gemeinschaftsleistung in- und ausländischer Spitzenorganisationen der Land- und Gartenbauwirtschaft, der Bundes- und Senatsbehörden, wissenschaftlicher Einrichtungen, der Industrie und des Ausstellungswesens selbst. Ferner waren 61 (1956: 58) Verbände, sonstige Organisationen und Behördenstellen beteiligt. Als Fachaussteller nahmen 398 Firmen (1956: 248) aus dem Ausland, der Bundesrepublik und West-Berlin teil.[432] Mit Sonderschauen und Informationsständen waren Regierungsbehörden, Fach- und Exportorganisationen aus Belgien, Frankreich, Kanada und aus den Niederlanden vertreten. Erstmals war die »Grüne Woche« 1957 von Importeuren beschickt worden, die eine größere Zahl ausländischer Produzenten von Nahrungs- und Genussmitteln vertraten. Aufgrund vorab bewilligter Messe-Sonderkontingente für die Einfuhr von noch nicht liberalisierten Waren konnten Erzeugnisse aus Bulgarien, Griechenland, Großbritannien, Italien, Jugoslawien, Portugal, Spanien, Südafrika und der Türkei präsentiert werden.

Der Gartenbau und die Landtechnik gaben der »Grünen Woche« 1957 das Gepräge.[433] Mit dieser thematischen und fachlichen Schwerpunktbildung unternahmen die Berliner Ausstellungen den Versuch, das Bild der alljährlich wiederkehrenden ältesten Fachmesse in Berlin durch eine wechselnde Gliederung und räumliche Aufteilung derart zu wandeln, dass dem allgemein interessierten Publikum und den Fachleuten mehr Abwechslung und erweiterte Informationsmöglichkeiten geboten werden konnte. Die Wahl des Erwerbsgartenbaus zur dominierenden Branche lag für die Planer auch insofern nahe, als er bereits auf den Ausstellungen der letzten Jahre im Vordergrund stand und die Leistungen der rund 650 West-Berliner Gartenbaubetriebe ebenso wie die Beteiligung des westdeutschen Obst- und Gemüsebaues sowie der schon mehrfach vertretenen einschlägigen Organisationen aus Belgien, Frankreich und den Niederlanden dafür beste Voraussetzungen boten. Die Landtechnik erachteten die Ausstellungsplaner besonders für die aus ländlichen Gebieten der DDR kommenden Besucher wichtig, da es für sie »das wichtigste industrielle Ausstellungsgebiet« sei.[434] Am Beispiel der Landtechnik wird ein Dilemma West-Berlins als landwirtschaftlichem Ausstellungsort deutlich, welches die BA und der Senat durch positive Formulierungen zu kaschieren suchten: Der

431 Dobberke: Grüne Woche, S. 51.

432 Bericht über die Vorbereitungen nach dem Stand vom 25. Januar 1957, in: LAB, B Rep. 002, Nr. 10942, unpag.

433 Ebd.

434 Ebd.

Garten- und Landschaftsbau stellte West-Berlins einzige Domäne dar, die eine thematische Relevanz für eine landwirtschaftliche Ausstellung besaß. Die Landmaschinenindustrie war eher auf den eigentlichen Messen (z. B. in Hannover) oder den DLG-Ausstellungen zu finden, wohin es auch vornehmlich die westdeutschen Landwirte zog. Zur »Grünen Woche« kamen viele Hersteller nur wegen der vom Senat installierten wirtschaftlichen Anreize und des hohen politischen Gewichts: Unterstützung der »Frontstadt West-Berlin« bedeutete in jener Zeit zugleich auch Beistand für die Bundesrepublik insgesamt. In der Bedienung der Interessen und Wünsche der ostdeutschen Bauern an moderner Landtechnik auf dem für sie sonst so umsatzschwachen West-Berliner Markt leistete die westdeutsche Landmaschinenindustrie hierfür ihren Beitrag.

Die innerhalb der Ausstellung dominierende Stellung des Erwerbsgartenbaus gab den West-Berliner Gartenbaubetrieben die Möglichkeit, ihre Leistungsfähigkeit unter Beweis zu stellen und damit »für den gesamten deutschen Obst- und Gemüsebau« sowie die anderen Fachbereiche dieser Wirtschaftsgruppe zu werben.[435] Zu den stärksten Anziehungspunkten auf dem Ausstellungsgelände gehörten dann auch die Blumenhalle und die Halle »Pommern« (VI), in der der deutsche und ausländische Obst- und Gemüsebau ausstellten. Als Attraktionen dieser »Grünen Woche« galten die 15.000 frischen in der Blumenhalle gepflanzten Blumen und der weltweit erste Blumen-Selbstbedienungsladen.[436] Die bedeutendsten industriellen Gruppen der Ausstellung bildeten die Landmaschinen- und die Ackerschlepperproduktion. In den Hallen »Sachsen« und »Thüringen« präsentierten unter anderem 15 namhafte Schlepperfirmen ihre Erzeugnisse. Es handelte sich dabei um etwa 100 verschiedene Schlepper aller Art und Geräteträger. Hinzu kam eine noch größere Zahl von Landmaschinen für die verschiedensten Zwecke. Insbesondere die Schau des Jahres 1957 vermittelte einen »ausgezeichneten Querschnitt durch die westdeutsche Landmaschinenproduktion«.[437] Der Schauteil sollte den Beweis dafür antreten, dass die »moderne Landwirtschaft bemüht ist, sich mithilfe der neuzeitlichen Technik zu rationalisieren, um allmählich den Vorsprung zu verringern, den die gewerbliche Wirtschaft erreicht hat«.[438] Allerdings teilten viele Beobachter diesen Eindruck nicht: Die *Deutsche Zeitung* beobachtete vielmehr eine »Scheu vor der Rationalisierung« innerhalb der Landtechnik, die auch die »Grüne Woche« nicht zu durchbrechen vermochte.[439] Doch hätten sich die Landwirte und die Gärtner auf

435 Ebd.

436 Schultze: Blumen- und Gartenschauen, S. 75.

437 Bericht über die Vorbereitungen nach dem Stand vom 25. Januar 1957, in: LAB, B Rep. 002, Nr. 10942, unpag.

438 Ebd.

439 N.N.: Scheu vor der Rationalisierung – Landtechnik und Gartenbau sind die Schwerpunkte auf der »Grünen Woche«, in: *Deutsche Zeitung* vom 6. Februar 1957, S. 2.

den Wandel im entstehenden Gemeinsamen Markt einzustellen. Die Schlepperindustrie verkaufe ohnehin fast nur noch kleine Schlepper mit weniger als zwölf PS, die 1957 bereits einen Marktanteil von ca. 20 Prozent hielten.[440]

Die thematische Gliederung der Ausstellung unterteilte sich wie folgt: In der »Schlesienhalle« (I/West) fand das V. Internationale Reit- und Springturnier statt. Den Gartenbau beherbergte die »Ostpreußenhalle« (I/Ost). Dazu gehörte der Schauteil »Technik im Gartenbau«, eine vom Berliner KTL-Büro vorbereitete Lehrschau. Weiterhin zeigte die Industrie darin Maschinen und Geräte für den Gartenbau. Das war eine Gemeinschaftsschau mit der deutschen Düngerindustrie, vorbereitet vom Fachverband Stickstoffindustrie in Düsseldorf. In unmittelbarer räumlicher Nähe der Gemeinschaftsschau befand sich der vom Landfrauenverein West-Berlin eingerichtete gesamtdeutsche Landfrauentreffpunkt. Die »Westpreußenhalle« war eine einzige Blumenhalle. Sie wurde aufgebaut von den einschlägigen Fachgruppen des Landesverbandes Gartenbau und Landwirtschaft Berlin e. V. nach Entwürfen des Gartenarchitekten-Ehepaares Besserer aus West-Berlin, das auch die Pläne für einige andere Hallen des Gartenbaus entwickelt hatte. Informationsstände von Fachverbänden und Institutionen befanden sich großenteils in der »Brandenburghalle« (III). Daran waren auch die Arbeitsgemeinschaft Deutscher Tierzüchter e. V., die DLG, der Deutsche Raiffeisenverband e. V., die Hauptgenossenschaft eGmbH (aus Hannover), der land- und hauswirtschaftliche Auswertungs- und Informationsdienst (AID), der Verband Deutscher Diplomlandwirte e. V. (VDL) sowie der Zentralverband des Deutschen Gemüse-, Obst- und Gartenbaues e. V. beteiligt. In der »Brandenburghalle« (IV/Nord) war die Lehrschau für Kleingärtner und Siedler untergebracht. Die große Sonderschau »Gesunde Landschaft – Gesunder Lebensraum« befand sich in bester Lage direkt gegenüber dem Casino unterm Funkturm in der »Brandenburghalle« (IV/Mitte). Der Schauteil wurde unter Mitwirkung der Agrarmeteorologischen Versuchs- und Beratungsstelle (Giessen) und des Instituts für Bodenkunde und Bodenerhaltung der Justus-Liebig-Hochschule in Giessen sowie der Fachgruppe Landschafts- und Friedhofsgärtner im Landesverband Gartenbau und Landwirtschaft Berlin e. V. vorbereitet.

Der Fachhandel und die Industrie stellten Samen, Blumenzwiebeln, Schädlingsbekämpfungsmittel, Kleingeräte für den Gärtner und andere Erzeugnisse in der »Brandenburghalle (IV/Süd)« aus.[441] In der »Brandenburghalle V« befanden

440 Zum Strukturwandel in der bundesdeutschen Landwirtschaft vgl. Arnd Bauerkämper: Das Ende des Agrarmodernismus. Die Folgen der Politik landwirtschaftlicher Industrialisierung für die natürliche Umwelt im deutsch-deutschen Vergleich, in: Andreas Dix/Ernst Langthaler (Hrsg.): Grüne Revolutionen. Agrarsysteme und Umwelt im 19. und 20. Jahrhundert, Innsbruck 2006, S. 151–172.

441 Zur Bedeutung des Gartenbaus und Pflanzenhandels auf der »Grünen Woche« in den 1950er Jahre sowohl in ästhetischer als auch in wirtschaftlicher Hinsicht vgl. Schultze: Die Blumen- und Gartenschauen.

sich die Beratungsstellen für Gartenbau und Landwirtschaft, für Landfrauen und für die Landjugend. Sie zeigten Lehrschauen, in denen die Struktur der West-Berliner Land- und Gartenbauwirtschaft sowie ihre Leistungen bei der Versorgung der Stadt veranschaulicht wurden. Auch die Schau des Berliner Pflanzenschutzamtes befand sich dort. In der »Pommernhalle« (VI) stellte ebenfalls der Gartenbau aus. Darin befand sich die vom Bonner Bundesausschuss Obst und Gemüse vorbereitete Ausstellung des Obst- und Gemüsebaues und weiterhin die von der Wirtschaftsvereinigung der Lebensmittelindustrie e. V. Berlin, Gruppe Obst- und Gemüseverwertungsindustrie, vorbereitete Ausstellung der Verwertungsindustrie. Auch Sonderschauen von Fach- und Exportorganisationen aus Belgien, Frankreich und den Niederlanden, die hauptsächlich Obst und Gemüse ausstellten, waren zu sehen. Besonders die holländische Obst- und Gemüseschau war seit den ersten »Grünen Wochen« nach dem Krieg immer wieder beeindruckender Anziehungspunkt für das Publikum. Die kunstvoll drapierten Obst- und Gemüseauslagen standen quasi sinnbildlich für die Landwirtschaftsausstellung. Ferner zeigten in der Ausstellungshalle deutsche Importeure Nahrungs- und Genussmittel aus neun weiteren Ländern.[442]

In der »Mecklenburghalle« (VII) war die Tierschau untergebracht. Sie wurde vorbereitet von den West-Berliner Fachvereinigungen in Zusammenarbeit mit dem Tierzuchtamt der Senatsverwaltung für Wirtschaft und Kredit. Die Arbeitsgemeinschaft Berliner Milchwerbung veranstaltete die Sonderschau Milch, die mit einer vom Publikum stark frequentierten Milchbar verbunden war. Das BMELF veranstaltete gemeinsam mit den Berliner Ausstellungen eine Fachliteraturschau im Marshall-Haus. Dort befand sich auch die Sonderausstellung »Ostpreußen«, organisiert von der Landsmannschaft Ostpreußen im Berliner Landesverband der Heimatvertriebenen. Das Freigelände wurde von zahlreichen Firmen verschiedener Branchen belegt. Auch 1957 gab es darauf wieder ein Schlepper-Geschicklichkeitsfahren.

Der ZVKS präsentierte im Februar 1957 stolz die Sammlung der Kleingärtner und Siedler für die »Ungarnhilfe«. Sie spendeten über 1.000 Gläser mit konserviertem Obst, Gemüse und Fleisch, annähernd 600 Konserven, etwa 70 Flaschen Süßmost, diverse Lebensmittel und Textilien sowie 550 DM in bar.[443] In einer Ausstellungskoje wurden diese Spenden dekorativ aufgebaut und mit einem kleinen Gatter umgeben. Die ausgestellten Lebensmittel für die »Ungarnhilfe« flankierten Fotos aus dem Arbeitsleben der West-Berliner Kleingärtner. Damit unterstützte

442 Bericht über die Vorbereitungen nach dem Stand vom 25. Januar 1957, Punkt B: Gliederung der Ausstellung, in: LAB, B Rep. 002, Nr. 10942, unpag.

443 Festschrift des Zentralverbands der Kleingärtner, Siedler und bodennutzenden Grundbesitzer e. V. aus Anlass der zehnjährigen Wiederbegründung der »Grünen Woche« [o. D., 1958], in: LAB, B Rep. 002, Nr. 7687/1, unpag.

der Zentralverband maßgeblich die politischen Ansprüche der Ausstellung wie der Bundesregierung gleichermaßen, die die Popularität der »Ungarnhilfe« innerhalb der Bundesrepublik und Europas steigern wollten. Bereits im November 1956 empfahl Bundeskanzler Adenauer, der Öffentlichkeit – getreu dem alten Sprichwort »tue Gutes und rede darüber« – mitzuteilen, was »die Bundesregierung bisher für Ungarn getan habe«.[444] Die Solidarität der Bundesrepublik und Westeuropas mit der ungarischen Bevölkerung nach dem niedergeschlagenen Volksaufstand konnte auf der »Grünen Woche« sowohl dem westlichen als auch dem östlichen Publikum wirksam vor Augen geführt werden.[445] Gleichwohl die Regierung Adenauer den XX. Parteitag der KPdSU im Februar 1956 und die damit eingeleitete Entstalinisierung offiziell ignorierte, erklärte Kanzler Adenauer nach den Ereignissen in Ungarn und am Suez-Kanal auf der großen Kundgebung des DBV am 2. Februar 1957 anlässlich der »Grünen Woche«, dass er sich gegenüber den ostdeutschen Landwirten verpflichtet fühle, »sehr offen und rückhaltlos« mit ihnen zu sprechen. Er erklärte, »er komme nach Berlin mit begründeterer Hoffnung auf Freiheit und Wiedervereinigung als je zuvor«. Er hielt es aber für ein »Unrecht, ihnen glauben zu machen, daß man ständig nach neuen Initiativen bei den Russen rufe, ohne zu sagen, worin denn diese bestehen sollen«. Denn dadurch, so Adenauer, würden »nur nichterfüllbare Hoffnungen erweckt und die politischen Kräfte an einer falschen Stelle verbraucht«. Für ihn gebe es »aber, und zwar jetzt mehr als je zuvor, untrügliche Anzeichen dafür, daß eine Wende in absehbarer Zeit eintreten werde oder schon eingetreten sei, doch Ungeduld und Unvorsichtigkeit dürften diese Entwicklung nicht zerstören«.[446]

Aufgrund der angespannten politischen Situation des Jahres 1956 wollten die bundesdeutschen landwirtschaftlichen Verbände und Organisationen, allen voran der DBV und die DLG, zeigen, dass sie West-Berlin »nicht nur theoretisch als Hauptstadt« ansahen.[447] Lübke erblickte ein »markantes Zeichen« hierfür in dem vom DBV Anfang 1957 im Rahmen der »Grünen Woche« eingeweihten Musterbauernhofes in Berlin-Rudow und in der vom Verband getragenen Deutschen Bauernsiedlung, auf deren politische Bedeutung noch eingegangen wird.

444 Die Kabinettsprotokolle der Bundesregierung online: 161. Sitzung am 28. November 1956, TOP E: Ungarnhilfe, in: http://www.bundesarchiv.de/cocoon/barch/0010/k/k1956k/kap1_2/kap2_72/para3_5.html (letzter Zugriff: 24. September 2014).

445 Vgl. zur Doppelkrise in Ungarn und Suez 1956 etwa Stöver: Der Kalte Krieg, S. 125–128.

446 Zit. nach Berlin. Chronik der Jahre 1957–1958, S. 47.

447 Unterlagen für BM Lübke für die Eröffnung der »Grünen Woche«: Berlin als Ausstellungsstadt vom 30. Januar 1958, in: LAB, B Rep. 002, Nr. 3509, unpag.

West-Berliner Hochschulen und die »Grüne Woche«

Nachdem Matthias Kramer 1949 die DDR verlassen hatte, prädestinierten ihn seine Kenntnisse und jahrelangen Erfahrungen dazu, 1950 Leiter des Instituts für landwirtschaftliche Betriebslehre an der Technischen Universität in West-Berlin zu werden. Im Sommer 1951 erhielt er eine Stelle als Ordinarius ebendort und wurde gleichzeitig Direktor des Instituts.[448] Von 1952 bis 1957 war Kramer Mitglied des Forschungsbeirates für Fragen der Wiedervereinigung Deutschlands. Er achtete sowohl in seinen zahlreichen Vorträgen als auch in seiner gutachterlichen Tätigkeit stets darauf, die aktuellen Probleme der seinen Lehrstuhl betreffenden Wirtschaftsgebiete West-Berlins aufzugreifen.

Seit 1951 gehörte Kramer dem Arbeitsschuss für die »Grüne Woche«, Ernährung und Agrarpolitik, an.[449] Diesen Ausschuss leitete er bis 1954. Noch im gleichen Jahr hielt er im großen Sitzungssaal des Bundeshauses vor zahlreichen Zuhörern auf der »Grünen Woche 1954« einen viel beachteten Vortrag über »Agrarpolitische Probleme der SBZ«.[450] 1952 hatte das BMELF Kramer erstmals um Mithilfe bei der Ausgestaltung seines Schauteils auf der Ausstellung gebeten.[451] Während der »Grünen Woche« 1953 bestand seine Hauptaufgabe darin, zusammen mit ORR Pröstler agrarpolitische Darstellungen für das BMELF wissenschaftlich auszuarbeiten. Ein Jahr später bat das Bundesministerium Kramer, Ausarbeitungen für die wichtige Sonderschau »Ernährungswirtschaft« anzufertigen. Zwar lehnte er die Oberverantwortung für den Schauteil ab, erklärte sich aber zur Mitarbeit bereit. Für die Kommunikation zwischen dem Ministerium und seinen Mitarbeitern stand Kramers Oberassistent Konrad Merkel in Bonn zur Verfügung.[452]

Verbindungen von West-Berliner Dozenten und Professoren in die Bundesrepublik wie die von Kramer erleichterten gleichsam die studentischen Kontakte, die in den 1950er Jahren regelmäßig während der »Grünen Wochen« aufgefrischt wurden. Die West-Berliner Landbaustudenten unterhielten enge Verbindungen über den Fachkreis Deutscher Landwirtschaftsstudenten zu den westdeutschen Kom-

448 UATUB: Personalkartei Kramer, unpag.; Konrad Merkel: Professor Dr. Kramer 65 Jahre, in: Deutsche Landwirtschaftliche Presse, Hamburg, 1958, S. 520.

449 Berliner Ausstellungen (Hrsg.): »Grüne Woche Berlin 1951«. 3.–11. Februar Ausstellungshallen am Funkturm, Berlin (West) 1951, S. 3.

450 LAB, B Rep. 010, Nr. 1536, unpag.

451 »Grüne Woche Berlin 1954«, Vermerk über die Sitzung am 1. Oktober 1953 im Hause, in: BAK, B 116, 1595, unpag.

452 »Grüne Woche Berlin 1954«– Ernährungswirtschaft, Besprechung mit Herrn Prof. Dr. Kramer am 27. Oktober 1953, in: ebd., unpag.

militonen und zu den westeuropäischen Ländern. Während der »Grünen Woche« 1956 hielt der Fachkreis eine gemeinsame Tagung ab.[453]

Auch die Freie Universität Berlin (FU) war in die Vorbereitung und die Ausgestaltung von »Grünen Wochen« involviert. Im April 1954 war Kramer vom Senator für Volksbildung zum Honorarprofessor für Landwirtschaftslehre – der Brücke zwischen Veterinärmedizin und Landbauwissenschaft – an der FU berufen worden.[454] In dieser Position nahm er auch an den Fakultätssitzungen der Veterinärmedizinischen Abteilung der FU teil, die stark in die »Grüne Woche« durch eigene Schauen und mehr noch durch die Beratungen zur Tierseuchenbekämpfung eingebunden war, was für die Landwirtschaftsausstellung von enormer Bedeutung war. Seit 1951 beteiligte sich die Veterinärmedizinische Fakultät an ihr.[455] Schon im gleichen Jahr traf sich Prof. Neumann-Kleinpaul anlässlich der »Grünen Woche« mit Minister Niklas und weiteren Mitgliedern der Veterinär-Medizinischen-Abteilung. Auch in den folgenden Jahren bot die »Grüne Woche« den West-Berliner Hochschulen respektive deren agrarisch und veterinärmedizinisch ausgerichteten Fakultäten Anlass und Möglichkeit zu einer intensivierten Lobbyarbeit.

Zur positiven Darstellung der Fakultäten trug auch bei, dass ihre Labortechnik bei zahlreichen »Grünen Wochen« bei Vorführungen im Einsatz zu sehen war. Aber auch in den feinen Netzen der Systemkonkurrenz spielten die Agrar- und Landbauwissenschaftlichen Fakultäten West-Berliner Hochschulen direkt eine Rolle, nämlich beim Schwarzhandel mit Mutterkorn. Der Handel und die Forschung damit waren in der DDR zu jener Zeit untersagt. Dieses schwarzviolette Dauermyzelgeflecht, das besonders an Roggenähren zu finden ist, enthält biogene Amine, die pharmakologisch wirksam sind (Mutterkornalkaloide). Da die West-Berliner Forschung und Pharmaindustrie vom Brandenburger Umland als Zulieferer abgeschnitten waren und einen Rückstand gegenüber dem Bundesgebiet befürchteten, kauften manche Akteure Mutterkorn auf nicht ganz legalem Weg von DDR-Bürgern an. Die »Grüne Woche« diente dafür mitunter als »Handelsplatz«. Viele Ostdeutsche nahmen die Gelegenheit wahr, gegen gute Bezahlung Mutterkorn nach West-Berlin zu »verschieben«. Eine Zeitzeugin berichtete, wie sie als junge Frau von Freundinnen, die zugleich Gänsedaunenfedern »verschoben«, von dieser Möglichkeit erfuhr. Sie nähte Mutterkorn in Säckchen ein, band sich diese um ihren Bauch unter der

453 75 Jahre Landbaustudium in Berlin 1881–1956, Fakultät für Landbau an der Technischen Universität, Berlin-Charlottenburg 1956, S. 68.

454 UAFUB: Bestand Rektorat, Sign. R 1521, unpag.

455 Ebd., Rep. 2.2, Bestand Vet.-Med. Fak., Fak.-Protokolle (Bd. 1: 1951–1955): 5., 6., 9. und 10. Sitzung des Jahres 1951, unpag. – Die Finanzmittel zur Beteiligung an der »Grünen Woche« waren äußerst gering und konnten nur durch Nachfrage bei ORR Pröstler und Senator für Verkehr und Betriebe, Hausmann, aufgestockt werden.

dicken Jacke – es war ja Winter –, bestieg den Zug und ereichte 1960 unbehelligt die »Grüne Woche«, wo sie das Geschäft abwickelte.[456]

»Stadt und Land«[457] im Schatten der zweiten Berlin-Krise: Die »Grüne Woche« des Jahres 1959

Mit der sich seit 1958 verschärfenden Situation um Berlin, die als zweite Berlin-Krise (1958–1963)[458] in die Geschichte einging, entstanden im West-Berliner Senat, der Bundesregierung und bei den Westalliierten Überlegungen, die West-Berliner Messen und Ausstellungen noch mehr als bisher in den »Schaufensterwettstreit« mit dem »Osten«, insbesondere mit der DDR, strukturell und strategisch einzubauen. Die zweite Krise kündigte sich im November 1958 an, als der sowjetische Parteichef N.S. Chruschtschow in einer Rede die Beendigung des »Besatzungsregimes in Berlin« forderte und die Übertragung der Besatzungsrechte auf die DDR ankündigte. Letztlich beabsichtigte Chruschtschow dadurch, die Londoner Vereinbarungen, in denen die Besetzung Berlins geregelt worden war, außer Kraft zu setzen. Er setzte eine Frist von sechs Monaten, innerhalb der eine Regelung zu erfolgen habe. In erster Linie zielte dieses Berlin-Ultimatum auf eine Anerkennung der DDR und einer freien Stadt West-Berlin. Die Westmächte lehnten jedoch ab und bestanden nach wie vor auf ihrer Präsenz in West-Berlin. Den Widerstandswillen der West-Berliner jedenfalls heizte dieses Ultimatum nur noch mehr an.[459]

Trotz oder vielmehr weil West-Berlin bei dieser politischen Konstellation eine neuerliche Isolierung drohte, wählten die Berliner Ausstellungen »Stadt und Land« als Motto. Damit trugen die BA – auch in ihrer Eigenschaft als Eigenbetrieb von Berlin und somit dem Senat unterstellt – der Landwirtschaftsausstellung Rechnung, Mittler zwischen Stadt und Land zu sein, aber auch um die »Grünen Pläne« der Bundesregierung zu popularisieren. Der Vorsitzende des Arbeitsausschusses Agrarpolitik (gegründet im Oktober 1956) der »Grünen Woche 1959«, Ministerialrat

456 Gespräch mit Zeitzeugin A.P. vom 10. August 2010. – Ob das Geld auf dem Ausstellungsgelände oder außerhalb übergeben wurde, wusste die Zeitzeugin allerdings nicht mehr, auch nicht, wie viel Geld sie für die Lieferung erhielt.

457 So lautete das Motto der »Grünen Woche 1959«.

458 Vgl. zur zweiten Berlin-Krise Peter Bender: Wenn es West-Berlin nicht gäbe, Berlin (West) 1987, S. 25–29 u. 85–89; Ciesla: Als der Osten, S. 120–123; Michael Lemke: Die Berlinkrise 1958 bis 1963. Interessen und Handlungsspielräume der SED im Ost-West-Konflikt, Berlin 1995; ders.: Die Berlinkrisen; ders.: Vor der Mauer, S. 225–230.

459 Ebd., S. 225.

Gunter Martens, der gleichzeitig Leiter der Vertretung Berlin des BMELF war, hatte vermutlich an der Wahl des Mottos großen Anteil.[460]

Im Jahr 1959 standen der Ausstellung 15 Hallen mit rund 55.000 qm Fläche, das Marshall-Haus sowie der Philips-Pavillon zur Verfügung. 662 Firmen, davon 297 aus Westdeutschland, 209 aus dem Ausland und 156 aus West-Berlin beschickten die »Grüne Woche«.[461] Ferner waren 76 Organisationen, Verbände, wissenschaftliche Institute und Behörden des In- und Auslandes vertreten. Der internationale Charakter, auf den man immer größeren Wert legte, stieg durch die Teilnahme Belgiens, Dänemarks, Frankreichs, der Niederlande und der Schweiz (zum zweiten Mal seit 1958), die mit offiziellen Gemeinschaftsschauen vertreten waren und durch die Sonderschau der USA weiter an. Italien trat ebenfalls mit einem Gemeinschaftsstand in Erscheinung, während in früheren Jahren die italienischen Erzeugnisse durch Importeure gezeigt worden waren. Im Rahmen der »Grünen Woche« fanden mehr als 70 Kongresse, Tagungen und Konferenzen von landwirtschaftlichen Organisationen, Verbänden und Behörden statt, auf denen meist auf das Leitthema »Stadt und Land« der Ausstellung rekurriert wurde. Kanada beteiligte sich wie in den Jahren zuvor mit einem Informationsstand, der über das Leben und Arbeiten als Farmer in dem nordamerikanischen Land informierte und Ausreisewilligen als erste Anlaufstelle dienen konnte. Im Marshall-Haus machten rund 100 deutsche Firmen des Importhandels die Besucher mit Agrarprodukten aus 22 Ländern bekannt.[462] Hiermit erwies sich die »Grüne Woche« einmal mehr als aufklärender Multiplikator moderner Verfahren und Anbautechniken für das Fachpublikum, aber ebenso für die Sehleute, die durch sie zum Beispiel »neue« (tropische) Fruchtsorten kennen lernten.[463]

In seiner Begrüßung der Ehrengäste und der Aussteller versicherte der Regierende Bürgermeister, Willy Brandt, dass alles getan werde, damit West-Berlin seine Funktion als Stätte der Begegnung erhalten könne. Er appellierte an die Vertreter landwirtschaftlicher Organisationen zu prüfen, inwieweit sie mit ihrem Bereich die West-Berliner Industrie mit Aufträgen zu unterstützen vermochten, und forderte sie auf, wie vor dem Krieg ihre Kongresse und Tagungen wieder stärker in Berlin durchzuführen. Bundesernährungsminister Lübke eröffnete bereits zum sechsten Mal die »Grüne Woche«. Er bemerkte zu ihrer »erstaunlichen Entwicklung«, dass es »überhaupt kein Wagnis gewesen [sei], sie vor zehn Jahren in das Dauerpro-

460 LAB, B Rep. 010, Nr. 616, unpag.

461 Berlin. Chronik der Jahre 1959–1960. Bearb. von Hans J. Reichardt, Joachim Drogmann u. Hanns U. Treutler, Berlin (West) 1977, S. 4f.

462 Informationsdienst Berliner Ausstellungen – Pressestelle: Schlussbericht »Grüne Woche Berlin 1959«, in: LAB, B Rep. 010, Nr. 616, unpag.

463 Vgl. zu diesem Aspekt auch Schultze: Die Blumen- und Gartenschauen, S. 76.

gramm der Berliner Ausstellungen« aufzunehmen.[464] Der anlässlich der »Grünen Woche« in der Stadt tagende Bundestagsausschuss für Ernährung, Landwirtschaft und Forsten gelangte nunmehr zu der Auffassung, dass die Versorgung West-Berlins gesichert und die finanziellen Voraussetzungen für die Erhaltung der Vorräte ebenfalls gegeben seien. So führte Lübke aus, dass die in den vergangenen Jahren von West-Berlin betriebene starke Vorratshaltung eine ausreichend große Lebensmittelreserve geschaffen habe und »das weiß auch die andere Seite; und ich glaube es ist gut, daß es jedermann weiß«.[465] Und im Hinblick auf das Berlin-Ultimatum versicherte er, dass sich die Stadt »auf ihre Freunde verlassen« könne.[466]

Hauptanziehungspunkte neben der »Halle der Nationen« waren für das Publikum die Tierschau, die Blumenhalle und auch die Kleingartenschau. Auch die viel beachtete Pilzschau, die Sonderschau »Brot und Gebäck aus aller Welt« und die »Deutsche Weinstraße«, die zu einem ständigen Bestandteil der »Grünen Woche« werden sollte, wurden begeistert aufgenommen. Ohnehin lag der Ausstellungsschwerpunkt, gerade auch in dieser politisch angespannten Zeit, auf der Darstellung des Überflusses, vor allem eines Überflusses an Nahrungsmitteln.

Für die fachlich interessierten Besucher, vornehmlich Bauern aus der DDR, war wohl die Landmaschinenschau, die einen dauerhaften Ausstellungsschwerpunkt bildete, der wichtigste Teil der »Grünen Woche«. Auch die Maschinen und Geräte für den Gartenbau fanden ein breites Interesse.[467]

Vor allem die zahlreichen Lehrschauen hatten – in Übereinstimmung mit dem Motto »Stadt und Land« – das Ziel, den städtischen Besuchern die Lebensfragen der Landwirtschaft, aber auch den »Grünen Plan« näherzubringen. Die Lehrschauen und zahlreichen »Mach mit!«-Programme – zum Beispiel das Traktorgeschicklichkeitsfahren – sollten helfen, den Städter für ländliche Lebensweisen zu sensibilisieren, zumal es den Organisatoren der »Grünen Woche« wichtig war, das Thema nicht allein »in theoretischer Darstellung erstarren« zu lassen, sondern zum Mitmachen zu animieren.[468]

Das wirtschaftliche Ergebnis der »Grünen Woche 1959« übertraf indes auch die Erwartungen von Ausstellern und Geschäftsleuten. Obwohl ihre Stärken eigentlich auf dem »Gebiet der Repräsentation und der Kontaktaufnahme und -pflege« lagen, war der Kreis der Firmen, die gute geschäftliche Resultate erzielten, größer als in den Vorjahren.[469] Um die politische und wirtschaftliche Bedeutung der

464 Berlin. Chronik der Jahre 1959–1960, S. 4 f.

465 Zit. nach ebd., S. 45.

466 Schultze: Auftrag, S. 178.

467 LAB, B Rep. 010, Nr. 616, unpag.

468 Ebd.

469 Ebd.

Ausstellung zu dokumentieren, stellten die Berliner Ausstellungen eigene Umfragen unter den Ausstellern an. Das Ergebnis des Jahres 1959 stimmte sie äußerst zufrieden: Annähernd 80 Prozent der ausstellenden Firmen, Wirtschaftsverbände sowie der landwirtschaftlichen und berufsständischen Organisationen bezeichneten das geschäftliche und wirtschaftswerbende Ergebnis als »gut«. Etwa 15 Prozent gaben die Antwort »bedingt zufrieden«, während lediglich fünf Prozent den Effekt der Veranstaltung als negativ beurteilten.[470] Im Ganzen schätzten die meisten Firmen die Werbemöglichkeiten als sehr gut ein. Die »Werbung um den mitteldeutschen Verbraucher« hatte besonderen Vorrang. Besonders die geschäftlichen Erwartungen der Landmaschinenindustrie, die eigentlich auf den DLG-Ausstellungen zu ihren Absätzen kam, waren übertroffen worden. Bekannte und traditionsreiche westdeutsche Firmen der Ackerschlepper- und Landmaschinenindustrie wie Klöckner-Humboldt-Deutz, Rheinstahl-Hanomag und Porsche erzielten Abschlüsse in »nicht erwarteter Höhe«.[471] Überhaupt erkannten die Firmen dieser Branchen immer mehr die Möglichkeiten der »Grünen Woche«, den technischen Entwicklungsstand nicht nur dem Fachpublikum, darunter vielen alten Kunden aus Ostdeutschland, sondern auch interessierten Laien vorzuführen und Neuheiten zu etablieren.

Die Geschäftsabschlüsse im Bereich von Kleingeräten für Haus, Hof und Garten wurden ebenfalls als »sehr lebhaft« bezeichnet. Andere Firmen konnten während der Ausstellungsdauer ihre geschäftlichen Beziehungen mit dem Ausland, besonders mit Italien, Brasilien, Großbritannien und Kanada, weiter ausbauen. Von dieser Kleingerätebranche wurde der Berliner Markt zu Anfang des Jahres 1959 als »aufnahmefähiger« als in den Vorjahren eingeschätzt, was auch mit der gestiegenen Kaufkraft der West-Berliner Bevölkerung zu erklären sei. Auch das rege Interesse der Besucher und Kunden zum Beispiel an Gartenmöbeln bescherte ihr ein reges Nachgeschäft. Ähnlich positive Resultate erzielten die meisten Aussteller von Berufsbekleidung und Heimtextilien und auch die Rauchwarenhersteller äußerten sich mehrheitlich positiv. Dem Samenfachhandel und der Düngemittelindustrie gelangen mehrere »erfolgversprechende« Geschäftsanbahnungen, darunter mit namhaften westdeutschen und ausländischen Firmen. Herstellerfirmen von Pflanzenschutzmitteln betrachteten den West-Berliner Markt als »gut«. Einen mehrheitlich wirtschaftswerbenden Erfolg erzielten die Firmen aus dem Bereich der Eisen-, Blech- und Metallwaren sowie der Elektroindustrie. Die Berliner Ausstellungen hoben in ihrer abschließenden Pressemitteilung zur »Grünen Woche Berlin 1959« das »große Interesse und den Optimismus der Ausstellungsbesucher« in dieser politisch schwierigen Zeit als »besonders eindrucksvoll« hervor. Die Tierschau ver-

470 Ebd.

471 Ebd. u. passim.

zeichnete über das reine Sehpublikum hinaus einen ernsthaften Interessentenkreis mit dem Nachfrageschwerpunkt Kleinvieh.

Interessant ist ebenfalls die Teilnahme polnischer Händler an der »Grünen Woche«. Zwei Mitglieder des Polnischen Handelsrates in Frankfurt am Main wurden durch den Leiter des Protokoll- und Auslandsamtes des Landes Berlin, Klein, offiziell zur »Grünen Woche« eingeladen. Auch dem »Ausstellungsbegehren der polnischen Handelsgesellschaft [...] Hortex, Warschau« entsprach der West-Berliner Senator für Wirtschaft und Kredit, Busack. Die Teilnahme konnte in dieser politisch sensiblen Situation so schnell positiv entschieden werden, weil Senator Busack pragmatisch an die Interessen der Stadt dachte und unter Verweis auf den Senatsbeschluss Nr. 5030/58 vom 5. November 1958 entschied, »die Angelegenheit wirtschaftspolitisch zu betrachten«. Ohnehin sei es bereits »internationale Messegepflogenheit geworden, die Messevorhaben zu entpolitisieren«.[472] Im Hinblick auf die passive Handelsbilanz Polens mit der Bundesrepublik sah es der Wirtschaftssenator als »wünschenswert« an, polnische Waren im Rahmen der bestehenden Kontingente »hereinzunehmen«. Denn die ständige Passivität des polnischen Außenhandels könne nur durch verstärkte Einfuhren von polnischer Ware, das bedeutete in erster Linie Lebensmittel, abgebaut werden. Auch die Ausfuhr West-Berlins nach Polen stieg in den Jahren vor 1959 ständig an. Im Zeitraum vom Januar bis September 1958 wurden Waren im Werte von etwa 13 Millionen DM geliefert. Der Anteil West-Berlins an der Ausfuhr der Bundesrepublik, der im Durchschnitt etwa 2,2 Prozent betrug, lag bisher bei Polen etwa doppelt so hoch. Senator Busack sah also trotz politisch schwieriger Lage die Chance für die Stadt, sowohl einen wirtschaftlich günstigen Handel einzugehen als auch die Brückenfunktion West-Berlins nach Osten und deren Bedeutung für das Bundesgebiet zu unterstreichen.[473]

Informationstauschbörse und Gerüchteküche »Grüne Woche«, Meinungsforschung und Besuchereindrücke

Prinzipiell zielten die Aktivitäten der Ausstellungsmacher auf ein unbegrenztes Publikum: Sehleute, interessierte Laien und Fachleute. Das Massenpublikum – aus Ost und West – war der Garant dafür, dass die Aussteller für sich werben konnten

472 Der Senator für Wirtschaft und Kredit an den Leiter des Protokoll- und Auslandsamtes des Landes Berlin, Herrn Dr. Klein, betr. Einladung von zwei Mitgliedern des Polnischen Handelsrates [...] und Beteiligung der Hortex, Warschau, innerhalb der »Internationalen Exportschau« im Marshall-Haus (gez. Busack) vom 24. Januar 1959, in: LAB, B Rep. 002, Nr. 9593, unpag.

473 Ebd. – Zum Hintergrund vgl. auch Karsten Rudolph: Wirtschaftsdiplomatie im Kalten Krieg. Die Ostpolitik der westdeutschen Großindustrie 1945–1991, Frankfurt am Main 2004; Rudolph/Wüstenhagen: Große Politik, kleine Begegnungen.

und die in die Ausstellungsinhalte organisch eingebauten politischen Botschaften rezipiert wurden. Durch die starke Subventionierung der »Grünen Woche« seitens der Stadt und der Alliierten konnten die Eintrittsgelder niedrig gehalten werden, was einer ungewollten Besucherlenkung entgegenarbeitete: Hohe Eintrittspreise, die der Schau ein elitäres Gepräge wie in den 1920er Jahren gegeben hätten, wollte man vor allem aus politischen, aber auch aus wirtschaftlichen Gründen vermeiden.

Bei der Anwendung moderner Methoden der Besucher- und Wirkungsforschung im historischen Rückblick tun sich große Schwierigkeiten auf.[474] Ausstellungen und Messen sind ein unschätzbares Instrument für Firmen und Geschäftsleute zur Generierung von Informationen und zur Knüpfung und Festigung von geschäftlichen Netzwerken durch persönlichen Austausch. Diese Funktion machte Ausstellungen im weitesten Sinne schon seit der Antike attraktiv für Kaufleute.[475] In der Zeit des Kalten Krieges und der deutsch-deutschen Systemkonkurrenz aber stand, wie gesagt, die Informationsbeschaffung von privaten und geschäftlichen Besuchern, die vornehmlich aus der DDR stammten, durch professionelle staatliche, halbstaatliche oder nichtstaatliche Akteure im Vordergrund. Im Jahre 1957 war die »Grüne Woche« bereits zu einer kaum noch überschaubaren Tauschbörse von Informationen, Gerüchten und Meinungen geworden.

Der RIAS stellte für mehrere Jahre die Gewohnheiten seiner Hörer aus der DDR zusammen, die er auf der »Grünen Woche« und der Industrieausstellung sammelte. Die dahinterstehende Absicht war in erster Linie »radio listening and TV viewing habits behind the Iron Curtain« zu sammeln, »in order to furnish data for the guidance of RIAS programs and policy«.[476] Von den mehreren Tausend Ost-Besuchern, die den RIAS-Stand 1957 aufsuchten, wurden die Angaben von 1.000 Menschen vom RIAS erfasst und dem DIVO-Institut für Marktforschung, Meinungsforschung und Sozialforschung in Frankfurt am Main, das mit dem USIS in Bonn zusammenarbeitete, zur professionellen Auswertung übergeben. Die Begründung der modernen Meinungsforschung in Westdeutschland nach 1945 geht maßgeblich auf US-amerikanischen Einfluss zurück. Man brauchte »ein Bollwerk gegen die Rückkehr des Totalitarismus«.[477] Die USA entsandten Experten in die deutschen Institute, förderten die Fachkommunikation und halfen bei der Gründung

474 Auch Thomas Großbölting, dessen Untersuchungsgegenstand, die Industrie- und Gewerbeausstellungen des 18. bis frühen 20. Jahrhunderts, zeitlich noch weiter zurückliegt, hat die Schwierigkeiten einer angemessen retrospektiven Publikumswirkungsforschung thematisiert. Vgl. Großbölting: »Im Reich der Arbeit«, S. 177, Anm. 20.

475 K.-E. Mössner: Messen als Informationsinstrument, in: GFM-Mitteilungen zur Markt- und Absatzforschung 7, 1961, S. 9–12.

476 General Listening Habits, Part I: Introduction and Composition of Sample, in: DRA, F 301-00-01/0007, unpag.

477 Michael Meyen: Die Anfänge der empirischen Medien- und Meinungsforschung in Deutschland, in: ZA-Information 50, Mai 2002, S. 59–80, hier S. 63.

des »Deutschen Instituts für Volksumfragen« (DIVO). Das DIVO führte auch für die USIA eine Reihe von Befragungen durch, zu denen die während der »Grünen Woche« gehörten. Das DIVO wurde für die USIA umso wichtiger, als die Agency nach Publikwerden des sogenannten Sponsorship-Effektes keine verlässlichen Umfragen in Deutschland mehr durchführen konnte.[478] Die meisten dieser Studien wurden in die USA mitgenommen und nicht in Deutschland archiviert. Eine Ausnahme bildet die Überlieferung im Deutschen Rundfunkarchiv. Das überlieferte Sample von 1.001 Ost-Besuchern während der »Grünen Woche« 1957 ergab ein Bild, das die DIVO-Auswerter aufgrund des Charakters der »Grünen Woche« erwarteten:

Composition of the Sample: »Grüne Woche« 1957 (Sample: 1.001)
(alle Angaben in Prozent)[480]

Nach Ausbildung:		**Weiter Berufliche Herkunft:**	
Elementary School	76%	Farmers, farmhands	37
Beyond elementary	24	Housewives	22
	100%	Pensioners, retired	4
Alter:		Students, apprentices, pupils	4
18 bis 24 Jahre	20%	No answer	–
25 bis 34 Jahre	20		100%
35 bis 44 Jahre	19	**Nach Land:**	
45 bis 54 Jahre	25	Brandenburg	15%
55 Jahre und älter	16	Sachsen	32
	100%	Sachsen-Anhalt	25
Berufliche Herkunft:		Thüringen	16
Professionals	3%	Mecklenburg	12
Businessmen	6	Ost-Berlin	–
White-collar workers	8		100%
Skilled laborers	9	**Nach Geschlecht:**	
Semi-skilled	3	Männer	46%
Unskilled laborers	3	Frauen	54
Domestic service	1		100%

Tab. 6: Besucher nach sozialer Herkunft, Alter und Ausbildung auf der »Grünen Woche« 1957.

478 Der Sponsorship-Effekt bezeichnet die Tatsache, dass die Befragten anders antworteten, wenn sie wussten, dass amerikanische Institutionen die Befragung durchführten bzw. sie in Auftrag gegeben hatten.

479 Part I: General Listening Habits, Section 1: Composition of the Sample [o. D.], in: DRA, F 301-00-01/0007, unpag.

37 Prozent der Besucher entstammten ländlichen Berufen. Die zweitgrößte Gruppe waren die Hausfrauen. Die meisten ostdeutschen Besucher kamen aus Sachsen, Sachsen-Anhalt und Thüringen. Dieses Bild war in etwa kongruent mit den operativen Erkenntnissen von Staatssicherheit und DDR-Volkspolizei:[480]
Die »Grüne Woche« war seit Mitte der 1950er Jahre nicht mehr mit den Vorkriegsausstellungen vergleichbar. Gleiches galt auch für ihre Besucher. »Die Berliner selbst sind genauso wie die Besucher aus der Zone Sehleute, während früher die mittel- und ostdeutschen Landwirte Käufer waren«, stellte das *Handelsblatt* fest.[481]

Wenn man versucht, die individuellen Eindrücke, die die Ausstellung bei den ostdeutschen Besuchern hinterließ, zu rekonstruieren, so ist man auf das Gespräch mit Zeitzeugen angewiesen. Denn sie vermögen das Flair ihrer damaligen Mitwelt an ihre Nachwelt lebendig weiterzuvermitteln – etwas, bei dem die schriftliche Überlieferung zwangsläufig an ihre Grenzen stößt. Stellvertretend für viele andere Ostbesucher seien die Erlebnisse eines Zeitzeugen wiedergegeben, der als Kind mit seinen Eltern aus Brandenburg zur »Grünen Woche« fuhr.[482] Der eigentliche Hintergrund für diese Reise nach West-Berlin bestand zunächst in der Absicht der Mutter, die Wolle, die von den familieneigenen Angora-Kaninchen gewonnen wurde, zu »verschieben«, das heißt über eine Verwandte in West-Berlin auf dem Schwarzmarkt für DM-West zu verkaufen. Während die Verwandte die Geschäfte abwickelte, entschloss sich die Familie, zur »Grünen Woche« zu fahren. Die Eindrücke, die dabei auf den damals erst neun Jahre alten Zeitzeugen einwirkten, waren überwältigend und prägten sein »Bild vom Westen« entscheiden mit: Das Betreten des Messegeländes erfolgte durch die riesige Blumenhalle, in der mehrere Tausend Blumen und andere Pflanzen »eingepflanzt« waren, in der es Rasenflächen und Springbrunnen gab, sich Cafés befanden, und in der sich ein Strom von Besuchern langsam vorwärts schob. Die bestimmendsten Eindrücke, die der Zeitzeuge von der Schau erhielt, können zusammengefasst werden durch: A) Lehrreiches: Dadurch, dass Aussteller und Ausstellungsteilnehmer aus ganz Westdeutschland und zahlreichen weiteren Ländern auftraten, wurden Eindrücke und Kenntnisse jener Regionen vermittelt, die insbesondere viele Besucher aus der DDR nicht kannten. Beispielsweise hatten bayerische Aussteller ein großes Alpenpanorama auf Fotowänden aufgestellt und schenkten Maßkrüge mit bayerischem Bier kostenlos an »Ostbesucher« aus. Die bayerische Mundart wurde dort vom Zeitzeugen zum ersten Mal vernommen. Auch die Lehrschauen und Vorführungen waren beeindruckend. Der Zeitzeuge erlebte, wie Wolle zu Garn gesponnen wurde, was eine Lüneburger

480 DRA, F 301-00-01/0007, unpag. – Weitere Befragungen wurden 1956 (Industrieausstellung), 1957 (»Grüne Woche«), 1958 und 1959 (beide zur Industrieausstellung), 1960 (»Grüne Woche« und Industrieausstellung) sowie 1961 (»Grüne Woche«) durchgeführt.

481 Die Bauern in Berlin, in: *Handelsblatt* vom 6. Februar 1957, S. 2.

482 Interview mit Zeitzeuge H.S., geführt am 8. Mai 2009.

Firma vorführte. B) Die Darstellung des Überflusses an Lebensmitteln: Ein mehrere Meter hoher Funkturm aus Würsten war aufgestellt, ein Modellzeppelin hing von der Hallendecke, aus dessen Gondel Lebensmittel herausquollen, riesige Obst- und Gemüseauslagen waren zu sehen und für Kinder gab es Bonbons, soviel sie wollten (oder soviel ihnen die Eltern erlaubten).[483] Besonders prägend blieb die Erinnerung, dass »Ostbesucher« sich auf der »Grünen Woche« ohne Probleme kostenlos satt essen konnten und zahlreiche kleine Geschenke erhielten. Die Kehrseite dessen kam in den späten 1950er Jahren in Form von zunehmender Ablehnung und Missgunst der West-Berliner zum Ausdruck. Das Wort vom »Zonenfresser« brachte gerade in der Zeit der zweiten Berlin-Krise die zunehmenden Spannungen zwischen West und Ost beziehungsweise West-Berlin und seinem Umland zum Ausdruck. Insgesamt nahm C) die Anspannung während des Ausstellungsbesuches zu. Der Vater des Zeitzeugen ließ sich auf keine Gespräche ein, und das Gefühl beobachtet oder gar verfolgt zu werden, war latent vorhanden. Das einzige Mitbringsel, das er sich traute, mit zurück über die Sektorengrenze zu nehmen, war eine hochwertige Einkaufstasche. Schließlich bildete D) das Rahmenprogramm der »Grünen Woche« einen Erinnerungspunkt des Zeitzeugen. Er erinnerte sich lebhaft an die zwischen Siegessäule und Tiergarten errichtete Seilbahn, von der aus man – als Gast aus der DDR wieder kostenlos – einen schönen Ausblick über den Tiergarten hatte.

Der US-amerikanische Beitrag zur »Grünen Woche«

Für die USA besaß West-Berlin im Kalten Krieg eine strategisch bedeutsame Lage. Die »Grüne Woche« und andere Schauen boten ihr eine hervorragende Plattform zur massenwirksamen Kommunikation der Liberation Policy. Somit lag es für die USA nahe, sich verstärkt auf diesem Sektor zu engagieren. Neuere Untersuchungen, die diesen Aspekt der amerikanischen Außenpolitik beschreiben, zeigen die Bedeutung von Ausstellungen in West-Berlin deutlich.[484] Die Bedeutung, die die amerikanischen Außen- und Sicherheitspolitiker der Präsenz in Berlin beimaßen, »kann

483 In der Tat schien die Vergabe von Süßigkeiten in jenem Jahr größer als in den Jahren zuvor gewesen zu sein. Während der Tiervorführungen wurden die Pferde so sehr von den Besuchern mit Süßigkeiten gefüttert, dass eines der Pferde daran verstarb. Vgl. undatierte Aktennotiz, in: LAB, B Rep. 010, Nr. 728, unpag.

484 Masey/Morgan: Cold War Confrontations, bes. S. 88–107. – Leider blenden Masey und Morgan die amerikanischen Schaubeiträge zur »Grünen Woche« aus. Weiterführend Paul Maddrell: Spying on Science. Western Intelligence in Divided Germany 1945–1961, Oxford 2006. – Außerdem konnten amerikanische Akten gesichtet werden. Bei den russischen Archivalien ist noch Forschungs- und Recherchearbeit zu leisten. Für Auskünfte hierzu bedankt sich der Verfasser bei Matthias Uhl vom DHI in Moskau.

überhaupt nicht überschätzt werden«.[485] Für die Stadt würden die USA erklärtermaßen einen Krieg riskieren. Im Oktober 1952 formulierte das Psychological Strategy Board (PSB) den strategischen Auftrag »[t]o exploit the continued existence of a free West Berlin as a ›show window of democracy‹, and as a basis of psychological operations in the Soviet Zone and beyond in the Soviet orbit, in order to weaken Soviet influence throughout Germany, and particularly in order to encourage and strengthen resistance to Soviet rule in the Soviet Zone and East Berlin«.[486]

Anders als bei der Sowjetunion als Referenzgröße für die DDR, die weniger Engagement bei der Ausstellungsbeteiligung in Leipzig-Markkleeberg zeigte, brachten sich die USA seit der zweiten Hälfte der 1950er Jahre sehr stark in die »Grüne Woche« ein. Die UdSSR hatte mit der Leipzig-Markkleeberger Exposition nicht die gleiche qualitative Basis für gezielten Ideologietransfer und politische Repräsentanz erhalten und wohl auch nicht das gleiche Interesse zur offensiven Selbstdarstellung gezeigt wie die westlichen Alliierten auf der »Grünen Woche«. Die asymmetrische Perspektive wird anhand der Intensität und Häufigkeit des Einbringens der jeweiligen Besatzungsmächte in die beiden Ausstellungen deutlich.[487]

»The Golden Harvest«: Die US-Schau des Jahres 1959

Nach vier Jahren Absenz als Aussteller in den Messehallen nahmen die USA im Jahre 1959 wieder als offizieller Teilnehmer und Aussteller teil. Noch 1956 stellten die USA – im Vertrauen auf die eigene technische Überlegenheit – im Rahmen ihres Ausstellungsbeitrages zur »Grünen Woche« eine Originalrakete vor dem Marshall-Haus auf.[488] Ein Jahr später traf der durch den Start des ersten künstlichen Erdsatel-

485 Buckow: Zwischen Propaganda und Realpolitik, S. 537.

486 Zit. nach ebd., S. 547.

487 Aufgrund der deutlich schlechteren Quellenlage und des signifikant geringeren Beitrages der UdSSR für die DDR-Landwirtschaftsausstellung erfolgt nur die systematische Analyse des US-amerikanischen Beitrages zur »Grünen Woche«.

488 Es handelte sich um eine Rakete des Typs »Bumper-WAC«. Dieser Raketentyp stellte im Prinzip eine Kopie der deutschen Kriegsrakete A4 – alias »V 2« – mit einer aufgesetzten Feststoffrakete als zweiter Stufe dar. Die Rakete stellte 1949 einen Höhenweltrekord von ca. 400 km Höhe auf und sollte die Dominanz der USA auf diesem Gebiet demonstrieren. Wie die Deutschen auf diese Ausstellung reagierten, immerhin war die »V 2« den meisten Deutschen durch die Goebbelsche Kriegspropaganda in Wort und Bild bekannt, ist nicht überliefert. Die Errichtung der Rakete vor dem Marshall-Haus war der Grundstock der im Herbst 1956 anlässlich der Industrieausstellung gezeigten Schau der USA »Unbegrenzter Raum«, die sich dem Thema Raumfahrt anlässlich des Internationalen Geophysikalischen Jahres 1957, widmete. Vgl. auch Masey/Morgan: Cold War Confrontations, S. 88–90.

liten durch die Sowjetunion ausgelöste »Sputnik-Schock« westliche Politiker und Militärs schwer.[489]

Die beiden Abbildungen kennzeichnen den Wandel durch den »Sputnik-Schock« und machen die zwischen 1956 und 1959 gewandelte amerikanische Ausstellungstechnik und inhaltliche Ausgestaltung deutlich: Während vor dem »Sputnik-Schock« noch die der UdSSR überlegene Hightech von den USA in Form von Raketen, also von Hochtechnologie par excellence, in Ausstellungen gezeigt wurde, blieb dies seit 1957/58 den Landwirtschaftsausstellungen des Ostblocks, eben auch der DDR, überlassen. Die USA gingen mit ihrer Ausstellungslinie des Jahres 1959 sozusagen »zu den Wurzeln« von landwirtschaftlichen Schauen zurück. Zur Raumfahrttechnologie und den damit verbundenen futuristischen Sujets als nationalem Schaubeitrag zur »Grünen Woche« kehrten sie erst 1969 wieder zurück.

Die Entscheidung der USA, an der »Grünen Woche« 1959 teilzunehmen, entstand direkt als Reaktion auf die zweite Berlin-Krise. Über Umfang, Inhalt und Darstellungsform einigte man sich innerhalb der USIA erst Mitte Dezember 1958.[490] Mehrere US-Behörden waren schnell für das Ausstellungsvorhaben zu begeistern. Hingegen gestaltete es sich schwieriger, finanzielle Unterstützer und Partner aus der Wirtschaft zu finden. Daraus entstand die Situation, dass viele komplexe und unerwartete Probleme auf dem Weg zum US-eigenen Schaubeitrag gemeistert werden mussten. Der West-Berliner Senat und die Berliner Ausstellungen waren ob der Teilnahme von amerikanischer Seite enthusiastisch und »cooperative from the start«.[491] Allerdings war zu diesem Zeitpunkt bereits das Marshall-Haus an andere Aussteller und Firmen vergeben worden. Daraufhin übergaben die Berliner Ausstellungen den USA die komplette »Brandenburghalle« und einen repräsentativen Rundbau in der großen Eingangshalle für ihre Schau. Die umfangreiche Elektrifizierung stellte man den USA ebenso wenig in Rechnung wie die Mietkosten.

489 Vgl. Ciesla: »All das bremst uns…«; Alexander C.T. Geppert: Anfang – oder Ende des planetarischen Zeitalters? Der Sputnikschock als Realitätseffekt, 1945–1957, in: Igor J. Polianski/Matthias Schwartz (Hrsg.): Die Spur des Sputnik. Kulturhistorische Expeditionen ins kosmische Zeitalter, Frankfurt am Main 2009, S.74–94; Rex Hall/David J. Shayler: The Rocket Men. Vostok & Voshod, the first manned space flights, London u.a. 2001, S. 57–70; James Schwoch: Global TV. New media and the Cold War, 1946–69, Illinois 2009; ders.: The Cold War, The Space Race, and the Globalization of Public Opinion Polling. Paper presentation, International Studies Association Conference, New Orleans, 24–28 March 2002, unter: http://isanet.ccit.arizona.edu/noarchive/ISA-Schwoch.pdf (letzter Zugriff: 24. September 2014).

490 USIS Berlin an USIA Washington, Subject: American Exhibition scores Success at »Green Week« vom 17. März 1959, in: NARA, RG 84: Records of the Foreign Service Posts of the Department of State, Germany Berlin Mission, General Records 1959–1961, 500.7: Exhibition-Agriculture, Box 6, unpag.

491 Ebd.

Links: Rakete als Teil des US-amerikanischen Beitrags zur »Grünen Woche«, 1956. Rechts: Schaubeitrag für »The Golden Harvest«, 1959.

In aller Eile ging im Januar 1959 die US-Botschaft in Bonn daran, potenzielle Unterstützer und Teilnehmer in der Bundesrepublik für den Ausstellungsbeitrag zu sondieren. Der zuständige Botschaftsmitarbeiter McGowan forderte Anfang Januar die elektrische Ausrüstung, Beleuchtung und Transformatoren zusammen mit den sogenannten »Atomen«, die der amerikanische Beitrag zur Friedensausstellung in Den Haag gewesen war.[492] Offenbar sollte das Thema »Atom« zunächst der Grundstock der US-Sonderschau sein.[493] Dies ist auch insofern bedeutsam, als auch die Weltausstellung in Brüssel 1958 explizit die Bedrohung durch einen Nuklearkrieg kommunizierte. Das Wahrzeichen der Weltausstellung, das »Atomium«, war nicht nur Hommage an die Fortschritte der Atomtechnik, sondern gleichzeitig auch Warnung, die mit der Berlin-Krise akut zu werden schien.

Mitte Januar standen Titel und Inhalt der Schau fest, die nun »The Golden Harvest« (Die Goldene Ernte) hieß. Die Sonderschau der USA stellte in natura die Entwicklungsstufen des Weizens von der Erzeugung bis zum Verbrauch, inklusive echtem Farmleben, Farmern zum »Anfassen« und modernster Landtechnik dar.[494]

492 Telegram Embassy Bonn (McGowan) vom 7. Januar 1959, in: ebd., unpag.

493 Auf der Industrieausstellung 1954 war das Atom bereits das Leitthema des US-amerikanischen Schauteils gewesen; vgl. Fritsche: Brückenschlag, S. 113.

494 Dobberke: Grüne Woche, S. 52.

Dazu wurde ein ganzes Weizenfeld mit 750.000 Ähren »angepflanzt«, »ready to be harvested«.[495] Die Deckenbeleuchtung über dem Feld war so eingestellt, dass sie dem Weizen eine noch goldenere Färbung verlieh. Über das Weizenfeld fuhr eine Erntemaschine, deren Erntemesser langsam rotierten. Dadurch entstand eine Ernteschneise durch das Feld. Anschließend wurde der gesamte Raum abgedunkelt und ein vierminütiger Farbfilm über das Leben eines Weizenfarmers in Kansas auf einer großen Leinwand gezeigt, inklusive Fachkommentaren aus dem Off und landestypischer Musik. Das Bildmaterial für den Film stellte das European Office der Great Plains Wheat Growers Association in Rotterdam zur Verfügung. Drehbuch und Schnitt sowie das Einfügen der Kommentare erfolgten durch Mitarbeiter des USIS in Berlin kurz vor Eröffnung der »Grünen Woche«. Die Vorführung der McCormick-Erntemaschine und eine ländliche Bibliothek mit Material über die amerikanische Landwirtschaft und ihren ländlichen Lebensstil rundeten den Schauteil ab. Den goldenen Weizen wählte man deshalb, weil er das landwirtschaftliche Produkt sei, das eine »gemeinschaftliche Bedrohung« [unifying threat] symbolisiere. Gemeint war damit, dass der Westen durch die Kollektivierung der Landwirtschaft in der DDR dramatisch sinkende Ernteerträge befürchtete.[496] Demgegenüber sollte der Schauteil zeigen, dass die amerikanische »free economy« zur Modernisierung des ländlichen Lebens beigetragen habe und wie der amerikanische Farmer, der sein eigenes Land nach seinen eigenen Wünschen bestellte, durch harte Arbeit ein gutes Leben führe: »This message was special importance to Soviet Zone farmers and agricultural workers, about one-third of whome have already been forced into collectives and state farms.«[497]

Beim Betreten der amerikanischen Ausstellung richtete sich der Blick des Besuchers zuerst auf eine große Leinwand, auf der eine Übersichtskarte mit den wichtigsten Standorten landwirtschaftlicher Produktion in den USA zu sehen war. Daran angebrachte Informationstafeln und Musik aus dem Hintergrund sollten die Gäste in die »Stimmung [mood] der Ausstellung« eintauchen lassen. Hernach betrat der Besucher einen Raum, in dem vier achteckige Pavillons errichtet waren. Am ersten Pavillon erhielt man Informationen zum Ausstellungsthema, eine Zellophantüte voll Weizen und die vierseitige Ausstellungszeitung. An den Wänden des Pavillons fanden sich Karten, in denen die Hauptanbaugebiete für Weizen in den USA zusammen mit den Angaben ihrer jährlichen Produktionsleistungen eingezeichnet waren. Direkt neben diesem »wheat pavilon« standen moderne Landmaschinen

495 Ebd. u. passim.

496 USIS Berlin an USIA Washington, Subject: American Exhibition scores Success at »Green Week« vom 17. März 1959, in: NARA, RG 84: Records of the Foreign Service Posts of the Department of State, Germany Berlin Mission, General Records 1959–1961, 500.7: Exhibition-Agriculture, Box 6, unpag.

497 Ebd. u. passim.

und Traktoren. Auf der Rückseite waren maßstabgetreue Modelle von modernen amerikanischen Farmen und Landwirtschaften angebracht.[498]

Zwischen dem ersten und dem zweiten Pavillon waren auf Ausstellungsflächen Fotos und Texte aufkaschiert, die über die Geschichte des Weizens informierten. Im zweiten Pavillon war ein komplettes Bodenanalyse-Laboratorium untergebracht, wie sie in den USA zu finden waren, in denen Farmer Bodenproben ihrer Äcker analysieren lassen konnten. Ein Labortechniker führte Bodenanalysen durch. Sowohl die Labortechnik als auch die Mitarbeiter stellte die Freie Universität zu Verfügung. Weizenprodukte und Nahrungsmittel, deren Basis der Weizen ist, wurden im dritten Pavillon ausgestellt. Alle Produkte wurden vom U.S. Army Kommissariat Berlin bereitgestellt. Die Nahrungsgüter wurden in hohen Regalwänden derart arrangiert, dass die große Bandbreite und Vielfalt billiger Nahrungsmittel, die auf Weizen basierten, offensichtlich wurde. Auch ein amerikanischer »super market« war aufgebaut worden, in dem sich Produkte und Lebensmittel stapelten, die es selbst in Westdeutschland kaum gab und die in der DDR praktisch nicht bekannt waren.

Im vierten Pavillon schließlich befand sich, neben dem »Weizenfeld«, »the most popular, impressive and most discussed feature of the entire fair«: eine moderne, »all electric« Küche, die im täglichen Dauerbetrieb von neun bis 19 Uhr im Schichtsystem von 64 amerikanischen Frauen ehrenamtlich vorgeführt wurde. Die meisten dieser Frauen waren Ehefrauen von Offizieren des US-Militärs, Beamte des Staates und der USIA sowie Lehrerinnen. Ehefrauen von Mitarbeitern des Public Affairs Office (PAO) des USIS Berlin und von Angehörigen des Combined Armes Centers (CAC) organisierten und begleiteten die »kitchen pavilion operation« während der gesamten Zeit. Typische Mahlzeiten, die viele Amerikaner an ganz unterschiedlichen Tageszeiten zu sich nehmen, wurden in der Ausstellungsküche zubereitet und an die Besucher verteilt. Die Frauen führten den staunenden Gästen auch eine Geschirrspül- und -trockenmaschine vor. Als Erklärer fungierten junge Deutsche, die während ihrer Schulzeit als Au-pair bei amerikanischen Familien gelebt hatten. Zum Ausdruck bringen sollte die Küchen-Sonderschau, dass die moderne amerikanische Hausfrau schmackhafte und günstige Gerichte schnell und ohne Hilfe für die ganze Familie zubereiten könne. Dies sei das Resultat von Fortschritten auf den Gebieten des »food packaging and widespread use of a large number of kitchen appliances«.[499]

Mehr als 20.000 Broschüren und Faltblätter, über 88.000 Exemplare der amerikanischen Ausstellungs-Zeitung und 10.000 »product maps of the United States« wurden innerhalb von zehn Tagen an die Besucher verteilt. Weitere Filme des USIS wie »USA«, »An American Farmer« und »Homes Unlimited« wurden im Kino-

498 Ebd., S. h.

499 Ebd., S. 5 u. passim.

saal des Marshall-Hauses gespielt, »to increase the impact of the American cultural story«. Insbesondere Besucher aus der DDR machten regen Gebrauch von dem Informationsstand, der sich innerhalb der Bibliothek des Hauses befand.

Zusammenfassend stellte das USIS fest, dass die Ausstellung unter dem Stern der drängenden politischen Situation zustande kommen konnte, durch zahlreiche ehrenamtliche Helfer, Spender und zuarbeitende Organisationen. Gleichzeitig betonte das USIS, dass diese »highly unusual political circumstances«, womit die zweite Berlin-Krise gemeint war, keineswegs ein Präzedenzfall für derartige Ausstellungsvorhaben in der Zukunft sein dürfe. Neben McGowan, der die Ausstellungsvorbereitungen von Bonn aus koordinierte, taten sich in West-Berlin besonders J. Gildner (Berlin projects officer for the exhibit) und G. Drechsler (USIS-Bonn exhibits officer) hervor.

Das Ausstellungskonzept der USA hatte sich auch deshalb bewährt, weil ihre Darstellungen und Vorführungen zu den am meisten besuchten auf der »Grünen Woche 1959« wurden und damit einen nachhaltigen Eindruck hinterließen.[500] Nachdem die USA bereits auf der Industrieausstellung 1955 in West-Berlin ihre modernen, mit allerlei elektrischen Geräten ausgestatteten Küchen präsentiert hatten, bot sich mit einer Ausstellung wie der »Grünen Woche« auch eine große thematische Nähe: In der politisch angespannten Lage während der zweiten Berlin-Krise war der »American Way of Life« – hier beispielhaft durch modernes und selbstbestimmtes Farm- und Familienleben dargestellt – gegenüber dem Kommunismus mit seinen gesellschaftlichen und politischen Angeboten haushoch überlegen. Goldene, endlos weite Weizenfelder und die technisch hochgerüstete Küche standen im Zentrum einer Vision, die mit dem Marshallplan begonnen hatte und auch die zahlreichen »Ostbesucher« zu beeindrucken suchte. Diese Ausstellung der USA auf der »Grünen Woche« in West-Berlin, wo die »Auseinandersetzungen um die Küche« besonders intensiv ausgetragen wurden, kann als ein Vorspiel zur »amerikanischen Ausstellungsdiplomatie« gelten, das ein halbes Jahr später, im Juli 1959, in Moskau stattfand.[501] Auf der amerikanischen Nationalausstellung im Moskauer Sokolniki Park lieferten sich Chruschtschow und US-Vizepräsident Richard M. Nixon in der berühmt gewordenen »Küchendebatte« einen Schlagabtausch, der klar signalisierte, dass die Küche »zu einer Hauptbühne des Kalten Krieges geworden war«.[502]

Ohnehin profitierte die »Grüne Woche« insgesamt vom amerikanischen Beitrag. Denn er bot Alternativen zur deutschen Ausstellungstechnik, die deutlich

500 Informationsdienst Berliner Ausstellungen – Pressestelle: Schlussbericht »Grüne Woche Berlin 1959« vom 8. Februar 1959, in: LAB, B Rep. 010, Nr. 616, unpag.

501 Zachmann: Küchendebatten, S. 182.

502 Ebd. – Zur Bildsprache und Ausstellungssemantik von amerikanischen »Traumküchen« vgl. Laura S. Holliday: Kitchen Technologies. Promisis and Alibis, 1944–1966, in: Camera Obscura 16, 2001, S. 79–131.

machten, dass es nicht nur darum ging, was gezeigt wurde, sondern vielmehr auch, wie man es wirkungsvoll präsentierte. Mit dieser Unterstützung wirkte die »Grüne Woche« bunter und attraktiver als viele Messen auf dem Bundesgebiet. Die Resonanz und das Presseecho auf die amerikanische Schau waren dann auch überwältigend positiv: *Die Welt*, *Der Abend*, der *Tagesspiegel*, der *Kurier*, der *Tag* und *Der Kurier* – um die wohl Wichtigsten zu nennen – sprachen unisono von einem großen Erfolg. Die *Rheinische Post* hielt »The Golden Harvest«, insbesondere deren filmische Beiträge, für eine wirksame Gegenpropaganda zur Kollektivierung in der DDR.[503] Der für das amerikanische Magazin *Stars and Stripes* schreibende Reporter Ernie Weatherall sah die Wirkung der Schau wie folgt: »East Berlin housewives who visited the American stand at West Berlin's Green Week Agricultural Exhibition will have something to talk about while waiting in line outside their favourite people's-owned grocery store on Lenin street.«[504]

»Farmlife USA«: Die amerikanische Schau 1960

Zum Jahreswechsel 1959/60 erhielt das Auswärtige Amt durch die Botschaft der Bundesrepublik in Washington die Nachricht, dass die USA an der »Grünen Woche« 1960 definitiv mit einem eigenen Ausstellungsbeitrag teilnehmen würden. Die amerikanische Botschaft in Bonn sowie die United States Mission West-Berlin waren bereits zuvor beauftragt worden, die notwendigen Vorbereitungen zu treffen.[505]

Im Dezember 1959 vergab das Department of State in Washington via USIS Bonn und USIS Berlin den Auftrag zur Ausgestaltung des Schaubeitrages zur »Grünen Woche« – zunächst inoffiziell – an Peter G. Harnden.[506] Harnden war ein exzellenter und erfahrener Ausstellungsmacher, der bereits überall in der Welt zahlreiche Ausstellungen realisiert hatte, viele von ihnen für den Marshallplan im Auftrag der US-Regierung. Zu Harndens bekanntesten Projekten gehörte die Aus-

503 USIS Berlin an USIA Washington, Subject: American Exhibition scores Success at »Green Week«, Annex 1 and 2 vom 17. März 1959, in: NARA, RG 84: Records of the Foreign Service Posts of the Department of State, Germany Berlin Mission, General Records 1959–1961, 500.7: Exhibition-Agriculture, Box 6, unpag.

504 Ebd., Annex 2.

505 Auswärtiges Amt, Dienststelle Berlin an die Protokoll- und Auslandsabteilung der Senatskanzlei von Berlin und an die Berliner Ausstellungen vom 4. Januar 1960, in: LAB, B Rep. 002, Nr. 3506 Bd. 2, unpag.

506 Foreign Service of the United States of America, from SecState, Washington DC. vom 11. Dezember 1959 (signed Allen), in: NARA, RG 84: Records of the Foreign Service Posts of the Department of State, Germany Berlin Mission, General Records 1959–1961, 500.7 Exhibition-Agriculture, Box 6, unpag.

stellung im amerikanischen Pavillon der Brüsseler Weltausstellung 1958. Harnden hatte an der Yale-University studiert und 1937 seine ersten Ateliers in Kalifornien und Mexiko eingerichtet. Im Zweiten Weltkrieg hatte er eine Ausbildung in »Army intelligence« erhalten, und er arbeitete bei Kriegsende für die Information Control Division der Militärverwaltung in Österreich.[507] Seit Ende der 1950er Jahre befand sich sein Atelier in Orgeval, einem Vorort von Paris. Nicht nur diese Voraussetzungen und Referenzen machten Harnden zur ersten Wahl des State Department, sondern auch, dass er den Berlinern noch durch die ebenfalls von ihm konzipierte Ausstellung »Medizin USA«, die er im Herbst 1959 zur Industrieausstellung im Marshall-Haus aufgebaut hatte, bekannt war.[508] Die »Medizin USA«-Ausstellung war so erfolgreich gewesen, dass sie ab Februar 1960 auf eine Tournee durch die Bundesrepublik ging.

Für Harnden lag es nahe, die Ausstellung für die »Grüne Woche« konzeptuell an seine medicine exhibit anzupassen, schon allein wegen des Termindrucks und Arbeitsaufwandes. Der amerikanische Schaubeitrag erhielt den Titel »Farmlife USA« (»Farmleben USA«). Harnden sowie der USIS exhibits officer Gerhard J. Drechsler und der Berliner Architekt Fritz Bornemann übernahmen die Oberaufsicht über das gesamte Projekt. Verwendung fand der verstärkte Einsatz neuester audiovisueller Ausstellungstechnik, die daraus eine »Non-Stop-Schau« mit einem Programm von jeweils 15 Minuten Länge machte, indem sich Fernsehen, Theater und Film zusammen mit den herkömmlichen Ausstellungsmethoden zu einer neuartigen und dynamischen Darstellung verbanden.

Nach den positiven Erfahrungen, die der West-Berliner Senat, die Berliner Ausstellungen und das US Department of Agriculture mit der amerikanischen Schau auf der »Grünen Woche« gemacht hatten, entschieden sich die BA dazu, den USA wieder eine komplette Ausstellungshalle (Halle I/West »Schlesien«) zur Verfügung zu stellen. Der zentrale Punkt der Schau des Jahres 1960 war ein sechseckiger Pavillon in den Farben Rot, Blau und Weiß, der acht Meter hoch war und eine Fläche von 21 qm umschloss. Darin befanden sich sieben verschieden hohe Plattformen, die als Miniaturbühnen fungierten. Die ausgeklügelte und moderne Schau- und Präsentationstechnik wurzelte im US-amerikanischen Ausstellungsdesign, in dem weniger Form oder Größe der Schau wichtig waren, sondern vielmehr »Showmanship«, also die Darstellung und öffentlichkeitswirksame Präsentation.[509] Auf den sechs Büh-

507 Masey/Morgan: Cold War Confrontations, S. 30.

508 Press Release des USIS, U.S. Mission for Berlin vom 29. Januar 1960, in: LAB, B Rep. 010, Nr. 541, unpag.

509 USIS Berlin an USIA Washington, DC, subject: »Farm Life – USA« Exhibit shown at Agriculture Fair (Green Week) vom 29. Januar 1960, in: NARA, RG 84: Records of the Foreign Service Posts of the Department of State, Germany Berlin Mission, General Records 1959–1961, 500.7 Exhibition-Agriculture, Box 6, unpag.

nen, die sich um das sieben Meter große Modell einer typisch amerikanischen Familienfarm des Mittleren Westens gruppierten, waren viele interessante Dinge für die Besucher zu sehen. Auf einer weiteren Bühne war die mechanisierte Innenwirtschaft mit Traktorenvorführungen und der Ausstellung landwirtschaftlicher Gerätschaften, Produkte und eine vollständig eingerichtete Farmküche zu sehen. Als Erfolge amerikanischer Züchtung wurden eine Jersey-Kuh, zwei Kälber der deutschen schwarzbunten Rinderzucht, eine Sau mit Ferkeln, weiße Leghorn-Hennen sowie eine Anzahl von Masthähnchen inklusive der Stallungen und Gehege gezeigt.[510] Schauspieler stellten Leben und Arbeiten einer amerikanischen Farmfamilie dar und ließen die Handlung von einer Plattform auf die andere hinüberwechseln. Ein »county agent« moderierte das Schauspiel und gab weitere erklärende Hinweise.[511] Als »one of the winning features of the U.S. show« empfanden es die West-Berliner Besucher, dass Schülerinnen einer amerikanischen Schule in West-Berlin, die in typischer Farmerkleidung steckten, ihnen höflich ihre Fragen beantworteten. Auch wenn die Teenager ausschließlich Englisch sprachen, trugen die »pavilion hostesses« zu einem positiven Bild der amerikanischen Jugend in der deutschen Presse bei. Das Ganze fand seinen Abschluss in einem mit Country-Music unterlegten Kurzfilm, der auf drei große Leinwände im Inneren des Pavillons projiziert wurde. Auf der obersten Plattform befand sich eine Fernsehkamera, die ermöglichte, dass das ganze Programm auf mehrere Gruppen von Bildschirmen an der Außenfront der Ausstellungshalle übertragen werden konnte.

Erklärtes Ziel des amerikanischen Ausstellungsbeitrages war es nicht nur, »tausende von Bauern aus der sowjetisch besetzten Zone an[zuziehen]«, sondern auch die Berliner Stadtbevölkerung. Die Schau sollte einen »Eindruck von der typischen amerikanischen Familienfarm« als dem »Grundpfeiler und der Hauptform landwirtschaftlicher Erzeugung in Amerika« und über ihre Lebens- und Arbeitsweise vermitteln.[512] Denn der amerikanische Farmer, so die offiziellen Presseinformationen des USIS, sei ein »selbständiger Unternehmer auf eigenem Grund und Boden«. Die Schau, die in Zusammenarbeit zwischen der USIA, dem Department of Agriculture und amerikanischen Landwirtschaftsverbänden erstellt wurde, sollte in Gemeinschaft mit Wissenschaft, Industrie und Regierung beweisen, dass »die

510 Arno Schmidt, u.a. ein Gegner der Wiederbewaffnung, schrieb aus »der deutschen Doppelwelt von 1954« auch über die mangelnden Englischsprachkenntnisse mancher Zeitgenossen, die alles »westliche, amerikanische« unkritisch und unreflektiert hochstilisierten. So auch über die Leghorn-Hennen, wobei Leghorn wörtlich nichts Anderes als Geflügelrasse mit »Sporn an der Ferse« bedeutet, aber für viele Zeitgenossen, die Kleinvieh hielten, signalisierte »leg« [Bein] eine vergrößerte Lege-Kapazität von Eiern. Vgl. Schmidt: Das Steinerne Herz, S. 165.

511 Ein »county agent« ist ein Angestellter der US-amerikanischen Regierung, der als Berater in ländlichen Gebieten auftritt (insbesondere in Fragen der Anbaumethoden, Bildung etc.).

512 Press Release des USIS, U.S. Mission for Berlin vom 29. Januar 1960, in: LAB, B Rep. 010, Nr. 541, unpag.

Ernährung einer rapide anwachsenden Weltbevölkerung sichergestellt werden« könne. Denn dem amerikanischen Farmer sei es »auf Grund seiner Kenntnisse und modernen Arbeitsmethoden, die er den Bauern in aller Welt gern vermittelt, [...] in den vergangenen 20 Jahren gelungen, seine Produktion so zu steigern, dass er heute außer für den Eigenbedarf noch für 20 Menschen produziert«. 1940 hingegen seien es nur zehn Menschen gewesen. Grafische Darstellungen prognostizierten, dass, erhöhe sich dieser Ertrag weiterhin, sich die Anzahl der versorgten Personen im Jahre 1975 auf 40 erhöht haben würde. Und als »verblüffende, nicht sehr bekannte Tatsache« konnte man die Sehleute darauf verweisen, dass die »Produktivität der amerikanischen Landwirtschaft doppelt so schnell angewachsen [war] wie die der übrigen U.S. Wirtschaftszweige«.[513] Zur Untermauerung dessen wurden auch 1960 wieder zahlreiche Gratisproben und Artikel an das Publikum abgegeben: mehr als 40.000 Päckchen mit Baumwollsamen inklusive einer deutschsprachigen Anleitung zu Anzucht und Pflege. Mehr als 150.000 Exemplare der amerikanischen Ausstellungszeitung, die zahlreiche Themen der »Grünen Woche« wie den Internationalen Grünen Markt, die EWG oder praktische Tipps für Gartenbau und Landwirtschaft gaben, fanden ihre Abnehmer. Deutsche Landwirtschaftsverbände unterstützten die Schau mit Sammlungen und weiteren Gütern. Das U.S. Army Commissary in Berlin stellte amerikanische Lebensmittel bereit, die geeignet erschienen, die Überlegenheit der amerikanischen Lebensmittelversorgung zu demonstrieren – eine Strategie, die bereits im Vorjahr nachhaltig beeindruckt hatte.[514]

Der amerikanische Botschafter Dowling war zugleich Schirmherr und Ehrengast der Sonderschau, die er auch eröffnete.[515]

Mit großer Freude und Genugtuung registrierte der USIS die große mediale und öffentliche Aufmerksamkeit, die »Farmleben USA« hervorgerufen hatte. Über

513 Ebd.

514 USIS Berlin an USIA Washington, DC, Subject: »Farm Life – USA« Exhibit shown at Agriculture Fair (Green Week) vom 29. Januar 1960, in: NARA, RG 84: Records of the Foreign Service Posts of the Department of State, Germany Berlin Mission, General Records 1959–1961, 500.7 Exhibition-Agriculture, Box 6, unpag.

515 An Dowlings Seite befanden sich dabei der US Commander Major Ralph R. Osborne, der Assistent Chief der US Mission Berlin, Minister L. Allan Lightner, der Country Public Affairs Officer, Nedville L. Nordness, und der US Landwirtschaftsattaché Philip S. Eckert. Unter den Ehrengästen zur Schaueröffnung befanden sich auch Bundespräsident Heinrich Lübke, der Regierende Bürgermeister Willy Brandt, BM Werner Schwarz und der Vizepräsident der EWG, Mansholt. Weitere Ehrengäste und West-Berliner Honoratioren sowie landwirtschaftliche Verbandsfunktionäre begleiteten die Entourage. Unter den ausländischen Gästen befanden sich die Botschafter Dänemarks, Kanadas, der Niederlande, Marokkos und Frankreichs. Sie schritten zusammen mit dem deutschen Kommissionsmitglied Hans von der Groeben, der für die Bundesrepublik an den Verhandlungen teilnahm, und Heinz Potthoff von der Montan-Union, unter dem Meer der Staatsflaggen der Teilnehmerländer über das Ausstellungsgelände. Vgl. ebd.; Informationsdienst der Berliner Ausstellungen: Die Europäischen Gemeinschaften auf der »Grünen Woche Berlin 1960«, in: LAB, B Rep. 002, Nr. 10943, unpag.

Kontakte gelangten auch Stimmen ostdeutscher Besucher über die US-Ausstellung an den USIS. So sollen die Besucher aus der DDR am meisten über die »Freiheit und Unabhängigkeit« [freedom and independence] der amerikanischen Farmer überrascht und begeistert gewesen sein. Ein Ausstellungsobjekt allerdings hatte wohl besonders große Wirkung auf die ostdeutschen Gäste: Eine Fotowand zeigte den Regierungschef der UdSSR, Nikita S. Chruschtschow, beim Besuch der Garst-Farm in Iowa. Vor allem die ostdeutschen Besucher waren erstaunt darüber, dass die landwirtschaftlich hoch entwickelte Sowjetunion Delegationen in die USA schickte, um vom hoch industrialisierten Amerika etwas landwirtschaftlich Relevantes zu lernen.[516] Als größtes fachliches Kompliment empfanden es die Ausstellungsmacher, dass die DLG nachfragte, ob die Schau nicht Teil der nächsten DLG-Wanderausstellung in Köln werden könne. Auch der Bremer Bürgermeister stellte eine gleichlautende Anfrage für die jährliche Bremer Landwirtschaftsschau im September 1960. Daher zog man den Schluss, dass die Schau »Farmleben USA« den hohen, vor allem vom State Department und von der USIA erhobenen Ansprüchen gerecht wurde, um die USA würdig im Ausland zu vertreten. Befriedigt stellten die Verantwortlichen fest, dass man nunmehr in der Lage wäre, die beiden bedeutendsten Ausstellungen in West-Berlin, nämlich die »Grüne Woche« und die Industrieausstellung, mit nationalen Sonderschauen beschicken zu können, die höchsten technischen und gestalterischen Ansprüchen genügten und eine große Anziehungskraft entfalteten.

Insgesamt fanden 16 Radio- und Fernsehübertragungen über den US-amerikanischen Schaubeitrag durch SFB, RIAS, AFN, Deutsche Welle (Köln), NDR (Hamburg), BR (München) und den Westdeutschen Rundfunk (Köln) statt mit in Summa 190 Minuten Sendezeit. Der USIS errechnete, dass von den insgesamt 468.000 Besuchern der »Grünen Woche« 306.000 Menschen die amerikanische Schau gesehen hätten.[517]

»Cattle USA«: Der amerikanische Schaubeitrag 1961

Nach den großen Erfolgen der Sonderschauen der USA in den Jahren 1959 und 1960, die vor allem wegen der durch die zweite Berlin-Krise zugespitzten Systemkonkurrenz zustande kamen, flaute das US-amerikanische Engagement für die

516 USIS Berlin an USIA Washington, DC, Subject: »Farm Life – USA« Exhibit shown at Agriculture Fair (Green Week) vom 29. Januar 1960, in: NARA, RG 84: Records of the Foreign Service Posts of the Department of State, Germany Berlin Mission, General Records 1959–1961, 500.7 Exhibition-Agriculture, Box 6, unpag.

517 Ermittelt und berechnet nach ebd.

»Grüne Woche« seit dem Sommer 1960 wieder ab.[518] Die Berliner Ausstellungen begannen ihre Planungen für die »Grüne Woche« des Folgejahres bereits immer kurz nach Abschluss der aktuellen Ausstellung. Völlig anders verfuhren USIS und USIA. Denn aufgrund ihrer zahlreichen weltweiten Verpflichtungen, die ihrem Gründungsauftrag zugrunde lag, hatten sie für das West-Berliner Schauprogramm zumeist nur wenig Vorbereitungszeit.

Im September 1960 schließlich stellte der bundesdeutsche Botschafter in Washington eine Anfrage an das State Department, »um sich der Bedeutung [der »Grünen Woche«] für das State Department erneut zu versichern«.[519] Aufgrund terminlicher und finanzieller Schwierigkeiten bei den beiden zuständigen US-Organisationen, der USIA und dem Department of Agriculture, konnte die offizielle Zusage an den deutschen Botschafter erst Mitte Dezember 1960 gegeben werden. Zwischenzeitlich waren zahlreiche Hürden zu überwinden gewesen. Nach anfänglicher Zusage des Department of Agriculture an die USIA Berlin musste es aufgrund fehlender Haushaltsmittel alsbald wieder von dem Ausstellungsvorhaben zurücktreten. Die USIA Berlin veranschlagte nicht mehr als 100.000 Dollar für den eigenen Schaubeitrag zur »Grünen Woche«. Jedoch waren keinerlei Gelder durch die USIA verfügbar und der USIS Bonn konnte lediglich 20.000 Dollar aus seinen Haushaltsmitteln zur Verfügung stellen. Der Hauptgrund für diese finanziellen Engpässe war in der Hauptsache die Teilnahme der USA an den Handelsmessen in Tokio und in Kairo. Auch für die Teilnahme an der Tokioter Wissenschaftsmesse in den Jahren 1961 und 1962 waren Haushaltsmittel bereits fest verplant. Versuche, Gelder innerhalb der West-Berliner Förderung durch die USA umzuschichten, stießen auf die Ablehnung der Berliner Stellen, da man sich um die Legalität der geplanten Aktion sorgte.[520] Eine formale Antragstellung der USIA Berlin zur Gelderentnahme aus dem städtischen Sicherungseinlagefonds wurde von U/MSC John O. Bell unterbunden.[521] Bell stellte in einem Memorandum an seinen Vorgesetzten Under Secretary klar, dass er weniger die finanziellen Unsicherheiten bei der offiziellen Schauteilnahme an der »Grünen Woche« fürchtete als die vor dem US-Congress zu begründenden Haushaltsausgaben. Denn 1959 war es im Gefolge der »American National Exhibition« im Moskauer Sokolniki-Park zu, so Bell, »tumultartigen Ausbrüchen« im Kongress gekommen. Damals mussten mehr als drei Millionen Dollar Steuergelder, die der Schaubeitrag insgesamt gekostet hatte,

518 Vgl. hierzu Lemke: Die Berlinkrisen; ders.: Die Berlin-Krise 1958 bis 1963, in: Klaus-Dietmar Henke (Hrsg.): Die Mauer. Errichtung, Überwindung, Erinnerung, München 2011, S. 32–48.

519 Department of State notice vom 1. Oktober 1960, in: NARA, RG 59: General Records of the Department of State, Bureau of European Affairs, Office of German Affairs, Box 4, unpag.

520 Memorandum: Ambassor Dowling's Appeal for Funds for Berlins Green Week vom 17. November 1960, in: ebd., unpag.

521 Ebd.

gerechtfertigt werden. Damit sich diese Situation für 1961 und in den folgenden Jahren – man plante bereits Ausstellungen bis 1963 – nicht wiederholte, lehnte Bell jegliche Sonderfinanzierung ab. Schließlich hätte er weitere ausufernde Ausgaben vor den Haushaltsausschüssen dezidiert begründen müssen.[522] Des Weiteren gab er zu bedenken, dass die International Cooperation Administration (ICA) ihre vier Millionen Dollar für die »Medizin USA«-Ausstellung als ausreichende Repräsentation der Vereinigten Staaten ansah und auch das Department of Commerce kein Interesse an einer Finanzierung habe, weil ein wirtschaftlicher Erfolg durch die »Grüne Woche« kaum zu erwarten sei und mit den geringen Mitteln, die der USIS Bonn zur Verfügung stellen konnte, ohnehin nur eine Teilnahme »at the minimum level« möglich gewesen wäre. Allerdings setzte man seitens der USIA Berlin große Hoffnungen auf die eigenen Fähigkeiten, Gelder aus anderen Geschäftsbereichen zu requirieren und sich auch an das Finanzierungsprogramm für die Teilnahme an der Industrieausstellung anzuhängen. Den dadurch absehbaren terminlichen und planerischen Unwägbarkeiten sah man, nach den Erfahrungen der ad-hoc-Aktionen zur »Grünen Woche« in den letzten beiden Jahren, eher gelassen entgegen.[523]

Unvermutete Finanzierungshilfe bekam die USIA für ihre Arbeiten plötzlich im November/Dezember 1960. Denn das Department of Agriculture behielt von der Teilnahme an der Indischen Landwirtschaftsausstellung in Neu-Dehli noch 50.000 Rupien zurück. Dieses Geld konnte – nach längerem Wirrwarr zwischen den beteiligten Institutionen, inklusive einer Auseinandersetzung »with several lawyers« – in D-Mark konvertiert und dem USIA-Berlin-Fond zugeführt werden. Seit Oktober 1960 war auch US-Botschafter Dowling für die »Grüne Woche« mit einer Spendensammlung tätig gewesen.[524] Der Ausschlag für die rege Tätigkeit des US-Botschafters rührte von seiner Enttäuschung über das sich abzeichnende Desinteresse der USA an der »Grünen Woche« 1961 her. Minister Lightner unterstützte ihn dabei. Auch die marktwirtschaftlich orientierten USA stellten mitunter propagandistische Belange über die ökonomische Rationalität. Denn ein Gewinn oder die Anbahnung neuer gewichtiger Geschäftsbeziehungen versprach die Teilnahme an der »Grüne Woche« zu dieser Zeit eher begrenzt. Aber die Fürsprecher wie Lightner und Dowling setzten sich letztlich durch, da sie politisch und nicht

522 Department of State Deputy Coordinator for Mutual Security (John O. Bell), Memorandum for the Under Secretary, Subject: U.S. Participation in Berlin Green Week Exhibition vom 27. Oktober 1960, in: ebd., unpag. – Zu den Kosten für die Moskauer Ausstellungen, den politischen Zusammenhängen und weiteren Informationen vgl. Masey/Morgan: Cold War Confrontations, S. 152–284; Hixson: Parting the Curtain, S. 163–165, 169–180, 185–213.

523 Ebd.

524 United States Government Memorandum, from (GER) Martin J. Hillenbrand – to (EUR) Mr. Kohler, Suject: Financial Problems for Berlin Green Week vom 1. November 1960, in: NARA, RG 59: General Records of the Department of State, Bureau of European Affairs, Office of German Affairs, Box 4, unpag.

ökonomisch argumentierten. Somit war wieder einmal erst im Dezember endgültig gesichert worden, dass die USA an der »Grünen Woche«, die schon am 27. Januar 1961 begann, teilnehmen würden.

Die beschriebenen Unsicherheiten und kurzfristigen Termine bewogen die USIA Berlin letztlich, den Kern der USA-Sonderschau auf das Marshall-Haus und die Ausstellungshalle I/West zu konzentrieren. Auch erhielt die amerikanische Sonderschau 1961 keinen offiziellen Namen.[525] Hinter das Niveau der letzten beiden Schauen fielen gar die Ausstellungs- und Präsentationstechniken etwas zurück. Ausgestellt wurden in der Hauptsache Landtechnik und Erzeugnisse der amerikanischen Nahrungsmittel, wie zum Beispiel Trockenmilch und Geflügelzucht.[526] Von den beteiligten 18 amerikanischen Firmen kamen 13 aus der Konservenbranche, die hauptsächlich bemüht waren, Geschäftskontakte und Verkäufe ihrer Obst- und Gemüsekonserven anzubahnen.[527] Der Vorführung von Mechanisierungs- und Landtechnik war dennoch wieder viel Platz eingeräumt worden. Eine voll einsatzbereite Futtersiloanlage und eine automatische Rohrmelkmaschine, die Milch und Sahne sogleich sonderte, wurden viel bestaunt.[528]

Trotz aller Schwierigkeiten versuchten die USA, einen größtmöglichen Publikumseffekt zu erzielen. Dazu gehörten wieder zahlreiche Filme und audiovisuelle Vorführungen im Marshall-Haus. Eine Ausnahme machte der amerikanische Rundkinostand in der Halle I/West.[529] Einer Umfrage zufolge besuchten etwa 75 Prozent aller Gäste der »Grünen Woche« diesen »Agrarama« genannten Rundkinobau, der nonstop Filme zeigte.[530] Zahlreiche Preisausschreiben und Gewinnspiele zogen viele Besucher in ihren Bann. Ein beliebtes Ratespiel war, das Gewicht eines Truthahns – eine besondere Spezialität der amerikanischen Landwirtschaft – möglichst genau zu schätzen. Für einen »Groschen« konnte man am Ratespiel teilnehmen,

525 «Cattle USA« war Teil der Gesamtschau und wurde als Name intern verwandt. Später übernahm die Presse diese Benennung.

526 USIS Bonn (Morris) an Secretary of State vom 14. Dezember 1960, in: ebd., unpag.

527 U.S. Mission Berlin an das Department of State, Washington, Subject: Berlin »Green Week« 1961 vom 6. März 1961, in: ebd.: RG 84: Records of the Foreign Service Posts of the Department of State, Germany Berlin Mission, General Records 1959–1961, 500.7 Exhibition-Agriculture, Box 6, unpag.

528 R.M.: Rund um die »Silberne Grüne Woche« – Zum 25. Mal unter dem Funkturm in Berlin, in: *Sozialdemokratischer Pressedienst*, H. 28 vom 2. Februar 1961, S. 5f.

529 Für die Teilnahme an der Industrieausstellung 1961 planten die USA ebenfalls eine stärker auf Verkauf und Product-Marketing orientierte Schau. Dafür überließen sie das Marshall-Haus zum ersten Mal vollständig den Berliner Ausstellungen und konzentrierten ihre Sonderschau komplett in der Halle I/West.

530 Informationsdienst der Berliner Ausstellungen, Schlussbericht: »Grüne Woche« feiert 25. Jubiläum – Forum der agrarpolitischen Diskussion vom 5. Februar 1961, in: LAB, B Rep. 002, Nr. 3553, Bd. 2, unpag.

Teil der US-amerikanischen Schau »Agrarama« als Publikumsmagnet der »Grünen Woche«, 1962.

und der Besucher mit der richtigen Lösung erhielt den Truthahn.[531] Einen großen Zulauf verzeichnete wiederum die große landwirtschaftliche Bibliothek im Marshall-Haus.

»Agrarama 1962«

Auch nach dem Mauerbau blieben die USA der wichtigste ausländische Partner der »Internationalen Grünen Woche«. Sie investierten 1962 enorme Anstrengungen in ihren Ausstellungsbeitrag. Zunächst wurde der Etat auf ein bisher unerreichtes Niveau von über einer Million Dollar angehoben und das im Vorjahr so erfolgreiche »Agrarama« weiterentwickelt. Es sollte in den kommenden Jahren eine feste Instanz der Ausstellung werden. Für das »Agrarama 1962« wählte die USIA das Konzept von Fritz Bornemann aus. In einem Interview blickte Bornemann 40 Jahre später auf seine Konzeption für den Schauteil »Agrarama« der »Internationalen Grünen Woche 1962« zurück. Für ihn war die im Kontext des Mauerbaus erreichte politische Wirkung seiner Ausstellungsgestaltung besonders wichtig: »Der Mauerbau

531 Dobberke: Grüne Woche, S. 53.

war gewesen, die Grüne Woche stand an. Ich sagte zu Drexler[532], der die amerikanischen Ausstellungen koordinierte: Passen Sie auf, wir haben etwas Geld übrig. Wir, die Vereinigten Staaten, machen eine Ausstellung. Da habe ich in den Rundbauten, gegenüber vom ICC, eine ganze Halle mit einem ansteigenden Hügel aufgefüllt, von null auf 3 m, darauf ein Weizenfeld angepflanzt, und obendrauf, schräg da drin, eine ganz moderne Mähdreschermaschine gestellt, die extra aus Amerika eingeflogen wurde. Fotografische Abbildungen, die sich immerfort wandelten, zeigten, wie die Landwirtschaft in den USA Riesenerträge brachte, und die Presse hat gejubelt: ›Amerikanischer Weizen blüht am Funkturm!‹ Das war ein seelischer Haltepunkt für das geknickte Berlin. Das war zu dem Zeitpunkt meine erfolgreichste Ausstellung – psychologisch, politisch gesehen.«[533]

Reflexionen der Krisen durch die DDR-Landwirtschaftsausstellung

Nach Volksaufstand und »Neuem Kurs«: Die Ausstellung des Jahres 1954

Das landwirtschaftliche und gartenbauliche Ausstellungsprogramm der DDR war ab dem Sommer 1953 deutlich bescheidener als es die großen Ambitionen des Vorjahres hätten erwarten lassen. Allerdings sind kaum schriftliche Überlieferungen zur Vorbereitung und Organisation auffindbar. Nicht viele Berichte oder Pressenachlesen sind von dieser Gartenbauausstellung erhalten geblieben. Sie scheint knappe drei Monate nach dem Volksaufstand vom 17. Juni 1953 buchstäblich in seinem Schatten geblieben zu sein.

In der Zeit vom 27. August bis zum 6. September 1953 fand in Markkleeberg eine Gartenbauausstellung statt, die offiziell von mehr als 400.000 Menschen besucht wurde (siehe Tab. 4). Das Plakat, das republikweit für die Ausstellung warb, war von einer relativ neutralen Bildsprache geprägt und ansprechend gestaltet: Vor dem Hintergrund des Markkleeberger Kulturparks – mit seinen Gärten, Bäumen, Springbrunnen und Repräsentativgebäuden – prangte der Schriftzug der Gartenbauausstellung. Gekrönt wurde die bildliche Komposition von einem großen, aus dem Himmel herniederfallenden Glockenblumenstrauß.

532 Gemeint war wahrscheinlich Gerhard Drechsler.

533 Interview Susanne Schindler mit Fitz Bornemann am 18. Februar 2002, in: dies. (Hrsg): Inszenierte Moderne, S. 156. – Bornemann arbeitete für die USIA bereits an deren Schauteilen zur »Grünen Woche« 1959 (»The Golden Harvest«) und 1961 (»Cattle USA«) mit. Da dort bereits die von Bornemann genannten Ausstellungstechniken verwandt wurden, ist es unklar, wie korrekt er aus der Retrospektive die zeitlichen Abläufe der Ereignisse und Schauinhalte von 1962 wiedergegeben hat.

Im Februar 1954 legte das Regierungsdokument über die »Maßnahmen zur Weiterentwicklung der Landwirtschaft« fest, dass das MLF 1954 eine Landwirtschaftsausstellung in Markkleeberg durchzuführen hatte.[534] Als Termin wählte man die Zeit kurz vor der Ernte, also den Zeitraum vom 24. Juni bis zum 6. Juli 1954. Am 24. Mai 1954 eröffnete zunächst der Kulturpark in Markkleeberg, und genau einen Monat später, am 24. Juni, wurde die große Landwirtschaftsausstellung feierlich eröffnet.[535]

Wohl unter dem Eindruck der Ereignisse des 17. Juni 1953 und der erfolgreichen »Grünen Woche 1954« stehend[536], wählte man die Losung: »Erhöhung der Produktion von Fleisch, Fett, Milch, Eiern und pflanzlichen Erzeugnissen zur Hebung des Lebensstandards der Bevölkerung.«[537] Den Ausstellungsschwerpunkt sollte die Darstellung der SED als »einzige[r] gesellschaftliche[r] Kraft [bilden], die in der Lage ist, die Einheit Deutschlands herbeizuführen«.[538]

Visuell wurde dieser Ausstellungsschwerpunkt in zwei »repräsentativen Haupthallen« umgesetzt. Trotz der gewalttätigen Ereignisse im Verlauf des Arbeiteraufstandes vom 17. Juni im ländlichen Bereich sah man in Markkleeberg offenbar keine Notwendigkeit, die »Durchführung des neuen Kurses« weniger offensiv darzustellen. Vielmehr sollte die Landbevölkerung »durch die Erhöhung der Eigenproduktion in der Landwirtschaft zu befriedigen« sein. Dies ist als ein weiterer Beleg für die von der Forschung vorgebrachte These zu sehen, dass von der Staats- und Parteiführung auch nach dem 17. Juni zu keinem Zeitpunkt über einen Abbruch der massiv vorangetriebenen »Vergenossenschaftlichung« nachgedacht wurde.[539]

Die erste »Repräsentativhalle« hatte die Aufgabe, die »Praktiker in der Landwirtschaft […] durch gewachsene Beispiele zu überzeugen«. Dazu sah die Schauleitung das Anlegen eines Beispielfeldes in einer Größe von 10 ha in hunderten von Parzellen vor, wo »die wissenschaftlichen Erkenntnisse und Neuerermethoden« anbautechnisch vorgestellt werden sollten. Neben wissenschaftlichen Instituten der DAL und Universitäten beteiligten sich daran vor allem »Neuerer und Meisterbauern«, die die Kulturen selbst anbauten und vor Ort erläuterten. Dieser Halle waren

534 Rahmenentwurf zur Landwirtschafts-Ausstellung der Regierung der DDR 1954 vom 18. Februar 1954, in: BArch, Abt. DDR, DK 1/1339, Bl. 16–19.

535 Berlin I: Zeitgeschehen im Funk, Sendung vom 24. Mai 1954, in: DRA, A095-00-03/0002/0026.

536 Die Ausarbeitung des Rahmenentwurfes erfolgte kurze Zeit nach Ende der »Grünen Woche« im Februar 1954. Da die West-Berliner Landwirtschaftsausstellung sowohl politisch als auch wirtschaftlich ein großer Erfolg gewesen war, sahen sich die Schauleitung und das MLF – auch unter den Eindrücken des 17. Juni 1953 – gezwungen, entsprechend propagandistisch nachzubessern und eine verbesserte Versorgungslage in den Mittelpunkt zu stellen. Vgl. ebd., Bl. 16.

537 Ebd., Bl. 16.

538 Ebd. u. passim.

539 Schöne: Frühling auf dem Lande, S. 166–172, bes. S. 167.

weitere Ausstellungshallen thematisch angegliedert: Die Hallen »Bodenkunde, Acker- und Pflanzenbau«, »Pflanzenzüchtung«, »Pflanzenschutz« und »Landeskultur, Landschaftsgestaltung und Naturschutz«.

Die zweite »Repräsentativhalle« beinhaltete eine Tierschau von rund 1.000 Stück Großvieh und hatte die Aufgabe, »die Leistungen und den Stand der Tierzucht in der DDR und [...] das Zuchtziel für die kommenden Jahre [bekannt zu geben]«.[540] Außer der Ausstellung von Einzeltieren fanden sieben Gemeinschaftsschauen von drei LPG, drei dörflichen Tierzuchtgemeinschaften und einem VEG statt. Ergänzend errichtete man in Zusammenarbeit mit den Instituten für Tierzuchtforschung Dummerstorf, Klausberg und Knau eine »Halle Viehwirtschaft«, in der Haltung, Ernährung und Pflege des Viehs vor allem unter den Bedingungen der Offenstallhaltung dargestellt wurde. Zu diesem Zweck verfügte auch diese Halle über ein angegliedertes Freigelände, auf dem Beispiele von »Kälberhütten« und »Jungviehställen« aufgebaut waren.

Um dem Ausstellungsziel und den agrarpolitischen Leitlinien Rechnung zu tragen, entschied sich die Schauleitung, »zum ersten Mal auf einer Landwirtschaftsausstellung die Probleme der neuen sozialistischen Elemente auf dem Land« zu zeigen. Nach dem Volksaufstand gegen das SED-Regime lösten sich zahlreiche LPG wieder auf. Aufgabe der Landwirtschaftsausstellung war es zu zeigen, dass der von der SED vorgegebene Weg zur Vergenossenschaftlichung der Landwirtschaft dennoch der Richtige wäre. Dazu war die Darstellung von »vorbildlich arbeitenden« Genossenschaften von propagandistischem Wert. Die LPG Groß-Polzin, Arnstadt, Merxleben[541], Brauna, Felgentreu und Bullendorf wurden in Markkleeberg durch Modelle, bildliche Darstellungen (Zeichnungen, Fotowände) und von ihren Vorstehern dem Publikum als wegweisend vorgestellt. Jede dieser sechs Produktionsgenossenschaften galt als politische Muster-LPG, die auch während des 17. Juni und der nachfolgenden Überprüfungen sämtlicher LPG in der DDR durch das MLF als »vorbildlich« galten.[542]

Besonders wichtig war der Schauleitung auch die Ausgestaltung der »Sonderschau der MTS«. Bei den Darstellungen sollte zum Ausdruck kommen, dass sich die MTS zum »politischen Hauptfaktor im Dorf entwickelt« habe. Auf dem Freigelände von rund 10.000 qm Fläche boten die MTS eine »technische Lehrschau«. Dort wurden moderne Landmaschinen vorgestellt, die in den MTS der gesamten Republik so nicht immer anzutreffen waren. In einer weiteren Halle wurden die

540 Rahmenentwurf zur Landwirtschafts-Ausstellung der Regierung der DDR 1954 vom 18. Februar 1954, in: BArch, Abt. DDR, DK 1/1339, Bl. 17 u. passim.

541 Merxleben war 1952 eine der ersten LPG. Die SED behauptete, dass ihre Gründung auf Eigeninitiative zurückging. Nach neueren Erkenntnissen kann hiervon jedoch keine Rede sein. Zu Merxleben und seiner LPG vgl. Schier: Alltagsleben; Schöne: Frühling auf dem Lande, S. 98–104, bes. S. 102.

542 Ebd., S. 167.

Methoden der MTS unter den Schlagworten »Die MTS als zentrales Organ des politischen und wirtschaftlichen Lebens auf dem Dorf«, »Die Verbesserung der Arbeitsorganisation der MTS«, »Die Planung der MTS«, »Das Verhältnis der MTS zu den werktätigen Bauern und LPG« und »Die MTS, ein wichtiges Glied zur Vertiefung des Bündnisses« gezeigt.[543]

In einer weiteren Ausstellungshalle waren Sonderschauen von »Genossenschaftseinrichtungen« aufgebaut worden. Dort wurden die Arbeitsbedingungen für die Innenwirtschaft wie den »genossenschaftlichen Waschanlagen« im Dorf, Kükenaufzuchtstationen etc. gezeigt. In der »Halle der Jugend« informierten Stände und bildliche Darstellungen über die Berufsmöglichkeiten von Jugendlichen in der Landwirtschaft. In Zusammenarbeit mit dem Zentralrat der FDJ traten die »20 besten Klubs Junger Agronomen« mit ihren Arbeiten auf. In der »Halle Arbeitsschutz« war eine Gemeinschaftsschau des Ministeriums für Arbeit und dem FDGB zum Thema Arbeitsschutz in der Landwirtschaft aufgebaut. In einer – nur 1954 so bezeichneten – »Industrieausstellung«, die aus einer Hallen- und einer Freigeländeschau bestand, stellten private und »volkseigene Industriebetriebe« ihre Erzeugnisse aus. Auf einem gesonderten Maschinenvorführfeld zeigten MTS-Mitarbeiter Ackermaschinen.

Wie in jedem Jahr gehörte auch zur Landwirtschaftsausstellung 1954 ein umfangreiches Kulturprogramm. Täglich wurden an drei Stellen auf dem Ausstellungsgelände kulturelle Veranstaltungen geboten. Als Auszeichnung galt die Teilnahme der besten »Volkskunst-Ensemble« insbesondere aus der Landwirtschaft am Kultur- und Sportprogramm. Während der Ausstellung fanden laufend Radioübertragungen statt. Fünf Tage nach der Eröffnung der Ausstellung unternahm die Sendereihe *Zeitgeschehen im Funk* Besucherbefragungen.

Zahlreiche Fachtagungen und »Erfahrungsaustausche« fanden ausstellungsbegleitend statt. Spätestens auf den Veranstaltungen des Jahres 1954 zeigte sich, dass es sich um keine Fachtagungen im Wortsinne mehr handelte, sondern vielmehr um Agitations- und Propagandaveranstaltungen für die SED-Agrarpolitik und ihrer sogenannten »Neuerermethoden in der Landwirtschaft«. Der einst fachliche Austausch war zum großen Teil den nach einem Drehbuch ausgearbeiteten propagandistischen Referaten von »werktätigen Bauern und Landarbeitern« gewichen.

Delegationen kamen nicht nur aus der Sowjetunion, sondern auch aus Polen, der ČSSR, Ungarn, Rumänien und Bulgarien. Aus dem »kapitalistischen Ausland« wurden 50 Besucher gezählt.[544]

543 Rahmenentwurf zur Landwirtschafts-Ausstellung der Regierung der DDR 1954 vom 18. Februar 1954, in: BArch, Abt. DDR, DK 1/1339, Bl. 18 u. passim.

544 Aus der Überlieferung geht nicht hervor, um welche Länder es sich dabei handelte.

Auch gewann die Blumenschau in jenem Jahr an Bedeutung. Die großen und eindrucksvollen Blumenhallen der »Grünen Woche«, die selbst im Winter bunte Frühlingswiesen ermöglichten, hatten ihren Eindruck auf die Besucher aus Ost- und Westdeutschland nicht verfehlt. Das trug auch zu den Überlegungen des MLF bei, die Blumenschauen in der DDR auszubauen. Bereits in der Zeit vom 10. bis zum 19. April 1954 fand die gelungene »Frühjahrsblumen- und Exportschau der DDR« in Dresden statt. Der Dresdner Oberbürgermeister gratulierte Baumgarten, der die Schau verantwortlich organisierte, »zum großen Erfolg«.[545] Das Schreiben betonte auch die große wirtschaftliche und politische Bedeutung, die der Besuch westdeutscher und ausländischer Delegationen in Dresden gehabt habe, da unter anderem zahlreiche Verträge über Exportlieferungen abgeschlossen werden konnten. Bei der Beseitigung der Probleme, die bei der Gewinnung des wichtigen Klee-, Cyclamen- und Luzernesamens in der SBZ/DDR seit Ende des Krieges bestanden, konnte die Ausstellung allerdings nur wenig beitragen.[546] Hinzu kamen die seit Ende der 1940er Jahre mit der »doppelten Staatsgründung« erschwerten Handelsbedingungen. Gartenbau- und Exportschauen waren ein geeignetes Mittel, um mit Handelsdelegationen entsprechende Geschäfte anzubahnen. Auch aus diesem Grund wurde die Leistung der Dresdner Schau unter Baumgarten als Möglichkeit gesehen, das »Band zwischen den Deutschen in Ost und West fester zu knüpfen«.[547] Die oben genannten Erfolge beabsichtigte Baumgarten auch in der Markkleeberger Ausstellung umzusetzen. Aber auch die gestiegene Bedeutung des Erholungs- und Entspannungseffekts eines durch Blumen- und Pflanzenrabatten verschönerten Kulturparks wurde erkannt und durch entsprechende Pflanzungen qualitativ wie quantitativ umzusetzen versucht. Um die Exporterfolge weiter auszubauen, aber auch um der »Grünen Woche« etwas entgegenzusetzen, organisierte Baumgarten die Blumen- und Exportschau »Blühender Herbst in Berlin« als Abschluss des Ausstellungsjahres im November in der Ost-Berliner Sporthalle in der Stalinallee. Aus teils schon in Markkleeberg angebahnten Geschäften entwickelten sich auf der gut besuchten Schau (in drei Tagen wurden 60.356 Besucher gezählt) weitere Geschäftskontakte zu bundesdeutschen Züchtern und holländischen Samenhändlern. Der Stellvertreter des Ministers für Land- und Forstwirtschaft Kiontke sah es als notwendig an, »diesen ersten Schritt der Wiederaufnahme des Cyclamenexports durch eine Beteiligung an der nächsten Bundesgartenschau in Kassel weiter auszubauen«.[548]

545 An den Nationalpreisträger Kollege Dr. Baumgarten vom 30. April 1954, in: BArch, Abt. DDR, DK 1/1339, Bl. 6.

546 Vgl. z. B. Edwin Hoernles Referat über »Planung in der Landwirtschaft, Partei- und Verwaltungsaufgaben« vom März 1947, in: SAPMO-BArch, NY 4030/35, Bl. 22.

547 BArch, Abt. DDR, DK 1/1339, Bl. 6.

548 Bericht über die Blumen- und Exportschau »Blühender Herbst in Berlin« in der Sporthalle Stalinallee vom 11. bis 14. November 1954 [o. D.,], in: ebd., Bl. 2 f.

Kurz Zeit vor ihrem Abschluss schlug die Schauleitung dem MLF vor, die Ausstellung zeitlich zu verlängern. Denn wegen des evangelischen Kirchentages versprach man sich weitere Gäste. Von den insgesamt 3.000 registrierten Besuchern aus Westdeutschland kamen 2.000 Teilnehmer des Kirchentages nach Markkleeberg.[549]

Zwischen nationaler Politik und internationaler Ausrichtung: Die 5. Landwirtschaftsausstellung der DDR 1957

Das Jahr 1956 hatte für die DDR erhebliche politische, soziale und wirtschaftliche Folgen. Zum einen leitete die Revision ideologischer Dogmen (»Entstalinisierung«) auf dem XX. Parteitag der KPdSU ein politisches »Tauwetter« ein, und zum anderen sorgten die Ereignisse in Polen und Ungarn auch in der DDR für Turbulenzen.[550] Für die Ostdeutschen wirkte der Einmarsch der sowjetischen Truppen in Ungarn in zweifacher Hinsicht deprimierend: Denn einmal erinnerte es sie an die Ereignisse des Jahres 1953. Andererseits konnte kein Zweifel daran bestehen, welche Folgen ähnliche Entwicklungen in der DDR haben würden. Der wirtschaftliche Wachstumseinbruch in der DDR 1956 hatte primär außenwirtschaftliche Ursachen aufgrund fehlender Rohstofflieferungen aus Ungarn und Polen, die wegen der dortigen politischen Unruhen ausgeblieben waren.

Ulbricht hatte, beunruhigt über das Verhalten der DDR-Bevölkerung, das sich unter anderem in Hamsterkäufen niederschlug, im November 1956 in Moskau um Hilfe und Rückendeckung ersucht.[551] Der Kurzbesuch Chruschtschows 1957 in Markkleeberg war ein deutliches Zeichen für den Schulterschluss zwischen der UdSSR und der DDR. Die SED wiederholte nicht ihre Fehler des Jahres 1952 und schenkte der sozialen Erwartungshaltung der Bevölkerung mehr Beachtung, um ihre Macht sichern zu können. Auch dazu bot die nationale Landwirtschaftsausstellung der DDR eine geeignete Plattform. Sie musste auch in dieser für die SED schwierigen Situation einspringen, indem sie die im Jahre 1956 erzielten Erfolge bei der Steigerung der Lebensqualität der Bevölkerung möglichst eindringlich darstellte. In der Tat hatte sich, gemessen am Nahrungsmittel- und Güterverbrauch, die Lebenslage der Bevölkerung seit Gründung der DDR deutlich verbessert. Der Pro-Kopf-Verbrauch von Fleisch und Butter verdoppelte sich beispielsweise zwi-

549 Unterlagen für die Landwirtschaftsausstellung vom 23. Juni bis zum 5. August 1956 für Minister Reichelt vom 8. Mai 1956, in: BArch, Abt. DDR, DK 1/1344, Bl. 2–5, hier Bl. 2.

550 Dietrich Staritz: Geschichte der DDR 1949–1985, Frankfurt am Main 1985, S. 101–118; Mählert: Kleine Geschichte, S. 83–86; Hermann Weber: Geschichte der DDR, München 1985, S. 275–280.

551 Ebd., S. 283–289.

schen 1949 und 1956.[552] Gleichwohl enttäuschten viele Bauern die geringen Zugeständnisse, die das 28. Plenum des ZK der SED im Sommer 1956 machte. Viele Bauern bekundeten überdies großes Interesse an den Ereignissen in Polen, wo sich viele Produktionsgenossenschaften in Auflösung befanden.[553] Hinzu kamen Mittelkürzungen bei den MTS, die auch Landmaschinen und Traktoren betrafen. Termine für die Produktionsaufnahmen landwirtschaftlicher Geräte mussten immer wieder verschoben werden. Das traf zum Beispiel auf den Radtraktor RS 09/15 mit luftgekühltem Dieselmotor und die Rüben- und Kartoffelvollerntemaschinen zu. Im April 1957 stellte das Landwirtschaftsministerium fest, dass die den MTS zur Verfügung gestellten Mittel nicht einmal die einfache Reproduktion gewährleisteten. Daraufhin wurden mehrere Varianten für die Mechanisierung der Landwirtschaft bis 1960 ausgearbeitet. Im Juni 1957, also noch einige Zeit vor Ausstellungseröffnung, stimmte die Agrarkommission einer jährlichen Zuführung von 370 Millionen DM (Ost) zu. Nach Ende der Ausstellung jedoch, im Oktober 1957, korrigierte die 33. ZK-Tagung einerseits einige im zweiten Fünfjahrplan gesetzten Ziele der landwirtschaftlichen Produktion nach unten. Auf der anderen Seite hielt die SED an der unbedingten Überlegenheit der genossenschaftlichen Produktion fest.[554] Am Vorabend der Ausstellung betonte Ulbricht in seinem Referat »Fünf Jahre Entwicklung der sozialistischen Landwirtschaft«, dass es »außer Zweifel [steht], daß sich auch die LPG, die eine große Anzahl schwächerer Wirtschaften oder heruntergekommener verlassener Betriebe aufgenommen haben, zu erfolgreichen sozialistischen Großbetrieben entwickeln« würden.[555]

Bis zum September 1957 hatte sich der Anteil der genossenschaftlich bewirtschafteten Fläche in der DDR auf nur 24,5 Prozent des Gesamtbestandes erhöht.[556] Die Staats- und Parteiführung glaubte auch aufgrund der im Gegensatz zum Vorjahr leicht verbesserten Wirtschaftsergebnisse, die Ausstellung als eine Art Werbeplattform für den Beitritt zur LPG nutzen zu können. Damit sollte Markkleeberg zur »Stabilisierung der Produktionsgenossenschaften beitragen«.[557]

Umso ungehaltener reagierte Franz Mellentin, Leiter der Abt. Landwirtschaft des ZK der SED, auf die Ankündigung der V. DDR-Landwirtschaftsausstellung Ende Januar 1957 im *Bauern-Echo*. In einem erzürnten Brief an Mückenberger

552 Ebd., S. 28 f.

553 Christel Nehrig: Probleme der DDR-Landwirtschaft im Jahre 1956 und Diskussionen um Lösungswege, in: Siegfried Prokop (Hrsg.): Zwischen Aufbruch und Abbruch. Die DDR im Jahre 1956, Berlin 2006, S. 333–343.

554 Ebd., S. 34 f.

555 Walter Ulbricht: Fünf Jahre Entwicklung der sozialistischen Landwirtschaft, in: ders.: Die Bauernbefreiung in der Deutschen Demokratischen Republik, Bd. I, S. 603–613, hier S. 60 f.

556 Schulz: Kapitalistische Länder überflügeln, S. 14–20; Ciesla: Zwischen den Krisen, S. 271–291.

557 Humm: Auf dem Weg, S. 201.

beklagte Mellentin, dass in dem Zeitungsartikel die Ausstellung als »vielseitige Industrieschau [mit] zahlreichen Geräten für die Einzelbauern« dargestellt würde aber »vom Sozialismus keine Rede mehr« wäre.[558] Die Ausstellungsleitung hatte den Artikelentwurf an den ADN ohne Rücksprachen abgegeben, was für Mellentin »eine glatte Brüskierung des Politbüros einerseits sowie des Kollegiums des Ministeriums für Land- und Forstwirtschaft andererseits« bedeutete. Deshalb verlangte Mellentin von den »leitenden Genossen im Ministerium für Land- und Forstwirtschaft [...,] nunmehr endlich ein Drehbuch vorzulegen, um es dem Politbüro zur Beschlußfassung zu übergeben«. Zur Rückversicherung, damit die nationale Landwirtschaftsausstellung den gewünschten Verlauf nehme, verlangte Mellentin vom HA-Leiter für das Hoch- und Fachschulwesen und landwirtschaftliche Propaganda, Kiontke, den tatsächlichen Etat der Ausstellungs-Haushaltsmittel zu erfahren. Der Ausstellungsetat belief sich auf 9,5 Millionen DM (Ost) und einer weiteren Millionen DM (Ost) an Investmitteln für 1957.[559]

Das Drehbuch zur Ausstellung wurde allerdings erst im Sommer des Jahres endgültig beschlossen und den politischen Zielsetzungen angepasst. Als Aussteller wurden die im Wettbewerb 1956 ermittelten sogenannten »erfolgreichsten Betriebe der sozialistischen und privaten Landwirtschaft« zugelassen. Die rigide Auswahl der Aussteller sollte laut dem Drehbuch dazu beitragen, »die Möglichkeiten zur Erhöhung der Brutto- und Marktproduktion entsprechend den Beschlüssen des ZK der SED nicht nur theoretisch dar[zulegen], sondern auch die Praxis vieler Betriebe aus allen Teilen der DDR [zu] beweisen und eine lebendige Schule für alle übrigen Betriebe der Landwirtschaft« zu sein.[560] Die Ausstellung gliederte sich nach den abschließenden Planungen grob in die Haupthalle, Zone der MTS und Mechanisierung sowie in die Freigeländeschau. In der Haupthalle waren drei große Themenbereiche dargestellt worden: 1) »Die Perspektiven des 2. Fünfjahrplanes ausgehend von den Ergebnissen des 1. Fünfjahrplanes«. 2) »Zwei Wege der Entwicklung in Deutschland«, womit die Gegenüberstellung zwischen Ost- und Westdeutschland in der landwirtschaftlichen und politischen Entwicklung seit 1945 bzw. seit 1949 gemeint war, die immer zugunsten der DDR – möglichst augenfällig und eindeutig – auszufallen hatte sowie schließlich 3) »die Stellung der DDR innerhalb des sozialistischen Lagers«.[561]

558 Der Brief ist sowohl vor dem Hintergrund der anstehenden agrarpolitischen Zielsetzungen für das Jahr 1957 als auch vor dem Hintergrund der zu diesem Zeitpunkt stattfindenden erfolgreichen »Grünen Woche« zu sehen. Vgl. Mellentin an Mückenberger vom 31. Januar 1957, in: SAPMO-BArch, DY 30/IV 2/7/88, Bl. 1 u. passim.

559 Ebd.

560 Drehbuch zur Landwirtschaftsausstellung der DDR [o. D., 1957], in: ebd., Bl. 8–20, hier Bl. 9.

561 Ebd., Bl. 9f.

Die »Zone MTS«[562] hatte die MTS als »das wirtschaftliche, politische und kulturelle Zentrum des Arbeiter-und-Bauern-Staates auf dem Lande« erscheinen zu lassen.[563] Mit dem Stilmittel der Gegenüberstellung wurde dargestellt, welche Kosten angeblich entstehen würden, wenn die MTS nicht auf größeren Flächen, sondern auf kleineren zersplitterten Flächen arbeitete. Damit sollte »bewiesen« werden, dass »der rationelle Einsatz der Technik, die Senkung der Produktionskosten, die Überwindung der zersplitterten Bodenbearbeitung notwendig macht und im Interesse der Bauern ist«. Besondere Aufmerksamkeit legten die Ausarbeiter des Schau-Drehbuches auf die Teilnahme von Muster-MTS wie der MTS Zschölkau, die angeblich ohne Staatszuschüsse rentabel wirtschaften konnten. Da ohnehin nur wenige MTS und LPG ohne staatliche Zuschüsse auskamen, was von der SED nur als Anfangsschwierigkeit begriffen wurde, war es besonders wichtig, dass die Landwirtschaftsausstellung das Vertrauen der Landbevölkerung in diese Einrichtungen stärkte. Propaganda und Wirklichkeit klafften in Markkleeberg immer weiter auseinander. Eine kritische Diskussion über die prekäre Lage der LPG oder gar der Agrarpolitik der DDR nach dem XX. Parteitag der KPdSU war keinesfalls eingeplant und unerwünscht. Die Ausstellung war Bestandteil der Gesamtstrategie, die besonders im zweiten Halbjahr 1957, nach der 33. Tagung des ZK, zum Tragen kam, um eine »Trendwende in der Kollektivierung« zu erreichen.[564] Diese Strategie bestand in der Überzeugungsarbeit durch die Funktionäre und Abgeordneten der SED, aber auch der anderen Blockparteien, sich der Gruppe von Bauern intensiv zuzuwenden, bei der Erfolge am schnellsten möglich schienen.

Die Ausstellung begann am Vormittag des 26. Juni 1957 mit einer großen Eröffnungsfeier, zu der 600 Gäste geladen waren.[565] Walter Ulbricht eröffnete sie. Während der Feierlichkeiten und an manchen Ausstellungstagen trat das Armee-Ensemble der NVA auf. Diese und sämtliche Festivitäten hatten »die erfolgreiche Entwicklung der ländlichen Kultur- und Sportgruppen zu demonstrieren [und] zu zeigen, wie sich das Leben in unseren Dörfern verändert hat und das kulturelle Erbe schöpferisch weiterentwickelt« werde. Delegationen aus insgesamt 24 Ländern waren eingeladen worden. Trotz der Ereignisse in Polen und Ungarn im Vorjahr, die für erhebliche Wirren in der Agrarpolitik der DDR von Ende 1956 bis Mitte 1957

562 »Zone« war ein DDR-Terminus, der mit Ausstellungs- bzw. Schauteil synonym zu verstehen ist.

563 Ebd., Bl. 1 f. u. passim.

564 Schulz: »Kapitalistische Länder überflügeln«, S. 2 f.

565 Einladungen ergingen an die Mitglieder des Politbüros, des Sekretariats des ZK der SED, an die Mitglieder der Regierung, an leitende Funktionäre der Blockparteien und Massenorganisationen sowie an führende Wissenschaftler der Landwirtschaft. Von den insgesamt eingeladenen Gästen waren 450 Landarbeiter, Traktoristen, Genossenschafts- und Einzelbauern. Vgl. Drehbuch zur Landwirtschaftsausstellung der DDR [o. D., 1957], in: SAPMO-BArch, DY 30/IV 2/7/88, Bl. 18 u. passim.

gesorgt hatten[566], waren polnische, ungarische und sogar ägyptische Delegationen nach Markkleeberg gekommen, die 1956 allesamt nicht eingeladen worden waren.[567]

Neben Ulbricht und mehreren Ministern kam auch KPdSU-Chef Nikita S. Chruschtschow zum Besuch. Ein kurzer, in schlechter Bildqualität erhalten gebliebener Film zeigt den Rundgang von Ulbricht und Chruschtschow über das Ausstellungsgelände.[568] Der Gang der beiden durch die Empfangshalle fand unter starkem Gedränge statt, was Chruschtschow nicht davon abhielt, Gruppenbilder machen zu lassen. Interessierte Gesichter zeigten beide besonders während der Landmaschinen- und Tiervorführungen am großen Vorführring. Die Tribüne sowie alles Weitere im Blickfeld wirkten sehr improvisiert. Überhaupt ist nicht mehr viel von dem großen Glanz und der euphorischen Berichterstattung in den Medien des Vorjahres zu erkennen. Dies sollte sich erst 1958/59 mit den neuen Kollektivierungsanschüben wieder ändern.

Einholen und Überholen: Die 7. Landwirtschaftsausstellung der DDR 1959

Nachdem Ulbricht Mitte 1958 die »ökonomische Hauptaufgabe: Einholen und Überholen« auf dem V. Parteitag der SED verkündet hatte – bis 1961 sollte der Pro-Kopf-Verbrauch der »werktätigen Bevölkerung« den Pro-Kopf-Verbrauch der Gesamtbevölkerung Westdeutschlands bei allen wichtigen Lebensmitteln und Konsumgütern übertreffen[569] –, ging das MLF dazu über, die Ausstellung noch stärker in den Dienst der Planerfüllung zu stellen. Dies lag letztlich auch dem verstärkten Druck auf das Ausstellungskollektiv zugrunde, das zur Umsetzung des 1959 beschlossenen Siebenjahrplanes (1959–1965) mit beizutragen hatte. Der VdgB wurde staatlicherseits »die klare Orientierung auf die wichtigsten Aufgaben« vorgegeben. Diese Aufgaben bestanden in »einer verstärkten ideologischen Auseinandersetzung mit unseren Mitgliedern, deren Zielsetzung die schnellere sozialistische

566 Schulz: »Kapitalistische Länder überflügeln«, S. 11. – Zu den internationalen Ereignissen des Jahres 1956 und deren Auswirkungen auf die DDR vgl. Prokop (Hrsg.): Zwischen Aufbruch und Abbruch; Stöver: Befreiung vom Kommunismus, S. 783–831; Guntolf Herzberg: Anpassung und Aufbegehren. Die Intelligenz der DDR in den Krisenjahren 1956/58, Berlin 2006, S. 206–331; Steiner: Plan, S. 99–101.

567 Zur Gartenbauausstellung, die im September 1957 in Markkleeberg stattfand, lud man auch Gastdelegationen aus Dänemark, Schweden und Finnland ein. Vgl. Minister Hans Reichelt an den Minister für Landwirtschaft Schwedens, Herrn Bernhard Näsgard, vom 4. August 1957, in: BArch, Abt. DDR, DK 1/53496, Bl. 44.

568 »Genosse Chruschtschow und Ulbricht in Markkleeberg« (Produzent: Ernst Mach, 1957, Dauer: 8:15 Min.), in: SStAL, AV-Erschließungsnummer: agra – 237/04-VHS.

569 Steiner: Plan, S. 110–115.

Umgestaltung der Landwirtschaft und die Übererfüllung des Volkswirtschaftsplanes« sein sollte. Ein direkt im Vorfeld der Ausstellungseröffnung versandter Rundbrief der ZVdgB »an alle Bäuerinnen und Bauern« vom Sommer 1959 rief dazu auf, »den Geburtstagstisch unserer Republik reich zu decken«.[570] In den Rahmen dieser Aktivitäten gehörte auch die zunehmende Zahl von Funktionärsschulungen in Markkleeberg seit dem Winter 1958/59. Eine zentrale »Propagandistenkonferenz« im Oktober 1958 sollte eine »grundlegende Wende in der Schulungsarbeit« erreichen, wodurch die Arbeit der »Erklärer« in der Ausstellung verbessert werden sollte. Das Hauptziel der Schulungen lautete: »Alle Kraft der VdgB für die Formung des sozialistischen Bewusstseins der Bäuerinnen und Bauern der DDR«.[571]

Der Forderung nach einer sogenannten »Bewußtseinsformung« der ländlichen Bevölkerung, maß das MLF hohe gesellschaftspolitische Bedeutung bei. Minister Reichelt erkundigte sich persönlich vor, während und nach Ende der Exposition nach den Besucherzahlen und den Auswertungen des Ausstellungsbesuches in den einzelnen Bezirken, Kreisen ja sogar in einzelnen LPG. Die Schauleitung teilte ihm mit, dass die Auswertung bereits begonnen habe und dass »200 Werktätige der Landwirtschaft [...] organisiert als Studiengruppen« in Markkleeberg gewesen wären. Dabei versäumte die Schauleitung es nicht, mitzuteilen, dass »die Erfolge des Kreises Wismar bei der sozialistischen Umgestaltung der Landwirtschaft [...] wesentlich auf den Besuch der Ausstellung zurückzuführen« seien. Im Kreis Weißenfels wurden angeblich aufgrund »der auf der Ausstellung gezeigten Offenställe alle Offenstallanlagen im Kreise überprüft und beschlossen, die Offenställe nur dann abzunehmen, wenn sie richtig ausgerüstet sind«. Diese Information, die Reichelt noch während der Ausstellung erhielt, bezog sich allerdings, was ihm nicht gesagt wurde, auf die Offenstallschau der 6. Landwirtschaftsausstellung 1958.[572]

Die andere Seite dieses Ideologietransfers zielte in Richtung Bundesrepublik. Von den insgesamt eine Million geplanten Besuchern sollten etwa 1.000 Westbesucher nach Markkleeberg kommen. Der Sektor Gesamtdeutsche Arbeit des MLF band sich stark in die Vorbereitung und Durchführung der nationalen Landwirtschaftsausstellung ein, die am 13. Juni 1959 durch Minister Reichelt und Heinrich Rau eröffnet wurde. Als eine der wichtigsten Aufgaben in der »gesamtdeutschen Arbeit« rangierte die Unterstützung Markkleebergs. Denn es käme im besonderen Maße darauf an, »über die Verbindungen unserer Mitglieder neue Menschen für den

570 Beschlußvorlage für die Sekretariatssitzung am 14. August 1959, betr. Auswertung der 12. Zentralvorstandssitzung, Einschätzung der massenpolitischen Arbeit und die sich daraus ergebenden Aufgaben vom 17. September 1958 (gez. Richter), in: LAB, C Rep. 950, Nr. 21, unpag.

571 VdgB vom 17. September 1958, in: ebd., unpag.

572 Landwirtschaftsausstellung der DDR, betr. Anruf des Büros des Ministers vom 3. Juni 1959 (gez. Förster, Abteilungsleiter), in: BArch, Abt. DDR, DK 1/1347, Bl. 24–26.

Besuch [...] zu gewinnen«.[573] Dazu schickte man 1959 wieder verstärkt »Betreuer« und »Erklärer« sowie Mitglieder des Sekretariats und des Präsidiums des Parteivorstands, die »für Aussprachen zur Verfügung« stehen sollten. Maßnahmen dieser Art dienten in erster Linie der Betreuung von westdeutschen Besuchern – vor allem Landwirten – und der Vorbereitung der »gesamtdeutschen Aussprachen« im Rahmen der Landwirtschaftsausstellung.

Auftrag »Grüne Woche«: Behinderung des Besuchs der Ausstellung durch DDR-Behörden

Die geteilten Regionen Berlin und Berlin-Brandenburg sind in der europäischen Nachkriegsgeschichte beispiellos. Der Raum reflektierte die »allgemeinen Merkmale und typischen Handlungsmuster der Systemauseinandersetzung, wie er auch zur Herausbildung von Besonderheiten des Kalten Krieges beitrug«.[574] Innerhalb dieses Verflechtungs- und Teilungsgebietes entstanden gefährliche Zuspitzungen (z.B. die beiden Berlin-Krisen), aber auch Tendenzen der Deeskalation. Der Raum war in den Jahren bis zum Mauerbau von noch relativer Systemdurchlässigkeit gekennzeichnet, die eine mehrdimensionale, vielschichtige Konkurrenzsituation schuf. Der daraus entstehende Wettbewerb der Systeme fand innerhalb dieses Raumes seinen prägnantesten Niederschlag in der Schaffung der »Schaufenster«. Zeithistorische Untersuchungen zur daraus entstandenen direkten Konkurrenzsituation liegen nun seit wenigen Jahren vor.[575] An Analysen des indirekten Wettbewerbs[576] fehlt es jedoch noch weitgehend. Mit diesem Kapitel werden sowohl die direkten wie indirekten Konkurrenzmechanismen anhand eines konkreten Beispiels analysiert: Die Aktionen und Reaktionen der DDR gegen das »Schaufenster ›Grüne Woche‹«.

Die Bedeutung des geteilten Berlins als Schnittstelle und bis 1961 wichtigster Ort der Begegnung und Konfrontation zweier antagonistischer politischer

573 Abteilung Schulung und Aufklärung, Sektor Gesamtdeutsche Arbeit: Die nächsten Aufgaben in der gesamtdeutschen Arbeit vom 12. Februar 1959, in: SAPMO-BArch, DY 30/IV 2/7/623, Bl. 95 u. passim. –Dieses unmittelbar nach Abschluss der »Grünen Woche«, die auch von den gleichen Funktionären besucht und ausgewertet wurde, erstellte Strategiepapier lässt auf die Bedeutung der aktuellen agrarpolitischen Aufgaben schließen.

574 Michael Lemke: Vorwort, in: ders. (Hrsg.): Konfrontation und Wettbewerb, S. 7–14, hier S. 7.

575 Vgl. die Beiträge in ebd.; ders. (Hrsg.): Schaufenster der Systemkonkurrenz; Schlegelmilch: Tendenzen.

576 Unter indirektem Wettbewerb werden im Folgenden diejenigen Anstrengungen und Maßnahmen verstanden, die nicht auf eine zeitlich unmittelbar wahrnehmbare Wirkung hin unternommen wurden. Auch Ereignisse und Integrationsofferten, die zwar räumlich an getrennten Orten stattfinden konnten, sich aber doch auf das Verflechtungs- und Teilungsgebiet bezogen, fallen unter diese Kategorie. Direkter und indirekter Wettbewerb fanden gleichzeitig statt.

und gesellschaftlicher Systeme ist kaum zu überschätzen. Die Systemkonkurrenz erzeugte für die Planer der DDR-Wirtschaft einen ungeheuren Druck, der sich auch bei der Kollektivierung des Agrarsektors niederschlug. Hier sollte sich die prätendierte Überlegenheit des planwirtschaftlichen Systems sowie der »Neuerermethoden« in der Landwirtschaft beweisen. Offensichtlich jedoch war die privatbäuerliche Landwirtschaft der Bundesrepublik ökonomisch erfolgreicher. Das gab zwar der SED keinen Anlass zum Umdenken, bildete aber für die bedrängten Privatbauern in der DDR einen Bezugspunkt und bedeutete für die Funktionäre vor Ort ein dauerhaftes Problem.

Der Erfolg dieser versuchten Vereinnahmung der ländlichen Bevölkerung für die agrarpolitischen Ziele der SED hing aber auch von der Alternativlosigkeit seiner Angebote ab. Das hieß, dass solange West-Berlin von seinem Umland aus relativ leicht erreicht werden konnte, waren die zahlreichen ostdeutschen Besucher in der Lage, sich ein Bild über westliche Leistungskraft und Standards zu machen und sie mit dem erreichten Niveau in der DDR zu vergleichen.[577] Die enorme Anziehungskraft West-Berlins beruhte nicht nur auf den reichhaltigeren Konsumangeboten, Folgen des »Wirtschaftswunders« im Westen, sondern unter anderem auch auf ihrer alten Ausstellungstradition. Im Kontext der Alternativen zur Kollektivierung der Landwirtschaft in der DDR kommt dabei der Landwirtschaftsausstellung »Grüne Woche« eine besondere Bedeutung zu – zumal sie nach der Industrieausstellung die am stärksten besuchte Ausstellung Berlins war. Die SED wusste um ihren politischen Hintergrund und ihre innenpolitisch destabilisierenden Effekte. Denn sie konnte mit allen einer Ausstellung zur Verfügung stehenden Mitteln dem ostdeutschen Besucher die Haltlosigkeit vieler Argumente und politischer Attacken der DDR gegen die Bundesrepublik vor Augen führen. Durch ihre Fachtagungen und zahlreichen Lehrschauen konnte die Ausstellung beispielsweise Behauptungen von Walter Ulbricht, dass die »alte kapitalistische Auffassung [darin] gipfelte, [dass] die Arbeit in der Landwirtschaft keine geistig regsamen Menschen [benötige]«, anschaulich widerlegen.[578]

Mit der »Grünen Woche« lässt sich einer der Orte klar ausmachen, den man seitens der DDR-Staats- und Parteiführung als »Agentennest« oder »Tummelplatz dunkler Existenzen« im sonst zumeist als monolithischem Gebilde begriffenen West-Berlin brandmarkte. Tatsächlich entstanden auf der »Grünen Woche« nicht kontrollierbare Tätigkeiten wider die DDR-Agrarpolitik. Sofort mit Beginn der Kollektivierungskampagnen versuchte die DDR die Ausstellung zu diskreditieren und zu schädigen.

577 Lemke: Vor der Mauer, S. 54 f.

578 Walter Ulbricht: Wie soll die FDJ bei der Aufwärtsentwicklung der Landwirtschaft helfen? (1954), in: ders.: Die Bauernbefreiung in der Deutschen Demokratischen Republik, Bd. I, S. 472–474, hier S. 473.

Im Januar 1960 unterrichtete Walter Ulbricht alle ersten Sekretäre der Bezirks- und Kreisleitungen der SED, dass Maßnahmen getroffen worden seien, »um zu verhindern, dass DDR-Bürger, besonders Bauern, die ›Grüne Woche‹ besuchen«. Er erklärte nudis verbis allen Bürgern kurzum, »daß es unwürdig ist, nach Westberlin zu fahren«.[579] Ulbricht hatte gute Gründe für sein persönliches Eingreifen, denn schließlich stand in jenem Jahr der »Frühling auf dem Lande« vor der Tür, also die vollständige Durchsetzung der Kollektivierung bzw. »Vergenossenschaftlichung« der DDR-Landwirtschaft. Dafür galt es, sämtliche Kräfte zur Bekämpfung innerer wie äußerer »Feinde zu mobilisieren und »Maßnahmen zu treffen, um die Besucherzahl der ›Grünen Woche‹ aus der DDR auf ein Minimum zu reduzieren«.[580] Denn in der Vorstellungswelt der ostdeutschen Partei- und Staatsführung hatte alle »Feindtätigkeit« ihre Ursprünge im Westen und hier, unterm Funkturm in Berlin-Charlottenburg, meinte man einen solchen Ort »gegnerischer« Tätigkeit ausgemacht zu haben.

In dem Prozess der Neugestaltung der Agrarpolitik durch die SED stellt sich nicht nur die Frage nach dem Stellenwert der alljährlichen »Grünen Woche«, sondern auch nach den Maßnahmen der Machthaber gegen die Landwirtschaftsmesse. Inwiefern war also die »Grüne Woche« das von der SED unterstellte Forum zum Austausch von Taktiken und Erfahrungen – besonders unter den Großbauern – wider die Kollektivierung der Landwirtschaft und der sowjetischen Neuerermethoden in der DDR?

Erste Reaktionen und Konflikte

Bereits 1952 ließen sich erste Aktivitäten der DDR-Machthaber gegen die »Grüne Woche« beobachten. Diese bestanden in der Hauptsache aus dem rhetorischen Kampf in den Presseorganen, in den verschärften Reisebebeschränkungen nach West-Berlin während der Ausstellungsdauer und persönlichen Restriktionen. Schon vor der II. Parteikonferenz der SED im Juli 1952, auf der der »Aufbau der

579 SAPMO-BArch, DY 30/IV 2/7/624, Bl. 200. – Das Schreiben »An alle Genossen 1. Sekretäre der Bezirks- und Kreisleitungen der SED« wurde am 21. Januar 1960 verschickt, also unmittelbar vor Beginn der »Grünen Woche«. Vgl. auch Herbert Prauss: Doch es war nicht die Wahrheit. Tatsachenbericht zur geistigen Auseinandersetzung unserer Zeit, Berlin (West) 1960, S. 135. – Prauss, der vor seiner Übersiedlung in die Bundesrepublik im ZK der SED Leiter der Arbeitsgruppe »Geschichte der Arbeiterbewegung« war, gibt in seinen Erinnerungen aus dem Gedächtnis diese Anweisungen Ulbrichts wieder. Er nutzte den »Abwehr-Beschluß gegen die ›Grüne Woche‹« als Beispiel für die zentrale Verfügungsgewalt der Staats- und Parteiführung, von der alle Weisungsbefugnis ausging, um den fehlenden demokratischen Entscheidungscharakter des SED-Staates zu demonstrieren.

580 SAPMO-BArch, DY 30/IV 2/7/624, Bl. 200.

Grundlagen des Sozialismus in der DDR« verkündet wurde, stand die »Agentenhysterie« des Kalten Krieges in voller Blüte. Offenbar legten die strenge ideologische Ausdeutung gesellschaftlicher und politischer Phänomene, die »Verschärfung des Klassenkampfes« und der »Agentenhysterie«-Tunnelblick den SED-Kadern und Funktionären »wirkungsmächtige Verschwörungsvorstellungen« gegen den Westen auf.[581] Daher untersagte man den ostdeutschen Händlern und Ausstellern eine Teilnahme, die 1948, 1949 und 1951 noch möglich gewesen war. Zur Eröffnung der »Grünen Woche« 1952 ließ die östliche Seite gefälschte Eintrittskarten in Umlauf bringen, um Verwirrung zu stiften.[582] Der Schaden dieser Aktion war zwar gering, doch neben der entstandenen Verwirrung setzte der Osten ein Zeichen in doppelter Hinsicht. Zum einen markierte dies den Beginn einer Kampagne gegen die »Grüne Woche«, die bis zum Mauerbau nicht mehr abreißen sollte. Zum anderen war es ein Vorgeschmack auf Repressionsmaßnahmen, die später im Zuge der Kollektivierungskampagnen angewandt werden würden. Auch wenn die DDR-Führung derartige Absichten zu diesem Zeitpunkt noch dementierte, müssen diese Aktionen doch im Zusammenhang mit ihrem agrarpolitischen Kurswechsel gesehen werden.[583] Der Kampf mit propagandistischen Mitteln umfasste im Großen bereits 1952 das ganze Repertoire an ideologischen, politischen und wirtschaftlichen Argumenten, das sich bis 1961 nur variieren, aber kaum erweitern sollte. Der Artikel »Aufmarsch der Kriegstreiber« in der Ost-Berliner Tageszeitung *Tägliche Rundschau* beinhaltete bereits die offizielle Argumentationskette gegen die Durchführung der »Grünen Woche«: Sie sei ein »Aufmarsch der Kräfte, die auf einen Krieg hinarbeiten«, ein »Vorwand amerikanischer Hintermänner, [...] sich mit ihren Agenten, Saboteuren und Giftmischern zu treffen«, die Schau fände 300 Kilometer entfernt, »wo weit und breit kein Feld und keine Wiese zu sehen ist«, statt, die eigentlichen westdeutschen Bauern fehlten und nur die »gleichen Großgrundbesitzer und die gleichen als Landwirte kostümierten Wirtschaftskapitäne« wären wie einst und jetzt die wirklich bestimmenden Kräfte. Deshalb wäre die DDR gezwungen, die eigenen Bürger von der »Grünen Woche« fernzuhalten, »während sie [die »Kriegstreiber«] am Funkturm den Krieg feiern«. Lediglich die Warnung an die Landsleute, sich auf der Ausstellung nicht als »Agent anwerben« zu lassen, fehlte in dem Zeitungsartikel noch. Für die Zeitung bestand kein Zweifel daran, dass »diese sogenannte ›Grüne Woche‹ ein Mittel der deutschen und ame-

581 Arnd Bauerkämper: Keine Ruhe auf dem Lande. Formen abweichenden Verhaltens in dörflich-agrarischen Milieus im Sommer 1953, in: Roger Engelmann/Ilko-Sascha Kowalczuk (Hrsg.): Volkserhebung gegen den SED-Staat. Eine Bestandsaufnahme zum 17. Juni 1953, Göttingen 2005, S. 281.

582 Insgesamt wurden 300 gefälschte Eintrittskarten in Umlauf gebracht. Vgl. Dobberke: Grüne Woche, S. 54.

583 Schöne: Landwirtschaft der DDR, S. 24.

rikanischen Imperialisten bei ihrem Kampf gegen das deutsche Volk« sei.[584] Und so wurde sie von nun an offiziell von der Partei- und Staatsführung angesehen und dementsprechend behandelt. DDR-Ministerpräsident Otto Grotewohl fasste diese Behauptungen in drastischen Worten in seiner Ansprache anlässlich der 6. Landwirtschaftsausstellung in Markkleeberg 1958 zusammen: »Um diese Auswirkungen einer kapitalistischen Landwirtschaftspolitik kümmern sich auch die sogenannten Schirmherren der westdeutschen Landwirtschaftsausstellungen in Hannover und Westberlin – Heuß und Adenauer – nicht. Ihre Sorge gilt den Großgrundbesitzern, die sie gegen alle Forderungen der westdeutschen Bauern ›beschirmen‹. [...] Eine besondere Rolle spielt die alljährliche in Westberlin stattfindende ›Grüne Woche‹ in den Plänen der herrschenden Kreise Bonns. Dabei von einer landwirtschaftlichen Ausstellung zu sprechen, ist ein Hohn. Es ist vielmehr eine organisierte Hetzveranstaltung gegen die Entwicklung in der Deutschen Demokratischen Republik hinter landwirtschaftlichen Dekorationen. Der Hauptzweck der ›Grünen Woche‹ besteht in der Verleitung von Bürgern der Deutschen Demokratischen Republik zu staatsfeindlicher Tätigkeit. Man versucht, Agenten für westliche Spionagedienste zu werben und Bauern aus der Deutschen Demokratischen Republik zum Verlassen ihrer Heimat zu überreden.« Seit 1952 initiierte die SED zahlreiche »Maßnahmen, um die Besucherzahl der »Grünen Woche« aus der DDR auf ein Minimum zu reduzieren, was nicht nur Bauern und Gärtner aus der DDR betraf, sondern letztlich jeden Bürger.[585]

Nachdem im Frühjahr 1952 bekannt geworden war, dass einige Angehörige der Agrarwissenschaftlichen Fakultät der Universität Halle mit Wissen und Unterstützung ihrer FDJ-Fakultätsgruppen Sammelfahrscheine nach West-Berlin gekauft hatten, um dort die Landwirtschaftsausstellung zu besuchen, kam es auch an den Hochschulen zu einer großen Pressekampagne gegen die »Grüne Woche«.[586]

Die Auseinandersetzung mit der »Grünen Woche« war sicherlich nicht der wichtigste Bestandteil des Kampfes der SED gegen den Westen, dennoch ein integrativer, der viele Ressourcen band. Buchstäblich »vor Ort« wurde die Ausstellung zum dauerhaften Betätigungsfeld der Staatssicherheit, der Volkspolizei, des Ministeriums für Land- und Forstwirtschaft (Sektor Agrarpropaganda) sowie der VdgB, um die wichtigsten zu nennen.

584 N.N.: Aufmarsch der Kriegstreiber, in: *Tägliche Rundschau* vom 27. Januar 1952, S. 1.

585 Otto Grotewohl: Dem sozialistischen Dorf gehört die Zukunft. Zur Landwirtschaftsausstellung 1958 in Leipzig-Markkleeberg, in: ders.: Im Kampf um die einige Deutsche Demokratische Republik. Reden und Aufsätze aus den Jahren 1956–1958, Berlin (Ost) 1959, S. 689–699, hier S. 69f.

586 Marianne Müller/Egon E. Müller: »...stürmt die Festung Wissenschaft!« Die Sowjetisierung der mitteldeutschen Universitäten seit 1945, Berlin 1953 (West), S. 33f.

»Die Kalte Atombombe«[587] entschärfen: Die Staatssicherheit im Einsatz gegen die Ausstellung

Dass die Staatssicherheit – und damit auch die DVP – die »Grüne Woche« mit einem großen organisatorischen Aufwand »bearbeitete«, war in der strukturellen und ideologischen Aufgabe des Ministeriums zu sehen. Die Themenfelder, die das MfS für so relevant hielt, um die Staats- und Parteiführung darüber zu informieren, lassen sich nach Daniela Münkel in folgende fünf Kategorien unterteilen: Verweigerung und widerständiges Verhalten einschließlich Handlungen, die als »Sabotage« aufgefasst wurden, »Republikfluchten«, der gesamte Komplex vermeintlicher »politisch-ideologischer Diversion« und der tatsächlichen Westpropaganda, strukturelle Probleme bei der Um- und Durchsetzung der Vollkollektivierung sowie in geringer Anzahl praktische und organisatorische Fragen der Landwirtschaft.[588] In all diese Aktivitätsfelder der Staatssicherheit gehörte die »Bearbeitung« der »Grünen Woche«. Sie war ein Ort, an dem all diese Komplexe zusammenkamen.

Zu Beginn der 1950er Jahre waren die geheimpolizeilichen Strukturen auf dem Lande noch schwach und unterentwickelt. Dies wird auch daran ersichtlich, dass die Staatssicherheit im Vorfeld des Volksaufstandes vom 17. Juni 1953 versagte. Neuere Forschungen belegen, dass die Proteste auf dem Lande und in den Dörfern größere Dimensionen annahmen, als lange Zeit vermutet wurde.[589] Stärkere Unruhen auf dem Lande kamen bereits seit dem Frühjahr 1953 auf, ohne dass jedoch entsprechend gehandelt worden wäre. Als Bestrafung für sein Versagen wurde das Ministerium für Staatssicherheit zu einem Staatssekretariat (SfS bis 1955) degradiert. Das Vertrauen der Staats- und Parteiführung musste sich der Geheimdienst in der Folge zurückerobern. Eine der Konsequenzen, die das SfS/MfS 1953 zog, war, seine Strukturen im ländlichen Bereich in allen Ebenen auszudehnen mit dem Ziel, im agrarischen Bereich künftig alle »geplante[n] Aktionen des Gegners« analysieren zu können.[590]

Um die Position der Staatsmacht und Staatssicherheit auf dem Lande zu verbessern, begann das SfS/MfS, verstärkt ab 1953/54 mit der Anwerbung von Geheimen

587 Aktennotiz für Gen. Mellentin [1957], in: SAPMO-BArch, DY 30/IV 2/7/623, Bl. 43–45, hier Bl. 43. Darin heißt es: »›Grüne Woche‹ – das ist eine kalte Atombombe im kalten Krieg gegen den Frieden, gegen die Annäherung und Verständigung.«

588 Daniela Münkel: Staatssicherheit im »sozialistischen Frühling« 1960. Der Abschluss der Kollektivierung der Landwirtschaft im Spiegel der MfS-Berichte an die SED-Führung, in: DA 3/2010, S. 470–478, hier S. 472.

589 Zu den neueren Erkenntnissen dazu vgl. Bauerkämper: Keine Ruhe, S. 263–297; Burghard Ciesla: Der 17. Juni 1953 auf dem Land. Bauern zwischen Abwarten und Aufbegehren, in: ebd., S. 298–311.

590 Zit. nach Teske: Staatssicherheit, S. 29.

Informatoren (GI).[591] Dafür war die Anwerbung von »Zuträgern aus Kreisen von Großbauern, Kaufleuten, Gastwirten und von anderen Personen mit Westkontakten« zu verstärken.[592] Speziell aus letztgenannter Personengruppe rekrutierte sich das SfS Informatoren, die über die »Grüne Woche« und bundesdeutsche Bauernverbände berichten sollten. Die Arbeit des Ministeriums gegen den »Agentensumpf« »Grüne Woche« wurde dem Selbstverständnis nach als »aktive Spionageabwehr« betrachtet. In der Hauptsache waren damit die Hauptabteilungen (HA) III/5 (selbstständiges Referat Landwirtschaft),[593] II (Spionageabwehr) mit ihren Abteilungen 3 (u. a. Aufklärung von CIA-Stellen in West-Berlin) und 8 (Betreuung konspirativer Objekte) befasst. Ziel war es, »die Teilnehmer aus den jeweiligen Bezirken festzustellen und sie operativ zu bearbeiten, mit dem Ziel des Nachweises der Feindtätigkeit«.[594] Die Ermittlungstätigkeit der GI gegen die Ausstellung wurde als »Bearbeitung negativer bäuerlicher Elemente« verstanden.

Da alle Störungen der Volkswirtschaft automatisch auch zu einem Problem für die Staatssicherheit wurden – alle Feindtätigkeiten hätten ja im Westen ihren Ursprung – musste sie sich mit den westdeutschen Bauernverbänden auseinandersetzen. Insbesondere der Deutsche Bauernverband (DBV) und die Deutsche Landwirtschafts-Gesellschaft (DLG) galten als Feinde der »Neuerermethoden« der Landwirtschaft, und »Großbauern« galten als besondere Feindkategorie, da ihnen »Sabotage der Volkswirtschaft« vorgeworfen wurde. Diese Anschuldigung führte die Staatssicherheit auf deren Kontakte zu den genannten Organisationen zurück. In der Tat hatten allerdings auch die wirtschaftlich viel leistungsfähiger arbeitenden Großbauern großen Einfluss auf die VdgB und in den Gemeinderäten, was der intendierten Durchsetzung der SED-Agrarpolitik häufig im Wege stand.[595] Weitere Organisationen, die in diesem Zusammenhang von der Staatssicherheit als feindlich betrachtet wurden, waren unter anderem die Ostbüros der bundesdeutschen Parteien, der UfJ, die KgU und der RIAS. Als besonders von »Sabotage« und »Feindtätigkeit« gefährdete Objekte in der Landwirtschaft sah die Staatssicherheit die MTS,

591 Der Druck, schnell GI in genügender Zahl zur Aufklärung der »Grünen Woche« zu bekommen, ließ besonders in den Jahren zwischen 1954 und 1956 oftmals auch Informatoren von geringerer Eignung zum Einsatz kommen. So wählte sich beispielsweise ein in einer Berliner Bahnhofskneipe »angeworbener« GI den sinnfälligen Decknamen »Grog«. Vgl. BStU, Lpzg. AIM 1143/69, Bl. 3 f.

592 Ebd., S. 30.

593 1964 erfolgte die Umbenennung in HA XVIII (Schwerpunkt: Volkswirtschaft, Forschung und Außenhandel). Vgl. dazu überblickend Maria Haendcke-Hoppe-Arndt: Die Hauptabteilung XVIII: Volkswirtschaft (= MfS-Handbuch, Teil III/10), Berlin 1997, bes. S. 13–25.

594 Referat zur Dienstversammlung am 23. März 1960 (Gehlert, mit handschriftlichen Ergänzungen des Gen. Minister), in: BStU, K-M-S, AKG 1723, Bl. 45.

595 Ebd., S. 38. – Offenbar war dies auch bis 1951 in der Ost-DLG der Fall gewesen, was mit zu ihrer Auflösung beigetragen hatte. Nun, wenige Jahre danach galt die bundesdeutsche DLG ebenfalls als feindliche Organisation.

die LPG und auch die Gärtnerischen Produktionsgenossenschaften (GPG) an.[596] Die Kategorie der »Westberlinfahrer« spielte bei der Frage der Einschätzung der Zuverlässigkeit von LPG-, MTS- und GPG-Mitgliedern eine wichtige Rolle. Darin einzudringen, war für das MfS von hoher Bedeutung. Aber daraus entstand die paradoxe Situation, dass die für die Aufklärung wichtigen VdgB-Funktionäre sich unter den eigenen Kollegen und Mitarbeitern durch ihre Fahrt zur »Grünen Woche« für das MfS verdächtig machten, das heißt also selten Personen des Vertrauens waren.

Nicht nur Großbauern waren betroffen, theoretisch hätte jeder Bauer in die Lage kommen können, von der Staatssicherheit unter Druck angeworben zu werden. Vielfach wurden ebenfalls Mittelbauern geworben. Die Methoden der Werbung folgten oftmals demselben Muster, waren aber immer auf die jeweilige Zielperson zugeschnitten und abgestimmt. Die Dienststelle Wurzen im Bezirk Leipzig, um ein typisches Beispiel herauszugreifen, verpflichtete einen Mittelbauern zur Zusammenarbeit, der sich bisher nicht genossenschaftlich organisiert hatte. Er war den örtlichen Stellen der VdgB und des Kreises ein Dorn im Auge, weil er mit seinen eigenen Maschinen beim Bestellen der Felder der LPG-Bauern half, worauf diese in seiner Schuld standen und er damit das Prinzip der MTS ad absurdum führte. Für die Staatssicherheit wurde er aber dadurch interessant, dass er »Zugang unter den Kreisen der Großbauern hat«. Ende August 1955 wurde er durch den stellvertretenden Vorsitzenden des Rates des Kreises Wurzen zu einer »Rücksprache« bestellt.[597] Dort wurde der Mittelbauer jedoch in einem Nebenzimmer von einem Mitarbeiter der Staatssicherheit empfangen. Dieser warb ihn unter Druck mit dem logischen Zirkelschluss, dass, wenn er eine »abweichende Haltung« zur Argumentation des MfS-Offiziers einnähme, er damit solche Personen schützen würde, die »Agententätigkeiten« ausüben – also Großbauern und »Grüne Woche«-Fahrer – und er somit auch »als solcher [ein Agent] behandelt werden« müsse.[598] Daraufhin willigte er in eine Zusammenarbeit ein und wurde in der Gemeinde Falkenhain eingesetzt, denn »in dieser Gemeinde sind die Großbauern vorherrschend und machen ihren Einfluss geltend«.[599] Um diesen »Feindtätigkeit« nachzuweisen, wurde der neu geworbene GI im folgenden Winter beauftragt, auf der »Grünen Woche« den DBV und die »Kampfgemeinschaft freier Bauer« sowie den »Deutschen Bauernverlag« aufzusuchen. Sein Auftrag bestand darin, auf dem Ausstellungsgelände festzustellen, welche Personen aus der DDR, speziell aus dem Kreis Wurzen, dort verkehrten, mit ihnen ins Gespräch zu kommen, um Namen und Wohnort zu erfahren. Zweitens hatte er, getarnt als Mannheimer Vertreter für Landmaschinen, Verbindung zu »lei-

596 Ebd., S. 42.

597 BStU, Lpzg. AIM 1963/83, Bd. 1/I, Bl. 20–22.

598 Ebd., Bl. 22.

599 Ebd.

tenden Personen [aufzunehmen], die mit der Durchführung der ›Grünen Woche‹ beauftragt sind«. Schließlich sollte er den West-Berliner Sitz der DLG aufsuchen, um Informationen zu bekommen, wie man sich verhalten solle, wenn man nicht bereit war, in die LPG einzutreten.[600] Außerdem erhielt er die Aufgabe, sich die KfZ-Kennzeichen ostdeutscher PKW in der Masurenallee zu notieren. Er, wie die meisten anderen GI mit dem Auftrag »Grüne Woche«, erhielt Geld zur Deckung der Fahr- und Unkosten sowie – je nach Fall – Bonuszahlungen (in Höhe von bis zu 150,– DM, manchmal auch geringere Beträge in DM West).

Andere GI erhielten Aufträge, gewisse Personen ihres Umfeldes, von denen der GI wusste, dass sie zur »Grünen Woche« fahren, zu begleiten.[601] Dabei sollte der GI feststellen, wen und welche Institutionen bzw. Organisationen die Begleitperson dort aufsuchte. Die Instruktionen der Staatssicherheit, die von den einzelnen MfS-Bezirksverwaltungen unterbreitet und in der Regel von der HA III/5 bestätigt wurden, waren so eindeutig und unmissverständlich wie möglich für die GI bzw. GM ausgearbeitet worden. In einem Fall wurde der GI darauf vorbereitet, »jeweils bis in die Details gehende Berichte über die einzelnen Organisationen, deren Gebäude, Straße und Hausnummer usw. anzufertigen, damit er faktisch dazu gezwungen wird, diese Stellen anzulaufen«.[602] Bewährte sich der GI in seiner Tätigkeit, konnte es vorkommen, dass das MfS »Perspektivpläne« für seine weitere Verwendung erstellte. Im Fall des seit 1955 über die »Grüne Woche«, die CDU-Ortsgruppe und »negative bäuerliche Elemente« berichtenden GI »Franz Meier« aus Borna beispielsweise erteilte der Staatssekretär für Staatssicherheit Ernst Wollweber die entsprechende Anweisung an die AG Landwirtschaft der KD Borna.[603] Mit der Hilfe dieses GI hoffte man, die »Verbindung nach Westberlin, die mit dem Besuch der ›Grünen Woche‹ geschaffen wurde, weiter [auszubauen] und vor allem konkret [zu festigen]«. Nachdem der GI also »fest in unsere Hand gebracht wurde«, sollte er »gemäß seiner Perspektive an den künftigen Ausstellungen landwirtschaftlicher und technischer Hinsicht in Westberlin teilnehmen«.[604] Dem GI war freilich natürlich nichts von diesen Plänen bekannt gewesen. Treuherzig schrieb er in seinem Bericht, dass er »nicht abgeneigt [sei], in späterer Zeit wieder einmal nach dort zu fahren«.[605]

Interessant unter der zahlreichen von der Staatssicherheit mit dem Auftrag »Grüne Woche« geworbenen Informanten ist der GI »Nils Brentano« aus Sehlis,

600 Ebd., Bl. 2f.

601 Siehe z.B. Personalakte und Arbeitsvorgang GI »Franz Meier«, in: BStU, Lpzg., BV Leipzig, KD Borna, AIM 618/59, unpag.

602 BStU, Lpzg. AIM 1963/83, Bd. 1/I, Bl. 17.

603 Ebd., Bl. 19. – Der Perspektivplan wurde am 10. April 1956 von Oberfeldwebel Weber erstellt.

604 Ebd., Bl. 20.

605 Ebd., Bl. 40.

beschäftigt im MTS-Bereich Taucha. Bei diesem MTS-Bereich handelte es sich um einen von fünf weiteren im Landkreis, die Schwerpunktcharakter besaßen.[606] Nachdem sich in diesem Bereich viele LPG in den Jahren bis 1954 auflösten, versuchte das MfS »feindliche Umtriebe« abzustellen. Nachdem »Nils Brentano« 1956 und 1957 als »Beobachter und zur Anbahnung von Kontakten« die »Grüne Woche« besucht hatte, wurde er Mitglied der westdeutschen DLG. Es gelang ihm innerhalb der DLG einige »Verbindungen anzuknüpfen«, aber nicht in die Organisation »einzudringen«.[607] Dies ist insofern bedeutend, als die bundesdeutsche DLG den Beitritt von Einzelpersonen, zumal aus der DDR, eigentlich nicht zuließ. Daher ist er der einzige dem Verfasser bekannte GI, der im Rahmen der »Grünen Woche« eine Mitgliedschaft in dieser landwirtschaftlichen Organisation erreichen konnte. Die Hauptaufgabe der HA III/5 (Landwirtschaftsfragen) des MfS bestand neben der »unmittelbaren Absicherung des sozialistischen Sektors in der Landwirtschaft« im »Eindringen in die westdeutsche Landwirtschaft, besonders der angeführten Organisationen[608], mit dem Ziel, die Absichten des Gegners rechtzeitig zu erkennen«.[609] Die hochfliegenden Hoffnungen, die die Staatssicherheit mit diesem Kontakt verband, schwanden aufgrund des Ausbleibens von Berichten über diese Verbindung jedoch schnell. Er war auch an einer Infiltrierungsaktion des MfS beteiligt, die sich gegen Großbauern in Taucha (Bezirk Leipzig) richtete und »konkretes Material, was zur Festnahme reicht«, erbringen sollte. Das gelang allerdings auch nicht.[610]

Der Staatssicherheit gelang es offenbar in den Jahren 1953 bis 1957 nicht, tiefer in die ländlichen Milieus einzudringen, wozu auch eine effektive »Bearbeitung« der »Grünen Woche« gehörte. Ebenso wie bei der Volkspolizei und anderen sicherheitsrelevanten Stellen in der DDR konzentrierte sich der Einsatz in der Hauptsa-

606 Teske: Staatssicherheit, S. 5 f.

607 BStU, Lpzg. AIM 618/59, Bl. 27.

608 Ebd., BVfS Leipzig Leitung 0168, Bl. 54–65, hier Bl. 64. – Zusammenfassung des Inhalts der Lektionen, die aus Anlaß der Schulung der Sachbearbeiter der Landwirtschaft durch die HA III/5 in Berlin gehalten wurden (17. Januar 1956). Die Lektion des Generalleutnant Fritzsch »über die Lage in der westdeutschen Landwirtschaft und die sich daraus ergebenden Aufgaben für uns«. Ebd., Bl. 63–65. – Die von ihm angeführte Liste ist umfangreich und repräsentiert fast jede bedeutende landwirtschaftliche, agrarrechtliche und gärtnerische Organisation der Bundesrepublik des Jahres 1956: DBV, Bund der Deutschen Landjugend, Gesamtvertretung der heimatvertriebenen Landwirtschaft, Königsteiner Kreis, Ausschuß zonenmäßig getrennter Betriebe, Agrarausschuß der vertriebenen Deutschen, Verband der Bayrischen Großgrundbesitzer, Domänenpächterverband Hannover, Verband Deutscher Agrarjournalisten, DLG, KTL, Bund der Diplomlandwirte und Gärtner, Hilfsgemeinschaft zur Wahrung der Interessen der Forstmänner aus der sowjetischen Zone und den Ostgebieten, Deutscher Forstwirtschaftsrat, Zentralverband des Deutschen Obst-, Gemüse- und Gartenbaus, Zentralausschuß der Deutschen Landwirtschaften, Deutscher Raiffeisenverband, Gesellschaft zur Förderung der inneren Kolonisation und der Verband ehemaliger Brennereibesitzer Ost- und Mitteldeutschlands.

609 Ebd., Bl. 65.

610 Zit. nach Teske: Staatssicherheit, S. 53.

che auf die südlichen Bezirke (hier besonders Leipzig und Dresden) und Kreise der DDR. Die dort tätigen Kreisdienststellen erstellten ihre Einsatzpläne jedoch relativ autark und sprachen sich nur ungenügend mit anderen MfS-Dienststellen ab, so dass eine Weiterleitung »nach oben« nicht immer gegeben war. Minister Wollweber und ab November 1957 sein Nachfolger Erich Mielke griffen in die »Bearbeitung der ›Grünen Woche‹« nur selten direkt ein. So verwundert es nicht, dass in Vorbereitung auf die Ausstellung des Jahres 1959 die Leitung des MfS der BV Leipzig bei den Leitern ihrer KD-Dienststellen die Überprüfung anwies, ob »es in Ihrer Kreisdienststelle inoffizielle Mitarbeiter auf dieser Linie gibt, die in unserem Auftrag in dieser Zeit nach Westberlin fahren«.[611] Die Bezirksverwaltung hatte bis zu diesem Zeitpunkt (Dezember 1958) keinen klaren Überblick in die diesbezüglichen Aktionen seiner KD-Stellen, weshalb sie auch nachdrücklich klarstellte, dass »eine wahllose Entsendung von Informatoren zur ›Grünen Woche‹ nicht infrage« komme.[612] Generalleutnant Mielke befahl in seinen »Maßnahmen zur Verhinderung der Feindabsichten und zur Einschränkung des Besucherstroms nach Westberlin« anlässlich der »Grünen Woche« im Januar 1956, dass »zur Aufklärung [...] zuverlässige Agenturen« einzusetzen sind.[613] Die »Zuverlässigkeit« war einerseits wichtig für das MfS, um brauchbare Informationen zu erhalten und zum anderen dafür, dass die GI und GM nicht dekonspiriert würden. Daraufhin machten sich aus dem Bereich der BV Leipzig sieben GI, zwei GM sowie nach »weiterer Überprüfung der Agenturen« ein weiterer GI und zwei KP auf den Weg zur »Grünen Woche«.[614]

Erst ab 1956 lassen sich große und republikweit konzertierte Aktionen des MfS gegen die »Grüne Woche« feststellen. Dabei wurden alle Linien der Aufklärung, einschließlich der Linie XV, genutzt, auch um »neue Verbindungen anzuknüpfen und zur Tarnung der Durchführung von Treffs« mit Informanten.[615] Alle bei dieser Aktion anfallenden Informationen hatten an den dafür verantwortlich zeichnenden Generalleutnant Mielke zu gehen. Seit jenem Jahr wurde in einer kombinierten Aktion zwischen dem MfS und der HVDVP das Kennwort bzw. die Aktion »Wochenfahrt« installiert. Diese sollte helfen, die Möglichkeiten zur Personenfeststellung der »›Grüne Woche‹-Fahrer« zu koordinieren und damit zu maximieren.

611 BStU, Lpzg. AIM 3308/64 (Personalakte des GI »Nils Brentano«). »Brentanos« Berichtstätigkeit ist nicht überliefert.

612 Ebd., Bl. 26.

613 Ministerium für Staatssicherheit, 1. Stellvertreter des Ministers an die Leiter der Hauptabteilungen und selbständigen Abteilungen, betr. »Grüne Woche« in Westberlin, gez. Mielke (Tg.-Nr.: VM172/56) vom 20. Januar 1956, in: BStU, BVfS Leipzig Leitung 0168, Bl. 39–42, hier Bl. 40.

614 BV Leipzig – Abteilung III/III, betr.: Sogenannte »Grünen Woche« – Arbeitsplan, gez. Winkler vom 27. Januar 1956, in: ebd., Bl. 4f. – Weitere GI, GM und KP des MfS aus weiteren Bezirken waren ebenfalls auf der »Grünen Woche« zugegen.

615 Ebd., Bl. 42.

In der dafür beim MfS angelegten »Strukturmappe« sollten alle Personen registriert werden, die »die ›Grüne Woche‹ besuchen oder besuchten«. Unter diesem Kennwort wurden mit Beginn der Ausstellung bzw. kurz davor den zuständigen VPKÄ und den zuständigen ABV die Namen der »Westberlinfahrer« bekannt gegeben. In den Bezirken Frankfurt an der Oder und Potsdam wurden innerhalb dieser Maßnahmen auch in den Anliegerkreisen die Parkplätze durch »motorisierte Verkehrsbereitschaft u.a. geeignete Kräfte in Verbindung mit dem örtlichen ABV«, überwacht und bezirksfremde Fahrzeuge wurden registriert. Die ABV hatten insbesondere die Rückfahrt dieser Fahrzeuge zu melden, damit diese von der VP auf sogenanntes »Hetzmaterial« durchsucht werden konnten.

Den von der Staatssicherheit an den GI »Wallach« erteilten Auftrag zur »Grünen Woche« zu fahren, um dort operativ tätig zu sein, soll hier stellvertretend für zahlreiche weitere Aufträge kurz wiedergegeben werden.[616] Der GI war in den Jahren 1955 und 1956 auf der West-Berliner Landwirtschaftsausstellung im Auftrag der Staatssicherheit. Er wurde genauestens instruiert, wie er mit welchen Zugverbindungen zu reisen habe, wo und wann er sich auf dem Ausstellungsgelände bewegen soll und welche Informationen er dort für die Staatssicherheit zu sammeln habe. Er sollte also Folgendes tun: »Auf dem Gelände der ›Grünen Woche‹ am Funkturm sehen Sie sich erst 2–3 Stunden die Ausstellung an. Dann suchen Sie den Stand der Deutschen Landwirtschaftsgesellschaft auf, fragen Sie dort nach neuer Fachliteratur der Landwirtschaft, speziell für die Schweine- und Rinderzucht. Sagen Sie, daß Sie dem Stall in Ihrem Betrieb die meiste Bedeutung beimessen. In dem Gespräch mit dieser Person lassen Sie Zweifel daran erkennen, daß der in der DDR eingeschlagene Weg in der Landwirtschaft der richtige ist, fragen Sie, wie es weiter gehen soll. Erzählen Sie, daß man über Sie einen Artikel in der Presse veröffentlicht hat, weil Sie Ihr Kartoffelsoll nicht erfüllten. Sie können auch sagen, daß Sie in den Monaten Dezember–Januar Ihre aufgezogenen Ferkel schlecht absetzen konnten. Prägen Sie sich alle Einzelheiten dieses Standes, seine Einrichtung, Lage und Aussehen, die Personen die dort sind, Namen und den Inhalt des geführten Gespräches gut ein. Auf dem Gelände der ›Grünen Woche‹ suchen Sie des weiteren den Stand des Deutschen Bauernverbandes auf, dort interessieren Sie sich sinngemäß für die gleichen Dinge und erzählen auch dasselbe. Hier stellen Sie aber noch die Frage nach einer rechtlichen Auskunft, die Sie selbst oder einen anderen Bauern Ihres Dorfes betrifft, fragen Sie, wie Sie sich in diesen Fällen verhalten sollen. Sollten Sie am Stand der DLG oder DBV zum Hauptsitz dieser Organisationen verwiesen werden oder zu einer anderen Stelle, so suchen Sie diese Stelle auf und interessieren sich dort für die gleichen Fragen.

616 BV Leipzig, KD Grimma, Auftrag Nr. 4 für GI »Wallach«, in: BStU, BV Lpzg. AIM 1962/83, Bd. I, Bl. 49–51.

Sollte man Sie hier oder woanders nach der Lage Ihres Dorfes oder Kreises befragen, so übertreiben Sie die tatsächliche Lage. Schildern Sie die Dinge aber nicht zu negativ, sondern so, daß Sie nicht auffallen. Das Gespräch mit diesen Personen führen Sie mit dem Ziel, den Kontakt herzustellen und das Vertrauen dieser Personen zu gewinnen. Auch hier [...] interessieren Sie sich für den Sitz, Straße, Hausnummer, Lage, Namen usw. damit Sie nach Ihrer Rückkehr einen ausführlichen Bericht anfertigen können.« Der Bericht des GI – ähnliche Berichte anderer GI und GM sind, wie gesagt, zahlreich überliefert – wurde nicht nur deshalb so ausführlich zitiert, weil er Einblicke in Handlungs- und Denkmuster des Geheimdienstes im Kalten Krieg offenbart, sondern auch, um zu zeigen, dass die Staatssicherheit sich sehr wohl über Lage, Stimmung und Auswirkungen der SED-Politik auf die ländliche Bevölkerung der DDR im Klaren war. In seinem Bericht sagte der als »sehr vertrauenswürdig« eingestufte GI »Wallach« über das Gespräch mit einem DBV-Funktionär, dass dieser ihm dazu riet, in der DDR zu bleiben. Denn »wenn immer mehr Menschen nach dem Westen kommen würden, da hätten die Russen eine Handhabe zu sagen, daß die Ostzone freiwillig aufgegeben würde, und dann brächte der Russe immer mehr asiatisches Volk herein«. Außerdem sollte er sich, laut dem Rat des DBV-Mitarbeiters, nicht der LPG anschließen. »Auf alle Fälle«, so sagte er, »hieß es ausharren denn die Wiedervereinigung Deutschlands müsse einmal doch kommen«.[617] Diese Aussagen, und das gilt für sämtliche in diesem Kapitel von ostdeutschen Funktionären gesammelten Informationen und Aussagen, sind aufgrund der Quellenlage nur schwer gegenzuprüfen. Denn die entsprechenden westlichen Archivalien sind nur begrenzt zugänglich.[618]

Trotz aller in den vergangenen Jahren gegen die »Grüne Woche« durchgeführten und geplanten Maßnahmen kam das MfS offenbar erst 1960 auf das Vorhaben, »mithilfe von Informatoren den Personenkreis [die Fahrkarten nach West-Berlin kauften] nach Möglichkeit namentlich feststellen zu können«.[619] Jährlich stiegen während der Dauer der »Grünen Woche« die Fahrkartenverkäufe nach West-Berlin sprunghaft an. Anfang Februar 1956 registrierten die DDR-Behörden einen Anstieg der Fahrkartenverkäufe von 200 bis 300 Prozent gegenüber den Vortagen.[620] Noch in den Jahren 1956/57 musste das MfS nach Ende der »Grünen Woche« feststellen,

617 Bericht über meinen Auftrag zum Besuch der sogen. »Grünen Woche« in Berlin vom 2.2.56–5.2.56 vom 6. Februar 1956 in: BStU., BV Lpzg. AIM 1962/83, Bd. I, Teil II, unpag.

618 Mehr Klarheit könnte durch die weitere Öffnung von BMG- und BND-Beständen erfolgen. Die Akten des DBV in Koblenz (Sign. B 428) waren bei der Benutzung durch den Verfasser zwar zugänglich, die systematische Erfassung und Ordnung begann aber gerade erst (2009).

619 BV Leipzig an alle KD, betr. »Grüne Woche«, in: BStU, BV Lpzg., KD Geithain vom 4. Februar 1960, 00022/01, Bl. 40.

620 Abteilung Information, Information Nr. 64/57, betr.: Bericht über die »Grüne Woche« 1957 vom 11. April 1957, in: BStU, ZAiG 44, Bl. 1–20, hier Bl. 1 f.

dass ostdeutsche Gärtner, Züchter und weitere Personen als Aussteller teilnahmen, obwohl dies seit 1952 verboten war. Den Kontroll- und Sicherungsorganen war es jedoch bisher nie gelungen, den Besucher- und Reisestrom aus Ostdeutschland effektiv oder gar umfassend zu unterbinden.[621]

Die geheimdienstliche Bearbeitung landwirtschaftlicher Ausstellungen wie der »Grünen Woche«, aber ebenso – wenn auch in weitaus geringerem Maße – der Landwirtschaftsausstellung der DDR macht deutlich, dass das Berichtswesen der Staatssicherheit auf eine umfassende Überwachung des ländlichen Bereichs hinauslief, diese aber nur teilweise realisieren konnte.[622]

»Gegen die ›Grüne Agentenwoche‹«[623]: Die Tätigkeiten von Staatssicherheit und Volkspolizei

Sowohl das MfS als auch die VP hatten es schwer, auf dem Lande Fuß zu fassen. Eine größere Durchdringung des ländlichen Milieus, in dem die soziale und politische Basis der Arbeiterbewegung traditionell schwach ausgebildet waren, wurde durch die gegen zahlreiche Widerstände vorangetriebene Kollektivierung der Landwirtschaft ab 1952 zusätzlich erschwert.[624]

Während die Staatssicherheit direkt vor Ort Aufklärung betrieb, fiel es der Volkspolizei zu, den Reiseverkehr, besonders »von Personen aus landwirtschaftlichen Betrieben«, zu kontrollieren. Sie hatte sämtliche Maßnahmen gegen die »Grüne Woche« in engem Kontakt mit dem MfS zu koordinieren. Die Angehörigen der VP waren vorher »gründlich zu belehren und in ihre Aufgaben, besonders über ihr taktisches Verhalten« durch Offiziere der Staatssicherheit einzuweisen.[625] Die Verantwortung dafür trug der Chefinspekteur der VP, Willi Seifert.[626]

621 In einer Mitteilung der HA-K an das MdI, Abteilung Innere Angelegenheiten, HV DVP, ist in dem Satz, dass »die ›Grüne Woche‹ und auch die Industrieausstellung von zahlreichen Bürgern unseres Staates aufgesucht« wurden, der nachfolgende Nebensatz »bzw. der Versuch konnte unterbunden werden« durchgestrichen worden. Vgl. MdI-Informationssammlung »Methoden der Abwerbung von Bürgern der DDR« [o. D., 1960], in: BArch, Abt. DDR, DO 1/9392, unpag.

622 Vgl. dazu auch Teske: Staatssicherheit, S. 64.

623 Aus der Vortragsdisposition zum Thema: »Die Hintergründe der ‹Grünen Woche‹ in Westberlin« (BDVP-Potsdam, 30. Januar 1958), in: BLHA, Rep.479/15, BDVP Pdm., Nr. 36, Bl. 8.

624 Vgl. dazu auch Lindenberger: Der ABV als Landwirt; ders.: Volkspolizei. Herrschaftspraxis und öffentliche Ordnung im SED-Staat 1952–1968, Köln u. a. 2003, insbes. S. 296–366.

625 Ministerium für Staatssicherheit an die Leiter der HA und selbständigen Abteilungen vom 20. Januar 1956, in: BStU, BVfS Leipzig Leitung 168, Bl. 45.

626 Seifert war von 1957 bis 1983 Stellvertreter des Ministers des Innern und als Leiter der Hauptinspektion verantwortlich auch für die Ausbildung der VP-Bereitschaften. Vgl. dazu Müller-Enbergs/Wielgohs/Hoffmann: Wer war wer, S. 93 f.

Im Bereich des Bezirkes Leipzig hatte der Chef der VP, des Bezirkes, Hans-Hugo Winkelmann[627], die nicht einfache Aufgabe erhalten, dass »während dieser Zeit Personentransporte, die nicht im Staatsinteresse liegen, nach Berlin oder in die Bezirke Potsdam oder Frankfurt an der Oder (S-Bahnbereiche)« komplett zu verhindern seien.[628] Eine Kontrolle der Reisebusse erhoffte sich die Staatssicherheit durch die Anwerbung von Informatoren unter den Fahrern der Unternehmen bzw. Fahrabteilungen. Zur »Grünen Woche 1956« bestimmte die BV Leipzig des MfS (Abt. III/III) »zuverlässige überprüfte Agenturen«. Sie sollten absichern, dass an jedem Ausstellungstag mindestens ein GI aus dem Bezirk Leipzig auf dem West-Berliner Messegelände war.

Als »große volkspolizeiliche Sicherungsaufgabe« sah die VP die »Grüne Woche« offenbar erst seit 1956 an. Demnach seien die Voraussetzungen zur Lösung dieser Aufgabe: »[...] enge Zusammenarbeit vonseiten des VPKA mit den Dienststellen der Deutschen Grenzpolizei, der Transportpolizei und dem AZKW.« Die HVDVP entwickelte einen Einsatzplan »Maßnahmen zur Bekämpfung des Besuchs der ›Grünen Woche‹«.[629] Alle eingeleiteten Maßnahmen wurden mit diesen Dienststellen beraten und abgestimmt. Besonderes Augenmerk wurde auf eine, wie es hieß, »vorbeugende Arbeit« gelegt. Der VP ging es nicht darum, »nachträglich zu ermitteln und festzustellen, welche Bürger die ›Grüne Woche‹ in Westberlin besucht haben, um diese auf Grundlage unserer Gesetze zur Verantwortung zu ziehen.« Vielmehr sei es Pflicht, »alle Maßnahmen einzuleiten, um zu verhindern, dass Bürger unserer Deutschen Demokratischen Republik diese Woche der Hetze und der Agententätigkeit besuchen«.[630] Ließ es die jeweilige Situation zu, hatten die Mitarbeiter der VP mit den betreffenden Bürgern Aussprachen zu führen, die ihnen die »wahren Hintergründe der grünen Agentenwoche« klarmachen sollten. In den Schulungen wurde den Volkspolizisten vermittelt, dass sie den Bürgern klarzumachen hätten, »wer sich vom wahren Stand der sozialistischen Landwirtschaft überzeugen will, ohne früher oder später als Agent missbraucht zu werden, der soll die Landwirtschaftsausstellung in Markkleeberg bei Leipzig besuchen«. Je mehr dies gelinge, so die Ansicht der Behörden, Dienststellen und Funktionäre, umso weniger Möglichkeiten hätten die in West-Berlin ansässigen »Agentenorganisationen unsere Bürger mit dem Gift der feindlichen Ideologie zu beeinflussen und sie als Agenten [...] zu werben«. Dadurch würden, dieser Argumentation folgend, »ihre hohen Summen, die sie für die Funkturmausstellung zur Verfügung gestellt haben, [...] dann ohne Wirkung bleiben und mit einem großen Fiasko für die kalten Krieger

627 Ebd., S. 1092.

628 BStU, BVfS Leipzig Leitung 168, Bl. 46.

629 Ebd., Bl. 41.

630 BLHA, Rep.479/15, BDVP Pdm., Nr. 36, Bl. 3 f.

enden«.[631] Zu den sogenannten »Agentenorganisationen« zählten für die Staats- und Parteiführung offenbar auch die Regierung der Bundesrepublik und ihre öffentlichen Institutionen, die auf der »Grünen Woche« zugegen waren. Dass auch die Markkleeberger Landwirtschaftsausstellung hoch subventioniert wurde, dadurch den Staatshaushalt stark belastete und zu Beginn sogar durch »Schwarze Kassen« finanziert war, wurde von der VP nicht erwähnt. Die VP-Argumentationsmaterialien behaupteten das vielmehr von der »Grünen Woche«.

Im Rahmen der Maßnahmen gegen die »Grüne Woche 1956« wurden von Organen der DVP, DGP und Transportpolizei (Trapo) mehr als 50.000 Personen kontrolliert, die im Verdacht standen, die Ausstellung besuchen zu wollen. Tatsächlich registriert wurden 10.100 Personen, und 232 von ihnen waren bereits ein- oder mehrmals dort gewesen. 1.195 Fälle wurden an die Staatssicherheit weitergeleitet, wovon 228 (117 davon allein im Bezirk Potsdam) Ermittlungsverfahren eingeleitet wurden. Der Hauptteil der Verfahren wurde wegen Verstößen gegen das »Gesetz zur Regelung des innerdeutschen Zahlungsverkehrs« und dem Besitz von »Hetzmaterial« geführt. Daraus leitete man 125 (BDVP Potsdam 87) Haftanträge ab, von denen nur zwei abgelehnt wurden. Während der gesamten Aktion stellte die VP 19 Kraftfahrzeuge sicher. Der Grund hierfür war meistens das Mitführen von »Hetzschriften« oder »Westware«.[632] Im Großen und Ganzen war die Staatssicherheit mit ihrer Arbeit gegen die Ausstellung des Jahres 1956 zufrieden. Denn durch den Einsatz war eine »schnelle Information« ermöglicht worden. Die »Verwaltung Groß-Berlin« setzte gleichzeitig IM für die Beseitigung von »Hetzmaterial« vom Ausstellungsgelände ein. Auch die Inoffiziellen Mitarbeiter, die 1957 mit dem Auftrag »Grüne Woche« nach West-Berlin fuhren, »bekamen spezielle Aufgaben, wurden zentral gelenkt, wodurch eine Dekonspiration vermieden werden konnte«.[633] Die von ihnen während ihres Einsatzes – Aktion »Bärenfotos« – gemachten Fotos (inklusive der gesammelten Adressen) wurden an die anderen BV »hinweisend« weitergeleitet.

Im Bezirk Neubrandenburg wurden 1957 insgesamt 439 Personen festgestellt, die auf der »Grünen Woche« gewesen waren. Da sich die Schwerpunkttätigkeit der Volkspolizei und der Staatssicherheit mehr auf den südlichen Bereich der DDR konzentrierte, schafften es Fuhrunternehmer aus Feldberg und Wesenberg, mit ganzen Reisebussen zur »Grünen Woche 1957« zu fahren. Die frühzeitig von dieser

631 Ebd.

632 Gegenmaßnahmen unserer Staatsorgane und ihre Ergebnisse: a) Die Verhinderung des Besuchs der »Grünen Woche« und die Kontrolle der zurückkehrenden Personen (27. März 1956), in: BStU, MfSAS 88/59, Bl. 25–28.

633 Ebd., ZAiG 44, Bl. 20.

Absicht wissende SED-Kreisleitung und auch das VPKA Neustrelitz unternahmen nichts dagegen.[634]

Mit Verärgerung stellte die VP fest, dass trotz aller Verbote 1956 immer noch ostdeutsche Geflügelzüchter als Aussteller auftraten. 13 konnten mit Namen und Anschrift ermittelt werden. Der Besuch von drei ostdeutschen Vertretern für bundesdeutsche Landmaschinenfirmen (z. B. Fa. Gebr. Kramer GmbH aus Gutmadingen in Baden) wurde registriert. Gärtner aus den Kreisen Oranienburg und Potsdam waren ebenfalls als illegale Aussteller bekannt geworden. Aufgrund ihrer Aufgabe zur »Sicherung der Volkswirtschaft« mussten sich Staatssicherheit und VP mit jedem noch so kleinen Detail befassen, denn in ihrem Denken bestand stets die Wahrscheinlichkeit, dass sich »feindliche Tätigkeiten« dahinter verbargen. Von dieser Annahme war die Staatssicherheit auch bei der Bearbeitung einer Einladung des West-Berliner »Spandauer-Reisetauben-Züchter-Vereinigung e. V.« an die GST, Sparte »Taubensport«, zwecks einer Tierprämierung geleitet worden. Als der Vorgang ohne Ergebnis blieb, konnte die Staatssicherheit am Ende aber noch über »zwei Werber für die ›Grüne Woche‹« mehr verfügen.[635]

Besondere Bedeutung bei der »Berabeitung« der »Grünen Woche« kam den ABV zu. Sie erhielten eine gesonderte Schulung über die »Hintergründe der ›Grünen Woche‹«. Für die Arbeit des ABV war es notwendig zu wissen, welche Personen aus seinem Abschnitt in den vergangenen Jahren die »Grüne Woche« besucht hatten. Bei den vorbereitenden jährlichen ABV-Schulungen durch VP-Dienststellen wurden diesen die Namen von »Westberlin-Fahrern«, speziell Besuchern der Ausstellung, sofern diese den ABV bisher noch unbekannt waren, mitgeteilt. Denn »wichtig ist [...], mit solchen Bürgern vorher, in Verbindung mit der örtlichen Volksvertretung bzw. Parteiorganisation oder Nationalen Front über die wahren Hintergründe dieser angeblichen Landwirtschaftsausstellung zu sprechen und sie aufzuklären«.[636] Anschließend wurden Beispiele gut arbeitender ABV vorgestellt.

Vorgehen und Maßnahmen der Volkspolizei

Um die Kontrollmöglichkeiten zu erhöhen, hielten alle zentralen Stellen während der Zeit der »Grünen Woche« in Berlin oder Potsdam keine Tagungen, Kongresse oder ähnliches ab. Damit nahm man den DDR-Bürgern dezidiert die Begründung, diese als Ziel anzugeben, um die Kontrollstellen ohne Weiteres passieren zu können. Trugen manche Personen dennoch Gründe vor oder konnten ihr Anliegen durch

634 Ebd., Bl. 17.

635 Information Nr. 5/58, betr.: »Grüne Woche«, vom 29. Januar 1958, in: ebd., ZAiG 78, Bl. 1.

636 BLHA, Rep.479/15, BDVP Pdm., Nr. 36, Bl. 38.

entsprechende Bescheinigungen belegen, wurde eine genaue Kontrolle des Personal-Ausweises (DPA) vorgenommen.

Geachtet wurde bei den Personalkontrollen auf den Beruf und den Wohnort. Daraus glaubte die VP Rückschlüsse auf eine eventuelle Republikflucht oder den Besuch der »Grünen Woche« ziehen zu können, was oftmals gleichgesetzt wurde. Die Gepäckkontrollen, die laut PVG §14 durchgeführt wurden, sollten Verdachtsmomente erhärten. Im Falle landwirtschaftlicher Berufe wie Bauer, Traktorist, Angestellter eines VEG, Gärtner oder Förster konnte ihnen beispielsweise 1958 der DPA für die Dauer der Reise entzogen werden.[637] Anstelle ihres Ausweises erhielten die Betroffenen ein Formular des Paß- und Meldewesens, das für Berlin nicht gültig war (das »PM 12«-Formular mit rotem Strich). Besondere Wachsamkeit wurde den Kontrollorganen an den entsprechenden Wochenenden empfohlen, damit »der Besuch in die Randkreise« Berlins von außerhalb nicht erhöht werde. Denn durch diese Reisen könnte sich nach Meinung der VP auch die Gefahr erhöhen, dass die »Grüne Woche« besucht würde.

Nicht nur auf Bahnhöfen und in Zügen wurden während der Ausstellungsdauer verstärkt Kontrollen durchgeführt, sondern auch auf Straßen und Autobahnen. Auf eine flüssige und schnelle (besonders auf verkehrsreichen Straßen), aber dennoch gründliche Überprüfung der Personen wurde Wert gelegt, um keine längeren Aufenthalte oder Verkehrsstauungen aufkommen zu lassen. Deshalb kamen für diese Kontrolle nur ausgewählte Wachtmeister infrage, während der Umtausch der Ausweise »durch Kräfte der administrativen Dienstzweige« durchgeführt wurde.[638] In den Fällen, dass private PKW-Besitzer zur »Grünen Woche« fahren wollten und dies der Polizei bekannt wurde, gab es oftmals eine Vorladung zu einer »Kfz.-technischen Überprüfung«, um ihnen die Möglichkeit der Fahrt vorübergehend zu nehmen. Alle Fahrzeuge, die sich während der Zeit der Ausstellung in Richtung Berlin bewegten, sollten auf »ihren kraftfahrzeugtechnischen Zustand hin überprüft werden«.[639] Bei der Feststellung technischer Mängel wurden die Fahrzeuge in ihre Heimatorte zurückgeschickt oder dem VPKA übergeben. Bestand dabei der »begründete Verdacht«, dass die Insassen die »Grüne Woche« besuchen wollten, ohne dass eine weitere »strafbare Handlung« vorlag, wurde entsprechend den angewiesenen Maßnahmen verfahren. Das konnte den Entzug der Fahrerlaubnis bedeuten,[640] mit Sicherheit aber eine weitere Untersuchung durch das zuständige VPKA oder der Kriminalpolizei. Wenn Reisende mit Literatur (Broschüren, Flugschriften

637 Anhand der Direktive zur Änderung des Passgesetzes vom 16. Dezember 1957.

638 BLHA, Rep. 479/15, BDVP Pdm., Nr. 36, Bl. 3f.

639 Ebd.

640 HStDD, 11464, Nr. 23/217, Bl. 7.

usw.), also den sogenannten »Hetzschriften«, von der »Grünen Woche« erfasst wurden, erfolgte generell eine Weiterleitung des Falles an die Staatssicherheit.[641]

Wie vielfältige Aussagen belegen, wurden – ob absichtlich oder nicht – die Kontrollen eher selten zügig und reibungslos durchgeführt, was zur Verärgerung der Reisenden führte. Obwohl von den Offizieren der VP darauf hingewiesen wurde, wie wichtig eine zügige Durchführung der Kontrollen sei, ohne dabei die Bürger zu »verärgern«, sah die Praxis in aller Regel eher ganz anders aus.[642] Dabei erkannte die VP durchaus die Bedeutung einer reibungslosen Kontrolle an. Denn Schikanen, langes Wartenlassen oder unprofessionelles Verhalten würden die Sicherungsorgane gegenüber den DDR-Bürgern in Misskredit bringen: »Diese Stockungen zu verhindern ist deshalb besonders wichtig, da durch eventuelle Verärgerungen der Bürger der Klassengegner bessere Möglichkeiten bekommt, seine Wühlarbeit durchzuführen und seine schädlichen Argumente mit Leichtigkeit an den Mann bringen kann.«[643]

Die oben aufgeführten Maßnahmen zur Verhinderung des Besuchs der »Grünen Woche« wurden so im großen Stil seit etwa 1956 bis zum Mauerbau 1961 von allen beteiligten VP-Kreisämtern in der DDR angewandt. Bis 1956 spielten andere ermittlungsrelevante Tatbestände eine weitaus größere Rolle für die VPKÄ. In den Wochenberichten dieser Jahre standen die Themenkomplexe »Gerüchteverbreitung«, »Diskussionen in den Betrieben und in der Bevölkerung«, »Informationen aus den Betrieben«, »Informationen aus der Landwirtschaft«, »Kirchentätigkeit«, »Stimmungsberichte«, »Antidemokratische Tätigkeit«, »Kriminalpolizeiliche Lage«, »Republikfluchten« und »Sonstiges« im Vordergrund. Bis die »Grüne Woche« einen eigenen Ermittlungsschwerpunkt bildete, fiel sie vermutlich unter die Kategorie »Informationen aus der Landwirtschaft« oder »Republikflucht«. Der recht geringe Erfolg der VP, wenn es darum ging, die Bürger von der »Grünen Woche« fernzuhalten, erklärt sich auch durch hohe Aufgabenbelastung. Denn sie überwachte zahlreiche Veranstaltungen und Massenreiseanlässe nach West-Berlin, was zu einer gewissen Überlastung der Dienststellen führte.[644] Überhaupt schienen sowohl die Staatssicherheit als auch die DVP Rückmeldungen über den Erfolg ihrer Maßnahmen – etwa in Form der Besucherzahlen – oft nur aus der westlichen Tagespresse zu erhalten.

641 HStDD., 11464, Nr. 23/96, Bl. 136.

642 Als eine ältere Dame aus der DDR über ihre Erfahrungen bei Reisekontrollen zur »Grünen Woche« am RIAS-Stand befragt wurde, entgegnete sie aufgebracht »Wir werden wie Vieh aus dem Wagen getrieben!« Vgl. »Äußerungen zur Situation der Zone und zur politischen Arbeit des RIAS« während der »Grünen Woche« 1960, in: DRA, H301-00-03/0001.unpag.

643 BLHA, Rep. 479/15, BDVP Pdm., Nr. 36, Bl. 40.

644 Vgl. z.B. VPKA Pirna (Operativstab): Wochenbericht vom 30. Januar–5. Februar 1956, in: HStDD, 11464, K1586, Nr. 542, unpag.

Die meisten Besucher kamen vorwiegend aus den südlichen Ländern bzw. seit 1952 Bezirken der DDR und dem Berliner Raum zur »Grünen Woche«. Vor allem der Norden der SBZ/DDR, also Mecklenburg-Vorpommern und Brandenburg, waren dünn besiedelt und stark agrarisch geprägt, während der Süden, insbesondere die heutigen Länder Sachsen und Thüringen, über eine deutlich höhere Bevölkerungsdichte, eine strukturell stärkere Industrie und urbane Zentren verfügte. Dieses traditionelle Nord-Süd-Gefälle spiegelte sich auch in den ländlichen Besitz- und Eigentumsverhältnissen wider und wurde durch die Bodenreform in der SBZ noch verschärft, weil viele Neubauern, Flüchtlinge und Umsiedler dort Land erhielten.[645] Im südlichen Teil befanden sich aber die besseren Böden. Insbesondere in Thüringen und Sachsen blieben die bäuerlichen Traditionen länger und stärker ausgeprägt, so dass »die Verschiebungen im ökonomischen wie gesellschaftlichen Bereich geringer [ausfielen]«.[646]

1958, zu Beginn der zweiten Berlin-Krise, intensivierte die Volkspolizei trotz hoher Belastung ihre Maßnahmen – wohl auch auf Druck seitens der Staatssicherheit – gegen »Westberlinfahrer« im Allgemeinen wie gegen die Besucher der »Grünen Woche« im Besonderen. Als eines der nun wichtigsten Nahziele wurde genannt, sich »eine Übersicht über Westberlinfahrer [...] zu verschaffen«.[647] Durch die Änderung des Passgesetzes (II) vom Februar 1957 erhielt die VP effektivere Möglichkeiten, um der »Grünen Woche« den Besucherstrom aus der DDR abzugraben. Die Bezirksbehörde der DVP-Dresden gab am 23. Januar 1958, also acht Tage vor der offiziellen Eröffnung der »Grünen Woche«, den Befehl 1/58. Dieser enthielt den konkreten Maßnahmeplan zur »Vereitelung« des Ausstellungsbesuchs.[648]

Neben den bereits geschilderten polizeilichen Maßnahmen kam dem ABV eine besondere Rolle zu. Er sollte in Zusammenarbeit mit den Abteilungen K und VE die Personen ermitteln, die die Absicht hegten, zur »Grünen Woche« fahren zu wollen. In der Regel wurden deren Namen dann den örtlichen Parteiorganisationen übergeben, »damit durch die Partei und die gesellschaftlichen Organisationen entsprechende Maßnahmen eingeleitet werden können«.[649] Mit dem ersten Ausstellungstag – in diesem Fall der 23. Januar 1958 – wurden den ABV die Namen der Personen, die im Vorjahr beim Besuch der Ausstellung festgestellt wurden, übergeben. Wenn Personen nachweislich auf der »Grünen Woche« gewesen waren, wurde auf Grundlage der Befehle 45/55 und 49/55 »eine Überprüfung der Beobachtung«

645 Schöne: Das sozialistische Dorf, S. 67–69.

646 Ebd., S. 69.

647 VPKA Bericht zur »Verhinderung des Besuchs der ›Grünen Woche‹« vom 28. Dezember 1959, in: HStDD, 11464, Nr. 23/217, Bl. 84.

648 Ebd., Bl. 6f.

649 Ebd.

organisiert, um festzustellen, ob »Abwerbungen vorgenommen oder ›Hetzmaterial‹ verbreitet wurde«.[650] Die folgende statistische Übersicht über die »zugeführten Personen« in der Zeit vom 1. bis 8. Februar 1959 ist den »Meldungen ›Grüne Woche‹« der BDVP Potsdam entnommen:[651]

	Groß-bauern	Mittel-bauern	LPG-Bauern	Angest., MTS, VEG	Gärtner	Studenten	Wissen-schaftler	Sonstige
Brandenburg	2	3	6	-	-	-	-	4
Gransee	2	1	-	-	-	-	-	-
Jüterbog	1	2	-	-	-	-	-	-
Königs-Wusterhausen	13	114	17	8	19	-	-	48
Kyritz	1	4	3	-	-	-	-	3
Luckenwalde	-	1	-	-	2	-	-	3
Nauen	4	80	40	28	6	-	-	75
Oranienburg	12	48	9	5	2	-	-	49
Potsdam	12	15	2	3	7	2	1	61
Rathenow	-	1	3	-	-	-	-	1
Zossen	1	15	-	1	-	-	-	3
Insgesamt	48	284	77	45	36	2	1	247

Tab. 7: Abgenommene DPA und dafür ausgestellte PM 12, untergliedert nach Berufsgruppen.

	VP	DGP	Trapo	AZKW
Brandenburg	7	-	19	-
Gransee	1	-	2	-
Jüterbog	1	-	2	-
Königs-Wusterhausen	-	51	388	-
Kyritz	-	-	8	-
Luckenwalde	4	-	2	-
Nauen	3	6	106	479
Oranienburg	21	69	21	103
Potsdam	20	3	13	254
Rathenow	-	-	9	-
Zossen	7	-	-	15
Insgesamt	64	129	570	851

Tab. 8: Dem VPKA in den Kreisen »zugeführte« Personen.

650 Ebd., Bl. 7.

651 Zahlen für beide Tabellen entnommen aus BLHA, Rep. 479/15, BDVP Pdm., Nr. 36, Bl. 41.

Insgesamt registrierten die VPKÄ während der Maßnahmen gegen die »Grüne Woche«, dass 130 »bezirks- und kreisfremde« Personen in ihrem Bereich übernachtet hatten. Außerdem erfassten sie 768 Fahrzeuge aus anderen Bezirken und Kreisen. Im gesamten Bezirk Potsdam wurden während der »Grünen Woche 1959« 1.614 Menschen »zugeführt«, also vorübergehend in Gewahrsam genommen, 740 von ihnen schickten die Behörden gleich zurück. Die anderen hatten weitere »Bearbeitungen« zu erdulden.[652] Hinter diesen bloßen Zahlen verbergen sich natürlich auch ganz persönliche Geschichten und Schicksale. Eine Zeitzeugin schilderte, wie sie als junge Frau - sie war damals Diakonisse - mit mehreren Freundinnen 1960 zur »Grünen Woche« nach West-Berlin fuhr. Dorthin gelangten sie ohne jegliche Kontrollen und erlebten zusammen einen schönen Tag auf der Ausstellung, wo sie mehrere Geschenke wie Küchenmesser und ein Kochbuch erhielt. Auf der Rückfahrt wurde sie im Zug kontrolliert und die Geschenke wurden gefunden. Die Polizisten brachten Kochbuch und Küchenmesser sofort in Verbindung mit der »Grünen Woche«. Zusammen mit mehreren weiteren »zugeführten Personen« und mehreren bewaffneten Polizisten auf der Pritsche eines LKWs sitzend, fuhr man sie zur Dienststelle. Dort ließen sie die Polizisten mehrere Stunden vor ihrer Vernehmung warten. Während einer längeren Befragung stellte man ihr etwa die Fragen, ob sie öfter in West-Berlin sei, ob sie Verwandte oder Freunde dort habe und ob sie schon einmal in Leipzig-Markkleeberg gewesen sei. Alles verneinte die Zeitzeugin. Daraufhin wurde sie entlassen und sollte nach Hause gehen. Mittlerweile war es aber bereits tiefe Nacht, und sie musste den ganzen Weg bis zum Bahnhof zu Fuß gehen. Auch über 40 Jahre nach den Ereignissen war sie darüber noch immer aufgebracht.[653]

»Wir müssen Westberlin als eine ›Eiterbeule‹ darstellen«[654]: Weitere DDR-Institutionen im Kampf gegen die »Grüne Woche«

Das Ministerium für Land- und Forstwirtschaft der DDR setzte sich in den 1950er Jahren ebenfalls mit der »Grünen Woche« auseinander. Es sah in ihr eine generelle Gefährdung seiner Arbeit zur Umerziehung – nicht nur – der ländlichen Bevölkerung. Der Leiter der Abteilung Landwirtschaft des ZK der SED, Franz Mellentin[655],

652 Ebd.

653 Interview mit Zeitzeugin E.L. vom 10. August 2010.

654 Vorschläge zu Maßnahmen »Grüne Woche« des GAK der Land- und Forstwirtschaft vom 24. November 1958, in: SAPMO-BArch, DY 30/IV 2/7/624, Bl. 37–39, hier Bl. 37.

655 Zu Person und Wirken Mellentins vgl. Müller-Enbergs/Wielgohs/Hoffmann: Wer war wer, S. 56 f.

informierte Erich Mückenberger[656] über die kurz bevorstehende »Grüne Woche 1958«. Er wies darauf hin, dass es »notwendig sein [wird], Maßnahmen zu treffen, um die Besucherzahl aus der DDR auf ein Minimum zu reduzieren«.[657] Die »Grüne Woche« des Jahres 1958 war von ihren Organisatoren im Vergleich zu den Vorjahren beträchtlich erweitert worden: Die Ausstellungsfläche wurde um 30 Prozent vergrößert und die Beteiligung ausländischer Aussteller wie die USA, Kanada, Belgien, Frankreich, die Niederlande, Italien und Dänemark verbreiteten eine anziehende Wirkung. Die Abteilung Landwirtschaft sowie die Staats- und Parteiführung waren durch die Ankündigungen der westdeutschen Presse beunruhigt, in denen über die »Grüne Woche« zu lesen war, dass durch die Ausstellung »alle Möglichkeiten ausgenutzt werden [sollen], um den Jugendlichen der ›Ostzone‹ einen Einblick in die ›Freie Welt‹ zu geben. Große Vorbereitungen werden getroffen, um fachliche Gespräche, ›Beratungen‹ und ›Erfahrungsaustausche‹ mit den Bewohnern der DDR zu führen«.[658]

Im Büro von Mückenberger gingen bis zum Januar 1958 zahlreiche Schreiben und Mitteilungen ein, die Vorschläge über Maßnahmen der landwirtschaftlichen Organisationen und deren Funktionäre gegen die »Grüne Woche« enthielten und wie diese mit anderen Institutionen zu koordinieren wären. Denn es galt, aus den eigenen Fehlern der letzten Jahre zu lernen. Die Funktionäre aus dem Sektor Agrarpropaganda, die die Ausstellung jährlich inkognito besuchten, wurden vom MLF »daraufhin orientiert, daß es uns darauf ankommt, Beweismaterial zu bekommen, daß die ›Grüne Woche‹ ein Zentrum zur Anwerbung von Agenten ist [...] und daß die Aufforderung zum Widerstand in der DDR eine Tatsache ist«.[659]

Die Aktionen der DDR gegen die Ausstellung des Jahres 1958 sollen vor dem Hintergrund der angespannten politischen Situation und der sich anbahnenden zweiten Berlin-Krise, detaillierter vorgestellt werden. In jenem Jahr erreichten die Aktivitäten ein hohes Maß und sollten bis 1961 nicht mehr vermindert, sondern eher noch verstärkt werden.

Das MLF, insbesondere dessen Sektor Agrarpropaganda, unterbreitete zusammen mit der Abteilung Landwirtschaft und der Agrarkommission folgende Vorschläge zur Verhinderung des Besuchs der »Grünen Woche«: Für Ende Januar 1958

656 Mückenberger wurde kurze Zeit später von 1958–1963 Mitglied des Ausschusses für Land-, Forst- und Nahrungsgüterwirtschaft.Zur Person und zum Wirken vgl. ebd., S. 593. – Für eine breitere Darstellung des Wirkens Mückenbergers in gesamtdeutschen Tätigkeiten und als Gegenspieler Kurt Viewegs vgl. Scholz: Bauernopfer, S. 179–182, 188, 192–199, 226 u. 231.

657 SAPMO-BArch, DY 30/IV 2/7/624, Bl. 1.

658 Zusammenfassung westdeutscher Presseausschnitte über die »Grüne Woche« 1958, in: ebd., Bl. 3f.

659 Informationen betr. »Grüne Woche« vom 1. Februar 1960, in: SAPMO-BArch, DY 30/IV 2/7/623, Bl. 19f.

wurde ein Landsonntag beschlossen, auf dem tagespolitische Diskussionen im Vordergrund stehen sollten. Alle BL und KL der SED waren auf die »Grüne Woche« entsprechend hinzuweisen, damit sie rechtzeitig »die notwendigen Maßnahmen« treffen könnten. Zum Teil waren den SED-Bezirks- und Kreisleitungen »die Besucher schon bekannt«.[660] Den Parteiorganisationen in den landwirtschaftlichen Betrieben der DDR wurden Hinweise gegeben, während dieser Zeit besonders aufmerksam gegenüber den Jugendlichen zu sein, insbesondere deren Urlaubsanträge streng zu beachten, und ihnen nur dann eine Genehmigung zu erteilen, wenn eindeutig feststand, dass damit keine »Berlinfahrt« verbunden sein würde. Der VdgB wurde nachdrücklich klargemacht, dass sie während der »Grünen Woche« keine Tagungen und Kongresse in Berlin oder im Umland durchführen dürfe und anstelle dessen Gärtnerversammlungen organisieren sollten. Beraten wurde dahingehend mit den verantwortlichen Leuten im Ministerium auch, ob »seitens des Gartenbaus Tagungen, Erfahrungsaustausche, Begehungen von Anlagen während dieser Zeit durchgeführt werden sollten«. Offenbar fürchtete man Gespräche und Kontakte zwischen den Besuchern aus der DDR mit Ausstellern und offiziellen Stellen, die sich auf dem Ausstellungsgelände befanden. Man fürchtete im MLF sehr, dass den Bauern, Gärtnern und anderen Besuchern aus der DDR »neue Argumente gegen die Genossenschaftsbildung (zum Beispiel die Möglichkeiten der Mechanisierung im Familienbetrieb westlicher Prägung) [gegeben] bzw. ihnen die Republikflucht schmackhaft gemacht« würde.[661] Im Rahmen dieser »Aufklärungsmaßnahmen gegen die ›Grüne Woche‹« schien es den entsprechenden Institutionen auch geboten, den Instituten, Fachschulen und Lehrlingsausbildungsstätten besondere Aufmerksamkeit zu widmen und keine Exkursionen nach Berlin oder ins Umland zuzulassen.[662]

Kurz vor, aber dennoch rechtzeitig vor Ausstellungsbeginn am 3. Januar (die »Grüne Woche« fand in der Zeit vom 31. Januar bis 9. Februar 1958 statt) war der Maßnahmenkatalog des MLF fertiggestellt. Neben den bisher beschlossenen Maßnahmen und Strategien kam nun ein Artikel im internen »Informationsblatt« hinzu, der auf die »Grüne Woche« hinwies und Empfehlungen gab, was zu tun sei, »um die Besucherzahl [...] größtmöglich zu unterbinden«.[663] Des Weiteren wurde mit den verantwortlichen Funktionären der Abteilung Gartenbau des MLF festgelegt, dass am 1. Februar in Leipzig eine Festveranstaltung für die Gärtner aus der DDR durchgeführt werde, wobei die Verleihung der Medaillen der Gartenbauausstellung in Markkleeberg und Moskau durchgeführt wurde. Landwirtschaftsminis-

660 SAPMO-BArch, DY 30/IV 2/7/624, Bl. 2.

661 Ebd., Bl. 12.

662 Ebd., Bl. 7.

663 Ebd., Bl. 9.

ter Hans Reichelt und Prof. Johannes Reinhold, Direktor des Instituts für Gartenbau Großbeeren der DAL, hielten die entsprechenden Referate. Als Abschluss gab es eine »Faschingsveranstaltung«, die das staatliche Rundfunkkomitee zu organisieren hatte. Man hoffte, die dadurch entstehenden Kosten durch den Verkauf der Eintrittskarten zu decken.[664] Darüber hinaus wurden Karten für die Leipziger Theater bereitgehalten. Außerdem wurden in der Zeit vom 31. Januar bis zum 8. Februar in allen Kreisen Gärtnerversammlungen durchgeführt. Auch den Parteisekretär der DAL instruierte die SED-Bezirksleitung, dass er auf seine Kollegen und Mitarbeiter vor Ort »einwirken« sollte, an den Gegenveranstaltungen zur »Grünen Woche« teilzunehmen. In der Fachzeitschrift der Kleingärtner, Siedler und Kleintierzüchter erschien ein Artikel, der dazu aufrief, nicht zur »Grünen Woche« zu fahren. Auf den ersten Blick sieht dieser Maßnahmenpunkt wie ein Fehler aus. Denn der Hinweis der Medien auf das West-Berliner Ausstellungsereignis hätte womöglich ein viel regeres Interesse daran hervorrufen können, als wenn man es einfach versucht hätte, zu ignorieren. Doch dieser Einwand greift insofern zu kurz, als die »Grüne Woche« in beiden deutschen Teilstaaten immer noch von hoher Bekanntheit und großer Anziehungskraft war. In vielen ruralen Gebieten West- wie Ostdeutschlands bedeutete die Kenntnis ihrer Existenz und ihrer Bedeutung fast schon einen Gradmesser für die kulturelle Inklusion.[665] Sie war bereits aber auch seit mehreren Jahrzehnten zum Bestandteil der literarischen Erinnerungskultur der städtischen Bevölkerung geworden. Manche Menschen waren in den 1950er Jahren bereit, für die »Grüne Woche« persönliche Risiken einzugehen. So fand sich ein märkischer Bauer aus Buckow trotz der erheblichen Gefahren bereit, 1958 seinen leeren Stall für erkranktes Vieh von der »Grünen Woche« zur Quarantäne zur Verfügung zu stellen.[666]

664 Ebd., Bl. 13, 17. Während dieser Galaveranstaltung wurden 161 Betriebe für die Markkleeberger Ausstellung, 40 Betriebe für Moskau und 35 Betriebe für den Wettbewerb ausgezeichnet. Die Veranstaltung musste aber dann doch noch mit ca. 2.000 DM (Ost) vom MLF bezuschusst werden.

665 Als Beispiel eines der zahlreichen zeitgenössischen literarischen Zeugnisse, die aus urbaner Perspektive des geteilten Berlin die »Grüne Woche« mit beinhalten, vgl. Erika von Hornstein: Die deutsche Not. Flüchtlinge berichten, Köln u.a. 1960, S. 182–195. – Von Hornstein beschreibt die Reise eines Verwandten 1957 zur Ausstellung: »Wenn man selbst aus der Zone is', dann weiß man ja, wie das ist. Mein Schwiegervater sein Onkel, der wollte mal hier zur Grünen Woche fahren, weil er Tauben hat und is' ooch im Züchterverein. Im Zug von Neubrandenburg: Zugkontrolle! Haben sie zu ihm gesagt, wo wollen Sie hin? Na, nach Berlin, das sehen Sie doch an meiner Fahrkarte. Und zu wem wollen Sie da? Ick hab' da Bekannte. Ach, gerade jetzt haben Sie Bekannte da, wo die Grüne Woche ist, sagen sie. Wieso Grüne Woche? hat der sich angestellt. Also jetzt nehmen Sie die Fahrkarte und fahren Sie sofort wieder zurück, sagten die. Und zu Hause hat ihn dann die Kreisleitung unter die Lupe genommen«. Ebd., S. 190.

666 Undatierte Aktennotiz, in: LAB, B Rep. 010, Nr. 727, unpag. – Ob der Stall tatsächlich auch in Anspruch genommen wurde, geht aus der Überlieferung nicht hervor. In diesem Fall wären die Risiken enorm und die politischen Verwicklungen bei einer Entdeckung durch die DDR-Behörden

Vom West-Berliner Landesverband der Kleingärtner erging in diesem Jahr wieder eine offizielle Einladung an den ostdeutschen Verband, die weder beantwortet noch angenommen wurde. Auch die von West-Berliner Organisationen angefragten Ost-Berliner Zuchtrichter erhielten keine Teilnahmeerlaubnis. Weitere Vorschläge unterbreitete man in Zusammenarbeit mit den Kontroll- und Sicherheitsorganen der DDR. Dem MLF kam es hierbei besonders darauf an, Reisegesellschaften keine Genehmigung zu einer Fahrt nach West-Berlin zu erteilen, und weiterhin, dass eine strenge Kontrolle der Zufahrtswege erfolgen solle und das AZKW »besondere Aufmerksamkeit« zu zeigen habe.[667]

Funktionäre aus dem Sektor »Agrarpropaganda« des MLF, der VdgB und des GAK wurden inoffiziell auf die »Grüne Woche« delegiert, um sie insbesondere im Hinblick auf die Darstellung und Verbreitung bundesdeutscher Agrarpolitik, landwirtschaftlicher Neuheiten und neuer Landtechnik zu besichtigen und auszuwerten.[668] Der GAK machte Ende 1958 den Vorschlag, die »Grüne Woche« als Anlass zu nehmen, der »agrarpolitischen Propaganda einen neuen Aufschwung zu geben«.[669] Aufgrund ihrer Erfahrungen im Kampf gegen die West-Berliner Ausstellung schlugen die GAK-Funktionäre eine »zweigleisig[e]« Strategie vor: zum einen »auf dem Gleis der agrarpolitischen Gegenpropaganda« und zum anderen »auf dem Gleis einer Enthüllungspropaganda über die Rolle der ›Frontstadt West-Berlin‹«.[670] Der durch diese Strategie erhoffte Anschub der argumentativ erstarrten Propaganda stellte sich jedoch nicht ein. Die Argumente gegen die Landwirtschaftsausstellung blieben stets dieselben und wurden nur in Variation vorgebracht: West-Berlin habe kein agrarisches Hinterland mehr, weshalb eine Landwirtschaftsausstellung unsinnig sei, die Stadt sei eine »Metropole« zur »Agentenanwerbung«, »Anwerbung junger Mädchen für Freudenhäuser« oder die »Grüne Woche« diene nur der Artikulation von Interessen des Landadels usw. Zahlreiche Entgegnungen des GAK auf die »Grüne Woche« konnten in diesem »kalten Ausstellungskampf« aber nicht verwandt werden, da dessen Argumente ebenso auf die DDR-Landwirtschaftsausstellung in Markkleeberg zugetroffen hätten. Ein Beispiel: Schlepper- und Traktorengeschicklichkeitsfahren für Jugendliche hatten eine lange Tradition auf deutschen Landwirtschaftsschauen, und auch nach 1945 gab es sie in Ost und West wieder. Mit dem Schlagwort »Vom Schlepperfahrer zum Panzerfahrer« beabsichtigte der GAK in seinem Maßnahmenkatalog gegen die »Grüne Woche«, gegen die

in der Tat weitreichend gewesen. Mit Sicherheit hätte die SED-Propaganda den Vorfall auch als eine Art »Seuchenkrieg gegen die DDR« inszeniert.

667 SAPMO-BArch, DY 30/IV 2/7/624, Bl. 11.

668 SAPMO-BArch, DY 30/IV 2/7/623, Bl. 199.

669 GAK, Vorschläge zu Maßnahmen »Grüne Woche« vom 24. November 1958, in: SAPMO-BArch, DY 30/IV 2/7/624, Bl. 37–40, hier Bl. 38.

670 Ebd.

Wiederbewaffnung in der Bundesrepublik zu polemisieren.[671] Wie aber hätte ein Geschicklichkeitsfahren, das aus West-Berliner Jugendlichen angeblich automatisch Soldaten gemacht hätte, nicht auch die gleichen Effekte auf die ostdeutsche Jugend haben können? Diese Frage ließ der GAK unbeantwortet.

Detaillierte Informationen brachten die Funktionäre über den Besucherstrom auf der »Grünen Woche« mit zurück. Anhand der von ihnen vorgenommenen Zählungen, Schätzungen und Befragungen auf dem Ausstellungsgelände konnte man nicht nur die Zahl und die Stimmungslage vorrangig der Besucher aus der DDR abschätzen, sondern auch versuchen, Rückschlüsse auf die Akzeptanz der Bonner Regierung in West-Berlin zu ziehen. Ab und an verteilten die GAK-Funktionäre unauffällig Broschüren und kleinere Flugschriften, welche die »Neuerermethoden« in der Landwirtschaft propagierten oder Werbung für die Landwirtschaftsausstellung der DDR in Leipzig-Markkleeberg machten. Damit wollten sie neben einer positiven Darstellung der DDR ein weiteres Ziel erreichen, nämlich einen klaren psychologischen Fingerzeig, der darin bestehen sollte, »dass man den Bauern aus der DDR, die die ›Grüne Woche‹ besuchen, den Glauben nehmen muss, dass Westberlin eine Oase sei, bis zu der unser Arm nicht reicht«.[672] Solche Taktiken blieben in der Tat nicht erfolglos und schufen insbesondere unter den ostdeutschen Gästen eine Atmosphäre des Misstrauens. Zeitzeugen berichten noch heute über die gespannte Atmosphäre auf dem Ausstellungsgelände, insbesondere in den Jahren zwischen 1958 und 1961, als man buchstäblich unter jedem Ledermantel die Staatssicherheit, hinter jedem fremden Gesicht den langen Arm der (getarnten) Sicherheitsorgane vermutete oder sich bei der Annahme jedes noch so kleinen Gastgeschenkes als Straftäter fühlte.[673] Daraus folgte schließlich, dass sich Besucher aus der DDR kaum mehr auf dem Gelände in Gespräche einließen. So konnten auch die Funktionäre ihrem Auftrag zur Sammlung von Informationen zur Stimmungslage immer schlechter nachkommen.[674]

Eine beliebte Methode, die »Grüne Woche« zu »bearbeiten«, bestand darin, sich in öffentliche Pressekonferenzen anlässlich der Eröffnung zu begeben und dort vermeintlich oder tatsächlich provokante Fragen zu stellen, wie es 1960 auf dem Pressempfang und etwas später bei den öffentlichen Veranstaltungen der Bauernverbände geschah.[675] Die Funktionäre Arndt, Helmrich und Rutloh der »Einsatz-

671 Ebd., Bl. 39.

672 SAPMO-BArch, DY 30/IV 2/7/624, Bl. 39.

673 Schultze: Auftrag, S. 178.

674 SAPMO-BArch, DY 30/IV 2/7/624, Bl. 79.

675 Schultze: Auftrag, S. 176f; vgl. auch Sendung für die Landbevölkerung, in: SAPMO-BArch, DY 30/IV 2/9.02/155, Bl. 69; Bericht der Arbeitsgruppe Presse, in: ebd., Bl. 180–190; Einschätzung der »Grünen Woche 1960« durch die Einsatzgruppe des Ministeriums für Land- und Forstwirtschaft, in: ebd., Bl. 97–120.

gruppe Presse« des MLF sollen dabei angeblich mit ihren Fragen den Präsidenten des DBV, Edmund Rehwinkel, »aus dem Konzept« gebracht haben.[676] Als großes Ärgernis empfanden die Funktionäre den Presseempfang des Schirmherrn der Ausstellung, Heinrich Lübke. Denn er begrüßte während der Eröffnungsfeierlichkeiten mehrere »Ostflüchtlinge«, was man sich von ostdeutscher Seite nur damit zu erklären wusste, dass dies »wahrscheinlich bezahlte Acht-Groschen-Jungs« gewesen seien, die »ungepflegt und in schlechter Kleidung« zu diesem Anlass erschienen wären.[677]

Der VdgB wurde durch das MLF aufgetragen, LPG-Mitgliedern, vor allem den Vorsitzenden oder auch potenziellen Gründern den Besuch der »Grünen Woche« als einen Akt politischer »Diversion« und Devisenvergehens unmöglich zu machen.[678] Jährlich versuchten beispielsweise die VdgB-Funktionäre von Groß-Berlin wenigstens ihre Mitglieder durch »entsprechende Aufklärungsarbeit« vom Besuch der Ausstellung abzuhalten. Auch sie organiserte Gegenveranstaltungen für Bauern und Gärtner während der Dauer der »Grünen Woche«.[679] Diese Veranstaltungen, die durch Filmvorführungen für die tierische und pflanzliche Produktion umrahmt wurden, waren zwar gut besucht, konnten jedoch eine »Bindung an den Wohnort nur für den entsprechenden Tag« erreichen. Überhaupt gelangen der VdgB sämtliche derartige Maßnahmen »nur in unbefriedigendem Ausmaß«. Allein in den zwei Tagen zwischen dem 2. und 4. Februar 1958 besuchten vier Genossenschaftsbauern aus Berlin-Rosenthal die »Grüne Woche«, wovon die ZVdgB bereits wenige Tage später erfuhr. Die daraufhin mit den Bauern eingeleiteten Aussprachen brachten deren Motive und Absichten zum Ausdruck. Einige sahen in der Ausstellung eine alte Tradition und »bezweifelten deren politische Zielsetzung«. Andere »bejahten die ›Grüne Woche‹ ganz offen«, wollten aber ebenfalls nach Markkleeberg fahren.[680] Eine Anzahl GPG-Mitglieder fuhr ebenfalls nach West-Berlin, das traf sogar auf zwei Mitglieder des Ortsvorstandes zu. Aus dem Stadtbezirk Pankow waren aus allen Teilen Bauern und Gärtner dort gewesen. Schätzungsweise sollte es sich dabei um 60 Prozent der Betriebsinhaber aus dem Stadtbezirk gehandelt haben.[681] Für den Ortsteil Blankenburg wurde bestätigt, dass alle Bauern »drüben gewesen sind«. Auch die Bauern aus dem Ortsteil Karow wären »fast alle dort gewesen«. Aus dem Ortsteil Blankenburg waren alle Bauern auf der Ausstellung, außer

676 Einschätzung der »Grünen Woche« 1960 durch die Einsatzgruppe des Ministeriums für Land- und Forstwirtschaft, in: SAPMO-BArch, DY 30/IV 2/7/624, Bl. 300–305, hier Bl. 304.

677 Ebd., Bl. 302.

678 Schultze: Auftrag, S. 17f.

679 Ebd.; Schreiben an den Zentralvorstand der VdgB, Abt. Gesamtdeutsche Verbindungen, Betreff »Grüne Woche« vom 13. Februar 1958, in: LAB, C Rep. 950, Nr. 20, unpag.

680 Ebd.

681 Ebd., S. 2 des Dokuments.

den beiden Mitgliedern des VdgB-Ortsvorstandes. Diese beiden sollen angeblich deshalb keine Möglichkeit gehabt haben ihre Kollegen vom Besuch abzuhalten, weil »die Bauern insbesondere den Einflüsterungen der Bauern [erlägen], die auch Land in den Westsektoren besitzen«. Die hier Pars pro Toto geschilderten Fälle für andere Bezirke, Kreise und Städte in der DDR, deren Einwohner die »Grüne Woche« besuchen wollten, wurden auf der nächsten Sitzung Leitungsebene der VdgB und BHG in Ost-Berlin eingehend diskutiert. Daraus entstanden aber keine neuen Vorschläge zur »Bearbeitung« der »Grünen Woche«.

In mehreren Jahren (zum Beispiel 1958 und 1960) führte die VdgB während der »Grünen Woche« Seminare »für die Schulung der Hauptamtlichen Funktionäre« außerhalb Berlins durch, um die hauptamtlichen Funktionäre für diesen Zeitraum zu binden.[682] Ein Fernbleiben von den Lehrgängen, die meist in Markkleeberg stattfanden, führte auf jeden Fall zu Aussprachen mit den betreffenden Personen und damit zu einem hohen Rechtfertigungsdruck.

Die VdgB hatte bei ihrer Arbeit gegen die »Grüne Woche« allerdings einen schweren Stand. Zum einen besaß sie kaum rechtlich wirksame Mittel, um gegen ihre Mitglieder oder Kollegen vorzugehen, wenn diese zur Ausstellung reisen wollten. Sie konnte nur die Sicherheitsorgane informieren oder ihre Mitglieder durch Aussprachen und das öffentliche Anprangern ihrer Namen in unangenehme Situationen bringen. In einigen wenigen Fällen kam es bei »Wiederholungstätern« zum Ausschluss aus der LPG.[683] Zum anderen hatte die VdgB der »Grünen Woche« kaum etwas wahrhaft Attraktives entgegenzusetzen. Weder konnte sie den Bauern oder Gärtnern eine ähnlich attraktive Unterhaltung bieten, noch ein gleichwertiges Konsumangebot schaffen, wie es die »Grüne Woche« vermochte. Die Ausstellung des Jahres 1955 beispielsweise war für die VdgB-Funktionäre besonders peinlich gewesen. Denn noch nie zuvor hatten die Aussteller im industriellen Teil der »Grünen Woche« eine derartig heftige Nachfrage von Bauern aus der DDR nach Ersatzteilen für Landmaschinen registriert.[684] Die überalterten östlichen Fahrzeuge und Landmaschinen mussten erhalten werden. Es war allerdings kaum möglich, Ersatzteile über die Sektorengrenze zu bekommen.

682 LAB, C Rep. 950, Nr. 21, unpag.

683 Schultze: Auftrag, S. 177.

684 Ebd., S. 178; Dobberke: Grüne Woche, S. 46.

»Kampfpläne« gegen die »Grüne Woche« zwischen »Frühling auf dem Lande« und Mauerbau: Die Jahre 1960 und 1961

Im Zuge der Vergenossenschaftlichung der gesamten Landwirtschaft der DDR intensivierte die SED das Vorgehen gegen die »Grüne Woche« 1960. Die West-Berliner Ausstellung fand in etwa zeitgleich mit der »Initialzündung« zur Vollkollektivierung, Mitte Januar durch die SED-Bezirksleitung Rostock, statt.[685] Die Analysen der zuständigen Stellen in der DDR, insbesondere des GAK, unterrichteten die Staats- und Parteiführung darüber, dass West-Berlin nach wie vor eine entscheidende Rolle »im großen Plan der Feinde« spiele, die angeblich die Agrarpolitik der DDR sabotieren wollten.[686] Ulbricht verschärfte den Ton. Ihm war es besonders wichtig, dass jeder Mitarbeiter und Funktionär erkennen sollte, dass »die offene Feindtätigkeit ein Ausdruck des Hasses gegen uns [ist]. Dies muß zur Folge haben, dass wir einen gesunden Haß gegen den Klassenfeind im Herzen tragen.«[687]

Der Auftrag, den die Staatssicherheit gegen die »Grüne Woche« zugewiesen bekam, lässt sich in drei Hauptpunkten zusammenfassen: erstens die weitere Verkleinerung des Besucherstroms, zweitens die »Bearbeitung« der bereits in dieser Hinsicht bekannten Personen und drittens die »Erarbeitung des Personenkreises mithilfe von inoffiziellen Mitarbeitern und offiziellen Stellen«.[688] Alle Maßnahmen erfolgten nach wie vor in enger Verbindung mit der VP. Die VP hatte alle weiteren Verbindungen zu den Massenorganisationen herzustellen und zu koordinieren. Anlässlich der »Grünen Woche« 1960 bedeutet dies, dass die einzelnen VPKÄ Verbindungen mit den Kreisleitungen der SED sowie mit den ersten Stellvertretern der Vorsitzenden der Räte aufzunehmen hatten. Ziel dieser Aktion war, »durch Maßnahmen der massenpolitischen Arbeit den Besuch der ›Grünen Woche‹ zu verhindern«.[689] Der Kriminalpolizei (Abt. K) kam darin die Aufgabe zu, in Abstimmung mit den ABV die »Personen zu ermitteln, von denen anzunehmen ist, dass sie zur ›Grünen Woche‹ fahren«. Hierbei sollten die in den Vorjahren erstellten Listen und Karteien der sogenannten »Westberlinfahrer« zum Einsatz kommen. Bei denjenigen Personen, so der

685 Schöne: Frühling auf dem Lande, S. 200–206.

686 Anhang zur Argumentation Nr. 57 vom 14. August 1959 an Mellentin, in: SAPMO-BArch, DY 30/IV 2/7/623, Bl. 143.

687 Entwurf zum Referat des Genossen Ulbricht am 23. März 1960: Die Untergrundtätigkeit im Bezirk Karl-Marx-Stadt, speziell zu Erscheinungen feindlicher Einflüsse unter der Jugend sowie offener Feindtätigkeit, in: BStU, K-M-S, AKG 1723, Bl. 131.

688 BStU, MfS BV Lpzg. KDfS Geithain 22/01, Bl. 47; BVfS Lpzg. (Abt. III/3) an alle Kreis- und Objektdienststellen, betr.: Die »Grüne Woche« in West-Berlin vom 14. Januar 1960, unpag.

689 Volkspolizeikreisamt Brandenburg/Havel – Sekretariat, Einsatzplan zum Befehl Nr. 2/60 des Ministers des Innern vom 19. Januar 1960, Inhalt: »Grüne Woche« in Westberlin vom 26. Januar 1960 (gez. Major Passenheim), in: BLHA, Rep. 479/15, BDVP Potsdam, Nr. 36, Bl. 45–49 u. passim.

Einsatzplan des VPKA Brandenburg/Havel, bei »denen trotz Aufklärung weiterhin der Verdacht besteht, dass sie nach Berlin zur ›Grünen Woche‹ fahren«, wurden ihre Namen durch die *Kriminalpolizei* (Abt. K) dem Leiter der Trapo zu übergegeben, der sie an die einzelnen ZBK weiterleitete. Besonders sollte bei den Kontrollen in den Zügen durch die ZBK auf Personen aus landwirtschaftlichen Berufen geachtet werden. Denn die Personen, die die »Grüne Wochen« besuchen wollen, standen ohnehin »im Verdacht, dass sie gegen das Paßänderungsgesetz vom 11.12. 1957 und anderen Strafbestimmungen (z. B. Verbindungsaufnahme zu verbrecherischen Organisationen im Sinne des §16 StEG, Gesetz zur Regelung des innerdeutschen Zahlungsverkehrs usw.)« verstoßen würden. Die dann »ermittelten« und den VPKÄ »zugeführten Personen« waren dann »in der Folgezeit auf der Grundlage der bestehenden Weisungen zu überwachen«. Außerdem überprüfte die Abt. K täglich die Hotelmeldezettel anhand der Fahndungsbücher. Die Abteilung Erlaubniswesen der BDVP überwachte vordringlich die landwirtschaftlichen Vereinigungen in den Bezirken, denen offenbar nicht vollkommen vertraut wurde. Denn sollte es vorkommen, dass »in ihnen für die ›Grüne Woche‹ agitiert [wird], so sind in Verbindung mit den Parteien und Massenorganisationen Aufklärungsmaßnahmen einzuleiten [...] und zu prüfen, ob Zwangsmaßnahmen zur Unterbindung feindlicher Tätigkeit notwendig« seien. Des Weiteren hatte die Abteilung Verbindungen mit der Nationalen Front, der GST und dem DTSB aufzunehmen mit dem Ziel, »während der Zeit der ›Grünen Woche‹ (besonders am Wochenende) zugkräftige Kultur- und Sportveranstaltungen im Landkreis zu organisieren«. Die Aufgaben der *Verkehrspolizei* bestanden in der Zeit vom 27. Januar bis zum 7. Februar 1960 darin, »die Personenbeförderung volkseigener und privater Fuhrunternehmen zu unterbinden«. Um vor allem auch Gesellschaftsfahrten im Raum Groß-Berlin und den Randkreisen zu verhindern, hatte die Abteilung bei den Räten der Stadt und der Kreise »zu erreichen, dass möglichst keine Personen, die zur ›Grünen Woche‹ wollen, mit diesen Verkehrsmitteln befördert« würden. Dabei beließ es die DVP aber nicht und installierte ein Netz zur breiten Kontrolle der Fernstraßen. So besetzte beispielsweise das VPKA Brandenburg/Havel die wichtige Gabelung zwischen den Fernstraßen F1 und F102 (heute die Bundesstraßen B1 und B 102) während der Ausstellungsdauer täglich von sechs bis 19 Uhr mit jeweils vier Polizisten (davon ein ABV) pro Schicht.[690] Die Aufgaben der Schutzpolizei umfassten hierbei vor allem die Kontrolle der kleineren Bahnhöfe in den Landkreisen durch die ABV. Diese hatten diejenigen Bürger, die eine Fahrt nach West-Berlin antraten, »umgehend dem Operativstab zu melden«. Der Operativstab wiederum meldete diese Namen dann an die Abt. K und die Trapo weiter, weshalb die ABV »eine genaue Personenbeschreibung« abgeben sollten. Auch

690 Ebd., Bl. 47. – Die Ausrüstung der Polizisten bestand aus je einer Pistole 08 mit 16 Schuss Munition, Polizeiknüppel, Haltekellen, Fahndungsbüchern und Taschenlampen.

PKW und Parkplätze waren zu überwachen. Der *Operativstab* der BDVP schließlich hatte alle Aktionen zu koordinieren, tägliche Lagebesprechungen abzuhalten, Kontrollpläne zu erstellen und nach Ende der »Grünen Woche« einen umfassenden Abschlussbericht zu verfassen.

Nicht nur das Netz der Überwachung sollte anlässlich der »Grünen Wochen« 1960 und 1961 engmaschiger als in den 1950er Jahren gezogen werden, auch die Gegenveranstaltungen in der gesamten DDR wurden nunmehr breiter, bunter und vor allem auch flächendeckender durchgeführt. Mittlerweile war die Koordination unter den beteiligten Institutionen verbessert worden. Generell hatten die Ministerien und die Staatssicherheit dafür zu sorgen, »unsere Bürger davor zu bewahren, daß sie in die Fänge der westdeutschen und westberliner Agentenorganisationen gelangen«, wie es in den Anweisungen hieß.[691] Den weiteren Behörden, wie etwa der VP, und den Massenorganisationen wurden die Aufgaben zugeteilt und Maßnahmen koordiniert. Wiederum soll der Bezirk Potsdam genauer betrachtet werden.

Zur »Abwehr« der »Grünen Woche« 1961, die in der Zeit vom 27. Januar bis zum 5. Februar währte, hatte der Rat des Bezirkes Potsdam im Vorfeld einen umfangreichen Maßnahmen- und Veranstaltungskatalog erarbeitet und an die Staatssicherheit weitergeleitet. Zunächst veranlasste man die Vorsitzenden der Räte der Kreise in einer Versammlung eine Woche vor Ausstellungsbeginn, dass die »politische Massenarbeit in jedem Dorf verstärkt wird, mit dem Ziel, die Auswertung der Ergebnisse der Moskauer Beratung[692], des VI. Deutschen Bauernkongresses und des 11. Plenums des ZK mit allen Einwohnern des Dorfes« zu führen. In der Tat war es das Ziel dieser Pläne, alle Menschen des ländlichen und dörflichen Bereichs zu erreichen. Diese angestrebte »breite politische Massenarbeit, die in Verbindung mit der Plandiskussion für das Jahr 1961 und mit der gesamten Dorfbevölkerung« geführt werden sollte, hatte das argumentative Ziel, »allen Bürgern den antidemokratischen Charakter des Bonner Unrechtsstaates« zu vermitteln. Dadurch sollte das »Bewußtsein

691 Rat des Bezirkes Potsdam, Vorlage über die eingeleiteten Maßnahmen zur Verhinderung des Besuches der in Westberlin stattfindenden »Grünen Woche« durch Bürger der DDR [o. D., 1960/61], in: BLHA, Rep. 401, Nr. 7262, unpag. u. passim.

692 Bei der »Moskauer Beratung« handelte es sich um ein von Chruschtschow anberaumtes Treffen der Führer der kommunistischen und Arbeiterparteien vom November 1959 (für Februar 1960), bei dem er sich »Berichte über die Entwicklungsperspektiven der Landwirtschaft [...] erstatten« ließ. Im Mittelpunkt standen hauptsächlich die Möglichkeiten zur Ertragssteigerung, die zunehmende Bedeutung des Maisanbaus und die Verbesserung des Handels zwischen den RGW-Staaten. Da jedoch die wirtschaftliche Entwicklung in der DDR nicht die in sie gesetzten Erwartungen erfüllte, musste Ulbricht in der UdSSR um Wirtschaftshilfe ersuchen. Um ihre Verhandlungsposition zu verbessern, musste die Parteispitze dringend Erfolge vorweisen, die es bis zum Konferenzbeginn im Februar 1960 zu erringen galt. In der Forcierung der Kollektivierung sah Ulbricht hierin ein Mittel und prophezeite ein starkes Ansteigen der Erträge. Untrennbar damit war für Ulbricht auch der Kampf gegen »äußere Feinde« wie eben die »Grüne Woche« gewesen. Vgl. Schöne: Frühling auf dem Lande, S. 19f.

unserer Genossenschaftsbauern« geformt werden und auch die »Aufforderung der westlichen Hetzsender, zur ›Grünen Woche‹ zu fahren, wirkungslos« werden. Solch hochgesteckte Ziele waren niemals zuvor auch nur annähernd erreicht worden. Das war auch den SED-Funktionären bewusst, weshalb neben den repressiven Maßnahmen auch vermehrt strukturell stärker verankerte Kulturveranstaltungen installiert werden sollten. Daher beauftragte der Rat des Bezirkes Potsdam die Räte der Kreise, alle Bürgermeister »unverzüglich zu unterrichten, daß die Gemeindevertretungen und Ständigen Kommissionen [...] in Verbindung mit den Massenorganisationen Maßnahmen einleiten, die gewährleisten, daß [...] die eingehende Plandiskussion für das Jahr 1961 gesichert« sein würde. Der »Ständigen Kommission Innere Angelegenheiten, VP und Justiz« des Kreistages empfahl der Rat des Bezirkes auf die »Ständigen Kommissionen für Sicherheit und Ordnung« in den Gemeinden einzuwirken, »damit dort die Arbeit verstärkt und öffentliche Aussprachen im Rahmen der Nationalen Front mit den Personen geführt werden, bei denen bekannt ist, daß sie die ›Grüne Woche‹ wieder besuchen wollen«. Öffentliche Denunziationen und Maßregelungen waren also integraler Teil der Pläne zur Verhinderung des Besuchs der West-Berliner Ausstellung. Nach weiteren Vorschlägen zur »Sicherung an den Kontrollpunkten und Grenzbahnhöfen« entwickelte die Abteilung Kultur des Bezirkes Potsdam in Zusammenarbeit mit dem DTSB, der GST, der FDJ und der Gesellschaft zur Verbreitung wissenschaftlicher Kenntnisse ein ganzes Bündel an kulturellen Gegenveranstaltungen. Wobei immer abgesichert sein sollte, dass dadurch die »Grüne Woche« »nicht popularisiert« werden dürfte. Die genannten Institutionen und Massenorganisationen organisierten »unter Ausnutzung der Dorfklubs im Rahmen der Vorbereitung der Dorffestspiele kulturelle Großveranstaltungen, Vorträge und Sportveranstaltungen in den Schwerpunktgemeinden« und hatten abzusichern, dass »Sonnabends, Sonntags und Mittwochs Tanzveranstaltungen unter Ausnutzung der Faschingszeit (Kappenfeste usw.) durchgeführt werden und eine verstärkte Bespielung durch geeignete Filme gesichert« werde. In Zusammenarbeit mit der Abteilung Handel und Versorgung und dem DFD wurden Modeschauen, Sonderverkäufe im Winterschlussverkauf und Preisskat als weitere Angebote organisiert.

Die Fachabteilungen des Rates des Bezirkes Potsdam für Kultur, Handel und Versorgung, Verkehr und Landwirtschaft hatten ihrerseits nochmals eigene Maßnahmen und Veranstaltungspakete zu organisieren und rechtzeitig an das MLF und an die Staatssicherheit zu übermitteln. Die letztgenannte Abteilung hatte auch die Direktoren von Landwirtschaftsschulen instruiert, »damit auch von dort durch geeignete kulturelle Veranstaltungen garantiert wird, daß von diesen Schulen kein Besuch zur ›Grünen Woche‹« erfolgen könne.[693] Bereits zwei Wochen vor Beginn

693 Rat des Bezirkes Potsdam, Abt. für Innere Angelegenheiten – Abteilungsleiter, an den Gen. Peplinski im Hause (gez. Voigt, Abteilungsleiter) vom 18. Januar 1961, in: BLHA, Rep. 401, Nr. 7262, unpag.

der »Grünen Woche« hatte die Abteilung Kultur des Bezirkes Potsdam ein umfangreiches kulturelles und kulturpolitisches Programm organisiert. Neben den rein propagandistischen Veranstaltungen wie Foren, Aussprachen und Vorträgen von Funktionären in den »Dorfakademien« gehörten auch »Klubabende«, Schriftstellerlesungen, Sportveranstaltungen, Proben- und Zirkelabende, Fasching, Tanzzirkel, Preisskat und Filmveranstaltungen in den Filmtheatern des Bezirkes. 95 Veranstaltungen im Bezirk banden vertraglich allein den VEB Konzert- und Gastspieldirektion im genannten Zeitraum.[694] Einige Beispiele mögen dieses Spektrum illustrieren: am 29. Januar gab es im »Finkenkrug« die Veranstaltung »Sputnikzauber und Musik«, am 22. Januar sowie am 4. und 5. Februar trat in Liebenwalde, Falkensee und Hennigsdorf das Kabarett »Berliner Brett'l« und ebenfalls am 4. Februar trat in Elstal der damals berühme Musiker Toni Wölscher mit »seinen Radioschrammeln« auf. In Potsdam fand am 5. Februar eine große »öffentliche Ziehung des VEB Zahlenlotto mit buntem Programm« statt. »Weitere Programme der heiteren Muse und Stunde der Musik« fanden in Geltow, Nauen, Drewitz, Bornim, Staaken, Wustermark, Rangsdorf, Velten und Hennigsdorf statt. Etwa 80 »Zirkelabende und Proben« wurden zur Zeit der »Grünen Woche« in den »Randorten« Mahlow, Rangsdorf und Ludwigsfelde organisiert und durchgeführt.[695] In allen Gaststätten in Rangsdorf, Mahlow und Zossen gab es überdies regelmäßige Tanzveranstaltungen, besonders an den Sonnabenden und Sonntagen. Im Kreis Oranienburg wurden beispielsweise 254 Filmveranstaltungen, in 17 Orten Tanzveranstaltungen, 21 Veranstaltungen mit »Volkskunstgruppen«, elf Sportveranstaltungen und fünf Großveranstaltungen mit dem Musikkorps der NVA und dem Ensemble des Metropoltheaters Berlin organisiert. Auch die Landjugend sollte entsprechend angesprochen und angezogen werden. Im »Jugendheim Kleinmachnow« wurden für die Landjugend zwischen dem 14. Januar und dem 11. Februar Tischtennisturniere sowie Kappen- und Kostümfeste ausgerichtet. Außerdem gab es in allen Randkreisen von Berlin Feste, »musikalisch-literarische Veranstaltungen in Klubhäusern«, Sportveranstaltungen (etwa einen großen Boxkampf in der Sporthalle in Teltow) und Faschingsfeiern. In Rathenow führte der DTSB im Zeitraum der »Grünen Woche« eine Skiwanderung durch, weiterhin »Fasching auf dem Eis«, Stadtmeisterschaften im Rodeln und »Kreismeisterschaften im Massensport«. Der Kreislichtspielbetrieb in Rathenow führte in den sogenannten Schwerpunktgemeinden »Filme im Landspielprogramm« vor.[696]

694 Ebd.

695 Ebd. u. passim.

696 Die Schwerpunktgemeinden der kreisfreien Stadt Rathenow waren Großwudicke, Hohennauen, Rhinow, Nennhausen und Buckow. In letztgenannter Gemeinde befand sich auch der Bauer, der drei Jahre zuvor seinen Stall für krankes Vieh von der »Grünen Woche« als Quarantänestation

Diese Aufstellung, die noch viele weitere Beispiele auch für andere Bezirke und Kreise aufweisen könnte, soll genügen, um den materiellen und personellen Aufwand der SED in einem umfassenden Kampf gegen die »Grüne Woche« zu verdeutlichen, der insbesondere 1960 und 1961 die ostdeutschen Besucherzahlen zu reduzieren versuchte.[697]

Eine Reihe GAK-Funktionäre erhielten 1960 den Auftrag, inoffiziell zur »Grünen Woche« zu fahren, um dort an Pressekonferenzen, Tagungen und Beratungen teilzunehmen und »aufzutreten«.[698] Die täglich der Abteilung Landwirtschaft des ZK über das Ausstellungsgeschehen Bericht erstattende »Arbeitsgruppe Presse« (AGP) erlangte aber nicht zu allen Presseanlässen Zutritt. An der Pressekonferenz mit dem neuen Landwirtschaftsminister der Bundesregierung Schwarz am 28. Januar 1960 konnten AGP-Funktionäre jedoch – durch einen nicht näher erläuterten »glücklichen Umstand« – teilnehmen.[699] Daher traute man sich nicht durch eigene Fragen in Erscheinung zu treten. Stattdessen stenografierten sie die dortigen Fragen und Antworten, die sich in der Hauptsache um den westdeutschen Beitritt zur EWG drehten. Zu der großen Veranstaltung des DBV am 31. Januar konnten die Funktionäre ohne Schwierigkeiten Zutritt erlangen. Dort stenografierten sie die Begrüßungsrede Edmund Rehwinkels, um sie an den Sektor Agrarpropaganda zur Bearbeitung und Gegenrede weiterzuleiten. Die anschließende Rede Lübkes fand, da er sich zum großen Teil an die »Brüder und Schwestern im Osten wandte«, ihr besonderes Interesse.

Bei ihrem nächsten und letzten Besuch der Ausstellung versuchten die Funktionäre der AGP mit Landsleuten aus der DDR, vornehmlich jüngeren, ins Gespräch zu kommen. Von den dabei angesprochenen Bauern waren einige noch immer nicht »genossenschaftlich organisiert«. Auf die Frage, warum man lieber zur »Grünen Woche« als nach Leipzig-Markkleeberg fahre, war die Antwort zumeist, dass dies kein Vergleich mit West-Berlin sei. Überrascht stellten die Funktionäre fest, dass in dem Café, in dem sie auf dem Ausstellungsgelände auch Gesprächspartner suchten, offenbar »alle aus dem Osten kamen«.[700] Auch an den Tischen des »Landfrauen-Treff« hatten viele ostdeutsche Tagesausflügler, jedoch keine Bauern unter ihnen,

anbot. Vgl. Rat des Kreises Rathenow, der Vorsitzende an den Rat des Bezirkes (gez. Albrecht, Vorsitzender) vom 26. Januar 1961, in: ebd., unpag.

697 Der Verfasser analysierte hierfür die relevante Überlieferung im BLHA, BArch, SStAL und im HStDD, die teils sehr umfangreich waren. Weitere Forschungen müssten auch die nördlichen und nordöstlichen Bezirke (v.a. Magdeburg, Rostock und Neubrandenburg) mit einbeziehen.

698 Abschlusseinschätzung zur »Grünen Woche« 1960 [o. D., 1960], in: BStU, K-M-S, AKG 1723, Bl. 199.

699 SAPMO-BArch, DY 30/IV 2/9.02/155, Bl. 98.

700 Ebd., Bl. 113.

Platz genommen, die »ihren Frauen auch was Schönes mitnehmen wollten«.[701] Dort erhielten die unerkannt gebliebenen Funktionäre von den West-Berliner Landfrauen gratis jeweils eine Tasse Bohnenkaffee und ein Geschenkpaket, das zehn Ringe für Einweckgläser, eine Rolle Zwirn, eine Schachtel Reißnägel, einen Topfkratzer sowie ein Päckchen Rasierklingen enthielt. Finanziert wurden diese Geschenke durch bundesweite Sammlungen unter den Mitgliedern der Landfrauenbünde.

Mindestens 20.500 Flugblätter und Broschüren wurden von sämtlichen zur »Grünen Woche« gesandten ostdeutschen Funktionären und Mitarbeitern aller beteiligten Dienststellen 1960 dort verteilt.[702] Eines dieser Flugblätter verdient es, näher betrachtet zu werden. Denn es versuchte nicht wie sonst üblich, die Ausstellung plump zu diskreditieren und ihre Sinnlosigkeit in einer Großstadt darzustellen, sondern meinte, dem Leser Alternativen anbieten zu können. Während im »Trubel um die ›Grüne Woche‹«, so der Titel der Propagandabroschüre, die immer noch graue Tristesse im West-Berliner Leben ins Vergessen geriete, solle sich der Besucher doch selbst von den Lebensbedingungen der Bauern in der DDR überzeugen – und zwar vor Ort. Die vierseitige Faltbroschüre nahm Stellung zu den Themen Mechanisierung der Landwirtschaft, Kulturleben im Dorf, Krankheit und Altersvorsorge der Landwirte sowie der Landjugend. Nur die Kollektivierung blieb ausgespart. Hinter jedem Absatz stand der Aufruf: »Informieren Sie sich!«[703] Die Broschüre, die in Zusammenarbeit von Funktionären des MLF, dem Ausschuß für Deutsche Einheit, dem GAK für Land- und Forstwirtschaft, der DBD, der FDJ und dem Verband der Kleingärtner und Kleintierzüchter ausgearbeitet worden war, ging allerdings von einer viel höheren Zahl bundesdeutscher Bauern auf der »Grünen Woche« aus, auf die die Argumentation eigentlich abgestimmt worden war.[704] Diese wurden in der Flugschrift explizit aufgerufen, die während dieser Zeit im Ost-Berliner »Haus des Deutschen Bauern« eingerichtete »Informationsstelle« aufzusuchen. Die Reaktion darauf war nur schwach.

Flugblätter wie dieses wurden zumeist unauffällig zwischen die Broschüren der Ausstellungsstände gelegt, oftmals aber schon nach kurzer Zeit entdeckt und von den Standbesitzern entfernt. Da dieses »Spiel« nicht enden wollte, gingen die Aussteller und Betreiber von Buden und Ständen dazu über, am Abschlusstag gar kein Material mehr auszulegen. Auseinandersetzungen solcher Art wurden mitunter noch verstärkt, wenn die Initiatoren, Verleger oder Autoren von Zeitschriften, die von der DDR als »Hetzschriften« eingestuft wurden, direkt an Verteilaktionen

701 Ebd., Bl. 114.

702 Berechnet aus den einzelnen Angaben, in: ebd.

703 Faltbroschüre »Im Trubel der ›Grünen Woche‹«, in: BAK, B 137/8256, unpag.

704 Einschätzung der »Grünen Woche« 1960 durch die Einsatzgruppe des Ministeriums für Land- und Forstwirtschaft, in: SAPMO-BArch, DY 30/IV 2/7/624, Bl. 300–305, hier Bl. 30f.

auf dem Ausstellungsgelände teilnahmen. Als Beispiel sei die beliebte antikommunistische Satirezeitschrift *Tarantel* genannt, die Auflagen von bis zu 300.000 Exemplaren erreichte. In der Regel wurde die *Tarantel* per Post in Umschlägen von Ost-Berliner Behörden als angebliche Absender verschickt.[705] Zur »Grünen Woche 1956« erstellte die *Tarantel*-Redaktion eine meisterhafte Parodie der ostdeutschen Satirezeitschrift *Eulenspiegel*. Mitarbeiter drückten die Exemplare »den zuerst verdutzten Ostbesuchern in die Hand«.[706]

Eine verstärkte »Bearbeitung« der »Grünen Woche« von MfS und BDVP seit 1960 ging einher mit dem mehr oder weniger erfolgreichen Eindringen in die »Feindzentralen« der bundesdeutschen Bauernverbände.[707] Seit 1960 wurden von der HA III Materialien über den West-Berliner Bauernverband gesammelt. Fünf Jahre später war daraus ein bereits umfangreicher ZOV »Bauernfeind« – nunmehr unter der neuen Bezeichnung HA XVIII – entstanden, in dem Personen in oder aus der Landwirtschaft bearbeitet wurden, die Kontakte zum Bauernverband hatten. Leiter der speziell gebildeten Arbeitsgruppe innerhalb der HA war Oberleutnant Gerd Trebeljahr.[708] Offenbar konnte der West-Berliner Bauernverband erst Anfang der 1970er Jahre mithilfe des IM »Thaer« tiefgehender »aufgeklärt« werden.[709] Ein dauerhaftes und effektives »Eindringen« in bundesdeutsche Bauernverbände und -organisationen scheint dem MfS hingegen nicht gelungen zu sein.

Die »Grüne Woche« bot in Not geratenen oder bedrängten Bauern aus der DDR ein Forum, um sich rechtliche Beratung über ihre Situation zu holen und über ihre Alternativen im Westen und im Osten informiert zu werden. Viele Menschen, vornehmlich aus der ländlichen Bevölkerung, die über eine »Republikflucht« ernst-

705 Lokatis: Berliner Buchschaufenster, S. 29 f.

706 Auch an die Redaktion des *Eulenspiegel* wurden Exemplare gesandt. Vgl. Walter Schulz-Heidorf: Preis unbezahlbar – Die »Tarantel«. Heiße Lektüre im Kalten Krieg, Berlin 1997, S. 85. – Die *Tarantel*-Redaktion verteilte auch die Schrift »Der Produktionsgenosse«. Weitere Schriften, Zeitungen und Broschüren, die 1956 auf dem Ausstellungsgelände von anderen Institutionen verteilt wurden waren: »Bauern auf der Flucht«, »Mitteldeutsche Arbeiter- und Bauernzeitung« (hrsg. vom DGB), »Der Bauernbrief« (UfJ), »Landjugend« (hrsg. von »Freie Junge Welt«), die Broschüre »Die Eingliederung des heimatvertriebenen Landvolkes« und die Sonderausgabe zur »Grünen Woche 1956« der »Freien Welt«. Vgl. Abt. Information, »Grüne Woche« vom 27.1.–5.2.1956 in Westberlin vom 27. März 1956, in: BStU, MfS Zentralarchiv, All. S., Bd. 88/59, Bl. 22–35, hier Bl. 35.

707 MfS-Handbuch, Bd. 10, 1995, S. 64.

708 Ebd., S. 6 f. – Trebeljahr wurde 1979 hingerichtet.

709 Ebd., S. 65. Vgl. weiterhin Jens Gieseke: Die hauptamtlichen Mitarbeiter der Staatssicherheit. Personalstruktur und Lebenswelt 1950–1989/90, Berlin 2000, S. 38 f. – Es soll an dieser Stelle nicht über Sinn, Motivationslage oder Hintergrund der individuellen Wahl der Decknamen spekuliert werden. Allerdings zeugt es meines Erachtens von hohem agronomischen Sachverstand und historischer Interessiertheit des IM, sich den Namen (Albrecht Daniel) Thaer, des Begründers der Heuwerttheorie und der rationellen Landwirtschaft, zu wählen. Zu Person und Wirkung Thaers vgl. Volker Klemm: Agrarwissenschaften in Deutschland. Geschichte – Tradition. Von den Anfängen bis 1945, St. Katharinen 1992, S. 1 f. u. 77–85.

haft nachdachten, erhielten dort konkrete Einblicke in die dafür nötigen Vorgänge. Aber nicht nur rechtlich und politisch bot die »Grüne Woche« der ländlichen Bevölkerung der DDR eine Informationsplattform, sondern auch eine fachliche. Die ostdeutschen Bauern konnten vor Ort über die Landwirtschaft der Bundesrepublik informiert werden und dann entscheiden, welche Wahl sie treffen wollten. Dass all dies, vor allem das starke Interesse der ostdeutschen Besucher an der Ausstellung, auch die bundesdeutsche Politik für eine positive Selbstdarstellung nutzte, liegt auf der Hand. SED und Staatssicherheit hatten also aus ihrer Sicht zahlreiche Gründe, um gegen die West-Berliner Landwirtschaftsausstellung vorzugehen. Für deren Sichtweise aber, dass Menschen, die nach West-Berlin und speziell zur »Grünen Woche« fuhren, dort von alliierten oder bundesdeutschen Geheimdiensten angeworben würden, konnte der Verfasser keine Belege finden. Dass allerdings viele ostdeutsche Gäste an den Beratungsständen und -kojen bereitwillig ihr Wissen und ihre Eindrücke über die Lage in der DDR und in ihren Heimatorten weitergaben, ist für einen Informationsmarkt und eine Kontaktbörse wie der »Grünen Woche« nur natürlich. Entsprechend wurde ja auch mit den eingeladenen westdeutschen Gästen in Markkleeberg verfahren.

Folgt man allerdings der Logik der Staatssicherheit in ihrer Beurteilung und »Bearbeitung« der »Grünen Woche«, dann wäre zu konstatieren, dass das MfS bereits seit 1956/57 ein Akteur in der Durchsetzung der SED-Agrarpolitik, die letztlich immer auf die Vergenossenschaftlichung hinauslief, gewesen war und nicht nur bis 1960 ein Chronist, so wie es neuere Forschungen nahelegen.[710] Die Formen des bäuerlichen Widerstandes sowie Umfang und Gründe von Verweigerung sind noch immer relativ wenig untersucht.[711] Die SED wusste und fürchtete um die »innenpolitisch destabilisierenden Wirkungen« der West-Berliner Ausstellung.[712] Da jedoch das Schaufenster »Grüne Woche« insgesamt ein breites Informations- und Alternativangebot zur landwirtschaftlichen Entwicklung in der DDR offerierte, kann ihr Besuch durch relevante gesellschaftliche und berufliche Kreisen mit dem Ziel diese Angebote wahrzunehmen, im weiteren Sinne als widerständiges Verhalten angesehen werden.

710 Münkel: Staatssicherheit im »sozialistischen Frühling«, S. 473.

711 Vgl. hierzu ebd., S. 473–477; Schöne: Frühling auf dem Lande, S. 198–210; Scherstjanoi: SED-Agrarpolitik, S. 504–506; Dagmar Langenhan: »Halte Dich fern von den Kommunisten, die wollen nicht arbeiten!« Kollektivierung der Landwirtschaft und bäuerlicher Eigen-Sinn am Beispiel Niederlausitzer Dörfer (1952 bis Mitte der sechziger Jahre), in: Thomas Lindenberger (Hrsg.): Herrschaft und Eigen-Sinn in der Diktatur. Studien zur Gesellschaftsgeschichte der DDR, Köln u.a. 1999, S. 119–166. – Der formale Vollzug der Vollkollektivierung führte aber nicht auch automatisch zu einem Ende widerständigen Verhaltens in der ländlichen Bevölkerung wie Last: Socialist Spring, S. 22, für den Bezirk Erfurt gezeigt hat.

712 Lemke: Vor der Mauer, S. 545.

Insgesamt betrachtet ist das Interesse ostdeutscher Bauern an der »Grünen Woche« in den 1950er Jahren sehr groß gewesen, von den anderen ostdeutschen Besuchern einmal abgesehen. Ihre Zahl überstieg die der bundesdeutschen Landwirte, für die eher die DLG-Wanderausstellungen von Bedeutung waren, deutlich. Vor dem Hintergrund ländlicher Lebensweise ist dieses Faktum politisch umso bedeutsamer. Rolf Mayer-Schalburg, Hauptgeschäftsführer der DLG und langjähriger Schauleiter, brachte dieses Moment bei der Beurteilung des Wertes einer landwirtschaftlichen Ausstellung auf den Punkt: »Das Landvolk ist nicht so reiselustig wie der Städter, es verläßt nur ungern den Hof, wo das Vieh täglich seiner Wartung harrt. Wenn nun zu den großen Ausstellungen seitens der Vereine und Dorfgemeinschaften eine große Zahl von Sonderzügen und Hunderte von Omnibusfahrten organisiert und durch die von der Ausstellungsleitung ausgeschriebenen Ausflüge Besichtigungen von sehenswerten Betrieben vorgenommen werden, so bringt eine solche Aktion die Teilnehmer auch menschlich näher und führt sie aus ihrer oft bedrückenden Abgeschlossenheit in die Welt hinaus.«[713] Wenn trotz des Sujets der eben beschriebenen ländlichen Befindlichkeiten Tausende Bauern aus der DDR jährlich den Weg zur »Grünen Woche« suchten, dann ist dies auch als ein politisches Statement zu sehen. Das Argument, dass West-Berlin näher gelegen war als die DLG-Ausstellungsorte in Hannover, München oder Frankfurt am Main, erhält vor dem Hintergrund, dass ihnen die DDR-Landwirtschaftausstellung in Leipzig-Markkleeberg geografisch genau so entfernt lag, aber dennoch weniger angenommen wurde, keine Plausibilität. Vielmehr handelte es sich um eine »Abstimmung auf Füßen« derjenigen, die den agrarpolitischen Maximen der SED in der Regel ablehnend gegenüberstanden. Wollten sich die Machthaber in der DDR in dieser Hinsicht nicht blamieren, blieb ihnen kaum ein anderer Ausweg, als die »werktätigen Bauern« nach Makkleeberg zu bringen und auf der anderen Seite die »Grüne Woche« massiv anzugehen.

Challenge and Response

Zu Beginn der 1950er Jahre war bereits klar, dass der Westteil der ehemaligen Reichshauptstadt »sich in der regionalen Konsumkonkurrenz durchsetzen würde und wo es sich besser lebte«.[714] In dieser Zeit jedoch waren die im Wiedererstarken begriffenen Berliner Ausstellungen und Messen sowohl wirtschaftlich wie auch politisch auf Besucher, Konsumenten und Teilnehmer aus der DDR angewiesen.

713 Mayer-Schalburg: Ausstellungen der Landwirtschaft, S. 580.

714 Anna Kaminsky: Berlin. Konsum als Blockkonfrontation, in: Lemke (Hrsg.): Konfrontation und Wettbewerb, S. 353–369, hier S. 369.

Der Berliner Senat und der Ausstellungsbetrieb der Stadt, die Berliner Ausstellungen, hatten daher ein vitales Interesse daran, den ostdeutschen Besucherstrom möglichst hoch zu halten. Es kam daher bis zum Mauerbau zu einem regelrechten Actio-Reactio-Spiel zwischen den ostdeutschen Anstrengungen, die »Grüne Woche« so weit als möglich zu isolieren, und den Ausstellungsmachern, diesen Maßnahmen zu begegnen oder ihnen voraus zu sein.

Aufgrund der starken Observierung des Ausstellungsgeländes durch Mitarbeiter der Staatssicherheit und von ostdeutschen Funktionären wurden bei den Beratungsstellen Besprechungskojen erforderlich, um die »Sicherheit der Besucher« zu gewährleisten.[715] Die Gelder, um zusätzliche Standbetreuer anzustellen, kamen in der Regel aus Mitteln des BMG, des Berliner Senats und des BMELF/BMLF. Überhaupt unternahm die Ausstellungsleitung in Zusammenarbeit mit den ausstellenden Organisationen und Verbänden einiges, um die Sicherheit der ostdeutschen Besucher zu erhöhen. Die Berliner Polizei beobachtete auf Anfrage der Berliner Ausstellungen den Besucherandrang an den Ostkassen verstärkt. Fielen den Beamten Leute auf, die Fotos davon machten, kam es mitunter zu Personenkontrollen.[716] Zur »Grünen Woche 1956« ertönten Lautsprecherdurchsagen auf dem Ausstellungsgelände, die warnten: »Ostbewohner! Ostbesucher! Achtet bei Gesprächen auf Ostagenten!«[717] Auch wurden manche Zeit- und Flugschriften nicht an Gäste aus der DDR verteilt, weil es als politisch zu heikel eingeschätzt wurde und dem Besitzer bei Kontrollen Probleme bereitet hätte. Deshalb verbot die Schauleitung den beiden DGB-Mitarbeitern Hoyzer und Kriebel das Verteilen der Gewerkschaftszeitschrift *Freies Wort* auf der »Grünen Woche« 1960. Denn in der Mitte der Zeitschrift befand sich eine Doppelseite mit Karikaturen, die unter anderem die DDR-Maskottchen »Flora und Jolanthe« zeigte, wie sie sich über das Ablieferungssoll beklagten.

Eine andere Form dieses deutsch-deutschen »Challenge-and-Response-Spiels« (Ulrich Herbert) innerhalb des Ausstellungskampfes stellten Reisebehinderungen dar. Der Besuch der Grünen Woche« geschah meistens mit der Bahn. Da diese von den DDR-Behörden während der Ausstellungsdauer mit am stärksten kontrolliert wurde, ließen sich die Reisenden einiges einfallen, um die Kontrollen zu umgehen. In den Randgebieten Berlins griff man verstärkt auf das Fahrrad zurück, in zahlreichen Fällen lösten die Reisenden ihre Fahrkarten nicht am Heimatbahnhof, sondern auf Zwischenbahnhöfen nach oder, was überwiegend in den nördlichen Gebieten

715 BDLDG an Bundesministerium für Gesamtdeutsche Fragen, betr. Mittel für Standbetreuung »Grüne Woche« vom 12. Januar 1959, in: BAK, B 137/8256, unpag.

716 Vermerk betr. »Grüne Woche« an Ref. II 2, Herrn Min.Rat Baumann vom 22. Januar 1960, in: ebd.

717 Abt. Information, »Grüne Woche« vom 27.1.–5.2.1956 in Westberlin, vom 27. März 1956, in: BStU, MfS Zentralarchiv, All. S Bd. 88/59, Bl. 14–21, hier Bl. 20.

passierte, es wurden Fahrkarten mit Reiseziel über Berlin hinaus (z. B. Königswusterhausen) gelöst.[718]

Doch auch bundesdeutsche Bauern, die zur Landwirtschaftsausstellung der DDR nach Markkleeberg fahren wollten, sollen laut ostdeutschen Darstellungen oftmals beim Grenzübertritt durch Bundesbehörden schikaniert worden sein. Kontrollen sollen nach Angaben westdeutscher Landwirte, die an »öffentlichen Diskussionen« und »gesamtdeutschen Bauernaussprachen« in Markkleeberg teilnahmen, durch den Bundesgrenzschutz und Bundesverband für den Selbstschutz (BVS) erfolgt sein, wodurch »konkrete Vereinbarungen über die Hilfe dieser Personen für die gesamtdeutsche Arbeit der VdgB erschwert« worden wären.[719] Dass solche Grenzkontrollen stattgefunden haben, bei denen manchmal nach den Namen und Adressen weiterer Personen, die ebenfalls nach Markkleeberg eingeladen waren, gefragt wurde, ist mehrfach von westdeutschen Bauern geäußert worden.[720] Solche Vorkommnisse waren für die VdgB eine gute Begründung, falls die geplanten Besucherzahlen westdeutscher Gäste in Markkleeberg nicht erreicht wurden. Denn dann führten die VdgB-Funktionäre gern ein Eingreifen westdeutscher Behörden als dessen Ursache an. In der Regel nahm die VdgB ein ganzes verschwörerisches Geflecht mehrerer bundesdeutscher Institutionen an, um die Bauern nicht in die DDR reisen zu lassen. So glaubten die ostdeutschen Funktionäre an bundesdeutsche »Maßnahmen zur Verhinderung der Reisen westdeutscher Bauern nach Markkleeberg« etwa durch »die Einschüchterung und Drohungen vonseiten der Adenauer-Polizei« oder durch »zu spätes Zustellen der Post, sodass die Aufenthaltsgenehmigung, die auf bestimmte Tage begrenzt ist, verfallen war«. Oftmals stellte sich dann aber heraus, dass manche Postsendungen mit offiziellen Einladungen zu spät in die Bundesrepublik versandt worden waren. Welchen Umfang die Grenzkontrollen in West-Ost-Richtung hier tatsächlich hatten, ist allerdings nur schwer überprüfbar. Auch ist nicht immer nachvollziehbar, ob manche Vorwürfe der DDR-Seite überhaupt reale Hintergründe hatten oder reine Propaganda waren. Ulbricht behauptete in seiner Rede zur 10. Landwirtschaftsausstellung am 20. Juli 1962, dass die Bundesregierung angeblich eine »regierungsamtliche« Warnung vor einer Reise nach Leipzig-Markkleeberg ausgegeben habe. Damit sah sich Ulbricht in seiner Sicht bestätigt, dass das »sozialistische Vorbild« die »Zersetzung der Ordnung in der westdeut-

718 Ebd., Bl. 24.

719 Bericht der BV Leipzig, Einsatzgruppe Markkleeberg über die 8. Landwirtschaftsausstellung der DDR 1960 vom 26. Juni 1960, in: BStU, BVfS Leipzig, Leitung 80, Bl. 106–113, hier Bl. 110.

720 Vgl. etwa ebd.; ZVdgB, Abt. Gesamtdt. Verbindungen: Zwischenbericht über den Besuch westdeutscher Gäste während der 7. Landwirtschaftsausstellung in Leipzig-Markkleeberg vom 1. Juli 1959, in: SAPMO-BArch, DY 30/IV 2/7/623, Bl. 126–142; Sektor Gesamtdeutsche Arbeit: Bericht über die Arbeit mit westdeutschen Besuchern während der VI. Landwirtschaftsausstellung in Leipzig-Markkleeberg in der Zeit vom 22.6.–13.7.1958, in: SAPMO-BArch, DY 60/4065, unpag.

schen Bundesrepublik« bewirke und Markkleeberg ein »Konsultationspunkt« für westdeutsche Landwirte wäre.[721] Dem Verfasser gelang es selbst nach intensiver Recherche nicht, eine Bestätigung für die zitierte Reisewarnung zu finden. Vermutlich ist sie, so es sie denn tatsächlich gab, im Kontext allgemeiner Reisewarnungen an Bundesbürger nach dem Mauerbau zu sehen oder es handelte sich um inoffizielle Mitteilungen der bundesdeutschen landwirtschaftlichen Verbände.

Der bundesdeutsche Blick auf Markkleeberg

In den 1950er Jahren kamen zahlreiche bundesdeutsche Bauern, Aussteller, Agrarfunktionäre, Wissenschaftler und Politiker nach Markkleeberg. 1958 stellten nach DDR-Angaben 1.283 Bundesdeutsche Anträge für eine Aufenthaltsgenehmigung in Markkleeberg. 95 Anträge davon wurden mit der Begründung von den DDR-Behörden abgelehnt, dass es sich bei ihnen um »Dauerreisende oder Republikflüchtige« handeln solle.[722] Auch bundesdeutsche Funktionäre oder Mitglieder ländlicher Verbände waren vor dem Mauerbau, zumeist einer Einladung folgend, als Gäste in Markkleeberg gewesen. Markkleeberg war auf den obersten politischen Ebenen nicht das deutsch-deutsche Forum. Denn diese Rolle blieb in der DDR der Leipziger Messe vorbehalten.[723] Dort erfolgten deutsch-deutsche Kontaktaufnahmen jedoch nicht im agrarischen Bereich. Erstmals kamen Funktionäre des bundesdeutschen DBV 1958 nach Markkleeberg. SED, DBD und GAK glaubten fest daran, dass sie »ohne Zweifel« zur Landwirtschaftsausstellung der DDR gekommen wären, weil »es das zunehmende Gespräch über die DDR und ihre Landwirtschaft in den westdeutschen Dörfern« von ihnen verlangen würde. Dies riefe die »Bauernverbandsfunktionäre auf den Plan […], [um] selbst einmal zu sehen was in der DDR los ist und wahrscheinlich auch zu beobachten, wie unsere Arbeit auf die westdeutschen Bauern« wirken würde.[724] Ulbricht sagte im Februar 1959 dazu: »Die westdeutschen CDU-Politiker geben sich große Mühe, mit allerhand Schauermärchen über den sozialistischen Aufbau in unseren Dörfern den westdeutschen Bauern Angst

721 Walter Ulbricht: Markkleeberg – Treffpunkt der Bauern aus beiden deutschen Staaten. Aus der Rede auf der 10. Landwirtschaftsausstellung in Markkleeberg, 20. Juli 1962, in: ders.: Zur Geschichte der deutschen Arbeiterbewegung. Aus Reden und Aufsätzen, Band X: 1961–1962, Berlin (Ost) 1966, S. 596–607, hier S. 600.

722 Sektor Gesamtdeutsche Arbeit, Bericht über die Arbeit mit westdeutschen Besuchern während der VI. Landwirtschaftsausstellung in Leipzig-Markkleeberg während der Zeit vom 22.6.–13.7.1958, vom 30. Juli 1958, in: SAPMO-BArch, DY 60/4065, unpag.

723 Fritsche: Brückenschlag, S. 301–317; Rudolph/Wüstenhagen: Große Politik, kleine Begegnungen.

724 Sektor Gesamtdeutsche Arbeit, Bericht über die Arbeit mit westdeutschen Besuchern während der VI. Landwirtschaftsausstellung in Leipzig-Markkleeberg während der Zeit vom 22.6.–13.7.1958, vom 30. Juli 1958, in: SAPMO-BArch, DY 60/4065, unpag. u. passim.

[...] einzuflößen. Die Adenauer-Leute hoffen, auf diese Weise in den westdeutschen Dörfern so viel Verwirrung zu schaffen, daß die Bauern bei der ganzen Atomkriegspolitik und der Politik des Strukturwandels stillhalten. [...] Viele westdeutsche Bauern werden in die DDR kommen, werden sich hier mit ihren Berufskollegen beraten und werden sehen, daß es in unseren Dörfern mit dem Aufbau der LPG allen Bauern viel besser geht. Wir vertrauen völlig darauf, daß die Bauern praktische Menschen sind und selbst beurteilen können, was für sie richtig ist.«[725]

Auch der Bundestagsabgeordnete und Leiter der Abteilung Agrarpolitik beim Parteivorstand der SPD, Harry Bading, reiste mit offizieller Anmeldung nach Markkleeberg. 1958 kamen weiterhin der Verbandsfunktionär des westdeutschen und westeuropäischen Städte- und Gemeindetages, Knapp, und auch Funktionäre des Hessischen Bauernverbandes, deren Besuch man jedoch erst nach ihrer Abreise registriert hatte. Der »Sektor Gesamtdeutsche Arbeit« der DBD war geradezu enthusiastisch über dieses Interesse aus Westdeutschland und schlug vor, der Einladung bundesdeutscher Politiker nach Markkleeberg »für die Zukunft weitere Aufmerksamkeit« zu widmen. Denn man könne, so die Überzeugung der ostdeutschen Funktionäre, »das Erscheinen dieser Funktionäre nicht als Agententätigkeit im Lennerschen [Lemmer? Minister für Gesamtdeutsche Fragen] Stil abtun, wie das einige VdgB-Funktionäre zu Anfang taten«. »Natürlich werden sie versuchen wollen«, urteilte der Bericht weiter, »die Bauern von den Reisen in die DDR abzuhalten, indem sie ihnen Lügenmärchen präsentieren. Aber entscheidend ist, dass sie sich in ihren Versammlungen mit unseren Argumenten auseinandersetzen müssen und die DDR mehr denn je ihre Anziehungskraft auf die westdeutschen Bauern ausübt.«[726] Wie sich denn nun die Lage aus Sicht eines bundesdeutschen Agrarfunktionärs darstellte und mit welchen »Lügenmärchen« die westdeutschen Bauern vom Besuch in Markkleeberg »abgehalten« worden sein sollen, wird am folgenden Beispiel analysiert.

Der Hauptgeschäftsführer des Westfälisch-Lippischen Landwirtschaftsverbandes e. V. (WLV), Feldmann, besuchte im Juni/Juli 1959 die DDR und ihre nationale Landwirtschaftsausstellung.[727] Seit seinem letzten Aufenthalt in Demmin (Mecklenburg) im Sommer 1955 wurde Feldmann immer wieder von seinen dortigen Verwandten und Bekannten gebeten, den Besuch zu wiederholen. Dazu wurde ihm

725 Walter Ulbricht: Der Siebenjahrplan der sozialistischen Entwicklung in der Landwirtschaft. Aus dem Referat auf der VI. Konferenz der Vorsitzenden und Aktivisten der landwirtschaftlichen Produktionsgenossenschaften vom 20. bis 22. Februar 1959 in Leipzig, in: ders.: Bauernbefreiung, Bd. II, S. 762–857, hier S. 808.

726 SAPMO-BArch, DY 60/4065, unpag.

727 Bericht über eine Reise in die sowjetisch besetzte Zone – Leipzig – Markkleeberg und Demmin und Umgegend vom 25.6.–14.7.1959 an den Bauernverband von Berlin vom 20. August 1959, in: BAK, B 428, Nr. 280, unpag.

Anfang Juni 1959 eine Aufenthaltsgenehmigung des Rates des Kreises Demmin für die Dauer von drei Wochen ausgestellt. Dieser bürokratische Vorgang vollzog sich für Feldmann in »erstaunlich kurzer Zeit«.[728] Bereits Ende April hatten ihn zwei VdgB-Funktionäre in seinem Heimatort besucht und zum Besuch der Ausstellung in Leipzig-Markkleeberg eingeladen. Gleich nach dem Eintreffen in einem Hotel in Leipzig gesellte sich ihm eine »Betreuerin« zu, die Lehrerin an der Schule der VdgB in Beichlingen/Kölleda wäre.

Feldmann beobachtete auf dem Ausstellungsgelände eine Anzahl Besucher aus Westdeutschland, von denen die VdgB ihm gegenüber behauptete, dass es täglich mindestens 200 gewesen wären. Die Gäste aus der Bundesrepublik wurden in vier verschiedenen Hotels untergebracht, erhielten neben einem Zehrgeld täglich freie Eintrittskarten zur Ausstellung und die Rückfahrkarte in ihre Heimatorte. Die Mehrzahl dieser Besucher schien Feldmann aus klein- und mittelbäuerlichen Verhältnissen zu sein, also aus der Zielgruppe, die die Agrarpolitik der DDR ansprechen wollte. Feldmann war ein genauer Beobachter und berichtete detailliert für den Bauernverband Berlin und den DBV, die auf diese Informationen für ihre »gesamtdeutsche Arbeit« angewiesen waren. Er notierte den »zielbewussten geräumigen Aufbau« der Markkleeberger Ausstellung, die sich dadurch »vorteilhaft von gleichen Veranstaltungen in der Bundesrepublik« unterscheide. Allerdings empfand er die Anzahl der Besucher als »gering«. Eine Verkaufsmesse konnte er in der ostdeutschen Landwirtschaftsausstellung nicht erkennen, sondern nur den Anspruch, die sozialistische Landwirtschaft als überlegen darzustellen.

Besonders fiel ihm der »große Vorhof, der zur eigentlichen Ausstellung überleitete«, auf. Dort befand sich rechts »in großem Ausmaß das ›Haus der DDR‹, in der gegenüberliegenden Ecke klein und bescheiden das ›Haus der Bundesrepublik‹«. Durch beide Schauhallen mussten die Besucher, die das Gelände durch den Haupteingang betraten, hindurch. In der »Halle DDR« (von Feldmann als Haus bezeichnet) befanden sich zahlreiche Schaubilder und Tafeln, die die Steigerung der landwirtschaftlichen Produktion gegenüber den Vorjahren illustrierten, um somit die Überlegenheit genossenschaftlicher Produktion zu »beweisen«. In der Halle »Bundesrepublik« wurde dargestellt, wie der Kleinbauer wirtschaftlich benachteiligt und gezielt von der Scholle vertrieben wurde. Feldmann registrierte dies sehr genau.

Die Besucher aus Westdeutschland wurden jeweils am letzten Tag, dem vierten Besuchstag, gruppenweise zur Besichtigung einer LPG gefahren. Feldmann nahm in einer Gruppe von 47 Personen an der Besichtigung der LPG Besendorf, ca. 70 km von Leipzig entfernt, teil. Im Klubhaus der LPG referierte der Vorsitzende über die Entwicklungsgeschichte und über die Vorzüge genossenschaftlicher Landwirtschaft »in den rosigsten Farben«. Die weiteren Reisen Feldmanns zu schildern,

728 Ebd. u. passim.

die ihn auch an die landwirtschaftliche Fakultät der Universität Leipzig und zur landwirtschaftlichen Schau während der »Ostsee-Woche« führten, sind hier nicht Untersuchungsgegenstand. Wichtig ist vielmehr das Bild, das sich dem fachkundigen westdeutschen Betrachter bot. Obwohl sich die DDR größte Mühe gab, die westdeutschen Gäste von den Vorzügen der sozialistischen Gesellschaft zu überzeugen, blieben die Risse in der Fassade dennoch sichtbar: Wenngleich die Felder zum größten Teil einen ordentlichen Eindruck auf ihn machten und sämtliche Ackerfrüchte einen guten Stand zeigten, war das Vieh laut Feldmann meist hinter dem Stand bundesdeutscher Wirtschaften zurückgeblieben, und die Wirtschaftsgebäude sowie die Maschinen und Geräte wären in desolatem Zustand. Feldmann hielt es für richtig, auch künftig »Ausstellungen und sonstige Veranstaltungen in Mitteldeutschland zu besuchen und Gespräche mit den Vertretern des dortigen Systems nicht zu meiden, sondern sie direkt zu suchen«. Allerdings gehörte es ebenso zum deutsch-deutschen Wettstreit, zu diesen »Diskussionen« auch von westlicher Seite nur solche Leute zu senden, die »zu einem bestimmten Personenkreis« gehörten. Denn Personen »mit ungenügenden Kenntnissen der Zusammenhänge und Ziele [könnten] durch die sehr geschickte Propaganda in Wort und Bild stark angesprochen und beeindruckt [werden] und kommen im Vergleich mit ihren persönlichen und ihnen bekannten Verhältnissen in Westdeutschland zu Schlussfolgerungen, die unseren Plänen und Absichten nicht förderlich sind«.[729] Feldmann glaubte also an eine gewisse Überzeugungskraft der Markkleeberger Ausstellung sowie der ostdeutschen Agrarpropaganda insgesamt, die er als durchaus attraktiv für westdeutsche Mittel- und Kleinbauern einschätzte.

Zu dieser Einschätzung brachte den Fachmann wohl die ständige Diskussion mit seiner persönlichen »Erklärerin«, was ebenso zu den Realitäten kommunikativer Strategien im Kalten Krieg gehörte. Feldmann wollte bei diesen »anregenden Auseinandersetzungen« auf keinen Fall zulassen, dass sie »erster Sieger« war. Wie sich eine solche »anregende Auseinandersetzung« aus der Perspektive eines ostdeutschen »Begleiters« darstellte, soll ein Beispiel demonstrieren, das Pars pro Toto für viele ähnliche stehen kann. Es handelte sich dabei um Willi Homp vom Bezirksverband Rostock der DBD, der im Juli 1958 für eine vierköpfige westdeutsche Gruppe in Markkleeberg eingesetzt war. Homp, der die Besuchergruppe zwei Tage lang betreute, war es nach eigenem Bekunden trotz klaren Auftrages nicht gelungen, »nähere Einzelheiten über die betreffenden Personen, ihre sozialen Verhältnisse sowie über ihre Tätigkeit im einzelnen« zu erfahren. Er hatte das Gefühl, von ihnen »als ein notwendiges Übel« betrachtet worden zu sein, dass »sie etwas an ihrem Vorhaben behinderte«. »Der Wortführer und Lenker der Gespräche« gab Homp sogar zu verstehen, dass »er es nett finde, betreut zu werden, aber er Kenner

729 Ebd.

genug sei, sich alleine zurechtzufinden. [...] Man kann sich hier nicht der Vermutung erwehren«, berichtete Homp, »dass diese Gruppe hier mit einem bestimmten Auftrag erschien, denn ihr ganzes Streben ging darauf hinaus, Material zu sammeln über unsere Wirtschaft, Entwicklung, über die Stimmung unter unseren Bauern. Die Gruppe war mit PKW hier und schien durch verwandtschaftliche Beziehungen verbunden zu sein«.[730]

Resümee

Ausstellungen und Messen im Kalten Krieg waren stets politisch konnotiert. Bis zum Mauerbau blieben die asymmetrisch aufeinanderbezogenen Schauen immer eine politische Größe. Eine stete Provokation für die DDR bedeutete es, dass sich die Bundesrepublik immer wieder für die »Grüne Woche« stark machte, vor allem, um Verbundenheit mit der »Frontstadt Berlin«, ihrer Bevölkerung und Wirtschaft zu demonstrieren. Auch die Westmächte, insbesondere die USA, stärkten die Ausstellung und nutzten sie für ihre politischen Ziele. Die Sowjetunion hingegen hatte in Markkleeberg nicht die gleiche Basis zur politischen Darstellung gefunden. Sie beteiligte sich nicht in dem Umfang an der DDR-Landwirtschaftsausstellung wie es die Westmächte für die »Grüne Woche« taten. Die DDR-Landwirtschaftsausstellung war eine Regierungsausstellung, weshalb große Summen aus dem Staatshaushalt in sie investiert wurden. Die SED sah in der Ausstellung vorrangig ein Forum zum Ideologietransfer, weshalb der Zugang zu ihr für Aussteller sehr restriktiv war. Denn nur Vorzeige-LPG, Meisterbauern und Neuerer sollten dafür zugelassen werden. Auch die Besucher aus Westdeutschland wurden selektiv eingeladen und auf dem Ausstellungsgelände geführt. Die »Grüne Woche« war im Unterschied dazu offen für Aussteller und Besucher, besonders aber für Gäste aus dem Osten. In der Tat waren auf der »Grünen Woche« zahlreiche Institutionen und Akteure beteiligt oder vertreten, die auf ein Ende des Kommunismus hinarbeiteten und zu diesem Zwecke »Hinterzimmer« auf der Ausstellung unterhielten. »Hinterzimmer« bildeten sozusagen die Kehrseite der »Schaufenster«. Denn was dort geschah, sollte im Gegensatz zu den »Schaufenstern« eher im Verborgenen bleiben.[731] In den »Hinterzimmern« spielten sich jene Aktivitäten ab, die zu den weniger glanzvollen Erscheinungen des Kalten Krieges gehörten. Dazu zählten unter anderem Spionage

730 Bericht Willi Homp, Bez.Verb. der DBD Rostock, Leipzig den 13. Juli 1958, in: SAPMO-BArch, DY 60/4065, unpag.

731 Die vom Verfasser sogenannten »Hinterzimmer« bildeten nicht nur metaphorisch die Kehrseite zu den »Schaufenstern«, sondern auch ganz konkret, beispielsweise wenn man an die hinter den Beratungskojen von NGOs und anderen Beratungsorganisationen eingerichteten Beratungszimmer für Ostbesucher denkt, die sie vor den Blicken der Sicherheitsorgane abschirmen sollten.

und politische Willkürakte. Auch dies war Teil der Geschichte der Landwirtschaftsausstellungen im Kalten Krieg.

Augrund der großen Anziehungskraft der »Grünen Woche« in den 1950er Jahren auf die ostdeutschen Besucher ging die SED gegen die Exposition vor. Sie sah in der »Grünen Woche« einzig einen »Tummelplatz dunkler Existenzen«.[732] Der Kampf der DDR gegen die Ausstellung erwies sich letztlich als wenig wirkungsvoll. Zu groß war die Anziehungskraft dieses Schaufensters. Extrapoliert man die Daten aus den relevanten Quellen, bleibt als Ergebnis, dass nur einige Hundert bis Tausend DDR-Bürger jährlich am Besuch der Ausstellung direkt gehindert werden konnten. Ausnahmen bildeten nur die Jahre 1960 und 1961. Das permanente Vorgehen der SED gegen die »Grüne Woche« sorgte allerdings für eine gespannte Atmosphäre auf dem Ausstellungsgelände in den späten 1950er Jahren.[733]

Die »Bearbeitung« der »Grünen Woche« war zwar sicherlich nicht der wichtigste Bestandteil im Ringen der SED um die ideologische Neuausrichtung der ostdeutschen Agrarpolitik, dennoch ein integrativer, der viele Ressourcen band. Für das gesellschaftliche und politische Leben im geteilten Deutschland und Berlin jedoch bedeutete die Ausstellung eine eminente »Schnittstelle«, einen Kontakt-Halter zwischen Ost und West. Allein durch ihre enorme Anziehungskraft war sie im Unterschied zu Markkleeberg ein gesamtdeutsches Forum. Die hohe ostdeutsche Beteiligung an der »Grünen Woche« war für die SED das eigentliche Politikum, da ihre Propaganda dadurch entlarvt und ad absurdum geführt wurde. Die SED lehnte sie als ein gesamtdeutsches Forum ab. Nicht zuletzt natürlich rührte diese Ablehnung auch und vor allem aus der Nichtanerkennung West-Berlins und der Zwei-, später Drei-Staaten-Theorie der SED her. Die Reaktion der SED auf die gesamtdeutschen Aktionen der »Grünen Woche« lautete schlicht »ihr Stecker passt uns nicht«.[734] Die Gegenstrategie fußte vor allem auf der Verteufelung der Schau als Ort der Agentenwerbung und Seuchenherd. Die zahlreichen Gegenveranstaltungen zur »Grünen Woche« in der gesamten DDR mögen im Einzelnen, wie Lemke schreibt, »eher kläglich« gewesen sein, doch waren sie beachtlich in ihrer Masse.[735] Und wer von den Betroffenen in den Landjugendheimen, Landwirtschaftsschulen oder den Verbänden hätte wohl vermutet, dass ihm somit die »Grüne Woche« in den mitunter weit von Berlin entfernten Heimatort zusätzliche Kulturveranstaltungen und Freizeitangebote brachte?[736] Dem Magnetismus der prosperierenden westlichen Wirtschaft hatte die DDR nur politisch-ideologische Argumente entgegenzuset-

732 N.N.: Ein Tummelplatz dunkler Existenzen, in: *ND* vom 28. Januar 1958, S. 2.

733 Vgl. auch Schultze: Auftrag »Grüne Woche«, S. 178.

734 N.N.: Ein Tummelplatz dunkler Existenzen.

735 Lemke: Vor der Mauer, S. 545.

736 Schultze: Auftrag »Grüne Woche«, S. 176.

zen, an die allerdings kaum jemand glaubte. Hierfür wurde auch die nationale Landwirtschaftsausstellung in Markkleeberg als Propagandaforum und politische Bühne instrumentalisiert. Außerdem kam Markkleeberg bei der Verbreitung der »Neuerermethoden« sowjetischen Vorbildes, der SED-Agrarpolitik und hierbei vor allem der Vergenossenschaftlichung der Landwirtschaft eine wichtige Funktion zu. Die gesamtdeutschen Ansprüche, die die DDR in und durch Markkleeberg artikulierte und demonstrierte, wurden wiederum in der Bundesrepublik vollkommen ignoriert. Was im Übrigen auch für die gesamte DDR-Landwirtschaftsausstellung galt. Die »Grüne Woche« ihrerseits wurde in den 1950er Jahren zu einem politischen Forum ausgebaut, das einen wichtigen Anteil bei der Vermittlung der europäischen Wirtschaftsunion hatte.

Der »grüne Ausstellungskampf« 1960–1962

Zwischen »Frühling auf dem Lande«, Mauerbau und Kulturkämpfen

»Grüne Pläne« und Kollektivierung: Die Entwicklung in Ost und West 1959–1961

Die Integration der beiden unterschiedlichen nationalen Agrarsysteme im geteilten Deutschland stellte »die folgenreichste Zäsur in der Landwirtschaft des 20. Jahrhunderts dar«.[1] Mit der Gründung der EWG 1957 wurde die bundesdeutsche Agrarpolitik von den Beschlüssen der Gemeinschaft bestimmt. Dadurch sahen sich die westdeutschen Bauern der Konkurrenz französischer, niederländischer und belgischer Bauern ausgesetzt. Die Existenz westdeutscher Klein- und Mittelbauern war dadurch unmittelbar bedroht. Dennoch wurde der Gemeinsame Agrarmarkt in mehreren Stufen bis 1968 realisiert. In den Jahren 1959 und 1961 erfolgte eine Senkung der Zölle innerhalb der EWG und eine Erhöhung der Einfuhrkontingente. Ab 1962 entstanden Marktordnungen für die wichtigsten landwirtschaftlichen Erzeugnisse mit einheitlichen Richtpreisen und einem Abschöpfungssystem bei Einfuhren aus Drittländern.[2] Für die bundesdeutsche Außenpolitik war es von großer Bedeutung, dass Adenauers Politik der Westintegration und der transatlantischen Orientierung nicht nur allein die Bundesregierung vertrat, sondern auch von den außen- wie innenpolitischen Zirkeln, Netzwerken und Verbänden mitgetragen wurde.[3] Dazu gehörten auch die landwirtschaftlichen Verbände und Organisationen, die insbesondere für die Analyse der »Grünen Woche« und ihrer Wirkung für West-Berlin wesentlich waren.

Auf bundesdeutscher Seite war die Entwicklung geprägt vom Ausscheiden Heinrich Lübkes aus dem Amt des Landwirtschaftsministers. Im September 1959 trat er als Nachfolger von Theodor Heuss das Amt des Bundespräsidenten an. Der neue Landwirtschaftsminister wurde Werner Schwarz. Schwarz, der in jeder Hinsicht mit dem Kurs seines Vorgängers übereinstimmte, erklärte, dass er nie den

1 Kluge: Agrarwirtschaft, S. 103.

2 Ebd., S. 104; Nehrig: Agrarpolitik, S. 766.

3 Vgl. hierzu auch Conze/Frei/Hayes/Zimmermann: Das Amt, S. 634.

»Gedanken einer Restauration« aufkommen lassen wolle.[4] Wie Lübke legte auch Schwarz im Bereich der nationalen Agrarpolitik das Hauptgewicht seiner Amtstätigkeit auf das Problem der landwirtschaftlichen Rentabilität.[5]

In der DDR war die Entwicklung vor allem von der in Gang gesetzten Vollkollektivierung der Landwirtschaft geprägt. Von den mehr als 880.000 Privatbetrieben, die die Landwirtschaft der DDR zu Beginn der 1950er Jahre geprägt hatten, existierten im März/April 1960 weniger als 20.000. Die Agrarwirtschaft war entsprechend der ideologischen Vorgaben umgestaltet worden und die SED erwartete daraufhin eine Verbesserung der Lebens- und Versorgungsverhältnisse der DDR-Bevölkerung. Jedoch beendete die Wirtschaftskrise 1960/61, die durch die Vergenossenschaftlichung ursächlich mit verschuldet worden war, diese Pläne. Der Mauerbau im Sommer 1961 sollte diese für die SED auf Dauer unhaltbare Situation definitiv beenden und den Flüchtlingsstrom aus der DDR in Richtung Westen unterbinden.[6]

»Ein neuer Vertrauensbeweis für Berlin«[7]: Die »Grüne Woche« 1960

Die »Grüne Woche« des Jahres 1960, die vom 29. Januar bis zum 7. Februar stattfand, war in mehrerer Hinsicht ein Novum und von politisch weitreichender Bedeutung für West-Berlin. Die Ausstellung stand unter dem Motto »Der internationale Grüne Markt«. Als ständiger Schwerpunkt kam die Landtechnik hinzu. Eine völlig neue Veranstaltung im Zusammenhang mit der »Grünen Woche« war der »Internationale Agrarfilm-Wettbewerb Berlin 1960«.

Einen neuen quantitativen Rekord stellte die Zahl der teilnehmenden Aussteller und Firmen dar: Insgesamt 676 (1959: 662) waren es, davon kamen 170 aus West-Berlin, 258 aus Westdeutschland und 248 aus 26 verschiedenen Ländern der Welt, darunter auch Jugoslawien und Rumänien. 76 bundesdeutsche und ausländische Verbände nahmen teil. Die Länder Belgien, Dänemark, Frankreich, Italien, Kanada, Marokko, die Niederlande und die USA veranstalteten Gemeinschaftsschauen. Marokko nahm erstmals mit einer Schau an der »Grünen Woche« teil.[8] Auch die Schweiz hatte zunächst ihre Teilnahme zugesichert, sagte dann jedoch

4 Zit. nach Kluge: Vierzig Jahre Agrarpolitik, Bd. 1, S. 261.

5 Ebd., S. 262.

6 Hope Harrison: Ulbrichts Mauer. Wie die SED Moskaus Widerstand gegen den Mauerbau brach, Bonn 2011, S. 228–370.

7 N.N.: Ein neuer Vertrauensbeweis für Berlin, in: *Berliner Morgenpost* vom 22. Januar 1960, S. 1.

8 Dobberke: Grüne Woche, S. 52; Berliner Ausstellungen (Hrsg.): »Grüne Woche 1960« vom 29. Januar – 7. Februar, Berlin (West) 1960.

ab. Das große Interesse des Auslandes an der Ausstellung erklärte sich zum Teil aus der weitgesteckten Themenwahl. Die Schirmherrschaft übernahm wiederum Bundespräsident Lübke, Bundeslandwirtschaftsminister Schwarz war Vorsitzender des Ehrenpräsidiums.

Drei von den zehn Arbeitsauschüssen der »Grünen Woche 1960« waren von Senatsmitarbeitern besetzt.[9] Mit dem Thema »der internationale Grüne Markt« wählte man bewusst einen größeren politischen Schwerpunkt. Schon mit dem »Schlußbericht zur ›Grünen Woche 1959‹« vom 8. Februar 1959 gaben die Berliner Ausstellungen offiziell das Thema der nächsten »Grünen Woche« bekannt.[10] Der »gemeinsame Europamarkt« wurde deshalb ins Auge gefasst, weil die sechs Länder der Europäischen Wirtschaftsgemeinschaft »dann praktische Erfahrungen in der Zusammenarbeit gesammelt haben« würden und es bis dahin gelänge, »bei den Verhandlungen über die Freihandelszone [...] konkrete Ergebnisse zu erzielen«. Die damit verknüpfte Hoffnung der Berliner Ausstellungen war, dass sich »der internationale Charakter der ›Grünen Woche‹ noch weiter verstärken [würde] und damit auch ihre geschäftlichen Aspekte«. Denn »je mehr der Außenhandel mit Agrarprodukten Erleichterungen erfuhr, desto größer [würde] das Interesse der in- und ausländischen Produzenten, auf einer so gut besuchten Ausstellung vertreten zu sein«.[11] Die Zahlen der Aussteller und teilnehmenden Verbände bestätigte die Richtigkeit der von diesen Überlegungen ausgehenden Planung.

Internationale politische Relevanz verschaffte der »Grünen Woche« schließlich die Arbeitstagung der sechs Landwirtschaftsminister der EWG-Länder, die im Rahmen der Ausstellung stattfand. Der Berliner Senator für Wirtschaft und Kredit, Paul Hertz, unterstrich diesen Sachverhalt als Beleg für die »wiedererlangte Bedeutung Berlins in den außenwirtschaftlichen Beziehungen Europas und der Welt«.[12] Die zahlreichen Gemeinschaftsschauen der ausländischen Teilnehmer belegten diesen Sachverhalt anschaulich.

9 Den Arbeitsausschuss »Forsten« leitete Oberforstmeister Manfred Grasselt von der Senatsverwaltung für Wirtschaft und Kredit – Berliner Forsten/Landesforstamt Berlin, den Ausschuss »Landwirtschaftliche Erzeugung und Beratung« leitete Oberlandwirtschaftsrat Peter Brueckner, ebenfalls Senatsverwaltung für Wirtschaft und Kredit – Geschäftskreis Ernährung Berlin, und den Ausschuss für »Tierzucht« leitete Landwirtschaftsrat Fritz Scholze, ebenfalls vom Senat für Wirtschaft und Kredit – Geschäftskreis Ernährung Berlin. Vgl. Berliner Ausstellungen (Hrsg.): »Grüne Woche Berlin 1960«, S. 9.

10 Informationsdienst Berliner Ausstellungen, Schlussbericht: »Grüne Woche Berlin 1959« war ein Erfolg – Internationalität weiter gesteigert vom 8. Februar 1959, in: LAB, B Rep. 010, Nr. 616, unpag.

11 Ebd.

12 Paul Hertz: »Grüne Woche« im Spiegel der Volkswirtschaft, in: *Industriespiegel* Nr. 1/1960, S. 1.

Die Eröffnungsfeierlichkeiten und politischen Reden

Die Eröffnungsfeier der »Grünen Woche« 1960 fand am Vormittag des 29. Januar in der Ehrenhalle des Ausstellungsgeländes statt. Die Begrüßungsrede hielt West-Berlins Regierender Bürgermeister Willy Brandt. Nach ihm sprach Minister Schwarz zu den anwesenden Gästen, im Anschluss eröffnete Bundespräsident Lübke die Ausstellung und den Internationalen Agrarfilm-Wettbewerb.[13] Die Feierlichkeiten wurden umrahmt von den musikalischen Darbietungen des Radio-Symphonie-Orchesters Berlin unter künstlerischer Leitung von Wolfgang Stresemann. Allein der anschließende Empfang kostete rund 4.700 DM. Weniger im Fokus der Öffentlichkeit, doch von ebenso großer Bedeutung war die »Damen-Sonderführung«: Während die männlichen Politiker und Honoratioren beim öffentlichen Empfang und der Eröffnungsfeier zugegen waren, gab es für deren Ehefrauen gesonderte Führungen über die Ausstellung.[14] Der separate »Senatsempfang« für die insgesamt 1.000 gesondert geladenen Gäste verursachte der Stadt allein für Sekt, Wein und Zigarren Kosten in Höhe von rund 10.000 DM.[15]

Für das Publikum, also für die Seh- und Fachleute, hatte die Ausstellung täglich von neun bis 13 Uhr ihre Pforten geöffnet. Der Eintrittspreis betrug 1,50 DM (West) wie DM (Ost) gleichermaßen, Kinder bis zu 14 Jahren sowie »Erwerbslose, Sozialunterstützte und Studenten« zahlten 0,50 DM. Die Messe-Ausweise, die bei allen DER-Reisebüros erhältlich waren, kosteten vier DM (West) inklusive des umfangreichen Programmhefts des Internationalen Agrarfilm-Wettbewerbs. Sie berechtigten zum beliebig häufigen Besuch der Ausstellung und der Filmvorführungen. Die Unternehmen des Omnibus-Linienverkehrs gewährten den Inhabern des Messe-Ausweises eine Fahrpreisermäßigung zwischen der Bundesrepublik und West-Berlin von 25 Prozent.[16]

Während der großen Eröffnungskundgebung des DBV begrüßte der Regierende Bürgermeister Brandt zuerst den Bundespräsidenten und dann »unsere Landsleute aus der Zone«.[17] Er betonte nicht nur das »Ringen dieser Stadt Berlin und die Frage der deutschen Einheit«, sondern bezeichnete die »Grüne Woche« auch als »eine Stätte intereuropäischer Begegnung«. Er mahnte an, »einmal anzuerkennen [...], was die westdeutsche Landwirtschaft seit Jahr und Tag für diese Stadt tue«. Als Bei-

13 Informationsdienst der Berliner Ausstellungen (Pressestelle) vom 18. Januar 1960, in: LAB, B Rep. 002, Nr. 10943, unpag.

14 Informationen zur »Grünen Woche« 1960 [o.D., 1960], in: LAB, B Rep. 002, Nr. 3506, Bd. 1, unpag.

15 Ebd.

16 Ebd.

17 »Grüne Woche« 1960: Der Regierende Bürgermeister von Berlin, Willy Brandt, in: LAB, B Rep. 002, Nr. 10943, unpag.

spiel nannte er die Dürreperiode des Herbstes 1959, in der die Milchversorgung West-Berlins nicht beeinträchtigt worden war. Für die westdeutschen Bauern wäre es sogar rentabler gewesen, die Milch zu verarbeiten und in Butter umzuwandeln, aber die Lieferungen an die West-Berliner Ernährungsindustrie, die nach der Elektroindustrie der zweitwichtigste Industriezweig der gesamten West-Berliner Wirtschaft dieser Zeit war, seien wichtiger gewesen.[18] In seiner Ansprache erwähnte Brandt die historisch-politische Situation Deutschlands und West-Berlins hingegen nicht. Vor den Zuhörern der DBV-Kundgebung einen Tag später, die zumeist aus ländlichen Berufen stammten, äußerte Brandt, dass »zwar viel darauf hingewiesen [werde], dass das deutsche Volk anderen Unrecht zugefügt habe, aber diesem deutschen Volke sei auch Unrecht zugefügt worden, und die Spaltung aufrechtzuerhalten sei eine Sünde gegen göttliches und menschliches Recht«.[19]

Bundespräsident Lübke leitete seine Rede mit der großen Freude über die zahlreich erschienenen »Bauern aus Ost und West [...] und aus dem westlichen Europa « ein. Lübke warnte davor, die Sorgen und Wünsche der deutschen Landwirtschaft »zu lautstark und zu übertrieben« darzustellen. Vielmehr regte er an, dass die Landwirtschaft insgesamt »mehr Fingerspitzengefühl« zeigen solle. An das bundesdeutsche Fernsehen wandte er sich mit dem Vorschlag, »den Vorwürfen gegenüber der sowjetzonalen Propaganda [...] stärker durch die Darstellung der wirklichen landwirtschaftlichen Verhältnisse im Westen« zu begegnen. Seinen Aussagen zufolge sei sich das Fernsehen »bereits mit ihm darüber einig, dass es dieser Anstrengung folgen solle«.[20]

Bundesminister Werner Schwarz betrachtete die Versammlung des DBV im Rahmen- und Tagungsprogramm der »Grünen Woche« als »ein Barometer, das die Stimmung der Landbevölkerung widerspiegele«. Er gab seine Beobachtung wieder, dass der »zeitweise Zustand einer gedämpften Zufriedenheit wieder einer gewissen Unruhe gewichen« sei, womit er auf die Sorgen und Ängste deutscher Landwirte ob der erwarteten Agrarpreisanpassung anspielte.

Die große Kundgebung des DBV am Sonntag, dem 30. Januar 1960, beendete die Ansprache des DBV-Präsidenten Rehwinkel. Seine Rede stand »im Zeichen eines dreifachen Bekenntnisses«. Er formulierte das Bekenntnis »zu einem freien, gesunden, wirtschaftlich selbständigen Bauerntum«, das »Bekenntnis zu Berlin, das zur Schicksalsstadt Deutschlands und der freien westlichen Welt geworden« sei und schließlich das Bekenntnis »zu der Einheit Deutschlands in Freiheit und Frieden, wiedergeboren aus dem unveräußerlichen Selbstbestimmungsrecht des

18 DBV Informationsdienst vom 1. Februar 1960: Die Rede des Regierenden Bürgermeisters von Berlin Willy Brandt, in: BAK, B 428, Nr. 240, unpag.

19 LAB, B Rep. 002, Nr. 10943, unpag.

20 Zit. nach BAK, B 428, Nr. 240, unpag.

deutschen Volkes«. Als Abschluss seiner Rede verlieh Rehwinkel der Hoffnung Ausdruck, dass »die Agrar- und Wirtschaftspolitik der Bundesrepublik der Welt ein Vorbild an sozialer Gerechtigkeit werden [möge], dessen Ausstrahlungen auch unseren ostdeutschen Schwestern und Brüdern den Mut gibt, auszuharren für ein neues, gemeinsames, freies Deutschland«.[21]

Der politische Verhandlungsraum

Brandt hatte zunächst beabsichtigt, in seiner Begrüßungsansprache die Frage der Agrarsubventionen anzuschneiden. Einer seiner Berater riet ihm allerdings davon ab und empfahl, auf den Wunsch der Ausstellungsleitung Rücksicht zu nehmen und stattdessen die Firma Philipps lobend zu erwähnen. Denn die Firma Philipps war »das erste und bisher einzige Unternehmen, das einen eigenen Pavillon errichtet und darin sich regelmäßig an der ›Grünen Woche‹ beteiligt«.[22] Die Firma hatte die »Grüne Woche« in ihrer Funktion als Wirtschaftsausstellung als einen potenziellen Absatzmarkt erkannt und stellte landwirtschaftlich, häuslich oder kleinwirtschaftlich relevante Produkte aus. Die Elektroschau im Philipps-Pavillon des Jahres 1960 zeigte neben vielen Geräten, die im bäuerlichen wie im Stadthaushalt Verwendung fanden, praktische Hinweise auf die Sonderanwendung des Lichtes in der Landwirtschaft. So sollte der Nutzen der Kartoffelverkeimung bei Kunstlicht und der zweckvolle Einsatz von Infrarotstrahlern bei der Jungtieraufzucht demonstriert werden. Auch die anderen Produkte der Firma wie diverse Leuchter und Lampen stellte Philipps auf der »Grünen Woche« aus. Nach derart erfolgreichem Lobbyismus und dem eindringlichen Appell West-Berliner Politiker, voran der Regierende Bürgermeister, dass die westdeutsche Industrie stärker auf den Berliner Ausstellungen – auch auf der »Grünen Woche« – in Erscheinung treten solle, beteiligte sich ebenfalls die Firma Osram.[23] Dies waren zwar bescheidene, gleichwohl wichtige Schritte im Entscheidungsfindungsprozess der westdeutschen Industrie, sich in West-Berlin zu engagieren. Brandt lobte zwar diese Entwicklung, setzte aber nach, dass bei einem Export industrieller Produkte in Richtung Osten die Stadt ein Glied in dieser Handelskette sein sollte. Er appellierte, dass »der Weg nach Leipzig, Brünn

21 Zit. nach ebd.

22 Zur Vorbearbeitung der Rede des Regierenden Bürgermeisters zur »Grünen Woche«, ohne Unterzeichner [o. D., 1960], in: ebd., unpag.

23 Auch Osram stellte die Anwendung von Infrarotstrahleranlagen bei der Aufzucht von Jungtieren dar. Vgl. Informationsdienst der Berliner Ausstellungen vom 14. Januar 1960, in: LAB, B Rep. 002, Nr.3506 Bd. 1, unpag.

oder Posen nicht versperrt sein [solle], er sollte aber über Berlin führen«.[24] An die Vertreter der Industrie gewandt, sagte er während seiner Eröffnungsansprache: »Sie werden in den Hallen den hohen Stand der deutschen Gartenbauwirtschaft und der deutschen Landwirtschaft sowie den hohen Stand des damit zusammenhängenden Handels, auch der Industrie, feststellen, die für diese Landwirtschaft tätig sind oder deren Produkte verarbeiten«.[25]

Die kommunikativ massenwirksame Plattform »Grüne Woche« bot Brandt die willkommene Möglichkeit, die politische Werbung für West-Berlin weiterzuführen, die ihn und seinen Stellvertreter, Bürgermeister Amrehn, seit dem Frühjahr 1959 nach Nordamerika und Asien sowie in die Hauptstädte der west- und nordeuropäischen Staaten, aber auch nach Südeuropa und die arabischen Länder geführt hatte.[26] Bereits im unmittelbaren Vorfeld der »Grünen Woche«, am 7. Januar 1960, hatte Willy Brandt vor dem Abgeordnetenhaus die Grundsätze des Senats in der Berlin-Politik erläutert. Darin erklärte er unter anderem, dass West-Berlin zum »freien Teil Deutschlands gehöre« und der »freie Zugang von und nach Berlin nicht eingeschränkt, sondern [...] im Gegenteil noch vervollkommnet und verbessert werden« müsse. Schließlich, da West-Berlin infolge der rigorosen Beschränkungen im innerdeutschen Reiseverkehr der einzige Ort sei, »an dem sich Menschen aus beiden Teilen Deutschlands täglich treffen können, muß es als Begegnungsstätte für zwischenmenschliche Beziehungen erhalten bleiben«.[27] Die West-Berliner Ausstellungen waren ein idealer Treffort, um diese Ziele politisch zu demonstrieren und zu untermauern.

Das große politische Gewicht der »Grünen Woche« 1960 ergab sich darüber hinaus aus der Anwesenheit zahlreicher Politiker aus der Bundesrepublik und den EWG-Staaten. Auch der Botschafter der USA in der Bundesrepublik Deutschland, Walter C. Dowling, überbrachte auf der Ausstellung die »herzliche[n] Grüße des amerikanischen Volkes« und wünschte dieser einzigen landwirtschaftlichen Winterschau Deutschlands »einen erfolgreichen Verlauf«.[28] Die politische Grußadresse der USA hatte hierbei mehr als nur symbolisch-protokollarischen Charakter. Denn angesichts dessen, dass sich seit Anfang 1960 innerhalb der OEEC die Befürchtung einer handelspolitischen Isolierung verfestigte, waren es die USA gewesen, die durch

24 Rede des Regierenden Bürgermeisters von Berlin Willy Brandt, »Grüne Woche Berlin 1960«, in: LAB, B Rep. 002, Nr. 10943, unpag.

25 Ebd.

26 Vgl. Wolfgang Ribbe: Vom Vier-Mächte-Regime zur Bundeshauptstadt (1945–2000), in: ders. (Hg.): Geschichte Berlins, Bd. 2: Von der Märzrevolution bis zur Gegenwart, Berlin 2002, S. 1027–1210, bes. S. 113f.; Hans Herzfeld: Berlin in der Weltpolitik 1945–1970 (= Veröffentlichungen der Historischen Kommission zu Berlin, Bd. 38), Berlin (West) 1973, S. 443–447.

27 Zit. nach Ribbe: Vom Vier-Mächte-Regime, S. 113f.

28 »Grüne Woche Berlin 1960« [o.D., 1960], in: LAB, B Rep. 002, Nr. 10943, unpag.

ihr Verhalten den Ausschlag dazu gaben, die »OEEC strukturell zu flexibilisieren«.[29] Anlässlich des Treffens der Landwirtschaftsminister der EWG-Länder war auch der EWG-Vizepräsident Mansholt auf der »Grünen Woche« zugegen. In seiner Begrüßungsansprache zitierte Mansholt wörtlich den Passus über die Berlin-Hilfe in den EWG-Staaten.[30] Auf der Pressekonferenz des Vereins Berliner Presse auf dem Ausstellungsgelände erklärte Mansholt dann sehr zur Erleichterung des DBV, dass auf der Berliner Agrarministerkonferenz »über das künftige Preisniveau für Getreide noch nichts beschlossen« worden sei.[31] Die agrarwirtschaftliche Realität Ende der 1950er Jahre gebot, so die Forschungsmeinung, einen langfristigen, behutsamen Übergang in Richtung des Gemeinsamen Marktes, sollte die »soziale Komponente durch eine rigorose Anpassung [...] nicht untergehen«.[32] Minister Schwarz hielt das Gros der deutschen Bauern einem schärferen Wettbewerb für noch nicht gewachsen. Damit stand er in einer Linie mit dem eher pessimistisch gestimmten DBV-Präsidenten Rehwinkel, der auf die Bauern Opfer zukommen sah, wie sie kein anderer Berufszweig zu erbringen hätte.[33] Mansholt konnte auf diese Befindlichkeiten nur bedingt Rücksicht nehmen und ließ auf der »Grünen Woche« keine Gelegenheit aus, um die Vorteile des Gemeinsamen Agrarmarktes zu unterstreichen.

Schwarz, der stets eine positive Haltung zur EWG hatte, nutzte die »Grüne Woche«, um die Probleme der Agrarsubventionen und der Agrarpreise durch die Systemkonkurrenz zu relativieren. Er verwies darauf, dass diese Probleme nicht unlösbar und vor allem nicht existenzbedrohend seien, während in der DDR andere Nöte vorherrschten: »Bei uns geht es um den Lebensstandard, dort aber um das Überleben«.[34] Vor diesem Hintergrund erklärte er in einer Fragestunde vor Agrarjournalisten im Rahmen der Ausstellung, dass die Bundesregierung nicht beabsichtige, die Zahl der Landwirtschaftsbetriebe zu verringern. Vielmehr wünsche man die Erhaltung aller bisher bestellten Böden. Der Vizepräsident der Kommission der EWG nannte die »Grüne Woche« eine »Demonstration europäischer Solidarität« und erinnerte besonders an die Berlin-Klausel des Vertrages von Rom.[35]

Die Gemeinschaftsschau der EWG auf der Ausstellung und die Konferenz der EWG-Landwirtschaftsminister sollten als Beweis dafür gelten, dass auch dieser Teil des Vertrages von allen Unterzeichnern ernst genommen werde. Die »Grüne

29 Kluge: Agrarpolitik, S. 306.

30 Berlin. Chronik der Jahre 1959–1960, S. 500.

31 Zit. nach DBV Informationsdienst: Kundgebung und Pressekonferenzen anlässlich der »Grünen Woche« vom 4. Februar 1960, in: BAK, B 428, Nr. 240, unpag.

32 Kluge: Agrarpolitik, S. 307.

33 Ebd.

34 Zit. nach ebd.

35 G. G.: Leistungsschau des Grünen Marktes. Starke internationale Beteiligung an der »Grünen Woche«, in: *Frankfurter Allgemeine Zeitung* vom 30. Januar 1960, S. 2.

Die EWG lässt die Zollschranken für Agrarprodukte aufgehen. Symbolische Grenzöffnung durch Mansholt, Lübke und Brandt auf der »Grünen Woche«, 1960.

Woche« diente hier vor allem der Förderung der Publizität und der öffentlichen Aufklärung über die EWG, Montanunion und Euratom. Dazu war eine Lehrschau, die unter dem Motto »Wir sind bereits ein Markt von 170 Millionen Menschen« stand, im Übergang von Halle I/West zu Halle X aufgebaut.[36] Sie demonstrierte in erster Linie, dass die Landwirtschaft in der EWG einen festen Platz habe und auch, dass die in Montanunion und Euratom geleistete Arbeit die Bauern betreffe. Denn die Kohle, so wurde in grafischen Darstellungen gezeigt, spiele bei der Erzeugung von Kunstdünger eine wichtige Rolle, desgleichen die Petrolchemie bei der Herstellung von Pflanzenschutzmitteln. Zahlreiche grafische Darstellungen und Schautafeln sollten zeigen, wie selbst die Kernenergie in die Landwirtschaft eingreift. Zusammenhänge zwischen der Kernenergie mit der Konservierung und Förderung des Pflanzenwachstums durch Bestrahlung mit Isotopen bildeten den Kern der Darstellungen. Die Hoffnungen auf die Effizienz friedlicher Kernkraft für agrarische Anwendungen waren zwar nicht so extensiv dargestellt wie in Leipzig-Markkleeberg, aber man versprach sich zu diesem Zeitpunkt in der Bundesrepublik gleichfalls große Impulse von deren Einsatz. Und auf der Basis europäischer Zusammenarbeit ließen sich solche mitunter teuren Projekte besser bewerkstelligen.

36 Berliner Ausstellungen (Hrsg.): »Grüne Woche Berlin 1960«, S. 30.

Auf dem Stand der Gemeinschaftsschau wurden dem Besucher zahlreiche Darstellungen und Informationen über die europäischen Institutionen gegeben: Über das europäische Parlament mit seinen 142 Abgeordneten, die die Aufgabe hatten, die Tätigkeiten der Hohen Behörde der Europäischen Gemeinschaft für Kohle und Stahl (EGKS) und der Kommissionen der EWG zu kontrollieren. Diese politische Lehrschau informierte auch über den Europäischen Gerichtshof sowie über die Europäische Atomgemeinschaft und die Aufgaben der Ministerräte. Den Besuchern »aus dem freien Berlin und dem freien Westen« sollte damit gezeigt werden, »in welcher Welt sie leben und den Besuchern aus der sowjetisch besetzten Zone deutlich [machen], welch ein Unterschied dieses freie Europa zum Machtblock des Ostens« darstelle.[37] Als weitere informative Blickfänge erwiesen sich die Schauteile, die nach Ermittlungen der Hohen Behörde erstellt worden waren: Auf sechs verschiedenen Tischen wurde gezeigt, was sechs Hausfrauen in sechs verschiedenen Ländern »heute an Lebensmitteln kaufen können«.[38] Im Hintergrund tauchte die »Vision der Zukunft« auf: »Sechs Hausfrauen in einem Markt«. In einem auf dem Stand eingerichteten Ausstellungskino lief ein neuer Film an mit dem Titel *Berlin gehört zu Europa*, in Tonbildschauen wurde den Sehleuten ein »lebendige[r] Eindruck von der Vielfalt der landwirtschaftlichen Probleme und den Überlegungen einer gemeinsamen Agrarpolitik« vermittelt sowie »ein Gang durch die jüngste europäische Geschichte, die Entwicklung des Werdens der Europäischen Gemeinschaften seit 1945« ermöglicht.[39] Die Sonderschau des BMLF »Der internationale Grüne Markt« in der Halle X stellte dar, dass sich weder die Verbraucher, noch die ländliche Bevölkerung ob der ungewissen Zukunft im Gemeinsamen Wirtschaftsgebiet sorgen müssten.[40]

Insgesamt bedeutete gerade diese »Grüne Woche« 1960 für die Stadt West-Berlin einen starken Prestigegewinn. Bundesdeutsche und zahlreiche ausländische Politiker, Firmen und die Medien waren während und wegen Berlins Traditionsausstellung zugegen. Der Gang über die Ausstellung, den Brandt an der Seite von Bundespräsident Lübke nebst weiteren Politikern und Honoratioren vollzog, fand symbolisch unter den Flaggen aller 26 teilnehmenden Nationen statt. Die Stadt präsentierte sich weltoffen, einladend und als ein attraktiver Verhandlungsort nationaler wie internationaler Politik.

Die Ausstellung und den sich aus ihr ergebenden Kommunikationsraum nutzten wiederum zahlreiche Institutionen, um für sich und ihre Sache Lobbyarbeit

37 Informationsdienst der Berliner Ausstellungen: Die Europäischen Gemeinschaften auf der »Grünen Woche Berlin 1960« vom 22. Januar 1960, in: LAB, B Rep. 002, Nr. 10943, unpag.

38 Ebd.

39 Ebd.

40 Berliner Ausstellungen (Hrsg.): »Grüne Woche Berlin 1960«, S. 3f.

betreiben zu können. Als Beispiel – wie West-Berlins Hochschulen im Rahmen der »Grünen Woche« Lobbyarbeit in Gang setzten, wurde bereits im vorangegangenen Kapitel berichtet – sei der Verbraucherausschuss West-Berlins genannt. Er entwickelte eine rührige Tätigkeit und schaffte es, Minister Schwarz für sich zu gewinnen und sorgte dafür, dass das BMLF »immer bestens unterrichtet« war.[41] Der Ausschuss erfüllte eine wichtige Position bei der Bevorratung und Verteilung von Nahrungsmitteln West-Berlins während der Berlin-Krise, und deshalb wurde er von Politik und Öffentlichkeit positiv wahrgenommen. Die »Grüne Woche« bot Schwarz eine gute Kommunikationsplattform über die gute Kooperation der Bundesregierung mit dem Ausschuss in dieser wichtigen Angelegenheit. Schließlich konnte der Ausschuss den Bund maßgeblich überzeugen, solche »wichtige[n] zentrale[n] Versorgungseinrichtungen entstehen [zu lassen] oder aus[zu]bauen«. Schwarz erinnerte in diesem Zusammenhang an den vom Bund geförderten Meierei-Neubau in Neukölln wie an die kurz vor Ausstellungsbeginn eröffnete Raffinationsanlage für die Verarbeitung von Margarinerohstoffen. Der Verbraucherausschuss und das BMLF konnten sich im Vorfeld der »Grünen Woche« – um es dort zu präsentieren – auch auf die Fertigstellung des damals bereits über 50 Jahre alten Projekts eines Zentralgroßmarktes für Obst-, Gemüse und Fleisch in der Beusselstraße einigen. Diese Einrichtungen sollten so gestaltet sein, dass »sie die Versorgung *Gesamtberlins* reibungslos zu gegebener Zeit zu gewährleisten fähig sind«.[42] Der politisch verbindende Charakter solcher Zusammenarbeit sorgte mit für die sich langsam vollziehende Angleichung West-Berlins an Westdeutschland.

Die Ausstellung, ihre Aussteller und Schauinhalte

Drei wichtige Eckpfeiler der Ausstellung sollen hier exemplarisch herausgestellt werden: Der bereits erwähnte Philipps-Pavillon, der ständige Ausstellungsschwerpunkt Landtechnik und der Gartenbau.

Der Philipps-Pavillon sei als erster analysiert, weil er demonstrierte, wie die westdeutsche und West-Berliner Industrie auf einer landwirtschaftlichen Ausstellung für ihre Produkte wirksam werben und für Absatz sorgen konnte. Der Pavillon wirkte vorbildhaft für weitere Firmen aus verschiedenen Branchen, die mit ländlichen Belangen originär nicht immer viel zu tun haben mussten, um nach West-Berlin zu kommen. Nicht zuletzt sind in diesen Entwicklungen seit Beginn der

41 Schwarz war von dem »rührigen Verbraucherausschuß« so angetan, dass er ihn in seiner Begrüßungsrede zur »Grünen Woche 1960« ausdrücklich hervorhob. Vgl. Rede des BM für Ernährung, Landwirtschaft und Forsten Schwarz zur »Grünen Woche 1960« [o.D., 1960], in: LAB, B Rep. 002, Nr, 3506, Bd. 1, unpag.

42 Ebd., S. 2. Hervorhebung durch den Verfasser.

1960er Jahre die Bemühungen der Schauleitung und des Senates zu erkennen, die »Grüne Woche« von einer reinen wirtschaftlich unprofitablen Ausstellung hin zu einer Messe zu wandeln.

Einen traditionellen Hersteller von Elektronik und Beleuchtungsmitteln hätten die meisten Besucher sicher nicht auf der »Grünen Woche« erwartet. Doch in ihrem firmeneigenen Pavillon auf dem Berliner Messegelände unterm Funkturm zeigte die Deutsche Philipps GmbH seit Jahren ein umfangreiches und landwirtschaftlich relevantes Produktionsprogramm. Zur »Grünen Woche 1960« gestaltete die Firma ihren Pavillon völlig um: Strohgedeckte Dachattrappen, Bäume, Büsche und Blumen vermittelten den Eindruck, als befände sich der Besucher im Pavillon auf einem Dorfplatz. In der Mitte dieses »Dorfplatzes«, wo man den Marktbrunnen vermuten würde, zog eine große vollautomatisch gesteuerte Modelleisenbahnanlage die Leute an.[43] Daran demonstrierte Philipps, wie man ein Verkehrsproblem in Zukunft lösen könnte, nämlich durch höhere Transportleistungen, die infolge eines »noch lebhafteren Güteraustausches zwischen Stadt und Land« entstehen würden.[44] Ein »Elektronen-Gehirn« ersetzte sowohl den Fahrdienstleiter als auch das Stellwerk. Das Ergebnis der dargestellten Nahzukunftsvision der Automation sollte eine »schnellere Zugfolge und eine höchstmögliche Nutzung der Gleisanlagen« sein. Auch wenn diese Modellbahnanlage für kaum einen Besucher einen praktisch relevanten Nutzen hatte, ein Publikumsmagnet war sie auf jeden Fall. Doch dieser Appetizer war noch nicht alles, was Philipps 1960 auf der »Grünen Woche« dem Publikum zu bieten hatte.[45] Unter den Dachvorsprüngen vermittelten Philipps-Schallplatten »Grüße aus der Heimat«. Dieser akustische Anziehungspunkt lenkte die Aufmerksamkeit der Besucher automatisch auf die »Phonogeräte und Rundfunkapparate«, unter denen der damals neue und kleine Transistorkoffer für Mittel- und Langwelle »Dorette« seine Käufer suchte. Auch die ländliche Bevölkerung suchte Philipps direkt anzusprechen. Die auf dem Fernsehgerätestand aufgebaute Bauernstube sollte verdeutlichen, dass das Fernsehen selbst im landwirtschaftlichen Haushalt »kein Luxusartikel mehr« sei.[46] Um die »Abgeschiedenheit mancher Dörfer« zu durchbrechen, stellte Philipps eine Produktpalette vom Tischgerät mit 43-cm-Bildschirm bis zur »Kombinationsvitrine mit 53-cm-Bildschirm, Rundfunk- und Phonoteil« aus. Eine pragmatische Verkaufsstrategie ging somit einher mit einer möglichen Einpassung beinahe jedes Ausstellungsinhaltes. Am Stand der Tonband- und Diktiergeräte bot Philipps erstmals seinen neuen Vollstereo-Tonbandkoffer RK 80 auf

43 N. N.: Philips auf der »Grünen Woche« am Funkturm, in: *Industriespiegel* 1/1960, S. 8.

44 Ebd.

45 Eine andere Möglichkeit, um Menschen für den Ausstellungsstand zu interessieren und sie dadurch zum Interesse an den eigenen Produkten (inklusive Kaufabsicht) anzuregen, bestand darin, kleinere Geschenke anzubieten.

46 Ebd.

einer Ausstellung an. Auch an die Hausfrau, insbesondere im ländlichen Hauhalt, hatte die Firma gedacht. Ihr zeigte man moderne »Heinzelmännchen« in Form von Handmixern, elektrischen Kaffeemühlen, Leichtgewichts-Bügeleisen, Ventilatoren, Staubsaugern und Heizlüftern, die, so die Firmenwerbestrategie, »zur Erleichterung der Hausfrauenarbeit auf jeden Bauernhof gehören, und zwar ebenso selbstverständlich wie der Trockenrasierapparat des Hausherrn«.[47] Im Durchgang zur kleinen Halle des Philipps-Pavillons befanden sich Feuermelder mit Ortsrufanlagen. Sie sollten vor allem Gemeindevertreter überzeugen, um damit die regionalen Freiwilligen Feuerwehren auf dem neuesten technischen Stand zu halten. In einem Nebenraum befand sich eine innovative Verkaufsschau für Philipps-Tonbandgeräte. Zehn davon spielten im Non-Stop-Dauerbetrieb über Kopfhörer Informationen über das gesamte Angebotsprogramm der Firma ab. Eine von den Besuchern gern angenommene Möglichkeit war das »Tonbandbrief-Postamt«, das man seinen Freunden oder Bekannten von der »Grünen Woche« nach Hause kostenlos – also auf Kosten von Philipps – senden konnte.[48] Allerdings brauchte der Empfänger dafür natürlich ein Abspielgerät; und das Gerät welcher Firma hätte dafür wohl nähergelegen, als die, deren Logo auf dem Tonband stand? Die kleine Halle des Pavillons war dann so gestaltet, dass sie »einer Ladenstraße bei Nacht« gleichen sollte. Lediglich die Schaufenster der Häuserfronten waren in helles Licht getaucht.[49]

Zu der genannten wirtschaftlichen Wandlung der »Grünen Woche« trug auch die Landtechnik entscheidend mit bei. Denn wirtschaftlich bedeutend waren die Erzeugnisse der Landmaschinen- und Ackerschlepperindustrie schon aus dem Grund, dass sie mit einer Jahreserzeugung von 2,3 Milliarden DM an der Spitze des westdeutschen Maschinenbaus standen. In beiden deutschen Staaten war die Agrarmodernisierung lange Zeit von einem »technokratischen Voluntarismus und Technikfetischismus« geprägt, der sich ebenfalls in den Produkten der Landmaschinenindustrie niederschlug.[50] Die Mechanisierung, die die Arbeitsabläufe in den Betrieben seit den 1950er Jahren grundlegend zu wandeln begann, führte zu ungeahnten Produktionsgewinnen. So verdoppelte sich der Schlepperbestand innerhalb der Bundesrepublik jährlich.[51] Ein Markt also, den auch die »Grünen Woche« repräsentierte und steigende Beachtung schenkte.

47 Ebd.

48 Ostdeutsche Besucher konnten aber kaum in den Genuss dieses Angebots kommen, da die Staatssicherheit seit 1956 begann, alle Postkarten und Briefe von der »Grünen Woche« abzufangen und »den Bezirken zur weiteren Auswertung« weiterzuleiten. Vgl. Abt. Information, Information Nr. 64/57, betr.: Bericht über die »Grüne Woche« 1957 vom 11. April 1957, in: BStU, ZAiG 44, Bl. 1–20, hier Bl. 20.

49 Berliner Ausstellungen (Hrsg.): »Grüne Woche Berlin 1960, S. 29 u. 42.

50 Bauerkämper: Das Ende des Agrarmodernismus, hier S. 154–156.

51 Ebd.

Traditionell war die Landtechnik in Halle XII »Berlin« situiert. Wer die »Grüne Woche« und die dort ausgestellte Landtechnik regelmäßig besuchte, der konnte die technischen Fortschritte auf diesem Gebiet am Objekt studieren und sehen, wie der einfache Schlepper allmählich zu einer vielseitig verwendbaren Arbeitsmaschine gestaltet wurde. Die führenden Firmen waren seit langer Zeit, teils schon vor dem Zweiten Weltkrieg, auf der »Grünen Woche« präsent. Auch wenn die revolutionäre Zeit der Schlepper 1960 bereits vorüber war, so konnten zahlreiche technische Details und Konstruktionsverbesserungen die Landwirte in ihren Bann ziehen. Ein UNIMOG-Schlepper erreichte zum Beispiel 50 Km/h Höchstgeschwindigkeit, während die anderen Schlepper auf eine Höchstgeschwindigkeit von 20 Km/h begrenzt waren. Der Schleppertyp wurde in zwei Mustern, die das gesamte einsetzbare Zubehör demonstrierten, inmitten eines Beispielhofes, für den der Murghof als Muster gedient hatte, ausgestellt. Die Ausstellungsleitung hatte in Zusammenarbeit mit der Landmaschinenindustrie – und in Anlehnung an die DLG-Schauen – besonderen Wert darauf gelegt, »ausgereifte Schlepperkonstruktionen« im »Zusammenhang mit dem landwirtschaftlichen Betrieb« zu zeigen.[52] Als technische Neuerung konnte die sogenannte »Alligatorzange« am Hanomag-Frontlader bestaunt werden, die eine sehr große Losreißkraft besaß; eine Eigenschaft, die besonders beim Stallausmisten wichtig war, wobei das neue Gerät laut Hersteller 50 Prozent leistungsfähiger sei.[53] Verschiedenste Ausführungen von Einachsschleppern mit Leistungen zwischen fünf und 60 PS waren ebenfalls auf den Ständen der Industrie ausgestellt. Eine für die Bauern besonders interessante Neukonstruktion stellte die »Hakocombinette mit einem Drei-PS-Motor« dar, in deren Grundgerät eine schnell laufende Hackfräse, eine Rübenhacke und eine krümelnde Drehhacke vereinigt waren. Hinzu kamen weitere Geräte wie der Häufel- und der Beetpflug, der Rasenmäher, ein federnder Anhängewagen und weiteres Gerät.[54] Zur Rationalisierung in der Landwirtschaft trugen bereits seit einiger Zeit die Mähdrescher maßgeblich bei. Der Ausstellungskatalog lobte dann auch die »große Sorgfalt«, welche die Industrie bei der Konstruktion der Geräte aufgewandt habe, sodass nur »ausgereifte Erzeugnisse zu sehen« seien.[55] Es gab Mähdrescher zu sehen, die bis zu 90 Zentner marktfähig gereinigtes Korn in der Stunde liefern konnten und mit Korntanks ausgerüstet waren.[56] Der von latenter Euphorie getragene Technikdiskurs jener Zeit ließ

52 Informationsdienst der Berliner Ausstellungen: Ständiger Schwerpunkt der »Grünen Woche«. Die Landtechnik, vom 14. Januar 1960, in: LAB, B Rep. 002, Nr. 3506 Bd. 1, unpag.

53 N.N.: Das weite Gebiet der Landtechnik, in: Berliner Ausstellungen (Hrsg.): »Grüne Woche Berlin 1960«, S. 3f.

54 Ebd.

55 Ebd., S. 38.

56 Für das Pressen des Strohs besaßen sie entsprechende Einrichtungen. Es wurden sowohl Selbstfahrer, die die Presseschau als »ideale Erntemaschine« anpries, gezeigt, als auch Anhänger, die mit

die Ablösung des »mühevollen Arbeitens mit menschlicher Muskelkraft« durch die (Land-)Technik immer wieder Erwähnung finden. Eine schwedische Firma stellte Rübenvollerntemaschinen für die Einmannbedienung aus. Die Ausstellung der Landtechnik war so gestaltet, dass dem Besucher vor Augen geführt werden sollte, dass die moderne Gesellschaft »alle die technischen Hilfsmittel ausschöpft, die dem Landmann heute auf dem Felde und auf dem Hofe unentbehrliche Helfer sind«.[57] Dazu gehörten auch Einrichtungen zur Schädlingsbekämpfung, Erd- und Futterdämpfer, Melkanlagen, Milchkühl- und Buttermaschinen und Heizeinrichtungen. Die ganze Landmaschinenschau sollte beweisen, in welch »hohem Maße der landwirtschaftliche Betrieb technisiert und damit leistungsfähiger geworden« sei.

Eine Strategie der Ausstellungsleitung, die auf Direktor Friehe zurückging, war es, die EWG für eine Dauerbeteiligung in den Messehallen am Funkturm sowohl für die »Grüne Woche« als auch für die Industrieausstellung zu gewinnen. Die positiven Reaktionen der Aussteller der verschiedenen Zweige der Europäischen Gemeinschaft stärkten diese Verhandlungen nachhaltig.

Gegenüber den Vorjahren wurde 1960 viel mehr auf der »Grünen Woche« verkauft. Die Käse- und Weinproben reichten an einigen Ständen nicht mehr bis zum Sonntagabend. Außerordentlich begehrt war etwa der »Groschenapfel«: Aus einem Automaten konnten sich die Käufer quasi im Vorübergehen für zehn Pfennige einen qualitativ hochwertigen Apfel kaufen. Die »Groschenapfel«-Aktion war mit rund 350.000 Stück ein großer Erfolg. Französische Weinfirmen konnten über die Aufträge von Privatkunden, die sich ihre Keller füllen lassen wollten, nicht klagen.[58] Auch 24.000 Austern verkauften die Franzosen an ihrem Stand oder verteilten sie dort. Auf geschäftlichem Gebiet hatte die »Grüne Woche 1960« nach Meinung der meisten Aussteller ein »überdurchschnittliches Ergebnis« erbracht.[59] Die Berliner Ausstellungen vermuteten, dass dieses Ergebnis »entscheidend von der zunehmenden Bedeutung Berlins als Absatzmarkt beeinflusst worden sein« könne.[60] Obwohl auch 1960 der Schwerpunkt der Beteiligung auf dem Gebiet der Repräsentation, der Kontaktsuche und -pflege lag, war der Kreis der Firmen, die über diesen Rahmen hinaus bemerkenswerte geschäftliche Resultate erzielen konnten, größer als in den Vorjahren. Die bereits Tradition gewordenen Umfrage der BA ergab, dass 81 Prozent der ausstellenden Firmen, Wirtschaftsverbände und der landwirtschaftlichen

Schlepperzug arbeiteten. Die Schlepperindustrie hatte sich auf diesen Antrieb eingestellt und auch die Möglichkeit geschaffen, dass die Zapfwelle, welche den Mähdrescher antrieb, weiterlief, wenn der Schlepper stillstand.

57 Ebd.

58 Ebd.

59 Informationsdienst der Berliner Ausstellungen: Das wirtschaftliche Ergebnis der »Grünen Woche« vom 7. Februar 1960, in: LAB, B Rep. 002, Nr. 3506 Bd. 1, unpag.

60 Ebd. u. passim.

und berufsständischen Organisationen mit dem erreichten geschäftlichen und werblichen Wert zufrieden waren. Etwa 15 Prozent der Firmenantworten lauteten »bedingt zufrieden«. Weniger als fünf Prozent der Aussteller nannten den Beteiligungseffekt »ungenügend«. Die positiven Stimmen hoben vor allem die sehr guten Möglichkeiten der »Aufklärung und Werbung« für ihre Erzeugnisse hervor. Die Mehrzahl der Firmen registrierte gar ein Anwachsen »echten Käuferinteresses«. Allgemein wurde mit einem lebhaften Nachgeschäft insbesondere für die konsumnahen Industriezweige gerechnet. Aber auch in jenem Jahr kam der »auf lange Sicht abgestellten Werbung um den mitteldeutschen Verbraucher« besonderes Gewicht zu.

Als »sehr lebhaft« wurde das Geschäft bei den Kleingeräten für Haus, Hof und Garten überliefert, wobei man sich auf einen aufnahmefähigen Markt stützen konnte. Firmen der einschlägigen Branchen erzielten ein besonders gutes Nachgeschäft. Bei der Beurteilung des Ergebnisses wurde die Meinung vertreten, dass die hohen Besucherzahlen ein Zeichen erfolgreicher Werbung wären. Das Interesse der Käufer konzentrierte sich vornehmlich auf Garten- und Campingbedarf. Hier zeigte sich die spürbar gestiegene Kaufkraft der West-Berliner. Die Mehrzahl der westdeutschen Firmen sprach in diesem Zusammenhang von Geschäftsabschlüssen, die mehr oder weniger über denen des Vorjahres lagen. Gleiches galt für den Samenfachhandel und die Düngemittelindustrie, die gute Werbearbeit leisteten und Erfolg versprechende Geschäftsverbindungen knüpfen konnten. Die Aussteller von Pflanzenschutz- und Pflegemitteln verzeichneten, ebenso wie die Elektrogeräteindustrie, zufriedenstellende Abschlüsse.

Mit dem Schlagwort »Mehr Besucher und mehr Geld« kennzeichnete die beteiligte Nahrungsmittelindustrie ihren Eindruck von der »Grünen Woche«.[61] Das Interesse der West-Berliner für Qualitätsnahrungsmittel bei wachsender Konsumkraft unterstrich den Wert einer kontinuierlichen Beschickung der Ausstellung durch die Nahrungs- und Genussmittelimporteure. Denn gerade auf diesem Sektor war eine elastische Anpassung an die sich wandelnden Bedürfnisse der Verbraucher unerlässlich. Die Bedeutung von »Werbung und Aufklärung« verdeutlichen folgende Zahlen: An dem Stand der Deutschen Weinwerbung wurden über 100.000 Glas Rotwein ausgeschenkt, das waren doppelt so viele wie im Vorjahr. Am dänischen und am holländischen Stand wurden rund eine halbe Million Käseproben ausgegeben. Am französischen Stand fanden 25.000 Austern, bei den Dänen über 9.000 »Smørrebrød« und bei den Marokkanern mehr als 15.000 Orangen ihre Liebhaber.

Der genannten Umfrage zufolge war das Ausland mit dem Ergebnis der Veranstaltung sehr zufrieden. Das galt sowohl für die in Gemeinschaftsschauen reprä-

61 Ebd.

sentativ vertretenen acht Nationen als auch für die vielen Einzelaussteller. Beinahe übereinstimmend wurde der ausgezeichnete Kontakt mit alten und neuen Kunden, das »lebhafte Interesse des Publikums und der Presse« und die große Nachfrage der Verbraucher und der Importeure hervorgehoben. Alle beteiligten Wirtschaftsverbände und Organisationen schätzten neben dem internationalen Rahmen die große Breitenwirkung, die ihnen die Teilnahme an der »Grünen Woche« ermöglichte.[62] Das Publikum, die Sehleute, machte von der Möglichkeit, sich fachlich beraten zu lassen, in zunehmenden Maße Gebrauch. Daraus erklärte sich auch, zumindest teilweise, die große Resonanz der Fachbücher- und Literaturschau, die sich wie in den Vorjahren im Marshall-Haus befand. Die Verlage, vor allem der Parey-Verlag, unterstützten die Sonderschau mit einer bisher noch nicht erreichten Beteiligung.

Die »Grüne Woche« schloss mit einer glänzenden Besucheranzahl ab. Nur die Rekordzahl des Jahres 1955 mit 512.000 Gästen wurde nicht erreicht. Die Besucherzahlen aus der DDR waren 1960 allerdings prozentual geringer als im Vorjahr: Von den 468.000 Besuchern kamen 133.000 aus der DDR beziehungsweise Ost-Berlin. Die Veranstalter der »Grünen Woche« hatten allerdings befürchtet, dass aufgrund der Behinderung an den Sektorengrenzen noch weniger Ostbesucher kommen würden. Vor allem befürchteten sie eine konzertierte Aktion der DDR-Sicherheitsorgane direkt bei Ausstellungsbeginn. Diese Aktion blieb in der beargwöhnten Größe zwar aus, dennoch sank die Besucherzahl. Der oben genannte Strategiewechsel im Kampf gegen die »Grüne Woche«, der 1960/61 in einer vermehrten Ausrichtung von Alternativveranstaltungen in der DDR bestand, kann zur Klärung dieses Sachverhalts mit beitragen.

Ein Novum und wichtige Veränderung war der »Vertrauensbeweis« der westdeutschen Viehzüchter, die erstmals nach dem Zweiten Weltkrieg wieder an der »Grünen Woche« als Aussteller teilnahmen. Vor dem Krieg war die »Grüne Woche« stets eine Mastviehausstellung gewesen. Durch die nunmehr breite Teilnahme westdeutscher Züchter, die sich sonst vorrangig auf den DLG- und regionalen Ausstellungen und Messen beteiligt hatten, erhielt die Ausstellung einen geänderten Charakter. Zum ersten Mal wurden auch Zuchttiere ausgestellt, die nach Beendigung der Schau an ihre Züchter zurückgingen. Die Ausstellungsleitung und der Tierzuchtausschuss waren sich in dem Bestreben einig, künftig die »Grüne Woche« mehr und mehr zu einer Nutzviehausstellung zu machen.[63]

62 Ebd.

63 Vgl. hierzu auch das Schreiben von Landw. Rat Dr. Scholze (Berlin-Charlottenburg) an den Züchter R.S. in Berlin-Lübars, betr.: Tierausstellung »Grüne Woche 1960«, in: LAB, B Rep. 010, Nr. 733, unpag.

Die Sonderschau des BMLF »Der Internationale Grüne Markt«

Der durch die Politik des Gemeinsamen Marktes bedingten, nicht einfachen und sorgenfreien Lage zahlreicher bundesdeutscher Landwirte, konnte von politischer Seite aus publikums- und öffentlichkeitswirksam auf der »Grünen Woche« verbal begegnet werden. Das BMLF, das die Potenziale, welche die Ausstellung in dieser Hinsicht bot, bereits erkannt und in den Vorjahren genutzt hatte, konzipierte 1960 eine Lehrschau unter dem Titel »Der Internationale Grüne Markt«.[64] Durch Sonder- und Lehrschauen wie diese konnte die »Grüne Woche« als Mittlerin zwischen den Verbrauchern und den agrarischen Produzenten einerseits sowie zwischen den deutschen und europäischen Bauern und der Politik andererseits fungieren.

Die Verbraucher erwarteten, dass auf dem größeren Markt billiger produziert werden könne. Dass dieses Ziel ohne Nachteile weder für die Landwirte noch für die Verbraucher zu erreichen sei, sollte die Sonderschau vermitteln. Die Ausstellungsgestalter des BMLF mussten dabei natürlich auch Konzessionen machen. Denn die Landwirtschaft in diesen Prozess einzuordnen, war aufgrund ihrer Abhängigkeit von natürlichen, unveränderlichen Produktionsfaktoren wie zum Beispiel Boden und Klima nicht so unkompliziert, wie es etwa bei der anpassungsfähigeren Industrie der Fall war. Der Bauer wusste das und das Sehpublikum, der Städter, bekam es dort vor Augen geführt. Die Maxime von Minister Schwarz, diesen Transformationsprozess, in den europaweit bis zu neun Millionen landwirtschaftlicher Betriebe involviert waren, »ohne übermäßige Härten« zu vollziehen, fand sich wörtlich auch in den Ausstellungstexten und im Katalog wieder.[65]

Wichtig bei der Ausgestaltung der Schau war es, ein Klima der Gemeinschaft und des Gemeinsinns zu stiften. Dazu wurde die Geschichte der »Bemühungen, Europa zu einer Einheit zusammenzuschweißen«, bis 1960 gezeigt: Der Besucher erfuhr aus Katalog und Ausstellungstexten, dass »bald nach Kriegsende mit der Gründung des Europäischen Wirtschaftsrates, der OECC, der erste Schritt zu einer Zusammenarbeit getan [wurde] mit dem Ziel, die Handelsketten allmählich abzubauen«.[66] Die teleologische Argumentation der BMLF-Schau sollte dem Besucher das Gefühl einer historischen Kontinuität der wirtschaftlichen und politischen Orientierung der Bundesrepublik nach Westen innerhalb des letzten Jahrzehnts vermitteln. Der propagandistische Wert dieser Schau wie der gesamten »Grünen Woche« 1960 war in dieser Hinsicht nicht zu unterschätzen. Insofern stellte diese »Grüne Woche« ein weiteres Novum dar. Denn bisher waren die Mottos, unter denen sie stattfand, mehr

64 »Grüne Woche Berlin 1960«, Generalthema der BML-Lehrschau: Der Internationale Grüne Markt [o. D., 1960], in: BAK, B 116, Nr. 17563, unpag.

65 Ebd.; N. N.: Der internationale Grüne Markt, in: Berliner Ausstellungen (Hrsg.): »Grüne Woche Berlin 1960«, S. 3 f.

66 Ebd. u. passim.

oder weniger auf die Individuen abgestimmt gewesen. Nunmehr wurden die Gäste als Europäer und Teil einer Gemeinschaft angesprochen oder sollten durch ihren Besuch Teil dessen werden. Von den Schautafeln erfuhren die Schaubesucher, dass die Politik darauf achtete, damit die »Verbraucher nicht um die Vorteile gebracht [werden], die die wirtschaftliche Verschmelzung verspricht«, dass also der »Wettbewerb nicht zugunsten einer schematischen Erhaltung des Bestehenden erstickt werden [dürfe]«. Den Landwirten wurde vermittelt, dass sich zwangsläufig eine »›Wanderung der Produktion‹ zu den optimalen Standorten« vollziehen werde. Gleichzeitig wurde darauf hingewiesen, dass der EWG-Vertrag »umfangreiche Schutzmaßnahmen zugunsten der Agrarproduktion« beinhalte.

Die Konzeption der Schau jedenfalls ließ keinen Zweifel daran aufkommen, dass es vorteilhaft und notwendig sei, die »Kleine Freihandelszone unter Beteiligung sämtlicher OEEC-Länder früher oder später zu einer großen, das ganze freie Europa umfassenden Freihandelszone zusammenzuschließen«. Dafür wies sie als Hauptanziehungspunkte folgende Elemente auf: Blickfänge in Form von Großgrafiken mit Licht- und Toneffekten zu den Schauschwerpunkten »EWG-Länder erzeugen« und »Der deutsche Handel bietet an«. Weiterhin waren als Hauptanziehungspunkte die Mechanisierung in Gestalt von Kartoffel-, Eiersortier- und Stempelmaschinen zu gestalten. »Neues und altes Ladengeschäft«, der »Selbstbedienungsladen mit Kostproben« und schließlich die Verpackungsmaschinen zählten dazu.

Die Schau selbst war in sieben Abschnitte untergliedert. Der erste Ausstellungsabschnitt war dem Thema »Der Grüne Markt in der Europäischen Wirtschaftsgemeinschaft« gewidmet. Unter den Flaggen und generellen Übersichtstafeln der Länder Frankreich, Italien, Belgien, Niederlande, Luxemburg und der Bundesrepublik waren ihre jeweiligen agrarischen Haupterzeugnisse dargestellt und erklärt. Unter den Schlagworten »Selbstversorger« und »Überschuß« wurden die Erzeugnisse und ihre Produktion detailliert aufgelistet. Der zweite Schauabschnitt hieß »Einfuhr der Bundesrepublik« und unterteilte sich in »Einfuhr vom Weltmarkt« und »Einfuhr aus dem EWG-Raum«.[67] Das wichtigste Schlagwort in den Ausstellungstexten war »Das Ausland liefert Qualität!«.[68] Abschnitt III hingegen thematisierte »Das deutsche Exportangebot« in allen Warengattungen und Verpackungsformen, einschließlich ihrer »Tropentauglichkeit«, also ihrer Unempfindlichkeit gegenüber Hitze und hoher Luftfeuchtigkeit über einen längeren Zeitraum. Die Abschnitte IV bis VI waren primär auf den Verbraucher zugeschnitten. Unter dem Topos »Marktgerecht erzeugen« wurden die »Forderungen des Verbrauchers auf dem deutschen Markt« aufgegriffen. Grafisch und in kurzen Filmen wurde gezeigt,

67 »Grüne Woche Berlin 1960«, Generalthema der BML-Lehrschau: Der Internationale Grüne Markt [o.D., 1960], in: BAK, B 116, Nr. 17563, unpag.

68 Ebd. u. passim.

wie Qualitätsware entstand, nämlich durch Züchtung, durch Düngung und Pflege, durch Sortierung, Aufstempelung der Handelsklassen und durch Verpackung und Vermarktung. Der Schauteil »Ohr und Auge am Verbraucher«, der die Markt- und Bedarfsforschung darstellte, ging in den Abschnitt »Dem Verbraucher zur Freude und Lust« organisch über. In jenem Schauabschnitt waren anhand von beispielhaften Ausstellungsschaufenstern ein »modernes Einzelhandelsschaufenster mit attraktiver Dekoration« einem »alten Laden« gegenübergestellt. Im »modernen« Geschäft des Einzelhandels wurden »alle ernährungswirtschaftlichen Waren in erstklassiger Verpackung, in Kühlvitrinen und Tiefkühltruhen, als abgepackte Sicht- und Gütewarenverpackung zur Anschauung gebracht«. Der VII. und abschließende Schauabschnitt war dem Sujet »Verpackung« gewidmet. Der Besucher konnte den maschinellen Prozess der Verpackung und Sortierung von Milch, Teigwaren, Obst und Gemüse sowie von Süßwaren und Schokolade in Vorführungen miterleben. Auch die modernen Kunst- und Werkstoffe der Verpackungen und die verschiedenen Arten von Gütezeichen wurden den interessierten Sehleuten erläutert. Durch Sonderschauen wie diese wirkte die »Grüne Woche« immer wieder als Vorreiterin, Wegbereiterin und Testmarkt für neue Produkte, neue Methoden und neue politische Gegebenheiten, indem sie diese einem großen, zumeist städtischen Adressaten- und Verbraucherkreis näherbrachte. In dieser Schau wie auch in den anderen Hallen des Ausstellungsgeländes während der »Grünen Woche 1960« war direkt und indirekt das Generalthema angesprochen worden: Landtechnik, Düngung und Saatzucht, die Fortschritte der Tierzucht, die Bemühungen des Obst- und Gemüsebaus, immer mehr den Anforderungen des neuen Marktes gerecht zu werden. Wohin der Besucher seinen Blick auch wandte, überall sollte ihm gezeigt werden, dass »es die Landwirtschaft ernst mit der Modernisierung« meine. Die Schau schloss mit dem Satz, dass sie sich dafür aber »rücksichtslos von alten Zöpfen« trennen sollte.[69]

Das Ausland auf der »Grünen Woche 1960«

In den Ausstellungen der vorangegangenen Jahre nahm das Interesse ausländischer Aussteller an der »Grünen Woche« stetig zu, und ausländische Lieferanten von Nahrungs- und Genussmitteln bemühten sich um das große Verbrauchergebiet West-Berlin, zu dem noch immer das Brandenburger Umland und Ost-Berlin durch den Grenzverkehr beitrug. Dem Verbraucher stand dadurch eine große Auswahl offen und er erhielt dadurch die Möglichkeit, zu vergleichen und eine Auswahl zu treffen. Er konnte auch feststellen, wie die Entwicklung fortschritt und erhielt

69 N. N.: Der internationale Grüne Markt, in: Berliner Ausstellungen (Hrsg.): »Grüne Woche Berlin 1960«, S. 32.

dadurch das Gefühl, selbst in dem vom Umland immer mehr isolierten West-Berlin einer »offenen Welt« gegenüberzustehen.

Die offiziellen Ausstellungen Dänemarks, Italiens, Kanadas, Marokkos und der USA befanden sich in Halle I/West.[70] Wie im Vorjahr war der dänische Stand ein Publikumsmagnet. Die Spezialität »Smørrebrød« (zu Deutsch Butterbrot) wurde als Kostprobe an die Besucher verteilt. Dänemark zählte zu den klassischen Exportländern auf dem Gebiet landwirtschaftlicher Veredelungserzeugnisse: Butter und Käse, Eier, Geflügel, Rind-, Schweinefleisch und Konserven. Weiteres Wissen über die Agrarwirtschaft Dänemarks vermittelte man den Besuchern durch Filme, die am Stand gezeigt wurden. Eine beeindruckende Blumenschau von der Ligurischen Riviera begrüßte den Ausstellungsbesucher der Gemeinschaftsschau Italiens. Der ein Urlaubsgefühl vermitteln wollende italienische Stand hatte keine Schwierigkeiten, die vorüberströmenden Gäste zur Einkehr in die original italienische Bar zu bewegen und Wein und Espresso zu probieren. Nicht nur diese Spezialitäten waren erhältlich, sondern in einem Herd aus Majolika wurde die damals in Deutschland noch recht unbekannte Pizza gebacken. Für die Besucher wurde lehrhaft dargestellt, dass Obst, feine Gemüse, Weine und Spirituosen die Erzeugnissen waren, mit deren Export das agrarische Italien wesentlich dazu beitrug, die Devisenbilanz des Landes zu verbessern. Das südlichste Land unter den ausstellenden Nationen war Marokko. Zur Dekoration seines Standes dienten kunsthandwerkliche Gegenstände, die die Berliner begeisterten.[71] Die wachsende Produktion des Landes, unter dessen Sonne Zitrusfrüchte, Tomaten, Frühgemüse, Oliven, Mandeln und Trauben gediehen, suchte auf der »Grünen Woche« nach Absatzmöglichkeiten, die über die herkömmlichen Beziehungen zum französischen Markt hinausgingen. Mit dem Ausstellen von Verarbeitungsprodukten wie Fisch- und Fleischkonserven, Obstsäften und Obst- und Gemüsekonserven signalisierte das Land seine aufstrebende exportfähige Verarbeitungsindustrie.

Anders hingegen gestalteten sich die Produktionsbedingungen in Kanada, das 1960 zum ersten Male eine Fülle von Agrarerzeugnissen in West-Berlin ausstellte. Wegen der Qualität seines Weizens gehörte das Land zu den besonders geschätzten Lieferanten des Weltgetreidemarktes. Neben Nahrungsmitteln verschiedenster Art, darunter Lachs und Hummer, aber auch Back- und Süßwaren, fand man auf dem kanadischen Stand Bier und Whisky. Über den in der Nähe befindlichen rund 30 m im Durchmesser großen Pavillon der USA wurde, aufgrund seiner politischen Bedeutung bereits gesondert berichtet.

In Halle I/Ost waren die Gemeinschaftsausstellungen Belgiens, Frankreichs und Hollands untergebracht. Allen drei Ländern war ein großes Interesse am deutschen

70 N.N.: Das Ausland wirbt um den Berliner Verbraucher, in: ebd., S. 11–15.

71 Ebd., S. 1 f.

Markt gemein. Sie zählten zu den ältesten ausländischen Partnern der »Grünen Woche«. Belgiens Nahrungsmittelexport in die Bundesrepublik war vornehmlich auf Spezialitäten konzentriert.[72] Chicoree und Brüsseler Trauben fanden auch in der Bundesrepublik zusehends mehr Liebhaber. Ein steigendes Aufkommen an belgischen Feingemüse, vor allem Spargel und Blumenkohl, aber auch an Obst verzeichneten die Händler. An erster Stelle stand die Bundesrepublik unter den Auslandkunden für Blumen aus Gent und seiner Umgebung. Der Zierpflanzenimport war von steigender Bedeutung für West-Berlin und die Bundesrepublik, zumal man sich von den Abhängigkeiten in der Versorgung mit Zier- und Topfpflanzen, aber auch Pflanzensamen, von der östlichen Zufuhr unabhängiger machen wollte. Die niederländischen Agrarprodukte hatten sich zu dieser Zeit bereits einen festen Platz auf dem deutschen Markt erobert. Eier, Butter und Käse, Schlachtgeflügel in der modernen Verpackung, die sich immer mehr durchsetzte, aber auch Obst und Gemüsegaben vermittelten in der holländischen Gemeinschaftsschau ein eindrucksvolles Bild von der Leistungsfähigkeit der exportstarken Landwirtschaft. Außerdem waren die Niederlande ein bedeutender Exporteur für Saatkartoffeln. Dies und vieles mehr setzten die holländischen Aussteller gekonnt technisch und grafisch in Szene.[73]

Zahlreiche weitere Staaten waren zur offiziellen Teilnahme eingeladen worden, zum Beispiel Chile, Libyen, die Türkei, die Schweiz, Uruguay, der Libanon, Finnland, Portugal, Brasilien. Österreich und Irland sagten aber schon im Vorfeld ab. Hauptsächlich waren dafür pekuniäre Gründe ausschlaggebend und in manchen Staaten waren die bestehenden Kontingente für landwirtschaftliche Erzeugnisse einfach zu gering, um eine Teilnahme lohnenswert erscheinen zu lassen. Österreich bat zuerst das BMLF über das Auswärtige Amt, dem Land ein Messekontingent von 500.000 DM einzuräumen. Denn »erfahrungsgemäß« würde eine größere Anzahl deutscher Firmen, die österreichische Firmen vertraten, ein solches Messekontingent für eine Reihe von österreichischen Artikeln wie Wein, Molkereiprodukte, Obstsäfte etc. in Anspruch zu nehmen wünschen. Dass dieses Kontingent nicht bewilligt wurde, war einer der Gründe für die Absage Österreichs.[74]

Ebenso nahmen Länder des Ostblocks als offizielle Aussteller an der »Grünen Woche« teil. So beteiligten sich Jugoslawien und Rumänien. Auch die Sowjetunion sollte offiziell eingeladen werden. In einer Unterredung im Dezember 1959 war der Stellvertretende Leiter der Ostabteilung des Auswärtigen Amtes, Ministerialdiri-

72 Ebd., S. 15.

73 Zu den Darstellungen und Schauinhalten vgl. auch Informationsdienst der Berliner Ausstellungen vom 14. Januar und 7. Februar 1960, in: LAB, B Rep. 002, Nr. 3506 Bd.1, unpag.

74 Zu diesen Vorgängen vgl. den Schriftverkehr zwischen dem AA und der Protokoll- und Auslandsabteilung der Senatskanzlei von Berlin und den Berliner Ausstellungen im Januar 1960, in: LAB, B Rep. 002, Nr. 3506 Bd. 2, unpag.

gent Heinrich Northe, darauf hingewiesen worden, dass die Dienststelle Berlin des AA eine offizielle Einladung der UdSSR zur »Grünen Woche« für erforderlich gehalten habe. Der Berliner Senat war dadurch veranlasst worden, sein Einverständnis zu erklären. Nachdem jedoch dass AA späterhin auf Grund eines Berichts der Deutschen Botschaft in Moskau die Einladung »nicht mehr für opportun« hielt, sah sich der Senat gezwungen, seine aufgrund der Initiative des AA getroffene Entscheidung zurückzuziehen. Da derartigen Einladungen »eine grundsätzliche politische Bedeutung innewohne«, war eine diplomatisch unangenehme Situation entstanden, die schließlich auch den Regierenden Bürgermeister Brandt beschäftigte.[75] Sein Leiter der Protokoll- und Auslandsabteilung, Günter Klein (SPD), empfahl ihm, »rechtzeitig eine Koordinierung zwischen den Ansichten der Auslandsvertretungen und der Zentrale« in dieser Frage zu erzielen. Aus der Sicht des AA ließ sich das im Senatsbeschluss vom 22. November 1959 formulierte grundsätzliche Problem, der Aktivlegitimation der Bundesrepublik aber kaum klären, solange der Status von West-Berlin »im Streit zwischen der Sowjetunion einerseits und den drei Westmächten andererseits befangen« war. Klein legte Brandt die Absicht dar, in weiteren Verhandlungen mit dem AA darauf zu dringen, dass die Anerkennung der völkerrechtlichen Vertretung West-Berlins durch die Bundesrepublik eine Voraussetzung für die Möglichkeit der Bundesrepublik werde, internationale Verträge abzuschließen. Weiterhin solle darauf aufmerksam gemacht werden, dass bei den Vorbereitungen der Aufnahme diplomatischer Beziehungen zu Ostblockstaaten diese Frage bereits geklärt war. Klein bedauerte, dass die Präzedenzfälle des deutsch-sowjetischen Handelsvertrages, des deutsch-sowjetischen Konsularvertrages und des deutsch-sowjetischen Kulturabkommens »im Wege« stünden. Denn die Bundesregierung hatte in diesen drei Verträgen auf die Wahrnehmung der völkerrechtlichen Vertretung West-Berlins durch Bonn verzichtet.

Das Bild, das sich die Medien vom Besucherstrom der »Grünen Woche 1960« machten, hatte sich geändert: Bisher lag ihr Fokus vornehmlich bei den Besuchern aus der DDR oder aus West-Berlin. Die westdeutschen Landwirte waren an der »Grünen Woche« bestenfalls mäßig wirtschaftlich interessiert. 1960 jedoch änderte sich das Bild. Da es an den Kassen keine gesonderten Karten für Besucher aus dem Ausland und der Bundesrepublik gab, konnte die Messeleitung die Zahl der auswärtigen Gäste nicht genau ermitteln. Sie erklärte jedoch, »es seien auffallend viele Ausländer und Westdeutsche in den Hallen gewesen«.[76] Und zweifellos waren

75 Der Inhalt des Berichts ist nicht mitüberliefert. Vgl. der Senator für Bundesangelegenheiten, Bevollmächtigter des Landes Berlin beim Bund (Dr. Klein) an den Herrn Regierenden Bürgermeister, betr.: Einladung der UdSSR zur »Grünen Woche« 1960, Bezug: Senatsbeschluss Nr. 1101/59 vom 22. Dezember 1959, Schreiben vom 24. Februar 1960, in: LAB, B Rep. 002, Nr. 105943, unpag.

76 Rainer Wagner: Auch unter den Gästen mehr Ausländer. Die »Grüne Woche« und der Agrarfilm-Wettbewerb schlossen mit glänzendem Ergebnis, in: *Die Welt* vom 8. Februar 1960, S. 3.

mehr ausländische Aussteller und Besucher als zuvor auf der »Grünen Woche«. Eine Bestätigung für dieses Phänomen fanden die meisten Tageszeitungen in der großen Zahl von Ausstellern in der Landmaschinenhalle. Sie hatten, so notierte ein Reporter, der für *Die Welt* schrieb, zuvor meist Sehleute aus der DDR beobachtet. Denn es galt »als das eigentliche Ziel dieses Teils der ›Grünen Woche‹, die Besucher aus dem Osten über die Entwicklung der landwirtschaftlichen Technik in der Bundesrepublik und dem Ausland auf dem laufenden zu halten, um sich, auf lange Sicht, einen interessierten Käuferstamm im Osten zu erhalten«.[77] In diesem Jahr jedoch, so berichteten die Aussteller, hätten westdeutsche Ausstellungsbesucher und ausländische Beobachter mehr mit ihnen über Maschinenkäufe verhandelt als ostdeutsche Interessenten. Der Eindruck, den die Presse vermittelte, dass 1960 weniger Ostdeutsche die »Grüne Woche« besucht hätten, war allerdings selektiv. Denn wie die offiziellen Besucherzahlen zeigten, waren deutlich mehr Ostbesucher dort gewesen als im Vorjahr (siehe Tab. 8).

Zwei Dinge waren es vor allem, die der »Grünen Woche 1960« zu einem so großen Erfolg verhalfen: der Internationale Agrarfilm-Wettbewerb, der noch gesondert analysiert wird, und eben der internationale Anstrich der Schau.[78]

Die Landwirtschaftsausstellung der DDR im Dienste der Vollkollektivierung

Die Trennung von Gartenbau- und Landwirtschaftsausstellung: Erfurts Chance

Die Konkurrenz der ostdeutschen Städte um die Durchführung von landwirtschaftlichen und gartenbaulichen Ausstellungen, die besonders zwischen Erfurt und Leipzig-Markkleeberg ausgetragen wurde, war auch mit der Festlegung von Markkleeberg als Standort der nationalen Landwirtschaftsausstellung noch nicht beendet. Erfurt versuchte stets, ebenso traditionsbewusst wie vorwärts blickend, möglichst große Gartenbauausstellungen zu veranstalten. Nachdem im Juli 1956 die Landwirtschafts- und Gartenbauausstellung der DDR direkter Nachfolger der VEB Ausstellung Markkleeberg geworden war, übernahm sie das gesamte Parkgelände und war für die Vorbereitung und Durchführung der Landwirtschaftsausstellungen der DDR in Markkleeberg, der Gartenbauausstellung der DDR in Erfurt,

77 Ebd.

78 Die »Grüne Woche« vergab drei Preise für die besten ausländischen Stände bzw. Schaukojen. Der dänische Stand, der wegen seiner furiosen Kochvorführungen stets dicht umlagert war, erhielt dafür den ersten Preis. Der zweite und dritte Preis ging in Form einer lobenden Anerkennung an die niederländischen Gemeinschaftsschauen und an die Gestalter der Tierschau in der Halle VIII.

der Frühjahrsblumenschauen der DDR in Dresden und der Kleintierschauen der DDR in Leipzig zuständig. Damit war ein enormer Kompetenzzuwachs für Direktor Baumgarten verbunden.

Die ständig wachsende politische Bedeutung der landwirtschaftlichen Produktion, aber auch die Bemühungen der Stadt Erfurt um eine zentrale Gartenbauausstellung führten mit dazu, dass im Herbst 1959 mit der Herbstblumenschau die letzte Gartenbauausstellung in Markkleeberg stattfand.[79] Am 28. April 1961 eröffnete feierlich die »Erste Internationale Gartenbauausstellung der Sozialistischen Länder«, kurz iga, in Erfurt ihre Pforten.[80]

Direktor Baumgarten betonte in Stellungnahmen an seine Mitarbeiter, dass durch die Abgabe des Ausstellungssektors Gartenbau von Markkleeberg an Erfurt für die DDR-Landwirtschaftsausstellung kein Verlust entstehen würde, weil nur der repräsentative Teil wie die Blumen- und Gartenkunst nach Erfurt ginge. Da jedoch der Obst- und Gemüseanbau weiterhin in Markkleeberg ausstellten, bliebe der Lehrschaucharakter erhalten und damit die eigentliche Aufgabe unangetastet, die der Staat an die Landwirtschaftsausstellung richtete. Gleichwohl bezeichnete sich die iga als »Akademie des sozialistischen Gartenbaus« und stellte die Vorzüge des genossenschaftlichen Wirtschaftens im Gartenbau heraus.[81] Formal blieb die Landwirtschaftsausstellung der DDR auch für die iga in Erfurt zuständig.[82] Damit blieb für Baumgarten ein gewisser Einfluss auf die iga erhalten.

Das »Ständige Neuererzentrum«

Das 8. Plenum des ZK der SED beschloss im März 1960, die Landwirtschaftsausstellung der DDR zum zentralen Ort der Agrarpropaganda, dem sogenannten »Ständigen Neuererzentrum der sozialistischen Landwirtschaft der DDR«, auszubauen.[83] Die Errichtung des Ständigen Neuererzentrums (SNZ) als Teil der nationalen Landwirtschaftsausstellung stellte eine Erweiterung der Schau dar, die den

79 Schröder: Produktionspropaganda, S. 20.

80 Da in Deutschland das Kürzel bereits für die Hamburger IGA existierte, die seit 1953 alle zehn Jahre stattfand, musste die DDR auf das Kürzel iga ausweichen. Zur iga in Erfurt vgl. auch von Plato: »Gartenkunst und Blütenzauber«.

81 Ebd., S. 184.

82 Die Landwirtschaftsausstellung der DDR als Nachfolger des 1956 umstrukturierten VEB Ausstellung Markkleeberg war außer für Markkleeberg und Erfurt auch für die Organisation und Durchführung der Frühjahrsblumenschauen der DDR in Dresden und der Kleintierschauen der DDR in Leipzig zuständig.

83 Bericht über die Arbeit des Ständigen Neuererzentrums der sozialistischen Landwirtschaft der DDR in Leipzig-Markkleeberg vom 15. Dezember 1960, in: SStAL, 20314 agra-Landwirtschaftsausstellung der DDR, Nr. 264, unpag.

Übergang in eine neue Entwicklungsphase des landwirtschaftlichen Ausstellungswesens in der DDR markierte, nämlich die Sicherung und den Ausbau des erreichten Standes nach dem sogenannten »Frühling auf dem Lande« 1960. Solche SNZ sollten im Laufe der Zeit auf dem Gebiet der DDR entstehen. Im Bezirk Potsdam entstand 1960 das erste in Paretz und für 1961 war ein SNZ auf dem Gelände der Erfurter iga geplant. Die Aufgabe dieser SNZ war es, als Stützpunkte im ländlichen Raum die im Jahre 1960 abgeschlossene Vollkollektivierung der Landwirtschaft zu sichern und auszubauen. Die Neuererzentren, von denen das Markkleeberger eines der größten und bedeutendsten war, stellten Knotenpunkte innerhalb eines neu geschaffenen institutionellen Netzwerkes dar, das den ländlichen Raum der gesamten Republik überzog. In jedem Bezirk befand sich in der Bezirksstadt das Haupt-Neuererzentrum, dem die weiteren Zentren angeschlossen waren. Sie sollten die auf die ländliche Bevölkerung gerichtete politische Agitation koordinieren und lenken und dadurch, so hoffte man im MLF, optimieren. Dazu wurden alle relevanten Institutionen wie die AdL, Bezirksinstitute und LPG verpflichtet mit den SNZ zusammenzuarbeiten. Zur besseren Koordinierung dieser Zusammenarbeit wurden zusätzlich ab 1960 sogenannte Kreiskonsultationspunkte eingerichtet.[84] Dieses Netzwerk diente zunächst vor allem dazu, die genossenschaftlich organisierten Bauern und insbesondere LPG-Vorsteher zum Besuch der nationalen Landwirtschaftsausstellung und deren Schulungs- und Vortragsprogrammen zu entsenden, um sie so mit den agrarpolitischen Leitlinien der SED bekannt machen und darauf festlegen zu können. Nach den Vorstellungen des MLF sollte damit Markkleeberg »das koordinierende Zentrum [sein], in dem alle wissenschaftlich-technischen Fragen und Erfahrungen zur Verallgemeinerung gesammelt werden«. Diese »Verallgemeinerung«, ein Begriff, der wohl am treffendsten mit Ideologietransfer zu beschreiben ist, sollte in erster Linie durch Schulungen, »Erfahrungsaustausche«, Vorträge und Sonderausstellungen erreicht werden.[85] Damit wurde die nationale Landwirtschaftsausstellung mitsamt ihrer zentralen Institution »Ständiges Neuererzentrum« das »koordinierende Zentrum [...] für die Durchsetzung der Aufgaben der Agrarpropaganda«.[86] Die Freude, die die SED ob ihres neuen instituti-

84 Manche LPG vom Typ I wurden zu »Konsultationspunkten« ausgebaut und die »besten« LPG der Kreise zu den »Kreiskonsultationspunkten«.

85 Diese zeitgenössische Translation erklärt den Begriff jedoch nicht angemessen und umfassend. Im Verständnis marxistisch-leninistischer Gesellschaftsphilosophie, die den Sieg des Kommunismus als gesetzmäßig garantiert ansah, wurde die »Verallgemeinerung« von im heutigen Verständnis ideologischen Inhalten pseudowissenschaftlich »deduziert«. Diese ideologischen Erkenntnisse sollten gleichwertig wissenschaftlich deduzierten Daten auf die gesellschaftliche Realität übertragen, also »verallgemeinert« werden.

86 So die Erklärung von Boenigk, Funktionär im MLF, während der Pressekonferenz anlässlich der Eröffnung des neuen Gebäudes des SNZ am 4. November 1961, in: SStAL, 20314 agra-Landwirtschaftsausstellung der DDR, Nr. 262, unpag.

onellen Netzwerkes empfand, und die Hoffnungen, die sie damit verband, waren groß und teilweise überschwänglich. Der Vorsitzende des Zentralen LPG-Beirats im Ministerrat der DDR und Mitglied des Staatsrates, Karl Rieke,[87] ging unmittelbar vor der Zementierung der deutschen Teilung im Sommer 1961 sogar so weit zu behaupten, dass »die DDR in der nationalen Frage der Konsultationspunkt [sei], genau so soll das SNZ in Markkleeberg der Leuchtturm sein für das Neue in der Landwirtschaft«.[88] Mit halben Sachen oder Konzessionen gab sich die SED nicht zufrieden.

Die Institution Ständiges Neuererzentrum innerhalb der ständigen Landwirtschaftsausstellung rief im September 1960 Minister Reichelt mit einem feierlichen Akt und einer großen Pressekonferenz ins Leben. Direktor Baumgarten beschrieb die Hauptaufgabe des SNZ als »das Hauptinstrument des Ministeriums für Landwirtschaft, Erfassung und Forsten für die Anleitung der Bezirke, Kreise und Gemeinden und der sozialistischen Betriebe der Landwirtschaft bei der Durchsetzung der Agrarpolitik« der DDR.[89] Bereits auf der Eröffnungspressekonferenz wurde unmissverständlich klar, wofür das SNZ dienen sollte: Der Vorsitzende einer Muster-LPG ergriff das Wort und denunzierte vor den Vertretern der Presseorgane - auch ausländische Journalisten waren anwesend – Mitarbeiter seiner LPG, die »Zeichen ideologischer Unklarheit [zeigten] oder bewusste Feindarbeit betreiben« mit Namen und Anschrift.[90] Per statutem hatte das Markkleeberger SNZ die Aufgabe, »entscheidend zu helfen, die Beschlüsse von Partei und Regierung auf dem Gebiet der Landwirtschaft so zu verwirklichen, um den vollen Sieg des Sozialismus auf dem Lande zu sichern, einen Überfluß an landwirtschaftlichen Erzeugnissen zu schaffen und das neue sozialistische Dorf zu errichten und zu festigen«.[91]

Im Jahre 1960 bestand die Haupttätigkeit des SNZ darin, Schulungen, Veranstaltungen, Vorträge und Sonderschauen für Funktionäre und LPG-Vorsteher durchzuführen, die »Probleme der Ökonomie der LPG Typ I« sowie die »Steigerung der tierischen Produktion« zum Inhalt hatten. Die Themen der ersten Sonderschauen während des Winters 1960/61 waren »Wie wird in den LPG Typ I die sozialistische Leitung und Organisation der genossenschaftlichen Produktion

87 Zur Person vgl. Müller-Enbergs/Wielgohs/Hoffmann (Hrsg.): Wer war wer, S. 702.

88 Bericht eines Mitarbeiters der Staatssicherheit im Protokoll der PL der GO Markkleeberg vom 7. April 1962, Rechenschaftsbericht, in: SStAL, 20314 agra-Landwirtschaftsausstellung der DDR, Nr. IV/7/084/01, unpag.

89 Baumgarten über die Aufgaben der Ausstellung und des »Ständigen Neuererzentrums« während der Pressekonferenz zur Eröffnung des SNZ-Gebäudes am 4. November 1961, in: ebd., Nr. 262, unpag.

90 Pressekonferenz zur Eröffnung des Ständigen Neuererzentrums vom 4. November 1961, in: ebd.

91 Programm für die Durchführung von Sonderschauen und Lehrgängen im Zentralen Neuererzentrum Leipzig-Markkleeberg im Winterhalbjahr 1960–1961 ,[o.D., 1960], in: BArch, DK 1/1349, Bl. 38–44, hier Bl. 38.

verwirklicht?«.[92] Anhand dieser Schau wurden von Muster-LPG vom Typ I aus dem Bezirk Dresden die Arbeitsorganisation, das LPG-Recht, Bodennutzung, die Arbeit nach den Brigadeplänen sowie die Zusammenarbeit mit den MTS und den LPG vom Typ III u.v.m. dargestellt. Die weiteren sechs Sonderschauen des Winters widmeten sich den Themen »Die Anwendung der neuesten Erkenntnisse in der Rinderzucht und Rinderhaltung führt zur ständigen Steigerung der Marktproduktion«, »Eine gesunde und leistungsfähige Schweinehaltung sichert die Erfüllung der ökonomischen Hauptaufgabe«, »Durch allseitige Geflügelzucht und -haltung Eier und Geflügelfleisch das ganze Jahr!«, »Die Ausnutzung allen Stallraumes, durch Anwendung der neuesten Technologie, durch Nutzung und Umbau von Altbauten, sichert genügend Stallraum für die schnell wachsenden Viehbestände«, »Die Sicherung einer ausreichenden Futtergrundlage – Voraussetzung für höchsten Viehbestand« und schließlich die Sonderschau zum Thema »Die Betriebsplanung der LPG 1961 und der Plan des wissenschaftlich-technischen Fortschritts«.[93] Die Sonderschauen wurden ständig ergänzt und erweitert und die dafür angefertigten Modelle und Dia-Serien auch in die Wanderschauen der wissenschaftlichen Lehrzüge eingebaut.

Den zweiten Schwerpunkt neben den Sonderschauen stellten die politischen Schulungen und Lehrgänge dar, die »das Neuererzentrum zu einer Stätte planmäßiger Aus- und Weiterbildung« von Funktionären lassen werden sollten. Die ersten Lehrgänge, die das SNZ im Winter 1960/61 durchführte, behandelten den Themenkomplex »Leitung und Organisation der LPG vom Typ I«. Die Lehrgänge dauerten sechs Tage und waren für je 500 Teilnehmer aus allen Bezirken der DDR konzipiert. Der Plan sah vor, bis Ende März 1961 kontinuierlich »Lehrgänge und Erfahrungsaustausche« mit jeweils ca. 300 Funktionären durchzuführen.

Die Arbeit des SNZ in Leipzig-Markkleeberg lief nach dessen Einrichtung nur schwer an, was zum Teil daran lag, dass im ersten halben Jahr seines Bestehens noch kein offizielles Statut vorlag, das die Aufgaben der Mitarbeiter klar umrissen hätte. Daher war auch der Besucherstrom im Herbst 1960 noch gering. Erst ab Dezember 1960 befanden sich den Angaben der Leitung zufolge täglich 250 bis 300 Besucher im SNZ.[94]

Der VI. Deutsche Bauernkongress, das 8. Plenum des ZK der SED und die »große Agrarkonferenz der sozialistischen Länder« im Februar 1960 verlangten, »alle Möglichkeiten der schriftlichen Produktionspropaganda« auszunutzen. In Zusammenarbeit mit dem MLF, das sich bereits die einschlägigen Pressestrukturen

92 Ebd., Bl. 3f.

93 Ebd., Bl. 39–41.

94 Bericht über die Arbeit des Ständigen Neuererzentrums der sozialistischen Landwirtschaft der DDR in Leipzig-Markkleeberg vom 15. Dezember 1960, in: SStAL, 20314 agra-Landwirtschaftsausstellung der DDR, Nr. 264, unpag.

der alten Ost-DLG inkorporiert hatte, gab das SNZ – die Landwirtschaftsausstellung hatte ohnehin eigene Schriftenreihen und Sonderpublikationen – eine Vielzahl schriftlicher Materialien und Publikationen heraus. Als wichtigste und auflagenstärkste Publikationen sind die Monatsschrift *Du und Deine LPG* sowie die Schriftenreihen *Das Interview, Aktuelles aus dem Ständigen Neuererzentrum* und *Treffpunkt Markkleeberg – Dorfakademie im Funk* zu nennen. Die Übertragung von Sendungen aus dem Ausstellungsgelände wurde nun regelmäßig durchgeführt und eine Abteilung »Dokumentation« geschaffen, die das relevante internationale Schrifttum zu sammeln hatte.

Die Einrichtung des SNZ musste während des Jahres 1960 unter großem Zeitdruck vonstattengehen, um rechtzeitig zur Eröffnung der »8. Landwirtschaftsausstellung der DDR« bereitzustehen und in den Kampagnen zur Durchsetzung der Vollkollektivierung der Landwirtschaft 1960 mitwirken zu können. Auch aus diesem Grund lag der Tätigkeitsschwerpunkt im Jahr 1960 auf den »Schulungen« von Funktionären und LPG-Vorsitzenden. Bald jedoch übte das MLF vermehrt Druck auf das SNZ aus, offensiver bei der Sicherung und Stabilisierung der Vergenossenschaftlichung mitzuwirken. Daraus resultierte 1961 ein Paradigmenwechsel durch das SNZ, von den »Schulungen« hin zu vermehrten »Erfahrungsaustausch«-Veranstaltungen mit westdeutschen Landwirten. Dadurch wollte man erreichen, dass nicht nur Funktionäre ideologisch geschult wurden, sondern vermehrt nun auch die ländliche Bevölkerung. Viele der Besucher sollten durch den Besuch der Schau und vor allem des SNZ, welcher in der Regel zwei Tage dauern sollte, derart »agitiert« werden, dass sie »draußen agitatorisch arbeiten können«, wie es Müller, der Leiter des Pressezentrums, formulierte.[95]

Die zweite wichtige Veränderung war 1961 für das SNZ die Fertigstellung eines eigenen Gebäudes auf dem Ausstellungsgelände. Dieser Bau, der nun das ideologische Zentrum der Ausstellung bildete, wurde im November 1961 mit einem feierlichen Akt und einer großen Pressekonferenz eingeweiht. In ihm waren die Geräte, Installationen und Erkenntnisse der damals modernen Ausstellungs- und Konferenztechnik eingebaut. Das Untergeschoss beherbergte einen riesigen Konferenzsaal mit 850 Sitzplätzen und einer drehbaren Bühne, auf der (Lichtbilder-)Vorträge und Großmodelle gezeigt werden konnten. In Verbindung mit einer groß dimensionierten gewölbten Breitwandfilmfläche, kombiniert mit modernster Tontechnik, konnten so das ganze Jahr über Massenschulungen oder Kongresse durchgeführt werden. Im Obergeschoss befand sich ein noch größerer Kinosaal, der zusätzlich zur gewölbten Breitwandfilmfläche und kleineren Filmflächen an den Seitenwänden noch über eine ausfahrbare Bühne (z. B. für ein Orchester) und eine Schienenbahn verfügte,

95 Protokoll der PL der GO Markkleeberg vom 7. April 1962, Rechenschaftsbericht, in: ebd., Nr. IV/7/084/01, unpag.

auf der Modelle direkt aus dem Depot hinter der Leinwand durch den Zuschauerraum gefahren werden konnten. Dieser Kinosaal war insbesondere für Vorführungen während der Hauptausstellung vorgesehen, um den Besuchern zum Beispiel Filme über den Bauernkrieg und seinen Lehren für die politische Entwicklung in der DDR 1961 aus Sicht der SED zu zeigen.

Die folgenden Bilder vermitteln einen Eindruck von dem Bau, der architektonischen Idee und der Innenausstattung.

Die Partei- und Staatsführung ging bis zum Ende der DDR davon aus, dass sie die »Wirkungen«, den »Erfolg« des Ideologietransfers – durch die Produktionspropaganda – anhand von »Veränderungen im Bewusstsein« der Menschen beurteilten könnte.[96] Durch das Netzwerk von Instrumentarien, die sich die SED im Laufe der letzten Jahre geschaffen hatte, um auf allen Ebenen die ideologische Beeinflussung der Gesellschaft im Sinne marxistisch-leninistischer Weltanschauung durchzusetzen, glaubte man nun auch im ländlichen Bereich die Voraussetzungen für eine höhere Arbeitsproduktivität geschaffen zu haben. Einrichtungen wie das SNZ[97] dienten vor allem dazu, alternative Denkansätze und Theorien auszuschließen.[98] Ob die gesellschaftliche oder wirtschaftliche Realität darauf zutraf, war irrelevant. Um diese Kluft dennoch zu überbrücken, wurde staatlicherseits vom SNZ verlangt, planmäßig Vorschläge »zur Verbesserung der Arbeit« einzureichen. Im Jahre 1961 gingen nicht weniger als 14.572 Vorschläge (1960: 11.202) von Mitarbeitern und Leitung an das MLF ein. Auch diese Maßnahme, die kaum mehr als bloßer Aktionismus war, konnte nicht dabei helfen, das SNZ als wirkliche Vorbildinstanz für das ländliche Wirtschaften zu etablieren. Ein Mitarbeiter der Staatssicherheit notierte, dass »die werktätigen Bauern sagen, daß sie mehr den Wagen aus der Ausstellung herausfahren sehen, der die Verrecker rausbringt, als den Mastwagen«.[99]

Die »wissenschaftlichen Lehrzüge«

Seit 1959 bestand im Ausstellungsbetrieb Markkleeberg die Einrichtung sogenannter wissenschaftlicher Lehrzüge. Ende 1960 waren vier solcher mobiler Einheiten

96 Schröder: Produktionspropaganda, S. 4f.

97 Ab diesem Zeitpunkt (1960/61) kann man SNZ und Landwirtschaftsausstellung – zumindest nach damaligem Verständnis – als Synonym ansehen. Die ideologisch-propagandistischen Aufgaben sind für beide die gleichen, zumal Ausstellung und SNZ unter der gleichen Leitung von Dir. Baumgarten standen.

98 Zur Ideologie und Ideologievermittlung in der DDR vgl. Monika Gibas: Propaganda in der DDR, Erfurt 2000.

99 Protokoll der PL der GO Markkleeberg vom 7. April 1962, Rechenschaftsbericht, in: SStAL, 20314 agra-Landwirtschaftsausstellung der DDR, Nr. IV/7/084/01, unpag.

Gesamtansicht des Ständigen Neuerzentrums mit repräsentativem Eingangsbereich.

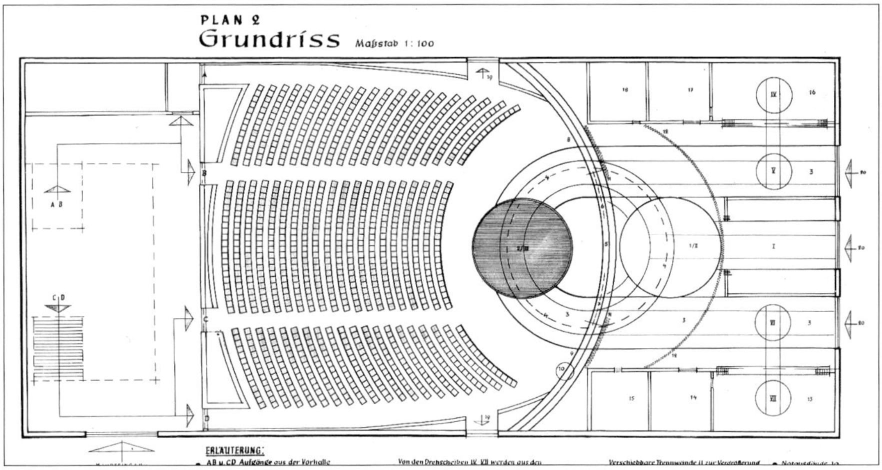

Grundriss des SNZ mit Bestuhlung und technischen Bühnenanlagen.

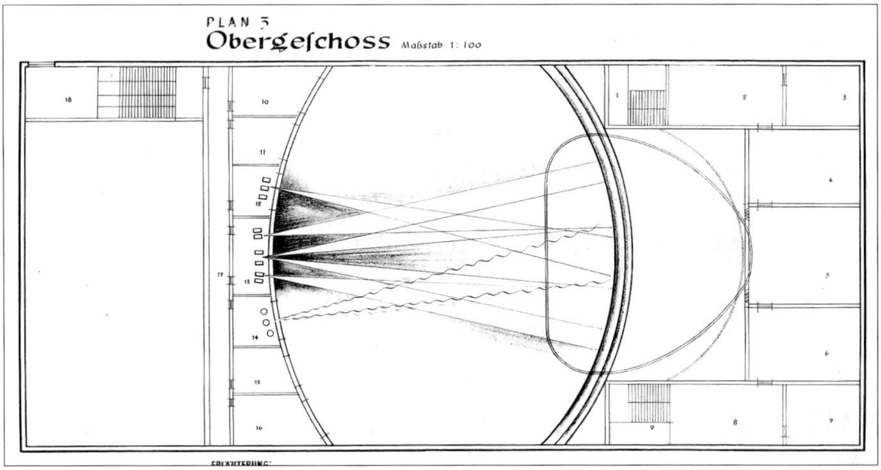

Grundriss des Obergeschosses mit Kino- und Theatersaal sowie technischen Anlagen.

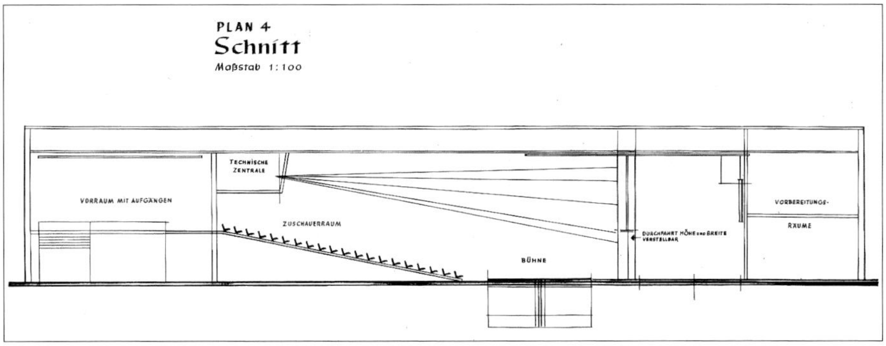

Schnitt durch das Gebäude. Die ausfahrbare Bühne ist zu erkennen.

vorhanden.[100] Die Lehrzüge hatten die Aufgabe, die »Erfahrungen und Erkenntnisse von Wissenschaft und Praxis unter Einsatz aller Mittel der Propaganda bei Veranstaltungen in LPG, VEG, MTS und RTS der breiten Praxis zu vermitteln«.[101] Diese Fahrzeuge bestanden aus einem LKW mit Aufbau und einem Anhänger. Die Besatzung setzte sich in der Regel aus einem wissenschaftlichen Mitarbeiter und einem Techniker zusammen. Bereits geraume Zeit vor Beginn der Ausstellung schwärmten die Fahrzeuge aus, um alle Bezirke der DDR zu erreichen. Diese Institution war aus der Erkenntnis entstanden, dass trotz der groß angelegten Aktionen, Bauern organisiert zur Ausstellung zu bringen, ein planmäßiges und flächendeckendes Bekanntmachen der ländlichen Bevölkerung mit der nationalen Landwirtschaftsausstellung selbst auf lange Sicht nicht zu erreichen war. Doch viel Zeit hatte man nicht: Mit ihrem Entschluss, die Vollkollektivierung zu erreichen, trachtete die politische Führung der DDR nach einer finalen Eindeutigkeit in den Dörfern, »nach dem Ausschluss aller Alternativen und nach der Erfüllung all ihrer agrarideologischen Leitsätze«.[102] Ende des Jahres 1959 meldete dann der Kreis Eilenburg als erster die Vollkollektivierung stolz nach Ost-Berlin. Begleitet wurde diese Entwicklung, die den »sozialistischen Frühling auf dem Lande« einleiten sollte, von beispiellosen Kampagnen: Agitationstrupps überschwemmten geradezu die Dörfer. Zu diesen Aktionen sind auch die Einsätze der ausstellungseigenen Lehrzüge zu rechnen. Denn kamen die Bauern schon nicht zur Ausstellung, um sich dort von der genossenschaftlichen Methode überzeugen zu lassen, so kam nun eben die Ausstellung zu ihnen. Somit war die Aufgabe der Lehrzüge dadurch bestimmt, »eine enge Verbindung zwischen den LPG und der Landwirtschaftsausstellung (Ständiges Neuererzentrum)« zu sein.

100 Agrarpropaganda – Lehrzugeinsatz 1960–1962 [o. D., 1962], in: ebd., Nr. 257, unpag.

101 Ebd.

102 Schöne: Das sozialistische Dorf, S. 128.

In seinem Bericht an das SNZ teilte der wissenschaftliche Mitarbeiter Hans A. Hahn mit, dass die Arbeit der Lehrzüge im Jahre 1959 eher schleppend anlief. Allerdings stieg die Aktivität 1960 stark an. Die Lehrzüge stellten autarke Einheiten dar, die zwei Wochen operieren und sich selbst versorgen konnten. An Bord befanden sich verschiedene Mittel audiovisueller Darstellungsmöglichkeiten und Ausstellungstechnik wie Tonfilme, Lichtbilder, Wanderschauen, Modelle und Broschüren. Dafür erhielten die LKW vom Typ S 4000 und die dazugehörigen Anhänger eine entsprechende Ausrüstung. Der Wohnwagen war als Wohn- und Geräteraum für die beiden Mitarbeiter ausgestattet und mit einer Lautsprecheranlage versehen, die beim Eintreffen der Wanderschau in den Ortschaften für Aufmerksamkeit sorgen sollte und auch zur Rundfunkübertragung diente. Zur Ausrüstung gehörten eine Tonkofferkinoanlage TK 35 und ein Diaprojektor. In den Seitenwänden des Anhängers befanden sich hinter Schaufenstern Texte, Darstellungen und Modelle zu den jeweiligen Themen. Die Vorderfront, die aufgeklappt werden konnte, diente als Bildfläche für das Tageslichtkino, wobei die Kinoanlage in Rückprojektion aus dem Inneren des Hängers auf die Leinwand projizierte. Von diesem Typ existierten drei Exemplare, während ein vierter LKW vom Typ »Phänomen« mit einer Wanderschau im zweiachsigen Hänger durch das Land fuhr.[103]

Bereits vor dem Eintreffen an den jeweiligen Orten war mit den Räten der Kreise, den örtlichen Organen, Parteien, Massenorganisationen und Kreisausschüssen der Nationalen Front eine enge Kooperation und Absprache vorzunehmen, um möglichst viele Menschen zu den Veranstaltungen zusammenzubringen. Der Ablauf solcher Veranstaltungen verlief zumeist nach dem Schema, dass, sobald der Lehrzug vor Ort eingetroffen war, die Hängerschau zur Besichtigung geöffnet wurde. Während dieser Aufbauzeit hatte sich der wissenschaftliche Mitarbeiter bei den örtlichen Organen über die »Verhältnisse in den umliegenden Genossenschaften zu orientieren«.[104] Dadurch sollte gewährleistet werden, dass sich die Mitarbeiter des Lehrzuges in den »Aussprachen« mit den Bauern argumentativ besser vorbereiten konnten. Im Verlauf der Veranstaltungen wurden zu Beginn in der Regel ein oder zwei Kurzfilme gezeigt, die »sich auf die örtlich wichtigsten Probleme« bezogen. Die Filme waren meist der Reihe »So machen es die Besten« entnommen. Darin wurden die »Erfolge der LPG vom Typ I« propagandistisch herausgestellt, um dadurch zu den »Hauptthemen« überzuleiten. Der sich daran anschließende Lichtbildervortrag, der meist 45 Minuten dauerte, sollte den örtlichen Bauern das genossenschaftliche Arbeiten näherbringen und ihnen das Statut der LPG »erläutern«. Der anschließende »Erfahrungsaustausch«, der in der Realität wohl eher

103 Das Neuererzentrum berichtet über die Arbeit der Lehrzüge, Mitarbeiter Hans A. Hahn, vom 19. Dezember 1960, in: SStAL, 20314 agra-Landwirtschaftsausstellung der DDR, Nr. 257, unpag.

104 Ebd. u. passim.

einem Überzeugungsgespräch gleichkam, konnte sich durchaus über drei oder mehr Stunden erstrecken.

Jedem Lehrzug war vor der Abfahrt aus Markkleeberg eine spezifische thematische Aufgabenstellung zugeteilt worden. Seit 1960 arbeiteten die Wanderausstellungs-Lehrzüge mit den Themen »Erhöhung der Kuhbestände – Steigerung der Milchleistung« (Lehrzug I), »So arbeiten wir in der LPG Typ I« (Lehrzug II), »Verlustlose Ferkelaufzucht (Lehrzug III) und dem »Silomaisanbau« (Lehrzug IV). In der Regel hielt sich ein Lehrzug vier bis fünf Tage in einem Kreis auf. Neben Dörfern waren LPG das Ziel, die »noch nicht zu den besten des Kreises« zählten.[105] Nicht nur mit Filmen und Dias sollten die Bauern und Teilnehmer der »Aussprachen« zur genossenschaftlichen Produktionsweise motiviert werden, sondern auch Modelle, Handzettel und Broschüren bildeten argumentativ-anschauliche Stützen des Lehrzugeinsatzes. Allein in der Zeit vom Oktober 1960 bis zum Februar 1961 führten die Ausstellungs-Lehrzüge in sieben Bezirken und 30 Kreisen der DDR insgesamt 55 Veranstaltungen durch, an denen nach offiziellen Angaben 2.650 Menschen teilnahmen.[106] Das SNZ in Markkleeberg stellte die meisten Modelle und Anschauungsobjekte in der eigenen Werkstatt her. Die Wanderausstellungen und Modelle standen prinzipiell das ganze Jahr über für Schulungen und Lehrgänge zur Verfügung und konnten von den Massenorganisationen verwendet werden. Vorrangig aber nutzten sie die Lehrzüge, um ihren Auftrag zu erfüllen. Im Jahre 1960 konnten die vier Lehrzüge auf insgesamt acht Wanderschauen mit jeweils zwölf Ausstellungstafeln und sieben Großmodelle zurückgreifen.[107]

Mit der von der nationalen Landwirtschaftsausstellung/SNZ initiierten und bereitgestellten Institution der Lehrzüge verfügte die SED nicht nur über ein weiteres Propagandamittel bei der Durchsetzung der Vollkollektivierung, sondern auch über ein zusätzliches Informationsnetzwerk. Denn neben ihrer Agitations- und Persuasionsarbeit hatten die Lehrzug-Mitarbeiter dem Sektor Agrarpropaganda zweimal wöchentlich über »Stand der Frühjahrsarbeit, die politische Lage im Dorf, des Leistungsprinzips, sonstige auftretende Konflikte, aber auch gute Beispiele« zu berichten. Dadurch flossen dem MLF zahlreiche wertvolle aktuelle Informationen zu. Dezidierte Berichte über Zahl und Zustand der Tiere in den LPG, aber auch über politische Kontroversen in den Dörfern gingen dadurch dem MLF aus zahlreichen Kreisen zu.[108]

105 Ebd.

106 Ebd.

107 Die Modelle zeigten Beispiele von Schweinehaltung in Vorzeige-VEG oder Fischgrätenmelkstände.

108 Parteisekretär Ruffer über den Lehrzugeinsatz in Vorbereitung auf die 9. LWA der DDR in Leipzig-Markkleeberg vom 17. März 1961, in: ebd., unpag.

Gleichwohl stellte die Entsendung von Lehrzügen als Teil der regulären Dauerausstellung einen Rückgriff auf die alte Tradition landwirtschaftlicher Wanderausstellungen dar, wie sie seit dem 19. Jahrhundert erfolgreich praktiziert wurden – in der Bundesrepublik noch bis 1968. Die Strategie von MLF und der Markkleeberger Schauleitung lassen aus vielen Richtungen genommene Anleihen und Konzepte erkennen, um die nationale Landwirtschaftsausstellung zu einem politischen Erfolg zu machen: Eine Dauerausstellung nach sowjetischem Vorbild, eine nationale Landwirtschaftsausstellung mit Zügen der Reichsnährstandsschauen und die Integration von Wanderschauen nach DLG-Vorbild.

Die Ausstellung

Am 25. April 1960 erklärte Walter Ulbricht vor der Volkskammer die »Bauernbefreiung in der DDR« für abgeschlossen. Er lobte die Zwangskollektivierung als friedenssichernde Maßnahme und betonte: »Mit dem Eintritt aller Bauern in die Genossenschaften sind jetzt alle Schranken, die die Entwicklung der Produktion und die Steigerung der Arbeitsproduktivität noch hemmten, beiseite geschoben.«[109] Bereits im März 1960 wurde über eine Direktive des Landwirtschaftministers gefordert, dass der Besuch der Ausstellung/SNZ in den LPG, VEG und sonstigen Betrieben durch Organisationskomitees strukturiert und vorbereitet werden solle. Die Bäuerlichen Handelsgenossenschaften erhielten die Anweisung, mit ihren Mitgliedern Gemeinschaftsfahrten nach Markkleeberg zu organisieren. Der Ausstellungsbesuch sollte getrennt nach Fachgruppen organisiert werden, zum Beispiel Mitglieder von Rinder- und Schafzuchtbrigaden, von Schweinemast- und -zuchtbrigaden, von Geflügelzuchtbrigaden, von Gartenbaubrigaden oder Feldbaubrigaden sollten jeweils als Block fahren und spezifische »Studienaufträge« bearbeiten.[110] Die Erteilung von Besucherauflagen an die ländlichen Organisationen durch das MLF erfolgte nicht nur quantitativ, sondern auch qualitativ. Immerhin: Nicht weniger als 1,2 Millionen Besucher, inklusive mehrerer Tausend aus Westdeutschland, waren geplant worden.[111] Damit die Stadt Leipzig sich rechtzeitig auf die großen Besu-

109 Walter Ulbricht: Regierungserklärung über die Entwicklung der landwirtschaftlichen Produktionsgenossenschaften vom 25. April 1960, in: ders.: Bauernbefreiung, Bd. II, S. 1159–1205, hier S. 1160.

110 An den ZVdgB Sekretariat Berlin, betr.: 8. Landwirtschaftsausstellung vom 25. April 1960, in: LAB, C Rep. 950, Nr. 21, unpag.

111 Magistrat von Groß-Berlin, Abt. Land- und Forstwirtschaft an alle VEG, VE Gartenbaubetriebe, MTS, Forstwirtschaftsbetriebe, Vors. der LPG und GPG, Räte der Stadtbezirke (Abt. Landwirtschaft) vom 26. März 1960, in: ebd., unpag.

cherzahlen einstellen konnte, hatten sämtliche Institutionen die Zahlen der nach Markkleeberg delegierten Mitglieder bis zum 6. April zu melden.

Aus den Erfahrungen der letzten Jahre jedoch war bekannt, dass die Aufgabe zur Erbringung der geforderten Besucherzahlen recht lax gehandhabt und von vielen LPG-Vorsitzenden hintangestellt wurde. Doch aufgrund der Wichtigkeit dieser Ausstellung des Jahres 1960 wollte die Ausstellungsleitung nichts dem Zufall überlassen und griff erstmals selbst in die Organisation mit ein, schließlich hatte man sich zu beweisen. Diejenigen Dörfer, in denen die Schauleitung selbst tätig wurde, erreichten die geplanten Besucherzahlen als einzige.[112] Die Ortsorganisationen der VdgB sollten in jenem Jahr für den Gemeinschaftsbesuch auch »besonders Jugendliche und Bäuerinnen gewinnen«. Von den Funktionären der VdgB sowie der BHG und Molkereigenossenschaften erwartete der Zentralvorstand, dass sie »unbedingt mit den Bäuerinnen und Bauern zur Ausstellung fahren und helfen, daß der höchstmögliche Nutzeffekt für die sozialistische Entwicklung unserer Dörfer mit nach Hause genommen« werde.[113]

Die »8. Landwirtschaftsausstellung der DDR« schließlich fand vom 4. Juni bis zum 17. Juli 1960 statt und wurde von einer groß angelegten Werbekampagne im Vorfeld begleitet. Bis zum 26. Juni hätten nach Angaben der Schauleitung bereits mehr als 380.000 Menschen die Ausstellung gesehen.[114] Die Haupthalle stand unter dem Motto »Dem Volke mehr Lebensmittel und Rohstoffe, dem Bauern ein schöneres kulturvolles Leben, dem Frieden eine sichere Basis« und sollte das Programm der SED nach dem »Frühling auf dem Lande« versinnbildlichen.[115] Die Ausstellung war nunmehr zur »Stätte des größten Erfahrungsaustausches der Land- und Forstwirtschaft« in der DDR ausgebaut worden. Ein Mitarbeiter des VEB Ausstellung Markkleeberg ging in einem auswertenden Aufsatz noch einen beträchtlichen Schritt weiter und nannte die Ausstellung »die größte landwirtschaftliche Lehrschau Mittel- und Westeuropas«, aber auch ein »internationale[s] Zentrum des Erfahrungsaustausches auf dem Gebiet der Landwirtschaft, besonders der sozialistischen Landwirtschaft«.[116] Stolz wies die VdgB darauf hin, dass Markkleeberg selbst den westdeutschen DLG-Ausstellungen »absolut überlegen« wäre.[117]

112 ZVdgB Sekretariat an alle Kreis- und Bezirksvorstände der VdgB z.Hd. der 1. Sekretäre vom 11. Mai 1960, in: ebd., unpag.

113 Ebd.

114 BV Leipzig, Einsatzgruppe Markkleeberg (Winkler, Leiter der Einsatzgruppe und Kreusel, Leiter des Einsatzstabes): Bericht über die 8. Landwirtschaftsausstellung der DDR 1960 vom 26. Juni 1960, in: BStU, Ast. Lpzg.: BVfS Leipzig Leitung, Bl. 106–113, hier Bl. 106.

115 Winkler: Auswertung der Landwirtschaftsausstellungen, S. 225.

116 Ebd.

117 Ebd.

Großen Wert legte man auf die Auswahl der Erklärer. Sie sollten so geschult sein, dass sie jeden Besucher »über alles Wesentliche informieren« könnten.[118] Aber die Ausstellung scheiterte inhaltlich an ihrem eigenen politischen Anspruch, eine allumfassende Lehrschau und »Bauernuniversität« sein zu müssen, denn dadurch wurde sie völlig überfrachtet. Ein Manko, dass auch von ostdeutscher Seite nicht wegzudiskutieren war: Das in 55 Ausstellungskomplexen dargebotene Material war zu umfangreich, als dass es in seiner gesamten Fülle von den Besuchern in den zwei Tagen Besuchszeitraum hätte rezipiert werden können. Auch fachlich blieben die Erklärer hinter den in sie gesetzten Erwartungen zurück. An den Vormittagen, an denen der größte Besucherandrang herrschte, waren die meisten Erklärer für die erstmals 1960 stattfindenden »Bürgermeisterschulungen« eingesetzt und standen für die Besucherbetreuung nicht zur Verfügung. Die 8. DDR-Landwirtschaftsausstellung erfüllte durch die verpflichtende »Schulung« aller Bürgermeister der Landgemeinden in Lehrgängen von jeweils fünf Tagen Dauer eine neue Aufgabe. Das Ziel, das die SED mit der Verbindung von politischen Schulungen ihrer Funktionärselite mit der nationalen Landwirtschaftsausstellung/SNZ verfolgte, war es, nach einer »einheitlichen Methode über die staatliche Leitung in der Gemeinde zur Förderung der Landwirtschaft Einfluß« nehmen zu können.[119]

Die Staatssicherheit, die ihre Strukturen auf dem Land auszubauen suchte, um den Prozess der »Vergenossenschaftlichung« zu forcieren, interessierte sich verstärkt für die Landwirtschaftsausstellung, speziell für die Erklärer und die dortige »Gesamtdeutsche Arbeit«.[120] Die »Einsatzgruppe Markkleeberg« der BV Leipzig berichtete, dass bereits nur zwei Tage nach Eröffnung sämtliche bisher eingesetzten Erklärer durch neue ersetzt wurden. Die Schuld an der schlechten Auswahl der Erklärer schob die Ausstellungsdirektion dem MLF zu, da es den einzelnen SED-Kreisleitungen »faktisch selbst überlassen [hatte], wen sie als Erklärer« schickten.[121]

Die Gestaltung und die Exponate der achten DDR-Landwirtschaftsausstellung hatten den Besuchern klar die geänderten Realitäten bewusst vor Augen zu führen: Während der Ausstellung des Vorjahres »waren nur 300 Dörfer vollgenossenschaftlich«, im Sommer des Jahres 1960 jedoch lautete die Aufgabenstellung, »auf Grund der vorangeschrittenen gesellschaftlichen Entwicklung, den Menschen im vollgenossenschaftlichen Dorf den Weg zum sozialistischen Dorf zu zeigen«.[122] Das Ausstellungsgelände sollte die Versinnbildlichung des Leitspruchs zur Kollektivierung

118 Ebd.

119 Schröder: Produktionspropaganda, S. 34.

120 Last: Socialist Spring, S. 2f.

121 BV Leipzig, Einsatzgruppe Markkleeberg (Winkler, Kreusel): Bericht über die 8. Landwirtschaftsausstellung der DDR 1960 vom 26. Juni 1960, in: BStU, Ast. Leipzig, BVfS Leipzig Leitung, Bl. 106–113, hier Bl. 106.

122 Winkler: Auswertung der Landwirtschaftsausstellungen, S. 226.

»Vom Ich zum Wir« verkörpern und kommunizieren: 14 mannshohe grafische Darstellungen mit den Leistungs- und Planzielen für die einzelnen Bezirke der DDR standen im Eingangsbereich. Und in allen Ausstellungsteilen waren Darstellungen über die »sozialistischen Arbeitsgemeinschaften« angebracht. Diese Arbeitsgemeinschaften, von denen es 1960 über 800 mit etwa 8.000 Mitgliedern gab, sollten ein ideologisches Vehikel sein, um »Arbeiter, Bauern und Intelligenz« zur gemeinsamen »höchstmöglichen Marktproduktion« zu führen. Dazu passend war die Sonderschau »Bauer kennst du deine Geschichte?« aufgebaut worden. Sie war integraler Argumentationsbestandteil innerhalb der Schau, die die Kollektivierung historisch als »Bauernbefreiung« zu legitimieren suchte. Da die Schau aber »ungünstig gelegen« war, wurde sie vom Hauptbesucherstrom kaum wahrgenommen.[123]

Auch die »Halle der Bäuerin« erhielt viel interne Kritik. Zum einen wurden die Erleichterungen gezeigt, die das genossenschaftliche Wirtschaften für die Bäuerinnen mit sich brachte. In der Vielzahl der Schaukojen und Tafeln wären die Besucher jedoch nahezu »verschwunden«. Die Hauptkritik richtete sich gegen die ungeschickt platzierte moderne Küche. Insbesondere die Küchen waren es, wie bereits dargestellt, die in West und Ost in den 1950er Jahren häufig als Beispiel der Überlegenheit des einen Systems über das andere instrumentalisiert wurden. Die Ausstellungsküche in der »Halle der Bäuerin« war an der Stirnseite der Halle platziert worden, weshalb sie kaum von den Besuchern wahrgenommen werden konnte.

Besondere Aufmerksamkeit kam der Landtechnik zu. Sie sollte die Überlegenheit des genossenschaftlichen Wirtschaftens unterstreichen. Die Ausstellung wollte zeigen, wie durch den Einsatz der Landtechnik die »Reserven in der Produktion zu mobilisieren« seien. Daher konzentrierte sich die Landmaschinenschau, die unter dem Leitmotiv »Der LPG die beste Technik« stand, vornehmlich auf große Einheiten. Auf dem Eingangsportal zum Schauteil befand sich ein moderner RS 09 Ackerschlepper. Darunter und daneben waren die zahlreichen Zusatzteile und Anbaugeräte aufgebaut. Die Maschinenausstellung war nach Gruppen aufgeteilt in die Komplexe Bodenbearbeitung und Saatbearbeitung, Bestellung, Pflege, Schädlingsbekämpfung und Ernte. Der Mitarbeiter der Markkleeberger Ausstellung Winkler hielt in seinem vergleichenden Bericht über die DLG-Wanderausstellung in Köln und in Markkleeberg 1960 fest, dass im »Zeitalter des Sputniks [...] Mechanisierung eben nicht nur den Einsatz eines Traktors mit einigen Anhänge- und Anbaugeräten [bedeute], sondern die Anwendung und volle Ausnutzung ganzer Maschinensysteme«.[124] In der konsequenten Anwendung ländlicher Großtechnik sah er die wirtschaftliche Überlegenheit des Sozialismus, die den Bauern eine sichere Existenz- und Wirtschaftsgrundlage verschaffen sollte. Doch nicht nur

123 Ebd. u. passim.

124 Ebd., S. 228.

wirtschaftspolitische Argumente allein waren für die Ausstellung der Landtechnik – dem Kernpunkt der Landwirtschaftsschau – ausschlaggebend: Das Ziel der SED, wie es beispielsweise auf dem V. Parteitag vom 10. bis 16. Juli 1958 beschlossen worden war, nämlich die westdeutsche Landwirtschaft in den Hektarerträgen bei allen wichtigen Kulturen und in der Produktion von Fleisch, Milch und Eiern je Flächeneinheit bis 1963 zu überholen, sollte im Verbund mit der Herausbildung einer »sozialistischen Menschengemeinschaft« geschehen.[125] Markkleeberg sollte zeigen, dass der »genossenschaftliche Zusammenschluß der Bauern zu sozialistischen landwirtschaftlichen Großbetrieben, die in der Lage sind, die Erkenntnisse der Wissenschaft auszuwerten und die moderne Technik anzuwenden«, der privatwirtschaftlichen westdeutschen Landwirtschaft überlegen sei.[126]

Dass sich aus ideologischen Forderungen keine realwirtschaftlichen Erfolge herbeiführen lassen, konnte freilich auch die nationale Landwirtschaftsausstellung nicht ändern. Um die massiven Planrückstände im Frühjahr und Frühsommer des Jahres 1960 zu erklären, musste sich die gesamte Schauleitung nun in »Kritik und Selbstkritik« üben.[127] Karl Schröder konstatierte, dass die »technische Seite der landwirtschaftlichen Produktion oft eine zu starke Überbetonung« erhielt. Aus »der Erfahrung [sei] aber bekannt«, so Schröder, dass »viele Mängel in der Praxis ihre Ursachen im ideologischen oder psychologischen Bereich« hätten, was bedeutete, dass die Ausstellung in ihrer Erziehungsaufgabe versagt habe.[128] Denn bei den Darstellungen sei der »enge Zusammenhang zwischen dem sozialistischen Bewußtsein und der Produktionssteigerung« nicht richtig zum Ausdruck gekommen.

Die Darstellungen waren vorrangig auf die Landtechnik als »Beweis« und Zeugnis einer sich in der DDR erfüllenden Fortschrittsutopie fixiert, die Natur durch den Einsatz der Technik derart nach menschlicher Vorstellung verändern zu können, dass praktisch endlose Ernte- und Produktionssteigerungen möglich wären. Aber auch die zahlreichen Publikationen sollten das Gleiche belegen. Die Abteilung Agrarpropaganda der Landwirtschaftsausstellung konzentrierte den Inhalt ihrer Publikation und Schriftenreihen hauptsächlich auf das Thema Landtechnik und deren richtigen Einsatz zur Produktionssteigerung.[129] Die Broschüre *LPG und sozialistische Gemeinschaftsarbeit*, die den Bauern in großer Stückzahl auf dem Ausstellungsgelände als »Studienmaterial« mitgegeben wurde, stellte die gesamte Argumentationsweise der Staats- und Parteiführung am Beispiel der Mechanisie-

125 Poutrus: Goldbroiler, S. 37; Bauerkämper: Das Ende des Agrarmodernismus, S. 156.

126 Winkler: Auswertung der Landwirtschaftsausstellungen, S. 228.

127 Poutrus: Goldbroiler, S. 35–40; Lemke: Vor der Mauer, S. 265–395; Steiner: Plan, S. 115–122.

128 Schröder: Produktionspropaganda, S. 3f.

129 Vgl. zum Beispiel Siegfried Winkler (Hrsg.): LPG und sozialistische Gemeinschaftsarbeit, Leipzig-Markkleeberg 1960.

rung derart dar, dass die »ganze Methode der Planung in der Landwirtschaft auf eine wissenschaftliche Grundlage« gestellt worden wäre.[130] Die gesamte nationale Landwirtschaftsausstellung mit all ihren Darstellungs- und Kommunikationsmitteln, hatte schließlich mitzuwirken, den »vollgenossenschaftlichen Kreise[n] eine klare Perspektive« zu geben. Diese »Perspektive«, die als verbindliche Anleitung zu verstehen war, bestand in der Umsetzung eines neuen »Betriebssystems«, das in den LPG umzusetzen sei. Dieses System wäre auf der »Grundlage des Volkswirtschaftsplanes zwischen Wissenschaftlern und Praktikern mit dem Ziel der maximalen Überbietung« entworfen worden, um in Problemsituationen beim Einsatz der »komplexen Mechanisierung« zu helfen. Vorgestellt und veranschaulicht wurde dieser ganze Prozess am Beispiel der Muster-LPG »Vorwärts« in Manker, Kreis Neuruppin, und einer LPG in Wismar. Die Broschüre führte die Argumentationsweise so weit, zu behaupten, dass die Ostseebauern »Weltniveau in der Viehwirtschaft« erreicht hätten. Auch die im weiteren Zusammenhang mit der Vergenossenschaftlichung der Landwirtschaft stehenden Veränderungen wie die Weiterentwicklung von MTS und Reparatur Technische Station (RTS), die Einrichtung von »Konsultationspunkten« und die Umwandlung der BHG in Einrichtungen der LPG waren Darstellungsinhalte der Exposition und ihrer Publikationen.

Die »Grüne Woche« 1961

Das Jahr 1961 brachte der Stadt West-Berlin wiederum zahlreiche Höhepunkte und Glanzlichter im bundesdeutschen Ausstellungswesen. Die wohl wichtigsten Veranstaltungen des Ausstellungsjahres waren die »Gebrauchtwagenschau am Funkturm« (im Februar), die »Große Berliner Kunstausstellung« (im Mai/Juni), die »Pharmazeutische und Medizintechnische Ausstellung« (Ende Mai), die »Berufskundliche Ausstellung« (im Juni), die »Deutsche Rundfunk-, Fernseh- und Phono-Ausstellung« (August/September), die »Deutsche Industrieausstellung« (im Oktober) und die »Internationale Buchausstellung« (im November/Dezember). Deutschlands größte und einzige landwirtschaftliche Winterausstellung, die »Grüne Woche«, eröffnete wie gewohnt das Ausstellungsjahr. Die »Grüne Woche« und die »Deutsche Rundfunk-, Fernseh- und Phono-Ausstellung« (heute »Internationale Funkausstellung«), die nach 22 Jahren nunmehr – zunächst noch gastweise – nach Berlin zurückkehrt war, galten als die beiden Höhepunkte des Ausstellungsjahres 1961.[131] Die »Grüne Woche 1961«, die vom 27. Januar bis zum 5. Februar stattfand, stand unter dem Leitmotto »Noch Internationaler«.

130 Ebd., S. 3.

131 Vgl. auch Holz: Messestadt Berlin, S. 7 f.

Die Entwicklung der Berliner Ausstellungen im Jahre 1960 bezeichnete Direktor Gerhard Friehe »als positiv«.[132] Denn das Unternehmen wies eine »viel versprechende Entwicklungstendenz« auf. Vor allem das Interesse des Auslandes am Berliner Ausstellungsstandort konnte dank der intensiven Arbeit der Direktion in dieser Hinsicht deutlich gesteigert werden. Das begann sich auch in den Geschäftszahlen niederzuschlagen: Die BA benötigten immer weniger Zuschüsse. 1960 konnte der Gesamtverlust nochmals verringert werden. Die Reklame-Abteilung BEREK konnte 1960 gar einen Gewinn von 280.000 DM erzielen. Sie verfügte über mehr als 2.000 Reklamesäulen im West-Berliner Stadtgebiet.[133] Damit war die sogenannte »Bestzahl« von einer Säule je 1.000 Einwohner erreicht, was auch zu einer wirksamen Werbung für die Ausstellungen beitrug.

Der politische Verhandlungsraum

Seit ihrer Gründung war die Berliner Landwirtschaftsausstellung eine Plattform zur Artikulation und Kommunikation der Interessen der nationalen Agrarlobbyisten an Politik und Öffentlichkeit gewesen. Im Wahlkampfjahr 1961 jedoch änderte sich das ein wenig. Während der »Grünen Woche« des Vorjahres hatte der DBV auf Pressekonferenzen verlautbaren lassen, erfolgreiche Lobbyarbeit für die nationale Landwirtschaft betrieben zu haben. 1961 jedoch sagte DBV-Präsident Rehwinkel alle bereits geplanten Pressekonferenzen ab, auf denen er über seine Gespräche mit dem Bundeskanzler berichten wollte.[134] Der Grund: Weder hatte Adenauer Rehwinkel empfangen, noch ließ sich der Kanzler zum Besuch der »Grünen Woche« in jenem Jahr bewegen. Der Bundesregierung war im Wahljahr das Bekenntnis zur europäischen Wirtschaft wichtiger als weitere Zugeständnisse an die heimische Agrarwirtschaft, die etwa durch die Nachbesserung der »Grünen Pläne« hätte erfolgen sollen. Das Magazin *Der Spiegel* informierte seine Leser über diese Entwicklungen unter der Überschrift »Grüne Front – zurückverlegt?«.[135] Allerdings war dies nicht –

132 N. N.: Interesse des Auslandes nimmt zu – Berliner Ausstellungen in positiver Entwicklung, in: *Der Tagesspiegel* vom 21. Dezember 1961, S. 6.

133 Ebd.; vgl. auch Berliner Ausstellungen: Jahresbericht 1960. Die größte Abteilung, die Abt. Ausstellungen, wies 1959 einen Verlust von 1,59 Millionen DM aus und die Kongresshalle schloss das Geschäftsjahr mit einem Minus von 0,44 Millionen DM.

134 Zur Lobbyarbeit des DBV insbesondere während der Jahre 1959 bis 1961 vgl. Paul Ackermann: Der Deutsche Bauernverband im politischen Kräftespiel der Bundesrepublik. Die Einflußnahme des DBV auf die Entscheidung über den europäischen Getreidepreis, Tübingen 1970.

135 Vgl. N. N.: »Grüne Front – zurückverlegt?«, in: *Der Spiegel*, Nr. 6/1961, S. 21–23. – Die Grüne Front war ein lockerer Zusammenschluss der Führer der vier deutschen agrarpolitischen Spitzenorganisationen zu einer Aktions- und Arbeitsgemeinschaft im Februar 1929. Die Gründung war unter dem sich seit 1927 verschärfenden Druck der Agrarkrise zustande gekommen. Die Grüne

oder nicht mehr – die Botschaft, welche die »Grüne Woche« transportieren sollte: Statt Subventionierung bäuerlicher Kleinbetriebe stand rentables Wirtschaften auf europäischer Ebene im Vordergrund. West-Berlin war der Ort, diesen Gedanken zu versinnbildlichen. Bereits in seiner drei Jahre zurückliegenden Eröffnungsrede zur »Grünen Woche« 1957 hatte der damalige Regierende Oberbürgermeister Otto Suhr auf eine Parallele aufmerksam gemacht: »Der Grundgedanke der Agrarpolitik mit ihrer eigenen Marktordnung, im Unterschied zur Industriewirtschaft, ist auch der Leitgedanke der Wiederaufbaupolitik in Berlin – das heißt ebensowenig wie der Landwirtschaft auf Dauer mit Subventionen gedient sein kann, wünscht die Berliner Wirtschaft auf Dauer subventioniert zu werden. In beiden Fällen kommt es vielmehr auf »gezielte Förderungsmaßnahmen zur Steigerung der eigenen Leistung an.«[136]

Zahlreiche Minister, Staatssekretäre und andere hohe Beamte aus den EWG-Staaten sowie aus den Ländern der Kleinen Freihandelszone waren zugegen.[137] Dänemark allein bot drei Minister und seinen Botschafter in der Bundesrepublik auf. Der dänische Außenminister Krag war einer der prominentesten Gäste auf der »Grünen Woche«. Repräsentativ war ferner die EWG-Kommission. Über den Inhalt der in deren Zusammenkünften geführten Gespräche drang zwar zunächst kaum etwas an die Öffentlichkeit. Gleichwohl war die »Grüne Woche« durch das Zusammentreffen europäischer Spitzenpolitiker erneut und verstärkt zu einem Forum der internationalen politischen Diskussion geworden und als solches auch von den Medien und der Öffentlichkeit wahrgenommen worden.[138] Denn 70 aus-

Front gewann bis 1933 enormen Einfluss auf die Agrarpolitik der Weimarer Republik. Ihr gehörten an: der 1921 aus dem Zusammenschluss zwischen dem Bund der Landwirte und dem Deutschen Landbund hervorgegangene Reichslandbund, die Vereinigung der Bauernvereine, die Deutsche Bauernschaft (bis 1930) und der Deutsche Landwirtschaftsrat. Die Grüne Front forderte höhere Agrarzölle, verfolgte insbesondere die Interessen der landwirtschaftlichen Großbetriebe und beförderte gegen Ende der Weimarer Republik einen autoritären Verfassungsumbau. Bei den Wahlen der Jahre 1932 und 1933 in den protestantischen, agrarisch geprägten Regionen Deutschlands gaben bis zu 90 Prozent der Wählerinnen und Wähler ein Votum für die NSDAP ab. 1933 ging die Grüne Front im RNSt auf. Vgl. Brockhaus Enzyklopädie, Bd. 9, 19. Aufl., Mannheim 1989, S. 236; Dornheim: Rasse, Raum und Autarkie, S. 141; Heide Barmeyer: Andreas Hermes und die Organisationen der deutschen Landwirtschaft. Christliche Bauernvereine, Reichslandbund, Grüne Front, Reichsnährstand 1928–1933, Stuttgart 1971; Stephanie Merkenich: Grüne Front gegen Weimar, Reichs-Landbund und agrarischer Lobbyismus 1918–1933, Düsseldorf 1998.

136 »Deutschland ist unteilbar. Die Rede des Regierenden Bürgermeisters Otto Suhr auf der Kundgebung des Deutschen Bauernverbandes« am 2. Februar 1957, Presse- und Informationsdienst des Landes Berlin Nr. 28, in: LAB, B Rep. 002, Nr. 10942, unpag.

137 Die Schirmherrschaft übernahm der Bundespräsident Heinrich Lübke. Die Eröffnungsrede hielt der Bundesernährungsminister Werner Schwarz.

138 Informationsdienst der Berliner Ausstellungen, Schlussbericht: »Grüne Woche« feierte 25. Jubiläum – Berlin, Forum der agrarpolitischen Diskussion vom 5. Februar 1961, in: LAB, B Rep. 010, Nr. 617, unpag.

ländische und 120 westdeutsche Journalisten begleiteten und dokumentierten die Schau. Auch die Berichterstattung in Funk und Fernsehen war stärker als zuvor. In der *Nordschau* erschien eine umfangreiche Berichterstattung über die »Grüne Woche«. Den Eröffnungsrundgang des Bundespräsidenten über das Messegelände übertrug *Fox – tönende Wochenschau* live. SFB und RIAS strahlten zahlreiche Berichte und Interviews von der »Grünen Woche« aus. Der Erfolg der Ausstellung war also auch außerhalb der Messehallen zu suchen. Die »Grüne Woche« befand sich auf dem Weg von ihrem ersten politischen Anspruch, nämlich eine gesamtdeutsche Ausstellung zu sein, hin zu einer vermehrt den europäischen Einheitsgedanken befördernden Angelegenheit. Die westeuropäische Politik verstand ebenfalls die Chancen und Möglichkeiten, die dieses international einmalige Ausstellungsensemble »Grüne Woche« zur Verbreitung nationaler politischer Interessen und öffentlicher Imagebildung bot, besser zu erkennen und für sich zu nutzen.

Genauso wichtig wie ihre Präsenz auf den Ausstellungen war das Auftreten der Akteure – allen voran der europäischen politischen Spitze. Die Namensliste der wichtigsten zur »Grünen Woche« angereisten westdeutschen und ausländischen Ehrengäste war lang und beeindruckend.[139] Der Ausschuss für Ernährung, Landwirtschaft und Forsten des Deutschen Bundestages kam vollzählig nach West-Berlin. Ferner befanden sich auch die Landwirtschaftsattachés, die Generale Lacomme, Osborne und Delacombe unter den Ehrengästen.

139 Die bedeutendsten seien nachfolgend genannt: Der Bundespräsident Heinrich Lübke, der Bundesminister für Ernährung, Landwirtschaft und Forsten, Schwarz und der Bundesminister für gesamtdeutsche Fragen, Ernst Lemmer. Aus dem Ausland kamen die Landwirtschaftsminister Skytte (Dänemark), Rt. Hon. Christopher Soames (Großbritannien), Hartmann (Österreich), Wöhni (Norwegen), Netzén (Schweden) und Héger (Belgien). Weiterhin waren Minister Schaffner (Chef des Eidgenössischen Departments für Außenhandel, Bern, Schweiz), der Fischereiminister Normann (Dänemark), der Wirtschafts-Attaché für Fischereifragen der Kgl. Schwedischen Botschaft, Bonn, Hamrin, der EWG-Vizepräsident Mansholt und der Staatssekretär im italienischen Landwirtschaftsministerium Guiseppe Salari anwesend. Auf das Charlottenburger Messegelände kamen auch die Botschafter Remi Baert (Belgien), Frants Hvass (Dänemark), Majerus (Luxemburg) und Ole Jödahl (Schweden). Der Präsident des DBV Rehwinkel, der Präsident der DLG Lorberg und Staatssekretär im BMLF Sonnemann waren zugegen, ferner die Mitglieder des Agrarausschusses des Deutschen Bundesrates die Minister Stübinger (Weinbauminister, Rheinland-Pfalz), Leibfried (Baden-Württemberg), Kubel (Niedersachsen), Niermann (Nordrhein-Westfalen), Huthmacher (Saarland), Sieh (Schleswig-Holstein) und die Senatorin Kiep-Altenloh (Hamburg) zusammen mit den Staatssekretären Simmel (Bayern), Tröscher (Hessen) und Tillmann (Nordrhein-Westfalen).Vgl. »Grüne Woche Berlin 1961« Namensliste der wichtigsten deutschen und ausländischen Ehrengäste [o.D., 1961], in: LAB, B Rep. 002, Nr. 8030/1, unpag.

Ursprünglich, das heißt im September 1960, hatte das BMLF geplant, sämtliche EWG- und EFTA-Landwirtschaftsminister nach West-Berlin zur »Grünen Woche« einzuladen. Es wären in diesem Falle also 14 Landwirtschaftsminister mit entsprechender Begleitung auf Kosten der Bundesregierung angereist.[140] Der Gedanke, die Minister einzuladen, bestand darin, sie nicht nur bei der Eröffnung der Ausstellung auftreten zu lassen, sondern eine große öffentlichkeitswirksame Tagung damit zu verbinden. Dabei bot es sich an, dass das Comité Spécial bei der EWG, das aus etwa 80 Mitgliedern bestand, bei seiner letzten Zusammenkunft in Rom als nächsten Tagungsort Berlin ausgewählt hatte.[141] Die Tagung dieses Gremiums, dessen einzelne Länderdelegationen von Botschaftern geführt wurden, fand im Rahmen der »Grünen Woche« am 30. Januar 1961 nachmittags und am ganzen Folgetag in der Berliner Kongreßhalle statt. Die Unterbringung der Mitglieder wurde im Hotel »Berlin« in der Kurfürstenstraße veranlasst. Das BMLF organisierte zusammen mit dem Protokoll- und Auslandsamt des Senats von West-Berlin ein umfangreiches Programm, um »den Herren einen möglichst umfassenden und bleibenden Eindruck von Berlin zu vermitteln«.[142] Dafür stellte der Berliner Senat Eintrittskarten für Theater- und Opernbesuche bereit, ermöglichte am Vormittag des 1. Februar 1961 eine Stadtrundfahrt durch West- und Ost-Berlin und hielt für die sechs Delegationsführer für die Dauer ihres Aufenthaltes je einen PKW mit Fahrer auf Abruf bereit.

Durch die Feierlichkeiten zur Eröffnung der »Grünen Woche« und auf manchen Tagungen im Rahmenprogramm konnten unter den politischen Größen Europas »wichtige Gespräche« geführt werden, »ohne durch das zuweilen einengende Protokoll einer förmlichen Konferenz behindert zu sein«.[143] Darin erblickte Willy Brandt im Jahre 1961 einen der großen politischen Vorzüge der Exposition, die er im Wahlkampfjahr auch gut für die Position West-Berlins geltend machen konnte. Er zog in der von vielen Hörern rezipierten Radiosendung *Wo uns der Schuh drückt* den Schluss, dass die »Grüne Woche« dabei helfen könne, dass nicht »wirtschaft-

140 Der Regierende Bürgermeister von Berlin – Senatskanzlei –, der Leiter der Protokoll- und Auslandsabteilung, Klein, an den Herrn Regierenden Bürgermeister vom 13. Oktober 1960, in: ebd., unpag.

141 Dieser Vorschlag wurde in Rom vom BMLF (dem Mitarbeiter der Berliner Vertretung, Martens) selbst angeregt.

142 Der Bundesminister für Ernährung, Landwirtschaft und Forsten, Vertretung Berlin (gez. Martens) an den Herrn Senatsdirektor Klein, Leiter des Protokoll- und Auslandsamtes des Senats von Berlin, betr. Tagung des Comité Spécial bei der EWG am 30. und 31. Januar 1961 in Berlin vom 19. Dezember 1961, in: ebd., unpag.

143 Rede des Regierenden Bürgermeisters Willy Brandt, Manuskript der Radiosendung *Wo uns der Schuh drückt* vom 4. Februar 1961, in: ebd., unpag.

liche Gegensätze zwischen den europäischen Gruppen [...] zu politischen Differenzen« führten. Denn es gebe, so Brandt, »Grund zur Genugtuung, daß auf dem Boden unserer Stadt, von der Öffentlichkeit verhältnismäßig unbemerkt, in diesem Sinne gearbeitet werden konnte, und wir uns Mühe geben, daß Berlin künftig noch mehr als bisher ein Platz wird, der für internationale Besprechungen einen besonderen Ruf« bekommen sollte.[144] Die Öffentlichkeit registrierte eher die Begrüßungs- und Eröffnungsworte auf der »Grünen Woche«, da sie weite mediale Verbreitung fanden. Es ist daher lohnend, sie im Detail etwas genauer auf Aussagen und politische Semantiken hin zu analysieren.

Die Ehre, die große Eröffnungsrede zu halten, oblag dem Schirmherrn, dem Bundespräsidenten Lübke. Er residierte die ganze Woche über in seinem zweiten Amtssitz im Berliner Schloss Bellevue. Ungewöhnlich war, dass die Presse der DDR kaum daran Anstoß nahm. Politische Beobachter sahen in dieser Zurückhaltung ein Anzeichen dafür, dass die UdSSR in der Berlin-Frage kurz vor dem Amtsantritt des neuen US-Präsidenten Kennedy und nach Inkrafttreten des neuen Interzonenhandelsabkommens eine Art »Stillhaltepolitik« betrieb. Ob diese angenommene »Stillhaltepolitik« tatsächlich in diesen politischen Entwicklungen zu sehen war, konnte anhand ostdeutscher Quellen nicht belegt werden.[145] Der medialen Zurückhaltung der DDR gegenüber der »Grünen Woche« 1961 entsprach jedoch keinesfalls eine ruhige Haltung gegenüber der Veranstaltung im Innern der DDR.

Nach einer kurzen Eröffnung übergab der Bundespräsident das Wort an die Ehrengäste. Nachdem in den Vorjahren zur politischen Legitimation der Ausstellung auf die ostdeutschen Landsleute rekurriert wurde, standen nunmehr gänzlich wirtschafts- und europapolitische Inhalte im Vordergrund. Mansholt nahm bereits zum zweiten Mal an der »Grünen Woche« teil, da der ursprünglich eingeladene Walter Hallstein verhindert war.[146] Mansholt überbrachte »unsere Solidarität mit Berlin im Namen der EWG«.[147] Interessant an Mansholts Rede war, dass er unmissverständlich klar machte, welche symbolische Rolle West-Berlin mittlerweile nicht

144 Ebd.

145 Vgl. zur zeitgenössischen Sicht A.E.: Ost-Berlin nimmt keine Notiz vom Besuch Lübkes, in: *Telegraf* vom 15. Januar 1961, S. 3. – Zur Situation im innerdeutschen Handel und Interzonenabkommen vgl. Peter E. Fässler: Innerdeutscher Handel als Wegbereiter der Entspannungspolitik, in: APuZ 3/2007, S. 31–38; Erich Fischer/Rudolf Raab: Brennpunkte des West-Ost-Handels. Die Messen des sozialistischen Europa, in: m+a report 50, H. 5, 1969, S. 93–99; Forschungsstelle für den Handel Berlin/Deutsches Institut für Wirtschaftsforschung: Kongresse, Messen und Ausstellungen als wirtschaftlicher Faktor für Berlin. Aufgaben, Kaufkraftzufluß, Steuermehraufkommen sowie Produktions-, Einkommens- und Beschäftigungseffekte (maschr. Man.), Berlin (West) 1980.

146 Vgl. auch das Manuskript aus dem Nachlass »Begrüßungsansprache von Hallstein«, Berlin, 27. Januar 1961 »Grüne Woche«, in: BArch, N 1266, Nr. 1309, unpag.

147 Rede des Vizepräsidenten der Europäischen Wirtschafts-Gemeinschaft, Brüssel, Dr. S.L. Mansholt [o. D., 1961] auf der »Grünen Woche« 1961, in: LAB, B Rep. 002, Nr. 8030/1, unpag. u. passim.

mehr nur für die Bundesrepublik, sondern für ganz Westeuropa darstellte. Er sagte, in West-Berlin werde »das Bollwerk gebaut, das Europa helfen wird, jeder Bedrohung standzuhalten«. Damit meinte er sowohl die Bedrohung durch den Kommunismus als auch durch Schutzzölle. An diesen Gedanken anknüpfend entwickelte er eine Argumentation, nach der West-Berlin und die EWG eine schicksalhafte Verknüpfung darstellten. In der Schaffung einer »gemeinsamen Landwirtschaftspolitik« sah Mansholt das Vehikel zur Umsetzung dieser Stärke. Das Bild Europas als »grüner Festung« verband sich in Mansholts Argumentation augenscheinlich mit dem Schicksal der »Frontstadt Berlin«.[148] Eine noch eindringlichere und politisch zwingendere Legitimation hätte die »Grüne Woche« zu dieser Zeit kaum erreichen können. In diesem Sinne hatte tatsächlich die national orientierte »Grüne Front« eine Schlappe gegenüber der europäischen Agrarpolitik öffentlich hinnehmen müssen.[149]

Mit Spannung war die Rede von Minister Schwarz erwartet worden, besonders unter den anwesenden Bauern und Agrarfunktionären. Nach seiner Begrüßung der ausländischen Minister und Dank an den Regierenden Bürgermeister kam er sofort »auf Fragen der allgemeinen Politik« zu sprechen.[150] Denn die »Grüne Woche« habe »mit der wachsenden politischen Bedeutung der Stadt [West-Berlin] einen unübersehbaren politischen Akzent erhalten, der sie über den Rahmen einer Fachausstellung weit hinaushebt«. Zunächst kam er daran anknüpfend auf die Brückenfunktion der Stadt wie der Ausstellung als »Nahtstelle zweier Weltanschauungen«

148 Vgl. auch Kluge: Agrarwirtschaft, S. 10f.

149 Auch unter bundesdeutschen Landwirten war es auch in den 1950er und 1960er nicht unüblich, über agrarische Interessenvertretungen in Summa als die »Grüne Front« zu sprechen. Hierbei polemisierte *Der Spiegel* in seiner Wortwahl bewusst. Allerdings konnte es sich auch zu Beginn der 1960er Jahre die Bundesregierung nicht leisten, auf die Wählerstimmen aus der »Grünen Front« zu verzichten. Damals gab es etwa 800.000 hauptberufliche Landwirte in der Bundesrepublik, und der DBV hatte angeblich bis zu 1,2 Millionen Mitglieder. Ein Korrespondent der *Zeit* notierte: »Genauso wie Rehwinkel durch seine eigenen Brigaden gezwungen wird, Drohungen gegen die Regierung auszustoßen, grenzt es bis heute an politischen Selbstmord, als Abgeordneter oder gar als Minister wider den Grünen Stachel zu locken.« Vgl. N.N.: Wo steht die Grüne Front?, in: *Die Zeit* vom 10. Januar 1964; unter http://www.zeit.de/1964/02/wo-steht-die-gruene-front (letzter Zugriff: 24. September 2014). – Während der »Grünen Woche« 1967 kam es zu einem neuerlichen Zusammenstoß zwischen dem DBV und der Bundesregierung. So wie auf der »Grünen Woche« 1961 kamen der DBV-Präsident Rehwinkel und die Spitzen der Regierung (Kiesinger und Brandt) nicht zusammen. In den Jahren zuvor hatte sich Rehwinkel nicht gescheut, in Gespräche mit der SPD zu treten, um der Regierung Adenauer zu drohen. 1967 lud er sogar führende NPD-Funktionäre ein, um sich das Programm der rechtsradikalen Partei erläutern zu lassen. Vgl. N.N.: Die Grüne Front läuft Sturm – Bauernpräsident Rehwinkel sprach mit der NPD, in: *Die Zeit* vom 27. Januar 1967; unter http://www.zeit.de/1967/04/die-gruene-front-laeuft-sturm (letzter Zugriff: 24. September 2014). – Zur Tendenz Rehwinkels in Richtung des politisch rechten Außenrandes vgl. Dornheim: Rasse, Raum und Autarkie, S. 14f.

150 Rede des BM für Ernährung, Landwirtschaft und Forsten, Schwarz, auf der »Grünen Woche« [o.D., 1961], in: LAB, B Rep. 002, Nr. 8030/1, unpag. u. passim.

zu sprechen, um dann sogleich zur westdeutschen und europäischen Agrarpolitik überzugehen. Er strich die Hilfsmaßnahmen der Bundesregierung für die Bauern in den »anomalen Erntejahren« 1959 und 1960 heraus, betonte die Vorzüge der freien Marktwirtschaft und erklärte, dass die Landwirtschaft eine höhere Zunahme der Produktivität je Arbeitskraft erreicht habe als die Industrie. Die von Schwarz in seiner Festrede dargestellte Erfolgsgeschichte sei nur deshalb möglich gewesen, weil »die Bundesregierung [...] diese Entwicklung seit vielen Jahren vorausgesehen« habe. Diese Argumentation ermöglichte es ihm, die »Grünen Pläne« als optimales Förderprogramm der Landwirtschaft zu präsentieren, das »allen zugute« käme. Dass ihm die »Grünen Pläne« als alternativlos erschienen, stellte er unmissverständlich dar. Wiederum diente der Kommunismus hierfür als argumentative Negativschablone: Zwar befinde sich die Welt – und mit ihr natürlich auch die landwirtschaftliche Produktion – in einer »technischen Revolution«, aber man dürfe deshalb nicht den Weg gehen, alle »privaten Einzelwirtschaften zu zerschlagen«. Denn man dürfe nicht vergessen, dass »in Sowjetrussland in den Jahren nach der Kollektivierung Millionen Menschen verhungerten«.[151] Und in dem Augenblick, in dem er seine Rede in Berlin unterm Funkturm hielt, vollzögen sich »in Rotchina wie auch in Sowjetrussland infolge unzureichender Getreideerzeugung ernste Auswirkungen«. Diese Entwicklungen aufzuhalten und Westeuropa trotzdem für die technische Revolution fit zu machen, dafür sei die Politik der Bundesrepublik unerlässlich gewesen. Dies war eine Wahlkampfrede – zumal an politisch passendem Ort –, die dem politischen Gegner und den Kritikern nicht nur den Wind aus den Segeln nehmen, sondern jedwede Kritik verstummen lassen sollte. Denn jeder, so die Logik des Kalten Krieges, der nicht für diese Politik war, hätte automatisch auf Seiten des Gegners gestanden. Die andere, gleichwohl unabdingbare Option, dieser politischen Entwicklung Einhalt zu gebieten, war der Weg in die Europäische Wirtschaftsgemeinschaft. Natürlich gebe es auf diesem Wege zahlreiche Schwierigkeiten und Unterschiede zwischen den Ländern der EWG zu beseitigen. Aber Schwarz verlieh seiner Zuversicht Ausdruck, dass die Agrarpolitik der Bundesregierung dazu in der Lage sein werde. Er schloss den rhetorischen Bogen seiner Rede, indem er zur Bedeutung der »Grünen Woche« zurückkehrte. Denn sie bot ihm als Politiker, Wahlkampfredner und Vermittler zwischen ländlicher Bevölkerung, landwirtschaftlichen Verbänden und europäischer Agrarpolitik eine ausgezeichnete Plattform, zumal auch zahlreiche Medienvertreter anwesend waren. Die auf dem Messegelände ausgestellten technischen Neuerungen und die Darstellung des Überflusses sollten seine Argumentation untermauern. Für ihn war daher die Exposition

151 Zu diesen Vorgängen vgl. etwa Jörg Baberowski: Der rote Terror. Die Geschichte des Stalinismus, Bonn 2007, S. 61–68; L. Viola/V.P. Danilov/N.A Ivnitskii/D. Kozlov (Hrsg.): The Tragedy of the Soviet Countryside, Bd. 1: The War against the Peasantry, Yale 2005.

folgerichtig der »Höhepunkt des land- und ernährungswirtschaftlichen Geschehens in der Bundesrepublik«.[152]

Der britische Minister für Landwirtschaft, Fischerei und Ernährung, Christopher Soames, war bei seinem letzten Aufenthalt in Berlin noch, wie er sich bezeichnete, »Kriegsminister« gewesen. Damals hatte er von Brandt die »Freiheitsglocke« erhalten. Nunmehr verlieh er seiner Freude Ausdruck, unter so vielen EWG-Kollegen sprechen zu können. Das große politische Kapital, das aus einem derartigen Zusammentreffen zu ziehen sei, sah er als bemerkenswert an. Denn schließlich würde die Landwirtschaft alle Einwohner Westeuropas betreffen. Als Politiker schätzte er die Ausstellung als politisches Netzwerk. Es sei, so Soames, ein »wertvoller Zug der ›Grünen Woche‹, dass sie uns Gelegenheit gibt, unsere Kollegen aus den anderen europäischen Ländern zu treffen«.[153]

Diese Konzentration von Politikern, Funktionären und einem breiten Medienspektrum nutzte die Stadt auch aus, um andere politische Maßnahmen öffentlichkeitswirksam zu präsentieren. Dazu zählten etwa die Wiedereingliederungsbestrebungen für die geflohene ostdeutsche ländliche Bevölkerung. Solche Wiedereingliederungsmaßnahmen zeigte die »Grüne Woche« vor allem mit der sogenannten Deutschen Bauernsiedlung.

Das Richtfest der Deutschen Bauernsiedlung

Nachdem 1957 die erste Deutsche Bauernsiedlung in Rudow errichtet worden war, folgte im Januar 1961 – wiederum im Rahmen der »Grünen Woche« – das feierliche Richtfest der Deutschen Bauernsiedlung in Berlin-Kladow. Dieses Fest bedeutete einen weiteren Höhepunkt im Bestreben des West-Berliner Senats, der seine Initiativen zur Wiedereingliederung von aus der DDR geflohenen Bauern öffentlich zu präsentieren suchte. Im Rahmen des Fünfjahrplanes der Bundesregierung für die »Wiedereingliederung des heimatvertriebenen Landvolks«, womit in erster Linie geflohene ostdeutsche Bauern gemeint waren, wurde auch in West-Berlin ein umfängliches Neusiedlungsprogramm geplant. Die Deutsche Bauernsiedlung GmbH, ein gemeinnütziges Siedlungsunternehmen des DBV mit Sitz in Düsseldorf, führte das Programm als Träger durch.[154]

Bis zum Abschluss des Rechnungsjahres 1961 sollten 15 Gemüse- und Gartenbaubetriebe sowie 70 Nebenerwerbsstellen gebaut und »an Vertriebene und Flücht-

152 LAB, B Rep. 002, Nr. 8030/1, unpag.

153 Rede von Rt. Hon. Christopher Soames, Minister für Landwirtschaft, Fischerei und Ernährung des Vereinigten Königreiches von Großbritannien [o. D., 1961], in: ebd., unpag.

154 BMELF, Vertretung Berlin, betr.: Richtfest der Deutschen Bauernsiedlung in Berlin-Kladow am 30. Januar 1961, vom 28. Dezember 1960, in: ebd., unpag.

linge vergeben« werden. Insgesamt waren die Kosten für dieses Programm mit rund acht Millionen DM veranschlagt worden, die sich aus den Posten »Aufbaudarlehen für die Landwirtschaft« durch das Bundesausgleichsamt, »Sozialer Wohnungsbau«, »Darlehen aus dem Landeshaushalt« und »Darlehen aus dem Bundeshaushalt« (Mittel gem. §46,1 BVFG) zusammensetzten. Das Richtfest der Siedlung wurde deshalb in das Veranstaltungsprogramm der »Grünen Woche« aufgenommen, weil »damit der Propaganda aus der SBZ über ein angebliches ›Bauernlegen‹ in der Bundesrepublik entgegengetreten werden soll«. Ein weiteres Ziel dieses Siedlungbaus war es, den zahlreichen Ostbesuchern die in West-Berlin ergriffenen Maßnahmen »zur Wiedereingliederung von Heimatvertriebenen und zur Verbesserung der Agrarstruktur« vor Augen zu führen.[155] Denn vor allem fehlte es sowohl im Bundesgebiet, aber auch in West-Berlin an landwirtschaftlicher Nutzfläche. Trotz der Anstrengungen der Bundesregierung konnten bis Ende 1960 von über 400.000 Bauern aus Ostdeutschland nur 140.000 in Westdeutschland eingegliedert werden. Davon waren die meisten auf sogenannten Nebenerwerbsstellen untergebracht worden.[156] Bevor 1957 der erste Bauernhof mit elf Nebenerwerbsstellen im Rahmen des Neusiedlungsverfahrens geschaffen wurde, waren zuvor nur 90 geflohene Bauern und Gärtner entsprechend untergebracht worden. Daher maß man der Eingliederung auf der Basis von Nebenerwerbsstellen eine so große politische Bedeutung bei und bezeichnete dieses Verfahren oft als »symbolische Eingliederung in die Landwirtschaft«, die auf den »Grünen Wochen« entsprechend instrumentalisiert und inszeniert wurde.

Schon bevor die Bundesregierung zusammen mit dem »Grünen Plan« 1959 ihr oben genanntes Fünfjahresprogramm beschlossen hatte, war durch den Senator für Wirtschaft und Kredit in seiner Eigenschaft als Leiter der Siedlungsbehörde auch in West-Berlin ein größeres Siedlungsprogramm vorbereitet worden.[157] Die in diesem Rahmen errichteten Gemüsebau- und Gartenbetriebe erhielten eine Landfläche von vier bis acht Morgen mit entsprechenden Wirtschaftsgebäuden und Gewächshäusern. Die Nebenerwerbsstellen waren im Durchschnitt 1.250 qm groß und wurden mit einem Einfamilienhaus bebaut. Die Gesamtkosten des Förderprogramms betrugen ungefähr acht Millionen DM.[158] Damit waren die Pläne des Senats jedoch noch nicht abgeschlossen. Nach dessen Schätzungen würde man in

155 Ebd.

156 Anregungen für die Ansprache des Regierenden Bürgermeisters auf dem Richtfest der Deutschen Bauernsiedlung am 30. Januar 1961, in: ebd., unpag.

157 Ebd.

158 Die Finanzierung setzte sich wie folgt zusammen: Aufbaudarlehen für die Landwirtschaft (durch das Bundesausgleichsamt, Höhe: 1 Millionen DM), sozialer Wohnungsbau (Höhe: 1 Million DM), Darlehen aus dem Landeshaushalt (Höhe: 1,25 Millionen DM) und Darlehen aus dem Bundeshaushalt (Mittel gem. § 46,1 BVFG, Höhe: 4,75 Millionen DM).

den kommenden Jahren in West-Berlin rund 1.000 Nebenerwerbsstellen und 40 bis 50 Gemüse- und Gartenbaubetriebe errichten müssen. Denn erst damit seien »die wichtigsten Wünsche der Vertriebenen und Geflüchteten aus der Landwirtschaft annähernd erfüllt«.[159] Allerdings war den Planern bewusst, dass es in West-Berlin aufgrund des nur begrenzt verfügbaren Freiraumes, schwer sein würde, diese ambitionierten Pläne in die Tat umzusetzen. Die Gelder waren zwar in vollem Umfang gesichert, doch das benötigte Land war es nicht. So blieb nur die Hoffnung, dass dieses Problem durch die »erforderliche[...] Einsicht aller beteiligten Stellen« gelöst werden könnte. Die großen Flüchtlingsströme, die im Verlauf des Jahres 1960 nach West-Berlin kamen – es waren circa 152.000 Menschen –, befürchtete man auch in ähnlicher Höhe für 1961.[160]

Bis Ende 1960 konnten innerhalb West-Berlins in der Regel vorerst nur bereits bestehende Betriebe durch Flüchtlinge übernommen werden. Die Zahlen waren eher ernüchternd: Im Wege des Neusiedlungsverfahrens wurden nur ein Bauernhof in Berlin-Rudow und insgesamt elf Nebenerwerbsstellen geschaffen. Bis zu diesem Zeitpunkt erhielten 90 geflüchtete oder vertriebene Bauern und Gärtner Unterkunft, davon 15 auf Nebenerwerbsstellen und 75 auf Vollerwerbsstellen. Bei den Vollerwerbsstellen handelte es sich um landwirtschaftliche Betriebe, Gartenbaubetriebe und Spezialbetriebe wie Geflügelfarmen, Abmelkbetriebe und Schweinemästereien. Derartige Betriebe besaßen einen relativ geringen Landbedarf und boten eine gute existenzielle Grundlage.

Während der Eröffnungsfeierlichkeiten der »Grünen Woche« am 31. Januar 1961 nutzten Brandt und der West-Berliner Senat die öffentlichkeitswirksamen Möglichkeiten dieses Ereignisses und eröffneten die ersten im »Siedlungsprogramm 1960/61« errichteten sechs Gemüse- und Gartenbaubetriebe in Berlin-Kladow feierlich.[161] Die Rede, die Brandt auf dem Richtfest hielt, nutzte er auch, um einen Ausblick in die Zukunft des Vorhabens Deutsche Bauernsiedlung zu geben. Denn zwi-

159 Ebd. – Vgl. auch das Material für eine Ansprache des Herrn Regierenden Bürgermeisters auf dem Richtfest der Deutschen Bauernsiedlung am 30. Januar 1961 um 10.31 Uhr in Berlin-Kladow (zusammengestellt von Hoferecht, Ern III A 1), in: ebd., unpag.

160 Ebd. – Zu den Problemen und den Aktivitäten West-Berlins und der Bundesrepublik bei der Wiedereingliederung der geflüchteten ostdeutschen Landbevölkerung vgl. Helge Heidemeyer: Flucht und Zuwanderung aus der SBZ/DDR 1945/49–1961. Die Flüchtlingspolitik der Bundesrepublik Deutschland bis zum Bau der Berliner Mauer (= Beiträge zur Geschichte des Parlamentarismus und der politischen Parteien, Bd. 100), Düsseldorf 1994, S. 13 f. u. 283–285; Daniela Münkel: Staatssicherheit im »sozialistischen Frühling« 1960. Der Abschluss der Kollektivierung der Landwirtschaft im Spiegel der MfS-Berichte an die SED-Führung, in: DA 3/2010, S. 470–478, hier S. 47 f. – Zur Fluchtbewegung im Allgemeinen vgl. Bettina Effner/Helge Heidemeyer (Hrsg.): Flucht im geteilten Deutschland, Berlin 2005; Damian van Melis: »Republikflucht«. Flucht und Abwanderung aus der SBZ/DDR 1945 bis 1961, München 2006.

161 Ein weiterer Betrieb wurde zeitgleich in Berlin-Staaken, allerdings ohne öffentliche Zeremonie, errichtet.

schenzeitlich hatte die Deutsche Bauernsiedlung weitere Landflächen im Norden und im Bezirk Neukölln angekauft und stand in ständigen Verhandlungen über den Ankauf von Grundstücken in anderen Bezirken. Zeitnah sollten in Berlin-Kladow und in Rudow noch 62 weitere Betriebe entstehen. Die planerischen Schwierigkeiten bei der Beschaffung geeigneter Freiflächen würden einfach »überwunden werden müssen, besonders dann, wenn die Planungsämter sich gewisse Vorstellungen von der künftigen Bebauung gemacht und vielleicht sogar schon Bautypen festgelegt haben«.[162] Diese Äußerungen des Regierenden Bürgermeisters deuteten auf noch bestehende massive Unklarheiten und Unsicherheiten über die Zukunft der Bauernsiedlungen im Westteil der Stadt hin.

Schwierig war generell die Errichtung von Gartenbau- und Gemüsebaubetrieben. Denn diese Betriebe sollten in sogenannten Nichtbaugebieten, also Gebieten, die für eine landwirtschaftliche Nutzung vorgesehen waren, errichtet werden. Die Kosten für die Erschließung solcher Gebiete mit Elektrizität und Abwasserversorgung waren in der Regel jedoch unrentabel hoch und für die genannten Zwecke waren sie ohnehin selten brauchbar. Marktwirtschaftlich rentabel sollten trotz des hochpolitischen Hintergrundes des Vorhabens die Betriebe aber dennoch sein. Die Absatzchancen ihrer Produkte wurden als sehr günstig beurteilt. Denn das frühere Berliner Einzugsgebiet stand dem Westteil der Stadt nicht mehr zur Verfügung, womit also die direkte wirtschaftliche Konkurrenz fehlte. Besonders der frische Salat, aber auch Spinat und Kohlrabi aus dieser Produktion wurde von den Berliner Abnehmern und Händlern sehr geschätzt. Wie ernst es dem Berliner Senat mit der sozialen Eingliederung der ländlichen Flüchtlinge war, unterstrich Brandt auch mit seiner Eröffnungsrede. Er hielt es für durchaus denkbar, dass diese Betriebe »auch im Rahmen der sogenannten Grünzüge errichtet« werden könnten.[163] Dies hätte an den geeigneten Stellen eine Kombination aus städtischer Grünanlage und landwirtschaftlicher Nutzfläche bedeutet. Brandt betonte, es »sei nicht gesagt, daß der Großstädter nur gepflegte Parkanlagen sehen möchte und nur dort Erholung« fände. Auch große Anbauflächen für Blumen und Gemüse zu Erwerbszwecken bräuchten, laut Brandt, keineswegs das Stadtbild zu stören, insbesondere dann nicht, wenn es sich um geschlossene Siedlungen handele. Dieses vom Senat entwickelte Szenario, das West-Berlin in einigen Jahren ein europaweit einzigartiges Stadtbild gegeben hätte, wurde durch den Mauerbau im gleichen Jahr quasi obsolet.

Die »Grüne Woche« bot der Stadt eine geeignete Plattform, um die Integrationsbemühungen für die ostdeutschen Flüchtlinge vor internationalem Publikum

162 Material für eine Ansprache des Herrn Regierenden Bürgermeisters auf dem Richtfest der Deutschen Bauernsiedlung, in: LAB, B Rep. 002, Nr. 8030/1, unpag.

163 Ebd. u. passim.

hervorzukehren.[164] Denn die Tatsache, dass West-Berlin kaum agrarisches Land besaß und ländlicher Bevölkerung keinen adäquaten Ersatz für ihre Arbeits- und Lebensbedingungen bieten konnte, es aber dennoch versuchte, hinterließ bei den Besuchern Eindruck. Und am selben Tag, als die Deutsche Bauernsiedlung mit einem feierlichen und von zahlreicher internationaler Presse begleiteten Akt im Rahmenprogramm der »Grünen Woche« eröffnet wurde, besuchte der dänische Außenminister Krag das Notaufnahmelager Marienfelde, wo er persönlich an einer Notaufnahmeverhandlung teilnahm.[165] Später, am Nachmittag dieses 31. Januar, trafen Brandt und Krag zusammen und besuchten die Ausstellung. Es waren internationale politische und wirtschaftliche Entwicklungen wie diese, die die Berliner Ausstellungen und den Verwaltungsrat[166] zu der Zielsetzung bewogen, dass der Inhalt der »Grünen Woche« immer »im engsten Zusammenhang nicht nur mit der landwirtschaftlichen, sondern auch mit der agrarpolitischen Entwicklung« stehen sollte. Denn »vor allem in Europa, aber auch sonst in der Welt [entwickelte] sich eine immer engere Verzahnung in der Agrarpolitik«.[167]

Die Lehrschau des BMLF

In der Folge der technischen Entwicklung der Landmaschinen, ihrem sinnvollen Einsatz und dem daraus entstehenden Fortschrittsdiskurs, der Gegenstand der Systemkonkurrenz war, entstand die Sonder- und Lehrschau des BMLF unter dem Motto »Die Technik hilft dem Bauern«. Das BMLF betonte, dass man sich in »einer die ganze Erde umfassenden technischen Revolution« befände.[168] Zunächst war, im Hinblick auf die Lage in der Landwirtschaft in der DDR nach Abschluss der Vollkollektivierung im vergangenen Frühjahr der etwas nüchternere Arbeitstitel »Rationalisierung der Innenwirtschaft« vorgeschlagen worden. Den Modernisierungsdiskurs, für den sich im direkten Systemwettstreit die moderne (Land-) Technik bestens eignete, hatte bereits die 46. DLG-Wanderausstellung vom 15. bis

164 Vgl. zur Berliner Situation Gerhard A. Ritter: Die menschliche »Sturmflut« aus der »Ostzone«. Die Flucht aus der DDR und ihre Folgen für Berlin und die Bundesrepublik, in: Effner/Heidemeyer (Hrsg.): Flucht im geteilten Deutschland, S. 33–48.

165 Überblickend zum Berliner NAV siehe Elke Kimmel: Das Notaufnahmeverfahren, in: ebd., S. 115–134.

166 Dem Verwaltungsrat der Berliner Ausstellungen gehörten im Geschäftsjahr 1960/61 15 Personen aus Politik und Wirtschaft an. Vgl. Berliner Ausstellungen: Jahresbericht 1961, S. 2.

167 Informationsdienst der Berliner Ausstellungen, Schlussbericht: »Grüne Woche« feierte 25. Jubiläum – Berlin, Forum der agrarpolitischen Diskussion vom 5. Februar 1961.

168 Rede von BM Schwarz anlässlich der Eröffnung der »Grünen Woche Berlin 1961«, in: LAB, B Rep. 002, Nr. 8030/1, unpag.

22. Mai 1960 in Köln aufgenommen.[169] Für das BMLF lagen daher eine verstärkte Zusammenarbeit mit der DLG und die Übernahme diverser Schauelemente in die eigene Konzeption für die »Grüne Woche« nahe. Da der Systemwettstreit im ländlichen Sektor vorrangig auch über die Modernisierung der Innenwirtschaften, der Technisierung der Außenwirtschaft und der gesamten Landtechnik in Ost wie West gleichermaßen geführt wurde, war es für das BMLF besonders wichtig, bei der Darstellung des Gemeinschaftslebens der ländlichen Bevölkerung stets die »freiwillige Genossenschaftlichkeit« beim Technikeinsatz zu betonen.[170]

Im April 1960 nahm die Schaukonzeption des BMLF erste Konturen an, nachdem das zuständige Referat im Ministerium von den Berliner Ausstellungen das Thema der kommenden »Grünen Woche« erfahren hatte. Die Planungen sahen einen in der Halle XI aufzubauenden, von außen begehbaren Bauernhof (Haus- und Hofwirtschaft) vor. Entgegen der Intention der Berliner Ausstellungen, die anhand des Bauernhofes nur einzelne technische Maßnahmen vorführen wollte, setzte sich das BMLF schnell mit seiner Idee durch, vielmehr eine komplette betriebs- und arbeitswirtschaftliche Darstellung zu zeigen. Dafür standen rund 100.000 DM zur Verfügung. Weiterhin war geplant, in dem großen Übergang zur Halle XII, wo während der »Grünen Woche« 1958 die Lehrschau »Gebäck aus aller Welt« der Getreideforschungsanstalt Detmold untergebracht gewesen war, die Technisierung der Außenwirtschaft als Lehrschau zu zeigen. Eine derart groß dimensionierte Schau konnte das BMLF – beteiligt waren die Referate II a 1, II A 3, II B 3 und II B 4 – aber nicht allein bewerkstelligen. Schließlich entstanden zahlreiche Kooperationen, die eine groß dimensionierte Schau mit einem Ausstellungshof als Kernpunkt in der Halle XI realisierten.[171]

Dieser Ausstellungshof stellte einen landwirtschaftlichen Hof mit einer Betriebsgröße von 20 ha landwirtschaftlicher Nutzfläche dar. Er sollte einen gut ausgerüsteten und optimal wirtschaftenden bäuerlichen Familienbetrieb darstellen.[172] Die Sonderschau hatte sich den Anspruch gesetzt, zu zeigen, »wie die Arbeit in Haus

169 50 Jahre DLG-Ausstellungen, S. 163–165.

170 BML-Lehrschau »Rationalisierung der Innenwirtschaft« [o. D., 1960/61], in: BAK, B 116, Nr. 17563, unpag. – Vgl. auch den Vermerk des Referats II A 3, betr.: »Grüne Woche Berlin 1961« vom 19. April 1961, in: ebd., unpag. – Siehe vergleichend auch die Darstellungen der Landtechnik und Außenmechanisierung der DDR in Markkleeberg.

171 »Die Technik hilft dem Bauern« war ein Gemeinschaftsprojekt von BMLF, den BA, der Arbeitsgemeinschaft Landwirtschaftliches Bauwesen e. V., dem Land- und Hauswirtschaftlichen Auswertungs- und Beratungsdienst e. V. (AID), der Arbeitsgemeinschaft zur Verbesserung der Agrarstruktur e. V. (AVA) – die den Typenplan des Wohnhauses erstellte –, und der Bundesforschungsanstalt für Hauswirtschaft in Stuttgart-Hohenheim sowie mehrerer Firmen.

172 Zu den Familienbetrieben und den politischen Diskursen darum vgl. Kluge: Agrarpolitik, S. 106.

und Hof in der Außenwirtschaft erleichtert werden« könne.[173] Letztlich war dies Teil einer visuellen Politik der »Grünen Pläne« im beginnenden Wahlkampf 1961, in dem die Landwirtschaft, der Agrarmarkt und die Getreidepreise von zentraler Bedeutung waren.[174] Zugeschnitten war der Ausstellungshof auf einen Arbeitskräftebesatz mit Bauer, Bäuerin und Altbauer. Der Viehbesatz bestand aus zehn Kühen, zwei Färsen, sechs Stück Jungvieh, drei Kälbern und 20 Mastschweinen. Hinzu kam ein Zugkräftebesatz durch einen 25 PS-Schlepper im Einsatz eines Lohnunternehmers. Der Ausstellungshof sollte vorführen, dass durch »eine zweckmäßige Organisation des gesamten Betriebes, durch eine richtige Bauplanung, durch bessere Arbeitsverfahren in Haus und Hof, durch eine sinnvolle Arbeitsteilung zwischen Bauer und Bäuerin [...] die Arbeitszeit verkürzt, der Kraftaufwand vermindert, die Arbeitsproduktivität gesteigert« werden könnte.[175] Idealtypischerweise strebte das BMLF mit seiner Sonderschau an, »die gezeigten Lösungen überall sofort zu verwirklichen«. Jedoch war es das näher liegende Ziel, die »Besucher zu Überlegungen [anzuregen], welche Maßnahmen nach und nach für ihren eigenen Betrieb übernommen werden« könnten. Um dieses Vorhaben für die Besucher anschaulicher zu gestalten, ließ das BMLF im Schaubetrieb eine bäuerliche Familie, die »Familie Höfer«, im Wohnhaus wirtschaften. Diese Familie bestand aus zwei Kindern, dem Vater des Besitzers, dessen Mitarbeit im Betrieb etwa 0,6 AK entsprach und der »durch seine Rente unabhängig« war. Die Tochter übte einen Beruf aus und schied daher, wie ihr jüngerer noch schulpflichtiger Bruder, als Arbeitskraft für den Betrieb aus. Damit hatte die Bundesregierung versucht, die aktuellen Lebens- und Arbeitsverhältnisse in der Landwirtschaft realistisch abzubilden.

Der Ausstellungshof bestand aus dem Wohnhaus der bäuerlichen Familie, dem Wirtschaftsgebäude und dem Maschinen- und Geräteschuppen. Natürlich konnte der Hof nicht komplett in Originalgröße in der Messehalle aufgebaut werden. Die Schuppen und das Wirtschaftsgebäude waren als maßstabgetreue und funktionsfähige Modelle aufgebaut. Das Wohnhaus, als Kernstück der Sonderschau, war jedoch als Original aufgebaut worden. Dieses Haus, das in freistehender erdgeschossiger Bauweise errichtet war, sollte nach den Vorstellungen des BMLF »zur Erneuerung der Kräfte für die Anforderungen des täglichen Lebens [beitragen], den Kindern Geborgenheit und Heimat bieten und ihre gesunde Entwicklung fördern helfen«. Darüber hinaus sollte es »der alten Generation ein Zuhause bieten und Behaglichkeit und Wärme ausstrahlen«. Alle Räume waren voll eingerichtet, mit funktionsfähigen Geräten versehen und natürlich für die Besucher zugänglich. Das BMLF sah

173 N. N.: Die Technik hilft dem Bauern. Sonderschau auf der 25. »Grünen Woche« Berlin 1961, in: Informationsblatt des AID, in: BAK, B 116, Nr. 17563, unpag.

174 Kluge: Agrarpolitik, S. 318–322.

175 N. N.: Die Technik hilft dem Bauern.

den Zweck der Demonstration im Wohnhaus darin, »Arbeitserleichterungen und Arbeitsvereinfachungen durch technische Einrichtungen zu zeigen«.[176] Schließlich, und das war das Entscheidende, sollten diese technischen Maßnahmen »unter Berücksichtigung der fixierten Besitz- und Einkommensverhältnisse den erstrebenswerten Lebensstandard einer bäuerlichen Familie« veranschaulichen. Auch hierfür bildete – zwei Jahre nach der »kitchen debate« – die Küche einen zentralen Schaupunkt. Es gab einen Backofen, der in Augenhöhe eingebaut war, ferner eine automatische Entlüftung sowie einen Spezialschrank für die Küchenmaschine. Im Hinblick auf eine leichtere Sauberhaltung waren der Fußboden mit PVC-Belag und die Wände mit Kunststoffplatten belegt. Einen Teil der hochmodernen Kücheneinrichtung stellte die Herforder Firma Poggenpohl KG großenteils unentgeltlich bereit.[177]

Gleichsam mit dem dargestellten Modernisierungsprogramm in der Landwirtschaft ging der sich verändernde Geschlechterdiskurs einher. Eine Mitarbeiterin des BMLF hielt in ihrem Bericht für die Presse fest, dass an einer »sinnvolle[n] Arbeitsteilung zwischen Mann und Frau die Technik maßgeblich beteiligt« sei.[178] Die Darstellung der modernen Vorratshaltung durch die Sonderschau sei abschließend erwähnt. Denn darin spiegelte sich neben dem zeitgenössischen Modernisierungs- und Geschlechterdiskurs auch der Systemwettstreit wider: Das Bundesministerium hielt es aufgrund »der Nähe der SBZ für richtig«, bei der »Vorratshaltung« und dem »Waschen« Gemeinschaftseinrichtungen zu zeigen, die »auf freiwilliger Mitgliedschaft, auf genossenschaftlicher Basis und finanzieller Beteiligung der Interessenten« beruhten. Denn, so kalkulierte das Ministerium, unabhängig von der finanziellen Lage des jeweiligen Betriebes sei das Mieten oder der Kauf von Gefrierraum in einer Gemeinschaftsgefrieranlage »stets günstig und vorteilhaft«. Beim Schauteil »Waschen« hingegen war abzuwägen, ob die Benutzung der eigenen elektrischen Waschmaschine oder die Benutzung der dörflichen Gemeinschaftswaschanlagen vorteilhafter sei. Das Ergebnis dieser Abwägung war in den Augen des BMLF abhängig davon, ob die Bäuerin die einzige weibliche Arbeitskraft war. Hinter diesen »Siedlungsplanungen« stand zumindest in den nichtöffentlichen Planungen der Hintergedanke, den aus der DDR geflüchteten Bauern eine Siedlungsalternative zu bieten.[179] Ergänzt wurde diese Schau durch die weitere Sonderausstellung des

176 »Grüne Woche« Berlin 1961, Rohentwurf für die Planung des Wohnhauses unter Zugrundelegung des AVA-Bauberatungsblattes W 101/55 [o. D.], in: BAK, B 116, Nr. 17563, unpag.

177 BMLF/II A 3 an die Berliner Ausstellungen, betr.: »Grüne Woche Berlin 1961« vom 29. November 1960, in: ebd., unpag.

178 Anneliese Behrendt, BMLF Bonn: Die Technik hilft der Bäuerin [o. D., Februar 1961], in: ebd., unpag.

179 Auch beim SPD-Pressedienst, der über die Schau berichtete, schien diese Lesart auf. Vgl. R.M.: Rund um die »Silberne Grüne Woche«. Zum 25. Mal unter dem Funkturm in Berlin, in: *Sozialdemokratischer Pressedienst* vom 2. Februar 1961, S. 5f.

Ministeriums mit dem Thema »Die Wandlung der Agrarstruktur«. Beide Schauen zusammen sollten die Schwierigkeiten, die auf dem Weg hin zum Gemeinsamen Markt noch zu überwinden waren – etwa durch die Flurbereinigung –, als mithilfe der Regierung überwindbare Hemmnisse vermitteln.

Das Ausland auf der »Grünen Woche«

Alle 15 Hallen des Ausstellungsgeländes waren voll belegt; insgesamt wurden über 55.000 qm Fläche genutzt. Darauf hatten 615 Firmenaussteller ihre Stände aufgebaut. Zu den 123 West-Berliner Firmen und Betrieben kamen 214 westdeutsche und 278 ausländische aus insgesamt 20 verschiedenen Staaten. Eine derart hohe Beteiligung des Auslandes an einer »Grünen Woche« hatte es zuvor noch nicht gegeben.[180] Neben 59 bundesdeutschen waren 24 ausländische Organisationen, Verbände, Behörden und wissenschaftliche Institutionen an ihr beteiligt. Angesichts der Vielzahl von Tagungen, Kongressen und öffentlichen Veranstaltungen im Rahmenprogramm der »Grünen Woche« bewährte sich auch die West-Berliner Kongreßhalle.

Dass die Zahl der deutschen Aussteller um einiges zurückgegangen war (1960: 676), erklärten die BA dadurch, dass »strengere fachliche Maßstäbe angelegt« worden seien. Das bedeutete letztlich auch, dass die europäische und internationale Ebene für die »Grüne Woche« bedeutender wurde als der Anspruch, eine gesamtdeutsche Schau zu sein (Brückenfunktion). Beispielsweise hatte man dieses Prinzip der strengen Maßstäbe besonders auf die Aussteller von Landmaschinen angewandt. Der Landtechnik kam in den zurückliegenden Jahren eine spezielle Brückenfunktion zu, da sie »meist die einzige Möglichkeit [für die Besucher aus dem Osten war], die Fortschritte der westlichen Agrartechnik kennenzulernen«. Vom Prinzip des »möglichst viel Zeigens« ging die Schauleitung nunmehr ab und überließ es eher den DLG-Wanderausstellungen im Bundesgebiet, die Landtechnik in ihrer »umfänglichen Bandbreite« zu zeigen. Mit ihrem Prinzip des Wanderns entsprachen sie ohnehin mehr dem föderalen Charakter der Bundesrepublik. Die Tendenz der BA ging deutlich dahin, in der Landtechnik und in anderen Bereichen eine »Konzentration auf das Wesentliche« zu erreichen. Auf den größeren Ständen der »Grünen Woche« sollte indes »mehr und Besseres« gezeigt werden.[181] Dadurch

180 Informationsdienst der Berliner Ausstellungen, Schlussbericht: »Grüne Woche« feierte 25. Jubiläum – Berlin, Forum der agrarpolitischen Diskussion vom 5. Februar 1961; Dobberke: Grüne Woche, S. 5 f.

181 Informationsdienst der Berliner Ausstellungen, Schlussbericht: »Grüne Woche« feierte 25. Jubiläum – Berlin, Forum der agrarpolitischen Diskussion vom 5. Februar 1961.

konnte dem Ausland, auf das man sich von nun an verstärkt konzentrierte, mehr Platz eingeräumt werden.

Wie im Vorjahr stand auch 1961 die EWG im Vordergrund der Schauen. Eine der beiden großen Eingangshallen war daher dem Thema gewidmet. Die Kernländer des Gemeinsamen Marktes, Belgien, Frankreich, Italien, Luxemburg, die Niederlande und die Bundesrepublik, stellten in der Halle teils in Gemeinschaftsschauen aus. Die Schau sollte sowohl die Vorteile der europäischen Agrarwirtschaft als auch ihre Erzeugnisse darstellen.[182] Sie war ganz auf einen möglichst großen Publikumseffekt hin angelegt: Holländerinnen boten die Käsesorten ihres Landes an, Italien bereitete in einer eigenen Küche das Nationalgericht Pizza zu und servierte dazu Chianti und Espresso. Am französischen Stand gab es neben zahlreichen Weinen als Leckerbissen frische Austern. Der belgische Stand war mit seinen zahlreichen und geschickt dekorierten Obst- und Gemüsesorten eine Sehenswürdigkeit. Die Bundesrepublik hatte eine »Käsestraße« mit 28 Sorten aufgebaut. In der gegenüberliegenden Halle, am Eingang, empfing Dänemark mit delikaten Frühstückshäppchen die Besucher. In dieser Leistungsschau westeuropäischer Nahrungsmittelwirtschaft hingen Würste, Fleisch und Eier von der Hallendecke herab, und auf den Verkaufstischen gab es »Smørrebrød« mit Baconschinken: »Prima, prima – aus Dänemark« war die Parole am dänischen Stand.[183] Amerika führte seine Mechanisierung und Automatisierung in der Landwirtschaft vor. Im Jahre 1961 setzte auch Kanada, wie bereits 1959 die USA, auf die Darstellung des Reichtums an Weizen. Diesen Reichtum visualisierte das Land durch ein großes Bassin, in das unablässig aus einem Silo goldgelbe Körner rieselten – ein für die Besucher zweifellos beeindruckendes Bild.[184]

Argentinien, Belgien, Chile, Dänemark, Frankreich, Griechenland, Großbritannien, Israel, Italien, Japan, Jugoslawien, Kanada, Marokko, die Niederlande, Österreich, Spanien, Schweden, die Schweiz, die Südafrikanische Union und die USA, insgesamt also 20 ausländische Staaten, fanden 1961 mit ihren Erzeugnissen den Weg zum Funkturm. Nicht nur die kulturelle Vielfalt war mit einer so breiten ausländischen Beteiligung für die »Grüne Woche« gesichert worden, sondern auch eine größere Bandbreite in der Schau- und Darstellungspraxis. Die Schweiz beispielsweise hatte einen Rundtempel bezogen und darin ein Karussell aufgebaut, mit dem gleichzeitig für die schweizerische Käse- und Schokoladenproduktion geworben wurde. Erstmals baute auch Österreich eine Gemeinschaftsschau auf einer »Grünen Woche« auf.[185] Die österreichischen Aussteller brachten eine authentische Heurigenschänke mit Gesang und Schrammelmusik mit. Etwa 30 Weinsorten, von der

182 Vgl. auch R.M.: »Silberne Grüne Woche«, S. 5 f.

183 Ebd., S. 6.

184 Ebd.

185 Ebd.; Dobberke: Grüne Woche, S. 53.

Wachau bis zum Burgenland, wurden dort ausgeschenkt, was insgesamt für eine ausgelassene Stimmung und stets vollbesetzte Tische sorgte.

Die zahlreichen und ausstellungstechnisch hochwertigen Gemeinschaftsschauen der EWG-Länder waren ein starker Anziehungspunkt für die Besucher, insbesondere für die Sehleute. Neu war bei dieser »Grünen Woche« das Bestreben einiger Länder, den Verbraucher direkt anzusprechen. Erstmals wurde ein Werbeverkauf von Obst und Gemüse durchgeführt. Belgien bot Äpfel und Chicorée an, und am dänischen Stand wurden Apfelsorten und Apfelsaft kostenlos angeboten.[186] Allerdings befand sich der deutsche Gemeinschaftsstand, der den Titel »Deutschland – Obst und Gemüse« trug, räumlich getrennt von den ausländischen Ständen und Sonderschauen in der Halle X »Danzig«. Dieser Zustand wurde von den verantwortlichen Ausstellern als Manko empfunden. Denn schließlich war offensichtlich geworden, dass sich die Landwirtschaftsausstellung am Funkturm immer mehr zu einer internationalen Agrarmesse entwickelte.[187] Ihre Bedeutung für die Bundesrepublik sollte sie somit in einer vermehrten Konkurrenz zum Ausland entwickeln. Daher sollte es dem Besucher so leicht wie nur irgend möglich gemacht werden, die »deutschen Erzeugnisse in ihrer Qualität und marktgerechten Aufmachung mit dem ausländischen Angebot vergleichen« zu können. Beim Betrachter sollte somit die Überzeugung reifen, dass die »deutsche Produktion der unserer Nachbarn mindestens gleichwertig« sei. Der deutsche Handel sowie die landwirtschaftlichen Produzenten und Verbände waren sich darüber einig, dass die Notwendigkeit zu solchen vergleichenden Wettbewerben mit dem Ausland von Jahr zu Jahr größer wurde, weil der Gemeinsame Markt dies verlangte.[188]

Das wirtschaftliche Ergebnis der »Grünen Woche« von 1961

Das geschäftliche Ergebnis der »Grünen Woche 1961« wurde von den BA insgesamt als »gut« bezeichnet.[189] Die Erwartungen der Aussteller waren zumeist übertroffen worden. Die Berliner Ausstellungen kamen aufgrund ihrer alljährlichen, die Ausstellung abschließenden Geschäftsumfrage zu dem Ergebnis, dass 80 Prozent der Aussteller mit dem unmittelbaren Ergebnis ihrer Beteiligung an der »Grünen Woche« zufrieden waren. Weitere 15 Prozent sprachen von Erwartungen, die »nicht ganz erfüllt« wurden. Dennoch konnten gerade diese Firmen in Teilgebie-

186 Zentralverband des Deutschen Gemüse-, Obst- und Gartenbaus e. V.: Verwendungsnachweis zum Bewilligungsbescheid des BMLF Bonn vom 9. Dezember 1962, in: BAK, B 116, Nr. 22299, unpag.

187 Zu dieser Einschätzung vgl. auch ebd.

188 Ebd.

189 Informationsdienst der Berliner Ausstellungen, Schlussbericht: »Grüne Woche« feierte 25. Jubiläum – Berlin, Forum der agrarpolitischen Diskussion vom 5. Februar 1961.

ten gute geschäftliche Ergebnisse erzielen. Lediglich fünf Prozent der Aussteller beziehungsweise Firmen berichteten über ein »unbefriedigendes Geschäft«. Sie verkannten jedoch mehr oder weniger das Potenzial der »Grünen Woche« als einer Ausstellung, die Firmen vor allem durch Werbung, Repräsentation und Kontaktanbahnung, durch »Kontaktmöglichkeiten« mit Interessenten aus West-Berlin, der Bundesrepublik sowie dem Ausland geschäftliche Vorteile brachte.[190] In der Regel sprachen die befragten Aussteller von einem »sehr aufgeschlossenen und noch erweiterungsfähigen Markt«.

Ähnlich wie im Vorjahr wurde das Geschäft in Kleingeräten für Haus, Hof und Garten als »sehr lebhaft« beschrieben. Hierbei konnte sich die Industrie auf einen »aufnahmefähigen Markt« stützen. Bei der großen Zahl von über 600 in Berlin ansässigen Gartenbaubetrieben erwarteten die Hersteller von Einrichtungen für derartige Betriebe ein besonders gutes Nachgeschäft. Gleiches galt für den Samenfachhandel und die Düngemittelindustrie, die erfolgreiche Werbearbeit leisteten und neue Geschäftsverbindungen knüpfen konnten. Die Aussteller von Pflanzenschutz- und Pflegemitteln verzeichneten wie im Vorjahr zufriedenstellende Abschlüsse. Von regem Publikumsinteresse und einem »guten bis sehr guten Geschäft« sprachen die Hersteller von Gartenmöbeln. Ähnlich positive Resultate konnten die meisten Aussteller von Berufsbekleidung und Heimtextilien erzielen. Den eigentlichen Hauptanziehungspunkt für die Besucher bildete nach wie vor zweifellos die Nahrungs- und Genussmittelindustrie. Das bereits für die »Grüne Woche« 1960 geprägte Schlagwort » Mehr Besucher und mehr Geld« hatte auch in diesem Jahr volle Geltung erhalten. Als »spürbar« wurde das »wachsende Interesse« der West-Berliner Verbraucher an Qualitätsnahrungsmitteln beschrieben.[191] Die durch die »Grüne Woche« gebotenen Marktchancen führten zu erhöhten Anstrengungen der beteiligten Firmen, zumal besonders auf dem Nahrungs- und Genussmittelsektor eine intensive Marktpflege und -beobachtung über Erfolg oder Misserfolg eines Produktes entschied. Die Ausstellung etablierte sich mehr und mehr als ein Testmarkt neuer und innovativer Produkte und Erzeugnisse.

Die wirtschaftliche und wirtschaftswerbende Bilanz der ausländischen Aussteller war ebenfalls eindrucksvoll. Nach den Umfragen der BA waren sie »ausnahmslos zufrieden«. Über 70 Prozent der Besucher sahen sich die Filmvorführungen im amerikanischen Agrarama-Rundkino an. Und 75.000 Teilnehmertickets wurden für das

190 Ebd. u. passim. – Zum Charakter von Ausstellungen als Mittel der Werbung und Geschäftskommunikation vgl. Claus H. Boerner: Messen und Ausstellungen. Impulsgeber und Indikatoren für die Wirtschaft einer Region, in: Wirtschaft und Standort 10 (1978), S. 7–9; ders.: Aktuelle Situation im Messe-, Ausstellungs- und Kongreßwesen, in: D. Rost/K.-H. Strothmann (Hrsg.): Handbuch Werbung für Investitionsgüter, Wiesbaden 1983, S. 361–389.

191 Informationsdienst der Berliner Ausstellungen, Schlussbericht: »Grüne Woche« feierte 25. Jubiläum – Berlin, Forum der agrarpolitischen Diskussion vom 5. Februar 1961.

Truthahn-Gewichtsraten am amerikanischen Stand verkauft. Am niederländischen Stand wurden über 30.000 Stück Käse und Käsetoasts abgegeben und am dänischen wurden über 20.000 »Smørrebrød«, 14.000 Portionen Bacon und 12.000 Fischfilets verkauft. Belgien meldete den Absatz von 3.500 kg Chicorée und die österreichische Weinwerbung schenkte 18.000 Schoppen Wein aus. Am marokkanischen Stand wurden über 3.000 Orangen verkauft. Am Stand Frankreichs verzehrten die Gäste über 30.000 Austern. Im Ganzen fanden die repräsentativen Schauen des Auslandes die Aufmerksamkeit und Anerkennung der Besucher.[192]

Neben dem politischen Gewinn erzielte die »Grüne Woche« von Jahr zu Jahr einen steigenden finanziellen Beitrag für die Stadt West-Berlin. Zum ersten Mal überhaupt war im Rahmen einer landwirtschaftlichen Ausstellung die Aluminium-Industrie vertreten. Mit einer Sonderschau, der »Aluminium-Zentrale«, zeigte der Industriezweig auf der »Grünen Woche«, welche damals neuartigen Anwendungsmöglichkeiten dieses Metall in der Landwirtschaft bot. Andere Firmen, wie etwa Philipps oder »Ruhrkohle«, kamen nunmehr regelmäßig als Aussteller auf das Messegelände unterm Funkturm. In der Tat wurde eine größere Nachfrage nach Ruhrkohle als auf der letzten Industrieausstellung registriert.[193] Die Ruhrkohlen-Beratungsstelle verzeichnete auch eine größere Nachfrage nach ihren Heizgeräten als auf der Industrieausstellung. Dementsprechend kündigte die »Ruhrkohle« an, sich künftig regelmäßig an der »Grünen Woche« zu beteiligen.

Noch in einer anderen, nämlich pekuniären Hinsicht holte die »Grüne Woche« gegenüber der Industrieausstellung auf. Die Betriebserträge der Berliner Ausstellungen durch die »Grüne Woche« hatten 1961 nämlich deutlich zugelegt. Gegenüber dem Vorjahr verzeichnete man einen Zugewinn bei den Erträgen von mehr als 175.000 DM.[194] Dies war im Vergleich zur Ertragssteigerung der Industrieausstellung ein größerer Gewinn,[195] wenn man in Betracht zieht, dass für die Industrieausstellung 1961 ein in etwa doppelt so großer Betrag aufgewandt wurde wie für die »Grüne Woche«.[196] Schließlich bedeutete dies auch eine günstige Entwicklung der Einnahmen aus Standmiete und Eintrittsgeldern. Die Einnahmen aus Eintrittsgeldern der »Grünen Woche« stiegen von etwa 320.000 DM im Jahre 1957 auf

192 Ebd.; vgl. auch die Zusammenstellung des Informationsdiensts der Berliner Ausstellungen, in: LAB, B Rep. 002, Nr. 3553 Bd. 2, unpag. – Zum medialen Echo des wirtschaftlichen Ergebnisses der »Grünen Woche 1961« vgl. Wolf: Blumen, Blüten und Kritik – Die 25. »Grüne Woche« hatte 455.000 Besucher, in: *Telegraf* vom 7. Februar 1961, S. 10; sowie N.N.: Erfolgreiche Bilanz der »Grünen Woche 1961«, in: Bulletin Nr. 26 vom 7. Februar 1961, S. 238.

193 Ebd.

194 Berliner Ausstellungen: Jahresbericht 1961, S. 19–21 u. S. 34.

195 Errechnet nach ebd.

196 Ebd., S. 20. – Für die »Grüne Woche« wurden 1961 566.000 DM (1960: 513.600 DM) aufgewandt und für die Industrieausstellung betrug der finanzielle Aufwand 507.500 DM (1960: 406.500 DM).

510.000 DM im Jahre 1961 an, während sich die Einnahmen aus der Standmiete im gleichen Zeitraum von 180.000 DM auf 430.000 DM erhöhten.[197] Mit Zuschüssen aus ERP-Sondermitteln konnte 1961 das Marshall-Haus instand gesetzt werden. Insgesamt erwirtschafteten die Berliner Ausstellungen im Geschäftsjahr 1961 einen gegenüber dem Vorjahr um etwa eine Million höheren Betrag. Allerdings stand dieser Ertragserhöhung auch eine Erhöhung des Aufwandes um rund 1,63 Millionen DM gegenüber, sodass der Verlust höher als der des Vorjahres war. Diese Bilanz ergab sich dadurch, dass verstärkt in Sachaufwand für Erneuerung und Instandhaltung der Infrastruktur des Messegeländes und in vermehrtes Personal investiert wurde. Der Senat trat verstärkt als Gläubiger für Baumittelkosten auf. Die gesteigerten Investitionen beabsichtigte man durch qualitativ bessere, größere und dadurch (auch international) stärker frequentierte Veranstaltungen wieder zu amortisieren. Die »Grüne Woche« und die Internationale Wassersportausstellung waren die beiden Veranstaltungen, die dieses Konzept am besten in wirtschaftlicher wie öffentlichkeitswirksamer Hinsicht realisierten.

Vor allem aber beeindruckte den Senat ein großer Erfolg, der den BA und ihrem neuen Konzept recht gab: Die 25. »Grüne Woche« verzeichnete 455.000 Besucher (1960: 468.000), von denen 185.000 (1960: 156.000) aus der DDR und Ost-Berlin kamen.[198] Abermals war eine der höchsten Besucherzahlen, die nach dem Zweiten Weltkrieg auf der Ausstellung erzielt wurde, erreicht, und besonders der Anteil der ostdeutschen Besucher erfuhr eine bedeutende Steigerung gegenüber dem Vorjahr. Anhand der Tagesstatistik konnte festgestellt werden, dass im Vergleich zum Vorjahr an den ersten vier Ausstellungstagen die Zahl der Ostbesucher eine rückläufige Tendenz aufwies, während vom fünften Tage an ein erhebliches Plus zu verzeichnen war, das zum Ende der Ausstellung hin im Durchschnitt 5.000 täglich, am letzten Ausstellungstag sogar mehr als 10.000 Besucher ausmachte. Diese Zahlen waren auch durch die verstärkte Attraktivität der »Grünen Woche« erreicht worden, ebenso durch die beliebten und nochmals in ihrer Anziehungskraft gesteigerten »Lockaktionen für Ostbesucher«.[199] Überdies befand sich unter den Besuchern der

197 Zahlen entnommen aus ebd., S. 34. – Zum Vergleich die Entwicklung im gleichen Zeitraum bei der Industrieausstellung: Die Eintrittsgeldereinnahmen waren nicht wie bei der »Grünen Woche« im stetigen Anstieg begriffen, sondern variierten. 1957 betrugen die Einnahmen 400.000 DM und erreichten 1959 einen Spitzenwert von ca. 700.000 DM. 1961 lagen diese Einnahmen bei 550.000 DM. Die Entwicklung der Standmiete der Industrieausstellung verlief noch dramatischer: 1957 verzeichneten die BA noch Einnahmen von über einer Million DM. Ein Jahr später fiel der Wert auf unter 800.000 DM ab und stagnierte in etwa in dieser Höhe bis 1961.

198 Informationsdienst der Berliner Ausstellungen, Schlussbericht: »Grüne Woche« feierte 25. Jubiläum – Berlin, Forum der agrarpolitischen Diskussion vom 5. Februar 1961.

199 Bericht über die »Grüne Woche« an Bürgermeister Amrehn vom 18. März 1961, in: LAB, B Rep. 002, Nr. 2223, unpag.

25. »Grünen Woche« der siebenmillionste Gast seit Bestehen der Ausstellung im Jahre 1926.

Die Bestrebungen der Ausstellungsmacher gingen unverkennbar dahin, weg vom Image der »Würstchenmesse«, der »Fressa« und vom bloßen »Butterberg« hin zu einer politisch wie fachlich stärker geprägten Ausstellung zu kommen, die gleichzeitig die wirtschaftlichen Potenziale einer Messe bot und dadurch mehr Kaufkraft anzog. Die Transformation der »Grünen Woche« von einer Landwirtschaftsausstellung hin zu einer internationalen Agrarmesse war das Ziel dieser Entwicklungen. Das »materielle Schaufenster« sollte durch eine politische Schaufensterfunktion erweitert oder gar ersetzt werden, das nicht mehr ausschließlich Richtung DDR abzielte. Das große Verbrauchergebiet West-Berlin wurde für die europäischen Agrar-Exportländer ein zusehends attraktiverer Platz, an dem ein eifriger Wettbewerb in der Werbung, vor allem in Hinsicht auf die Qualität der Waren, entwickelt wurde. Dieser in den Jahren 1960 und 1961 eingeleitete Transformationsprozess war für die Exposition nach dem Mauerbau im August 1961 dann ein großer Vorteil.

»Ein Jahr vollgenossenschaftliche Arbeit«: Die 9. Landwirtschaftsausstellung der DDR in Leipzig-Markkleeberg 1961

Im Gefolge der Durchsetzung der Vollkollektivierung der Landwirtschaft im »sozialistischen Frühling auf dem Lande« 1960 entstanden zahlreiche wirtschaftliche und gesellschaftliche Schwierigkeiten für die SED. Der umfassende Wandel der ostdeutschen Agrar- und ländlichen Besitzstruktur war mit zahlreichen Repressionen und Zwangsmaßnahmen der SED gegenüber Bauern, die nicht freiwillig in die LPG eintreten wollten, durchgesetzt worden.[200] Nicht nur, dass noch immer nicht alle Bauern den Genossenschaften beigetreten waren und viele die LPG bereits wieder verlassen wollten; vielmehr warfen gravierende Umstellungsprobleme die Landwirtschaft zurück. Viele Mitglieder verhielten sich gegenüber ihren LPG gleichgültig oder lehnten sie – trotz Beitritt – nach wie vor ab. Besonders in den südlichen Bezirken hatte es die härtesten Auseinandersetzungen zwischen den örtlichen Organen und den Bauern gegeben. Noch Ende 1961 erklärten viele Bauern ihre Absicht, aus den LPG wieder auszutreten. Um die Getreideernte 1961 sicher einbringen zu können, musste die SED in den Bezirken Rostock, Schwerin, Erfurt und Dresden zusätzliche Arbeitskräfte mobilisieren. Diese Entwicklungen in der Landwirtschaft

200 Vgl. Schulz: Kapitalistische Länder überflügeln, S. 39–45; Schöne: Frühling, S. 289–296. – Am Beispiel der ehemaligen Provinz Brandenburg vgl. Arnd Bauerkämper: Zwangsmodernisierung und Krisenzyklen. Die Bodenreform und Kollektivierung in Brandenburg 1945–1960/61, in: Geschichte und Gesellschaft, H. 4/1999, S. 556–588, bes. S. 572–588.

waren insgesamt Teil einer tiefen Krise, der sich die SED 1960/61 gegenübersah.[201] Die Produktionsziele des Siebenjahrplanes konnten nicht erreicht werden, sodass dieser abgebrochen werden musste. Die Zahl der Flüchtlinge aus der DDR in den Westen nahm zu.[202] Die starke Wirtschaftskraft der Bundesrepublik, die im Schaufenster West-Berlin täglich sichtbar war, übte eine starke Anziehungskraft auf die ostdeutsche Bevölkerung aus. Viele Menschen kehrten bis zum Sommer 1961 so einem System den Rücken zu, dem es an demokratischer Legitimation fehlte. Die SED sah in der Abriegelung der DDR, die am 13. August 1961 durch den Mauerbau vollzogen wurde, einen endgültigen Weg, um die Krise zu beenden. Seit Januar 1961 drängte Ulbricht Chruschtschow förmlich, das Berlin-Problem zu lösen.[203] Gleichwohl endete das nonkonforme Verhalten in den Dörfern mit dem Mauerbau aber keineswegs, auch wenn die Bauern sich zu arrangieren begannen. Denn der Mauerbau hatte ihnen gezeigt, dass »es keine Änderung in politischer Hinsicht mehr [geben werde]«.[204]

Die nationale Landwirtschaftsausstellung der DDR des Jahres 1961 sollte daher etwas ganz Besonderes sein. Denn sie hatte die Schwierigkeiten und Krisenerscheinungen zu ignorieren und dabei gleichzeitig ein positives Bild von den ländlichen Lebensverhältnissen in der DDR zu propagieren und dabei zu helfen, die Bauern endlich »auf Linie« zu bringen. Dafür sollte die Ausstellung ein einziger großer »Erfahrungsaustausch der guten genossenschaftlichen Arbeit« werden, was letztlich nichts anderes als verstärkten Ideologietransfer bedeutete.[205] Wie schon beim Volksaufstand 1953 versuchte die SED, die Ursachen für die Krise im Westen, vor allem in der Bundesrepublik zu suchen. Markkleeberg sollte also zeigen, welche »Verantwortung die Landwirtschaft der DDR bei der Lösung der ökonomischen Hauptaufgabe [hat] und wie auch die sozialistische Landwirtschaft alle Anstrengungen unternimmt, den Bonner Störversuchen einen Schlag zu versetzen und die

201 Vgl. etwa Patrice G. Poutrus: Lebensmittelkonsum, Versorgungskrisen und die Entscheidung für den »Goldbroiler«. Problemlagen und Lösungsversuche der Agrar- und Konsumpolitik in der DDR 1958–1965, in: Archiv für Sozialgeschichte 39 (1999), S. 391–422.

202 Zu Fluchtzahlen aus dem Bezirk Erfurt von Dezember 1955 bis März 1961 vgl. Last: Socialist Spring, S. 4f.

203 Zu Ulbricht als treibender Kraft des Mauerbaus vgl. aus neuester Perspektive Klaus-Dietmar Henke: Die Berliner Mauer, in: ders. (Hrsg.). Die Mauer. Errichtung, Überwindung, Erinnerung, München 2011, S. 11–31; Manfred Wilke: Der Weg zur Mauer, Berlin 2011; Harrison: Ulbrichts Mauer, S. 257–272.

204 Zit. nach Schöne: Frühling, S. 294. – Vgl. auch Last: Socialist Spring, S. 44–48; Poutrus: Goldbroiler, S. 32–42.

205 BV Leipzig, Einsatzstab – Aktion »Erfahrungsaustausch«: Abschlußbericht über die Aktion »Erfahrungsaustausch« vom 24. Juli 1961 (gez. Oberleutnant Kochan, Stellv. Ltr. d. Einsatzstabes und Oberstleutnant Kreusel, Stellv. Ltr. d. Bez.-Verw.-op.), in: BStU, Außenstelle Leipzig, BVfS Leipzig Leitung, Bl. 36–42, hier Bl. 36.

Unabhängigkeit der DDR von der Westzone zu erreichen«.[206] Diese Unabhängigkeit sollte im Bereich der Landwirtschaft durch Autarkie, beispielsweise bei den Futtermitteln und Tier-Antibiotika, erreicht werden. Die Ausstellung hatte zu zeigen, dass die Forcierung der ohnehin bestehenden Autarkiebestrebungen im Bereich der ländlichen Produktion und der Versorgung der Bevölkerung ein Konzept der SED zur Bewältigung der Krise wäre.[207]

Die 9. Landwirtschaftsausstellung der DDR, die vom 10. Juni bis zum 23. Juli 1961 stattfand, stand unter dem Thema »Ein Jahr vollgenossenschaftliche Arbeit« und unter der Leitlosung »Genossenschaftlich arbeiten, mehr produzieren, besser leben«.[208] Vorbereitend fanden in der Woche vor Schaubeginn »Bezirkstierschauen« in den Bezirken Karl-Marx-Stadt und Rostock statt. Mit den Züchtern und der Markkleeberger Schauleitung war ein enger Austausch vorgesehen. Die Sieger dieser Tierschauen waren dann als Vertreter der »besten VEG im DDR-Maßstab« als Aussteller in Markkleeberg bestimmt.[209]

Das MLF fasste die Vorbereitungen des VII. Deutschen Bauernkongresses mit der Werbung für die Markkleeberger Ausstellung zusammen. In der Planung des Ministeriums für das Ausstellungsjahr 1961 sollte der Bauernkongress durch »Presse, Funk, Fernsehen und den Mitteln der Agrarpropaganda« vorbereitet werden und damit gleichzeitig der später im Jahr stattfindenden Landwirtschaftsausstellung die ideologische Richtung vorgeben. Dazu waren seit dem Januar fünf Lehrzüge in der DDR unterwegs.[210] Die Themen der Lehrzüge waren für das Programm »ein Jahr genossenschaftliche Arbeit« zugeschnitten worden und beinhalteten im Einzelnen: Die »Bedeutung und Organisation der genossenschaftlichen Wirtschaft« (Lehrzug I), »Probleme der LPG des neuen Typs II« (Lehrzug II), »Fortgeschrittene Formen der Anwendung der materiellen Interessiertheit« (Lehrzug III),[211] »Zweckmäßige Winterfütterung« (Lehrzug IV) und »Brigadearbeit in der

206 Drehbuch zur 9. Landwirtschaftsausstellung der DDR in Markkleeberg 1961 [o. D., 1961], in: SStAL, agra-Landwirtschaftsausstellung, Nr. 185, unpag.

207 Zu den Autarkiebestrebungen der ostdeutschen Landwirtschaft vgl. Arnd Bauerkämper: Ländliche Gesellschaft in der kommunistischen Diktatur. Zwangsmodernisierung und Tradition in Brandenburg 1945–1963, Köln u. a. 2002.

208 Ebd.; Drehbuch zur 9. Landwirtschaftsausstellung der DDR in Markkleeberg 1961 [o. D., 1961], in: SStAL, agra-Landwirtschaftsausstellung, Nr. 185, unpag.

209 Ebd.

210 Ausstellungsplanung 1961, in: ebd., Nr. 2503, unpag.

211 Über die »materielle Interessiertheit« äußerte sich Ulbricht in seiner Rede auf der Landwirtschaftsausstellung 1962 wie folgt: Die »Anwendung des Prinzips der materiellen Interessiertheit« sei in der »Viehwirtschaft der LPG schon besser entwickelt als in der Feldwirtschaft«. Das Prinzip müsse »in Zukunft besser als Hebel zur Erhöhung der Erträge der Feldwirtschaft, zur Hebung der Bodenfruchtbarkeit und der systematischen Erhöhung der Produktivität der Viehbestände genutzt werden«. Zit. nach Bundesministerium für Gesamtdeutsche Fragen (Hrsg.): Chronik 1961–1962. Der

Feldwirtschaft« (Lehrzug V). Die Lehrzüge mussten auch bei der »Zerschlagung [...] der bei einer Reihe LPG und VEG sowie einigen Mitarbeitern des Staatsapparates vorhandene[n] schädliche[n] Ideologie ›Weniger Vieh aber besser füttern‹« mitwirken. Bei der Durchführung der Aufgaben der Lehrzüge vor Ort sollten die Presseorgane anwesend sein, damit »stets die Menschen im Mittelpunkt stehen«. Denn es galt »eine enge Verbindung von sozialistischer Erziehung und Lösung der ökonomischen Aufgaben herzustellen«.[212] Eine weitere Festigung dieses »Bündnisses« versprach man sich eben auch durch die nationale Landwirtschaftsausstellung.

Zuvor allerdings waren noch zahlreiche Vorbereitungen und die Klärung der Finanzlage notwendig. Als Veranstalter fungierten das MLF, die DAL, die Deutsch-Agrarwissenschaftliche Gesellschaft, die KdT, die VdgB und der DFD. Erklärtes Ziel war es, 1,25 Millionen Besucher anzuziehen. Allerdings waren einige Haushaltsposten trotz der von der Politik gestellten Anforderungen, noch nicht bis zum Ausstellungsbeginn geklärt. Im Siebenjahrplan für den Betrieb Markkleeberg war ein Investvolumen von 1,8 Millionen DM geplant. Davon wurde für das Haushaltsjahr 1961 durch das MLF in Übereinstimmung mit dem Bezirksbauamt eine Summe von 447.100 DM bestätigt.[213] Durch diese Maßnahmen konnten jedoch die aus Investmitteln zu finanzierenden Bauvorhaben nicht realisiert werden. Das Bauvorhaben »2. Bauabschnitt Technische Zentrale«, auf das »alle Vorarbeiten der vergangenen Jahre [...] ausgerichtet waren«, musste vorerst gestrichen werden. Für den Ausstellungsteil »Das sozialistische Dorf« wurden seit 1958/59 vier Wohnungseinheiten geplant. Die Wohnungseinheiten wurden jedoch vom Ministerium mit der Begründung gestrichen, dass Wohnungsbauten aus Obligationen und nicht aus Investmitteln finanziert würden, ein Einwand der erstmals so von Staatsseite gegenüber dem Markkleeberger Betrieb geltend gemacht wurde. Obwohl die Kreissparkasse Leipzig, bei der sich der Ausstellungsbetrieb Auskunft einholte, eine andere Position als das MLF vertrat, konnten die Kompetenzgerangel und Unklarheiten in diesem Fall nicht mehr rechtzeitig vor Schaubeginn geklärt werden.[214] Lediglich der

andere Teil Deutschlands in den Jahren 1961–1962, IV. Ergänzungsband zu »SBZ von 1945 bis 1954«, Bonn u. a. 1969, S. 267.

212 Ausstellungsplanung 1961, in: SStAL, agra-Landwirtschaftsausstellung, Nr. 2503, unpag.

213 Drehbuch zur 9. Landwirtschaftsausstellung der DDR in Markkleeberg 1961 [o. D., 1961], in: SStAL, agra-Landwirtschaftsausstellung, Nr. 185, unpag. u. passim. – Die Gelder setzten sich aus den Posten »Baukapazität« (328.000 DM), »Ausrüstungen« (100.000 DM) und »Geländeankauf« (19.100 DM) zusammen.

214 Zum ländlichen Bauen und den spezifischen Problemen und Besonderheiten in der frühen DDR vgl. Butter: Neues Leben, neues Bauen; Dix: »Freies Land«; Ulrich Hartung: »Die Kultur auf's Land bringen«. Dörfliches Bauen in der frühen DDR und der Typus des Land-Kulturhauses, in: Kluge/Halder/Schlenker (Hrsg.): Zwischen Bodenreform und Kollektivierung, S. 229–250. – Für die späten 1950er Jahre vgl. Schier: Alltagsleben, S. 240–268. – Zu den wirtschaftlichen Hintergründen vgl. Steiner: Plan.

Erweiterungsbau für die Halle »Ausbildung« konnte in vollem Umfang finanziert werden.

Die Zurücksetzung des Komplexes »Das sozialistische Dorf« erstaunt indes, denn bisher war dieser Komplex und der dahinterstehende Versuch zur Überwindung des Stadt-Land-Gegensatzes als wichtiges Element zur Durchsetzung ordnungspolitischer Vorstellungen der SED auf dem Land betrachtet worden. Der Vorgang kann als ein Symptom der Krise der Jahre 1960/61 und den daraus entstehenden Engpässen in der Materialbeschaffung gedeutet werden oder er lag in der Umleitung von Geldern in kurzfristig wichtigere Schwerpunkte begründet. Ohnehin sahen die Realitäten anders aus, als es die »Schaffung des Sozialistischen Dorfes« seit Jahren versprach. Die Überwindung des Stadt-Land-Gegensatzes und die Modernisierung der Dörfer waren die besonderen Verheißungen der SED an die ländliche Bevölkerung.[215] Haus, Wirtschaften und Wohnen waren im Ländlichen aufs Engste verknüpft. In diese Lebenswelten einzudringen, war und blieb für die SED ein vorrangiges Ziel bei der Durchsetzung ihrer Agrar- und Gesellschaftspolitik. Langfristig sollten ländliche Siedlungszentren mit dem Zweck der ökonomischen, sozialen und kulturellen Konzentration, die der territorialen Zersplitterung ländlicher Siedlungen entgegentreten sollten, die Aufhebung des Stadt-Land-Gegensatzes in der DDR herbeiführen.[216]

An Haushaltmitteln standen laut dem Haushaltsplan für 1961 20,862 Millionen DM vorläufig zur Verfügung. In dieser Summe waren die Ausgaben enthalten für die »Melkerschule« (120.000 DM), für den Einsatz der Lehrzüge (443.000 DM) und für die Durchführung von Schulungen im Rahmen des Neuererzentrums (895.000 DM). Den größten Posten nahm die Beteiligung der DDR an Auslandsausstellungen ein. Für die Teilnahme an der Landwirtschaftsausstellung in Kairo bewilligte man 1,268 Millionen DM, für Budapest 470.000 DM und für die Beteiligung an der Schau in Ulan-Bator (Mongolei) immerhin 711.000 DM.

Die Teilnahme der DDR an den genannten ausländischen Agrarausstellungen war als Bestandteil der 9. Landwirtschaftsausstellung der DDR festgelegt.[217] Der Ausstellungsbetrieb und die staatlichen Organe hielten die zur Verfügung stehenden Haushaltsmittel für die »Finanzierung der 9. Landwirtschaftsausstellung [...] für ausreichend«. Nicht rechtzeitig vor Abschluss der Ausstellungsvorbereitungen

215 Zur staatlichen Darstellung und Propagierung des »Sozialistischen Dorfes« vgl. auch die Ende der 1950er Jahre verbreitete Broschüre von H. Schattenberg/W. Becker: Wir schaffen das sozialistische Dorf. Die Aufgaben und die Arbeitsweise der Organe der Staatsmacht in den Gemeinden bei der Entwicklung des sozialistischen Dorfes, Berlin (Ost) 1959, bes. S. 13–15.

216 Der West-Berliner Agrarwissenschaftler Immler betrachtete in den 1970er Jahren die Überwindung dieses Gegensatzes als erfolgreich in der DDR gelöst. Der Mauerbau wäre der dafür entscheidende Faktor gewesen. Vgl. Hans Immler: Agrarpolitik in der DDR, Köln 1971, S. 60.

217 Zur politischen Brisanz der Teilnahme beider deutscher Staaten auf internationalen Messen und Ausstellungen vgl. Fritsche: Brückenschlag, S. 393–401.

konnten die Objekte »Haupthalle«, »Halle Wissenschaft«, der »Gewächshausbau«, das »Geflügelgelände« und das »Bürgermeister- und Verpflegungszelt« fertiggestellt werden. Damit entstand vorerst ein Fehlbetrag von rund 700.000 DM. Die Schauleitung versuchte diesen Betrag bei anderen Abteilungen sperren zu lassen, um Haushaltsmittel umschichten zu können.

Grundlage der gesamten Schauplanung und für den Aufbau der Ausstellung war das durch die Hauptkommission und die »Leitung des Ministeriums« bestätigte Drehbuch. Zur optimalen Vorbereitung und »Erarbeitung der Thematik« bildete die Schauleitung Arbeitsgruppen – eine Strategie, die sich seit der letzten Ausstellung bewährt hatte, nachdem die Planungen in den 1950er Jahren teilweise noch recht chaotisch und ad hoc verlaufen waren. Nach Koordinierung der verschiedenen Drehbücher der einzelnen Ausstellungsteile und nach Abstimmung mit den jeweiligen Fachabteilungen sowie nach vorheriger »Beratung mit den Massenorganisationen, beteiligten Institutionen und Vertretern der staatlichen Organe« wurde dann von der Schauleitung das Gesamtdrehbuch zusammengestellt. Direktor Baumgarten war für Inhalt, Gestaltung und Durchführung der Ausstellung »voll verantwortlich«. Das zentralistische Prinzip ermöglichte – oder erzwang vielmehr – in vielen Situationen das Veto und das »Hineinreden« der Staatsorgane in die Vorbereitung und Durchführung der Ausstellung. Für deren Erfolg jedoch, der vielfach – nicht nur vom MLF und der Staatssicherheit – geprüft wurde, war allein die Schauleitung verantwortlich und haftbar.

Die Bestätigung der Ausführungsentwürfe für die einzelnen Schauabschnitte durch die Hauptkommission erfolgte am 27. April 1961. Sechs Wochen später nahm »die Leitung des Ministeriums für Landwirtschaft, Erfassung und Forstwirtschaft und die Mitglieder der Hauptkommission« die gesamte Ausstellungsplanung an. Die Hauptkommission, nach offizieller Lesart ein »beratendes Organ«, hatte die Aufgabe, das Drehbuch zu überprüfen und Änderungen vorzuschlagen. Zur »Begutachtung des Inhalts und der Gestaltung der Ausstellung« bestanden ein sogenannter künstlerisch-technischer Beirat sowie eine Fachkommission. Sie dienten der Hauptkommission »bei der Entscheidung inhalts- und gestalterischer Fragen«.[218] Der Hauptkommission gehörten nur Mitglieder der SED und der Massenorganisationen an.[219]

218 Drehbuch zur 9. Landwirtschaftsausstellung der DDR in Markkleeberg 1961 [o. D., 1961], in: SStAL, agra-Landwirtschaftsausstellung, Nr. 185, unpag. u. passim.

219 Ihr gehörten an: Minister Reichelt oder Staatssekretär Skodowski (Vorsitzender), Kiesler (ZK der SED, Abt. Landwirtschaft), Sperling (VdgB), Svihalek (FDGB), Steinke (FDJ), Heid (SPK), Staatssekretär Koschel (Ministerium für Bauwesen), der stellvertretende Minister Schneiderheinze (Ministerium für Handel und Versorgung), Prof. Plachy (DAL), Höschel (Deutscher Fernsehfunk), Kriener (*Neue Deutsche Bauernzeitung*), Baumgarten (Direktor der Landwirtschaftsausstellung Markkleeberg) und einem noch zu benennenden Direktor eines Instituts für Landwirtschaft der Bezirke.

Zu den einzelnen Drehbuchabschnitten wurden von den verantwortlichen Abteilungen Arbeitsgruppen gebildet, die sich aus einem »verantwortliche[n] Abteilungsleiter der Ausstellung« (einem Funktionär des MLF) sowie »Praktikern aus den LPG, VEG, RTS, insbesondere derjenigen Betriebe, welche ausstellen« (je einem Vertreter der Massenorganisationen) zusammensetzten. Die Arbeitsgruppen (AG) hatten bei der effektvollen und propagandistischen Realisierung der Ausstellung mitzuhelfen. Erstmalig war vorgesehen, dass die Mitglieder der AG ihre Abschnitte »auswerten« und für die nächste Ausstellung »ihre Schlussfolgerungen ziehen« sollten. Insgesamt bestanden vier solcher AG: Die AG »Ökonomik« (mit den Schwerpunkten LPG Typ I, LPG Typ III, MTS, RTS und VEG), die AG »Feld- und Futterbau« (mit den Schwerpunkten Melioration und Grünland sowie Feld- und Futterbau), die AG »Tierzucht« (mit den Schwerpunkten Schweinehaltung, Rinderhaltung, Geflügelhaltung, Veterinärwesen) und die AG »Mechanisierung und Bau« (mit den Schwerpunkten Außenmechanisierung, Innenmechanisierung, Bau).

Nachdem die dezidierten Planungen und Vorbereitungen abgeschlossen worden waren, konnte termingerecht am 9. Juni 1961 die nationale Landwirtschaftsausstellung in Leipzig-Markkleeberg mit einem Staatsakt eröffnet werden.

Die Schau

Die »sozialistische Leistungsschau« in Leipzig-Markkleeberg wurde im Gegensatz zu den Ausstellungen der Vorjahre verstärkt hervorgehoben. Die »höhere Schule für unsere Genossenschaftsbauern«[220] sollte in etwa gleich gewichtet mit der Leistungsschau zum Ausdruck gebracht werden.[221] Integrierender und beide Stränge synthetisierender Schauteil war die »sozialistische Leistungsschau der besten LPG im DDR-Maßstab« in der Zeit vom 10. bis zum 24. Juli 1961. Das Drehbuch sah Folgendes dafür vor: »Bei dieser sozialistischen Leistungsschau ist [...] der Wettbewerb zwischen den einzelnen Bezirken und LPG auf die Leistungen der Zuchttiere sowie auf die Erfüllung der Pläne der Marktproduktion gerichtet. Es kommt hierbei darauf an, die besten Produktions- und Zuchtmethoden allen LPG zu demonstrie-

220 BV Leipzig, Abschlussbericht über die Aktion »Erfahrungsaustausch« vom 24. Juli 1961, in: BStU, Ast. Lpzg., BVfS Leipzig, Leitung 68/02, Bl. 36.

221 Eine Begründung für diese Art der Schauplanung und -darstellung ist nicht überliefert. Es kann aber davon ausgegangen werden, dass durch das Ausstellen fast ausschließlich ostdeutscher Produkte versucht wurde, die ökonomische und gesellschaftliche Krise vor dem Mauerbau zu übertünchen. Die Art der Werbung im Vorfeld stützt diese These. Vgl. auch Schröder: Produktionspropaganda, S. 77–80.

ren und bekanntzumachen. Dazu dient die Herausgabe eines in neuer Form gestalteten Tierschaukataloges.«[222]

Als herausgehobener Teil der Leistungsschauen waren insbesondere die Pferde-Sonderschauen und das Internationale Reit- und Springturnier (CHI) zu sehen. In der Zeit vom 26. Juni bis zum 2. Juli fand die große Haflinger-Sonderschau mit 25 Tieren statt. Der Tierschaukatalog gab dazu die Auskunft, dass es sich beim Haflinger »um ein im Wirtschaftstyp stehendes Kleinpferd [handelt], dem in naher Zukunft eine besondere Bedeutung im grünlandreichen Gebirgsraum« zufallen solle.[223] Das Institut für Tierzucht der Universität Jena hatte wissenschaftlich festgestellt, dass sich »nach Versuchen [...] bei dem Haflinger besondere Vorteile« ergäben. Ein Glanzlicht und besonderer Zuschauermagnet war das CHI, das in den fünf Tagen zwischen dem 5. und 9. Juli stattfand. Das CHI wurde in Markkleeberg im Rahmen der internationalen Turnierfolge Moskau-Warschau-Kopenhagen-Aachen-Leipzig durch die GST und die Sektion Pferdesport der Nationalen Reiterlichen Vereinigung der DDR durchgeführt. Das CHI, ein seit den 1920er Jahren öffentlichkeitswirksames Schmuckstück der »Grünen Woche« und zahlreicher weiterer landwirtschaftlicher Ausstellungen und Messen in Deutschland, wählte in jedem Jahr eine andere Stadt als Ausgangspunkt und machte in weiteren Städten in Ost und West Station. Daher mussten sich in der Systemkonkurrenz auch jährlich die Bundesrepublik und die DDR über die Einladungen und Teilnahmen einigen, was einen ständigen Reibungs- und Streitpunkt bildete. Die Einladungen aus West-Berlin an die DDR zur Teilnahme wurden von der östlichen Seite oftmals abschlägig beantwortet. Im umgekehrten Fall jedoch war eine Teilnahme Westdeutschlands in der DDR meist ermöglicht worden. Den Abschluss der 9. Landwirtschaftsausstellung bildete dann die »zentrale Hengstschau im DDR-Maßstab« vom 17. bis zum 24. Juli. 80 Hengste aus den staatlichen Hengstdepots boten ein »abwechslungsreiches und sportliches Programm«.[224]

Dem Bereich ländlicher Handel und Konsum war 1961 erweiterter Ausstellungsraum gewidmet. Mit dem von der SED initiierten Programm »Alles für das Land« sollte eine ebenso gute Schwerpunktversorgung wie in den Städten geschaffen werden. Die vielfach beschworenen Formeln vom »Bündnis aller Werktätigen« und dem Bündnis zwischen Stadt und Land sollten durch dieses Programm sinnfällig unterstrichen und in Markkleeberg als lebendiges Phänomen vorgeführt werden. Der Land- und Versandhandel war dafür eingerichtet worden, um die Einkaufssituation der ländlichen Bevölkerung zu verbessern, so wie es seit 1958 immer

222 Drehbuch zur 9. Landwirtschaftsausstellung der DDR in Markkleeberg 1961 [o. D., 1961], in: SStAL, agra-Landwirtschaftsausstellung, Nr. 185, unpag.

223 Tierschaukatalog der 9. Landwirtschaftsausstellung der DDR, in: ebd., unpag.

224 Ebd.

wieder gefordert wurde. Die langen Wegstrecken zum Konsum oder HO und das dortige Anstehen nach Waren sollten durch den Versand oder die Errichtung von Warenhäusern stark verkürzt werden, wodurch die Bäuerin effektiv mehr Zeit für die Arbeit in Haus und Hof aufwenden könne. Geplant war, bis 1965 sogenannte »Großraumverkaufsstellen« flächendeckend in der gesamten DDR einzurichten.[225] Der Verband deutscher Konsumgenossenschaften Berlin zeigte in Zusammenarbeit mit dem Konsumversandhandel Karl-Marx-Stadt sowie der Konsumgenossenschaft Markkleeberg, »wie die komplexe Versorgung der Landbevölkerung erfolgt. [...] Die Bedeutung des Bestelldienstes, der Dienstleistung und Beratung der Dorfbevölkerung wird an praktischen Beispielen demonstriert.«[226]

Der Ausstellungsteil über die »Rolle und Bedeutung der Bäuerin wie der Frau in der Landwirtschaft im allgemeinen« war dem Bereich Handel räumlich nahe angegliedert. Erstmals seit 1950 spielten der Handel und Verkauf von Luxusgütern wieder eine nennenswerte Rolle in der DDR-Landwirtschaftsausstellung. Das Leipziger Versandhaus wartete »mit einer Kollektion seines reichhaltigen Lagers« auf. Vorrangig lautete die Begründung für diesen Wechsel in der Ausstellungspolitik, man wolle der Bäuerin einen »zeitraubend[en] Einkauf in der Stadt [...] ersparen«. Denn schließlich könnte sie auf dem Ausstellungsgelände »anhand der ausgestellten Muster und auch des Kataloges ihre Bestellungen« gleich aufgeben.[227]

Da die Planer der 9. Landwirtschaftsausstellung diese als »ein Zentrum des Erfahrungsaustausches« konzeptioniert hatten, waren die Fachveranstaltungen dementsprechend angelegt. Die Lehren, die man aus der Ausstellung des Vorjahres zog, waren, dass der Besucher »nicht in den paar Stunden seines Aufenthaltes zur Teilnahme an mehrstündigen Fachveranstaltungen« zu gewinnen wäre.[228] Man fand heraus, dass nur diejenigen Besucher, die länger als einen Tag auf der Ausstellung weilten, auch größere Fachveranstaltungen besuchten.[229] Dazu ist zu bemerken, dass unter Fachveranstaltungen stets auch politische und politisch motivierte Veranstal-

225 Zur ländlichen Versorgung und der Bedeutung des Konsums für die ländliche Bevölkerung vgl. Anna Kaminsky: Illustrierte Konsumgeschichte der DDR, Erfurt 1999, S. 28–30. – Zum Konsum als Blockkonfrontation innerhalb der Systemkonkurrenz vgl. dies.: Konsum als Blockkonfrontation; Kluge: Agrarwirtschaft, S. 106. – Zu den wirtschaftlichen Gesichtspunkten vgl. Steiner: Plan, S. 112 u. 118.

226 Drehbuch Teil Handel, in: Drehbuch zur 9. Landwirtschaftsausstellung der DDR in Markkleeberg 1961 [o. D., 1961], in: SStAL, agra-Landwirtschaftsausstellung, Nr. 185, unpag.

227 Schauteil »Die Rolle und Bedeutung der Bäuerin«, in: ebd. – Dass derartige Dienstleistungen, verknüpft mit einem wirtschaftlichen und werberischen Erfolg, auch auf Landwirtschaftsausstellungen sinnvoll und für die Besucher von großem Interesse sind, hatte die »Grüne Woche« in den 1950er Jahren bewiesen. Ob sich angesichts der Krise 1960/61 auch die DDR zu ähnlichen Schritten genötigt sah, lässt sich aus den vorhandenen Quellen nicht rekonstruieren.

228 Fachveranstaltungen, in: ebd.

229 Ebd.; vgl. auch Schröder: Produktionspropaganda, S. 78.

tungen, Gespräche, Schulungen und Zusammenkünfte verstanden wurden. Denn die SED hielt an ihrem Führungsanspruch unbeirrt fest. Dies bedeutete, dass die Einhaltung und strikte Befolgung ihrer Vorgaben und Richtlinien gleichbedeutend mit der Mehrung von Wohlstand, Versorgung und Frieden wäre. Im zentralistischen Staat lassen sich deshalb politische und fachliche Veranstaltungen nicht voneinander trennen. Dies wurde bereits im Vorjahr mit der erstmals in Markkleeberg durchgeführten republikweiten »Bürgermeisterschulung« deutlich, die ebenfalls zu den Fachveranstaltungen gerechnet wurden. Das Organisationskomitee schlug daher vor, die Veranstaltungen, welche fachliche Themen zum Gegenstand hatten, »am Objekt durchzuführen, wobei die Erläuterung wirksamer wird und der Besucher besser überzeugt werden« könne. Man teilte die Fachveranstaltungen ein in »Erfahrungsaustausche am Objekt«, »Vortragstagungen mit anschließender Diskussion« und »Fachveranstaltungen, die von Instituten durchgeführt« wurden.

Eine für die Landwirtschaftsausstellung insgesamt wichtige Veranstaltung war die »Ausstellung über die Arbeit der Neuerer«, eine Kombination aus Fachveranstaltung und Schauteil. Auch dieser Schauteil war aufgrund der während der VI. Bauernkonferenz gefassten Beschlüsse erarbeitet worden. Dort hatten ausgewählte »Arbeiter- und Bauernforscher, [...] Neuerer [...] und Erfinder in der Landwirtschaft« eine große Schau aufgebaut. Sie sollte zeigen, welche »Rolle [...] die Arbeit der sozialistischen Arbeitsgemeinschaften und Forschungsgemeinschaften und die Brigaden, die um den Titel ›Brigade der sozialistischen Arbeit [kämpften]«, für die Landwirtschaft insgesamt spielten.[230] Damit transportierte die nationale Landwirtschaftsausstellung eine weitere Integrationsofferte an die Besucher. Durch die Teilnahme an dem Neuererprogramm sollte eine vorgebliche Mitentscheidung und Mitwirkung der Bevölkerung an den Beschlüssen der Partei- und Staatsführung suggeriert werden. Dies hatte natürlich immer unter dem Primat der SED zu geschehen. Am Stand der Neuerer prangte in großen Lettern die Losung »Arbeiter- und Bauernforscher, Neuerer und Erfinder sind Menschen neuen Typs, die bewusst für den Sieg des Sozialismus kämpfen«.[231] Auch der von Ulbricht immer wieder gern propagierte und oft geforderte »neue Mensch des Sozialismus« kann als eine Integrationsofferte gelesen werden.

Ebenfalls auf Beschlüsse des VI. Deutschen Bauernkongresses hin wurde die Halle »Kultur und Sport« gestaltet. Der für überwunden erklärte Stadt-Land-Gegensatz stand dabei im Mittelpunkt. Die Überwindung könne aber nur dadurch gefestigt werden, dass man »das kulturelle Leben des Dorfes näher an das städtische Niveau [heranführe]«. Dies bedeutete für das Organisationskomitee »mehr

230 Aufgabe der Ausstellung über die Arbeit der Neuerer, in: SStAL, agra-Landwirtschaftsausstellung, Nr. 185, unpag.

231 Ebd.

und bessere Filme zur Verfügung zu stellen, mehr Kinderfilme vorzuführen und Kulturveranstaltungen mithilfe eigener Musik-, Gesangs- und Theatergruppen zu organisieren, die Bibliotheken zu erweitern und ihre Arbeit zu verbessern«.[232] Einen möglichst großen propagandistischen Effekt aus den audiovisuellen Medien und ihrem Einsatz im ländlichen Lebensraum zu erzielen, war eines der Anliegen der Haupthalle.

Um die Ausstellung zu einem Transmissionsriemen der politischen Ordnungssysteme der SED für den ländlichen Sektor zu machen, verstärkte man den Gebrauch moderner Gestaltungsmittel gegenüber 1961 nochmals. Nunmehr gab es fünf Kinos und mehr als 20 Laufbildprojektoren. Spielfilmveranstaltungen fanden in jeder Woche an vier Abenden statt, wobei stets landwirtschaftliche Filme als Vorfilme gezeigt wurden. Darunter waren auch eine Defa-Film-Premiere und vier Film-Erstaufführungen.[233] Die seit 1960 installierte moderne Vorführtechnik des SNZ kam voll zur Geltung.

In der Haupthalle war zusätzlich zum audiovisuellen Angebot eine Kombination aus Bühne und Großkino installiert, um »dem Besucher das [nahe zu bringen], was auf Schaubildern, Dioramen oder Modellen nicht möglich« sei, nämlich die »Probleme des Bewusstseins des geistigen Lebens der Bauern beim Übergang von der einzelbäuerlichen Produktion zur landwirtschaftlichen Produktionsgenossenschaft sowie der Stellung der Genossenschaftsbauern in der DDR und damit im epochebestimmenden Lager des Sozialismus«.[234] Die SED baute den Genossenschaftsbauern als Integrationsofferte an die ländliche Bevölkerung auf, indem sie ihn als Teil der »sozialistischen Menschengemeinschaft« darstellte. Die Präsentationen in der Ausstellung waren deshalb so installiert, dass sie die Vorteile genossenschaftlichen Lebens und Arbeitens, aber auch der »historischen Notwendigkeit« dieser Entwicklung für jeden Besucher klar erkennbar machen sollten.[235] Der dramaturgische Aufbau der Haupthalle unterstrich diese Botschaft: Er bestand aus einer Kombination zwischen bewegtem Filmbild, Diapositiv, »Originalhandlung auf der Bühne« der Schauspieler, Musikgruppen und Tanzensembles sowie in der Verwendung von Raumton.

Das aufgeführte Bühnenprogramm bestand aus 20 bis 30 Minuten dauernden dramaturgischen Intervallen. Die gesamte Handlung und die einzelnen Szenen

232 Drehbuch: Kultur und Sport, in: ebd.

233 Fachveranstaltungen, in: ebd.

234 Konzeption der Haupthalle, in: ebd.

235 Diese der sozialistischen Utopie innewohnende Lehre von den angeblichen Entwicklungsgesetzen der Gesellschaft, von den »geschichtlichen Notwendigkeiten«, hatte schon in den 1930er Jahren der Philosoph Karl R. Popper als Historizismus bezeichnet und ihre Unzulänglichkeit als Erklärungsansatz, der auf ein Dogma hinausläuft, kritisiert. Vgl. Karl R. Popper: Das Elend des Historizismus, 6. Aufl., Tübingen 1987.

der Aufführung wurden argumentativ und dramaturgisch durch eine Bauernfamilie stringent verbunden.[236] Die drei Personen hatten die Aufgabe, quasi von der Bühne herab sofort einen Kontakt mit den Zuschauern herzustellen und diese »ins Gespräch über die Fragen ihrer eigenen Bewußtseinsänderung in den letzten 10 Jahren und über die Probleme der künftigen Entwicklung zu ziehen«. Die Wirkung des Schauspiels erhofften die Drehbuchautoren und Organisatoren auch dadurch zu erhöhen, indem sie Fragen aus dem Zuschauerraum während des Ablaufs der Handlung zuließen. Auch wenn das Drehbuch und die überlieferte Konzeption es nicht wörtlich sagten, so lassen die gewählten Formulierungen den Schluss zu, dass es im Publikum ausgewählte »Fragensteller« und Claqueure gab. Zusätzlich ertönten »Einspielfragen«, die über Lautsprecher im Zuschauerraum »den Eindruck des Fragens« vermitteln sollten.[237]

Das Schauspiel war kompositorisch und dramaturgisch so angelegt, dass es bereits begann, noch während sich der Zuschauerraum füllte. Im Saal, der im Halbdunkel lag und von mehreren Leinwänden halbkreisförmig eingerahmt war, lief bereits eine einleitende Filmsequenz, die den »Bauern und seine Familie« zeigte. Über die Raumlautsprecher ertönten im geflüsterten Ton die Fragen »Wer mag das sein?« und »Kennst du den?«. Die Integrationsofferte Landwirtschaftsausstellung sollte gleich mit dem dramaturgischen Einstieg in das Schauspiel verdeutlicht werden: Der »Bauer« saß zu Beginn, noch während sich der Zuschauerraum füllte, bereits inmitten der Leute. Nachdem alle Zuschauer Platz genommen hatten und der Saal abgedunkelt worden war – die Bühne blieb im Halblicht – stand er auf und ging, verfolgt von einem Scheinwerferspot, auf die Bühne. Indem er der Bühne näher kam, verstärkte sich die Intensität des Punktlichtes und erreichte bei Betreten der Bühne die volle Helligkeit. Begleitet wurde die Bewegung von einer die einzelnen Phasen des zu zeigenden Films unterstreichenden Musik. In diesem Intervall des Schauspiels unterstrich die Musik insbesondere den Gang des »Bauern«, zumal er auf seinem Weg zur Bühne mehrmals verharrte und sich zu den Zuschauern drehte. Immer dann erklang eine Stimme aus dem Off via moderner Raumlautsprecher, die »Wer ist denn das?« fragte. Auf der Bühne angekommen, sagte er zunächst nur »Guten Tag!«.

Mit der Gemeinschaft stiftenden Einführung »Was wir Bauern lieben und was wir Bauern hassen«, wobei sich der »Bauer« dem Publikum vorstellte, sollte der erste Kontakt zum Publikum hergestellt werden. Anschließend räsonierte er coram publico über »die geistigen Probleme, die unsere Bauern seit dem Bestehen der ersten

236 Die Familie bestand aus einem etwa 50-jährigen Mann, einer etwa 40-jährigen Frau und einer Tochter zwischen 17 bis 19 Jahren. Interessant ist der Vergleich zur Auswahl der Bauernfamilie auf dem Schauhof des BMLF auf der »Grünen Woche 1961«, in der auch die Elterngeneration mit einbezogen worden war.

237 Grobskizzierter Ablauf, in: SStAL, agra-Landwirtschaftsausstellung, Nr. 185, unpag..

LPG bis zu den Märztagen des Jahres 1961 bewegten«. Diese Darbietung sollte den Zuschauern das Gefühl vermitteln, dass die Staats- und Parteiführung die Sorgen und Nöte der Bauern kenne und alles in die »richtige Richtung« lenke könne und werde. Zur Lösung der Probleme – welche das waren, wurde allerdings an keiner Stelle ausgesprochen – wurden dem Schauspieler »Überlegungen ökonomischer Natur« in das Textbuch geschrieben. Vorrangig sollte mit seinen Ausführungen dargestellt werden, dass es vernünftiger sei »zur modernen Technik ja zu sagen«, während »sein Herz – aufgrund der langjährigen kleinbäuerlichen Traditionen, des Ausweichens vor Auseinandersetzungen innerhalb der weitverzweigten Familie – noch nein« sagte. Die Argumentation lief auf die Gleichsetzung von privater Kleinbäuerlichkeit mit bürgerlicher Kleingeistigkeit hinaus. Sich der Fortschrittseuphorie der SED anzuschließen »hinderte ihn [den Bauern] [aber] noch die Unklarheit über die Frage ›ob's mal anders kommt‹?«. Doch solche Überlegungen zerstreute das Schauspiel sogleich mit der Vehemenz, dass »in der Welt [...] offensichtlich und klar [werde]: Der Sozialismus bestimmt den Charakter unserer Epoche«. Spätestens an dieser Stelle sollte für die Besucher offensichtlich werden, dass die bisher erfolgte Präsentation beziehungsweise Aufführung mit dem Mittel der Retrospektive gearbeitet hatte. Der »Bauer« und nun auch seine Familie unterhielten sich mit »ihrem Ich von damals«.[238] Es ist weder möglich noch notwendig, das gesamte Drehbuch der Darstellung zu analysieren. Auch so wird klar, dass die Darbietungen der »Bauernfamilie« und das gesamte Spiel mit seinen Formen von Dialog, Gesang sowie Pantomime die Aufgabe hatten, die Botschaft und Losung der Kollektivierung zu verbreiten und zu verinnerlichen: »Vom ich zum wir«. Durch die positive Abgrenzung vom Westen (insbesondere von den vermeintlich »kriegstreiberischen Organisationen EWG [und] NATO«) und der Darstellung beziehungsweise Eröffnung einer positiven Alternative für die Zukunft sollten die Besucher als »Schlußfolgerung [mitnehmen], es lohnt sich, für Alt und Jung auf dem Dorf zu bleiben, es lohnt sich zu lernen und es wird schneller vorwärtsgehen, je eifriger und konzentrierter ein jeder mitarbeitet«. Als historische Rechtfertigung oder gar Notwendigkeit diente die gesellschaftliche Entwicklung der »Bauernbefreiung«, die, so die offizielle Geschichtspolitik der SED, bereits mit den Bauernkriegen des 16. Jahrhunderts begonnen habe.[239] Der Ausklang des Programms, das, täglich aufgeführt, etwa 90 Minuten dauerte, stand unter dem Motto »Du und eine Milliarde«, das auf allen Leinwänden aufblendete. Unter diesem Bild verließen die Zuschauer den Saal. Mit derartigen Schautechniken erhielt die Metapher von den Ausstellungen als Bühnen einen realen politischen Aspekt. Denn das große »Drehbuch« war durch die politischen Programme vorgegeben und kodiert, mit denen die SED ihre

238 Anmerkungen zur Grobkonzeption, in: ebd.

239 Vgl. Ulbricht: Bauernbefreiung. – Dort scheint diese Argumentation an zahlreichen Stellen durch.

ordnungspolitischen Vorstellungen veröffentlichte. Ist man also geneigt, der These zuzustimmen, dass die die Bauernfamilie spielenden Schauspieler ein »verlängerter Arm« der Partei waren, dann erhält die Bühnenmetapher von Goffman eine reale Entsprechung in der Politik: Markkleeberg und die »Grüne Woche« waren bis zum Mauerbau tatsächlich Bühnen deutsch-deutscher Systemkonkurrenz. Denn auch »die Höfers« aus der oben geschilderten BMLF-Lehrschau können auf diese Art interpretiert werden.[240]

Medial war die Ausstellung in der gesamten DDR präsent. Es war beabsichtigt, in Presse, Funk und Fernsehen die »aktuellen politischen Fragen mit den aktuellen Ereignissen in Markkleeberg« zu verknüpfen.[241] Alle zehn Tage kam eine ausführliche und bebilderte »Ausstellungszeitung« heraus, die auch überregional vertrieben wurde und abonniert werden konnte. Im Fernsehen wurden Direktübertragungen vom Ausstellungsgelände ausgestrahlt, die das Rahmenprogramm, die Eröffnung, Interviews mit Besuchern auch aus dem westlichen Ausland oder Ratgebersendungen zeigten.

Das Ergebnis der Ausstellung

Das planerische Soll von 1,25 Millionen Ausstellungsbesuchern wurde 1961 nicht erreicht.[242] Tatsächlich kamen etwa 700.000 Besucher zur 9. Landwirtschaftsausstellung der DDR nach Markkleeberg.[243] Die Schauleitung und das MLF hatten aufgrund der verbesserten, das heißt effektiveren Organisation von Gruppenfahrten durch die LPG, VEG und Massenorganisationen höhere Besucherzahlen erwartet. Dass die Zahlen unrealistisch geplant waren, zeigt sich am Vergleich mit anderen zeitgenössischen Landwirtschaftsschauen. Die »Grüne Woche« vermochte es, in einer Woche Ausstellungszeit in den 1950er Jahren nie mehr als etwa 600.000

240 Vgl. Goffman: Wir alle spielen Theater, besonders S. 93–130. – Zur Kritik und Erweiterung dieses viel diskutierten Klassikers und dem darin entwickelten dramaturgischen Prinzip vgl. Henecka: Soziologie, bes. S. 124–134.

241 Drehbuch zur 9. Landwirtschaftsausstellung der DDR in Markkleeberg 1961 [o.D., 1961], in: SStAL, agra-Landwirtschaftsausstellung, Nr. 185, unpag.

242 Der Gestaltungsposten »Werbung« im Drehbuch der Ausstellung plante 1,25 Millionen ein. D.h. die Ausstellung war auf diese Quantitäten hin ausgelegt worden.

243 Diese Zahl beruht auf den Untersuchungen der Staatssicherheit vom 24. Juli 1961. Zu diesem frühen Zeitpunkt, kurz nach Ausstellungsabschluss, konnte noch keine endgültige genaue Besucherzahl ermittelt werden, da die 680.000 Karten, die in die Bezirke zum Vorverkauf gesandt wurden, erst einige Wochen später buchungstechnisch abgerechnet werden konnten. Diese Zahlen sind jedoch nicht überliefert. Von den auf dem Ausstellungsgelände eingerichteten »Bezirksorg.-Büros« wurden 204.000 Besucher registriert. Vgl. den Abschlußbericht über die Aktion »Erfahrungsaustausch des MFS, in: BStU, BVfS Leipzig, Leitung 68/02, Bl. 37.

Besucher anzuziehen. Mit den geplanten Besucherzahlen für 1961 hätte die DDR die europaweit am stärksten frequentierte Landwirtschaftsausstellung gehabt.

Die Staatssicherheit sah dann auch in diesen Zahlen eine Widerspiegelung des Versagens der »organisatorische[n] und politische[n] Tätigkeit der staatlichen Organe in den einzelnen Bezirken«.[244] Ohnehin wirkten sich ebenso die restriktiven Einreisebedingungen in die DDR als Hemmschuh aus. Nur wenige Hundert ausländische Gäste aus West und Ost fanden den Weg nach Markkleeberg. Nachteilig auf die Besucherzahlen, meinte die Staatssicherheit, wirkte sich auch das »vorherrschende schlechte Wetter bzw. Unwetter« besonders in den ersten zwei Wochen aus – ein Unsicherheitsfaktor, mit dem Freiluftschauen schon immer zu kämpfen hatten.[245] Mehr als das Wetter freilich machte die Staatssicherheit die vorbereitenden und teils noch parallel durchgeführten Bezirksausstellungen dafür verantwortlich, Markkleeberg die Besucher weggenommen zu haben. Da das Markkleeberger Organisationskomitee die Bezirksausstellungen jedoch als »vorbereitenden Anziehungseffekt« selbst angeregt hatte, hatte der Direktor nunmehr die Möglichkeit zu ergreifen, sich in »Selbstkritik« zu üben. Um die Schuld am verfehlten Planziel zumindest teilweise an die Organisationsbüros, Massenorganisationen und LPG weitergeben zu können, schätzte Baumgarten die Besucherwerbung als »nicht entsprechend den vorhandenen Propagandamitteln durchgeführt« ein.[246] Nie zuvor jedoch war eine Landwirtschaftsausstellung in der DDR im Vorfeld so stark, vielfältig und kostenintensiv beworben worden.[247] Offenbar liefen die Untersuchungen der Staatssicherheit darauf hinaus, einen »Schuldigen« ausfindig machen zu müssen. Nach 1960 war die Staatssicherheit dazu übergegangen, vom »Protokollant« von Mängeln in der Landwirtschaft zum »Eingreifenden« zu werden.[248] Ohnehin war es ihr Dilemma, dass mehr oder weniger alle Störungen in der Volkwirtschaft für sie zu einem Ermittlungsfall werden konnten.[249]

244 Ebd.

245 Schon so manche alten DLG-Schauen waren bei regnerischem Wetter in der Vergangenheit förmlich abgesoffen und mussten abgebrochen werden.

246 Ebd., Bl. 37.

247 Ein großer werberischer und propagandistischer Effekt für den Ausstellungsstandort Markkleeberg stellte der Besuch des sowjetischen Kosmonauten German S. Titow dar, der während seines Berlin-Besuches im September 1961 auch in Markkleeberg weilte. Vgl. Tätigkeitsbericht der PO Landwirtschaftsausstellung, in: SStAL, 20314, Nr. IV/7/084/05, unpag. – Titow war nach Gagarin der zweite Mensch im All und umkreiste einen Tag lang die Erde. Vgl. Hall/Shayler: The Rocket Men, S. 162–176.

248 Münkel: Staatssicherheit im »sozialistischen Frühling«, S. 474.

249 Vgl. z. B. Teske: Staatssicherheit auf dem Dorfe; Jens Gieseke: Staatssicherheit und Gesellschaft – Plädoyer für einen Brückenschlag, in: ders. (Hrsg.): Staatssicherheit und Gesellschaft. Studien zum Herrschaftsalltag in der DDR, Göttingen 2007, S. 7–22; ders.: Annäherungen und Fragen an die »Meldungen aus der Republik«, in: ebd., S. 79–98.

Einen anderen »Schwachpunkt« der Ausstellung sah die Staatssicherheit darin, dass »ein Teil der eingesetzten Erklärer nicht die entsprechende Qualifikation besaß bzw. nicht mit den zu erklärenden Objekten hundertprozentig vertraut« war.[250] Bereits in den Vorjahren war es der Fall gewesen, dass für Fehler oder nicht erreichte Planziele der nationalen Landwirtschaftsausstellung die sogenannten Erklärer als die Schuldigen ausfindig gemacht wurden. Diese hatten in der Tat die nicht einfache Aufgabe zu meistern, den Gegensatz zwischen fachlicher und ideologischer Sphäre als nicht existent zu erklären und dabei gleichzeitig die staatlichen Organe wie die fachlich interessierten Besucher zufriedenzustellen. Seitens der Ausstellungsleitung und des MLF dachte man in den Schülern und Absolventen landwirtschaftlicher Fakultäten oder Fachschulen eine ideale Personengruppe gefunden zu haben, die man für fachlich und ideologisch als am besten geeignet hielt. Eine Delegierung nach Markkleeberg als Erklärer galt als Auszeichnung. Die PO der Landwirtschaftsausstellung hielt in ihrer Definition der Arbeit der Erklärer als Wichtigstes fest, dass diese nicht ausschließlich fachliche Probleme behandeln sollten, sondern »Agitatoren für unsere sozialistische Entwicklung auf dem Lande« zu sein hätten.[251] Im Besucherbuch fanden sich hin und wieder »provokatorische Eintragungen«. Ein Besucher notierte »Zu hohe Preise, zu niedrige Löhne, wie wäre es wenn wir gingen«.[252] Die daraufhin von der Schauleitung »unternommenen Schritte« bestanden in der Informierung der »Sicherheitsorganisation« und einer verstärkten Einflussnahme auf die Erklärer. Aus den Vorjahren sind nur wenig konkrete Hinweise zur Verbesserung der Arbeit der Erklärer überliefert. Meistens jedoch bestand die »Verbesserung« nur darin, sie intensiver politisch zu schulen. Darin zeigte sich auch das unmögliche Unterfangen, wirtschaftliche Schwächen, die systemimmanent waren, durch politisch-ideologische Aussagen wegzudiskutieren.[253] Diese Spannungen traten in einer krisenhaften Zeit, in der man sich von Markkleeberg viel zur Überwindung der Schwierigkeiten versprach, in den Vordergrund.

Die GO der SED im Ausstellungsbetrieb beschloss noch im Frühjahr 1961 in Vorbereitung der Schau, »um die politische Arbeit [...] zu verbessern«, die »Parteigruppe unter Hinzuziehung der dem Direktor unterstellten Bereiche« zu vergrö-

250 Abschlußbericht über die Aktion »Erfahrungsaustausch«, in: BStU, BVfS Leipzig, Leitung 68/02, Bl. 38.

251 Tätigkeitsbericht der PO der Landwirtschaftsausstellung zur 8. LWA der DDR vom Juni 1960, in: SStAL, 20314, Nr. IV/7/084/05, unpag.

252 Leitungssitzung der GO vom 11. Juli 1961, in: ebd., Nr. IV/7/084/03, unpag.

253 Zur wirtschaftlichen Schwäche der Planwirtschaft vgl. Steiner: Plan. – Zu den innovationshemmenden Eigenheiten der Planwirtschaft vgl. Hans-Jürgen Wagener: Zur Innovationsschwäche der DDR-Wirtschaft, in: Johannes Bähr/Dietmar Petzina (Hrsg.): Innovationsverhalten und Entscheidungsstrukturen. Vergleichende Studien zur wirtschaftlichen Entwicklung im geteilten Deutschland 1945–1990 (= Schriften zur Wirtschafts- und Sozialgeschichte, Bd. 48), Berlin 2001, S. 21–48.

ßern.[254] Staatssicherheit und Partei hatten also einiges dafür getan, dass die Ausstellung des Jahres 1961 politisch und technisch einwandfrei funktionierte. Tat sie es dennoch nicht, so mussten dafür Verantwortlichkeiten festgemacht werden. Die Staatssicherheit »bearbeitete« den Ausstellungsbetrieb und seine Mitarbeiter, allen voran Direktor Baumgarten, nun noch genauer und misstrauischer als sie es seit den großen Betrugsvorwürfen des Jahres 1959 bereits tat. Dazu trug auch das Verhalten von Mitarbeitern der Ausstellung im August 1961 bei. Am 13. August, dem Tag des Baus der Berliner Mauer, war die Kampfgruppe der Ausstellung in Alarmbereitschaft versetzt worden.[255] Am 15. August berief die SED-GO in Markkleeberg die Gruppenversammlung »13. August 61« ein.[256] Mitarbeiter des MfS waren bei dieser und allen folgenden Sitzungen anwesend. Mehrere große Aussprachen innerhalb der GO des Ausstellungsbetriebes fanden im Oktober 1961 statt. Neben dem »Verhalten mehrerer Genossen« ging es dabei wieder einmal um die Veruntreuungen von Geldern und das Überziehen der Haushaltsmittel.[257] Die Staatssicherheit folgerte aus all dem: »Es besteht in diesem Betrieb eine Kluft zwischen Partei und Belegschaft. [...] Die Zusammenarbeit mit der Ausstellungsleitung ist unbedingt zu verbessern. Man schätzt sehr die Arbeit des Dr. [gemeint ist Baumgarten], er hat Hervorragendes geleistet jedoch ist nach wie vor dem Doktortum Einhalt zu gebieten«.

Auch im Kontext der Entwicklungen nach dem 13. August berichtete die PL an die Staatssicherheit über besorgniserregende Beobachtungen. Sie stellte fest, dass die Versorgungsmängel in der Bevölkerung zu heftigen »Diskussionen mit den Genossen« und zu Angsteinkäufen – besonders im November 1961 bei Salz – führten. Es wurde auch von gelegentlichen Handgreiflichkeiten in Markkleeberg berichtet. Am Ostersonntag 1962 wurde ein Parteisekretär der GO tätlich angegriffen. Die Angreifer, deren genaue Zahl unbekannt blieb, schrien ihn an, dass man »ihn als Parteisekretär sowieso aufhängen« würde.[258] Diese für Markkleeberg und die dortige Landwirtschaftsausstellung gezeigten Entwicklungen fügen sich in das aktuelle Bild der Forschung ein, dass nach dem Abschluss der Vollkollektivierung der Landwirtschaft noch nicht aller Widerstand der Bauern gegen die genossenschaftliche Wirtschaftsweise abgeebbt war. Die Krise des Jahres 1960/61 und der Mauerbau

254 Wöchentliche Sitzungen der GO vom 23. Mai 1961, in: SStAL, 20314, Nr. IV/7/084/03, unpag.

255 Ein Genosse forderte auf der SED-Mitgliederversammlung in Leipzig am 8. August 1961 dazu auf: »Wir müssen die Menschen jetzt davon überzeugen, im Augenblick die Reisen nach Westdeutschland einzustellen.«. Ebd., unpag.

256 Ebd.

257 Es ging um »Sauferei während der Ausstellung«, Bestechlichkeit und das Verhalten einiger Mitarbeiter am 13. August. Auch bei der Endabrechnung der Kosten für den DDR-Pavillon auf der Landwirtschaftsausstellung in Neu-Dehli (Indien) kam es zu »Unstimmigkeiten«.

258 Zit. nach ebd.

beendeten den Widerstand gegen die Kollektivierung nicht. Vielmehr setzte er sich noch einige Jahre fort.[259] Eigensinn und Distanz gegenüber dem SED-Regime bestimmten von nun an vor allem das Verhalten der ländlichen Bevölkerung.[260]

Neupositionierungen nach dem Mauerbau

Die unmittelbare Systemkonkurrenz endete mit dem Bau der Berliner Mauer im August 1961. Die in der Folgezeit vollendete Schließung der innerdeutschen Grenze stellte einen der wichtigsten Grundpfeiler für die Herrschaft der SED dar. In diesem Sinne wurde der 13. August 1961 als der »heimliche Gründungstag der DDR« bezeichnet.[261] Allerdings war damit die Konkurrenz beider deutscher Staaten keineswegs vorüber. Sie vollzog sich nunmehr im medialen Raum, war indirekter oder auf andere Ebenen verlagert, jedenfalls in einer gemäßigteren Form als es in den 1950ern der Fall gewesen war. Das »Schaufenster« war zum großen Teil verhangen worden.

Dies stellte auch die beiden Ausstellungen wie das gesamte Ausstellungswesen in Ost und West vor neue Herausforderungen. Daher markiert das Jahr 1962 sowohl für die »Grüne Woche« als auch die DDR-Landwirtschaftsausstellung in Leipzig-Markkleeberg eine tiefgreifende Zäsur, eine Neupositionierung und einen neuen Abschnitt der Existenz. Für die »Grüne Woche« bedeutete die Lage im nunmehr eingemauerten West-Berlin eine veritable Existenzbedrohung. Diese Gefahr bestand sowohl in wirtschaftlicher als auch in politischer Hinsicht. Der wirtschaftliche Erfolg einer Ausstellung, die ohnehin nur magere Gewinne zu erwirtschaften in der Lage war und oft ein Zuschussgeschäft darstellte, war durch die nun vollständige Abtrennung West-Berlins vom Brandenburger Umland gefährdet. Außerdem drohten dadurch zahlreiche Subventionen, die durch die Brückenfunktionen der Ausstellung als ein »Bindeglied zwischen Ost und West« begründet waren, zu entfallen.

Für die DDR-Landwirtschaftsaustellung in Markkleeberg änderte sich die Situation ebenfalls grundlegend. Mit dem Abschluss der Vergenossenschaftlichung der Landwirtschaft 1960 und dem Mauerbau 1961 hatte die Politik der SED zwei ihrer wichtigsten Ziele erreicht: die fundamentale Veränderung der agrarökonomischen

259 Last: Socialist Spring.

260 Zur Distanz als Konzept in der ländlichen Bevölkerung vgl. Ciesla: Bauern, S. 308–311; ders.: Zwischen den Krisen, S. 290.

261 So Staritz: Geschichte der DDR, S. 196. – Zur Diskussion darum aus neuerer Forschungsperspektive vgl. Matthias Uhl: Krieg um Berlin? Die sowjetische Militär- und Sicherheitspolitik in der zweiten Berlin-Krise 1958 bis 1962, München 2008; Wilke: Weg zur Mauer.

Struktur Ostdeutschlands und die Sicherung der Herrschaft der Partei durch Einmauerung.[262]

Vordergründig bestand auch weiterhin bei beiden Expositionen das Ziel, ein »gesamtdeutsches Forum« zu sein und für die »Einheit Deutschlands« einzutreten. Jedoch war die feste Einbindung in die jeweiligen politischen und wirtschaftlichen Systeme mit Energie vorangetrieben und vollendet worden. Daher kann man die öffentliche Aufgabe der »Grünen Woche« für die Zeit bis zum Mauerbau als Wandlung vom »Forum der Deutschen Einheit« zum Forum der »menschlichen Begegnung« charakterisieren.[263] Mit den gewandelten deutschlandpolitischen Realitäten kamen nunmehr andere Belange in Betracht. Die damit ebenso veränderten politischen und wirtschaftlichen Bedingungen für beide Ausstellungen sind ebenso zu analysieren wie deren Versuche, darauf zu reagieren.

Die »Internationale Grüne Woche Berlin« 1962

Nach den Bundestagswahlen im September 1961, bei denen die CDU »im Schatten der Mauer« die absolute Mehrheit verlor, versicherte sich Minister Schwarz beim neuen und alten Bundeskanzler, dass der bisherige agrarpolitische Kurs beibehalten werde.[264] Ohnehin stand das Kabinett Adenauer vor weitreichenden Entscheidungen, die die künftige Gestaltung des europäischen Agrarmarktes betrafen. Seit Ende Juni 1960 standen die Vorschläge der EWG-Kommission zur Beratung der gemeinsamen Agrarmarktordnung anstelle der bisherigen nationalen Agrarmarktordnungen im Mittelpunkt der Arbeit. Für seine Verdienste um den »Brüsseler Kompromiß« erhielt Schwarz vom Deutschen Bundestag am 10. Januar 1962 Dank und Anerkennung.[265] Nach den Bundestagssitzungen am 14. Januar trat die Regelung der neuen europäischen Agrarmarktordnung rückwirkend zum 1. Januar in Kraft. Schwarz, so stellte die zeitgenössische Publizistik fest, sollte davon überzeugt gewesen sein, dass der deutschen Landwirtschaft »auf Dauer gesehen die besseren Chancen aus der Gemeinschaft erwachsen, wenn sie sie nur zu nutzen versteht«.[266] Auch die zweite Berlin-Krise war nach dem Mauerbau keineswegs beendet. Vor diesem

262 Schöne: Frühling auf dem Lande, S. 9.

263 Bereits während der »Grünen Woche« 1961 wurde herausgestellt, dass die Ausstellung für die »menschliche Begegnung« geeignet sei. Der Zusatz eine »Begegnungsstätte« zwischen West und Ost zu sein fehlte nun allerdings. Die Abschwächung des gesamtdeutschen Anspruchs (Alleinvertretungsanspruch, Hallstein-Doktrin) war zuvor nicht vorhanden gewesen. Vgl. N.N.: Gespräche im Rahmen der »Grünen Woche«, in: DBK 3/1961, S. 31.

264 Kluge: Vierzig Jahre, S. 32f.

265 Ebd., S. 32f.

266 Zit. nach ebd., S. 331.

politischen und gesellschaftlichen Rahmen und Hintergrund fand die erste »Internationale Grüne Woche« statt, die am 2. Februar 1962 eröffnete.

Die Direktion der Berliner Ausstellungen kam mit den Vertretern der Ausstellungsausschüsse »Grüne Woche« am 22. Februar 1961 erstmals zusammen, um die anstehende Schau des Jahres 1962 zu besprechen.[267] Während des Treffens stellte Direktor Friehe fest, dass sich diese Ausstellung »nicht von den vorhergegangenen ›Grünen Wochen‹ unterscheiden« sollte. Das Thema »Gartenbau« sollte das Leitmotiv werden. Damit offenbarte sich gleichsam eine Sinnkrise, die sich nach 13 Nachkriegs-»Grünen Wochen« abzuzeichnen begann. Die politischen wie fachlichen Schau- und Sonderschauthemen blieben, von kurzfristigen Änderungen bei politischen Krisen abgesehen, im Grunde stets die gleichen. Insofern setzten sich die Berliner Ausstellungen intensiv mit der Frage auseinander, »inwieweit die ›Grüne Woche‹ noch ihre alten Aufgaben erfüllen kann bzw. in welcher Form sie sich neuen Gedankengängen und Impulsen zuwenden muss«.[268]

Für Direktor Friehe stand vorerst eines fest: Die »Grüne Woche« dürfe »keinesfalls ein Forum für ›Ess- und Trinklustige« werden [...]; der Gedanke, die Städter mit landwirtschaftlichen Problemen vertraut zu machen, müsse immer im Vordergrund stehen.«[269] Trotz der Bemühungen, die »Grüne Woche« 1961 »Noch Internationaler« (Leitmotiv) zu gestalten, war es schwieriger geworden, für die Ausstellung politisch motivierte Zuschüsse zu erhalten und diese zu begründen. Daher berief Oberregierungsrat Schroeckh gleich Anfang März 1961 eine Besprechung, die »Grüne Woche« betreffend, in die Berliner Vertretung des BMLF ein. Er erwartete von den Berliner Ausstellungen eine klare Aussage, »für welche Aufgaben es [das BMLF] seinen Grüne-Woche-Zuschuss weiterhin einsetzen« könne.[270] Nachdem er sich über den zu erwartenden Zuschuss der Stadt Berlin zur Ausstellung erkundigt hatte, erhielt Direktor Friehe das Wort. Er erkannte die Brisanz der Situation für den Ausstellungsbetrieb. Daraufhin legte Friehe seine Pläne für das Ausstellungsjahr 1962 dar. Er betonte, dass die BA bestrebt seien, »im Interesse

267 ZVKS (gez. Naulin) an den Herrn Bundesminister für Wohnungsbau, betr.: »Grüne Woche Berlin 1962« vom 2.–11. Februar 1962 – Antrag auf Gewährung eines Kostenzuschusses, in: BAK, B 116, Nr. 22299, unpag.

268 Ebd.

269 Aktenvermerk über die Besprechung zur »Grünen Woche 1962« vom 23. Februar 1961, in: LAB, B Rep. 010, Nr. 963, unpag.

270 Der Pressedienst der Berliner Ausstellungen konnte in seiner Vorschau auf die Ausstellung im Jahr 1962 nur festhalten, dass sie sich »im Charakter im allgemeinen nicht von den vorangegangenen [...] unterscheiden« würde. Allein der zweite Internationale Agrarfilmwettbewerb konnte als potentieller Höhepunkt herausgestellt werden. Vgl. Informationsdienst der Berliner Ausstellungen (Pressestelle): Schlussbericht – »Grüne Woche« feiert 25. Jubiläum: Berlin, Forum der agrarpolitischen Diskussion vom 5. Februar 1961, in: LAB, B Rep. 002, Nr. 3553, Bd. 2, unpag. – Vgl. weiterhin Aktenvermerk, betr.: »Grüne Woche Berlin 1962« vom 6. März 1961, in: BAK, B 116, Nr. 22299, unpag.

Berlins« die Auslandsbeteiligung weiter zu pflegen und zu intensivieren. Darüber hinaus sollte der landwirtschaftlich-gartenbauliche Charakter der Ausstellung gewahrt bleiben, damit sich die »Grüne Woche« künftig in ihren Ausstellungsteilen gleichwertig sowohl an die landwirtschaftlichen Berufsangehörigen als auch an die Konsumenten wenden könnte. Auch der Senatsdirektor für Wirtschaft und Kredit mit dem Geschäftsbereich Ernährung, Löffler, sprach sich dafür aus, den landwirtschaftlichen Charakter der »Grünen Woche« zu bewahren und den ernährungswirtschaftlichen Teil nicht zu stark zu machen. Nach Festlegen der groben Schauplanung wurde beschlossen, beim BMLF einen Zuschuss von 140.000 DM und bei der Senatsverwaltung Ernährung einen weiteren Zuschuss von etwa 100.000 DM zu beantragen.[271]

Im Juni 1961 wandte sich Friehe an Minister Schwarz, um dessen Zustimmung zum Ausstellungsthema »Gartenbau« einzuholen und um gleichzeitig weiteres Geld für die Sonderschau von Naulins Zentralverband der Kleingärtner und Siedler (ZVKS) zu beantragen. Der ZVKS war seit der ersten »Grünen Woche« 1948, die der Verband unter Naulins Führung auf die Beine gestellt hatte, an jeder weiteren Ausstellung beteiligt gewesen. Im Jahr 1962 sollte dem ZVKS daher die Ehre zukommen, das ihm ureigene Thema Gartenbau zum Leitmotiv der Ausstellung machen zu dürfen und dafür die größte Halle des Geländes, die 7.500 qm große »Berlin-Halle«, und eine der schönsten Hallen, die »Mecklenburg-Halle«, zur Verfügung gestellt bekommen. Es war vorgesehen, in der Halle »Mecklenburg« das gesamte landwirtschaftliche Angebot der Bundesrepublik und West-Berlins in großen Sonderschauen zu zeigen. Die Bedeutung der Kleingärtner und Siedler für die Großstadt sollte durch die Schwerpunktschau »Gartenbau« eindrucksvoll belegt werden. Schwarz willigte in diese Pläne ein und gewährte zusätzliche 20.000 DM.[272]

Die politische Entwicklung stellte diese Planungen jedoch schon bald infrage. Denn mit dem Mauerbau am 13. August 1961 wurde anstelle der Sinnkrise die Seinsfrage für das West-Berliner Ausstellungswesen insgesamt akut. Chance und Risiko zur grundlegenden Erneuerung der »Grünen Woche« lagen plötzlich dicht beieinander. Die Direktion der Berliner Ausstellungen hatte nach dem Mauerbau die Ausstellung schnell an die neuen politischen Gegebenheiten anzupassen. Bisher stellten die ostdeutschen Besucher bis zu 50 Prozent der gesamten Besucherzahlen dar. Ob die »Grüne Woche« aber auch ohne sie ein Erfolg werden würde, konnte zu diesem Zeitpunkt niemand mit Sicherheit sagen. Friehe, seine Mitarbeiter und externen Berater setzten auf die Strategie, die sich bereits während der letzten Ausstellung bewährte, nämlich »noch internationaler« zu sein. Es blieb nur die Flucht

271 Ebd.

272 Berliner Ausstellungen (Dr. Friehe) an den Herrn Bundesminister Schwarz vom 9. Juni 1961, in: ebd., unpag.

nach vorn als Ausweg übrig: sie setzten auf die Teilnahme von noch mehr - vor allem auch internationalen - Ausstellern in Verbindung mit einem großen und innovativen Fach- und Rahmenprogramm. Zur Sicherung des Ausstellungserfolges verfolgte die Schauleitung eine vierfache Strategie: 1. verstärkte Internationalisierung, 2. ein Rahmenprogramm (Tagungen, Kongresse, Versammlungen, Film- und Theateraufführungen usw.), das in seiner Größe und Vielfalt alles Bisherige übertraf, 3. eine groß angelegte Öffentlichkeitsarbeit und verstärkte Einbindung sämtlicher Medien. Schließlich sollte aus all dem 4. eine hohe Qualität resultieren. Könnten diese Wege erfolgreich beschritten werden, so würde nach Ansicht der Geschäftsleitung der BA »die Mauer auch dem Berliner Ausstellungswesen nichts anhaben können, wenn sie auch Anlaß war, Gewicht und Gesicht der Berliner Ausstellungen in wesentlichen Grundlinien zu verändern«. Als ersten Anhaltspunkt für die Richtigkeit ihrer Prognose konnten die BA die Entwicklung bei der Vermietung der Kongreßhalle ansehen. Denn es schien der Geschäftsleitung Ende 1961 so zu sein, »als würde sich gerade wegen der Mauer eine Reihe von Kongreßveranstaltern 1962 entschließen, ihre Kongresse in verstärktem Maße nach Berlin und zum größten Teil damit in die Kongreßhalle zu vergeben«.[273]

Als die neuen Vorschläge zur Ausgestaltung der »Internationalen Grünen Woche«, wie sie von nun an offiziell hieß, vorlagen, gab das BMLF sein Plazet zu den Plänen. Im Oktober 1961 gewährte das Ministerium allein für die geplanten Sonderschauen einen Zuschuss von 220.000 DM.[274] Unter dem hohen politischen Druck und der daraus resultierenden Aufgabe der »Grünen Woche« flossen nunmehr die Fördergelder wieder reichlich. Auch die Unterstützung von politischer Seite war groß. Die für die »Internationale Grüne Woche« benötigten Warenkontingente und Liefermengen waren so groß, dass sich das BMLF im Dezember 1961 dazu durchrang, sogar bei der Handelsvertretung der UdSSR in Köln um die Bereitstellung von Agrarerzeugnis-Sonderkontingenten für die Ausstellung zu ersuchen.[275] Die sowjetische Handelsvertretung lehnte mit einem wütenden Schreiben ab und stellte klar, dass niemand in West-Berlin für eine derartige Anfrage zuständig sein könne, da »wie es bekannt ist, West-Berlin der Bundesrepublik nicht und nie früher gehört hatte«.[276]

273 Berliner Ausstellungen: Jahresbericht 1961, S. 16.

274 Berliner Ausstellungen (gez. D. Schröter) an den BM Schwarz vom 25. Mai 1962, in: BAK, B 116, Nr. 22299, unpag.

275 BMLF (gez. Goltz) an den BM für Wirtschaft Herrn Steidle, an das Auswärtige Amt Herrn Legationsrat Dr. Klarenaar, an den Ostausschuß der Deutschen Wirtschaft Herrn Kirchner vom 11. Januar 1962, in: ebd., unpag.

276 Handelsvertretung der UdSSR an das BMLF, z.Hd. Herrn Ministerialrat Goltz, betr.: Messekontingente für die »Grüne Woche« Berlin 1962 vom 30. Dezember 1961, in: ebd., unpag. – Auch nach dem Mauerbau bestand die Sowjetunion darauf, West-Berlin in eine »freie Stadt« umzu-

»Berlin ist als Ausstellungsstadt keineswegs erledigt«[277]

In der Tat waren die Befürchtungen groß, dass die »Grüne Woche«, definitiv abgeschnitten vom Umland und ohne die ostdeutschen Besucher, ein Flop oder künftig gar obsolet werden würde. Zahlreiche Pressestimmen, die im Januar 1962 erschienen, brachten ihre Skepsis zum Ausdruck. *Die Welt* aus Hamburg menetekelte, dass der »Ausfall der Zonenbesucher [...] nicht nur zu beklagen [sei], er ist gar nicht auszugleichen«.[278] Die *Westdeutsche Rundschau* hingegen war der Überzeugung, dass sich nach dem Mauerbau und dem dadurch erfolgten Abschneiden des ostdeutschen Besucherstroms, »um derentwillen ursprünglich die ›Grüne Woche‹ ins Leben gerufen wurde«, die westdeutschen Aussteller aber nicht entmutigen lassen würden.[279]

Bereits im Vorfeld der Ausstellung wurde aber offensichtlich, dass sich die Schau zu einem Erfolg entwickeln würde. Nunmehr schlugen die Kommentatoren einen euphorischen Ton an. Die Zeitung *Der Mittag* aus Düsseldorf erwartete eine Woche vor Eröffnung der Schau einen »Rekordbesuch«.[280] Der Hintergrund dieser veränderten öffentlichen Erwartungshaltung war folgender: Nach 250 Arbeitssitzungen hatten es die Berliner Ausstellungen geschafft, eine »Grüne Woche« vorzubereiten, wie es sie – qualitativ wie quantitativ – noch nicht gegeben hatte. Insgesamt meldeten sich 669 Firmenaussteller an, davon 329 aus der Bundesrepublik und West-Berlin und 320 aus 24 weiteren Ländern. 60 deutsche und 66 ausländische Verbände kündigten ihre Teilnahme an. Belgien, Dänemark, Frankreich, Israel, Italien, Kanada, Libanon, Marokko, Niederlande, Norwegen, Österreich und USA veranstalteten Gemeinschaftsschauen. Allein eine Million DM investierten die USA in ihren Schauteil.[281] Der Libanon erwartete sich von der Teilnahme an der Ausstellung und durch die Bereitstellung von Konsignationsmengen[282] seines agra-

wandeln, was aber von allen politischen Seiten West-Berlins abgelehnt wurde. Vgl. Ribbe (Hrsg.): Geschichte Berlins, Bd. 2, S. 114 f.

277 D.V.: Messestadt Berlin, in: *Frankfurter Allgemeine Zeitung*, Wirtschaftsbeiblatt vom 8. Februar 1962, S. 11.

278 H.-J.K: »Grüne Woche«, in: *Die Welt* vom 20. Januar 1962, S. 2.

279 N. N.: Trotz Sperrmauer zur »Grünen Woche«. Zone fehlt aber das Ausland kommt – Ulbrichts Wut, in: *Westdeutsche Rundschau* (W.-Barmen) vom 18. Januar 1962, S. 3.

280 R. Brieskorn: »Grüne Woche« diesmal international, in: *Der Mittag* vom 27. Januar 1962, S. 1.

281 Dobberke: Grüne Woche, S. 5 f.

282 Konsignationshandel bzw. Konsignationsverkauf ist eine Form des Kommissionsgeschäftes. Das Verfahren sieht folgendermaßen aus: »Die Ware wird vom Konsignanten (Export-Kommisär) in das Konsignationslager des ausländischen Konsignators (überseeischen Verkaufs-Kommissionärs) gegeben, der häufig Makler der Konsignanten ist. Die Ware bleibt Eigentum des Konsignanten. Der Konsignator versucht, die Waren zu einem möglichst günstigen (hohen) Preis für Rechnung des Konsignanten zu verkaufen. Er selbst erhält eine Provision. [...] Der Konsignator kann unver-

rischen Exporterfolges, den Zitrusfrüchten, – über eine Verschiffung nach Hamburg und Bremen und dann auf dem Landweg nach West-Berlin – dauerhaft verbesserte Absatzmöglichkeiten »in den nordischen Staaten« zu schaffen.[283]

Die »Grüne Woche« als internationale Fachgroßausstellung weiterzuentwickeln, war von den Berliner Ausstellungen konsequent durchgeführt worden. West-Berlin stellte bereits einen kaufkräftigen Großmarkt dar, der für internationale Produzenten und Händler eine Reise wert war. Bis zu diesem Zeitpunkt hatten sich auch die nach dem Krieg gestörten bzw. zerrissenen Handelsketten neu gebildet und verflochten.[284] Die Schau des Jahres 1962 markierte eine bewusste Hinwendung weg vom »gesamtdeutschen Treffpunkt« hin zur internationalen Verkaufsschau, die über die Grenzen Europas hinaus Interessenten anlocken wollte. Dazu war die ohnehin schon im Volksmund »Butterberg« titulierte »Grüne Woche« zu einem »modernen Schlaraffenland« weiterentwickelt worden.[285] Die Wirtschaft des Westteils der Stadt mit ihren 2,2 Millionen Einwohnern war mit der der Bundesrepublik und der Westeuropas bereits eng verflochten. Auf agrarischem Gebiet war die Stadt ein Kunde von großer Bedeutung. Eben dieser Tatsache sollte die »Grüne Woche« – 1962 mehr denn je – Rechnung tragen.[286] West-Berlin kaufte 1961 für fast 800 Millionen DM Erzeugnisse der Landwirtschaft und des Weinbaus und für 1,6 Milliarden DM Produkte der Nahrungs- und Genussmittelindustrie. Auch war West-Berlin beispielsweise in jenem Jahr der größte Abnehmer dänischer Erzeugnisse. Dänemark revanchierte sich dafür, indem es auf der »Internationalen Grünen Woche« 1962 mit einer reichhaltigen Speisekarte, interessanten Proben und einem Unterhaltungsprogramm auftrat.[287]

käufliche Ware zurückschicken, ohne die oft sehr erschwerte Zollrückerstattung beantragen zu müssen. Da er für seine Auslagen in der Sendung selbst Deckung hat, ist sein Risiko nicht groß.« Die Bedeutung dieser Handelsform liegt darin, dass der »Absatz auf dem Konsignationsweg durch Makler ein wirksames Mittel zur Umsatzbeschleunigung [ist], wenn Sofortkäufer nicht verfügbar sind. Konsignationshandel ist besonders bei Waren üblich, die nur nach Besichtigung gekauft werden (z. B. Teppiche, Schmuck). Er kommt aber auch bei verderblichen Waren vor. Seit die großen Firmen im Ausland eigene Verkaufsorganisationen mit eigenen Vertretern unterhalten, ist der Konsignationshandel stark zurückgegangen.« Zit. nach Gabler Wirtschaftslexikon, 16. Aufl., Wiesbaden 2005, S. 1730.

283 Deutsche Botschaft Beirut (gez. Siefke) an das Auswärtige Amt Bonn vom 3. Januar 1962, betr.: »Internationale Grüne Woche Berlin 1962«, in: PA AA, B 38-II A2, Bl. 483.

284 In den 1950er Jahren bildeten sich für West-Berlin neue Lieferwege und -strukturen heraus. Kamen in den 1920er Jahren bis zu 97 Prozent der Milchlieferungen in den Westteil der ehemaligen Reichshauptstadt aus Brandenburg, Mecklenburg oder Pommern, kamen 1959 aus Niedersachsen, Schleswig-Holstein und Bayern bis zu 93 Prozent der West-Berliner Milchlieferungen. Vgl. Engler: Wirtschaftliche Systemkonkurrenz, S. 137.

285 Brieskorn: »Grüne Woche«.

286 Richard Bremer: Berlin, in: DBK Nr. 3, Februar 1962, S. 3 f.

287 Ebd. – In etwa zeitgleich aber teilte die dänische Landwirtschaft mit, dass sie wie in den Vorjahren mit einer Kollektivschau an der Leipziger Frühjahrsmesse teilnehmen werde. Die Teilnahme Däne-

Auch zahlreiche andere Aussteller und Händler aus vielen Nationen machten die »Grüne Woche« zu einem kulinarischen und gastronomischen Erlebnis. Die Franzosen brachten 400 Spezialitäten ihrer Nahrungs- und Genussmittelproduktion mit nach Berlin. Die Ausstellung wartete mit einem besonders großen Umfang an Konsumgütern auf. Die Bundesrepublik zeigte erstmals die Sonderschau »Deutschland bietet an«, die 1962 eigentlich noch eine Testaktion war, in den kommenden Jahren aber zu einem äußerst erfolgreichen Konzept werden sollte.[288] Pressestimmen während der Ausstellung sprachen dann auch von dem »Schlemmerparadies« oder der »kleinen Milchstraße unter dem Funkturm«.[289]

Nicht nur die wirtschaftliche und ausstellerische Präsenz auf der »Internationalen Grünen Woche« war immens, auch die politische Prominenz war stark vertreten. Bundespräsident Heinrich Lübke als Schirmherr und der Regierende Bürgermeister Berlins, Willy Brandt, eröffneten die Ausstellung. Weiterhin waren US-Botschafter Dowling und weitere acht ausländische Botschafter sowie erstmals Walter Hallstein als Präsident der Kommission der EWG zugegen. Für die Eröffnungsfeierlichkeiten, die traditionell im Casino unterm Funkturm stattfanden, meldeten sich dreimal mehr Menschen an als der Saal fassen konnte. Bundespräsident Lübke betonte in seiner Ansprache, dass ihm mittlerweile die »›Grüne Woche‹ ebenso [sehr] wie Berlin ans Herz gewachsen« sei. Für ihn bildete der »Aufbruch der freien Völker Europas in eine gemeinsam zu gestaltende Zukunft [...] den optimistischen Grundton« der Ausstellung. Auf der anderen Seite jedoch fand sie »im Schatten der Mauer« statt.[290] Mit der ersten »Internationalen Grünen Woche« etablierte sich die Tradition, dass in- und ausländische Gäste und Besucher der Ausstellung während ihres Aufenthaltes in West-Berlin auch die »Schandmauer« besuchten. Da sich die »Grüne Woche« zu einer der erfolgreichsten Landwirtschaftsausstellungen Europas – und auch der Welt – entwickelt hatte, erhielt dieses Ritual eine besondere Bedeutung. Ein Korrespondent, der über die »Internationale Grüne Woche 1962« berichtete, forderte aus diesem Grunde, so viele Ausstellungen wie möglich nach West-Berlin zu legen, um den Menschen vor Ort die Realität der deutschen Teilung vor Augen zu führen.[291]

marks, ein wichtiges EFTA-Mitglied, nahm das AA zur Kenntnis. Die DDR (MfAA Abt. Nordeuropa) suchte insbesondere zu dieser Zeit ihre Handelsbeziehungen zu Nordeuropa/Skandinavien auszubauen. Vgl. Fernschreiben aus Kopenhagen Nr. 11 vom 31. Januar 1962 (gez. Berger), in: PA AA, B 038/ Referat II A 1, Nr. 38, Bl. 168.

288 Ab 1964 hieß die Sonderschau »Aus deutschen Landen frisch auf den Tisch«, die ab 1970 unter verschiedenen Namen, aber ähnlichem Konzept weitergeführt wurde.

289 Dobberke: Grüne Woche, S. 5f.

290 Rede des Bundespräsidenten Heinrich Lübke anläßlich der Eröffnung der »Internationalen Grünen Woche« in Berlin vom 2. Februar 1962, in: Dokumente zur Deutschlandpolitik, IV. Reihe/ Band 8, 1. Halbbd. (1.1.–30.6.1962), Frankfurt am Main 1977, S. 121–124.

291 Auch der amerikanische Präsident John F. Kennedy besuchte zusammen mit Bundeskanzler Adenauer im Juni 1963 die Berliner Mauer. Vgl. hierzu etwa Andreas W. Daum: Kennedy in Berlin.

Insgesamt war die Konzeption der Ausstellung des Jahres 1962 ein sehr großer Erfolg. Nicht nur die Besucherzahl hatte sich kaum verringert, auch die Zahl der ausstellenden Firmen blieb konstant hoch, wie die Tabelle zeigt:

Tab. 9: Besucherzahlen (Ost und West) und die Zahl der ausstellenden Firmen auf den »Grünen Wochen« 1948–1962.

Jahr	**Besucher insgesamt**	**davon: West**	**Ost**	**Aussteller**
1948	136.000	◊	◊	59
1949	205.272	136.651	68.621	160
1951	283.632	150.551	131.081	111
1952	485.000	220.000	265.000	180
1953	501.000	233.000	268.000	156
1954	424.000	230.000	194.000	185
1955	512.000	266.000	246.000	230
1956	298.897	166.565	132.332	248
1957	428.500	227.500	201.000	398
1958	416.500	271.500	145.000	775
1959	418.000	285.000	133.000	662
1960	468.000	312.000	156.000	676
1961	455.000	270.000	185.000	615
1962	438.000	◊	◊	669

Aus der historischen Perspektive lässt sich erkennen, dass damit die »Grüne Woche« ungleich erfolgreicher als andere West-Berliner Ausstellungen wurde. Die bedeutende West-Berliner Industrieausstellung hatte nach dem Mauerbau mit den gleichen Problemen zu kämpfen. Auch sie versuchte, eine noch stärkere internationale Beteiligung zu erreichen, als es ohnehin schon der Fall war. Im Gegensatz zur »Grünen Woche«, die bei den landwirtschaftlichen Organisationen und Verbänden hoch angesehen und beliebt war, herrschte zwischen der deutschen Wirtschaft und der Industrieausstellung aber kein inniges Verhältnis. Trotz aller Versuche der Ber-

Politik, Kultur und Emotionen im Kalten Krieg, Paderborn u. a. 2003, S. 112–130; Belinda Davis: »Everyday« Protest and the Culture of Conflict in Berlin, in: Andreas Daum/Christof Mauch (Hrsg.): Berlin – Washington 1800–2000. Capital Cities, Cultural Representation and National Identities (= Publications of the German Historical Institute), Cambridge 2005, S. 263–284; dies.: The City as Theatre of Protest. West Berlin and West Germany, 1962–1983, in: Gyan Prakash/Kevin M. Kruse (Hrsg.): The Spaces of the Modern City. Imaginaries, Politics and Everyday Life, Princeton 2008, S. 247–274; Simone Derix: Bebilderte Politik. Staatsbesuche in der Bundesrepublik Deutschland 1949–1990 (= Kritische Studien zur Geschichtswissenschaft, Bd. 184), Göttingen 2009, S. 96–106.

liner Ausstellungen, die Industrieausstellung attraktiv zu gestalten und damit letztlich am Leben zu erhalten, fand sie 1978 zum letzten Mal statt. Ihr Konzept hatte sich überlebt.[292] Mit dazu beigetragen hatten die latenten Spannungen zwischen den politisch Verantwortlichen und den Industriellen. Freilich waren diese Spannungen nach außen hin kaum sichtbar, galt es doch, geschlossen Stärke und Einigkeit für die »Frontstadt Berlin« zu demonstrieren. Nach dem Mauerbau versuchte die Industrieausstellung eine Hinwendung zu neuen Ausstellungszielen wie etwa den Entwicklungsländern, was mit der Schau »Partner des Forschritts« gezeigt und gefestigt werden sollte. Allerdings machte die westdeutsche Industrie nach 1961 keinen Hehl mehr daraus, dass sie die Industrieausstellung wenig rentabel und damit unattraktiv fand und die Unterstützung von dieser Seite zusehends schwand.[293] Anders entwickelte sich die »Grüne Woche« nach dem Mauerbau. Die Veranstalter schafften es, echtes Interesse aller Beteiligten zu stiften: Die Landwirtschaftsverbände standen treu zur »Grünen Woche«. Ihre Interessen lagen in der positiven Selbstdarstellung, darin, sich fachlich und zwischenmenschlich auszutauschen und in den vielfältigen Möglichkeiten zur politischen Lobbyarbeit. Die Politik nutzte die »Grüne Woche«, um gleichermaßen für ihre Berlin- wie für die Agrarpolitik zu werben und sie ins rechte Licht zu rücken. Der demonstrative Schulterschluss mit der Agrarlobby und den zahlreich mitwirkenden anderen Verbänden war ein großer Vorteil. Der antitotalitäre Konsens West-Berlins fand in der »Grünen Woche« einen institutionellen Boden, eine Bühne. Denn die Auseinandersetzung mit dem Kommunismus im Allgemeinen wie mit der DDR im Besonderen bestand nach 1961 fort.

Grundsätzlich bestand bei den offiziellen Stellen kein Zweifel daran, dass West-Berlin auch nach dem Mauerbau »auf wirtschaftlichem Gebiet die große Kongreß- und Ausstellungsstadt bleiben wird«.[294] Die »neuen kulturpolitischen Aufgaben«, vor denen West-Berlin in dieser Situation stand, hatte die »Grüne Woche« durch die kluge Ausrichtung auf Internationalität – was auch ihr neuer Name (»Internationale Grüne Woche«) suggerierte – hin besser abgefangen als andere Bereiche und Unternehmungen.[295] Für die Bundesregierung wäre es ent-

292 Fritsche: Brückenschlag, S. 128.

293 Ebd., S. 54 f. – Zur Haltung der Industrie zur Berliner Industrieausstellung vgl. auch Auswärtiges Amt Berlin an das Auswärtige Amt Bonn vom 29. Oktober 1965, betr.: Plan einer Industrie-Ausstellung der Ostblockstaaten in Westberlin, in: PA AA, B 38-II A2: Ref. II A2, Nr. 160, Bl. 593 – 597. – Aufgrund der Interessens- und Wirtschaftslage der Industrie schlug das AA vor, statt einer derartigen Industrie-Ausstellung, um die Ostblockstaaten wirtschaftlich mehr an West-Berlin zu binden zu veranstalten, besser deren Teilnahme an der »Internationalen Grünen Woche« zu erreichen (Bl. 594). Das Landwirtschaftliche Exportinteresse der Ostblockstaaten schätzten die Verantwortlichen als bedeutender ein (Bl. 597).

294 Presse- und Informationsamt der Bundesregierung (Hrsg.): Deutsche Politik 1961. Tätigkeitsbericht der Bundesregierung, S. 439.

295 Ebd., S. 440 u. passim.

scheidend, »das kulturelle Niveau Berlins zu behaupten und womöglich zu steigern«. Die »Wirkung in die sowjetisch besetzten Gebiete hinein« sollte nun vor allem durch Funk und Fernsehen erreicht werden. Die Anziehungskraft der Stadt solle sich jedoch eindeutig »nach Westen« richten. In ihrem Ausblick auf das Geschäftsjahr 1962 blickten die BA aus der Perspektive des Dezember 1961 diesbezüglich optimistisch in die nahe Zukunft: »Ganz trennen kann sie [die Mauer] aber auch die am Berliner Ausstellungswesen interessierten Bewohner des Ostsektors Berlins und Mitteldeutschlands von dem nicht, was sich in den Hallen und auf dem Freigelände am Funkturm ereignet. Hör- und Fernsehrfunk haben sich bereit erklärt, in weit verstärktem Maße als bisher in Wort und Bild über die Berliner Ausstellungen zu berichten.«[296]

Letztlich hatte auch das Ausland viel zur Attraktivität und Festigung der Ausstellung nach dem Mauerbau beigetragen. Für zahlreiche europäische und außereuropäische Länder wurde die »Grüne Woche« von Jahr zu Jahr wirtschaftlich und politisch attraktiver, was sich im positiven Echo in den Ländern direkt niederschlagen konnte. Ein gutes Beispiel hierfür war Norwegen. Das Land nahm 1962 erstmals als Aussteller teil und entsandte zu diesem Anlass zahlreiche Politiker (zum Beispiel Fischereiminister Lyad) sowie Pressevertreter nach West-Berlin. In Norwegen löste die Beteiligung an der »Internationalen Grünen Woche« ein großes positives Echo aus, das dazu beitrug, »die ›Grüne Woche‹ der Öffentlichkeit näherzubringen«.[297] In zahlreichen norwegischen Zeitungen, die sowohl von der städtischen Bevölkerung als auch speziell von Bauern rezipiert wurden, konnte der Beitritt des Landes zur EWG, der am 5. Februar 1962 – also während der Ausstellung – erfolgte, sowohl in Oslo als auch in West-Berlin als Fortschritt kommuniziert und feierlich begangen werden. Ein für die norwegische Landwirtschaft positiver Effekt war auch der Umstand, dass das Land erstmals in West-Berlin seine agrarischen Erzeugnisse einem europäischen Publikum vorstellen konnte. Nicht zu unterschätzen war ferner der politische Effekt, den die Wahrnehmung der Mauer in Norwegen – hier als Beispiel stellvertretend für andere westeuropäische Staaten – auslöste. Im *Arbeiterbladet* fand der Artikel »Schlagschatten der Ulbricht-Mauer« große Resonanz.[298] Auf solche internationale Aufmerksamkeit für die Lage West-Berlins, die gleichzeitig auch die Nichtanerkennung der DDR beinhaltete, legten der Berliner Senat und die Bundesregierung großen Wert.

Ohnehin wollten sich die Stadt, ihr Regierender Bürgermeister und ihr Senat nicht ohne Widerstand mit der Lage abfinden. Das Auswärtige Amt und der Senat

296 Berliner Ausstellungen: Jahresbericht 1961, S. 16.

297 Botschaft der Bundesrepublik Deutschland Oslo (gez. Ingendany) vom 19. Februar 1962, betr.: Norwegische Pressestimmen zur »Grünen Woche Berlin 1962«, in: PA AA, B 38-II A2: Ref. II A2, Nr. 160, Bl. 492.

298 Ebd.

versuchten mit allerlei Mitteln, internationale Aufmerksamkeit für die Lage der Stadt nach dem Mauerbau zu erreichen. Zum einen konnte man den Gästen und der politischen Prominenz, die zu den Ausstellungen in der Stadt weilte, die Mauer direkt zeigen. Andererseits erschienen Ausstellungen insbesondere dem AA gut dafür geeignet, um weltweit auf die Mauer aufmerksam zu machen. Kurzerhand kaufte man eine von der USIS entworfene und gebaute Fotoausstellung zur Berliner Mauer und schickte sie 1962 weltweit – besonders in den USA, Südamerika und Afrika – auf Tournee. Stationen dieser »Berlin-Ausstellung« waren unter anderem die Seattle World's Fair 21 Century, San Francisco, London, Südamerika, Ankara, Kopenhagen und viele weitere Orte.[299]

Die 10. Landwirtschaftsausstellung der DDR 1962

Der Druck auf die SED und ihre Funktionäre wuchs nach dem Mauerbau an. Denn »Republikfluchten« oder vermeintliche Sabotageakte aus dem Westen konnten nun nicht mehr für sämtliche landwirtschaftliche Produktionsrückstände und die mangelnde Versorgungslage herhalten. In der Abteilung Landwirtschaft des ZK der SED sah man den Grund für den Produktionsrückgang in der Viehwirtschaft des Jahres 1962 vornehmlich in der »Unordnung und Schlamperei« in zahlreichen Viehställen. Insgesamt entwickelte sich das erste Jahr nach dem Mauerbau zu einem »Katastrophenjahr« in der Versorgung, insbesondere in der Fleischproduktion.[300] Um die Fleischversorgung der Bürger wenigstens an den Feiertagen zu gewährleisten, waren Zusatzimporte nötig. Beim Grundnahrungsmittel Butter sah es aufgrund von sinkenden Milcherträgen, auch nicht besser aus. 1962 konnte nur soviel Butter zur Verfügung gestellt werden wie 1958 unter den Bedingungen der Rationierung. Massive Kürzungen gegenüber den Vorjahren konnten die Bürger nur als Einschränkung der Lebensqualität empfinden. Patrice Poutrus sieht die Ursache für die Versorgungskrise der Jahre 1961/62 vornehmlich in der vollständig kollektivierten Landwirtschaft.[301] Die Lage war so kritisch, dass im März 1962 die SPK äußerte, dass sich die »Stabilität des Sozialismus beweisen« müsse.[302] Was die SED vor allem zur Sicherung ihrer Macht benötigte, war eine krisenfreie und dynamische Entwicklung der Volkswirtschaft mit den entsprechenden Wohlfahrtseffekten.

299 Ebd., Bl. 38f., 39f., 50f. oder Bl. 340. – Das AA betrachtete dieses Ausstellungsunternehmen als »politische Öffentlichkeitsarbeit im Ausland«.

300 Poutrus: Goldbroiler, S. 69–80.

301 Ebd., S. 69.

302 Zit. nach Steiner: Plan, S. 128.

Insofern stellte das Jahr 1962 ein Jahr des Übergangs dar: Die Konsolidierung der landwirtschaftlichen Produktion nach Vollkollektivierung und Mauerbau konnte erst allmählich einsetzen, nachdem im Laufe des Jahres 1962 Maßnahmen eingeleitet worden waren, die ab 1963 zur Einführung einer »industriemäßigen Produktion« führten. Die nationale Landwirtschaftsausstellung der DDR hatte als Propagandainstrument diese massiven Versorgungsschwierigkeiten zu kaschieren und dennoch gleichzeitig für das genossenschaftliche Wirtschaften zu werben, welches laut Presseinformation des SNZ »zu einer hohen Wirtschaftlichkeit führen« solle.[303] Es erscheint vor diesem Hintergrund nur folgerichtig, dass der Finanzplan der Ausstellung das Volumen der beiden Vorjahre deutlich übertraf. Der Bau der Zentralschule mit Ledigenheim, die Zweckbauten für Acker-, Pflanzen- und Gartenbau, die Tierarztpraxis (zugleich Veterinärambulatorium), die neue Stahlbetonbrücke über die Pleiße mit 12 t Tragkraft, der Straßenausbau und die Neue Halle »Forst« belasteten den Staatshaushalt mit 1,45 Millionen DM an Investitionsmitteln.[304] Gleichzeitig aber verfügte das MLF, mit 1,75 Millionen DM weniger Etat als 1961 die Ausstellung mit internationaler Beteiligung durchzuführen.[305] Als offizielles Ziel dieser Jubiläumsausstellung – zehn Jahre Landwirtschaftsausstellung der DDR und »10 Jahre LPG in der DDR« – wurde staatlicherseits vorgegeben, »einen umfassenden Überblick über den Stand der Tagesaufgaben und die Perspektive in unserer sozialistischen Landwirtschaft« zu geben.[306]

Unter Bezugnahme auf die Beschlüsse des 15. Plenums des ZK der SED von 1952 stellte man die Ausstellung des Jahres unter das Motto »Für gute genossenschaftliche Arbeit in jeder LPG – für Frieden und Sozialismus!«.[307] Die einen Monat später stattfindende Gartenbauausstellung der DDR iga in Erfurt, die mithilfe von Mitarbeitern aus Markkleeberg aufgebaut wurde, stand unter dem gleichen Motto mit nur einem kurzen Zusatz »Für gute genossenschaftliche Arbeit in jeder LPG und GPG – für Frieden und Sozialismus!«.[308]

Die erwähnten Schwächen und Schwierigkeiten der vollkollektivierten Landwirtschaft sollte ein Ausstellungsprogramm überspielen, das vornehmlich Muster-

303 Presseinformation SNZ, Leipzig-Markkleeberg, Arbeitsgruppe Presse, Rundfunk, Fernsehen vom 18. Mai 1962, in: LAB, C Rep. 950, Nr. 21, unpag.

304 Finanzplan: Investitions- und Generalbebauungsplan der Landwirtschaftsausstellung der DDR 1960–1965 [o. D.], in: SStAL, agra-Landwirtschaftsausstellung, Nr. 2424, unpag.

305 Protokoll der PL der GO vom 7. April 1962, Rechenschaftsbericht, in: SStAL, Bestand 21351 SED GO agra-Markkleeberg, Nr. IV/7/084/01, unpag.

306 Vorbereitung der 10. Landwirtschaftsausstellung der DDR [o. D., 1962], in: SStAL, agra-Landwirtschaftsausstellung, Nr. 279, unpag.

307 Presseinformation SNZ, Leipzig-Markkleeberg, Arbeitsgruppe Presse, Rundfunk, Fernsehen vom 18. Mai 1962, in: LAB, C Rep. 950, Nr. 21, unpag.

308 Bericht über die Gartenbauausstellung der DDR vom 19. August bis 30. September 1962 [o. D., 1962], in: SAPMO-BArch, DY 30/IV 2/7/498, Bl. 174–198.

LPG präsentierte. Der Komplex Viehwirtschaft kam daher vorrangig zur Darstellung. Der Viehwirtschaftshof, der zum Teil zur Ausstellung direkt gehörte und zum Teil der LPG Markkleeberg, war mit allen technischen Neuerungen auf dem Gebiet ausgerüstet. Dieser Schauteil hatte eine »kontinuierliche Schweinefleisch- und Milchproduktion am praktischen Beispiel« zu demonstrieren.[309] Verbunden mit dem Komplex »Viehwirtschaft« waren die Ausstellungskomplexe »Mechanisierung«, »Technologie der Innenwirtschaft« sowie »Altbaunutzung«. Umgebaute Rinder- und Schweineställe und die »Kombinierte Anwendung alter und neuer Technik, z. B. der »Milchpipeline«, sollten die Besucher von der modernen Arbeitsweise der LPG überzeugen und die Bauern »durch Diskussionen« nicht an der genossenschaftlichen Wirtschaftsweise zweifeln lassen.

Als propagandistisches »Beweismaterial« erfolgreichen Wirtschaftens wurden zahlreiche Muster-LPG präsentiert. Diese bildeten den eigentlichen Kern der Schau. Eine eigene Ausstellungshalle war dem Thema der »Führung des Wettbewerbs und des Produktionsaufgebotes« gewidmet. In der »Halle DDR« war ein großer Schauteil über die LPG Schulenberg zu sehen. Anhand dieser Muster-LPG, die unter Leitung eines »Helden der Arbeit« stand, sollte bewiesen werden, dass sich eine LPG in einem Zeitraum von zehn Jahren zu einer Musterwirtschaft entwickeln könne. Ein anderer Teil der Halle war der Gegenüberstellung zur Bundesrepublik gewidmet.

Die Sowjetunion, die VR Polen und die VR Ungarn nahmen als Aussteller mit jeweils eigenen Hallen teil. Dies sollte auch dazu beitragen, den Besuchern die Geschlossenheit des sozialistischen Lagers zu suggerieren, die dabei helfen sollte, gemeinsam Krisen zu überwinden. Auch wurden die Besucher, insbesondere die Bauern, noch stärker gelenkt als es in den Vorjahren ohnehin schon der Fall gewesen war. Um die Bauern »auf ihre persönlichen Aufgaben zu lenken«, waren die Exponate, Ausstellungsgegenstände und »Diskussionsrunden« nach »Brigadetreffpunkten« geordnet. Dies sollte dazu dienen, damit die ländlichen Besuchergruppen, die organisiert und nun auch nach ihrer Tätigkeit gesondert (z. B. Melker, Traktorist etc.) zur Ausstellung kamen beziehungsweise gebracht wurden, die »besten Methoden zur Verwirklichung ihrer Aufgaben und Pläne studieren« könnten. Die in der »Halle DDR« ausstellende LPG Typ II Zöllmersdorf (Kreis Luckau) vermittelte den Besuchern, dass sie ihre »wirtschaftliche Stärke« aus der »Anwendung des Leistungsprinzip«[310] und einer Fondsbildung in der Höhe, wie sie im »Statut und der inneren Betriebsordnung festgelegt ist«, beziehen würde.

Zu den Schwerpunktthemen »Steigerung der haerträge im Feldfutterbau und beim Grünland, Erhöhung der Viehbestände« stellten mehrere Muster-LPG vom

309 Presseinformation SNZ, Leipzig-Markkleeberg, Arbeitsgruppe Presse, Rundfunk, Fernsehen vom 18. Mai 1962, in: LAB, C Rep. 950, Nr. 21, unpag u. passim.

310 Zum Leistungsprinzip vgl. Poutrus: Goldbroiler, S. 6 f.

Ausstellungshalle der Sowjetunion auf der 10. Landwirtschaftsausstellung in Markkleeberg, 1962.

Typ II und III aus. Der inhaltliche Kern der Darstellungen war der »Treffpunkt der Viehwirtschaftsbrigaden«, dessen »Studienbesuch« den Bauern vermitteln sollte, dass »sich eine ungenügende Brigadearbeit auf die detaillierte Planerfüllung und somit natürlich auch auf die Stärkung der LPG und persönlichen Einnahmen der Genossenschaftsmitglieder negativ« auswirke.

Zu einem Schwerpunkt der Feldbaubrigaden baute man die 8,5 ha große Demonstrationsfläche auf den Feldern der LPG »Rosa Luxemburg« Markkleeberg aus, wo Zuckerrüben, Kartoffeln und Silomais »nach verschiedenen Methoden« angebaut wurden. Die Methoden der Heubelüftung, die technische Trocknung des Grünfutters, das meliorative Tiefpflügen oder die Einrichtung von Portions- und Umtriebsweiden entsprachen den »Schwerpunkten des wissenschaftlich-technischen Fortschritts im Volkswirtschaftsplan 1962«, die sich auch auf die Gebiete der Landwirtschaft, vor allem die Grünlandbewirtschaftung und Melioration, erstreckten. Der Melioration wurde auf der 10. Landwirtschaftsausstellung mehr Beachtung geschenkt als in den Vorjahren. Mehrere LPG vom Typ I und II stellten ihre Erfahrungen beim Umgang mit neuen Geräten wie der Maulwurfsdränmaschine P750 oder der Grabenreinigungsmaschine B770 durch Vorführungen und grafische Darstellungen, dar.

Als Verklammerung der technischen, sozialen und politischen Inhalte diente einmal mehr die Agrarwissenschaft. Zusätzlich zu ihrer ohnehin schon großen Präsenz erhielt sie zur 10. DDR-Landwirtschaftsausstellung eine weitere Halle, die

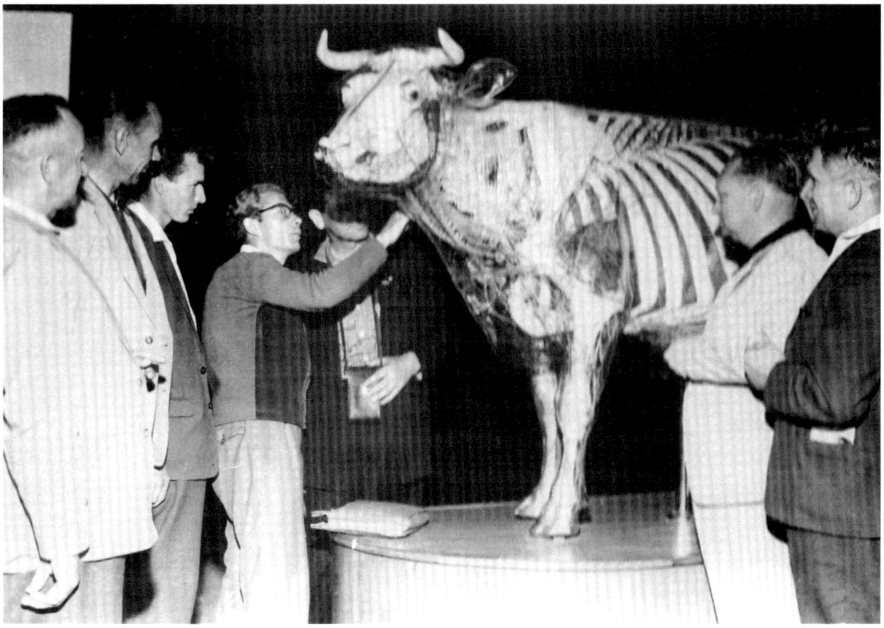

Die »Gläserne Kuh« in Markkleeberg, 1962.

unter dem Motto »Agrarwissenschaftler leiten die Produktion« stand. Die Wissenschaftler, zumeist Mitglieder der DAL/AdL und ihrer Aninstitute, sollten allgemeinverständlich darlegen, wie ihre Forschungsergebnisse direkt in die Produktion zu überführen seien. Diese »neue Form der Zusammenarbeit zwischen Wissenschaft und Praxis« wurde als ein Erfolg gefeiert, wie er »nur in einem sozialistischen Staat möglich« sei.

Die großzügige Ausstattung der Agrarwissenschaft und ihre Erfolge, beispielsweise in der Düngerforschung, waren dennoch nicht immer wie geplant in die Praxis umzusetzen. Beispielsweise waren die Wissenschaftler in der Lage, die Masse eines Düngers für einen bestimmten Acker mit bestimmter Fruchtsorte auf wenige Gramm genau zu berechnen. Aber die Ausbringemaschinen konnten nur im Kilogrammbereich justiert werden.

Besondere Aufmerksamkeit widmete man unter dem Eindruck der Krise den Ausstellungsthemen »Frauen auf dem Land« und der »Landjugend«. Die »Halle der Jugend« war völlig umgestaltet worden. Nicht nur die Lebens- und Arbeitsbedingungen der Landjugend in der DDR wurden dargestellt, sondern auch die Jugendverbände Polens (ZMW), der UdSSR (Komsomol) und Ungarns (KISZ). Die verstärkte ausländische Beteiligung diente auch der Selbstvergewisserung der DDR-Agrarpolitik und der Bekräftigung, dass sich »die Landjugend der drei Staaten [Ungarn, Polen und UdSSR] für die Entwicklung der kommunistischen bzw. sozialistischen Landwirtschaft einsetzt und mit Schwung schwierige Situationen meistert«.[311] Am Beispiel eines Großmodells der LPG Mallin sollte die »Einbeziehung der Jugendlichen in die Leitung der Genossenschaft, [...] ihre fachliche und gesellschaftliche Qualifizierung sowie [...] die Ausbildung von Spezialisten für den Mais-, Kartoffel- und Zuckerrübenanbau« demonstrieren. Die Jugend, insbesondere die FDJ und die »Jungen Pioniere«, war auch wichtiger Bestandteil des erweiterten Ausstellungsteils »Gartenbau«. Die »Jugendgärtnerei ›Juri Gagarin‹« der Landwirtschaftsausstellung demonstrierte Methoden zur effektiven Raumnutzung beim Gemüseanbau. In der »Halle der Bäuerinnen« waren Darstellungen zur »allseitigen Festigung« der LPG zu sehen. Bäuerinnen aus mehreren Vorzeige-LPG erläuterten »in einem geschmackvoll eingerichteten Raum [...] allen Studienbesuchern« die Vorzüge der genossenschaftlichen Arbeit. Anhand von Anschauungstafeln und weiterem Datenmaterial sollten sie überzeugend darstellen, dass durch die LPG Verbesserungen für die Landfrauen in den Bereichen sanitäre Einrichtungen und Arbeitserleichterungen eingetreten wären. Die Rolle des »Frauenausschuss[es] bei der Gewinnung der noch abseits stehenden Bäuerinnen und vor allem bei der Vertretung der Interessen aller Frauen in der Genossenschaft« zeigten Fotowände und Texte.

Inhaltlich eng mit diesem Ausstellungskomplex verbunden war die Schau im »Dorfkulturhaus« der 10. Landwirtschaftsausstellung. Vorrangig war dort dargestellt, wie das »Dorfkulturhaus« oder die Kulturräume in den LPG »nutzbringend in die Arbeit der Dorfakademie, der Klubs und Laienspielgruppen [einbezogen] und sie vor allem für die Produktionspropaganda« genutzt werden könnten.

Wie wenig letztlich die Persuasionsarbeit bei den Besuchern verfing, notierten Mitarbeiter der Staatssicherheit. Die Menschen erkannten, dass die Schau ohnehin nur die besten Waren, Güter und Maschinen zeigte, die es im Alltag in der DDR nicht oder kaum gab. Die nationale Landwirtschaftsausstellung widerspiegelte somit nicht die Alltagserfahrung der meisten DDR-Bürger. Die Meinungen einzelner Bauern fielen somit stark ins Negative, wie folgende Äußerungen illustrieren: »Wir haben als Einzelbauern besser gelebt«, »Wenn man ehrlich ist zur Genossenschaft, bringt man es zu nichts« oder auch: »Wir sind Einzelbauern und bleiben Einzelbauern«.[312] Diese Kommentare, Gesprächsfetzen und Aussagen sammelten und notierten die Mitarbeiter der Staatssicherheit und des Ausstellungsbetriebes – manchmal waren es beide in einer Funktion – eifrig. Die Stimmung unter der Landbevölkerung war nach Abschluss der Vollkollektivierung und den Missernten des Jahres 1961 gereizt – der Ernteertrag von Feld- und Nutzpflanzen erreichte im

311 Presseinformation SNZ, Leipzig-Markkleeberg, Arbeitsgruppe Presse, Rundfunk, Fernsehen vom 18. Mai 1962, in: LAB, C Rep. 950, Nr. 21, unpag. u. passim.

312 Tätigkeitsberichte der PO Landwirtschaftsausstellung [o.D., 1962], in: SStAL, Bestand 21314 SED GO agra Markkleeberg, Nr. IV/7/084/05, unpag.

Bezirk Erfurt nur 71 Prozent des Jahres 1958.[313] Dass die Krisen der Jahre 1960 bis 1962 nur eine vorübergehende Erscheinung und kein Fehler des gesamten Systems seien, dies darzustellen und möglichst effektiv zu transportieren, war letztendlich Hauptaufgabe dieser 10. Landwirtschaftsausstellung der DDR gewesen.

Agrarfilmwettbewerbe und die beiden Landwirtschaftsausstellungen

Ein Vergleich der agrarpropagandistischen Konzepte und Maßnahmen beider Seiten im Systemwettstreit kann auch im direkten Gegenüberstellen der Agrarfilmwettbewerbe auf der »Grünen Woche« und in Leipzig-Markkleeberg geschehen, wobei Asymmetrien zu beachten sind. Sie bestanden vor allem in den Punkten der öffentlichen Reichweite der Filme sowie bei Quantität und Qualität der filmischen Beiträge. Die Zahl der gezeigten Filme aus aller Welt war in West-Berlin um ein Vielfaches höher als in Markkleeberg.

Zur Geschichte des Films im 20. Jahrhundert gehört auch der Agrarfilm. Die sprunghafte Vervollkommnung der Film- und Tontechnik in den 1930er Jahren vervielfachte die Verwendbarkeit des Films als Instrument der wissenschaftlichen, fachlichen, populären und propagandistischen Ansprache des Publikums. Der Fachfilm wurde bereits am Ende der ersten Hälfte des 20. Jahrhunderts zu einem wichtigen Hilfsmittel, sowohl konkrete Arbeits- und Produktionsvorgänge zu erläutern als auch wissenschaftliche, technische und fachliche Problemstellungen selbst schwierigster Art zu veranschaulichen. Der Agrarfilm hatte sich in den 1950er Jahren bereits seit einiger Zeit einen festen Platz innerhalb der Fachfilmproduktion erobert. Dabei hatte er seine Eignung zur Behandlung von Fragen und Problemen aus dem weiten Bereich der Land-, Forst- und Ernährungswirtschaft unter Beweis gestellt, wofür er auch in Ost und West geschätzt und oftmals verwendet wurde. Zum Repertoire der Landwirtschaftsausstellungen im 20. Jahrhundert gehörten Filme und audiovisuelle Vorführungen. Der Fokus liegt auf den beiden Agrarfilmwettbewerben der »Grünen Woche« in den Jahren 1960 und 1962. In Markkleeberg ist die Internationale Filmwoche der Landwirtschaft 1960 sowie die filmschaffende Tätigkeit der Ausstellung bis 1962 zu analysieren.

313 Steiner: Plan, S. 124–129; Last: Socialist Spring, S. 54–69, hier S. 60. Last sieht die Ursachen der Missernte in der Kollektivierung, in den Witterungsbedingungen und der Abwanderung der ländlichen Bevölkerung in die Bundesrepublik. – Vgl. auch Port: Die rätselhafte Stabilität der DDR, S. 274–299.

Die Agrarfilmwettbewerbe während der »Grünen Woche«

Der Schwerpunkt der »Grünen Woche« im Jahr 1960 war der Internationale Grüne Markt gewesen. Als wichtigste Veranstaltung ihres Rahmenprogramms, das die größte öffentliche Reichweite entfaltete, war der Internationale Agrarfilmwettbewerb anzusehen.[314] Radio und Kino hatten bereits seit den frühen 1950er Jahren bewiesen, dass sie ein wirksames propagandistisches Mittel im Kalten Krieg waren.[315] Diesen Vorteil erkannten das BMLF, die Bauernverbände und auch der West-Berliner Senat, zumal der amerikanische Schaubeitrag »The Golden Harvest« des Vorjahres mit seinen zahlreichen attraktiven Begleitfilmen ein großes öffentliches und mediales Echo hervorgerufen hatte.[316] Das Medium Film zum Transport der Idee des Gemeinsamen Europäischen Agrarmarktes zu nutzen, war – verbunden mit der Botschaft der freien Agrarwirtschaft auch an die ostdeutsche Bevölkerung – eine naheliegende Idee. Bundesminister Schwarz, dessen Ministerium die Schirmherrschaft nebst dem Regierenden Bürgermeister Brandt und dem Vorsitzenden des Zentralausschusses der deutschen Landwirtschaft, Hermes, übernommen hatte, betonte in seiner Begrüßungsansprache zur Eröffnung der »Grünen Woche«: »Bei der Idee, Planung und Vorbereitung dieses Fachfilmvergleichs auf internationaler Basis hat uns der Wunsch geleitet, mehr und mehr zu tun, um dem Gedanken zu entsprechen, daß der Agrarfilm ein ungewöhnlich wertvolles in Fachkreisen und in die Öffentlichkeit hineinwirkendes Hilfsmittel ist, um die nationalen und internationalen Bemühungen um die Verbesserung unserer Agrarwirtschaft nachhaltig zu unterstützen.«[317]

Die Initiative zur Ausrichtung dieses internationalen Fachfilmwettbewerbs ging daher auch vom BMLF, unter seinem damaligen Minister Lübke aus. Den Stellenwert, den ein solches Unterfangen für das Ministerium zu haben schien, zeigt auch der Umstand, dass Lübke die entsprechende Anfrage zuerst nur an die Berliner Ausstellungen und nicht an den Regierenden Bürgermeister oder den Senat

314 So auch die Selbstzuschreibung der ausrichtenden Institution, der BA und des West-Berliner Senats. Vgl. Informationsdienst Berliner Ausstellungen: »Grüne Woche Berlin 1960« mit betonter Internationalität vom 3. November 1959, in: LAB, B Rep. 002, Nr. 3506, Bd. 1, unpag.

315 Lemke: Kino-Konkurrenz; Schwane: Wider den Zeitgeist, S. 43–46; Schanett Riller: Funken für die Freiheit. Die U.S.-amerikanische Informationspolitik gegenüber der DDR von 1953 bis 1963, Trier 2004; Stöver: Befreiung vom Kommunismus; Buckow: Zwischen Propaganda und Realpolitik.

316 Die USA intensivierten – neben ihrer Teilnahme an den künftigen Agrarfilmwettbewerben – ihre eigenen filmischen Beiträge als integralen Teil ihrer Schau auf der »Grünen Woche«. Das Rundkino »Agrarama«, das erstmals 1961 installiert worden war, erhielt in den folgenden Jahren einen festen Platz in der Schaukonzeption und war für die amerikanische Selbstdarstellung in West-Berlin auch nach dem Mauerbau ein großer Erfolg.

317 Rede des BM für Ernährung, Landwirtschaft und Forsten Schwarz zur »Grünen Woche 1960« [o. D., 1960], in: LAB, B Rep. 002, Nr, 3506, Bd. 1, unpag.

richtete.[318] Nachdem sowohl die BA als auch das Presse- und Informationsamt der Bundesregierung in Berlin ihre Zustimmung bekundet hatten, hätte Brandt eine verweigerte Unterstützung nur schwer begründen können. In seinem Schreiben an Brandt erklärte Lübke den Sinn des filmischen Wettbewerbs, den er in »nicht nur für den land-, ernährungs- und forstwirtschaftlichen« Werbenutzen sah, sondern »darüber hinaus durch die Beteiligung anderer Nationen Vergleichsmöglichkeiten in der Gestaltung solcher Filme zu schaffen und sich über bereits vorhandene Filme anderer Länder zu orientieren«.[319] Im Hinblick auf die EWG sah Lübke die Aufgabe des Wettbewerbs als einen »Mittler internationaler Beziehungen«. Gleichzeitig verband sein Ministerium mit einer solchen Veranstaltung die Hoffnung, dass sich »herausstellen [könnte], ob und inwieweit sich Filme für die Beratung und Aufklärung in entwicklungsfähigen Ländern« eignen.[320]

Die Kosten für den Wettbewerb wurden zunächst mit 80.000 DM veranschlagt. Die Berliner Ausstellungen waren bereit, ihren technischen und personellen Apparat zur Vorbereitung kostenlos zur Verfügung zu stellen. Kurz nach der Anfrage des BMLF und dem Briefwechsel mit dem Senat konstituierte sich der leitende Ausschuss »Agrarfilm-Wettbewerb Berlin« mit Sitz in der Bundesallee unter dem Vorsitz von Ministerialrat Gunter Martens, Leiter der Vertretung Berlins des BMLF.[321] Er adressierte Ende Juli 1959 eine formale Anfrage an Brandt und Hermes, ob sie das Protektorat über die Veranstaltung übernehmen würden. Brandt sagte schließlich zu. Zu diesem Zeitpunkt war bereits festgelegt worden, dass alle Länder, zu denen die Bundesrepublik diplomatische Beziehungen unterhielt, und außerdem Israel, Jugoslawien und Polen als Mitglieder der FAO eingeladen werden sollten.[322]

Als erstes Land hatte Italien 1953 in Rom internationale Festspiele für den landwirtschaftlichen Film veranstaltet, der auch Spielfilme mit einbezog. Der Internationale Agrarfilmwettbewerb im Rahmen der »Grünen Woche« (29. Januar bis 7. Februar 1960) stellte dagegen den fachlich zweckbestimmten Agrarfilm in

318 Der Bundesminister für Ernährung, Landwirtschaft und Forsten – Pressestelle – an den Herrn Regierenden Bürgermeister von Berlin und an den Herrn Senator für Volksbildung vom 29. Februar 1959, betr.: Internationaler Fachfilmwettbewerb auf dem Gebiet der Land-, Forst- und Ernährungswirtschaft Berlin 1960 in Koppelung mit der »Grünen Woche« Berlin 1960, in: ebd., unpag. – Aus dem Wortlaut des Schreibens geht hervor, dass zu diesem Zeitpunkt sowohl »die zuständigen Stellen Ihres Senats« (gemeint sind hier in erster Linie die BA) als auch das Presse- und Informationsamt der Bundesregierung in Berlin bereits von Lübke über dieses Vorhaben unterrichtet worden waren.

319 Ebd.

320 Ebd., S. 2.

321 Der Vorsitzende des Leitenden Ausschusses Martens an den Regierenden Bürgermeister von Berlin vom 21. Juli 1959, in: ebd., unpag.

322 Anregungen für den Entwurf der Begrüßungsansprache des Herrn Regierenden Bürgermeisters zur Eröffnung der »Grünen Woche Berlin 1960«, Anlage 3 [o. D., vermutl. Anfang 1960], in: LAB, B Rep. 002, Nr. 10943, unpag.

den Vordergrund und wollte die besten Leistungen auf dem engeren Fachgebiet ermitteln.[323] Die Reaktionen auf die Einladungen waren durchweg positiv, denn über 20 Länder sagten ihre Teilnahme zu: Belgien, Brasilien, Dänemark, Bundesrepublik Deutschland, Großbritannien, Frankreich, Japan, Kanada, Südkorea, Kuba, Malaya, Neuseeland, Niederlande, Norwegen, Österreich, Pakistan, Portugal, Rhodesien und Njassaland[324], Sudan, Surinam, Schweden, Schweiz und USA, sodass alle fünf Erdteile vertreten waren. Bolivien und Israel baten sich Bedenkzeit ob einer Teilnahme aus, sagten dann aber ab. Viele der eingeladenen Länder gaben als Grund für eine Ablehnung den Mangel an geeigneten Filmen an. Jedoch maßen die meisten von ihnen der Veranstaltung eine solche Bedeutung bei, dass sie dennoch offizielle Vertreter entsandten. So schickte Spanien zwei Delegierte, El Salvador und Luxemburg je einen.

Die Zahl der eingesandten Filme, die Themen aus Landwirtschaft, Gartenbau, Fischerei, Forst- und Holzwirtschaft, Ernährungswirtschaft und Ernährungslehre behandelten, belief sich schließlich auf insgesamt 69 Filme. Einige Länder hatten das Limit von sechs Filmen (mit einer Gesamtlänge von 3.000 Metern) voll ausgenutzt. Die Filme wurden von einer Jury bewertet, die sich aus Vertretern der OEEC und der FAO sowie der Bundesrepublik, Dänemark, Frankreich, Italien und den USA sowie der Vereinigten Arabischen Republik zusammensetzte. Goldene sowie mehrere Silberne und Bronzene Ähren waren die Preise. Die Ähren wurden nach einem Entwurf von Irmtraud Förster, einer Studentin der Hochschule für Bildende Künste Berlin, gegossen. Außerdem war ein Preis in Höhe von 10.000 DM für denjenigen Film ausgesetzt worden, der »am besten zum Einsatz in Entwicklungsländern geeignet« sei.[325]

Um die »enge Verbindung zwischen der ›Grünen Woche‹ und dem Internationalen Agrarfilm-Wettbewerb auch nach außen zu dokumentieren«, eröffneten die beiden Veranstaltungen gleichzeitig am 29. Januar 1960 in der Ehrenhalle des Ber-

323 Informationsdienst der BA vom 20. Januar 1960: 69 Filme aus 23 Ländern und 5 Erdteilen beim Internationalen Agrarfilm-Wettbewerb Berlin 1960, in: LAB, B Rep. 002, Nr. 3506, Bd. 1, unpag. – Vgl. auch den offiziellen Katalog Internationaler Agrarfilm-Wettbewerb Berlin 1960.

324 Rhodesien war nach dem Diamantmagnaten Cecil Rhodes benannt worden, dessen British South Africa Company das Gebiet zwischen Limpopo und Sambesi besetzte. Nord- und Südrhodesien sowie Njassaland waren zwischen 1953 und 1963 zur Zentralafrikanischen Föderation zusammengeschlossen, aus der die Staaten Sambia (ehem. Nordrhodesien), Malawi (ehem. Njassaland) und Simbabwe (ehem. Südrhodesien) hervorgingen. Die Motive des BMLF, gerade diese afrikanischen Staaten zur Teilnahme einzuladen, waren durch den Verfasser nicht zu eruieren.

325 Ebd. u. passim. – Die stärkere Hinwendung der Berliner Ausstellungen in Richtung der Entwicklungsländer als Adressaten wird auch durch die Industrieausstellung deutlich. Zur Industrieausstellung 1962 schrieb Brandt in seiner Einladung an die ausländischen Gäste, dass sie die Gelegenheit haben werden, »neben der Industrieausstellung […] Berlin als Zentrum der Entwicklungshilfe kennenzulernen«. Zit. nach Fritsche: Brückenschlag, S. 145.

liner Ausstellungsgeländes.[326] Offizielle Wettbewerbsstätte war die Berliner Kongresshalle, in deren Vortragssaal vom 30. Januar bis einschließlich 5. Februar 1960 täglich um zehn und um 15 Uhr unentgeltliche Filmvorführungen für alle interessierten Besucher stattfanden. Als zweite Filmvorführungsstätte, die hauptsächlich für die Besucher der »Grünen Woche« vorgesehen war, fungierte der Kinoraum im Marshall-Haus.[327] Auch am 6. Februar wurden Filme gezeigt; am Nachmittag desselben Tages war die Schlussveranstaltung angesetzt. Am nächsten Tag erfolgte die Auszeichnung der von der Jury ausgewählten Filme.

Von den insgesamt 45 vorgeführten Filmen waren 42 Farbfilme. Die meisten unter ihnen behandelten Fachthemen wie Obstanbau und -veredelung oder die Ertragssteigerung. Die agrarpolitischen Botschaften kamen darin eher en passant und sublim daher. Diese neue Filmgattung wie überhaupt der ganze filmische Wettbewerb fand bei den Besuchern der »Grünen Woche« starken Anklang.[328] Unter den 17 besten Filmen, die einen Preis erhielten, wurde der britische Streifen »Arbeitsstudien helfen dem Landwirt« mit der Goldenen Ähre ausgezeichnet. Die fünf Silbernen Ähren gingen an die Niederlande, Schweden, Norwegen, die Schweiz und die Bundesrepublik. Zu den Nationen, die eine Bronzene Ähre erhielten, gehörten Kanada, Frankreich, Japan, Pakistan und Portugal. Einen Sonderpreis für den Film, der sich am besten für die Vorführung in den Entwicklungsländern eignete, bekam der Malaiische Bund. Außer den eingeladenen Gästen zählte der Agrarfilm-Wettbewerb 10.000 Besucher.[329]

326 Im Grußwort des Offiziellen Begleitkataloges schrieb Lübke (S. 3): »Noch während meiner Amtszeit als Bundesminister für Ernährung, Landwirtschaft und Forsten war mir der Vorschlag unterbreitet worden, mit der Berliner ›Grünen Woche‹ erstmals einen internationalen Agrarfilm-Wettbewerb zu verbinden. Ich habe diesen Plan sehr begrüßt, weil er mir geeignet erscheint, die Bedeutung und Notwendigkeit internationalen und supranationalen Zusammenwirkens und Erfahrungsaustausches, auf allen agrarwirtschaftlichen Gebieten zu unterstreichen. [...] Möge er [der Filmvergleich] dazu beitragen, Qualität und Wert des Agrarfilms als eines unentbehrlichen Hilfsmittels für die allgemeine Aufklärungsarbeit und die fachliche Fortbildungs- und Beratungstätigkeit auf dem weiten Felde der Agrarpolitik und Agrarwirtschaft zu zeigen. Dies würde dazu dienen, seine vielfältigen Verwendungsmöglichkeiten der Öffentlichkeit – und nicht zuletzt den Entwicklungsländern – nahezubringen.« Laut der Ausschreibung der Richtlinien des Wettbewerbs durch das Ministerium hatte der Wettbewerb die folgende Aufgabe: »Der Wettbewerb soll durch internationalen Vergleich die Qualität des Agrarfilms fördern, eine Übersicht über das einschlägige Filmschaffen vermitteln, damit der Beratungs- und Aufklärungsarbeit dienen und – wie die ›Grüne Woche‹ – die internationale Zusammenarbeit vertiefen.« Vgl. Richtlinien Internationaler Agrarfilm-Wettbewerb Berlin 1960, in: LAB, B Rep. 002, Nr. 3506, Bd. 1, unpag.

327 Im Marshall-Haus fanden vom Nachmittag des 29. Januar bis zum 7. Februar täglich um zehn, zwölf, 14 und 16 Uhr Vorführungen statt, in denen die gleichen Filme wie in der Kongresshalle gezeigt wurden.

328 Rainer Wagner: Auch unter den Gästen mehr Ausländer. Die »Grüne Woche« und der Agrarfilm-Wettbewerb schlossen mit glänzendem Ergebnis, in: *Die Welt* vom 8. Februar 1960, S. 2.

329 Ebd.

Noch während der »Grünen Woche« 1960 kam man im BMLF zu der Überzeugung, dass der sich abzeichnende große Erfolg des I. Internationalen Agrarfilm-Wettbewerbes (IAW) eine Fortsetzung oder gar Wettbewerbsreihe rechtfertigen würde. In einer Stellungnahme des Leitenden Ausschusses des Agrarfilm-Wettbewerbes kamen die Mitglieder[330] darin überein, dass der IAW 1960 »bereits in überzeugender Weise den fachlichen Wert, der einem internationalen Vergleich des Agrarfilmschaffens zukommt, unter Beweis gestellt« habe.[331] Nur eine derartige Veranstaltung, davon war das BMLF überzeugt, gebe »nach Ansicht aller Sachkenner die Möglichkeit, einen zuverlässigen Überblick über den Stand der Agrarfilmproduktion in fachlicher, technischer und künstlerischer Hinsicht zu gewinnen, ihre Mängel und Möglichkeiten zu erkennen sowie im Gespräch mit Fachleuten aus aller Welt zusätzliche Erfahrungen zu sammeln, um sie für die künftige Produktion international nutzbar zu machen«. Die eigenen Eindrücke der Veranstalter vom Verlauf und vom Ergebnis des Wettbewerbs 1960 sowie der allseitige Wunsch nach Wiederholung des IAW, verbunden mit der Empfehlung, den IAW zu einer ständigen Einrichtung zu machen, veranlassten das BMLF sowie den Senat von Berlin, in der Zeit vom 2. bis 11. Februar 1962 den II. IAW in Verbindung mit der »Internationalen Grünen Woche Berlin 1962« zu veranstalten.[332] Dies umso mehr, als das Jahr 1961 in West-Berlin eine Reihe großer Veranstaltungen audiovisuellen Charakters aufwies: die »XI. Internationalen Filmfestspiele Berlin 1961«, die »Berliner Fernsehwochen 1961« und die »Deutsche Rundfunk-, Fernseh- und Phono-Ausstellung Berlin 1961«.

Der II. IAW wurde gemeinsam mit der »Internationalen Grünen Woche« von Landwirtschaftsminister Schwarz in Anwesenheit des Bundespräsidenten Lübke sowie zahlreicher ausländischer Repräsentanten des öffentlichen Lebens, der Landwirtschaft und der Industrie eröffnet. An den Feierlichkeiten nahmen auch acht europäische Landwirtschaftsminister, mehrere Botschafter, ferner Mitglieder des Bundeskabinetts, der Regierende Bürgermeister von Berlin, die westlichen Stadtkommandanten, Abgeordnete des Bundestages und des Abgeordnetenhauses von

330 Als Mitglieder des Leitenden Ausschusses des II. Internationalen Agrarfilm-Wettbewerbes Berlin 1962 fungierten Ministerialrat Martens (Vorsitzender), Ministerialrat Petrich (AID, Bad Godesberg), Referent Schrey (BMLF, Bonn), Senatsrat Gens (Senatsverwaltung für Wirtschaft und Kredit, Geschäftsbereich Ernährung [er kam anstelle des verstorbenen stellv. Vorsitzenden Senatsdirektor Prof. Dr. Dr. Löffler in den Ausschuss]) und Direktor Dr. Friehe (BA). Als Sachverständige fungierten Oberreg. Rat Dr. Hoffmann (Senatsverwaltung für Wirtschaft und Kredit, Geschäftsbereich Wirtschaft), Diplomlandwirt Buch (BMLF, Vertretung Berlin), Regisseur Schott (IAW, Redaktion) und Geschäftsführer Gersbacher (BA, Kongreßhalle). Vgl. Ergebnis-Protokoll über die 6. Sitzung des Leitenden Ausschusses des II. Internationalen Agrarfilm-Wettbewerbes Berlin 1962 vom 20. Juli 1962, in: BAK, B 116, Nr. 22299, unpag.

331 II. Internationaler Agrarfilm-Wettbewerb Berlin 1962 – Schlussbetrachtungen des Leitenden Ausschusses vom 30. Juli 1962, in: ebd., unpag.

332 Diese Darstellung entspricht der Selbstdarstellung des BMLF in: ebd.

Berlin und zahlreiche ausländische Gäste teil, unter ihnen die Delegierten und Mitglieder der Jury des IAW.[333] Der Einladung zur Teilnahme kamen 1962 34 Nationen mit insgesamt 91 Filmen nach.[334]

Beim ersten Wettbewerb 1960 hatte das Preisgericht noch die »gewiss nicht leichte Aufgabe«, aus sämtlichen Wettbewerbsfilmen die 16 besten zu ermitteln.[335] Es stand vor dem kaum lösbaren Problem, Filme der verschiedensten Art und Richtung mit unterschiedlicher Zweckbestimmung miteinander vergleichen und nach zu wenig differenzierbaren Maßstäben bewerten zu müssen. Aufgrund dieser Erfahrungen und nach Diskussion mit in- und ausländischen Fachleuten wurden für den II. IAW fünf Filmkategorien festgelegt, in denen der Wettbewerb durchgeführt wurde: Forschungsfilm (kein teilnehmender Film), Unterrichtsfilm (14 Filme, davon zehn in Farbe), Beratungsfilm (37 Filme, davon 23 in Farbe), Public-relations-Film (28 Filme, davon 15 in Farbe) und der allgemeine Werbefilm (zwölf Filme, davon zwölf in Farbe).[336] Damit sollte der Versuch unternommen werden, Filme nach ihrer vorherrschenden Zweckbestimmung und Zielsetzung in Gruppen zusammenzufassen und innerhalb der jeweiligen Kategorie nach ihrem fachlichen Aussagewert zu beurteilen, um so der Schwierigkeit zu entgehen, dass an sich nichts genau Gleiches dennoch verglichen werden müsste. Die Kategorien Beratungs- und Public-relations-Film waren quantitativ am stärksten beschickt. In der Gruppe Public-relations-Film waren Filme zusammengefasst, deren »Ziel die Förderung der zwischenmenschlichen Beziehung ist, also vor allem solche Filme, die zu gegenseitigem Verstehen verschiedener Völker, Berufsgruppen, Kultur- und Lebensbereiche und zu deren Selbstverständnis beizutragen vermögen«. Zur Kategorie der allgemeinen Werbefilme zählten »alle Filme, die für bestimmte Erzeugnisgruppen, Einrichtungen, Maßnahmen usw., aber nicht für ein bestimmtes Fabrikat oder eine bestimmte Marke werben«.[337]

333 Die Jury war international besetzt. Sie bestand aus Vertretern der FAO, der OECD, Brasilien, BRD (Prof. Dr. Emil Dovifat, Direktor des Instituts für Publizistik an der FU Berlin; Felix Henseleit, Berliner Filmkritiker; Prof. Dr. Rheinwald, Direktor des Instituts für landwirtschaftliche Beratung an der Landwirtschaftlichen Hochschule in Hohenheim), Großbritanniens, Indiens, Niederlande, Schweiz und dem Sudan.

334 Vgl. den offiziellen Katalog II. Agrarfilm-Wettbewerb Berlin 1962 (Veranstalter Bundesministerium für Ernährung, Landwirtschaft und Forsten, Bonn, und der Senat von Berlin; Redaktion Manfred Schott). In seinem Grußwort (S. 6) ging Willy Brandt allerdings von 32 Teilnehmerländern mit 87 Filmen aus. Er hoffte, dass der II. IAW »allen Interessierten einen umfassenden Erfahrungsaustausch ermöglichen« könne.

335 II. Internationaler Agrarfilm-Wettbewerb Berlin 1962 – Schlussbetrachtungen des Leitenden Ausschusses vom 30. Juli 1962, in: BAK, B 116, Nr. 22299, unpag.

336 Frankreich schlug vor, eine Kategorie »Experimentier- und avantgardistischer Film« zu schaffen. Nach Prüfung durch den Leitenden Ausschuss und die Jury wurde die Idee jedoch verworfen.

337 H. Rheinwald: Die Filmkategorien des II. Internationalen Agrarfilm-Wettbewerbs, in: Katalog II. Agrarfilm-Wettbewerb Berlin (West) 1962, S. 40–43.

Die Filme des Wettbewerbs wurden auf dem Ausstellungsgelände der »Internationalen Grünen Woche« im Kino des Marshall-Hauses und in der Kongreßhalle (der offiziellen Wettbewerbsstelle) während der zehn Tage des II. IAW im Durchschnitt viermal täglich öffentlich bei freiem Eintritt vorgeführt. Am letzten Tag des Wettbewerbs wurden nur die prämierten Filme gezeigt. Insgesamt konnten 16.500 Besucher gezählt werden. Diese gegenüber dem Vorjahr deutlich gestiegene Zahl geht einher mit dem Befund der gesamten Ausstellung des Jahres 1962: trotz des Mauerbaus und des damit verbundenen Wegbrechens der wichtigsten Besuchergruppe dennoch eine attraktive, gut besuchte und internationale Ausstellung geschaffen zu haben. Damit erhärtete sich letztlich auch die bereits nach dem I. IAW geäußerte Vermutung, dass dezidiert fachliche Filme durchaus das Interesse einer breiteren Öffentlichkeit und des Laien finden, wenn sie überdurchschnittliches Format aufwiesen. So zeigte sich einmal mehr, dass ein breites, internationales, anspruchsvolles, gleichzeitig auch unterhaltsames Schauprogramm das Ausstellungswesen im eingemauerten West-Berlin tatsächlich noch verbessern konnte. Der Berliner Senat und das BMLF wollten daher »alles tun, um ihren Gästen in dieser Stadt des Films, die sich von jeher dem Bauerntum und der Landwirtschaft, insbesondere der Agrarwissenschaft, verbunden und an ihrem Schicksal interessiert zeigt, einen Eindruck von dem ungebrochenen Freiheits- und Lebenswillen der Berliner zu vermitteln«.[338]

Erstmals wurden alle gezeigten Filme vom Leitenden Ausschuss gesammelt und archiviert und so weiterhin für die zahlreichen Interessenten verfügbar gehalten. Nicht nur die Regierungen der am Wettbewerb teilnehmenden Länder, sondern auch zahlreiche einschlägige Organisationen, wissenschaftlichen Institute und berufliche Ausbildungsstätten äußerten dahingehende Wünsche. Die FAO wurde schließlich gebeten, diese zentrale Aufgabe zu übernehmen und ihre Filmstelle zu beauftragen, das in den IAW's anfallende, qualitativ herausragende Filmmaterial bei sich zu konzentrieren. Dadurch wurde die FAO in kurzer Zeit mit einer Vielzahl qualifizierter Agrarfilme versorgt, die auf Nachfrage allen Interessenten zugänglich gemacht werden konnten.[339] Den Anfang einer solchen Sammlung machten drei afrikanische Filme, da Nigeria, das 1962 einen Sonderpreis erhielt, seine Wettbewerbsfilme dem IAW überließ – sonst wurden alle Filme wieder an die Teilnehmer zurückgegeben. Bereits unmittelbar nach Ende der »Internationalen Grünen Woche« konnten diese drei Filme nicht nur im Fernsehen gezeigt, sondern auch von der Deutschen Stiftung für Entwicklungsländer, Berlin-Tegel, einer »Ausbildungsstätte für den Führungsnachwuchs der jungen Nationen«, genutzt werden.[340]

338 G. Martens: Die »Goldene Ähre« von Berlin. Zum II. Internationalen Agrarfilm-Wettbewerb Berlin 1962, in: ebd., S. 18–22, hier S. 20.

339 II. Internationaler Agrarfilm-Wettbewerb Berlin 1962 – Schlussbetrachtungen des Leitenden Ausschusses vom 30. Juli 1962, in: BAK, B 116, Nr. 22299, unpag.

340 Ebd.

Gleichzeitig setzte sich innerhalb der FAO immer mehr die Ansicht durch, dass es »eine der besonders wichtigen Aufgaben des IAW [sei], solche Filme zu ermitteln und einem zentralen Austauschdienst zuzuführen, die geeignet sind, bei der fachlichen und bildungsmäßigen Aufbauarbeit in den Entwicklungsländern als Unterrichts-, Beratungs- und Aufklärungsmaterial nützliche Dienste zu leisten«.[341]

Auch im Fernsehen, das zu jener Zeit zu einem der bevorzugten Kommunikationsmittel avancierte,[342] hatte der Agrarfilm bereits einen festen Platz inne.[343] Im Anschluss an den II. IAW fanden sich daher Experten zusammen, die die Wettbewerbsfilme auf ihre Fernsehtauglichkeit hin prüften. Es wurde eindringlich darauf hingewiesen, dass im Interesse der Verwendung guter Agrarfilme im Fernsehen der IAW kaum darauf verzichten könne. Deshalb wurde vorgeschlagen, eine neue Wettbewerbsgruppe »Fernsehfilme« in die zukünftigen IAWs zu implementieren, die – und deren Jury – sich im Rahmen der übrigen Kategorien zu bewegen hätten. In dieser Gruppe sollten nach den Vorstellungen des Leitenden Ausschusses sowohl Agrarfilme gemeldet werden, die originär für das Fernsehen produziert und auf seine Voraussetzungen abgestellt wurden, wie auch solche, von denen der Anmelder glaubte, dass sie fernsehtauglich seien.

Die Veranstalter hoben die Bedeutung der Gruppe »Fernsehfilm« in ihrer Planung für den IAW 1964 besonders hervor.[344] Ohnehin hatte der »Kalte Krieg im Äther« bereits seit den 1950er Jahren gezeigt, dass es möglich war, mit Rundfunk- und Fernsehübertragungen die ostdeutsche Bevölkerung zu erreichen und damit die kommunistische Propaganda zu unterlaufen.[345] Nach dem Bau der Mauer hatte sich die »Grüne Woche« zwar auf ein anderes Zielpublikum orientiert, dennoch blieb der propagandistische Kampf als Teil des Systemwettstreits auch weiterhin Aufgabe der Ausstellung. Daher wurde andererseits auch die mediale Berichterstattung über und durch die »Grüne Woche« wichtiger.[346] Hierbei eröffnete das Medium Fernsehen neue Perspektiven. Es ermöglichte durch Berichterstattung vom Ausstellungs-

341 Ebd.

342 Axel Schildt: Der Beginn des Fernsehzeitalters: Ein neues Massenmedium setzt sich durch, in: ders./Arnold Sywottek (Hrsg.): Modernisierung im Wiederaufbau. Die westdeutsche Gesellschaft der 50er Jahre, Bonn 1998, S. 477–492.

343 Martens: Die »Goldene Ähre«, S. 18.

344 Ebd., S. 1 f.

345 Schwane: Wider den Zeitgeist, S. 43; Stöver: Befreiung vom Kommunismus, S. 748; Buckow: Zwischen Propaganda und Realpolitik, S. 43 f., 563–567; Körner: »Die Rote Gefahr«, S. 81.

346 Zur Bedeutung der Öffentlichkeitsarbeit für den europäischen Einigungsprozess durch das Medium Film vgl. Gabriele Clemens: Europa – nur ein gemeinsamer Markt? Die Öffentlichkeitsarbeit für den europäischen Integrationsprozess am Beispiel der Europafilme zwischen Marshallplan und römischen Verträgen 1947–1957 in: Michael Gehler (Hrsg.): Vom Gemeinsamen Markt zur Europäischen Unionsbildung. 50 Jahre Römische Verträge 1957–2007 (= Arbeitskreis Europäische Integration, Historische Forschungen, Veröffentlichungen, Bd. 5), Wien 2009, S. 45–62.

gelände oder über die Landwirtschaftsausstellung – nunmehr eigentlich Landwirtschaftsmesse – sowohl Menschen in der DDR als auch in ganz Europa zu erreichen. Somit blieb die »Grüne Woche« weiterhin im Alltag der ostdeutschen Bevölkerung präsent. Die Fokussierung auf die neue Zielgruppe der großen West-Berliner Ausstellungen, die Entwicklungsländer, konnte durch die Fernsehberichterstattung ebenfalls effektiv vorbereitet und vorgestellt werden. Die Institution IAW als Programmbestandteil der »Internationalen Grünen Woche« wurde in den 1960er Jahren eine feste Größe.

Die Agrarfilme und die Internationale Filmwoche der Landwirtschaft in Markkleeberg

Die große Bedeutung von Rundfunk und Fernsehen als Massenkommunikationsmittel und Waffe im Propagandakrieg hatte auch die recht technophile SED erfasst.[347] Radioübertragungen, zum Teil live, vom Markkleeberger Ausstellungsgelände gab es bereits in den frühen 1950er Jahren.[348] Während der Gartenbauausstellung im September 1951 in Markkleeberg gab es täglich Radioübertragungen vom Schaugelände. Der Schilderung der Ausstellungen und der darin dargestellten Errungenschaften des Sozialismus stand die Besucherbefragung aus Ost und West gleichberechtigt gegenüber.[349] Die Sendereihe *Zeitgeschehen im Funk* (auf Berlin II) widmete den Gartenbau- und Landwirtschaftsausstellungen in den 1950er Jahren viel Sendezeit.[350]

Die großen Landwirtschaftlichen Allunionsausstellungen (VDNCh) im Moskau der 1930er Jahre setzten ebenfalls auf dieses Filmgenre. Ihm wurde von sowjetischer Seite bei der Umgestaltung der Landwirtschaft nicht nur ein fachliches, sondern auch propagandistisches Movens eingeräumt.[351] Zur medialen Wirkungsvervielfachung veranstaltete man die bekannten Allunions-Filmfestwochen, zu der

347 Für einen Überblick über die politische Technophilie der DDR und dem dortigen Wechselverhältnis von Diktatur und Wissenschaft vgl. Dolores L. Augustine: Red Prometheus. Engineering and Dictatorship in East Germany 1945–1990, Cambridge (Mass.) u. a. 2007.

348 Vgl. aus der Vielzahl der Belege die Überlieferung aus dem DRA beispielsweise den »Bericht vom letzten Tag der Gartenbauausstellung in Markkleeberg« vom 17. September 1951, in: DRA, 2025531/ Bd. 2025531101.

349 Vgl. die Berichterstattung über die Gartenbausstellung in Leipzig-Markkleeberg 1951 in: DRA, 2025531/Bd. 2025531101; 2025529/Bd. 202552910f. u. 2025527/ Bd. 2025527104.

350 Vgl.. Zeitgeschehen im Funk, Berlin II vom 23. Juni 1954, in: DRA, Record: 11307, A095-00-03/0003.

351 Nikolai V. Cicin: Vsesoyusnja selskochosnaja vystavka. Shkola peredovogo opytna, in: Planovoe chozjstvo, 4, Moskau 1954, S. 12–21, hier bes. S. 1 f.

1949 auch eine DEFA-Delegation aus der DDR angereist war.[352] Obwohl die DDR-Landwirtschaftsausstellung in Markkleeberg zahlreiche Anleihen beim VDNCh in Moskau nahm, zählten die professionellen Agrarfilme oder gar vergleichbare Wettbewerbe zunächst nicht dazu.

Filme von der oder über die nationale Landwirtschaftsausstellung wurden in den späten 1950er Jahren im Auftrag des MLF vom DEFA-Studio für Dokumentarfilme produziert. Anlässlich der 6. Landwirtschaftausstellung 1958 wurde der Film *Rinderoffenstall – Milchfabrik der Zukunft* (Länge 333 Meter, 15 Minuten Länge) uraufgeführt. Die Regie hatte Hans-Joachim Möllinghof. Zur Ausstellung im folgenden Jahr erlebte der Film von Wolfgang Bartsch *Markkleeberg 1959* (694 Meter, etwa 30 Minuten Länge) seine Erstaufführung. Anlässlich der 8. LWA am 2. Juni 1961 erfolgte die Erstaufführung des Farbfilms *Bauernuniversität des Sozialismus* (Regie: Wolfgang Landvogt). Überhaupt wurden seit 1959 verstärkt filmische Beiträge in das Markkleeberger Ausstellungsprogramm aufgenommen. Hinzu kamen immer mehr Propaganda- und politische Dokumentarfilme, die auf die Thematik der einzelnen Ausstellungshallen abgestimmt waren. Der politische Dokumentarfilm *Unternehmen Teutonenschwert* wurde in erster Linie für die Kampagnen gegen die Bundesrepublik in der Halle »Westdeutschland« verwendet und 1959 nur in dieser gezeigt.[353] Der Film richtete sich angeblich gegen die »Remilitarisierung in Westdeutschland« wurde aber zum politischen Flop für die SED.[354] Die Agrarfilme und Dia-Ton-Serien waren meist für den Einsatz in den Lehrzügen produziert worden, wurden aber auch während der Landwirtschaftsausstellungen gezeigt. Auch das Zentralstudio für Dokumentarfilme Moskau stellte Filme für Markkleeberg zur Verfügung. 1958 war es beispielsweise der Film *Bei den amerikanischen Geflügelzüchtern*.[355]

Als erste kinematografische Produktionen der Landwirtschaftsausstellung müssen nach derzeitigem Kenntnisstand einige 16-mm-Filme aus den frühen 1960er Jahren gelten, die von Mitarbeitern der Landwirtschaftsausstellung hergestellt wurden.[356] Dazu zählt zum Beispiel der Film *6 Uhr wecken – Eine Reportage über*

352 Protokoll Nr. 70/49 des Sekretariats des ZK der SED vom 5. Dezember 1949, in: SAPMO-BArch, DY 30/J IV 2/3/70, unpag.

353 Zum Film und seinen politischen Implikationen vgl. Michael Lemke: Kampagnen gegen Bonn. Die Systemkrise der DDR und die West-Propaganda der SED 1960–1963, in: VfZ 2/1993, S. 153–174, hier S. 161.

354 Westarbeit der DBD zur VII. LWA, Sektor Gesamtdeutsche Arbeit, Berlin vom 28. Januar 1959, in: SAPMO-BArch, DY 60/ 4066, unpag. – Die DBD und die VdgB berichteten in regelmäßigen Abständen an das MLF über die Besucherzahlen, die den Film – besonders auch Gäste aus Westdeutschland – gesehen hatten.

355 Mitteilungen des Sächsischen Staatsarchiv, Archivzentrum Hubertusburg, durch den Sachbearbeiter Herrn Stefan Gööck vom September/Oktober 2010 an den Verfasser.

356 Mitteilungen der DEFA-Stiftung Berlin durch den Sachbearbeiter Herrn René Pikarski vom

die Ausbildung der Kampfgruppe der Landwirtschaftsausstellung Markkleeberg. Diese Filme im 16-mm-Format hatten aber kaum im größeren Rahmen vorgeführt werden können. Doch genau das brauchte Markkleeberg Ende der 1950er Jahre: professionelle 35-mm-Filme, in möglichst hoher Qualität, die als Mittel der Massenbeeinflussung und Verbesserung der Produktionspropaganda während der Vergenossenschaftlichung eingesetzt werden konnten. Für sie hatte man im Ständigen Neuererzentrum auch bereits die modernste Vorführtechnik eingerichtet.[357]

Aufgrund der steigenden Bedeutung des Mediums Agrarfilm in Ost und West entschloss sich das DDR-Landwirtschaftsministerium Ende der 1950er Jahre Filme verstärkt in das Programm der nationalen Landwirtschaftsausstellung aufzunehmen. Dazu sollten vermehrt auf der sich mehr international – das hieß mehr in Richtung der »Volksdemokratien« – öffnenden DDR-Landwirtschaftsausstellung auch internationale Filme mit landwirtschaftlichem Bezug gezeigt werden. Ein internationaler Wettbewerb, wie ihn etwa die »Grüne Woche« Anfang des Jahres 1960 veranstaltet hatte, war dazu ein geeignetes Mittel. Das MLF entschied sich, während der 8. Landwirtschaftsausstellung 1960 das Programm durch die Aufnahme einer »Internationalen Filmwoche der Landwirtschaft«, die in der Zeit vom 20. bis zum 26. Juni 1960 stattfand, zu bereichern. Die Entscheidung dazu muss relativ kurzfristig getroffen worden sein, da fast keinerlei relevanten Überlieferungen auffindbar sind.[358]

Teilnehmende Nationen waren neben der DDR die Sowjetunion, die ČSSR, Polen, Ungarn, Rumänien und die Mongolei.[359] Insgesamt reichten die Teilneh-

September 2010. Vgl. auch die Online-Beschreibung des Bestandes 20134 – agra-Landwirtschaftsausstellung der DDR Markkleeberg des SStAL, unter www.archiv.sachsen.de/archive/leipzig/4341_3230333134.htm (letzter Zugriff: 24. September 2014).

357 Der eigentliche Entwicklungsschub wurde dann ab Mitte der 1960er Jahre von ausgebildeten Fachleuten getragen, die sich landwirtschaftlicher Fachberater und Autoren bedienten. Im Rahmen der Beschlüsse von Staats- und Parteiführung der DDR produzierte das Studio dokumentarische, didaktische und propagandistische Filme und Dia-Ton-Serien, die zum Verleih in der gesamten DDR bestimmt waren. Auch in den späteren 1970er Jahren entstanden multimediale Beiträge zur Gestaltung der agra-Ausstellungshallen. Im thematischen Bezug zu den LPG, VEG und Forschungsinstitutionen, zur Landwirtschaftlichen Hochschule in Meißen, zum Landmaschinenbau, auch zur Nahrungsgüter- und Forstwirtschaft sowie zum Gartenbau, zu landwirtschaftlichen Sendereihen des DDR-Fernsehens, zur Kino- und Wochenschau der DEFA sowie zum DEFA-Trickfilmstudio Dresden bearbeitete das Markkleeberger Studio seit der zweiten Hälfte der 1960er Jahre Themen von der Geschichtspropaganda bis zur modernen Biotechnologie. Auch deutsche Synchronfassungen zu Landwirtschaftsfilmen anderer RGW-Länder wurden erstellt.

358 Recherche- und Suchanfragen bei den relevanten Archiven blieben bislang großenteils ergebnislos. Die einzigen Hinweise auf die Statthabe dieses filmischen Wettbewerbs sind der Nachweis in der Zeitschrift Deutsche Filmkunst und Schreiben im Bestand BArch, Abt. DDR, DK 1/1346 u. SAPMO-BArch, DY 30/IV 2/7/511, die darauf Bezug nehmen. Der Verfasser ist dankbar für weiterführende Hinweise.

359 G.T.: Internationale Filmwoche der Landwirtschaft in Markkleeberg, in: *Deutsche Filmkunst* 8/1960, S. 286–287.

merstaaten 34 Filme ein. Im Anschluss formulierten die Teilnehmer ein »Kommuniqué«, in dem sie den landwirtschaftlichen Kurzfilm als »eines der wichtigsten propagandistischen Mittel zur Vollendung des Aufbaus der sozialistischen und kommunistischen Landwirtschaft« beschrieben, das »zur Durchsetzung des wissenschaftlichen und technischen Fortschritts in allen Dörfern und zur schnellen und systematischen Erhöhung der Erträge in der Feld- und Viehwirtschaft« beitrüge.[360] Zentrales Moment des Wettbewerbs war die Agrarpropaganda, die bei der »Herausbildung des sozialistischen Bewußtseins bei der Landbevölkerung« durch den Film beizutragen hatte. Die daraus resultierenden Fragen über Einsatz und Produktion der entsprechenden Filme war daher zentrales Element der Veranstaltungen und Tagungen. Insbesondere während des Austausches mit den Vertretern ausländischer Fachdelegationen notierten sich die ostdeutschen Ausrichter, dass die Anforderungen an den Agrarfilm gewachsen seien oder sich wenigstens doch verändert hätten. So brachte ein Tagungsteilnehmer aus Ungarn die Bemerkung ein, dass »von der filmischen Bewältigung des Stoffes der propagandistische Erfolg des Films abhängt«. Er betonte auch, dass der Film zwar »ein wichtiges Propagandamittel« sei, aber eben nicht das einzige. »Um Fehlinvestitionen zu vermeiden«, führte der Ungar weiter aus, »müßte gründlicher über Kriterien der propagandistischen Wirksamkeit landwirtschaftlicher Filme diskutiert« werden. Diesen Gedanken notierte sich der DDR-Berichterstatter genau, denn zu diesem Zeitpunkt erfolgten in Markkleeberg große Baumaßnahmen wie das SNZ und seine moderne Filmvorführtechnik, die Anschluss an das Weltniveau halten sollten. Daher wurde in der DDR jeder hilfreiche Hinweis der ausländischen Fachkollegen gesammelt und ausgewertet. Ein tschechischer Filmemacher betonte, dass auch das »Volkstümliche« in den Filmen nicht fehlen dürfe, um die ländliche Bevölkerung zu erreichen. Interessanterweise forderte er, dass »gute Filme nicht schulmeistern, allgemeine Tatsachen, unerschütterliche und Wahrheiten verkünden [...] oder fertige Rezepte und Beschreibungen widergeben« dürften. Sie sollten stattdessen vielmehr »Anleitung zu selbständigen Gedankengängen« sein. Es ist klar, dass keine Anregungen zu wirklich freien und politisch unabhängigen Überlegungen bei den Zuschauern von der SED intendiert waren. Vielmehr ging es darum, die Agitation so subtil wie möglich und gleichzeitig so unterhaltsam wie nötig zu gestalten. Dazu organisierte das Ministerium für Land- und Forstwirtschaft der DDR auch eine Exkursion mit allen Teilnehmern in das DEFA-Studio für populärwissenschaftliche Filme.

Insgesamt waren weniger die filmischen Beiträge oder ihre Rezeption das Hervorzuhebende dieser Filmwoche, sondern vielmehr die vernetzenden Tätigkeiten innerhalb der teilnehmenden Ostblockstaaten und die daraus gewonnenen Resultate für den weiteren Einsatz des Mediums zur Persuasionsarbeit im ländlichen

360 Ebd., S. 287 u. passim.

Raum.[361] Im Anschluss an die Internationale Filmwoche der Landwirtschaft wurde von den Teilnehmern beschlossen, zum »Internationalen Festival für Kurzfilme mit landwirtschaftlicher Thematik 1961« in Prag, zu deren Organisation sich die ČSSR in Markkleeberg kurz entschlossen bereit erklärte, mehr Regisseure, Kameraleute, Autoren und Vertreter des Filmverleihs einzubinden. Außerdem gehörten die »Beschlüsse über eine bessere Organisation beim Austausch der thematischen Pläne, über den Aufbau eines internationalen Katalogs landwirtschaftlicher Filme ab 1961, über eine organisatorische Verbesserung des Ex- und Imports von Filmen und eine Empfehlung, künftig die Möglichkeiten von Co-Produktionen zwischen den sozialistischen Staaten besser zu nutzen« zu »den wichtigsten Arbeitsergebnissen«.[362]

Die Landwirtschaftsausstellungen als Erinnerungs- und Austragungsorte des Kalten Krieges

In die große Fülle von deutsch-deutschen Erinnerungsorten des Kalten Krieges gehören mittlerweile zu der von Pierre Nora gegebenen und von Etienne François und Hagen Schulze[363] weiterentwickelten Definition neben materiellen Orten auch »Mythen, Zuschreibungen und Werte«.[364] Zu den materiellen Erinnerungsorten, die vor allem die DDR-Erinnerung mitprägten, wird auch West-Berlin gezählt. Aber nicht nur Mythen, Zuschreibungen und Werte gehören zur immateriellen Bilanz der Erinnerungsorte, sondern auch die von der Politik benutzten und in den Medien wiedergegebenen Semantiken und die von gesellschaftlich relevanten Gruppen geführten Schlagwortdebatten. Der Blick auf die beiden Ausstellungen nach dem Mauerbau zeigt sowohl die »Mehrschichtigkeit von Erinnerungen« als auch ihre Relevanz bei der Analyse der Erinnerung an den Kalten Krieg und die deutsche Teilung.

361 In einem Leserbrief, der sich auf die Filmfestwoche bezog und ebd. (S. 287) abgedruckt wurde, ist als einer der Gründe für die geringe Wahrnehmung dieser Veranstaltung innerhalb der ländlichen Bevölkerung die Vermutung geäußert worden, dass kurz nach Abschluss der Vollkollektivierung »die Genossenschaftsbauern noch wenig Zeit [haben], sich mit Kultur- speziell mit Filmangelegenheiten zu beschäftigen«.

362 Ebd.

363 François/Schulze (Hrsg.): Deutsche Erinnerungsorte, Bd. 1, S. 9–24; Bernd Faulenbach: Diktaturerfahrungen und demokratische Erinnerungskultur in Deutschland, in: Anne Kaminsky (Hrsg.): Orte des Erinnerns. Gedenkzeichen, Gedenkstätten und Museen zur Diktatur in SBZ und DDR, Bonn 2007, S. 15–26.

364 Martin Sabrow: Die DDR erinnern, in: ders. (Hrsg.): Erinnerungsorte der DDR, S. 11–30, hier S. 28.

Vergangenheitsbewältigung, Wertekanon, Biologismus und »das Neue« der Ausstellungen im Kalten Krieg

In beinahe allen Gruß-, Eröffnungs- und Geleitworten auf den »Grünen Wochen« der 1950er Jahre wurde ein Themenkreis in der Regel ausgespart, und zwar die nationalsozialistische Vergangenheit. Vielmehr standen bei bundesdeutschen Politikern und Verbandsfunktionären die Verbundenheit mit »abendländischen Traditionen«, der deutschen Geschichte und schließlich das Bekenntnis zur westlichen Wertegemeinschaft im Vordergrund der politischen Ansprachen. Bundeskanzler Konrad Adenauer strich in seinem Grußwort zur »Grünen Woche« 1953 eine »Sehnsucht unserer Brüder und Schwestern hinter dem Eisernen Vorhang nach deutschem und abendländischem Gedankengut« heraus.[365] Im Geleitwort zur Ausstellung 1956 sah er in der »Grünen Woche« ein Mittel, um den Versuch zu verhindern »die Bevölkerung [der DDR] unserem Wesen zu entfremden«.[366]

An den wenigen Stellen, an denen die Sprache doch – zumeist kurz – auf den Nationalsozialismus kam, erfolgte eine automatische semantische Verknüpfung zum Kommunismus. Der antitotalitäre Konsens verbunden mit latentem Antikommunismus, den diese Zeit besonders prägte, verstärkte sich nach dem Mauerbau noch einmal. In den Äußerungen vieler West-Berliner, aber auch bundesdeutscher Zeitgenossen drückte sich unverhohlen Abneigung oder gar Hass gegenüber der SED und den sowjetischen Besatzern in Ostdeutschland aus. Der Bonner Korrespondent Richard Bremer, der unter anderem für die DBK, dem Organ des DBV, berichtete, schilderte in seinem Bericht über die »Internationale Grüne Woche 1962« auch seine Eindrücke von der Berliner Mauer. Über die beobachteten Volkspolizisten schrieb er für die daheimgebliebenen Leser auf dem Lande: »Man weiß nicht, welche Gedanken sich hinter der sorgsam hervorgekehrten gleichgültigen Maske der Gesichter verbergen. Ihre Monturen sind schäbig; in ihrem Gesamtbild ist ein östlicher Einschlag. Unwillkürlich versucht ein Gefühl der Feindschaft ihnen gegenüber aufzusteigen [...]. Aber [...] sie sind Deutsche wie wir. Das muß man sich mehrmals sagen.« Die »Deutschen« und »das Deutschsein« waren ein weiteres Wertesystem, eine sprachliche Ikone oder ein Etikett, um die Besucher in die Ausstellungen zu holen und dadurch deutsch-deutschen Gemeinsinn zu stiften. Von Agrarfunktionären wie zum Beispiel von Freiherr Dietz von Thüngen auf der

365 Grußwort des Bundeskanzlers Konrad Adenauer, in: Berliner Ausstellungen (Hrsg.): »Grüne Woche Berlin 1953« vom 30. Januar bis 8. Februar, Berlin (West) 1953, S. 14; vgl. auch den Entwurf des Grußwortes (Telegramm) des Herrn Bundeskanzlers an Herrn Min. Dir. Globke vom 2. Januar 1953, in: BAK, B 136/7615, unpag.

366 Grußwort des Bundeskanzlers Konrad Adenauer, in: Berliner Ausstellungen (Hrsg.): »Grüne Woche Berlin 1956« vom 27. Januar bis 5. Februar, Berlin (West) 1956, S. 12; vgl. auch den Entwurf des Grußwortes des Herrn Bundeskanzlers vom 6. Januar 1956, in: BAK, B 136/7615, unpag.

»Grünen Woche« 1956 vorgebracht, war das Wichtigste, um eine Wiedervereinigung herbeiführen zu können »deutsch denken und deutsch fühlen«.[367] Denn wirklich reden konnten nur Deutsche mit Deutschen. Und wer mit den kommunistischen Machthabern paktierte, der war eben kein Deutscher (mehr). So einfach war das offenbar. Bremer verglich die Situation der deutschen Teilung mit der Zeit der Straßenkämpfe zwischen Freikorpskämpfern und Spartakisten in der Weimarer Republik. Denn es gab, schrieb er in seinem DBK-Bericht, »manchen von uns, der hat in Kämpfen gegen Spartakisten oder Kommunisten als Deutscher Deutschen gegenübergestanden und weiß, wie erbittert das werden kann. Dergleichen darf nicht wiederkehren.«[368] Die Beschwörung des »Wir-Gefühls« durch Antikommunismus hatte in dieser Phase des Kalten Krieges Hochkonjunktur.[369] Denn auf welcher Seite Bremer – und ergo der Leser seines Berichts – vor 1933 und im Jahre 1962 stand, daran gab es keinen offenen Zweifel. Michael Wildt zeigte, dass »die Betonung, dass das deutsche Volk durch Bombenkrieg und Entbehrungen in der unmittelbaren Nachkriegszeit ausgiebig gebüßt habe, nahezu alle politischen Reden der frühen Bundesrepublik« durchzog. »Aus der Volksgemeinschaft ohne ›Führer‹, der Opfergemeinschaft, konnte dann die Erfolgsgemeinschaft werden, die die Ärmel aufkrempelt und zupackt und alle integriert, die beim Wiederaufbau mitmachen, gleichgültig welche Verbrechen sie vorher begangen haben. Wer nicht dabei gewe-

367 Rede des Freiherrn Dietz von Thüngen, Vizepräsident der DLG, Frankfurt am Main auf der »Grünen Woche« 1956 [o. D., 1956], in: LAB, B Rep. 002, Nr. 3609, unpag.

368 Bremer: Berlin, S. 31. – Dr. Richard Bremer gehörte zur Niedersächsischen Heimatbewegung. Er promovierte 1933 beim Siedlungsgeografen Robert Gradmann über »Die ländlichen Siedlungstypen des Herzogtums Oldenburg« (1933). Er war Geschäftsführer des 1948 gegründeten Oldenburgischen Landesbundes und setzte sich dort für die Loslösung Oldenburgs von Niedersachsen ein. Vgl. dazu auch N. N.: Oldenburgische Rosinen – Ueberhaupt nicht gefragt, in: *Der Spiegel* vom 27. Oktober 1949, S. 8 f.

369 Die Mitglieder von Großgruppen, in diesem Fall die ländliche Bevölkerung, brauchen sich – so die soziologische Forschung – nicht unbedingt persönlich zu kennen. Die übrigen Bestimmungsmerkmale für soziale Gruppen (gemeinsamen Ziele und Interessen, Wir-Bewusstsein, gemeinsames Wert- und Normensystem, interne Rollenstruktur und Aufgabenverteilung) hingegen müssen vorhanden sein. Großgruppen konstituieren sich oft zunächst nur durch abstrakte, gemeinsam bindende Vorstellungen und Überzeugungen. Man denkt und handelt wie die anderen, die sich oft erst in bestimmten Situationen durch ihre Handlungen, Ansichten, Äußerungen, Abzeichen, Symbole etc. als gleich gesinnte Mitglieder zu erkennen geben. Ob eine Nation, ein – geteiltes – Volk, auch als soziale Großgruppe gelten kann, ist umstritten. Die ländliche Bevölkerung gehört aber mit Sicherheit dazu (weitere sichere Kandidaten sind Verbände, Parteien, Kirchen etc.), und eben um sie – und die ostdeutsche – ging es auf der »Grünen Woche« vorrangig. Die Ausstellung fungierte somit als gesamtdeutsche Plattform des westdeutschen »Anbieters«, um durch längerfristiges Zusammenwirken der Gruppenmitglieder ein gemeinsames Werte- und Normensystem, das ihre Identität wesentlich mitbestimmt, die orientierende Grundlage ihrer Interaktions- und Kommunikationsprozesse bildet und auch gegebenenfalls ihre sozialen Beziehungen nach außen begleitet. Vgl. dazu Martin Schwonke: Die Gruppe als Paradigma der Vergesellschaftung, in: Bernhard Schäfers (Hrsg.): Einführung in die Gruppensoziologie. Geschichte, Theorien, Analysen, Heidelberg 1999, S. 37–53; Henecka: Soziologie, S. 135–176.

sen war, nicht die Front und die Bombennächte erlebt hatte, wer ins Exil getrieben worden war und nach dem Krieg nach Deutschland zurückkehrte, erlebte durchaus noch einmal mit, wie ausgrenzend auch diese Volksgemeinschaft nach 1945 sein konnte.«[370] Aber auch die politischen Reden der frühen DDR waren durchzogen von Nationalismus und Patriotismus. Für die meisten politischen Akteure war eine »Spaltung des deutschen Vaterlandes« auf Dauer nicht vorstellbar, geschweige denn hinnehmbar. Das patriotische Pathos der SED erhob die DDR zum »Bollwerk des nationalen Befreiungskampfes«.[371]

Berlin war die ehemalige Reichshauptstadt, Sitz der nationalsozialistischen Regierung und ihre Machtzentrale gewesen. Von hier aus wurde die Eroberung der Welt, bei gleichzeitiger Vernichtung großer Teile der hiesigen Bevölkerung geplant. Bundespräsident Heuss war einer der wenigen Sprecher auf der »Grünen Woche«, der auf die historische Besonderheit des Ortes aufmerksam machte. Während er 1955 über das Schicksal ostdeutscher Bauern sprach, betonte er auch: »Bei Fanfaren sehe ich, mehr visuell als akustisch veranlagt, die Textildekorationen der Blechinstrumente mit Hakenkreuz oder Hammer und Sichel vor mir. Das wollen wir nicht mehr.«[372] In diesem antitotalitären Kontext gehörte offenbar die Nennung von »Hakenkreuz« und der gleichzeitigen Verbindung mit »Hammer und Sichel« in der politischen Sprache zusammen.[373] Der zitierte Text aus Heuss' Rede ist der einzige im Rahmen der »Grünen Woche«, der den Nationalsozialismus beim Namen nannte. Das Ausblenden der NS-Zeit aus dem öffentlich-politischen Kontext sollte auch die kommenden Jahrzehnte beherrschen.[374]

Die Zukunftszugewandtheit, das Zukunftspathos, welches Christiane Fritsche anhand der Industrieausstellung als Erklärung für dieses Phänomen vorbringt, ist

370 Wildt: Berlin im Nationalsozialismus, S. 26.

371 Michael Lemke: Nationalismus und Patriotismus in den frühen Jahren der DDR, in: APuZ B50/2000, S. 11–19.

372 Der Bundespräsident zur Eröffnung der »Grünen Woche« 1955. Berlin bleibt seelisch die Mitte, in: Bulletin des Presse- und Informationsamtes der Bundesregierung Nr. 22 vom 2. Februar 1955, S. 17f., hier S. 177.

373 Auf der Kundgebung des DGB in der Festhalle am Funkturm anlässlich der »Grünen Woche« hielt 1952 Ernst Reuter die Rede »Der Kampf Berlins im Jahre 1952«. Darin griff er den Minister für Aufbau der DDR, Lothar Bolz (NDPD), an. Dieser habe, so Reuter, »mit lauter Stimme im Stile eines gelernten Nazis, – denn er ist ja der Führer der Pg.-Partei in der Sowjetzone« auf der Konferenz in Paris gesprochen. Vgl. Redemanuskript »Der Kampf Berlins im Jahre 1952«, gehalten am 7. Februar 1952, in: LAB, E Rep. 200-21, Nr. 144, unpag.

374 Zur Aufarbeitung der NS-Zeit in der Bundesrepublik vgl. Norbert Frei: Vergangenheitspolitik. Die Anfänge der Bundesrepublik und die NS-Vergangenheit, München 1996; Christian Meier: Das Gebot zu vergessen und die Unabweisbarkeit des Erinnerns. Vom öffentlichen Umgang mit schlimmer Vergangenheit, Bonn 2010. Meier plädiert für ein bewusstes Vergessen traumatischer historischer Ereignisse. Die einzige Ausnahme bilden für ihn die Gräueltaten des NS-Regimes.

für die »Grüne Woche« allerdings so nicht zu identifizieren.[375] Vielleicht war dies den Eigenheiten ländlicher Lebensweise, die mitunter konservativer und »rückschrittlicher« als die städtische Lebensweise beschrieben wird, geschuldet. Der Leiter der Deutschen Bauernhochschule Fredeburg, Friedrich Georg Raederscheidt, nannte als wichtiges Kriterium zur Bestimmung eben dieser Lebensweise auf der »Grünen Woche« 1956: »Es ist die Aufgabe, dem Wesen getreu zu bleiben, das seit Jahrhunderten die Ahnen prägten in Sitte, Sittlichkeit, Glauben, Religion und Kirche: [...] Der Bauer ist ein Mensch religiösen Glaubens. Ihm ist die Vorstellung Gottes natürlich als des Herrn über Wind und Wetter und Feuer und Blitz.«[376] Vergleichbar archaisierende Wesenskennzeichnungen gesellschaftlicher oder sozialer Gruppen auf anderen West-Berliner Großausstellungen, außer der »Grünen Woche« sind dem Verfasser nicht bekannt. So wurden denn trotz allen Nachvorneblickens und des westlichen Wertekanons bundesdeutsche Politiker auf der »Grünen Woche« nie müde, die ostdeutschen Landsleute – vorrangig die Bauern – mit dem Etikett der »abendländischen Tradition« anziehen zu wollen.[377] Zeitgleich mit der oben zitierten Ansprache von Bundespräsident Heuss rief die Katholische Kirche das »Ulrichsjahr 1955« aus, in dessen Zentrum zehn Jahre nach Kriegsende »die ›Gefahr aus dem Osten‹« stand.[378] Die »Ungarngefahr« an der Wende vom 9. ins 10. Jahrhundert wurde 1955 mit der »Weltgefahr des Kommunismus« identifiziert.[379] Die Urheber der Aktion konnten sich dabei auf die Exkommunikation des

375 Fritsche: Brückenschlag, S. 108.

376 Ansprache von Prof. Dr. Georg Raederscheidt auf der Bauernkundgebung in Berlin aus Anlaß der »Grünen Woche«, in: DBV-Informationsdienst Nr.4/1956 vom 30. Januar 1956, S. 3 f.

377 Vgl. das Grußwort des Herrn Bundeskanzler Dr. Konrad Adenauer zur »Grünen Woche« 1953, in: BAK, B136/7615, unpag. Darin konstatierte Adenauer »die Sehnsucht unserer Brüder und Schwestern hinter dem eisernen Vorhang nach deutschem und abendländischem Gedankengut«. Deshalb hielt er auch keine der vorigen »Grünen Wochen« für so sehr notwendig, »wie die des Jahres 1953«. Als Schirmherr über die Ausstellung verkündete er 1956: »Diese Aussprachen [mit ostdeutschen Landsleuten] legen immer wieder Zeugnis dafür ab, daß der von den Machthabern in der Sowjetzone unternommene Versuch, die Bevölkerung unserem Wesen zu entfremden [...] nicht gelingt«. Vgl. Grußwort zur »Grünen Woche« 1956, Bonn im Januar 1956, in: ebd., unpag.

378 Hermann Hörger: Die »Ulrichsjubiläen« des 17. bis 19. Jahrhunderts und ihre Auswirkungen auf die Volksfrömmigkeit in Ulrichpfarreien, in: Zeitschrift für Bayerische Landesgeschichte 37 (1974), S. 309–357, hier S. 309, dort auch Anm. 3. – Fast zwei Jahrzehnte später räumte Hörger allerdings ein, dass sich »die geistige Grundlage des Ulrichsjahres 1955 als unhaltbare Ideologie und Utopie erwiesen« habe. Denn »Kirche und Marxismus bzw. Kommunismus [seien] nunmehr zu gleichwertigen Gesprächs- und Verhandlungspartnern geworden«.

379 Exakt zehn Jahre zuvor, während des ebenso wahnsinnigen wie sinnlosen »Endkampfes« des untergehenden »Dritten Reiches« im Frühjahr 1945, wurden die Soldaten auch mit »historischen Notwendigkeiten« für den Sieg eingeschworen und an historische Beispiele erinnert: vor allem an die Niederlage der Ungarn bei Augsburg im Jahr 955 oder an die 1683 vor Wien abgeschlagenen osmanischen Heere. Diese Beispiele, so hoffte das verzweifelte NS-Regime, sollten den Soldaten zeigen, »Angriffe aus dem Osten durch fanatische Verteidigung abzuwehren, sobald der Feind deutschen Boden erreicht habe«. Vgl. Ian Kershaw: Das Ende. Kampf bis in den Untergang – NS-Deutschland

Weltkommunismus durch Papst Pius XII. im Jahre 1949 berufen. In seiner Rede anlässlich der Eröffnung der »Internationalen Grünen Woche« 1962 betonte Bundespräsident Lübke, dass »wir auch nicht mit unserer jüngsten Vergangenheit und ihren furchtbaren Irrwegen fertig werden [können]«, ohne »sich intensiv mit seiner Vergangenheit [zu] beschäftigen«.[380] Dieser schreckliche Irrweg, das »Dritte Reich« und der durch ihn verschuldete Zweite Weltkrieg, nannte er nicht beim Namen. Vielmehr beschwor er »eine eindringliche Besinnung auf die Kräfte und Werte [...], die uns in der abendländischen Geschichte überkommen sind«, um dann auf den Zufall aufmerksam zu machen, dass die Ausstellung just am 1.000. Jahrestag der Kaiserkrönung Otto I. eröffnete. Sich auf historische Gedenkorte und -personen zu berufen, die für die Konstituierung eines Wertekanons in der deutschen Geschichte von Bedeutung waren und identitätsstiftend wirkten, war unter den Vorzeichen der Teilung des Landes von großer Bedeutung für die bundesdeutsche Politik. Die Vereinnahmung Kaiser Otto I., des Ungarnbezwingers, diente vor allem der Bekräftigung des Status der »Fronstadt Berlin« als »Bollwerk gegen den Kommunismus«. Kaiser Otto I. und Bischof Ulrich von Augsburg (923–973), der für die oben genannte Aktion der katholischen Kirchen der Namensgeber war, ließen sich zwanglos in ein solches Bild einfügen. Beide fochten 955 bei der Verteidigung Augsburgs auf dem Lechfeld gegen die Ungarn mit dem Schwert in der Hand.[381] Lübkes Bezug auf Kaiser Otto I., dessen historische Vereinnahmung als Bezwinger einer »Gefahr aus dem Osten« im Kalten Krieg also eine gewisse Tradition erlangt hatte, bedeutete in dieser offiziellen Rede, ein halbes Jahr nach Errichtung der Berliner Mauer, einen starken rhetorischen Fingerzeig. Lübke zitierte sinngemäß aus Goethes west-östlichem Diwan, dass »wer die Geschichte seines Volkes nicht 3.000 Jahre zurückverfolgen« könne, der »lebt in den Tag hinein und kann sich auch von der Zukunft keine Vorstellung machen«. Denn, so Lübke, »wenn wir unsere Vergangenheit nicht kennen, vermögen wir nicht die Höhen und Tiefen des deutschen Wesens auszuloten, das im Laufe der Jahrhunderte Höchstleistungen auf allen Gebieten neben ganz unbegreiflichen Fehlleistungen gezeitigt hat«. Somit schloss Lübke, dass gerade deshalb »ein Volk in Zeiten, in denen es schwer an seinem Schicksal trägt, sich intensiv mit seiner Vergangenheit beschäftigen« sollte. Im 13. Jahr des Bestehens der Bundesrepublik war die Etablierung und Festigung

1944/45, Bonn 2011, S. 320. – Auch wenn sich die »Gefahr aus dem Osten« und die Rhetorik des grünen Ausstellungskampfes in den 1950er Jahre deutlich von der NS-Propaganda abhoben, so wurden offensichtlich manche dieser kämpferischen Bilder auch im Kalten Krieg eingesetzt und blieben durch die politische Rhetorik auf den Ausstellungen Teil des öffentlichen Diskurses.

380 Rede des Bundespräsidenten Lübke anläßlich der Eröffnung der »Internationalen Grünen Woche« in Berlin vom 2. Februar 1962, in: Dokumente zur Deutschlandpolitik, IV. Reihe/Bd. 8, 1. Halbbd. (1.1.–30.6.1962), Frankfurt am Main 1977, S. 121–124, hier S. 124.

381 Die Forschung geht von einer aktiven Kampfteilnahme Bischof Ulrichs auf dem Lechfeld aus. Sein Bruder Dietbald und sein Neffe Reginbald fielen im Kampf gegen die Ungarn.

eines kollektiven Wir-Gefühls, die Konstituierung sozio-kultureller Identität von immenser Bedeutung, um den noch jungen Staat zu festigen. Die Forschung geht daher davon aus, dass die Imagination nationaler Gemeinschaft auf die Imagination einer in die Tiefe der Zeit zurückreichende Kontinuität angewiesen ist.[382] Hierfür war die alljährliche Ausstellung »Grüne Woche« ein Instrument effektiver Nachhaltigkeitskommunikation gewesen.[383]

Alternativ zur Betonung der »abendländischen Kultur« wäre in diesem Kontext der bundesdeutschen Abgrenzung von Kommunismus und Diktatur auch der Rekurs auf »westliche Werte« wie Pluralismus, Demokratie und Religionsfreiheit zu erwarten gewesen.[384] Der Ort, die »Frontstadt Berlin«, der Zeitpunkt – die zweite Berlin-Krise und der Mauerbau – und die primäre Adressatengruppe, also die ländliche Bevölkerung der DDR, machten jedoch diese politischen Semantiken zu diesem Zeitpunkt zu keiner Option.

Diese wenig subtilen Botschaften bundesdeutscher Politiker dürften aber zur Beruhigung und Selbstvergewisserung der West-Berliner Stadtbevölkerung mit beigetragen haben. Man sieht, wie sehr die Landwirtschaftsausstellungen als Ort und Plattform zur Vermittelung und Weitergabe von Werten und Traditionsvorstellungen im Kalten Krieg dienten. Während die Bundesrepublik und West-Berlin durch die »Grünen Wochen« den Bauern einen auch künftig verbindenden Wertekonsens auf Basis der Vergewisserung einer gemeinsamen Vergangenheit boten, wählte die SED durch Markkleeberg den umgekehrten Weg, nämlich der Überwindung der Vergangenheit durch die Verheißung einer lichten Zukunft, durch »Zukunftspathos als Legitimationsressource« (Martin Sabrow). Diese Formen der Vergangenheitsbewältigung und Herrschaftslegitimation verbergen laut dem Psychoanalytiker Raúl Páramo-Ortega ihre ideologisch-religiösen Verankerungen.[385]

382 Jan Assmann: Das kulturelle Gedächtnis. Schrift, Erinnerung und politische Identität in frühen Hochkulturen, München 2002, S. 130–143, hier S. 133.

383 Zu den kommunikativen Möglichkeiten einer Ausstellung vgl. Manfred Kirchgeorg/Christiane Springer: Messen und Ausstellungen, in: Handbuch Kommunikation, Wiesbaden 2009, S. 215–230.

384 Der Philosoph Karl R. Popper, von dessen Kritischen Rationalismus die Bundeskanzler Willy Brandt und Helmut Kohl inspiriert worden waren, sah diese Überzeugungen als das wichtigste Erbe der europäischen Aufklärung an und betonte, dass das Fehlen eines einheitlichen Glaubens nicht als Mangel anzusehen sei, vielmehr sei der Pluralismus der Überzeugungen und Ideen als Lebensweise zu schätzen und zu verteidigen. Vgl. hierzu vor allem: Karl R. Popper: Auf der Suche nach einer besseren Welt. Vorträge und Aufsätze aus dreißig Jahren, 15. Aufl., München 2009, bes. S. 11–40.

385 Raúl Páramo-Ortega: Fundamentalisten sind immer die anderen – Freud im Zeitalter des Fundamentalismus. Psychoanalytische Denkungsart als Alternative zum fundamentalistischen Denkstil. Online-Publikation der Universität des Saarlandes 2005, aktual. 2008, unter: http://psydok.sulb.uni-saarland.de/volltexte/2005/560/pdf/Fundamentalisten_sind_immer_die_Anderen.pdf (letzter Zugriff: 24. September 2014).

Der historische Tatbestand der Konfrontation zwischen zwei verschiedenen Weltanschauungen – Christentum (von Politikern und Medien oft durch die säkularisierte Bezeichnung »abendländische Kultur« kaschiert) und (gottlosem) Kommunismus – kann hierbei nicht außer Acht gelassen werden. Dieser kulturelle Kampf lag sublim auch den amerikanischen Ausstellungskonzeptionen der USIA in den 1950er Jahren zugrunde. Nachdem Präsident Eisenhower die Einbeziehung religiöser Elemente in seine politische Programmatik begann – etwa mit den sogenannten »days of prayer« – unterhielt auch die USIA das Office of Religious Information. Die propagandistische Aufgabe dieses Unterbüros war es, die »spirituellen Wurzeln« Amerikas aufzuzeigen, die angeblich Sklaverei und Klassenzwänge überwunden hätten. Das kulturelle Gegenprogramm zum Kommunismus war damit aufgemacht. Das traditionelle familiäre Rollenverständnis, das durch den Rekurs auf diese Werte entstand, wurde auch durch die amerikanischen Schauen weltweit und der »Grünen Woche« – dort besonders bei den Schauküchen und dem Farmleben – in Form von »American's piety and providential mission in the world« dargestellt und transportiert.[386]

Dieser kulturelle Kampf, der Bestandteil des Systemwettstreits war, wurde besonders an den Brennpunkten des Kalten Krieges brisant und öffentlich wahrnehmbar. Die Frontstadt West-Berlin als Bollwerk gegen den Kommunismus auszubauen, bedeutete auch, dass entsprechende Vorbilder medial und politisch installiert wurden. Gesamtdeutsche Begegnungsorte wie die »Grüne Woche« boten sowohl den Besatzungsmächten als auch der Bundesregierung eine gute Plattform, um entsprechende Bekenntnisse zu liefern. Insbesondere im Rahmenprogramm der Ausstellung und in den Begrüßungsansprachen wurden derartige kulturelle Werte betont. Der ostentative Bezug auf die »abendländische Kultur« muss in diesem Kontext als nation branding und nation building in und durch Abgrenzung zum Kommunismus verstanden werden.[387] Insbesondere kulturell konservativere Kreise betonten in den 1950er Jahren die Freiheitsfunktion der Stadt, wobei die Definition der Freiheit im Auge des Betrachters lag: »Freiheit« bedeutete, die jeweils andere Seite als unfrei zu erkennen und entsprechende Maßnahmen einzuleiten oder zu unterstützen, um den Menschen auf der anderen Seite zur Freiheit zu verhelfen, die stets als unfrei und unterdrückt, aber gleichsam nach Ausgang aus ihrer Situation

386 Rosenberg: Consumer Capitalism, S. 49 f.; Laura Belmonte: »A Family Affair?" Gender, the US Information Agency, and Cold War Ideology, 1945–1960, in: Jessica C.E. Gienow-Hecht/Frank Schumacher (Hrsg.): Culture and International History, New York 2003, S. 79–93.

387 Dieser Konzeption liegt die Vorstellung zugrunde, dass Länder im ständigen Konkurrenzkampf zueinander stehen und daher eigene Werte (quasi Markenzeichen, brands) hervorbringen müssen, um erfolgreich zu sein. Diese Konkurrenzsituation verschärfte die Spaltung Deutschlands für beide Seiten nochmals enorm. Zur theoretischen Konzeption vgl. Keith Dinnie: Nation Branding. Concepts, Issues, Practice, Amsterdam 2008. – Dinnie führt das Konzept am Beispiel Deutschlands nach der Wiedervereinigung 1990 vor (bes. S. 15).

strebend begriffen wurden.[388] Dies war in den 1950er und frühen 1960er Jahren eine der politischen Hauptfunktionen der »Grünen Woche«, nämlich ein entsprechendes gesamtdeutsches Kontaktereignis zu schaffen, das Werte vermitteln und dadurch auch Gemeinsinn stiften sollte.

Die politische Heilslehre des Marxismus-Leninismus trat auf der DDR-Landwirtschaftsausstellung in Leipzig-Markkleeberg explizit wie implizit natürlich noch deutlicher zutage als die westlichen Gegenprogramme auf der »Grünen Woche«.[389] Gleichwohl entstanden derartige sprachliche Bilder nicht ad hoc, sondern basierten in Ost wie West auf gewissen weltanschaulichen Kontinuitäten. Dazu gehörten auch gewisse Formen biologistisch präformierter Gesellschaftsbilder, die dem sich auf den Marxismus-Leninismus gründenden Realsozialismus innewohnten. Anders als der Nationalsozialismus, der auf rassebiologischen Vorstellungen beruhte, benutzte die SED auch eine Art ideobiologischer Argumentation, um ihre Gegner zu diffamieren. Das bedeutete letztlich, dass jeder, der der Politik der SED nicht zustimmte, aus ihrer Sicht in irgendeiner Weise pathologisch sein müsse. So verkündete Walter Ulbricht in seiner Rede »Denken ist die erste Bürgerpflicht« am 15. September 1961 Folgendes: »Rauschgiftsüchtige werden bekanntlich in ihrem eigenen Interesse und zu ihrer Gesundung vom Rauschgift isoliert. Ebenso haben wir manche vom Frontstadtsumpf benebelte Bürger unserer Republik in ihrem eigenen Interesse und zu ihrer eigenen Gesundung von diesem Sumpf Westberlin getrennt. Und ich bin der Überzeugung, daß bei der Mehrzahl von ihnen die Krankheit noch heilbar sein wird. In der sauberen Luft der DDR werden sie zur Vernunft kommen und einsehen, daß sie auf gefährlichem Wege waren, daß sie mit anständiger und ehrlicher Arbeit am besten fahren. Wir haben also mit dem Gesundungsgürtel um Westberlin unsere Atmosphäre geschützt und gereinigt.«[390] Mit derartigen biologistischen Argumentationen brandmarkte die SED West-Berlin und die dortige »Grüne Woche« in der

388 Vgl. auch Páramo-Ortega: Fundamentalisten sind immer die anderen, S. 2 f. Páramo-Ortega sieht auch die KgU als im Kalten Krieg fundamentalistisch agierend an.

389 Vgl. hierzu etwa Beate Ihme-Tuchel: Marxistische Ideologie – Herrschaftsinstrument und politische Heilslehre, in: Rainer Eppelmann/Bernd Faulenbach/Ulrich Mählert (Hrsg.): Bilanz und Perspektiven der DDR-Forschung, Paderborn 2003, S. 107–112.

390 Zit. nach Michael Kubina: Die SED und ihre Mauer, in: Henke (Hrsg.): Die Mauer, S. 83–95, hier S. 86. – Bereits während der »Grünen Woche« 1956 betonte der damalige DLG-Vizepräsident, Dietz Freiherr von Thüngen, in seiner Ansprache zur Ausstellungseröffnung Folgendes: »[…] wir kommen zu Ihnen [den Berlinern] so ein wenig mit dem Gefühl desjenigen, der sich seinen Kopf und seine Gedanken durch die frische und klare Luft an der Front ein bisschen sauberblasen lassen möchte.« Folgt man diesen Aussagen aus Ost und West, dann scheinen in und um Berlin im Kalten Krieg ganz besondere Lüfte geweht zu haben. Die »Berliner Luft« war ja schon immer sprichwörtlich. Von Thüngen war einer der ersten öffentlichen Repräsentanten, der die metaphorische Verbindung der »Frontstadt Berlin« mit der »Grünen Front« prägten, aus der dann später der bildhafte Nexus der Stadt mit der (grünen) »Festung Europa« wurde. Vgl. Rede Freiherr Dietz von Thüngen, Vizepräsident der DLG, zur »Grünen Woche 1956« [o. D., 1956], in: LAB, B Rep. 002, Nr. 3609, unpag.

Zeit bis zum Mauerbau exzessiv. DDR-Bürger, die die »Grüne Woche« besucht hatten, wurden oftmals als geistig verwirrt oder gar krank angesehen und von den Staatsorganen entsprechend behandelt. Was aber den Besuch der »Grünen Woche« für DDR-Bürger in dieser Hinsicht noch gefährlicher machte, war eben die Tatsache, dass die SED die Metapher vom »Krankheitskeim« und »Seuchenherd Westberlin« in diesem Falle essentialistisch wörtlich verstand. Wenn bekannt wurde, dass ein Bauer auf der »Grünen Woche« war und nach seiner Rückkehr im Heimatdorf oder LPG eine Viehseuche ausbrach, wurde oftmals er dafür verantwortlich gemacht, die entsprechenden Erreger aus West-Berlin eingeschleppt zu haben. Schwere Strafen waren oftmals die Folge.[391] Zur »Grünen Woche« 1959, die während der zweiten Berlin-Krise stattfand, versuchten wieder zahlreiche Zeitungen aus der DDR wie die *Freiheit* und die *Berliner Zeitung* die Ausstellung zu diskreditieren. Die *Berliner Zeitung* notierte abschließend zur »Grünen Woche«, dass wieder Fälle der Kaninchenkrankheit Myxomatose während der Ausstellung bekannt geworden seien und folgerte daraus: »Offensichtlich gehören Seuchen und Spione zusammen. Ein guter Bauer mag beides nicht.«[392] »West-Berlin-Fahrer« gleich »Spione«, die eine Art von »negativen Keimen« in der DDR-Gesellschaft wären, lautete das Gleichnis für die SED.[393] Beispielsweise verschärfte die DDR Anfang 1957 unmittelbar vor Beginn der »Grünen Woche« die viehseuchenpolizeilichen Bestimmungen nochmals.[394]

391 In der Argumentation gegen die »Grüne Woche« 1959 auf Grundlage des Befehls Nr. 2/59 des Ministers des Innern der DDR wurden die ABV des Bezirks Dresden auf die angeblichen Gefahren von Viehseuchen, verursacht durch »Grüne Woche«-Besucher, hingewiesen. Es besteht »somit [...] akute Gefahr der Ansteckung und Verbreitung dieser Seuchen in der DDR, wenn Bürger der DDR die Ausstellung besuchen«, hieß es dort. »Zuführungen« und »Aufklärungen« von »Grüne Woche«-Besuchern hatten die ABV auf der Grundlage folgender Gesetze durchzuführen: 1) Verordnung zur Bekämpfung der Schweinepest und der ansteckenden Schweinelähme vom 3. Februar 1955, Gbl. I; 2) Anordnung zum Schutze der einheimischen Kaninchenbestände vom 30. Juni 1954, Gbl. I Nr. 27 vom 10. Juli 1954; 3) Anordnung zur Bekämpfung der Myxomatose der Kaninchen, vom 21. November 1955, Gbl. I Nr. 101 vom 28. November 1955. Vgl. VPKA Löbau/Leitung, Befehl des Leiters der Volkspolizei-Kreisamt Löbau Nr. 1/59 zum Befehl des Ministers des Innern Nr. 2/59, Inhalt: »Grüne Woche« in Westberlin vom 23. Januar 1959, in: HStDD, MdI, Bestand-Nr. 23 BDVP Dresden, 23/196, Bl. 0131–0134, hier Bl. 0132.

392 Zit. und übers. nach USIS Berlin an USIA Washington, Subject: American Exhibition scores Success at »Green Week«, Annex 3 vom 17. März 1959, in: NARA, RG 84: Records of the Foreign Service Posts of the Department of State, Germany Berlin Mission, General Records 1959–1961, 500.7: Exhibition-Agriculture, Box 6, unpag.

393 Da in Großstädten natürlich immer die Gefahr von Seuchen bei Tierausstellungen bestand, legte der West-Berliner Senat und das Veterinäruntersuchungsamt strenge Maßstäbe an die Ausstellung. Seit 1952 investierte die »Grüne Woche« viel in die Abwehr der Seuchengefahr (v.a. MKS, Geflügelpest und Myxomatose). Während der »Grünen Woche 1954« gelang es etwa, einen tierärztlichen Beratungsstand mit der Sonderschau »Veterinaria« zu verwirklichen. Auf dem Beratungsstand wurden Medikamente ausgestellt und es »gegebenenfalls auch interessierte[n] Ostzonenbewohner[n]« ermöglicht, diese »Westberliner Medikamente käuflich [zu] erwerben«. Vgl. die gesamte Überlieferung in: LAB, B Rep. 010, Nr. 1206, unpag.

394 Tatsächlich waren in West-Berlin im Winter 1956/57 erstmals seit 1954 wieder MKS-Fälle aufge-

Die nationale Landwirtschaftsausstellung in Markkleeberg bot sich für eine derartige Sicht- und Argumentationsweise geradezu als Positivschablone organisch an. Die »richtige« ländliche Lebens- und Arbeitsweise wurde oftmals als die »gesunde« dargestellt. Gesundes Vieh und gesunde Menschen gehörten in dieser Vorstellung für die SED zusammen. Andererseits aber war diese Darstellungsweise mitunter auch auf Landwirtschaftsschauen des Westens in den 1940er und 1950er Jahren verbreitet. Auf manchen US-amerikanischen Landwirtschaftsschauen haben Frauen die »gesündesten Babys« präsentiert und auszeichnen lassen, »auch um ihre Kompetenz in Sachen Reproduktion zu demonstrieren«.[395] Gleichwohl die Produkte dieser »reproduktiven Kompetenz« gern ausgestellt und gesehen wurden, galt dies insbesondere in den 1950er Jahren aber nicht für den Akt als solchen. Sexualität im ländlichen Leben war auf den ost- wie westdeutschen Landwirtschaftsschauen dieser Zeit ein Tabu. So versuchte der West-Berliner Oberregierungsrat Pröstler während der »Grünen Woche« 1952 eine Besamungsstation wieder entfernen zu lassen. Er glaubte, »im Interesse der Jugendlichen dafür sorgen zu müssen, dass die Besamungsstation nur so ausstellt, dass eine moralische Gefährdung der Jugendlichen nicht eintritt«. Direktor Wiemer und der West-Berliner Senator für Wirtschaft und Ernährung konnten ihm dieses Ansinnen jedoch ausreden.[396]

Neben den analysierten personellen, inhaltlichen wie weltanschaulichen Kontinuitäten und Brüchen im landwirtschaftlichen Ausstellungswesen des geteilten Nachkriegsdeutschlands ist die Frage nach Sinn und Inhalt des in Ost wie West gepriesenen »Neuen« zu stellen. Wie so oft, insbesondere bei revolutionären Bewegungen, gründen sich die Programme des »Neuen« zumeist auf den Wurzeln des für überwunden Gehaltenen. Mit anderen Worten: Als »neu« deklarierte politische oder gesellschaftliche Phänomene entstehen in der Regel aus den Strukturen, die eigentlich überwunden werden sollten. Die Darstellung des »Neuen« fand vor allem in der DDR durch die Landwirtschaftsausstellung zur Abgrenzung vom Nationalsozialismus starke Betonung und Akzentuierung. Der Anspruch der SED, mit der DDR das »neue Deutschland« zu realisieren, wurde in Markkleeberg von Beginn

treten. Die Keime wurden vermutlich mit Transportfahrzeugen aus Niedersachsen eingeschleppt. U. a. musste deshalb der Stadtteil Marienfelde gesperrt werden und die »Grüne Woche« stand kurz vor der vorzeitigen Schließung. Vgl. Protokoll der Besprechung des Arbeitsausschusses »Tierzucht« für die Tierausstellung auf der »Grünen Woche 1957« am 3. Januar 1957 im kleinen Sitzungssaal des Senatsgebäudes, in: LAB, B Rep. 010, Nr. 726, unpag. – Vgl. außerdem die viehseuchenpolizeiliche Anordnung anlässlich der Grünen Woche 1959«, in: Gesetz- und Verordnungsblatt für Berlin, 15. Jahrgang, Nr. 54 vom 1. Januar 1959, S. 121 f.

395 Vgl. den Beitrag von Gerlinde Behrendt in AVAVIA, dem Onlinemagazin für Frauen, vom 21. September 2003, unter: www.avavia-berlin.de/avavia/content-wissenschaft.php?id=366 (letzter Zugriff: 24. September 2014).

396 Aktennotiz Dir. Wiemer [o. D., 1952], in: LAB, B Rep. 010, Nr. 1261, unpag.

an dargestellt und seit 1952 ein Leitgedanke der Schauinhalte.[397] Dieses »Neue« bestand vor allem in der Abgrenzung zum Nationalsozialismus und in der Absage an die kapitalistische Privatwirtschaft, die früher ein wichtiger Bestandteil von Messen und von verkaufsorientierten Ausstellungen war. Interessanterweise erblickten auch die Nationalsozialisten, allen voran das RMVP und das DPA, den »Wesenswandel der Ausstellungen« und das »Neue« daran in fast den gleichen Punkten: Abschaffung demokratischer Mitbestimmung, kein privater Kleinhandel mehr auf Ausstellungen (Zurückdrängung des Gewerbes), staatliche Vorgabe der hauptsächlichen Schauinhalte (Ausstellungen als Instrument des Planes) und schließlich die Zurückdrängung kleinerer regionaler Verkaufsschauen zugunsten staatlicher Großausstellungen, die weniger am Umsatz, dafür aber mehr an der Verbreitung politischer Propaganda interessiert waren. Diese Ausstellungen dauerten in der Regel viel länger an oder waren gar Dauerausstellungen.[398] Diese interessante Parallele aufzuzeigen bedeutet jedoch nicht, das »Dritte Reich« und die DDR in direktem Vergleich miteinander gleichsetzen zu wollen. Ein Vergleich in toto wäre wohl unzulässig, da er das »Dritte Reich« und den von ihm begangenen Holocaust und Völkermord verharmlosen würde. Aber Vergleiche auf kleineren Ebenen und an ganz konkreten Beispielen, die sich wirklich vergleichen lassen, können heuristisch wertvoll sein.[399] Denn somit stellt sich die Frage, ob ein Neubeginn des landwirtschaftlichen Ausstellungswesens in der DDR stattgefunden hat oder aber seine Wurzeln älter sind. Schließlich wollte die Staats- und Parteiführung, die stets auf den Nationalsozialismus fixiert war, nicht hinter dessen Standards zurückfallen. Auch wenn »das Neue« der Ausstellungen noch so sehr hervorgehoben wurde, didaktisch und ausstellungstechnisch hat es sowohl in der Bundesrepublik als auch in der DDR einen völligen Neuanfang, eine »Stunde Null«, nicht gegeben. Die Stilmittel waren zu offensichtlich älteren Vorbildern aus dem Kaiserreich und der Weimarer Zeit entlehnt, die Instrumentalisierung bekannter moderner Gestaltungstechniken und -mittel zu deutlich, als dass mit Blick auf die großen Landwirtschaftsausstellungen von der Existenz einer genuin bundesdeutschen oder DDR-eigenen Ästhetik in den 1950er Jahren gesprochen werden kann. Die politischen Entscheidungsträger nutzten in West wie Ost die Mittel moderner Massenkommunikation, um ihre agrar-

397 Insbesondere in den Jahren nach dem Mauerbau stellte Ulbricht stets die Frage in den Mittelpunkt »was ist das neue an der diesjährigen Schau?«. Die Ausarbeitungen der Funktionäre flossen dann in die Schauinhalte und die »Aussprachen« Ulbrichts mit den Bauern ein. Das diesbezügliche Herausstreichen »des Neuen« hatte v.a. im Kontext des NÖS der 1960er Jahre die Funktion, ökonomischen wie gesellschaftlichen Fortschritt zu suggerieren und den v.a. durch den Mauerbau entstandenen Eindruck von Stagnation und Einmauerung zu kaschieren.

398 Vgl. dazu Schäffer: Wesenswandel der Ausstellung. Für die Ausstellungskonzepte der DDR vgl. Schröder: Produktionspropaganda.

399 Vgl. dazu Andreas Stirn: Traumschiffe des Sozialismus. Die Geschichte der DDR-Urlauberschiffe 1953–1990, Berlin 2010, S. 717–756.

und ordnungspolitischen Vorstellungen zu flankieren und setzten bei bewährtem Fachpersonal auf Kontinuität.

In der westdeutschen Tagespresse und in bundespolitischen Debatten der 1950er und frühen 1960er Jahre war es durchaus im Sinne einer vereinfachten Totalitarismusidee gängig, die DDR-Landwirtschaftsausstellung mit den Reichsnährstandsschauen gleichzusetzen. Die Bundesrepublik erblickte, soweit sie den Topos des »Neuen« überhaupt bemühte, ihn in Abgrenzung von Nationalsozialismus und Kommunismus und in der Stärkung von parlamentarischer Demokratie und freier Marktwirtschaft.

Das »Neue« umfasste allerdings nicht allein die immaterielle Dimension wie Diskurse und Schlagwortdebatten, sondern auch architektonische und städtebauliche Aspekte. Auch die Ausstellungsgelände in West-Berlin und vor den Toren Leipzigs waren historisch gewachsen - in Markkleeberg etwa mit der Integration des alten Herfurthschen Landschaftsparks - und die Gestalter konnten sie nicht beliebig in »neue« Aussagen, Inhalte und politische wie fachliche Forderungen transportieren und übersetzen. Sowohl das Markkleeberger Schaugelände als auch das in Berlin-Charlottenburg inkorporierten jeweils für sich die Vergangenheit des Ortes. Die BA, die beteiligten westdeutschen landwirtschaftlichen Organisationen und der West-Berliner Senat stellten sich in die Tradition und Geschichte des Geländes am Funkturm, die ihnen vertretbar und für wert erschienen, fortgeführt zu werden und machten diese für sich nutzbar.[400] In Verbindung mit neuen Inhalten wie etwa der Einbindung in den europäischen Agrarmarkt und die westliche Gemeinschaft gelang ihnen das nachhaltig, da der Mauerbau das vom Bundesgebiet endgültig isolierte West-Berliner Ausstellungswesen nicht beeinträchtigen konnte. Die SED, das MLF und der Markkleeberger Ausstellungsbetrieb nahmen die Geschichte des Ausstellungsgeländes, also vor allem des Herfurthschen Parks, als Negativschablone zur Abgrenzung von der Vergangenheit und somit als Zeichen für einen »deutschen Neubeginn«. Somit hatte die vor Ort bereits bestehende Architektur und Räumlichkeit Implikationen auf das »neue Ausstellungsgeschehen«. Denn sie zwangen die Schauinhalte letztlich doch mehr oder weniger in die Formen zurück, die es eigentlich zu überwinden galt.[401]

400 Zur überregionalen Imagebildung durch »magnetische Messen und Ausstellungen« für West-Berlin vgl. Lemke: Vor der Mauer, S. 541–549.

401 Zum Aspekt der städtischen Imagebildung durch Großprojekte wie Ausstellungen und Messen und die Grenzen dessen vgl. ebd.; Alexander Sedlmaier: Berlin als doppeltes »Schaufenster« im Kalten Krieg, in: Thomas Biskup/Marc Schalenberg (Hrsg.): Selling Berlin. Imagebildung und Stadtmarketing von der preußischen Residenz bis zur Bundeshauptstadt, Stuttgart 2008, S. 227–244; Alexa Färber: Urbanes Imagineering in der postindustriellen Stadt: Zur Plausibilität Berlins als Ost-West-Drehscheibe, in: ebd., S. 279–296; Paul B. Jaskot/Gavriel D. Rosenfeld: Urban Space and the Nazi Past in Postwar Germany, in: diess. (Hrsg.): Beyond Berlin. Twelve German Cities Confront the Nazi Past, Ann Arbor 2008, S. 1–24; Herbert Krafft: Ausstellungen – Fachmessen –

Diese Überlegungen führen schließlich in die Debatte um »Amerikanisierung« und »Sowjetisierung« des deutschen Ausstellungswesens in den 1950er Jahren.[402] Zu konstatieren bleibt, dass der sowjetische wie der amerikanische Einfluss auf die DDR-Landwirtschaftsausstellung und die »Grüne Woche« asymmetrisch ist, gleichwohl aber durchaus nachvollziehbar. Die UdSSR traf insbesondere in den 1940er und frühen 1950er Jahren Entscheidungen für die ostdeutsche Landwirtschafts- und Gartenbauausstellung, die vor allem generelle und personelle Entwicklungen betrafen. Mit einem eigenen Schaubeitrag hielt sie sich zunächst zurück. Die Markkleeberger Schaudirektion und das MLF nahmen zahlreiche Anleihen an der Moskauer Allunionsausstellung, ohne diese allerdings kopieren zu wollen oder zu können. Die USA betrachteten ihren Beitrag zur »Grünen Woche« vorrangig als direkte Untermauerung ihrer Liberation Policy und ihrer Haltung zu West-Berlin. Mit ihren innovativen Schaugestaltungen sorgten die USA für eine nachhaltige Stärkung der »Grünen Woche« und des Schaufensters West-Berlin und wurden als solche von der West-Berliner Bevölkerung in Erinnerung behalten.

Die Ausstellungen als Gedächtnis- und Erinnerungsorte nach dem Mauerbau

In der Zeit nach dem Mauerbau wurden die beiden Ausstellungen weniger der Austragungsort deutsch-deutschen Systemwettstreits als vielmehr Teil der »Erinnerungslandschaft« in West und Ost.[403] Ein kurzer abschließender Blick auf die Realgeschichte der »Internationalen Grünen Woche« und der DDR-Landwirtschaftsausstellung/agra nach 1961/62 kann hilfreich sein, um »so die Kräfte sichtbar zu machen, die Vergangenheitsphänomene affektiv und symbolisch in Erinnerungsorte verwandeln«.[404] Die jeweils eigenen Herrschafts- und gesellschaftspolitischen Vorstellungen darzustellen und zu visualisieren geschah, wie gesagt, oft mit den

Kongresse. AMK Berlin geht neue Wege, in: Kommunalwirtschaft (1974), S. 397–400; Eckehart Ehrenberg/Wilfried Kruse: Soziale Stadtentwicklung durch große Projekte? EXPOs, Olympische Spiele, Metropolen-Projekte in Europa. Hannover, Sevilla, Barcelona, Berlin, Münster u.a. 2000.

402 Vgl. zur Debatte um Amerikanisierung und Sowjetisierung Ost- und Westdeutschlands nach 1945 Michael Lemke (Hrsg.): Sowjetisierung und Eigenständigkeit in der SBZ/DDR (1945–1953), Köln u.a. 1999; ders.: Die Sowjetisierung der SBZ/DDR im ost-westlichen Spannungsfeld, in: APuZ 6/1997, S 41–53; Arnd Bauerkämper: Amerikanisierung und Sowjetisierung in der Landwirtschaft. Zum Einfluß der Hegemonialmacht auf die deutsche Agrarpolitik von 1945 bis zu den frühen sechziger Jahren, in: Konrad Jarausch/Hannes Siegrist (Hrsg.): Amerikanisierung und Sowjetisierung in Deutschland 1945–1970, Franfurt am Main 1997, S. 195–215; Scherstjanoi: SED-Agrarpolitik, bes. S. 27–40; Schildt: Sind die Westdeutschen amerikanisiert worden?

403 Sabrow: Die DDR erinnern, S. 2f.

404 Ebd.

Mitteln emotionaler Ansprache der Besucher. Besonders auf der »Grünen Woche« wurde viel Wert auf Darstellungen gelegt, die sowohl eine unmittelbare Erfahrung hervorrufen sollten als auch eine auratische Aufladung hatten, die in einer ebenso vagen wie überwältigenden symbolisch-moralischen Dimension lag. Beides barg das Potenzial einer Mystifizierung.[405] Dadurch wurden sowohl die beiden Ausstellungsgelände in Berlin-Charlottenburg und in Leipzig-Markkleeberg als auch beide Expositionen selbst zu Gedächtnisorten, die in den 1950er Jahren teilweise auratische Züge von Gedenkstätten trugen. Denn die Schauen können zwar der Wir-Bildung von bestimmten Gruppen Vorschub leisten – in diesem Fall der ländlichen Gesellschaft, um deren Zusammenhalt und Konstituierung es im deutschen wie gesamtdeutschen Kontext ging –, aber Kulturen, Nationen oder Ethnien sind immer von Macht- und Herrschaftsverhältnissen und den daraus resultierenden Konflikten geprägt. Somit ist Cornelia Siebecks Urteil zuzustimmen, dass »objektivierte Gedächtnis- und Identitätskonstruktionen zunächst einmal nur diejenigen [repräsentieren], die diese produziert haben«.[406] Sind derartige Orte erst einmal institutionalisiert worden, hat man sie als Teil einer Kultur »von oben« zu verstehen, die die bestehende gesellschaftliche Ordnung affirmiert, sie »selbstverständlich« erscheinen lässt und dadurch reproduzieren soll. Danach erscheinen die beiden Landwirtschaftsausstellungen als Orte vielfältiger sozialer Praxis der unterschiedlichsten gesellschaftlichen und politischen Akteure, die als Kommunikations- und

405 Cornelia Siebeck: »Im Raume lesen wird die Zeit«? Zum komplexen Verhältnis von Geschichte, Ort und Gedächtnis (nicht nur) in KZ-Gedenkstätten, in: Alexandra Klei/Katrin Stoll/Annika Wienert (Hrsg.): Die Transformation der Lager. Annäherungen an die Orte nationalsozialistischer Verbrechen, Bielefeld 2011, S. 69–100. – Die Überbetonung der historischen Bedeutung der Bauernbefreiung und der Bauernkriege und deren Darstellung in Film, Bild und Ton in der DDR weist in die gleiche Richtung (1975 zum 250-jährigen Jubiläum des Bauernkrieges sogar in nachgespielten Szenen – heute würde man es Reenactment nennen).

406 Ebd., S. 94. – Siebecks tiefgründige Analyse und Kritik theoretischer Konzepte der Kulturwissenschaften am Beispiel von KZ-Gedenkstätten greift die Konzepte von Jan und Aleida Assmann, von Karl Schlögel (und dem Spatial Turn) oder Pierre Nora auf und unterzieht sie einer analytisch-kritischen Überprüfung. Der Spatial Turn und das Kulturelle Gedächtnis erwiesen sich dabei schnell als relativ wenig brauchbare Analysewerkzeuge, da ihnen die Gefahr erkenntnistheoretischer Zirkelschlüsse, die sie v.a. an Schlögels Anthropomorphismus festmacht, inhärent ist. Im Grunde läuft Siebecks Argumentation auf eine Kritik anthropomorpher Raumbetrachtung hinaus. D.h. einer seit den Vorsokratikern kritisierten Neigung, menschliche Eigenschaften auf Außermenschliches zu übertragen; in diesem Falle der Vermenschlichung des Raumes (»Landschaftshermeneutik«). Vgl. ergänzend auch die sehr lesenswerten »Brechungen« von Jürgen von Kempski, hier »Die Welt als Text«, in: ders.: Brechungen. Kritische Versuche zur Philosophie der Gegenwart, Schriften I, Frankfurt am Main 1992, S. 399–410. – Von Kempski kritisiert darin v.a. das landschaftshermeneutische Bild vom »Buch der Natur« als »grandiosen Anthropomorphismus« und betont, dass der Philosophie, die zu einer derartigen Erkenntnisweise geführt habe – einer »Philosophie more philologico« – nun die Welt so erschien, »als Text, der auszulegen ist« (S. 40f.). Offenbar befindet sich auch Schlögel in dieser hermeneutischen Tradition. Er hat Gadamers Verständnis, dass der Gegenstand der Philosophie nicht mehr der Text sei, sondern die Textmetapher auf die Welt als Ganzes anzuwenden sei, auf einen konkreten Fall eingegrenzt: die Architektur.

Interaktionsplattform (Bühne) vielfältige Debatten und praktische Bezugnahmen ermöglichen. Sobald Gedächtnis- und Erinnerungsorte – und als Erinnerungsort der DDR wird der Westteil der Stadt in der Forschung angesehen[407] – institutionalisiert worden sind, sind sie eben Teil einer Kultur »von oben«.[408]

Die »Grüne Woche« bzw. seit 1962 »Internationale Grüne Woche« war seit ihrem Entstehen in der Weimarer Republik eine feste Instanz im Berliner Stadtleben und wurde zum Gedächtnisort des Städters. Diese Funktion hatte die Veranstaltung während des »Dritten Reiches«, nach dem Ende des Krieges und den Hochphasen der deutsch-deutschen Systemkonkurrenz in den 1950er Jahren, aber auch nach dem Mauerbau 1961 weiterhin. Die Schau hat diese Funktion bis heute nicht eingebüßt und ihren Platz im West-Berliner Sonderweg in der Zeit nach dem Boom (1961 bis 1990) eingenommen.[409] Der Westteil der Stadt stellte nach der Einmauerung mehr noch als zuvor ein soziales Sinnkonstrukt, eine Sinnprovinz mit einer urbanen Eigenlogik dar.[410] Der Schaffung und Pflege städtischer Images (»City-Branding«), die meist »interessengeleitet und unter spezifischen Bedingungen eingesetzt werden«, kommt hierbei zentrale Bedeutung zu. Sie sind nicht monolithisch zu betrachten, sondern als soziales und kulturelles Konstrukt.[411] Insofern wurde West-Berlin in den 1960er Jahren zur Enklave der Aufstiegsgesellschaft

407 Vgl. etwa David E. Barclay: Westberlin, in: Sabrow (Hrsg.): Erinnerungsorte der DDR, S. 431–440.

408 Siebeck: »Im Raume lesen wir die Zeit«?, S. 9 f.

409 Zahlreiche Stadtführer und Pläne für das Berlin der Gegenwart räumen der »Grünen Woche« diesen aktuellen Status ein. Vgl. etwa Horst Bosetzky/Jan Eik: Das Berlin-Lexikon. Was man wirklich über die Hauptstadt wissen muß, München 2003, S. 92. – Aber auch die zahlreichen Auflagen des Berlin-ABC sind aufschlussreich zur Bedeutung der Ausstellung für die Stadt, ihre Bewohner und die städtische Identitätsfindung. Vgl. Walter Krumholz/Wilhelm Lutze: Berlin ABC, Berlin (West) 1968, S. 328; Presse- und Informationsamt des Landes Berlin (Hrsg.): Berlin Handbuch. Das Lexikon der Bundeshauptstadt, Berlin 1992, S. 607. – Der bekannte Berliner Autor und emeritierte Soziologieprofessor Horst Bosetzky beschrieb die »Grüne Woche« und ihre Bedeutung für den West-Berliner mit ironischem Unterton wie folgt: »Auch bei einer Reihe von Ausstellungen kann der West-Berliner registrieren, dass die Völker der Welt, so wie es sich gehört, ihre Blicke auf ihn richten, ja eigentlich, wie es sich gehört, zu ihm aufblicken. Die meisten Ausstellungen finden unter dem Funkturm statt, so auch die Deutsche Industrieausstellung, die der Bundespräsident am 1. Oktober 1950 eröffnete. Den höchsten Stellenwert beim West-Berliner genießen aber die Grüne Woche und die Funkausstellung. [...] Obwohl der Kalender den 3. Februar anzeigt, kommt zur feierlichen Eröffnung [der »Grünen Woche«] der Niklas, das heißt der Bundeslandwirtschaftsminister Wilhelm Niklas. [...] Hochmögende Bundespolitiker in der Frontstadt lösen beim West-Berliner stets mehrere politische Orgasmen aus.« Vgl. Horst Bosetzky: West-Berlin. Erinnerungen eines Inselkindes, Berlin 2006, S. 69.

410 Zur Eigenlogik der Städte vgl. Helmuth Berking/Martina Löw: Die Eigenlogik der Städte. Neue Wege für die Stadtforschung, Frankfurt am Main u. a. 2008. – Nach Löw ist die Stadt eine spezifische Vergesellschaftungsform, die als »Sinnprovinz« funktioniert und sich über »Verdichtung und Heterogenität« definieren lässt. Ebd., S. 70.

411 Biskup/Schalenberg: Selling Berlin, S. 19.

der Bundesrepublik.[412] Der einst in der gesamten Stadt herrschende breite Konsens über den Wunsch der Wiedervereinigung beider Stadthälften verschwand mit den Jahren. Die Jahre 1967/68 markieren diesen Bruch. Die Selbstgewissheit und Mentalität der »Blockade- und Mauerbau-Berliner« war der jungen, zumeist aus Zugezogenen bestehenden Generation »herzlich fremd«, was schließlich zu einer »bis zur Polarisierung reichenden Pluralität« führte.[413] Die »Grüne Woche« reflektierte und begleitete diese gesellschaftlichen und politischen Entwicklungen wie ein Brennglas. Die Politik hatte die großen Ausstellungen schon lange für sich entdeckt und nutzte sie entsprechend als Foren für ihre Botschaften. In der »Halbstadt« der 1960er und 1970er Jahre allerdings entdeckten auch immer mehr gesellschaftliche und nicht-staatlich organisierte politische Interessensgruppen die »Grüne Woche«, um auf sich aufmerksam zu machen oder für die eigenen Ziele und Überzeugungen zu werben.

Die internationale Ausrichtung der Landwirtschaftsausstellung wurde vom Senat und den BA (seit den 1970er Jahren AMK genannt) gezielt vorangetrieben und ausgeweitet. Dazu wurde auch politische Prominenz aus Ländern nach West-Berlin eingeladen, zu denen vorher kaum weiterer Kontakt bestanden hatte. Im Gefolge der Studentenunruhen und der 68er-Bewegung kam es im Januar 1969 zu Tumulten und Unruhen gegen die Ausstellungsstände des Iran, Griechenlands, Spaniens und Portugals auf der »Internationalen Grünen Woche«. Letztere waren gerade erst der Diktatur entronnen oder befanden sich noch im Prozess des Umbruchs. Der SDS hatte zu den Protesten aufgerufen, denen viele Studenten und andere Menschen folgten, um ihren Unmut über das politische System in diesen Ländern zu bekunden. Es kam zu zahlreichen Verhaftungen und auch Gewaltanwendungen durch die Polizei, die damit den Versuch, aus der »Grünen Woche« eine »Rote Woche« zu machen, jäh beendete.[414]

Auch fachlich wurde die »Grüne Woche« in den 1970er Jahre immer bedeutender. Sie basierte zunehmend auf den drei Säulen Ernährungswirtschaft, Landwirtschaft und Gartenbau. Sonderschauen zu aktuellen Themen, Ländergemeinschaftsschauen und Leistungsschauen einzelner Regionen fanden großen Anklang, der sich letztlich in den stets hohen Besucherzahlen aus dem In- und Ausland niederschlug. Ab 1971 wurde das Konzept durch Lehr- und Sonderschauen wie beispielsweise EDV und Fischerei, zu Wald und Landschaft erweitert. Auch die ästhe-

412 Heinz Bude: Generation Berlin, Berlin 2001, S. 73.

413 Wilfried Rott: Abschied von West-Berlin, in: APuZ 11/2010, S. 41–46, hier S. 4f.

414 Unter den verhafteten Studenten befanden sich auch Götz Aly, Jörg Friedrich und Jochen Staadt. Nach ihrer Haftentlassung in der Nacht wurden die »Helden für eine Nacht« mit warmer Suppe von der »Roten Hilfe« durch Dieter Kunzelmann versorgt. Vgl. Jochen Staadt: Helden für eine Nacht, in: *Frankfurter Allgemeine Zeitung* vom 13. Februar 2001, S. 11.

tischen Seiten des Essens und Trinkens traten immer mehr in den Vordergrund.[415] Ebenso gewann der Verbraucherschutz an Bedeutung und nahm breiteren Raum auf der Ausstellung ein. Die Formel dieser Zeit lautete »Wachstum durch fachliche Schwerpunkte«. Die deutsche Land- und Ernährungswirtschaft versuchte in den 1970er und 1980er Jahren durch die Exposition ihren Bemühungen, den Absatz von Agrarprodukten zu fördern, Auftrieb zu verleihen. In enger werdendem Kontakt zu den Verbrauchern bot die »Internationale Grüne Woche« durch Fachinformationen und -beiträge Aufklärung über die Produktion und Veredlung landwirtschaftlicher Erzeugnisse. Ausdruck dessen waren Sonderschauen wie »Vom Korn zum Brot«, »Vom Nutzen des Waldes«, »Gerste, Hopfen und Malz«, »Käse aus Deutschland« oder »Extensive Tierhaltung«. Mit der Inbetriebnahme des Internationalen Congress Centrums Berlin (ICC), das durch ein Brückenbauwerk direkt mit dem Messegelände verbunden wurde, stieg die Zahl der die Messe begleitenden Konferenzen auf über 250 Veranstaltungen bei jeder »Grünen Woche« an. Weitere politische und wirtschaftliche Bereicherung erfuhr die Exposition 1981 mit dem ersten »Internationalen Forum Agrarpolitik«, 1982 mit den ersten »Frische Foren« für empfindliche Agrarprodukte, 1984 mit der ersten »MultiServa für Gemeinschaftsverpflegungen« und 1986 mit der ersten »Bundesschau Fleischrinder«.[416]

Unter den zahlreichen Ländern der Welt, die im Laufe der Zeit auf der »Grünen Woche« vertreten waren, gehörten auch Staaten des RGW wie Polen, Ungarn oder Rumänien. Die SED hatte bereits 1952 Ausstellern aus der DDR untersagt, an der Exposition teilzunehmen. Trotz dieser Verbote, deren Einhaltung nur schwer zu kontrollieren war, stellten noch zumindest bis 1957 DDR-Firmen auf der »Grünen Woche« aus.[417] Gleich mit dem Fall der Mauer 1989 jedoch wurde die Ausstellung wieder zu einem deutsch-deutschen Begegnungsort und Stätte des Neubeginns. Symbolisch kann dafür folgende interessante Begebenheit stehen. Im November 1989 hatte eine West-Berliner Künstlergruppe die Idee, eine LPG auf die »Grüne Woche« zu holen. Mit der LPG »Florian Geyer« in Saarmund, südlich von Berlin gelegen, vereinbarte die Künstlergruppe, dass die LPG zur Ausstellung kommt und die Künstler bei der Messeleitung einen Stand auf der »Grünen Woche« 1990 organisieren sollten. Nach einigem Hin und Her wurde die Teilnahme der LPG tatsächlich realisiert: die Künstler entwarfen und bauten einen »funktional-konstruktiven« Messestand und entwarfen eine limitierte Aktie, mit der man für 25 DM einen qm »LPG-Grund-und-Boden« erwerben konnte. »Im Prinzip eine Form des Sponso-

415 Presse-Information: Chronik der »Grünen Woche« unter www.gruene-woche.de (letzter Zugriff: 24. September 2014).

416 Ebd.

417 Dies konnte der Verfasser bis 1957 anhand von Unterlagen der Staatssicherheit nachweisen. Es ist aber nicht auszuschließen, dass Ausstellerkontakte nach West-Berlin bis zum Mauerbau weiter bestanden.

ring« und mit den etwa 60.000 DM an Einnahmen mit dieser »situationistischen Kunstaktion« hofften sie, »den Weg der LPG in die freie Selbstverwaltung geebnet« zu haben. Der Stand war in Halle 15 (2) auf dem sogenannten »Markt der Meinungen« untergebracht. Am Stand prangte der Schriftzug »Die Landwirtschaftlichen Produktionsgenossenschaften sichern die Ernährung des Volkes«. Außerdem war auch ein Vertreter der neuen ostdeutschen *Deutschen Bauernzeitung* (DBZ) auf dem Stand, der während der Ausstellungswoche erstaunlich viele Abonnements abschloss.[418] Wegen ihres Auftrittes auf der »Grünen Woche« interessierten sich die Medien verstärkt für die Saarmunder LPG, weil sie »ein paar elegische Bilder aus dem Bauernstaat«, der sich gerade in Auflösung befand, brauchten. Dies war das erste und letzte Mal, dass eine LPG auf einer »Grünen Woche« vertreten war. Einer »Grünen Woche« allerdings, die mit denen in den 1950er Jahren eigentlich fast nichts mehr gemein hatte: auf »Lockaktionen für Ostbewohner«, »Nagelspenden« oder kostenlose Verpflegung konnten sich die Besucher aus der in Auflösung befindlichen DDR keine Hoffnungen mehr machen.[419] Der gesamtdeutsche Anspruch der Exposition hatte sich in den Jahren nach dem Mauerbau, im Einklang mit der bundesdeutschen Politik der vergangenen Jahrzehnte, etwa mit Bundeskanzler Brandts »neuer Ostpolitik«, verlagert und war dann gänzlich aufgegeben worden. Außerdem war die Transformation hin zur Messe längst abgeschlossen, bei der vorrangig Geschäftsabschlüsse zählten.

Dass es jedoch nicht dazu kam, dass die DDR-Bevölkerung West-Berlin und die dortige »Grüne Woche« nach dem Mauerbau vergaß, dafür sorgten vorrangig Fernsehen und Rundfunk. Auch die DDR nutzte die gleichen Medien zur Verbreitung ihrer Propaganda über den Westen. Letztlich führten beide Seiten eine kulturelle »Stay-Behind«-Strategie weiter, die sie schon in den 1950er Jahren umgesetzt hatten, nämlich der beharrlichen Unterstützung von Aufweichtendenzen.[420] Die SED betrachtete Markkleeberg Pars pro Toto für den gesamten Sozialismus als politischen »Konsultationspunkt der deutschen Frage«. Aber auch die »Grüne Woche« nahmen die SED und die Massenorganisationen zum Anlass, um politische Missionierungsarbeit zu leisten. Die »Grüne Woche« 1965 etwa nutzte die ostdeutsche

418 Sabine Vogel: Wie die LPG Florian Geyer auf die »Grüne Woche« kam und eine Künstlergruppe in den Rinderstall, in: *Berliner Zeitung* vom 17./18. Januar 2009, S. 8.

419 An dieser Stelle sei eine kleine persönliche Notiz angebracht: Die Großeltern des Verfassers besuchten in den 1950er Jahren mehrmals die »Grünen Wochen« und schwärmten bis zum Ende der DDR über den dortigen Luxus und transportierten in ihren Erzählungen das Bild vom »Butterberg« und des Schlaraffenlandes. Als der Verfasser mit seinen Eltern 1991 das erste Mal eine »Grüne Woche besuchte, war die Enttäuschung dann groß. Denn die Welt am Funkturm war so ganz anders, als sie ihm die Generation der Systemkonkurrenzteilhaber suggeriert hatte.

420 Conze/Frey/Hayes/Zimmermann: Das Amt, S. 628.

DBD zur »Führung der politischen Gespräche mit den westdeutschen Bauern, die während dieser Zeit in die Hauptstadt der DDR kommen«.[421]

Die DDR-Landwirtschaftsausstellung wurde in den Jahren bis 1989 immer weiter ausgebaut und zu einem zentralen Schulungsobjekt gestaltet. Seit 1974/75 bis zum Ende der DDR wurde Karl-Heinz Poosch der Nachfolger Baumgartens im Amt des Ausstellungsdirektors. Bis 1989 fanden auf dem Gelände der agra, wie die Ausstellung seit 1967 hieß, in mehr als 90 Hallen und Pavillons die Landwirtschaftsausstellungen der DDR statt. Die Ausstellung zählte jährlich über eine halbe Million Besucher, darunter auch Zehntausende ausländische Gäste aus über 100 Ländern.[422] Sie vertrat den Anspruch, modernste Landtechnik auszustellen und umfangreiche Schulungen durchzuführen. Die Veranstaltungen wurden auf zahlreichen Bühnen und Terrassen von einem umfangreichen kulturellen Programm im Teil des ehemaligen Herfurthschen Landschaftsparks umrahmt. Im Frühjahr 1989 wurde in Markkleeberg noch mit großem Aufwand das 40-jährige Jubiläum der MTS-Gründung gefeiert. Die politischen Ereignisse holten die DDR-Landwirtschaftsausstellung jedoch bald ein. Die damit verbundene Geschichte, die zumeist als »Pferdestall-Story« in die Annalen der Friedlichen Revolution Leipzigs einging, heute aber großenteils in Vergessenheit geraten ist, war eines der unrühmlichsten Kapitel der agra. Aufgrund ihrer politisch-historischen Bedeutung für die Geschichte der Friedlichen Revolution, der Stadt Leipzig, seiner Bewohner und ihrer Landwirtschaftsausstellung soll sie hier kurz erzählt werden.

Im Mai 1987 gab der Chef der BDVP Leipzig den Befehl, »das Objekt der Landwirtschaftsausstellung der DDR, Raschwitzer Str. 11/13, Markkleeberg« als Internierungslager festzulegen.[423] Anfang Oktober 1989 nahmen die Proteste und Demonstrationen gegen das SED-Regime in Leipzig und Umgegend riesige Ausmaße an. Zur Absicherung der Feierlichkeiten zum 40. Jahrestag der DDR am 7. Oktober 1989 wurden aufgrund der zahlreichen Festgenommenen – in offizieller VP-Sprache »zugeführten« – Personen, zusätzlich »Zuführungspunkte« benötigt. Eigentlich legte der Stabschef der BDVP Leipzig, Oberst Burghard, fest, das Ausstellungsgelände der agra für den 9. Oktober 1989 als »Zuführungsstützpunkt« zu besetzen.[424] Damit verfügte die VP in Leipzig über drei »Zuführungspunkte«: Die

421 Sekretariat des Parteivorstandes der DBD, Information über die »Grüne Woche« und die Mitarbeit unserer Partei zur Führung der politischen Gespräche mit den westdeutschen Bauern, die während dieser Zeit in die Hauptstadt der DDR kommen [o. D., November 1964], in: SAPMO-BArch, DY 60/1440, unpag.

422 www.agra-park.info (letzter Zugriff: 24. September 2014).

423 Befehl des Chefs der BDVP Leipzig über die Sicherung des Internierungslagers Leipzig in Kriegszeiten vom 1. Mai 1987, in: RHG, Ordner 127, Sicherung der Volkswirtschaft, unpag.

424 Sachstandsbericht zur Prüfung der zentralen Verantwortlichkeit für die Übergriffe durch Angehörige der Schutz- und Sicherheitsorgane gegen Bürger im Zeitraum vom 3. bis 9. Oktober 1989

Turnhalle Paunsdorf für rund 100 Personen, das VPKA Leipzig für etwa 60 Personen und das agra-Gelände mit zwei Hallen mit einer Kapazität von insgesamt 600 festgenommenen Personen.[425] Die Anzahl verhafteter Menschen war am 7. Oktober jedoch bereits so hoch, dass sich die BDVP um 12.38 Uhr dafür entschied, das agra-Gelände als »Sammelpunkt Zugeführter« einzusetzen.[426] Dabei war von Anfang an bekannt, dass »es sich bei einem dieser Zuführungsstützpunkte auf dem Gelände der agra um einen Pferdestall handelte«.[427] Die »zugeführten« Personen, die teils bereits zuvor Opfer polizeilicher Willkür und Gewaltanwendung wurden – seit etwa 15 Uhr war der Befehl »Schlagstock frei!« ausgegeben worden –, brachte die VP dort in den Hallen 51 und 61 unter »unwürdigen Bedingungen in Boxen« unter.[428] Allein am 7. Oktober überführte die VP 210 festgenommene Menschen auf das agra-Gelände in den dortigen »Pferdestall« (Halle 61). 145 von ihnen wurden »belehrt«, gegen 51 veranlasste die VP »Ordnungsstrafmaßnahmen« und gegen 14 wurde ein Ermittlungsverfahren eingeleitet. Dabei kam es zu unwürdigen und menschenverachtenden Aktionen der VP: zahlreiche »zugeführte Personen« blieben länger als die rechtlich zugelassenen 24 Stunden in Gewahrsam, die Ställe und Boxen waren unbeheizt und kalt (selbst das Stroh war zuvor entfernt worden), sanitäre Einrichtungen nicht vorhanden und nur eine kalte Verpflegung wurde während des gesamten Tages ausgegeben. Einigen Festgenommenen wurde überdies verbal unmittelbar Gewalt angedroht. In den Pferdeboxen, die etwa 3,5 mal 2,5 m maßen, waren jeweils zehn bis 15 Menschen auf engstem Raum untergebracht.[429] Diese Sachverhalte und dass sich unter den Festgenommenen, die über 24 Stunden in Gewahrsam blieben, auch ein erst 15-jähriger Junge befand, führten dann ein paar Monate später zu umfassenden Untersuchungen der Staatsanwaltschaft gegen die eingesetzten Polizeikräfte. Die meisten der befragten VP-Angehörigen, selbst hohe Offiziere, gaben an, bis direkt vor dem Einsatz nichts vom agra-Gelände als »Zuführungsstützpunkt« gewusst zu haben. Angesichts der Tatsache, dass das Gelände bereits seit

in Berlin, Leipzig und Dresden, Berlin den 27. Februar 1990, in: ASLB, Strafsache gegen Mielke, Erich, Verteidiger RA Wetzenstein-Ollenschläger, Bd. 2, Bl. 335–346, hier Bl. 344.

425 Entschluss des Chefs der BDVP Leipzig zum Ordnungseinsatz am 9. Oktober 1989 [o. D.], gez. Dickel, in: ebd., Bd. 62, Bl. 35–52, hier Bl. 51.

426 Auszug aus dem Journal der Handlungen vom 7. Oktober 1989, Leipzig, 6. Dezember 1989, in: ebd., Bl. 129.

427 Sachstandsbericht zur Prüfung der zentralen Verantwortlichkeit für die Übergriffe durch Angehörige der Schutz- und Sicherheitsorgane gegen Bürger im Zeitraum vom 3. Oktober bis 9. Oktober 1989 in Berlin, Leipzig und Dresden, Berlin den 27. Februar 1990, in: ebd., Bl. 335–346, hier Bl. 344.

428 Aus dem Journal der Handlungen vom 7. Oktober 1989 vom 6. Dezember 1989, in: ebd. Bl. 129–131, hier Bl. 130.

429 Stellv. d. Leiters Kriminalpolizei; ergänzend zur Analyse folgende Angaben [o. D., Anfang 1990], in: ebd., Bl. 189–191.

zwei Jahren als Internierungslager festgelegt worden war, erscheinen diese Rechtfertigungen als wenig glaubhaft. Unter den Leipziger Demonstranten wurde diese »Pferdestall-Story« wenig später zum einen durch Mundpropaganda schnell publik, aber auch durch die Samisdat-Schrift *Unkraut*, in der ein Betroffener ein beredtes Zeugnis darüber ablegte.[430]

1990 wurde der Ausstellungsbetrieb in die agra Messepark Betriebsgesellschaft mbH, eine Tochtergesellschaft der Stadt Markkleeberg, überführt. Erfolgreiche Kooperationen mit der DLG führten zu Höhepunkten wie »DLG-agra« 1991 und 1994, die »agra-spezial« 1993 und, beginnend mit der ersten Sächsischen Tierschau 1996, kontinuierlich im zweijährigen Rhythmus die »agra«-1999, 2001 und 2003 als Landwirtschaftsausstellungen der Bundesländer Sachsen, Sachsen-Anhalt und Thüringen. Danach zog die Ausstellung auf das Gelände der Neuen Messe Leipzig um.[431]

Auch nach der deutschen Wiedervereinigung 1990 war es Markkleeberg nicht vergönnt, ein gesamtdeutsches Forum zu sein. Der Bekanntheitsgrad der einst bedeutendsten Landwirtschaftsausstellung der DDR war in den alten Bundesländern nur gering. Für westdeutsche Bauern hatte die agra schlicht keine Relevanz gehabt. Als 20 Jahre nach dem Mauerfall ein Reporter, der in den alten Bundesländern aufgewachsen war, die Ausstellung 2009 besuchte, urteilte er: »krass unromantisch«. Für ihn räumte der Gang über die agra »gründlich auf mit nostalgischen Fantasien«. Denn das »Abtrotzen der Feldfrüchte« war längst zu einem industriellen Prozess geworden und die dort ausgestellten Landmaschinen seien deshalb so riesengroß, weil »die agra traditionell eine Messe der Ost-Bauern ist, die noch immer größere Äcker und Felder zu bewirtschaften haben, als ihre Kollegen im Westen«.[432]

Resümee

Der »grüne Ausstellungskampf« in den Jahren zwischen 1960 und 1962 wurde intensiv ausgetragen und war für beide Landwirtschaftsexpositionen eine Zeit vielfacher Veränderungen, die eng mit der Entwicklung der Deutschland- und Agrarpolitik beider Staaten verknüpft waren. Insbesondere die »Grünen Wochen« seit 1960 lieferten starke Beiträge zur Idee des europäischen Agrarmarktes wie der europäischen Einigung überhaupt. Auf ihnen betonten bundesdeutsche Politiker wie

430 Eine kaum lesbare Kopie der »Pferdestall-Story« liegt den Akten bei, in: ebd., Bl. 80 – 85.

431 www.agra-park.info (letzter Zugriff: 24. September 2014).

432 Joachim Bessing: Krass unromantisch: Die Leipziger Agra war die wichtigste DDR-Landwirtschaftsmesse – Ein Besuch 20 Jahre nach dem Mauerfall, in: *Die Welt – Welt Online* vom 27. April 2009. – Dass der Begriff »DDR-Landwirtschaftsmesse« ein Widerspruch in sich ist, scheint dem Autor nicht klar geworden zu sein.

auch aus ganz Westeuropa diese Ziele und versuchten, die Ressentiments der Bauern abzubauen. Gleichzeitig nutzten bundesdeutsche Agrarpolitiker und Verbandsfunktionäre die Ausstellung als Plattform, um für ihre Ziele zu werben. Der »Grüne Plan« der Bundesregierung stand dabei im Mittelpunkt. Aus der Mitte der politischen Zielstellungen der »Grünen Woche« rückten seit 1960/61 die ostdeutschen Besucher ein wenig ab. Sie waren bis dahin die zentrale politische Begründung für die »Grüne Woche« als deutsch-deutsche Begegnungsstätte in West-Berlin überhaupt gewesen. Nunmehr rückten wirtschaftliche Gesichtspunkte und vor allem die europäische Politik verstärkt in den Mittelpunkt des Ausstellungsgedankens. Drehscheibe des Ost-West-Konfliktes blieb sie aber dennoch.

Die Landwirtschaftsausstellung der DDR in Leipzig-Markkleeberg spielte bei der Durchsetzung ordnungspolitischer Maßnahmen, vor allem beim Abschluss der Kollektivierung der Landwirtschaft, eine wichtige Rolle. Sie wurde in dieser Zeit ein wichtiger Knotenpunkt in einem Netz von Standorten (vor allem in Form des SNZ) zur ideologischen Beeinflussung der ländlichen Bevölkerung. Es wurde versucht, den gesamtdeutschen Aspekt der Ausstellung durch die Einladung westdeutscher Bauern und die Durchführung sogenannter gesamtdeutscher Bauernaussprachen insgesamt zu verstärken. Dieser Befund ist ebenso für die Zeit nach dem Mauerbau zu konstatieren. Gleichwohl brach mit der Errichtung der Berliner Mauer 1961 für beide Schauen eine neue Zeit an. Eingemauert, musste sich vor allem die »Grüne Woche« grundlegender verändern als ihr Pendant in der DDR. Im Endeffekt ging sie jedoch gestärkt aus diesen Entwicklungen hervor, denn einerseits hatte sich ihr neues Konzept (mehr Internationalität) erfolgreich bewährt und andererseits sah die West-Berliner und bundesdeutsche Politik sie als förderungswürdig an, um der Landwirtschaft wichtige Impulse zu verleihen und damit zu erreichen, dass die Politik einen Nutzen aus dem der Ausstellung eigenen »Nation Branding«-Effekt ziehen konnte. Daher blieben beide Expositionen auch nach 1961 hochpolitische Veranstaltungen.

In diesem Zeitraum begannen die beiden Landwirtschaftsexpositionen verstärkt damit, Medien in ihre kulturellen Praktiken des Zeigens aufzunehmen: Fernsehen, Radio (Landfunk) und Agrarfilmwettbewerbe waren in der Zeit vor dem Mauerbau Mittel, um sowohl die eigene Bevölkerung zu erreichen als auch die des jeweils anderen Deutschlands zu beeinflussen. Nach 1961 versuchten beide Seiten vor allem durch das Fernsehen, kulturelle Stay-Behind-Strategien umzusetzen. In den Jahren und Jahrzenhten nach der Einmauerung West-Berlins erfüllte die »Grüne Woche« eine wichtige Rolle bei der Herausbildung einer spezifischen West-Berliner Identität. Auch die DDR-Landwirtschaftsausstellung/agra stellte in den folgenden Jahren einen Spiegel und ein Brennglas der sozialistischen Gesellschaft nicht nur auf dem Lande dar.

Insofern kommt beiden Veranstaltungen die Funktion des historischen Erinnerungsortes des Kalten Krieges und der deutschen Teilung zu. Sie vermittelten etwa einen spezifischen Wertekanon, waren Austragungsorte (Bühnen) deutsch-deutscher Debatten und der Aufarbeitung der jüngsten Vergangenheit gewesen. Gleichzeitig gerierten sich beiden Schauen schon seit den frühen 1950er Jahren als spezifische Gedenkorte: Die »Grüne Woche« sollte den Besuchern – teils untermalt mit einer auratisch aufgeladenen Atmosphäre – die Überwindung des Totalitarismus sowie des Mangels vor Augen führen, während in Leipzig-Markkleeberg die Schaffung eines »neuen Deutschlands« mit der dazugehörigen Überwindung überkommener Herrschaftsstrukturen das Raster bildete. In den Jahren der zweiten Berlin-Krise nahm der »grüne Ausstellungskampf« hierin an Intensität zu, die auch noch einige Zeit nach dem Mauerbau anhielt.

Zusammenfassung

I.

Die deutsch-deutsche Systemauseinandersetzung unter den Bedingungen des Kalten Krieges beeinflusste die landwirtschaftlichen Ausstellungen in Deutschland fundamental, und sie wiederum halfen auf ihre Weise mit, diese Konkurrenzsituation zu perpetuieren. Ziel dieser politikgeschichtlichen Arbeit war es in erster Linie zu zeigen, dass die West-Berliner »Grüne Woche« und die DDR-Landwirtschaftsausstellung in Leipzig-Markkleeberg direkte Austragungsorte der Systemkonkurrenz waren und Frontstellungen im Kalten Krieg besetzten. Sie waren Träger des Wettstreits, spiegelten die politische Situation wider und wurden somit ein wichtiger Bestandteil der asymmetrisch verflochtenen deutsch-deutschen Parallelgeschichte. Die Geschichte von Verflechtung und Abgrenzung zwischen 1948 und 1961/62 stellten die beiden großen Expositionen en miniature, quasi wie ein politischer Themenpark, dar.

Die unmittelbare Abgrenzung voneinander hatte aber nicht erst 1948 begonnen, sondern schon mindestens ein Jahr zuvor, als die ostzonale Zentralverwaltung in Berlin versuchte, die »Grüne Woche« nach Leipzig zu holen. Diese im Jahr 1947 vielleicht noch als relativ unbedeutend anmutende Anstrengung der SED war aber im Grunde nichts anderes als der weitsichtige Versuch gewesen, dem durch politische Uneinigkeiten administrativ und wirtschaftlich geschwächten Berlin einen sowohl wirtschaftlich wie politisch bedeutenden Einflussfaktor zu entziehen, nämlich die zu diesem Zeitpunkt wichtigste Exposition des traditionellen städtischen Messe- und Ausstellungsgeschehens. Dem Einsatz Otto Suhrs war es in erster Linie zu verdanken, dass die »Grüne Woche« dem Westteil der Stadt erhalten blieb. Auch wenn 1947 weder die deutsche Zweistaatlichkeit noch ihre dauerhafte Verfestigung absehbar waren, so war es Suhr doch völlig klar, dass die »Grüne Woche« höchstwahrscheinlich nie wieder nach Berlin zurückkehren würde und die SED sie zu ihrem Vorteil instrumentalisieren könnte, wenn sie einmal aus dem Westteil der ehemaligen Reichshauptstadt in die SBZ fortgegeben würde. Die Zeit zwischen 1945/46 und 1948 war jedoch nicht nur von gegenseitiger Abgrenzung gekennzeichnet, sondern auch von vielfältiger Kooperation. Auf personeller und institutioneller (z. B. durch Verbände und Organisationen) Ebene wurde noch immer zusammengearbeitet. Der im Herbst 1947 an die Ost-DLG und HVLF herangetragene Wunsch des Berliner Messeamtes, eine landwirtschaftliche Ausstellung auf dem alten Funkturmgelände in Charlottenburg durchzuführen, war hierfür beispielhaft. Im Endeffekt waren es aber weniger politische Hindernisse, die dafür sorgten, dass am Funkturm keine Neubauerngehöfte aufgebaut wurden – was die SED sicher liebend gern so gehabt hätte –, sondern die fehlenden Ressourcen und die Streitigkeiten mit anderen ostzonalen Städten, die ebenfalls eine solch wichtige Ausstellung ausrichten wollten.

Gleichwohl zeigte sich 1948 die Richtigkeit der Entscheidung, die »Grüne Woche« definitiv in der Stadt behalten zu wollen, deutlich: Inmitten der Berlin-Blockade im Sommer des Jahres demonstrierte die erste Nachkriegs-»Grüne Woche« den Willen West-Berlins, sich nicht unterkriegen zu lassen. Die Westmächte signalisierten ihr Festhalten an den verbrieften Rechten am Westteil der Stadt, während die Sowjetunion versuchte, sie ihnen streitig zu machen. Insbesondere die Briten und US-Amerikaner unterstützten die »Grüne Woche« von Beginn an. Die auf dem Messegelände in Berlin-Charlottenburg ausgestellten Mengen an Obst und Gemüse waren ein politisches Signal in Richtung der sowjetischen Besatzungsmacht zu einer Zeit, als über die Luftbrücke dringend benötigte Grundnahrungsmittel eingeflogen wurden. Seitdem verhärtete sich die Systemauseinandersetzung in Berlin sowie zwischen West- und Ostdeutschland in unregelmäßigen Abständen. Konkurrenz bedeutete in erster Linie konfrontative Formen der Auseinandersetzung. Die »Grüne Woche« stand in den folgenden Jahren bis 1961 in der vordersten Linie dieses Wettstreites und war gleichzeitig Austragungsort des Gegeneinanderhaltens.

Sie war vom West-Berliner Senat mit Billigung der westlichen Alliierten als gesamtdeutsche Begegnungsstätte konzipiert und umgesetzt worden und somit für die Bundespolitik von hoher politischer Bedeutung. Auf der »Grünen Woche« würden laut den Vorstellungen des Senats, denen sich die Bundesregierung anschloss, Menschen aus West und Ost in persönlichen Kontakt treten können, wodurch sich die bedrückende Realität der deutschen Spaltung etwas abmindern ließe. Das Gedenken an die »Brüder und Schwestern« im Osten geriet in dieser Zeit zum stets auf jeder »Grünen Woche« – und nicht nur dort – wiederholten festen Standpunkt der Bundesregierung. Mit dem »Osten« war allerdings nicht nur der Menschen in der SBZ/DDR zu gedenken, sondern auch den Vertriebenen und geflüchteten ehemaligen Einwohnern der verlorenen Gebiete östlich der Oder.

In der SBZ wurden landwirtschaftliche und gartenbauliche Ausstellungen von Beginn an politisch vereinnahmt. Als 1946 die Stadt Markkleeberg ihre erste Gartenbauausstellung durchführte, spielten bereits politische Ordnungsvorstellungen der KPD/SED eine bestimmende Rolle. Große Landwirtschaftsschauen ließen sich aber nur mithilfe der alten Strukturen und Organisationen, wie vor allem der DLG, durchführen. Im Gegensatz zur »Grünen Woche« erfuhr das ostdeutsche landwirtschaftliche Ausstellungswesen anfangs kaum Unterstützung durch die Besatzungsmacht. Sowohl die Sowjetunion als auch die SED trauten den als »bürgerlich« bezeichneten Organisationen und Agrarwissenschaftlern nicht zu, eine ostzonale bzw. nationale Landwirtschaftsausstellung in ihrem Sinne durchzuführen. Erst die Abwicklung der Ost-DLG, die Schaffung einer sie ersetzenden staatlichen Organisationsstruktur, die arbiträre Nutzung eines Ausstellungsgeländes sowie das Plazet der Besatzungsmacht machten den Weg frei für die erste Landwirtschafts- und Gartenbauausstellung der DDR im Jahre 1952. Sie war von der SED als ein »Mittel zur Erreichung der Ziele des Fünfjahrplanes« konzipiert worden. Im gleichen Zickzackkurs, wie sich die Deutschlandpolitik der SED und die Kollektivierung der DDR-Landwirtschaft bis zum Mauerbau bewegten, veränderten sich auch die politische Zielsetzung und die Aussagen der Exposition. In den 1950er Jahren wurde die nationale Landwirtschaftsausstellung zu einem politischen Agitationszentrum der Landwirtschaft ausgebaut. Standen in den späten 1940er Jahren noch die Vermittlung von Fachwissen und die Weitergabe von Techniken allein im Vordergrund der Schauen, so rückte seit den frühen 1950er Jahren immer mehr die Funktion als politische Lehrschau in den Vordergrund. Die politisch motivierte Vorgabe zur Übernahme der »Neuerermethoden« in der Landwirtschaft und der sowjetischen Agrobiologie war für die SED gleichbedeutend mit einer Steigerung der Erträge und Verbesserung der Lebenslage der gesamten Bevölkerung. Die angestrebte Verbesserung der Lebenslage der Bevölkerung in Kombination mit sozialer Sicherheit sollte auf die ländliche Bevölkerung in der DDR, aber auch in der Bundesrepublik insgesamt anziehend wirken. In diesem Sinne wurde Markkleeberg konsequent als »Schaufenster« des Sozialismus aufgebaut. Gleichwohl blieb der Konsumwohlstand in der Bundesrepublik ein stetes Legitimationsproblem für die SED.

Walter Ulbricht und die SED wussten um die destabilisierenden Wirkungen der »Grünen Woche« auf die DDR. Denn dort konnten sich die Menschen über die tatsächlichen Entwicklungen in Westdeutschland direkt informieren, in Kontakt mit Kollegen und Fachleuten treten und den Aufschwung, das »Wirtschaftswunder«, erleben, weshalb es zu Gegenmaßnahmen kam. Sie verfolgten daher eine zweigleisige Strategie, um die DDR-Bürger vom Besuch abzuhalten: Zum einen in Form einer Diffamierungskampagne. Diese suchte die Ausstellung als »Zentrum der Agentenwerbung«, Ausgangspunkt für Spionage und als »Seuchenherd« darzustellen. Da diese Strategie bei den Menschen allerdings so gut wie gar nicht verfing, erlangte bald eine andere Strategie eine immer größere Bedeutung, nämlich die ostdeutsche Bevölkerung aktiv von West-Berlin und seiner »Grünen Woche« fernzuhalten. Diese Linie ihrerseits war dreigeteilt: erstens durch die Abhaltung von Parallel- und Alternativveranstaltungen in Ost-Berlin und der gesamten DDR, was allerdings nur einen begrenzten Erfolg im Sinne der SED zeitigte, zweitens durch rigide Reisekontrollen, verschärfte Passkontrollen und Reisebedingungen und schließlich drittens durch die Infiltration der Gruppe der sogenannten »Westberlinfahrer« wie der ganzen »Grünen Woche«.

Die ersten Gegenmaßnahmen wurden bereits zu einem frühen Zeitpunkt 1952, noch ein paar Monate vor dem offiziellen Beginn der ersten Kollektivierungskampagne, von der SED gestartet. Dann folgten erst 1954, als die »Grüne Woche« parallel zur Viererkonferenz stattfand und dadurch noch größere politische Bedeutung erhielt, weitere Maßnahmen des SED-Regimes zur Verkleinerung des Besucherstromes. Höhepunkte erreichten diese Aktionen zunächst 1956 und dann vor allem 1958/59 (zweite Berlin-Krise) und 1960/61 (Abschluss der Vollkollektivierung und Mauerbau). Daran waren sämtliche relevanten DDR-Institutionen und Behörden beteiligt. Die SED erließ die Vorgabe, jeglichen Besuch der »Grünen Woche« durch DDR-Bürger zu verhindern; was im Übrigen auch für das gesamte West-Berlin galt, nur war die »Grüne Woche« ein kleineres und dazu noch klar zeitlich wie räumlich abgegrenztes Ziel. Volkspolizei, Staatssicherheit und weitere Sicherheitsbehörden waren unmittelbar für Planung und Durchführung entsprechender Maßnahmen verantwortlich. Sie koordinierten ihr Vorgehen mit weiteren Behörden, Institutionen und den Massenorganisationen. Daraus entstand ein relativ dichtes Geflecht von Gegenmaßnahmen, Gegenveranstaltungen, Reisekontrollen und Infiltration. Aber selbst mit diesem recht effektiven System von Überwachung, Repression und Gegenveranstaltungen konnten jährlich nur relativ wenige Ostdeutsche vom Besuch der Ausstellung abgehalten werden zu groß war ihre Anziehungskraft.

All die Anstrengungen von DDR-Seite aus – in Form von Reisekontrollen, durch gezielt herbeigeführte chaotische Zustände auf Bahnhöfen im »Zonenrandgebiet«, durch das Schikanieren und Ausspionieren von »Westberlinfahrern« und einer ganzen Reihe von Gegenveranstaltungen –, um die Bürger vom Besuch der »Grünen Woche« abzuhalten, fruchteten, insgesamt gesehen, recht wenig. Gleichwohl banden diese Aktionen jedes Jahr Ressourcen der ostdeutschen Sicherheitskräfte und sorgten stets für eine Verschärfung der Streitigkeiten. Allerdings hätte sich die SED kaum erlauben können, auf die Attraktivität, die West-Berlin und die dortige »Grüne Woche« auf die ostdeutsche Bevölkerung ausstrahlten, nicht zu reagieren. Denn die schiere Zahl der ostdeutschen Besucher, die jährlich die »Grüne Woche« frequentierten, war dafür viel zu groß und bedeutsam: Unter den jährlich rund eine halbe Million Gästen befand sich im Durchschnitt die Hälfte aus der DDR, in einem Jahr war es sogar über die Hälfte gewesen. Diese Abstimmung auf Füßen war ein deutliches Zeichen der DDR-Bürger. Sie betrachteten die Ausstellung eben nicht nur als Teil ihrer Freizeitgestaltung oder als Einkaufsmöglichkeit in Zeiten einer noch relativ durchlässigen Grenze, sondern suchten dort rechtliche Beratung oder Entscheidungshilfe, wenn es darum ging, zu fliehen oder zu bleiben.

Mit Gründung beider deutscher Staaten und dem daraus resultierenden Konkurrenzverhalten wurden beide Agrarausstellungen zu Zentren des »Schaufensterwettbewerbes« der entgegengesetzten Systeme. Durch die divergierenden deutsch-deutschen Entwicklungen in den 1950er Jahren wurden die beiden Expositionen nicht nur zu Foren landwirtschaftlicher Leistungsfähigkeit und des fachlichen Austauschs, sondern vor allem der Überlegenheit der einen über die andere deutsche Agrarpolitik, die damit Pars pro Toto für ihre Referenzgesellschaft stand. Beide Ausstellungen, so ein Ergebnis dieser Untersuchung, bildeten Brennpunkte des jeweiligen Systems. Dabei wurde die besondere Bedeutung der »Grünen Woche« für die Politik zur Abgrenzung gegen die DDR und den Stellenwert für die »Insel« West-Berlin deutlich. Im Hinblick auf die Wirkungsweisen und das Methodenspektrum der deutschen und Berliner Systemkonkurrenz war die tiefergehende Analyse der beiden Ausstellungen, welche die »Krisenjahre«, also die heißen Phasen des Kalten Krieges und des Wettstreites im Speziellen reflektierte, von großem Wert. Die »Grüne Woche« in West-Berlin stellte insbesondere für die Bundesregierung, das BMG, den Senat und zahlreiche nichtstaatliche Organisationen (wie den Bauernverband Berlin, den ZVKS etc.) eine hervorragende Plattform dar, um ihre Bemühungen, mit den notleidenden »Brüdern und Schwestern im Osten« zu demonstrieren; eine politische Demonstration, die besonders für die ostdeutschen Gäste von Bedeutung gewesen war. Dort stellten sie ihre Aktionen bei Sachspenden (1953/54 für die DDR und 1956/57 für Ungarn) publikums- und medienwirksam dar. Die Spendensammlungen, die auch von den Westalliierten unterstützt wurden, bildeten auf der »Grünen Woche« 1954, die zeitgleich mit der Viererkonferenz stattfand, ein weltpolitisches Moment. Die Ausstellung des Jahres 1957 demonstrierte vor allem die Sammlungen und Unterstützungen für die Bevölkerung Ungarns und zugleich eröffnete auch die erste deutsche Bauernsiedlung in West-Berlin, die vor allem die Unterstützung geflohener ostdeutscher Bauern aus der DDR demonstrieren sollte. Während der Zweiten Berlin-Krise bot die Exposition Bundespolitikern die Möglichkeit, den West-Berlinern Solidarität und Hilfe zuzusichern und auch, um zu betonen, dass die städtische Versorgung in dieser kritischen Zeit gesichert wäre. Einen authentischeren Ort zur Verkündung dieser Botschaften als die »Grüne Woche«, hätte sich im Stadtbild kaum finden lassen.

Die DDR reagierte auf die Krisenerscheinungen der Zeit nicht in ihrer staatlichen Agrarausstellung. Vielmehr schwieg sie wirtschaftliche Schwierigkeiten sowie innenpolitische Krisen tot oder tat sie als temporäre Hindernisse ab, die in kurzer Zeit zu überwinden sein würden. Weder der Volksaufstand 1953, noch die Schwierigkeiten bei der Durchsetzung der Kollektivierung oder der Mauerbau – und die damit endgültig zementierte deutsche Teilung – kamen durch die Ausstellung zum Vorschein. Wer von den Besuchern allerdings mehrere Jahre Markkleeberg besucht hatte und die Veränderungen der Ausstellungen erkannte, konnte auch den »Subtext« mitlesen, der letztlich doch diese Ereignisse in gewisser Art und Weise reflektierte. Dieser »Subtext« kam unter anderem in der Art und Weise zum Ausdruck, was Ulbricht – direkt oder indirekt – während Ansprachen oder »Gesprächsrunden« in Markkleeberg ausführte oder eben ausließ, welchen Inhalt die jeweils aktuellen Ausstellungspublikationen gerade hatten und in welche Richtung die politischen Agitationen in Vorbereitung auf den Ausstellungsbesuch in den jeweiligen Dörfern und LPG gingen. Schließlich war Markkleeberg von der Staats- und Parteiführung als ihr Forum zur Kommunikation und Durchsetzung ihrer agrar- und deutschlandpolitischen Leitlinien konzipiert und umgesetzt worden.

Mit dem Mauerbau 1961 war das »Schaufenster« für die allermeisten DDR-Bürger verhangen worden. Damit war die direkte Konfrontation, der direkte »grüne Ausstellungskampf« vorüber. Auf diese für beide Ausstellungen gleichermaßen – wenn auch auf unterschiedlichen Ebenen – einschneidende Zäsur musste reagiert werden. Deshalb wurde auch das Jahr 1962 in die Analyse miteinbezogen. Dadurch zeigte sich, dass beide Seiten kulturelle Stay-Behind-Strategien durch ihre Schauen weiterverfolgten, was vor allem durch Fernsehen und Radio geschah. Beide Expositionen erfanden Strategien, um diesen Einschnitt bestmöglich zu meistern. Der »Grünen Woche« gelang dies durch die – rechtzeitige – Umstellung auf ein internationales Fach- und Besucherpublikum und durch die mittelfristig angelegte Transformation zur internationalen Agrarmesse. Die Landwirtschaftsausstellung der DDR wurde noch mehr als bisher ein Organ der SED zu Verkündung ihrer Agrar- und Deutschlandpolitik. Die Einbindung in das östliche Wirtschaftssystem, den RGW, stand nach Abschluss der Vollkollektivierung der Landwirtschaft mit im Mittelpunkt. Die Exposition war zu diesem Zeitpunkt eine der größten Ausstellungen der DDR sowie Europas.

II.

Beide Ausstellungen waren also Drehscheiben des deutsch-deutschen Systemwettstreites. Durch ihre hohe politische Aufladung, die sich vor allem in der Abgrenzung gegeneinander äußerte, trugen beide Schauen zu einer Verschärfung des Konfliktes und seiner Rhetorik insgesamt bei. Sie waren Orte politischer Präsenz und Repräsentation. An der »Grünen Woche« in West-Berlin waren sowohl staatliche wie nicht-staatliche Akteure beteiligt: Neben den Berliner Ausstellungen (als Eigenbetrieb der Stadt), landwirtschaftliche Verbände und Organisationen (vor allem die DLG und der DBV), einzelne Firmen, wissenschaftliche Einrichtungen, Publizisten, verschiedene Subunternehmer und zahlreiche staatliche Institutionen. Dazu gehörten der West-Berliner Senat, das BMELF/BMLF, das BMG, das Auswärtige Amt, ferner das Bundespresseamt, das Bundeswirtschaftsministerium und in manchen Fällen auch das Kanzleramt. Der AUMA allerdings hatte – im Gegensatz zu den Messen auf dem Bundesgebiet und den westdeutschen Messebeteiligten im Ausland – kaum Einfluss auf die »Grüne Woche« gehabt und war ein Akteur von eher geringer Bedeutung, was ihrer politischen

Aufladung nur noch Vorschub leistete. Diese Gesamtkonstellation trug auch dazu bei, dass es beim demonstrativen Schulterschluss zwischen Politikern und den beteiligten landwirtschaftlichen Verbänden für West-Berlin und die deutsche Einheit zu kämpfen, hinter der Bühne zu keinen größeren Spannungen kam. Denn auch wenn die »Grüne Woche« für die Landwirtschaft eine nur wenig finanziell rentable Veranstaltung war, so waren doch alle Verbände und Organisationen jährlich dazu bereit, nach West-Berlin zu kommen, um dort eine – sicher nicht nur völlig vorgespielte – Einheit für die »Frontstadt im Kalten Krieg« und die Abgrenzung zur DDR zu demonstrieren. Die Landwirtschaftsausstellung der DDR war eine Regierungsausstellung. Ihr Organisationskomitee war direkt dem Ministerium für Land- und Forstwirtschaft verantwortlich unterstellt und dieses wiederum dem ZK der SED.

Sowohl West- als auch Ostdeutschland nutzten die Ausstellungen, um sie für ihre politischen Ziele zu instrumentalisieren. Diese bestanden für die Bundesrepublik in der deutschen Wiedervereinigung, freien Wahlen, in der Eindämmung des Kommunismus, aber auch in wirtschaftlichen Zielen. Auch für die DDR bestand das politische Ziel in der deutschen Einheit, allerdings unter Führung der SED. Die Besatzungsmächte nutzten die Ausstellungen ebenfalls für ihre Ziele, wenn auch mit anderen Mitteln, in anderem Umfang und unter nicht vergleichbaren Voraussetzungen. Insbesondere die USA und Großbritannien engagierten sich für die »Grüne Woche« von Anbeginn an. Die USA nutzte die Exposition zur Darstellung des Marshall-Programmes und zur Flankierung ihrer Reeducation-Programme. In den Zeiten der zweiten Berlin-Krise nahm das amerikanische Engagement für die Agrarexposition noch zu. Sie nutzte sie nun zur gekonnten und wirkmächtigen Darstellung antikommunistischer Programme und als Plattform für ihre Liberation Policy an der Nahtstelle des Kalten Krieges. Die Sowjetunion achtete zunächst vor allem auf einen Austausch der agrarisch-ausstellerischen Fachleute (zur Entnazifizierung, aber auch zu der anvisierten Entdifferenzierung landwirtschaftlicher Subsysteme), bevor sie der Ausstellung in Markkleeberg ihre Unterstützung gewährte. Nachdem die Region Leipzig vor allem durch die Messe zu einer Nahtstelle des Kalten Krieges geworden war, nahm auch das Engagement der UdSSR für die DDR-Landwirtschaftsausstellung zu. Sie war in vielen Bereichen des Ausstellungsgeländes zu finden und nutzte eigene Hallen für ihre Schauen. Ihre Darstellungen waren allerdings nicht so auf Konfrontation und Selbstdarstellung hin ausgelegt wie ihre amerikanischen Pendants in West-Berlin.

Sowohl die »Grüne Woche« als auch die DDR-Landwirtschaftsausstellung in Leipzig-Markkleeberg waren Foren und Bühnen politischer Darstellung. Zur Kommunikation politischer Programme, Vorgaben und Leitbilder waren diese Veranstaltungen ein ausgezeichneter Kommunikations- und Darstellungsraum, auf den in den 1950er Jahren weder die Bundesrepublik noch die DDR zur Durchsetzung ordnungspolitischer Ideale hätte verzichten können.

Sie waren allerdings kein gesamtdeutscher Verhandlungsraum der großen Politik. Weder auf dem Messegelände unter dem Funkturm noch in Leipzig-Markkleeberg kamen hochrangige politische Repräsentanten aus West und Ost zusammen, um über die deutsche Frage oder die nationale Agrarpolitik zu verhandeln. Sie waren also keine »neutralen Foren [der] Begegnung zwischen Ost und West und förderten die politische Entspannung« (Fritzsche) nicht. Dies blieb beispielsweise der Leipziger Messe vorbehalten. Als ein Stück auf dem Weg der späteren Annäherung unter Bundeskanzler Brandt können also die hier analysierten Landwirtschaftsausstellungen kaum gelten, obwohl beide durchaus dazu prädestiniert gewesen wären. Sie standen vor allem für Abgrenzung. Diese Abgrenzung richtete sich vor allem gegen die DDR. In den Ostblock hinein versuchte Brandt aber durchaus der Stadt eine gewisse Art von wirtschaftspolitischer Brückenfunktion zu geben, worin ein Keim seiner späteren Ostpolitik gesehen werden kann. Wirtschaftliche Ausstellungen wie die »Grüne Woche« und die Industrieausstellung dienten ihm dafür. Dennoch gab es auch deutsch-deutsche Kontaktaufnahmen: Während des Untersuchungszeitraumes kamen zahlreiche bundesdeutsche Bauern, Aussteller, Agrarfunktionäre, Wissenschaftler und Politiker nach Markkleeberg. Zunächst kamen ohne Einladung Funktionäre des DBV und ihm nahestehende westdeutsche Landwirte als interessierte Besucher nach Markkleeberg. Sie interessierte vornehmlich die fachlichen Darstellungen und weniger der politische Subtext. In den späten 1950er Jahren wurden auch bundesdeutsche Politiker, vor allem aus der Opposition (also der SPD), von den ostdeutschen Massenorganisationen zum Besuch der Agrarausstellung eingeladen. Dort sollte ihnen ein möglichst positives Bild der DDR-Planwirtschaft vorgeführt werden. Gespräche unter Spitzenpolitikern beider Länder fanden aber nicht statt und waren auch nicht intendiert.

Die Staats- und Parteiführung der DDR betrachtete ihre nationale Landwirtschaftsausstellung als einen politischen »Konsultationspunkt« für das gesamte Deutschland. Politisch brisant waren die West-Berliner Ausstellungen, allen voran die »Grüne Woche«, vor allem deswegen, weil sie vom Senat – mit Unterstützung der Bundesregierung – und den Berliner Ausstellungen als gesamtdeutsches Ereignis konzipiert und durch die insgesamt starke ostdeutsche Frequentierung tatsächlich auch solche waren. Im Gegensatz dazu konnte man die gesamtdeutschen Aktivitäten in Leipzig-Markkleeberg weder quantitativ noch qualitativ mit denen der »Grünen Woche« vergleichen. Zur DDR-Landwirtschaftsausstellung kamen jährlich nur wenige Hundert bis Tausend Gäste aus der Bundesrepublik, die überdies noch eingeladen wurden, also durch die Massenorganisationen vorselektiert worden waren. Zur »Grünen Woche« hingegen musste niemand eingeladen werden.

Die explizit wie implizit hervortretende Wiedervereinigungsfunktion der »Grünen Woche« bot bundesdeutschen und West-Berliner Politikern und Funktionären der einschlägigen Verbände und nichtstaatlichen Organisationen eine Plattform, von der aus sie ihre Bekenntnisse zur deutschen Einheit und den Willen zur Wiedervereinigung demonstrieren konnten. Dort konnten sie für ihre unterschiedlichen agrarpolitischen Modelle, Wege und Konzepte ebenso werben wie für ihre unterschiedlichen deutschlandpolitischen Programme. Der Osten warb für die Einführung sowjetischer Vorbilder, durch die man sich eine Erhöhung der Erträge versprach, für die Implementierung einer kollektivierten ländlichen Wirtschaftsweise und eigenes »Neuererwesen«. Der Westen suchte mit der Freiheit zu werben, die eine parlamentarische Demokratie garantierte, aber auch mit der Kraft des freien Marktes, mit privatwirtschaftlichen Modernisierungen und durch strukturelle Reformen.

Die Frage ist jedoch differenziert zu beantworten, inwiefern die »Grüne Woche« eine Art »Sammelbecken« von Aktivitäten wider die SED-Agrarpolitik war. Ein Kristallisationspunkt hierfür war sie allemal. Denn sämtliche auf dem Ausstellungsgelände vertretenen staatlichen wie nichtstaatlichen Organisationen (die Ostbüros der Parteien, diverse Bundesministerien, KgU, UfJ, DBV und Vertriebenenverbände etc.) verfolgten – im Einklang mit der amerikanischen Liberation Policy – das Ziel, den kommunistischen Einfluss in Ostdeutschland auch generell zu schwächen und eine deutsche Wiedervereinigung herbeizuführen. Die »Grüne Woche« war für sie eine Plattform, auf der dieser Anspruch, unterlegt durch die Wirkmächtigkeit des prosperierenden »Schaufensters« West-Berlin, in die Realität übertragen werden konnte. Hier gerieten die Organisationen in direkten Kontakt mit den Menschen aus der DDR.

Schließlich kamen die ostdeutschen Gäste aus eigenem Antrieb zu den zahlreichen Beratungsstellen und sonstigen Auskunftsmöglichkeiten, weil sie entweder Entscheidungshilfe beim Gedanken an eine Flucht suchten oder rechtliche Auskunft über Möglichkeiten, dem Eintritt in eine LPG zu entgehen, aus Angst das staatliche Ablieferungssoll nicht zu erreichen oder um sich über die bundesdeutsche Agrarpolitik direkt zu informieren. Je nach Sachlage, beratender Organisation und politischer Lage wurde Unterschiedliches geraten. Meistens lauteten die Ratschläge an den Beratungskojen der landwirtschaftlichen Organisationen sowie der Ostbüros, in der DDR zu bleiben und dort die politische Entwicklung abzuwarten. Damit bediente sich der Westen einer doppelten Strategie: Zum einen sollte die ohnehin durch Zuwanderung und Strukturwandel belastete bundesdeutsche Landwirtschaft nicht weiter belastet werden und andererseits erhielt man sich dadurch ein Netzwerk Richtung Osten, da die gleichen Bauern regelmäßig zur »Grünen Woche« fuhren und dort ihr Wissen über die Lage in ihren Heimatorten weitergeben konnten. Damit bediente man sich auch des legitimen Mittels, die Ausstellung als Sammelstelle von konkreten Informationen und Gerüchten über die Lage in der DDR zu nutzen. Selbstverständlich profitierten die westlichen Geheimdienste von diesen Möglichkeiten ungemein. Sowohl der Westen als der Osten unternahmen große Anstrengungen im Bereich der Wirkungs- und Besucherforschung, um Rückschlüsse über den Erfolg ihrer Ausstellungsarbeit ziehen zu können. Natürlich waren die »Grüne Woche« und die Ausstellung in Leipzig-Markkleeberg ideale Orte, um Gerüchte, Meinungen und Informationen aus dem anderen Teil Deutschlands abschöpfen zu können. In dieser Funktion wurden die beiden Großausstellungen vor allem für die Geheimdienste interessant, aber auch für nichtstaatliche Informationssammler. Zur Geschichte beider Expositionen im Kalten Krieg gehörte auch die Präsenz der Geheimdienste; ob von der Mehrzahl der Besucher wahrgenommen oder nicht. Gleichwohl konnte die Staatssicherheit relativ wenige Erkenntnisse aus der »Bearbeitung« westdeutscher Besucher der Markkleeberger Ausstellung ziehen, was vor allem am geringen westdeutschen Besucheranteil lag. Die »Grüne Woche« hingegen war für die Generierung von Stimmungsbildern nicht nur der ländlichen Bevölkerung in beiden Teilen Deutschlands ergiebiger.

Interessant ist aber auch, dass selbst in den heißen Phasen des Kalten Krieges, vor allem 1953, als die Stimmung unter den ostdeutschen Bauern äußerst gereizt war, keine Ratschläge gegeben oder Initiativen gebildet wurden, die auf einen konkreten aktiven, das heißt umstürzlerischen Widerstand gegen das SED-Regime hätten hinauslaufen können oder sollen. Aber für etwaige in diese Richtung zielende Absichten konnte die Messe militant antikommunistischen Organisationen wie der KgU durchaus als geeigneter Treffpunkt mit V-Leuten dienen. Doch egal, wie die Antworten und Hinweise ausfielen, immer wurden dadurch Formen passiven Widerstandes unterstützt. Letztlich gingen also von der »Grünen Woche« keine nachhaltigen Strukturen widerständigen Verhaltens in der ostdeutschen ländlichen Bevölkerung aus. Die Bauern in der DDR richteten sich entweder in der seit 1960 vollkollektivierten Landwirtschaft ein, leisteten passiven Widerstand dagegen oder flohen in den Westen. Die beiden letztgenannten Punkte sah die SED allerdings eindeutig als Widerstand an, da dieses Verhalten die Implementierung ihrer Agrarpolitik sowie ihrer angestrebten Rolle zu bremsen, wenn nicht gar zu unterlaufen drohte. Daher war es nicht ungefährlich, Beratungskojen und »Kontaktstellen« direkt auf dem Ausstellungsgelände zu besuchen. Denn die östlichen Gegenmaßnahmen überwachten sie und wussten um ihre Tätigkeiten gut Bescheid – und eben oftmals auch, welche DDR-Bürger dort waren. Der West-Berliner Senat und das BMG, die die Tätigkeit der Beratungsstände unterstützten, hielten alsbald Maßnahmen zum Schutz der ostdeutschen Gäste für nötig. Damit Mitarbeiter der Staatssicherheit sie nicht erkennen und somit nach ihrer Rückkehr in die DDR nicht rechtlich belangen konnten, boten viele Beratungsstellungen ihre Dienste hinter den eigentlichen Ständen an, damit sie von Außenstehenden nicht eingesehen werden konnten. Diese »Hinterzimmer« waren ebenso Realitäten der Systemkonkurrenz wie die eigentlichen »Schaufenster«, deren Sinn und Zweck es war, von jedermann gesehen und wahrgenommen zu werden.

Ganz gleich, für welche dieser Optionen sich die Menschen in der DDR auch entschieden, auf der »Grünen Woche« konnten sie bis zum Mauerbau Unterstützung und Beratung finden. Die Möglichkeiten zur Beeinflussung der Menschen in der DDR durch die West-Berliner Landwirtschaftsausstellung können kaum überschätzt werden. Ihre Reichweite war sowohl in Richtung Osten als auch nach Westen enorm. Ihre Strategie war aber nicht in dem Maße infiltrierend wie die der DDR-Landwirtschaftsausstellung.

Auch Leipzig-Markkleeberg war eine Drehscheibe des deutsch-deutschen Systemwettstreits. Die Strategie, die die SED dort anwandte, war zweigeteilt: Erstens wurden jährlich etliche Tausend westdeutsche Bauern und Bäuerinnen – in erster Linie selektiert nach ihrer politischen Einstellung – zum Besuch der DDR-Landwirtschaftsausstellung persönlich eingeladen. Zunächst wurden diese Kontakte durch persönliche deutsch-deutsche Bekanntschaften angebahnt, um dann später (etwa seit 1958/59) gezielt durch GAK, VdgB, DBD und anderen Organisationen systematisch ausgebaut und gefestigt zu werden. Dadurch sollte den »westdeutschen Freunden« ein möglichst positives Bild einer prosperierenden DDR vorgeführt werden. Diese Eindrücke in Verbindung mit politisch-agitatorischen Gesprächsveranstaltungen – etwa den gesamtdeutschen Bauernaussprachen und Gesprächskreisen etc. – waren dazu bestimmt, um zweitens einen gewissen Ideologietransfer nach Westdeutschland zu erreichen. Das Kalkül der SED sah vor, dass diese Landwirte, die sie politisch auf ihrer deutschland- und agrarpolitischen Linie glaubte, nach der Rückkehr in ihre Heimatorte in der Bundesrepublik die SED-Propaganda weitertragen würden, also als Multiplikatoren für die DDR-Staats- und Parteiführung dienen könnten, um somit eine politische Infiltration zu erreichen. Außerdem versuchte sie, mit solchen Gesprächsofferten das westliche Verweigerungsdogma auszuhebeln. Dadurch konnte sich die SED als aktive Vermittlerin in der Deutschen Frage darstellen, ohne aber ihre Herrschaft selbst infrage stellen zu wollen.

Die Attraktivität der »Grünen Woche« und ihre vitale politische Funktion als ein deutsch-deutscher Begegnungsort hatten destabilisierende Effekte für die SED-Herrschaft. Ob allerdings Markkleeberg mit den dargestellten Strategien und Maßnahmen einen auch nur annähernd ähnlichen Effekt in Richtung Bundesrepublik erreichen konnte, ist sehr zu bezweifeln. Als nach dem Mauerbau die Bundesregierung angeblich eine Reisewarnung herausgab, die Bundesbürger vor dem Besuch der Jubiläumsausstellung 1962 in Leipzig-Markkleeberg warnen sollte, war dies für Ulbricht in erster Linie ein Beleg für eine zwar intendierte, aber in Wirklichkeit nie erreichte destabilisierende Wirkung auf die bundesdeutsche Gesellschaft, die auf der anziehenden Wirkung des Sozialismus in der DDR beruhen sollte.

Die Frequentierung beider Ausstellungen – vor allem der »Grünen Woche« – von Menschen aus West und Ost bedeutete auch in Zeiten verschärfter Konfrontation und politischer Abgrenzung nicht aber auch immer gleichzeitig einen Abbau von »Verflechtungsbeziehungen« (Michael Lemke). Denn sowohl in West-Berlin als auch in Leipzig-Markkleeberg nutzten die Menschen die Ausstellung auch als eine Gelegenheit, um Verwandte und Bekannte im anderen Teil Deutschlands zu treffen.

III.

Landwirtschaftliche und gartenbauliche Ausstellungen nahmen seit dem 19. Jahrhundert wichtige wirtschaftliche Funktionen wahr: Sie ermöglichten den direkten Kontakt von Händlern, Käufern und einem interessierten Publikum, waren Zentren zur Weitergabe von Fachwissen und Bildung, stellten Knotenpunkte von Wirtschaftsnetzen und Handelswegen dar, brachten den ausrichtenden Städten und Gemeinden dadurch wirtschaftliche Vorteile und waren spezialisierte Handelsplätze. Daher nimmt es nicht wunder, dass sie die ersten größeren und überregional bedeutenden Schauen in Deutschland nach Ende des Zweiten Weltkrieges waren.

Beide hier untersuchten Agrarausstellungen entwickelten die Präsentation von landwirtschaftlichen und gärtnerischen Produkten sowohl zur Leistungs- als auch Lehrschau. Die beiden landwirtschaftlichen Großausstellungen besaßen für West-Berlin und Leipzig eine erhebliche wirtschaftliche Bedeutung, aber brachten den Städten ebenfalls politisches, kulturelles und übernationales Renommee ein. Der Westteil Berlins war in den 1950er Jahren noch wirtschaftlich mit dem Ostteil und dem Brandenburger Umland verbunden, wenn auch in zunehmend schwindendem Maße. Gleichwohl machten sich die Isolation West-Berlins und die Abschottung von vielen Märkten virulent für die Versorgung der Stadt, ihre wirtschaftliche Unabhängigkeit und Entwicklung insgesamt bemerkbar. Daher trat für den West-Berliner Senat und die Berliner Ausstellungen das wirtschaftliche Motiv mit in den Vordergrund.

Bis weit in die 1950er Jahre hinein war West-Berlin trotz aller Isolierung noch recht eng mit Ost-Berlin und seinem Brandenburger Umland verflochten. Diesen Befund, den andere Arbeiten, vor allem von Lemke, bereits erhoben haben, konnte durch die Analyse großer Ausstellungen wie der »Grünen Woche« auch auf gesellschaftlicher wie wirtschaftlicher Ebene bestätigt werden. Daher wurde, zumindest bis 1956 – manche Arbeiten gehen von einem Zeitraum bis zum Mauerbau aus –, West-Berlin als das größte geschlossene Verbrauchergebiet Deutschlands angesehen. Die »Grüne Woche« trug in ihrer Funktion als Handelsplatz hierzu erheblich bei. Auch wenn sie gerade in der Anfangszeit oft auf staatliche Zuwendungen und Finanzhilfen angewiesen war, so entwickelte sie sich seit dem Ende der 1950er Jahre zu einem auch wirtschaftlichen Faktor für West-Berlin. Sie konnte in zunehmendem Maße Verkaufsabschlüsse generieren, steigende Einnahmen aus Standmieten aufweisen und zu einem echten Handelsplatz – mit positiver Bilanz – für die Landwirtschaft und die Wirtschaft gleichermaßen werden. Trotz allem blieb sie aber auch in dieser Zeit noch immer eine Plattform, auf der »Schieberei« und Schwarzmarkt Realität waren, als diese schon einige Jahre aus dem öffentlich wahrnehmbaren Stadtbild verschwunden waren. Auch dies war den Dynamiken des Systemwettstreites geschuldet. Insgesamt vermochte sie also innerhalb des Untersuchungszeitraumes positiv zur Wirtschafts- und Handelsbilanz des Westteils der

Stadt beizutragen, was wiederum der Attraktivität des »Schaufensters« West-Berlin zuarbeitete.

Zur Sicherung der Versorgung der Bevölkerung mit Obst und Gemüse unmittelbar nach Kriegsende waren Gartenbauausstellungen ein wichtiges Hilfsmittel. Bereits die erste Markkleeberger Ausstellung des Jahres 1946 war als Lehrschau durchgeführt worden. In Anbetracht der prekären Versorgungslage und Lebensverhältnisse nach Kriegsende war die Entscheidung, die Leistungsschau in den Hintergrund zu rücken, nur zu verständlich gewesen. Als Glied einer gesamtdeutschen Handelskette vor allem bei wichtigen Pflanzensamen, Blumen und Schnittblumen konnte sich Leipzig recht schnell etablieren. Die Zonengrenzen und die Behinderungen eines Warenaustausches, die der Kalte Krieg mit sich brachte, setzten diesen Handelserfolgen recht bald enge Grenzen. Sowohl die Lehr- als auch die Leistungsschau waren in der DDR politisch determiniert. Wirtschaftliche Prosperität ihrer nationalen Landwirtschaftsausstellung zählte für die SED spätestens seit der zweiten Hälfte der 1950er Jahre nur in zweiter Linie. Sie sollte vor allem den Bauern aus der DDR die genossenschaftliche Arbeitsweise demonstrieren, aus der dann angeblich ohnehin eine höhere Rentabilität, als es bei den privaten Klein- und Mittelbetrieben der Fall wäre, resultieren würde.

Der Vergleich beider Ausstellungen macht einmal mehr deutlich, dass es bei den deutsch-deutschen Beziehungen in erster Linie auch immer um wirtschaftliche Interessen ging. Der Handel mit »dem Osten« war für West-Berlin trotz aller politischen Spannungen und Subventionen durch die Bundesregierung für die städtische Wirtschaft stets wichtig für ihre längerfristige Stärkung. Die »Grüne Woche« war eine wichtige Basis dafür, dass West-Berlin politische und wirtschaftliche Anreize schaffen konnte, die die Landwirtschaft in die Stadt holten, was etwa im Falle der westdeutschen Industrie nur selten gelang und auch nicht in diesem Umfang. Für die landwirtschaftlichen Verbände, Firmen und Wirtschaftsfunktionäre war die Exposition ein geeigneter Ort für ihre Lobbyarbeit. Außerdem konnten sie dort ihre Zugehörigkeit zum Westen, zu Europa, zur EWG und zum »Grünen Plan« ostentativ demonstrieren. Besonders regierungstreu zeigte sich in der Öffentlichkeit der DBV. Gleichwohl offenbarten sich Reibereien zwischen Bundesregierung und den Landwirtschaftsverbänden auch oder vor allem in West-Berlin, wenn es darum ging, in Anbetracht der Bedrohung durch den Kommunismus Stärke und Einigkeit zu demonstrieren. Die europäische Wirtschaft war hierfür häufiger der Anlass gewesen. Sie und zuweilen auch der »Grüne Plan« der Bundesregierung bedeuteten in den Augen des DBV eine Gefahr für die bundesdeutschen Landwirte. Doch im Hinblick auf diese Untersuchung bedeutete der demonstrative Schulterschluss zwischen Bundesregierung und DBV eine Stärkung der Situation West-Berlins, die vor allem in der sinnbildlichen Verbindung von der Frontstadt mit der »Grünen Festung« Europa zum Ausdruck kam. Aber auch andere, genuin West-Berliner Problemlagen ließen sich durch die »Grüne Woche« öffentlich austragen.

Die Besucher der »Grünen Woche« konnten sich beispielsweise seit den ersten Nachkriegsausstellungen anhand von Modellen, Bildern, Publikationen und Sonderschauen immer eine Vorstellung davon machen, was der Senat, die relevanten Institutionen und die Planer mit der ehemaligen Reichshauptstadt künftig vor allem baulich zu unternehmen gedachten. Eine ganz grundlegende Auseinandersetzung war dabei von Anfang an, ob nicht die Frei- und Grünflächen zum Anbau des dringend benötigten Obstes und Gemüses genutzt werden sollte – dies war die Position des ZVKS, der die beiden ersten Nachkriegs-»Grüne Wochen« organisierte und für die Ausstellung auch danach eine zentrale Rolle spielte – oder, ob man darauf nicht besser den ebenso dringend benötigten Wohnraum schaffen sollte – dies war die Position vor allem des Magistrates bzw. Senates. Die Lösung dieser Probleme war für die Berliner von existenziellem Interesse. Die »Grüne Woche« sorgte dafür, dass diese Debatte nicht erlahmte und im Zuge des Wiederaufbaues der Stadt Schritt für Schritt einer Lösung zugeführt wurde. Auch die Schaffung der Deutschen Bauernsiedlung in Rudow und Kladow, deren Eröffnung im Rahmen der »Grünen Wochen« öffentlich gefeiert wurde, war nicht nur Teil des deutsch-deutschen Systemwettstreites in der Frage des Strukturwandels und der Fluchtbewegung aus der DDR, sondern auch Teil dieser grundlegenden Entwicklung.

Die oben genannten Spannungen hatten also für West-Berlin keine unmittelbaren negativen Auswirkungen, sondern stärkten im Gegenteil eher das Vertrauen in eine funktionierende Demokratie, in der solche Debatten in der Öffentlichkeit – durch eine freie Presse und Kommunikationsplattformen wie die »Grüne Woche« – ausgetragen werden konnten. Die Landwirtschaft bot sich deshalb zur Demonstration von Stärke gegenüber der DDR an, da die Bundesrepublik darin nie ihr Selbstvertrauen verlor. An kaum einem anderen Ort hätte man diese Botschaft wirkungsvoller vermitteln können als in West-Berlin, wo sie jährlich von Hunderttausenden Ostdeutschen – bewusst oder unbewusst – aufgenommen wurde und damit im Wettstreit der Systeme, sehr zum Verdruss der SED, punkten konnte.

Die nationale Landwirtschaftsausstellung der DDR in Leipzig-Markkleeberg war von Beginn an als ein Mittel zur Einführung der Planwirtschaft gedacht und umgesetzt worden. In den schwierigen wirtschaftlichen Bedingungen der Nachkriegszeit wurde sie zu Beginn teils durch sogenannte »schwarze Kassen« finanziert, um sie überhaupt realisieren zu können. In den folgenden Jahren wurde Markkleeberg mit großen finanziellen Mitteln aus dem Staatshaushalt bezuschusst, um aus der Ausstellung den zentralen politischen Konsultationspunkt und das Schulungsobjekt der sozialistischen Landwirtschaft zu machen. Obwohl zwar nicht an Gewinne oder Überschüsse gedacht worden war, hofften dennoch die verantwortlichen Ausstellungsorganisatoren auf eine Kostendeckung durch verkaufte Eintrittskarten, Sonderaktionen oder durch die Unterstützung durch andere Institutionen (etwa Sonderkontingente von Ministerien). In den 1950er Jahren wurde in Markkleeberg eine der größten landwirtschaftlichen Ausstellungen Europas aufgebaut, zu der jährlich Hunderttausende Besucher – in erster Linie aus der DDR – kamen. Sie war eine Regierungsausstellung und hatte in allererster Linie die Aufgabe, die politischen Vorgaben der SED in Szene zu setzen, wofür wirtschaftliche Gesichtspunkte oder Rentabilitätsgedanken nur in zweiter Linie von Bedeutung waren. Außerdem ließen Ausstellungen – was sowohl für West als auch Ost galt – ohnehin kaum wirtschaftliche Gewinne erwarten. Im System der Planwirtschaft, in dem sukzessive die Privatwirtschaft aus dem Ausstellungsgeschehen herausgedrängt wurde, spielten solche Erwägungen eine immer geringere Rolle. Durch diesen Vorbildcharakter sollte Markkleeberg performativ einen Beitrag zur Herrschaftsdurchsetzung der SED leisten. Der Gegensatz zwischen einem »Konsum-Schaufenster« und einem »politischen Schaufenster« wird durch diesen vor allem wirtschaftlichen Kontrast deutlich, wobei es im Kalten Krieg zur Überlappung beider Typen kam. Als ein Ergebnis dieser Untersuchung kann festgehalten werden, dass sowohl die »Grüne Woche« als auch die DDR-Landwirtschaftsausstellung zur Konstituierung und Festigung einer neuen politischen und wirtschaftlichen Ordnung im jeweiligen Teil Deutschlands einen Beitrag geleistet haben.

IV.

»Land in Sicht«: Der Kalte Krieg war in erster Linie ein Kampf um Meinungen, Deutungshoheiten und Bilder, für deren Verbreitung die Ausstellungen innerhalb des Untersuchungszeitraumes unerlässlich waren. Schauplätze einer konstruierten und inszenierten Realität waren sie jedoch nicht erst seit dem 20. Jahrhundert. Schon im deutschen Kaiserreich boten Großausstellungen der politischen Führung die Möglichkeit, ihre ordnungspolitischen Vorstellungen einem Massenpublikum vor Augen zu führen. Dort waren entweder der Kaiser oder Angehörige des Adels auf den Landwirtschafts- und Gartenbauausstellungen lediglich anlässlich der Eröffnungsfeierlichkeiten vertreten, da sie in der Regel die Funktion der Schirmherrschaft übernommen hatten. War diese Schirmherrschaft ein wichtiges Testimonium für die jeweilige Exposition, so bot sie doch gleichsam dem Kaiser eine Bühne zur Inszenierung des Nationalstaates. Diese Funktion als einer politisch-kommunikativen Bühne haben die Agrarausstellungen auch in der Folgezeit nicht wieder verloren: In der Weimarer Republik, dem »Dritten Reich«, der DDR und der Bundesrepublik blieb die Schirmherrschaft eine wichtige Legitimation jeglicher Großausstellung. Insbesondere unter den Vorzeichen des Systemwettstreites in den 1950er Jahren wurden reale Konflikte zwischen der Regierung, Ministerien, städtischer Verwaltung, landwirtschaftlichen und wirtschaftlichen Verbänden und den Ausstellungsorganisatoren auf den »Grünen Wochen« ausgeblendet. Nähe zur Regierung, was auch Nähe zum Grundgesetz und Bekenntnis zur freiheitlich-demokratischen Grundordnung bedeutete, sollte demonstriert werden, um somit die Landwirtschaft zu einer für die Nation unabdingbaren und tragenden Säule zu erklären. In der DDR hingegen wären solche Dissonanzen auf der nationalen Landwirtschaftsausstellung ebenfalls nicht sichtbar geworden. Zum einen durch die starke Besetzung der Ministerien und Behörden mit »politisch zuverlässigen« Mitarbeitern, zum anderen dominierte mit Rückendeckung durch die sowjetische Besatzungsmacht die SED ohnehin alle politischen, wirtschaftlichen, gesellschaftlichen und juristischen Bereiche. Die Darstellung der Landwirtschaft diente vor allem zur Legitimierung der SED-Parteienherrschaft.

Einen kompletten Neuanfang im deutschen landwirtschaftlichen Ausstellungswesen hat es nach 1945 so nicht gegeben. In Ost und West bestanden noch eine gewisse Zeit konzeptionelle und personelle Kontinuitäten, besonders bei den Ausstellungsgestaltern, fort. Auch wenn ein Neuanfang, insbesondere in der SBZ/DDR, im agrarischen Ausstellungswesen stets betont wurde, so fand ein solcher allerdings nicht statt. Stil- und Gestaltungsmittel waren in der Regel älteren Vorbildern – oftmals noch aus dem Kaiserreich oder der Weimarer Zeit – entlehnt. Merkmal beider untersuchten Expositionen war es jedoch, modernitätsoffen in der Wahl ihrer Mittel und zugleich in Teilen rückwärtsgewandt zu sein: Für die »Grüne Woche« träfe Letzteres in Form des vermittelten Werte- und Überzeugungskanons (Stichworte: »abendländisches Gedankengut« und archaisch-mythologisierende Bilder) und für Markkleeberg in der Zurückweisung der wirtschaftlichen Grundlage von Ausstellungen, der Darstellung von Autarkiebestrebungen, der Bodenreform und der Kollektivierung, in traditionalistischen ordnungspolitischen Vorstellungen (beispielsweise das Geschlechter- und Familienbild) und schließlich in der Dienstbarmachung des Ausstellungsmediums für eine Staatsideologie (»neues Deutschland« und »neuer Mensch«) zu.

Ausstellungsgestaltung und Präsentationstechnik hatten in den 1950er Jahre in West und Ost bereits eine gewisse Perfektion erreicht, die es ermöglichte, dass sich der Besucher – auch wenn die Inhalte noch so propagandistisch aufgemacht gewesen sein mögen und als solche prima vista zu durchschauen waren – in einem Gemeinschaftsereignis eingebettet empfinden konnte. Der Besucher erlebte die Ausstellungen als ein Massenerlebnis, dessen Teil er war, und somit Teil einer größeren Verbindung. Dieser Erfahrungsprozess war höchst real und konnte in West-Berlin wie in Leipzig-Markkleeberg gleichermaßen erlebt werden. Nur auf der »Grünen Woche« allerdings konnte dieses Empfinden auch in einem echten gesamtdeutschen Kontext erlebt und erfahren werden. Der Besuch der »Grünen Woche« implizierte für die DDR-Bürger nicht nur die Teilhabe an dem mehr oder weniger abstrakten »Schaufenster« West-Berlin, sondern auch eine Mitgliedschaft in einer Gemeinschaft mit gleichen Interessen, wodurch aber keineswegs auch Spannungen – besonders in der politisch angespannten Zeit der zweiten Berlin-Krise – ausgeschlossen waren.

Abgesehen von den primären Darstellungen von Landwirtschaft, Politik und Agrarpolitik enthüllten beide Expositionen, was sonst im Privaten verborgen geblieben wäre: Sie brachten eine Vielzahl von unterschiedlichen Menschen auf eine gemeinsame Bühne, auf ein gemeinsames Kommunikationsforum und »enthüllten« sie dadurch in ihrer politischen, sozialen, wirtschaftlichen und gesellschaftlichen Beziehung zueinander. Außerdem waren die Ausstellungen in den sozialen, regionalen und historischen Kontext ihrer Städte eingebunden. Dies bedingte gewisse historische Kontinuitäten in der Ausgestaltung der Ausstellungsgelände: In West-Berlin das traditionsreiche Areal des Messegeländes am Funkturm und in Leipzig-Markkleeberg zunächst das Messegelände und dann als »Herzstück« den alten Herfurthschen Park. Hierbei zeigten sich dann ganz unterschiedliche Ausprägungen in den Bereichen Ausstellungsästhetik und Bildprogramm in beiden deutschen Staaten.

Zu den Aufgaben der DDR-Landwirtschaftsausstellung/SNZ wie auch der »Grünen Woche« gehörten die Herausgabe von Broschüren, Büchern, Flugschriften und das Herstellen von Werbemitteln. Sie waren aus publizistischer Hinsicht Multiplikatoren für die Gesellschaftsordnung, die sie vertraten und als die überlegene darstellten. Dieser publizistische Umfang flankierte die Aussagen der eigentlichen Ausstellungen, die ihre Botschaften vor allem in Form von Modellen, Fotos, Texten und Vorführungen kommunizierten. Aufgrund ihrer ihr eigenen Kommunikations- und Zeigestruktur boten sie den Besuchern – sowohl dem Fachpublikum als auch den Sehleuten – eine »lebendige« Anschauung für den landwirtschaftlichen Produktionsprozess unter den Bedingungen der jeweiligen gesellschaftlichen Verfasstheit des Landes sowie den darüber liegenden politischen Großordnungen.

Mit ihren Ausstellungen, die im Laufe der Zeit ein Millionenpublikum erreichten, trugen sowohl die »Grüne Woche« als auch die DDR-Landwirtschaftsausstellung ihren Teil dazu bei, die jeweiligen gesellschafts- und wirtschaftspolitischen Vorstellungen anschaulich und einprägsam zu vermitteln. Dies war ein wichtiger Bestandteil des deutsch-deutschen Systemwettstreites als einer noch weitgehend freien Werbung für das jeweilige System, zu einer Zeit, als der Zugang zu beiden Ausstellungen bis zum Mauerbau noch relativ offen war. Dieser »grüne Ausstellungskampf« der Bilder trug mit seiner ihm innewohnenden Dynamik viel zum Gegeneinanderhalten beider Staaten bei. Vor allem aber nutzte die SED ihre nationale Agrarausstellung als kulturellen und sozialen Inszenierungsapparat, der als Medium der Massenkommunikation darauf abzielte, möglichst viele Menschen auch im Ausland zu erreichen. Für die Akzeptanz ihrer Herrschaft benötigte die SED tatsächlich solche kommunikativen Integrationsangebote, mit denen sich das Regime in Szene setzte und zugleich den Erwartungen – nach einem »neuen Deutschland«, in dem Frieden und Versorgung mit Nahrungsmitteln gesichert wären – und Emotionen der Mehrheit der Bevölkerung einen symbolischen Bezugspunkt gab. Um diesen Aspekten performativer Herrschaftsintegration nachspüren zu können, sind Großausstellungen von eminenter analytischer und heuristischer Bedeutung.

Beide Schauen artikulierten den von der politischen Führung vorgegebenen – politisch und moralisch begründeten – Anspruch auf das ganze Deutschland. Diese Auseinandersetzung wurde nicht nur in Form von politischen Debatten und Schlagabtauschen geführt, sondern der Erfolg in dieser Frage bemaß sich ebenfalls in der sichtbaren Etablierung neuer Bilder, Symbole, Bezeichnungen und Gesten. Beide Expositionen waren der Ort, an dem diese neue Heraldik öffentlich gemacht und somit ein bestimmender Teil des deutsch-deutschen Kampfes der Bilder wurde. Sowohl der Westen als auch der Osten leiteten die Legitimation für diesen Anspruch zum großen Teil aus einer unterschiedlich interpretierten Historie ab. Beide Seiten griffen dafür tief in die Annalen deutscher Geschichte, um sich daraus ad libitum zu bedienen.

Für die Bundesrepublik waren Großausstellungen auch deshalb wichtig, um auratische Orte zu konstruieren; einerseits zur Abgrenzung zur DDR und andererseits um sich nicht allzu sehr mit der unmittelbaren Vergangenheit im »Dritten Reich« auseinandersetzen zu müssen. Die Konstruktion solch auratischer Orte – auf der »Grünen Woche« vor allem in Form der Sonderschauen, die sich dem Thema der verlorenen Ostgebiete widmeten, oder auch allgemeiner der Kriegsgefangenen-Ausstellungen der frühen 1950er Jahre – war für die junge Bundesrepublik zur Konstituierung eines Wir-Gefühls, das auf einem antitotalitären Konsens beruhte, von großer Wichtigkeit. Gerade hierfür bot sich die »Grüne Woche« mit ihrer Lage im geteilten Berlin, direkt an der »Frontlinie« des Kalten Krieges, geradezu an. Markkleeberg hingegen suchte durch das Postulat einer überwundenen Vergangenheit, auf der das »neue Deutschland« fußen sollte, die historisch-legitimationsstiftenden Absichten der SED darzustellen.

In den Bildprogrammen beider Ausstellungen, die sowohl traditionelle als auch futuristische Konzepte von Landwirtschaft, Gesellschaft und Technik umfassten, verwendete man in Ost und West – modern und rückwärtsgewandt zugleich – mythische Symbole und Inhalte, womit man auch im geteilten Deutschland auf alte kollektive Überlieferungen zurückgriff. Beide Expositionen stellten die Technik – hier vor allem in Form von Landtechnik; in der DDR auch aus anderen Technologiesektoren (etwa der Raumfahrt und Atomtechnologie) – als Förderer eines wirtschaftlichen Aufschwunges dar. Das visuelle Ordnungsprinzip, das beide Agrarexpositionen darboten, suchte die Krisen der Agrarwirtschaft (Strukturwandel), die seit dem 19. Jahrhundert prinzipiell virulent waren, dadurch als lösbar erscheinen zu lassen, indem einerseits das Alte bewahrt werde und zugleich das Neue realisiert werden würde. Hierin unterschieden sich Ost und West nur in der Akzentsetzung: Markkleeberg betonte, im Einklang mit der Fortschrittsutopie der SED, vielmehr die Überwindung des Alten und die Verwirklichung des Neuen. In der Diktatur wurde oftmals die Übernahme ideologischer Vorgaben mit Produktionssteigerungen als gleichbedeutend angesehen. Vor allem in Markkleeberg, was für die »Grüne Woche« in geringerem Maße gilt, wurde die moderne Technik als Mittel dafür inszeniert, um etwa seit Urzeiten bestehende Träume und Wünsche der Menschheit zu realisieren. Dies bedeutete für die SED vor allem eine nach Autarkie strebende sich selbstversorgende vollkollektivierte Landwirtschaft, in der gesellschaftliche Gegensätze aufgehoben sein würden und die allen Beteiligten nicht nur Ernährung und Versorgung dauerhaft sichern würde, sondern auch Arbeitsplatz, soziale Sicherheit und letztlich Lebenssinn. Daraus sollte eine anziehende Wirkung auf die westdeutschen Landwirte resultieren. Auf der »Grünen Woche« besetzten Fortschritt und Technik ebensolche Bilder und Utopien, die vor allem in der Darstellung des erfolgreich gemeisterten Strukturwandels, der Implementierung einer freien Marktwirtschaft unter demokratischen Regeln sowie einer daraus hergeleiteten sozialen Sicherheit bestanden. Der Erfolg dieser Entwicklungen, der sich eindrucksvoll beispielsweise am »Wirtschaftswunder« der 1950er Jahre erkennen ließ, war inhärenter Bestandteil des Bildprogramms der »Grünen Woche« und der Grund für die außerordentlich hohe Attraktivität der Ausstellung vor allem in Richtung Osten.

Die unterschiedlichen Bildprogramme, welche die beiden Ausstellungen kommunizierten, lassen sich in verschiedene Gruppen unterteilen:

A) Die weltanschaulich-ideologische Ebene. Diese wurde etwa durch Gegenstände wie Plastiken (etwa die Stalinplastiken in den frühen 1950er Jahren in Markkleeberg) und grafische Darstellungen (beispielsweise die grafische Untermalung der den Aufschwung belegenden Statistiken auf Sonderschauen der »Grünen Woche«) inszeniert.

B) Die kulturelle Ebene. Dies kam etwa in der Inszenierung von Gemeinschaft zum Ausdruck. In Markkleeberg waren Massenveranstaltungen wie Mais- und Massentänze und Umzüge dafür beispielhaft. In West-Berlin waren es oft gesamtdeutschen Gemeinsinn stiftende Massenveranstaltungen und Sonderschauen. Der Erfolg der »Grünen Woche« war auf der kulturellen Ebene so hoch, dass die Menschen aus der DDR mitunter große Risiken auf sich nahmen, um die Ausstellung zu besuchen. In mindestens einem Falle war die Bereitschaft, die »Grüne Woche« zu unterstützen, so gefährlich, dass sie, falls sie von West-Berliner Seite angenommen worden wäre, schlimme Folgen für den ostdeutschen Bauern aus Buckow in der Mark Brandenburg hätte haben können. Kenntnis über und Teilhabe an der »Grünen Woche« bedeuteten im ländlichen Bereich Ostdeutschlands und natürlich auch in der Bundesrepublik geradezu einen Maßstab kultureller Inklusion. Die Häufigkeit, mit der die »Grüne Woche« als Sujet in der Belletristik und Erinnerungsliteratur im Untersuchungszeitraum auftrat, spricht ebenfalls dafür. Diese Stellung musste sich Markkleeberg im Verlauf der 1950er Jahre für die Menschen in der DDR erst noch erarbeiten. Der Mauerbau erleichterte dieses Ansinnen.

C) In den politischen Semantiken und Bildprogrammen führten beide Seiten gegeneinander aus, dass nur die eine Seite friedens- und freiheitsliebend, antifaschistisch, demokratisch (Volksdemokratie versus parlamentarische Demokratie) und fortschrittlich sei. Das implizierte automatisch, dass für die Gegenseite all diese

Attribute nicht zutreffen würden. Den Besuchern in Ost und West wurden durch Sonderschauen, Ausstellungstexten, Broschüren und Fotos die dazu passenden Visualisierungen präsentiert.

D) Schließlich wurde der Kampf der Bilder auf der gesellschaftlichen Ebene ausgetragen. Im Wettstreit um die Errichtung des besseren Gesellschaftssystems nahmen beide Agrarausstellungen die Rolle der Bühne für die Darstellung von Zukunftsvisionen und politischen Utopien ein. Grafische Darstellungen, Fotos, Modelle und sogar Schauspiele demonstrierten den Besuchern ein Bild vom jeweils besseren Deutschland. Patriotismus und einen gewissen Nationalismus brachten dabei beide Ausstellungen zum Ausdruck. Dieser äußerte sich hauptsächlich in der ersten Hälfte er 1950er Jahre etwa im ständigen Beschwören einer »abendländischen Kultur« oder dem »Deutschsein«. In Markkleeberg spiegelte er sich vor allem in dem Anspruch der SED, ein »Vorreiter des nationalen Befreiungskampfes« zu sein oder durch die bildlichen und sprachlichen Botschaften, dass man eine »Spaltung des deutschen Vaterlandes« nicht hinnehmen werde. In den Punkten Ausstellungsaufbau und -ästhetik unterschieden sich beide Expositionen teilweise voneinander.

Die jeweiligen Bildprogramme suchten beide Ausstellungen durch Ton- und Bildmedien in den jeweils anderen Teil Deutschlands zu übertragen. Mit diesem Weg der Einflussnahme auf die Bevölkerung, der nach dem Mauerbau fortgesetzt und sogar verstärkt wurde, suchten beide Seiten die Fortführung der Auseinandersetzung durch eine kulturelle »Stay-Behind«-Strategie fortzusetzen. Insbesondere das filmische Medium war hier von zentraler Bedeutung. Sowohl die »Grüne Woche« als auch die DDR-Landwirtschaftsausstellung unternahmen große Anstrengungen auf diesem Gebiet. Einen qualitativen Sprung erfuhr »dieser Kampf der Bilder« durch die Internationalen Agrarfilmwettbewerbe im Rahmen der »Grünen Woche« seit 1960. Auch in Markkleeberg fand der Film seit dem Ende der 1950er Jahre einen breiteren Einsatz, vor allem im Bereich der Lehrschau und der politischen Agitationsarbeit. Die »Internationale Filmwoche der Landwirtschaft« in Markkleeberg markierte hierbei einen Höhepunkt vor dem Mauerbau.

V.

Der Frage, welchen gesellschaftlichen Stellenwert beide Ausstellungen beim Systemwettstreit in Berlin und Deutschland einnahmen, wurde in der Untersuchung breiter Raum gewidmet. Schließlich fand der internationale Konflikt in Politik und Gesellschaft beider deutscher Teilstaaten ein Korrelat, was beide Expositionen wie Brenngläser der Gesellschaft erscheinen ließ und das Bild einer in Europa einzigartigen Situation zeigte, die singuläre Merkmale aufwies: Diese bildeten sich im Alltag und in der Kultur der ehemaligen Reichshauptstadt Berlin mit seinem Brandenburger Umland und auch in der Region Leipzig aus und ließen bis zum Mauerbau eine Situation von Bewahrung gesellschaftlicher und kultureller Identität und deren schrittweisen Entflechtung und Auflösung entstehen. Auch hierbei waren Disproportionalitäten des Vergleichs zu beachten. Leipzig erlangte durch seine Messe und zusätzlich in den 1950er Jahren mit der vor den Toren der Stadt liegenden nationalen Landwirtschaftsausstellung eine herausgehobene regionale Stellung als ein gesamtdeutscher Treffpunkt, der allerdings deutlich hinter der West-Berlins lag, jedoch nicht zu vernachlässigen ist. Gleichwohl ermöglichte diese Betrachtungsweise den Dynamiken des deutsch-deutschen Systemwettstreits bis in Mikroebenen hinein nachzuspüren.

Beide Expositionen spielten für die gespaltene Gesellschaft eine wichtige Rolle im Hinblick auf ihre Funktion als Erinnerungsort und als Teil einer »Erinnerungslandschaft«. Auch wenn es analytisch nicht ganz widerspruchsfrei ist, bei Menschen davon auszugehen, sich an Dinge zu erinnern, die sie nicht selbst bewusst miterlebt haben, so konnte doch der Einfluss beider Agrarausstellungen auf die deutsch-deutsche Erinnerungskultur gezeigt werden.

Die »Grüne Woche« war für die Herausbildung einer West-Berliner Identität, als Teil einer Kultur »von oben«, von Bedeutung gewesen. Allein schon durch ihre lange Tradition hatte die Exposition bereits den Status eines solchen Ortes, der für die West-Berliner in Krisensituationen, vor wie nach dem Mauerbau, ein gewisses Potenzial zur Identitätsbildung und gesellschaftlichen Festigung in sich trug. Seit den frühen 1950er Jahren vermittelte sie den Besuchern das Gefühl eines »Wir sind wieder wer in der Welt« und dabei gleichzeitig Teil des Westens zu sein. Dies geschah unter weitgehender Ausblendung der unmittelbaren nationalsozialistischen Vergangenheit in Verbindung mit einem antitotalitären Konsens der West-Berliner. Damit leistete der Westteil der Stadt auch einen nicht zu unterschätzenden Beitrag des bundesdeutschen Nation Branding. Am Ende der 1950er Jahre hatte die West-Berliner Bevölkerung soweit an eigener Identität gewonnen, dass die »Grüne Woche« problemlos mehr und mehr von der Betonung des Gesamtdeutschen abrückte und stattdessen die Einbindung der Bundesrepublik in die westlichen Wirtschafts- und Verteidigungsbündnisse in den Vordergrund rückte. Mit der schrittweisen Abkehr der »Grünen Woche« vom gesamtdeutschen Anspruch in den 1960er Jahren hin zu Europa und dem Westen nahm sie gewissermaßen den Bruch von 1967/68 vorweg, mit dem der Konsens auf Wunsch nach Wiedervereinigung in West-Berlin schwand.

Die SED nutzte ihre Landwirtschaftsausstellung zur Sicherung ihrer politischen Herrschaft. Hierbei war sie auf die Darstellung und Stiftung von Identität angewiesen. Auch hier spielten Mechanismen der Selbstversicherung eine Rolle, die Teil einer spezifisch ostdeutschen Identitätsbildung wurden. Diese fand vor allem nach dem sozialistischen »Frühling auf dem Lande« durch die Einbindung in ein geschlossenes gesellschaftliches System und wirtschaftlich durch die Teilhabe am RGW und dem sozialistischen Lager statt. Diese Entwicklung stand unter der kulturellen Avantgarde und Ägide der Sowjetunion. Dies kam etwa an der Orientierung des Markkleeberger Schaugeländes am Moskauer Allunionsgelände zum Ausdruck.

Beide Ausstellungen, vor allem aber die »Grüne Woche«, brachten so vielfältige und teils unterschiedliche Aspekte auf einer Bühne zusammen, die prima facie nicht unter dem Blick direkter Konfrontation gesehen worden wären, die aber Teil einer Gesamtproblemlage waren. Als solche wurden sie folgerichtig ausstellungstechnisch auch dargestellt. Der Besucher erhielt dadurch einen Kenntnisstand, der sonst nur schwer in dieser Breite und Fülle erlebbar gewesen wäre.

Insbesondere unter dem Gesichtspunkt ihrer Funktion als politische Kommunikationsplattformen kann abschließend das in der Einleitung zitierte Bonmot Unbeto Ecos, dass Ausstellungen sich vor allem selbst ausstellen, als dem Untersuchungsgegenstand nicht gerecht werdend gekennzeichnet werden. Denn Eco betrachtete sie ausschließlich aus dem Blickwinkel des Semiotikers, und unter diesen Vorzeichen allein hätten Expositionen nur selbstreferenzielle Zeichenproduzenten sein können. Doch Ausstellungen sind spezifische reale Ereignisse in einer realen Welt, zu deren Beschreibung und Analyse sie ein exzellentes Hilfsmittel (Explanans) darstellen. Obgleich diese Untersuchung im Kern politikgeschichtlich angelegt ist, bedingte doch der Untersuchungsgegenstand (Explanandum) ein gediegen Maß an interdisziplinärem Vorgehen: Konzepte aus den Kulturwissenschaften, der Soziologie, der Medientheorie, der Kommunikationswissenschaft und der Zeichentheorie trugen mit dazu bei, die beschriebenen Einblicke in das mannigfaltige Wechselspiel zwischen den unterschiedlichen Akteuren, ihren Interessenlagen und Zielen und den daraus entstehenden kausalen Folgen in der Gesellschaft beider deutscher Staaten als Drehscheiben und Bühnen des Systemwettstreits zu erlangen.

Anhang

Quellen- und Literaturverzeichnis

Ungedruckte Quellen

Bundesarchiv, Berlin (BArch)
Deutsche Verwaltung für Land- und Forstwirtschaft, Ministerium für Land- und Forstwirtschaft der DDR (DK 1)
Deutsche Akademie der Landwirtschaftswissenschaften zu Berlin, Deutsche Landwirtschafts-Gesellschaft Berlin (DK 107, A 422)
Nachlass Walter Hallstein (N 1266)
Generalbauinspektor für die Reichshauptstadt (R 4606)

Stiftung Archiv der Parteien und Massenorganisationen der DDR im Bundesarchiv, Berlin (SAPMO-BArch)
Nationalrat der Nationalen Front der DDR (DY 6)
Freie Deutsche Jugend (DY 24)
Abteilung Landwirtschaft des ZK (DY 30)
ZPK der SED (DY 30/IV 2/)
Politbüro des ZK (DY 30/J IV 2/2/; DY 30/J IV 2/2/)
Gesellschaft für Deutsch-Sowjetische Freundschaft (DY 32)
Gewerkschaft Land, Nahrungsgüter und Forst (DY 44)
Demokratische Bauernpartei Deutschlands (DY 60)
Ministerium des Innern (DO 1/34)
Nachlass Edwin Hoernle (NY 4030)
Nachlass Walter Ulbricht (NY 4182)
Nachlass Heinke Heinks (SgY 30/0364)

Bundesarchiv, Koblenz (BAK)
Bundesministerium für Ernährung, Landwirtschaft und Forsten (B 116)
Bundeskanzleramt (B 136)
Bundesministerium für Gesamtdeutsche Fragen (B 137)
Bestand der Kampfgruppe gegen Unmenschlichkeit (B 289)
Deutscher Bauernverband e. V. (B 428)
Zentralamt für Ernährung und Landwirtschaft in der britischen Zone und Verwaltung für Ernährung, Landwirtschaft und Forsten des Vereinigten Wirtschaftsgebietes, Büro des Direktors Schlange-Schöningen (Z 6/I, Z 6/II)

Zentralarchiv des Bundesbeauftragten für die Unterlagen des Staatssicherheitsdienstes der ehemaligen DDR (BStU, ZA), Berlin
Allgemeine Sachablage (AS)
Hauptabteilung III (HA III)
Zentrale Auswertungs- und Informationsgruppe (ZAIG)

Sowie relevante Unterlagen aus folgenden Außenstellen (ASt.):
Dresden, Leipzig, Potsdam

Brandenburgisches Landeshauptarchiv, Potsdam (BLHA)
Bezirkstag und Rat des Bezirkes Potsdam (Rep. 401)
Bezirksbehörde der Deutschen Volkspolizei Potsdam (Rep. 471/15)
VdgB Landesverband Brandenburg (Rep. 350)

Sächsisches Staatsarchiv Leipzig (SStAL)
Bestand agra-Landwirtschaftsausstellung der DDR (Sign. 20314)
Bestand SED Grundorganisation agra Markkleeberg (Sign. 21314, 21351)

Sächsisches Staatsarchiv, Hauptstaatsarchiv Dresden (HStDD)
Kreistag/Kreisrat Löbau (Sign. 11420)
Kreistag/Kreisrat Meißen (Sign. 11422)
Bezirkstag/Rat des Bezirkes Dresden (Sign. 11430)
Bezirksbehörde der DVP (Sign. 11464)

Landesarchiv Berlin (LAB)
Stadtbetriebsamt (A Rep. 015)
Der Regierende Bürgermeister von Berlin/Senatskanzlei (B Rep. 002)
Senatsverwaltung für Wirtschaft (B Rep. 010)
Senatsverwaltung für Wissenschaft und Forschung (B Rep. 014)
Der Polizeipräsident in Berlin (B Rep. 020)
Amtsgericht Charlottenburg (B Rep. 042)
Stadtverordnetenversammlung von Groß-Berlin (C Rep. 001)
Magistrat von Berlin, Abteilung Volksbildung (C Rep. 120)
Präsidium der Volkspolizei Berlin (1961–1975) (C Rep. 303-26-01)
Vereinigung der gegenseitigen Bauernhilfe (VdgB), Bezirksvereinigung Berlin (C Rep. 950)
Zentralverband der Kleingärtner, Siedler und bodennutzenden Grundbesitzer (E Rep. 002)
Nachlass Ernst Reuter (E Rep. 200-21)
Abteilung Zeitgeschichte beim Landesarchiv Berlin, LAZ-Sammlung (F Rep. 280)
Foto- und Bildsammlung

Deutsches Rundfunkarchiv, Potsdam (DRA)
Archiv- und Sammlungsgut des RIAS Berlin, Landfunk (203-00-05, 301-00-01, 301-00-03, 304-01-07, 403-01-09)
Stadtverordnetenversammlung von Groß-Berlin (DOK 267)

National Archives and Records Administration, College Park, Maryland (NARA)
General Records of the Department of State, Bureau of European Affairs, Office of German Affairs (RG 59)
Germany Berlin Mission, General Records 1959–1961 (RG 84)

Ford Foundations Archives (FFA)
PA 51-34 (Workreports of the Group of Fighters against Inhumanity)

Staatsarchiv Hamburg (StHH)
Internationale Gartenbau-Ausstellung (Bestand 614-3/9)

Politisches Archiv des Auswärtigen Amts, Berlin (PA AA)
Akten des Neuen Amts
B 38-II A2: Ref. II A2, Berlin und Deutschland als Ganzes

Archiv der Robert-Havemann-Gesellschaft (RHG)
Sicherung der Volkswirtschaft (Ordner 127)

Archiv der Staatsanwaltschaft bei dem Landgericht Berlin (ASLB)
Strafsache gegen Mielke, Erich, Verteidiger RA Wetzenstein-Ollenschläger, Bde. 2 und 62

Unternehmensarchiv der Leipziger Messe GmbH, Leipzig (UALM)
Leipziger Messeinformationen (L 1)
Leipziger Messejournal (M 63)

Universitätsarchiv der Technischen Universität Berlin (UATUB)
Fakultät VI
Personalakte Matthias Kramer
Nachlass Gustav Allinger (AL)

Universitätsarchiv der Freien Universität Berlin (UAFU)
Bestand Rektorat, Sign. R 1521
Rep. 2.2, Bestand Veterinär-Medizinische Fakultät

Private Nachlässe
Nachlass Otto Rindt

Gedruckte Quellen

Badstübner, Rolf/Loth, Wilfried (Hrsg.): Wilhelm Pieck. Aufzeichnungen zur Deutschlandpolitik 1945–1953, Berlin 1994.
Berlin. Chronik der Jahre 1951–1954. Bearb. durch Hans J. Reichardt, Joachim Drogmann u. Hanns U. Treutler, Berlin (West) 1968.
Berlin. Chronik der Jahre 1955–1956. Bearb. durch Hans J. Reichardt, Joachim Drogmann u. Hanns U. Treutler, Berlin (West) 1971.
Berlin. Chronik der Jahre 1957–1958. Bearb. durch Hans J. Reichardt, Joachim Drogmann u. Hanns U. Treutler, Berlin (West) 1974.
Berlin. Chronik der Jahre 1959–1960. Bearb. durch Hans J. Reichardt, Joachim Drogmann u. Hanns U. Treutler, Berlin (West) 1977.
Ciesla, Burghard: Freiheit wollen wir! Der 17. Juni 1953 in Brandenburg. Eine Dokumentenedition, Berlin 2003.
Judt, Matthias: DDR-Geschichte in Dokumenten. Beschlüsse, Berichte, interne Materialien und Alltagszeugnisse, Berlin 1997.
Die Kabinettsprotokolle der Bundesregierung: Kabinettsausschuß für Wirtschaft, Bd. 4: 1958–1961. Hrsg. von Hartmut Weber, bearb. von Uta Rössel, München 2008.
Der Präsident des Rechnungshofs von Berlin: Bericht und Gutachten über die Wirtschaftsführung der Berliner Ausstellungen – Eigenbetrieb von Berlin – für die Geschäftsjahre 1951 und 1952, Berlin-Wilmersdorf, den 27. Oktober 1953.

Berliner Ausstellungen, Eigenbetrieb von Berlin: Jahresbericht 1953.
Berliner Ausstellungen, Eigenbetrieb von Berlin: Jahresbericht 1956.
Berliner Ausstellungen, Eigenbetrieb von Berlin: Jahresbericht 1957.
Berliner Ausstellungen, Eigenbetrieb von Berlin: Jahresbericht 1958.
Berliner Ausstellungen, Eigenbetrieb von Berlin: Jahresbericht 1959.
Berliner Ausstellungen, Eigenbetrieb von Berlin: Jahresbericht 1960.
Berliner Ausstellungen, Eigenbetrieb von Berlin: Jahresbericht 1961.

Literaturverzeichnis

50 DLG-Ausstellungen im Wandel der Zeiten, Frankfurt am Main 1968.
75 Jahre Landbaustudium in Berlin 1881–1956, Fakultät für Landbau an der Technischen Universität, Berlin-Charlottenburg 1956.

Abel, Wilhelm: Agrarpolitik, in: HdWW, Köln 1959, S. 1101–1125.
Ders.: Agrarkrisen und Agrarkonjunktur. Eine Geschichte der Land- und Ernährungswirtschaft Mitteleuropas seit dem hohen Mittelalter, Hamburg 1966.
Ders.: Agrarpolitik, Göttingen 1967.
Abelshauser, Werner: Die Langen Fünfziger Jahre. Wirtschaft und Gesellschaft der Bundesrepublik Deutschland 1949–1966 (= Historisches Seminar, Bd. 5), Düsseldorf 1987.
Ders.: Deutsche Wirtschaftsgeschichte seit 1945, Bonn 2005.
Ackermann, Paul: Der Deutsche Bauernverband im politischen Kräftespiel der Bundesrepublik. Die Einflußnahme des DBV auf die Entscheidung über den europäischen Getreidepreis, Tübingen 1970.
Aereboe, Friedrich: Agrarpolitik. Ein Lehrbuch, Berlin 1928.
Albert, Hans: Transzendentrale Träumereien. Karl-Otto Apels Sprachspiele und sein hermeneutischer Gott, Hamburg 1975.
Ders.: Traktat über kritische Vernunft, 5. Aufl., Tübingen 1991.
Alexander, Carl Günther: Berliner Ausstellungen, in: Wirtschaft und Werbung, H. 9/1959, S. 297–298.
Allinger, Gustav: Das Hohelied von Gartenkunst und Gartenbau. 150 Jahre Gartenbau-Ausstellungen in Deutschland, Berlin (West) 1963.
Aloi, Roberto: Esposizioni. Architetture – Allestimenti, Mailand 1960, S. 129–130.
Amos, Heike: Politik und Organisation der SED-Zentrale 1949–1963. Struktur und Arbeitsweise von Politbüro, Sekretariat, Zentralkomitee und ZK-Apparat, Münster 2003.
Andreae, Bernd: Betriebsformen in der Landwirtschaft. Entstehung und Wandlung von Bodennutzungs-, Viehhaltungs- und Betriebssystemen in Europa und in Übersee sowie neue Methoden ihrer Abgrenzung, Stuttgart 1964.
Asmis, Walter: Aus dem Werdegang der DLG, in: Archiv der Deutschen Landwirtschafts-Gesellschaft, Bd. 1, Hannover 1948, S. 240–244.
Augustine, Dolores L.: Red Prometheus. Engineering and Dictatorship in East Germany 1945–1990, Cambridge (Mass.) u. a. 2007.

Baberowski, Jörg: Der rote Terror. Die Geschichte des Stalinismus, Bonn 2007.
Badenoch, Alexander: Time Consuming: Women's Radio ad the Reconstruction of National Narratives in Western Germany 1945–1948, in: German History Vol. 25 No. 1, S. 46–71.
Badstübne,r Rolf: Die Bodenreform – nur ein ostdeutsches Projekt?, in: Hans Modrow/Hans Watzek (Hrsg.): Junkerland in Bauernhand. Die deutsche Bodenreform und ihre Folgen, Berlin 2005, S. 82–88.
Barclay, David E.: Westberlin, in: Martin Sabrow (Hrsg.): Erinnerungsorte der DDR, München 2009, S. 431–440.
Bästlein, Klaus: Vom NS-Täter zum Opfer des Stalinismus. Dr. Walter Linse. Ein deutscher Jurist im 20. Jahrhundert (= Schriftenreihe des LStU Berlin, Bd. 27), Berlin 2008.
Barlösius, Eva /Brakensiek, Stefan: Geschichte und Gegenwart der Agrarwissenschaften (= Themenband Zeitschrift für Agrargeschichte und Agrarsoziologie, 2/2007) Frankfurt am Main 2007.
Barmeyer, Heide: Andreas Hermes und die Organisationen der deutschen Landwirtschaft. Christliche Bauernvereine, Reichslandbund, Grüne Front, Reichsnährstand 1928–1933, Stuttgart 1971.
Bauerkämper, Arnd (Hrsg.): »Junkerland in Bauernhand«? Durchführung, Auswirkungen und Stellenwert der Bodenreform in der Sowjetischen Besatzungszone (= Historische Mitteilungen, Beih. 20), Stuttgart 1996.
Ders.: Strukturumbruch ohne Mentalitätenwechsel. Auswirkungen der Bodenreform auf die ländliche Gesellschaft in der Provinz Mark Brandenburg 1945–1949, in: ders. (Hrsg.): »Junkerland in Bauernhand«?, S. 69–86.
Ders.: Amerikanisierung und Sowjetisierung in der Landwirtschaft. Zum Einfluß der Hegemonialmacht

auf die deutsche Agrarpolitik von 1945 bis zu den frühen sechziger Jahren, in: Konrad Jarausch/Hannes Siegrist (Hrsg.): Amerikanisierung und Sowjetisierung in Deutschland 1945–1970, Frankfurt am Main u. a. 1997, S. 195–215.
Ders.: Agrarwirtschaft und ländliche Gesellschaft in der Bundesrepublik und der DDR. Eine Bilanz der Jahre 1945–1965, in: APuZ 38/1997, S. 25–37.
Ders.: Landwirtschaft und ländliche Gesellschaft in der Bundesrepublik in den 50er Jahren, in: Axel Schildt/Arnold Sywottek (Hrsg.): Modernisierung im Wiederaufbau. Die westdeutsche Gesellschaft der 50er Jahre, Bonn 1998, S. 188–202.
Ders.: Abweichendes Verhalten in der Diktatur. Probleme einer kategorialen Einordnung am Beispiel der Kollektivierung der Landwirtschaft der DDR, in: ders./Martin Sabrow/Bernd Stöver (Hrsg.): Doppelte Zeitgeschichte. Deutsch-deutsche Beziehungen 1945–1990, Bonn 1998, S. 294–311.
Ders.: Aufwertung und Nivellierung. Landarbeiter und Agrarpolitik in der SBZ/DDR 1945–1960, in: Peter Hübner/Klaus Tenfelde (Hrsg.): Arbeiter in der SBZ – DDR, Essen 1999, S. 245–268.
Ders.: Zwangsmodernisierung und Krisenzyklen. Die Bodenreform und Kollektivierung in Brandenburg 1945–1960/61, in: Geschichte und Gesellschaft, H. 4/1999, S. 556–588.
Ders.: Loyale »Kader«? Neue Eliten und die SED-Gesellschaftspolitik auf dem Lande von 1945 bis zu den frühen 1960er Jahren, in: Archiv für Sozialgeschichte 39 (1999), S. 265–298.
Ders.: Auf dem Weg zum »Sozialismus auf dem Lande«. Die Politik der SED 1948/49 und die Reaktionen in dörflich-agrarischen Milieus, in: Dierk Hoffmann/Hermann Wentker (Hrsg.): Das letzte Jahr der SBZ. Politische Weichenstellungen und Kontinuitäten im Prozeß der Gründung der DDR, München 2000, S. 245–268.
Ders.: Vertreibung als Exclusion gesellschaftlicher Führungsgruppen. Die Verdrängung der Großbauern in der SBZ/DDR und die Vernichtung der Kulaken in der UdSSR im Vergleich, in: Günther Schulz (Hrsg.): Vertriebene Eliten, Vertreibung und Verfolgung von Führungsschichten im 20. Jahrhundert, München 2001, S. 125–163.
Ders.: Ländliche Gesellschaft in der kommunistischen Diktatur. Zwangsmodernisierung und Tradition in Brandenburg 1945–1963, Köln u. a. 2002.
Ders.: Von der Polithistorie zur Sozialgeschichte. Die Historiografie zur Agrarwirtschaft und ländlichen Gesellschaft in der SBZ/DDR, in: Ernst Bruckmüller/Ernst Langthaler/Josef Redl (Hrsg.): Agrargeschichte schreiben. Traditionen und Innovationen im internationalen Vergleich, Innsbruck 2004, S. 63–77.
Ders.: Umbruch und Kontinuität. Agrarpolitik in der SBZ und frühen DDR, in: Ernst Langthaler/Josef Redl (Hrsg.): Reguliertes Land. Agrarpolitik in Deutschland, Österreich und der Schweiz 1930–1960, Innsbruck 2005, S. 83–97.
Ders.: Keine Ruhe auf dem Lande. Formen abweichenden Verhaltens in dörflich-agrarischen Milieus im Sommer 1953, in: Roger Engelmann/Ilko-Sascha Kowalczuk (Hrsg.): Volkserhebung gegen den SED-Staat. Eine Bestandsaufnahme zum 17. Juni 1953, Göttingen 2005, S. 263–297.
Ders.: Die Sozialgeschichte der DDR, München 2005.
Ders.: Die Bodenreform in Sachsen-Anhalt zwischen Neuanfang und Kontinuität, in: http://www.fes.de/magdeburg/pdf/d_1_7_5_5.pdf.
Ders.: Das Ende des Agrarmodernismus. Die Folgen der Politik landwirtschaftlicher Industrialisierung für die natürliche Umwelt im deutsch-deutschen Vergleich, in: Andreas Dix/Ernst Langthaler (Hrsg.): Grüne Revolutionen. Agrarsysteme und Umwelt im 19. und 20. Jahrhundert, Innsbruck 2006, S. 151–172.
Ders./Sabrow, Martin/Stöver, Bernd: Die doppelte deutsche Zeitgeschichte, in: diess. (Hrsg.): Doppelte Zeitgeschichte. Deutsch-deutsche Beziehungen 1945–1990, Bonn 1998, S. 9–17.
Baumgarten, Oskar: Freihandel und Schutzzoll als Mittel der Agrarpolitik in der Zeit von 1860 bis zur Gegenwart, Diss. Universität Halle 1935.
Ders.: Mitschurinzirkel und -arbeitskreise, in: Deutsche Landwirtschafts-Gesellschaft Berlin (Hrsg.): Landwirtschaft im Aufbau. Hrsg. anlässlich der Landwirtschaftsausstellung der Deutschen Demokratischen Republik vom 15. bis 24. September 1950 in Leipzig, Leipzig o. J. [1950], S. 35–39.
Ders.: Wie verbessern wir die Leistungen im Kuhstall? (= Schulungsbeilage Nr. 1 der Zeitschrift »Das Mitschurin-Feld«), Berlin (Ost) 1951.
Beier, Achim: Die Stellung der Leipziger Messe in der DDR bis zum Mauerbau (1949 bis 1961), in:

Hartmut Zwahr/Thomas Topfstedt/Günter Bentele (Hrsg.): Leipzigs Messen 1497–1997, Teilbd. 2: 1914–1997, Köln u. a. 1999, S. 655–666.
Beier, Rosmarie/Roth, Martin (Hrsg.): Der gläserne Mensch – eine Sensation. Zur Kulturgeschichte eines Ausstellungsobjektes, Stuttgart 1990.
Beil, Christine: Erfahrungsorte des Krieges. Kriegsgefangenenausstellungen der Adenauerzeit, in: Nikolaus Buschmann/Horst Carl (Hrsg.): Die Erfahrung des Krieges. Erfahrungsgeschichtliche Perspektiven von der Französischen Revolution bis zum Zweiten Weltkrieg (= Krieg in der Geschichte, Bd. 9), Paderborn 2001, S. 239–260.
Belmonte, Laura: »A Family Affair?« Gender, the US Information Agency, and Cold War Ideology, 1945–1960, in: Jessica C.E. Gienow-Hecht/Frank Schumacher (Hrsg.): Culture and International History, New York 2003, S. 79–93.
Bender, Peter: Wenn es West-Berlin nicht gäbe, Berlin (West) 1987.
Ders.: Sterben für Berlin, in: Burghard Ciesla/Michael Lemke/Thomas Lindenberger (Hrsg.): Sterben für Berlin? Die Berliner Krisen 1948, 1958, Berlin 2000, S. 11–24.
Benecke, Reinhard: Die DLG und die DWK-Verordnung über die Erhaltung und Entwicklung der deutschen Wissenschaft und Kultur, in: Deutsche Landwirtschafts-Gesellschaft Berlin (Hrsg.): Mitteilungen, März 1949, H. 3, S. 33–34.
Bennemann, Paul: Geschichtliche Wanderungen durch die Reichsmessestadt Leipzig, Leipzig 1940.
Bensing, Manfred: Thomas Müntzer und der Thüringer Aufstand 1525. Die Bedeutung Thomas Müntzers und seiner Partei für den Kampf der plebejischen Schichten, der Bauern und des revolutionären Bürgertums in Thüringen und die Weiterführung der frühen bürgerlichen Revolution in Deutschland, Berlin (Ost) 1962.
Bentele, Günter: Die Leipziger Messe als Kommunikationsereignis, in: Hartmut Zwahr/Thomas Topfstedt/Günter Bentele (Hrsg.): Leipzigs Messen 1497–1997, Teilbd. 1: 1497–1914, Köln u. a. 1999, S. 33–48.
Berking, Helmuth/Löw, Martina (Hrsg.): Die Eigenlogik der Städte. Neue Wege für die Stadtforschung, Frankfurt am Main u. a. 2008.
Berlin. Brennpunkt Deutschen Schicksals. Vorträge gehalten im Sommersemester 1959, Berlin (West) 1960.
Berlin Handbuch. Das Lexikon der Bundeshauptstad. Hrsg. vom Presse- und Informationsamt des Landes Berlin, Berlin 1992.
Berliner Ausstellungen GmbH (Hrsg.): »Grüne Woche Berlin« 1949, Berlin (West) 1949.
Dass.: Der Riß hat sich vertieft, in: Grüne Woche Berlin 1953, Berlin (West) 1953, S. 33–34.
Dass.: Grüne Woche Berlin 1954: Pressvorschau, Berlin (West) 1954.
Berndt, Wolfgang/Hagelscheuer, Paul: Kirchengüter in der DDR. Teil I: Die kirchliche Landwirtschaft in der SBZ (1945–1949). Working Paper des Instituts für Wirtschafts- und Sozialwissenschaften des Landbaus der Humboldt-Universität zu Berlin, Nr. 64/2002, Berlin 2002.
Betker, Frank: »Einsicht in die Notwendigkeit«. Kommunale Stadtplanung in der DDR und nach der Wende (1945–1994), Stuttgart 2005.
Beyer, Achim: Urteil: 130 Jahre Zuchthaus. Jugendwiderstand in der DDR und der Prozess gegen die »Werdauer Oberschüler« 1951, Leipzig 2004.
Beyer, P.: Handelsbeziehungen zwischen Leipzig und den französischen Hafenstädten, in: Arbeitsberichte zur Geschichte der Stadt Leipzig 6, 1964, S. 28–42.
Ders.: Leipzig und Frankfurt am Main. Leipzigs Aufstieg zur ersten deutschen Messestadt, in: Jahrbuch für Regionalgeschichte 2, 1967, S. 62–86.
Bienert, Michael C./Schaper, Uwe/Wentker, Hermann (Hrsg.): Hauptstadtanspruch und symbolische Politik. Die Bundespräsenz im geteilten Berlin 1949–1990 (= Zeitgeschichte im Fokus, Bd. 1), Berlin 2012.
Biskup, Thomas/Schalenberg, Marc (Hrsg.): Selling Berlin. Imagebildung und Stadtmarketing von der preußischen Residenz bis zur Bundeshauptstadt, Stuttgart 2008.
Bittermann, Eberhard: Die landwirtschaftliche Produktion in Deutschland 1800–1950, Sonderdruck aus: Kühn-Archiv 70 (1956), S. 1–149.
Bloch, Peter: Zwischen Hoffnung und Resignation. Als CDU-Politiker in Brandenburg 1945–1950, Köln 1986.

Bock, Siegfried/Muth, Ingrid/Schwiesau, Hermann (Hrsg.): DDR-Außenpolitik im Rückspiegel. Diplomaten im Gespräch, Münster 2004.
Bockelmann, Helmut von: Erzeugnisse, Lehr- und Sonderschauen auf den DLG-Ausstellungen, in: Vorstand der Deutschen Landwirtschafts-Gesellschaft (Hrsg.): 50 DLG-Ausstellungen im Wandel der Zeit 1887–1968, Frankfurt am Main 1968, S. 136–172.
Boerner, Claus H.: Messen und Ausstellungen. Impulsgeber und Indikatoren für die Wirtschaft einer Region, in: Wirtschaft und Standort 10 (1978), S. 7–9.
Ders.: Aktuelle Situation im Messe-, Ausstellungs- und Kongreßwesen, in: D. Rost/K.-H. Strothmann (Hrsg.): Handbuch Werbung für Investitionsgüter, Wiesbaden 1983, S. 361–389.
Boldorf, Marc: Landarmut in der SBZ/DDR zwischen Bodenreform und Kollektivierung (1945–1952/51), in: Ulrich Kluge/Winfried Halder/Katja Schlenker (Hrsg.): Zwischen Bodenreform und Kollektivierung. Vor- und Frühgeschichte der »sozialistischen Landwirtschaft« in der SBZ/DDR vom Kriegsende bis in die fünfziger Jahre, Stuttgart 2001, S. 141–156.
Borgwardt, Angela: Bild-Störungen: »Berlin, Hauptstadt der DDR« als Ort staatlicher Repräsentation und kritischer Gegenbilder, in: Biskup/Schalenberg (Hrsg.): Selling Berlin, S. 261–276.
Born, W.: Die Wandlungen im deutschen Messewesen, insbesondere seine Ausgestaltung in der Bundesrepublik (maschr. Man.), Mannheim 1955.
Bosetzky, Horst: West-Berlin. Erinnerungen eines Inselkindes, Berlin 2006.
Ders./Eik, Jan: Das Berlin-Lexikon. Was man wirklich über die Hauptstadt wissen muß, München 2003.
Breßler, Eva S.: Von der Experimentierbühne zum Propagandainstrument. Die Geschichte der Funkausstellung von 1924 bis 1939 (= Medien in Geschichte und Gegenwart, Bd. 25) Köln u.a. 2009.
Broszat, Martin/Weber, Hermann (Hrsg.): SBZ-Handbuch. Staatliche Verwaltungen, Parteien, gesellschaftliche Organisationen und ihre Führungskräfte in der Sowjetischen Besatzungszone Deutschlands 1945–1949, 2. Aufl., München 1993.
Buchheim, Christoph: Industrielle Revolutionen. Langfristige Wirtschaftsentwicklung in Großbritannien, Europa und in Übersee, München 1994.
Buckow, Anjana: Zwischen Propaganda und Realpolitik. Die USA und der sowjetisch besetzte Teil Deutschlands 1945–1955 (= USA-Studien, Bd. 13), Stuttgart 2003.
Bude, Heinz: Generation Berlin, Berlin 2001.
Bundesministerium für Ernährung, Landwirtschaft und Forsten (Hrsg.): Der Grüne Plan. 1. Grüner Bericht 1956, Bonn u.a. 1956.
Dass.: Der Grüne Plan 1957. 2. Grüner Bericht der Bundesregierung, Bonn u.a. 1957.
Bundesministerium für Gesamtdeutsche Fragen (Hrsg.): Auf dem Weg zum Kolchos. Die Sowjetisierung der Landwirtschaft in der Sowjetzone, Bonn 1957.
Buschfort, Wolfgang: Das Ostbüro der SPD. Von der Gründung bis zur Berlin-Krise, München 1991.
Ders.: Parteien im Kalten Krieg. Die Ostbüros von SPD, CDU und FDP, Berlin 2000.
Ders.: Die Ostbüros der Parteien in den 50er Jahren, Berlin 2006.
Bussemer, Thymian: Propaganda. Konzepte und Theorien, Wiesbaden 2005.
Butter, Andreas: Das funktionalistische Fachwerkhaus? Ländliche Nachkriegs-Architektur im Osten Deutschlands und die Moderne, in: Kluge/Halder/Schlenker (Hrsg.): Zwischen Bodenreform und Kollektivierung, S. 251–276.
Ders.: Neues Leben, neues Bauen. Die Moderne in der Architektur der SBZ/DDR 1945–1951, Berlin 2006.

Castillo, Greg: Domesticating the Cold War: Household Consumption as Propaganda in Marshall Plan Germany, in: Journal of Contemporary History 40 (2005), H. 2, S. 261–288.
Ders.: Cold War on the Home Front. The Soft Power of Midcentury Design, Minneapolis 2010.
Cebulla, Florian: Rundfunk und ländliche Gesellschaft 1924–1945 (= Kritische Studien zur Geschichtswissenschaft, Bd. 164), Göttingen 2004.
Ders.: »Der Bauer spricht – der Bauer hört«. Rundfunk und ländliche Gesellschaft 1924–1945, Diss. Universität Kassel 2002.
Cicin, Nikolai V.: Vsesoyusnja selskochosnaja vystavka. Shkola peredovogo opytna, in: Planovoe chozjstvo, 4, Moskau 1954, S. 12–21.

Ciesla, Burghard: »Über alle Sektorengrenzen hinweg…«. Die Deutsche Reichsbahn und die Berlinkrisen (1945–1958), in: Ders./Lemke/Lindenberger (Hrsg.): Sterben für Berlin?, S. 133–151.
Ders.: Zwischen den Krisen. Sozialer Wandel, ökonomische Rahmenbedingungen und Lebenslage in der DDR 1953–1956, in: Jan Foitzik (Hrsg.): Entstalinisierungskrise in Ostmitteleuropa 1953–1956, Paderborn u.a. 2001, S. 271–291.
Ders.: »All das bremst uns, kann uns aber nicht aufhalten«. Wohlstandsversprechen und Wirtschaftswachstum. Grundprobleme der SED-Wirtschaftspolitik in den fünfziger Jahren, in: Dierk Hoffmann/Michael Schwartz/Hermann Wentker (Hrsg.): Vor dem Mauerbau. Politik und Gesellschaft in der DDR der fünfziger Jahre (= Schriftenreihe der Vierteljahreshefte für Zeitgeschichte, Sondernr.), München 2003, S. 149–164.
Ders.: Der 17. Juni 1953 auf dem Land. Bauern zwischen Abwarten und Aufbegehren, in: Engelmann/Kowalczuk (Hrsg.): Volkserhebung gegen den SED-Staat, S. 298–311.
Ders.: Als der Osten durch den Westen fuhr. Die Geschichte der Deutschen Reichsbahn in Westberlin, Köln u.a. 2006.
Ders./Lemke, Michael/Lindenberger, Thomas (Hrsg.): Sterben für Berlin? Die Berliner Krisen 1948–1958, Berlin 2000.
Ders.: »X-Tage«. Die Währungsreformen in Deutschland 1948, Erfurt 2008.
Clemens, Gabriele: Europa – nur ein gemeinsamer Markt? Die Öffentlichkeitsarbeit für den europäischen Integrationsprozess am Beispiel der Europafilme zwischen Marshallplan und römischen Verträgen 1947–1957 in: Michael Gehler (Hrsg.): Vom Gemeinsamen Markt zur Europäischen Unionsbildung. 50 Jahre Römische Verträge 1957–2007 (= Arbeitskreis Europäische Integration, Historische Forschungen, Veröffentlichungen, Bd. 5), Wien 2009, S. 45–62.
Dies./Reinfeldt, Alexander/Wille, Gerhard: Geschichte der europäischen Integration. Ein Lehrbuch, Paderborn 2008.
Conze, Eckart/Frei, Norbert/Hayes, Peter/Zimmermann, Moshe: Das Amt und die Vergangenheit. Deutsche Diplomaten im Dritten Reich und in der Bundesrepublik, München 2010.
Corni, Gustavo: Markt, Politik und Staat in der Landwirtschaft. Ein Vergleich zwischen Deutschland und Italien im 20. Jahrhundert, in: Zeitschrift für Agrargeschichte und Agrarsoziologie 1/2003, S. 62–77.
Creuzberger, Stefan: Kampf für die Einheit. Das gesamtdeutsche Ministerium und die politische Kultur des Kalten Krieges 1949 – 1969 (= Schriften des Bundesarchivs, Bd. 69), Düsseldorf 2008.
Crew, David F. (Hrsg.): Consuming Germany in the Cold War, Oxford 2003.
Ders.: Consuming Germany in the Cold War: Consumption and National Identity in East and West Germany, 1949–1989, in: ders. (Hrsg.): Consuming Germany, S. 1–20.

Das Landwirtschaftliche Organisationswesen der Bundesrepublik Deutschland, Neuwied/Rhein 1952.
Daum, Andreas/Mauch, Christof (Hrsg.): Berlin – Washington, 1800–2000. Capital Cities, Cultural Representation and National Identities (= Publications of the German Historical Institue), Cambridge 2005.
Daum, Andreas W.: Kennedy in Berlin. Politik, Kultur und Emotionen im Kalten Krieg, Paderborn u.a. 2003.
Davis, Belinda: »Everyday« Protest and the Culture of Conflict in Berlin, in: Daum/Mauch (Hrsg.): Berlin – Washington, S. 263–284.
Dies.: The City as Theatre of Protest: West Berlin and West Germany, 1962–1983, in: Gyan Prakash/Kevin M. Kruse (Hrsg.): The Spaces of the Modern City. Imaginaries, Politics and Everyday Life, Princeton 2008, S. 247–274.
Demke, Elena: »Antifaschistischer Schutzwall« – »Ulbrichts KZ«. Kalter Krieg der Mauer-Bilder, in: Henke, Klaus-Dietmar (Hrsg.): Die Mauer. Errichtung, Überwindung, Erinnerung, München 2011, S. 96–110.
Derix, Simone: Bebilderte Politik. Staatsbesuche in der Bundesrepublik Deutschland 1949–1990 (= Kritische Studien zur Geschichtswissenschaft, Bd. 184), Göttingen 2009.
Detel, Wolfgang: Foucault und die klassische Antike. Macht, Moral, Wissen (mit einem neuen Vorwort), Frankfurt am Main 1998.

Detjen, Marion: Ein Loch in der Mauer. Die Geschichte der Fluchthilfe im geteilten Deutschland 1961–1989, München 2005.
Deutsche Akademie der Landwirtschaftswissenschaften zu Berlin (Hrsg.): Agrarwissenschaft im Dienste des Sozialismus, Berlin (Ost) 1969.
Dass. (Hrsg.): Die Halle der Wissenschaft. Beiträge zur Verbreitung wissenschaftlicher Erkenntnisse, Berlin (Ost) 1952.
Dass.: Festschrift aus Anlass der Eröffnung der Deutschen Akademie der Landwirtschaftswissenschaften zu Berlin, Berlin (Ost) 1952.
Deutsche Landwirtschafts-Gesellschaft Berlin (Hrsg.): Landwirtschaft im Aufbau, Berlin (Ost), 1950.
Deutscher Bauernkalender 1953, Berlin (Ost) 1953.
Diedrich, Torsten: Die Grenzpolizei der SBZ/DDR (1946–1961), in: ders./Hans Ehlert/Rüdiger Wenzke (Hrsg.): Im Dienste der Partei. Handbuch der bewaffneten Organe der DDR, Berlin 1998, S. 201–223.
Ders./Ehlert, Hans/Wenzke, Rüdiger (Hrsg.): Im Dienste der Partei. Handbuch der bewaffneten Organe der DDR (= Forschungen zur DDR-Gesellschaft), Berlin 1998.
Dietrich, Isolde: Hammer, Zirkel, Gartenzaun. Die Politik der SED gegenüber den Kleingärtnern, Berlin 2003.
Dietze, Constantin von: Wege und Aufgaben wissenschaftlicher Agrarpolitik. Rektoratsrede vom 23. Mai 1947, Freiburg i. Br. 1947.
Ders.: Deutsche Agrarpolitik seit Bismarck, in: ZAA 12, 1964, S. 200–215.
Dix, Andreas: »Freies Land«. Siedlungsplanung im ländlichen Raum der SBZ und frühen DDR 1945–1955, Köln u.a. 2002.
Ders.: Ländliche Siedlung als Strukturpolitik. Die Entwicklung in Deutschland im Ost-West-Vergleich von 1945 bis zum Ende der Fünfzigerjahre, in: Langthaler/Redl (Hrsg.): Reguliertes Land, S. 71–82.
Ders.: Grüne Revolutionen. Agrarsysteme und Umwelt im 19. und 20. Jahrhundert, in: ders./Ernst Langthaler (Hrsg.): Grüne Revolutionen. Agrarsysteme und Umwelt im 19. und 20. Jahrhundert, Innsbruck 2006, S. 7–16.
Dobberke, Jürgen: 50 Jahre Grüne Woche Berlin. Eine Ausstellung geht mit der Zeit, Berlin (West) o. J. [1975].
Doering-Manteuffel, Anselm: Die Kultur der 50er Jahre im Spannungsfeld von »Wiederaufbau« und »Modernisierung«, in: Schildt/Sywottek (Hrsg.): Modernisierung im Wiederaufbau, S. 533–540.
Dölling, Hermann W.: Wende der deutschen Agrarpolitik. Ein Beitrag zum Strukturwandel der Landwirtschat von der Markgenossenschaft bis zur Bodenreform, Berlin (Ost) 1950.
Donath, Matthias: Architektur in Berlin 1933–1945. Ein Stadtführer, Berlin 2007.
Döring, Wilhelm (Hrsg.): Handbuch der Messen und Ausstellungen, Darmstadt 1956.
Dornheim, Andreas: Rasse, Raum und Autarkie. Sachverständigengutachten zur Rolle des Reichsministeriums für Ernährung und Landwirtschaft in der NS-Zeit. Erarbeitet für das Bundesministerium für Ernährung, Landwirtschaft und Verbraucherschutz, Tag der Abgabe: 31. März 2011.
Düwel, Jörn: Berlin. Planen im Kalten Krieg, in: 1945: Krieg – Zerstörung – Aufbau. Architektur und Stadtplanung 1940–1960 (= Schriftenreihe der Akademie der Künste, Bd. 23), Berlin 1995, S. 195–235.

Eckart, Karl: Agrargeographie Deutschlands. Agrarraum und Agrarwirtschaft Deutschlands im 20. Jahrhundert, Gotha u.a. 1998.
Ehrenberg, Eckehart/Kruse, Wilfried: Soziale Stadtentwicklung durch große Projekte?: EXPOs, Olympische Spiele, Metropolen-Projekte in Europa: Hannover, Sevilla, Barcelona, Berlin, Münster u. a. 2000.
Eich, Wilhelm: Berlin – Bindeglied zwischen Ost- und Westdeutschland, in: Berliner Ausstellungen GmbH (Hrsg.): Grüne Woche Berlin 1952, Berlin (West) 1952, S. 2f.
Eichhorn, Wolfgang/Küttler, Wolfgang (Hrsg.): Was ist Geschichte? Aktuelle Entwicklungstendenzen von Geschichtsphilosophie und Geschichtswissenschaft, Berlin 2008.
Eichmüller, Andreas: Bauernland oder Industriestaat? Agrarpolitik in Bayern 1945–1960, in: Langthaler/Redl (Hg.): Reguliertes Land, S. 59–70.
Eltgen, Hans: Ohne Chance. Erinnerungen eines HVA-Offiziers, Berlin 1995.

Enders, Ulrich: Die Bodenreform in den westlichen Besatzungszonen Deutschlands 1945–1949, in: Bauerkämper (Hrsg.): »Junkerland in Bauernhand«?, S. 169–180.
Engelberg-Dockal, Eva von: Bornemanns Bibliotheken in Berlin und Bonn, in: Susanne Schindler (Hrsg.): Inszenierte Moderne. Zur Architektur von Fritz Bornemann, Berlin 2003, S. 26–47.
Engels, Friedrich: Der Deutsche Bauernkrieg, Berlin (Ost) 1949.
Engler, Harald: Wirtschaftliche Systemkonkurrenz im Verflechtungsraum Berlin-Brandenburg während des Kalten Krieges 1945–1961, in: Lemke (Hrsg.): Schaufenster der Systemkonkurrenz, S. 129–144.
Erker, Paul: Ernährungskrise und Nachkriegsgesellschaft, Stuttgart 1990.
Escher, Felix: Berlin und seine Ausstellungen. Zur Geschichte des Messegeländes unter dem Funkturm, in: Ribbe (Hrsg.): Von der Residenz zur City, S. 427–457.
Evans, Richard J.: Zwei deutsche Diktaturen im 20. Jahrhundert?, in: APuZ 1–2/2005, S. 3–9.
Eyth, Max: Vergangenheit und Zukunft der Wanderausstellungen der Deutschen Landwirtschafts-Gesellschaft (= Arbeiten der Deutschen Landwirtschafts-Gesellschaft, H. 15), Berlin 1896.

Färber, Alexa: Urbanes Imagineering in der postindustriellen Stadt: Zur Plausibilität Berlins als Ost-West-Drehscheibe, in: Biskup/Schalenberg (Hrsg.): Selling Berlin, S. 279–296.
Fäßler, Peter E.: Freiheit der Wissenschaft versus Primat der Ideologie – die Irrlehren Trofim D. Lyssenkos und ihre Rezeption in der sowjetischen Besatzungszone (SBZ) bzw. DDR, in: Kluge/Halder/Schlenker (Hrsg.): Zwischen Bodenreform, S. 177–194.
Ders.: Durch den »Eisernen Vorhang«. Die deutsch-deutschen Wirtschaftsbeziehungen 1949–1969 (= Wirtschafts- und sozialhistorische Studien, Bd. 14), Köln u. a. 2006.
Ders.: Innerdeutscher Handel als Wegbereiter der Entspannungspolitik, in: APuZ 3/2007, S. 31–38.
Faulenbach, Bernd: Zur Einführung in die Tagung »Asymmetrisch verflochtene Parallelgeschichte?«, in: ders./Franz-Josef Jelich (Hrsg.): »Asymmetrisch verflochtene Parallelgeschichte?« Die Geschichte der Bundesrepublik und der DDR in Ausstellungen, Museen und Gedenkstätten, Essen 2005, S. 9–14.
Feldenkirchen, Wilfried: Agrarpolitik im Nachkriegsdeutschland, in: Hans-Jürgen Gerhard (Hrsg.): Struktur und Dimension. Festschrift für Karl Heinrich Kaufhold, Bd. 2, Stuttgart 1997, S. 266–291.
Fibich, Peter/Wolschke-Bulmahn, Joachim: Vom Sonnenrund zur Beispiellandschaft. Entwicklungslinien der Landschaftsarchitektur in Deutschland, dargestellt am Werk von Georg Pniower, Hannover 2004.
Finke, Julian-André: Hüter des Luftraumes? Die Luftstreitkräfte der DDR im Diensthabenden System des Warschauer Paktes (= Militärgeschichte der DDR, Bd. 18), Berlin 2010.
Fischer, Felix: Berlin und seine Ausstellungen. Zur Geschichte des Messegeländes unter dem Funkturm, in: Ribbe (Hrsg.): Von der Residenz zur City, S. 427–457.
Fischer, Erich/Raab, Rudolf: Brennpunkte des West-Ost-Handels. Die Messen des sozialistischen Europa, in: m+a report 50, H. 5, 1969, S. 93–99.
Fitzpatrick, Sheila: Everyday Stalinism. Ordinary Life in extraordinary Times. Soviet Russia in the 1930s, Oxford 1999.
Foitzik, Jan: Sowjetische Militäradministration in Deutschland (SMAD) 1945–1949. Struktur und Funktion (= Quellen und Darstellungen zur Zeitgeschichte, Bd. 44), Berlin 1999.
Forschungsstelle für den Handel Berlin/Deutsches Institut für Wirtschaftsforschung: Kongresse, Messen und Ausstellungen als wirtschaftlicher Faktor für Berlin. Aufgaben, Kaufkraftzufluß, Steuermehraufkommen sowie Produktions-, Einkommens- und Beschäftigungseffekte (maschr. Man.), Berlin (West) 1980.
François, Etienne/Schulze, Hagen (Hrsg.): Deutsche Erinnerungsorte, Bd. 1, München 2001.
Frank, Marko: Walter Ulbricht. Eine deutsche Biografie, Berlin 2001.
Franz, Günther/Haushofer, Heinz (Hrsg.): Große Landwirte, Frankfurt am Main 1970.
Frei, Norbert: Vergangenheitspolitik. Die Anfänge der Bundesrepublik und die NS-Vergangenheit, München 1999.
Ders.: NS-Vergangenheit unter Ulbricht und Adenauer. Gesichtspunkte einer vergleichenden Bewältigungsforschung, in: Jürgen Danyel (Hrsg.): Die geteilte Vergangenheit. Zum Umgang mit Nationalsozialismus und Widerstand in beiden deutschen Staaten (= Zeithistorische Studien, Bd. 4) Berlin 2000, S.125–132.

Friehe, Gerhard: Zehn Jahre Ausstellungen in Berlin, in: Messe und Ausstellung: Zentralblatt für das gesamte Messe- und Ausstellungswesen, H. 10/1959, S. 3–5.
Ders.: Berlin – Messe- oder Ausstellungsstadt?, in: Die öffentliche Wirtschaft 10 (1961), S. 11–15.
Fritsche, Christiane: Schaufenster des »Wirtschaftswunders« und Brückenschlag nach Osten. Westdeutsche Industriemessen und Messebeteiligungen im Kalten Krieg (1946 – 1973) (= Forum deutsche Geschichte, Bd. 20), München 2008.
Fritz, Gerd: Historische Semantik, Stuttgart u. a. 2006.
Fühlbert, Georg: Finis Germaniae. Deutsche Geschichte seit 1945, Köln 2007.
Füllsack, Paul: Landwirtschaft und Gartenbau in West-Berlin, in: Berliner Ausstellungen GmbH (Hrsg.): Grüne Woche Berlin 1949, Berlin (West) 1949, S. 8–9.
Ders.: Lebensmittel-Versorgung und Energieerzeugung in Westberlin, in: Berliner Ausstellungen GmbH (Hrsg.): Grüne Woche Berlin 1951, Berlin (West) 1951, S. 16–18.

Gabor, Schoosch: Die Zusammenarbeit der Länder bei der Organisation internationaler Landwirtschaftsausstellungen, in: Internationale Zeitschrift der Landwirtschaft, H. 3/1957, S. 114–115.
Ders.: Geben und Nehmen über Grenzen – Zusammenarbeit des Ungarischen Agrarwissenschaftlichen Vereins mit der DLG, in: Vorstand der Deutschen-Landwirtschaftsgesellschaft (Hrsg.): Die Deutsche Landwirtschafts-Gesellschaft zu Beginn ihres zweiten Jahrhunderts, Frankfurt am Main 1987, S. 54–56.
Ganter-Gilmans, H.-P.: Zu Fragen der Messeorganisation, in: Der Außenhandel 4, Nr. 5 vom 2.2.1954, Berlin (Ost), S. 104–106.
Galle, Petra/Schuster, Axel: Archiv- und Sammlungsgut des RIAS Berlin. Ein Findbuch zum Bestand im Deutschen Rundfunkarchiv, Potsdam 2000.
Garbe, Detlef: Äußerliche Abkehr, Erinnerungsverweigerung und »Vergangenheitsbewältigung«: Der Umgang mit dem Nationalsozialismus in der frühen Bundesrepublik, in: Schildt/Sywottek (Hrsg.): Modernisierung im Wiederaufbau, S. 693–716.
Geppert, Alexander C.T.: Welttheater: Die Geschichte des europäischen Ausstellungswesens im 19. und 20. Jahrhundert. Ein Forschungsbericht, in: NPL 1/2002, S. 10–61.
Ders.: Weltstadt für einen Sommer: Die Berliner Gewerbeausstellung 1896 im europäischen Kontext, in: Mitteilungen des Vereins für die Geschichte Berlin, 1/2007, S. 434–448.
Ders.: Anfang – oder Ende des planetarischen Zeitalters? Der Sputnikschock als Realitätseffekt, 1945–1957, in: Igor J.Polianski/Matthias Schwartz (Hrsg.): Die Spur des Sputnik. Kulturhistorische Expeditionen ins kosmische Zeitalter, Frankfurt am Main 2009, S.74–94.
Ders.: Fleeting Cities. Imperial Expositions in Fin-de-Siècle Europe, London 2010.
Gessner, Dieter: Marktregulierende Agrarpolitik in Deutschland 1924/25 bis 1967: Entwicklung, Ziele, Alternativen und Handlungsspielräume, in: VSWG, H. 2/2006, S. 131–171.
Gestwa, Klaus: Die Stalinschen Großbauten des Kommunismus. Sowjetische Technik- und Umweltgeschichte, 1948–1967 (= Ordnungssysteme. Studien zur Ideengeschichte der Neuzeit, Bd. 30), München 2010.
Gies, Horst: Autarkie und Landwirtschaft. Der Stellenwert der Ernährungswirtschaft in der nationalsozialistischen Kriegsplanung 1933–1945, in: Langthaler/Redl (Hrsg.): Reguliertes Land, S. 19–27.
Gieseke, Jens: Die hauptamtlichen Mitarbeiter der Staatssicherheit. Personalstruktur und Lebenswelt 1950–1989/90, Berlin 2000.
Ders.: Staatssicherheit und Gesellschaft – Plädoyer für einen Brückenschlag, in: ders. (Hrsg.): Staatssicherheit und Gesellschaft. Studien zum Herrschaftsalltag in der DDR, Göttingen 2007, S. 7–22.
Ders.: Annäherungen und Fragen an die »Meldungen aus der Republik«, in: ebd., S. 79–98.
Goffman, Erving: Wir alle spielen Theater. Die Selbstdarstellung im Alltag, München 1969.
Ders.: Interaktion: Spaß am Spiel – Rollendistanz, München 1973.
Görtemaker, Manfred: Kleine Geschichte der Bundesrepublik Deutschland, München 2002.
Graffunder, Siegfried: Zur Dialektik von Interessen und gesellschaftlicher Aktivität der Bauernschaft in der Endphase der Übergangsperiode der DDR von 1956/57 bis 1960/61. Motivationen, Erscheinungsformen und Grad gesellschaftlicher Aktivität der Einzel- und Genossenschaftsbauern, in: Rolf Badstübner/Jochen Cerny/Gerhard Keiderling (Hrsg.): Jahrbuch für Geschichte 31 (1984), S. 103–152.

Graupner, Renate: Der Beitrag des DFD zur Entwicklung des Gemeinschaftslebens in den Dörfern des Kreises Greifswald, in: Wissenschaftliche Zeitschrift der Ernst-Moritz-Arndt-Universität Greifswald, 4/1988, S. 63–64.
Greiner, Bernd: Krisen im Kalten Krieg. Bilanz und Ausblick, in: Ders./Christian Th. Müller/Dierk Walter (Hrsg.): Krisen im Kalten Krieg. Studien zum Kalten Krieg, Bd. 2, Hamburg 2008, S. 7–23.
Grésillon, Boris: Kulturmetropole Berlin, Berlin 2002.
Gries, Rainer: Die Rationen-Gesellschaft. Versorgungskampf und Vergleichsmentalität: Leipzig, München und Köln nach dem Kriege, Münster 1991.
Gröning, Gert/Wolschke-Buhlmann, Joachim: Grüne Biographien. Biographisches Handbuch zur Landschaftsarchitektur des 20. Jahrhunderts, Berlin u. a. 1997.
Diess.: Otto Rindt. Stationen aus dem Leben eine Leben eines Landschaftsarchitekten der Ersten Stunde, in: Das Gartenamt 40, 1991, S. 561–571.
Diess.: Zum 90. Geburtstag des Gartenarchitekten Georg Bela Pniower, in: Das Gartenamt, 12/1986, S. 735–743.
Groschoff, Kurt/Richter, Walter: Landwirtschaft im Wandel, in: Urania Universum, Bd. 14, Jena u. a. 1968, S. 311–320.
Großbölting, Thomas: »Im Reich der Arbeit«. Die Repräsentation gesellschaftlicher Ordnung in den deutschen Industrie- und Gewerbeausstellungen 1790–1914 (= Ordnungssysteme. Studien zur Ideengeschichte der Neuzeit, Bd. 21), München 2008.
Grotewohl, Otto: Im Kampf um die einige Deutsche Demokratische Republik. Reden und Aufsätze aus den Jahren 1956–1958, Berlin (Ost) 1959.
Gudermann, Rita: »Natur nach Maß«. Hans Stubbe und das Verhältnis von Agrarwissenschaften und Umweltschutz in der DDR, in: Dix/Langthaler (Hrsg.): Grüne Revolutionen, S. 173–198.
Gumbrecht, Hans Ulrich: 1926. Ein Jahr am Rand der Zeit, Frankfurt am Main 2001.
Gupta, Amit Das: Ulbricht am Nil. Die deutsch-deutsche Rivalität in der Dritten Welt, in: Udo Wengst/Hermann Wentker (Hrsg.): Das doppelte Deutschland. 40 Jahre Systemkonkurrenz, Berlin 2008, S. 111–133.

Haake, Rudolf: Das städtische Messe- und Ausstellungswesen, (= Einzelschriften des kommunalwissenschaftlichen Instituts an der Universität Berlin, Bd. 11), Stuttgart 1938.
Habermas, Jürgen: Die Normalität einer Berliner Republik (= Kleine Politische Schriften VIII), Frankfurt am Main 1995.
Haeberle, Karl E.: Erfolg auf Messen und Ausstellungen. Handbuch für Teilnahme, Organisation, Gestaltung, Technik, Stuttgart 1967.
Haeferli, Ueli: Verkehrspolitik und urbane Mobilität. Deutsche und Schweitzer Städte im Vergleich 1950–1990, Stuttgart 2007.
Haendcke-Hoppe-Arndt, Maria: Die Hauptabteilung XVIII: Volkswirtschaft, (= MfS-Handbuch, Teil III/10), Berlin 1997.
Hagemann, Frank: Der Untersuchungsausschuß freiheitlicher Juristen 1949–1969 (= Rechtshistorische Reihe, Bd. 125), Frankfurt am Main u. a. 1994.
Hahn, Eva/Hahn, Hans Henning: Flucht und Vertreibung, in: Francois/Schulze (Hrsg.): Deutsche Erinnerungsorte, Bd. 1, S. 335–351.
Hall, Rex/Shayler, David J.: The Rocket Men. Vostok & Voshod, the first manned space flights, London u. a. 2001.
Hammerschmidt, Peter: Wohlfahrtsverbände in der Nachkriegszeit. Reorganisation und Finanzierung der Spitzenverbände der freien Wohlfahrtspflege 1945 bis 1961, Weinheim 2005.
Hansen, Johannes/Fischer, Gustav: Geschichte der Deutschen Landwirtschafts-Gesellschaft, Berlin 1936.
Harrison, Hope: Ulbrichts Mauer. Wie die SED Moskaus Widerstand gegen den Mauerbau brach, Bonn 2011.
Hartewig, Karin: Das Auge der Partei. Fotografie und Staatssicherheit, Berlin 2004.
Hartung, Ulrich: »Die Kultur auf's Land bringen«. Dörfliches Bauen in der frühen DDR und der Typus des Land-Kulturhauses, in: Kluge/Halder/Schlenker (Hrsg.): Zwischen Bodenreform und Kollektivierung, S. 229–250.

Hauenstein, Harry: Die Landschaftsgestaltung in der Deutschen Demokratischen zur Veränderung des Mikroklimas, in: Schulungsbeilage Nr. 8/54 der Zeitschrift »Der Mitschurin-Zirkel«, Berlin (Ost) 1954.
Haupt, Heinz-Gerhard/Kocka, Jürgen (Hrsg.): Geschichte und Vergleich. Ansätze und Ergebnisse international vergleichender Geschichtsschreibung, Frankfurt am Main 1996.
Haushofer, Heinz: Ideengeschichte der Agrarwirtschaft und Agrarpolitik im deutschen Sprachgebiet, München u. a. 1958.
Ders.: Landwirtschaftsverwaltung und landwirtschaftliches Organisationswesen, in: HdSw, Bd .1, Göttingen 1959, S. 521–524.
Ders.: Wilhelm Niklas, in: Günther Franz/Heinz Haushofer (Hrsg.): Große Landwirte, Frankfurt am Main 1970, S. 418–435.
Heering, Walter: Der Marshall-Plan und die ökonomische Spaltung Europas, in: APuZ B 22–23/97, S. 30–38.
Heidemeyer, Helge: Flucht und Zuwanderung aus der SBZ/DDR 1945/49–1961. Die Flüchtlingspolitik der Bundesrepublik Deutschland bis zum Bau der Berliner Mauer (= Beiträge zur Geschichte de Parlamentarismus und der politischen Parteien, Bd. 100), Düsseldorf 1994.
Heinz, Michael: Die Geschichte der individuellen Kuh. Private landwirtschaftliche Produktion in der DDR, in: Susanne Muhle/Hedwig Richter/Juliane Schütterle (Hrsg.): Die DDR im Blick. Ein zeithistorisches Lesebuch, Berlin 2008, S. 69–76.
Heitzer, Enrico: »Affäre Walter«. Die vergessene Verhaftungswelle, Berlin 2008.
Ders.: Terror für die Freiheit? Die Kampgruppe gegen Unmenschlichkeit 1948–1959. Diss. MLU Halle-Wittenberg 2012.
Henning, Friedrich-Wilhelm: Landwirtschaft und ländliche Gesellschaft in Deutschland, 2 Bde., Paderborn 1977/78.
Herfort ,Friedrich: Der Gartenbau im Rahmen der »Grünen Woche«, in: Berliner Ausstellungen GmbH (Hrsg.): Grüne Woche Berlin 1951, Berlin (West) 1951, S. 19.
Herfurth, Wolfgang: Im Dorfklub. Kulturarbeit im sozialistischen Dorf, Leipzig-Markkleeberg 1960.
Herrmann, Klaus (Hrsg.): Vom »fleißigen« zum »produktiven« Bauern. Aspekte zum Wandel der europäischen Landwirtschaft im 19. und 20. Jahrhundert, St. Katharinen 1992.
Herzberg, Guntolf: Anpassung und Aufbegehren. Die Intelligenz der DDR in den Krisenjahren 1956/58, Berlin 2006.
Heyn, Gerhard: Grundlagen und Leistungen der ostdeutschen Landwirtschaft, in: Europa-Archiv 4 (1949), S. 2681–2688.
Hixson, Walter L.: Parting the Curtain. Propaganda, Culture and the Cold War 1945–1961, New York 1998.
Hochmuth, Enrico: Industrie- und Gewerbeausstellungen in Sachsen 1824–1914 und ihr Beitrag zur Beitrag zur regionalen und kommunalen Standortbildung. Diss. Universität Leipzig 2007.
Hoernle, Edwin: Eröffnungsansprache auf dem Agrarwissenschaftlichen Kongreß in Berlin vom 3. bis 5. Februar 1947, in: Deutsche Landwirtschafts-Gesellschaft Berlin: Arbeiten, Neue Folge, Bd 1, Berlin (Ost) 1947, S. 7–12.
Ders.: Die D.L.G. im neuen Deutschland, in: Mitteilung der Deutschen Landwirtschafts-Gesellschaft, Bd. 1, Nr. 2, Berlin (Ost) 1947, S. 5–7.
Ders.: Grundsätzliches zum Zweijahrplan in der Landwirtschaft, in: Die Deutsche Landwirtschaft, H. 11/12 (1948), S. 161–164.
Ders.: Plan zur Entwicklung der landwirtschaftlichen Produktivkräfte, in: Deutsche Landwirtschafts-Gesellschaft, Arbeiten, Neue Folge, Bd. 4: Gegenwartsfragen der Landwirtschaft in der Ostzone: Referate der Jahrestagung der DLG, Berlin (Ost) 1948, S. 13–40.
Ders.: Gesellschaftliche Hilfe für die bäuerliche Wirtschaft, in: Deutsche Landwirtschafts-Gesellschaft (Hrsg.): Leistungssteigerung in der Landwirtschaft. Referate gehalten in der Hauptversammlung der DLG (= Arbeiten, Neue Folge, Bd. 6), Berlin (Ost) 1949.
Ders.: Edwin Hoernle – ein Leben für die Bauernbefreiung: Das Leben Edwin Hoernles als Agrarpolitiker und eine Auswahl seiner agrarpolitischen Schriften, Berlin (Ost) 1965.
Hoffmann, Dierk: Honecker in Bonn. Deutsch-deutsche Spitzentreffen 1947–1990, in: Wengst/Wentker (Hrsg.): Das doppelte Deutschland, S. 333–356.

Ders./Schmidt, Karl-Heinz/Skyba, Peter (Hrsg.): Die DDR vor dem Mauerbau. Dokumente zur Geschichte des anderen deutschen Staates 1949–1961, München 1993.
Ders./Schwartz, Michael/Wentker, Hermann (Hrsg.): Vor dem Mauerbau. Politik und Gesellschaft in der DDR der fünfziger Jahre (= Schriftenreihe der Vierteljahrshefte für Zeitgeschichte, Sondernr., München 2003.
Hoffmann, Erich: Landwirtschaftliche Betriebsplanung und Wirtschaftsberatung, in: Deutsche Landwirtschafts-Gesellschaft (Hrsg.): Arbeiten, Neue Folge, Bd. 7, Berlin (Ost) 1949.
Hoffmann, Hansjoachim: Berlin. Eine politische Landeskunde, Berlin 1998.
Hoffmeister, Rudolf: Die Messefähigkeit der Ware (= Schriften des Seminars für Verkehrswesen an der Martin-Luther-Universität Halle-Wittenberg), Halle/Saale 1941.
Holliday, Laura S.: Kitchen Technologies. Promisis and Alibis, 1944–1966, in: Camera Obscura 16, 2001, S. 79–131.
Holz, Leonie (Hrsg.): Messestadt Berlin, Berlin (West) 1986.
Hornstein, Erika von: Die deutsche Not. Flüchtlinge berichten, Köln u. a. 1960.
Hörger, Hermann: Die »Ulrichsjubiläen« des 17. bis 19. Jahrhunderts und ihre Auswirkungen auf die Volksfrömmigkeit in Ulrichpfarreien, in: Zeitschrift für Bayerische Landesgeschichte 37 (1974), S. 309–357.
Hoßfeld, Uwe: Lyssenko versus Darwin: Georg Schneiders Vorlesungsmanuskript »Geschichte der Evolutionslehre« von 1957, in: Monika Gibas/Rüdiger Stutz/Justus H. Ulbricht (Hrsg.): Couragierte Wissenschaft. Eine Festschrift für Jürgen John zum 65. Geburtstag, Jena 2007, S. 246–273.
Huber, Werner: Moskau – Metropole im Wandel. Ein architektonischer Stadtführer, Köln u. a. 2007.
Hübner, Peter: Antielitäre Eliten?, in: ders. (Hrsg.): Eliten im Sozialismus. Beiträge zur Sozialgeschichte der DDR (= Zeithistorische Studien, Bd. 15/Herrschaftsstrukturen und Erfahrungsdimensionen der DDR-Geschichte, Bd. 4), Köln u. a. 1999, S. 9–36.
Ders.: Menschen-Macht-Maschinen. Technokratie in der DDR, in: ebd., S. 325–360.
Hülsbergen, Henrike: Otto Suhr, in: Otto Suhr 1894–1957. Ein politisches Leben (= Ausstellungskataloge des Landesarchivs Berlin, Bd. 13), Berlin 1994.
Humm, Antonia Maria: Auf dem Weg zum sozialistischen Dorf? Zum Wandel der dörflichen Lebenswelt in der DDR und der Bundesrepublik Deutschland 1952–1969 (= Kritische Studien zur Geschichtswissenschaft, Bd. 131), Göttingen 1999.
Huter, Otto/Landerer, Christoph: Die Berliner Eigenbetriebe als Instrumente kommunaler Politik (= Berliner Forschung, Bd. 10), Berlin (West) 1984.

Ihme-Tuchel, Beate: Die DDR, Darmstadt 2002.
Dies.: Marxistische Ideologie – Herrschaftsinstrument und politische Heilslehre, in: Rainer Eppelmann/Bernd Faulenbach/Ulrich Mählert (Hrsg.): Bilanz und Perspektiven der DDR-Forschung, Paderborn 2003, S. 107–112.
Immler, Hans: Agrarpolitik in der DDR, Köln 1971.

Jaskot, Paul B./Rosenfeld, Gavriel D.: Urban Space and the Nazi Past in Postwar Germany, in: diess. (Hrsg.): Beyond Berlin. Twelve German Cities Confront the Nazi Past, Ann Arbor 2008, S. 1–24.
Jarausch, Konrad H.: Zeitgeschichte und Erinnerung. Deutungskonkurrenz oder Interdependenz?, in: ders./Martin Sabrow (Hrsg.): Verletztes Gedächtnis. Erinnerungskultur und Zeitgeschichte, Frankfurt am Main u. a. 2002, S. 9–38.
Jessen, Ralph: Staatssicherheit, SED und Öffentlichkeit, in: Gieseke (Hrsg.): Staatssicherheit und Gesellschaft, S. 157–166.

Kaelble, Hartmut: Der historische Vergleich. Eine Einführung zum 19. und 20. Jahrhundert, Frankfurt am Main u. a. 1999.
Kaiser, Monika: Wechsel von sowjetischer Besatzungspolitik zu sowjetischer Kontrolle? Sowjetische Einflußnahme und ostdeutsche Handlungsspielräume im Übergangsjahr von der SBZ zur DDR, in: Lemke (Hrsg.): Sowjetisierung und Eigenständigkeit, S.187–231.
Kaminsky, Anna: Illustrierte Konsumgeschichte der DDR, Erfurt 1999.
Dies.: Berlin. Konsum als Blockkonfrontation, in: Michael Lemke (Hrsg.): Konfrontation und Wettbe-

werb. Wissenschaft, Technik und Kultur im geteilten Berliner Alltag (1948–1968), Berlin 2008, S. 353–370.
Dies. (Hrsg.): Orte des Erinnerns. Gedenkzeichen, Gedenkstätten und Museen zur Diktatur in SBZ und DDR, Bonn 2007.
Karn, Susanne: Freiflächen- und Landschaftsplanung in der DDR. Am Beispiel von Werken des Landschaftsarchitekten Walter Funcke (1907–1987), Münster 2004.
Katalog der Gartenbauausstellung Leipzig 1947, Markkleeberg 20. bis 28. September, Markkleeberg 1947.
Keiderling, Gerhard: »Rosinenbomber« über Berlin. Währungsreform, Blockade, Luftbrücke, Teilung, Berlin 1998.
Kempski, Jürgen von: Brechungen. Kritische Versuche zur Philosophie der Gegenwart, Schriften I, Frankfurt am Main 1992.
Keppler, Stefanie: Moderne unterm Hakenkreuz. Fotografie und Ausstellungsgestaltung in den Propagandaausstellungen 1933 bis 1937 in Berlin, Magisterarbeit Universität Tübingen, 2000.
Kershaw, Ian: Das Ende. Kampf bis in den Untergang – NS-Deutschland 1944/45, Bonn 2011.
Kieren, Martin: Das Messegelände: »Bauen nach Bedarf« – Die Nachkriegsplanungen und -bauten, in: Berliner Messearchitektur. Geschichte der Bauten auf dem Berliner Ausstellungsgelände (= Städtebau und Architektur 1995, Bericht 35), Berlin 1995, S. 56–61.
Kirchgeorg, Manfred/Springer, Christiane: Messen und Ausstellungen, in: Handbuch Kommunikation, Wiesbaden 2009, S. 215–230.
Kimmel, Elke: Das Notaufnahmeverfahren, in: Bettina Effner/Helge Heidemeyer (Hrsg.): Flucht im geteilten Deutschland, Berlin 2005, S. 115–134.
Dies.: »… war ihm nicht zuzumuten, länger in der SBZ zu bleiben«. DDR-Flüchtlinge im Notaufnahmelager Marienfelde, Berlin 2009.
Kirsch, Jan-Holger: Publikationsorientiertes Schreiben, in: Daniel Hechler/Jens Hüttmann/Ulrich Mählert/Peer Pasternack (Hrsg.): Promovieren zur deutsch-deutschen Zeitgeschichte. Handbuch, Berlin 2009, S. 199–214.
Kleinschmidt, Christian: Technik und Wirtschaft im 19. und 20. Jahrhundert (= Enzyklopädie Deutscher Geschichte, Bd. 79), München 2007.
Klemm, Volker: Agrarwissenschaften in Deutschland. Geschichte – Tradition. Von den Anfängen bis 1945, St. Katharinen 1992.
Kleßmann, Christoph: Die doppelte Staatsgründung. Deutsche Geschichte 1945–1955, Bonn 1991.
Ders.: Verflechtung und Abgrenzung. Aspekte der geteilten und zusammengehörigen deutschen Nachkriegsgeschichte, in: APuZ B 29–30/1993, S. 30–41.
Ders.: Arbeiter im »Arbeiterstaat«. Deutsche Traditionen, sowjetisches Modell und westdeutsches Magnetfeld, in: APuZ B50/2000, S. 20–28.
Ders.: Die Geschichte der Bundesrepublik und der DDR – Erfolgs- contra Misserfolgsgeschichte, in: Bernd Faulenbach/Franz-Josef Jelich (Hrsg.): »Asymmetrisch verflochtene Parallelgeschichte?« Die Geschichte der Bundesrepublik und der DDR in Ausstellungen, Museen und Gedenkstätten, Essen 2005, S. 15–32.
Kluge, Ulrich: Vierzig Jahre Agrarpolitik in der Bundesrepublik Deutschland, Bd. 1, Hamburg 1989.
Ders.: »Die Bodenreform ist in erster Linie eine politische Angelegenheit.« Agrarstruktureller Wandel in Sachsen 1945/46, in: Bauerkämper (Hrsg.): »Junkerland in Bauernhand«?, S. 103–118.
Ders.: Die Affäre Vieweg. Der Konflikt um eine sozialistische Agrarbetriebslehre, in: Kluge/Halder/Schlenker (Hrsg.): Zwischen Bodenreform und Kollektivierung, S. 195–212.
Ders.: Die »sozialistische Landwirtschaft« als Thema wissenschaftlicher Forschung, in: ebd., S. 11–50.
Ders.: Die Krise der Lebensmittelversorgung 1916–1923 und 1945–1950, in: Clemens Zimmermann (Hrsg.): Dorf und Stadt. Ihre Beziehungen vom Mittelalter bis zur Gegenwart, Frankfurt am Main 2001, S. 209–239.
Ders.: Deutsche Agrarpolitik im 20. Jahrhundert zwischen Protektionismus und wirtschaftlicher Modernisierung: Ausklang des Agrarischen?, in: Daniela Münkel (Hrsg.): Der lange Abschied vom Agrarland. Agrarpolitik, Landwirtschaft und ländliche Gesellschaft zwischen Weimar und Bonn (= Veröffentlichungen des Arbeitskreises Geschichte des Landes Niedersachsen (nach 1945), Bd. 16), Göttingen 2000, S. 289–314.

Ders.: Agrarwirtschaft und ländliche Gesellschaft im 20. Jahrhundert (= Enzyklopädie Deutscher Geschichte, Bd. 73), München 2005.
Ders.: »Veredelungswirtschaft« oder »Rohstofffabrik«? Westdeutsche Agrar- und Ernährungspolitik zwischen wirtschaftlicher Rekonstruktion und Römischen Verträgen (1945–1957), in: Langthaler/Redl (Hrsg.): Reguliertes Land, S. 46–58.
Klunkert, Gabriele: Schaustellungen und Volksbelustigungen auf Leipziger Messen des 19. Jahrhunderts. Eine wirtschafts- und sozialgeschichtliche Untersuchung, Diss. Technische Universität Chemnitz 2008.
Koop, Volker: Kein Kampf um Berlin? Deutsche Politik zur Zeit der Berlin-Blockade 1948/49, Bonn 1998.
Ders.: Besetzt. Sowjetische Besatzungspolitik in Deutschland, Berlin 2008.
König, Wolfgang: Kleine Geschichte der Konsumgesellschaft. Konsum als Lebensform der Moderne, Stuttgart 2008.
Kornai, Janos: Das sozialistische System. Die politische Ökonomie des Kommunismus, Baden-Baden 1995.
Körner, Klaus: »Die Rote Gefahr«. Antikommunistische Propaganda in der Bundesrepublik 1950–2000, Hamburg 2003.
Ders.: Ein »Phänomen« wird entlarvt. Antikommunistische Schriften gegen die DDR aus der Frühzeit der Bundesrepublik, in: Siegfried Lokatis/Ingrid Sonntag (Hrsg.): Heimliche Leser in der DDR. Kontrolle und Verbreitung unerlaubter Literatur, Berlin 2008, S. 156–167.
Kötter, Herbert: Die Landwirtschaft, in: Werner Conze/Rainer M. Lepsius (Hrsg.): Sozialgeschichte der Bundesrepublik Deutschland. Beiträge zum Kontinuitätsproblem, Stuttgart 1985, S. 115–142.
Krafft, Herbert: Ausstellungen – Fachmessen – Kongresse. AMK Berlin geht neue Wege, in: Kommunalwirtschaft (1974), S. 397–400.
Kramer, Mark: Der Aufstand in Ostdeutschland im Juni 1953, in: Greiner/Müller/Walter (Hrsg.): Krisen im Kalten Krieg, S. 80–126.
Kramer, Matthias: Die aktuellen praktischen Fragen des Ackerbaus, in: Deutsche Landwirtschafts-Gesellschaft Berlin, Arbeiten, Neue Folge, Bd. 4: Gegenwartsfragen der Landwirtschaft in der Ostzone (= Referate der Jahrestagung der DLG), Berlin (Ost) 1948, S. 40–59.
Ders.: Die Landwirtschaft in der Sowjetischen Besatzungszone. Die Entwicklung in den Jahren 1945–1955 (= Bonner Berichte aus Mittel- und Ostdeutschland), Bonn 1957.
Ders.: Landwirtschaft in der Sowjetischen Besatzungszone. Die Entwicklung in den Jahren 1945–1955. Anlagenteil, Bonn 1957.
Ders.: Landwirtschaft in der Sowjetischen Besatzungszone. Die Entwicklung in den Jahren 1945–1955. Textteil, Bonn 1957.
Krewer, Peter: Geschäfte mit dem Klassenfeind. Die DDR im innerdeutschen Handel 1949–1989, Trier 2008.
Krone, Horst: Ausstellungsprobleme gestern und heute, in: Vorstand der Deutschen Landwirtschafts-Gesellschaft (Hrsg.): 50 DLG-Ausstellungen im Wandel der Zeit 1887–1968, Frankfurt am Main 1968, S. 25–55.
Krotz, Friedrich: Mediatisierung. Fallstudien zum Wandel von Kommunikation, Wiesbaden 2007.
Krüger, Joachim: Die DDR und die VR China 1949 bis 1990, in: Siegfried Bock/Ingrid Muth/Hermann Schwiesau (Hrsg.): DDR-Außenpolitik im Rückspiegel. Diplomaten im Gespräch, Berlin 2004, S. 207–232.
Krumholz, Walter/Lutze, Wilhelm: Berlin ABC, Berlin (West) 1968.
Kruse, Joachim von (Hrsg.): Weißbuch über die »Demokratische Bodenreform« in der Sowjetischen Besatzungszone Deutschlands. Dokumente und Berichte, München 1988.
Kubina, Michael: Von Utopie, Widerstand und Kaltem Krieg. Das unzeitgemäße Leben des Berliner Rätekommunisten Alfred Weiland (1906–1978), Hamburg u. a. 2001.
Ders.: Die SED und ihre Mauer, in: Henke (Hrsg.): Die Mauer, S. 83–95.
Kuby, Erich: Das ist des Deutschen Vaterland. 70 Millionen in zwei Wartesälen, Stuttgart 1957.
Küenzlen, Gottfried: Der Neue Mensch. Eine Untersuchung zur säkularen Religionsgeschichte der Moderne, Frankfurt am Main 1997.
Kühn, Detlef: Das Gesamtdeutsche Institut im Visier der Staatssicherheit, Berlin 2001.

Kuntsche, Siegfried: Vereinigung der gegenseitigen Bauernhilfe (VdgB), in: Gerd-Rüdiger Stephan/Andreas Herbst/Christine Krauss/Daniel Küchenmeister/Detlef Nakath (Hrsg.): Die Parteien und Organisationen der DDR. Ein Handbuch, Berlin 2002, S. 560–592.

Künzel, Christiane: Stellvertreter des Obersten Chefs für Materialressourcen – Verwaltung Land- und Forstwirtschaft, in: Horst Möller/Alexandr O. Tschubarjan (Hrsg.): SMAD-Handbuch. Die sowjetische Militäradministration in Deutschland 1945–1949, München 2009, S. 361–367.

Laark, Dirk van: Weiße Elefanten. Anspruch und Scheitern technischer Großprojekte im 20. Jahrhundert, Stuttgart 1999.

Lachenmaier, Fritz: 100 Jahre Deutsche Landwirtschafts-Gesellschaft, Frankfurt am Main 1985.

Ladd, Brian: Ghosts of Berlin. Confronting German History in the urban landscape, Chicago 1997.

Ders.: Epilogue. The View from Berlin, in: Gavriel D. Rosenfeld/Paul D.Jaskot (Hrsg.): Beyond Berlin. Twelve German Cities Confront the Nazi Past, Ann Arbor 2008, S. 295–301.

Lais, Rudolf: Zur Geschichte der DLG-Ausstellungen, in: Vorstand der Deutschen Landwirtschafts-Gesellschaft (Hrsg.): 50 DLG-Ausstellungen im Wandel der Zeit 1887–1968, Frankfurt am Main 1968, S. 9–24.

Landsmann, Mark: Dictatorship and Demand. The Politics of Consumerism in East Germany, Cambridge (Mass.) u. a. 2005.

Landwirtschaftsausstellung der DDR, Abteilung Agrarpropaganda, Leipzig-Markkleeberg (Hrsg.): LPG und sozialistische Gemeinschaftsarbeit, Leipzig-Markkleeberg 1960.

Landwirtschaftsausstellung der DDR, Ständiges Neuererzentrum (Hrsg.): Haupthalle der 9. Landwirtschaftsausstellung der DDR, Markkleeberg 1961.

Lange, Gunter: Otto Suhr. Im Schatten von Ernst Reuter und Willy Brandt, Bonn 1994.

Langenhan, Dagmar: »Halte Dich fern von den Kommunisten, die wollen nicht arbeiten!« Kollektivierung der Landwirtschaft und bäuerlicher Eigen-Sinn am Beispiel Niederlausitzer Dörfer (1952 bis Mitte der sechziger Jahre), in: Thomas Lindenberger (Hrsg.): Herrschaft und Eigen-Sinn in der Diktatur. Studien zur Gesellschaftsgeschichte der DDR (= Zeithistorische Studien, Bd. 12/Herrschaftsstrukturen und Erfahrungsdimensionen der DDR-Geschichte, Bd. 1), Köln u. a. 1999, S. 119–166.

Langthaler, Ernst: Agrarsysteme ohne Akteure? Sozialökonomische und sozialökologische Modelle in der Agrargeschichte, in: Dix/Langthaler (Hrsg.): Grüne Revolutionen, S. 216–238.

Ders./Redl, Josef (Hrsg.): Reguliertes Land. Agrarpolitik in Deutschland, Österreich und der Schweiz 1930–1960. Ernst Bruckmüller zum 60. Geburtstag (= Jahrbuch für die Geschichte des ländlichen Raumes, Bd. 2), Innsbruck u. a. 2005.

Last, George: After the »Socialist Spring«. Collectivisation and Economic Transformation in the GDR (= Monographs in German History, Bd. 26), New York u. a. 2009.

Laufer, Jochen: Von den Demontagen zur Währungsreform. Besatzungspolitik und Sowjetisierung Ostdeutschlands 1945–1948, in: Lemke (Hrsg.): Sowjetisierung und Eigenständigkeit, S. 163–186.

Laur, Ernst: Vergangenheit und Zukunft internationaler Zusammenarbeit auf dem Gebiete der Landwirtschaft, in: Festschrift Andreas Hermes, Neuwied 1948, S. 25–30.

Lemke, Michael: Kampagnen gegen Bonn. Die Systemkrise der DDR und die West-Propaganda der SED 1960–1963, in: VfZ 2/1993, S. 153–174.

Ders.: Die Berlinkrise 1958 bis 1963. Interessen und Handlungsspielräume der SED im Ost-West-Konflikt, Berlin 1995.

Ders.: Die Sowjetisierung der SBZ/DDR im ost-westlichen Spannungsfeld, in: APuZ 6/1997, S. 41–53.

Ders. (Hrsg.): Sowjetisierung und Eigenständigkeit in der SBZ/DDR (1945–1953) (= Zeithistorische Studien, Bd. 13/Herrschaftsstrukturen und Erfahrungsdimensionen der DDR-Geschichte, Bd. 2), Köln u. a. 1999.

Ders.: Nationalismus und Patriotismus in den frühen Jahren der DDR, in: APuZ B50/2000, S. 11–19.

Ders.: Sowjetische Interessen und ostdeutscher Wille. Divergenzen zwischen den Berlinkonzepten von SED und UdSSR in der Expansionsphase der zweiten Berlinkrise, in: Ciesla/Lemke/Lindenberger (Hrsg.): Sterben für Berlin?, S. 203–220.

Ders.: Instrumentalisierter Antifaschismus und SED-Kampagnenpolitik im deutschen Sonderkonflikt 1960–1968, in: Danyel (Hrsg.): Die geteilte Vergangenheit, S. 61–86.

Ders.: Die fünfziger Jahre – Aufbau und Krisen in der DDR, in: Eppelmann/Faulenbach/Mählert (Hrsg.): Bilanz und Perspektiven, S. 53–59.
Ders.: Die Kino-Konkurrenz im geteilten Berlin 1949–1961, in: Heiner Timmermann (Hrsg.): Das war die DDR. DDR-Forschung im Fadenkreuz von Herrschaft, Außenbeziehungen, Kultur und Souveränität, Münster 2004, S. 635–676.
Ders.: Büchsenmilch als politische Waffe? Die westliche Lebensmittelaktion nach dem 17. Juni 1953 als innerdeutsche Konkurrenz, in: Heiner Timmermann (Hrsg.): Agenda DDR-Forschung. Ergebnisse, Probleme, Kontroversen, Münster 2005, S. 133–157.
Ders.: Die Position der SED zur EWG 1949–1957. Ideologische Grundlagen, Motive und Argumente, in: Europa und Deutschland – Deutschland und Europa, 2005, S. 356–372.
Ders.: Berlin-Brandenburg im Ost-West-Konflikt. Ergebnisse und neue Fragen, in: Potsdamer Bulletin für Zeithistorische Studien Nr. 36/37, Juni 2006, S. 7–14.
Ders. (Hrsg.): Schaufenster der Systemkonkurrenz. Die Region Berlin-Brandenburg im Kalten Krieg (= Zeithistorische Studien, Bd. 37), Köln u. a. 2006.
Ders. (Hrsg.): Konfrontation und Wettbewerb. Wissenschaft, Technik und Kultur im geteilten Berliner Alltag (1948–1968), Berlin 2008.
Ders.: Die Berlinkrisen von 1948/49 und 1958 bis 1963, in: Greiner/Müller/Walter (Hrsg.): Krisen im Kalten Krieg, S. 204–243.
Ders.: Die Berlin-Krise 1958 bis 1963, in: Henke (Hrsg.): Die Mauer, S. 32–48.
Ders.: Vor der Mauer. Berlin in der Ost-West-Konkurrenz 1948 bis 1961 (= Studien zur Zeitgeschichte, Bd. 48) Köln u. a. 2011.
Ders./Nakath, Detlef: Die Deutschlandpolitik der Bundesrepublik und der DDR und die innerdeutschen Beziehungen, in: Clemens Burrichter/Detlef Nakath/Gerd-Rüdiger Stephan (Hrsg.): Deutsche Zeitgeschichte von 1945 bis 2000. Gesellschaft – Staat – Politik. Ein Handbuch, Berlin 2006, S. 566–596.
Lenin, Wladimir I.: Thesen uber die Produktionspropaganda, in: Lenin Werke, Bd. 31, Berlin (Ost) 1959.
Ders.: Ursprünglicher Entwurf der Thesen zur Agrarfrage (für den II. Kongreß) der Kommunistischen Internationale, in: Lenin – Stalin zu Fragen der Landwirtschaft. Eine Sammlung ausgewählter Aufsätze und Reden besorgt vom Marx-Engels-Lenin-Stalin-Institut beim ZK der SED, Berlin (Ost) 1955, 107–121.
Lichey, Helmut: Geschichtlich vergleichende Untersuchung zur Entwicklung des gärtnerischen Ausstellungswesens vom Kapitalismus zum Sozialismus, Berlin (Ost) 1960.
Lichtenberg, Georg Christoph: Sudelbücher, Bd. I, München 1980.
Lindenberger, Thomas: Der ABV als Landwirt. Zur Mitwirkung der Deutschen Volkspolizei bei der Kollektivierung der Landwirtschaft, in: ders. (Hrsg.): Herrschaft und Eigen-Sinn in der Diktatur, S. 167–203.
Ders.: Die Diktatur der Grenzen. Zur Einleitung, in: ebd. S. 13–44.
Ders./Sonntag, Ingrid (Hrsg.): Heimliche Leser in der DDR. Kontrolle und Verbreitung unerlaubter Literatur, Berlin 2008.
Ders.: Volkspolizei. Herrschaftspraxis und öffentliche Ordnung im SED-Staat 1952–1968 (= Zeithistorische Studien, Bd. 23), Köln u. a. 2003.
Ders.: »Zonenrand«, »Sperrgebiert« und »Westberlin« – Deutschland als Grenzregion des Kalten Krieges, in: Christoph Kleßmann/Peter Lautzas (Hrsg.): Teilung und Integration. Die doppelte deutsche Nachkriegsgeschichte als wissenschaftliches und didaktisches Problem, Bonn 2005, S. 97–112.
Ders.: SED-Herrschaft als soziale Praxis, Herrschaft und »Eigen-Sinn«. Problemstellung und Begriffe, in: Gieseke (Hrsg.): Staatssicherheit und Gesellschaft, S. 23–47.
Lindner, Ernst: Entwicklung, gegenwärtiger Stand und Möglichkeiten des landwirtschaftlich-gärtnerischen Schauwesens, Habilitationsschrift, Leipzig 1957.
Lokatis, Siegfried: Lesen in der Diktatur. Konturen in der Zensurwirkungsforschung, in: ders./Sonntag (Hrsg.): Heimliche Leser in der DDR, S. 11–23.
Ders. (Hrsg.): Herrschaft und Eigen-Sinn in der Diktatur. Studien zur Gesellschaftsgeschichte der DDR (= Zeithistorische Studien, Bd. 12 / Herrschaftsstrukturen und Erfahrungsdiskussionen der DDR-Geschichte, Bd. 1), Köln u. a. 1999.
Lorenz, Karl-Joachim: Ausstellungen und Messen, in: HdSw, Bd. 1, Stuttgart u. a. 1956, S. 505–512.

Loth, Wilfried (Hrsg.): Experiencing Europe. 50 Years of European Construction 1957–2007, Baden-Baden 2009.
Low, Setha (Hrsg): Theorizing the City. The New Urban Anthropology Reader, New Jersey u. a. 1999.
Lüdemann, Horst: Die Landtechnik auf den DLG-Ausstellungen, in: Vorstand der Deutschen Landwirtschafts-Gesellschaft (Hrsg.): 50 DLG-Ausstellungen im Wandel der Zeit 1887–1968, Frankfurt am Main 1968, S. 56–89.

Mader, Günter: Geschichte der Gartenkunst. Streifzug durch vier Jahrtausende, Stuttgart 2006.
Ders.: Gartenkunst des 20. Jahrhunderts. Garten- und Landschaftsarchitekten in Deutschland, Stuttgart 1999.
Maddrell, Paul: Spying on Science. Western Intelligence in Divided Germany 1945–1961, Oxford 2006.
Mahlich, Wolfgang: Die Herausbildung der Landwirtschaftlichen Produktionsgenossenschaften in der DDR, dargestellt an der Entwicklung des Kreises Haldensleben, Bezirk Magdeburg (1952 bis 1960), Diss. Berlin 1999.
Malycha, Andreas/Winters, Peter J.: Geschichte der SED. Von der Gründung bis zur Linkspartei, Bonn 2005.
Mai, Gunther: Die agrarische Transition. Agrarische Gesellschaften in Europa und die Herausforderungen der industriellen Moderne im 19. und 20. Jahrhundert, in: Geschichte und Gesellschaft 4/2007, S. 471–514.
Mampel, Siegfried: Der Untergrundkampf des Ministeriums für Staatssicherheit gegen den Untersuchungsausschuß Freiheitlicher Juristen in West-Berlin, Berlin 1999.
Mählert, Ulrich: Kleine Geschichte der DDR, München 1998.
Masey, Jack/Morgan, Conway L.: Cold War Confrontations. US Exhibitions and Their Role in the Cultural Cold War, Baden 2008.
Mayer-Schalburg, Rolf: Die Ausstellungen der Landwirtschaft, in: Döring (Hrsg.): Handbuch der Messen und Ausstellungen, S. 574–580.
Ders.: Im Strom einer neuen Zeit. Tagebuchblätter und Gedanken aus der Zeit der Wiedergeburt der Deutschen Landwirtschafts-Gesellschaft 1946 bis 1957, Frankfurt am Main 1959.
Meier, Christian: Das Gebot zu vergessen und die Unabweisbarkeit des Erinnerns. Vom öffentlichen Umgang mit schlimmer Vergangenheit, Bonn 2010.
Meissner, Werner/Feege, Anja (Hrsg.): Die DDR und China 1949 bis 1990. Politik, Wirtschaft, Kultur, Berlin 1995.
Melis, Damian van: »Republikflucht«. Flucht und Abwanderung aus der SBZ/DDR 1945 bis 1961, München 2006 .
Merkel, Konrad/Schuhans, Eduard: Die Agrarwirtschaft in Mitteldeutschland: »Sozialisierung« und Produktionsergebnisse, Bonn u. a. 1963.
Merkenich, Stephanie: Grüne Front gegen Weimar, Reichs-Landbund und agrarischer Lobbyismus 1918–1933 (= Beiträge zur Geschichte des Parlamentarismus und der politischen Parteien, Bd. 113), Düsseldorf 1998.
Merker, Wolfgang: Landes- und Zentralverwaltung – Konstituierung und Ausrichtung der SBZ-Verwaltungsspitze durch die SMAD, in: Hartmut Mehringer/Michael Schwartz/Hermannn Wentker (Hrsg.): Erobert oder befreit? Deutschland im internationalen Kräftefeld und die sowjetische Besatzungszone (1945/46), München 1999, S. 93–108.
Messeamt der Stadt Cottbus (Hrsg.): Führer durch die Kleintier-Ausstellung der Cottbuser Landwirtschafts-Messe, Cottbus 1948.
Meyen, Michael: Die Anfänge der empirischen Medien- und Meinungsforschung in Deutschland, in: ZA-Information 50, Mai 2002, S. 59–80.
Ministerium für Land- und Fortwirtschaft der DDR (Hrsg.): Landwirtschafts- und Gartenbauausstellung der Deutschen Demokratischen Republik in Leipzig-Markkleeberg 27. Juni bis 6. Juli 1952, Leipzig u. a. 1952.
Mischnik, Wolfgang: Die Vorgeschichte der DDR-Gründung. »Die Perspektive eines politischen Zeitzeugen«, in: Hoffmann/Wentker (Hrsg.): Das letzte Jahr der SBZ, S. 15–24.
Mitdank, Joachim: Die Berlin-Politik zwischen 17. Juni 1953, dem Viermächteabkommen und der Grenzöffnung 1989. Erinnerungen eines Diplomaten, Berlin 2003.

Mittmann, Wolfgang: Die Transportpolizei (1945–1990), in: Diedrich/Ehlert/Wenzke (Hrsg.): Im Dienste der Partei, S. 537–550.
Modrow, Hans/Watzek, Hans (Hrsg.): Junkerland in Bauernhand. Die deutsche Bodenreform und ihre Folgen, Berlin 2005.
Möller, Holger: Das deutsche Messe- und Ausstellungswesen. Standortstruktur und räumliche Entwicklung seit dem 19. Jahrhundert, Trier 1989.
Möller, Frank/Mählert, Ulrich (Hrsg.): Abgrenzung und Verflechtung. Das geteilte Deutschland in der zeithistorischen Debatte, Berlin 2008.
Mönnighoff, Martin: »Hettstedt ruft Münster!« »Westarbeit« der Sozialistischen Einheitspartei Deutschlands im Bezirk Halle und in Nordrhein-Westfalen (1956–1970), Münster 1997.
Morgenroth, W.: Ausstellungen, in: Handwörterbuch der Staatswissenschaften, Bd. 2, Jena 1924, S. 47–55.
Mooser, Josef: Das Verschwinden der Bauern. Überlegungen zur Sozialgeschichte der »Entagrarisierung« und Modernisierung der Landwirtschaft im 20. Jahrhundert, in: Münkel (Hrsg.): Der lange Abschied vom Agrarland, S. 23–38.
Mössner, K.-E.: Messen als Informationsinstrument, in: GFM-Mitteilungen zur Markt- und Absatzforschung 7 (1961), S. 9–12.
Müller, Marianne/Müller, Egon E.: »…stürmt die Festung Wissenschaft!« Die Sowjetisierung der mitteldeutschen Universitäten seit 1945, Berlin (West) 1953.
Müller, Hans-Heinrich: Mehr Schweiß vergossen als Bier getrunken: Landwirtschaftsausstellungen in Berlin, in: Berlinische Monatshefte, H. 6/1996, S. 20–24.
Müller, O.: Neuer Direktor der Berliner Ausstellungen, in: Messe und Ausstellung: Zentralblatt für das gesamte Messe- und Ausstellungswesens, H. 2/3 1956, S. 31.
Müller, Rolf-Dieter: Hitlers Ostkrieg und die deutsche Siedlungspolitik, Frankfurt am Main 1991.
Ders.: Der Feind steht im Osten. Hitlers geheime Pläne für einen Krieg gegen die Sowjetunion im Jahr 1939, Berlin 2011.
Müller, U.: Wirkungen des Kaufkraftzuflusses als Folge von Kongressen, Messen und Ausstellungen auf Produktion und Beschäftigung in Berlin (West), in: Vierteljahreshefte zur Wirtschaftsforschung 1980, S. 351–360.
Müller-Enbergs, Helmut (Hrsg.): Inoffizielle Mitarbeiter des Ministeriums für Staatssicherheit. Richtlinien und Durchführungsbestimmungen (= Der Bundesbeauftragte für die Unterlagen des Staatssicherheitsdienstes der ehemaligen Deutschen Demokratischen Republik, Bd. 3), Berlin 1996.
Ders./Wielgohs, Jan/Hoffmann, Dieter (Hrsg.): Wer war wer in der DDR? Ein biographisches Lexikon, Berlin 2001.
Münkel, Daniela (Hrsg.): Der lange Abschied vom Agrarland. Agrarpolitik, Landwirtschaft und ländliche Gesellschaft zwischen Weimar und Bonn (= Veröffentlichungen des Arbeitskreises Geschichte des Landes Niedersachsen (nach 1945), Bd. 16), Göttingen 2000.
Dies.: »Der Rundfunk geht auf die Dörfer«. Der Einzug der Massenmedien auf dem Lande von den zwanziger bis zu den sechziger Jahren, in: ebd., S. 177–198.
Dies.: Staatssicherheit im »sozialistischen Frühling« 1960. Der Abschluss der Kollektivierung der Landwirtschaft im Spiegel der MfS-Berichte an die SED-Führung, in: DA 3/2010, S. 470–478.
Muhle, Susanne/Richter, Hedwig/Schütterle, Juliane (Hrsg.): Die DDR im Blick. Ein zeithistorisches Lesebuch, Berlin 2008.
Muth, Heinrich: Hans Schlange-Schöningen, in: Franz/Haushofer (Hrsg.): Große Landwirte, S. 394–417.

Naulin, Wilhelm: Bedeutung des Kleingartens, in: Berliner Ausstellungen (Hrsg.): »Grüne Woche Berlin 1949«, Berlin (West) 1949, S. 1 f.
Neelsen, John P.: Landwirtschaft und Ernährung – Stundenglas der kapitalistischen Produktionsweise, in: Utopie kreativ, Nr. 208 Februar 2008, S. 115–129.
Nehrig, Christel: Zur sozialen Entwicklung der Bauern in der DDR 1945–1960, in: Zeitschrift für Agrargeschichte und Agrarsoziologie 1/1993, S. 66–76.
Dies.: Das Leitungspersonal der Volkseigenen Güter 1945–1970, in: Hübner (Hrsg.): Eliten im Sozialismus, S. 309–324.

Dies.: Der Umgang mit den unbewirtschafteten Flächen in der DDR. Die Entwicklung der Örtlichen Landwirtschaftsbetriebe (ÖLB), in: ZAA 2/2003, S. 34–46.
Dies.: Agrarpolitik, in: Burrichter/Nakath/Stephan (Hrsg.): Deutsche Zeitgeschichte, S. 755–776.
Dies.: Probleme der DDR-Landwirtschaft im Jahre 1956 und Diskussionen um Lösungswege, in: Siegfried Prokop (Hrsg.): Zwischen Aufbruch und Abbruch. Die DDR im Jahre 1956, Berlin 2006, S. 333–343.
Nekrasova, Tatiana: Konferenzbericht »Währungsreform, Berlin-Blockade, Spaltung. Weichenstellung für Nachkriegsdeutschland 1948« (Deutsch-russische Historikerkonferenz in Moskau, 19.–20. Juni 2008), in: DA 5/2008, S. 905–907.
Newman, Kitty: Macmillan, Khrushchev and the Berlin Crisis 1958–1960, New York 2007.
Niklas, Wilhelm: Deutsche Bauern in Ost und West, in: Berliner Ausstellungen GmbH (Hrsg.): Grüne Woche Berlin 1953, Berlin (West) 1953, S. 1 f.
Noever, Peter: Tyrannei des Schönen. Architektur der Stalin-Zeit, München 1994.
Nuss, Hans: Die Politik Edmund Rehwinkels und der Kampf der westdeutschen Bauern (Landwirtschaftsausstellung der DDR, Ständiges Neuererzentrum), Leipzig-Markkleeberg 1964.

Oberkrome, Willi: Konsens und Opposition. Max Sering, Constantin von Dietze und das »rechte Lager« 1920–1940, in: ZAA 2/2007, S. 10–22.
Offizieller Katalog nebst Plan für die Internationale Jubiläums-Gartenbau-Ausstellung Leipzig. Hrsg. im Auftrage der Kommission vom Press-Ausschuss, Leipzig 1893.
Oestereich, Christopher: Umstrittene Selbstdarstellung. Der deutsche Beitrag zur Weltausstellung in Brüssel 1958, in: Vierteljahrshefte für Zeitgeschichte, H. 1/2000, S. 127–153.

Palmowski, Jan: Staatssicherheit und soziale Praxis, in: Gieseke (Hrsg.): Staatssicherheit und Gesellschaft, S. 253–272.
Panfilow, A.: Der USA-Rundfunk im psychologischen Krieg (= Aktuelle Beiträge der Staats- und Rechtswissenschaft, H. 43), Potsdam 1969.
Páramo-Ortega, Raúl: Fundamentalisten sind immer die anderen – Freud im Zeitalter des Fundamentalismus. Psychoanalytische Denkungsart als Alternative zum fundamentalistischen Denkstil. Online-Publikation der Universität des Saarlandes 2005, aktual. 2008.
Paul, Wolfgang: Kampf um Berlin, München u. a. 1962.
Pence, Katherine: Schaufenster des sozialistischen Konsums: Texte der ostdeutschen »consumer culture«, in: Alf Lüdtke/Peter Becker (Hrsg.): Akten. Eingaben. Schaufenster. Die DDR und ihre Texte. Erkundungen zu Herrschaft und Alltag, Berlin 1997, S. 91–118.
Dies.: Herr Schimpf und Frau Schande. Grenzgänger des Konsums im geteilten Berlin und die Politik des Kalten Krieges, in: Ciesla/Lemke/Lindenberger (Hrsg.): Sterben für Berlin, S. 185–202.
Dies.: »A World in Miniature«: The Leipzig Trade Fairs in the 1950s and East German Consumer Citizenship, in: Crew (Hrsg.): Consuming Germany, S. 21–50.
Pfeil, Ulrich (Hrsg.): Die DDR und der Westen. Transnationale Beziehungen 1949–1989, Berlin 2001.
Plachy, Erwin/Kahnert, Kurt: Die Deutsche Akademie der Landwirtschaftswissenschaften zu Berlin, in: Die Deutsche Landwirtschaft 2, Berlin (Ost) 1951, S. 56 f.
Dies. (Hrsg.): Festschrift aus Anlass der Eröffnung der Deutschen Akademie der Landwirtschaftswissenschaften zu Berlin, Berlin (Ost) 1952.
Plato, Alice von: »Gartenkunst und Blütenzauber«. Die Internationale Gartenbauausstellung als Erfurter Angelegenheit, in: Adelheid von Saldern (Hrsg.): Inszenierte Einigkeit. Herrschaftsrepräsentationen in DDR-Städten (= Beiträge zur Stadtgeschichte und Urbanisierungsforschung, Bd. 1), Stuttgart 2003, S. 183–234.
Pniower, Georg: Bodenreform und Gartenbau, Berlin (Ost) 1948.
Ders.: Intensivierung der Landwirtschaft, in: Gegenwartsfragen der Landwirtschaft in der Ostzone. Referate der Jahrestagung der DLG Berlin 1948 (Arbeiten, Neue Folge, Bd. 4), Berlin (Ost) 1948, S. 159–169.
Podewin, Norbert: 20. Oktober 1946: Die erste Nachkriegswahl in Berlin (= Hefte zur DDR-Geschichte, H. 105), Berlin 2006.

Poiger, Uta: Jazz, Rock and Rebels. Cold War politics and American Culture in a divided Germany, Berkely 2000.
Polianski, Igor J.: »Det is' der Garten Eden!« Fledermäuse, Ruinen, Planetarien: zur politischen Semantik der Berliner Stadtlandschaft im Kalten Krieg, in: Lemke (Hrsg.): Schaufenster der Systemkonkurrenz, S. 317–342.
Ders.: Von Sputniks und Trabis: Die DDR als weltanschauliches Feld, in: ders./Matthias Schwartz (Hrsg.): Die Spur des Sputnik. Kulturhistorische Expeditionen ins kosmische Zeitalter, Frankfurt am Main 2009, S. 95–118.
Popper, Karl R.: Das Elend des Historizismus, 6. Aufl., Tübingen 1987.
Ders.: Auf der Suche nach einer besseren Welt. Vorträge und Aufsätze aus dreißig Jahren, 15. Aufl., München 2009.
Port, Andrew I.: Die rätselhafte Stabilität der DDR. Arbeit und Alltag im sozialistischen Deutschland, Berlin 2010.
Poutrus, Patrice G.: Lebensmittelkonsum, Versorgungskrisen und die Entscheidung für den »Goldbroiler«. Problemlagen und Lösungsversuche der Agrar- und Konsumpolitik in der DDR 1958–1965, in: Archiv für Sozialgeschichte 39 (1999), S. 391–422.
Ders.: Die Erfindung des Goldbroilers. Über den Zusammenhang zwischen Herrschaftssicherung und Konsumentwicklung in der DDR, Köln u. a. 2002.
Prauss, Herbert: Doch es war nicht die Wahrheit. Tatsachenbericht zur geistigen Auseinandersetzung unserer Zeit, Berlin (West) 1960.
Prehn, Ulrich: Max Hildebert Boehm und die geistige Mobilmachung der »Volksgemeinschaft«. Radikales Ordnungsdenken vom Ersten Weltkrieg bis in die frühe Bundesrepublik, Diss. Universität Hamburg 2010.
Prell, Uwe: Grenzüberschreitung in Berlin. Der Reise- und Besucherverkehr und die westlichen politischen Entscheidungen (= Forschungsberichte internationale Politik, Bd. 3), Berlin (West) 1987.
Presse- und Informationsamt der Bundesregierung (Hrsg.): Deutschland im Wiederaufbau I, 1949–1959. Ein historischer Rückblick, Bonn 1959.
Probleme der Landwirtschaft, in Auswertung der 21. Tagung des ZK der SED. Vorträge gehalten auf der Beratung mit den 1. Bezirks- und Kreissekretären, o.O. 1955.
Prollius, Michael von: Deutsche Wirtschaftsgeschichte nach 1945, Göttingen 2006.
Pröstler, Viktor: Die deutsche Ernährungswirtschaft und Agrarpolitik, in: Berliner Ausstellungen GmbH (Hrsg.): Grüne Woche Berlin 1951, Berlin (West) 1951.

Quarta, Hubert-Georg: Heinrich Lübke. Zeugnisse eines Lebens, Buxheim (Allgäu) 1978.

Rat der Stadt Markkleeberg (Hrsg.): Markkleeberg: Grüne Stadt vor Leipzigs Toren. Stadt der Landwirtschafts- und Gartenbauausstellung, Leipzig 1958.
Recki, Birgit: Kulturbejahung und Kulturverneinung, in: Franz Josef Wetz (Hrsg.): Kolleg Praktische Philosophie, Bd. 1: Ethik zwischen Kultur- und Naturwissenschaft, Stuttgart 2008, S. 259–295.
Rehwinkel, Edmund: Gegen den Strom. Erinnerungen eines niedersächsischen, deutschen und europäischen Bauernführers, Dorheim 1973.
Reichardt, Fritz: Andreas Hermes, Neuwied a. R. 1953.
Reichel, Peter: Zwischen Dämonisierung und Verharmlosung: Das NS-Bild und seine politische Funktion in den 50er Jahren. Eine Skizze, in: Schildt/Sywottek (Hrsg.): Modernisierung im Wiederaufbau, S. 679–692.
Reichelt, Hans: Blockflöte, oder was? Zur Geschichte der Demokratischen Bauernpartei Deutschlands (DBD) 1948 bis 1990, Berlin 1997.
Reischle, Hermann/Saure, Wilhelm: Aufgaben und Aufbau des Reichsnährstandes, Bd. 1 (= Schriften für den Reichsnährstand), Berlin 1934.
Reinecke, Wilhelm: Berlin als Stadt der Messen, Berlin 1927.
Rembold, Elfie: Staatsinteresse, Messegeist und Stadtkultur. Das Beispiel Leipzig, in: von Saldern (Hrsg.): Inszenierte Einigkeit, S. 275–353.
Ernst Reuter. Schriften – Reden, Bd. 3: Artikel, Briefe, Reden 1946 bis 1949. Bearb. von Hans J. Reichhardt, Frankfurt am Main u. a. 1974.

Ernst Reuter. Schriften – Reden, Bd. 4: Reden, Artikel, Briefe 1949 bis 1953. Bearb. von Hans J. Reichhardt, Frankfurt am Main u. a. 1975.

Ribbe, Wolfgang (Hrsg.): Geschichte Berlins, Bd. 2: Von der Märzrevolution bis zur Gegenwart, 3., erw. u. aktual. Aufl., Berlin 2002.

Ribbe, Wolfgang (Hrsg.): Von der Residenz zur City. 275 Jahre Charlottenburg, Berlin (West) 1980.

Ders.: Wohnen im geteilten Berlin. Stadtplanung, Architektur und Wohnverhältnisse während des Kalten Krieges im Systemvergleich, in: Lemke (Hrsg.): Konfrontation und Wettbewerb, S. 161–180.

Riller, Schanett: Funken für die Freiheit. Die U.S.-amerikanische Informationspolitik gegenüber der DDR von 1953 bis 1963, Trier 2004.

Ritter, Gerhard A.: Traditionen und Brüche: Die DDR in den fünfziger Jahren, in: Hoffmann/Schwartz/Wentker (Hrsg.): Vor dem Mauerbau, S. 21–37.

Ders.: Die menschliche »Sturmflut« aus der »Ostzone«. Die Flucht aus der DDR und ihre Folgen für Berlin und die Bundesrepublik, in: Effner/Heidemeyer (Hrsg.): Flucht im geteilten Deutschland, S. 33–48.

Roesler, Jörg: Der Wiederaufbau der Berliner Industrie 1945–1947, in: Gerhard Keiderling/Ingo Materna/Wolfgang Schröder (Hrsg.): Studien zur Geschichte Berlins, Berlin (Ost) 1987, S. 1041–1061.

Ders.: Privater Konsum in Ostdeutschland, in: Schildt/Sywottek (Hrsg.): Modernisierung im Wiederaufbau, S. 290–306.

Ders.: Momente deutsch-deutscher Wirtschafts- und Sozialgeschichte 1945–1990. Eine Analyse auf gleicher Augenhöhe, Leipzig 2006.

Roggenbuch, Frank: Das Berliner Grenzgängerproblem. Verflechtung und Systemkonkurrenz vor dem Mauerbau (= Veröffentlichungen der Historischen Kommission zu Berlin, Bd. 107), Berlin 2008.

Roggenbuck, L.: Die Entwicklung des deutschen Messewesens nach dem Kriege, in: Wirtschaftsdienst H. 9, 1950, S. 17–22.

Rosenberg, Emily S.: Consumer capitalism and the end of the Cold War, in: Melvyn P. Leffler/Odd Arne Westad (Hrsg.): The Cambridge History of the Cold War, Bd. 3: Endings, Cambridge 2010, S. 489–512.

Rössler, Patrick: Mediatisierung von Alltag im NS-Deutschland: Herbert Bayers Bildsprache für die Propagandaausstellungen des Reiches, in: Maren Hartmann/Andreas Hepp (Hrsg.): Die Mediatisierung der Alltagswelt, Wiesbaden 2010, S. 211–230.

Rotenberg, Robert: Landscape and Power in Vienna. Gardens of Discovery, in: Low (Hrsg.): Theorizing the City, S. 138–168.

Rott, Wilfried: Die Insel. Eine Geschichte West-Berlins 1948–1990, München 2009.

Ders.: Abschied von West-Berlin, in: APuZ 11/2010, S. 41–46.

Rübensam, Erich/Wagemann, Hans (Hrsg.): Erinnerungen von Zeitzeugen an ihr Wirken in den Agrarwissenschaften in der DDR, Plaaz 2011.

Rudolph, Karsten: Wirtschaftsdiplomatie im Kalten Krieg. Die Ostpolitik der westdeutschen Großindustrie 1945–1991, Frankfurt am Main u. a. 2004.

Ders./Wüstenhagen, Jana: Große Politik, kleine Begegnungen. Die Leipziger Messe im Ost-West-Konflikt, Berlin 2006.

Gerd, Rühle: Das Dritte Reich. Dokumentarische Darstellung des Aufbaus der Nation. Das dritte Jahr 1935, Berlin 1936.

Runnwerth, Erhard: Entwicklung der bäuerlichen Landwirtschaft in der DDR bis zur Vollkollektivierung im sozialistischen Frühling 1960, Norderstedt 2010.

Sabrow, Martin: Zukunftspathos als Legitimationsressource. Zu Charakter und Wandel des Fortschrittsparadigmas in der DDR, in: Heinz-Gerhardt Haupt/Jörg Requate (Hrsg.): Aufbruch in die Zukunft. Die 1960er Jahre zwischen Planungseuphorie und kulturellem Wandel. DDR, ČSSR und Bundesrepublik Deutschland im Vergleich, Weilerswist 2004, S. 165–184.

Ders.: Chronos als Fortschrittsheld. Zeitvorstellungen und Zeitverständnis im kommunistischen Zukunftsdiskurs, in: Polianski/Schwartz (Hrsg.): Die Spur des Sputnik, S. 119–134.

Sattler, Friederike: Wirtschaftsordnung im Übergang. Politik, Organisation und Funktion der KPD/SED im Land Brandenburg bei der Etablierung der Zentralen Planwirtschaft in der SBZ/DDR 1945–52 (= Diktatur und Widerstand, Bd. 5), 2 Teilbde., Münster u. a. 2002.

Sawahn, Anke: Die Frauenlobby vom Land. Die Landfrauenbewegung in Deutschland und ihre Funktionärinnen 1898 bis 1948, Frankfurt am Main 2009.
Schäfer, Hermann: Kulturelle Wiederbelebung. Ausstellungen in Westdeutschland von Kriegsende 1945 bis in die 1960er Jahre, in: Klaus Hildebrand/Udo Wengst/Andreas Wirsching (Hrsg.): Geschichtswissenschaft und Zeiterkenntnis: Von der Aufklärung bis zur Gegenwart. Festschrift für Horst Möller, München 2008, S. 641–654.
Schäffer, Immanuel: Wesenswandel der Ausstellung. Ein Überblick über das deutsche Ausstellungswesen und die Ausstellungsarbeit des Instituts für Deutsche Kultur- und Wirtschaftspropaganda (IfDKW), Berlin 1938.
Schattenberg, H./Becker, W.: Wir schaffen das sozialistische Dorf. Die Aufgaben und die Arbeitsweise der Organe der Staatsmacht in den Gemeinden bei der Entwicklung des sozialistischen Dorfes, Berlin (Ost) 1959.
Scherstjanoi, Elke (Hrsg.): »Provisorium für längstens ein Jahr«. Die Gründung der DDR, Berlin 1993.
Dies.: »Friedenshektarerträge« auf Vorkriegsanbauflächen. Zur Bewältigung von Kriegslasten in der ostdeutschen Landwirtschaft (1950), in: Christoph Buchheim (Hrsg.): Wirtschaftliche Folgelasten des Krieges in der SBZ/DDR, Baden-Baden, 1995, S. 323–340.
Dies.: 1945 – Überlegungen zum Jahr der Befreiung, ein halbes Jahrhundert danach, in: ZfG H. 1/1995, S. 55–66.
Dies.: Die Berlin-Blockade 1948/1949 im sowjetischen Kalkül, in: ZfG, H. 6/1998, S. 495–504.
Dies.: SED-Agrarpolitik unter sowjetischer Kontrolle, 1949–1953 (= Quellen und Darstellungen zur Zeitgeschichte, Bd. 70), München 2007.
Schier, Barbara: Alltagsleben im »sozialistischen Dorf«. Merxleben und seine LPG im Spannungsfeld der SED-Agrarpolitik 1945–1990 (= Münchener Beiträge zur Volkskunde, Bd. 30), Münster 2001.
Dies.: Die Ablieferungsgemeinschaft der Merxlebener Neubauern als Klassenkampfinstrument? Ein thüringisches Dorf auf dem Weg zur Kollektivierung, in: Kluge/Halder/Schlenker (Hrsg.): Zwischen Bodenreform und Kollektivierung, S. 213–228.
Dies.: Der Weg zum »sozialistischen Dorf«. Die Kollektivierung der Landwirtschaft und der Wandel des Alltagslebens im thüringischen Merxleben, in: Langthaler/Redl (Hrsg.): Reguliertes Land, S. 98–106.
Schildt, Axel: Hegemon der häuslichen Freizeit. Rundfunk in den 50er Jahren, in: ders./Sywottek (Hrsg.): Modernisierung im Wiederaufbau, S. 458–476.
Ders./Sywottek, Arnold (Hrsg.): Modernisierung im Wiederaufbau. Die westdeutsche Gesellschaft der 50er Jahre (= Reihe Politik- und Gesellschaftsgeschichte, Bd. 33), Bonn 1993.
Ders.: Der Beginn des Fernsehzeitalters. Ein neues Massenmedium setzt sich durch, in: ebd., S. 477–492.
Ders.: Sind die Westdeutschen amerikanisiert worden? Zur zeitgeschichtlichen Erforschung kulturellen Transfers und seiner gesellschaftlichen Folgen nach dem Zweiten Weltkrieg, in: APuZ B50/2000, S. 29–38.
Ders.: Die Sozialgeschichte der Bundesrepublik Deutschland bis 1989/90, München 2007.
Schlarp, Karl-Heinz: Zwischen Konfrontation und Kooperation. Die Anfangsjahre der deutsch-sowjetischen Wirtschaftsbeziehungen in der Ära Adenauer (= Osteuropa, Bd. 28), Münster u. a. 2000.
Schleif, Walter: Goethes Diener, Berlin (Ost) 1965.
Schlegelmilch, Arthur: Hauptstadt im Zonendeutschland. Die Entstehung der Berliner Nachkriegsdemokratie 1945–1949 (= Schriften der Historischen Kommission zu Berlin, Bd. 4), Berlin 1993.
Ders.: Tendenzen der wirtschaftlichen und sozialen Entwicklung Berlins seit 1945. Gemeinsamkeiten und Unterschiede im Ost-West-Vergleich, in: Wolfram Fischer (Hrsg.): Wirtschaft im geteilten Berlin 1945–1990. Forschungsansätze und Zeitzeugen, München 1994, S. 1–46.
Schlögel, Karl: Terror und Traum. Moskau 1937, München 2008.
Schmidt, Arno: Das Steinerne Herz. Historischer Roman aus dem Jahre 1954 nach Christi, 12. Aufl., Frankfurt am Main 2004.
Schmidt, Jürgen (Hrsg.): Rote Rüben auf dem Olivaer Platz. Quellen zur Ernährungskrise in der Nachkriegszeit Berlins 1945–1949, Berlin 2008.
Schmieder, E.: Wirtschaftsgeschichte Berlins im 19. und 20. Jahrhundert, in: Heimatchronik Berlin, Köln 1962, S. 663–760.
Schnellbach, Otto: Max Eyth, in: Franz/Haushofer (Hrsg.): Große Landwirte, S. 259–270.

Scholz, Michael F.: Bauernopfer der deutschen Frage. Der Kommunist Kurt Vieweg im Dschungel der Geheimdienste, Berlin 1997.
Scholze, Jana: Kultursemiotik. Zeichenlesen in Ausstellungen, in: Joachim Baur (Hrsg.): Museumsanalyse. Methoden und Konturen eines neuen Forschungsfeldes, Bielefeld 2010, S. 121–148.
Schönem, Jens: Landwirtschaftliches Genossenschaftswesen und Agrarpolitik in der SBZ/DDR 1945–1950/51, Stuttgart 2000.
Ders.: »Wir sind dafür, daß über diese Fragen keine Berichterstattung erfolgt.« Die Kollektivierung der Landwirtschaft in der DDR 1952/53, in: Falco Werkentin (Hrsg.): Der Aufbau der »Grundlagen des Sozialismus« in der DDR 1952/53 (= Schriftenreihe des LStU Berlin, Bd. 15), Berlin 2002, S. 71–94.
Ders.: Die Landwirtschaft der DDR 1945–1990, Erfurt 2005.
Ders.: Frühling auf dem Lande? Die Kollektivierung der DDR-Landwirtschaft, Berlin 2005.
Ders.: Das sozialistische Dorf. Bodenreform und Kollektivierung in der Sowjetzone und der DDR (= Schriftenreihe des Sächsischen Landesbeauftragten für die Stasi-Unterlagen, Bd. 8), Leipzig 2008.
Schröder, Karl: Den Besuch der 9. Landwirtschaftsausstellung der DDR in der Praxis richtig vorbreiten, in: Zeitschrift für Agrarökonomik 3/1961, S. 98–101.
Ders.: Zu Problemen einer wirksamen Produktionspropaganda der Landwirtschaftsausstellung der Deutschen Demokratischen Republik in Markkleeberg, Diss. Universität Leipzig 1962
Schulz, Dieter: »Kapitalistische Länder überflügeln«. Die DDR-Bauern in der SED-Politik des ökonomischen Wettbewerbs mit der Bundesrepublik von 1956 bis 1961, Berlin 1994.
Schulz, Paul-Martin: Biografie Walter Pfalzgraf: Des ersten Leiters des Zentralforstamtes in der Sowjetischen Besatzungszone von 1945–1948, Potsdam 1997.
Schulze, Eberhard: 7.500 Jahre Landwirtschaft in Deutschland. Von der Bandkeramik bis zur Wiedervereinigung, Bitterfeld 1994.
Schulz-Heidorf, Walter: Preis unbezahlbar – Die »Tarantel«. Heiße Lektüre im Kalten Krieg, Berlin 1997.
Schultze, Sven: Die Blumen- und Gartenschauen auf der »Grünen Woche« Berlin in den fünfziger Jahren, in: Sylvia Butenschön (Hrsg.): Gartenhistorisches Forschungskolloquium, Berlin 2008, S. 70–77.
Ders.: Auftrag: »Grüne Woche«. Die Landwirtschaftsausstellung als Angelegenheit deutsch-deutscher Systemkonkurrenz, in: Muhle/ Richter/Schütterle (Hrsg.): Die DDR im Blick, S. 169–178.
Ders.: Die Deutsche Landwirtschafts-Gesellschaft (DLG) in der SBZ/DDR. Zur Geschichte einer vergessenen landwirtschaftlichen Organisation 1946–1951, in: DA 2/2009, S. 239–246.
Ders.: Die visuelle Repräsentation der Diktatur. Berlin, sein Messeamt und die Propagandaschauen im Nationalsozialismus, in: Rüdiger Hachtmann/Thomas Schaarschmidt/Winfried Süß (Hrsg.): Berlin im Nationalsozialismus: Politik und Gesellschaft 1933–1945 (= Beiträge zur Geschichte des Nationalsozialismus, Bd. 27), Göttingen 2011, S. 113–131.
Schumann, Frank: Edwin Hoernle (1883–1952) – Vater der Bodenreform, in: Modrow/Watzek (Hrsg.): Junkerland in Bauernhand, S. 59–81.
Schutts, Jeff R.: Born Again in the Gospel of Refreshment? Coca-Colonization and the Re-making of Postwar German Identity, in: Crew (Hrsg.): Consuming Germany, S. 121–150.
Schwab, Irina: »Neue Heimat – Neues Leben«? Flüchtlinge und Vertriebene in Leipzig 1945 bis zum Beginn der 50er Jahre, Leipzig 1999.
Schwane, Daniel: Wider den Zeitgeist? Konflikt und Deeskalation in West-Berlin 1949 bis 1965, Stuttgart 2005.
Schwermann, Jürgen: Grundlagen der Messepolitik (= Wirtschaftspolitische Studien, Bd. 41), Göttingen 1976.
Schwoch, James: The Cold War, The Space Race, and the Globalization of Public Opinion Polling. Paper presentation, International Studies Association Conference, New Orleans, 24–28 March 2002.
Ders.: Global TV. New media and the Cold War, 1946–69, Illinois 2009 .
Sedlmaier, Alexander: Berlin als doppeltes »Schaufenster« im Kalten Krieg, in: Biskup/Schalenberg (Hrsg.): Selling Berlin, S. 227–244.
Seibt, Ferdinand (Hrsg.): Europa 1400. Die Krise des Spätmittelalters, Stuttgart 1984.
Seidl, Ernst (Hrsg.): Lexikon der Bautypen. Funktionen und Formen der Architektur, Stuttgart 2006.

Selke, W.: Die Düngung unter besonderer Berücksichtigung ihrer Möglichkeiten und Aufgaben im Rahmen des Wiederaufbaus (= Deutsche Landwirtschaftsgesellschaft Berlin, Arbeiten, Neue Folge, Bd. 9), Berlin (Ost) 1950.
Siebeck, Cornelia: »Im Raume lesen wir die Zeit«? Zum komplexen Verhältnis von Geschichte, Ort und Gedächtnis (nicht nur) in KZ-Gedenkstätten, in: Alexandra Klei/Katrin Stoll/Annika Wienert (Hrsg.): Die Transformation der Lager. Annäherungen an die Orte nationalsozialistischer Verbrechen, Bielefeld 2011, S. 69–100.
Siebert, Amandus: Der Grüne Plan und der Einfluss der NATO-Kriegspolitik auf die westdeutsche Landwirtschaft, Leipzig-Markkleeberg 1959.
Ders. (Hrsg.): Agrarwissenschaft im Dienste des Sozialismus. 20 Jahre Deutsche Demokratische Republik, Berlin (Ost) 1969.
Simon, W.: Die Organisation des Mitschurin-Feldes, in: Das Mitschurin Feld. Anleitungen und Erfahrungsaustausch für die Mitschurin-Zirkel im Dorfe, H. 6/1951, S. 332–345.
Skibbe, Bruno: Zur Reorganisationen der Landwirtschaftsberatung in der Ostzone, in: Die Deutsche Landwirtschaft, H. 7/1948, S. 97–104.
Skyba, Peter: Vom Hoffnungsträger zum Sicherheitsrisiko. Jugend in der DDR und Jugendpolitik der SED 1949–1961, Köln u.a. 2000.
Sleifer, Jaap-Anne: Planning Ahead and Falling Behind. The East German Economy in Comparison with West Germany 1936–2002 (= Jahrbuch für Wirtschaftsgeschichte, Beih. 8), Berlin 2006.
Soldat, Hans-Georg: »Vorschlag Todesurteil«. Illegale Literatur und der »Rundfunk im amerikanischen Sektor« (RIAS) – Fragmente einer Geschichte, in: Lokatis/Sonntag (Hrsg.): Heimliche Leser in der DDR, S. 175–185.
Spath, Lothar/Kuschinski, Norbert: Gewogen und für zu leicht befunden. Einschienenbahnprojekte in der DDR, in: Straßenbahn-Magazin, Nahverkehr, H. 2 (2008), S. 68–73.
Speer, Albert: Der Sklavenstaat. Meine Auseinandersetzungen mit der SS, Stuttgart 1981.
Spix, Boris: Die Bodenreform in Brandenburg 1945–47. Konstruktion einer Gesellschaft am Beispiel der Kreise West- und Ostprignitz, Münster 1997.
Stalin, Iosif V.: Vor Erfolgen von Schwindel befallen. Zu den Fragen der kollektivwirtschaftlichen Bewegung, in: Lenin – Stalin zu Fragen der Landwirtschaft. Eine Sammlung ausgewählter Aufsätze und Reden besorgt vom Marx-Engels-Lenin-Stalin-Institut beim ZK der SED, Berlin (Ost) 1955, S. 315–322.
Staritz, Dietrich: Geschichte der DDR 1949–1985, Frankfurt am Main 1985.
Ders.: Die Gründung der DDR. Von der sowjetischen Besatzungsherrschaft zum sozialistischen Staat, München 1995.
Steege, Paul: Totale Blockade, totale Luftbrücke? Die mythische Erfahrung der ersten Berlinkrise, Juni 1948 bis Mai 1949, in: Ciesla/Lemke/Lindenberger (Hrsg.): Sterben für Berlin?, S. 59–78.
Ders.: Black Market, Cold War. Everyday Life in Berlin 1946–1949, Cambridge (Mass.) 2007.
Steiner, André: Zwischen Länderpartikularismus und Zentralismus. Zur Wirtschaftslenkung in der SBZ bis zur Bildung der Deutschen Wirtschaftskommission im Juni 1947, in: APuZ B 49–50/93, S. 32–39.
Ders.: Die DDR-Wirtschaftsreform der sechziger Jahre. Konflikt zwischen Effizienz und Machtkalkül, Berlin 1999.
Ders.: Vom Überholen eingeholt. Zur Wirtschaftskrise 1960/61 in der DDR, in: Ciesla/Lemke/Lindenberger (Hrsg.): Sterben für Berlin?, S. 245–262.
Ders.: Von Hauptaufgabe zu Hauptaufgabe. Zur Wirtschaftsentwicklung der sechziger Jahre in der DDR, in: Axel Schildt/Karl C. Lammers/Detlef Siegfried (Hrsg.): Dynamische Zeiten. Die 60er Jahre in den beiden deutschen Gesellschaften, Hamburg 2000, S. 218–247.
Ders.: Die Deutsche Wirtschaftskommission – ein ordnungspolitisches Machtinstrument?, in: Hoffmann/Wentker (Hrsg.): Das letzte Jahr der SBZ, S. 85–106.
Ders.: Von Plan zu Plan. Eine Wirtschaftsgeschichte der DDR, Stuttgart 2004.
Ders.: Zwischen Wirtschaftswundern, Rezession und Stagnation. Deutsch-deutsche Wirtschaftsgeschichte 1945 bis 1989, in: Kleßmann/Lautzas (Hrsg.): Teilung und Integration, S. 177–191.
Ders.: Zeittafel zur DDR-Wirtschaftsgeschichte, in: ders. (Hrsg.): Überholen ohne einzuholen. Die DDR-Wirtschaft als Fußnote der deutschen Geschichte?, Berlin 2006, S. 145–186.

Ders.: Bolsche Vita in der DDR? Überlegungen zur Korruption im Staatssozialismus, in: Jens I. Engels/Andreas Fahrmeir/Alexander Nützenadel (Hrsg.): Geld – Geschenke – Politik. Korruption im neuzeitlichen Europa, München 2009, S. 249–274.
Steininger, Rolf: Die Berlin-Krise und der 13. August 1961, in: Eppelmann/Faulenbach/Mählert (Hrsg.): Bilanz und Perspektiven, S. 60–68.
Stirn, Andreas: Traumschiffe des Sozialismus. Die Geschichte der DDR-Urlauberschiffe 1953–1990, Berlin 2010.
Stöver, Bernd: Die Befreiung vom Kommunismus. Amerikanische »Liberation Policy« im Kalten Krieg 1947–1991 (= Zeithistorische Studien, Bd. 22), Köln u. a. 2002.
Ders.: Der Kalte Krieg. Geschichte eines radikalen Zeitalters 1947–1991, Bonn 2007.
Streminger, Gerhard: Ecce Terra, Norderstedt 2008.
Suhr, Otto: Die politische und wirtschaftliche Lage Berlins, Frankfurt am Main 1955.

Tagungsbericht Agricultural Integration in Postwar Europe. 14.11.2008–15.11.2008, Florenz, in: H-Soz-u-Kult, 31.03.2009, http://hsozkult.geschichte.huberlin.de/tagungsberichte/id=2571.
Teller, Hans: Der kalte Krieg gegen die DDR. Von seinen Anfängen bis 1961, Berlin (Ost) 1979.
Tenfelde, Klaus: Die Welt als Stadt? Zur Entwicklung des Stadt-Land-Gegensatzes im 20. Jahrhundert, in: Friedrich Lenger/Klaus Tenfelde (Hrsg.): Die europäische Stadt im 20. Jahrhundert. Wahrnehmung – Entwicklung – Erosion (= Industrielle Welt, Bd. 67), Köln u. a. 2006, S. 233–264.
Teske, Regina: Landtechnik und »Aufklärung«. Die Mitarbeiter des MfS in den Politischen Abteilungen der Maschinen-Traktoren-Stationen (MTS), in: Horch und Guck 12/2003, S. 12–16.
Dies.: Staatssicherheit auf dem Dorfe. Zur Überwachung der ländlichen Gesellschaft vor der Vollkollektivierung 1952 bis 1958, Berlin 2006.
Thamer, Hans-Ulrich: Geschichte und Propaganda. Kulturhistorische Ausstellungen in der NS-Zeit, in: Geschichte und Gesellschaft 24 (1998), S. 349–381.
Thiemeyer, Guido: Vom »Pool Vert« zur Europäischen Wirtschaftsgemeinschaft. Europäische Integration, Kalter Krieg und die Anfänge der Gemeinsamen Europäischen Agrarpolitik 1950–1957, München 1999.
Thrower, James: Marxism-Leninism as the Civil Religion of Soviet Society, Lewiston 1992.
Tigges, W.: Das deutsche Messewesen nach dem Kriege, in: Staat und Wirtschaft 1 (1958), S. 19–30.
Topfstedt, Thomas: Orte der Messe in Leipzig, in: Zwahr/Topfstedt/Bentele (Hrsg.): Leipzigs Messen, Bd. 1, S. 29–32.
Trittel, Günter J.: »Siedlung« statt »Bodenreform«. Die Erhaltung der Agrarbesitzstruktur in Westdeutschland (1948/49), in: ZAA 6/1979, S. 181–207.
Ders.: Die Bodenreform, ein Beitrag der Besatzungsmächte zur gesellschaftlichen Strukturreform Nachkriegsdeutschlands 1945–1949, in: ZAA, 1/1982, S. 28–47.
Ders.: Hans Schlange-Schöningen. Ein vergessener Politiker der »Ersten Stunde«, in: Vierteljahrshefte für Zeitgeschichte, 1/1987, S. 25–63.
Ders.: Die Bodenreform in der Britischen Zone 1945–1949, Stuttgart 1975.
Ders.: Hunger und Politik. Die Ernährungskrise in der Bizone (1945–1949) (= Historische Studien, Bd. 3), Frankfurt am Main 1990.
Ders.: Jahre des Hungers. Die Ernährungskrise in Niedersachsen (1945–1948), in: Niedersachsen nach 1945. Hrsg. von der Niedersächsischen Landeszentrale für Politische Bildung, Hannover 1995, S. 78–90.
Ders.: Bodenreform, in: Wolfgang Benz (Hrsg.): Deutschland unter alliierter Besatzung 1945–1949/55. Ein Handbuch, Berlin 1999, S. 105–108.
Ders.: Ernährung, in: ebd., S. 117–123.

Uhl, Matthias: Krieg um Berlin? Die sowjetische Militär- und Sicherheitspolitik in der zweiten Berlin-Krise 1958 bis 1962 (= Quellen und Darstellungen zur Zeitgeschichte, Bd. 73), München 2008.
Ulbricht, Walter: Der Kampf der sozialistischen Staaten für einen Überfluß an landwirtschaftlichen Produkten und die Erhöhung der Marktproduktion der LPG in der Deutschen Demokratischen Republik, Berlin (Ost) 1960.

Ders.: Die Bauernbefreiung in der Deutschen Demokratischen Republik, Bd. 1: Februar 1945 – Juni 1958, Berlin (Ost) 1961.
Ders.: Die Bauernbefreiung in der Deutschen Demokratischen Republik, Bd. 2: Juli 1958 – Dezember 1960, Berlin (Ost), 1962
Ders.: Zur Geschichte der deutschen Arbeiterbewegung. Aus Reden und Aufsätzen, Bd. 10: 1961–1962, Berlin (Ost) 1966.
»Unmenschlichkeit als System«, Berlin (West) 1957.

Vagt, Kristina: Zwischen Systemkonkurrenz und Freizeitvergnügen. Die iga 1961 im deutsch-deutschen Kontext, in: Martin Baumann/Steffen Raßloff (Hrsg.): Blumenstadt Erfurt: Waid – Gartenbau – iga/egapark, Erfurt 2011, S. 341–349.
Dies.: Politik durch die Blume. Gartenbauausstellungen in Hamburg und Erfurt im Kalten Krieg 1950–1974 (= Forum Zeitgeschichte, Bd. 24), München u.a. 2013.
Viola, L./Danilov, V.P./Ivnitskii, N.A./Kozlov, D. (Hrsg.): The Tragedy of the Soviet Countryside, Bd. 1: The War against the Peasantry, Yale 2005.
Voigt, Heinz: Fachleute schielen nach dem Westen…statt sich an der fortschrittlichen Sowjetwissenschaft zu orientieren, in: Gerbergasse 18, H. III/2004, S. 25–27.
Vollmer, Gerhard: Der Turm von Hanoi – Evolutionäre Ethik, in: Wetz (Hrsg.): Kolleg Praktische Philosophie, Bd. 1, S. 124–151.
Vorstand der Deutschen Landwirtschafts-Gesellschaft (Hrsg.): Die Deutsche Landwirtschafts-Gesellschaft zu Beginn ihres zweiten Jahrhunderts, Frankfurt am Main 1987.

Wagemann, Hans (Hrsg.): Von der Deutschen Akademie der Landwirtschaftswissenschaften zu Berlin zur Akademie der Landwirtschaftswissenschaften der DDR. Ein Beitrag zur Geschichte 1951–1991, Bd. I/1, Bd. I/2, Bd. II, Berlin 2006.
Wagener, Hans-Jürgen: Zur Innovationsschwäche der DDR-Wirtschaft, in: Johannes Bähr/Dietmar Petzina (Hrsg.): Innovationsverhalten und Entscheidungsstrukturen. Vergleichende Studien zur wirtschaftlichen Entwicklung im geteilten Deutschland 1945–1990 (= Schriften zur Wirtschafts- und Sozialgeschichte, Bd. 48), Berlin 2001, S. 21–48.
Wagner-Conzelmann, Sandra: Die INTERBAU 1957 in Berlin, Stadt von Heute – Stadt von Morgen. Städtebau und Gesellschaftskritik der 50er Jahre, Petersberg 2007.
Wanzeck, Christiane: Zur Etymologie lexikalisierter Farbwortverbindungen. Untersuchungen anhand der Farben Rot, Gelb, Grün und Blau, Amsterdam u.a. 2003.
Warnke, Stephanie: Mit dem Baedeker nach Ost-Berlin? Baustellen-Tourismus im Kalten Krieg (1945–1970), in: Biskup/Schalenberg (Hrsg.): Selling Berlin, S. 211–226.
Wasser, Bruno: Himmlers Raumplanung im Osten. Der Generalplan Ost in Polen 1940–1944 (= Stadt, Planung, Geschichte, Bd. 15), Basel 1993.
Weber, Adolf: Umgestaltung der Eigentumsverhältnisse und der Produktionsstruktur der Landwirtschaft der DDR, in: Materialien der Enquete-Kommission »Aufarbeitung von Geschichte und Folgen der SED-Diktatur in Deutschland«, Baden-Baden 1995, Bd. II/4, S. 2809–2888.
Weber, Hermann: Geschichte der DDR, München 1985.
Wehler, Hans-Ulrich: Deutsche Gesellschaftsgeschichte, Bd. 5: Bundesrepublik und DDR, München 2008.
Wein, Martin: Willy Brandt. Das Werden eines Staatsmannes, Berlin 2003.
Weir, Todd H.: Der Rausch im Plan. Ursachen und Folgen der Inszenierung von »Klassenkampf« in der Kollektivierung der DDR-Landwirtschaft 1952–1953, in: DA, H. 2/2004, S. 253–263.
Wemheuer, Felix: Die Waffen der Schwachen: Alltäglicher Widerstand der chinesischen Bauern in der Ära der kollektiven Landwirtschaft (1953 bis 1982), in: JHK 2007, Berlin 2007, S. 11–30.
Wengst, Udo: Zwischen Aufrechterhaltung der Einheit und Teilung der Nation: Das Jahr 1948 in der deutschen Geschichte, in: Hoffmann/Wentker (Hrsg.): Das letzte Jahr der SBZ, S. 25–38.
Ders./Hermann Wentker (Hrsg.): Das doppelte Deutschland. 40 Jahre Systemkonkurrenz, Berlin 2008.
Wentker, Hermann: Die gesamtdeutsche Systemkonkurrenz und die durchlässige innerdeutsche Grenze. Herausforderung und Aktionsrahmen für die DDR in den fünfziger Jahren, in: Hoffmann/Schwartz/Wentker (Hrsg.): Vor dem Mauerbau, S. 59–75.

Ders.: Zwischen Abgrenzung und Verflechtung: Deutsch-deutsche Geschichte nach 1945, in: APuZ 1–2/2005, S. 10–17.
Ders.: Außenpolitik in engen Grenzen. Die DDR im internationalen System 1949–1989 (= Quellen und Darstellungen zur Zeitgeschichte, Bd. 72), München 2007.
Wiemer, Gerhard: Willkommen zur »Grünen Woche«, in: Berliner Ausstellungen GmbH (Hrsg.): Grüne Woche Berlin 1952, Berlin (West) 1952, S. 2f.
Ders.: Grüne Woche Berlin – gesamtdeutsches Treffen, in: Berliner Ausstellungen GmbH (Hg.): Grüne Woche Berlin 1953, Berlin(West) 1953, S. 28.
Michael Wildt: Privater Konsum in Westdeutschland in den 50er Jahren, in: Schildt/Sywottek (Hrsg.): Modernisierung im Wiederaufbau, S. 275–289.
Ders.: Berlin im Nationalsozialismus. Neue Forschungsperspektiven – Antrittsvorlesung am 11. November 2009 an der Humboldt-Universität zu Berlin, Philosophische Fakultät I, Institut für Geschichtswissenschaften.
Wilke, Manfred: Der Weg zur Mauer. Stationen einer Teilungsgeschichte (= Beiträge zur Geschichte von Mauer und Flucht), Berlin 2011.
Wille, Manfred: Die Verabschiedung der Verordnung über die Bodenreform in der Provinz Sachsen, in: Bauerkämper (Hrsg.): »Junkerland in Bauernhand«?, S. 87–102.
Winkler, G.: Zur Auswertung der Landwirtschaftsausstellungen von Markkleeberg bis Köln, in: Zeitschrift für Agrarökonomik 5/1960, S. 224–229.
Ders.: Zu einigen Problemen der Landwirtschaftsausstellung der Deutschen Demokratischen Republik, in: Zeitschrift für Agrarökonomik 4/1961, S. 220–226.
Winkler, Siegfried: Die 6. Landwirtschaftsausstellung 1958 zeigte die Überlegenheit der sozialistischen Produktion, Leipzig-Markkleeberg 1958.
Ders. (Hrsg.): LPG und sozialistische Gemeinschaftsarbeit, Leipzig-Markkleeberg 1960.
Wirtschaftsspiegel Deutscher Städte: Berlin. Industrie – Handel – Verkehr, Essen 1953.
Wissenschaftsrat (Hrsg.): Stellungnahmen zu den außeruniversitären Forschungseinrichtungen der ehemaligen DDR auf dem Gebiet der Agrarwissenschaften, Köln 1992.
Wolff, I.: Berliner Fremdenverkehrsprobleme nach 1945, in: Jahrbuch für Fremdenverkehr 1958, München 1958, S. 10–16.
Wolschke-Buhlmann, Joachim: Naturschutz und Nationalsozialismus. Darstellungen im Spannungsfeld von Verharmlosung und Interpretation, in: Stephan Alexander Glienke/Volker Paulmann/Joachim Perels (Hrsg.): Erfolgsgeschichte Bundesrepublik? Die Nachkriegsgesellschaft im langen Schatten des Nationalsozialismus, Göttingen 2008, S. 53–84.
Wüstenhagen, Jana: Staatsveranstaltung und Familienfest. Die DDR und die Leipziger Messe, in: ZfG 5/2000, S. 423–439.

Zachmann, Karin: Küchendebatten in Berlin? Die Küche als Kampfplatz im Kalten Krieg, in: Lemke (Hrsg.): Konfrontation und Wettbewerb, S. 181–205.
Ziegler, Ulrike: Kulturpolitik im geteilten Deutschland. Kunstausstellungen und Kunstvermittlung von 1945 bis zum Anfang der 60er Jahre (= Europäische Hochschulschriften, Reihe 28, Bd. 418), Frankfurt am Main u. a. 2006.
Zierenberg, Malte: Stadt der Schieber. Der Berliner Schwarzmarkt 1939–1950 (= Kritische Studien zur Geschichtswissenschaft, Bd. 179), Göttingen 2008.
Zwahr, Hartmut: Erste deutsche Nachkriegsmesse 1946. Wiedererweckung oder Neubelebung?, in: ders./Topfstedt/Bentele (Hrsg.): Leipzigs Messen, Bd. 2, S. 583–628.
Ders./Topfstedt, Thomas/Bentele, Günter (Hrsg.): Leipzigs Messen 1497–1997. Gestaltwandel, Umbrüche, Neubeginn (= Geschichte und Politik in Sachsen, Bd. 9,1 u. 9,2), 2 Teilbde., Köln u. a. 1999.

Abkürzungsverzeichnis

AA	Auswärtiges Amt
Abt.	Abteilung
ABV	Abschnittsbevollmächtigter der Deutschen Volkspolizei
AdL	Akademie der Landwirtschaftswissenschaften der DDR
ADN	Allgemeine Deutsche Nachrichtenagentur
AG	Arbeitsgruppe
AGP	Arbeitsgruppe Presse
AID	Land- und Hauswirtschaftlicher Auswertungs- und Informationsdienst
AMK	Ausstellung-Messe-Kongeß-GmbH
ANUGA	Allgemeine Nahrungs- und Genussmittel-Ausstellung
APuZ	Aus Politik und Zeitgeschichte
ASt.	Außenstelle
Aufl.	Auflage
AUMA	Ausstellungs- und Messe-Ausschuss der Deutschen Wirtschaft e. V.
AZKW	Amt für Zoll und Kontrolle des Warenverkehrs
BA	Berliner Ausstellungen (Eigenbetrieb von Berlin)
BAK	Bundesarchiv Koblenz
BArch	Bundesarchiv (Berlin)
BBB	Büro Bonner Berichte
BBC	British Broadcasting Corporation
BDLDG	Bund der Diplomlandwirte und Diplomgärtner e. V.
BDVP	Bezirksbehörde der Deutschen Volkspolizei
BEREK	Berliner Reklame-Gesellschaft (Abt. der BA)
BHE	Bund der Heimatvertriebenen und Entrechteten
BHG	Bäuerliche Handelsgenossenschaft
Bl.	Blatt
BL	Bezirksleitung (der SED)
BLHA	Brandenburgisches Landeshauptarchiv
BM	Bundesminister, Bundesministerium
BMELF	Bundesminister(ium) für Ernährung, Landwirtschaft und Forsten
BMLF	Bundesminister(ium) für Landwirtschaft und Forsten
BMG	Bundesministerium für Gesamtdeutsche Fragen
BR	Bayerischer Rundfunk
BRD	Bundesrepublik Deutschland
BStU	Bundesbeauftragte für die Unterlagen des Staatssicherheitsdienstes der ehemaligen DDR
BUGA	Bundesgartenschau
BV	Bezirksverwaltung (des MfS)
BVfS	Bezirksverwaltung für Sicherheit (des MfS)
BVP	Bayerische Volkspartei
BVS	Bundesverband für den Selbstschutz
CAC	Combined Arms Center
CCFA	Conseil de Control de la France pour l'Allemangne
CCG/BE	Central Commission for Germany/British Element
CDU	Christlich-Demokratische Union Deutschlands
CHI	Concours Hippique International (Internationales Reit- und Springturnier)
CSU	Christlich Soziale Union
DA	Deutschlandarchiv; Dienstanweisung
DAL	Deutsche Akademie der Landwirtschaftswissenschaften (der DDR)

DBD	Demokratische Bauernpartei Deutschlands
DBK	Deutsche Bauern-Korrespondenz
DBV	Deutscher Bauernverband
DD	Dresden
DDR	Deutsche Demokratische Republik
DDZ	Deutsche Dünger-Zentrale
DEFA	Deutsche Film-Aktiengesellschaft
DER	Deutsches Reisebüro
DEWAG	Deutsche Werbeagentur
DFD	Demokratischer Frauenbund Deutschlands
DGB	Deutscher Gewerkschaftsbund
DGP	Deutsche Grenzpolizei
DHG	Deutsche Handelsgesellschaft
DHZ	Deutsche Handelszentrale
DIA	Deutscher Innen- und Außenhandelsbetrieb
Diss.	Dissertation
DIVO	Deutsches Institut für Volksumfragen
DLA	Deutscher Lehmbauausschuß
DLG	Deutsche Landwirtschafts-Gesellschaft
DM	Deutsche Mark
DNB	Deutsche Noten-Bank
DPA	Deutscher Personal-Ausweis; Deutsches Propagandaatelier (Pay-Carstensen-Institut)
DRA	Deutsches Rundfunkarchiv (Potsdam)
DSF	Gesellschaft für Deutsch-Sowjetische Freundschaft
DSG	Deutsche Saatzucht-Gesellschaft
DTSB	Deutscher Turn- und Sportbund (der DDR)
DWK	Deutsche Wirtschaftskommission
DVLF	Deutsche Verwaltung für Land- und Forstwirtschaft der Deutschen Wirtschaftskommission
DVP	Deutsche Volkspolizei
DZVLF	Deutsche Zentralverwaltung für Land- und Forstwirtschaft der Deutschen Wirtschaftskommission
EA	Europäischer Agrarmarkt
EG	Europäische Gemeinschaft
EGKS	Europäische Gemeinschaft für Kohle und Stahl
eGmbH	eingetragene Genossenschaft mit beschränkter Haftung
ERP	European Recovery Program
e. V.	eingetragener Verein
EVG	Europäische Verteidigungsgemeinschaft
EWG	Europäische Wirtschaftsgemeinschaft
F	Fernstraße
FAO	Food and Agriculture Organization
FDJ	Freie Deutsche Jugend
FDGB	Freier Deutscher Gewerkschaftsbund
FFA	Ford Foundations Archives
FKM	(Gesellschaft zur) Freiwilligen Kontrolle von Messe- und Ausstellungszahlen
GAK	Gesamtdeutscher Arbeitskreis der Land- und Forstwirtschaft
GARIO	Government and Relief in Occupied Areas
GATT	General Agreement on Tariffs and Trade
GB	Gesamtdeutscher Block
GBB	Büro für Gesamtberliner Fragen

Gbl.	Gesetzblatt
GI	Geheimer Informant (des MfS,1950-1968)
GM	Geheimer Mitarbeiter (des MfS,1950-1968)
GmbH	Gesellschaft mit beschränkter Haftung
GO	Grundorganisation (der SED)
GPG	Gärtnerische Produktionsgenossenschaft
GST	Gesellschaft für Sport und Technik
HA	Hauptabteilung
HAL	Hauptabteilungsleiter
ha	Hektar
HdSw	Handwörterbuch der Sozialwissenschaften
HdWW	Handbuch der Wirtschaftswissenschaften
HH	Hansestadt Hamburg
HICOG	(Office of the) High Comissioner for Germany
HO	Handelsorganisation
HStDD	Sächsisches Hauptstaatsarchiv Dresden
HV	Handelsvertretung, Hauptverwaltung
HVDVP	Hauptverwaltung Deutsche Volkspolizei
HVLF	Hauptverwaltung der Land- und Forstwirtschaft
IAW	Internationaler Agrarfilm-Wettbewerb
ICA	International Cooperation Administration
IfDKW	Institut für Deutsche Kultur- und Wirtschaftspropaganda
IG	Industriegewerkschaft
IGA bzw. iga	Internationale Gartenausstellung (BRD; DDR)
JHK	Jahrbuch für Historische Kommunismusforschung
K	Kriminalpolizei
KD	Kreisdienststelle; Kontrollratsdirektive
KdF	(Nationalsozialistische Gemeinschaft) Kraft durch Freude
Kfz.	Kraftfahrzeug
kg	Kilogramm
KgU	Kampfgruppe gegen Unmenschlichkeit
KISZ	Kommunista Ifjúsági Szövetség (Ungarischer Kommunistischer Jugendverband)
KL	Kreisleitung (der SED)
KP	Kontaktperson (des MfS)
KPD	Kommunistische Partei Deutschlands
KPdSU	Kommunistische Partei der Sowjetunion
KTL	Kuratorium für Technik in der Landwirtschaft
KWU	Kommunales Wirtschafts-Unternehmen
l	Liter
LAB	Landesarchiv Berlin
LDP	Liberal-Demokratische Partei Deutschlands
LHSA	Landeshauptarchiv Sachsen-Anhalt, Abteilung Magdeburg
LKW	Lastkraftwagen
LL	Landesleitung (der SED)
LN	Landwirtschaftliche Nutzfläche
LPG	Landwirtschaftliche Produktionsgenossenschaft
Lpzg.	Leipzig
LVZ	Leipziger Volkszeitung
LWA	Landwirtschaftsausstellung

LWK	Landwirtschaftskammer
MAS	Maschinen-Ausleih-Station
MdB	Mitglied des Deutschen Bundestages
MdI	Ministerium des Innern
MfA	Ministerium für Aufbau
MfAA	Ministerium für Auswärtige Angelegenheiten
MfS	Ministerium für Staatssicherheit
MKS	Maul- und Klauenseuche
MLF	Ministerium für Land- und Forstwirtschaft (der DDR)
MLU	Martin Luther-Universität (Halle-Wittenberg)
MTS	Maschinen-Traktoren-Station
MV	Märkische Volksstimme
NARA	National Archives and Record Administration
NATO	North Atlantic Treaty Organization
ND	Neues Deutschland
NDPD	Nationaldemokratische Partei Deutschlands
NDR	Norddeutscher Rundfunk
NF	Nationale Front
NGO	nongovernmental organization (Nichtregierungsorganisation)
NL	Nachlass
NÖS	Neues Ökonomisches System der Planung und Leitung der Volkswirtschaft (der DDR)
NVA	Nationale Volksarmee
OB	Oberbürgermeister
OEEC	Organisation for European Economic Cooperation
OITF	Office of International Trade Fairs
ÖLB	Örtlicher Landwirtschaftsbetrieb
OMGUS	Office of Military Governement
ORR	Oberregierungsrat
PA AA	Politisches Archiv des Auswärtigen Amtes
PAO	Public Affairs Office(r)
PB	Politbüro
Pdm.	Potsdam
PGH	Produktionsgenossenschaft des Handwerks
PKW	Personenkraftwagen
PL	Parteileitung
PM	Paß- und Meldewesen
PO	Parteiorganisation (der SED)
PSB	Psychological Strategy Board
PV	Parteivorstand
qm	Quadratmeter
Rep.	Repositur
RG	Record Group
RGBl.	Reichsgesetzblatt
RGW	Rat für gegenseitige Wirtschaftshilfe
RHG	Robert-Havemann-Gesellschaft
RIAS	Rundfunk im amerikanischen Sektor
RKTL	Reichskuratorium für Technik in der Landwirtschaft

RMEL	Reichsministerium für Ernährung und Landwirtschaft
RMVP	Reichsministerium für Volksbildung und Propaganda
RNSt	Reichsnährstand
RRG	Reichs-Rundfunk-Gesellschaft
RTS	Reparaturtechnische Station
SA	Sturmabteilung
SAPMO-BArch	Stiftung Archiv der Parteien und Massenorganisationen im Bundesarchiv, Berlin
S-Bahn	Stadtbahn
SBZ	Sowjetische Besatzungszone
SED	Sozialistische Einheitspartei Deutschlands
SdW	Spektrum der Wissenschaft
SFB	Sender Freies Berlin
SfS	Staatssekretariat für Staatssicherheit (1953-1955)
SPK	Staatliche Plankommission
SPD	Sozialdemokratische Partei Deutschlands
SMA	Sowjetische Militäradministration
SMAD, SMAiD	Sowjetische Militäradministration in Deutschland
SMATh	Sowjetische Militäradministration Thüringen
SNZ	Ständiges Neuererzentrum der sozialistischen Landwirtschaft der DDR
SS	Schutzstaffel
SStAL	Sächsisches Staatsarchiv Leipzig
StEG	Strafrechtsergänzungsgesetz
StFB	Staatlicher Forstbetrieb
StHH	Staatsarchiv Hamburg
StVZO	Straßenverkehrszulassungsordnung
t	Tonne
Trapo	Transportpolizei
TU	Technische Universität
UAFUB	Universitätsarchiv der Freien Universität Berlin
UALM	Unternehmensarchiv Leipziger Messe GmbH
UATUB	Universitätsarchiv der Technischen Universität Berlin
UdSSR	Union der Sozialistischen Sowjetrepubliken
U/MSC	Office of the Under Secretary of State's Special Assistant for Mutual Affairs
UfJ	Untersuchungsausschuß freiheitlicher Juristen
unpag.	unpaginiert
USIA	United States Information Agency
USIS	United States Information Service
VdgB	Vereinigung der gegenseitigen Bauernhilfe
VDL	Verband Deutscher Diplomlandwirte e. V.
VDMA	Verband Deutscher Maschinen- und Anlagenbau e. V.
VDNCh	Wystawka dostischnij narodnogo chosjajstwa SSSR (Ausstellung der Errungenschaften der Volkswirtschaft der UdSSR bzw. Allunionsausstellung)
VE	Volkseigen
VEB	Volkseigener Betrieb
VEG	Volkseigene Genossenschaft, Volkseigenes Gut
VELF	Verwaltungsrat für Ernährung, Landwirtschaft und Forsten
VfZ	Vierteljahrshefte für Zeitgeschichte
VK	Verkehrspolizei
VPKA	Volkspolizeikreisamt
VR	Volksrepublik

VSWG	Vierteljahrschrift für Sozial- und Wirtschaftsgeschichte
VVEAB	Vereinigung Volkseigener Erfassungs- und Aufbau-Betriebe
VVG	Verwaltung Volkseigener Güter
VVS	Vertrauliche Verschlusssache
WLV	Westfälisch-Lippischer Landwirtschaftsverband e. V.
ZA	Zentralarchiv
ZAA	Zeitschrift für Agrargeschichte und Agrarsoziologie
ZAIG	Zentrale Auswertungs- und Informationsgruppe (des MfS)
ZBK	Zugbegleitkommando
ZEL	Zentralamt für Ernährung und Landwirtschaft
ZfG	Zeitschrift für Geschichte
ZfL	Zentrale für Landtechnik
ZK	Zentralkomitee
ZMW	Związek Młodzieży Wiejskiej (Der Bund der Landjugend Polens)
ZOV	Zentraler Operativer Vorgang (des MfS)
ZS	Zentralsekretariat
ZV	Zentralverwaltung
ZVdgB	Zentralvereinigung der gegenseitigen Bauernhilfe
ZVKS	Zentralverband der Kleingärtner, Siedler und bodennutzenden Grundbesitzer e. V.
ZVMAS	Zentralvereinigung der Maschinen-Ausleih-Stationen
ZVVG	Zentralverwaltung der Vereinigung Volkseigener Güter

Personenregister

MARKKLEEBERG
STÄNDIGE DEUTSCHE LANDWIRTSCHAFTSAUSSTELLUNG
MASSTAB 1:1000
JDEENENTWURF 6
DÖLITZER-STRASSE
REICHSBAHN
THÄLMANN-STRASSE
KARL-MARX-STRASSE
PAPPEL-ANZUCHT
FORST BAUMSCHULE
NEBENEINGANG FORST
VORH. SPIELPLATZ
TANZFLÄCHEN
VORH. GÄRTNEREI
HAUPTEINGANG KULTURPARK
NEBENEINGANG DEMOKRATISCHES DORF
1 VERWALTUNG AM HAUPTEINGANG AN DER NORDSEITE: WARTEHALLE-STRASSENBAHN
2 HAUPTPAVILLON
3 HALLE DER WASSERWIRTSCHAFT
4 PAVILLON FÜR ACKER- UND PFLANZENBAU
5 HALLE DER VERSCHIEDENEN LANDWIRTSCHAFTLICHEN GEBIETE
6 CAFÉ MIT AUSSICHTSTURM (40 m)
7 HALLE DER MECHANISIERUNG
8 HALLE POLEN
9 HALLE ČSR
10 KL. BIERRESTAURANT (PILS)
11 HALLE DER SU
12 HALLE CHINA
13 HALLE KOREA
14 HALLE UNGARN
15 HALLE RUMÄNIEN
16 HALLE BULGARIEN
17 PAVILLON FÜR TIERZUCHT
18 PAVILLON FÜR VETERINÄR UND ZOOTECHNIK
19 SCHWEINESTALL VORHAND.
20 2 RINDERSTÄLLE
21 KÄLBERAUFZUCHT
22 PFERDESTALL
23 DUNGLEGE/BIO-GASANLAGE
24 VETERINÄRAMBULATORIUM
25 BESAMUNGSSTATION
26 VORFÜHRRING 10000 PERS. NEBENGEBÄUDE
27 GROSSES BIERZELT
28 SCHAFSTALL
29 HÜHNER
30 WASSERGEFLÜGEL
31 LANDAMBULATORIUM
32 WOHNHÄUSER
33 KULTURHAUS
34 SCHULE
35 MITSCHURIN-GARTEN
36 HALLE FÜR MODELL „DEMOKRATISCHES DORF"
37 DORFWIRTSCHAFTSHAUS
38 PAVILLON FÜR SEIDENRAUPEN
39 PAVILLON FÜR BIENENZUCHT
40 HALLE DER JUGEND
41 MTS-VERWALTUNG
42 MTS-WERKSTATT
43 MTS-MASCHINEN
44 HALLE DER VOLKSEIGENEN GÜTER
45 HALLE DER LPG
46 PAVILLON FÜR FISCHEREIWESEN
47 PAVILLON FÜR FISCHPRODUKTE
48 FISCHRESTAURANT
49 MILCHBAR
50 GROSSE BLUMENSCHAUHALLE
51 WEINRESTAURANT AN DER GROSSGASTSTÄTTE
52 TRAFO/HEIZUNG
53 HALLE FÜR FORSTWISSENSCHAFT
54 HALLE FÜR JAGD UND WILD
55 WILDGEHEGE
56 PELZTIERE
57 PAVILLON FÜR GARTENBAU
58 HÄUSER FÜR SCHNITTBLUMEN TOPFPFLANZEN WARMHAUSPFLANZEN
59 PAVILLON FÜR PFLANZENSCHUTZ
60 MUSEUM FÜR LANDWIRTSCHAFT UND GARTENBAU
61 HALLE FÜR BAUSTOFFE UND -METHODEN
62 HALLE FÜR HANDEL U. BAUSTOFFE
63 HALLE FÜR VOLKSEIGENEN HANDEL
64 KINO
65 FREILICHTBÜHNE
66 WALDBAD
67 VORH. KULTURHAUS
100 50 0 100 200

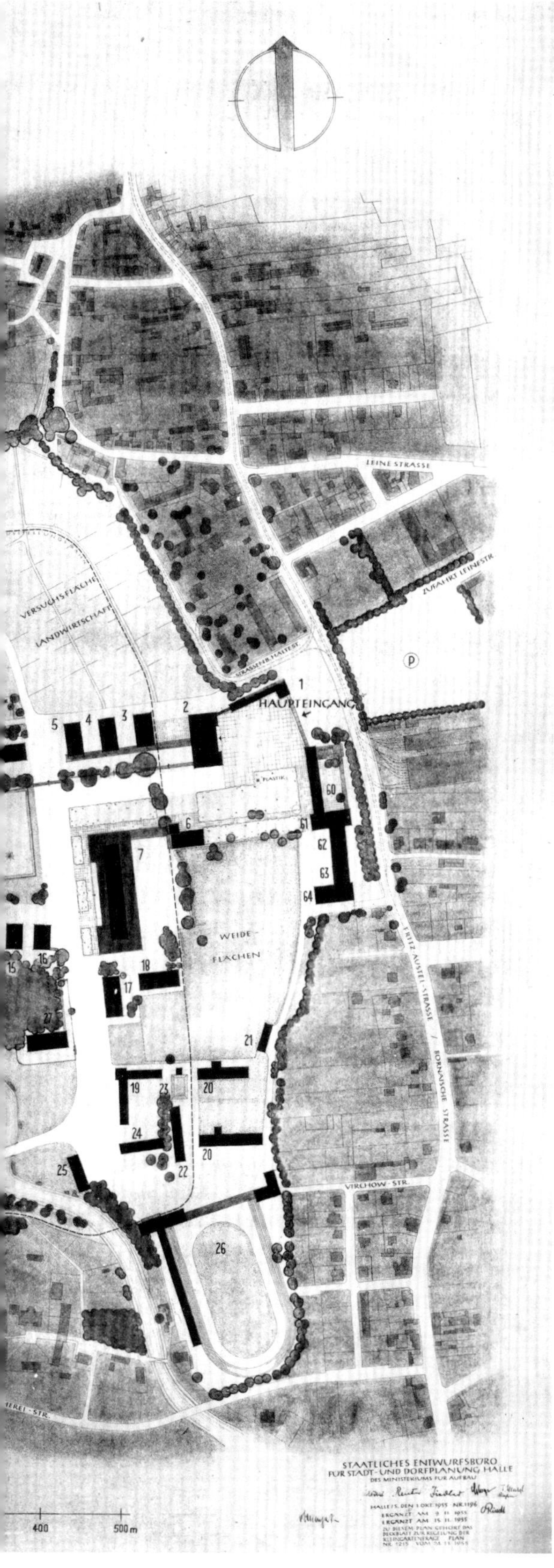

Gesamtüberblick über das Gelände der Ständigen Landwirtschaftsausstellung der DDR in Leipzig-Markkleeberg mit den Ausstellungsbauten und Schauteilen.

Tabellenverzeichnis

Abbildungsverzeichnis

Ich bedanke mich herzlich bei allen Institutionen und Personen, die mir die Bilder freundlicherweise zur Verfügung gestellt haben. Mein besonderer Dank gilt Wolfgang Rogall (Messe Berlin GmbH), Peter Vier (SAPMO-BArch) und Axel Zutz (TU Berlin). Trotz großer Sorgfalt und Mühe gelang es jedoch nicht, alle Rechteinhaber zu ermitteln. Gegebenenfalls wird um eine Mitteilung gebeten.

Der Autor

Sven Schultze, Historiker und Philosoph, geboren 1977. Studium der Geschichte, Germanistischen Linguistik und Literaturwissenschaft sowie Philosophie und Jüdischen Studien an der Universität Potsdam und der Humboldt-Universität zu Berlin. Veröffentlichungen zur deutschen Zeit- und Wissenschaftsgeschichte und Epistemologie.